Office 实战技巧精粹辞典 2013

超值双色版

王国胜 / 主编

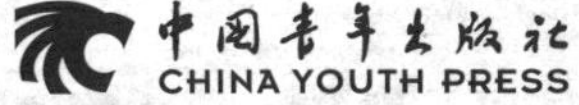

图书在版编目（CIP）数据

Office 2013 实战技巧精粹辞典：超值双色版 / 王国胜主编．— 北京：中国青年出版社，2013.10
ISBN 978-7-5153-2011-3
I. ① O… II. ①王… III. ①办公自动化－应用软件 IV. ① TP317.1
中国版本图书馆 CIP 数据核字（2013）第 259288 号

Office 2013 实战技巧精粹辞典（超值双色版）
王国胜 **主编**

出版发行：中国青年出版社
地　　址：北京市东四十二条 21 号
邮政编码：100708
电　　话：（010）59521188 / 59521189
传　　真：（010）59521111
企　　划：北京中青雄狮数码传媒科技有限公司

策划编辑：张　鹏
责任编辑：刘稚清　张海玲
助理编辑：乔　峤
封面制作：六面体书籍设计　孙素锦

印　　刷：北京九天众诚印刷有限公司
开　　本：880 × 1230　1/32
印　　张：22.25
版　　次：2014 年 1 月北京第 1 版
印　　次：2016 年 5 月第 9 次印刷
书　　号：ISBN 978-7-5153-2011-3
定　　价：59.00 元（附赠 1 光盘，含语音视频教学 + 办公模板）

本书如有印装质量等问题，请与本社联系　电话:（010）59521188 / 59521189
读者来信: reader@cypmedia.com　如有其他问题请访问我们的网站: http://www.cypmedia.com

---

“北大方正公司电子有限公司”授权本书使用如下方正字体。　封面用字包括: 方正兰亭黑系列

Rev. Roll

启卷

你想用最短的时间学好 Office 吗?

在日常工作中，大家都离不开 Office 办公软件，使用它不仅能够制作个人简历、记录生活开销、组织演讲报告、发送电子邮件，还能够分析市场调查数据、预测投资理财风险、设计产品推广画册、实施网络无纸化办公等。前不久，也就是 2013 年 1 月 29 日，Microsoft Office 2013 正式上市。这是一个具有划时代意义的时刻!

Microsoft Office 2013（简称 Office 2013）是一套基于 Microsoft Windows 操作系统的办公软件套装，是继 Microsoft Office 2010 后的新一代软件套装，它的启动界面采用 Windows 8 的 Metro 风格设计风格，颜色鲜艳、靓丽大方。Office 2013 的组件包含了 Word、Excel、PowerPoint、Access、Outlook、OneNote、Visio-Viewer、SharePoint、SkyDrive Pro 等。本书将对最常见的使用频率最高的 Word 2013、Excel 2013、PowerPoint 2013 三个组件进行介绍。本书各篇的操作技巧均是从成千上万读者的提问中筛选出来的，因此，每一个技巧都具有一定的代表性、实用性和可操作性。

作 者

推荐词

对于职场白领来说，提高办公效率，更高效、更快速地学习高效办公技能尤为重要。本书是我见过的关于Office办公技巧书中，将实用技术讲得最透彻、最全面的，非常实用，是一本值得放在办公桌上随时翻阅的宝典。

— 成都汉道商务服务有限公司总经理：王晓飞先生

在为了提高办公效率而不断研究、探索和实践的过程中，本书的实战技巧让我眼前一亮，600多个技巧让我大开眼界。书中还展示了很多技巧不同的操作方法，以及在不同版本中的应用方式，对于工作中经常要和Office打交道的人来说，是一本值得随时翻阅的典藏手册。

— 河北盛通投资集团有限公司土建预算员：梁国荣女士

高效完成工作任务是每个职场人士的追求，本书是我真诚推荐给希望成为办公高手的后辈们学习的一本经典实用手册。

—中国矿业大学徐海学院工业设计专业班主任：乔成先生

1 Office 2013常用组件的应用方向

在实际办公应用中，Microsoft Office 软件套装中的各组件各有所长，它们的配合使用可完全满足每一位用户的需要。

例如，Word 是文字处理软件，用户可以利用它轻松创建出具有专业水准的文档，快速美化图片和表格，甚至还能直接发表博客、创建书法字帖等。

Microsoft Office 2013
Access 2013
Excel 2013
Outlook 2013
PowerPoint 2013
SkyDrive Pro 2013
Word 2013
Office 2013 工具

Excel 是电子表格处理软件，利用它可以对大量数据进行分类、排序、筛选、分类汇总以及绘制图表，此外还可以进行统计分析和辅助决策等。

Powerpoint 是演示文稿制作软件，利用它可以编辑演讲报告、制作产品推广画册、设计教学课件等。最终将设计好的幻灯片通过投影仪等设备进行现场放映。

Outlook 是个人信息管理程序和电子邮件通信软件。它将日历、约会事件和工作任务整合在了一起，从而用户可以把日程信息进行更好的共享。

Access 是数据库管理软件，利用它可以创建数据库和程序来跟踪与管理信息。

用户只要能够熟练掌握各组件的应用技巧，并实现各组件之间的相互转化与调用，就可以完成日常办公中的 99% 的任务。

2 学习Office软件的思路与方法

在学习 Microsoft Office 时要从基础操作学起，以不断地增加自己的成就感。同时，要多练习多操作。如果拥有独立的电脑，那么就可以在学习的过程进行模仿操作。其实，学会 Microsoft Office 软件并不难，难的在于如何将所学知识熟练地应用到工作与生活中。因此，灵活应用各个知识点是非常重要的。

接下来，我们探讨一下如何学好 Microsoft Office 软件。

第一，有针对性地学习

如果你的工作职责只需要掌握好 Word 软件即可，那么就可以先从 Word 下手进行学习，根据自己的需要进行有目的的学习，这样既能提高学习兴趣，又能将所学知识应用到实际工作中，久而久之你就能迈入高手的行列。在掌握了单个组件后，我们再来考虑如何利用其他组件为 Word 服务，比如使用 Excel 的计算功能对文档中的表格数据进行处理。以此类推，便可以掌握多种办公软件，从而消除之前的一系列烦恼。正所谓"技多不压身"，你的办公操作能力强，办事效率高，自然就会得到上司或领导的赏识。

第二，对知识点的跟踪练习

在学习每个知识点时，千万不能只学不练，换句话讲，就是不能头脑接收新知识，而操作采用老套路。这样便造成了学与用的脱节。因此建议学习新知识后要上手练习，以保证能将这些操作技巧熟记于心。在学习本书中的技巧时，读者可以事先将光盘中的素材文件拷贝到电脑中，这样在学习时可充分利用这些素材资料，从而省去了组织素材的麻烦。与此同时，用户还可以将相关操作技巧应用到类似的工作环境中，以养成模仿学习的好习惯。

第三，寻找最佳的解决方案

在处理问题时，不要只求一招用到老，而是要变换思路，不断地寻求更简单的操作方法。在寻求多解的过程中，你将会有意想不到的收获。学习是没捷径的，但处理事情的方法却有好坏之分、难易之别。只有用大量的知识来武装自己的头脑，才能既快速又准确地解决实际办公中遇到的各种疑难问题。

第四，学习贵在"持之以恒"

学习任何一种知识或技术时，效果都不可能立竿见影。因此，要鼓励自己坚持、坚持、再坚持。当你把一种技术自始至终学完后，将会有一种特殊的成就感。如果只求个形式，在随意翻几页后便以各种理由拒绝看书，那结果可想而知。为了使我们不被时代所抛弃，在此建议大家要常为自己的大脑进行"充电"。你应该懂得"冰冻三尺，非一日之寒"的道理吧？

3 Office TOP10实战应用技巧你会吗？

全书共 618 个案例操作技巧，每一个案例的选择均以应用为导向、以理论知识为基础、以小知识点为补充。书中全面具体地对 Word 2013、Excel 2013、PowerPoint 2013 的典型操作和实际应用做了详细介绍。虽然本书的写作版本为 Office 2013，但由于 Microsoft Office 软件具有向下兼容性，因此有些技能也同样适用于 Office 2010 及 Office 2007 版本。

需要说明的是，本书的全部技巧都是在 Windows 7/8 操作系统中实现的，因此，有些技巧的操作界面可能与 Windows XP 操作系统下的界面有些差别。

下面列举了一些常见的操作疑难，不知你是否可以作出解答。而这些问题均可在本书中找到最佳的答案。

TOP 01　你会删除自己对文档的访问踪迹吗?

TOP 02　你会将文档中指定的文字全部替换为图片吗?

TOP 03　你会将表格实施快速拆分吗?

TOP 04　你会从当前文档中提取各级目录吗?

TOP 05　你会为当前的工作表设置访问与修改权限吗?

TOP 06　你会查找包含公式、批注等内容的单元格吗?

TOP 07　你会利用函数自动划分学生成绩的等级吗?

TOP 08　你会在演示文稿中插入声音、视频及动画吗?

TOP 09　你会制作立体图表吗?

TOP 10　你会制作出组合动画效果吗?

古语有云：**求木之长者，必固其根本；欲流之远者，必浚其泉源**。在工作之余，请您静下心来，随手翻阅一下这本技巧辞典吧。这样在工作的时候，您就可以体验到 Microsoft Office 带来的益处与乐趣。经过一段时间的积累后，您将晋身成为商务办公达人。

最后，预祝您学有所成！

Contents

目录

第4章 表格与图表处理技巧

第2篇 Excel篇

第8章 Excel基础操作技巧

第9章 工作簿/表操作技巧

第10章 Excel单元格操作技巧

第11章 数据输入与编辑技巧

第13章 数据透视表与透视图应用技巧

第14章 公式与函数应用技巧

第15章 Excel高级应用技巧

第16章 数据的排序、筛选及合并计算

第17章 工作表的打印技巧

第3篇 PowerPoint篇

第18章 PowerPoint 2013操作技巧

第19章 幻灯片编辑技巧

第20章 多媒体使用技巧

第21章 幻灯片放映技巧

附录

第 1 篇 001~208

Word 篇

Question

001

启动 Word 2013 有妙招

• Level ◆◇◇

2013 2010 2007

实例 Word 2013 的启动

Word 2013 是微软开发的 Office 2013 办公组件之一，主要用于文字处理工作，如果在使用时能快速启动 Word 2013 软件，可提高工作效率。

1 开机进入Windows 8 Metro界面，单击Word 2013图标，可启动Word 2013程序。

2 随后将出现选择界面，根据需要在相应模板上单击，便可创建所选类型的文档。

Hint

如何创建 Word 2013 桌面快捷方式?

若用户在桌面上无法找到 Word 2013 快捷方式图标，可自行添加桌面快捷方式。

1. 在“开始”菜单中的 Word 2013 图标上右击，单击下方的“打开文件夹位置”按钮。
2. 打开对应的文件夹，右击 Word 2013 图标，执行“发送到 > 桌面快捷方式”命令。

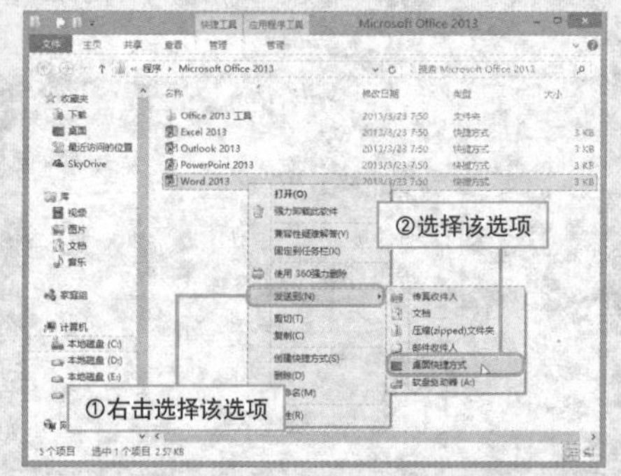

Question

002

一秒钟退出 Word 2013

实例 退出 Word 2013

● Level ◆◇◇

2013 2010 2007

若用户想要退出当前 Word 2013 程序，有多种方法可以实现，下面对其进行介绍。

❶ **文件菜单法。** 打开“文件”菜单，选择“关闭”选项，即可退出当前程序。

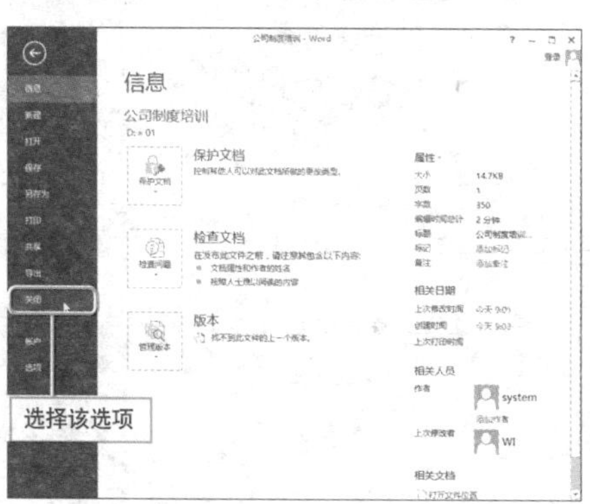

❷ **Office图标法。** 单击快速访问工具栏上Word 2013图标，选择“关闭”选项。

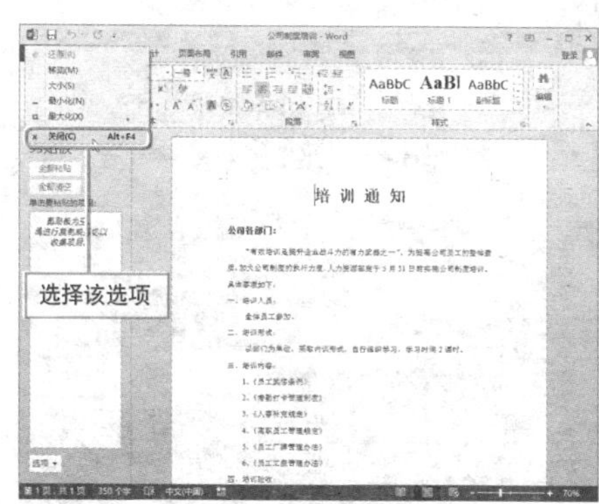

❸ **关闭按钮法。** 直接单击窗口右上角的“关闭”按钮，同样可以退出程序。

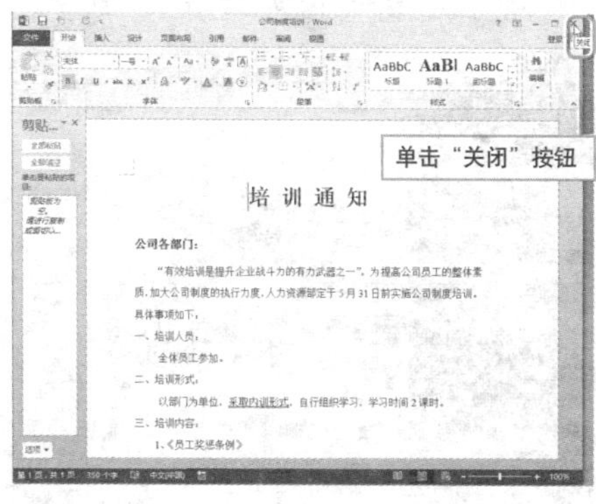

❹ **快捷键退出法。** 直接在键盘上按下Alt + F4键，也可退出Word 2013程序。若执行退出操作之前未对文档进行保存，将弹出一个提示对话框，询问用户是否保存更改。

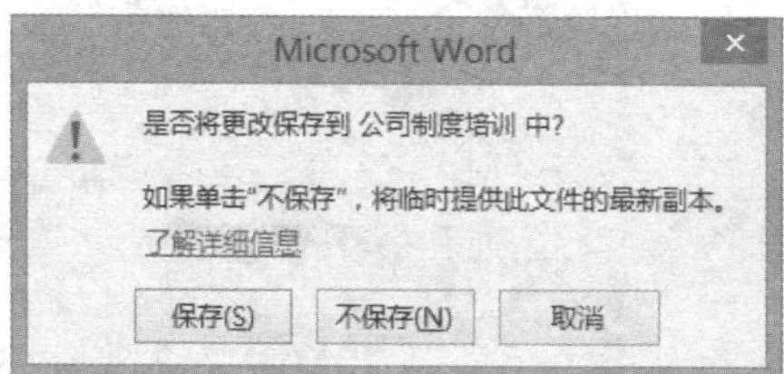

Question 003

● Level ◆◇◇

2013 2010 2007

巧设快捷键打开 Word 2013

实例 指定打开 Word 2013 程序所用快捷键

除了可以按照之前讲述的方法启动 Word 2013 程序外，用户还可以为 Word 2013 程序指定打开时的快捷键，下面对其进行介绍。

1. 选中Word 2013快捷方式图标，右键单击，从快捷菜单中选择“属性”选项。

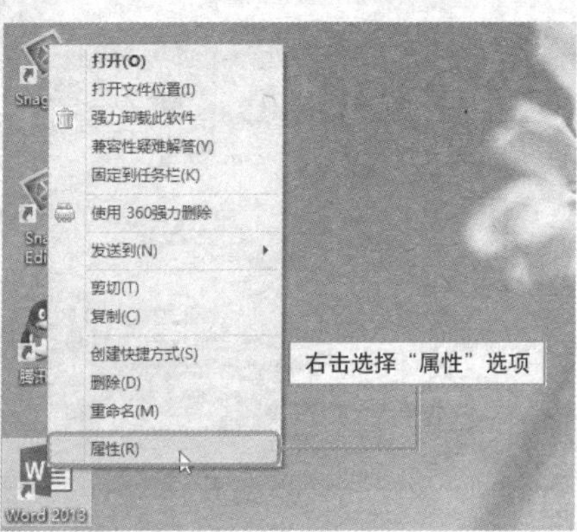

2. 打开“Word 2013属性”对话框，将鼠标定位至“快捷方式”选项卡上的“快捷键”选项后的文本框中，然后按下F7键。

3. 单击“运行方式”下拉按钮，在列表中选择“最大化”选项。

4. 设置完成后，单击“确定”按钮，按F7键，即可启动Word 2013程序。

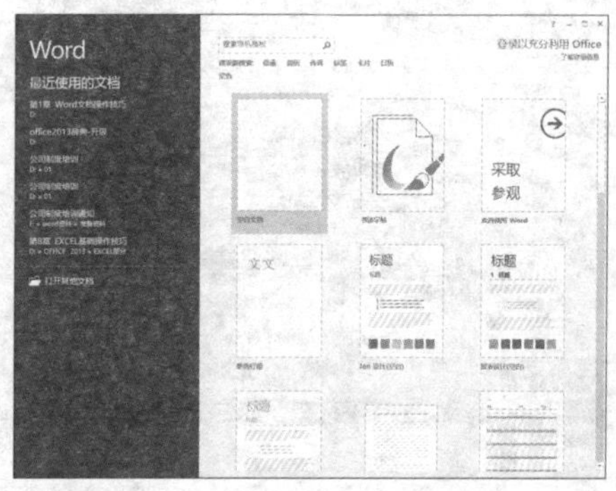

更换 Word 操作界面颜色

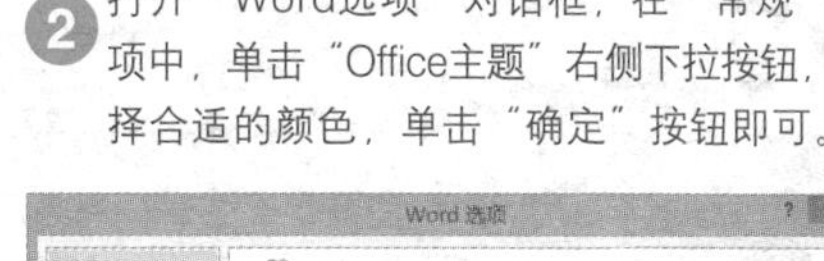

在 Word 2013 中，操作界面的颜色共 3 种，分别为白色、浅灰色、深灰色。用户可以根据自己的喜好进行更改。

1 打开“文件”菜单，选择“选项”选项。

2 打开“Word选项”对话框，在“常规”选项中，单击“Office主题”右侧下拉按钮，选择合适的颜色，单击“确定”按钮即可。

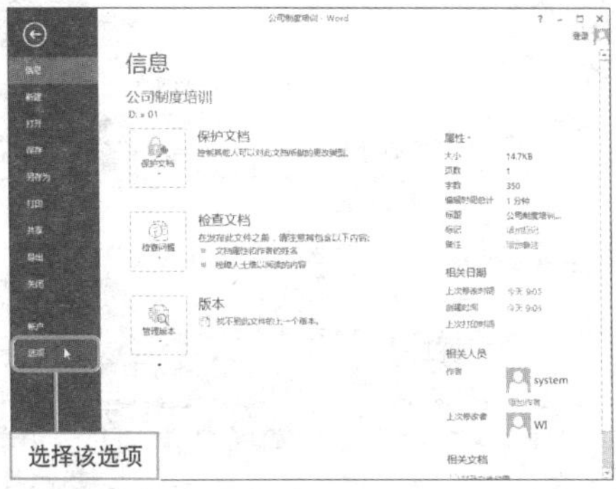

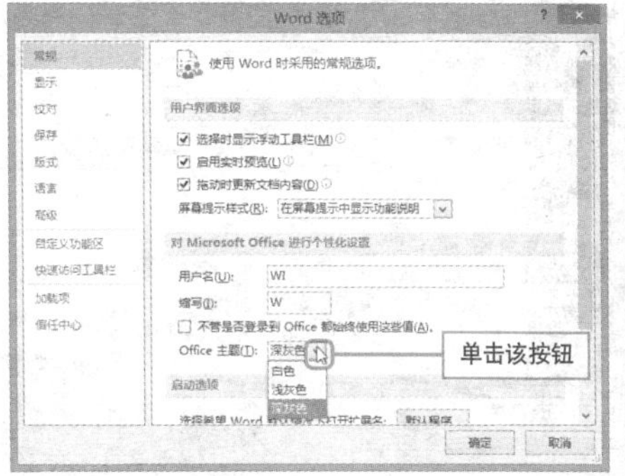

3 **白色界面效果。** 若选择白色配色方法，则显示效果如下。

4 **深灰色界面效果。** 若选择深灰色配色方法，则显示效果如下。

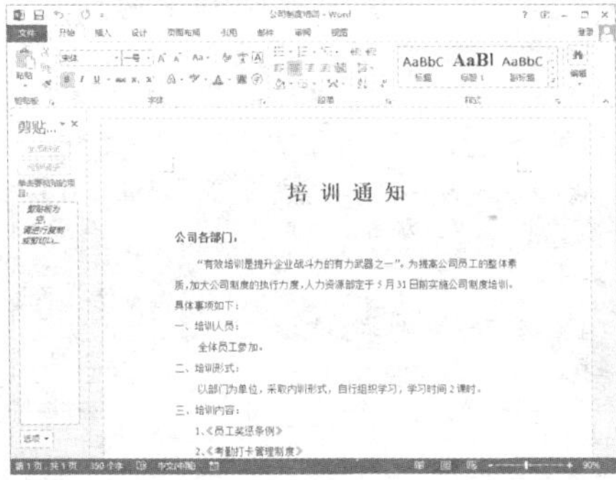

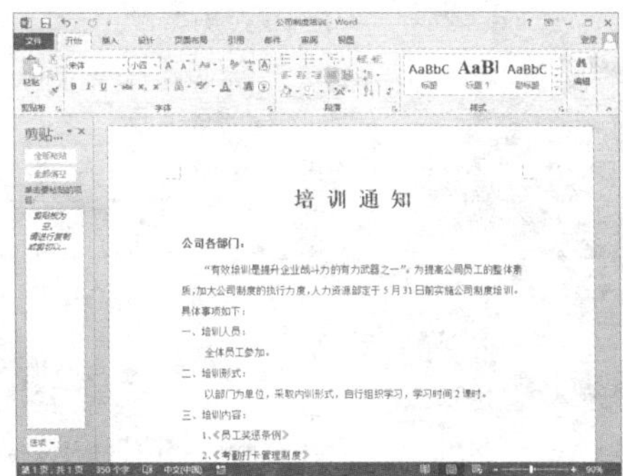

Question 005

轻松指定 Word 默认保存格式

实例 默认保存格式的设置

• Level ◆◇◇

2013 2010 2007

直接保存文档时，系统会使用默认文档格式 *.docx，若用户的客户或者同事使用的多为“Word 97-2003 文档”格式（*.doc），可以通过设置把默认格式设置为“Word 97-2003 文档（*.doc）”以便对方查看文档。

1 打开“文件”菜单，选择“选项”选项。

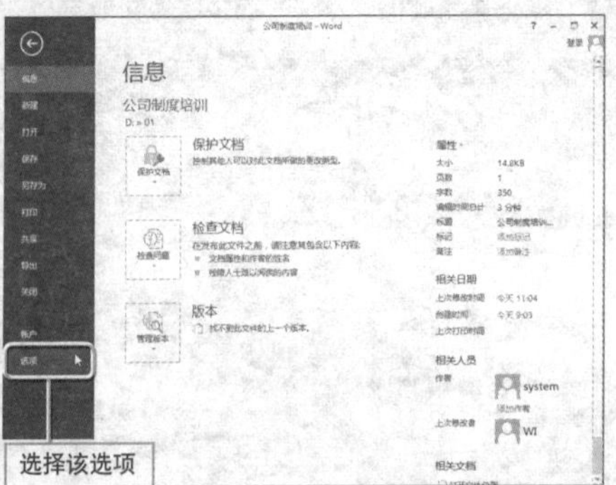

2 打开“Word选项”对话框，选择“保存”选项。

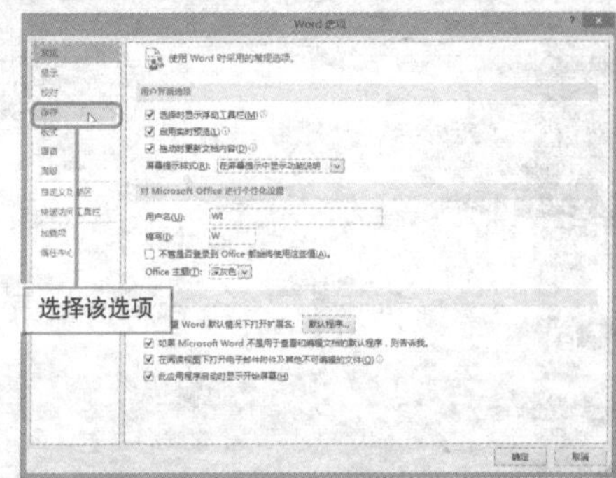

3 在“保存文档”选项组，单击“将文件保存为此格式”下拉按钮，从展开的列表中选择“Word 97-2003文档（*.doc）”选项，然后单击“确定”按钮即可。

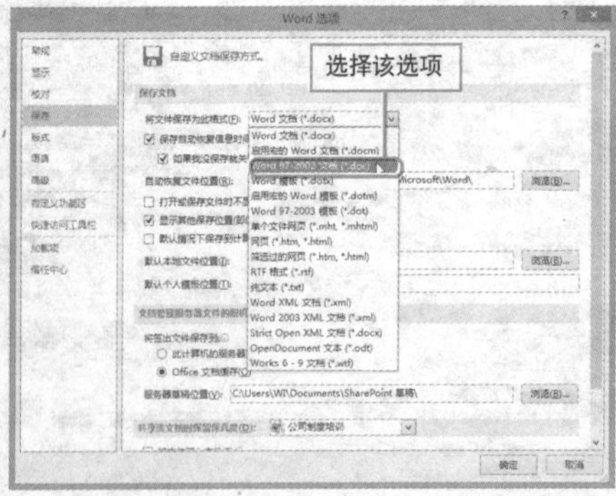

Hint

使用低版本打开高版本文档的技巧

在默认情况下，使用高版本软件可打开低版本文档，但是使用低版本软件无法打开高版本文档。其实，只要通过适当设置，即使使用低版本软件也能打开高版本文档。具体操作方法为：首先利用高版本软件打开文档，执行“文件>另存为”命令；然后打开“另存为”对话框，设置“保存类型”为相应的低版本格式；最后单击“保存”按钮，保存文档。这样设置之后，即可使用低版本软件打开。

设置文档自动恢复功能

实例 文档自动恢复功能的设置

为了避免工作中因意外断电、系统崩溃、错误关闭等原因造成的文档损失，用户可以对 Word 2013 的自动恢复功能进行适当设置以将损失降低到最小。

1 打开Word文档，执行“文件>选项”命令，打开“Word选项”对话框，选择“保存”选项。

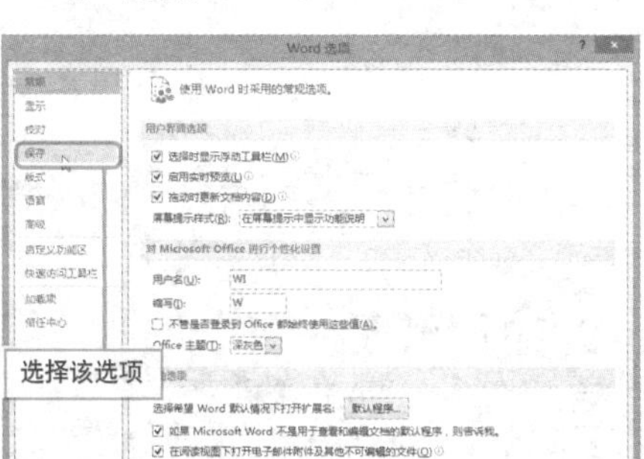

2 勾选“保存自动恢复信息时间间隔”复选框，并在右侧的数值框中输入合适的间隔时间值。

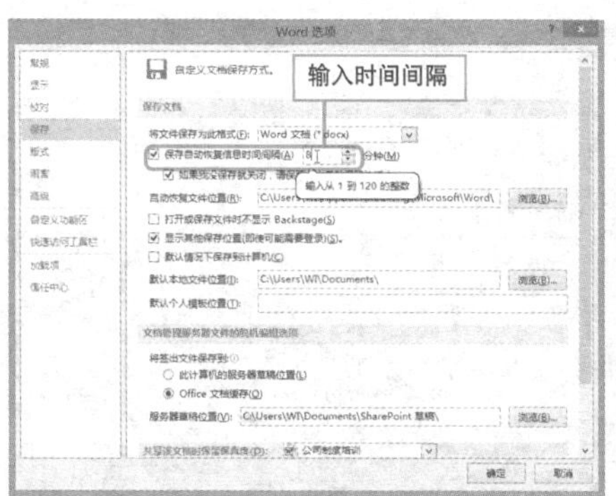

3 设定好后单击“自动恢复文件位置”右侧的“浏览”按钮。

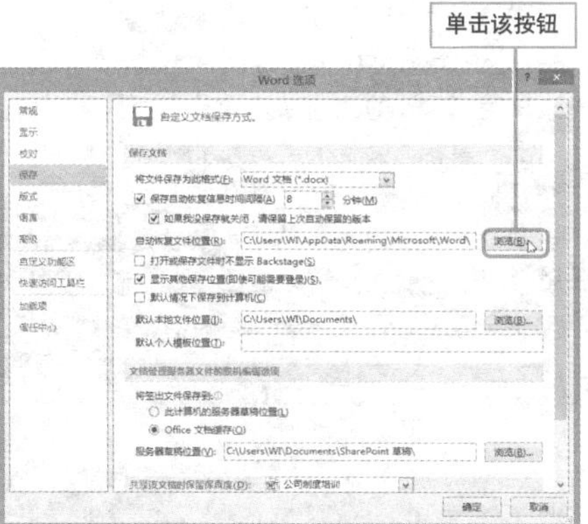

4 在打开的“修改位置”对话框中，选择合适的保存位置，单击“确定”按钮，完成设置。

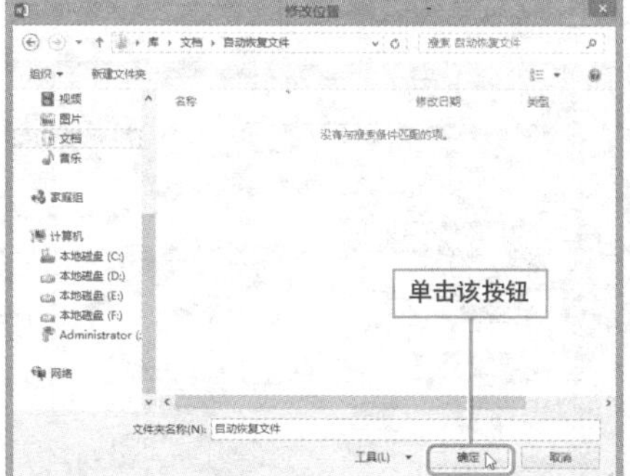

Question 007

• Level ◆◆◆

2013 2007

关闭拼写语法错误标记

实例 默认保存格式的设置

Word 中有一个很实用的功能即拼写和语法检查功能，运用它可以对键入的文字进行检查，系统默认为实时检查，因而在编辑文档时会产生一些用来标示错误的红色或绿色波浪线。这些波浪线有时候会影响工作，这时可以通过设置将其隐藏。

1 打开Word文档，执行“文件>选项”命令，打开“Word选项”对话框，单击“校对”选项。

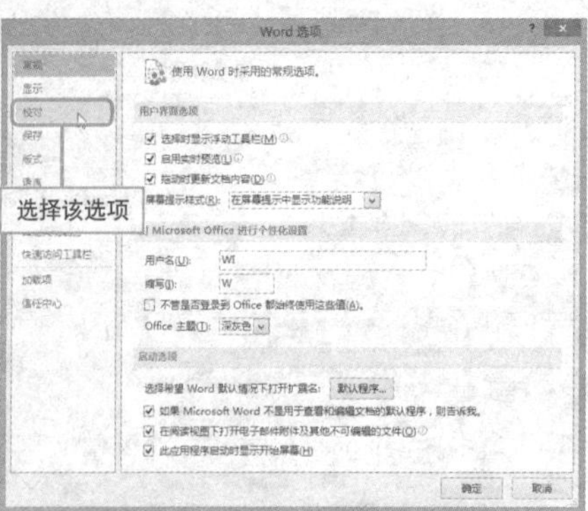

2 取消对“键入时拼写检查”、“键入时标记语法错误”、“经常混淆的单词”、“随拼写检查语法”复选框的勾选。

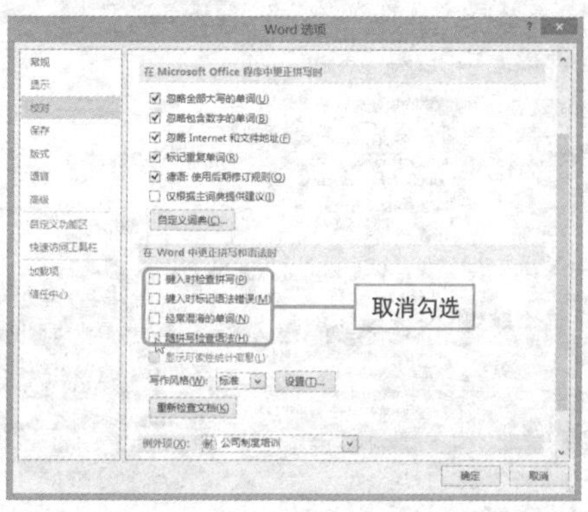

3 若要进行更为详细的设置，可单击“写作风格”右侧的“设置”按钮，在打开的“语法设置”对话框中进行具体设置。

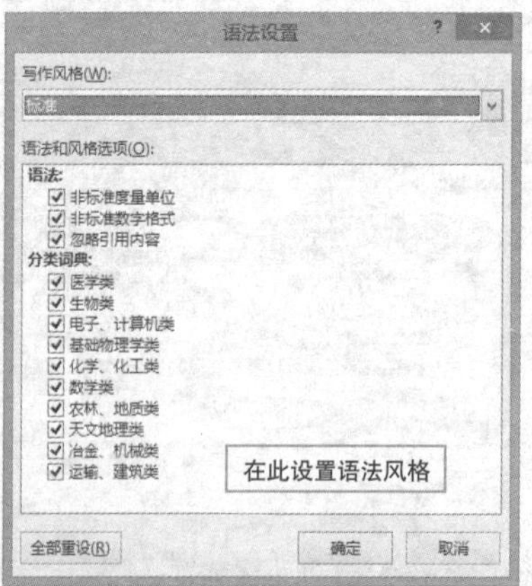

Hint

使中文输入法随 Word 启动

在 Word 2013 中可通过设置使中文输入法随 Word 的启动而自动开启，具体操作如下：执行“文件>选项”命令，在打开的对话框中单击“高级”选项，勾选“输入法控制处于活动状态”选项前的复选框，最后单击“确定”按钮，关闭对话框，完成设置。再次启动 Word 程序时，其设置的输入法将随之启动。

删除文档历史记录

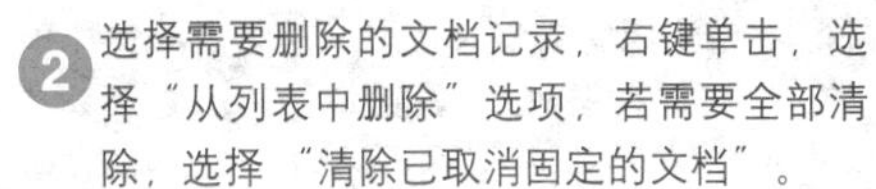

Word 2013 程序具有保存使用过的文档记录的功能，该功能可以方便用户再次打开一些使用过的文档，但是若文档记录过多，也会带来麻烦，下面介绍如何删除文档历史记录。

1 **清除文档法。**打开“文件”菜单，选择“打开”选项，并单击右侧“最近使用的文档”一栏。

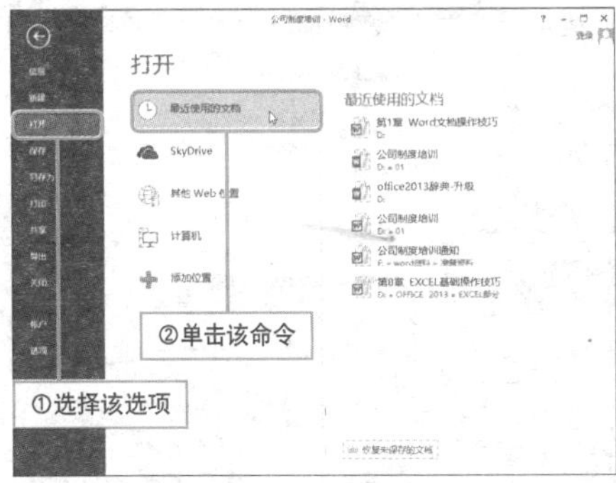

2 选择需要删除的文档记录，右键单击，选择“从列表中删除”选项，若需要全部清除，选择“清除已取消固定的文档”。

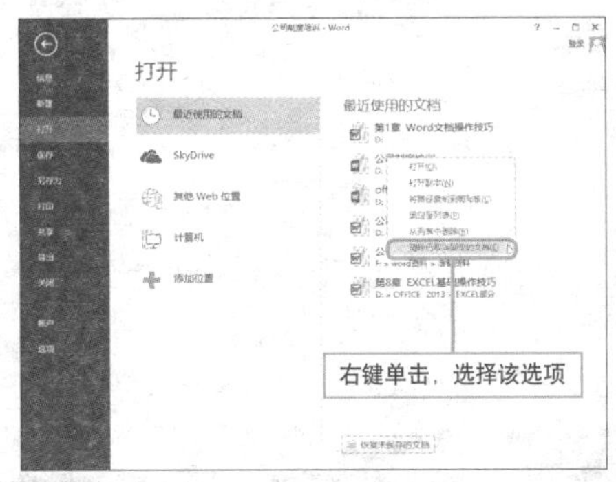

3 **修改最近使用的文档数目法。**选择“文件>选项”命令，打开“Word选项”对话框，选择“高级”选项。

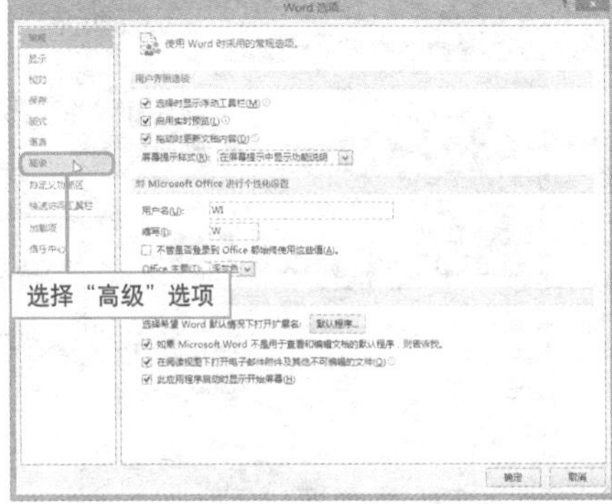

4 在“显示”选项组中的“显示此数据的‘最近使用的文档’”文本框中输入“0”，单击“确定”按钮，即可完成清除记录操作。

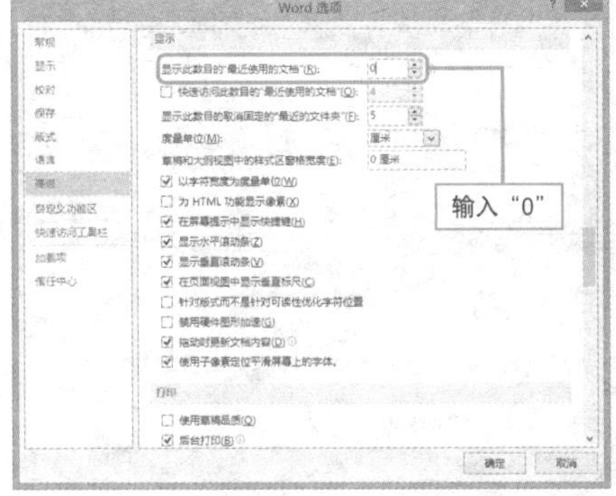

Question 009

打造个性功能区

实例 自定义 Word 功能区

在对文档进行编辑时，需要用到功能区中的命令。若需要用到的某一命令在功能区中无法找到，则可以通过设置，将其添加至功能区中。

• Level ◆◆◆

2010 2007

1 右击功能区中任意位置，从弹出的快捷菜单中选择“自定义功能区”命令。

右键单击，选择该选项

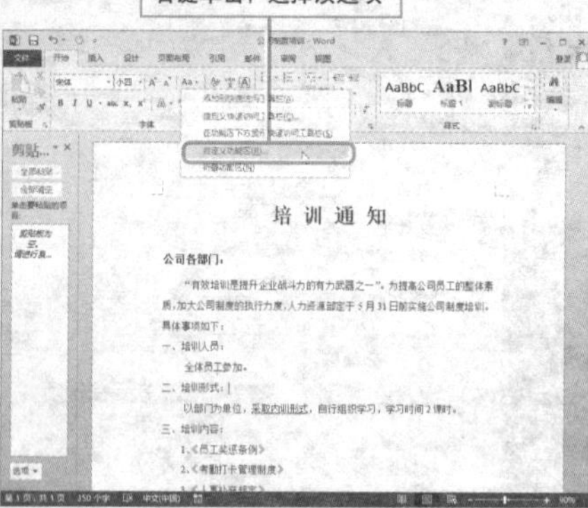

2 在“Word选项”对话框右侧“自定义功能区”下方的列表中，选择“开始”选项卡。

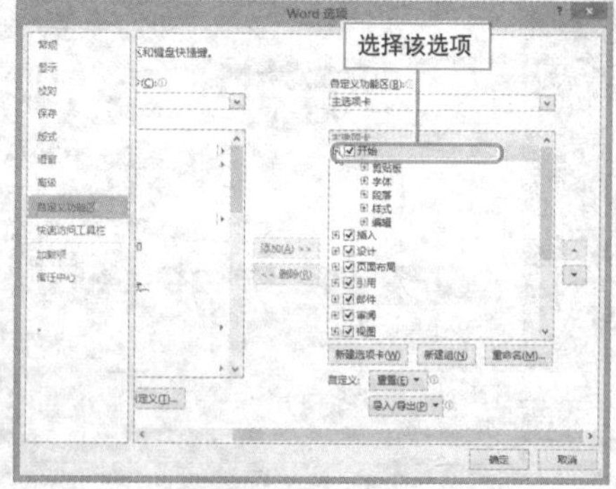

3 单击“新建组”按钮，此时在刚刚选择的主选项卡下方会出现“新建组（自定义）”选项。

单击该按钮

4 选择“新建组（自定义）”选项，单击“重命名”按钮，在“重命名”对话框中，输入命令名称，单击“确定”按钮。

①输入名称 ②单击该按钮

5 单击左侧“从下列位置选择命令”下拉按钮，选择“所有命令”选项。

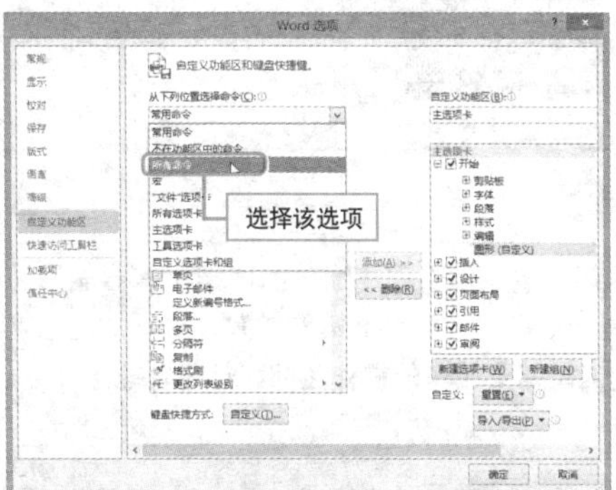

6 选择合适的命令，单击“添加”按钮，将其添加至“新建组”中。

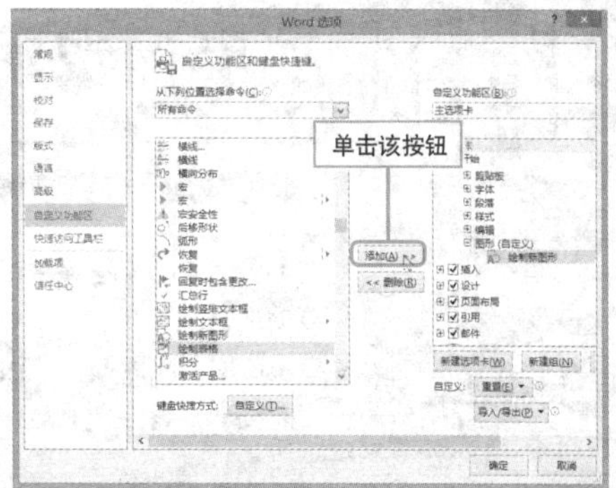

7 添加完成后，单击“确定”按钮，关闭对话框。此时在Word文档相关选项组中，即可看到刚添加的命令。

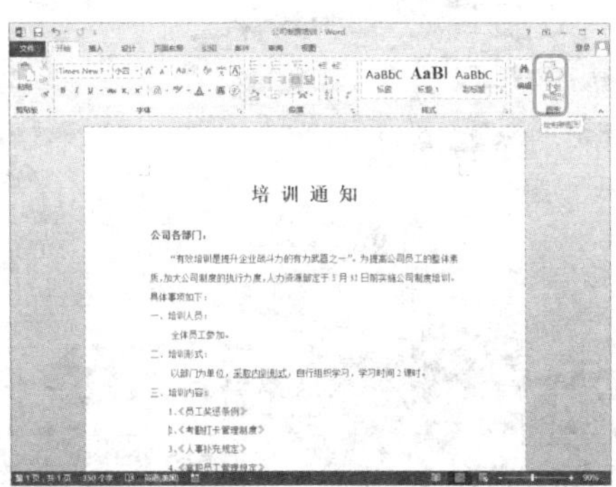

8 若想要删除添加的命令或组，只需打开“Word选项”对话框，在右侧列表中，选中添加的命令或组，单击“删除”按钮。

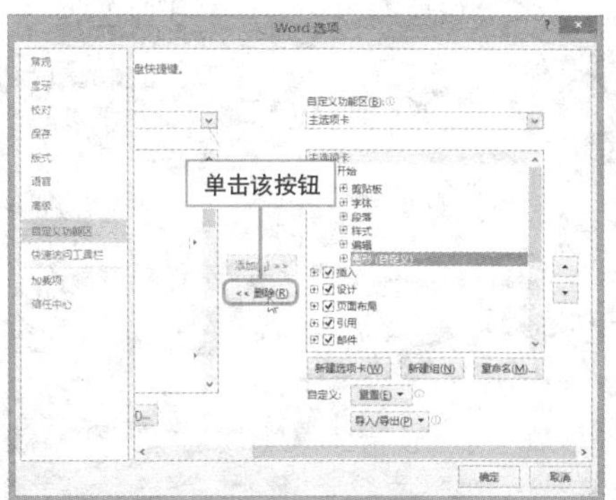

9 若在编辑文档时，找不到需要的选项卡或命令，同样可打开“Word选项”对话框，选择“自定义功能区”选项，在右侧列表中选择“所有选项卡”选项。

10 在选项卡列表框中，勾选所需的命令选项卡复选框，单击“确定”按钮即可显示相应命令，这里勾选“开发工具”复选框。

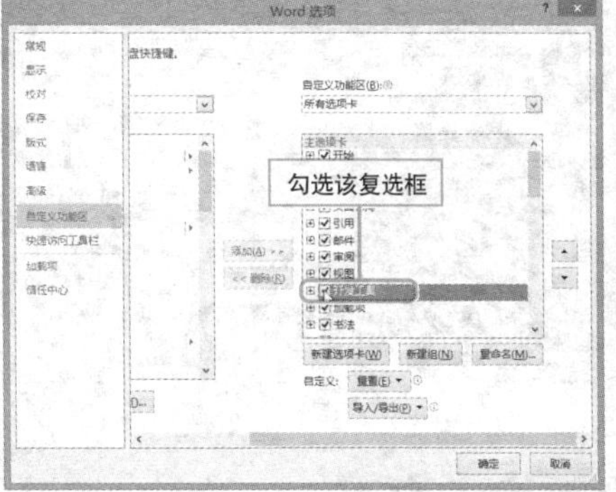

功能区也玩捉迷藏

实例 显示 / 隐藏功能区

在 Word 2013 程序中，功能区默认位于程序窗口的顶端，其界面能够自动适应窗口的大小。但是功能区界面的大小不能任意设置，并且在窗口中占用了很大面积。因此，若需要更多的操作空间，可将功能区隐藏，当需要时，再恢复其显示。

1. 单击窗口右上角的“功能区显示选项”按钮，展开其下拉列表。

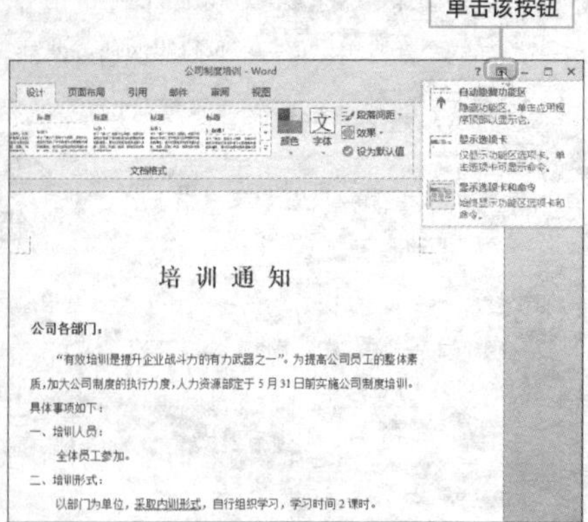

2. **自动隐藏功能区。**若选择“自动隐藏功能区”命令，可将功能区全部隐藏，当需要显示功能区时，可在上方单击。

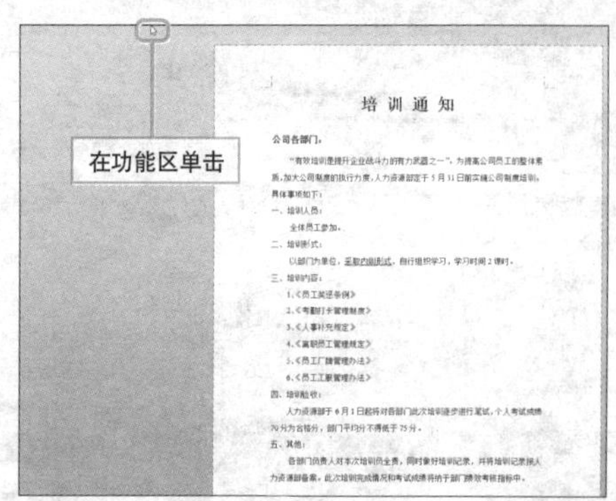

3. **显示选项卡。**若选择“显示选项卡”命令，保留选项卡，当需要功能区中的命令时，单击相应选项卡标签即可。

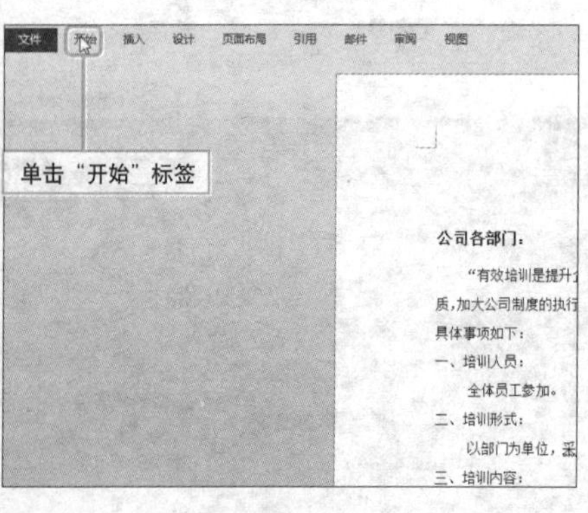

4. **显示选项卡和命令。**若需要将隐藏的功能区命令显示出来，可以从中选择“显示选项卡和命令”选项。

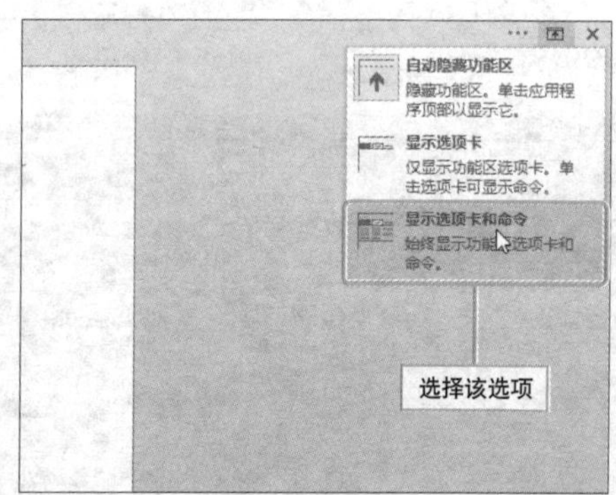

巧妙设置快速访问工具栏

实例 快速访问工具栏的设置

快速访问工具栏位于操作界面的左上角，具有高度的可定制性。用户可以将常用的命令添加到快速访问工具栏中，同时也可以将快速访问工具栏中不常用的命令删除。

1 单击“自定义快速访问工具栏”下拉按钮，选择需要添加的命令即可。

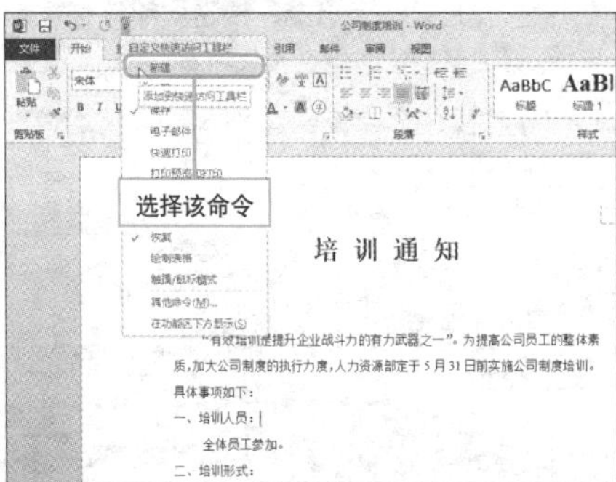

2 若选择“新建”命令，系统会将其添加至快速访问工具栏中。

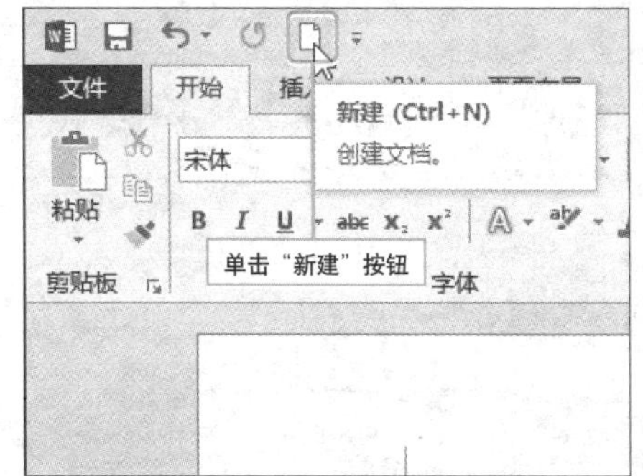

3 若用户想要从快速访问工具栏中删除命令，则可打开“自定义快速访问工具栏”列表，取消对“新建”命令的选中即可。

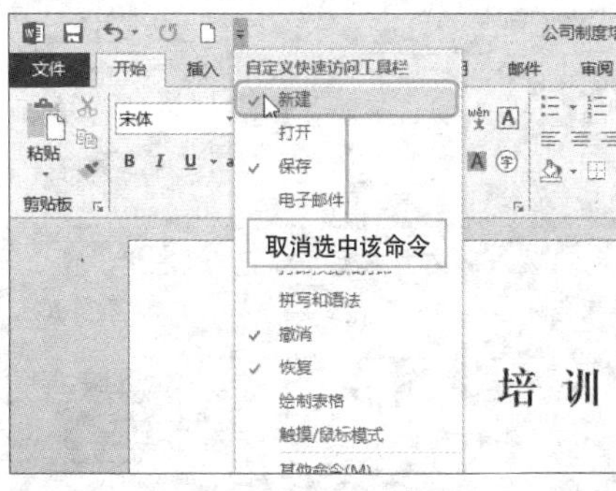

4 在功能区中，右击需要添加至快速访问工具栏中的命令图标，从列表中选择“添加到快速访问工具栏”命令。

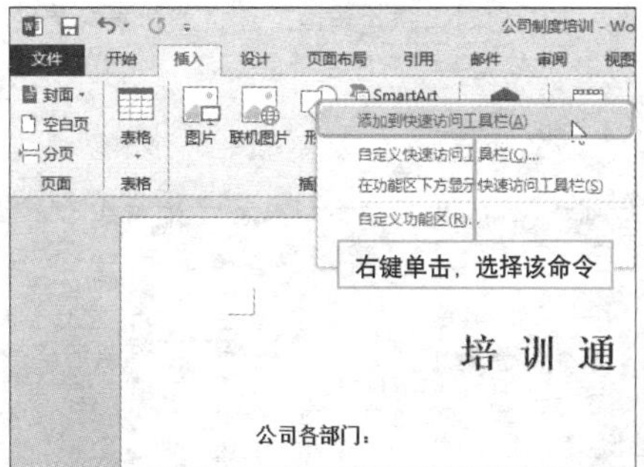

5 可将选择的命令添加至快速访问工具栏中。

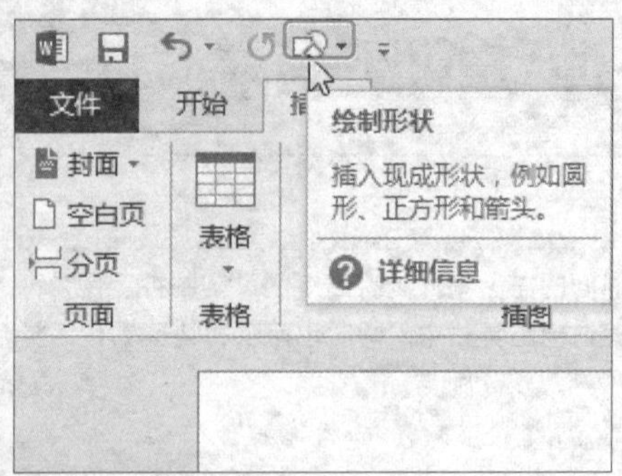

6 若想要删除该命令，只需右击该命令，选择“从快速访问工具栏删除”即可。

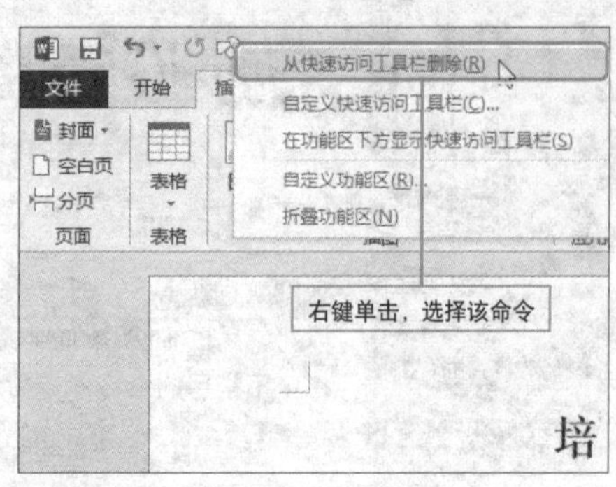

7 还可以在“自定义快速访问工具栏”列表中选择其他命令。打开“Word选项”对话框，在“从下列位置选择命令”下方的列表中选择需要添加的命令。

8 单击“添加”按钮，可将选择的命令添加至“自定义快速访问工具栏”下的列表框中，然后单击“确定”按钮，即可将该命令添加到快速访问工具栏中。

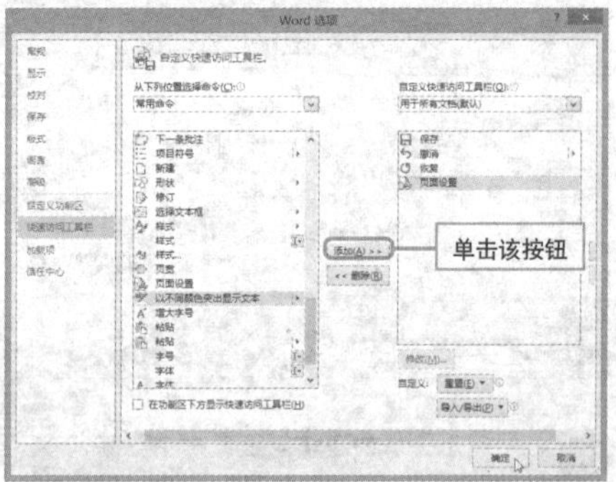

9 若想要改变快速访问工具栏的位置，只需在“自定义快速访问工具栏”列表中选择“在功能区下方显示”命令即可。

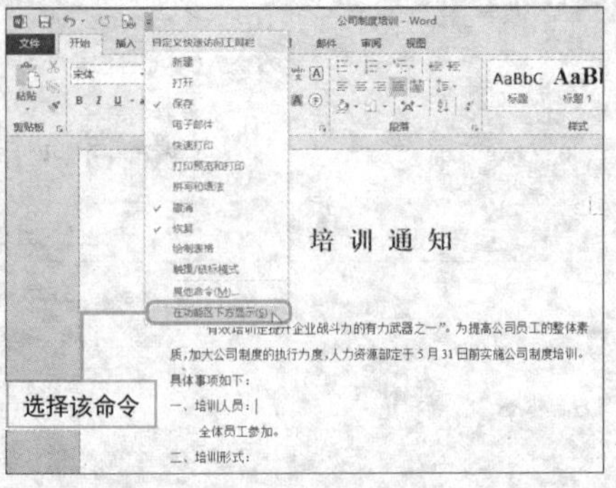

Hint

“自定义快速访问工具栏”应用范围

在“Word 选项”对话框的“自定义快速访问工具栏”下拉列表中，除了“用于所有文档（默认）”选项外，还将列出当前打开的文档名称。通过选择该列表中的相应选项，可设置自定义的快速访问工具栏是用于整个文档还是只针对某个文档。

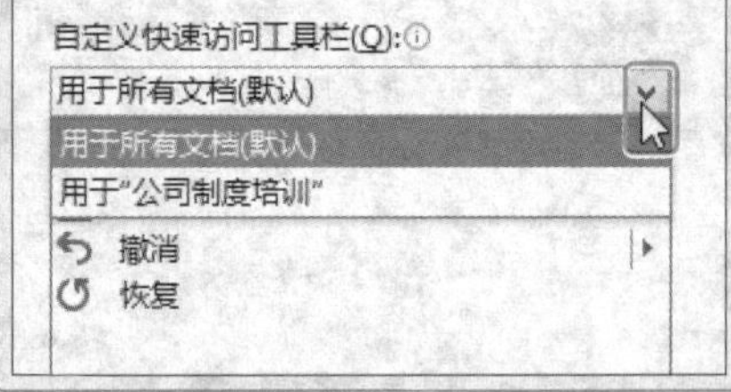

快速创建 Word 文档也不难

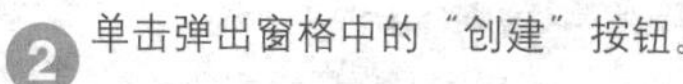

实例 Word 文档的创建

工作中有时需要将不同的文本信息存储到不同文档中，那么，如何快速创建一个新的文档呢？

1. 打开“文件”菜单，选择“新建”命令，在右侧的模板列表中选择合适的模板。

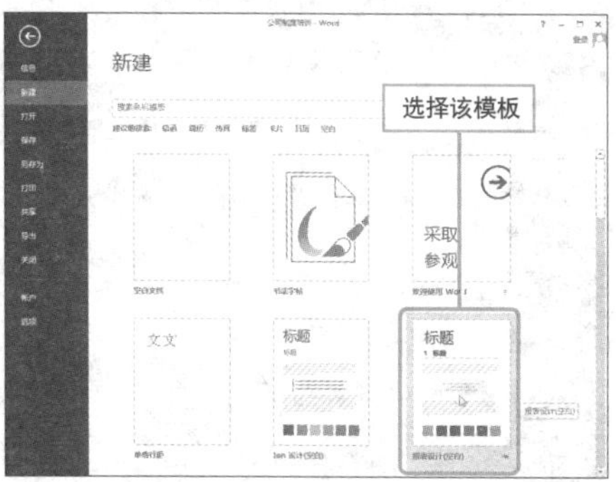

2. 单击弹出窗格中的“创建”按钮。

3. 新的模板文档就创建好了，根据需要，输入相应的文本信息。

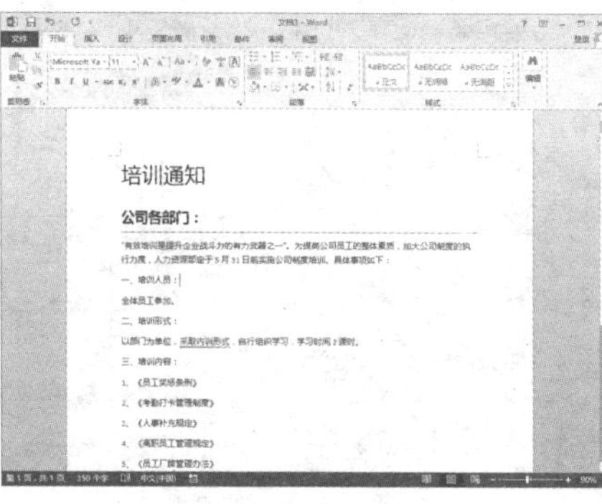

Hint

快速创建空白文档有捷径

若已经有打开的文档，直接在键盘上按下Ctrl + N 组合键即可创建一个新的空白文档。

按 Ctrl + N 组合键创建空白文档

Question 013

● Level ◆◆◇

2013 2010 2007

打开 Word 文档花样多

实例 Word 文档的打开

只有打开文档才能对文档进行查看并修改，快速打开文档可提高工作效率。

1 **在资源管理器或文件中打开。**找到文档所在的文件夹，在文档缩略图上双击，即可将其打开。

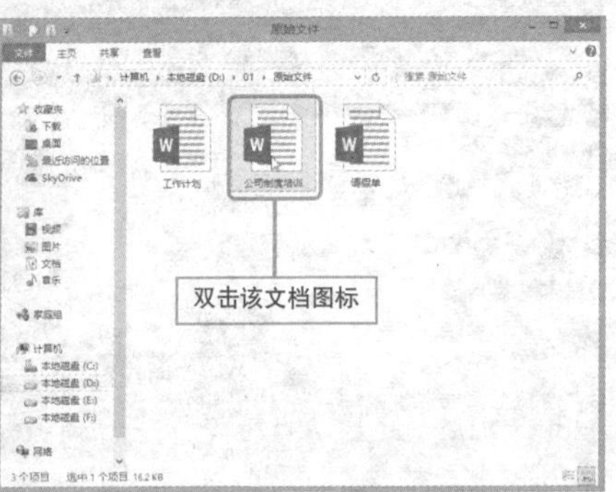

2 **打开最近使用的文档。**执行“文件>打开”命令，选择“最近使用的文档”选项，单击需要打开的文档，即可将其打开。

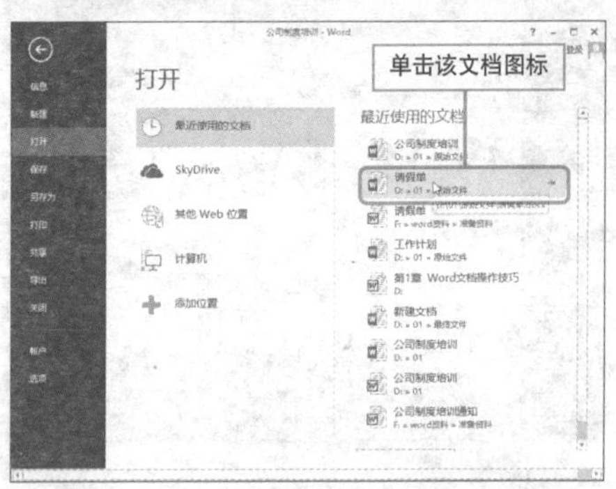

3 **通过对话框打开文档。**执行“文件>打开>计算机”命令，然后双击放置所需文档的文件夹图标。

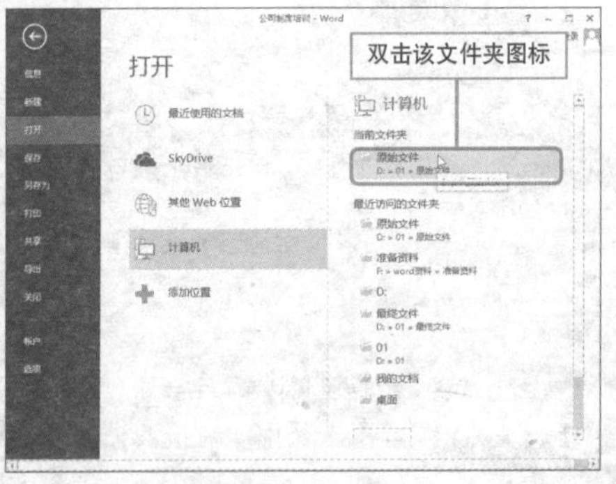

4 在“打开”对话框中，先选择文档，然后单击“打开”右侧下拉按钮，选择合适的打开方式打开文档。

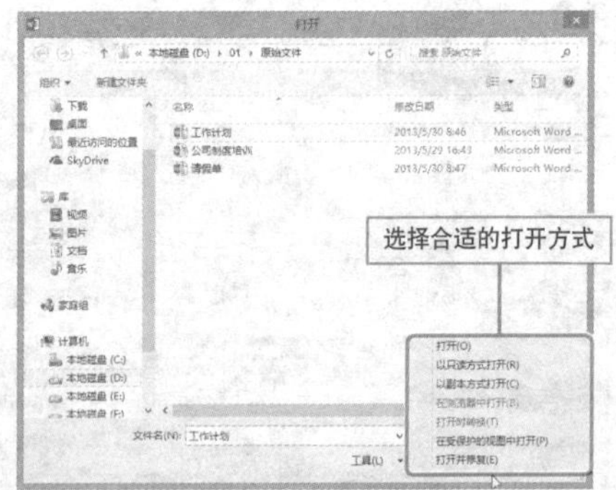

快速保存 Word 2013 文档

实例	Word 2013 文档的保存

制作完文档后，需要及时保存以免因意外断电、电脑故障等原因导致文件信息的丢失。

❶ 单击快速访问工具栏上的“保存”按钮，或者执行“文件>保存”命令。

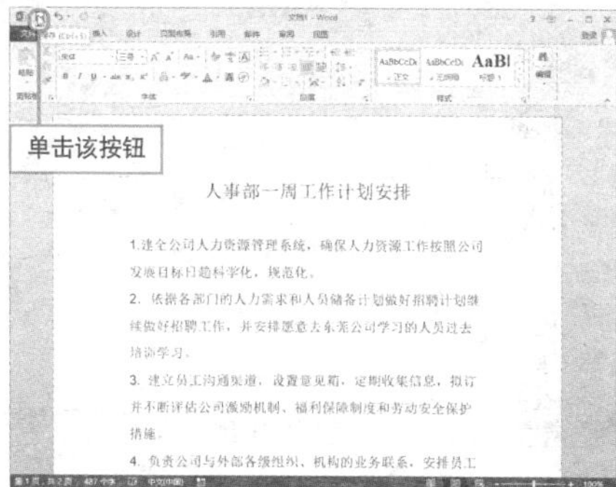

❷ 选择“另存为”选项下的“计算机”选项，然后单击“浏览”按钮。

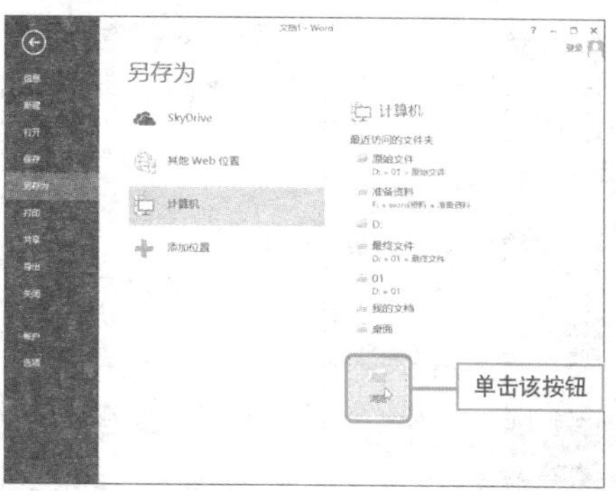

❸ 打开“另存为”对话框，选择保存类型，并输入文件名，单击“保存”按钮即可。

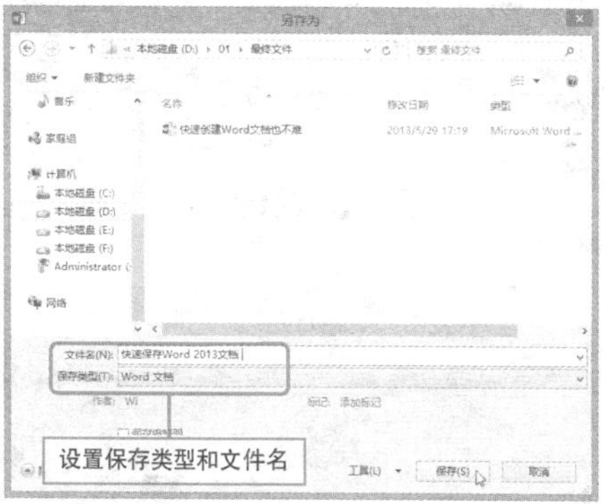

Hint

另存文档有技巧

以上讲解为初次保存文档的方法，对于已经保存过的文档，只需按下 Ctrl + S 组合键保存即可。若需另存文档，则需执行“文件 > 另存为 > 计算机 > 浏览”命令，然后在打开的“另存为”对话框中进行保存即可。在另存文件时，若另存的文档与原文档在同一个文件夹中，则文档的名称不能与之前的相同，否则会覆盖已经保存过的文档。若希望两个文档的名称一致，则两个文档不能保存在同一文件夹中。

Question

015

Level ◆◆◇

2013 2010 2007

让文档可以在较低版本中打开

实例 将文档保存为 Word 97-2003 文档

若用户的同事或者客户的办公软件版本较低，无法打开用户发送的文档，用户可以在发送之前将其另存为“Word 97-2003 文档”的格式，再进行发送。

1 打开“文件”菜单，选择“另存为”选项。

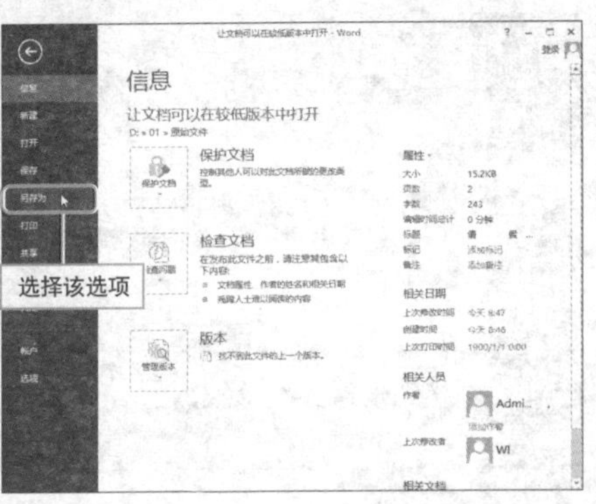

2 选择“计算机”选项，在右侧“最近访问的文件夹”列表中选择合适的文件夹。

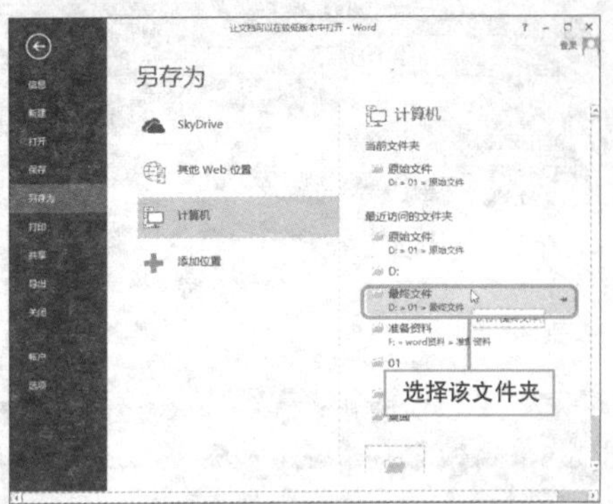

3 打开“另存为”对话框，单击“保存类型”按钮，从列表中选择“Word 97-2003文档”选项。

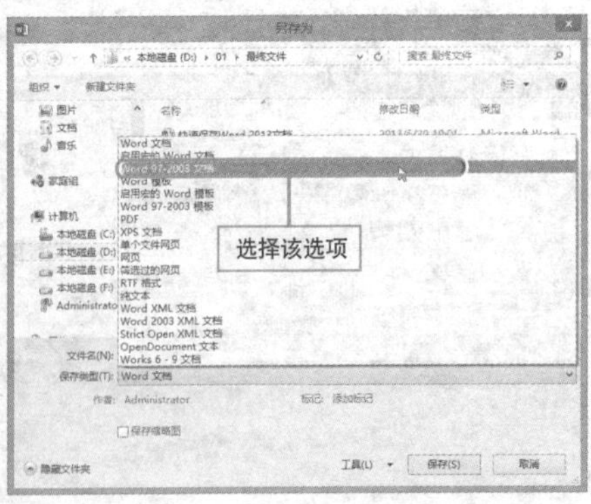

4 设置完成后，单击“保存”按钮进行保存，保存后可以看到，标题栏上会显示“兼容模式”的字样。

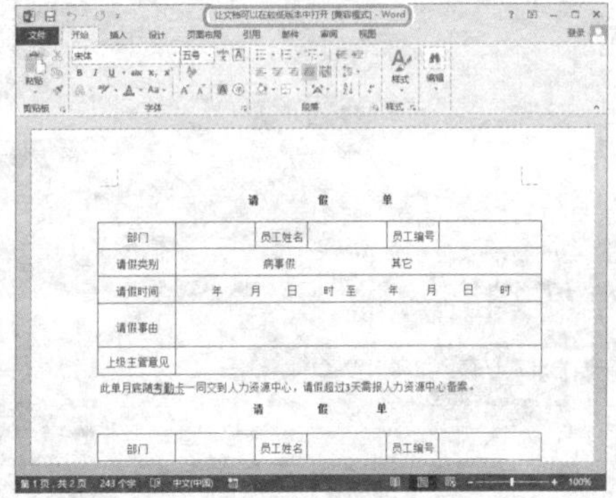

Question

016 按需选择视图模式很重要

Level ◆◆◇

2013 2010 2007

实例 视图模式的选择

文档窗口的显示模式即为视图方式，Word 2013 的视图模式有五种，分别为页面视图、阅读视图、Web 版式视图、大纲视图以及草稿，页面视图为默认视图模式，在此模式下可进行一切编辑操作，下面主要介绍其他四种视图模式。

① **阅读视图**。执行“视图>阅读视图”命令，可进入阅读视图模式，该模式下可隐藏不必要的选项卡，查看文档更方便。

② **Web版式视图**。执行“视图>Web版式视图”命令，可进入Web版式视图，在该模式下可获得极佳的阅读效果，同时使联机阅读变得更加便捷。

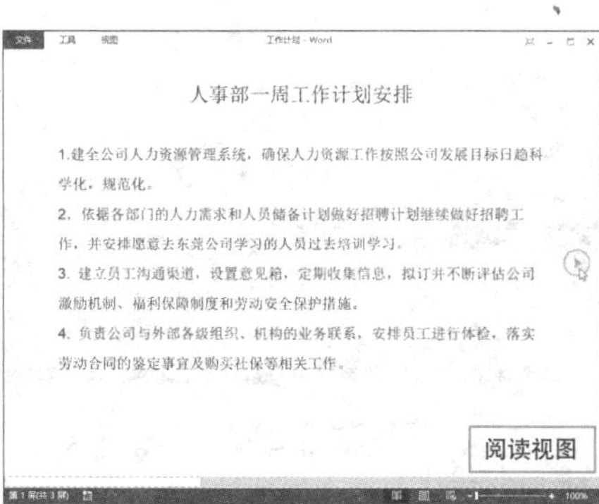

阅读视图

Web 版式视图

③ **大纲视图**。执行“视图>大纲视图”命令，可进入大纲视图，该模式下可将文档的标题分级显示，使文档结构层次分明，易于理解和编辑。

④ **草稿**。执行“视图>草稿”命令，可进入草稿视图，在该模式下，可以对文档进行大多数的编辑和格式化操作。

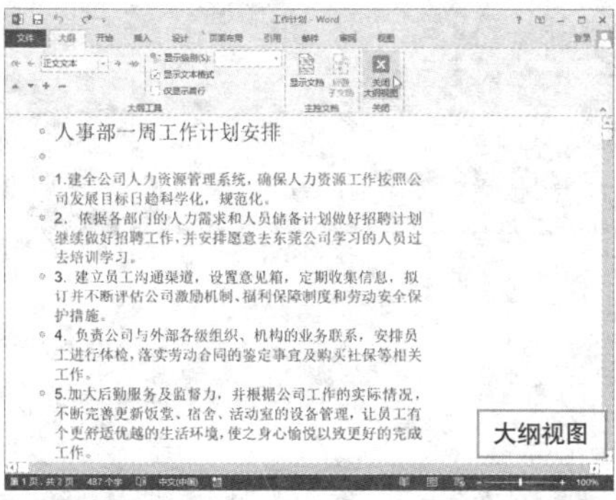
大纲视图

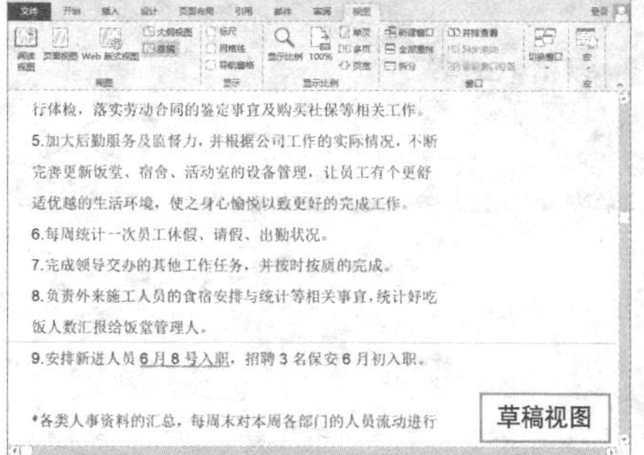
草稿视图

Question 017

● Level ◆◆◇

2013 2010 2007

显示文档结构很简单

实例 显示文档导航窗格

在查看和编辑文档的过程中，若想要快速定位到文档的某一处，可以显示出文档的导航窗格，从而快速查阅和修改文档，下面介绍如何显示文档导航窗格。

1 打开演示文档，切换至“视图”选项卡，勾选“导航窗格”复选框。

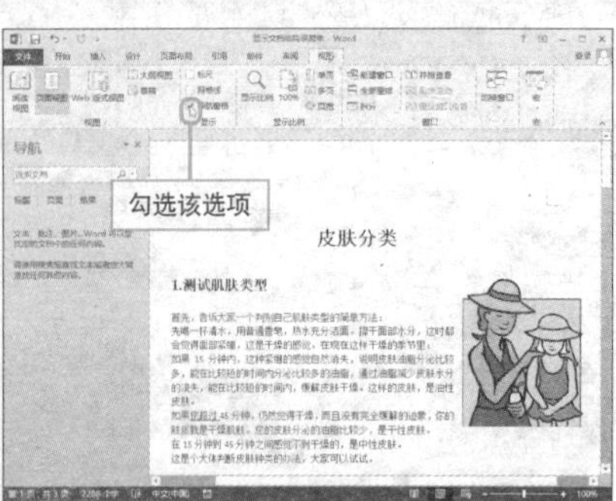

2 打开“导航”窗格，切换至“标题”选项卡，即可显示文档内的各级标题。

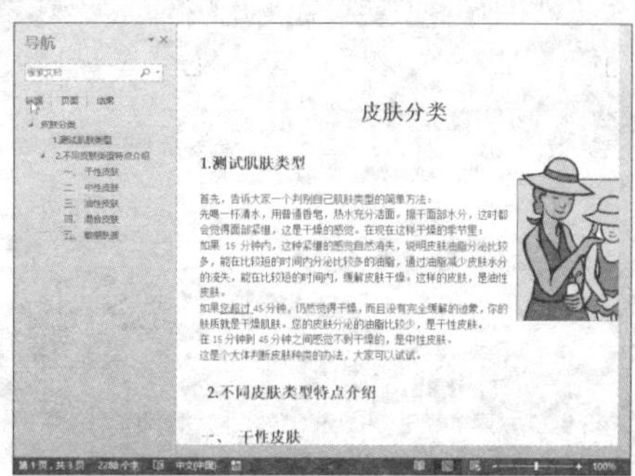

3 单击相应标题内容，即可跳转至该标题所处页面。

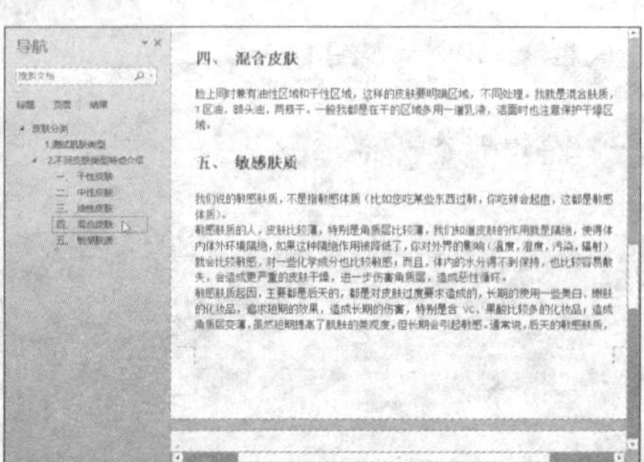

4 若切换至“页面”选项卡，即可分页查看文档内容。

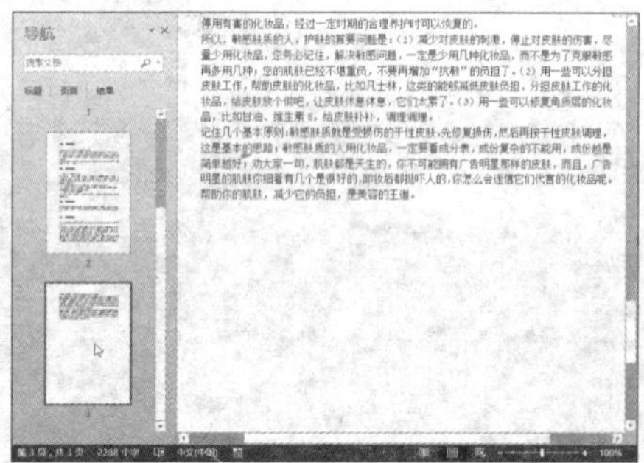

Question 018

Level

2013 2010 2007

快速拆分文档窗口

实例 文档窗口的拆分

若文档中信息量过多，导致文档长度过长，而又需要对文档的前后内容进行比较时，可以将文档拆分为两个窗口，下面将对这一操作进行介绍。

1 打开需要拆分的文档，切换至“视图”选项卡，单击“拆分”按钮。

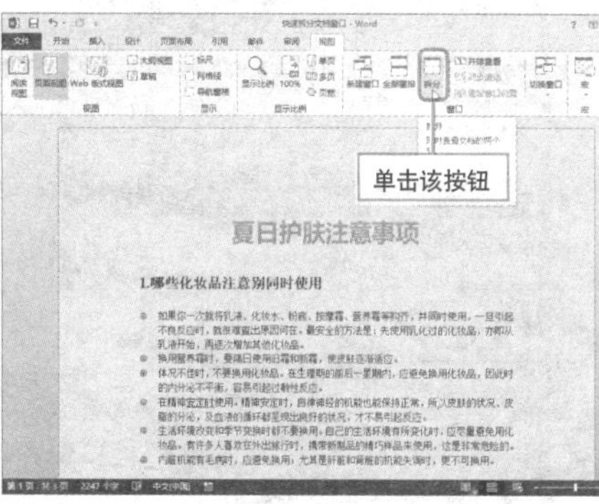

2 窗格中间出现一条横线即拆分线，可拖动拆分线至合适的位置。

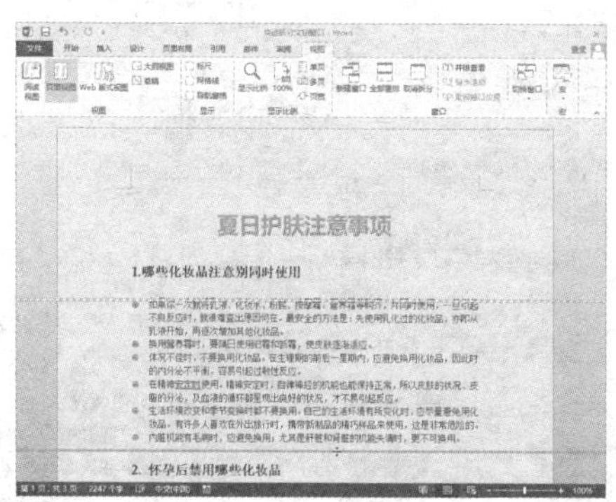

3 在文档窗口内任意处单击鼠标左键，完成文档窗口的拆分。若想调整两个窗格之间的关系，可拖动拆分线。

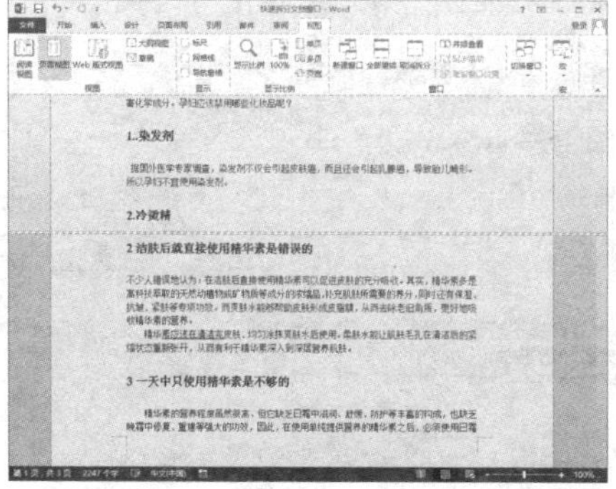

4 拆分完成后，功能区中的“拆分”按钮变为“取消拆分”按钮，单击该按钮，即可取消对窗口的拆分。

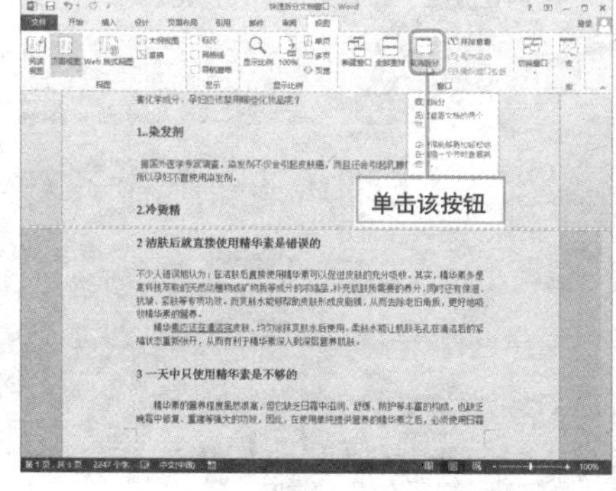

Question 019

• Level ◆◆◆

2013 2010 2007

轻松实现文档的并排查看

实例 并排查看文档

拆分文档窗口可以查看、对比同一文档不同位置的内容，如果需要查看和比较两个不同文档中的内容，则可以通过并排查看文档来实现。

1 打开需要并排查看的文档，切换至“视图”选项卡，单击“并排查看”按钮。

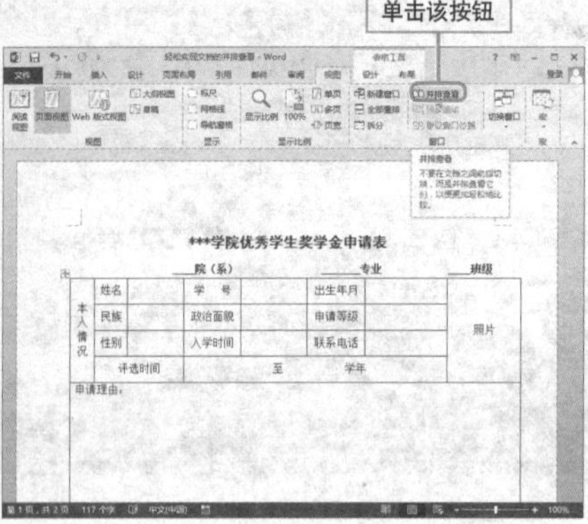

2 在弹出的“并排比较”对话框下，在“并排比较”列表中选择需要与当前文档比较的文档，然后单击“确定”按钮。

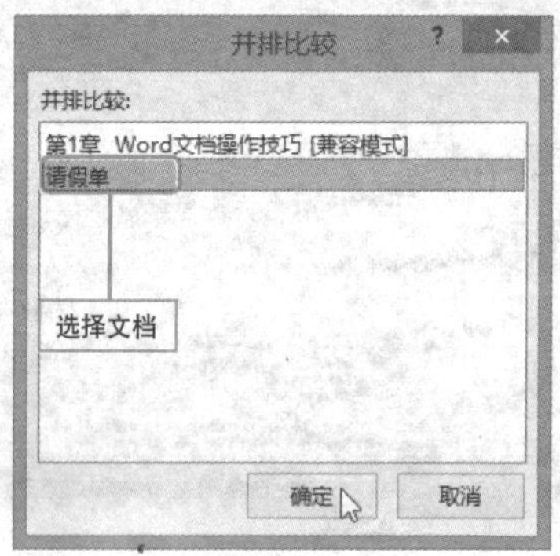

3 两个窗口将并排显示，此时，“同步滚动”按钮处于按下状态，拖动某个窗口中的滚动条浏览文档，另一个窗口也会随之滚动。

4 并排查看文档完成后，若想要取消并排查看，可再次单击“并排查看”按钮。

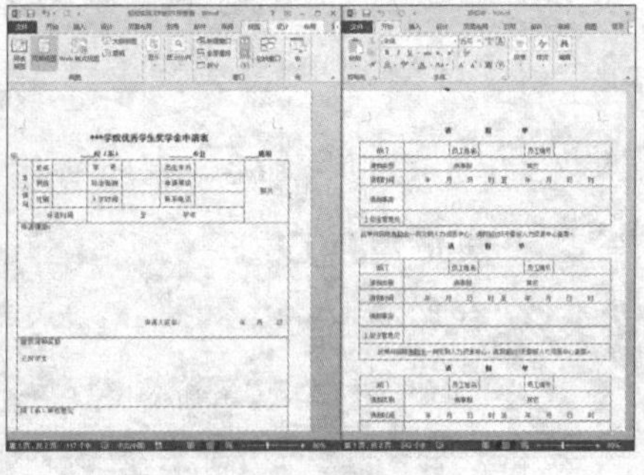

快速新建和切换文档窗口

实例 文档窗口的新建和切换

若需要同时对多个文档进行编辑，则可以使用 Word 2013 的切换窗口功能；若想在新的文档窗口中打开当前文档，则可以新建窗口。

1. 切换窗口。打开需要编辑的文档，切换至“视图”选项卡，单击“切换窗口”按钮，从列表中选择需要打开的文档名称。

2. 若选择“公司制度培训”这一选项，则可切换至该文档。

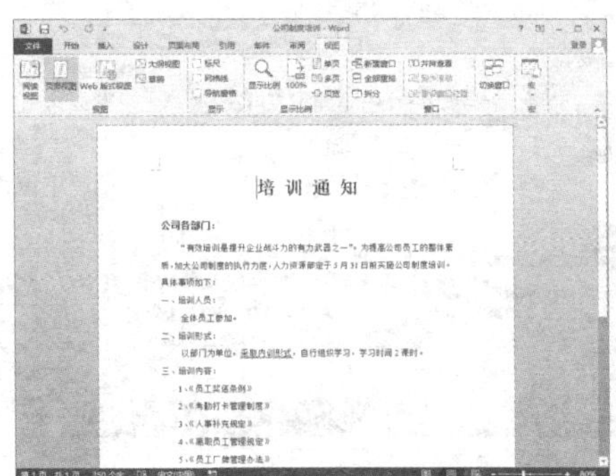

3. 新建窗口。单击“窗口”面板中的“新建窗口”按钮。

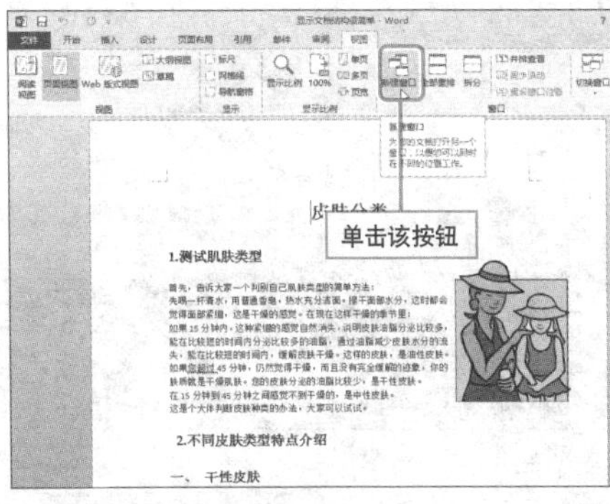

4. 即可创建一个与当前文档窗口相同大小的文档窗口，且内容与当前文档相同。

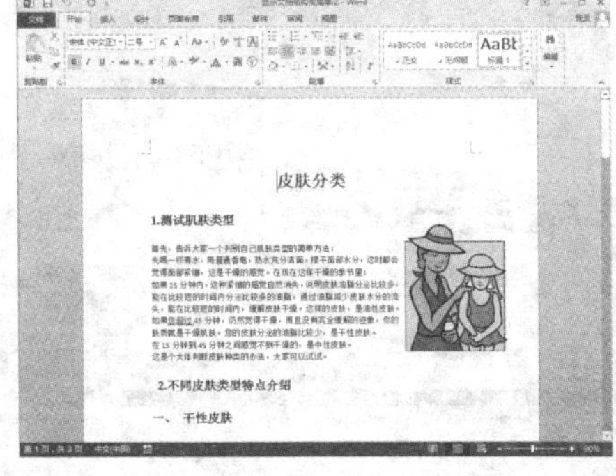

Question 021

Level

2013 2010 2007

快速改变页面显示比例

实例 设置文档页面显示比例

编辑文档时，可以根据需要放大文档以便清晰查看每个细节，也可以缩小文档查看整体效果。

1 打开文档，切换至“视图”选项卡，单击“显示比例”按钮。

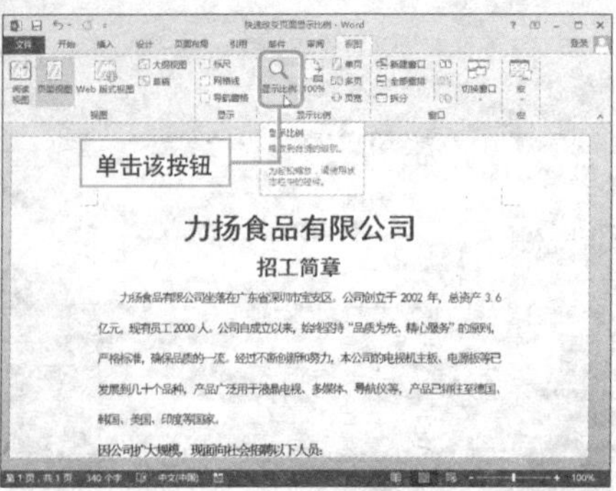

2 打开“显示比例”对话框，在“百分比”数值框中输入数值。

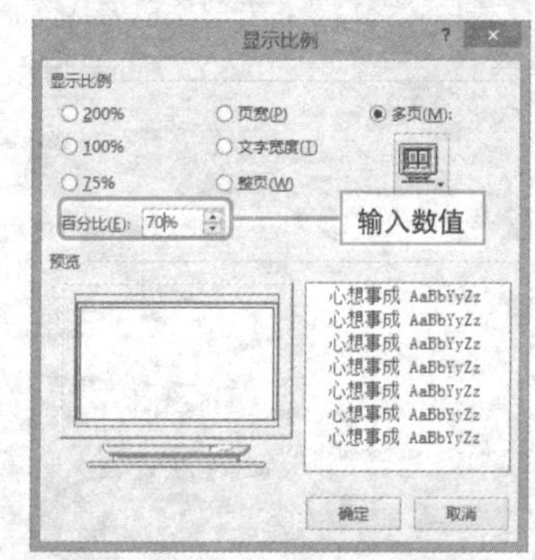

3 单击“确定”按钮，即可看到，文档页面的显示比例已经发生了改变。

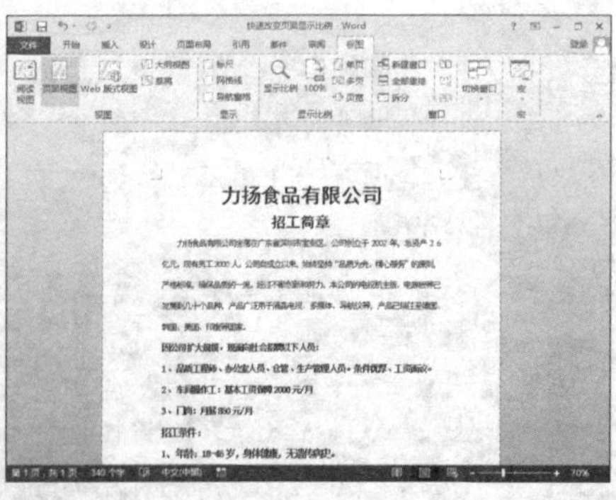

Hint

改变文档页面显示比例的其他方法

通过拖动状态栏上的“显示比例”滑块，同样可以调节文档页面显示比例。

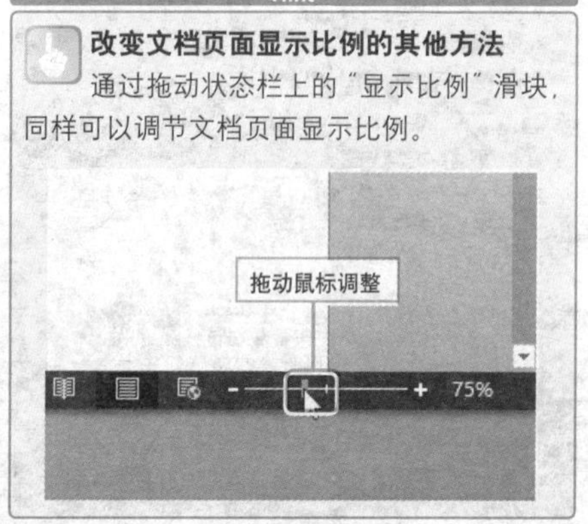

自动更正功能有妙用

实例 使用自动更正功能替换特定文本

自动更正功能将会自动对单词、符号、中文文字及图形进行更正，并以设定的内容替换文档中输入的内容。

1 打开“文件”菜单，单击“选项”选项。

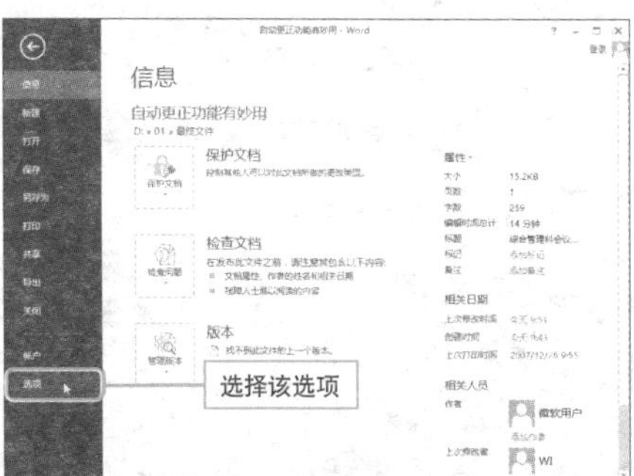

2 打开“Word文档”对话框，选择“校对”选项，单击“自动更正选项”按钮。

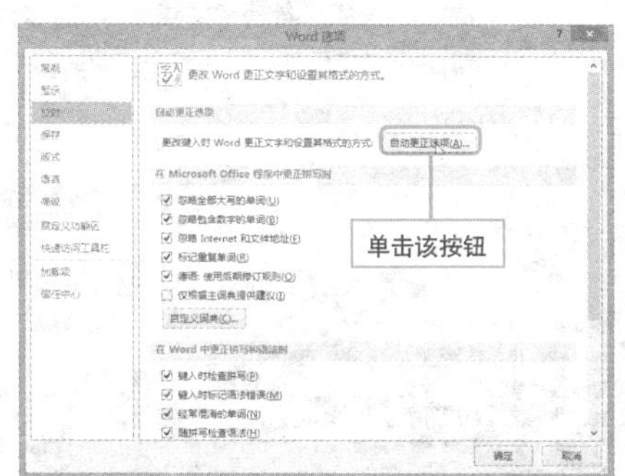

3 打开“自动更正”对话框，在“替换”文本框中输入被替换的文字，在“替换为”文本框中输入用于替换的文字，然后单击“添加”按钮。

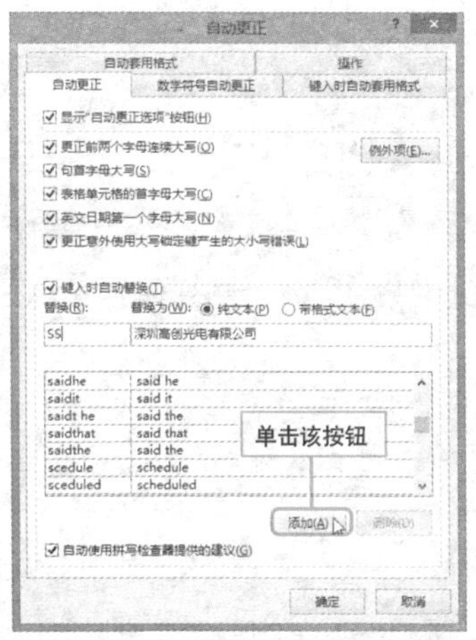

4 单击“确定”按钮，返回“Word文档”对话框，单击“确定”按钮。此时，在文档中输入“SS”后，系统将自动将其转换为“深圳高创光电有限公司”。

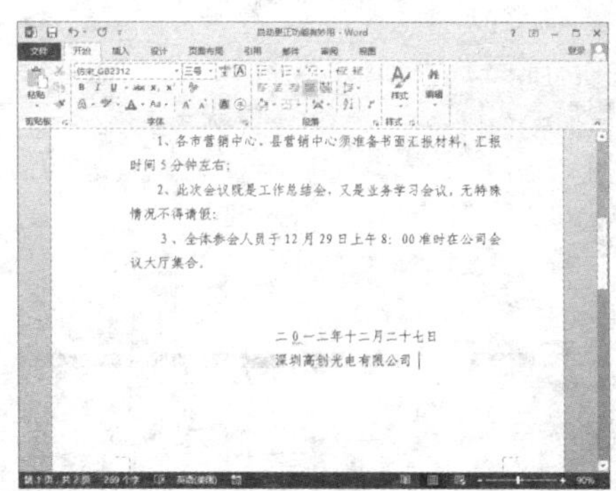

Question 023

Level ◆◆◇

2013 2010 2007

巧用自动图文集功能

实例 自动图文集的插入

自动图文集功能与自动更正功能相似，它可以存储需要重复使用的文字或图形，这样在需要输入这些文字或图形时，只需在键盘上按 F3 键或 Enter 键，即可轻松插入。

1 **添加自动图文集。**选中所需保存的文本和表格，切换至“插入”选项卡，单击“文档部件”按钮，选择“自动图文集>将所选内容保存到自动图文集库”命令。

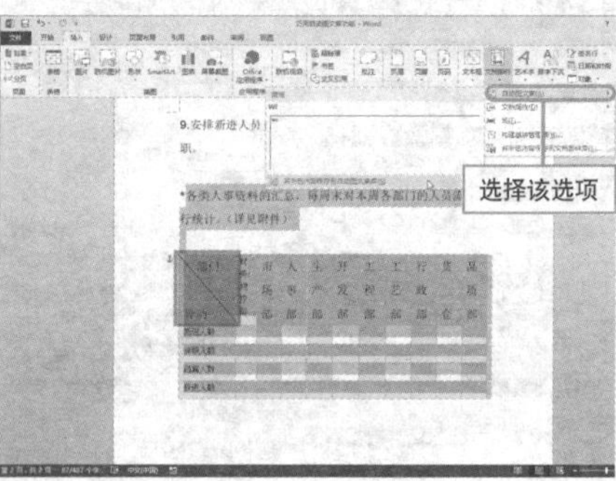

2 打开“新建构建基块”对话框，输入所需保存的名称，这里输入“汇总表”，单击“确定”按钮。

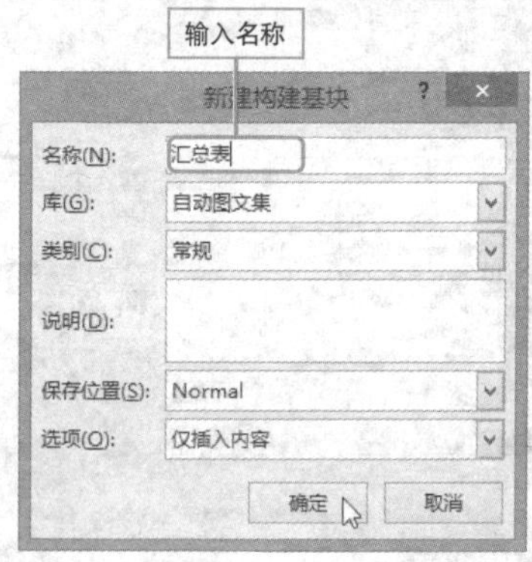

3 保存完成后，若下次需要输入相同的文本，只需输入“汇总表”，然后按Enter键或F3功能键，即可快速插入该文本。

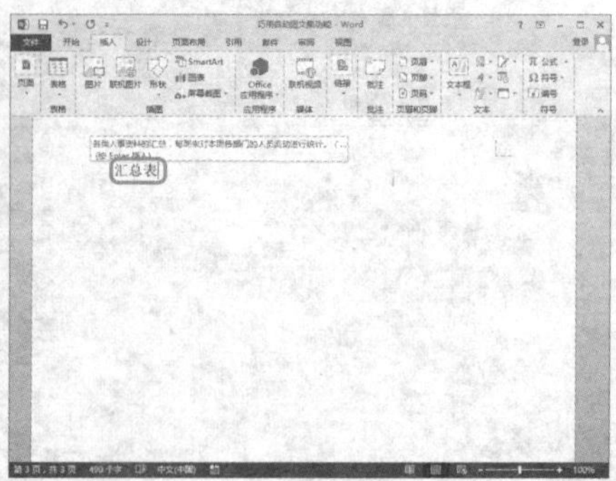

4 **删除自动图文集。**执行“插入>文档部件>自动图文集”命令，在需删除的自动图文集上右击并选择“整理和删除”命令即可。

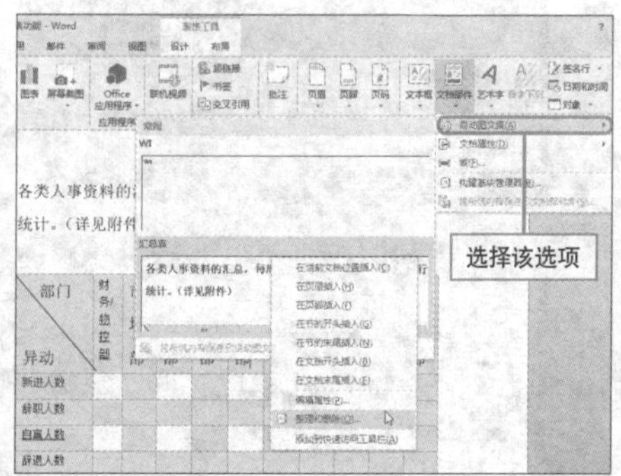

Question 024

● Level ◆◆◆

2013 2010 2007

轻松隐藏两页之间的空白并添加水印

实例 隐藏两页之间空白并添加水印

在默认的页面视图情况下，每页的上下部分都留有一定的空白，在很大程度上会影响阅读速度，其实这些空白是可以隐藏的。除此之外，还可以对一些机密文件添加水印。

❶ **隐藏两页之间空白。**在两页之间的连接处双击，即可将两页之间的空白隐藏。

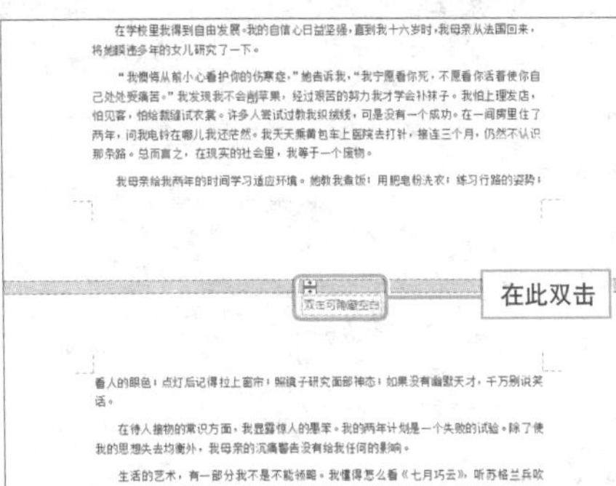

❷ 若想恢复默认设置，将光标移至两页连接处双击鼠标即可。

❸ **添加水印。**切换至“设计”选项卡，单击“水印”按钮，从列表中选择“严禁复制1”选项。

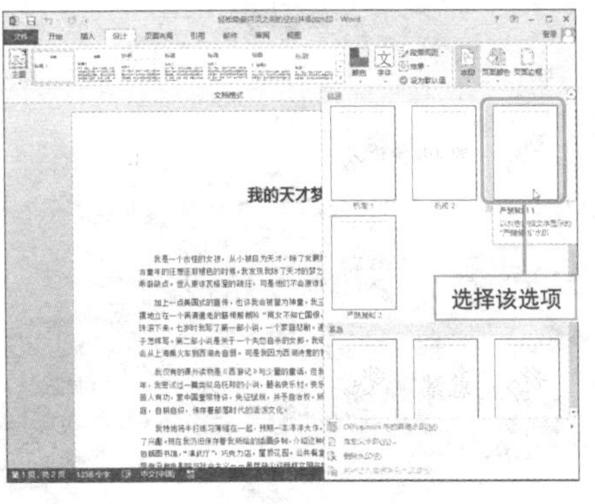

❹ 若用户想要自定义水印，可以在“水印”列表中选择“自定义水印”，在打开的“水印”对话框中进行设置即可。

美化文档背景有绝招

实例 文档页面背景的设置

若想要使文档看起来更加舒服、美观，可以对文档的页面背景进行美化，包括纯色填充、渐变填充、纹理填充等，下面对其进行介绍。

❶ **纯色填充背景。** 打开文档，切换至“设计”选项卡，单击“页面颜色”按钮。

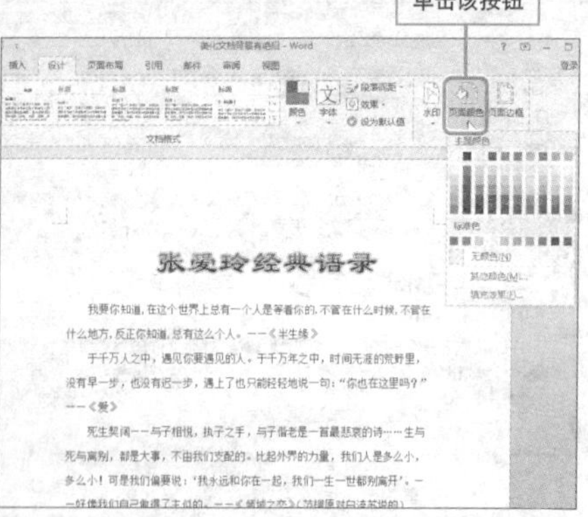

❷ 从展开的“页面颜色”列表中选择“橙色，着色6，淡色60%”，即可完成页面背景的纯色填充。

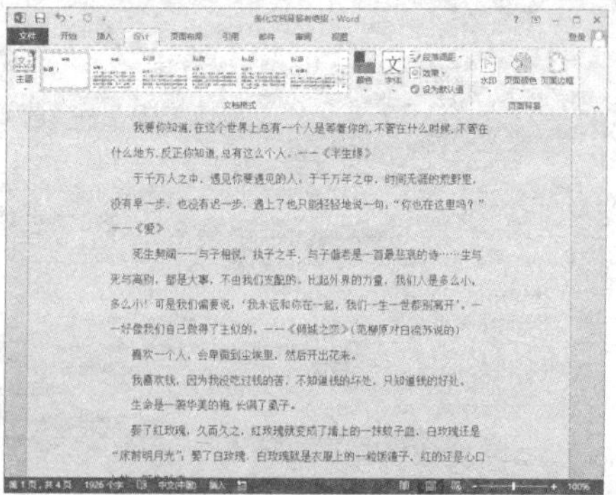

❸ **预设渐变填充。** 执行“设计>页面颜色>填充效果”命令，打开“填充效果”对话框，在“渐变”选项卡，选中“预设”单选按钮，然后选择“雨后初晴”预设效果。

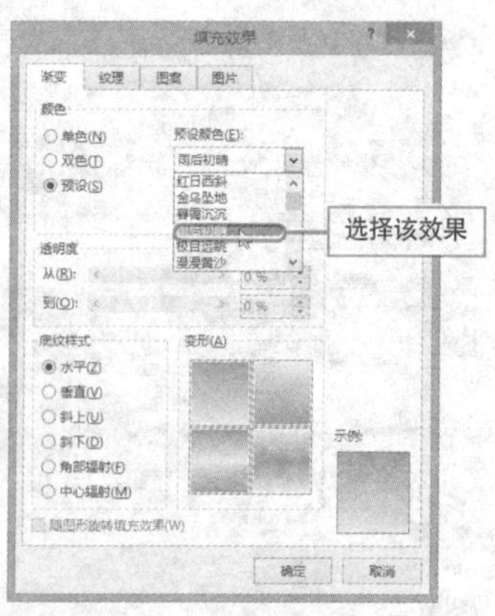

❹ 设置完成后，单击“确定”按钮，即可为文档页面背景应用“雨后初晴”效果。

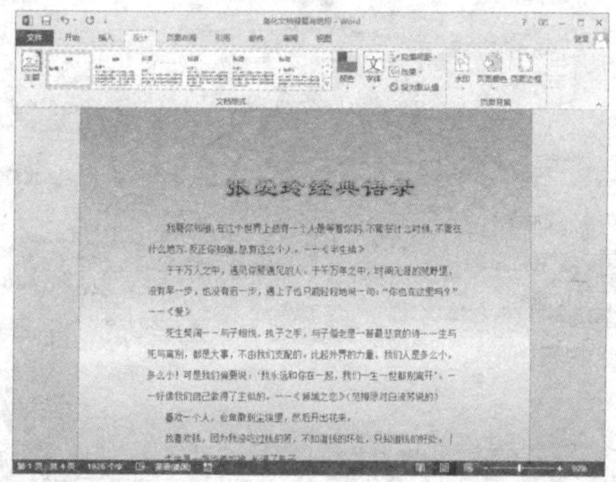

5 **双色渐变填充。**选中“双色”单选按钮，分别设置颜色1和颜色2的颜色，单击“确定”按钮。

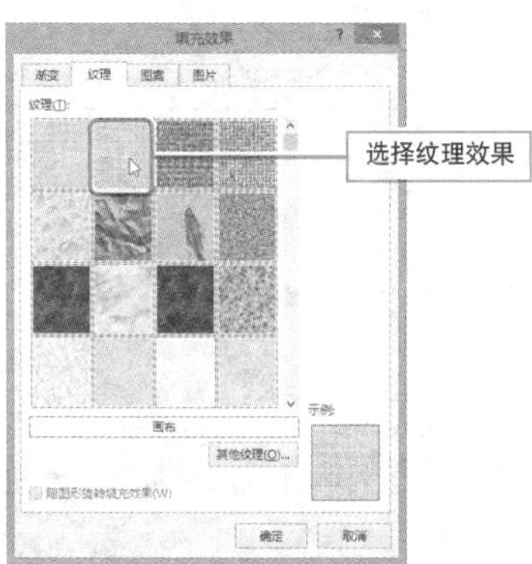

6 返回文档页面，查看设置的双色渐变效果。

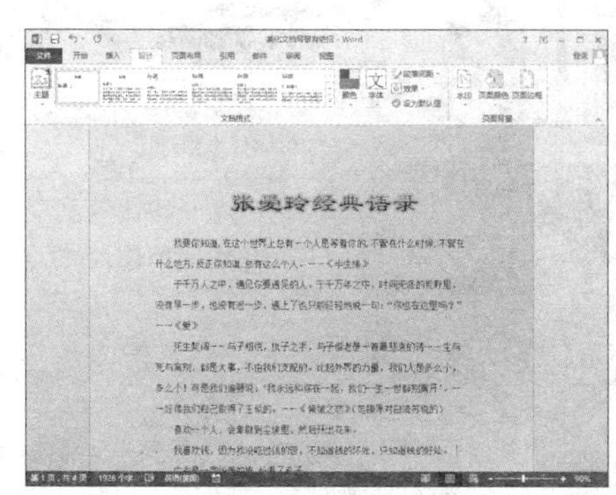

7 **纹理填充。**在“填充效果”对话框中单击“纹理”选项卡，选择一种纹理效果。

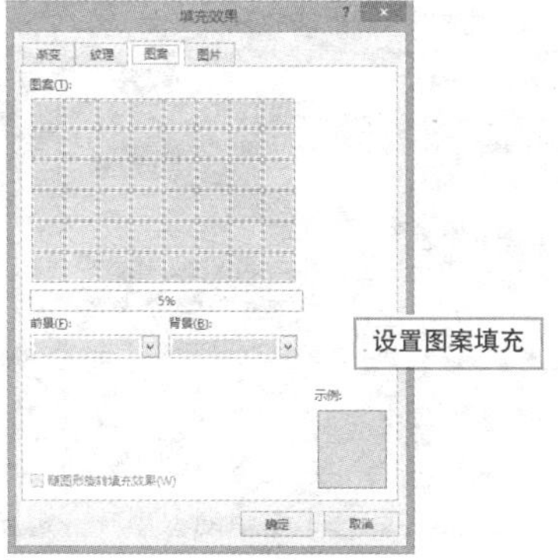

8 单击“确定”按钮，即可完成文档页面的纹理填充。

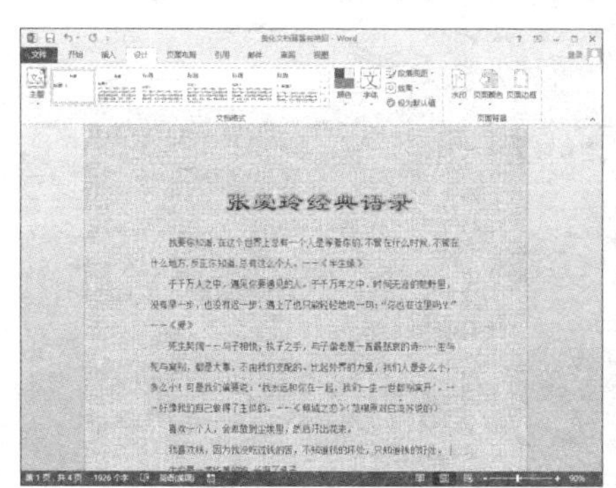

9 **图案填充。**在“填充效果”对话框中，单击“图案”选项卡，选择一种图案效果，并设置合适的前景和背景色。

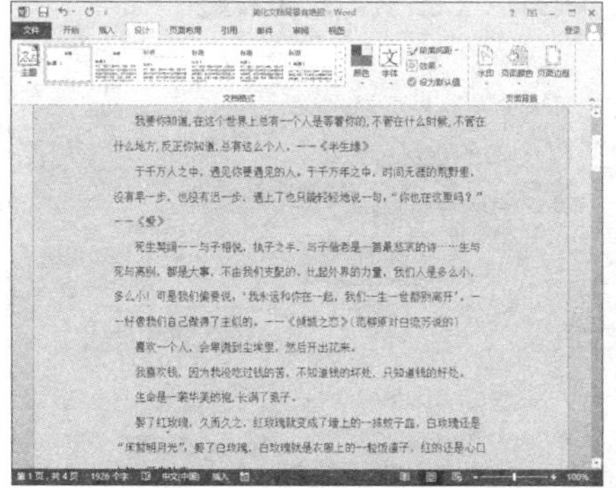

10 设置完成后，单击“确定”按钮，即可完成文档页面的图案填充。

Question 026

Level ◆◆◆

2013 2010 2007

使用图片作为文档页面背景也不难

实例 背景图片填充

若用户有一些比较美观、大方的图片，也可以用来作为文档页面背景，下面介绍使用图片作为文档页面背景的方法。

1 执行“设计>页面颜色>填充效果”命令，打开“填充效果”对话框，在“图片”选项卡中单击“选择图片”按钮。

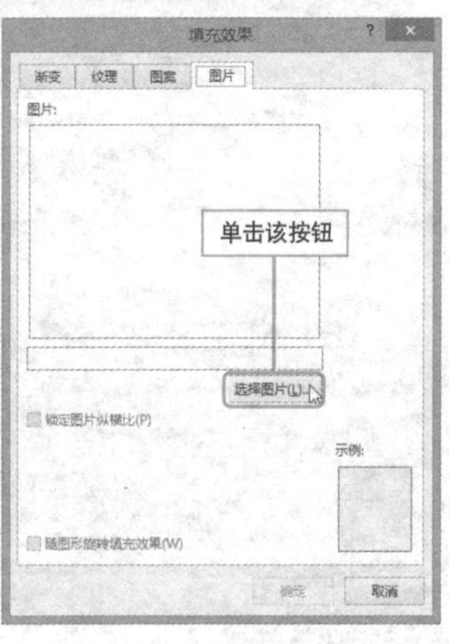

2 弹出“插入图片”窗格，单击“来自文件”选项右侧的“浏览”按钮。

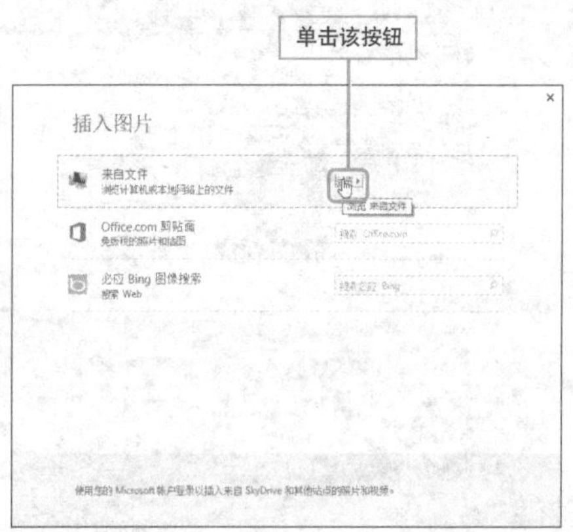

3 打开“选择图片”对话框，选择合适的图片，单击“插入”按钮。

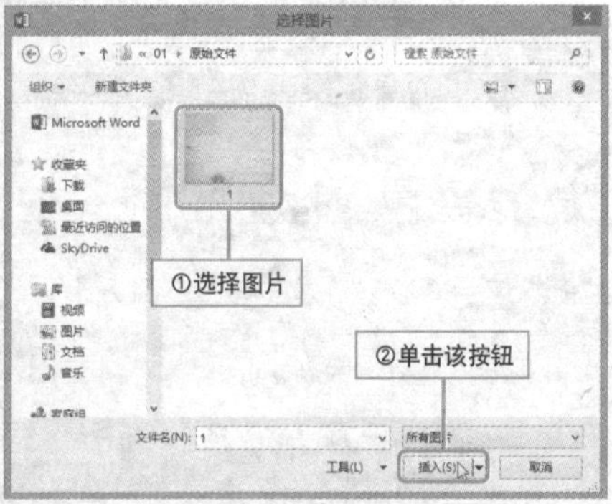

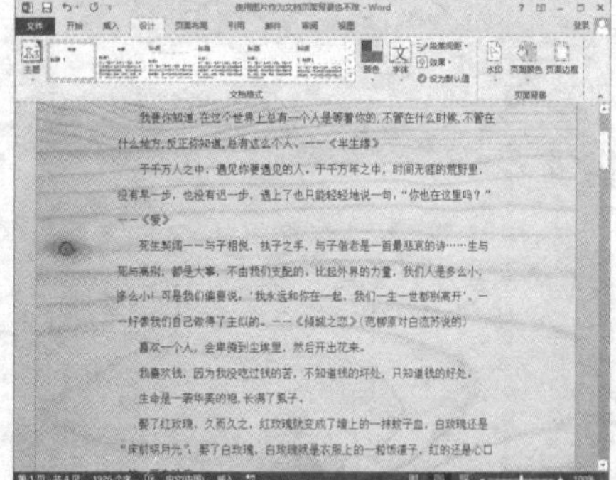

4 返回“填充效果”对话框，单击“确定”按钮，所选图片就会以文档页面背景显示。

Question **027**

帮助功能用处大

● Level ◆◆◇

2013 2010 2007

实例 使用 Word 2013 的帮助功能

使用 Word 2013 编辑文档过程中，可能会遇到各种各样的问题。如果每个问题都要请教别人或翻阅书籍，会很麻烦，这时可使用 Word 2013 的帮助功能。

1. 打开文档，单击功能区右上角“帮助”按钮，或在键盘上按下F1键。

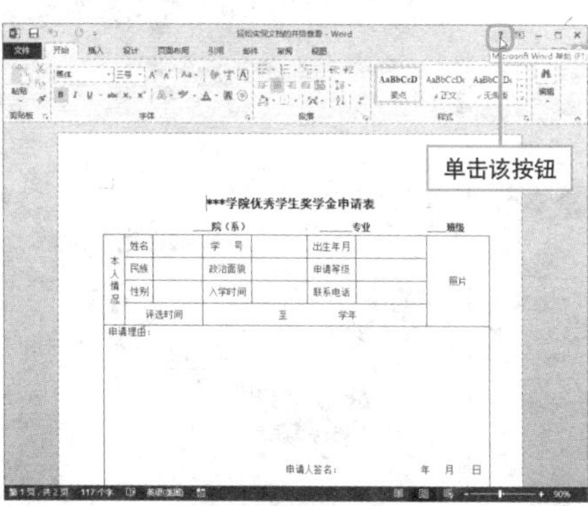

2. 在打开的“Word帮助”窗口中，单击需要查阅的分类。

3. 也可以输入关键词进行查询，然后单击查询到的相关问题选项。

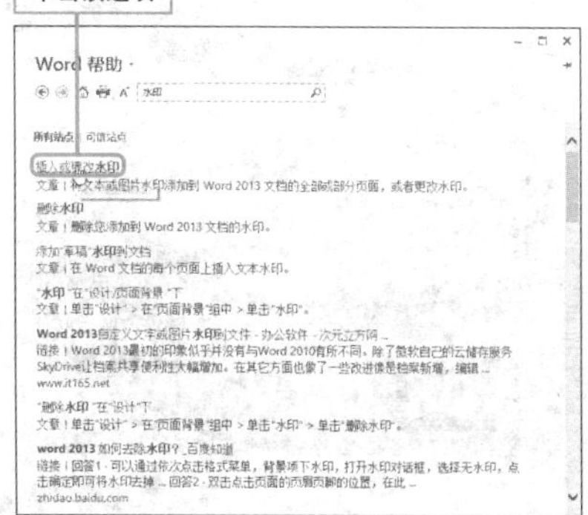

4. 拖动滚动条查看相关问题信息即可。

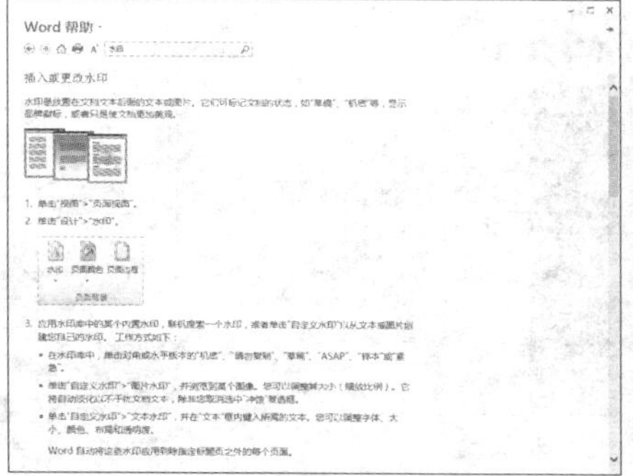

Question 028

Level ◆◆◆

2013 2010 2007

统计查看文件信息不求人

实例 查看 Word 文档基本信息的操作

编辑完成 Word 文档后，有时会需要对当前文档的基本信息进行统计，如页数、字数、段落数等，下面介绍具体方法。

① 打开文档，切换至“审阅”选项卡，单击“字数统计”按钮。

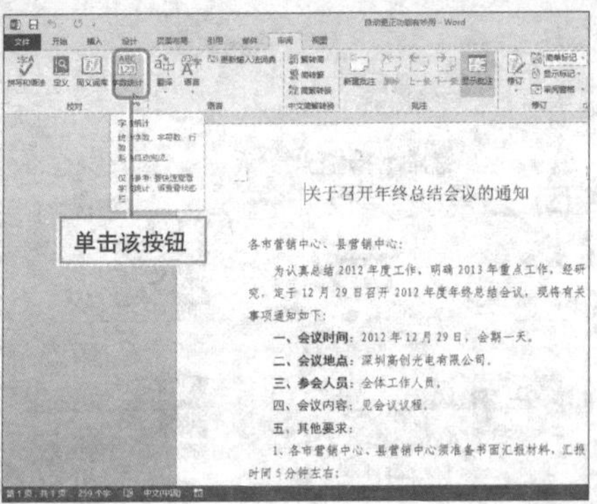

② 打开“字数统计”对话框，可看到该文档的相关字数信息。

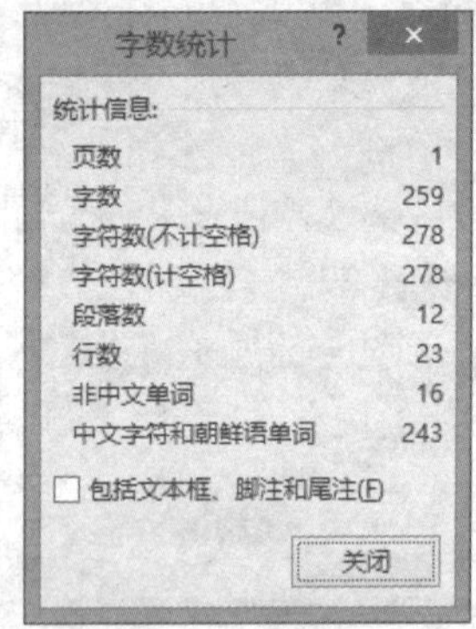

③ 也可执行“文件>信息”命令，系统会罗列出该文档的相关信息。

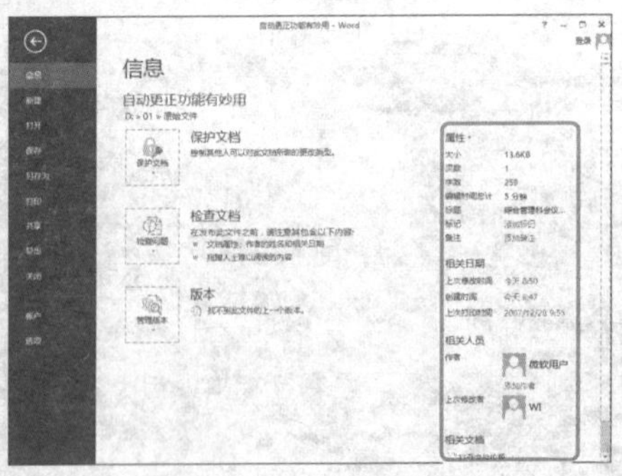

④ 在状态栏的左下方，同样可以查看文档的相关信息，包括页码、字数和语言等。

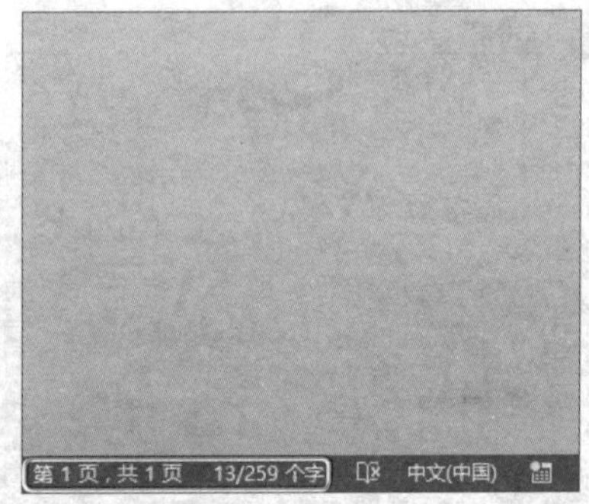

Question

029 在多个文档中搜索特定文档

实例 搜索指定文档

● Level ◆◆◇

2013 2010 2007

通常电脑中会存放多个Word文档，有时候，用户会记不清所需文档具体的存放位置，这时，可以通过Window资源管理器的“搜索”功能来进行查找。

1 打开文档，执行“文件>打开>计算机>浏览”命令，打开“打开”对话框。

2 在“打开”对话框中的左侧列表框中，指定文档的搜索范围为“本地磁盘(D:)”。

3 在对话框右上角的搜索栏中输入所需文档名进行搜索。

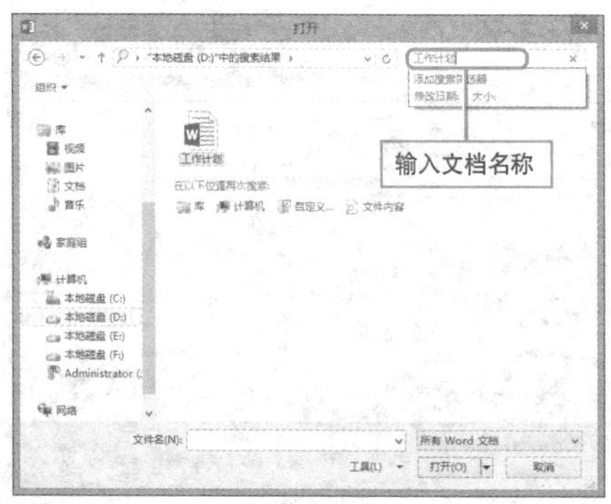

4 双击需要打开的文档即可将其打开，也可以在选择文档后，单击“打开”按钮。

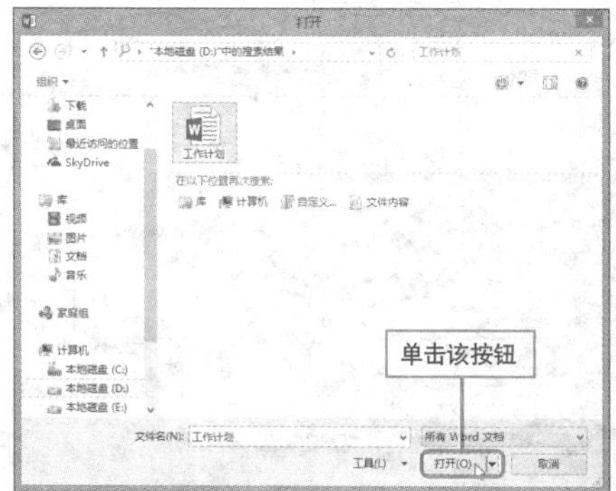

Question 030

快速删除多余空白页

Level ◆◆◆

2013 2010 2007

实例 多余空白页的删除

编辑完长文档后，会发现文档中存在多余的空白页，如何将这些碍眼的空白页删除呢？下面对其进行介绍。

1 打开包含空白页的文档，并在多余空白页选择分页符号。

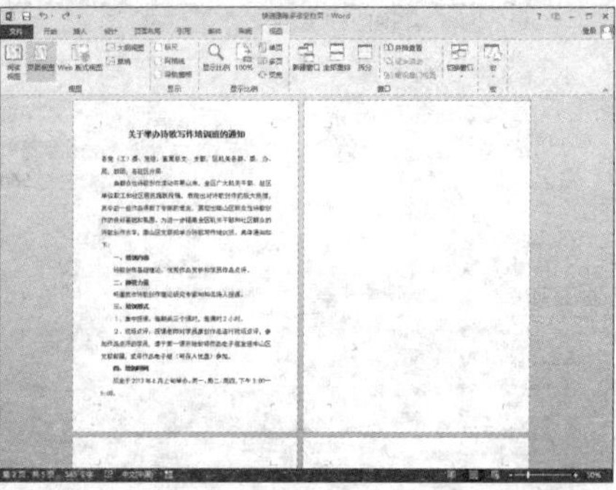

2 按BaskSpace键或Delete键删除分页符号和空行，即可删除空白页。

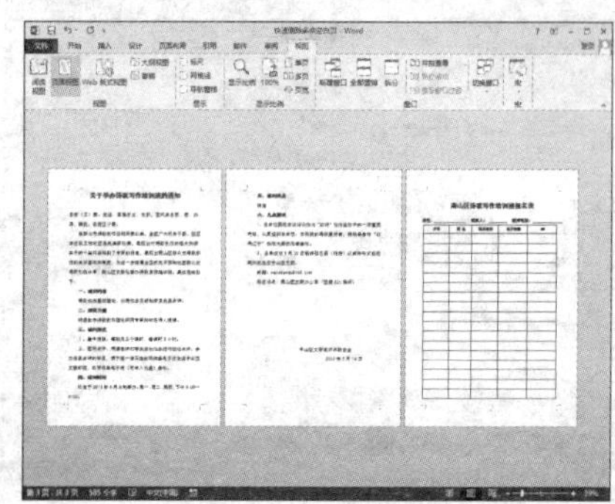

3 还可以单击“开始”选项卡上的“替换”按钮，打开“查找和替换”对话框，单击“更多”按钮。

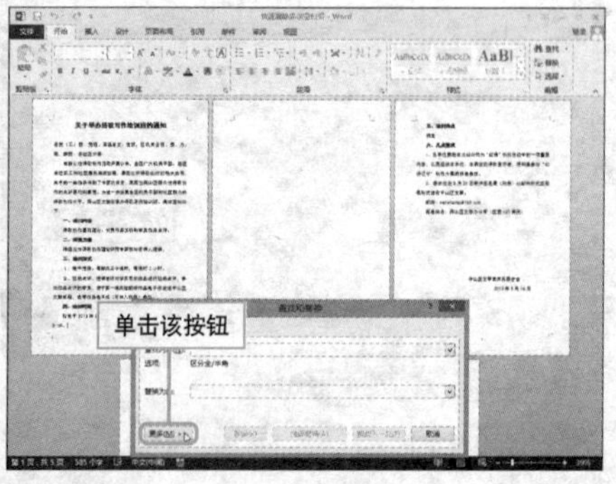

4 单击“特殊格式”按钮，从列表中选择“手动分页符”选项，然后单击“全部替换”按钮即可删除所有空白页。

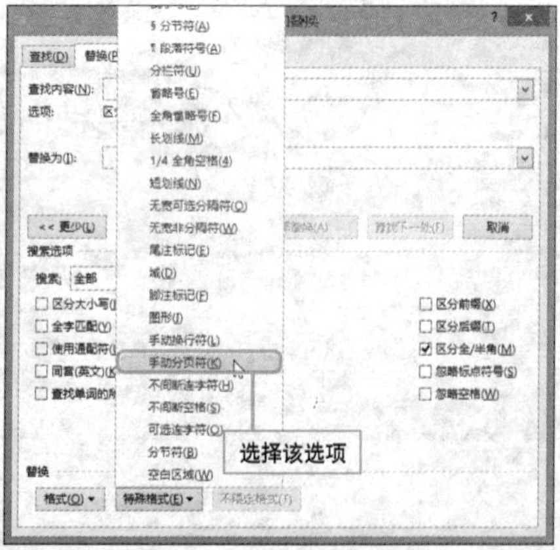

快速删除文档所有空格

实例 删除文档内所有多余空格

对文档进行编辑时，经常会无意地多出一些空格，若对这些空格一一进行删除，既不能完全找到这些空格，又会花费大量时间，下面介绍一种一次性删除空格的方法。

1 打开需要编辑的文档，单击“开始”选项卡中的“替换”按钮，打开“查找和替换”对话框。

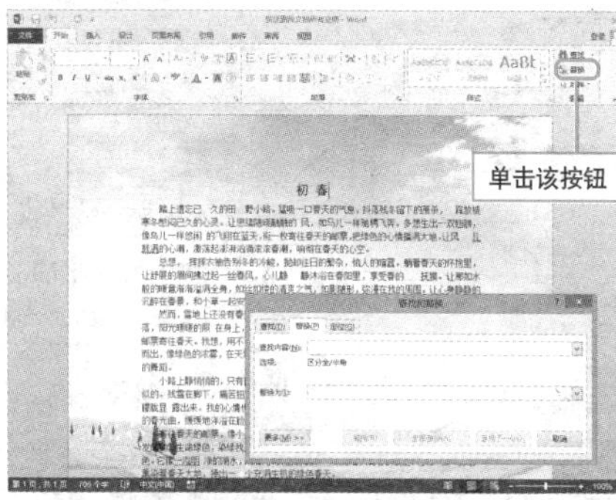

2 将光标置于“查找内容”文本框中，并按空格键，然后单击“替换”按钮。

单击该按钮

3 此时光标将自动定位至文档空格处，单击“替换”按钮，即可逐一删除空格。

单击该按钮

4 若页面中空格过多，还可以单击“全部替换”按钮，并在弹出的对话框中单击“确定”按钮，一次性完成替换操作。

Question 032

Level

2013 2010 2007

预览状态下也能编辑文档

实例 在打印预览模式下查看和编辑文档

通常，在打印预览状态下查看Word文档时，若发现有不符合要求之处需要重新编辑时，就需要返回至页面视图进行编辑。其实，只需添加打印编辑模式，即可在打印预览状态下对文档进行编辑。

1 打开文档，执行“文件>选项”命令，打开“Word选项”对话框，选择“自定义功能区”选项。

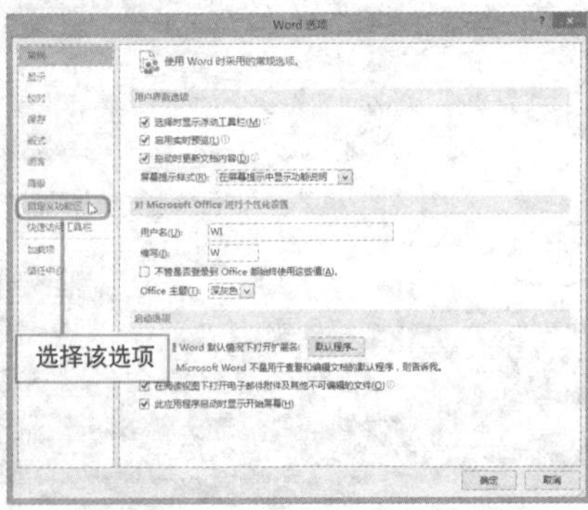

2 在“自定义功能区”选项组选择“视图”选项卡，单击“新建组”按钮，新建一个组，并单击“重命名”按钮，重命名该组。

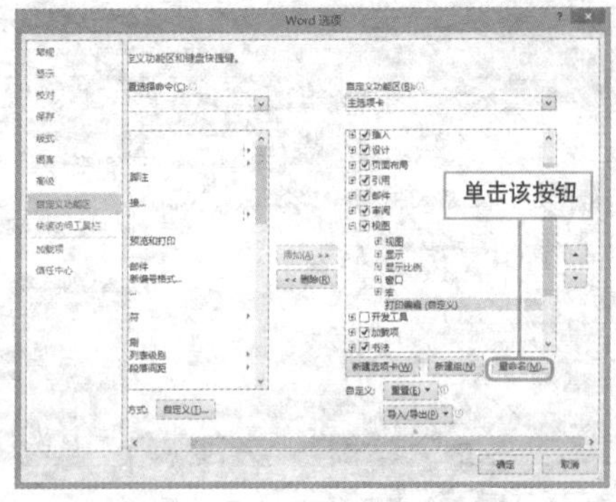

3 在“从下列位置选择命令”下拉列表中选择“所有命令”，然后在列表中选择“打印预览编辑模式”，单击“添加”按钮。

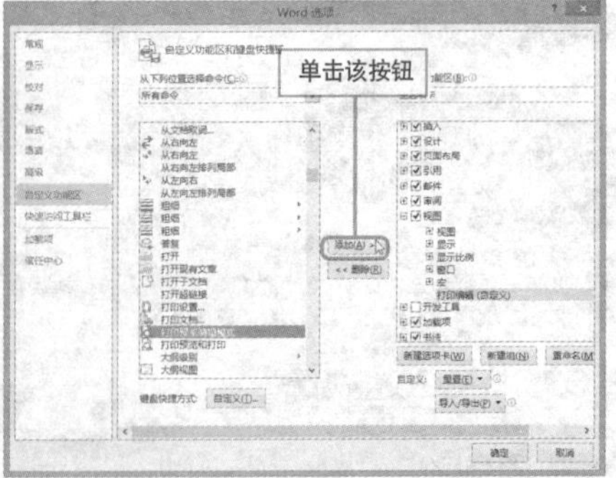

4 此时，在“自定义功能区”列表框中的“视图”选项卡中会显示出相关命令，最后单击“确定”按钮即可。

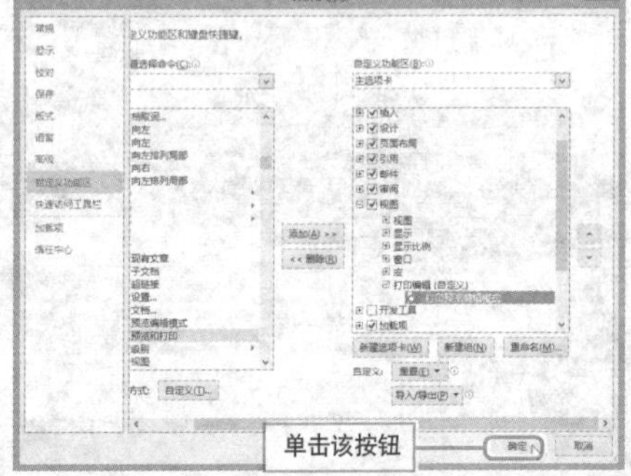

5 切换至“视图”选项卡，单击“打印预览编辑模式”按钮，进入打印预览模式。

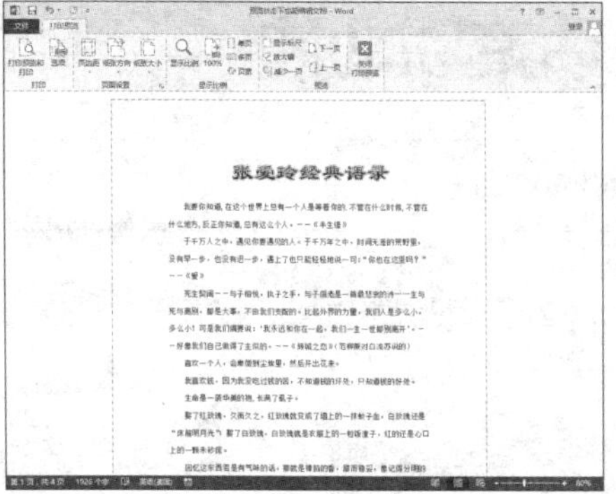

6 勾选“放大镜”选项，光标变为放大镜形状，在页面内单击可放大显示。

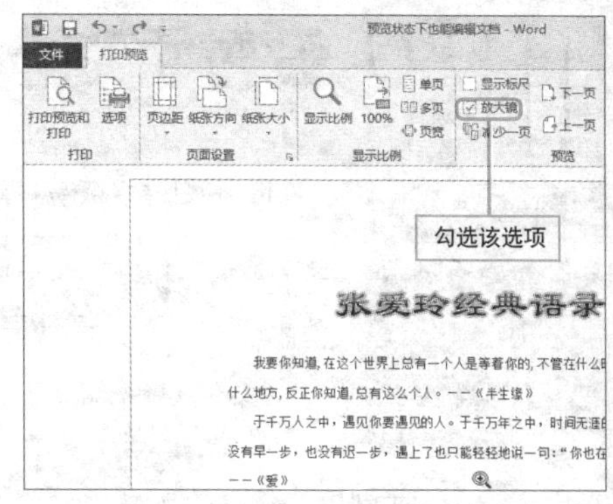

7 取消勾选“放大镜”复选框，单击“上一页”、“下一页”按钮，即可翻页查看文档。

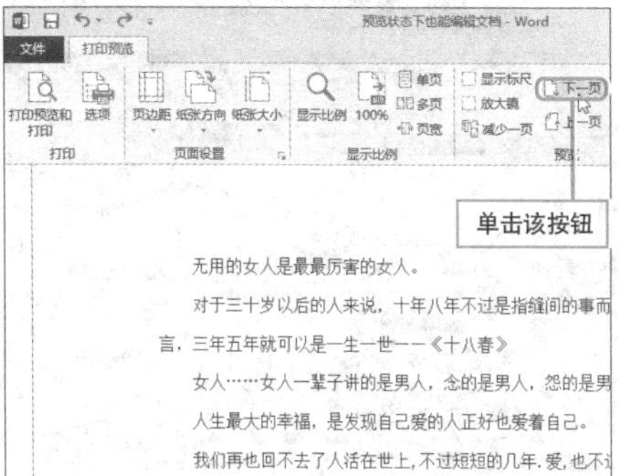

8 单击“选项”按钮，打开“Word选项”对话框，可根据需要设置打印选项。

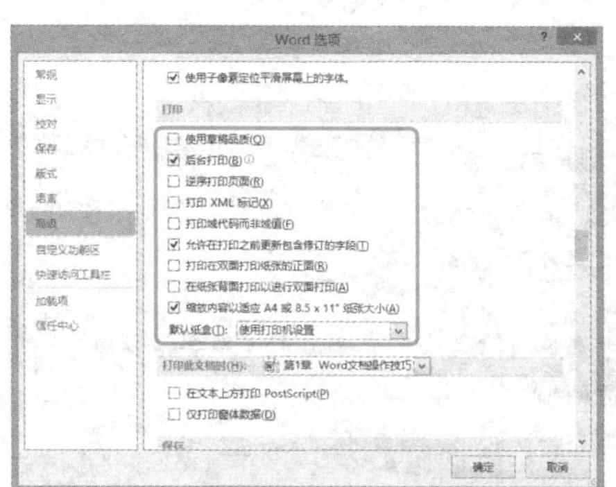

9 将光标定位至页面中，可以对页面中的内容进行编辑。

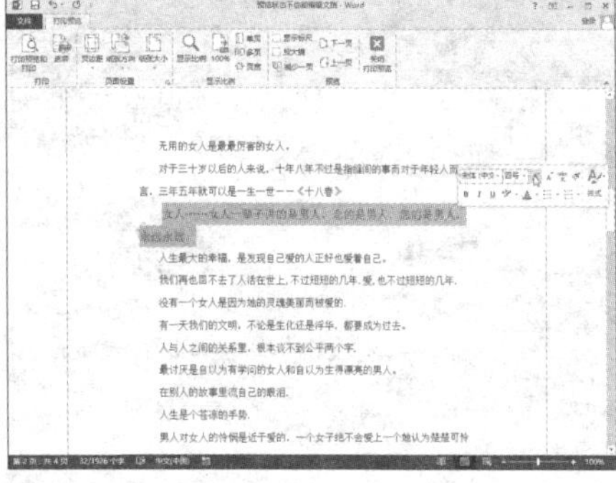

10 编辑完成后，单击“打印预览和打印”按钮，可切换至打印与预览模式。

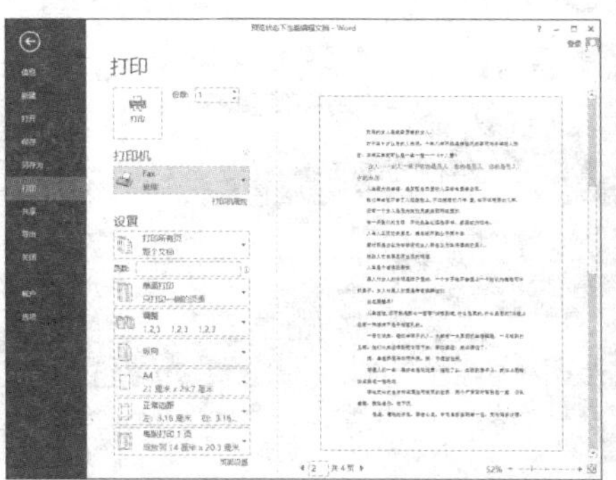

Question 033

Level ◆◆◇

2013 2010 2007

设置页面自动滚动功能

实例 页面自动滚动功能的设置

通常情况下，浏览文档时，都是拖动右侧的滚动条或者单击“上一页”、“下一页”按钮进行浏览，下面介绍一种快速浏览页面的方法。

1. 在快速访问工具栏上单击鼠标右键，从弹出的快捷菜单中选择“自定义快速访问工具栏”选项。

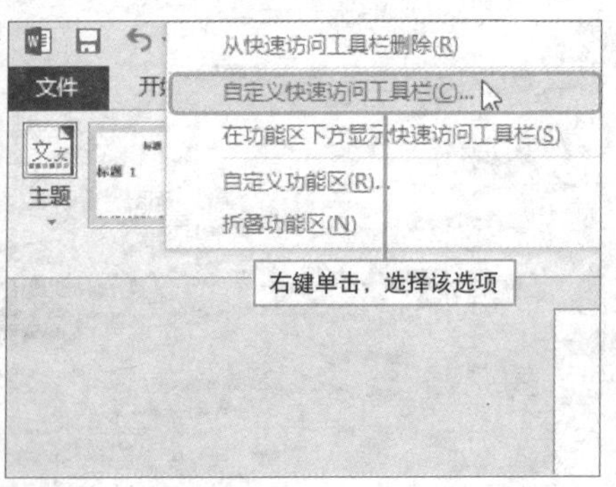

2. 在弹出的对话框中选择“快速访问工具栏”，在“从下列位置选择命令”列表中选择“所有命令”，选择“自动滚动”命令，单击“添加”按钮并确定。

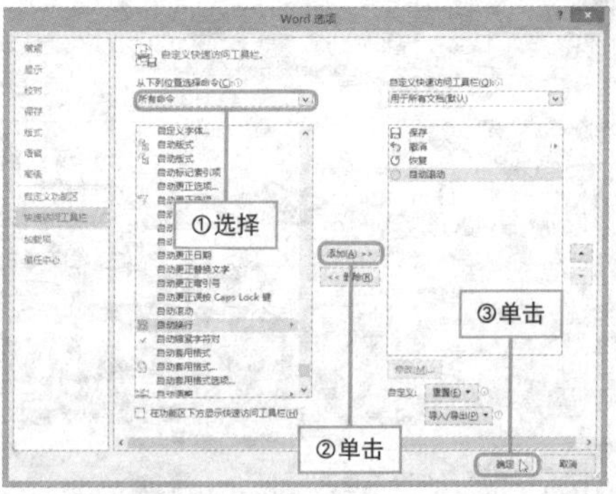

3. 单击快速访问工具栏上的“自动滚动”按钮，上下移动鼠标可进行页面滚动操作，单击鼠标左键，可停止滚动。

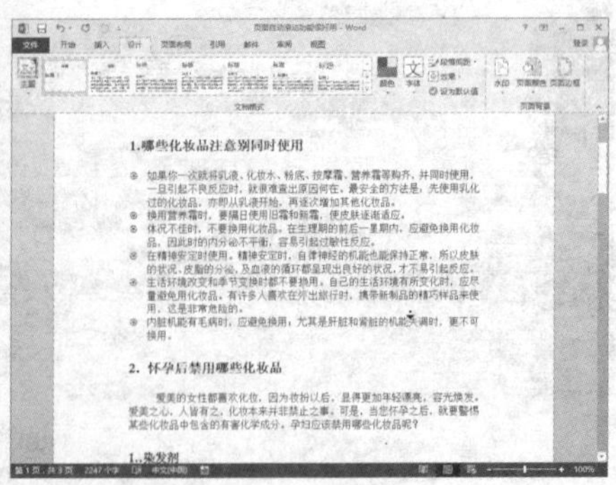

Hint

其他方法滚动查看页面内容

将光标定位在文档任意处，按住鼠标滚轮不放，光标变为滚动状态，按住鼠标滚轮向下或向上缓慢移动，即可查看页面内容。

Question 034

• Level ◆◆◇

2013 2010 2007

巧为 Word 文档设置密码保护

实例 文档的加密操作

文档完成后，为了防止其他用户阅读或修改文档，泄露了机密信息，可以对文档进行加密，下面介绍如何为文档设置密码保护。

1 打开文档，执行“文件>信息”命令，单击“保护文档”图标，从下拉列表中选择“用密码进行加密”选项。

2 在弹出的“加密文档”对话框中输入密码“123”，单击“确定”按钮，打开“确认密码”对话框，再次输入密码单击“确定”即可。

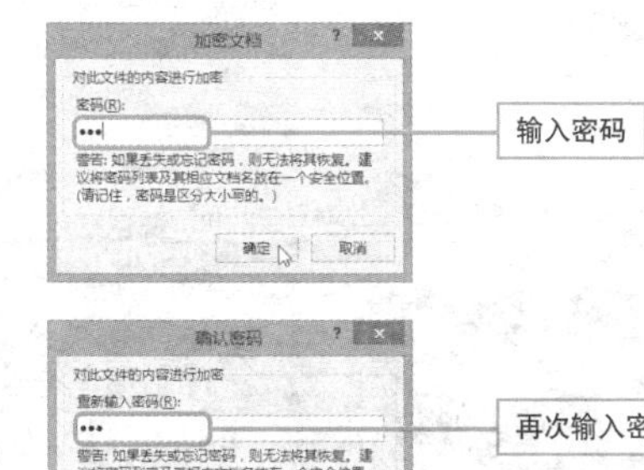

3 设置完成后，返回文档信息界面，此时系统会显示“必须提供密码才能打开此文档”这一信息。

4 再次打开文档时，会弹出“密码”对话框，输入正确的密码，单击“确定”按钮，方可打开文档。

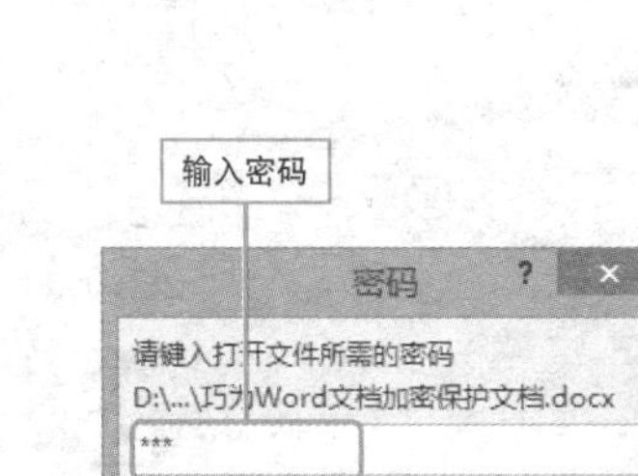
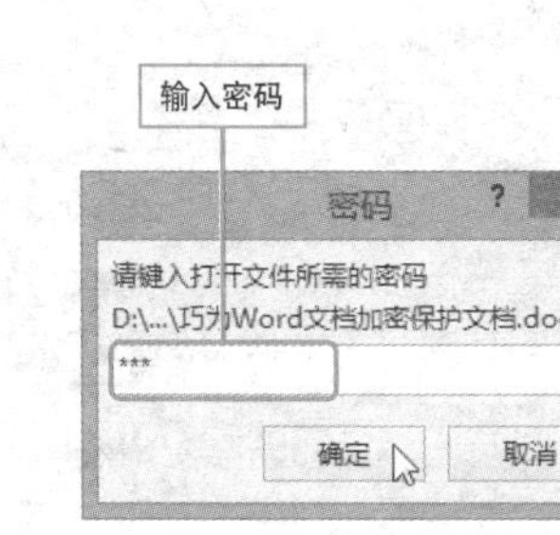
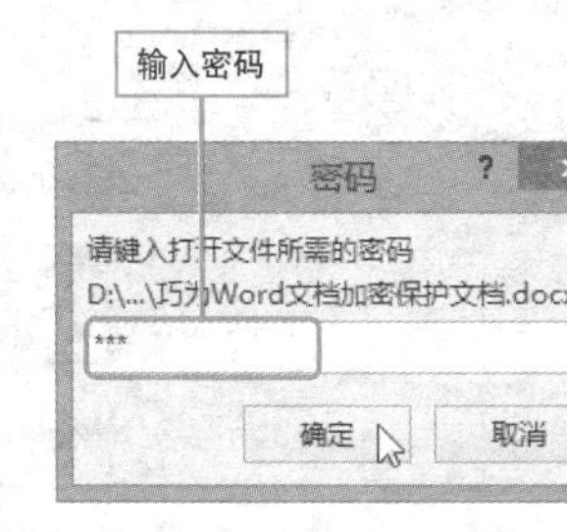
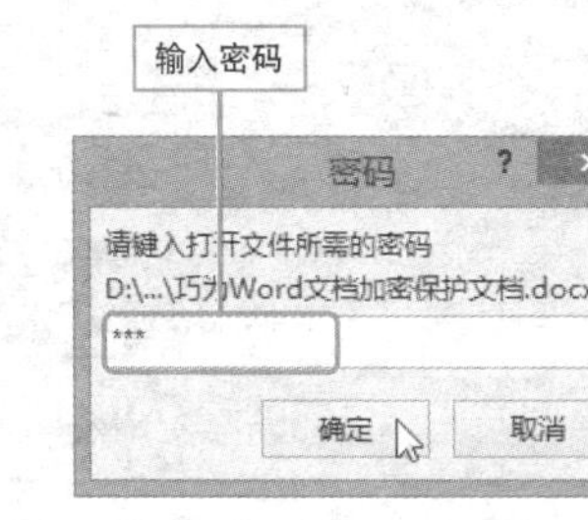
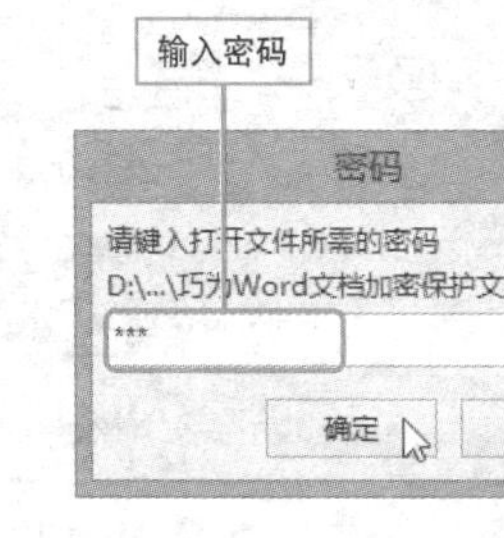
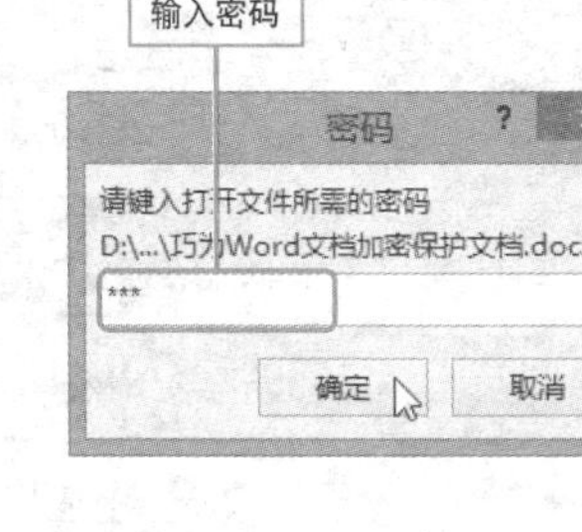

快速切换全半角

实例 字母和数字全半角输入的转换操作

在 Word 文档中输入文本内容时，有时需要全角字符、数字，但默认情况下输入的字符和数字为半角，那么该如何切换全半角呢？下面将以最常用的搜狗输入法为例进行介绍。

1 **通过输入法状态栏切换。**单击输入法状态栏中的半角按钮，将其转换为全角按钮进行输入即可。

2 **使用快捷键切换。**在键盘上按“Shift + Space”键同样可以在全角和半角之间切换。

半角输入状态

全角输入状态

全/半角(Shift+Space)

3 当切换至搜狗拼音输入法后，若桌面没有显示其状态栏，那么可单击“审阅”选项卡中的“更新输入法词典”按钮。

文件 开始 插入 设计 页面布局 引用 邮件 审阅

拼写和语法 定义 同义词库 字数统计 翻译 语言 更新输入法词典

校对 语言 中文

更新输入法词典

将所选词加入 IME 词典，使其以后可被识别。

单击该按钮

4 打开“搜狗拼音输入法设置”对话框，在“初始状态”组中的“全/半角”选项中单击“全角”单选按钮，单击“应用”按钮即可切换至全角模式。

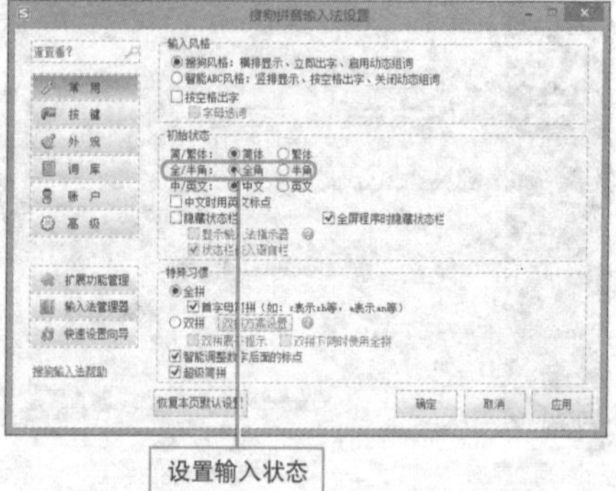

消除文本总是被改写的困惑

实例 插入 / 改写模式的切换

在 Word 2013 文档中输入文本时，其输入模式有两种，即插入和改写。在编辑文档时，如果需要在文本的任意处插入文字，只需将输入状态转换成插入状态；若要改写文字，则将其转换为插入状态即可。

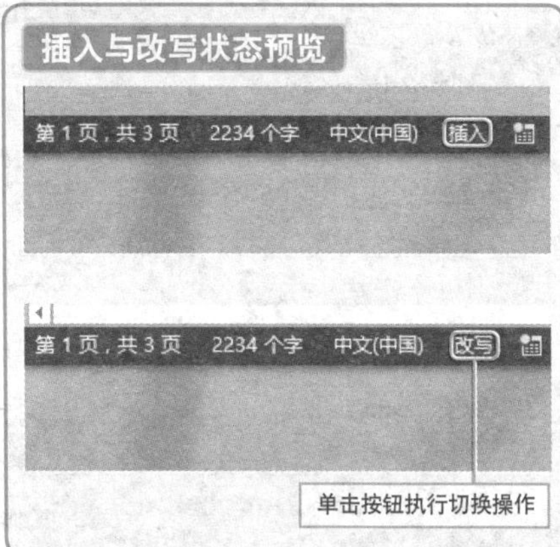

❶ 插入文字操作。将插入点放置在需要插入文档的位置，之后输入文字即可，插入点之后的文字会跟随插入的内容向后移动。

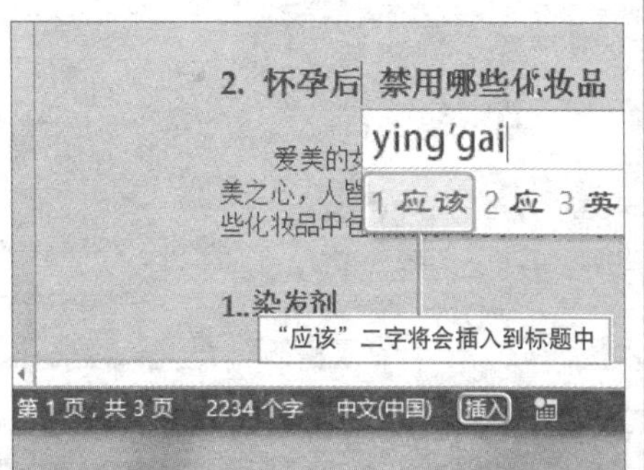

❷ 改写文字操作。单击状态栏中的"插入"按钮，即可转换成"改写"状态。随后在输入文字时，插入点之后的内容会被逐一替换，从而实现改写。

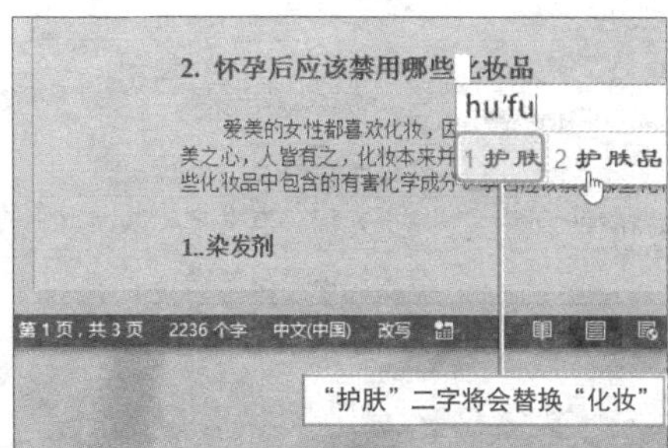

Hint

快捷键切换输入状态

除了上述方法外，用户还可以采用快捷键，即按下键盘中的 Insert 键进行切换。

Insert 按键

插入点快速定位法

实例 将插入点定位至上次编辑位置

对文档进行编辑时，若需要将插入点定位至上一次编辑的位置进行编辑，通过拖动滚动条定位非常麻烦，下面介绍一种比较便捷的定位方法。

1 打开需要编辑的文档，将插入点定位至需要编辑的位置，即第3段的开头，并进行编辑。随后，再将插入点放置在第8段的末尾。

3. 建立员工沟通渠道，设置意见箱，定期收集信息，拟订并不断评估公司激励机制、福利保障制度和劳动安全保护措施。
4. 负责公司与外部各级组织、机构的业务联系，安排员工进行体检，落实劳动合同的鉴定事宜及购买社保等相关工作。
5.加大后勤服务及监督力，并根据公司工作的实际情况，不断完善更新饭堂、宿舍、活动室的设备管理，让员工有个更舒适优越的生活环境，使之身心愉悦以致更好的完成工作。
6.每周统计一次员工休假、请假、出勤状况。
7.完成领导交办的其他工作任务，并按时按质的完成。
8.负责外来施工人员的食宿安排与统计等相关事宜，统计好吃饭人数汇报给饭堂管理人。

光标位置

2 此时，若想将插入点迅速移至文章第3段开头位置，只需在键盘上按下Shift +F5组合键，即可完成快速定位操作。

按 Shift +F5，可将光标定位至上一编辑处

3. 建立员工沟通渠道……息，拟订并不断评估公司激励……安全保护措施。
4. 负责公司与外部各级组织、机构的业务联系，安排员工进行体检，落实劳动合同的鉴定事宜及购买社保等相关工作。
5.加大后勤服务及监督力，并根据公司工作的实际情况，不断完善更新饭堂、宿舍、活动室的设备管理，让员工有个更舒适优越的生活环境，使之身心愉悦以致更好的完成工作。
6.每周统计一次员工休假、请假、出勤状况。
7.完成领导交办的其他工作任务，并按时按质的完成。
8.负责外来施工人员的食宿安排与统计等相关事宜，统计好吃饭人数汇报给饭堂管理人。

Hint

常见定位功能键的使用

常见的定位功能键包括PageDown、PageUp、Home、End，其具体使用方法介绍如下：

Print Screen　Scroll Lock　Pause Break
Insert　Home　Page Up
Delete　End　Page Down

功能按键

按键	功能描述
PageDown	将光标向后移动一页
PageUp	将光标向前移动一页
Home	将光标定位至行首
End	将光标定位至行尾
Ctrl+PageDown	将光标移至上一页页首
Ctrl+PageUp	将光标移至下一页页首
Ctrl+Home	将光标移至文档头部
Ctrl+ End	将光标移至文档尾部

快速选中文本有技巧

实例 选定文本的多种方法

若想对文档中的内容进行编辑，首先需要选择文本，选中文本的方法有多种，下面逐一对其进行介绍。

1. **选择词语**。将插入点放置在文档某词语或单词中间，双击鼠标左键，即可将该单词选中。

双击选择一个词

2. **选择一行**。将光标移至所需选择行的左侧，当鼠标光标变为箭头形状时，单击鼠标左键即可选中该行。

单击选择一行

3. **选中段落**。在要选择的段落中快速单击三次鼠标左键，或将鼠标移至该段落左侧，当鼠标光标变为箭头形状时，双击鼠标左键即可。

三击选择整个段落

4. **选中连续区域**。在需选中区域的起始位置按住鼠标左键，拖动鼠标光标移至结尾处，释放鼠标左键，即可选中连续区域。

拖动鼠标，随意选择文本内容

5 **选中连续行。**将光标移至所需选择行的起始位置，当光标变为箭头形状时，按住鼠标左键向下拖动鼠标至尾行。

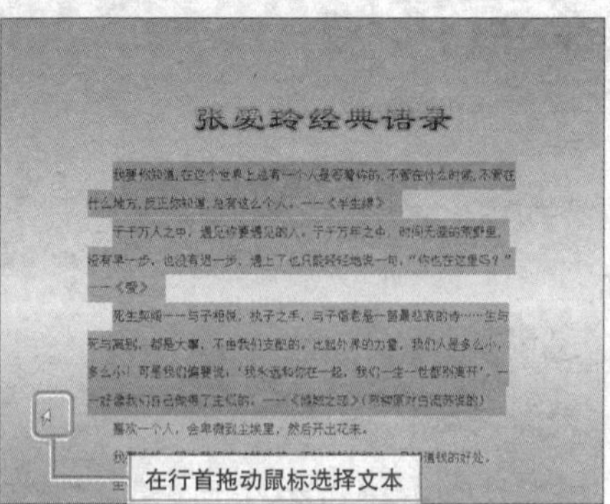

6 **选中全文。**将光标移至文章左侧空白处，当鼠标光标变为箭头行状时，快速单击鼠标左键三次，即可全部选中全文。

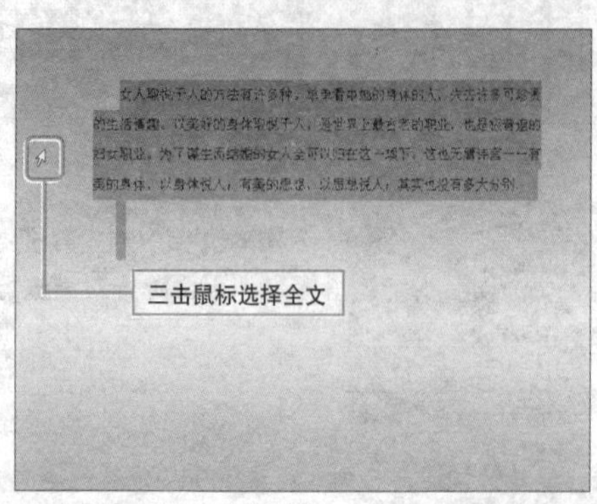

7 任意选中一行文字，按下Shift +↑或Shift +↓组合键，可一并选中从插入点向上或向下的一整行。

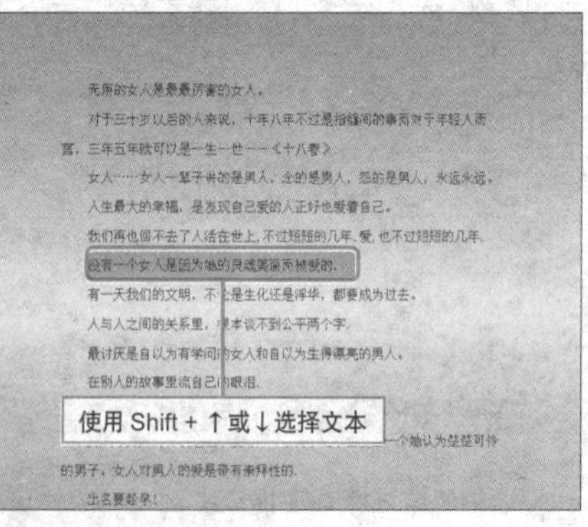

8 按下Shift +Home或Shift +End组合键，可选择从插入点起至本行行首或行尾之间的文本。

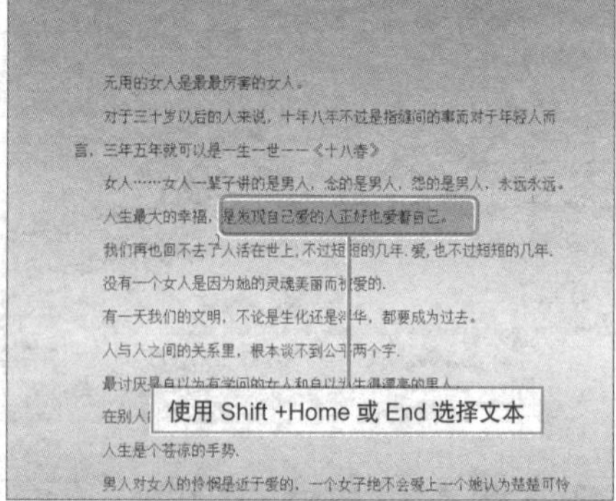

9 按下Ctrl +Shift +Home或Ctrl +Shift +End组合键，可选择从插入点起始位置至文档开始或结尾处的文本。

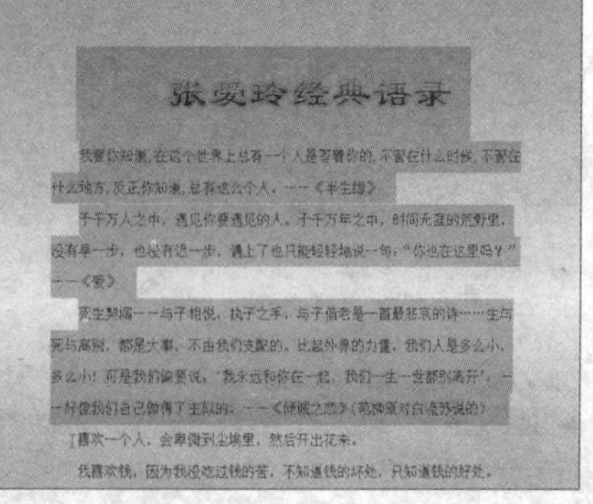

10 按住键盘上的Shift键单击鼠标，可以选择起始点与结束点之间的所有文本，若按住Ctrl键可以选择不连续区域。

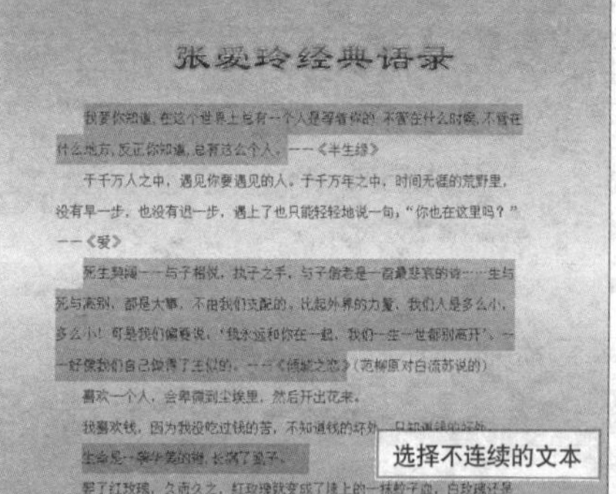

选择性粘贴帮大忙

实例 选择性粘贴的设置

默认情况下，在执行粘贴操作后，系统会自动显示“粘贴标记”，单击该标记将打开粘贴选项列表，从中可根据实际需要对粘贴的对象进行相关操作。

1 **右键快捷菜单法粘贴文本。**选中需要复制的文本，按Ctrl + C组合键进行复制。

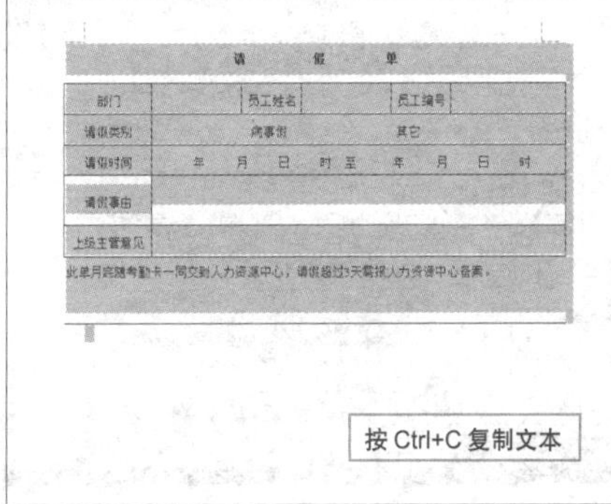

2 在文档合适位置，单击鼠标右键，执行“粘贴>保留源格式”命令，即可保证选中的文本按照源格式不变进行粘贴。

3 **对话框法粘贴文本。**选中文本并进行复制，确定插入点，然后单击“开始”选项卡上的下拉按钮，从列表中选择“选择性粘贴”选项。

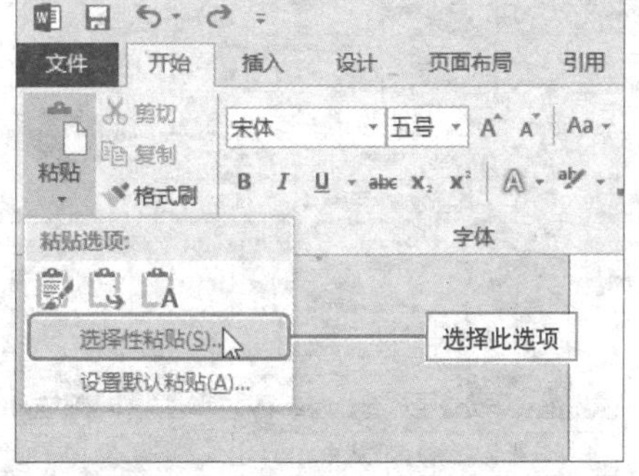

4 打开“选择性粘贴”对话框，单击“粘贴”单选按钮，在其右侧的列表框中选择“带格式文本（RTF）”选项，单击“确定”按钮即可保留源格式进行粘贴。

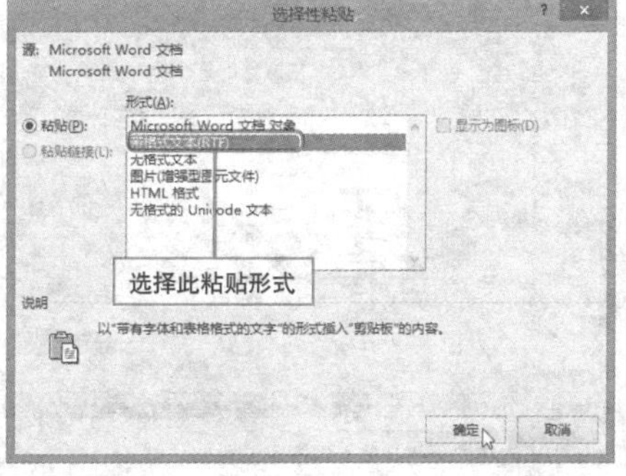

Question

040 剪贴板大显身手

Level ◆◆◇

2013 2010 2007

实例 使用剪贴板功能

若对多个对象实行复制和剪贴操作，则可以使用剪贴板功能。通过剪贴板可以直观地显示出程序中复制和剪切的内容。

1. 打开文档，单击“开始”选项卡上“剪贴板”面板的对话框启动器，打开“剪贴板”窗格。

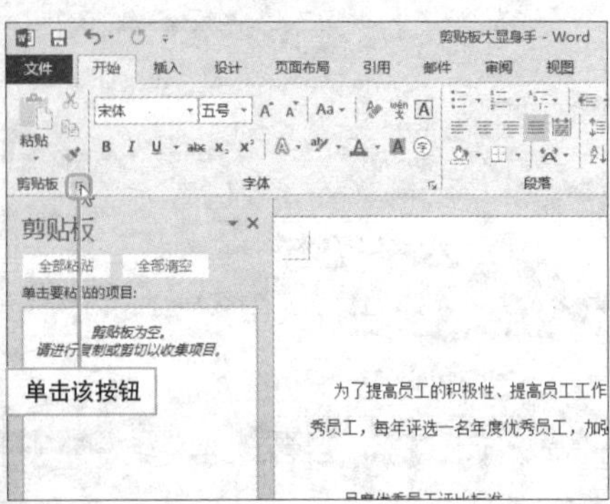

2. 选择需要复制/剪切的文本，进行复制/剪切操作，此时，被复制/剪切的文本对象将显示在窗格列表中。

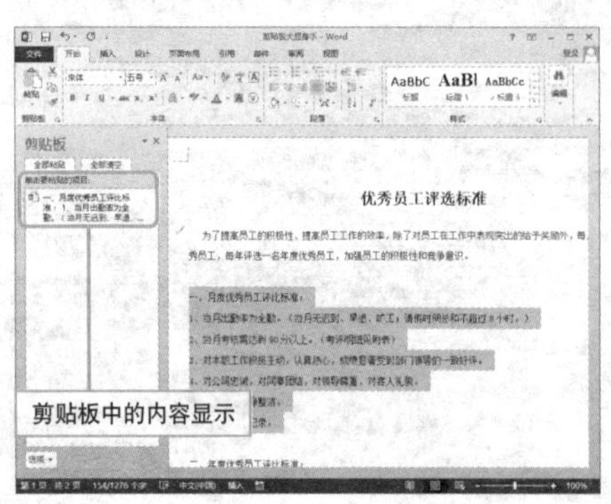

3. 将插入点放置在需粘贴位置，然后在“剪贴板”窗格中，单击所需粘贴的内容，即可将其粘贴至插入点所在位置。

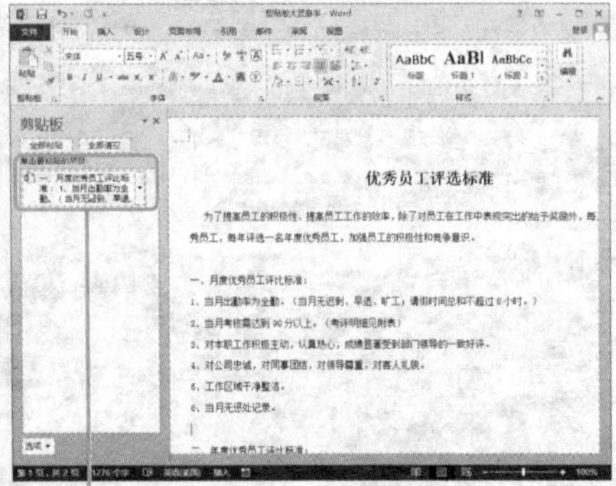

单击该内容即可将其插入到指定位置

4. 粘贴完成后，若不再使用剪贴板中的内容，则可选中相应内容，然后单击右侧下拉按钮，选择“删除”选项即可。

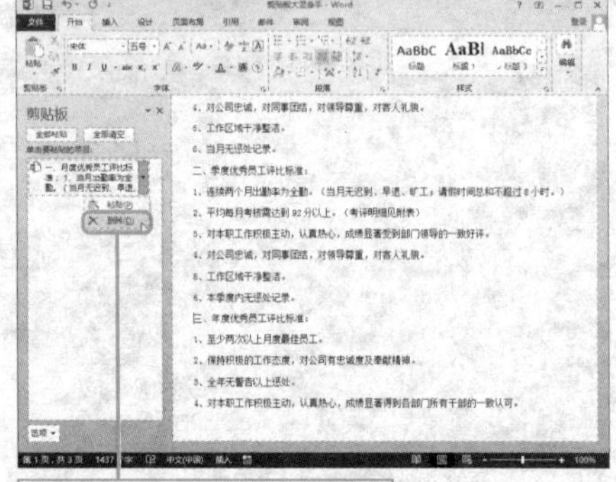

选择该选项，删除剪贴板中的内容

快速复制文本有妙招

实例 复制文本的多种方法

在输入文本内容时，用户可以使用复制粘贴的方法快速录入文本中已有的内容，从而提高文字录入速度，节约编辑文档时间。下面对几种常见的便捷的复制粘贴方法进行介绍。

1 **使用功能区命令。**选择复制的文本，单击“开始”选项卡上的“复制”按钮，然后指定插入位置，单击“粘贴”按钮。

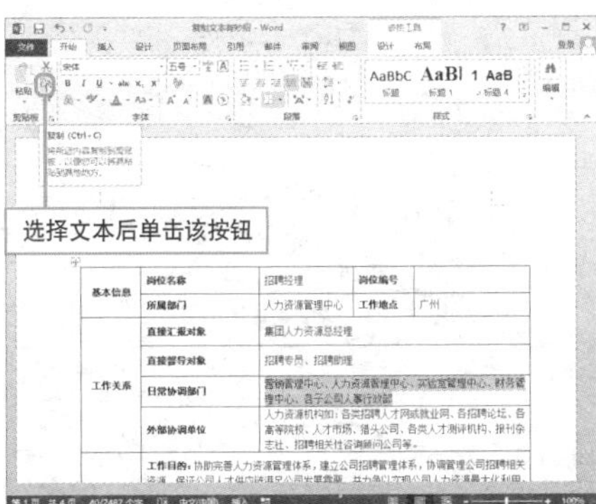

2 **使用右键命令。**选中所需复制的文本单击鼠标右键，选择“复制”命令，然后在合适位置右击选择“粘贴”命令。

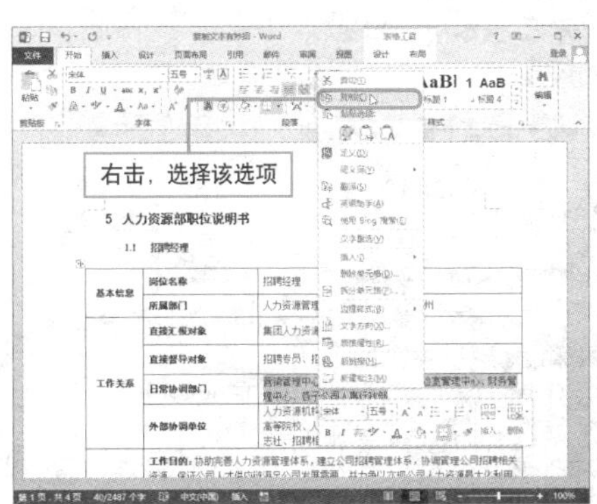

3 **使用鼠标左键操作。**选中所需复制的文本，按住鼠标左键，并按住Ctrl键，拖动鼠标将插入点置于粘贴位置，然后释放鼠标即可。

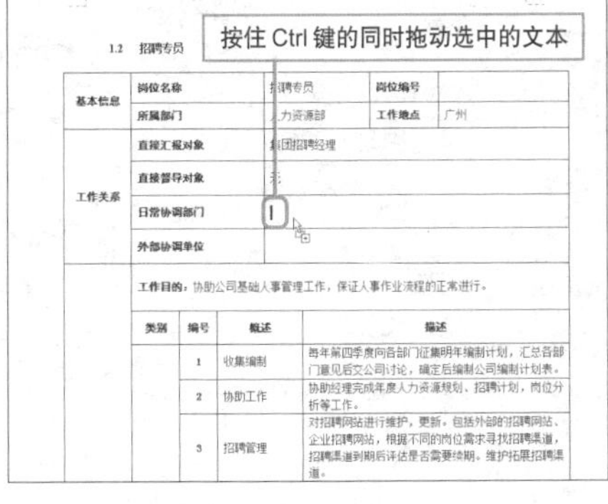

4 **组合键操作。**选中文本，按Ctrl + C组合键复制文本，然后按Ctrl + V组合键粘贴。使用Shift + F2组合键配合Enter键同样可以完成复制和粘贴操作。

使用组合键复制内容

Question 042

Level ◆◇◇

2013 2010 2007

移动文本和段落有技巧

实例 移动文本和段落

编辑文档时，若需将文本或段落从一个位置移动到另一个位置，可以采用移动的方法。下面将对常见的几种移动操作进行介绍。

1 功能区命令移动法。选择文本，单击“开始”选项卡上的“剪切”按钮，然后指定插入位置，单击“粘贴”按钮。

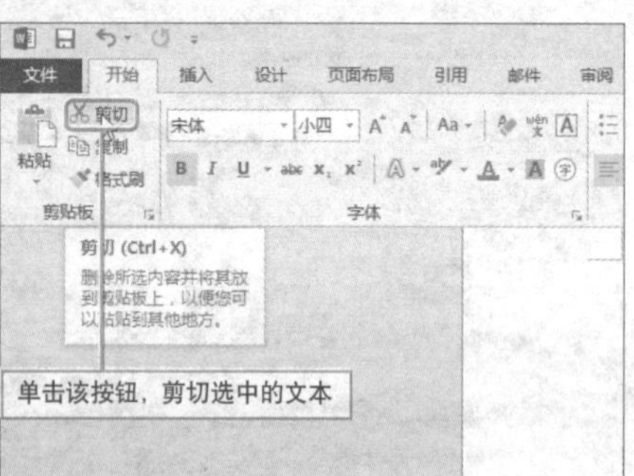

2 右键命令移动法。选择文本并右击，选择“复制”命令，然后在合适位置右击，选择“粘贴”命令。

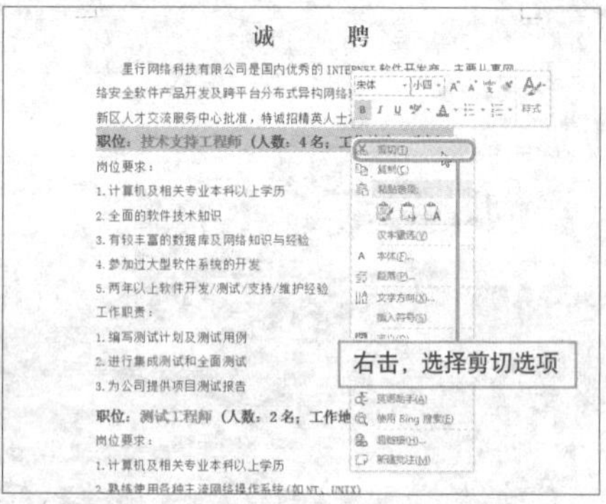

3 鼠标左键移动法。选择文本，按住鼠标左键，拖动鼠标将插入点置于粘贴位置，然后释放鼠标即可。

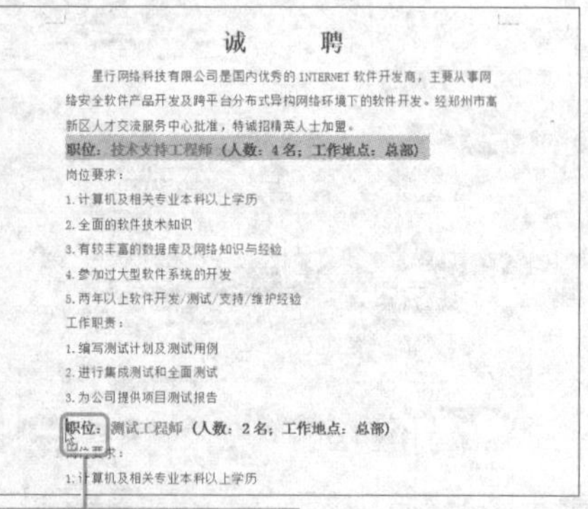

Hint

使用F2功能键配合Enter键移动文本

选择需要移动的文本并按F2键，状态栏左下角会显示“移至何处？”，接着将光标置于新的位置点，最后按Enter键即可。

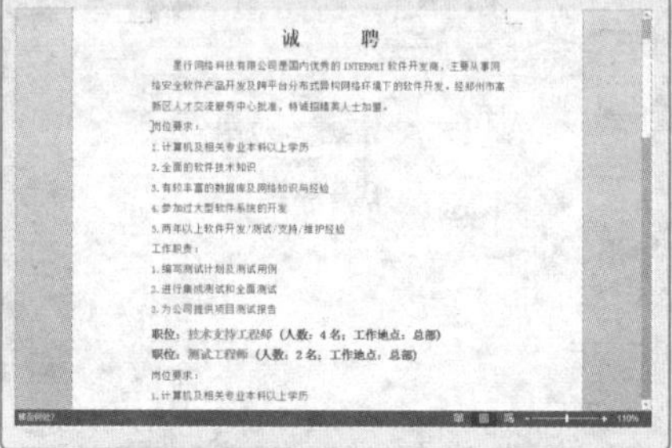

奇妙的格式刷

实例 格式刷的应用

若用户想快速复制文本/段落的格式，可以通过格式刷功能快速实现，下面对其进行具体介绍。

1 选择需要复制格式的文本，单击“开始”选项卡上“剪贴板”面板的“格式刷”按钮。

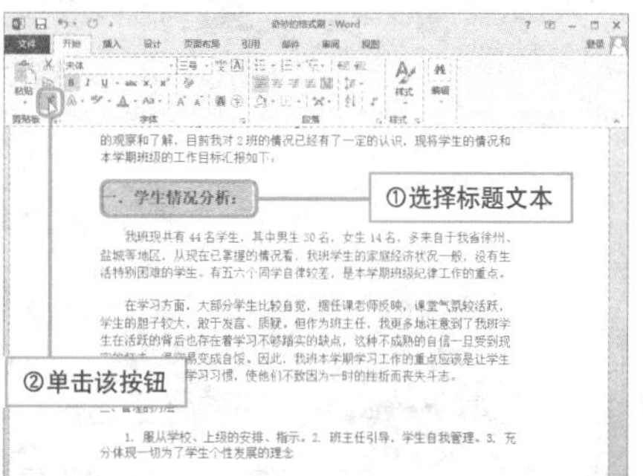

2 将插入点移至需要应用格式的文本起始位置，此时，鼠标光标会变为小刷子形状。

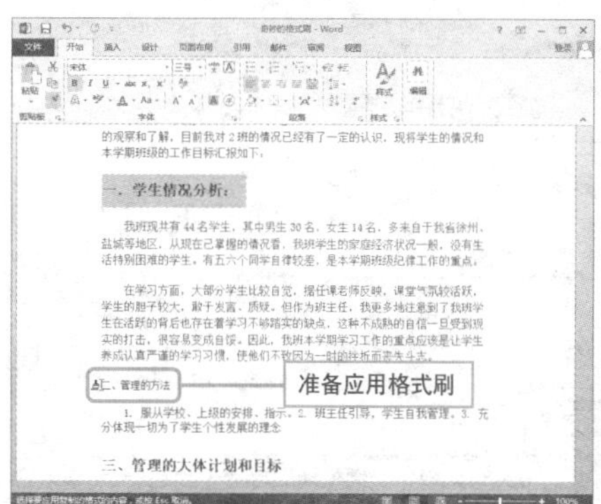

3 按住鼠标左键，拖动光标至文本结尾处，释放鼠标即可完成格式的复制。

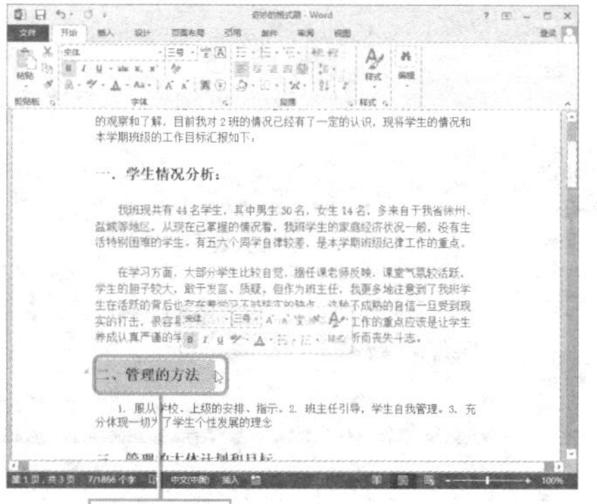

Hint

了解段落格式刷

段落格式只包含在段落格式符中，若是在单纯选中段落符时使用格式刷，则只把段落格式取到格式刷中。这时如果去刷其他文本，只会使刷过的内容段落格式与格式刷中的一致，而不会改变文字格式。

若选中内容同时包含文字和段落符，则会将文字格式和段落格式同时取到格式刷中，刷过的内容文字和段落格式均会发生改变。

若选中文本后双击“格式刷”按钮，则可多次使用，直到按Esc键取消为止。

神奇的 F4 键

实例 F4 功能键的应用

编辑文档时，若需要重复上一次的操作，可通过 F4 功能键实现。换句话说，使用 F4 功能键，可以轻而易举地重复上一步的操作。

1 选择文本，执行“开始>剪贴板>剪切”命令。

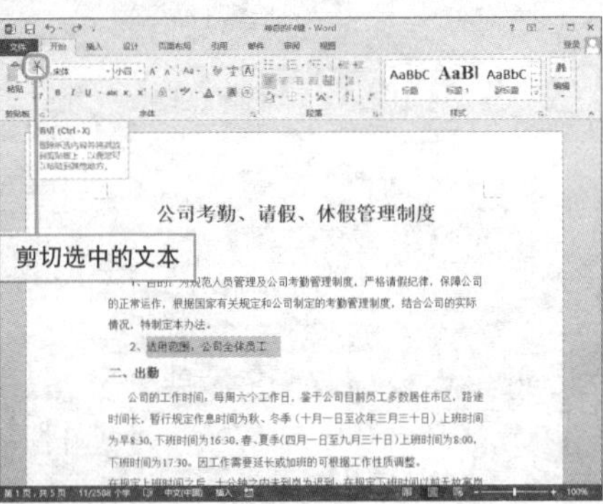

2 选择需要剪切的内容，在键盘上按F4功能键，可将选择的文本剪切。

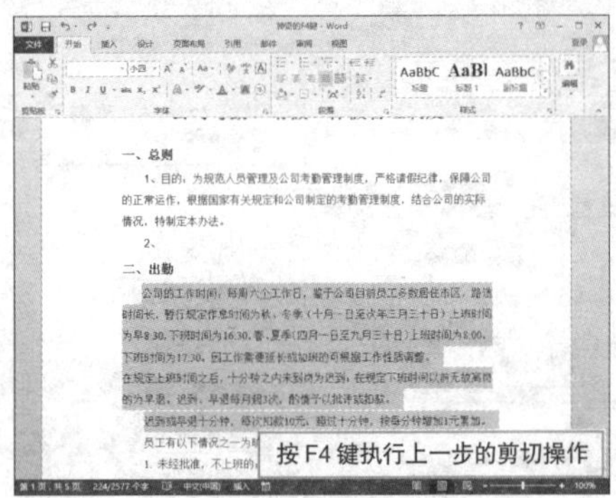

3 接下来再看一个示例。选择文本，更改文本颜色，将其变为红色。

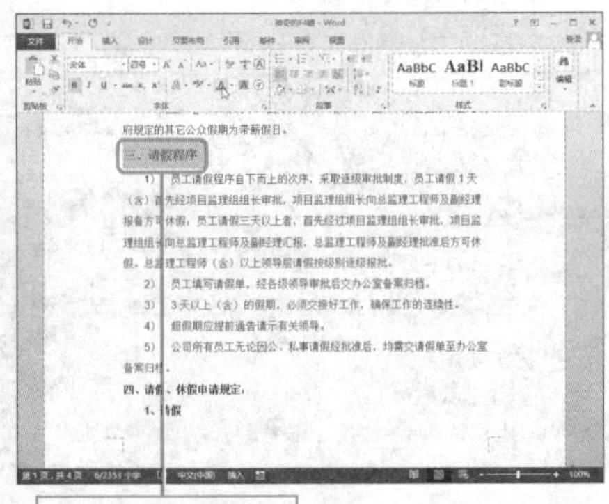

4 同样选中文本，在键盘上按F4功能键，可将选中的文本变为红色。

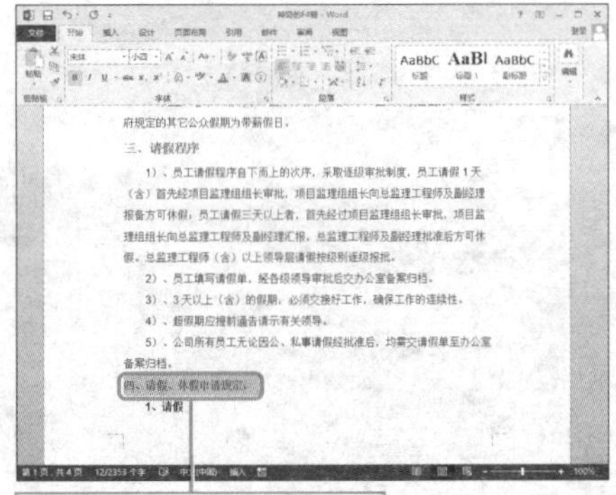

巧用定位命令定位文档

实例 使用“定位”命令定位文档

在对文档进行编辑时，若需要快速定位当文档的某一处，可以使用文档的“定位”功能，下面对其进行介绍。

1 单击“开始”选项卡上“查找”右侧的下拉按钮，从列表中选择“转到”命令。

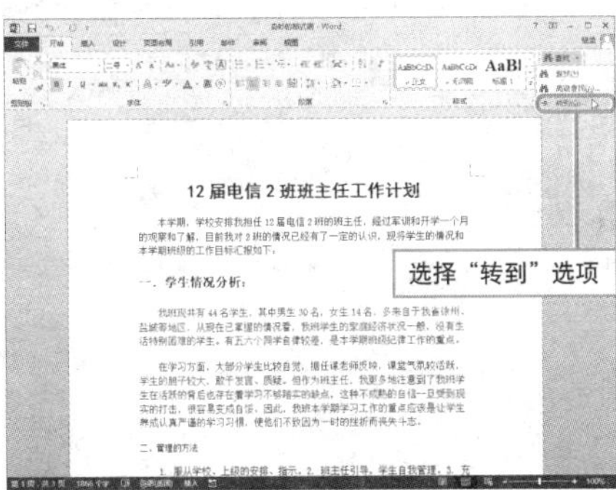

2 打开“查找和替换”对话框，在默认的“定位”选项卡中选择“定位目标”列表框中的“页”选项，然后在“输入页数”下方文本框中输入页数。

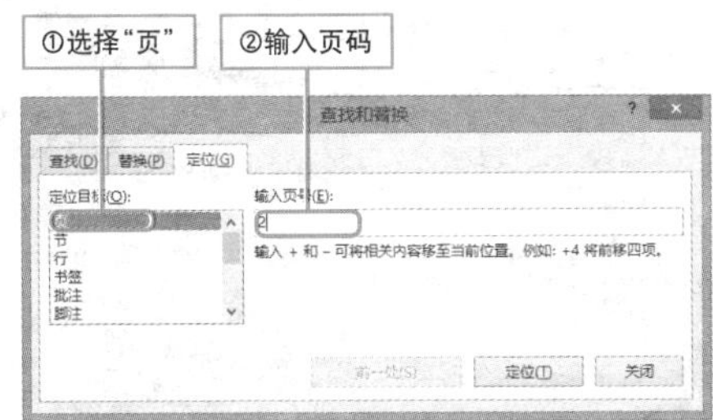

3 完成设置后，单击“确定”按钮，关闭对话框，即可快速定位至想要定位的页数。

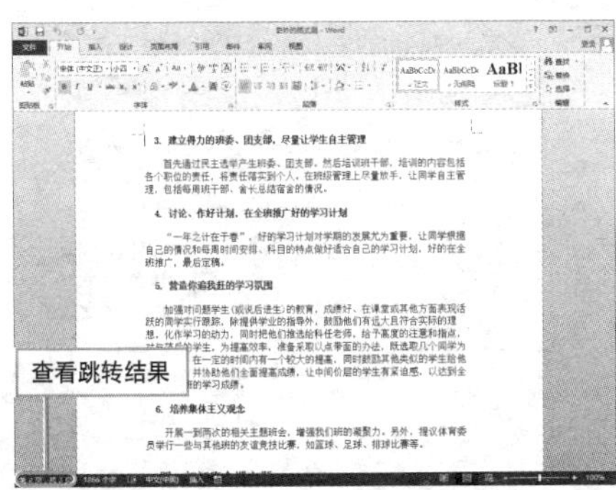

Hint

通过滚动条快速定位文档

将光标定位在滚动条的合适位置，单击鼠标右键，弹出快捷菜单，从菜单中选择合适的命令进行定位即可。

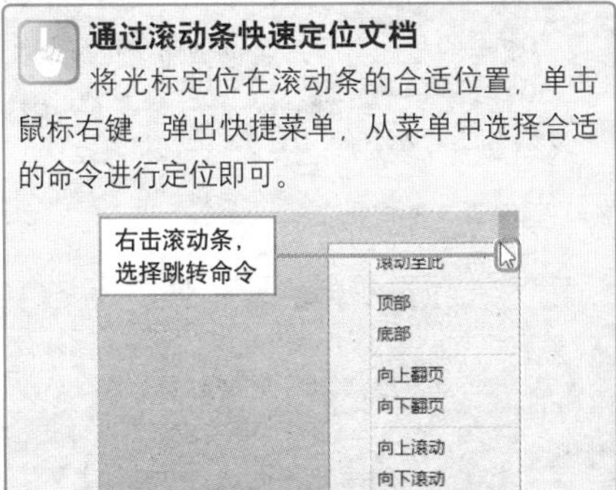

改变字体字号花样多

实例 设置字体和字号

字体指的是某种语言字符的样式，而字号则指字符的大小，常用的字体包括宋体、楷体、隶书、黑体等，用户可以根据需要选择文档中文本的字体和字号，下面对其进行介绍。

❶ **功能区命令更改法**。选择文本，单击“开始”选项卡上的“字体”按钮，从展开的列表中选择“方正行楷简体”选项。

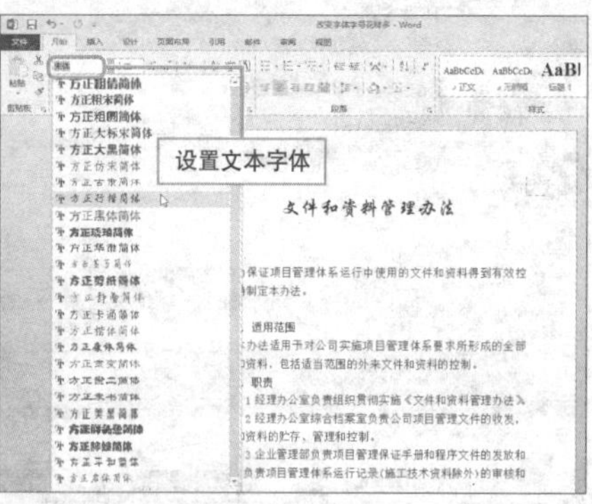

❷ 单击“字号”按钮，从列表中选择合适的字号，单击“字号”按钮右侧的“增大字号”和“减小字号”同样可更改字号。

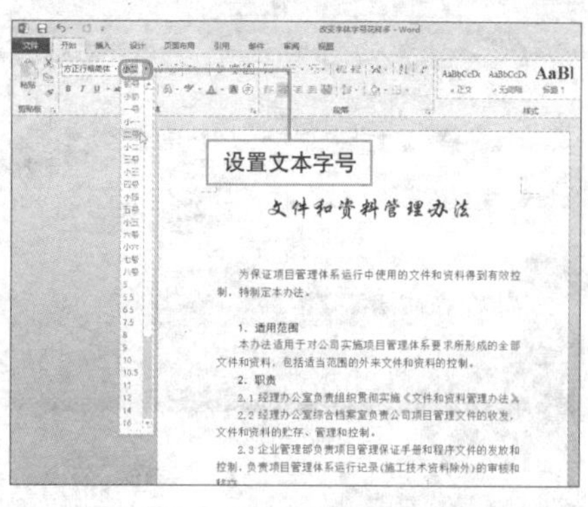

❸ **利用快捷菜单更改法**。选择需要更改字体字号的文本，单击鼠标右键，通过浮动工具栏上的“字体”和“字号”按钮更改即可。

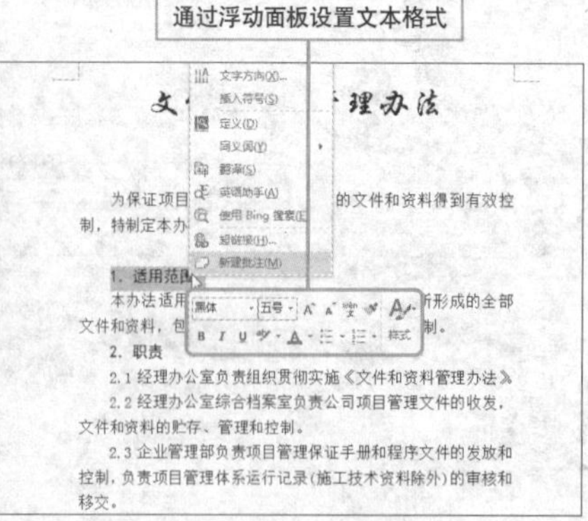

❹ **对话框更改法**。单击“开始”选项卡上“字体”面板的对话框启动器按钮，打开“字体”对话框，更改字体和字号。

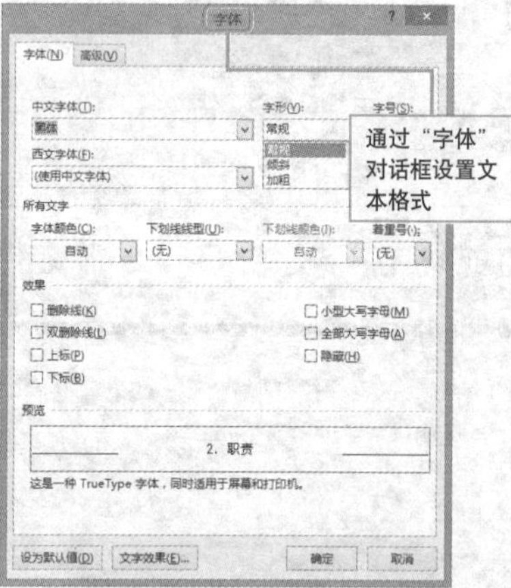

更改文本颜色很简单

实例	设置字体颜色

若想突出显示某些文字信息，可以将这些文字的颜色更改为比较突出的颜色。下面将对文本颜色的更改方法进行介绍。

① **功能区命令更改法。**选择文本，单击“开始”选项卡上的“字体颜色”按钮，在列表中选择“绿色”。

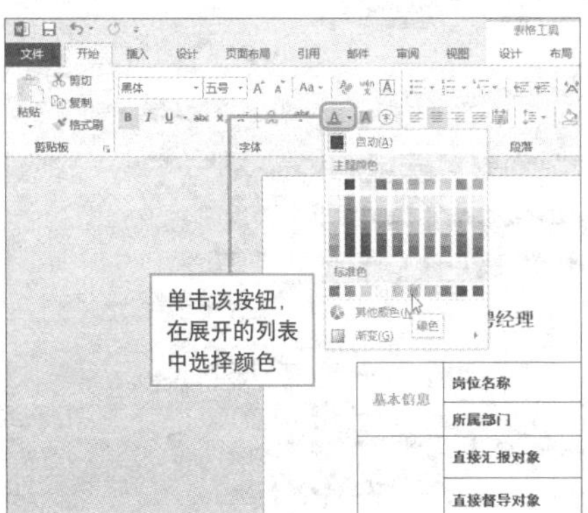

② **右键快捷菜单更改法。**选择需要更改颜色的文本，单击鼠标右键，通过浮动工具栏上的“字体颜色”按钮更改即可。

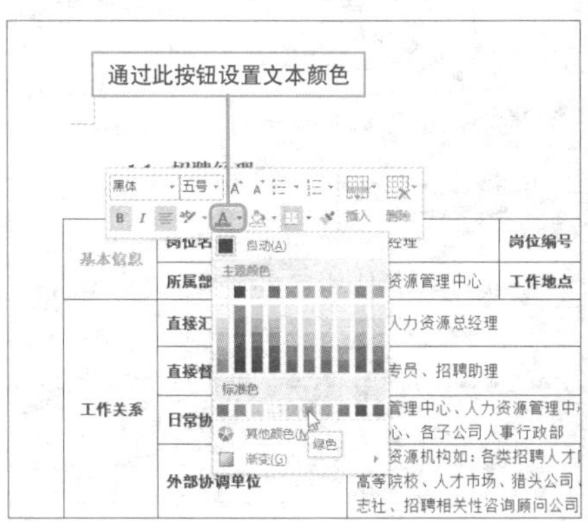

③ **对话框更改法。**单击“开始”选项卡上“字体”面板的对话框启动器按钮，打开“字体”对话框，对字体颜色进行更改。

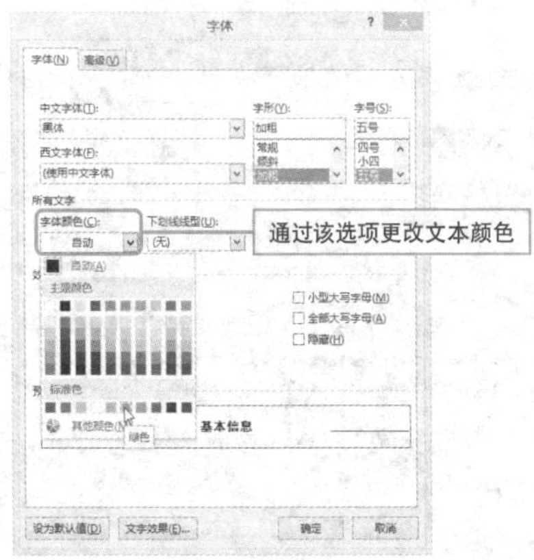

④ 设置完成后，单击“关闭”按钮，返回文档，可以发现字体颜色发生了改变。

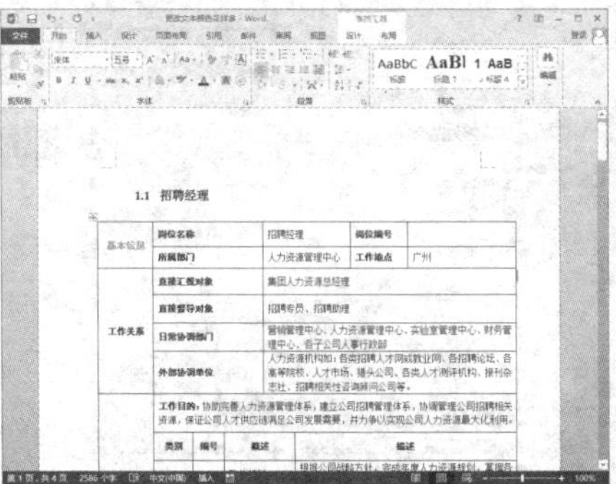

改变文本字形

实例 为文本设置加粗、阴影、倾斜效果

除了可以更改文字的字体、字号外，还可以为文字设置加粗、阴影和倾斜效果，下面对其操作方法进行介绍。

1 功能区命令法。选择文本，单击“开始”选项卡上的“加粗”、“倾斜”、“下划线”按钮可加粗倾斜显示文本并添加下划线。

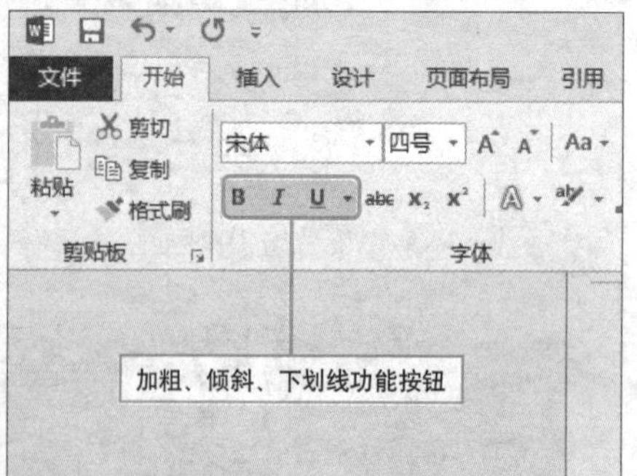

2 右键快捷菜单更改法。选择需要更改字形的文本并单击鼠标右键，通过浮动工具栏上的“加粗”、“倾斜”、“下划线”按钮进行设置。

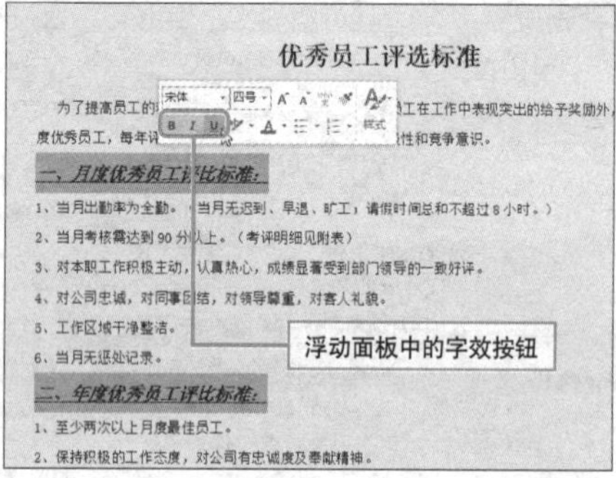

3 对话框更改法。单击“开始”选项卡上“字体”面板的对话框启动器按钮，打开“字体”对话框，对字形进行更改。

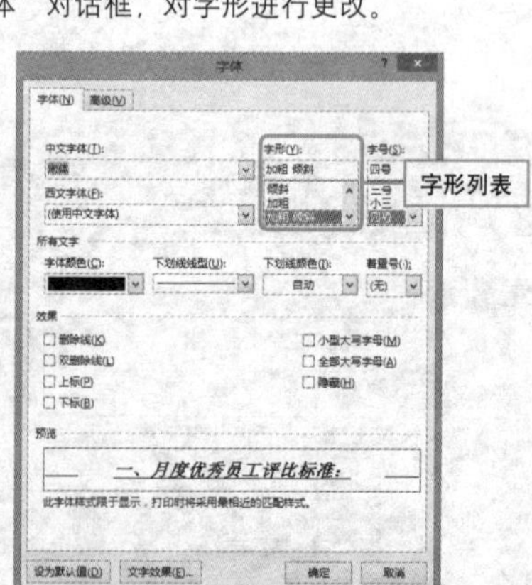

Hint

为文字添加字符边框

用户还可以为文本添加字符边框，选择文本后单击“字符边框”按钮即可。

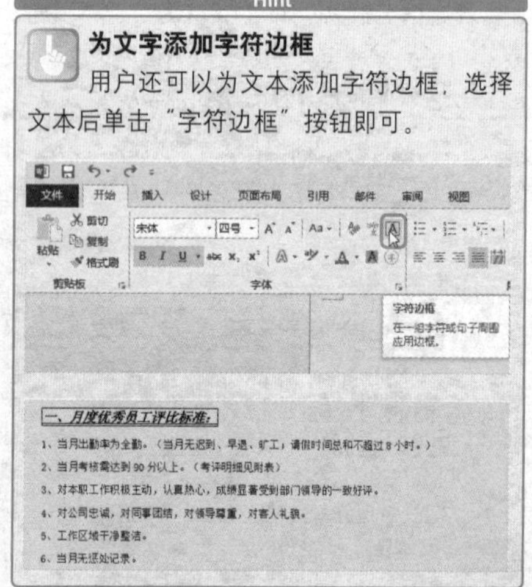

设置文本特殊效果很简单

实例　为字符添加底纹和带圈效果

在编辑文本内容时，为了突出显示某些内容，用户可以为其设置一些特殊效果。例如，为字符添加底纹，或者添加带圈效果，下面对其具体操作方法进行介绍。

❶ **添加底纹。** 选择文本，单击“开始”选项卡上的“字符底纹”按钮。

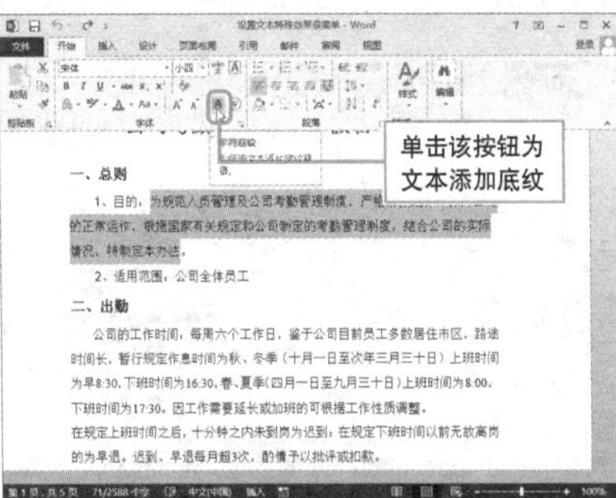

❷ 单击后可以看到，所选文本已经添加了灰色底纹。

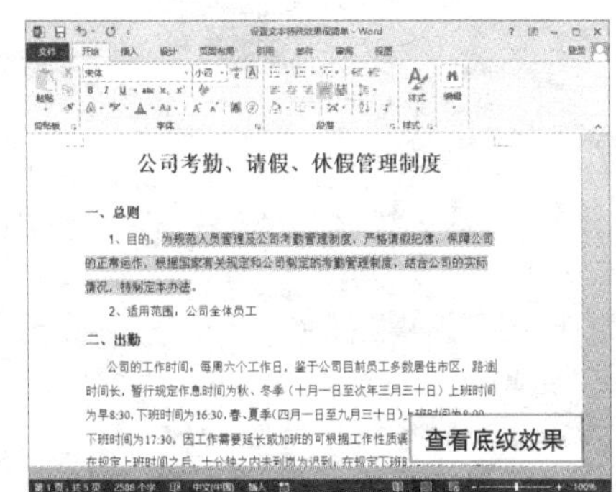

❸ **设置带圈效果。** 选择需要添加带圈效果的文本，单击“带圈字符”按钮。

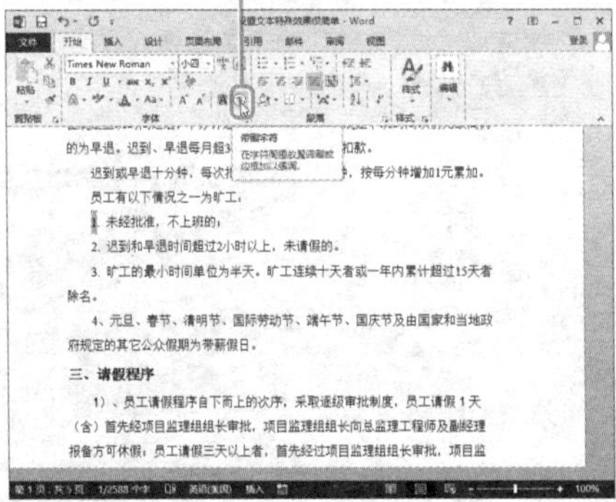

❹ 打开“带圈字符”对话框，选择“增大圈号”样式，设置合适的文本和圈号，单击“确定”按钮。

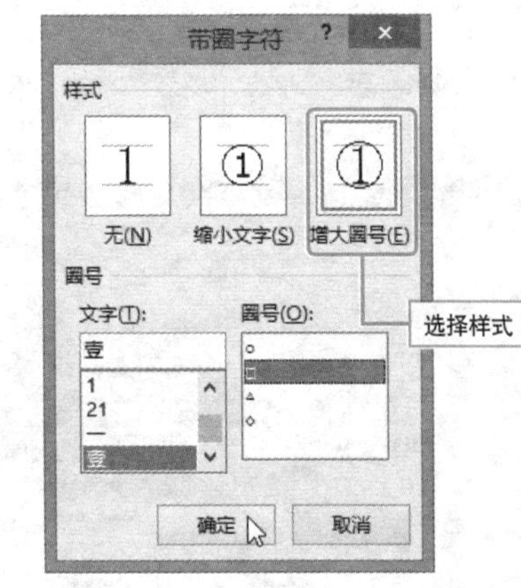

巧设置字符间距

实例 字符间距的更改

字符间距是指文档中两个字符之间的距离，合适的字符间距是文档排版中至关重要的一环，下面将介绍设置字符间距的方法。

1 选择需改变字符间距的文本，单击“开始”选项卡上“字体”面板的对话框启动器按钮。

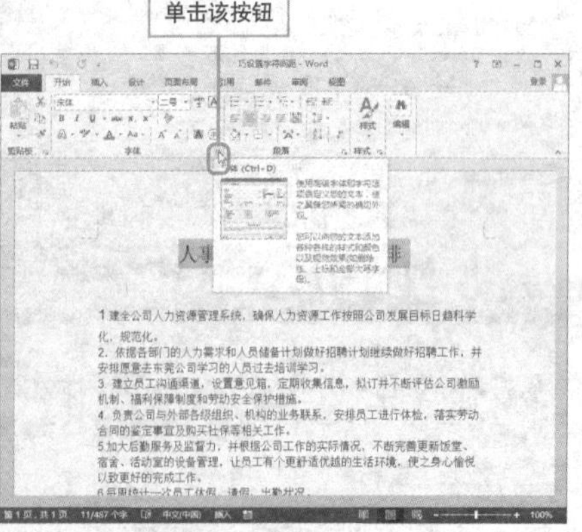

2 打开“字体”对话框，切换至“高级”选项卡，在“字符间距”选项下，设置合适的字符间距。

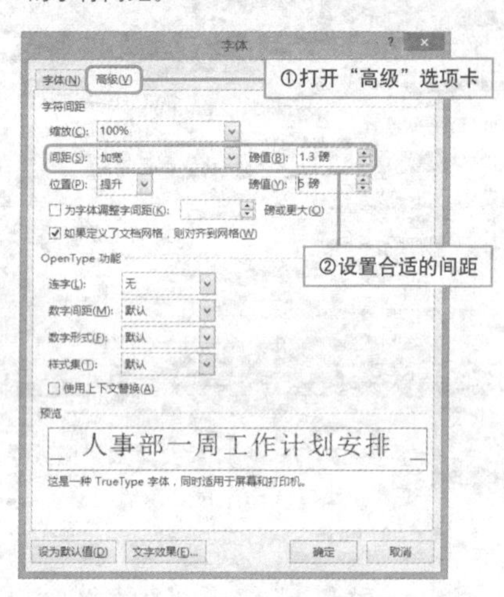

3 设置完成后，单击“确定”按钮，返回文档，选中的文本字符间距就发生了改变。

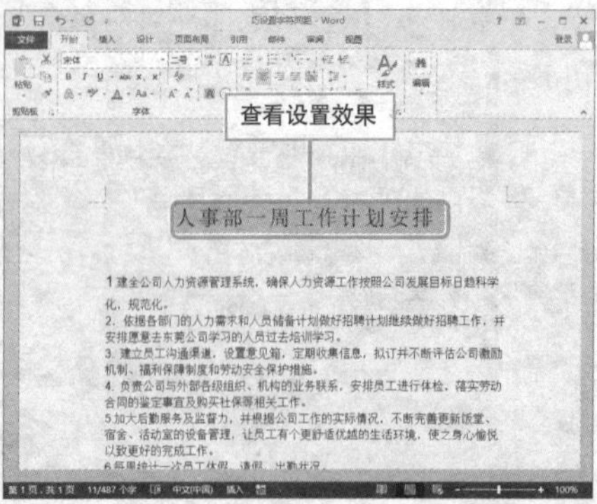

Hint

“字符间距”对话框中各选项的介绍

①“缩放”选项：该选项用于调整文字横向缩放的大小。

②“间距”选项：该选项用于调整文字间的间距。

③“位置”选项：该选项用于调整字符在垂直方向上的位置。

快速输入化学符号有技巧

实例 设置文字上、下标

在 Word 文档中经常会需要输入一些特殊文本，例如化学符号，这时就需要通过设置文字上、下标来实现。

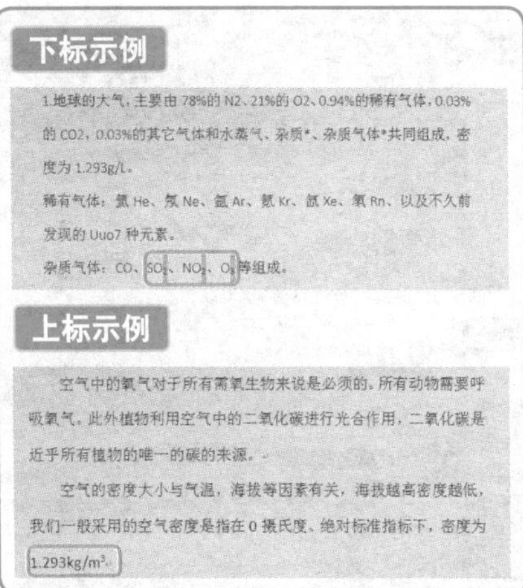

1 设置下标。选择需要设置为下标的文本，单击"开始"选项卡上"字体"面板中的"下标"按钮即可。

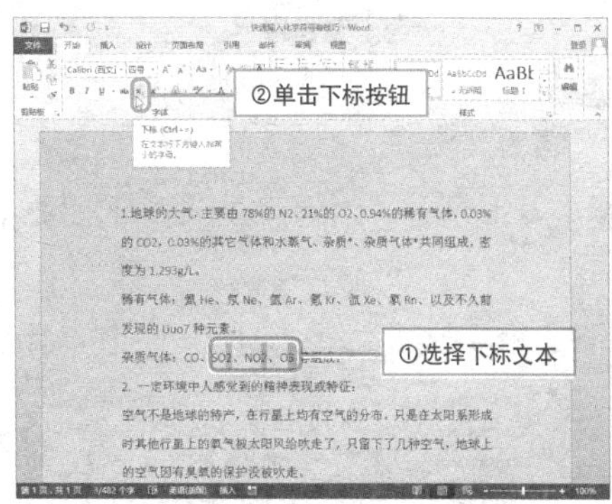

2 设置上标。若将所选文字设置为上标，则单击"上标"按钮即可。

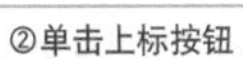

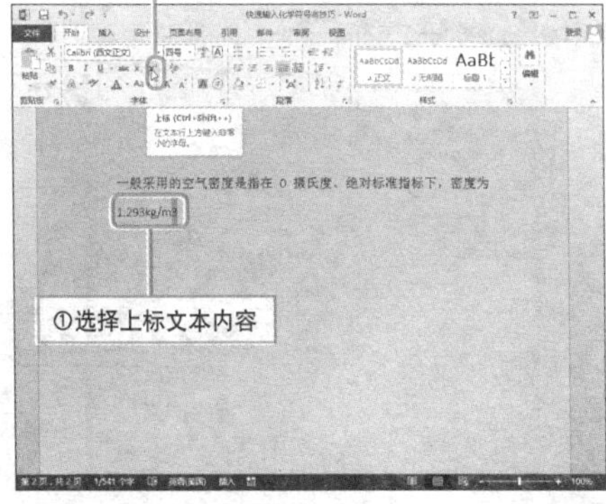

Hint

通过对话框设置上下标

打开"字体"对话框，从中勾选"上标"或"下标"复选框，即可为指定的文本内容设置上标或下标。

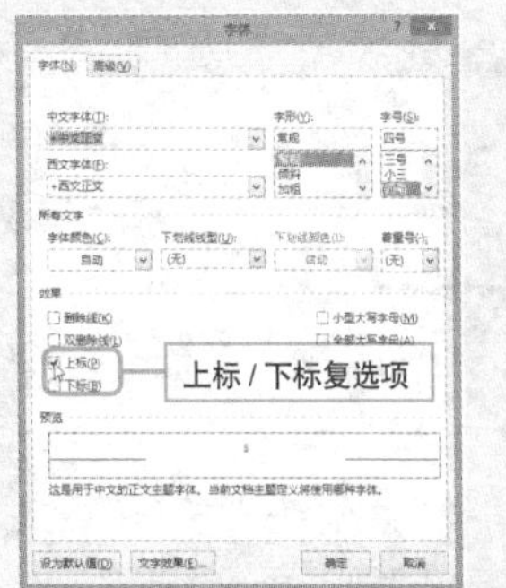

美化文本效果很简单

实例 文本的美化

若想使文本中的某些内容更为醒目，可以通过“字体”对话框设置文字特殊效果。

1. 选择文本，单击“开始”选项卡上“字体”面板的对话框启动器。

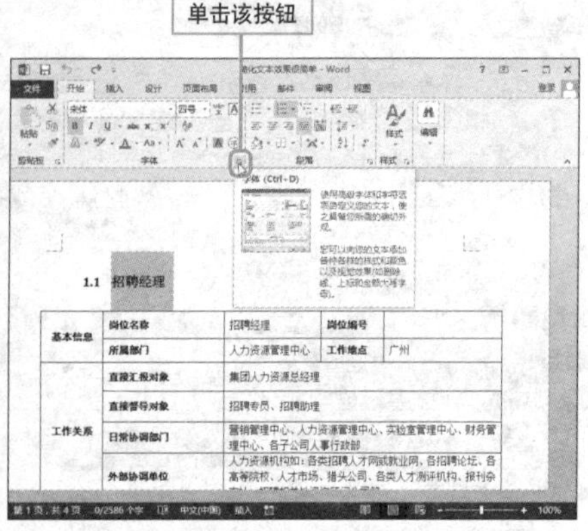

2. 打开“字体”对话框，单击“文字效果”按钮。

3. 打开“设置文本效果格式”对话框，切换至“文本效果”选项卡，分别设置文本的阴影、映像、发光等效果。

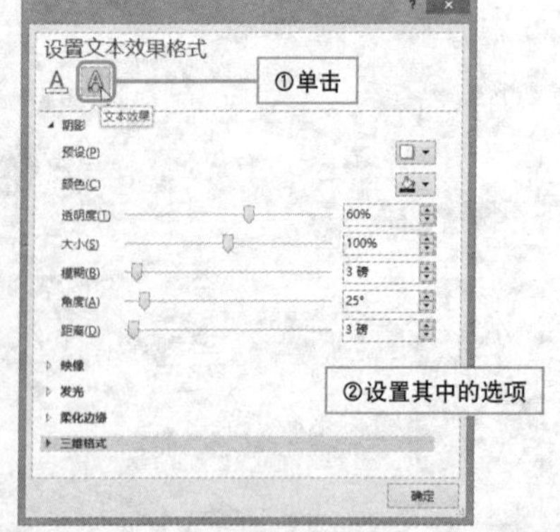

4. 切换至“文本填充轮廓”选项卡，设置文本填充色和边框，单击“确定”按钮，返回“字体”对话框，单击“确定”按钮。

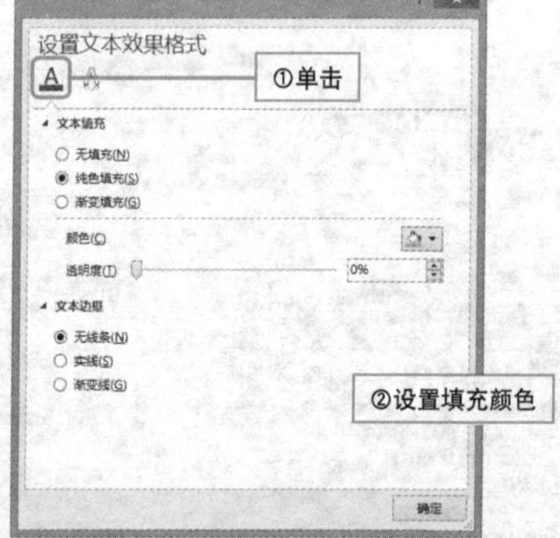

为文字注音

实例 使用拼音指南功能

为了便于其他读者阅读文档，在制作时，我们可以为相应的内容添加拼音，其操作方法很简单，只需通过“拼音指南”功能即可快速解决这个问题。

1 选择需添加拼音的文本，单击“开始”选项卡上的“拼音指南”按钮。

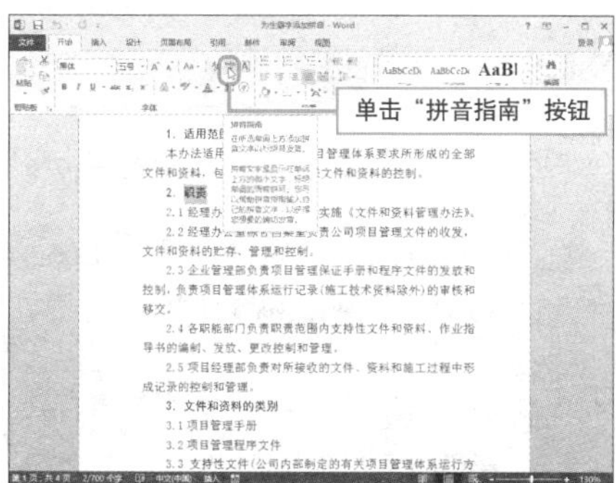

2 在打开的“拼音指南”对话框中，根据需要对当前选项进行设置，包括拼音的对齐方式、偏移量、字体、字号等。

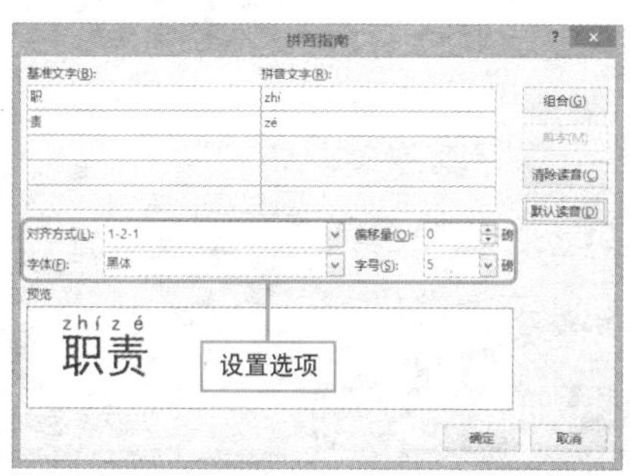

3 设置完成后，单击“确定”按钮，查看添加拼音注释效果。

查看添加效果

1．适用范围

本办法适用于对公司实施项目管理体系要求所形成的全部文件和资料，包括适当范围的外来文件和资料的控制。

2．职责

2.1 经理办公室负责组织贯彻实施《文件和资料管理办法》。

2.2 经理办公室综合档案室负责公司项目管理文件的收发，文件和资料的贮存、管理和控制。

2.3 企业管理部负责项目管理保证手册和程序文件的发放和控制，负责项目管理体系运行记录(施工技术资料除外)的审核和移交。

2.4 各职能部门负责职责范围内支持性文件和资料、作业指导书的编制、发放、更改控制和管理。

2.5 项目经理部负责对所接收的文件、资料和施工过程中形成记录的控制和管理。

Hint

删除注音

在“拼音指南”对话框中单击“清除读音”按钮，然后单击“确定”按钮即可。

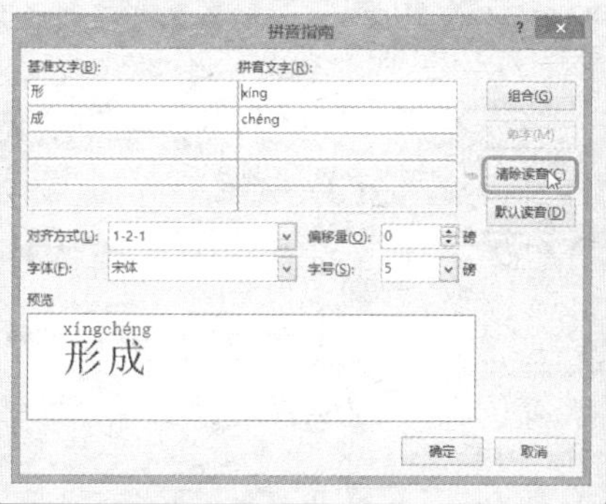

Question 054

Level ◆◆◇

2013 2010 2007

巧妙切换英文字符大小写

实例 英文大小写的更改

在输入英文长句或者比较多的英文单词时，输入时不断地切换大小写甚是烦人。此时，用户可以采用以下方法进行设置，即先全部大写或者小写输入英文字符，然后根据需要进行相应设置。

1 选择需切换英文字符大小写的文本。

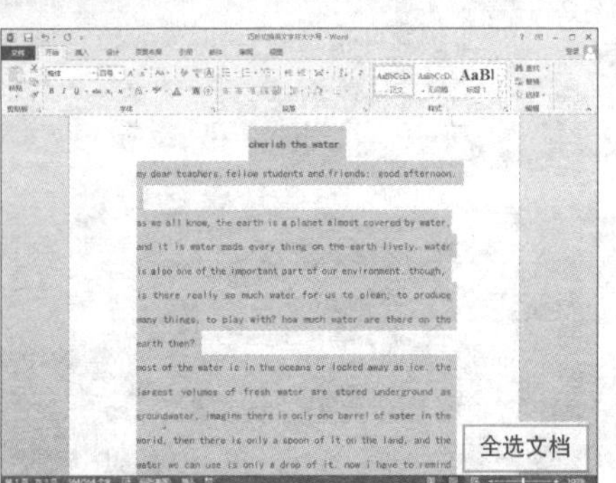

2 单击“开始”选项卡上的“更改大小写”按钮，选择“句首字母大写”命令。

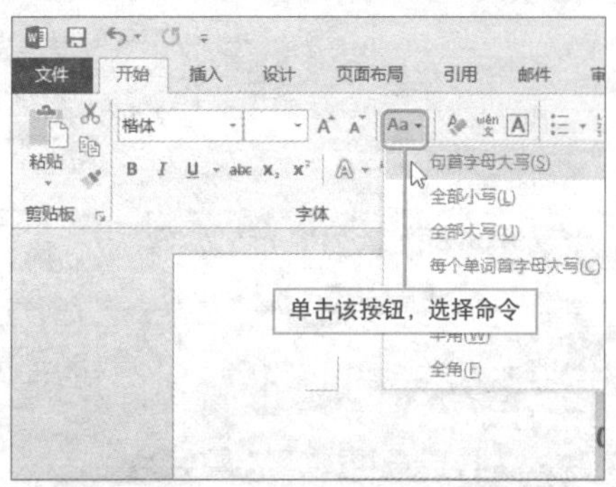

3 随后即可将文本句首的字母全部转换为大写格式。

Cherish the water

My dear Teachers, fellow students and friends: Good afternoon.

As we all know, the earth is a planet almost covered by water, and it is water made every thing on the earth lively. Water is also one of the important part of our environment. Though, is there really so much water for us to clean, to produce many things, to play with? How much water are there on the earth then?

Most of the water is in the oceans ... largest volumes of fresh water ...

查看大小写更改效果

Hint

“更改大小写”下拉列表命令介绍

“句首字母大写”：将所选英文字符每句句首的字母改为大写形式。

“全部小写”：将所有字母转换为小写形式。

“全部大写”：将所有字母转换为大写形式。

“每个单词首字母大写”：将每个单词的首字母转换为大写形式。

“切换大小写”：将所选的单词由大写转换为小写，或者由小写转换为大写。

“半角”：将所选字符转换为半角形式。

“全角”：将所选字符转换为全角形式。

一键清除文本格式

实例 快速清除文本的格式

当对文档中的某些文本进行了多次格式设置后，若想快速将文本格式还原到初始状态，可以通过“清除所有格式”命令来实现，具体操作方法如下。

1 打开文档，按住鼠标左键不放，拖动鼠标选择需要清除格式的文本。

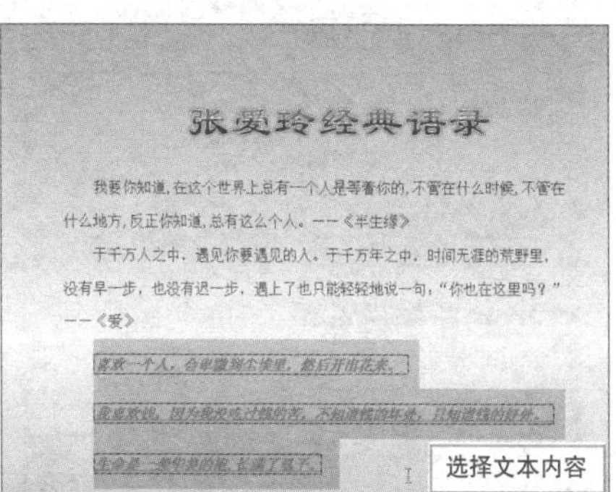

2 单击“开始”选项卡上的“清除所有格式”按钮。

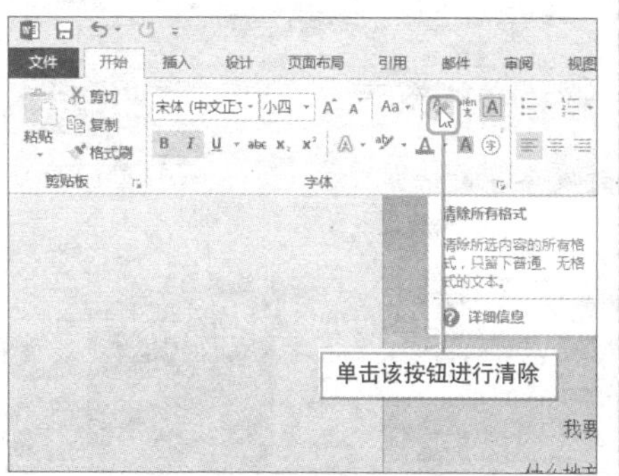

3 随后即可将所选文本的字体格式清除，只保留文本内容。

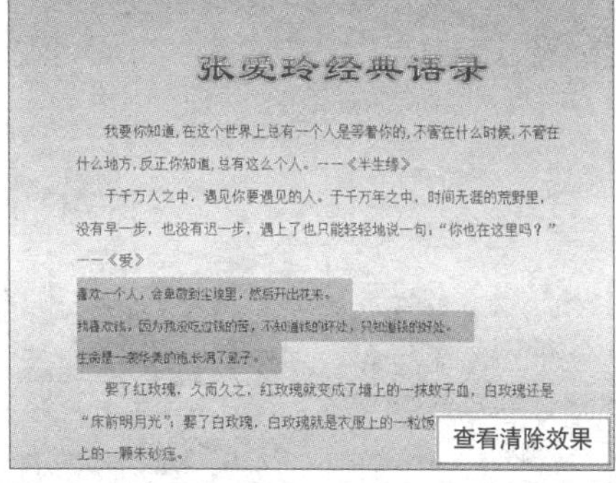

Hint

清除格式操作可以清除哪些内容？

执行清除所有格式操作时，可以将对文本的字体、字号、颜色、加粗、倾斜、字符边框，以及行间距等格式设置全部清除。

轻松处理英文单词分行显示

Level ◆◆◆

2013 2010 2007

实例 设置英文单词版式，使其分行显示

在编辑文档时，若遇到一个英文单词占据了大半行，想删除该英文单词后的空白区域又无法删除的情况时，可以通过对字体版式的设置来改变这一现状。

1 将鼠标定位至需要设置英文单词分行的段落，单击“开始”选项卡上“段落”面板的对话框启动器按钮。

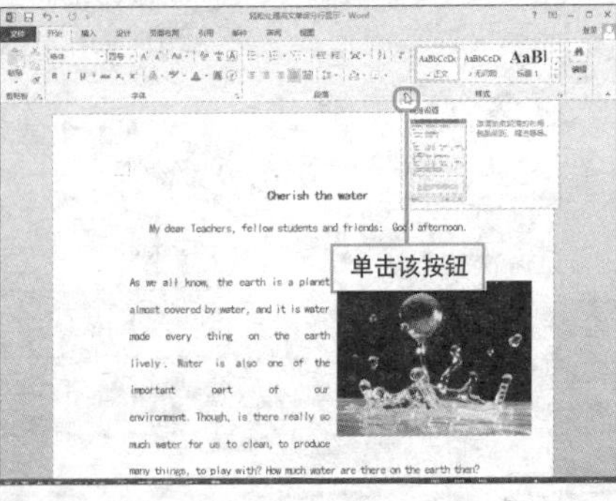

2 打开“段落”对话框，切换至“中文版式”选项卡，从中勾选“允许西文在单词中间换行”复选框。

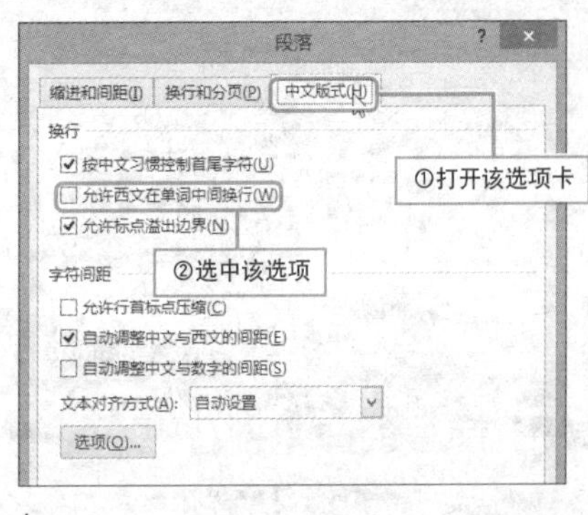

3 设置完成后，单击“确定”按钮，系统将自动换行，且在换行处打断英文单词。

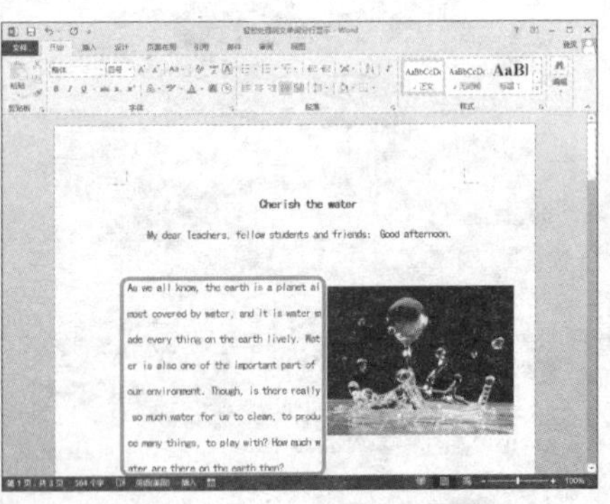

Hint

中英文输入模式的切换

若当前输入法模式处于中文状态，只需单击输入法状态栏中的■按钮，即可切换至英文状态，反之亦然；也可以直接按Shift键快速切换。

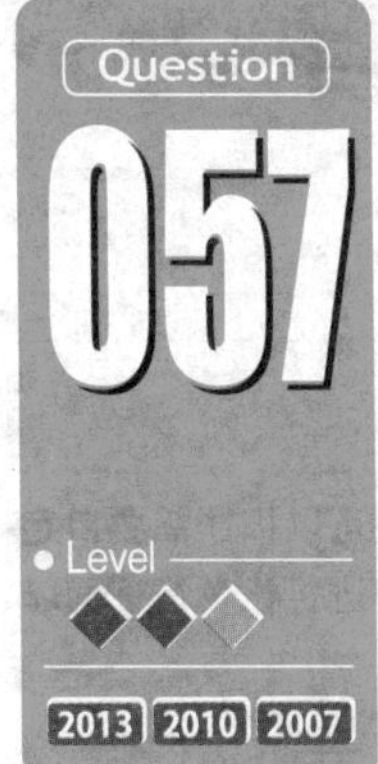

清晰明了罗列文档条目很简单

实例 项目符号 / 编号的添加

当文档中包含多条信息时，为了使这些信息清晰明了地展现在读者面前，用户可以通过添加项目符号 / 编号进行调整整理，使其更加条理化。

1 选择需添加项目符号的文本，单击"开始"选项卡上的"项目符号"按钮。

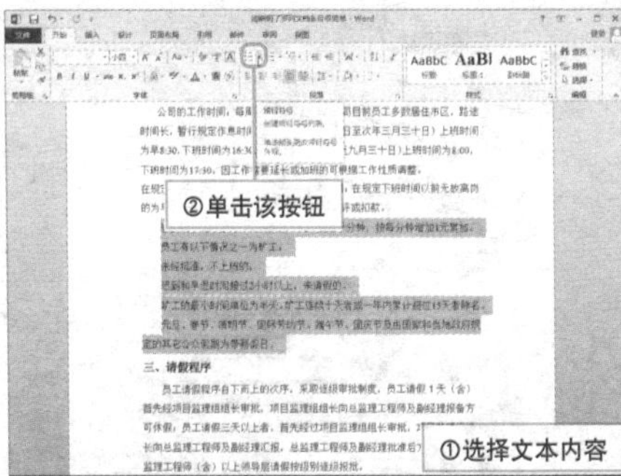

2 从展开的列表中选择合适的项目符号样式，即可为所选文本添加项目符号。

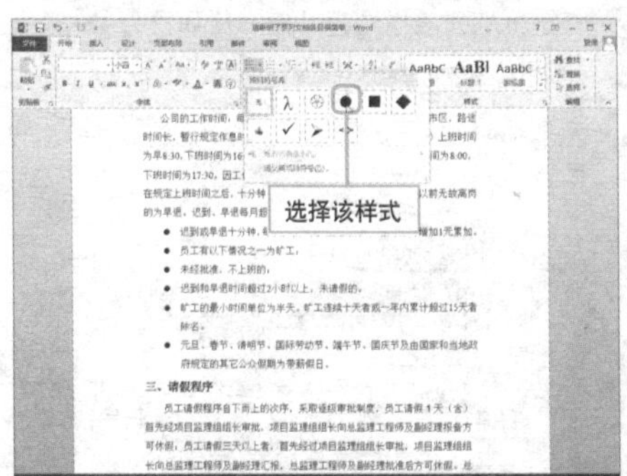

3 用户通过右键菜单也能添加项目编号。选择文本并单击鼠标右键，单击"编号"按钮。

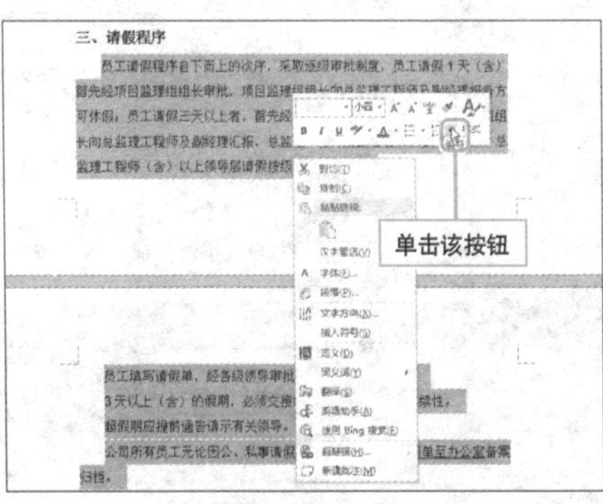

4 从展开的编号列表中选择合适的编号样式即可。

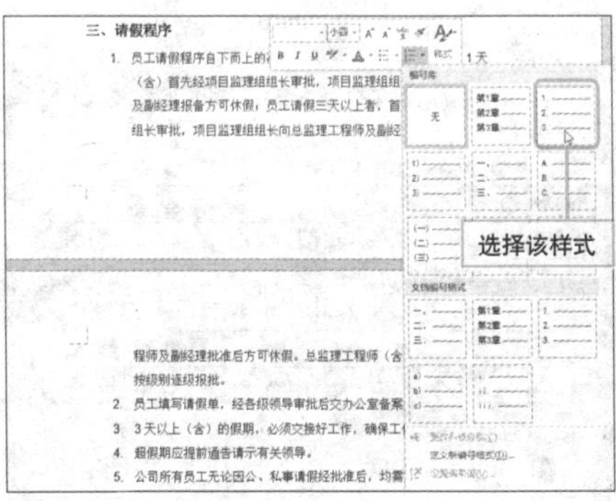

轻松自定义项目符号

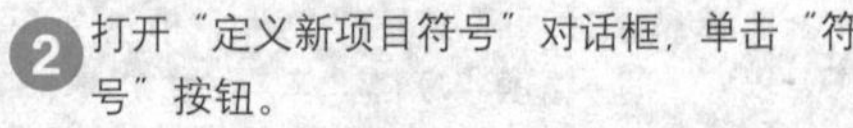

实例 自定义项目符号

● Level ◆◇◇

2013 2010 2007

若用户觉得系统提供的项目符号/编号不够美观，还可以根据需要自定义项目符号/编号，对项目符号/编号的颜色、大小等进行设置，下面以自定义项目符号为例进行介绍。

1 **使用其他符号作为项目符号。**选择文本，单击“开始”选项卡上的“项目符号”按钮，从列表中选择“定义新项目符号”。

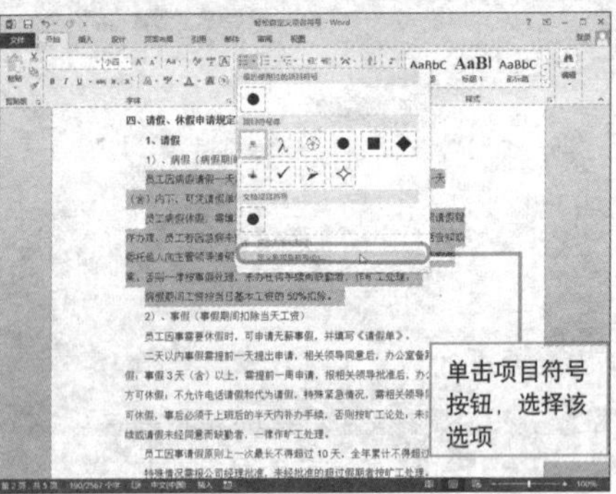

2 打开“定义新项目符号”对话框，单击“符号”按钮。

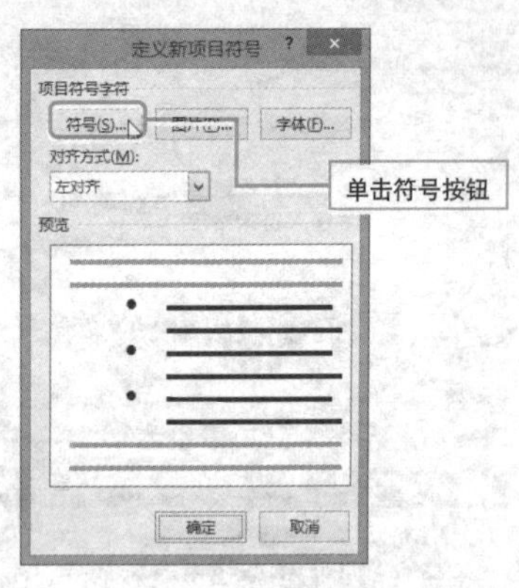

3 打开“符号”对话框，选择符号，单击“确定”按钮。

选择符号样式

4 返回“定义新项目符号”对话框，单击“字体”按钮。

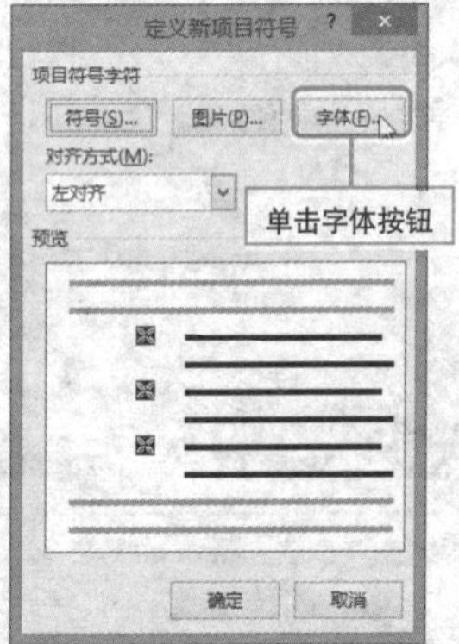

5 打开“字体”对话框，按需设置字体颜色、大小等，然后单击“确定”按钮。

6 返回文档，可以看到所选文本已经应用了自定义的项目符号。

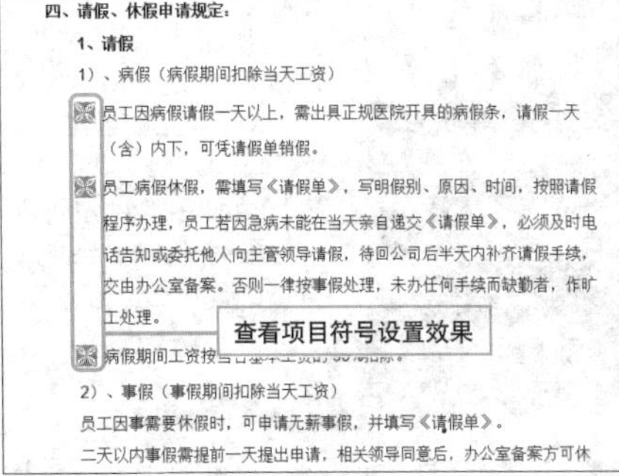

7 **使用图片作为项目符号。**单击“定义新项目符号”对话框中的“图片”按钮。

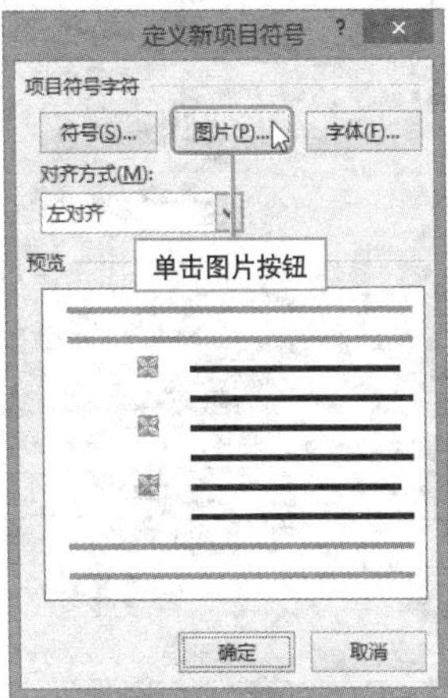

8 打开“插入图片”窗格，单击“来自文件”选项右侧的“浏览”按钮。

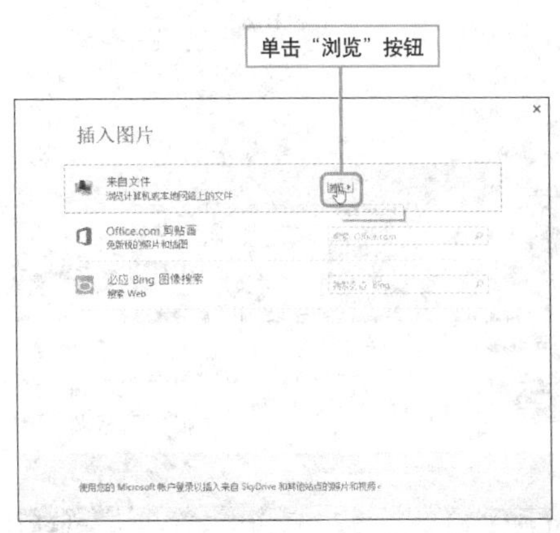

9 打开“插入图片”对话框，选择图片，单击“插入”按钮。

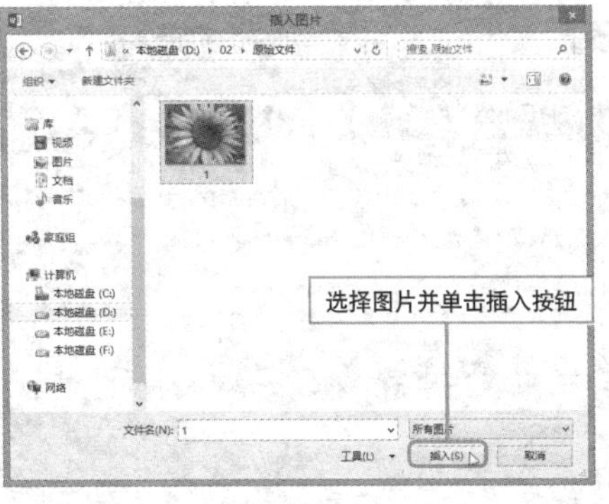

10 返回“定义新项目符号”对话框，单击“确定”按钮即可。

2）、事假（事假期间扣除当天工资）

- 员工因事需要休假时，可申请无薪事假，并填写《请假单》。
- 二天以内事假需提前一天提出申请，相关领导同意后，办公室备案方可休假；事假3天（含）以上，需提前一周申请，报相关领导批准后，办公室备案方可休假；不允许电话请假和代为请假，特殊紧急情况，需相关领导同意后方可休假，事后必须于上班后的半天内补办手续，否则按旷工论处；未办任何手续或请假未经同意而缺勤者，一律作旷工处理。
- 员工因事请假原则上一次最长不得超过10天，全年累计不得超过30天。
- 特殊情况需报公司经理批准，未经批准的超过假期者按旷工处理。

查看项目符号效果

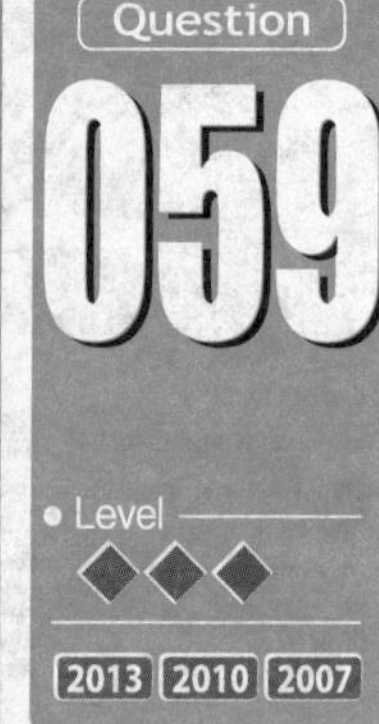

排序不是表格的专利

实例 Word 文档的排序

在 Excel 中，用户可以轻松地对数据进行排序，但是，若想要对 Word 文档中的内容进行排序，该如何操作呢?

1 选择需要排序的文本，单击"开始"选项卡上"段落"面板的"排序"按钮。

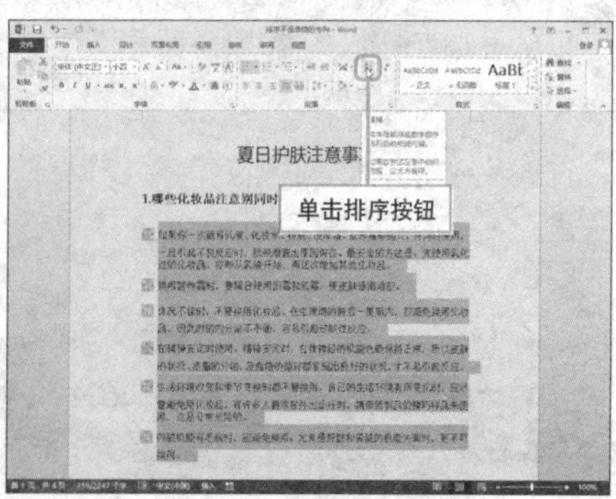

2 打开"排序文字"对话框，设置主要关键字为"段落数"，类型为"笔划"。

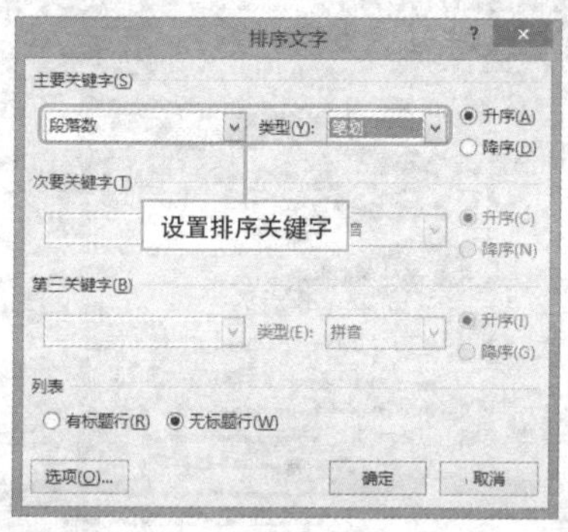

3 若文本为英文文本，则可以单击"选项"按钮，打开"排序选项"对话框，勾选"区分大小写"复选框。

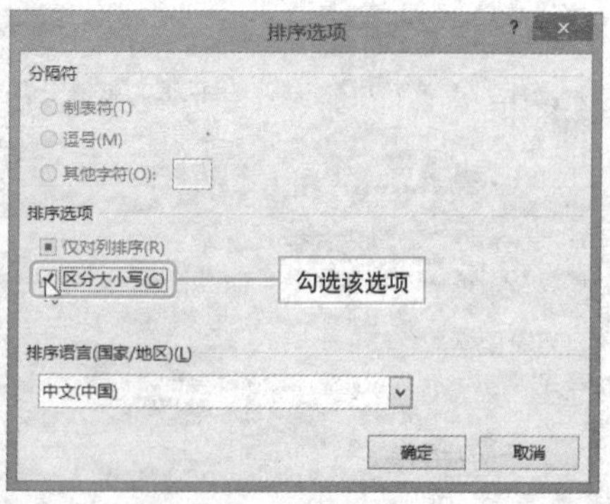

4 设置完成后，关闭"排序文字"对话框，即可查看排序效果。

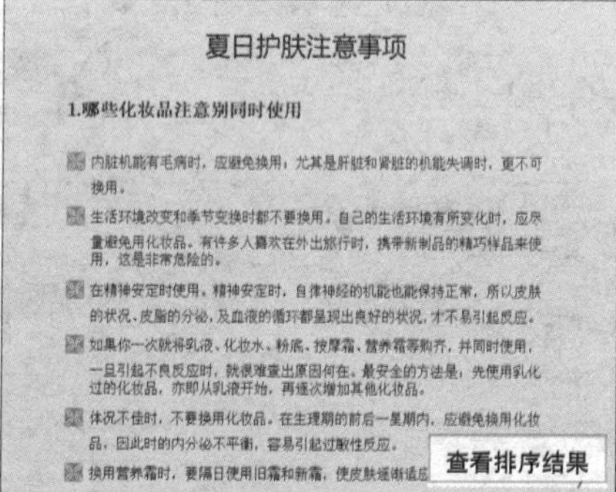

显示段落标记很简单

实例 显示段落标记

段落标记是我们在 Word 文档中敲击回车键后出现的弯箭头标记，该标记又称“硬回车”，在一个段落的尾部显示，下面介绍如何显示段落标记。

1 **功能区命令法。**打开文档，单击“开始”选项卡上的“显示/隐藏编辑标记”按钮。

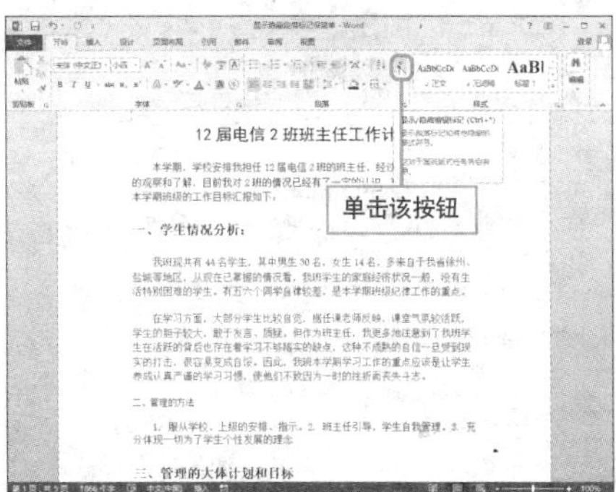

2 可以看到，文档中的段落标记将显示出来。

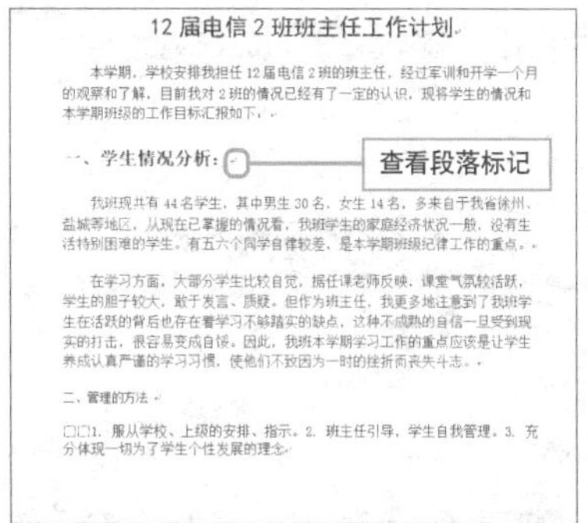

3 **始终显示段落标记。**执行“文件>选项”命令，打开“Word选项”对话框，选择“显示”选项。

4 勾选“段落标记”复选框，单击“确定”按钮即可。

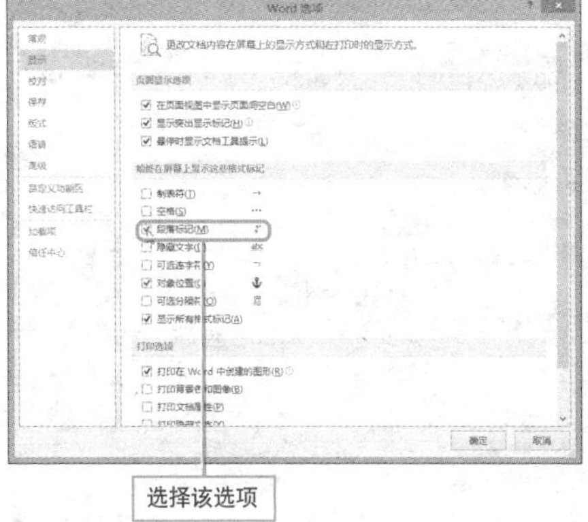

Question 061

Level

2013 2010 2007

一键调整文本缩进量

实例 文本缩进量的调整

文本缩进量是指文本距边距的距离，若用户想要增加或减少文本缩进量，该如何操作呢？

① **功能区命令法**。选择需要增加缩进量的文本，单击“增加缩进量”按钮。

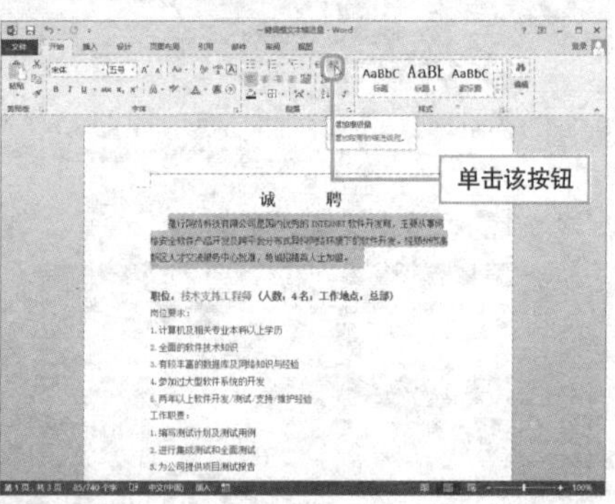

② 此时，所选文本会距离左侧缩进1个字符，若需要缩进更多，重复上次操作即可。

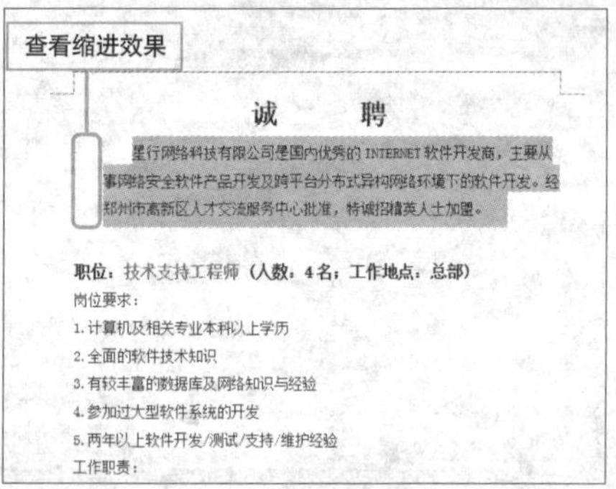

③ **对话框设置法**。单击“开始”选项卡上的“段落”组的对话框启动器，打开“段落”对话框，通过“缩进”选项下“左侧”和“右侧”数值框调整缩进量。

④ 若需要某一段落的首行缩进与其他段落不同，可以单击“特殊格式”按钮，选择“首行缩进”，并在右侧的“缩进量”文本框中输入合适的数值即可。

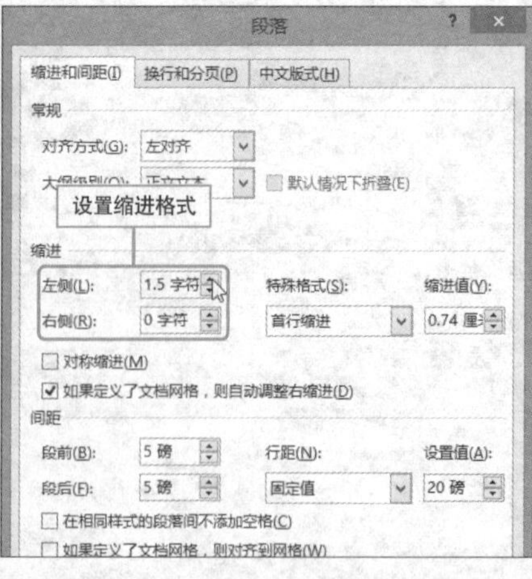

设置首行缩进格式

文本队列整齐很重要

实例 设置文本对齐格式

在Word文档中，段落的对齐方式共有五种，分别为左对齐、居中、右对齐、两端对齐和分散对齐。下面将介绍如何设置文本的对齐方式。

1 将光标定位至标题段落中，单击"开始"选项卡上的"居中"按钮。

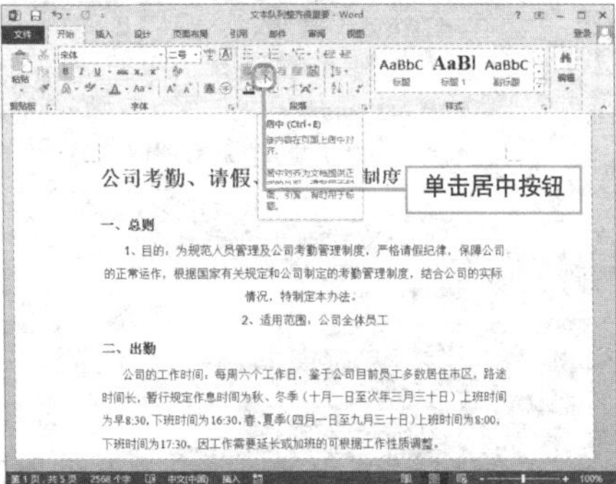

2 单击后可以看到，所指定的文本已经居中对齐。

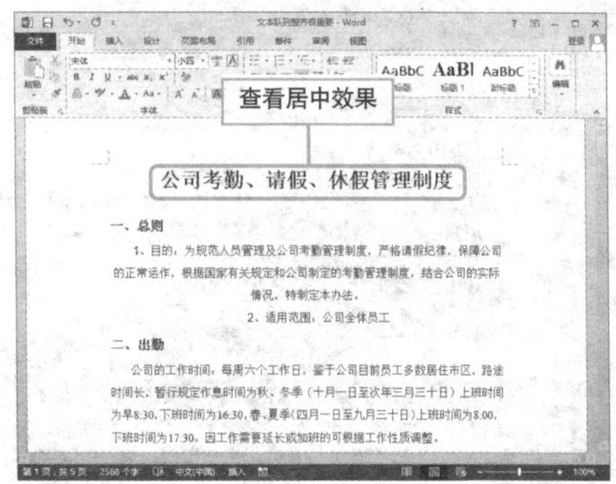

3 然后对标题下面的文本进行调整，打开"段落"对话框，设置对齐方式为"左对齐"。

4 设置完成后，单击"确定"按钮，关闭对话框，返回编辑页面即可看到文本设置后的左对齐效果。

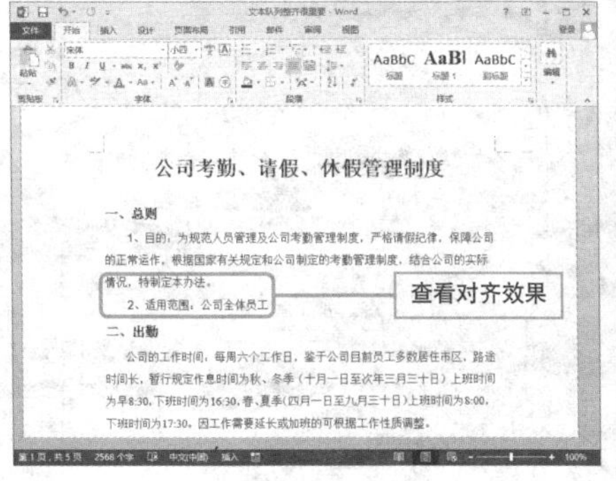

Question **063**

调整段落间距也不难

实例 段落间距的设置

● Level ◆◇◇

2013 2010 2007

若用户觉得当前段落或行之间的间距过小，可以通过设置段落间距和行间距来改变现状。

1 选择文本，单击“开始”选项卡上的“行和段落间距”按钮。

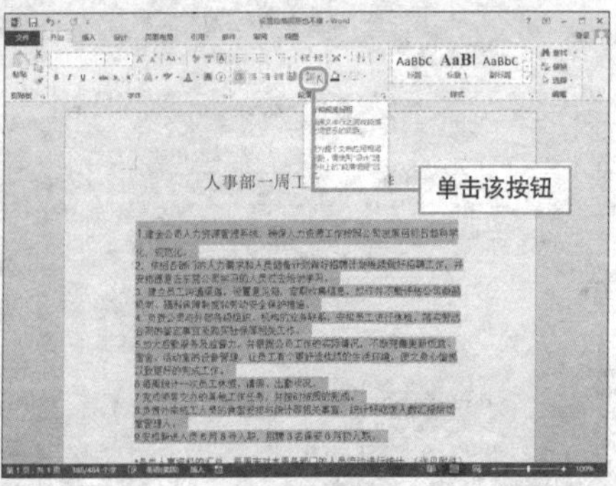

2 在展开的列表中选择1.5倍行距，并选择“增加段前间距”选项。

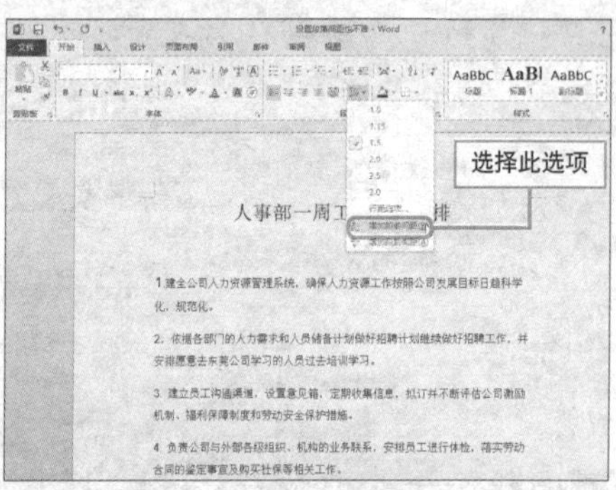

3 用户还可以打开“段落”对话框，在“间距”选项区中自定义间距。

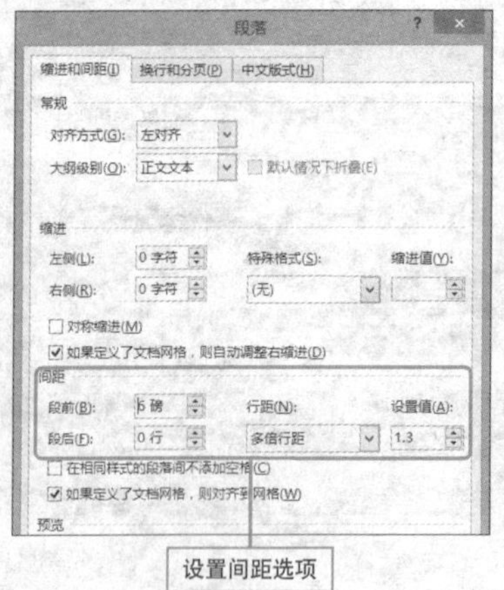

4 设置完成后，单击“确定”按钮，查看设置效果。

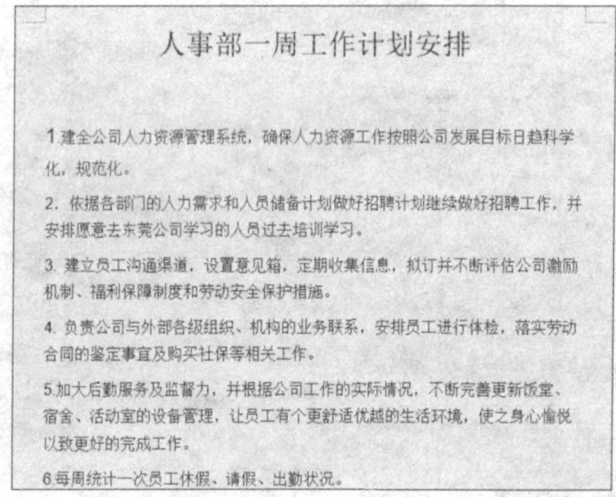
人事部一周工作计划安排

1.建全公司人力资源管理系统，确保人力资源工作按照公司发展目标日趋科学化，规范化。

2. 依据各部门的人力需求和人员储备计划做好招聘计划继续做好招聘工作，并安排愿意去东莞公司学习的人员过去培训学习。

3. 建立员工沟通渠道，设置意见箱，定期收集信息，拟订并不断评估公司激励机制、福利保障制度和劳动安全保护措施。

4. 负责公司与外部各级组织、机构的业务联系，安排员工进行体检，落实劳动合同的鉴定事宜及购买社保等相关工作。

5.加大后勤服务及监督力，并根据公司工作的实际情况，不断完善更新饭堂、宿舍、活动室的设备管理，让员工有个更舒适优越的生活环境，使之身心愉悦以致更好的完成工作。

6.每周统计一次员工休假、请假、出勤状况。

为段落添加别致的底纹和边框

实例 设置段落的底纹和边框

为了美化文档中的文本，使其页面布局更美观，用户可以为段落添加底纹和边框。

1. 选择段落文本，单击“开始”选项卡上的“底纹”按钮，从列表中选择“金色，着色4，淡色60%”。

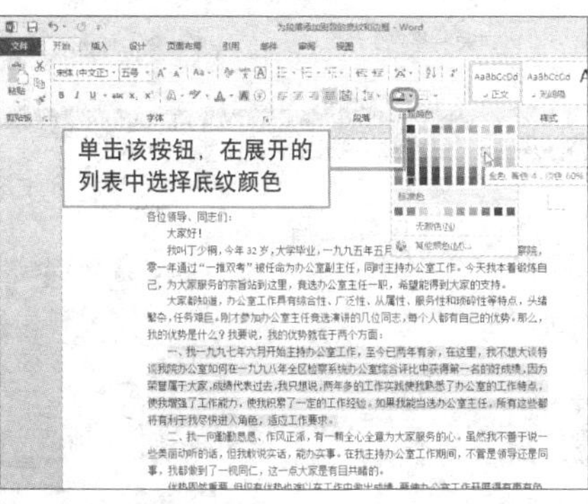

2. 单击“边框”按钮，从列表中选择“所有框线”选项。

选择所有框线选项

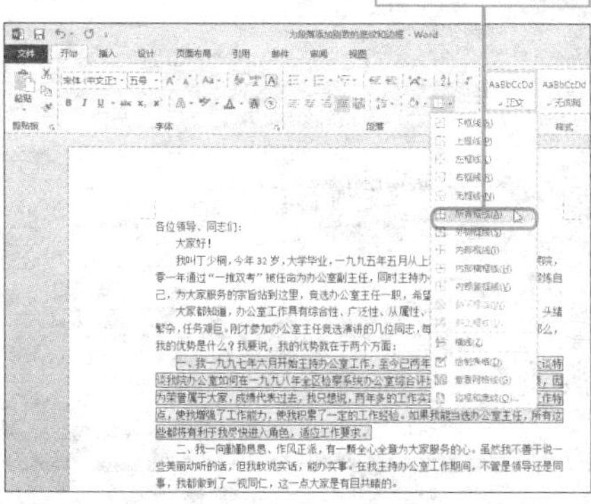

3. 或者从列表中选择“边框和底纹”选项，打开“边框和底纹”对话框，从中对“边框”和“底纹”选项卡进行设置。

边框和底纹

边框(B) 页面边框(P) 底纹(S)

设置: 无(N) 方框(X) 阴影(A) 三维(D) 自定义(U)

样式(Y): 颜色(C): 宽度(W): 0.5 磅

预览 单击下方图示或使用按钮可应用边框

应用于(L): 段落

选项(O)...

4. 设置完成后，单击“确定”按钮，关闭对话框，查看设置段落边框和底纹效果。

查看为段落设置边框与底纹的效果

我叫丁少桐，今年32岁，大学毕业，一九九五年五月从上沙县农业局选调到县检察院，零一年通过“一推双考”被任命为办公室副主任，同时主持办公室工作。今天我本着锻炼自己，为大家服务的宗旨站到这里，竞选办公室主任一职，希望能得到大家的支持。

大家都知道，办公室工作具有综合性、广泛性、从属性、服务性和琐碎性等特点，头绪繁杂，任务艰巨。刚才参加办公室主任竞选演讲的几位同志，每个人都有自己的优势。那么，我的优势是什么？我要说，我的优势就在于两个方面：

一、我一九九七年六月开始主持办公室工作，至今已两年有余，在这里，我不想大谈特谈我院办公室如何在一九九八年全区检察系统办公室综合评比中获得第一名的好成绩，因为荣誉属于大家，成绩代表过去，我只想说，两年多的工作实践使我熟悉了办公室的工作特点，使我增强了工作能力，使我积累了一定的工作经验。如果我能当选办公室主任，所有这些都将有利于我尽快进入角色，适应工作要求。

二、我一向勤勤恳恳、作风正派，有一颗全心全意为大家服务的心。虽然我不善于说一些美丽动听的话，但我敢说实话，能办实事。在我主持办公室工作期间，不管是领导还是同事，我都做到了一视同仁，这一点大家是有目共睹的。

优势固然重要，但仅有优势也难以在工作中做出成绩。要使办公室工作开展得有声有色，还必须有自己的思路和设想。我的主要目标概括起来就是以下四个方面：

一是献计献策，当好“咨询员”，办公室作为联系上下左右、前后内外的桥梁纽带，是各种信息的集散中心。如果我能当选办公室主任，我将积极主动地站在全局的角度思考问题，为领导决策提供信息、出谋划策，当好“咨询员”。

快速创建样式很简单

实例 新建样式

样式是某个特定文本（一行文字、一段文本或者整篇文档）的所有格式集合。若在文档中有多处文本需要使用相同的格式，用户可以将这些格式定义为一种样式，下面介绍创建新样式的方法。

1. 打开文档，单击“开始”选项卡上“样式”组中的“其他”按钮，从列表中选择“创建样式”选项。

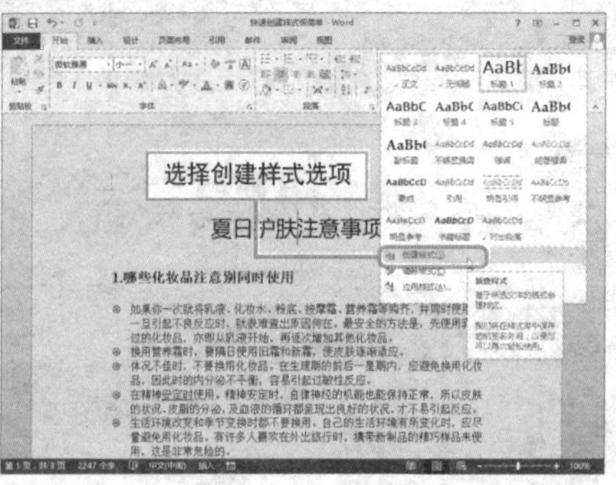

2. 打开“根据格式设置创建新样式”对话框，输入名称后单击“修改”按钮。

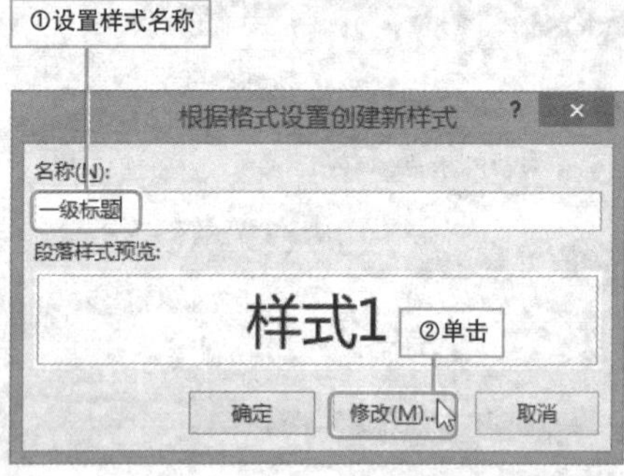

3. 在对话框中设置合适的字体、字号，并选择居中显示，然后单击“格式”按钮，从列表中选择“段落”选项。

4. 打开“段落”对话框，设置段落格式，单击“确定”按钮，返回上一级对话框并单击“确定”即可。

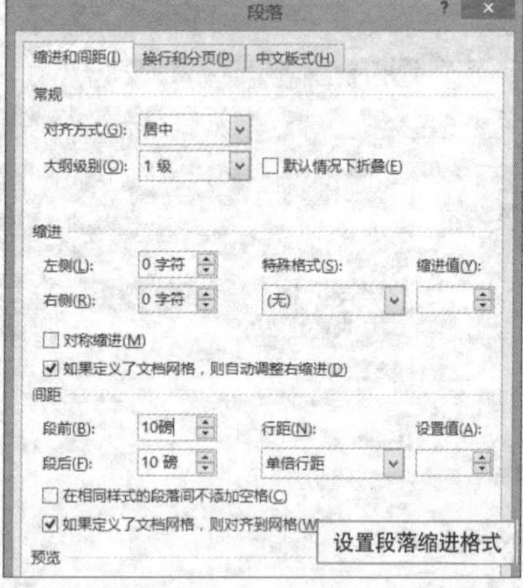

Question

066 保存并应用样式

Level ◆◆◇

2013 2010 2007

实例 将设置好的样式保存

Word 2013 还支持用户将设置好格式的文字或段落的格式保存为样式，方便以后的使用，下面对其进行介绍。

1 打开文档并选择文本，对其字体、字号和段落格式等进行设置。

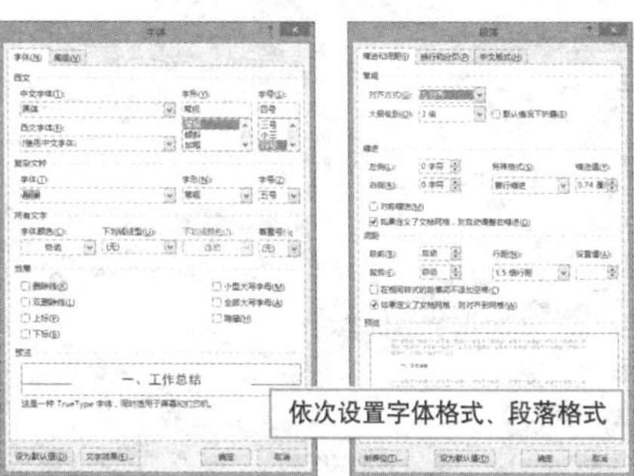

2 单击“开始”选项卡中“样式”面板的“其他”按钮，从列表中选择“创建样式”。

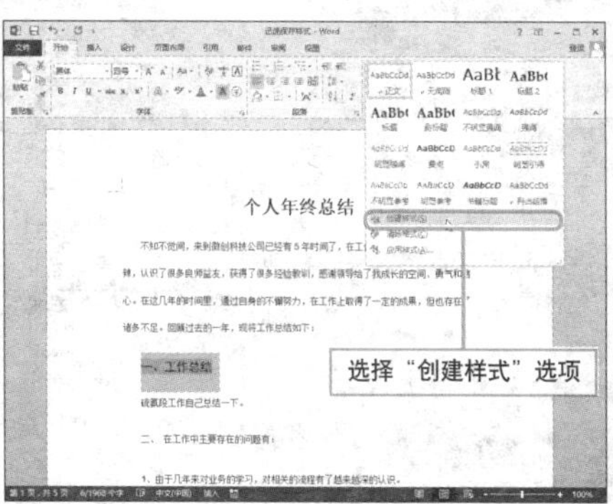

3 打开“根据格式设置创建新样式”对话框，输入名称后单击“确定”按钮。

设置名称后单击该按钮

根据格式设置创建新样式

名称(N): 小标题1

段落样式预览: 样式1

确定 修改(M)... 取消

4 将插入点放置到段落文本中，在“样式”面板的快速样式库中选择刚刚创建的样式，即可为当前段落应用样式。

应用样式的效果

快速查找文本信息很容易

实例 查找功能的运用

在对文档进行编辑时，若想快速找到文档中的指定内容，可以使用查找功能。

① 打开文档，单击"开始"选项卡上"编辑"面板"查找"右侧的下拉按钮，从列表中选择"查找"选项。

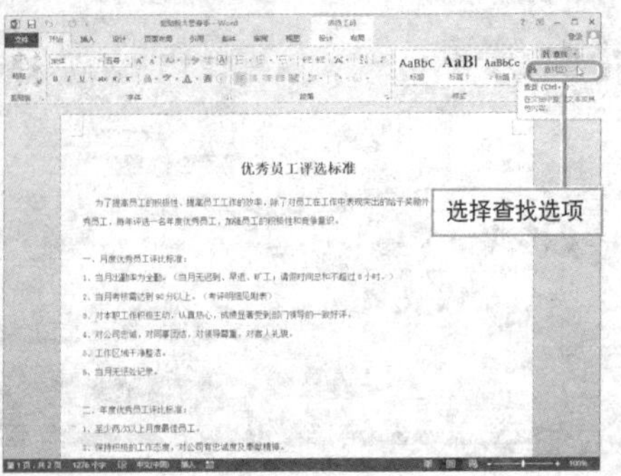

② 打开"导航"窗格，在"搜索文档"文本框中输入文本，单击右侧"搜索"按钮，查找到的文本会突出显示。

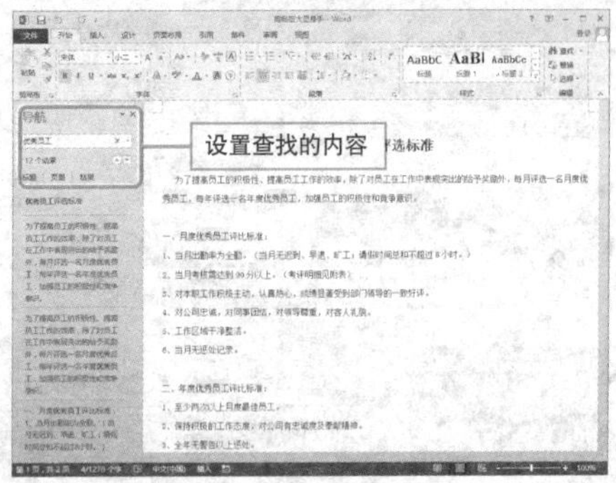

③ 若需进行精确查找，可选择"高级查找"选项，单击打开对话框中的"更多"按钮展开对话框，然后单击"格式"按钮，选择"字体"选项。

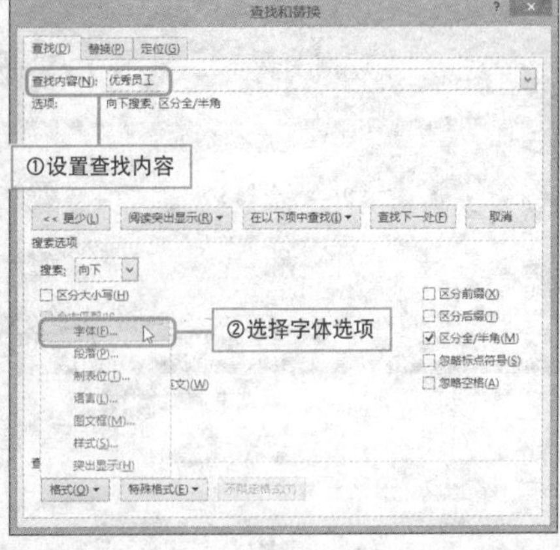

④ 在"查找字体"对话框中，设置要查找内容的字体格式。设置完成后，单击"确定"按钮，返回上一级对话框，单击"查找下一处"按钮进行查找即可。

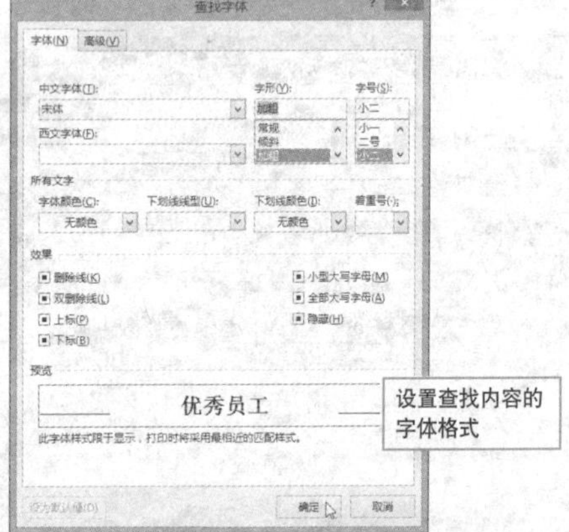

快速替换指定内容有诀窍

实例 运用"替换"功能

当文档中存在多处需要修改的内容时，用户可以尝试使用替换功能进行编辑，从而省去逐一编辑的麻烦。

1 打开文档，单击"开始"选项卡上的"替换"按钮。

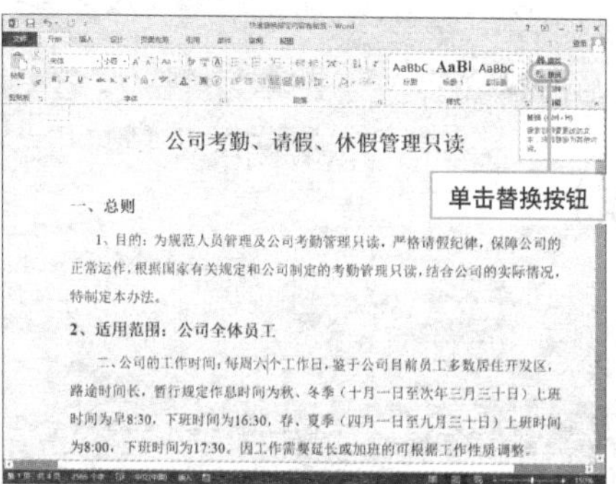

2 打开"查找和替换"对话框，在"查找内容"文本框中输入需查找的文本，在"替换为"文本框中输入替换的文本，然后单击"更多"按钮。

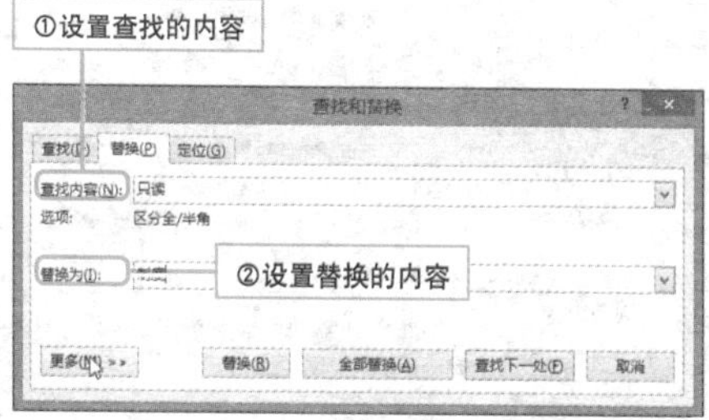

3 展开对话框，单击"搜索"按钮，选择"全部"，单击"全部替换"按钮。

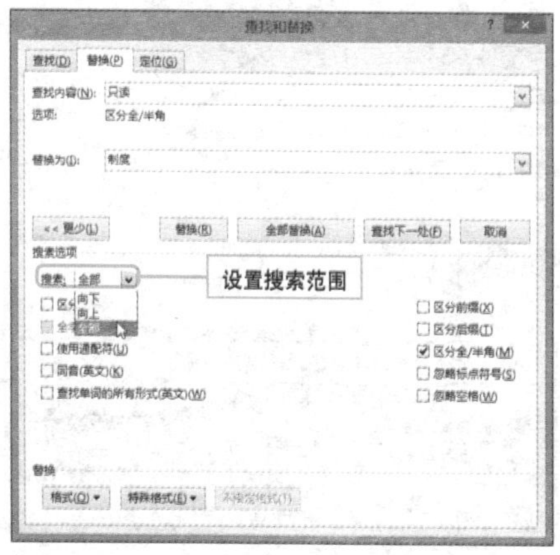

4 在弹出的提示对话框中，单击"确定"按钮，完成替换操作。

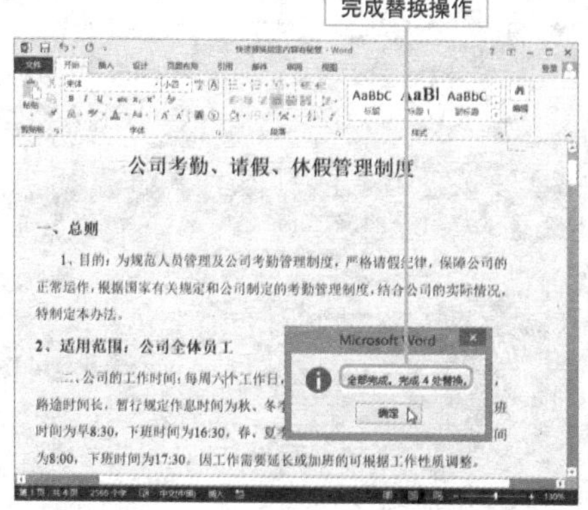

Question 069

• Level

2013 2010 2007

字体格式也能实现巧妙替换

实例 使用替换功能修改字体

若文档中有多种字体，想要将指定的字体更改为另一种字体，逐一进行修改难免浪费时间，此时可以利用替换功能进行更改。在此将以用“楷体”替换“微软雅黑”格式的全部文本为例进行介绍。

效果对比

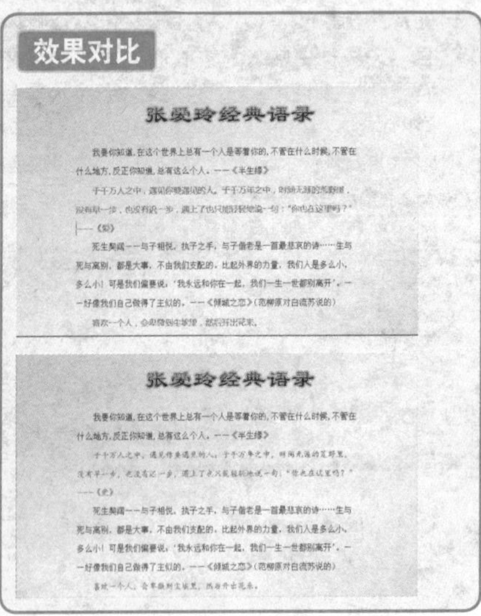

1 打开“查找和替换”对话框，将光标定位至“查找内容”文本框中，单击“格式”按钮，选择“字体”选项。

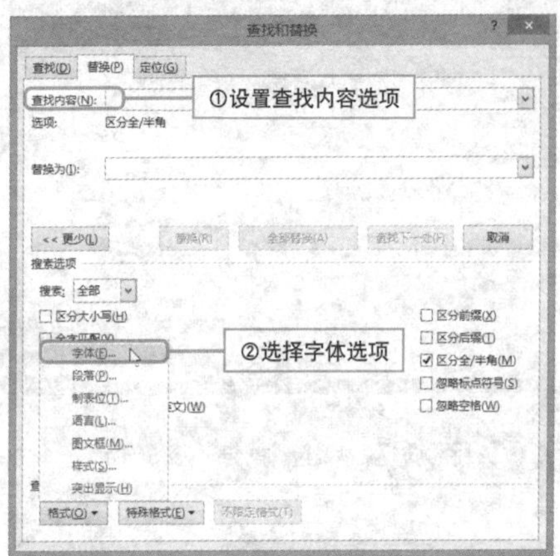

2 打开“查找字体”对话框，选择需要查找的字体为“微软雅黑”，然后单击“确定”按钮，返回“查找和替换”对话框。

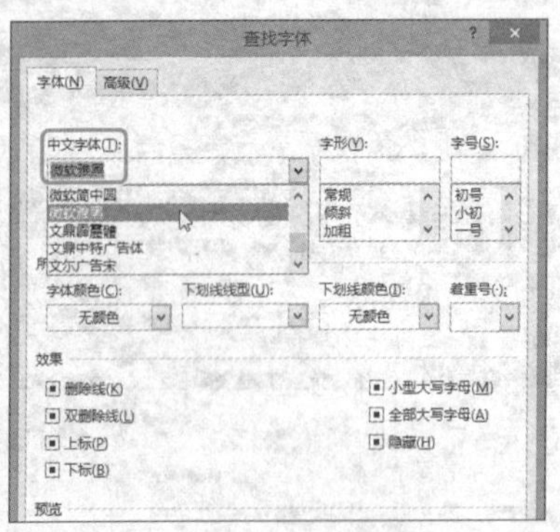

3 将鼠标光标定位至“替换为”文本框中，按照同样的方法设置替换为字体为“楷体”，然后单击“全部替换”按钮即可。

①设置替换为选项 ②单击该按钮

Question 070

Level ◆◇◇

2013 2010 2007

删除空行有一招

实例 快速删除文档中的多余空行

将网页中的内容复制到文档中后，会发现段落之间会包含或多或少的空行，若逐一删除这些空行，会花费大量的时间和精力，此时就可以使用查找和替换功能将其快速删除。

1 打开“查找和替换”对话框，将光标定位至“查找内容”文本框中，单击“特殊格式”按钮，选择“段落标记”选项。

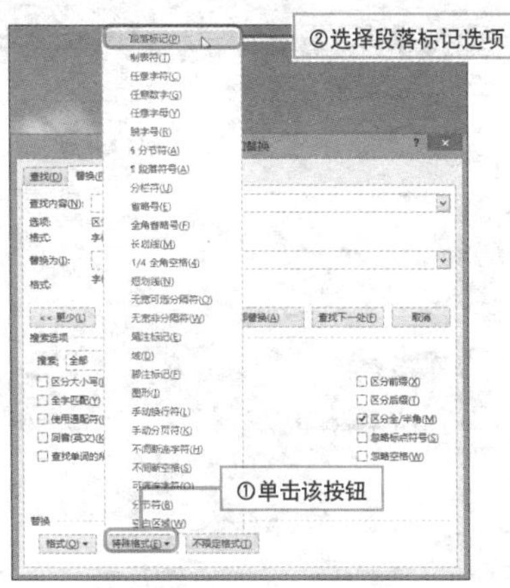

2 在“查找内容”文本框中显示“^p”段落标记，复制该标记，并将其分别粘贴在“查找内容”和“替换为”文本框中。

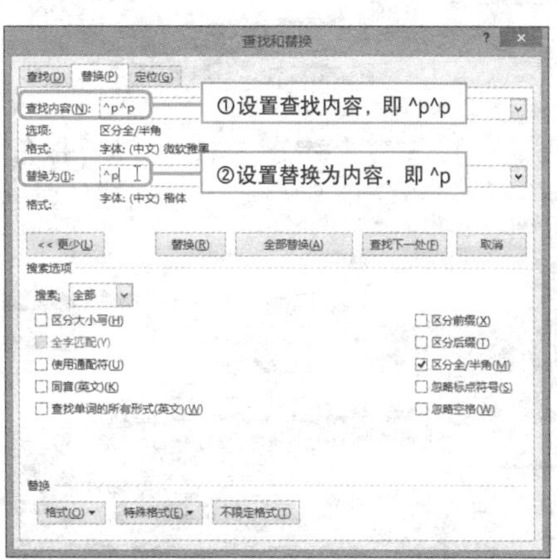

3 单击“不限定格式”按钮，使其处于未选中状态，然后单击“全部替换”按钮，在弹出的提示对话框中单击“确定”按钮。

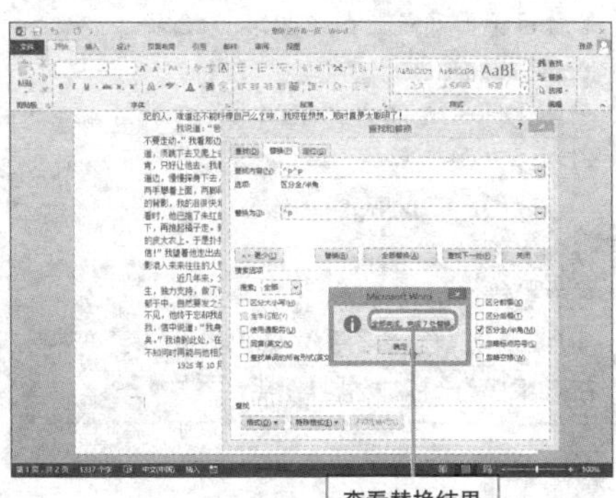

Hint

本技巧替换思路

在本技巧中，在“查找内容”中输入“^p^p”，是表示两个段落，其中第二个“^p”代表的就是所要删除的空行。“替换为”内容中输入“^p”，表示此操作将会保留原来正常段落的段落格式。

Hint

认识不限定格式按钮

当查找或替换的内容中，存在多余的格式设置时，就需要对其进行撤销设置操作。这时，单击该按钮即可实现。

图片与文字巧替换

实例 将文字替换为图片

使用 Word 编辑文档时，可以将指定的文字替换成相应的图片。如果逐一进行替换，会浪费太多时间和精力，此时可以通过查找和替换功能一次性替换。

1 打开文档，复制图片，单击“开始”选项卡上的“替换”按钮，打开“查找和替换”对话框。

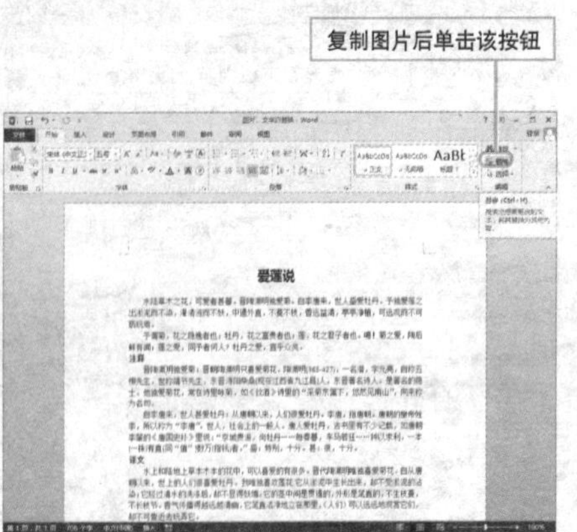

2 在“查找内容”文本框中输入需要被替换的内容，在“替换为”文本框中输入“^c”，单击“全部替换”按钮。

3 随后即可将指定文本替换为图片，然后根据需要调整图片大小和位置即可。

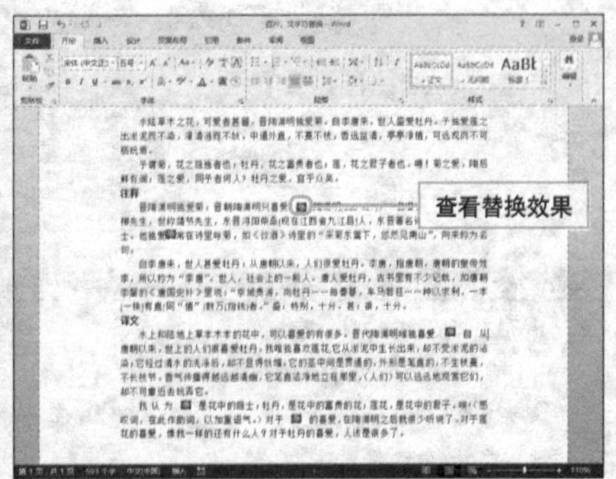

Hint

可在“查找内容”或“替换为”文本框中使用的代码

段落标记：键入 ^p 或键入 ^13

制表符：键入 ^t 或键入 ^9

长划线（—）：键入 ^+

短划线（-）：键入 ^=

图片或图形（仅嵌入）：键入 ^g

任意字符：键入 ^?

任意数字：键入 ^#

“Windows 剪贴板”的内容：键入 ^c（只能在“替换为”文本框中使用）

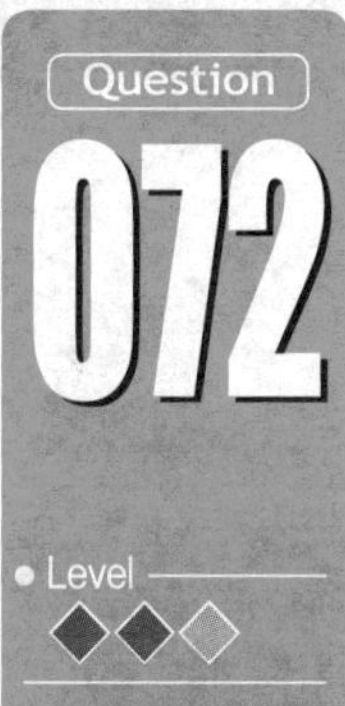

快速更改文件中的标点符号

实例 使用“区分全/半角”功能

在一些文档中，会需要将中文状态下的逗号（，）更改为英文状态（,）的逗号，此时同样可以利用查找和替换功能进行更改，下面介绍其具体操作步骤。

初始效果

Cherish the water

My dear Teachers，fellow students and friends： Good afternoon．

As we all know, the earth is a planet almost covered by water，and it is water made every thing on the earth lively．Water is also one of the important part of our environment．Though，is there really so much water for us to clean，to produce many things，to play with? How much water are there on the earth then?

Most of the water is in the oceans or locked away as ice．The largest volumes of fresh water are stored underground as groundwater，imagine there is only one barrel of water in the world，then there is only a spoon

最终效果

Cherish the water

My dear Teachers,fellow students and friends： Good afternoon．

As we all know, the earth is a planet almost covered by water,and it is water made every thing on the earth lively．Water is also one of the important part of our environment．Though,is there really so much water for us to clean,to produce many things,to play with? How much water are there on the earth then?

Most of the water is in the oceans or locked away as ice．The largest volumes of fresh water are stored underground as groundwater,imagine there is only one barrel of water in the world,then there is only a spoon of

1 打开“查找和替换”对话框，在“查找内容”文本框中输入中文状态下的逗号“，”，在“替换为”文本框中输入英文状态下的逗号“,”。

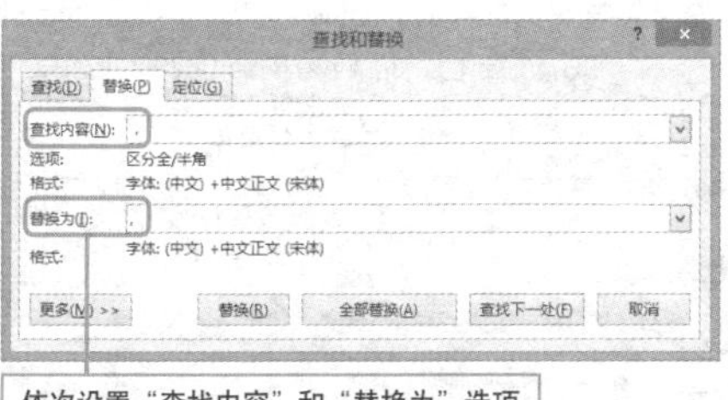

2 设置完成后，单击“全部替换”按钮，在弹出的提示对话框中单击“确定”按钮即可。

强大的公式功能

● Level ◆◆◆

2013 2010 2007

实例 插入和编辑公式

在编写数学、物理和化学等方面的文档时，往往需要输入大量公式，这些公式不仅结构复杂，而且需要使用大量特殊符号，通过常规方法很难实现输入和排版，下面介绍通过公式命令插入公式的具体操作步骤。

1 打开文档，切换至“插入”选项卡，单击“公式”按钮，从展开的列表中选择需要插入的公式。

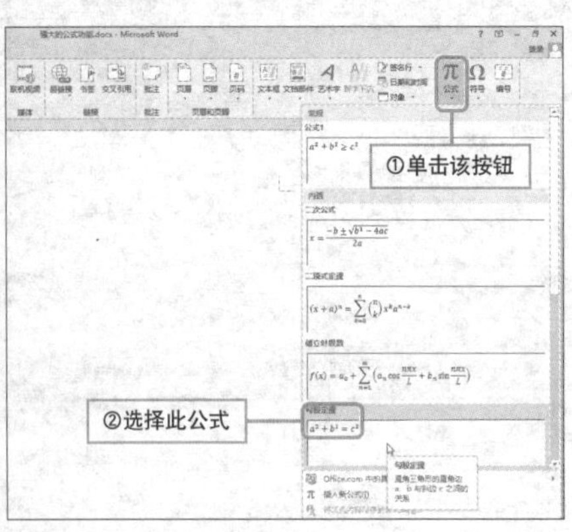

2 插入完成后，单击该公式，进入可编辑状态，单击右侧下拉按钮可选择公式的形式和对齐方式。

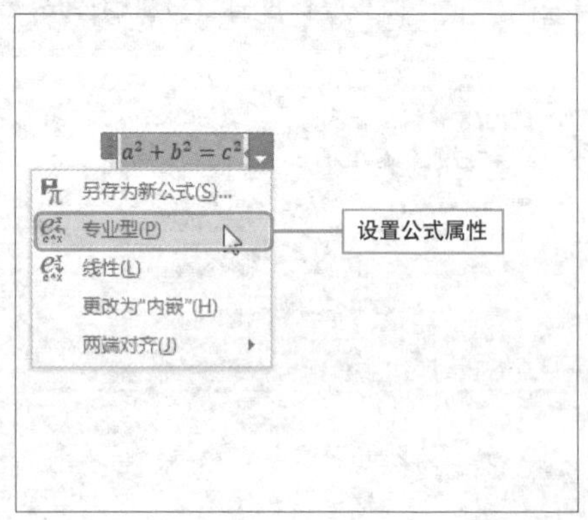

3 **修改公式。**选中公式中需要修改的部分，切换至“公式工具-设计”选项卡，在“符号”面板中选择要替换的公式符号即可。

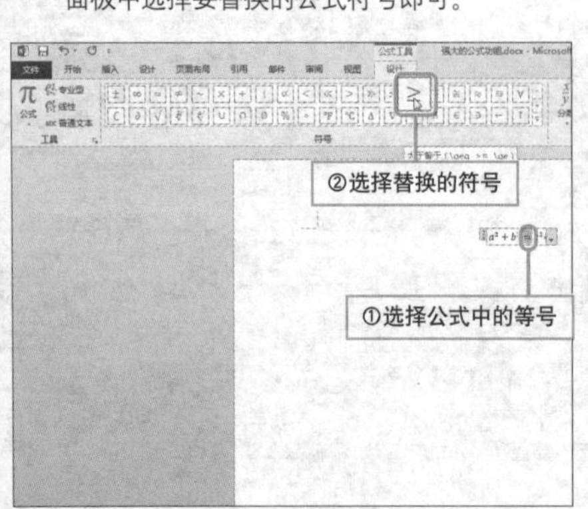

Hint

添加函数或其他结构

单击“结构”面板中的“函数”按钮，从列表中选择需要的公式结构即可。

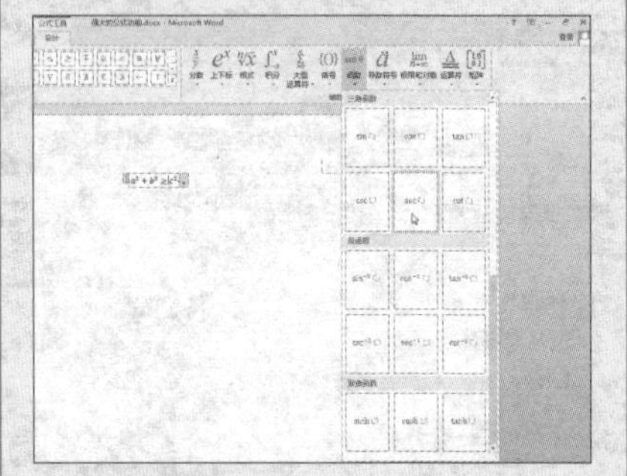

4 **保存公式。**单击公式右侧下拉按钮，从列表中选择“另存为新公式”命令。

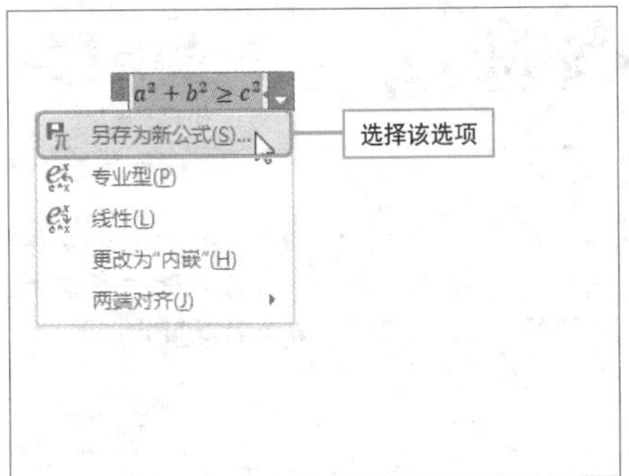

5 打开“新建构建基块”对话框，在“名称”文本框中输入名字并确定。

6 切换至“插入”选项卡，单击“公式”按钮，即可看到刚刚保存的公式。

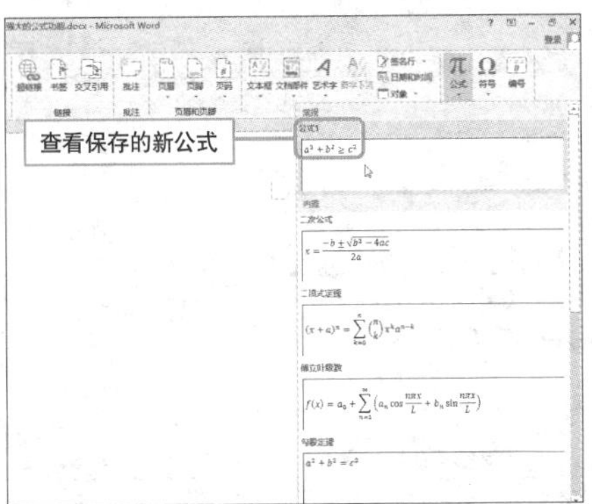

7 单击公式右侧下拉按钮，执行“两端对齐>左对齐”命令，即可改变公式的对齐方式。

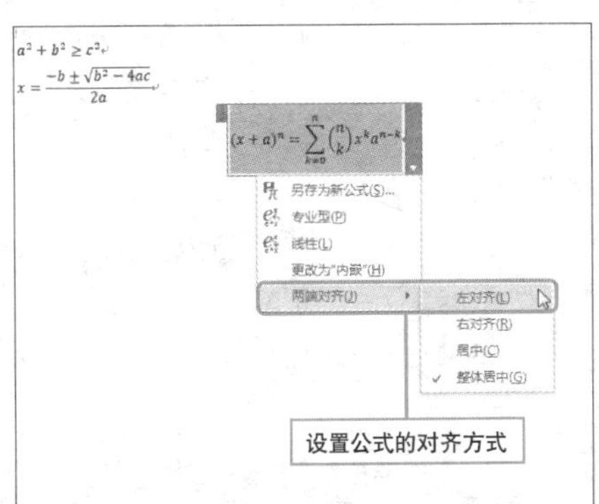

8 选择公式，通过“开始”选项卡中“字体”面板中的命令可以更改公式的字体格式。

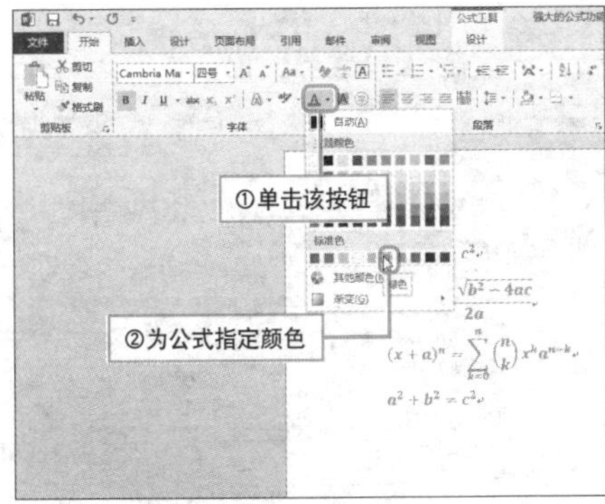

Hint

文档格式决定是否可以使用“公式”命令

当 Word 文档的文件格式为 DOC 时，“插入”选项卡上“符号”组中的“公式”按钮为灰色不可用状态，只有当文档格式为 DOCX 时才可用。

Question 074

Level

2013 2010 2007

巧妙输入特殊符号

实例 特殊符号的插入

在编辑文档过程中，经常需要插入一些通过键盘无法输入的特殊字符，例如数字序数、拼音符号等，下面对插入特殊符号的操作进行介绍。

1 **功能区命令输入法。** 将光标放置于需插入符号处，单击"插入"选项卡上的"符号"按钮，从列表中选择合适的符号。

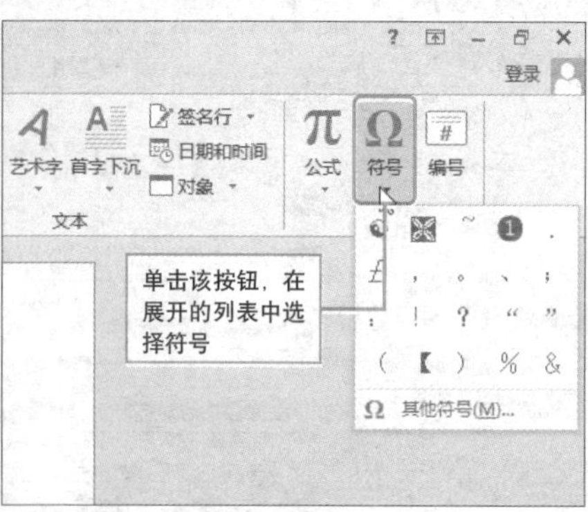

2 也可以选择"其他符号"选项，打开"符号"对话框，选择一种合适的符号，单击"插入"按钮。

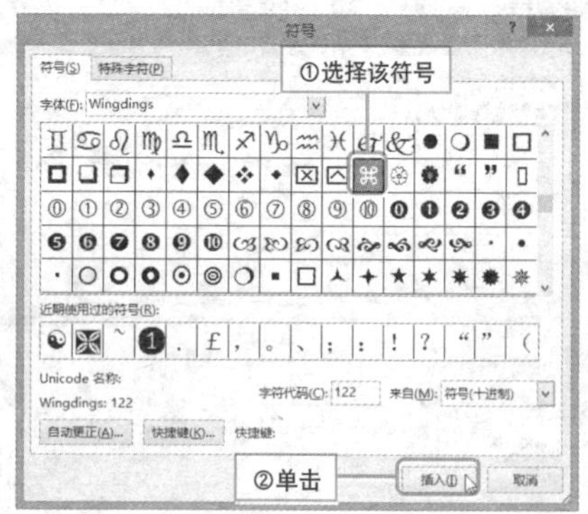

3 **通过输入法插入符号。** 切换至需要的输入法，单击状态栏上的"键"按钮，从列表中选择"特殊符号"选项。

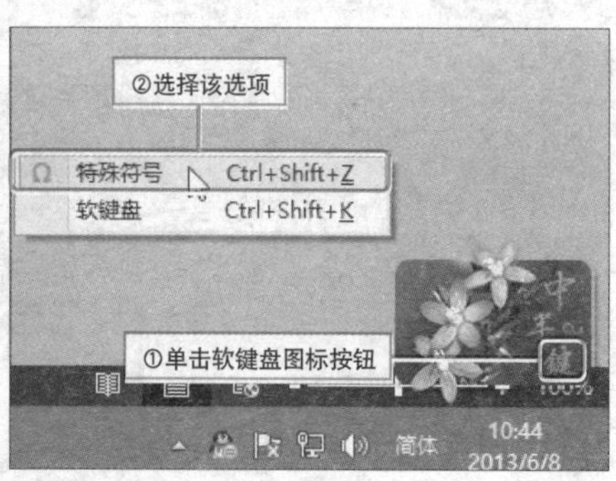

4 打开"搜狗拼音输入法快捷输入"窗格，选择一种合适的分类，然后在字符上单击，即可将其插入至文档。

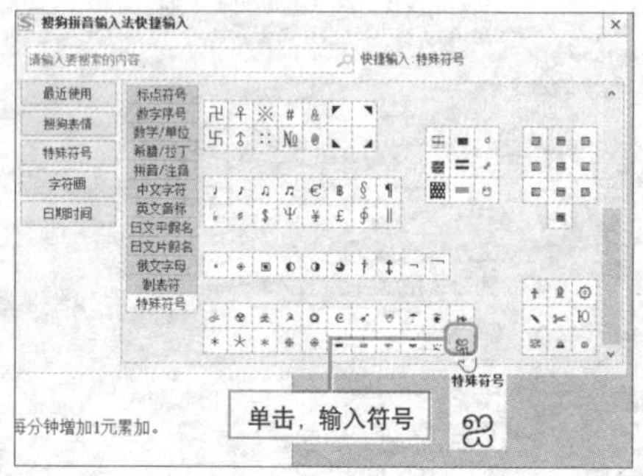

巧妙输入汉字偏旁部首

实例 输入汉字的偏旁部首

Word 没有拆分汉字的功能，在制作语文试卷过程中需要输入汉字的偏旁部首时，该如何输入呢?

1 将插入点定位至所需位置，随后切换至搜狗输入法，按U键打开词库提示栏。

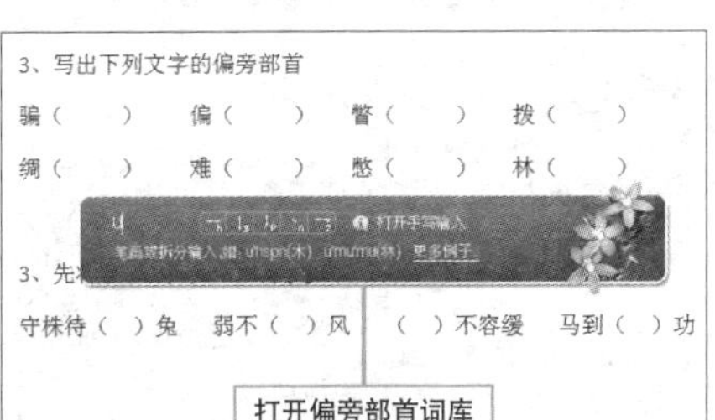

2 在词库栏中选择“㇕”（折）选项。

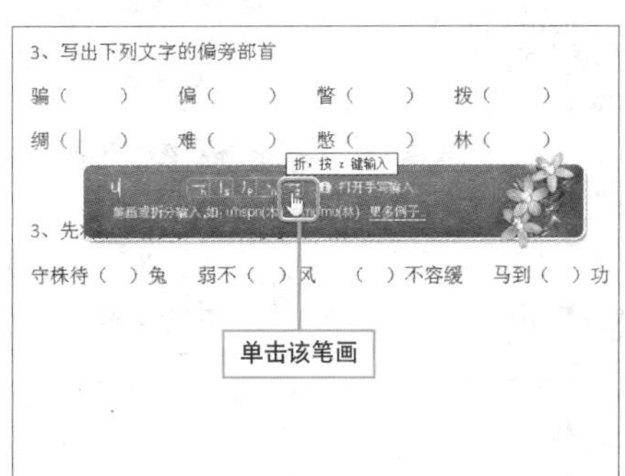

3 再次选择选择“㇕”（折）选项，随后选择“㇀”（提）选项。

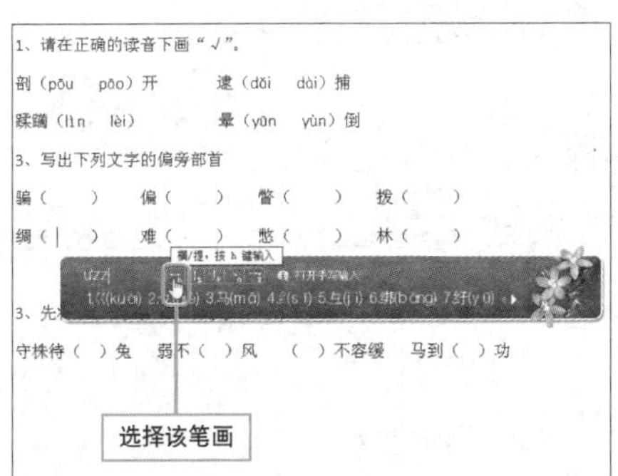

4 此时，在提示库中显示相关偏旁部首，选择“纟”选项即可。

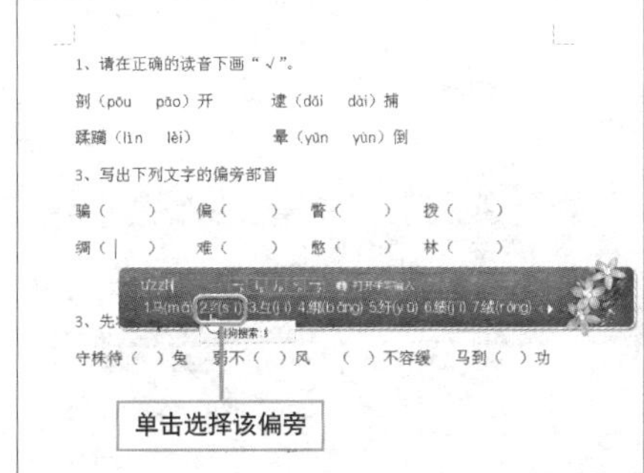

5 **使用字符映射表。**在“开始”界面下方右击，单击出现的“所有应用”按钮。

6 打开所有应用面板，在“Windows附件”选项选择“字符映射表”。

7 打开“字符映射表”对话框，设置字体分类为“黑体”，单击“分类依据”按钮，从列表中选择“按偏旁部首分类的表意文字”选项。

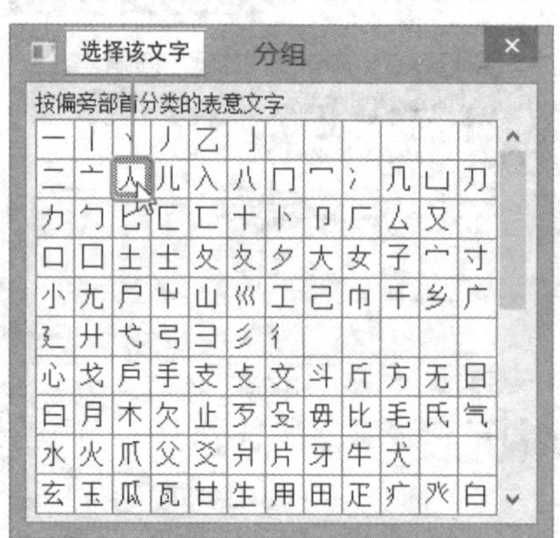

8 打开“分组”对话框，选择所需插入的偏旁部首或表意文字选项，这里选择“人”，然后关闭该对话框。

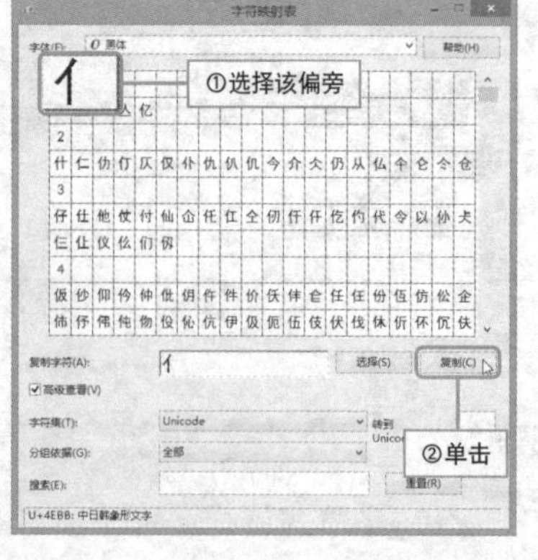

9 此时出现一个有关“人”的字体列表，选择“亻”选项，然后单击“选择”和“复制”按钮。

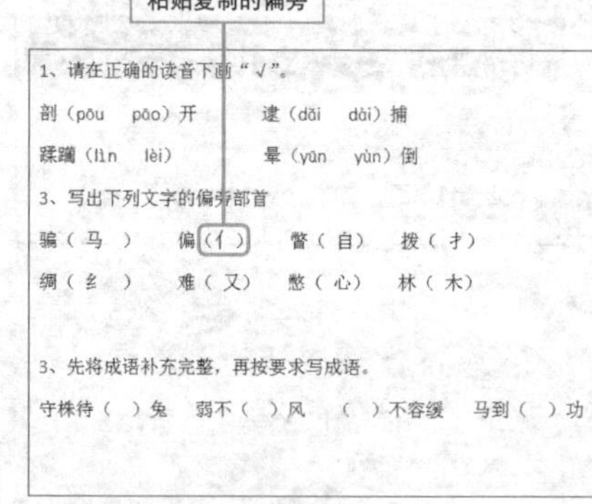

10 关闭“字符映射表”对话框，然后将该偏旁部首复制到需粘贴的位置即可。

Question 076

Level

2013 2010 2007

插入试卷填空题下划线有绝招

实例 通过查找和替换功能制作试卷填空题

在编写试卷时，经常需要制作填空题，在填空的位置需用下划线来标识，若逐一输入下划线比较麻烦，此时，用户可以尝试使用查找和替换功能来实现。

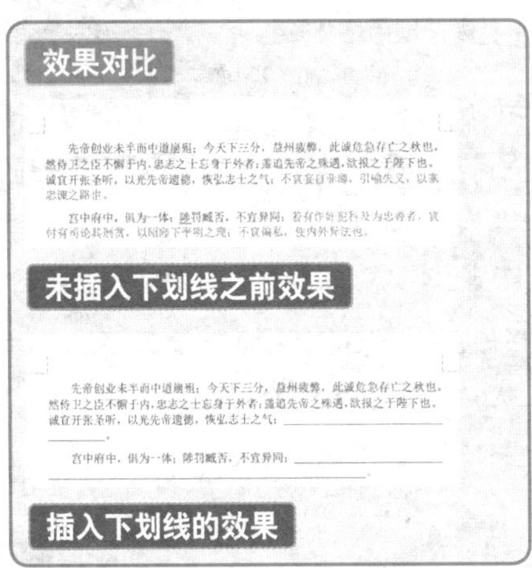

1 按Ctrl + H组合键，打开“查找和替换”对话框，将光标移至“查找内容”文本框内，单击“更多”按钮，然后单击“格式”按钮，选择“字体”选项卡。

2 打开“查找字体”对话框，设置字体格式为“中文正文、小四、红色”，单击“确定”按钮。

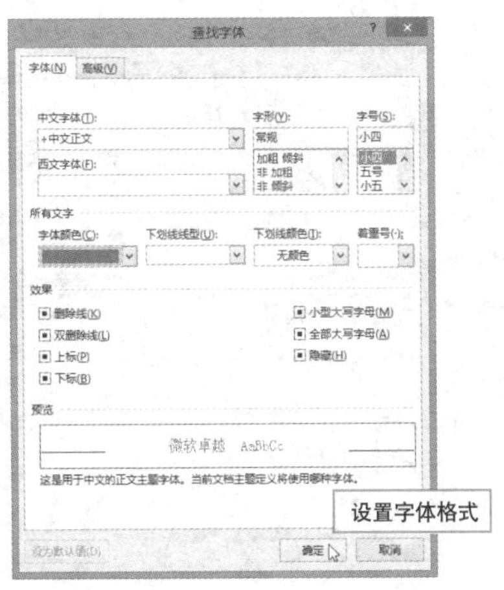

3 设置“替换为”字体颜色为白色，显示下划线且颜色为黑色，确定后返回上一级对话框，单击“全部替换”按钮即可。

设置“替换为”选项格式

Word 字体随身带

实例 保存 Word 中嵌入的字体

在日常办公中，用户常常需要在其他电脑上打印文档，或者将文档发送给客户或同事，如果文档中的字体全部是系统默认字体，那么文档并无差异。如果文档中包含另外安装的字体，就需要将字体通过设置随文档保存。

❶ **安装字体。**下载需要安装的字体，下载完毕后，将该字体复制到C:\Windows\Fonts文件夹里即可。

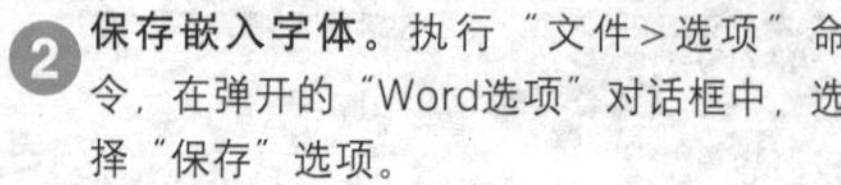

❷ **保存嵌入字体。**执行"文件>选项"命令，在弹开的"Word选项"对话框中，选择"保存"选项。

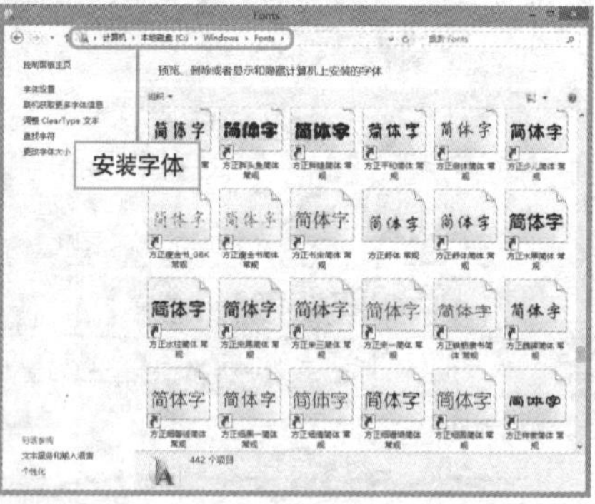

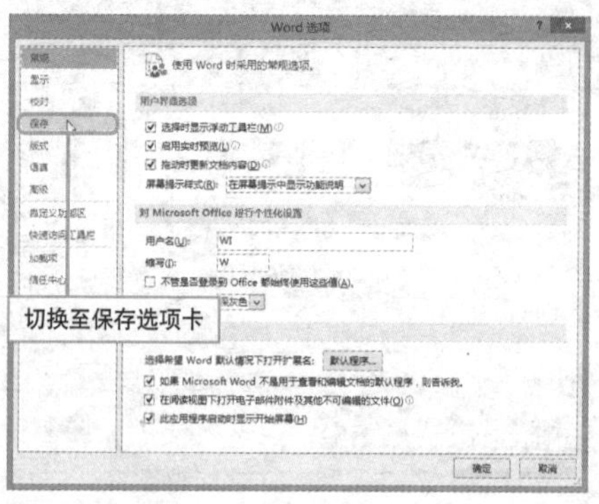

❸ 在"共享该文档时保留保真度"选项下勾选"将字体嵌入文件"复选框。

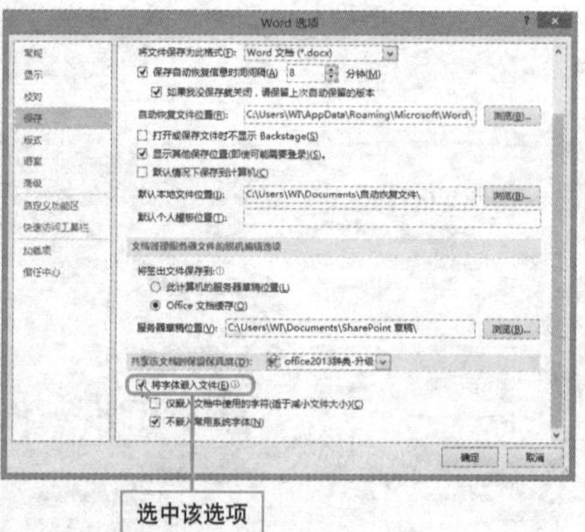

Hint

实现保存嵌入字体功能的注意事项

1. 若想实现该功能，则必须对该文档使用一种新的样式。
2. 嵌入的字体只能是 True Type 字体。
3. 这样的文档容量比较大，为了减小文档的大小，可同时勾选"仅嵌入文档中使用的字体"选项。
4. 在另一台电脑上打开该文档时，不能对嵌入的字体文本进行修改，否则会使嵌入的字体丢失。

Question 078

制作具有信纸效果的文档

实例 稿纸功能的应用

通过使用稿纸功能，用户可以创建出模拟各种信纸效果的文档，如方格信纸、行线式信纸等，下面将对其进行介绍。

Level ◆◆◇

2013 2010 2007

1 打开文档，切换至“页面布局”选项卡，单击“稿纸设置”按钮。

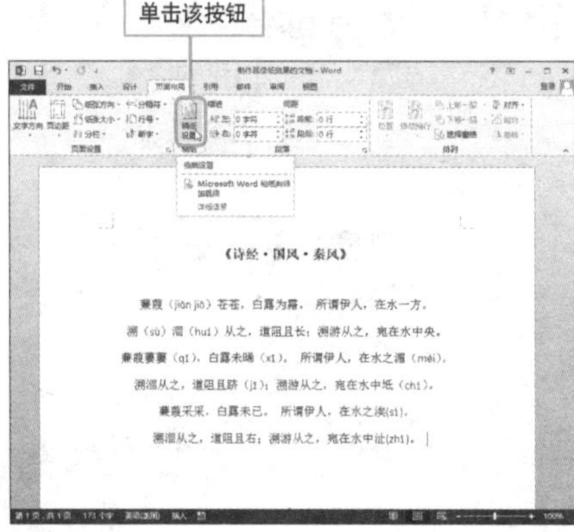

2 打开“稿纸设置”对话框，单击“格式”按钮，从列表中选择“行线式稿纸”。

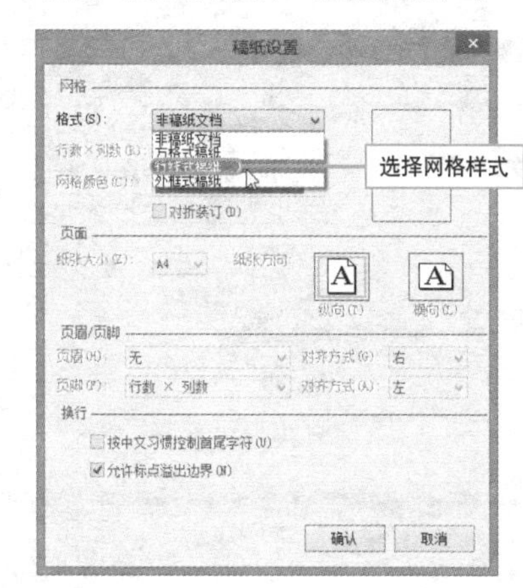

3 单击“网格颜色”按钮，从列表中选择“酸橙色”。

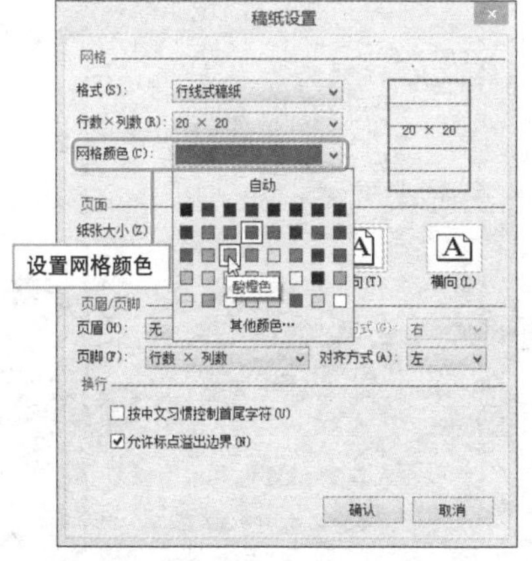

4 随后对其他选项进行设置，设置完成后，单击“确定”按钮即可。

为文档加上漂亮的花边

实例 为文档添加边框

为了增加页面的美观性，可以为其添加漂亮的边框，下面介绍添加页面边框的方法。

1 打开文档，切换至“设计”选项卡，单击“页面边框”按钮。

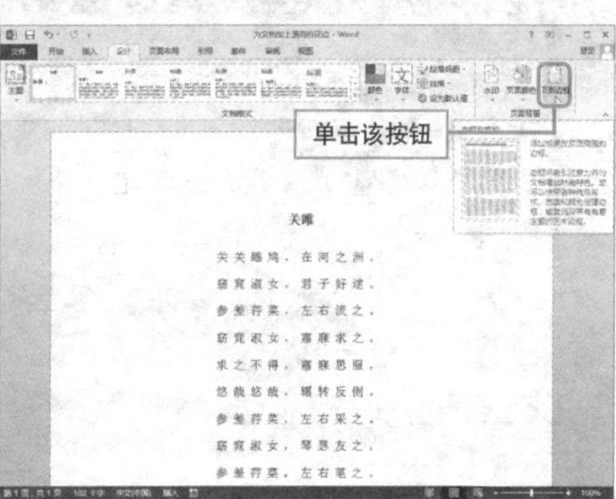

2 打开“边框和底纹”对话框，在“页面边框”选项卡中选择“方框”，在“艺术型”下拉列表中选择喜欢的边框选项。

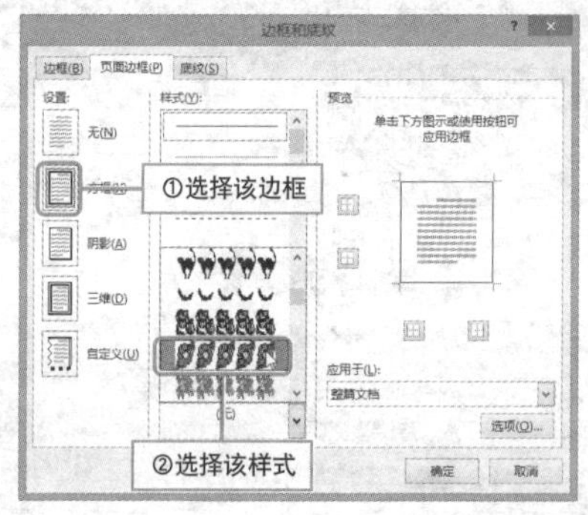

3 单击“应用于”按钮，从下拉列表中选择“本节”。

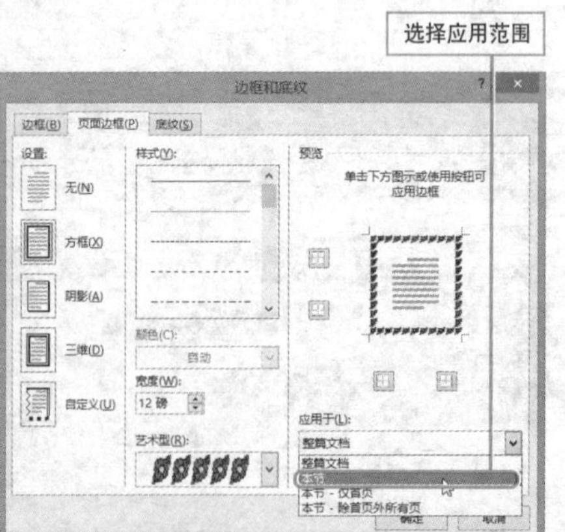

4 设置完成后，单击“确定”按钮即可。

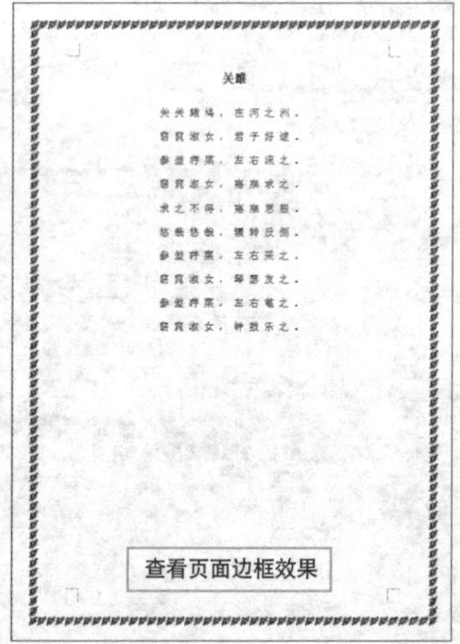

为文档添加漂亮的封面

实例 封面的插入

当文档包含多页内容时，若需要将文档打印出来，可以为其添加一个漂亮的封面，以便归类、查阅文件。

1 打开文档，单击“插入”选项卡上的“封面”按钮。

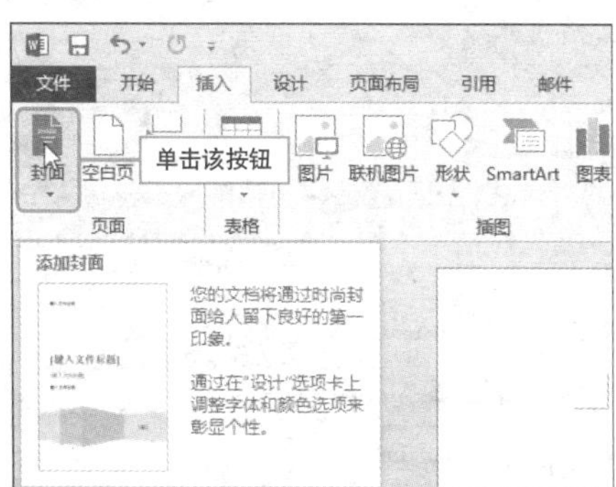

2 展开封面列表，从列表中选择合适的封面即可，这里选择“怀旧”。

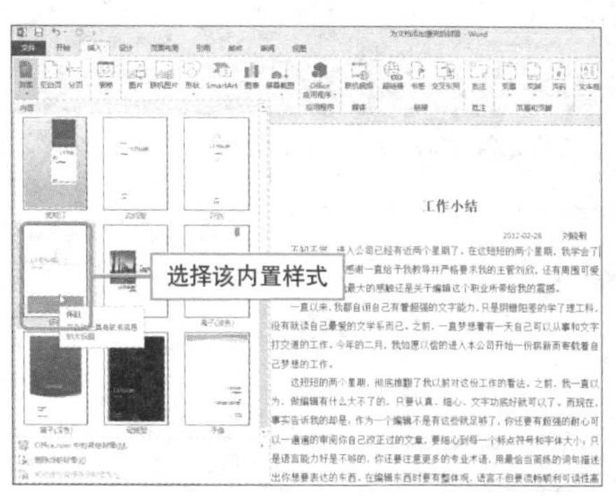

3 将插入所选类型的封面。

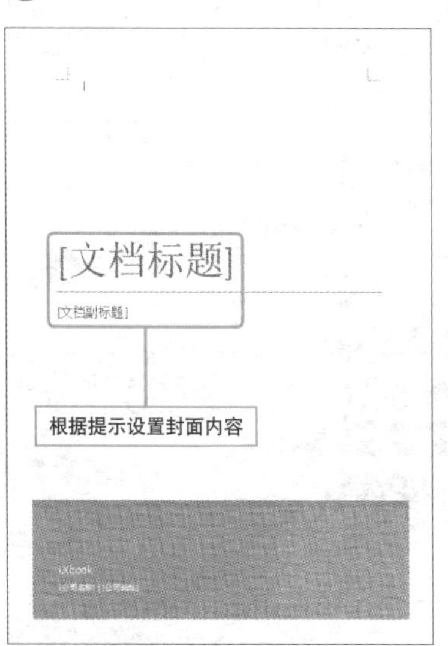

4 根据提示在封面的相应位置输入文字。若想删除封面，执行“插入>封面>删除当前封面”命令即可。

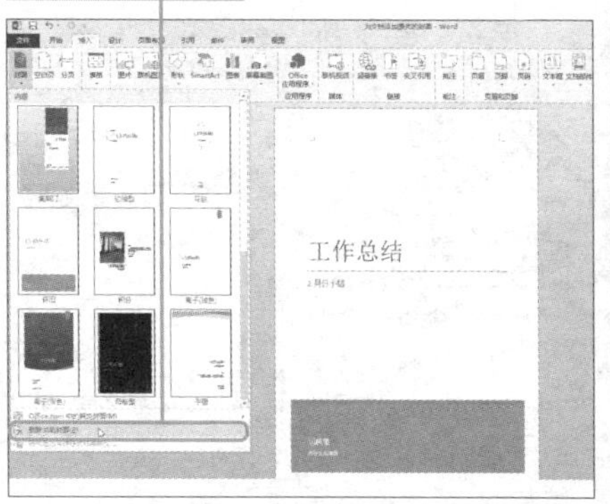

轻松创建自选图形

实例 自选图形的创建

在Word文档中，用户可以根据需要插入自选图形，如直线、矩形、圆形、箭头等，下面以插入横卷形图形为例进行介绍。

1 打开文档，切换至“插入”选项卡，单击“形状”按钮，从展开的列表中选择“横卷形”。

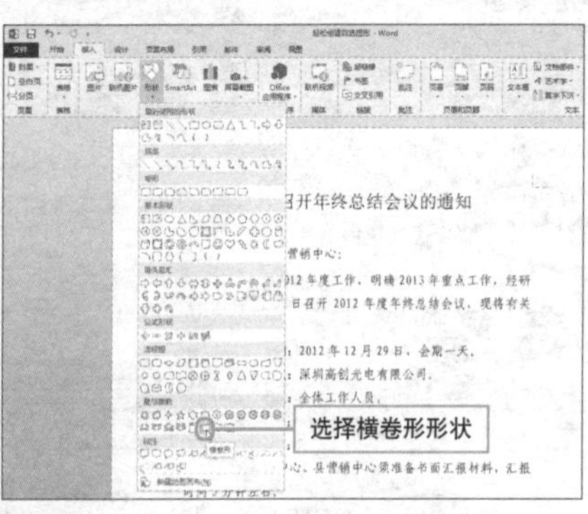

2 光标在屏幕上会变为十字形，按住鼠标左键不放，绘制出大小合适的图形。

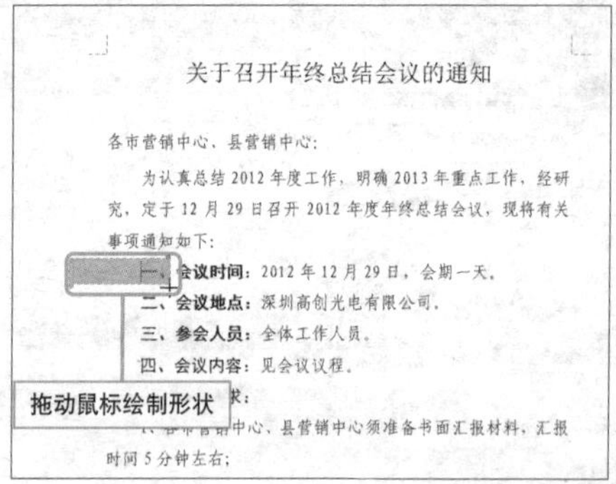

3 调整所绘图形的位置，随后设置图形中文本内容的格式。

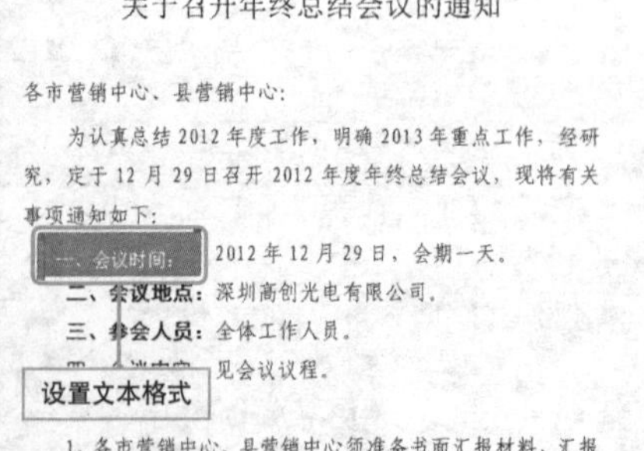

4 通过功能区更改图形填充色，随后用同样的方法绘制其他图形，或是通过复制的方式得到图形。

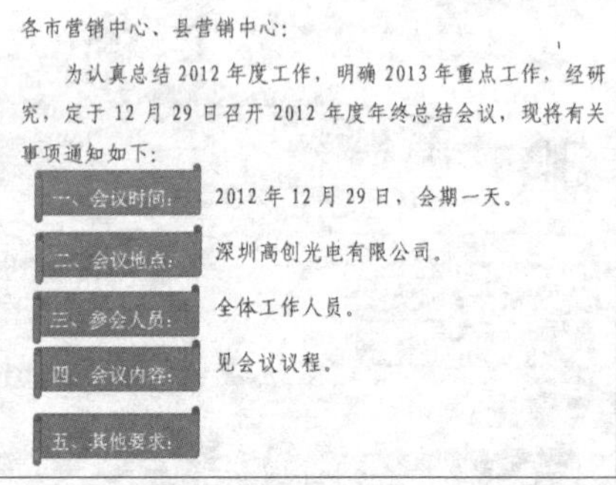

手绘图形也不难

实例 手动绘制图形

若系统给出的自选图形不能满足用户需求，用户可以根据需要通过曲线、任意多边形或自由曲线命令手动绘制图形，下面将通过具体操作对相关的操作进行介绍。

1. 打开文档，单击“插入”选项卡“形状”按钮，从列表中选择“曲线”。

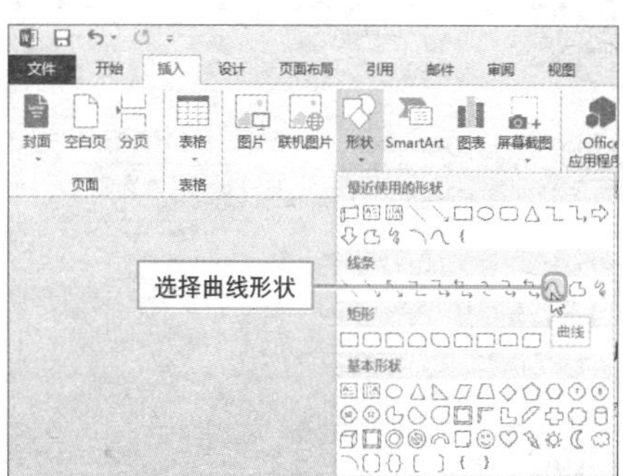

2. 在起始处单击鼠标，接着移动鼠标绘制曲线，在转折点处再单击鼠标，继续移动鼠标进行曲线绘制。如此反复，最后使终点与起始点重合并单击鼠标左键。

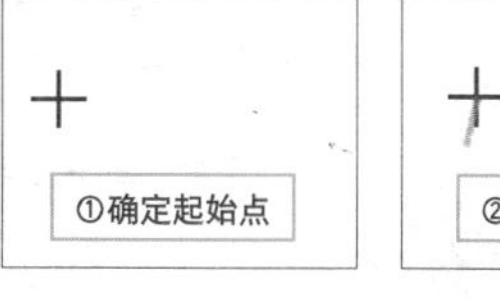

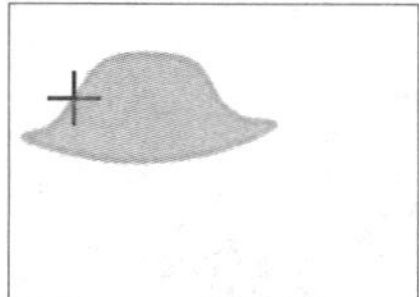

3. 再次使用“曲线”命令，在形状中间绘制一个曲线。

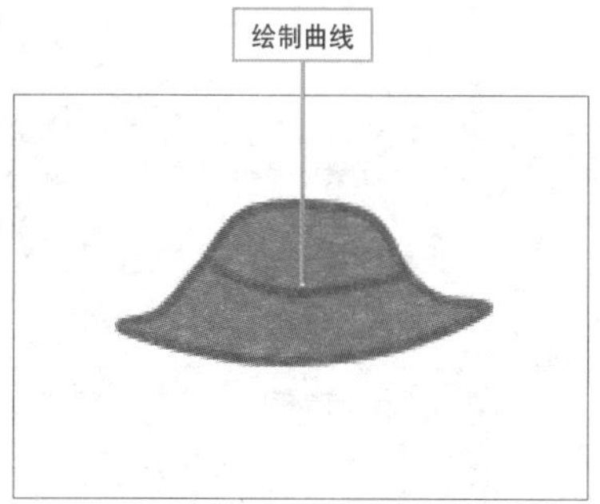

4. 对图形进行填充，然后调整图图形的大小和位置。

2.不同皮肤类型特点介绍

一、 干性皮肤

医学上对干性皮肤的定义是：皮肤酸碱度 PH>6.5，就是干性皮肤。

一般我们认为干性皮肤是比较让人满意的肤质，比较紧，比较平整，很容易打理，不容易起包；但随着年龄的增长，比较容易松弛，比较容易皱纹，比较容易失去光泽。干性皮肤有两种，一种是缺油，油脂腺分泌的油脂少，表皮外没有足够的油脂保住身体内的水分；另一种是缺水，本身含水就少，这种肌肤有时也会油光光的，但与油性肌肤不同，这种肌肤是一会儿干，一会儿油，特别是运动后不怎么出汗，但特别出油。要特别注意这种肌肤是干性皮肤，不能控油，只能补水。千万千万。

一般干性皮肤的养护，应当注意一下事情：

（1） 干性皮肤要注意补水，但仅仅补水并不能长时间的保持皮肤湿润；所以干性肤质的人补水后一定要用面霜，特别是保湿的面霜；否则，基本上补水是没有效果的；

（2） 干性肤质的皮肤角质层含水量低，比较脆，容易受损，当角质层薄到一定程度，就容易敏感，所以，干性肤质的人要特别注意用一些比较滋养皮肤，呵护角质层的面霜

（3） 热水能和快的冲洗掉干性肤质的人皮肤上宝贵的油脂，所以，干性肤质的人一般用凉水洗脸，洗澡也不要水温太高；洗面奶一定要用酸性的，ph 值一般 5.5 是最好的。

总之，干性肤质的人，应该多用油性比较大的保湿面霜，多用含 VE、甘油这样养护角质层的护肤品，少用含 VC、果酸、去角质这样的美白嫩肤产品。多用凉水，用酸性的洗面奶。特别说明一下，干性肤质的人会有靓丽的青春，但特别容易出现松弛和皱纹，稍不注意就会成为敏感肤质。是那种很漂亮，很好打理，但很娇气的皮肤。

为自选图形添加背景

实例 创建并设置绘图画布

在文档中绘制图形时，用户可以根据自己的喜好为图形添加背景颜色，这时就需要用到创建绘图画布功能，下面介绍如何利用画布功能来绘制图形。

1 执行“文件>选项”命令，打开“Word选项”对话框，单击“高级”选项。

2 在“编辑选项”选项组中勾选“插入自选图形时自动创建绘图画布”复选框，单击“确定”按钮。

3 切换至“插入”选项卡，单击“形状”按钮，从列表中选择“云形”。

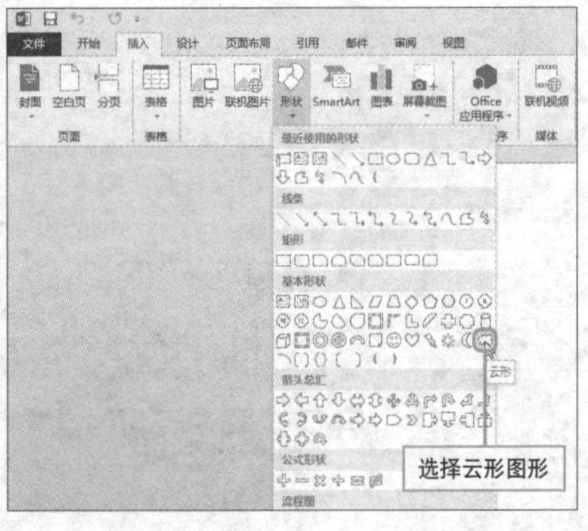

4 此时在插入点位置就会出现绘图画布。在画布外的空白位置单击，可将其隐藏。

5 按住鼠标左键不放拖动鼠标，绘制合适大小的图形。

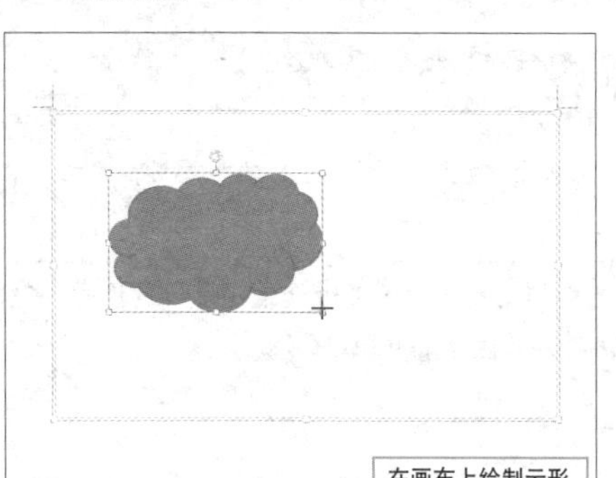

6 绘制完成后可通过“绘图工具-格式>形状样式>形状填充”命令，更改图形色。

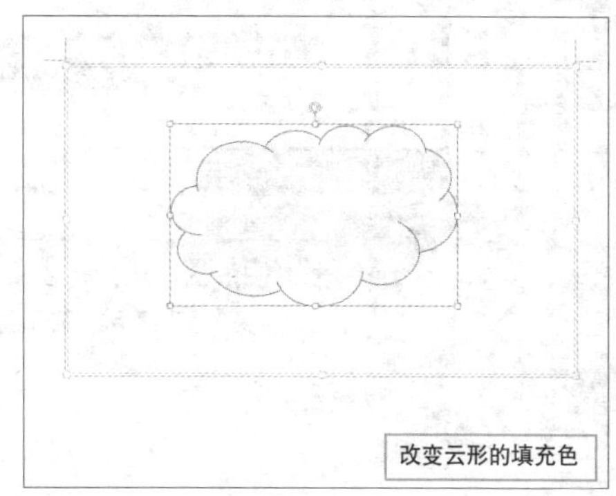

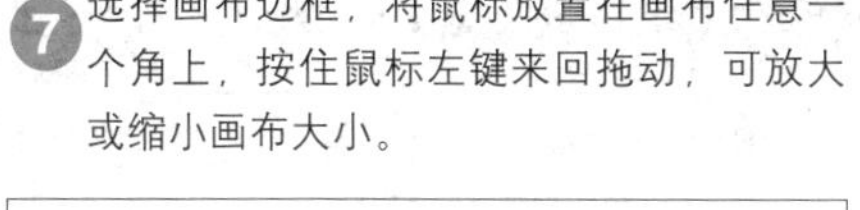

7 选择画布边框，将鼠标放置在画布任意一个角上，按住鼠标左键来回拖动，可放大或缩小画布大小。

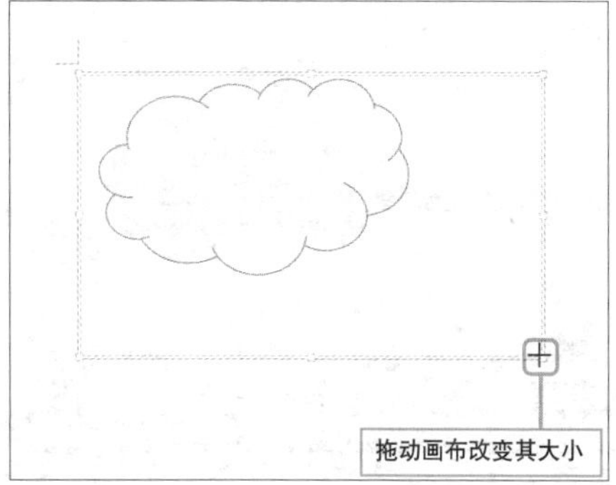

8 在画布上单击鼠标右键，从弹出的快捷菜单中选择“设置绘图画布格式”选项。

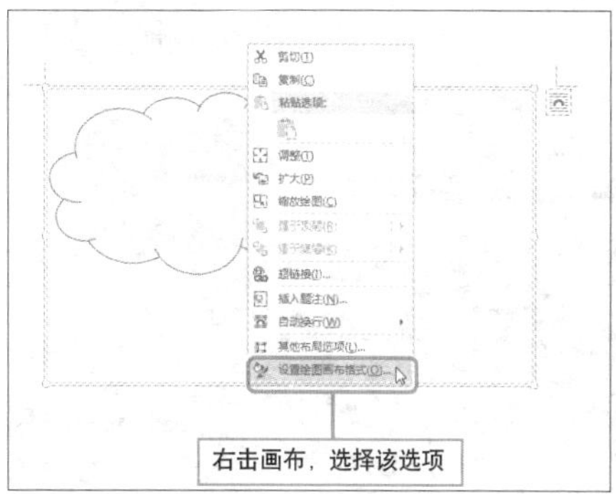

9 打开“设置形状格式”窗格，可对画布的填充色、边框等进行设置。

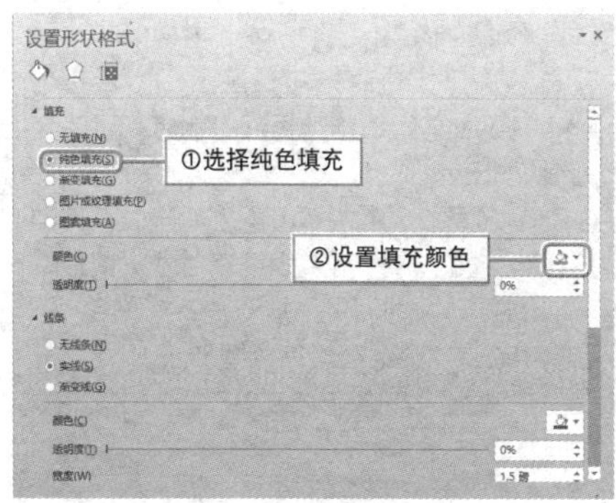

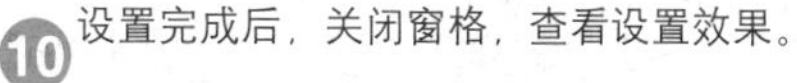

10 设置完成后，关闭窗格，查看设置效果。

多种方法调整图形大小

实例 图形大小的调整

插入图形后，用户可以根据需要对图形大小进行调整。常见的调整图形大小的方法有多种，下面将对其进行详细介绍。

1 **鼠标拖动法**。将光标移至图形角部控制点，按住鼠标左键拖动鼠标，即可调整图形大小。

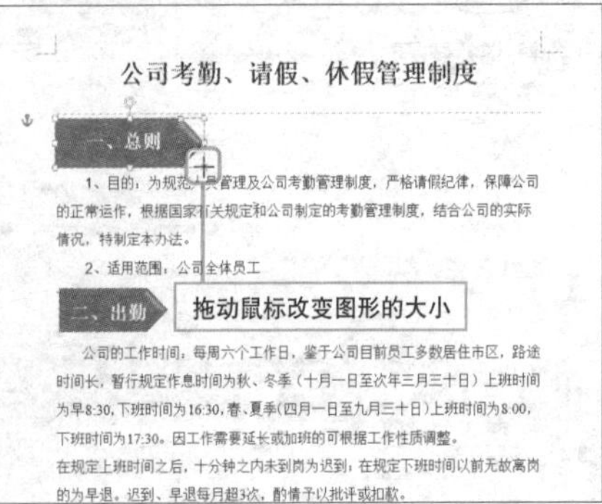

2 **功能区命令调整**。选择图形，切换至“绘图工具-格式”选项卡，通过“大小”面板的“高度”和“宽度”数值框进行调整即可。

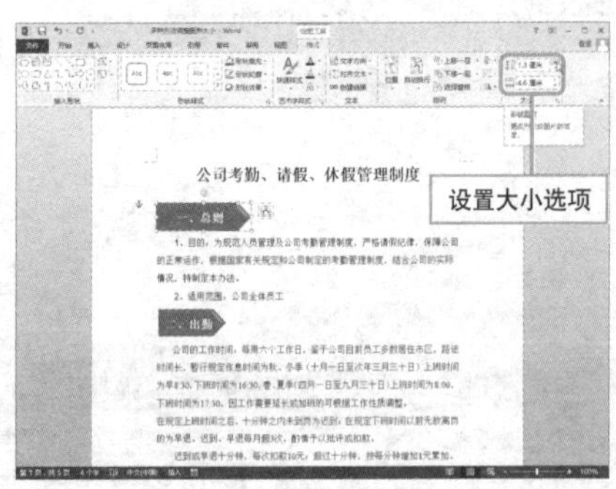

3 **对话框法调整**。单击“大小”面板的对话框启动器，在弹开的“布局”对话框中进行调整。

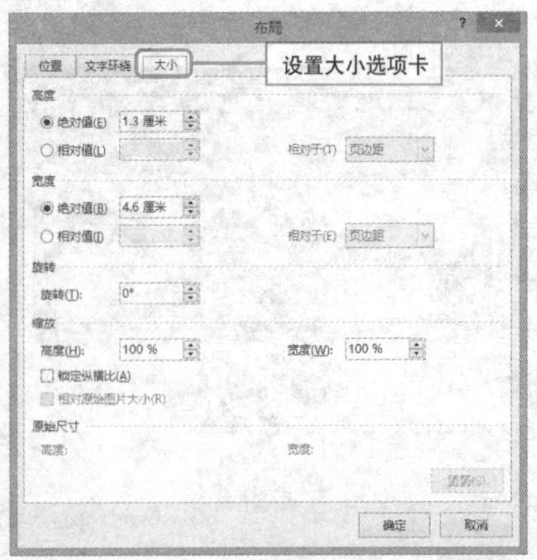

Hint

鼠标 + 键盘快速调整图形

①Shift+鼠标：按住Shift键不放的同时，拖动图形的上、下、左、右控制点，可分别向鼠标拖动的方向调整图形。若按住Shift键不放的同时拖动角部控制点，可等比例缩放图形。

②Ctrl+鼠标：若按住Ctrl不放的同时，拖动上、下、左、右控制点，可双向缩放图形。若按住Ctrl不放的同时，拖动角部控制点，可保持中心点不变的同时缩放图形。

Level ◆◆◆

2013 2010 2007

改变图形位置很简单

实例 调整图形位置

在文档中插入图形后，若图形所处位置与整个文档不协调，用户应根据实际情况调整图形位置。

1 选择图形，切换至“绘图工具-格式”选项卡，单击“位置”按钮，从列表中选择合适的布局方式。

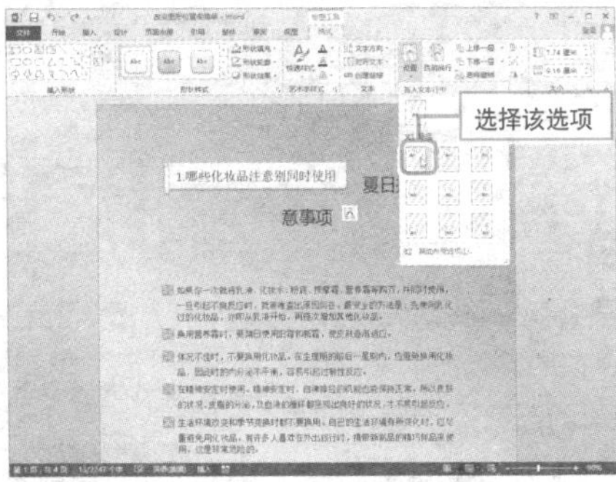

2 或者单击“自动换行”按钮，从其列表中选择合适的布局方式。

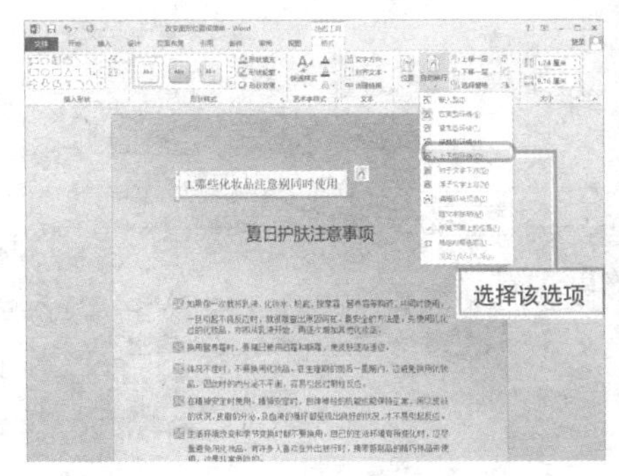

3 选择合适的方式后，单击图形，按住鼠标左键不放，将其拖动至合适位置。

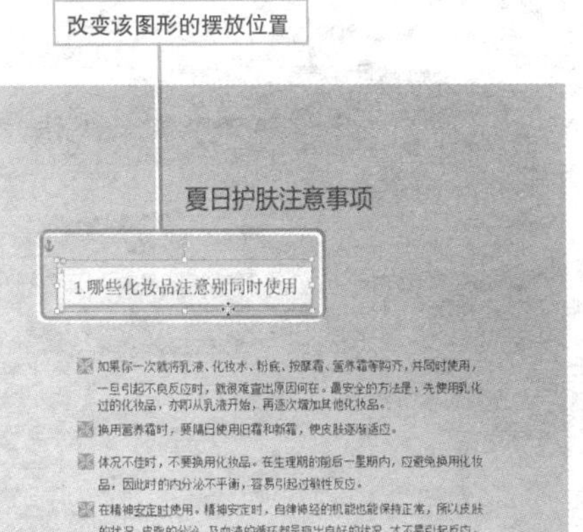

Hint

通过“布局”对话框调整图形的位置

在“位置”或“自动换行”列表中选择“其他布局方式”选项，打开“布局”对话框，从中设置各参数即可改变图形的位置。

设置图形对齐有秘技

实例 图形对齐方式的设置

当页面中包含多个图形时，为了美化文档，使文档内容更清晰明了，用户可以设置图形的对齐方式，具体操作方法如下。

1 **鼠标拖动法调整。**选择图形，按住鼠标左键不放，将其拖动至与其他图形对齐即可。

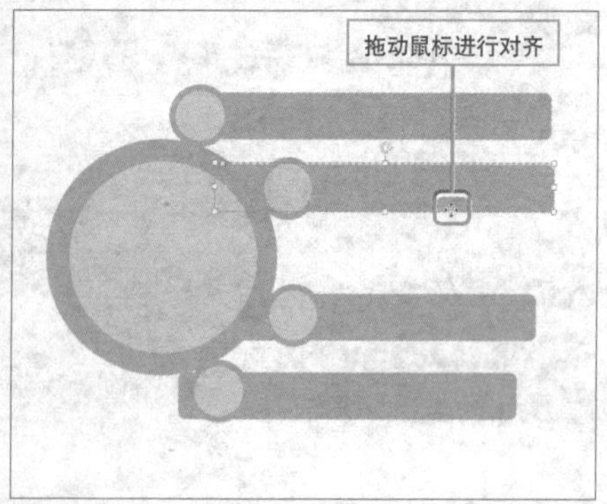

2 **功能区命令法调整。**选择圆角矩形图形，执行“绘图工具-格式>排列>对齐”命令，从展开的列表中选择“右对齐”选项。

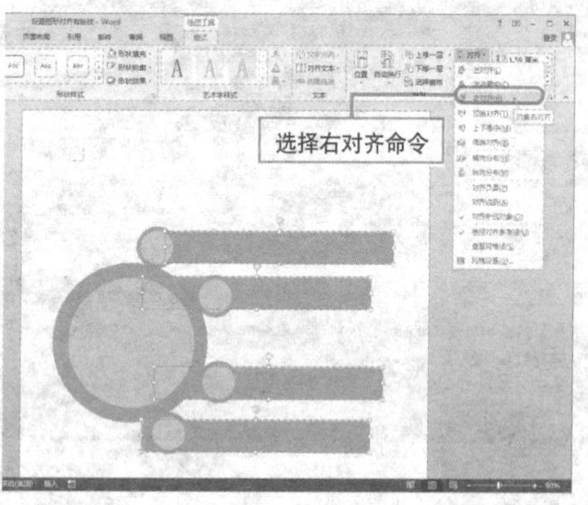

3 保持多个圆角矩形为选中状态，设置其对齐方式为“纵向分布”。

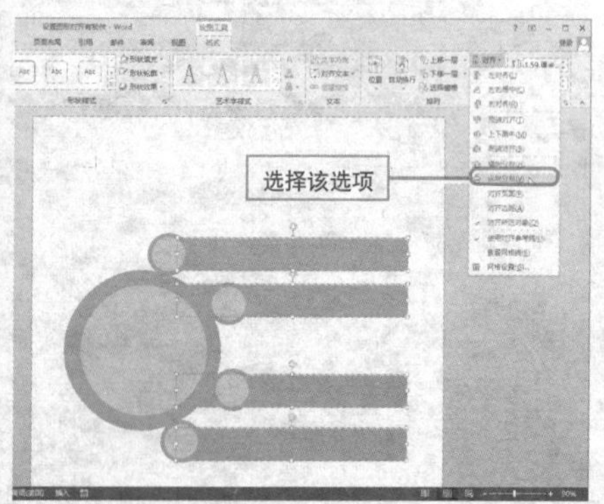

4 待图形绘制完成后，根据需要输入相应的文字内容即可。

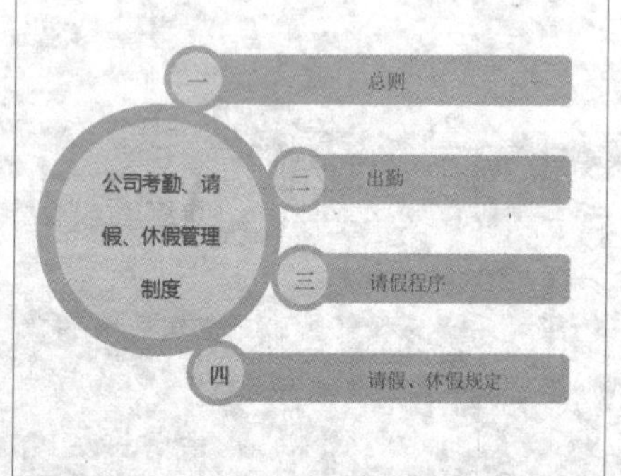

让图形转起来

实例 旋转图形

为了使绘制的图形更符合要求，用户可以对图形实施旋转操作。常见的便捷的旋转操作方法包括鼠标拖动法、功能区命令法等。

1. **鼠标拖动法。**选中需要旋转的图形，将鼠标光标移至手柄处，鼠标光标将变为一个旋转的黑色箭头。

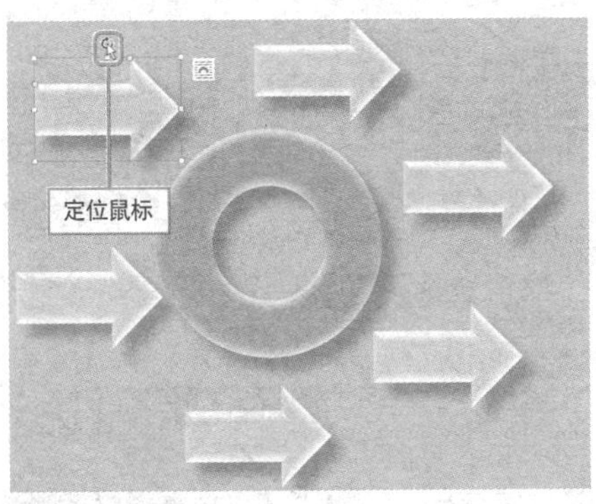

2. 按住鼠标左键不放，拖动旋转手柄，旋转到合适位置后释放鼠标左键即可完成图形的旋转。

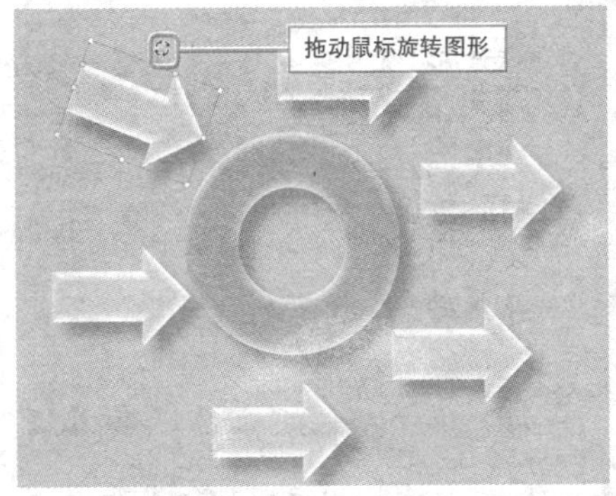

3. **功能区命令法。**执行“绘图工具-格式>排列>旋转”命令，在下拉菜单中选择合适的命令，同样可以旋转图形。

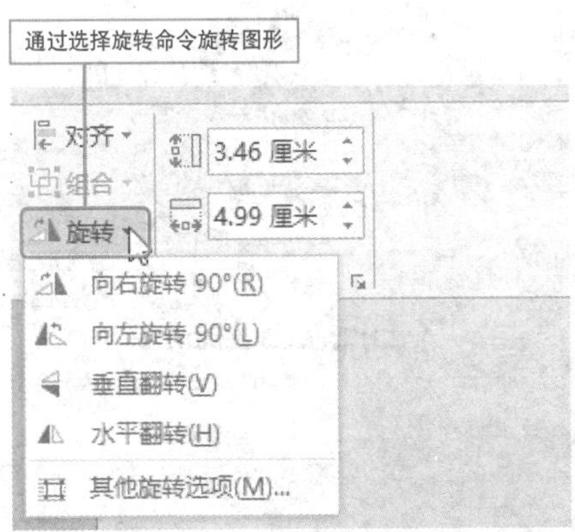

Hint

对话框设置法

若选择“其他旋转选项”，将打开“布局”对话框，从中设置“旋转”数值选项即可旋转图形。

快速更改自选图形形状

实例 | 更改图形形状

有时在制作图形后又不满意想改变图形形状，这时可利用更改形状功能进行调整。

1 选择图形，单击“绘图工具-格式”选项卡的“编辑形状”按钮。

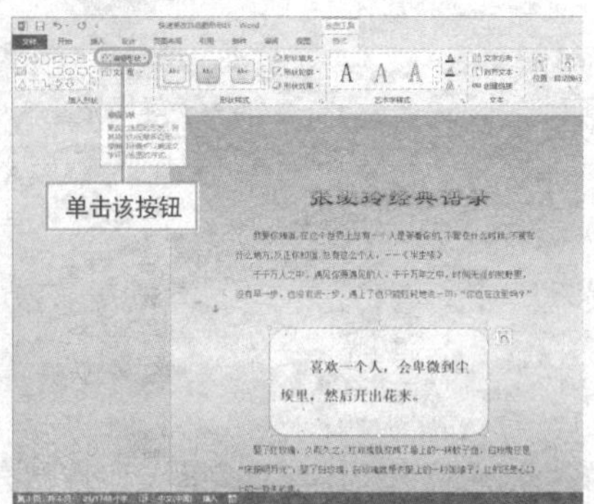

2 从展开的菜单中选择“更改形状”命令，从其关联菜单中选择“心形”。

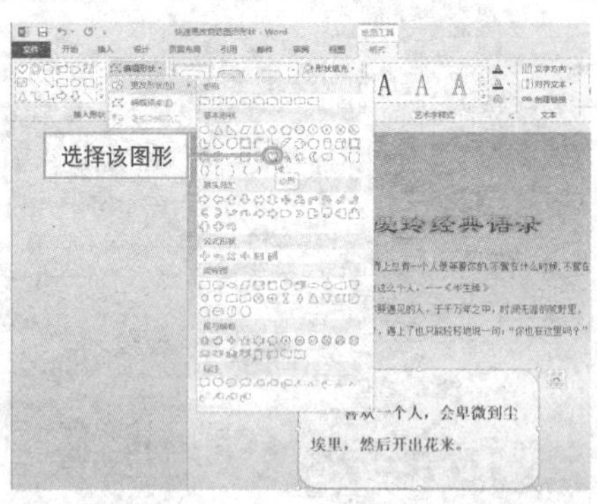

3 调整图形的大小和位置，调整图形。

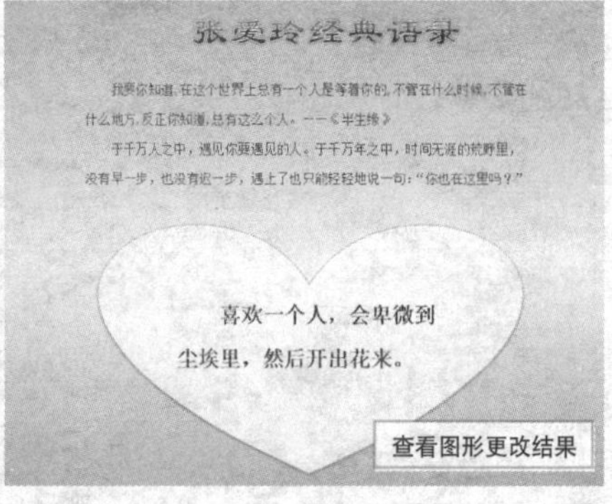

Hint

快速调整图形叠放次序

选择图形，执行“绘图工具-格式>上移一层/下移一层”命令，然后从展开的列表中选择合适的命令即可调整图形叠放次序。

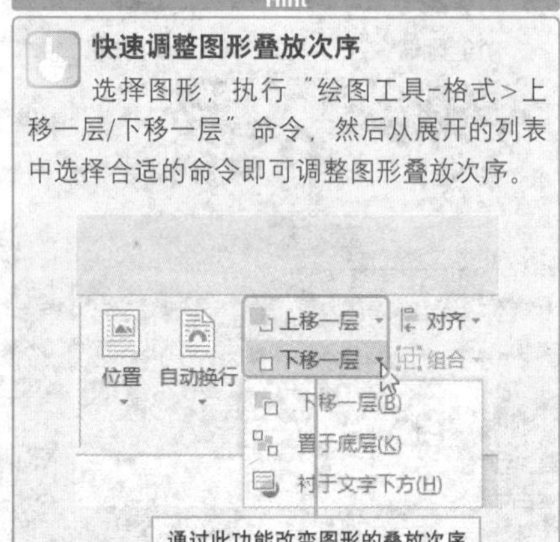

按需编辑插入的图形

实例 编辑图形

为了使插入的图形更个性、更符合文档的主题，用户可以对插入的图形实施自定义编辑操作。

1 选择图形，单击鼠标右键，从弹出的快捷菜单中选择“编辑顶点”命令。

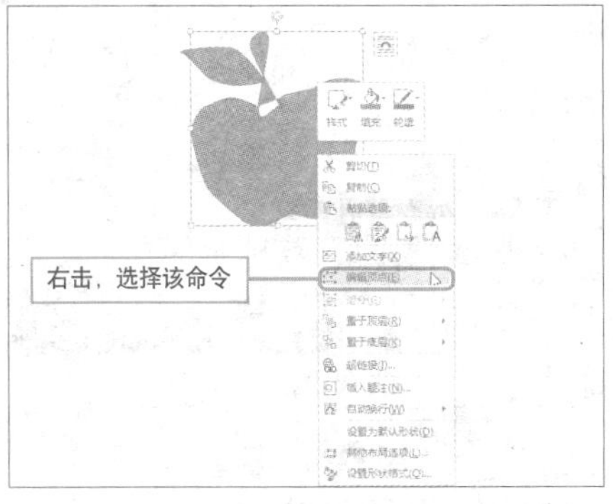

2 此时图形顶点位置显示为黑色控制点，用户选择需要编辑的顶点，拖动该控制点，即可对其作出调整。

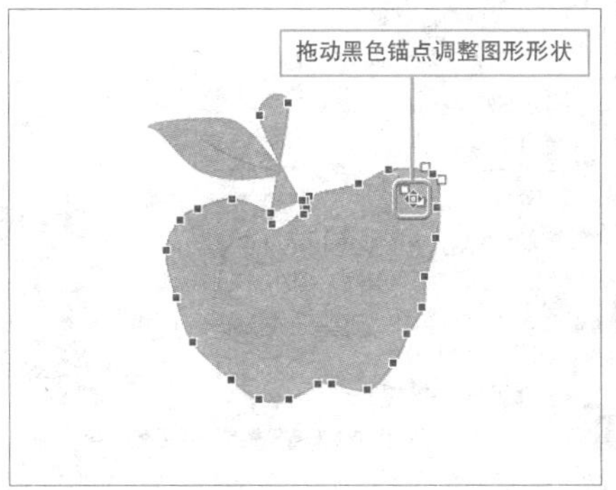

3 **增加与删除顶点。**在非顶点处单击鼠标左键，即可增添一个顶点；选择需要删除的顶点，单击鼠标右键，即从快捷菜单中选择“删除顶点”命令，将该顶点删除。

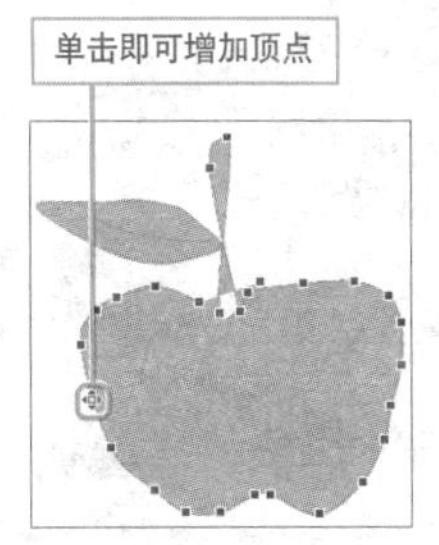

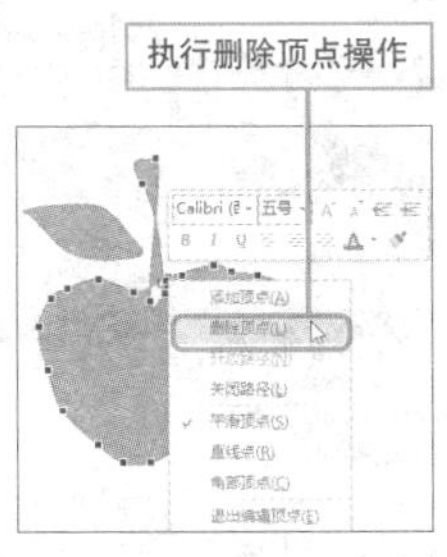

4 **平滑顶点。**选择顶点并单击鼠标右键，然后从快捷菜单中选择“平滑顶点”命令，即可使生硬的棱角变得平滑。

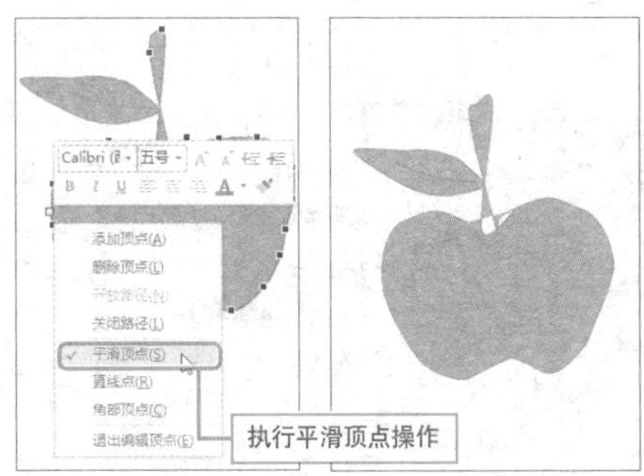

快速改变形状样式

实例 形状快速样式的应用

在插入图形后，若用户对默认形状样式不满意，还可以对其进行修改。但对于初学者来说，要设计出一个漂亮的样式比较麻烦，这时可以通过快速样式功能来实现形状样式的更改。

1. **功能区命令更改法。**选择形状，切换至“绘图工具-格式”选项卡，单击“形状样式”组上的“其他”按钮。

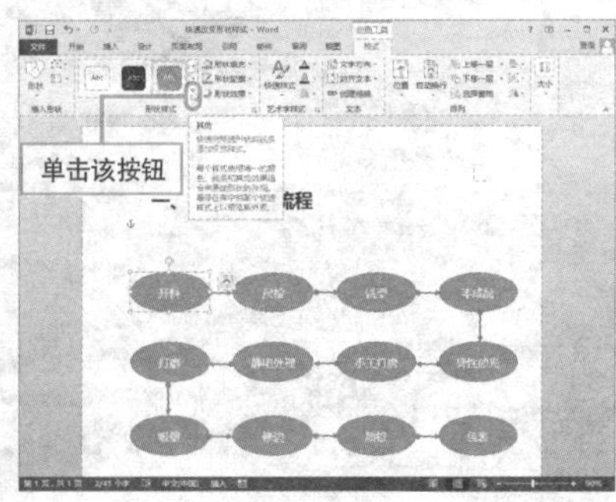

2. 从展开的列表中选择“强烈效果-绿色，强调颜色6”。

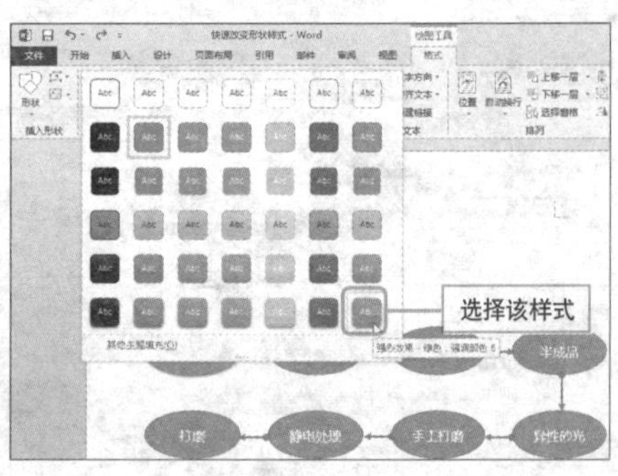

3. **右键菜单更改法。**选择形状后单击鼠标右键，单击浮动工具栏上的“样式”按钮，从列表中选择“强烈效果-金色，强调颜色4”。

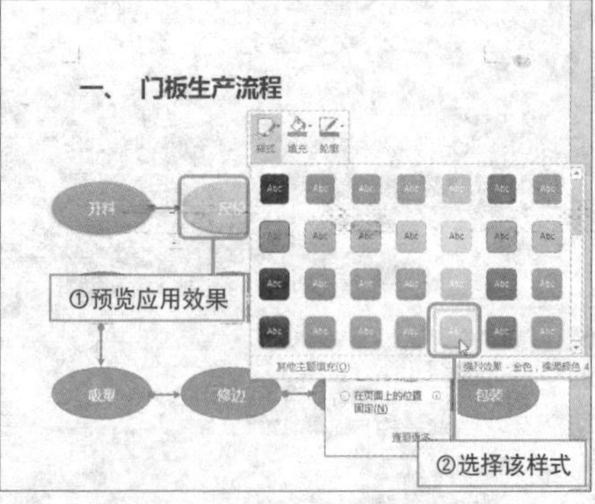

4. 按照同样的方法，依次对各个形状进行调整即可。

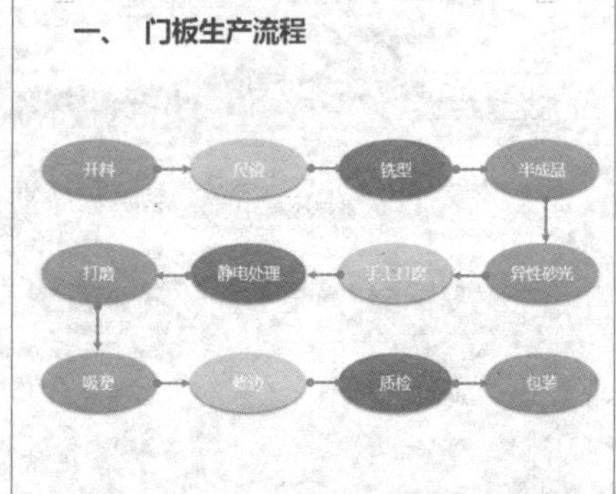

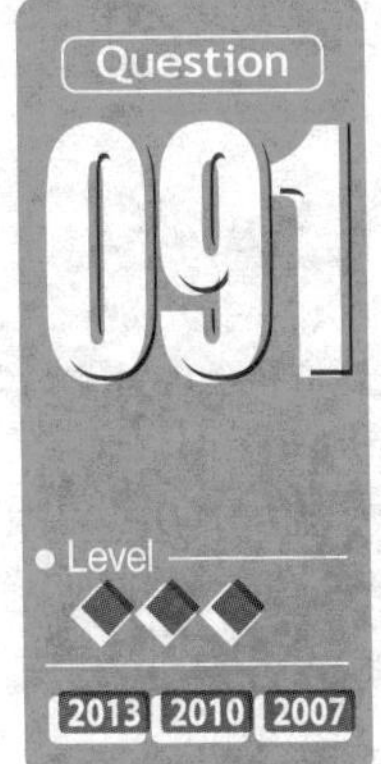

填充使图形多姿多彩

实例 填充图形

在文档中插入图形后，若想使图形色彩更炫目，则可以更改图形的填充色，下面介绍具体操作步骤。

1 **纯色填充。**选择图形，单击“绘图工具-格式”选项卡的“形状填充”按钮，从列表中选择“绿色”。

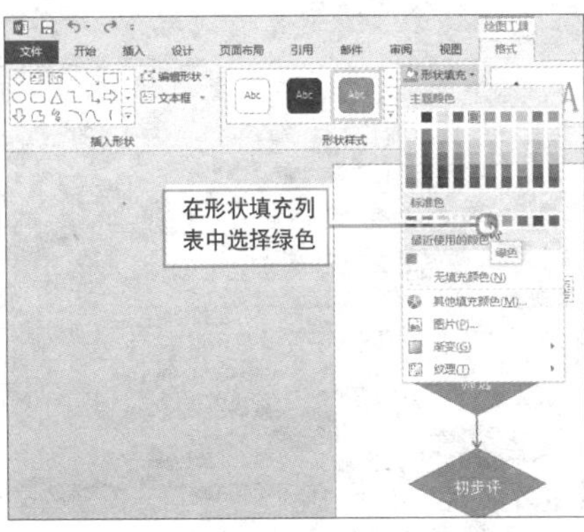

2 若列表中的颜色不能满足用户需求，用户可以在列表中选择“其他填充颜色”选项，在打开的“颜色”对话框中选择即可。

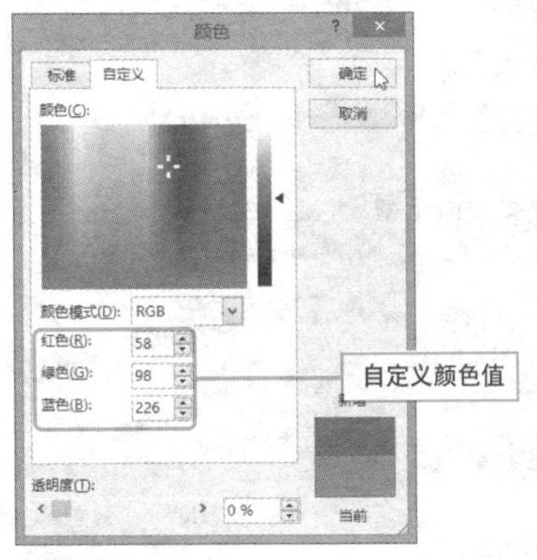

3 **渐变填充。**在“形状填充”列表中选择“渐变”，从菜单中选择“中心辐射”效果即可。

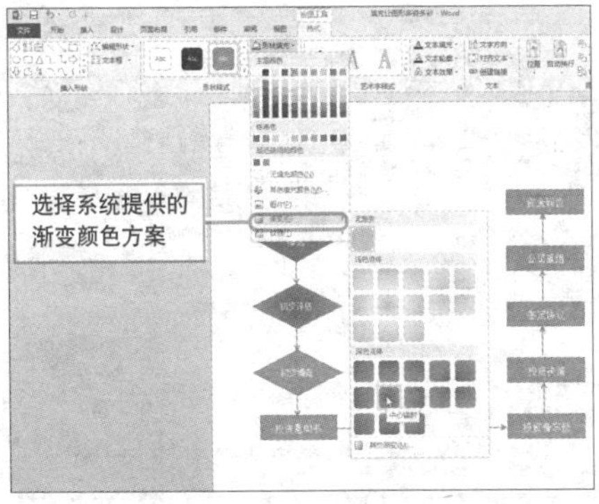

4 若选择“其他渐变”选项，将打开“设置形状格式”窗格，选中“渐变填充”，单击“预设渐变”按钮，选择合适的渐变效果。

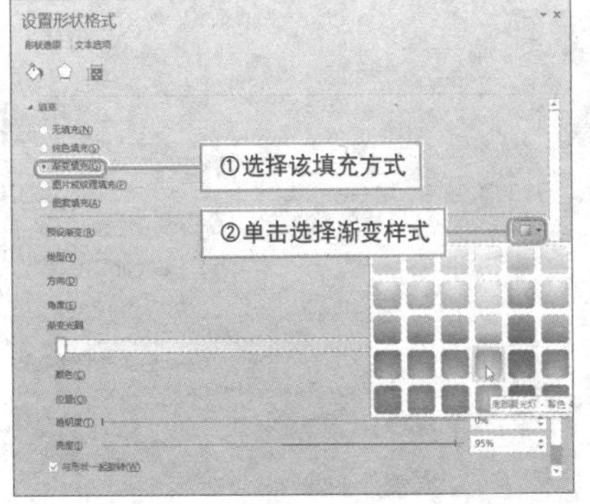

5 还可以自定义渐变。单击“添加渐变光圈”按钮，即可增加一个渐变光圈。

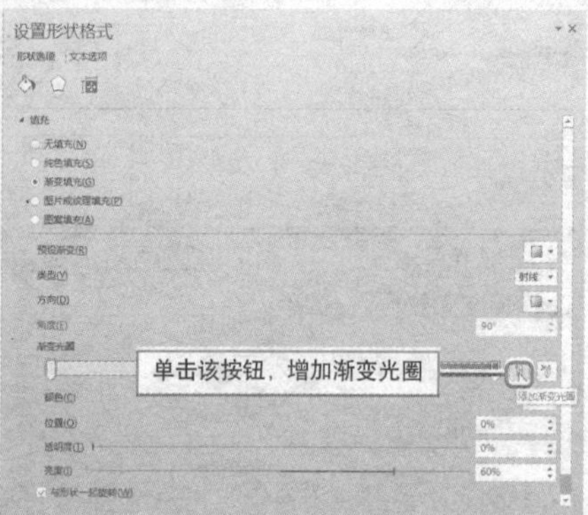

6 设置完渐变光圈后，单击“颜色”按钮，从列表中选择合适的颜色。

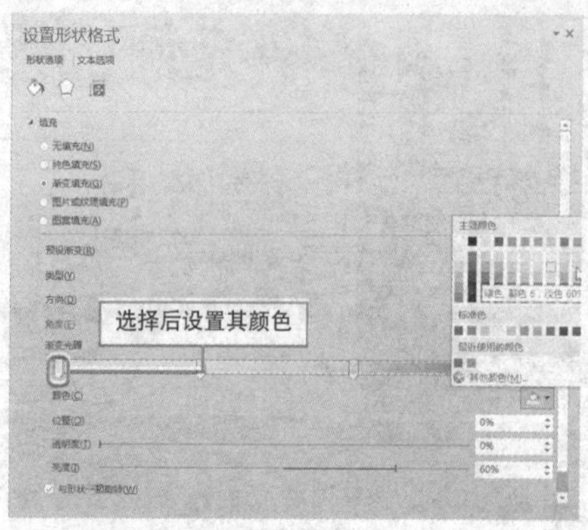

7 依次设置各停止点颜色，然后设置渐变类型为“线性”，角度为“160°”即可。

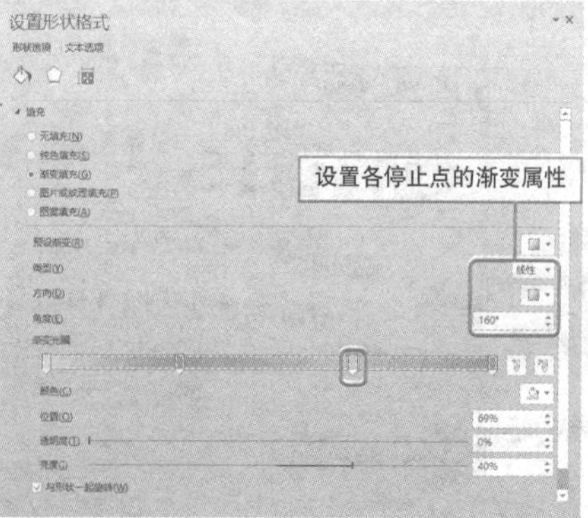

8 **图片填充。**选中“图片或纹理填充”选项，单击“文件”按钮。

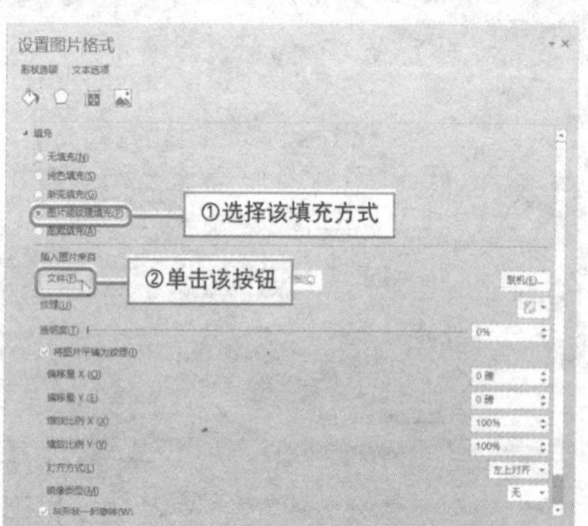

9 打开“插入图片”对话框，选择图片，单击“插入”按钮。

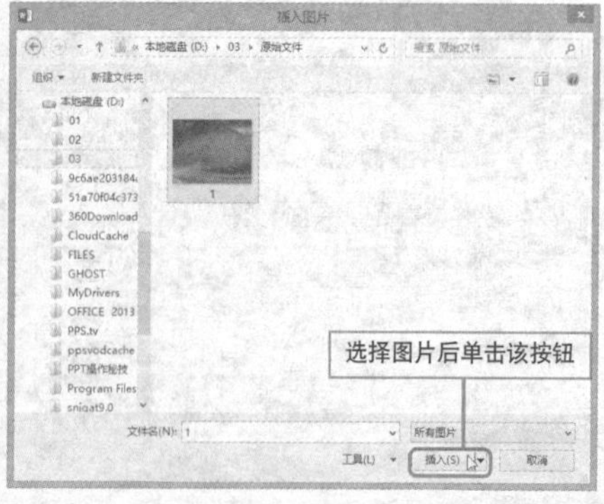

10 返回上一级对话框，依次设置其他形状填充色后关闭对话框即可。

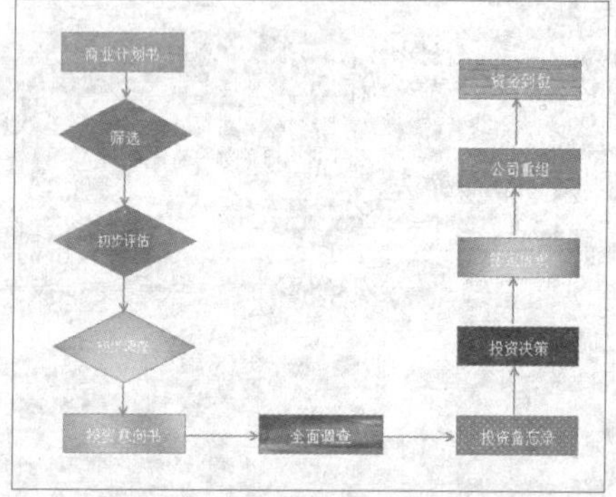

为图形添加特殊的显示效果

实例 设置形状效果

为了使图形效果更突出，用户可以为图形设置阴影、映像、发光等效果，下面以三维效果的制作为例进行介绍。

1 选择图形，执行"绘图工具-格式>形状效果>预设"命令，从其关联菜单中选择"预设4"。

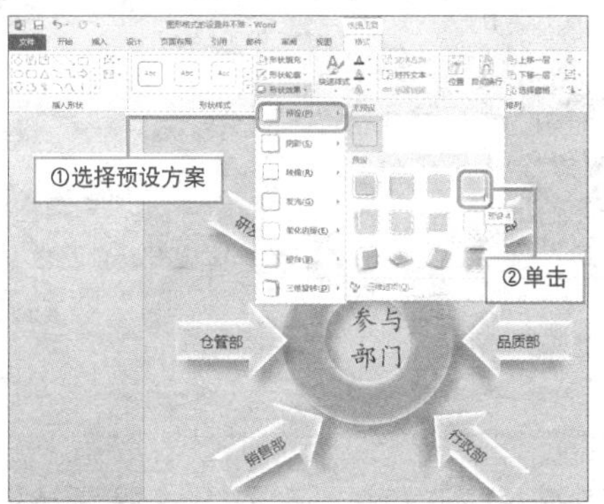

2 还可以选择阴影、映像等选项，从其关联菜单中选择合适的效果即可。

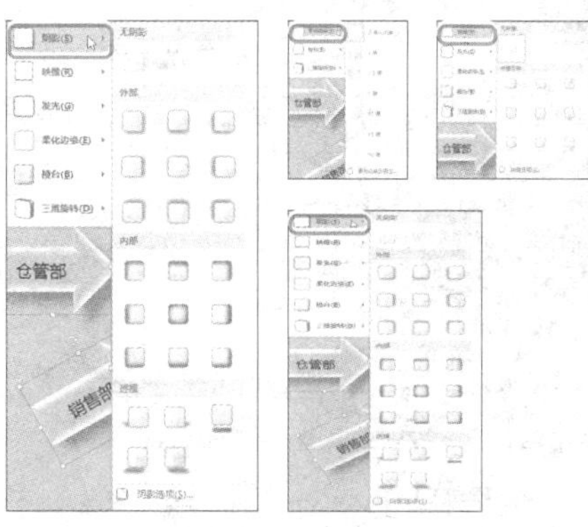

3 还可以选择阴影、映像等选项，从其关联菜单中选择合适的效果即可。

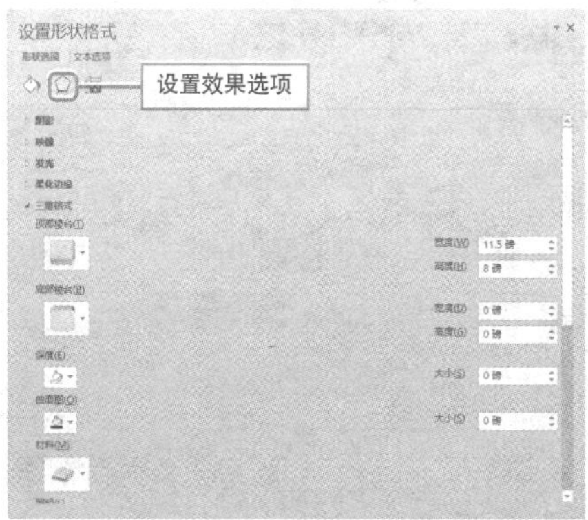

4 设置完成后，关闭对话框，查看设置效果。

SmartArt 图形很好用

实例 应用 SmartArt 图形

以往在绘制流程图时，总是将多个图形进行组合，现如今有了 SmartArt 图形，绘制流程图就简便了许多。下面就对 SmartArt 图形的应用进行介绍。

1 打开文档，切换至“插入”选项卡，单击“SmartArt”按钮。

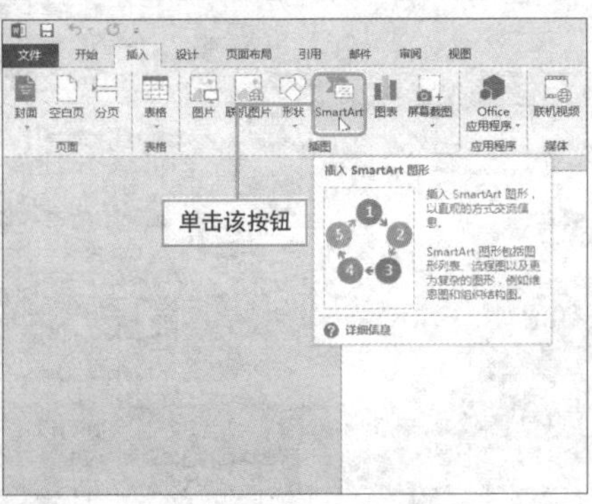

2 打开“选择SmartArt图形”对话框，在“层次结构”选项中选择“组织结构图”，单击“确定”按钮。

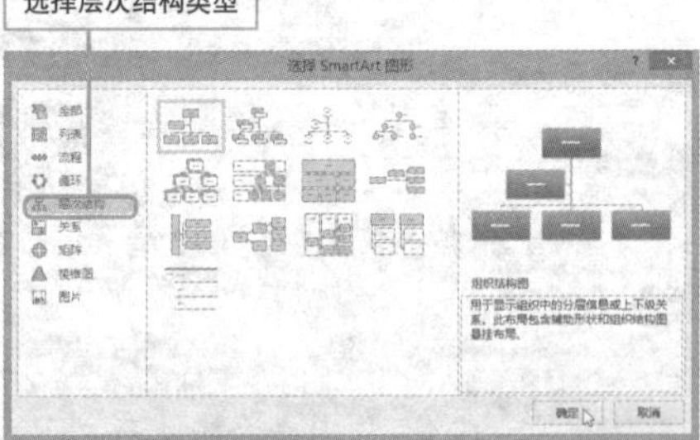

3 随后输入文本，并按Delete键删除多余形状。

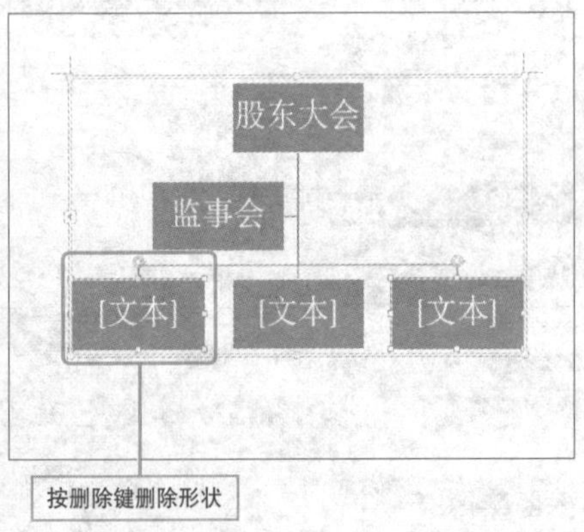

Hint

添加形状

执行“SMARTART工具-设计>添加形状>在下方添加形状”命令，即可添加形状。

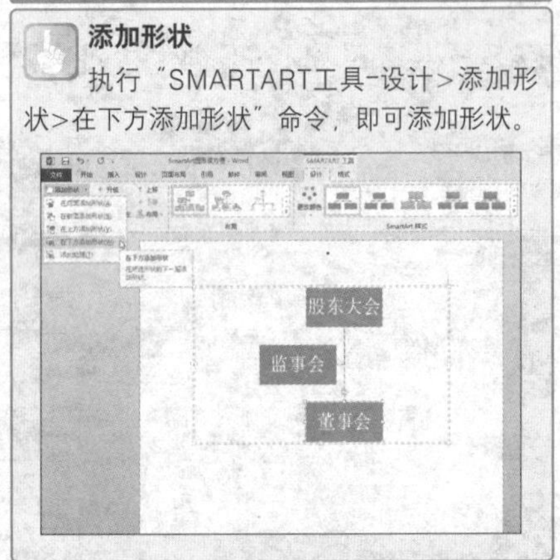

4 **更改颜色。**选择SmartArt图形，单击“更改颜色”按钮，从列表中选择“彩色范围-着色5至6”。

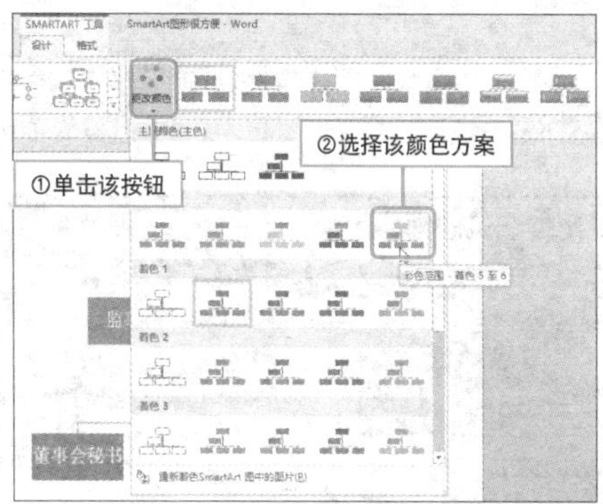

5 **更改布局。**单击“布局”面板的“其他”按钮，从展开的列表中选择“层次结构”。

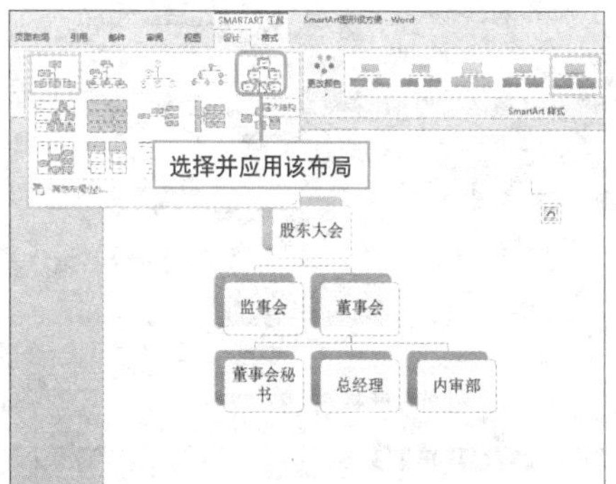

6 **更改形状效果。**选择SmartArt图形中的形状，通过“SmartArt工具-格式”选项卡中“形状样式”组中的各命令，可以修改SmartArt图形中形状的样式。

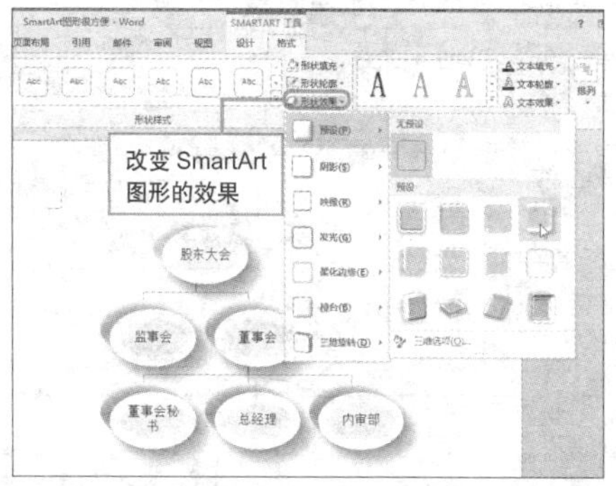

Hint

应用快速样式

单击“SmartArt样式”面板的“其他”按钮，从展开的列表中选择“强烈效果”。

Hint

更改形状

选择SmartArt图形中的形状，执行“更改形状>椭圆”命令。

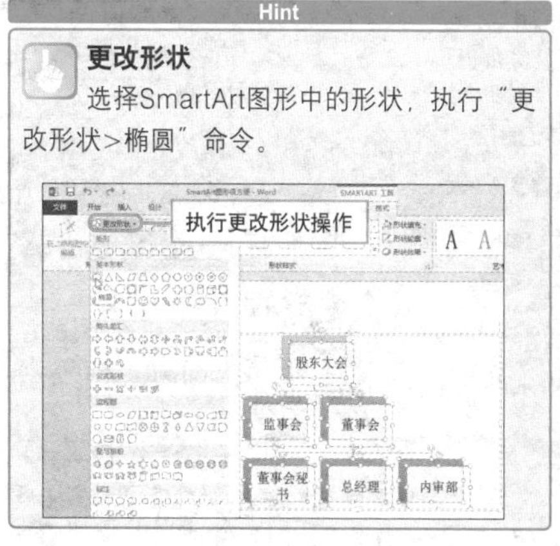

7 对图形更改完毕后，适当调整图形的大小即可。

查看效果更改结果

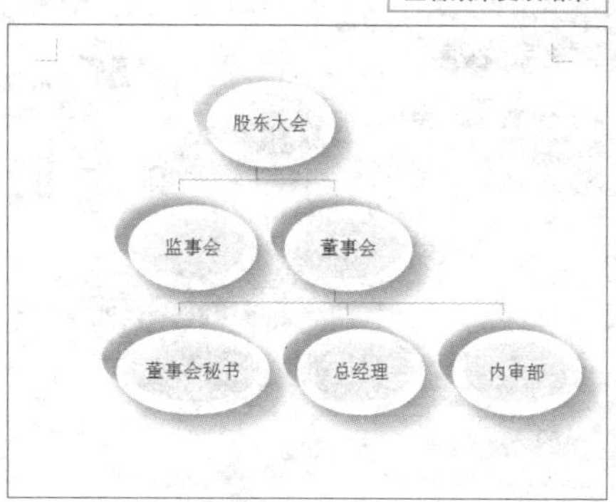

轻松插入图片

实例 图片的插入

在文档中插入图片，可以使死气沉沉的文档生动起来，同时，图片也能对文档起辅助说明作用。那么怎样才能更快地插入图片呢？

① **插入联机图片**。打开文档，单击“插入”选项卡的“联机图片”按钮。

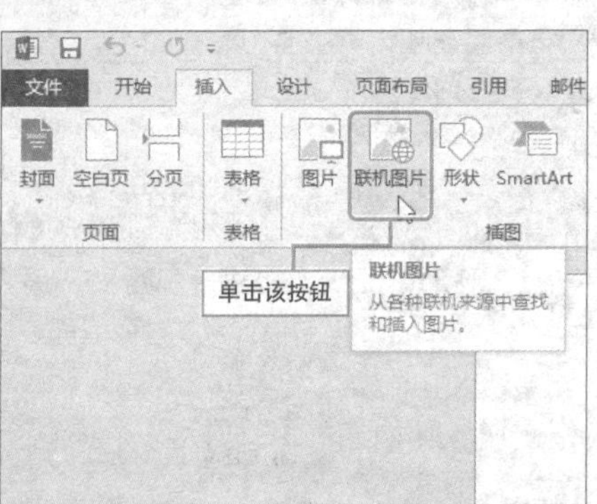

② 打开“插入图片”窗格，输入关键词后单击“搜索”按钮。

③ 显示出搜索结果，若想一次性插入多张图片，可在按住Ctrl键的同时，依次单击需要插入的图片，然后单击“插入”按钮。

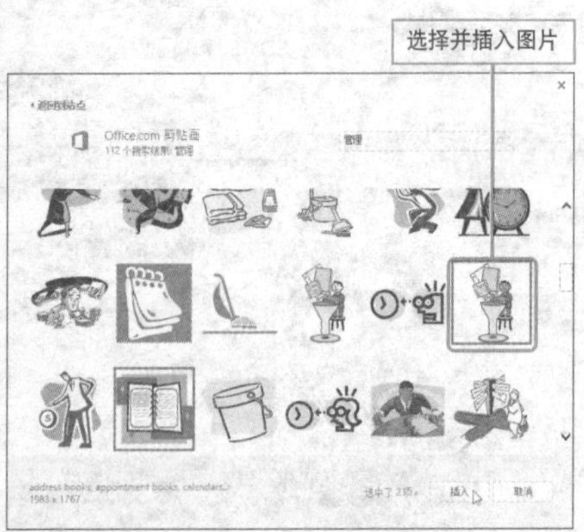

Hint

插入文件中的图片

执行“插入>图片”命令，打开“插入图片”对话框，单击“插入”按钮即可。

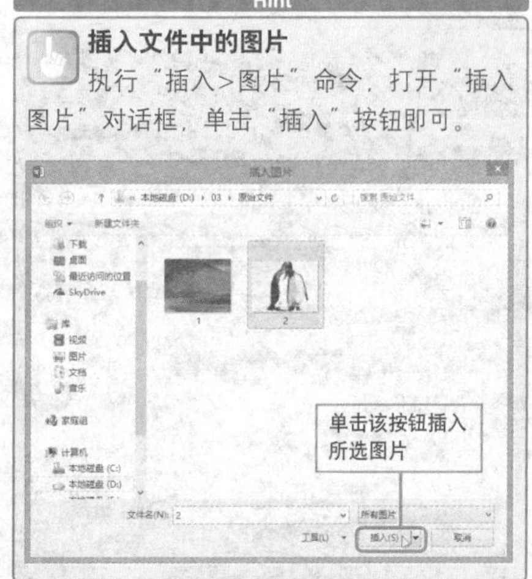

排列图片位置有诀窍

实例 更改图片排列方式

默认情况下，插入的图片是作为字符插入到文档中的，其位置会随着其他字符的改变而改变，用户可通过设置，改变图片的环绕方式。

1 选择图片，单击“图片工具-格式”选项卡的“位置”按钮，从列表中选择“中间居右，四周型文字环绕”。

2 或者单击“自动换行”按钮，从列表中选择一种合适的排列方式，这里选择“穿越型环绕”。

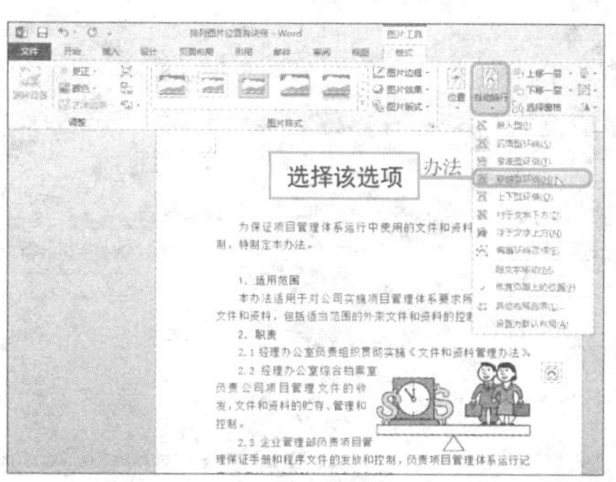

3 或者用鼠标右键单击图片，选择“自动换行”命令，选择合适的方式。

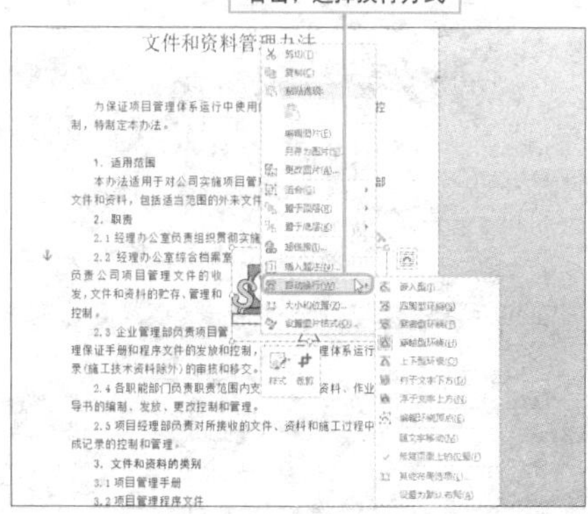

Hint

手动编辑图形

若选择“编辑环绕顶点”命令，则图片周围将出现编辑顶点，拖动顶点可对图片进行编辑操作。

为保证项目管理体系运行中使用的文件和资料得到有效控制，特制定本办法。

1. 适用范围

本办法适用于对公司实施项目管理体系要求所形成的全部文件和资料，包括适当范围的外来文件和资料的控制。

2. 职责

2.1 经理办公室负责组织贯彻实施《文件和资料管理办法》

2.2 经理办公室综合档案室负责公司项目管理文件的收发，文件和资料的贮存、管理和控制。

2.3 企业管理部负责项目管理保证手册和程序文件的发放和控制，负责项目管理体系运行记录(施工技术资料除外)的审核和移交。

2.4 各职能部门负责职责范围内支持性文件和资料、作业指导书的编制、发放、更改控制和管理。

1 Word文档操作技巧
2 Word文档编辑技巧
3 图形与图片应用技巧
4 表格与图表处理技巧
5 审阅与引用功能的应用
6 长文档的编排技巧
7 页面设置及打印技巧

轻松选择文字下方的图片

实例 选择文字下方的图片

编辑文档时，若图片处于文字的下方，就很难选中图片，下面介绍两种快速选择处于文字下方图片的方法。

1 **功能区命令选择法**。打开文档，单击“开始”选项卡的“选择”按钮，从展开的列表中选择“选择对象”命令。

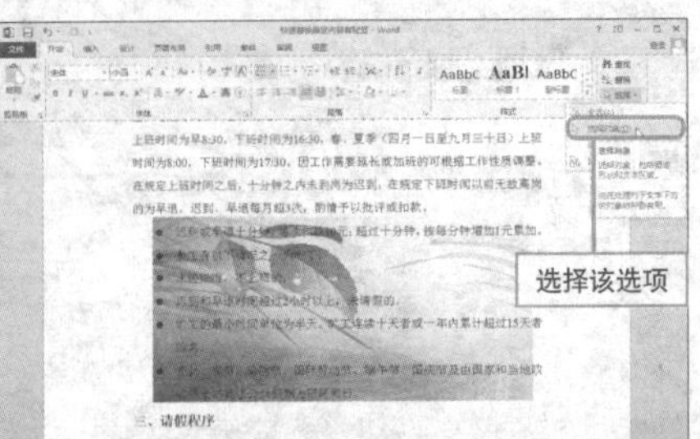

2 单击需要选择的图片，可将其选择，并可以进行编辑操作。

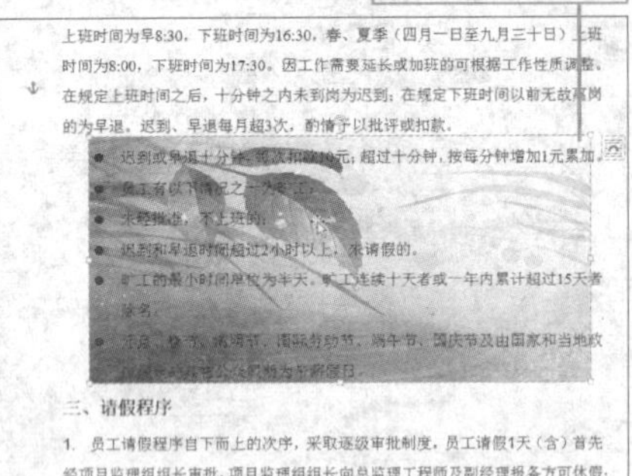

3 **通过Enter键操作**。在图片上的任意文档位置确定插入点，按Enter键。

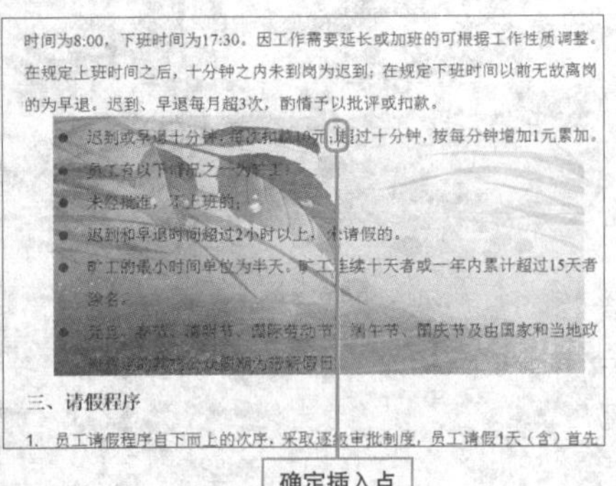

4 单击空白处可选中图片，并可以对其进行操作，这里进行旋转图片操作。

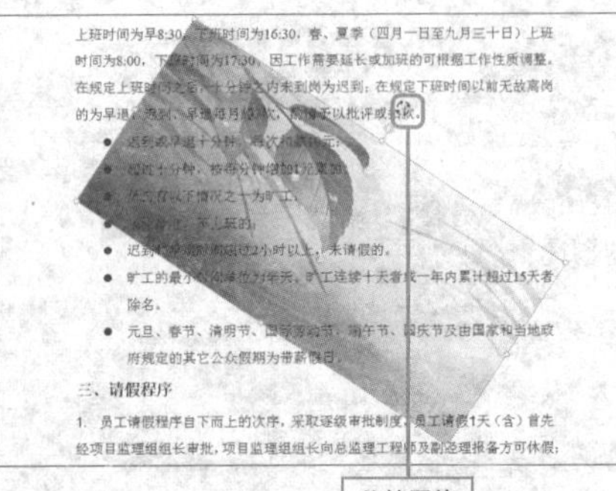

快速更改图片背景

实例　删除图片背景

在 Word 2013 中，用户可以使用“删除背景”命令，轻松删除图片背景，下面将对其进行介绍。

1 选择图片，单击“图片工具-格式”选项卡的“删除背景”按钮。

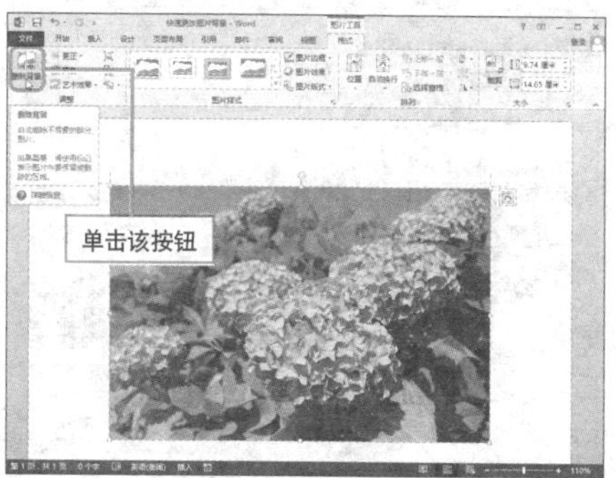

2 自动进入“背景消除”选项卡，单击“标记要保留的区域”，然后进行标记。

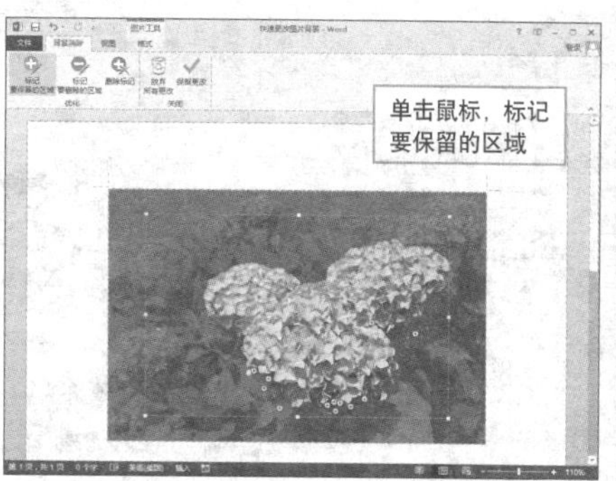

3 标记完成后，单击“保留更改”按钮，即可完成图片背景的删除。

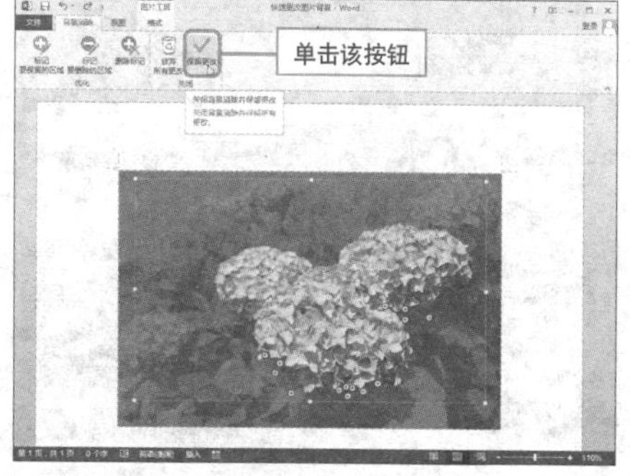

4 从中可以看到，只有标记的区域被保留，其他部分则全部被删除。

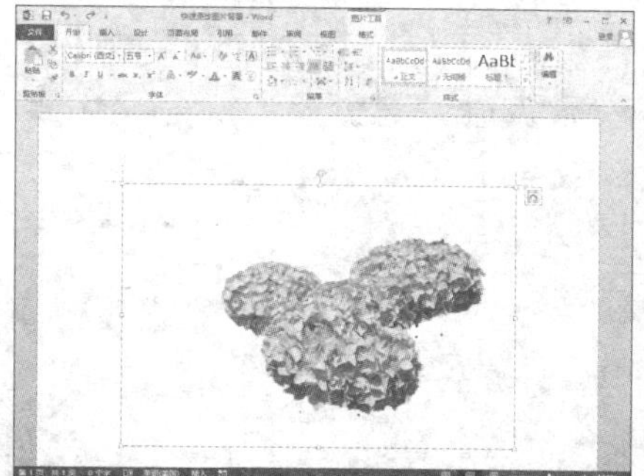

Question 098

Level

2013 2010 2007

让图片亮起来

实例 调整图片的亮度和对比度

若插入文档中的图片曝光度不够好，看起来比较暗淡无光，用户可对图片的亮度和对比度进行适当调整。

1 选择图片，切换至“图片工具-格式”选项卡，单击“更正”按钮。

2 从展开的列表中选择“锐化：25%”、“亮度：+20% 对比度：+40%”。

3 或者从列表中选择“图片更正选项”，在打开的窗格中进行自定义设置。

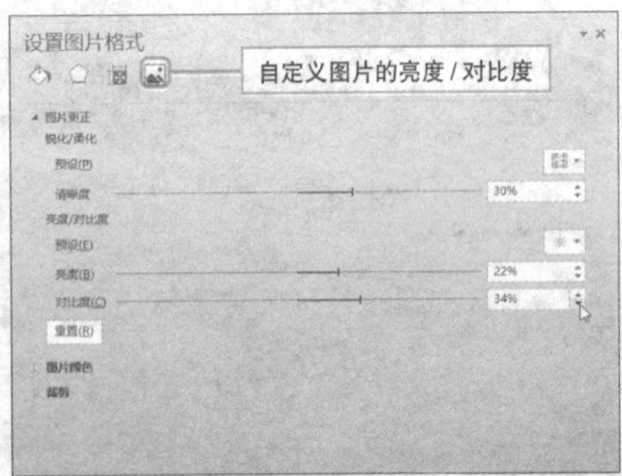

4 设置完成后，关闭窗格，即可看到图片修改后的效果。

Question 099

增添图片的朦胧美

Level ◆◆◆

2013 2010 2007

实例 为图片添加阴影效果

为了使文档中的图片具有立体效果，增加朦胧美，可以为其添加阴影，下面介绍如何通过“设置图片格式”窗格自定义图片阴影效果。

1 选择图片，单击鼠标右键从弹出的快捷菜单中选择“设置图片格式”选项。

2 打开“设置图片格式”窗格，在“阴影”选项中对图片的阴影进行自定义设置。

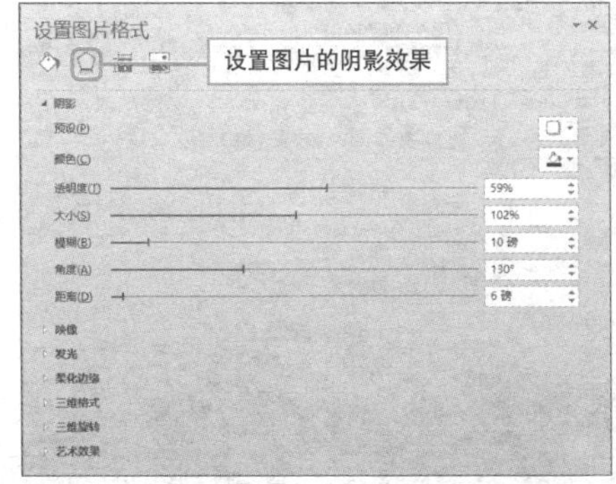

3 设置完成后，关闭窗格，查看设置后的图片阴影效果。

Hint

功能区命令为图片添加阴影

选择图片，执行“图片工具-格式>图片效果>阴影”命令，从列表中选择合适的阴影效果。

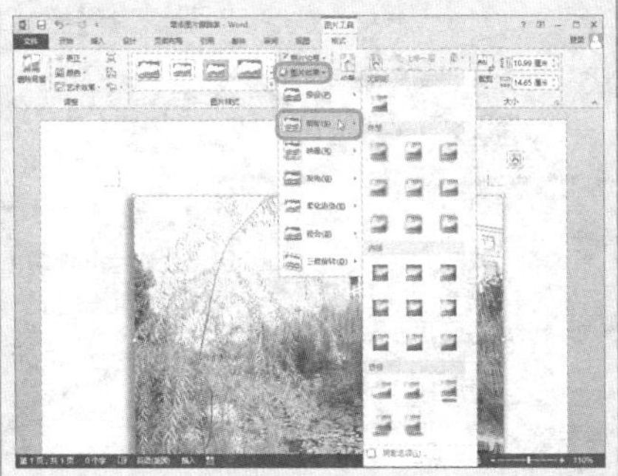

合二为一，让图片更美丽

实例	组合图片

若文档中有多个图片排列在一起，可以将其组合，以便对图片进行移动和复制，下面介绍如何组合图片。

1 选择需组合的图片，切换至“图片工具-格式”选项卡，单击“组合”按钮，从列表中选择“组合”命令。

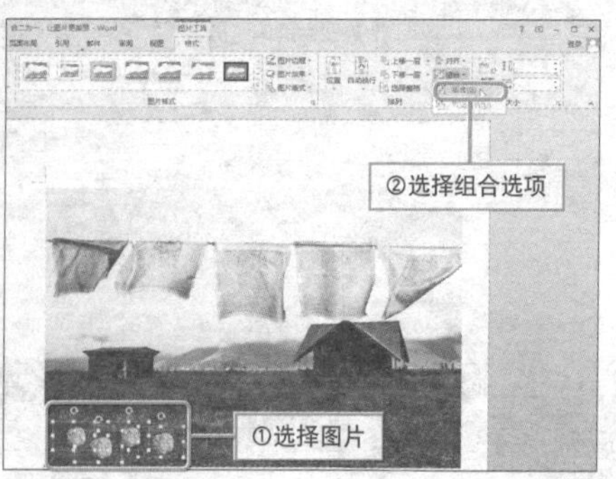

2 或者是通过右键菜单实现组合操作。选择多个图片并右击，然后选择“组合>组合”命令。

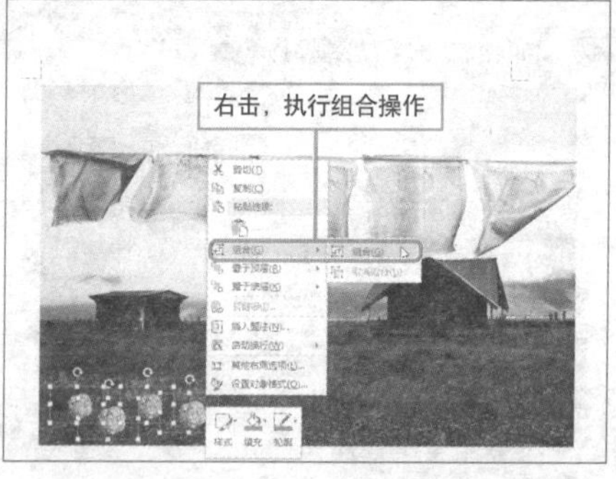

3 将多个图片组合为一个图片，可轻松移动或复制图片。

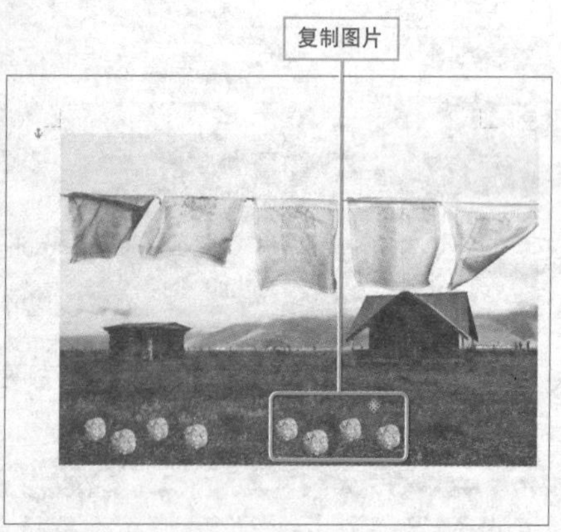

Hint

给图片减减肥

执行“图片工具-格式>压缩图片”命令，在打开的对话框中进行设置即可。

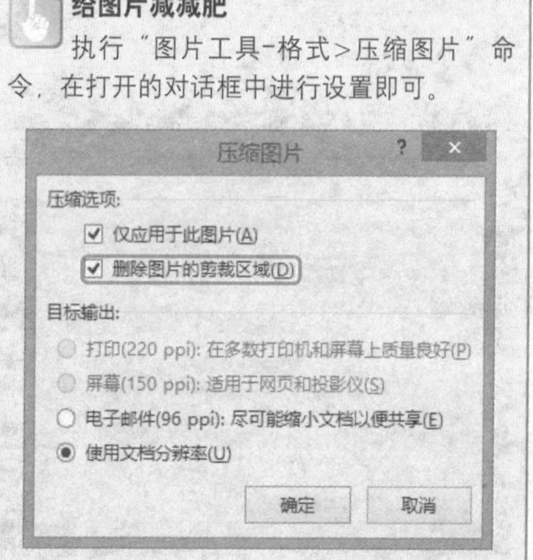

快速复位图片

实例 重设图片

在编辑图片时，经过反复调整后的图片如果仍旧不能够得到用户满意，用户可重新设置图片，那么究竟该如何一键还原对图片的更改呢？

1 选择图片，切换至“图片工具-格式”选项卡，单击“重设图片”右侧下拉按钮，展开其下拉列表。

2 若选择“重设图片”命令，则之前对图片的所有（除尺寸设置之外）操作全部清除，照片恢复原貌。

3 若选择“重设图片和大小”，将清除对图片的所有操作。

Hint

为图片应用快速样式

选择图片，切换至“图片工具-格式”选项卡，单击“图片样式”面板的“其他”按钮，从展开的样式列表中选择合适的图片样式即可。

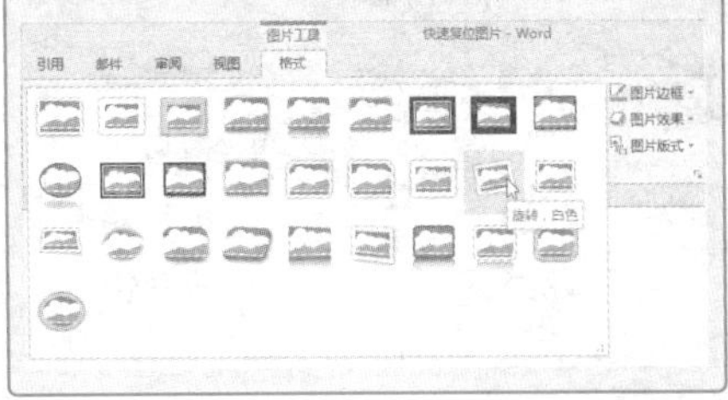

单独提取文件图片有妙招

实例 **提取文档中的图片**

若用户需要将文档中的图片提取出来，保存到文件夹中以便日后使用，可通过以下步骤轻松实现。

1. 选择图片并单击右键，从弹出的快捷菜单中选择“另存为图片”命令。

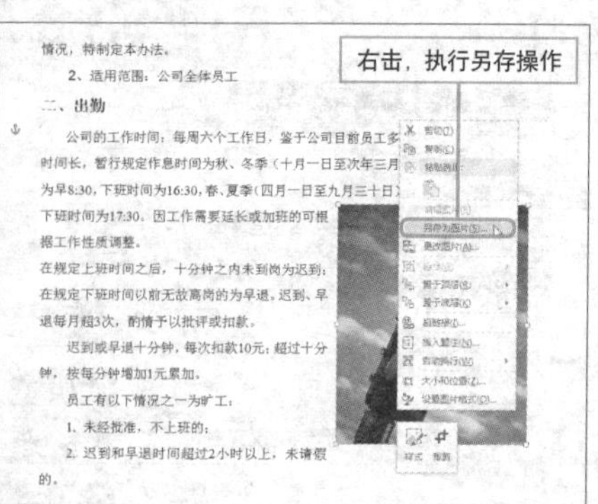

2. 在弹出的“保存文件”对话框内选择合适的保存位置，输入文件名，文件类型为默认，单击“保存”按钮保存图片。

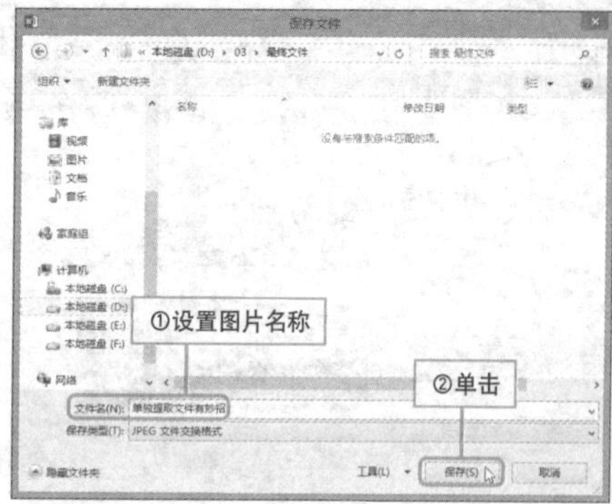

3. 打开保存图片的文件夹，即可看到保存的图片，将其选中并右击，从弹出的快捷菜单中选择“预览”命令。

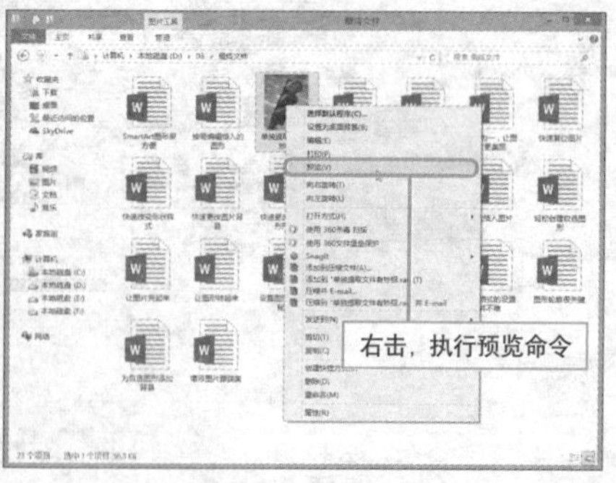

4. 即可在Windows照片查看器中查看保存的图片。

Question 103

Level ◆◆◇

2013 2010 2007

一次插入多个图片并对齐

实例	插入多张图片并对齐

在编辑文档时，如果需要插入多张图片，逐一插入会花费大量时间。此时用户可以选择一次性插入多张图片，具体操作步骤如下。

1 打开图片所在的文件夹，按住Ctrl键的同时，选取多张图片，然后按Ctrl + C组合键复制图片。

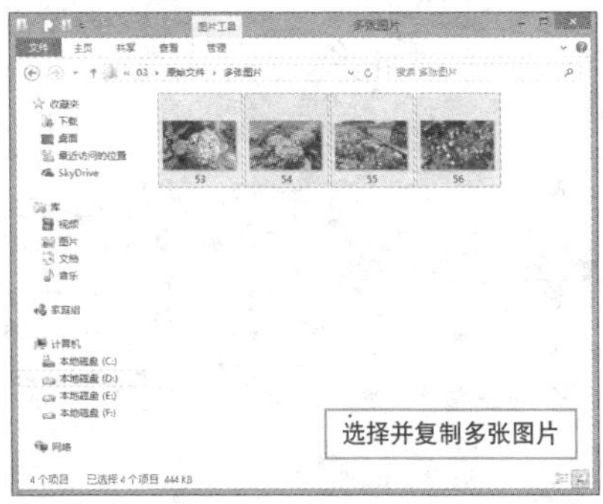

2 切换到需插入图片的文档，按Ctrl + V组合键粘贴图片。

3 调节图片的大小后，按Ctrl + A组合键全选图片。切换至"页面布局"选项卡，单击"分栏"按钮，选择"两栏"。

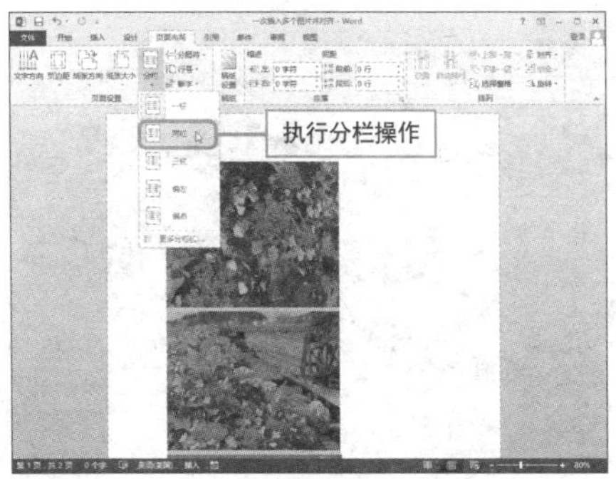

4 所有图片按照两栏进行排列。需要注意的是，在缩放图片时，应尽可能地等比例缩放。

轻松插入艺术字

实例 艺术字的应用

若想使文档中的标题等内容突出显示，用户可以使用艺术字功能，下面介绍如何在文档中插入艺术字。

❶ 将鼠标光标定位至需插入艺术字处，切换至“插入”选项卡，单击“艺术字”按钮。

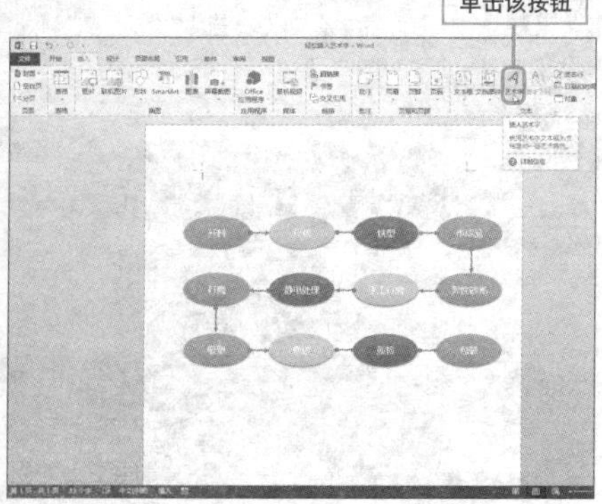

❷ 展开“艺术字”下拉列表，从中选择“填充-黑色，文本1，轮廓-背景1，清晰阴影-背景1”。

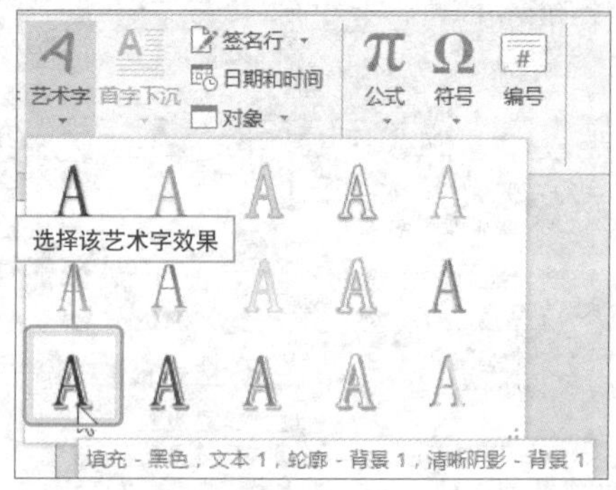

❸ 此时将出现一个“请在此放置您的文字”文本框。

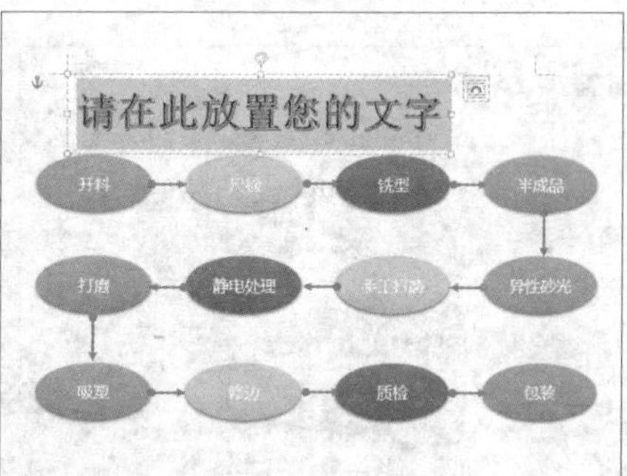

❹ 输入文本，并调节艺术字字号的大小及字体即可。

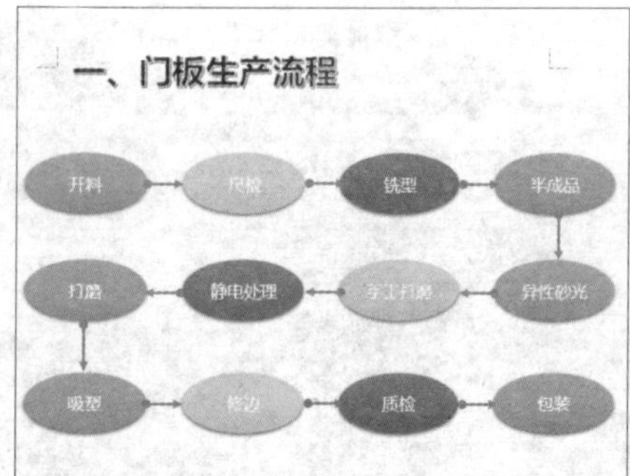

Question 105

Level ◆◆◇

2013 2010 2007

艺术字颜色巧更改

实例 艺术字颜色的更改

若用户应用了某一艺术字效果后，对该艺术字样式的颜色并不满意，那么可以对其进行修改，具体操作步骤如下。

1 **更改艺术字样式。** 选择艺术字，执行“绘图工具-格式>艺术字样式>其他”命令，从列表中选择合适的艺术字效果即可。

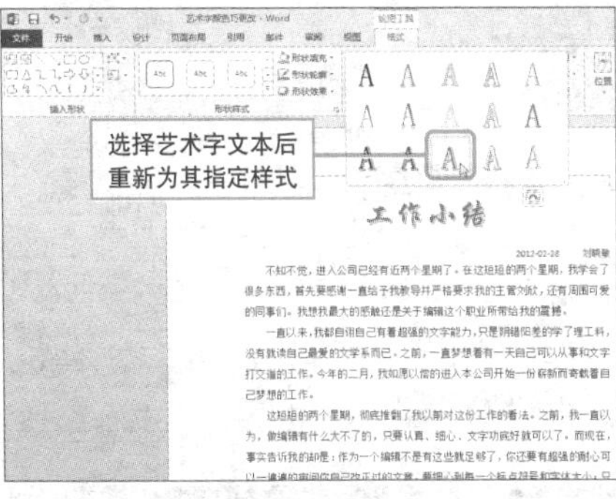

2 **功能区命令更改。** 单击“文本填充”按钮，从展开的列表中选择“橙色，着色2，深色25%”。

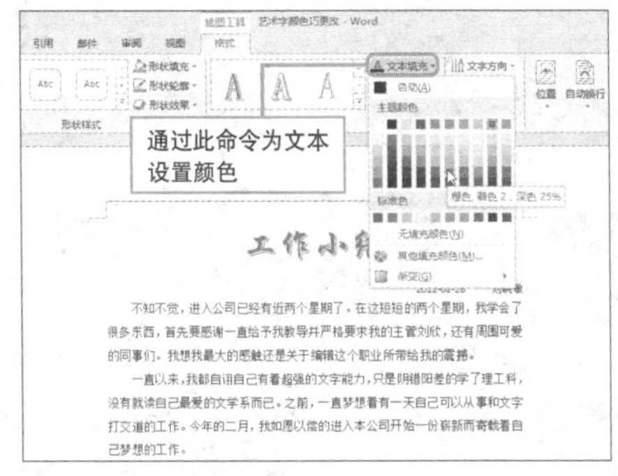

3 **右键菜单命令更改。** 选择艺术字文本并单击右键，单击“字体颜色”按钮，从列表中选择合适的字体颜色即可。

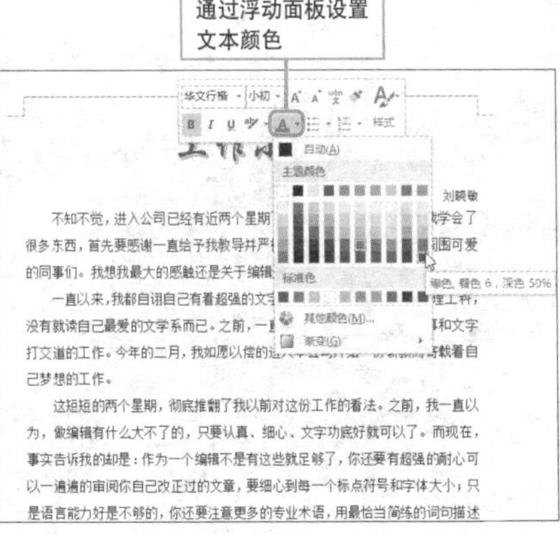

Hint

使用其他方法更改艺术字样式和颜色

单击“开始”选项卡的“文本效果”按钮可更改艺术字样式，通过“字体颜色”按钮可更改艺术字颜色。

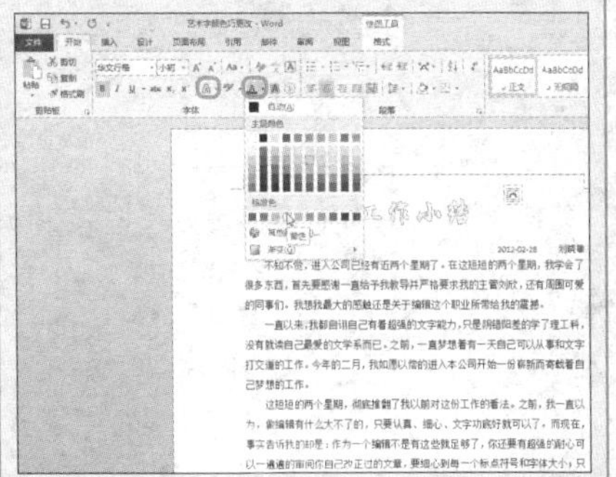

为艺术字设置精美边框

实例 艺术字边框的设置

除了可以对艺术字的填充色进行更改外，用户还可以对艺术字的边框进行设置，从而美化艺术字，下面介绍如何设置艺术字的边框。

1. 选择艺术字，单击“绘图工具-格式”选项卡的“文本轮廓”按钮，选择“黄色”。

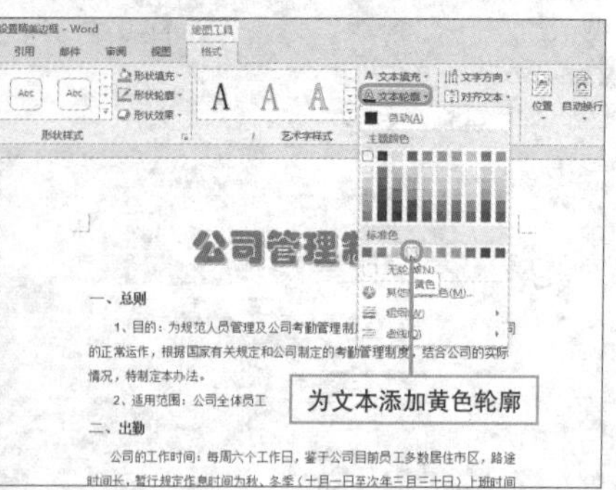

2. 打开“文本轮廓”列表，选择“粗细”选项，从其级联菜单中选择“0.25磅”。

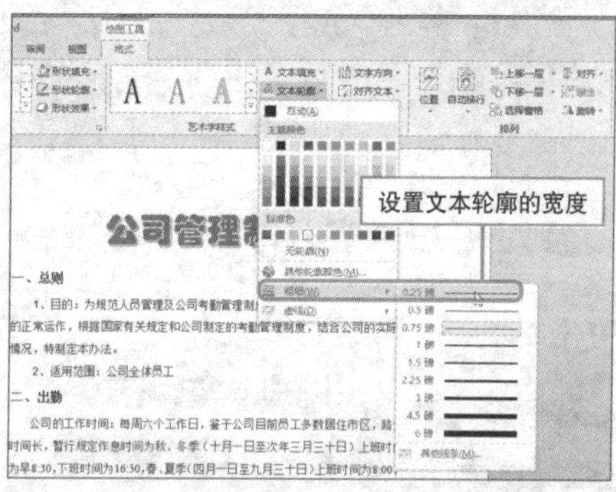

3. 打开“文本轮廓”列表，选择“虚线”选项，从其级联菜单中选择“圆点”。

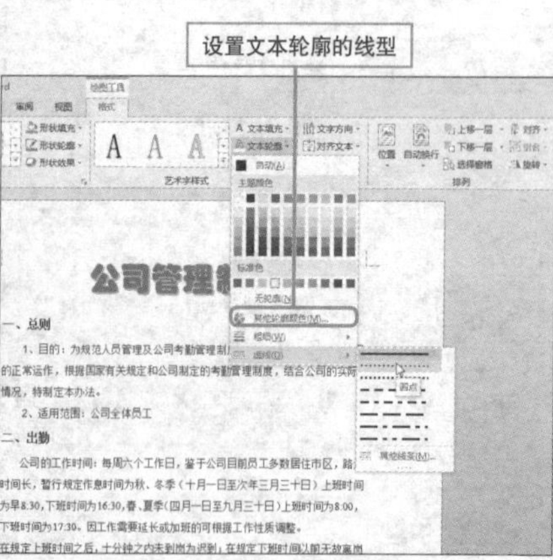

Hint

自定义艺术字轮廓

单击“艺术字样式”面板的对话框启动器，打开相应的对话框，在“文本填充轮廓”选项卡中设置即可。

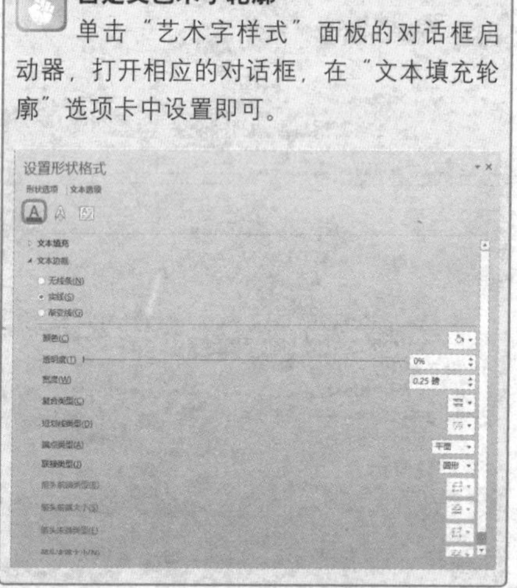

打造更为动人的艺术字效果

实例 设置艺术字效果

艺术字效果包括阴影、映像、发光、棱台、三维旋转及转换，用户既可以通过功能区中的命令直接运用艺术字效果，也可以通过对话框自定义艺术字效果，下面介绍具体方法。

1 **功能区命令法**。选择艺术字，执行“绘图工具-格式>文本效果>阴影>向右偏移”命令，应用阴影效果。

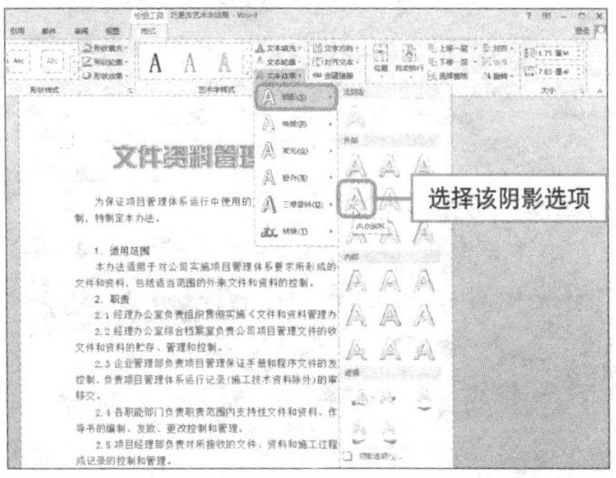

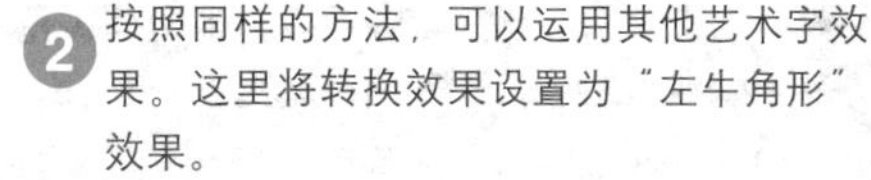

2 按照同样的方法，可以运用其他艺术字效果。这里将转换效果设置为“左牛角形”效果。

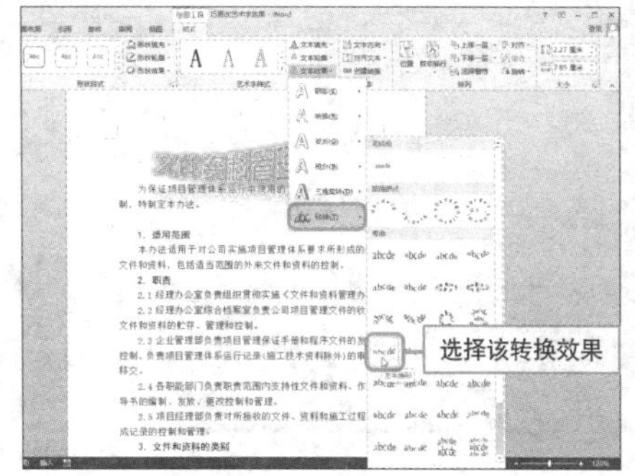

3 **对话框法**。选择艺术字并单击右键，从快捷菜单中单击“设置形状格式”。

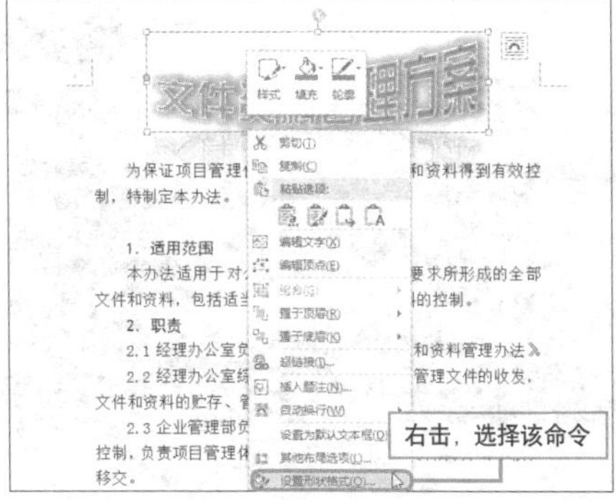

4 打开“设置形状格式”窗格，切换至“文本选项”选项卡，单击“文本效果”，即可自由设置文本的阴影、映像等效果。

轻松插入内置文本框

实例 插入内置文本框

在设计宣传手册、产品说明等类型的文档时，用户通常需要使用文本框来进行版式设计，下面介绍如何插入内置文本框。

❶ 打开文档，切换至“插入”选项卡，单击“文本框”按钮，选择“怀旧型引言”。

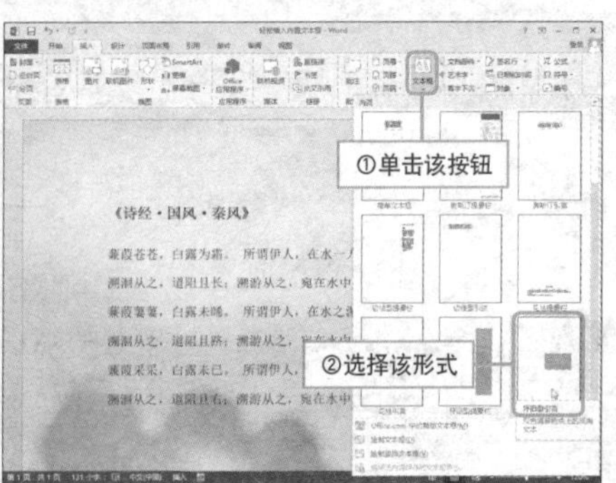

❷ 随后即可在文档中插入所选类型的文本框，用户可按需调整文本框的大小和位置。

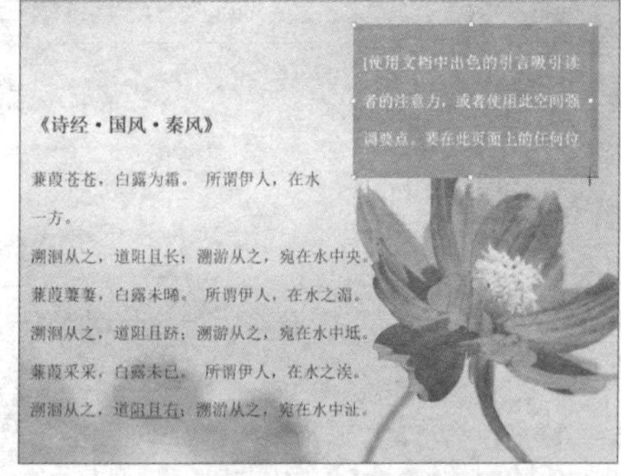

❸ 在文本框内单击后并右击，选择“删除内容控件”命令。

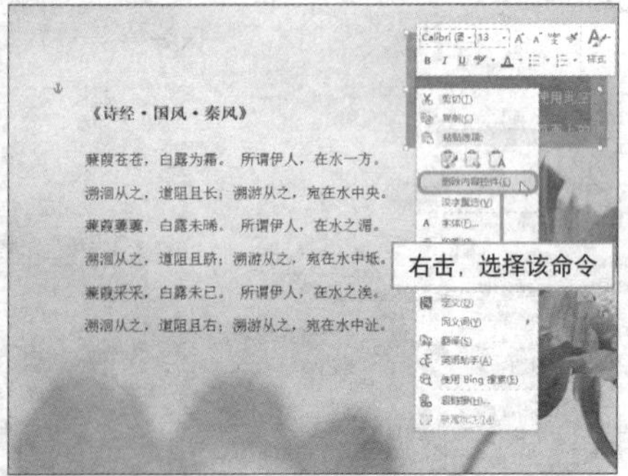

❹ 输入需要的文本，并调整文本字号的大小。

按需绘制文本框很容易

实例 绘制文本框

除了可以在文档中插入内置文本框外，用户还可以根据需要在文档中绘制文本框，下面介绍具体操作步骤。

1 打开文档，切换至“插入”选项卡，单击“文本框”按钮，选择“绘制文本框”。

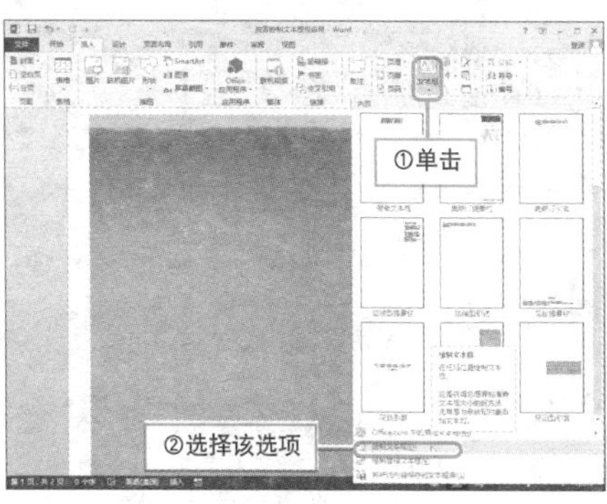

2 单击后鼠标光标将变为十字形，用户可将光标放置在合适位置。

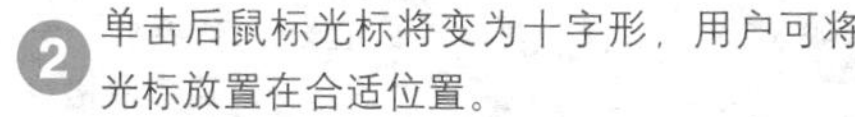

3 按住鼠标左键不放，拖动鼠标，绘制完成后，释放鼠标左键。

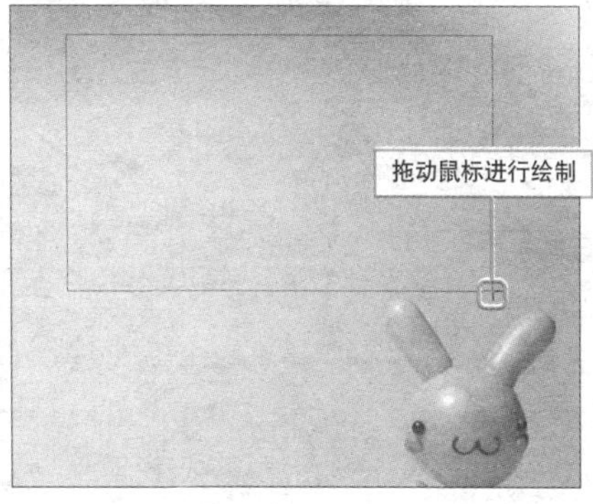

4 绘制完成后，在文本框中输入文本即可。

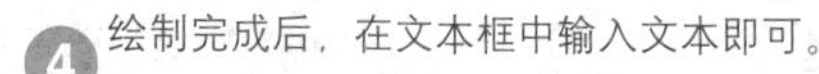

自由设置文本框格式

实例 文本框格式的设置

插入文本框后，用户可以像设置形状一样对文本框进行设置，包括更改文本框的填充色、轮廓及效果等，下面介绍具体操作步骤。

1 选择文本框，切换至"绘图工具-格式"选项卡，可通过功能区中的命令对文本框格式进行设置。

2 或者可通过对话框进行设置。选择文本框并单击右键，选择"设置形状格式"命令。

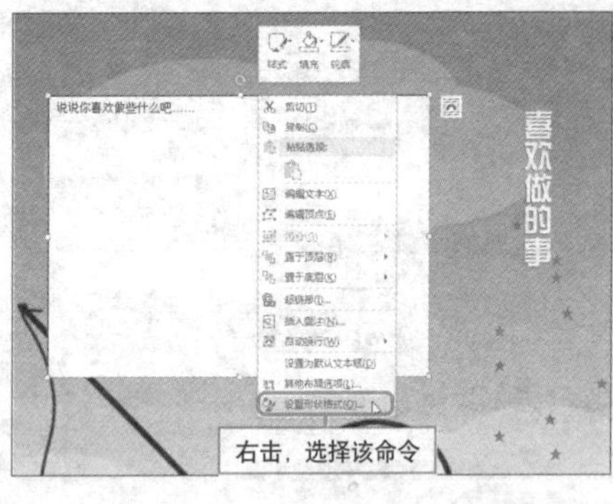

3 打开"设置形状格式"窗格，在"形状选项"中设置文本框格式，在"文本选项"中设置文本框中文本的格式。

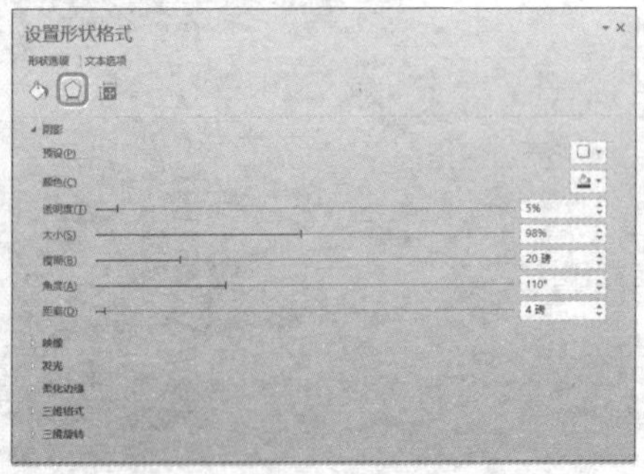

4 设置完成后，关闭对话框，即可查看设置效果。

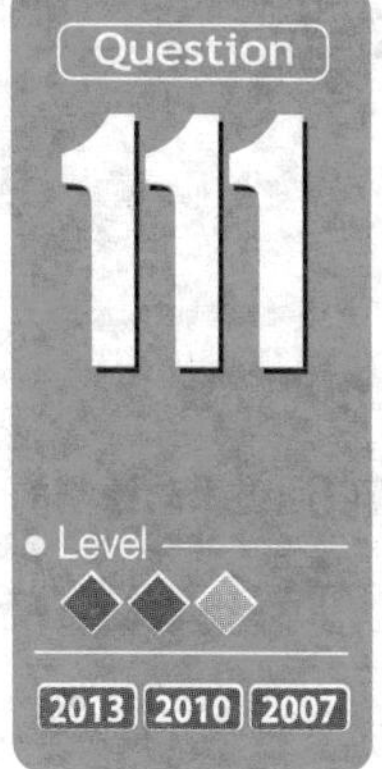

一网打尽插入表格法

实例 插入表格

在 Word 文档中，当需要使用大量数据对当前观点进行说明，或者对某一个项目进行介绍时，用户可以采用表格形式对数据进行整理。下面介绍如何在文档中插入表格。

1 打开文档，切换至“插入”选项卡，单击“表格”按钮，在列表中根据需要选择行列数即可。

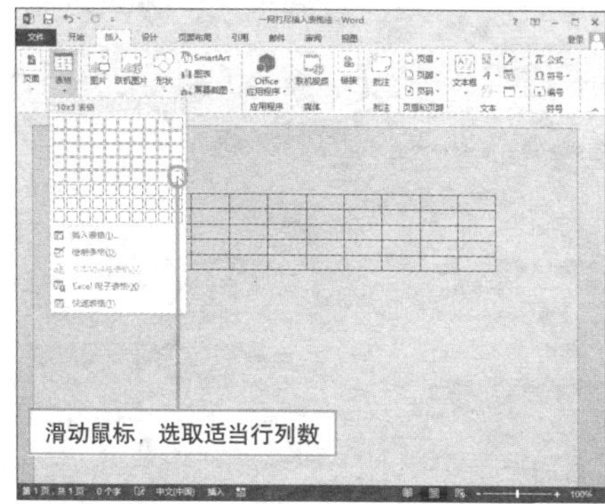

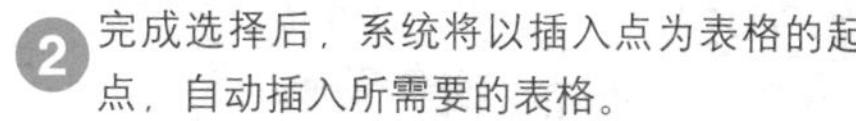

2 完成选择后，系统将以插入点为表格的起点，自动插入所需要的表格。

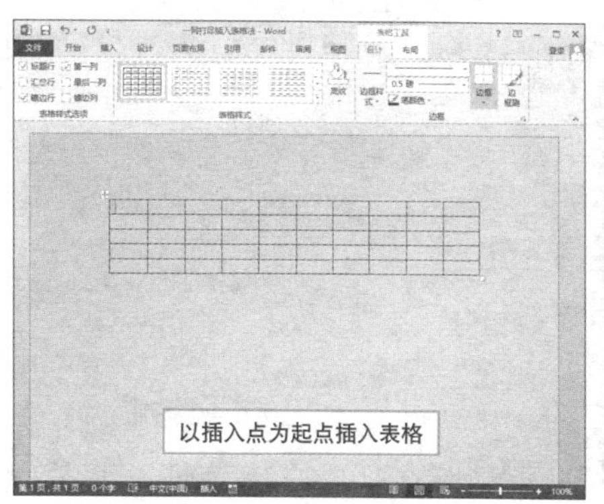

3 **通过对话框法插入。**在“插入表格”列表中选择“插入表格”选项。

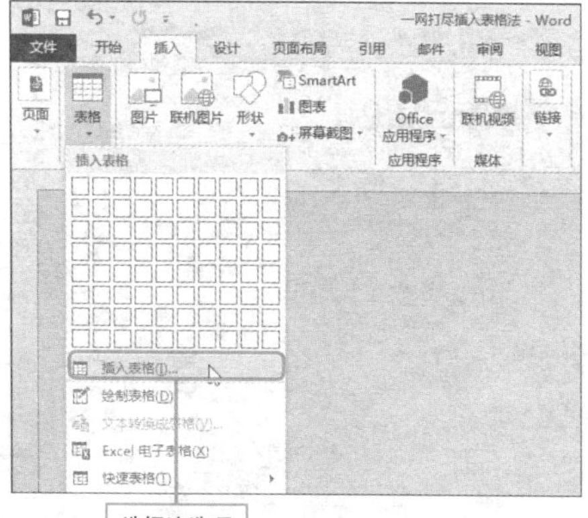

4 打开“插入表格”对话框，根据需要输入行列数，单击“确定”按钮即可。

插入表格
①输入行列数
表格尺寸
列数(C): 12
行数(R): 5
“自动调整”操作
固定列宽(W): 自动
根据内容调整表格(F)
根据窗口调整表格(D)
为新表格记忆此尺寸(S)
确定
取消
②单击该按钮

手绘表格也不难

实例 手动绘制表格

除了可以通过上一技巧介绍的方法插入表格外，还可以通过手动绘制的方法来插入表格，下面对其进行介绍。

1 打开文档，单击“插入”选项卡的“表格”按钮，从列表中选择“绘制表格”。

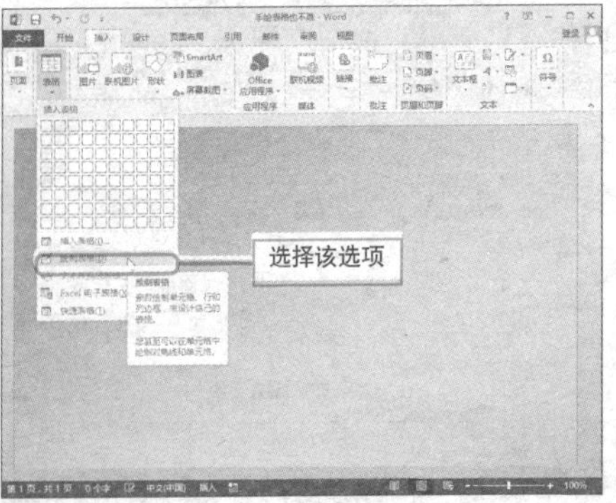

2 当鼠标光标变为铅笔形状时，按住鼠标左键不放拖动至合适位置，完成表格外框的绘制。

3 将鼠标光标移至左侧外框线上，指定好起始点，按住鼠标左键，拖动至右侧外框线上，绘制单元行。

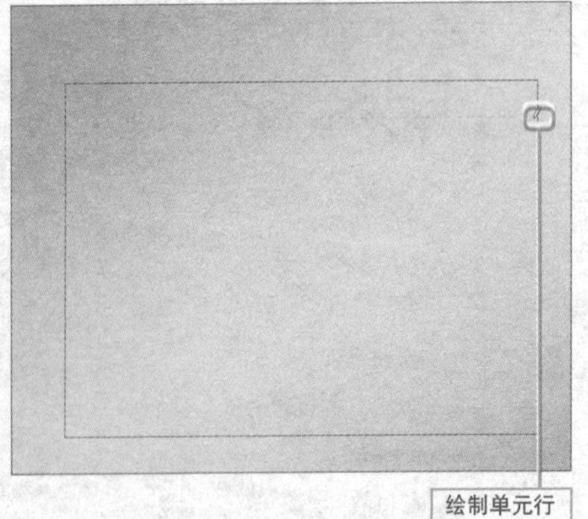

4 同样的，将鼠标光标移至上侧框线上，向下拖动绘制单元列，然后按照同样的方法绘制出多个单元行和单元列即可。

表格中行和列的增加与删除

实例 添加或删除单元格行列

在编辑表格时，有时可能会需要增加或删除单元行或单元列，下面逐一对操作方法进行介绍。

1 **快速插入一行**。将鼠标光标移至两行之间分割线左侧，单击出现的⊕按钮即可在分割线位置插入一个新行。

2 **Enter键插入法**。将鼠标光标移至单元行的右侧边框外，在键盘上按Enter键，即可在该行下方插入一个新行。

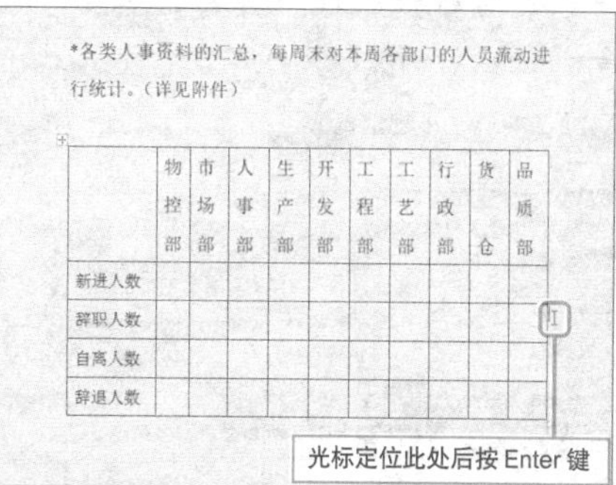

3 **功能区命令插入法**。选择单元行，单击“表格工具-布局”选项卡的“在下方插入”按钮，即可在所选行下方插入新行。

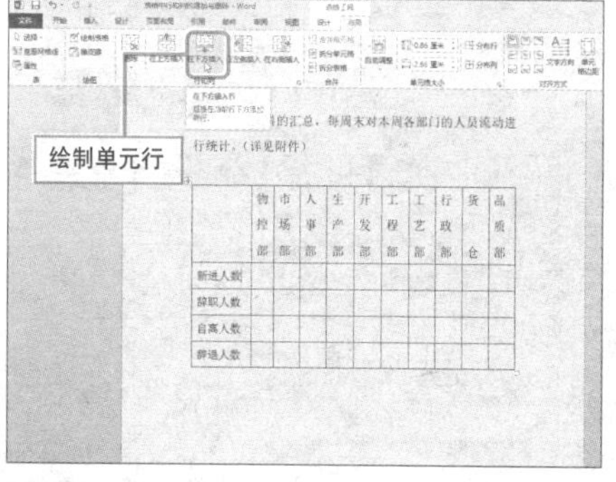

4 **右键命令插入法**。选择单元行并右击，选择“插入>在下方插入行”命令，即可在所选行下方插入新行。

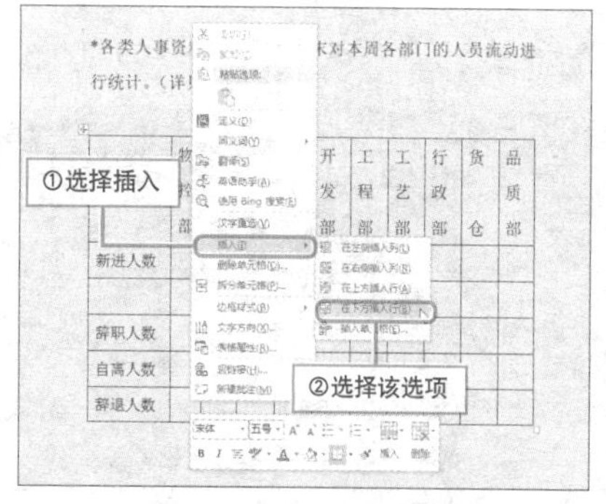

5 **插入多行或多列。**只需选择多行，然后使用功能区命令或右键菜单命令插入。

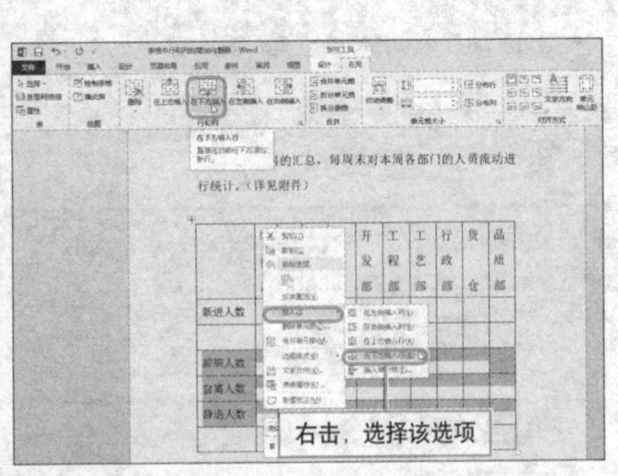

6 若选择了3行，就会在所选行下方插入3个新行。

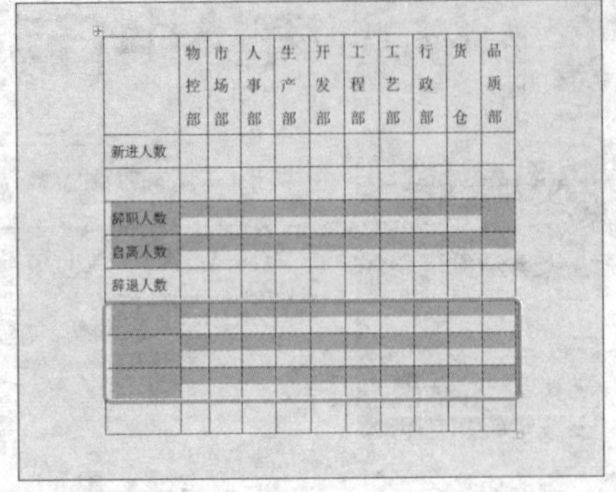

7 **功能区命令删除行。**选择单元行，切换至“表格工具-布局”选项卡，单击“删除”按钮，从列表中选择“删除行”命令。

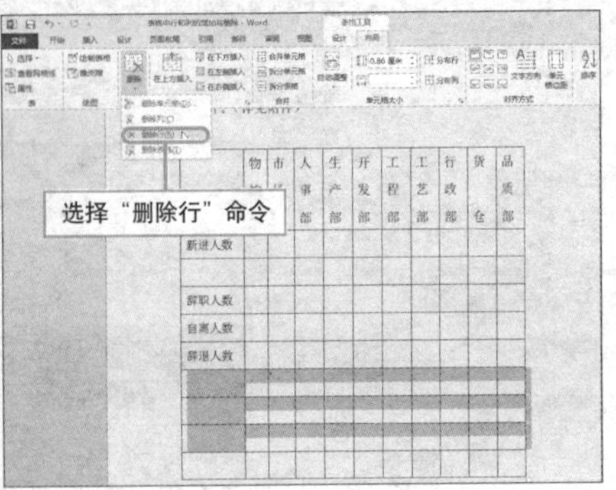

8 **右键菜单命令删除行。**选择单元行并单击鼠标右键，从快捷菜单中选择“删除单元格”命令。

右键单击，选择该选项

9 弹出“删除单元格”对话框，选中“删除整行”单选按钮。

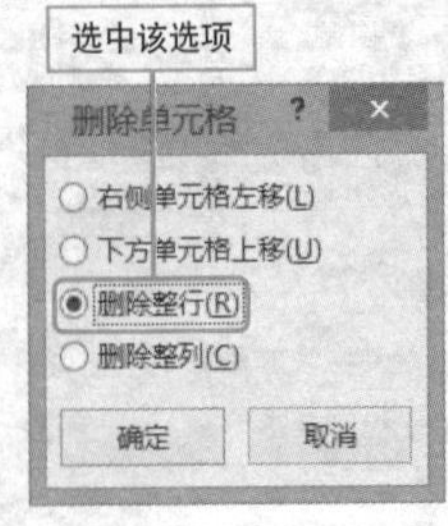

10 单击“确定”按钮，关闭对话框，即可删除所选行。

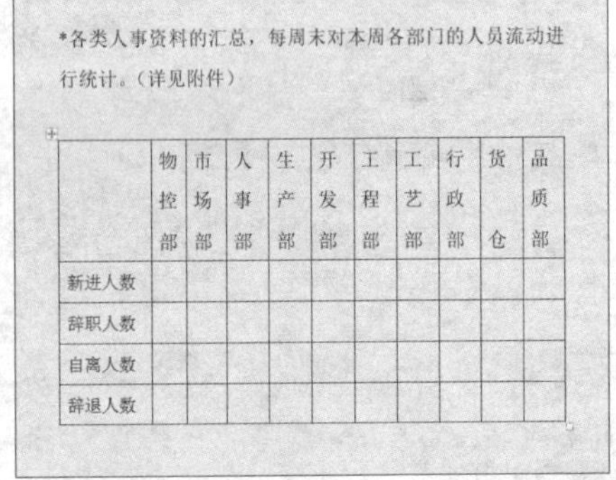

*各类人事资料的汇总，每周末对本周各部门的人员流动进行统计。（详见附件）

	物控部	市场部	人事部	生产部	开发部	工程部	工艺部	行政部	货仓	品质部
新进人数										
辞职人数										
自离人数										
辞退人数										

快速拆分表格

实例　**表格的拆分**

插入表格后，若当前表格中数据行/数据列过多，不方便比对、分析数据，用户可以根据需要将表格拆分为两个或两个以上的表格，下面对其进行介绍。

1 将插入点置于需要被拆分成第2个表格的首行单元格中，单击“表格工具-布局”选项卡的“拆分表格”按钮。

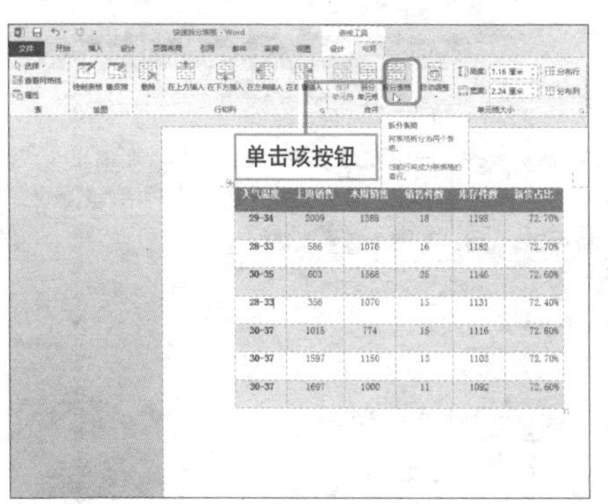

2 完成后即可拆分该表格，同样，按下键盘上的Ctrl+Shift+Enter组合键也可拆分表格。

天气温度	上周销售	本周销售	销售件数	库存件数	新货占比
29-34	2009	1388	18	1198	72.70%
28-33	586	1076	16	1182	72.70%
30-35	603	1568	25	1146	72.60%

28-33	356	1070	15	1131	72.40%
30-37	1015	774	15	1116	72.80%
30-37	1597	1150	13	1103	72.70%
30-37	1697	1000	11	1092	72.60%

3 **左右拆分。**在要拆分的表格下方连续按两次Enter键，选择需要拆分为第2个表格的所有单元格内容，按住鼠标左键并拖动至表格下方回车符位置。

天气温度	上周销售	本周销售
29-34	2009	1388
28-33	586	1076
30-35	603	1568
28-33	356	1070
30-37	1015	774
30-37	1597	1150
30-37	1697	1000

销售件数	库存件数	新货占比
18	1198	72.70%
16	1182	72.70%

拖动至此

4 释放鼠标后，表格左上角显示十字形控制柄，选择该控制柄，按住鼠标左键不放，将其拖动至第一个表格右侧，与其并列，即可实现拆分。

天气温度	上周销售	本周销售
29-34	2009	1388
28-33	586	1076
30-35	603	1568
28-33	356	1070
30-37	1015	774
30-37	1597	1150
30-37	1697	1000

销售件数	库存件数	新货占比
18	1198	72.70%
16	1182	72.70%
25	1146	72.60%
15	1131	72.40%
15	1116	72.80%
13	1103	72.70%
11	1092	72.60%

精确设置表格 / 单元格的宽度

Level ◆◆◇

2013 2010 2007

实例 调整表格 / 单元格宽度

编辑表格时，用户可根据表格 / 单元格的内容适当调整其宽度值，有两种方法可以实现，一是通过右键操作，一是通过功能区中的命令，下面分别对其进行介绍。

1 **调整表格大小**。选择表格并单击鼠标右键，从快捷菜单中选择“表格属性”命令。

选择“表格属性”选项

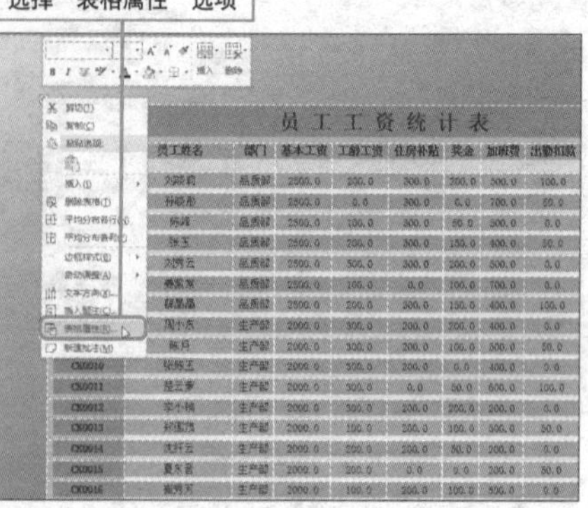

2 弹出“表格属性”对话框，在“表格”选项卡中勾选“指定宽度”复选框，并输入宽度数值。

表格属性

表格(T) 行(R) 列(U) 单元格(E) 可选文字(A)

尺寸

指定宽度(W): 24.7 厘米 度量单位(M): 厘米

②输入数值

对齐方式 左对齐(L) 居中(C) 右对齐(H) 左缩进(I): 0 厘米

文字环绕 无(N) 环绕(A) 定位(P)...

①勾选该选项

边框和底纹(B)... 选项(O)... 确定 取消

3 设置完成后，单击“确定”按钮，即可调整表格宽度，也可以将鼠标光标移至右下角，然后向右拖动进行调整。

拖动鼠标调整

员工工资统计表

基本工资	工龄工资	住房补贴	奖金	加班费	出勤扣款	保费扣款	应发工资
2500.0	200.0	300.0	200.0	500.0	100.0		¥3,600
2500.0	0.0	300.0	0.0	700.0	50.0		¥3,450
2500.0	100.0	300.0	50.0	500.0	0.0		¥3,450
2500.0	200.0	300.0	150.0	400.0	50.0		¥3,500
2500.0	500.0	300.0	200.0	500.0	0.0		¥4,000
2500.0	100.0	0.0	100.0	700.0	0.0		¥3,400
2500.0	200.0	300.0	150.0	400.0	100.0		¥3,450
2000.0	300.0	200.0	200.0	400.0	0.0		¥3,100
2000.0	300.0	200.0	100.0	500.0	50.0		¥3,050
2000.0	300.0	200.0	0.0	400.0	0.0		¥2,900
2000.0	300.0	0.0	50.0	600.0	100.0		¥2,850
2000.0	300.0	200.0	200.0	200.0	0.0		¥2,900
2000.0	100.0	200.0	100.0	500.0	50.0		¥2,850
2000.0	200.0	200.0	50.0	200.0	0.0		¥2,650
2000.0	200.0	0.0	0.0	200.0	50.0		¥2,350
2000.0	100.0	200.0	100.0	500.0	0.0		¥2,900

Hint

调整单元格大小

将鼠标光标定位至需调整的单元格内，切换至“表格工具-布局”选项卡，在“高度”和“宽度”数值框中输入数值进行调整即可。

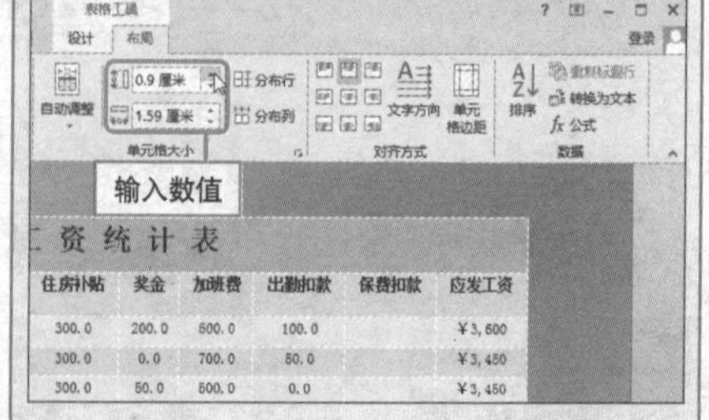

实现表格的行列对调

实例 表格行列的互换

在日常工作中，有时需要将 Word 表格中的行列对调，而 Word 本身并不提供行列转置功能，要解决这个问题，用户可进行以下操作。

1. 打开文档，单击表格左上方十字形控制柄，选中表格。

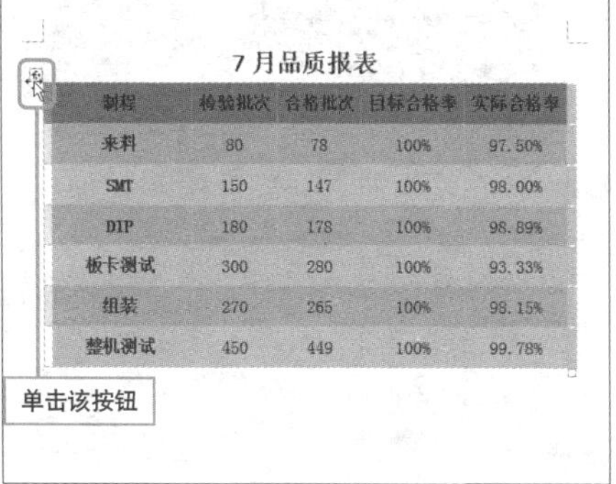

2. 在表格上单击右键，从快捷菜单中选择“复制”命令复制表格内容，或者按Ctrl + C组合键复制表格。

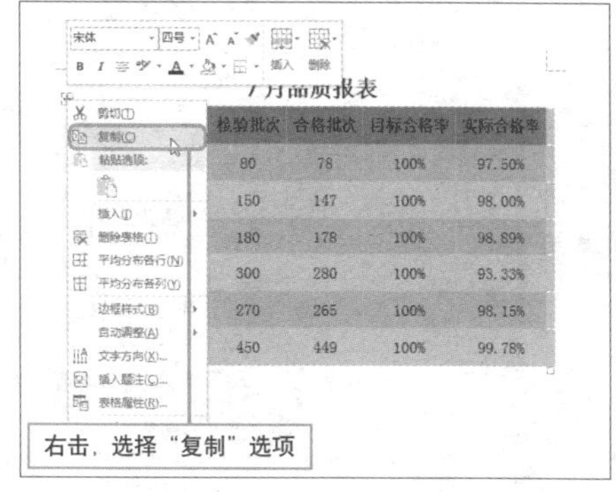

3. 启动Excel 2013软件，选中任意单元格，在键盘上按Ctrl + V组合键粘贴表格。

按 Ctrl + V 组合键粘贴

4. 在Excel工作表中，再次选择表格中的内容，按下Ctrl + C组合键进行复制。

按 Ctrl + C 组合键复制

5 选择Excel中的任意空白单元格，单击鼠标右键，在快捷菜单中选择“选择性粘贴”。

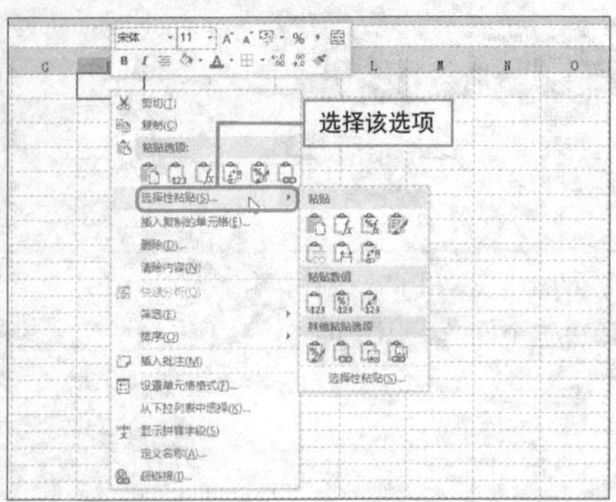

6 可以在级联菜单中选择“转置”命令。

制程	来料	SMT	DIP	板卡测试	组装	整机测试
检验批次	80	150	180	300	270	450
合格批次	78	147	178	280	265	449
目标合格	100%	100%	100%	100%	100%	100%
实际合格	97.50%	98.00%	98.89%	93.33%	98.15%	99.78%

单击该按钮

7 也可以选择“选择性粘贴”选项，在打开的对话框中勾选“转置”复选框。

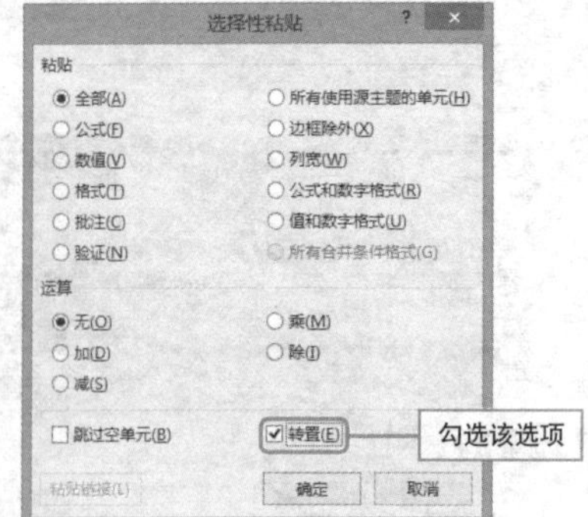

8 单击“确定”按钮，关闭对话框，复制切换行列后的表格内容。

制程	来料	SMT	DIP	板卡测试	组装	整机测试
检验批次	80	150	180	300	270	450
合格批次	78	147	178	280	265	449
目标合格	100%	100%	100%	100%	100%	100%
实际合格	97.50%	98.00%	98.89%	93.33%	98.15%	99.78%

复制切换行列后的表格内容

9 接下来将其复制到Word文档中，发现表格中单元格行高和列宽与内容不匹配。

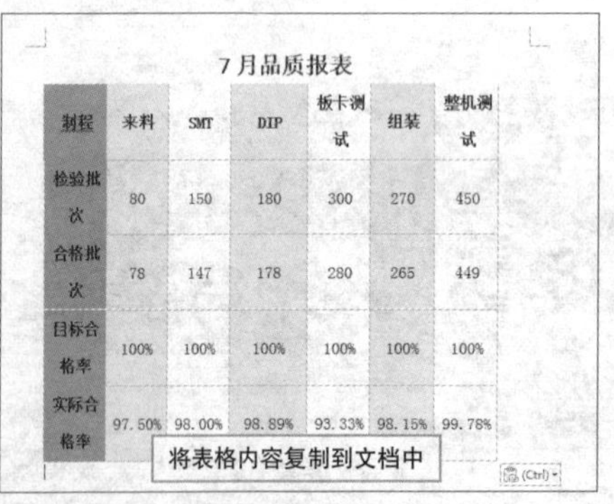

7月品质报表

制程	来料	SMT	DIP	板卡测试	组装	整机测试
检验批次	80	150	180	300	270	450
合格批次	78	147	178	280	265	449
目标合格率	100%	100%	100%	100%	100%	100%
实际合格率	97.50%	98.00%	98.89%	93.33%	98.15%	99.78%

10 这时可通过“表格工具-布局>自动调整>根据窗口自动调整表格”命令进行调整。

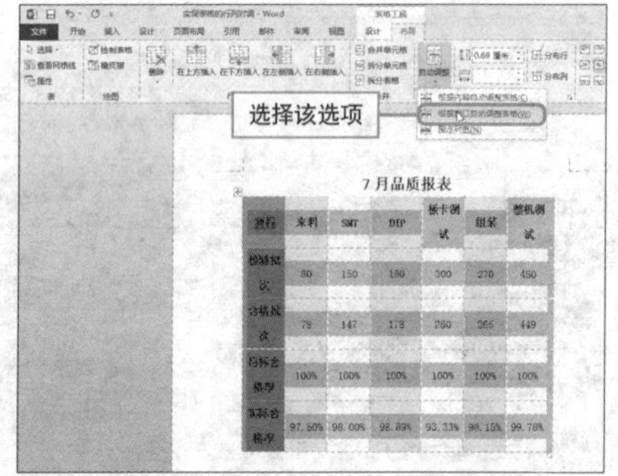

Question 117

轻松绘制斜头线

Level ◆◆◆

2010 2007

实例 表头斜线的添加

在绘制表格时，用户经常会需要绘制斜线表头。在 Word 文档中，用户可以通过两种操作方法进行绘制，一种是手工绘制，一种是使用添加边框命令绘制，下面介绍具体步骤。

1 将光标定位至需绘制斜头线的单元格，执行“表格工具-设计>边框”命令，从展开的列表中选择“斜下框线”。

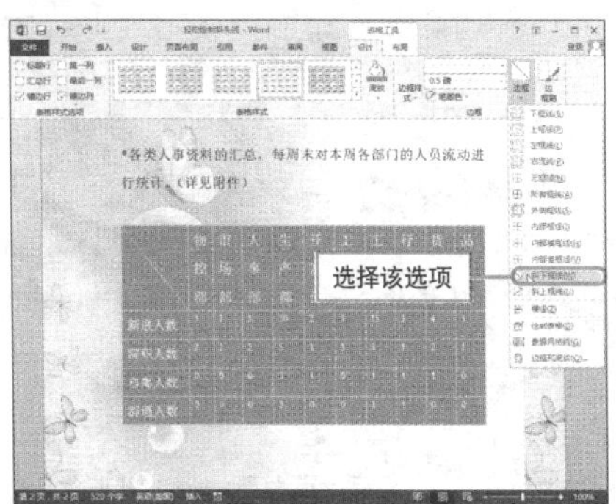

2 可在单元格中绘制斜线，输入相应的文字即可。若想要取消该斜线，则再次选择“斜下框线”命令即可。

3 单击“绘图工具-布局”选项卡的“绘制表格”按钮，鼠标光标变为笔样式，拖动鼠标绘制斜线。

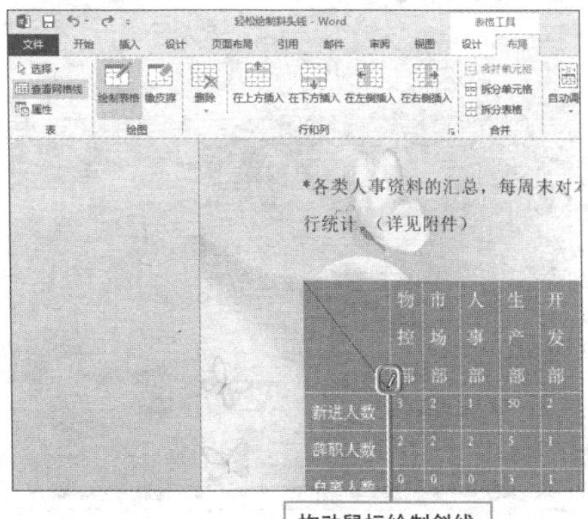

4 若想将该斜线删除，则可单击“橡皮擦”按钮，鼠标光标变为橡皮形状，在需要删除的斜线上单击即可将其删除。

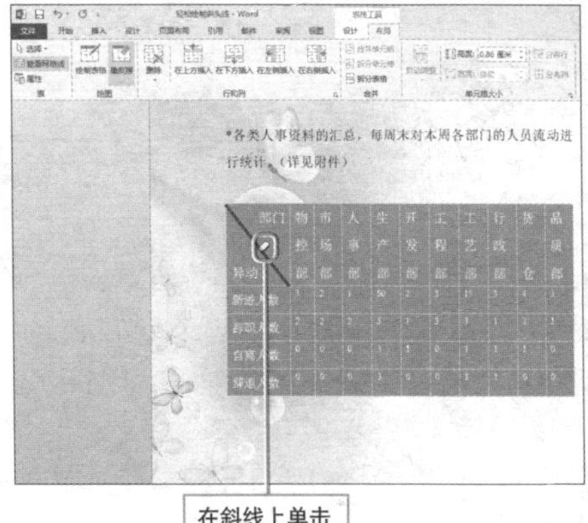

快速美化表格

实例　**应用表格样式**

创建表格后，用户还可以根据需要美化表格。此时，用户可以尝试使用系统提供的快速样式进行设置，具体操作如下。

① 将鼠标光标定位至表格内，切换至“表格工具-设计”选项卡，单击“表格样式”面板的“其他”按钮。

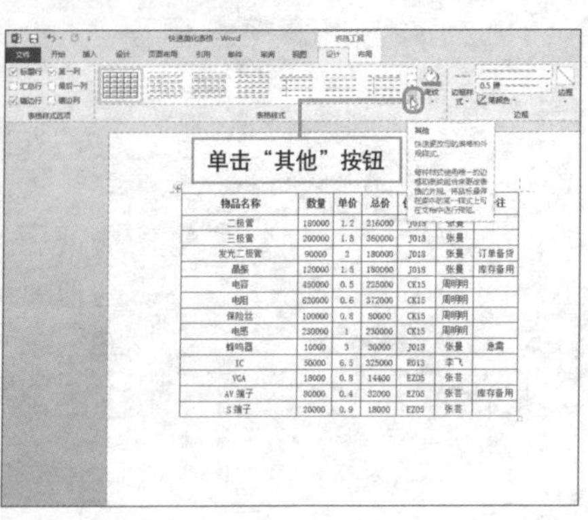

② 展开“表格样式”列表，从中选择“网格表4-着色2”样式。

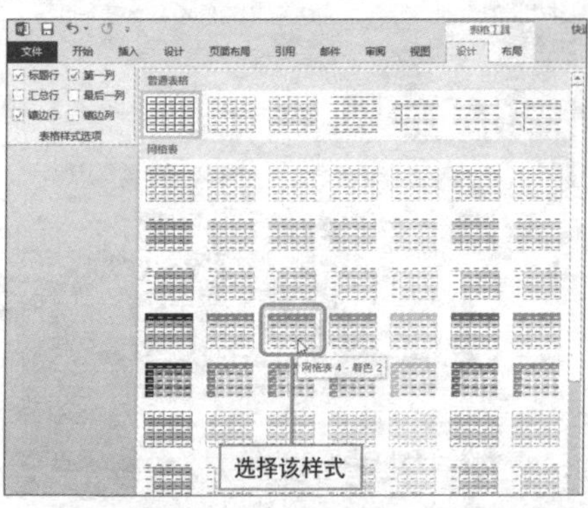

③ 选择完成后，即可为表格应用所选样式。

应用表格样式效果

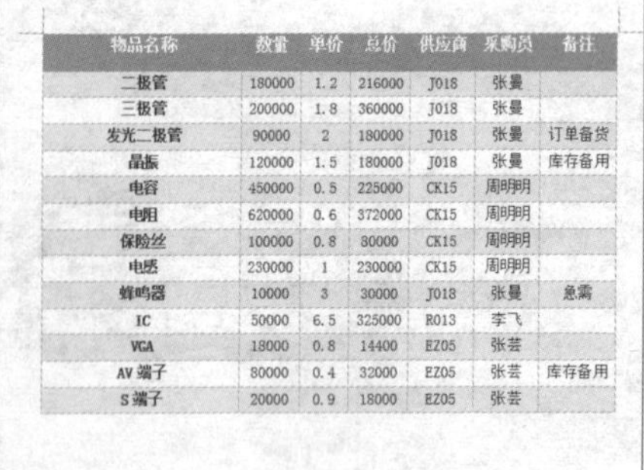

物品名称	数量	单价	总价	供应商	采购员	备注
二极管	180000	1.2	216000	J018	张曼	
三极管	200000	1.8	360000	J018	张曼	
发光二极管	90000	2	180000	J018	张曼	订单备货
晶振	120000	1.5	180000	J018	张曼	库存备用
电容	450000	0.5	225000	CK15	周明明	
电阻	620000	0.6	372000	CK15	周明明	
保险丝	100000	0.8	80000	CK15	周明明	
电感	230000	1	230000	CK15	周明明	
蜂鸣器	10000	3	30000	J018	张曼	急需
IC	50000	6.5	325000	R013	李飞	
VGA	18000	0.8	14400	EZ05	张芸	
AV端子	80000	0.4	32000	EZ05	张芸	库存备用
S端子	20000	0.9	18000	EZ05	张芸	

Hint

更改单元格底纹

选择需要更改底纹的单元格，单击“表格工具-设计”选项卡的“底纹”按钮，从列表中选择合适的颜色即可。

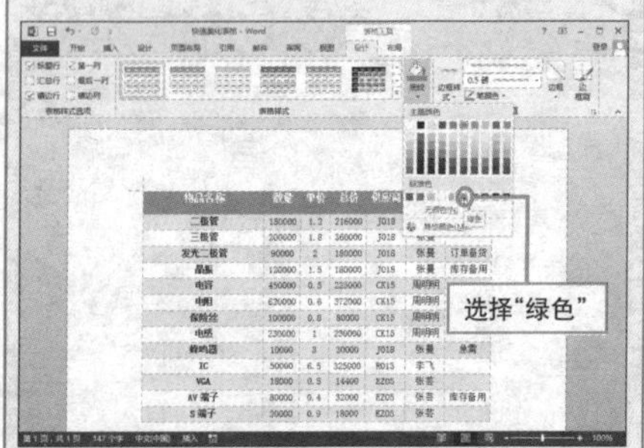

Question

119 设置表格边框花样多

实例 表格边框的设置

● Level ◆◆◇

2013 2010 2007

对于表格来说，边框就如同一件漂亮的外套，设置一个精美别致的别框，可使表格魅力大增，下面介绍如何设置表格边框的方法。

1 **应用边框样式。**打开文档，单击“表格公式-设计”选项卡的“边框样式”按钮，从展开的列表中选择合适的边框样式。

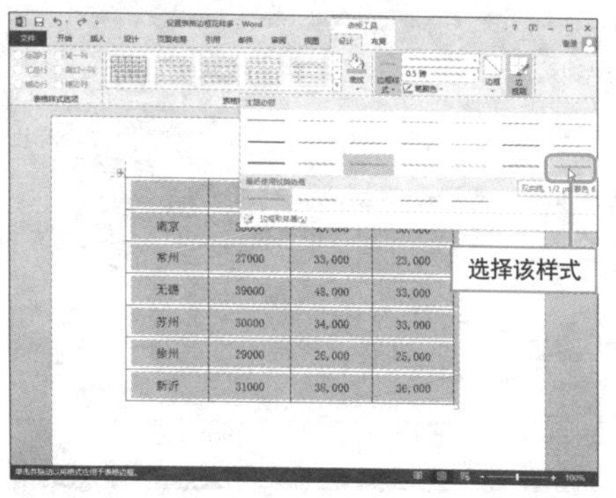

2 鼠标光标变为毛笔刷样式，在需要应用更改边框样式的框线上单击即可应用该样式。

在框线上单击

	4月	5月	6月
南京	38000	43,000	30,000
常州	27000	33,000	23,000
无锡	39000	48,000	33,000
苏州	30000	34,000	33,000
徐州	29000	26,000	25,000
新沂	31000	38,000	36,000

3 按照同样的方法，依次为其他框线应用合适的边框样式。

应用边框样式效果

	4月	5月	6月
南京	38000	43,000	30,000
常州	27000	33,000	23,000
无锡	39000	48,000	33,000
苏州	30000	34,000	33,000
徐州	29000	26,000	25,000
新沂	31000	38,000	36,000

4 **功能区命令设置边框样式。**选择表格，单击“笔颜色”按钮，从展开的列表中选择合适的颜色。

选择该颜色

5 单击“笔样式”按钮，从展开的列表中选择合适的样式即可。

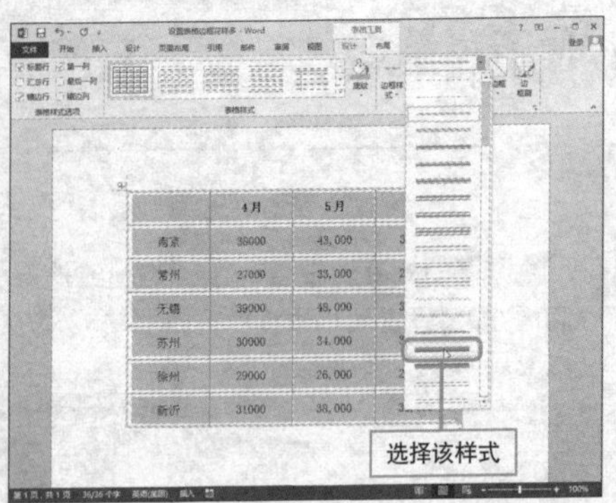

6 单击“笔划粗细”按钮，从展开的列表中选择合适的边框粗细。

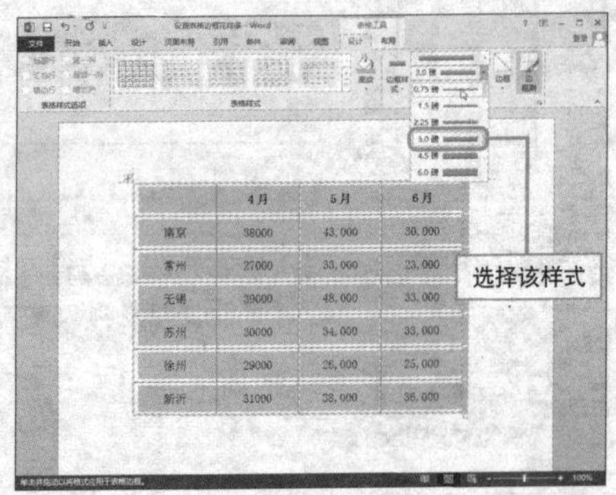

7 然后单击“边框”按钮，从展开的列表中选择“所有框线”命令。

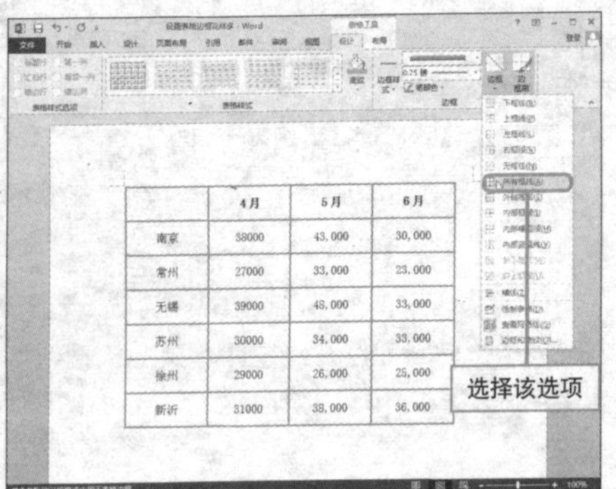

8 **对话框设置法。**单击“表格工具-设计”选项卡“边框”面板对话框启动器。

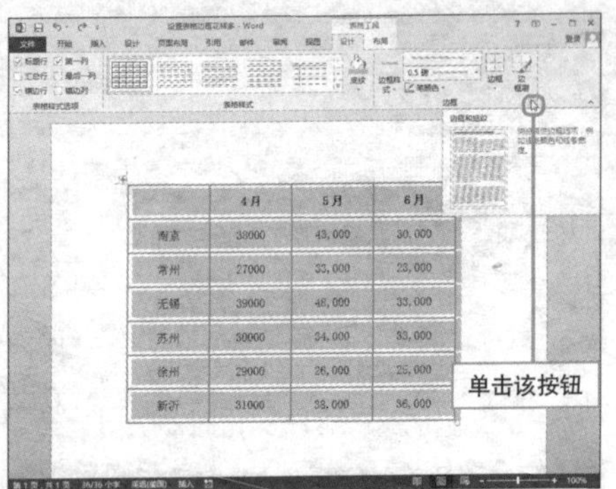

9 打开“边框和底纹”对话框，在“边框”选项卡中可自由设置边框的样式。

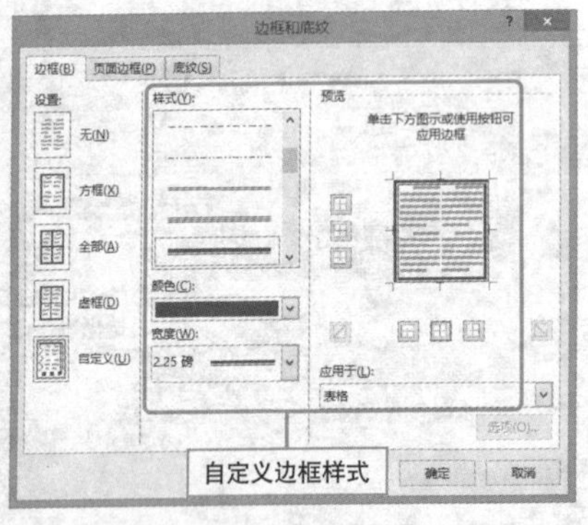

10 设置完成后，单击“确定”按钮，关闭对话框即可。

	4月	5月	6月
南京	38000	43,000	30,000
常州	27000	33,000	23,000
无锡	39000	48,000	33,000
苏州	30000	34,000	33,000
徐州	29000	26,000	25,000
新沂	31000	38,000	36,000

Question

120 使用表格进行图文混排

● Level ◆◆◇

2010 2007

实例 图文混排技巧

在 Word 文档中，用户可以通过表格功能，将文档中的图片和文档内容混合排列，从而使图片和文字的排列相对固定，并且比较美观，下面介绍具体操作步骤。

1 在文档中插入一个6行2列的表格。选择文档中的第一段文字，将其拖动至表格中第1行中第1个单元格内。

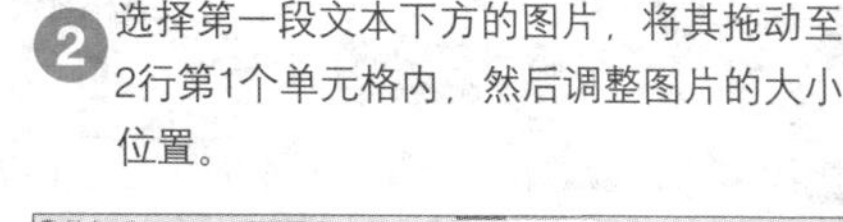

2 选择第一段文本下方的图片，将其拖动至第2行第1个单元格内，然后调整图片的大小和位置。

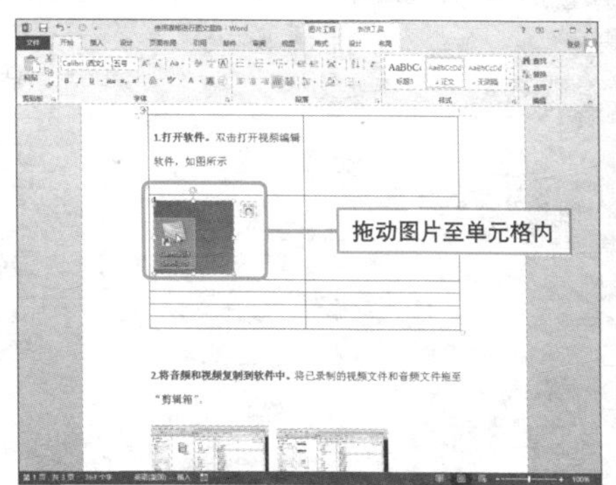

3 用同样的方法，将其他文本内容移至该表格相应的单元格中。

4 根据需要调整表格内文本字号的大小和段落格式，并对单元格进行适当调整。

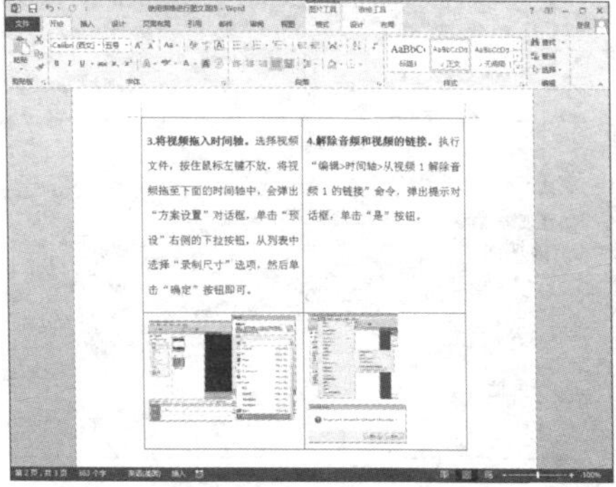

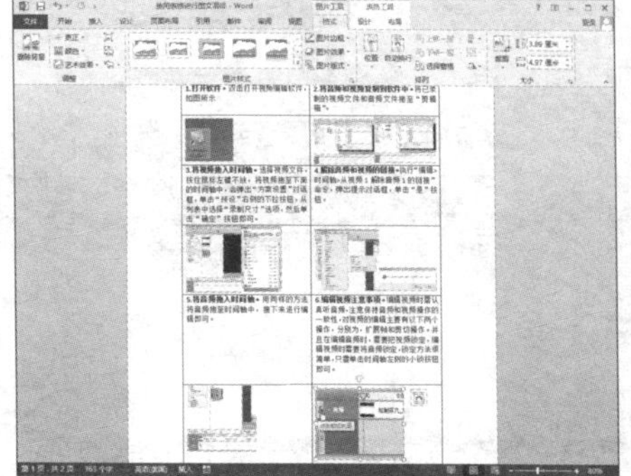

巧妙设置错行表格

实例 制作错行表格

在制作一些综合性的表格时，一张大的表格里往往会包含多个不同内容的表格区域，它们看似是一个整体却又各自独立，这样的表格该如何制作呢？

1 打开文档，单击“插入”选项卡的“表格”按钮，插入一个5行2列的空白表格。

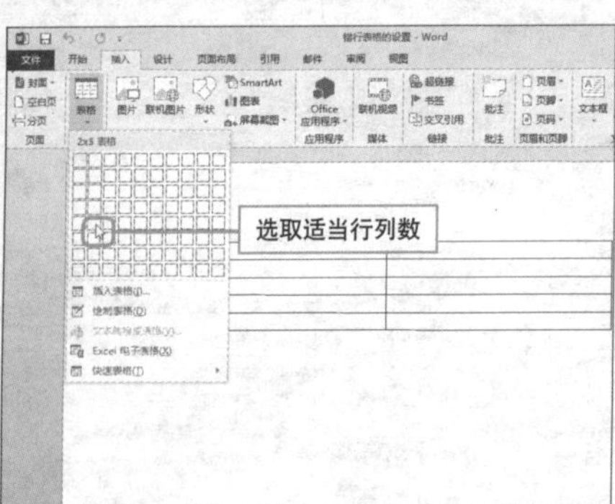

2 在表格中输入相应内容，并输入表格标题。

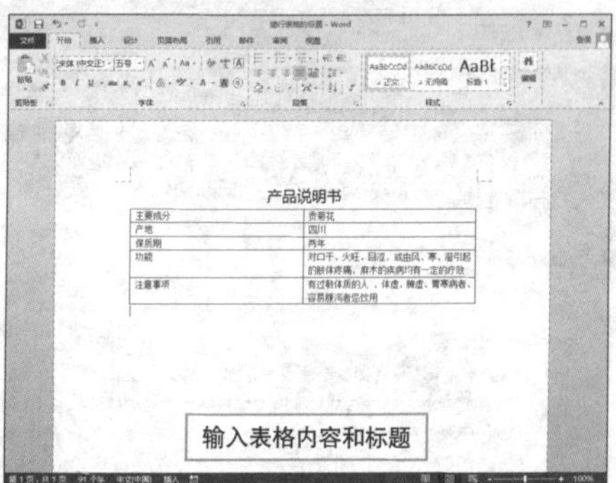

3 选择表格中的所有文本，单击“表格工具-布局”选项卡“对齐方式”面板中的“水平居中”按钮。

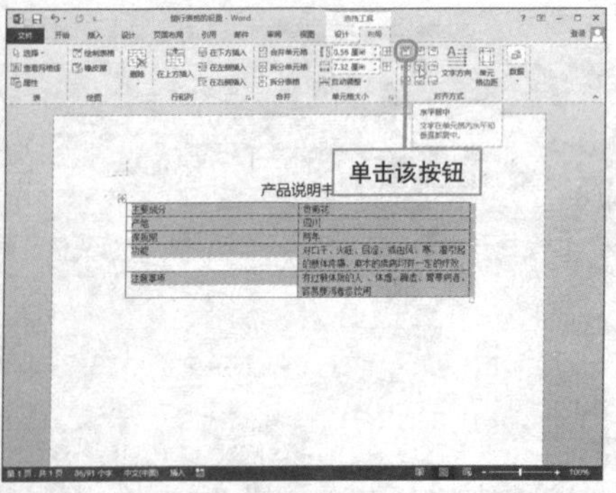

4 选择表格中的前3行，单击“表格工具-布局”选项卡的“属性”按钮。

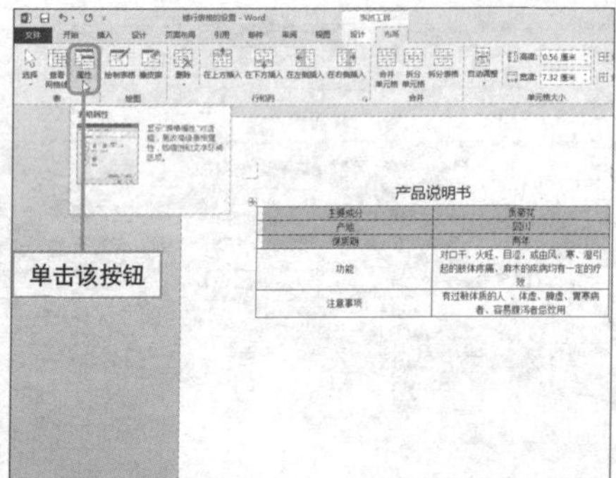

5 打开“表格属性”对话框，设置表格高度为1.5cm、行高值为“固定值”。

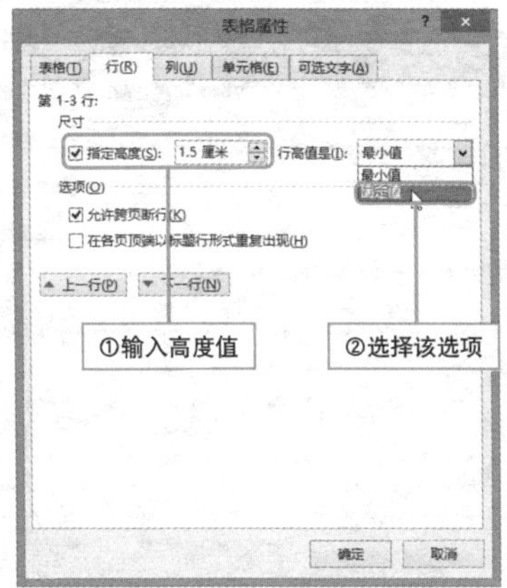

6 选择表格第4、第5行，打开“表格属性”对话框进行设置。

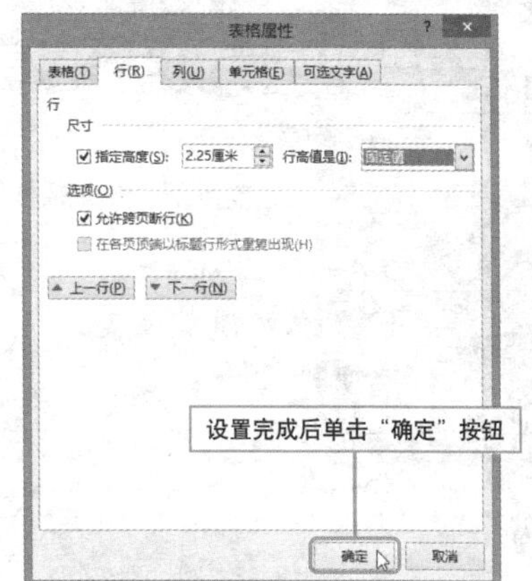

7 选择表格中的所有内容，单击“页面布局”选项卡的“分栏”按钮，从展卡的列表中选择“更多分栏”选项。

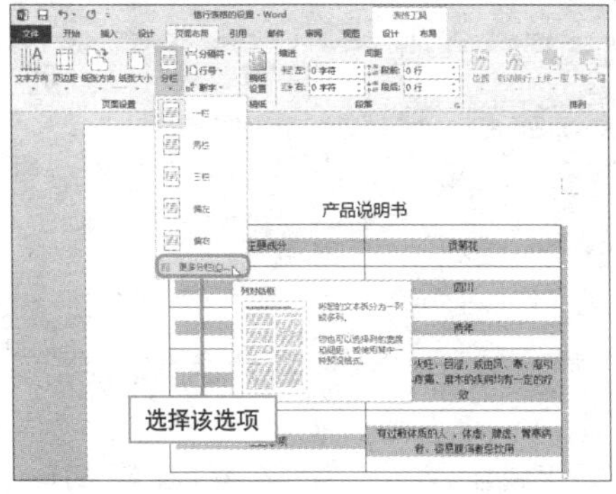

8 打开“分栏”对话框，选择“两栏”选项，勾选“分割线”复选框，同时将间距设为0字符。

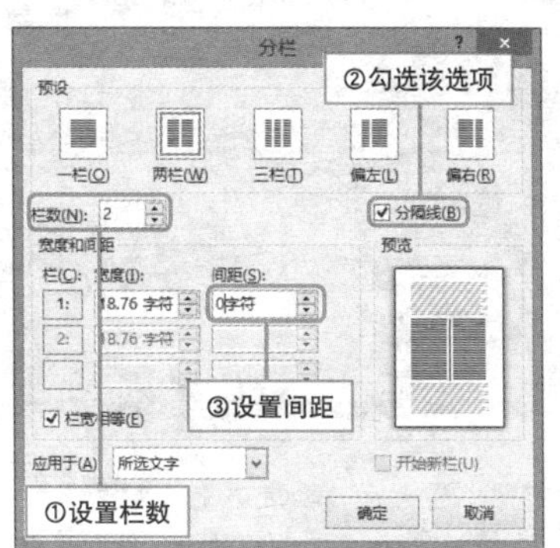

9 单击“确定”按钮，关闭对话框，查看设置效果。

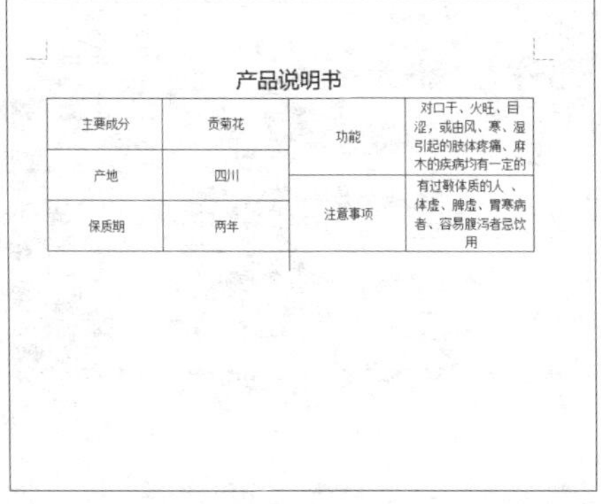

10 调整表格中文本的字号、文本的对齐方式及表格的底纹颜色。

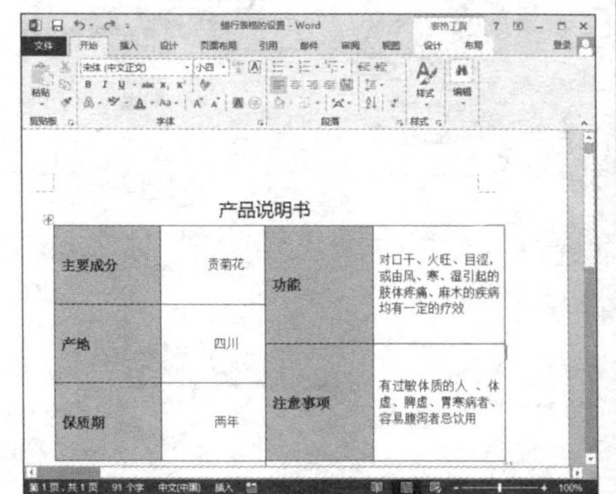

快速在文本与表格间进行转换

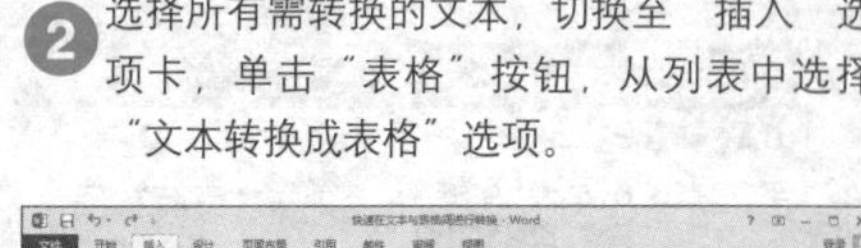

在制作表格时，首先想到的就是新建一个表格，然后将文本内容复制到表格中。其实，还有更便捷的方法，那就是将文本中的内容快速转换成表格。

1 打开需要转换为表格的文档，在分列处按Enter键换行，或按Tab键添加空格。在此选择前者。

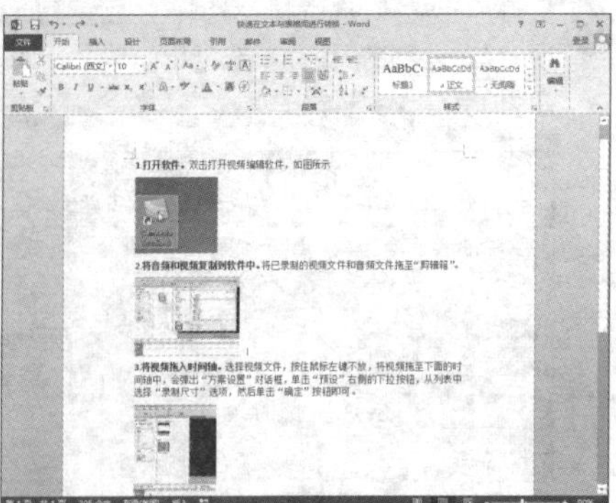

2 选择所有需转换的文本，切换至“插入”选项卡，单击“表格”按钮，从列表中选择“文本转换成表格”选项。

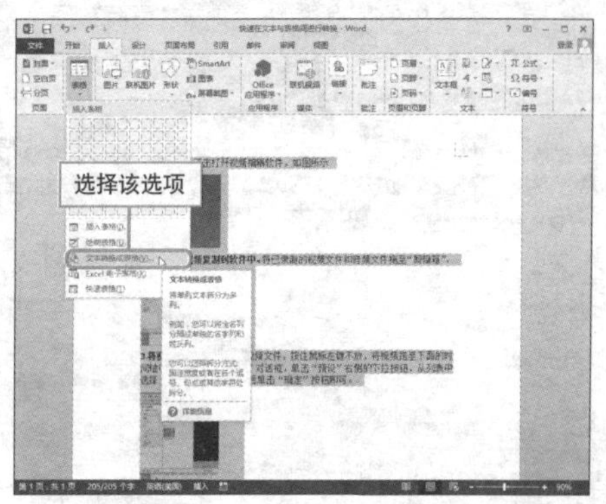

3 打开“将文字转换成表格”对话框，设置“列数”为2，其他保持默认，然后单击“确定”按钮，关闭对话框。

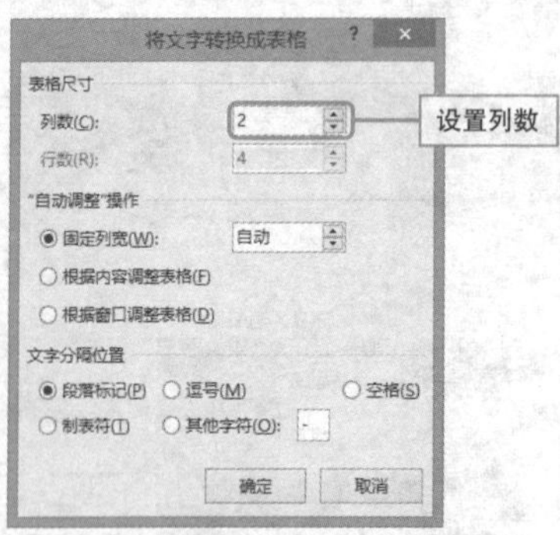

4 可以看到，文本转换为表格。若想要将表格转换为文本，则可执行“表格工具-布局>转换为文本”命令。

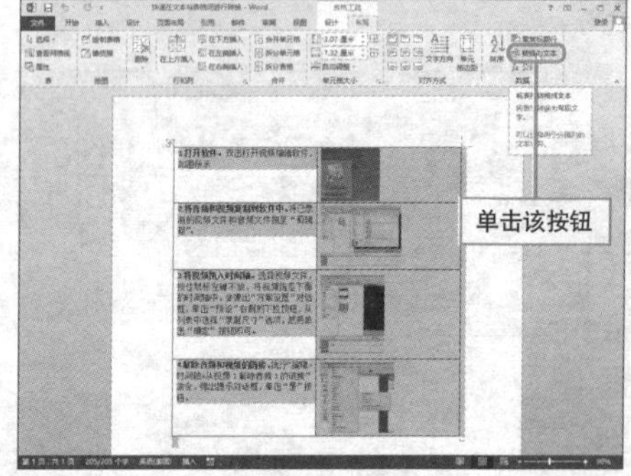

Question 123

Level ◆◆◆

2013 2010 2007

轻松实现跨页自动重复表头

实例 在 Word 中设置表格跨页时重复表头

一些大型的表格通常会占据多页内容，默认情况下表格不会自动重复表头，这就使查阅表格内容变得困难，那么如何通过设置使表格在跨页时重复表头呢？

1 **通过对话框进行设置。**选择表头，切换至“表格工具-布局”选项卡，单击“属性”按钮。

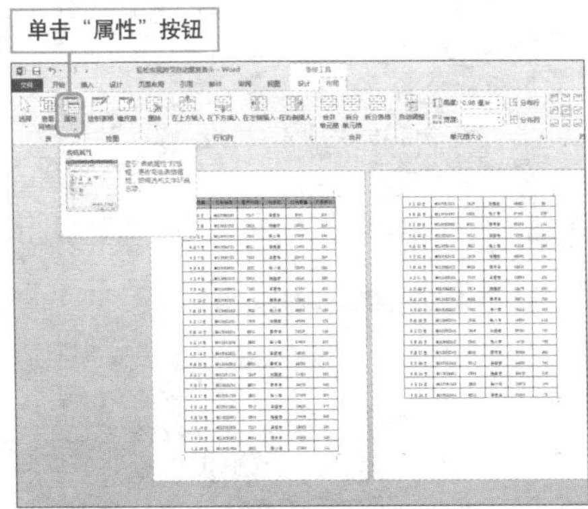

2 打开“表格属性”对话框，勾选“在各页顶端以标题行形式重复出现”选项前的复选框，单击“确定”按钮即可。

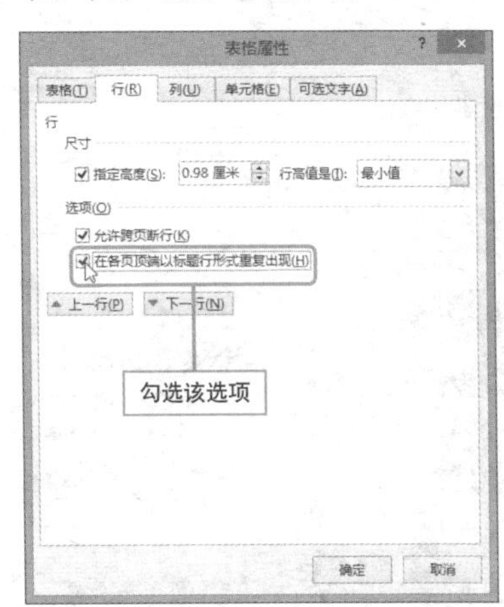

3 **功能区命令进行设置。**选择标题行，切换至“表格工具-布局”选项卡，单击“重复标题行”按钮即可。

4 设置重复标题行后，表格跨页显示时，会在页面顶端显示标题行。

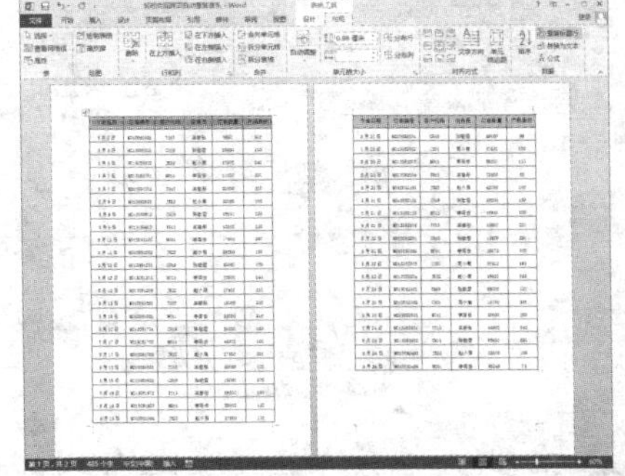

Question

124

• Level ◆◆◆

2013 2010 2007

快速对齐表格文本

实例 设置表格文本的对齐

完成一个数据表的制作之后，用户总会对数据的对其格式进行设置，以使表格更为美观，下面介绍如何通过设置使文本对齐。

1 **设置水平对齐。**选择表格中文本，单击“开始”选项卡“段落”面板的“居中”按钮，设置文本水平居中对齐。

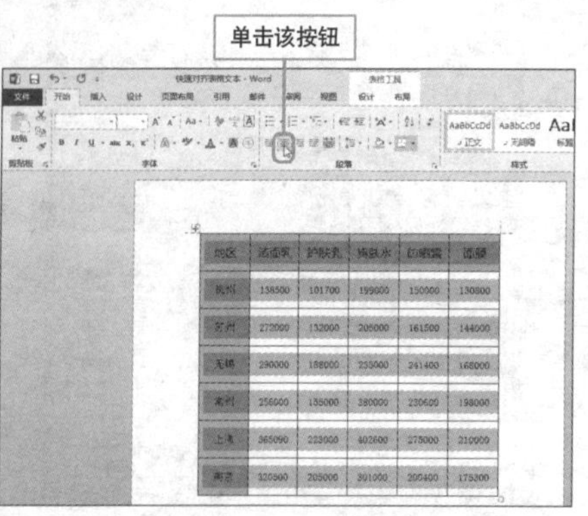

2 选中文本后单击右键，从快捷菜单中选择“表格属性”命令，在打开的对话框中切换至“单元格”选项卡，设置文本的垂直对齐。

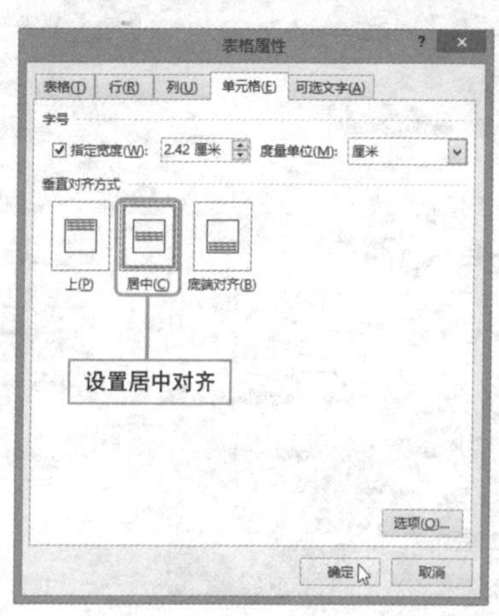

3 **快速设置水平垂直对齐。**选择表格文本后，通过“表格工具-布局”选项卡上“对齐方式”面板中的对齐按钮设置对齐。

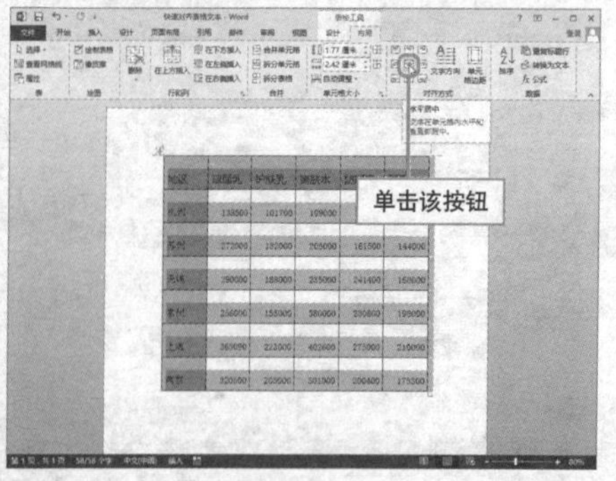

4 若单击“水平居中”，则可将所选表格文本在水平和垂直方向上都居中对齐。

地区	洁面乳	护肤乳	爽肤水	防晒霜	面膜
杭州	138500	101700	199000	150000	130800
苏州	272000	132000	205000	161500	144000
无锡	290000	188000	235000	241400	168000
常州	256000	155000	380000	230600	198000
上海	365090	223000	402600	275000	210000
南京	320500	205000	301000	200400	175300

利用对齐制表符制作伪表格

实例 使用制表符制作表格

制表符是指水平标尺上的位置，它指定了文字缩进的距离或一栏文字开始的位置。下面介绍如何使用制表符来制作一款另类的表格。

1 在文档中输入表格标题，勾选“视图”选项卡的“标尺”复选框，单击文档水平标尺左侧的按钮，切换至“左对齐制表符”。

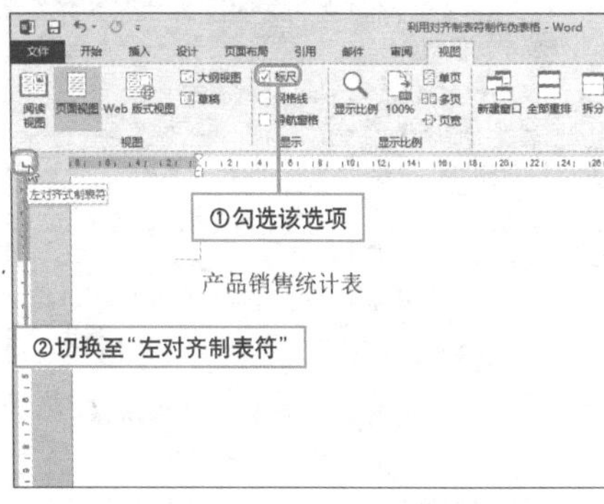

2 单击标尺中的“8”位置，会在该位置出现左对齐制表符符号。

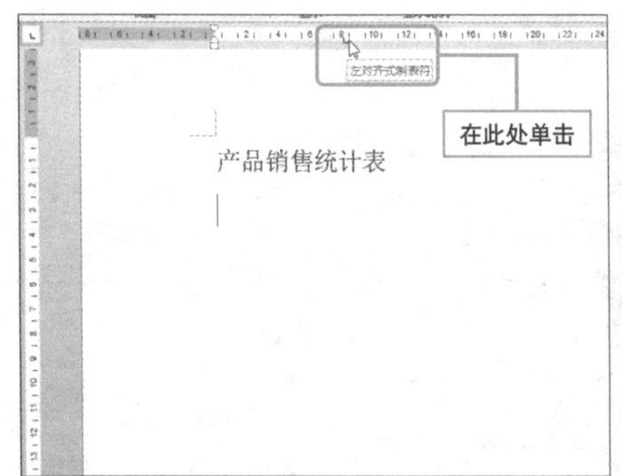

3 按照同样的方法，依次在14、20、26位置添加左对齐制表符。

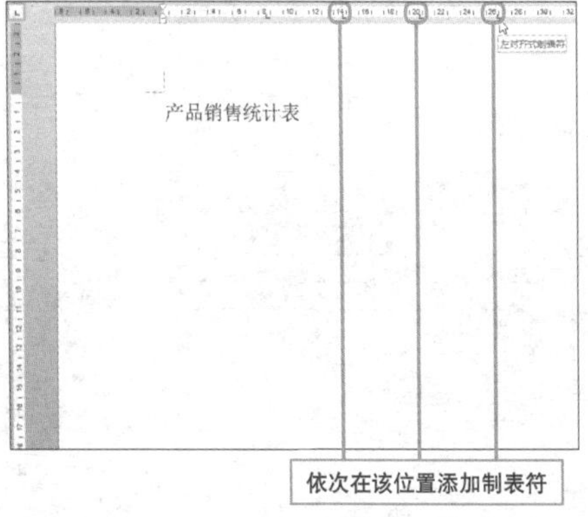

4 在文档第2行起始位置置入插入点，输入表格内容，这里输入“订单编号”。

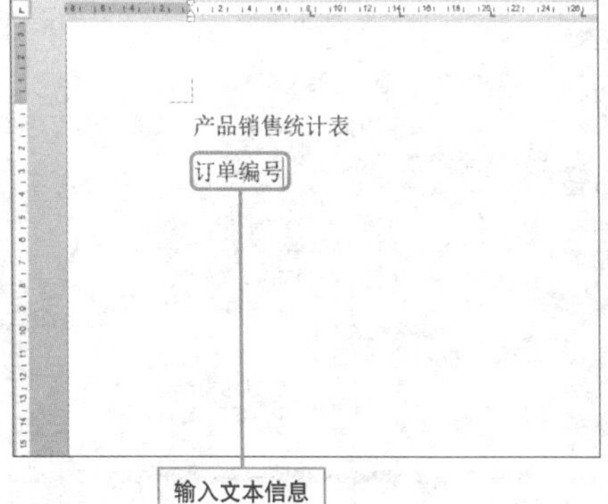

5 输入完成后，按Tab键，此时插入点将自动移至标尺“8”对应字符位置上。

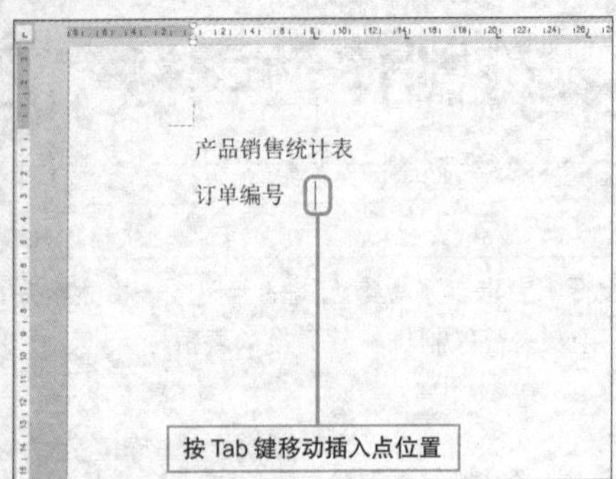

6 在插入点处输入内容后，按照同样的方法输入其他信息。

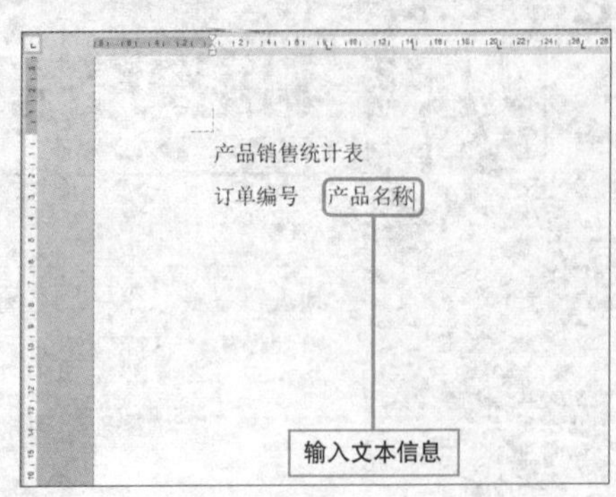

7 发现标尺14位置处文本太过拥挤，可以拖动对齐符号，将其移至合适位置。

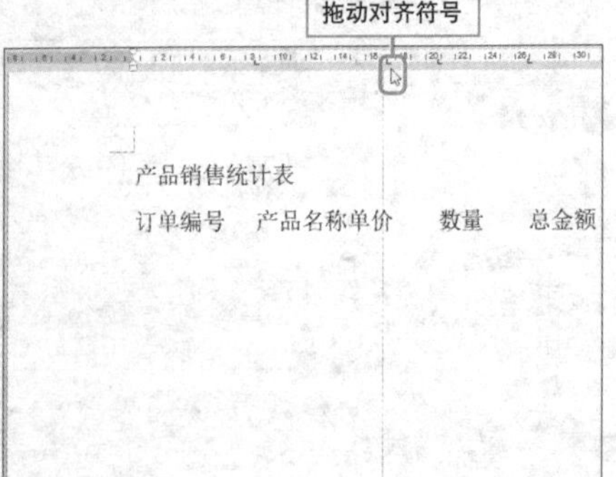

8 将插入点置于文本“单价”之前，按Tab键对齐文本，并按照同样方法调节其他文本的对齐位置。

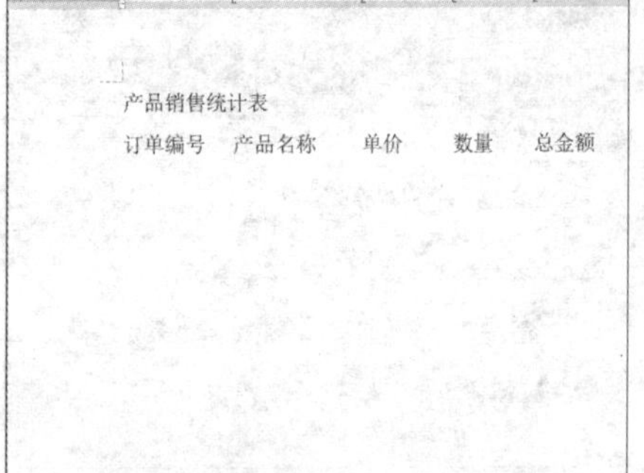

9 按Enter键换行，按照同样的方法依次输入其他文本。

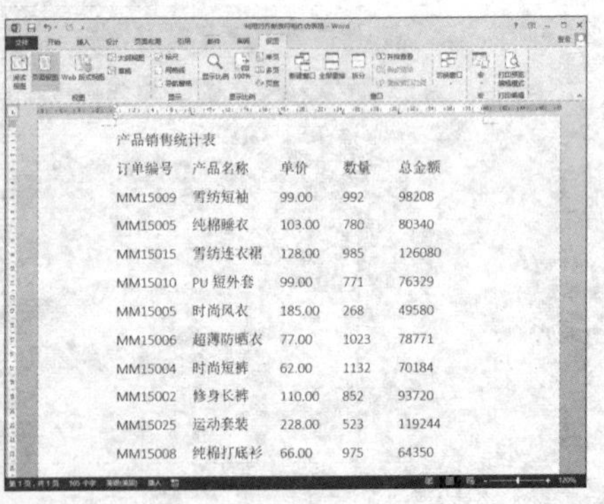
产品销售统计表

订单编号	产品名称	单价	数量	总金额
MM15009	雪纺短袖	99.00	992	98208
MM15005	纯棉睡衣	103.00	780	80340
MM15015	雪纺连衣裙	128.00	985	126080
MM15010	PU 短外套	99.00	771	76329
MM15005	时尚风衣	185.00	268	49580
MM15006	超薄防晒衣	77.00	1023	78771
MM15004	时尚短裤	62.00	1132	70184
MM15002	修身长裤	110.00	852	93720
MM15025	运动套装	228.00	523	119244
MM15008	纯棉打底衫	66.00	975	64350

10 适当调整文本对齐方式和字体的大小，然后通过“开始>段落>边框>所有边框”命令为文本添加段落边框即可。

产品销售统计表

订单编号	产品名称	单价	数量	总金额
MM15009	雪纺短袖	99.00	992	98208
MM15005	纯棉睡衣	103.00	780	80340
MM15015	雪纺连衣裙	128.00	985	126080
MM15010	PU 短外套	99.00	771	76329
MM15005	时尚风衣	185.00	268	49580
MM15006	超薄防晒衣	77.00	1023	78771
MM15004	时尚短裤	62.00	1132	70184
MM15002	修身长裤	110.00	852	93720
MM15025	运动套装	228.00	523	119244
MM15008	纯棉打底衫	66.00	975	64350

选择表格单元格有技巧

实例 选择表格中的单元格

在对表格中的数据进行编辑时，首先需要选择单元格，Word 中选择表格单元格的方法和 Excel 略有不同，下面介绍 Word 中选择表格单元格的方法。

❶ **功能区命令选择单元格。**将鼠标光标置于单元格中，执行“表格工具-布局>选择”命令，从列表中选择合适的命令即可。

单击“选择”按钮

❷ **鼠标选择单元格。**将鼠标光标移至要选择的单元格的左下角，当光标变为黑色箭头时，单击该单元格即可将其选中。

单击鼠标即可选中

❸ **选取连续区域。**将鼠标光标移至单元格区域左上角，按住鼠标左键不放，拖动鼠标至区域的右下角，即可选取该区域。

物品名称	数量	单价	总价	供应商	采购员	备注
二极管	180000	1.2	216000	J018	张曼	
三极管	200000	1.8	360000	J018	张曼	
发光二极管	90000	2	180000	J018	张曼	订单备货
晶振	120000	1.5	180000	J018	张曼	库存备用
电容	450000	0.5	225000	CK15	周明明	
电阻	620000	0.6	372000	CK15	周明明	
保险丝	100000	0.8	80000	CK15	周明明	
电感	230000	1	230000	CK15	周明明	
蜂鸣器	10000	3	30000	J018	张曼	急需
IC	50000	6.5	325000	R013	李飞	
VGA	18000	0.8	14400	EZ05	张芸	
AV 端子	80000	0.4	32000	EZ05	张芸	库存备用
S 端子	20000	0.9	18000	EZ05	张芸	

拖动鼠标选取该区域

❹ **选取不连续区域。**先选取一个单元格，然后按住Ctrl键不放，再依次选取其他单元格即可。

按住 Ctrl 键不放依次选取多个单元格

快速调整单元格行高与列宽

实例 调整单元格的行高和列宽

创建表格并输入信息后，为了使整个表格的布局看上去更美观，用户可根据需要调整单元格的行高和列宽，下面介绍调整行高和列宽的方法。

❶ **拖动分割线调整。** 将鼠标光标放置在需调整的行分割线上，待鼠标光标变为上下双向箭头时，按住鼠标左键不放向下拖动至满意位置即可。

按住鼠标左键不放向下拖动鼠标

地区 / 日期	黄浦区	徐汇区	长宁区	静安区	虹口区
2013/4/16	1567	1800	1100	1800	1853
2013/4/17	1185	1740	1456	2100	1988
2013/4/18	1369	1690	1785	2400	1744
2013/4/19	1700	2030	1844	1500	1555
2013/4/20	1600	1980	1660	1700	1640
2013/4/21	1900	2100	1960	1800	2030
2013/4/22	1456	1850	1400	1755	2210
2013/4/23	1852	2320	1325	1869	1944
2013/4/24	1745	1780	1750	1951	2155
2013/4/25	2011	2400	1660	1744	2007

❷ **拖动标尺线调整。** 选择任意单元格，并将光标放置在水平标尺小方块上，然后向下拖动即可调整该行行高。

拖动鼠标调整行高

地区 / 日期	黄浦区	徐汇区	长宁区	静安区	虹口区
2013/4/16	1567	1800	1100	1800	1853
2013/4/17	1185	1740	1456	2100	1988
2013/4/18	1369	1690	1785	2400	1744
2013/4/19	1700	2030	1844	1500	1555
2013/4/20	1600	1980	1660	1700	1640
2013/4/21	1900	2100	1960	1800	2030
2013/4/22	1456	1850	1400	1755	2210
2013/4/23	1852	2320	1325	1869	1944
2013/4/24	1745	1780	1750	1951	2155
2013/4/25	2011	2400	1660	1744	2007

❸ **使用"自动调整"命令调整。** 选择要调整的行，执行"表格工具-布局>自动调整"命令，从列表中选择合适的命令即可。

从列表中选择合适的命令

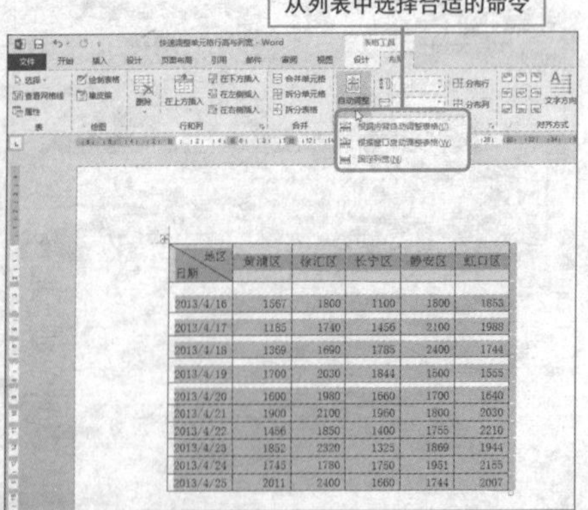

❹ **对话框法调整。** 选择单元格并单击鼠标右键，从中选择"表格属性"命令，在打开的对话框中的"行"选项卡根据提示输入行高即可。

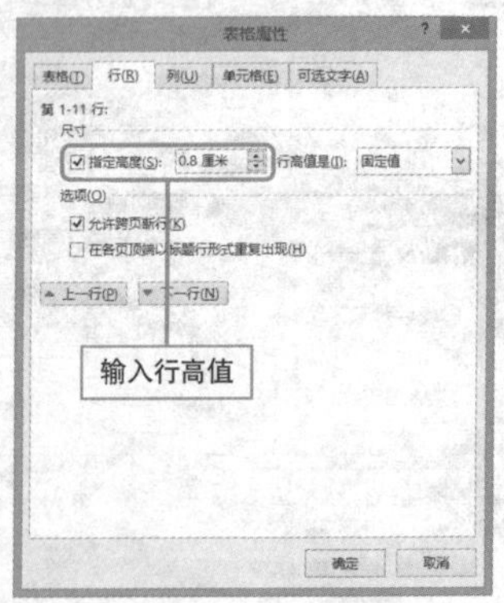

Word 表格数据巧排序

实例 对 Word 表格中的数据排序

虽然 Word 表格没有 Excel 那么强大的数据处理功能，但依旧有一些基本的数据处理功能，下面介绍如何对 Word 表格中的数据进行排序。

1 选择需要排序的单元格，单击“表格工具-布局”选项卡的“排序”按钮。

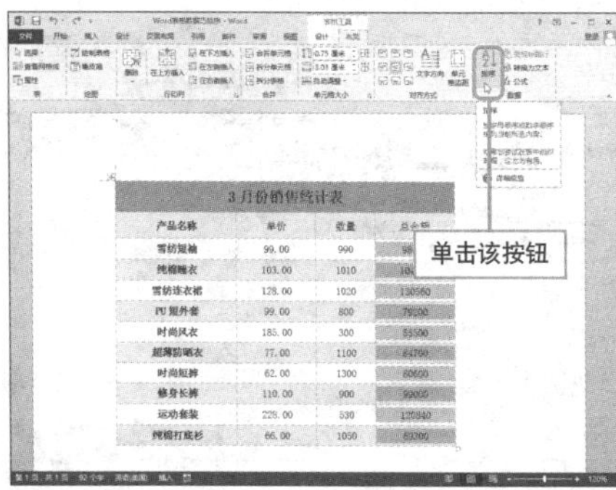

2 弹出“排序”对话框，设置主要关键字和排序类型，单击“选项”按钮。

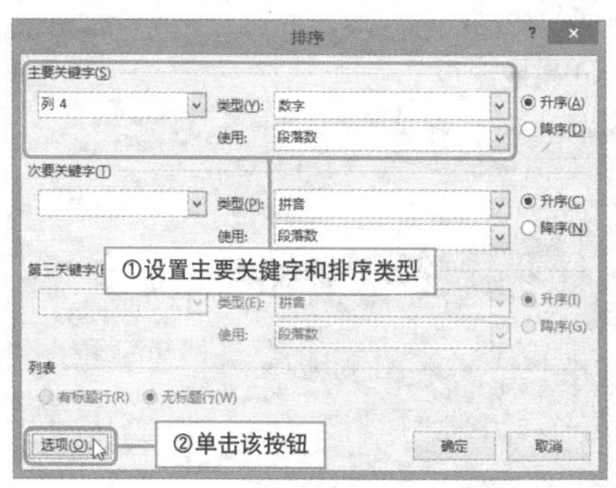

3 弹出“排序选项”对话框，可以对排序选项进行详细设置，包括是否仅对列排序及是否区分大小写等。

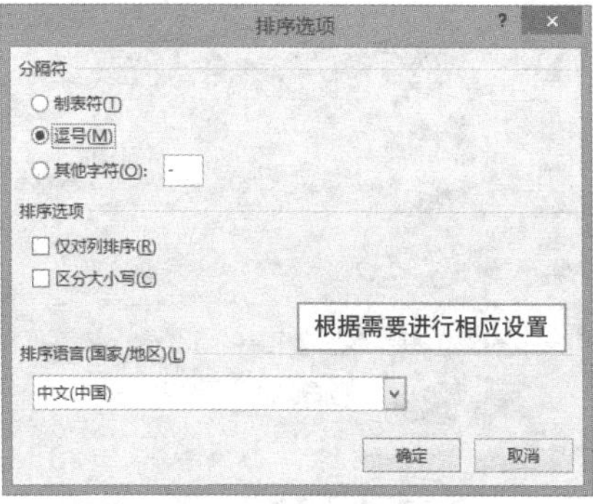

4 设置完成后，单击“确定”按钮，返回上一级对话框，单击“确定”按钮，查看排序效果。

3 月份销售统计表			
产品名称	单价	数量	总金额
时尚风衣	185.00	300	55500
纯棉打底衫	66.00	1050	69300
PU 短外套	99.00	800	79200
时尚短裤	62.00	1300	80600
超薄防晒衣	77.00	1100	84700
雪纺短袖	99.00	990	98010
修身长裤	110.00	900	99000
纯棉睡衣	103.00	1010	104030
运动套装	228.00	530	120840
雪纺连衣裙	128.00	1020	130560

Question 129

对 Word 表格中的数据实施运算

实例 求表格中数据的平均值与和值

• Level ◆◆◆

2013 2010 2007

若需要对表格中的数据进行简单计算，可以通过 Word 中自带的求值函数进行求值，如求平均值、求和等，下面以具体实例进行介绍。

1 将鼠标光标定位至用于显示计算结果的单元格，单击“表格工具-布局”选项卡的“公式”按钮。

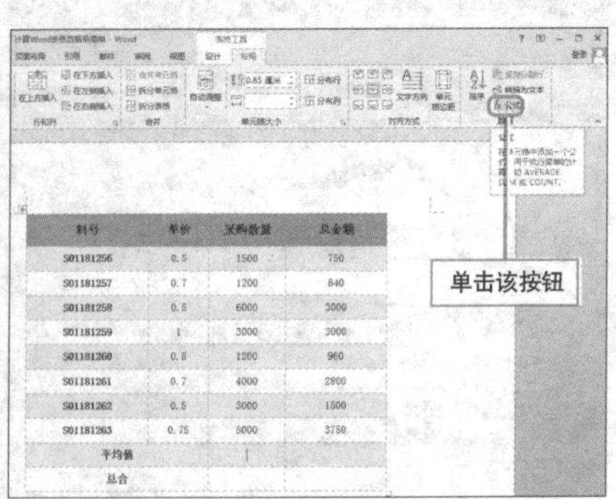

2 弹出“公式”对话框，在公式文本框中输入“=AVERAGE（ABOVE）”，然后单击“确定”按钮即可。

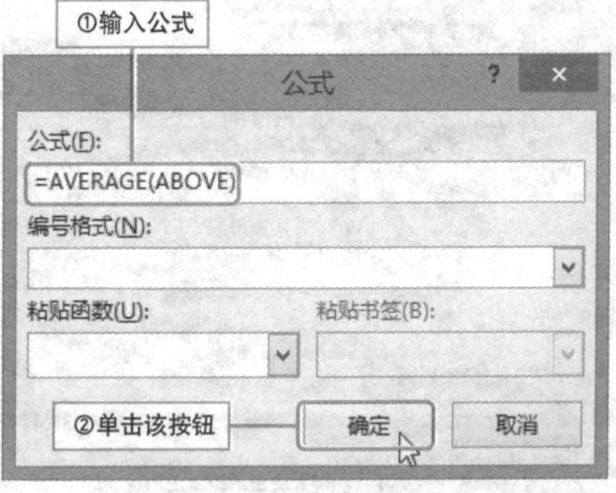

3 按照同样的方法打开“公式”对话框，输入求和公式“=SUM（ABOVE）”，然后单击“确定”按钮。

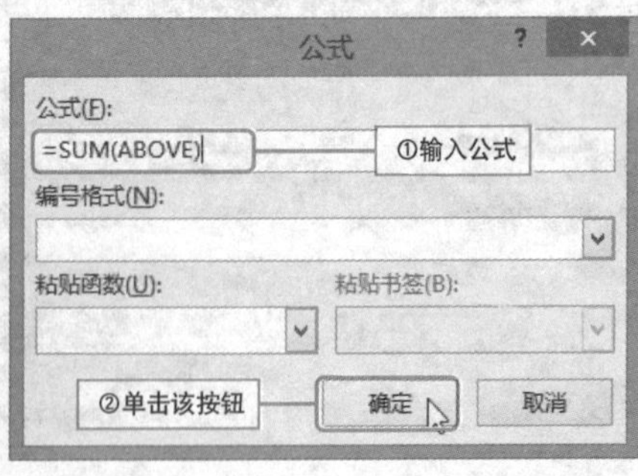

4 按同样的方法，求其他项的平均值与总值。

料号	单价	采购数量	总金额
S01181256	0.5	1500	750
S01181257	0.7	1200	840
S01181258	0.5	6000	3000
S01181259	1	3000	3000
S01181260	0.8	1200	960
S01181261	0.7	4000	2800
S01181262	0.5	3000	1500
S01181263	0.75	5000	3750
平均值		3112.5	2075
总合		28012.5	18675

巧用 Word 擦除功能

实例 使用擦除功能合并单元格

在表格中，使用擦除功能，不仅可以擦除表格多余线头，而且可以实现合并表格功能，下面介绍如何使用擦除功能。

1 将鼠标光标定位至单元格内，切换至“表格工具-布局”选项卡，单击“橡皮擦”按钮。

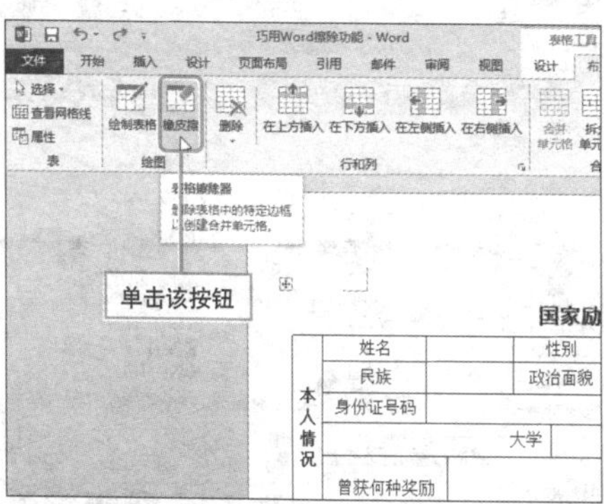

2 鼠标光标变为橡皮擦形状，单击需要删除的框线即可。

在此处单击

3 若需要合并多个单元格，可以按住鼠标左键不放，框选需要合并的区域即可。

按住鼠标左键框选需合并区域

Hint

快速在铅笔和擦除工具间转换

在Word中绘制表格时，常常需要用到铅笔和擦除工具，通过功能区中的命令按钮会比较麻烦，其实在选择“绘制表格”命令后，只需按住Shift键不放，鼠标光标就可以从铅笔形状切换到橡皮擦形状，可以擦除框线，擦除操作完成后，释放Shift键，即可还原铅笔工具。

巧妙并排放置表格

实例 表格的并排放置

在日常工作中，经常会遇到将两个或多个表格并排放置的操作，那么如何实现表格的并排放置呢？下面介绍具体操作步骤。

1 **使用分栏功能排列法。**选择需要并排放置的表格，单击“页面布局”选项卡上的“分栏”按钮。

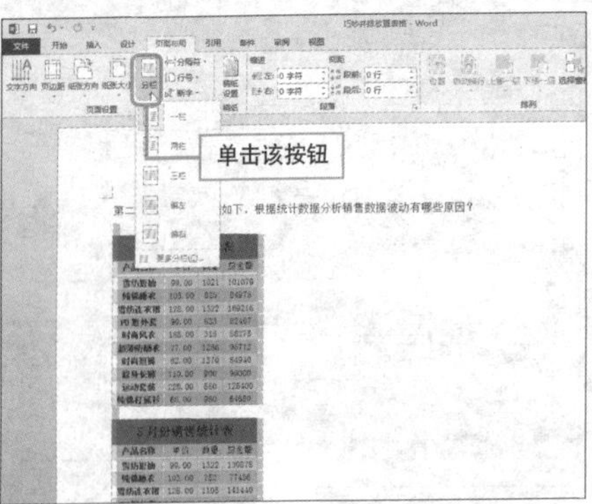

2 从展开的“分栏”列表中选择“三栏”命令，可以将表格分为三栏并排放置在文档页面中。

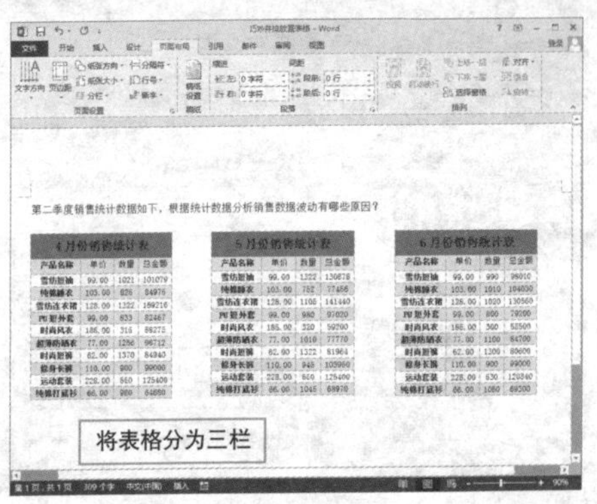

3 **使用表格排列法。**切换至“插入”选项卡，单击“表格”按钮，选择1行3列。

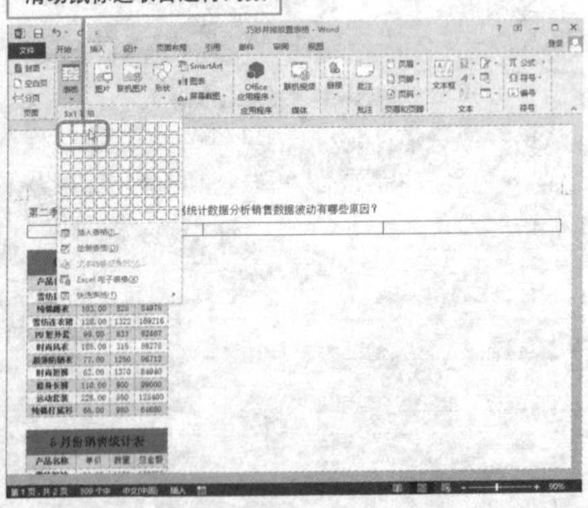

4 选取表格，将其逐一移动至插入的表格内，通过“表格工具-设计>边框>无框线”命令，将表格框线隐藏即可。

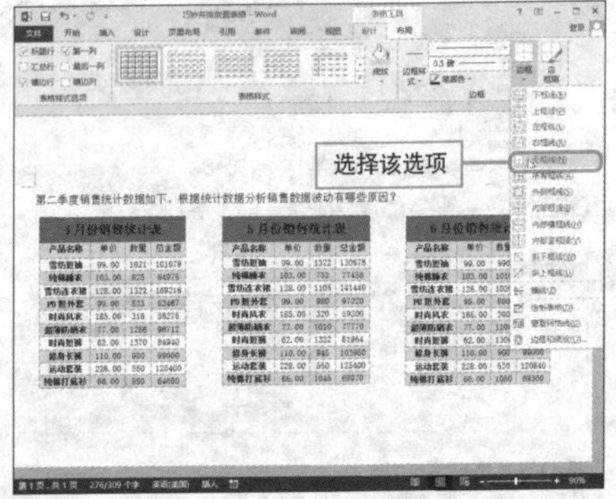

Question 132

• Level ◆◆◆

2013 2010 2007

快速移动 Word 表格至 Excel

实例 将 Word 表格中数据转换到 Excel

有时用户想在 Excel 程序中应用 Word 文档中表格的数据进行复杂计算，如何快速将 Word 文档中的表格转化到 Excel 程序中呢？下面介绍几种常见的转化方法。

① **方法1**。选择整个表格并单击右键，从快捷菜单中选择“复制”命令。

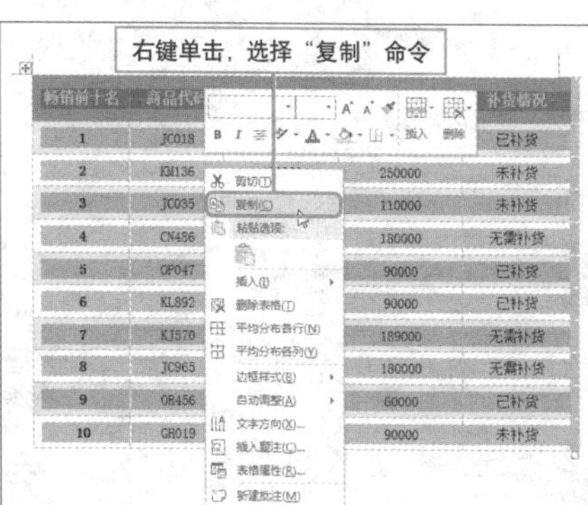

② 打开Excel工作表，单击“开始”选项卡的“粘贴”按钮，从展开的列表中选择“保留源格式”命令。

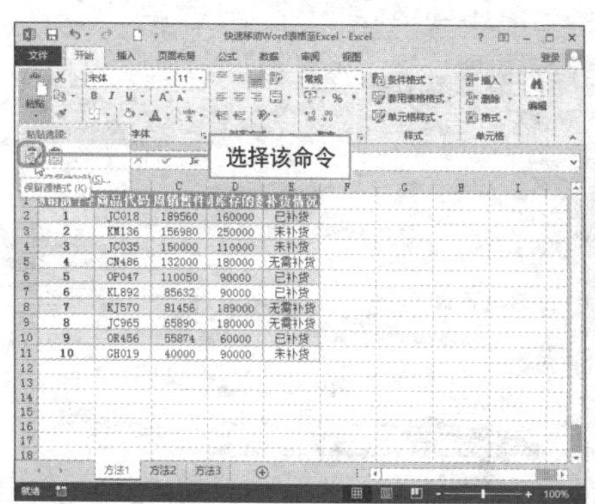

③ **方法2**。打开Excel工作表，单击“插入”选项卡上的“对象”按钮。

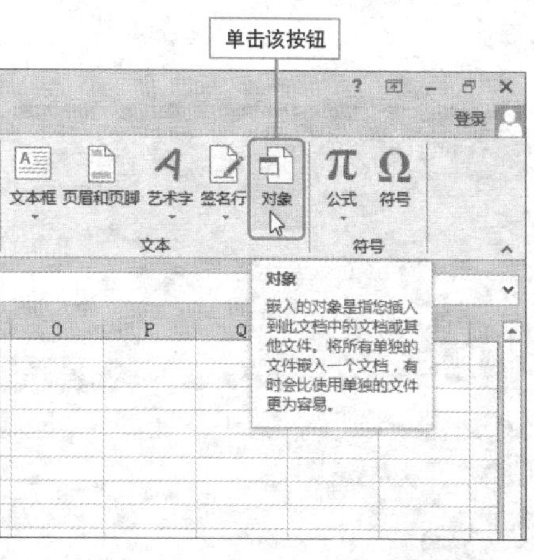

④ 弹出“对象”对话框，切换至“由文件创建”选项卡，单击“文件”右侧“浏览”按钮。

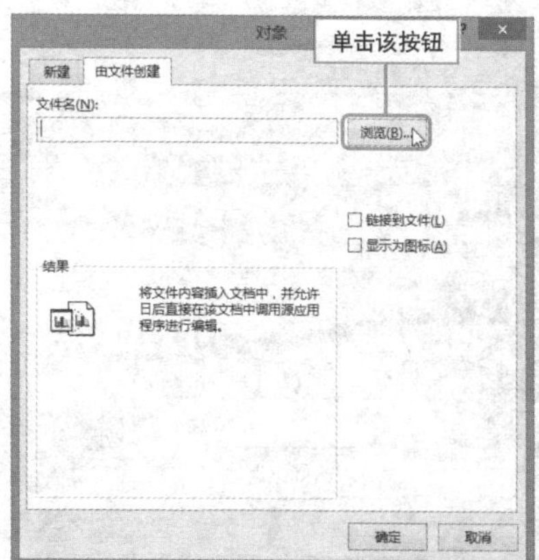

5 弹出“浏览”对话框，选择需要插入的Word文件，单击“插入”按钮。

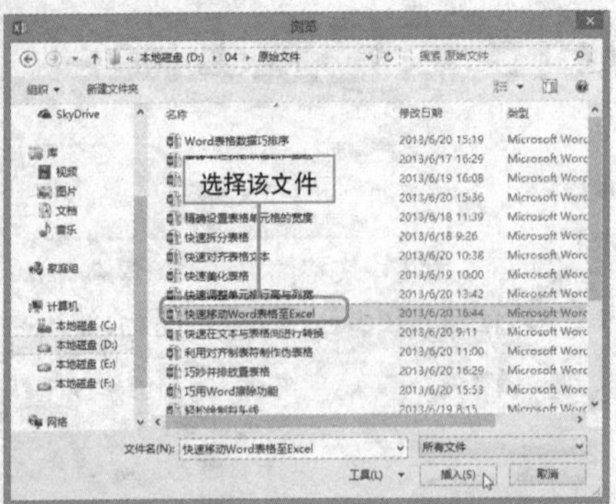

6 返回至“对象”对话框，勾选“链接到文件”复选框，单击“确定”按钮。

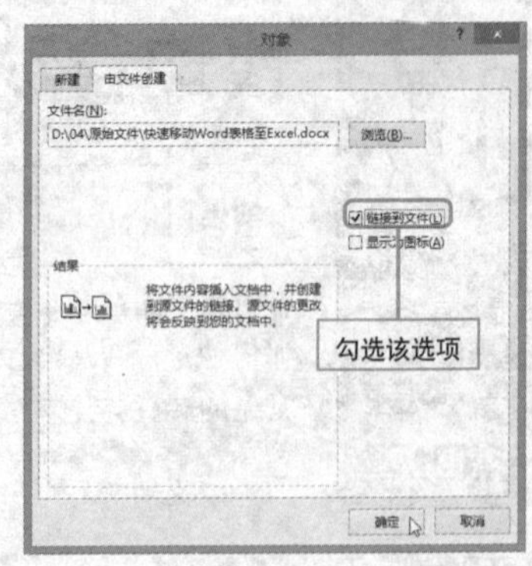

7 将其插入至Excel工作表中，若需对表格中的数据进行编辑，可选择该对象单击鼠标右键，然后选择“文档对象>编辑”命令。

商品代码	上周销售件数	目前库存的数量	补货情况
JC018	189560	160000	已补货
KM136	156980	250000	未补货
JC035	150000	110000	未补货
CN486			无需补货
OP0		90000	已补货
KL8		90000	已补货
KJ5			无需补货
JC9			无需补货
OR4			已补货

①选择该选项
②选择该选项
剪切(T)
复制(C)
粘贴(P)
文档 对象(O)
组合(G)
叠放次序(R)
编辑(E)
打开(O)
转换(V)...

8 系统将自动启动Word程序，打开相应的Word文档，用户就可以对该表格进行修改。

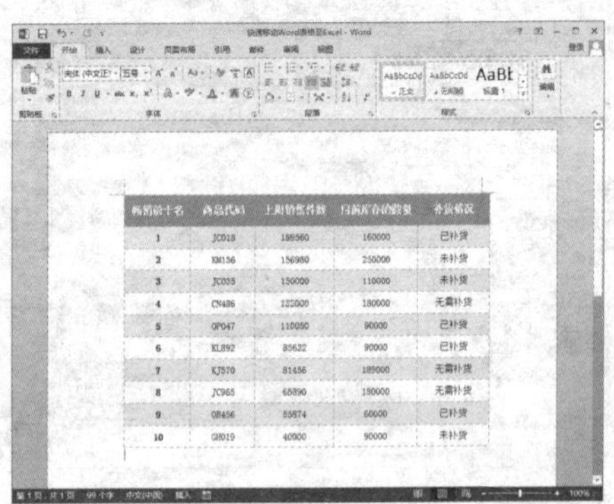

9 **方法3**。若想要表格以纯文档形式显示，可以在复制表格并按Ctrl + V组合键粘贴表格后，单击“粘贴选项”按钮，选择“匹配目标格式”选项。

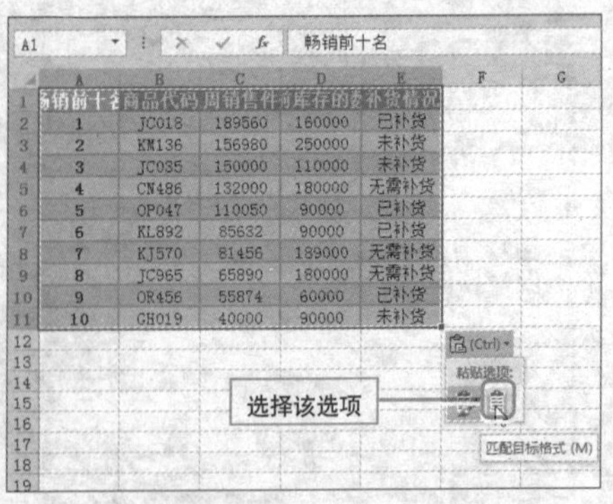

10 选择完成后，表格中的内容以纯文本形式粘贴至Excel工作表中。

	A	B	C	D	E
1	畅销前十名	商品代码	上周销售件数	目前库存的数量	补货情况
2	1	JC018	189560	160000	已补货
3	2	KM136	156980	250000	未补货
4	3	JC035	150000	110000	未补货
5	4	CN486	132000	180000	无需补货
6	5	OP047	110050	90000	已补货
7	6	KL892	85632	90000	已补货
8	7	KJ570	81456	189000	无需补货
9	8	JC965	65890	180000	无需补货
10	9	OR456	55874	60000	已补货
11	10	GH019	40000	90000	未补货

让 Word 文本环绕表格

实例	让 Word 文本环绕表格排放

在 Word 文档中，图片和文字都可以环绕排版，其实表格也可与文字实现环绕排版。具体操作步骤如下所示。

1 选择表格并单击鼠标右键，从弹出的快捷菜单中选择“表格属性”命令。

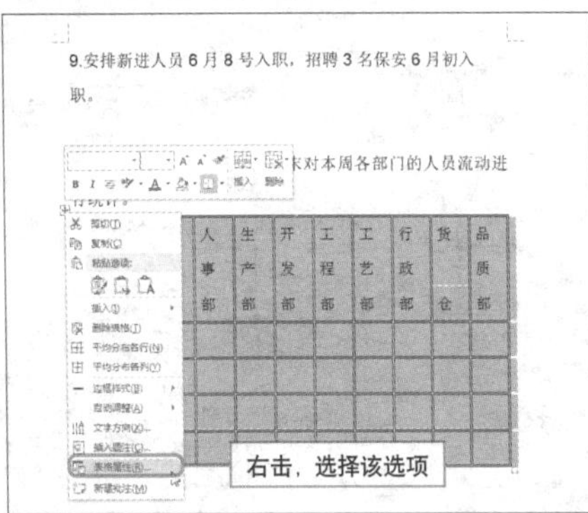

2 打开“表格属性”对话框，选择“环绕”方式，单击“定位”按钮。

3 打开“表格定位”对话框，通过里面的选项可设置表格的位置，设置完成后，单击“确定”按钮。

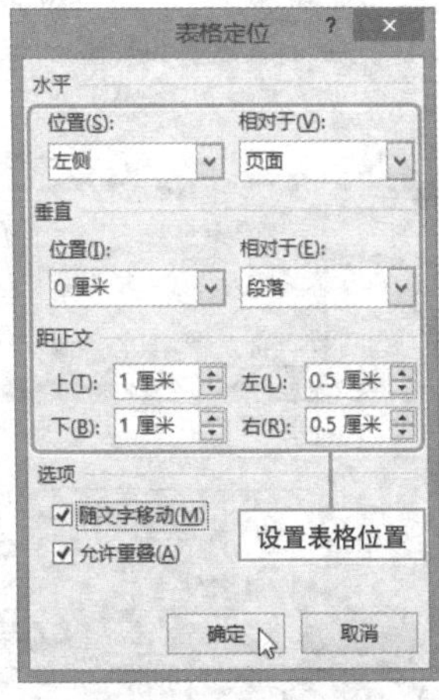

4 返回“表格属性”对话框，可以看到表格被文字环绕。

Question 134

Level ◆◆◆

2013 2010 2007

让 Word 记住你的表格

实例 在 Word 中保存自定义表格样式

在日常工作中，用户往往需要插入相同类型的表格。在这种情况下，用户可将设置好的表格保存起来，以便以后使用。下面以制作销售统计表格为例进行介绍。

1 创建一个新文档，切换至“插入”选项卡，单击“表格”按钮，插入一个8行6列的表格。

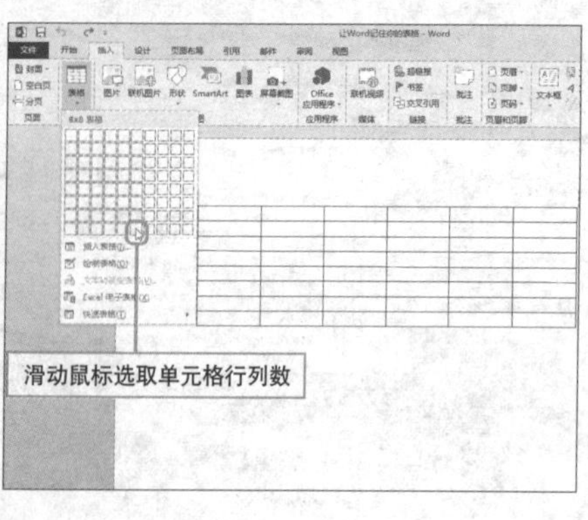

2 选择第1行的单元格，切换至“表格工具-布局”选项卡，单击“合并单元格”按钮。

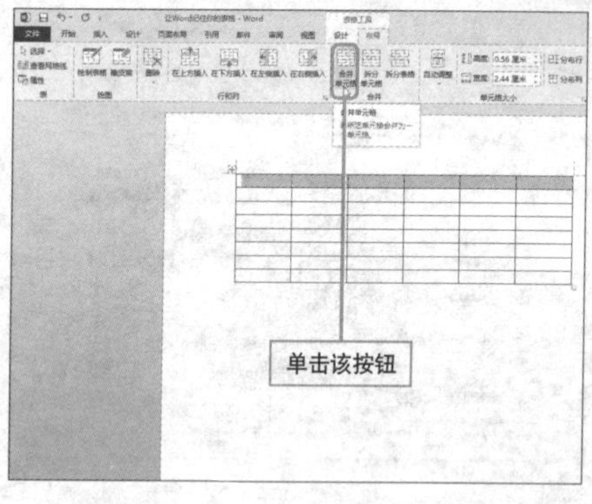

3 根据需要在表格内输入文本，更改标题文本的字体为“微软雅黑”，然后调整文本字号大小。

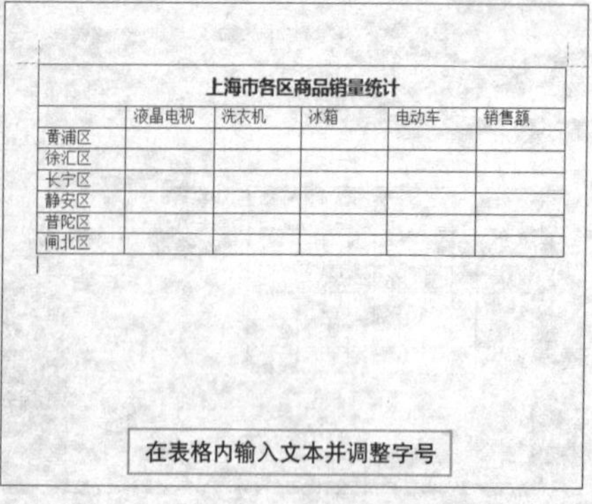

上海市各区商品销量统计					
	液晶电视	洗衣机	冰箱	电动车	销售额
黄浦区					
徐汇区					
长宁区					
静安区					
普陀区					
闸北区					

4 选择需要调整行高的单元格并单击右键，选择“设置表格属性”命令，在打开的对话框中的“行”选项卡设置单元格行高。

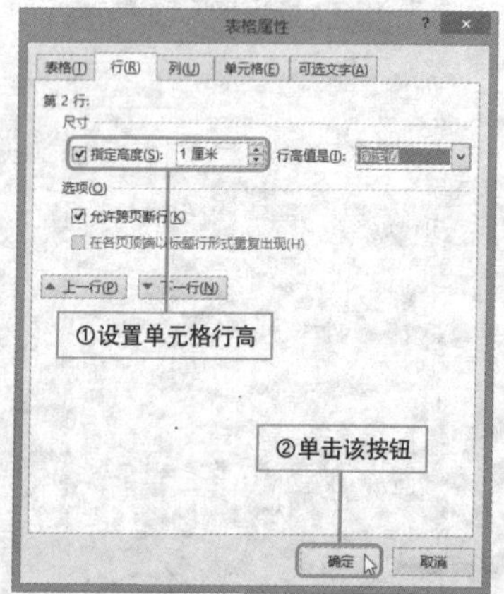

5 选择整个表格，单击“表格工具-布局”选项卡的“水平居中”按钮，设置表格内的文本水平垂直居中。

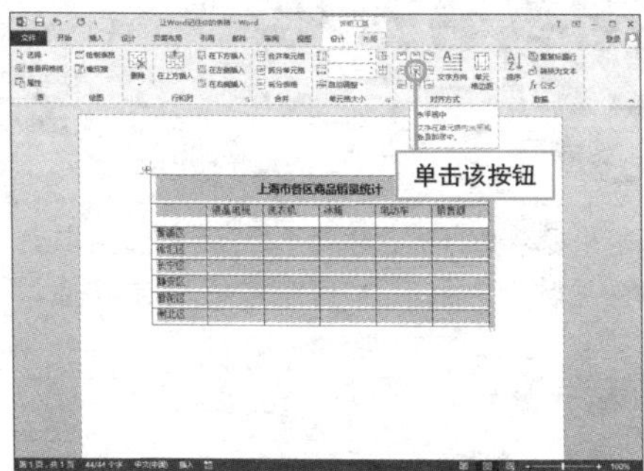

6 执行“插入>表格>绘制表格”命令，鼠标光标变为铅笔状，在第2行第1个单元格绘制一条斜线。

7 根据需要为表格设置合适的底纹和边框。

上海市各区商品销量统计					
品名 地区	液晶电视	洗衣机	冰箱	电动车	销售额
黄浦区					
徐汇区					
长宁区					
静安区					
普陀区					
闸北区					

8 选择表格，执行“插入>表格>快速表格>将所选内容保存到快速表格库”。

9 打开“新建构建基块”对话框，保持默认，单击“确定”按钮。

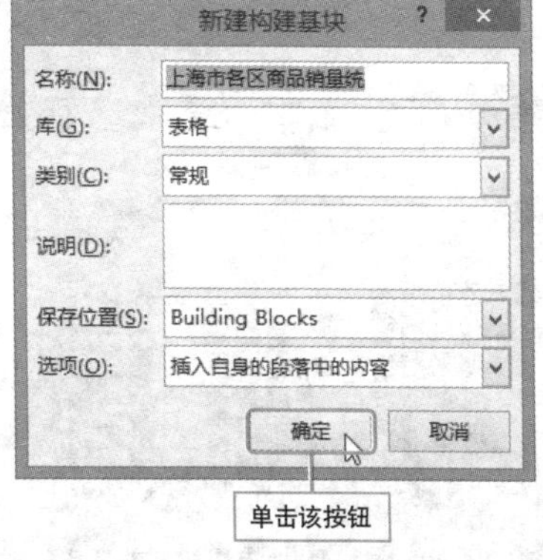

10 若需插入表格，只需执行“插入>表格>快速表格”命令，选择表格的样式即可。

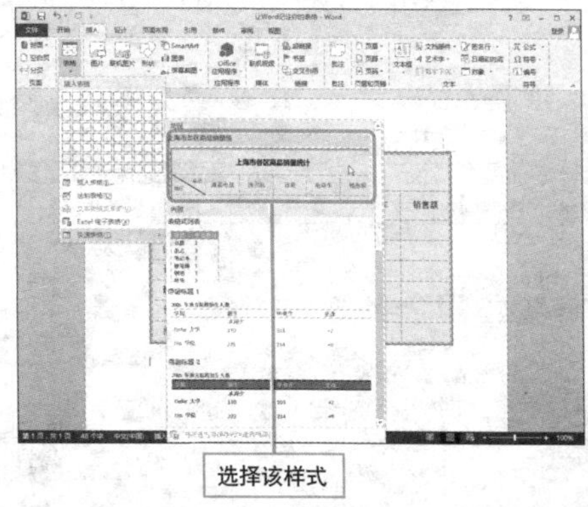

插入 Word 图表有技巧

实例 Word 文档中图表的应用

图表与表格不同，是通过图形来显示数据的，相对于表格来说，可以更形象和直观地表示数据之间的关系，下面介绍如何在 Word 文档中插入数据。

1 打开文档，切换至“插入”选项卡，单击“图表”按钮。

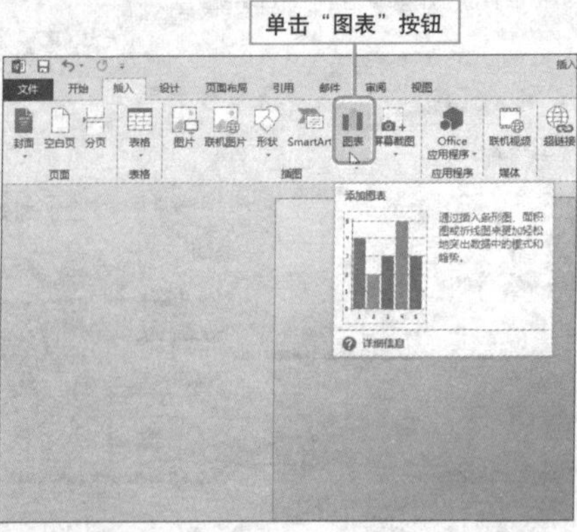

2 打开“插入图表”对话框，单击“柱形图”选项选择合适的图表样式，单击“确定”按钮。

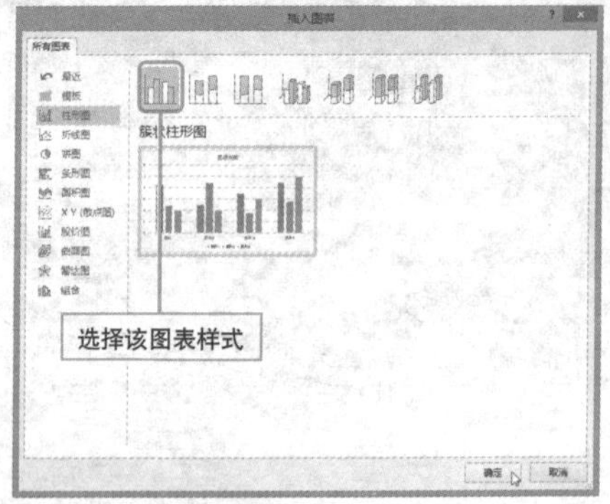

3 自动打开Excel程序和图表模板，在Excel图表中输入相应数据，可以看到图表中的形状大小也随之改变。

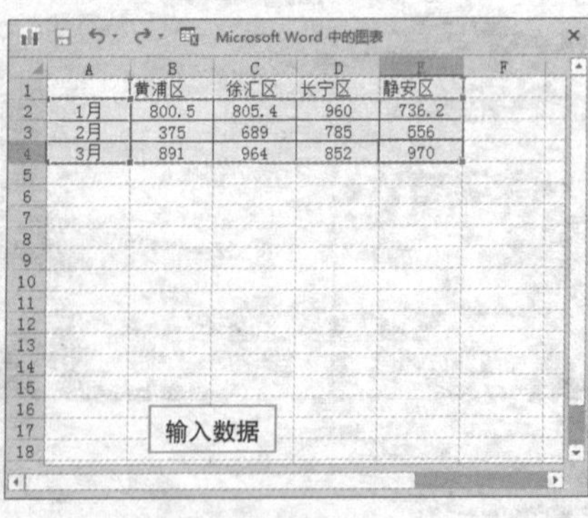

4 输入数据完成后，关闭Excel程序，输入图表标题，完成图表的创建。

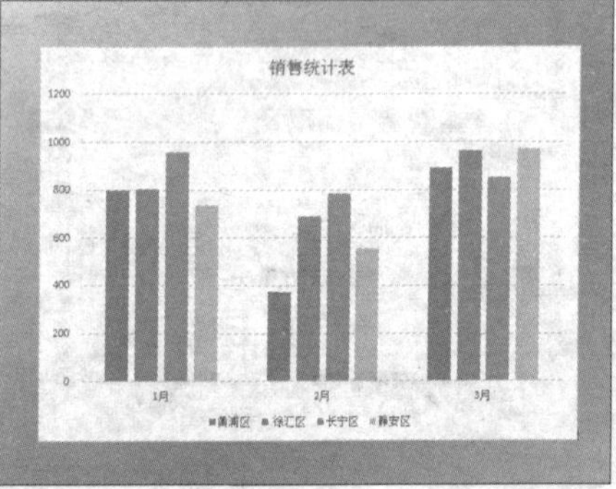

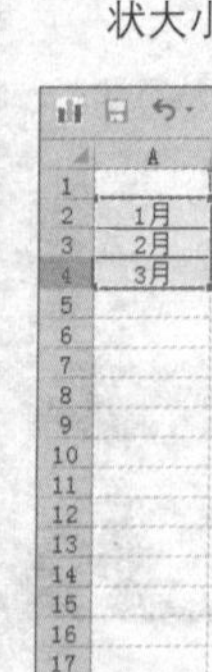

更改图表中的数据

实例　对图表中的数据进行编辑

插入图表后，用户还可以根据需要对图表中的数据进行更改，以符合实际情况。下面介绍如何编辑图表中的数据。

初始效果

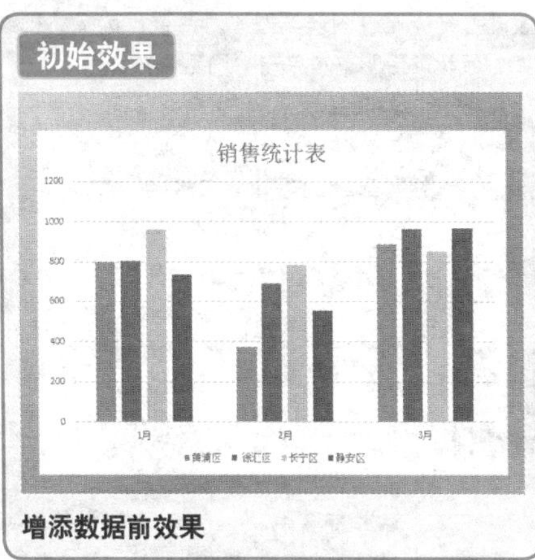

增添数据前效果

最终效果

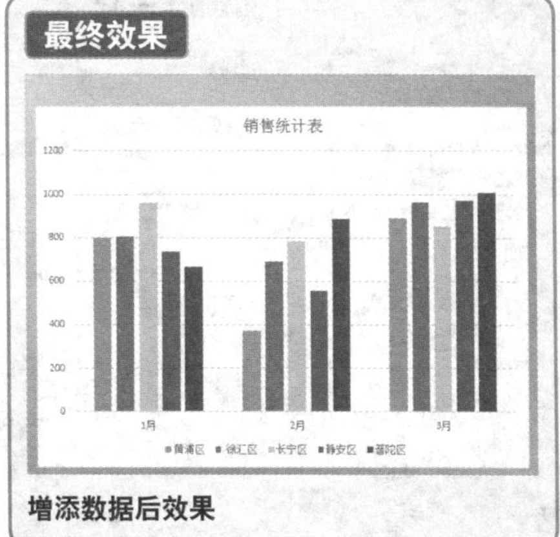

增添数据后效果

① 单击“图表工具-设计”选项卡的“编辑数据”按钮，从展开的列表中选择“在Excel 2013中编辑数据”选项。

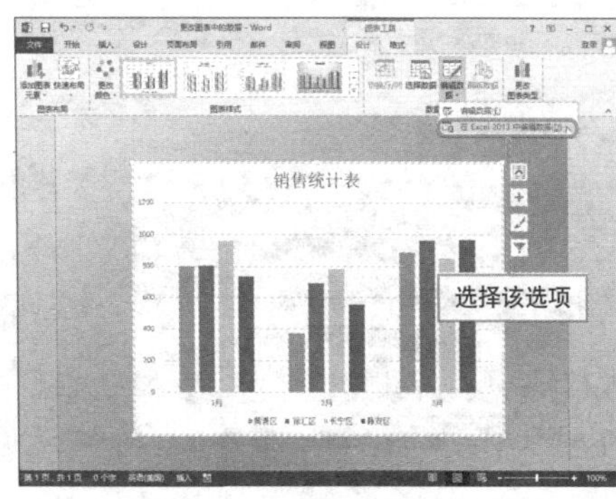

② 在打开的Excel工作表中添加一列数据，增添数据后，单击“关闭”按钮，关闭该工作表。

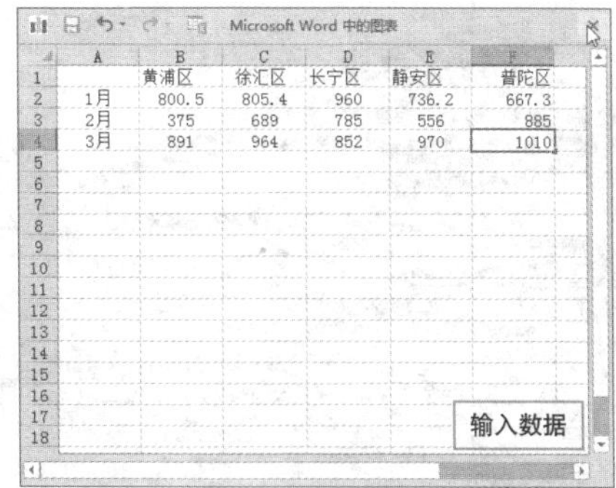

	A	B	C	D	E	F
1		黄浦区	徐汇区	长宁区	静安区	普陀区
2	1月	800.5	805.4	960	736.2	667.3
3	2月	375	689	785	556	885
4	3月	891	964	852	970	1010

图表类型巧变换

实例 更改图表类型

完成图表的设计后，若需改变类型，用户可以通过设置轻松实现类型的转换。下面介绍具体操作方法。

1 选择图表，切换至“图表工具-设计”选项卡，单击“更改图表类型”按钮。

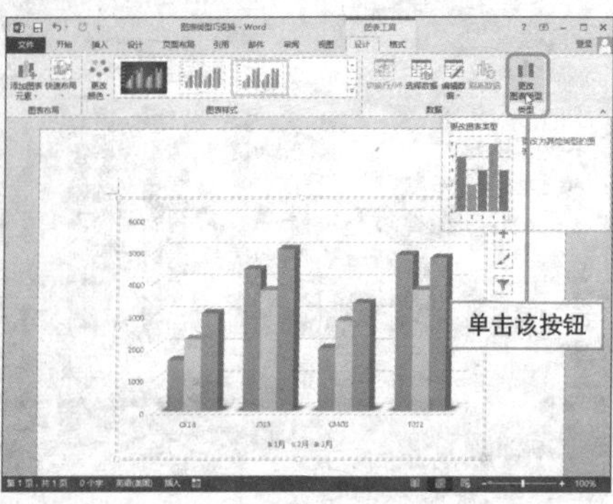

2 打开“更改图表类型”对话框，选择“三维簇状条形图”，单击“确定”按钮。

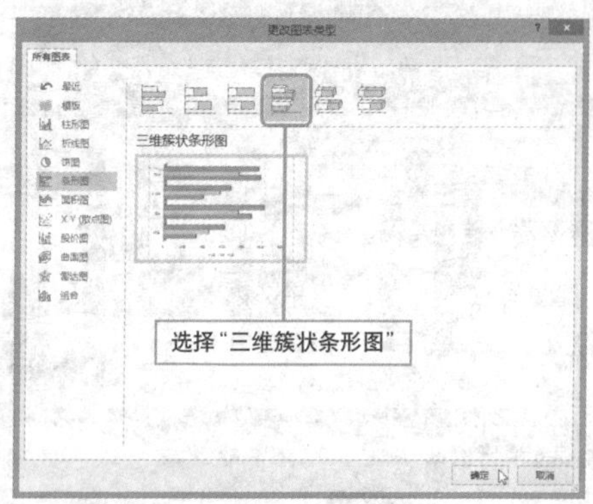

3 即可将所选图表更改为三维簇状条形图。

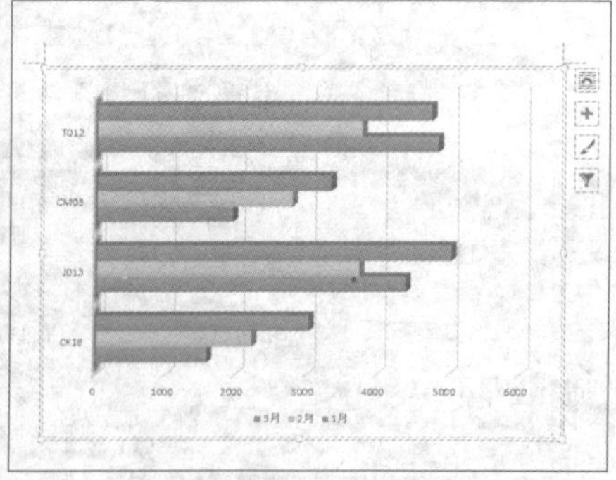

4 单击“更改颜色”按钮，从展开的列表中选择合适的颜色样式即可。

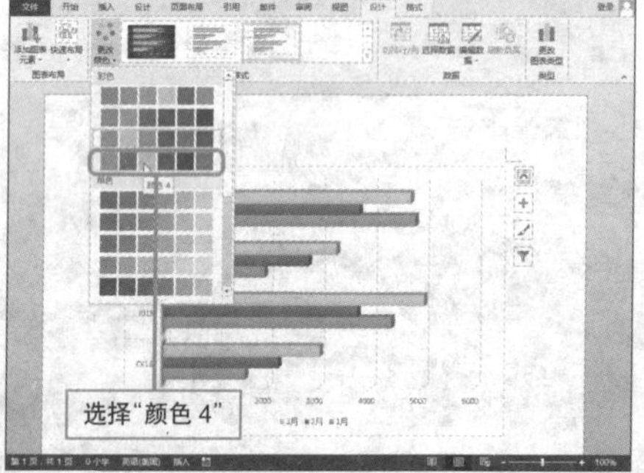

Question 138

合理安排图表布局

Level ◆◆◆

2013 2010 2007

实例 图表布局的更改

在图表中，图表的标题、图例、坐标轴标题等，都会或多或少影响图表的整体美观性。用户可以根据需要为图表安排合适的布局方式，下面对其进行介绍。

❶ **快速更改布局法。**选择图表，单击“图表工具-设计”选项卡上的“快速布局”按钮，从列表中选择“布局9”。

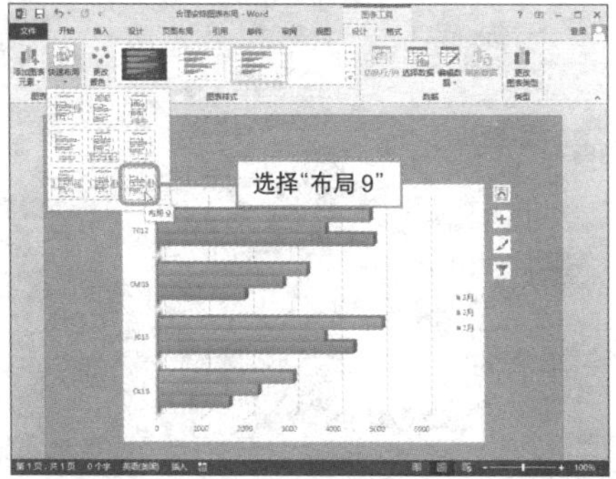

❷ **自定义布局方式。**单击“添加图表元素”按钮，从列表中选择“轴标题”选项，从其级联菜单中选择“主要纵坐标轴”。

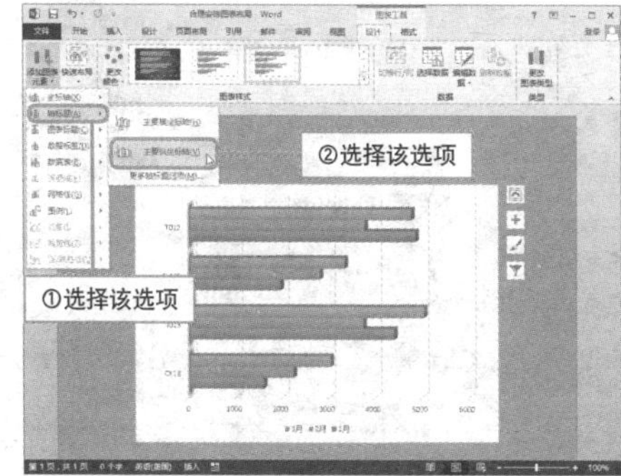

❸ 双击纵坐标轴，打开“设置坐标轴标题格式”窗格，可自定义坐标轴格式。

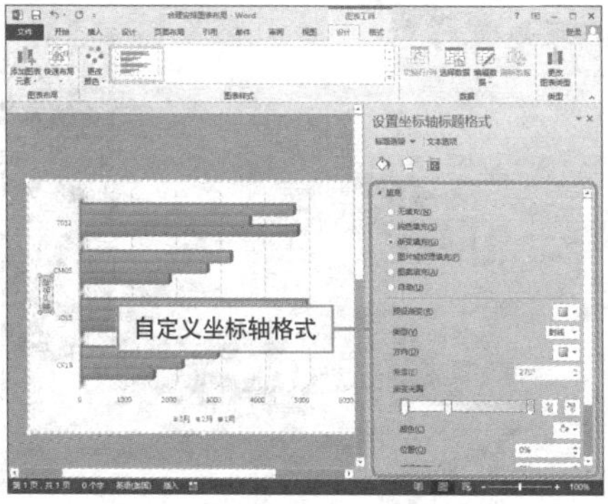

❹ 在“添加图表元素”列表中选择“数据表”选项，从级联菜单中选择“显示图例项标示”选项，可显示图表的数据表。

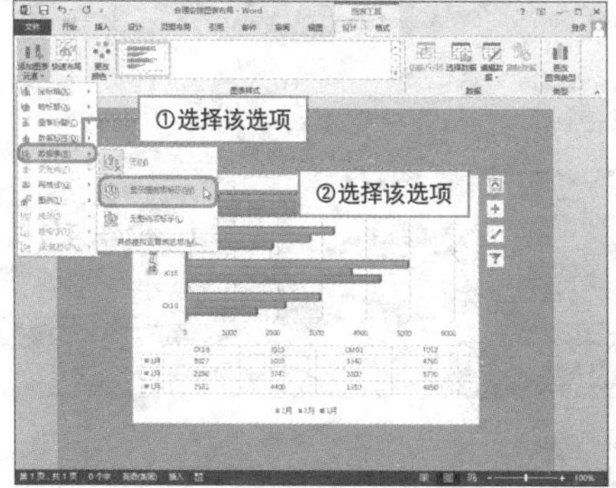

Question 139

Level ◆◆◆

2013 2010 2007

按需设置数据系列

实例 数据系列的设置

若想让图表更加美观，用户可以对图表的数据系列进行设置，包括数据系列填充色、三维格式等，下面对其具体操作进行介绍。

1 选择图表并单击右键，从弹出的快捷菜单中选择“设置数据系列格式”命令。

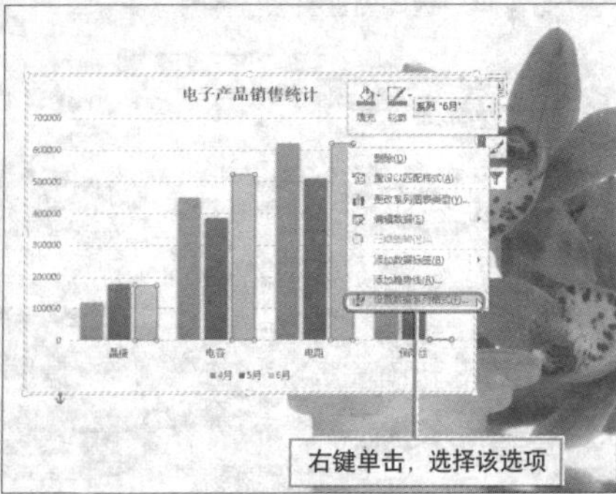

2 在打开的“设置数据系列格式”窗格中，切换至“填充线条”选项卡，设置图形填充。

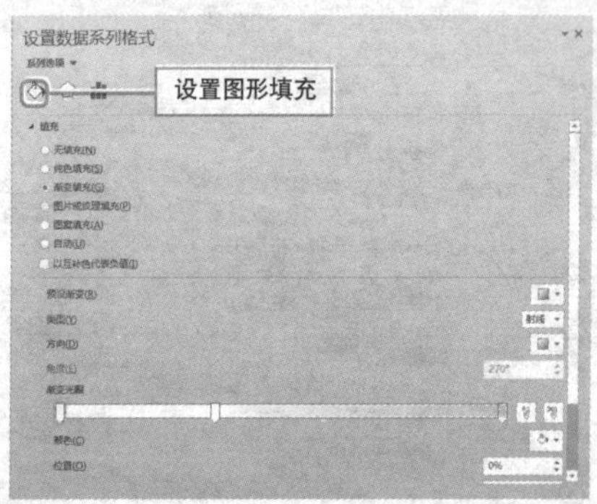

3 切换至“效果”选项卡，设置图形的三维格式。

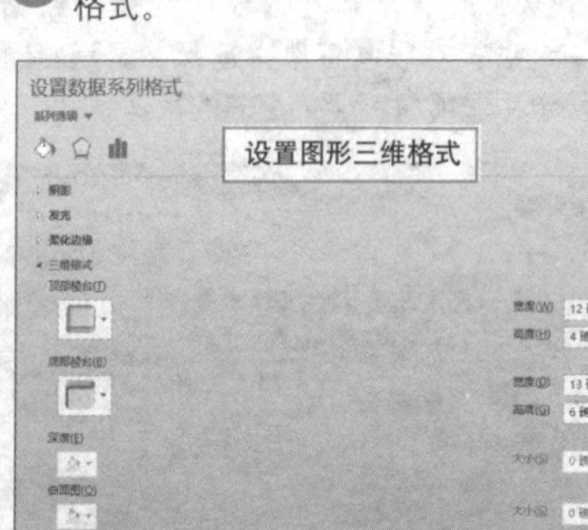

4 设置完成后，关闭对话框，查看设置数据系列格式效果。

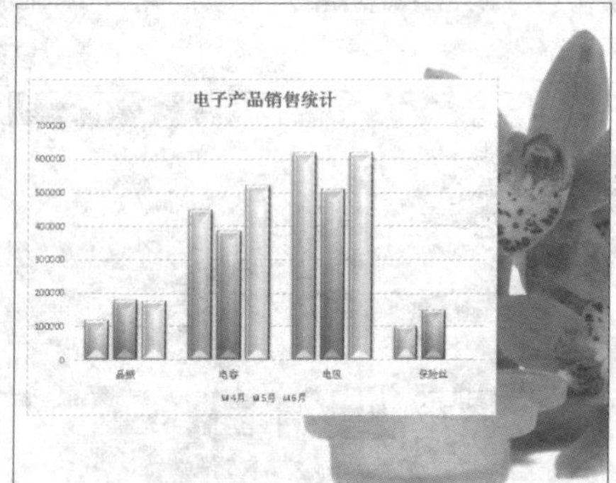

Question

140 快速对文档实施检查

● Level ◆◆◆

2013 2010 2007

实例 使用“拼写和语法”功能

完成一个大型文档的制作后，可能会由于一些原因导致录入错误，用户可以利用系统提供的“拼写和语法”功能进行大致检查。

1 通过文件菜单，打开“Word选项”对话框，从中选择“校对”选项，在“在Word中更正拼写和语法时”选项区中进行勾选，并单击“设置”按钮。

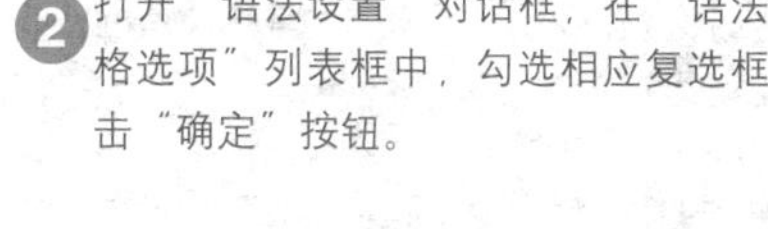

2 打开“语法设置”对话框，在“语法和风格选项”列表框中，勾选相应复选框，单击“确定”按钮。

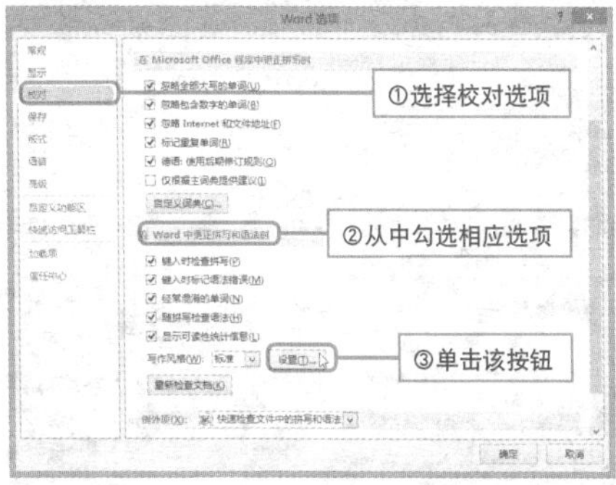

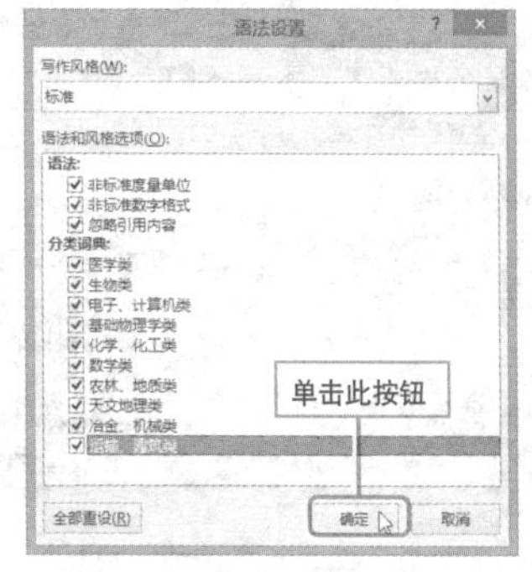

3 返回“Word选项”对话框，单击“确定”按钮，返回Word文档，单击“审阅”选项卡上的“拼写和语法”按钮。

4 文档编辑窗口右侧出现“语法”窗格，有错误处会显示红色和绿色波浪线，用户只需根据提示进行修改即可。

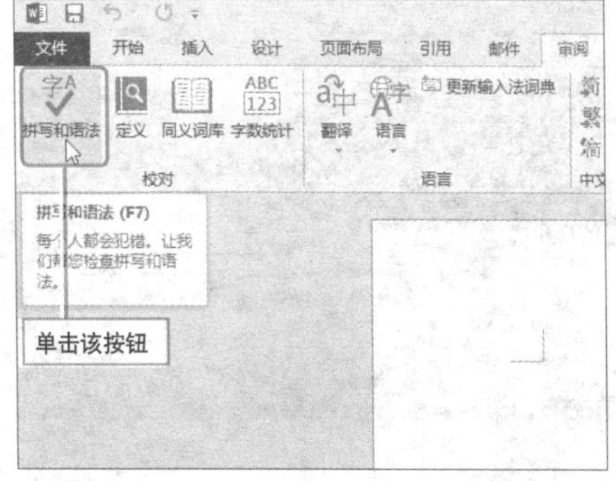

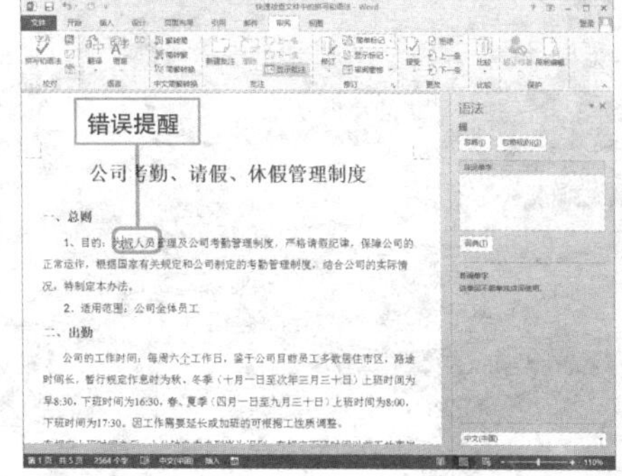

Question 141

Level ◆◆◇

2013 2010 2007

轻松查看文中词汇的释义

实例 信息检索功能的应用

若用户在阅读或者编辑某一文档的过程中，不确定某一词语的具体含义，可以通过系统提供的“定义”功能进行查找，下面就对该功能进行介绍。

1 打开文档，选择需要查询的单词，单击“审阅”选项卡的“定义”按钮。

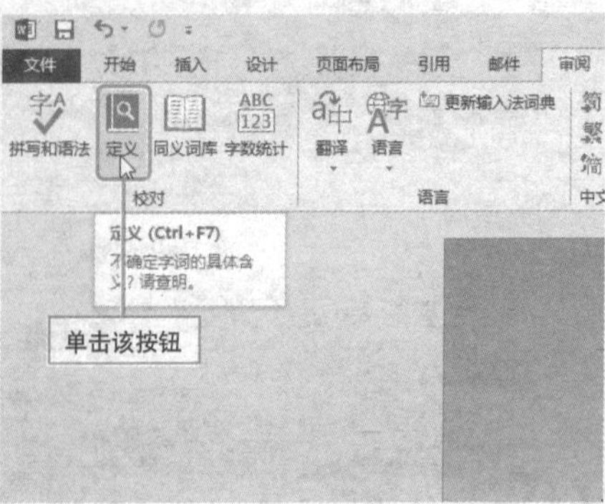

2 打开“词典”窗格，由于未登录Microsoft账户，需单击“登录”按钮。

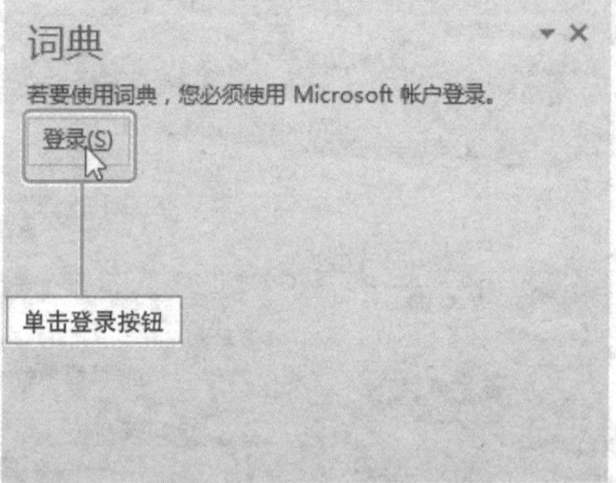

3 根据提示输入用户名和密码，登录账户完成后，会弹出一个窗格，单击“下载”按钮，下载中文字典。

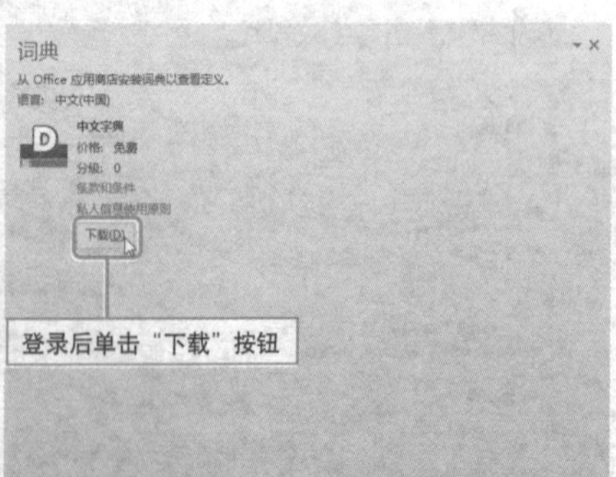

4 下载完成后，选择需查询的词语，单击“审阅”选项卡的“定义”按钮，即可查找出该单词的信息。

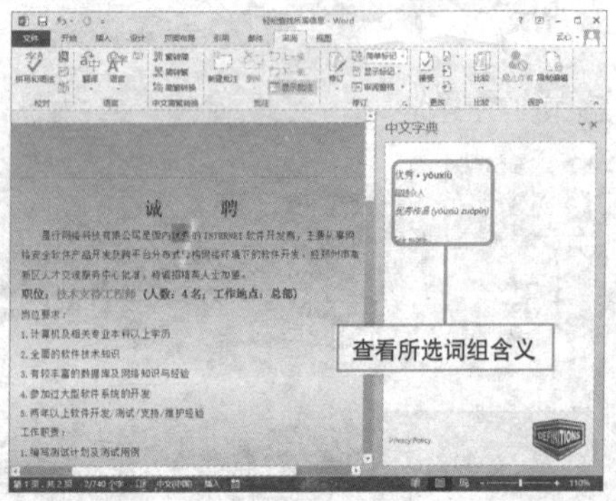

快速查找同义词

实例 同义词的查找

在编辑文档时，用户可能会需要查找出某一词语的同义词，通过文档的“审阅”功能可以轻松实现。

1 打开文档，选择需要查询同义词的词语，单击“审阅”选项卡的“同义词库”按钮。

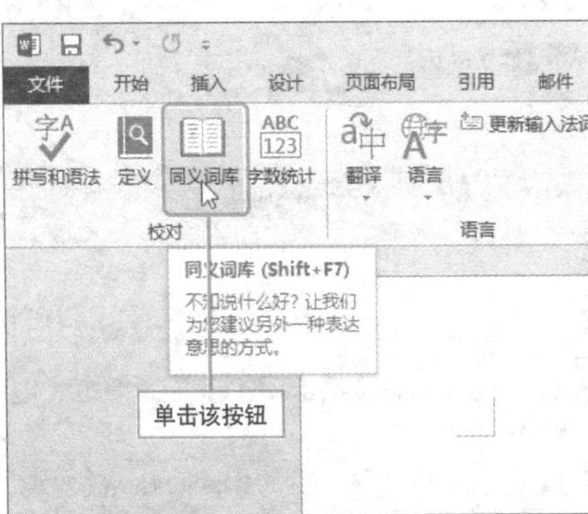

2 打开“同义词库”窗格，可以在列表框中看到和所选词语词义相同的单词。

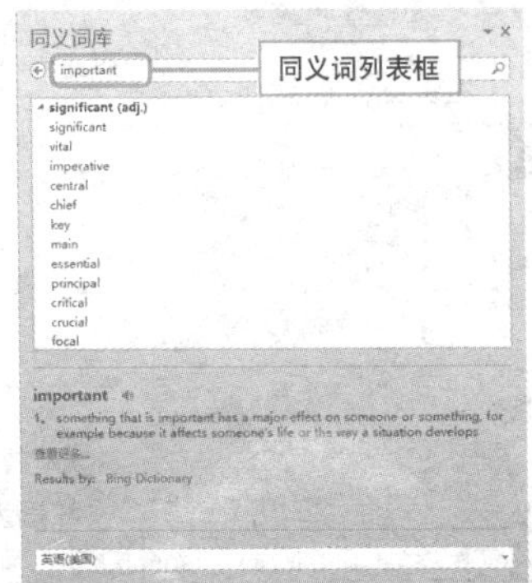

Hint

如何将当前文档以PDF格式导出?

打开文档，执行“文件 > 导出 > 创建PDF/XPS文档”命令，单击“创建PDF/XPS”按钮，打开“发布为PDF或XPS”对话框，单击“保存”按钮进行保存即可。

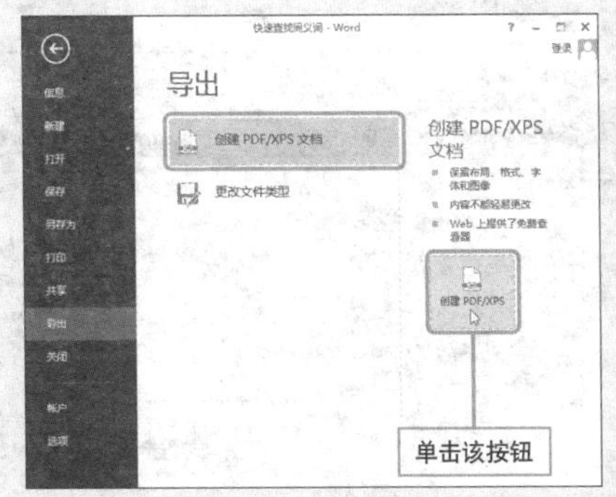

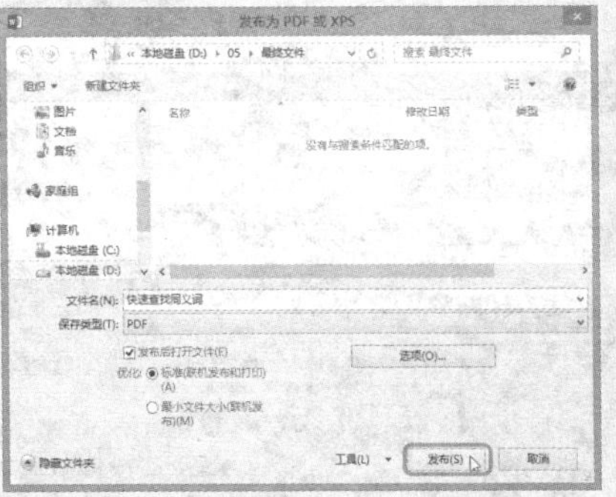

Question

143 自带词典用处大

● Level ◇◇◇

2013 2010 2007

实例	应用 Word 词典功能

编辑\阅读文档时，若碰到一些难以理解的词语或句子，用户首先想到的是利用一些专业的翻译软件进行翻译，其实完全没有必要这么麻烦，通过 Word 中自带的翻译词典功能即可完成翻译。

1. **使用在线翻译功能。**打开文档，单击“审阅”选项卡上的“翻译”按钮，从列表中选择“选择转换语言”选项。

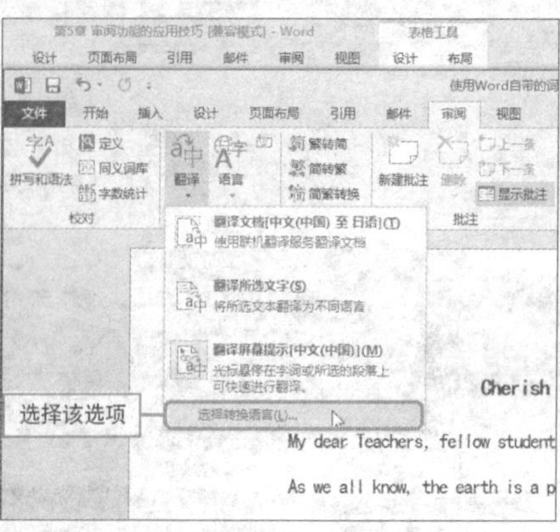

2. 打开“翻译语言选项”对话框，根据需要设置文档的翻译语言，这里设置“译自”为“英语（美国）”；“翻译为”为“中文（中国）”，然后单击“确定”按钮。

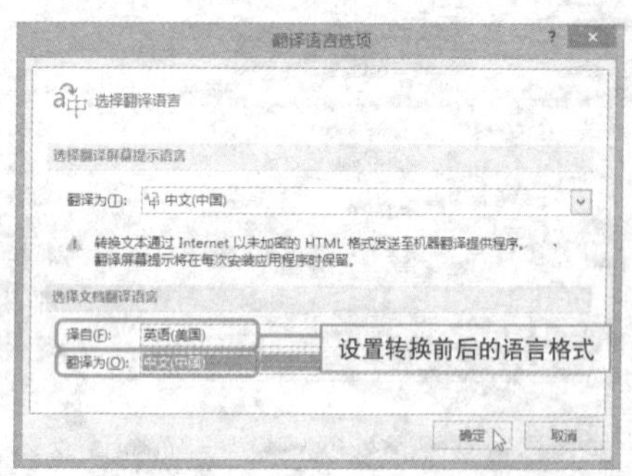

3. 单击“翻译”按钮，从列表中选择“翻译文档”选项。

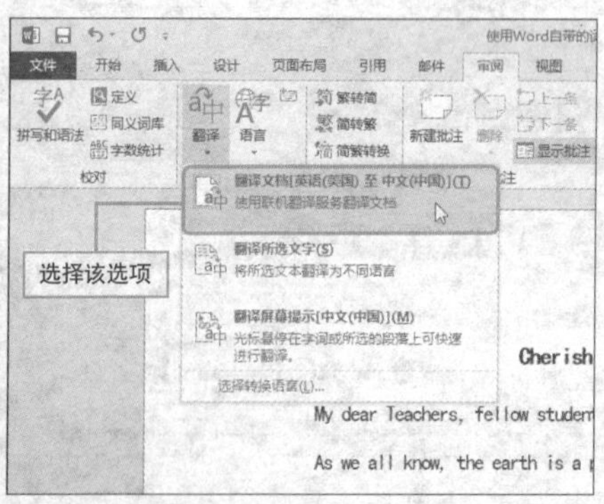

4. 在“翻译整个文档”的提示框中单击“发送”按钮，稍后打开“在线翻译”界面，即可查看到译文。

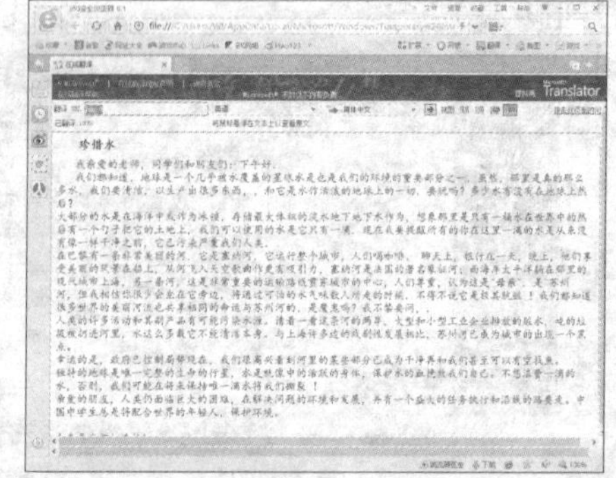

5 若用户还想要将文档中的内容翻译成其他国家的语言，只需在该界面的文本框中设置原文语言和译文语言。

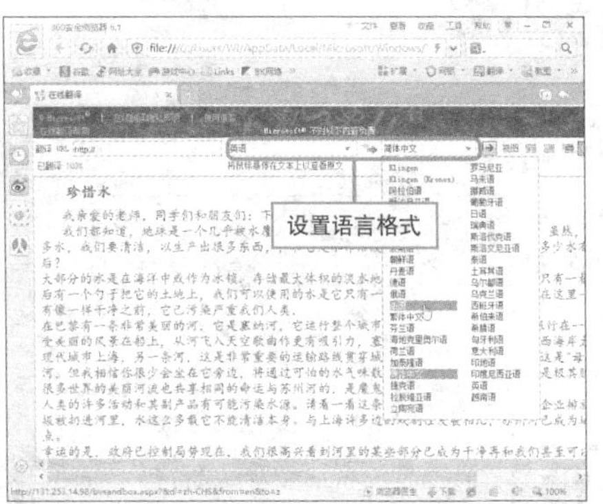

6 然后单击“翻译网页”按钮，即可在下方显示相应的文字，这里选择被译为“法语”。

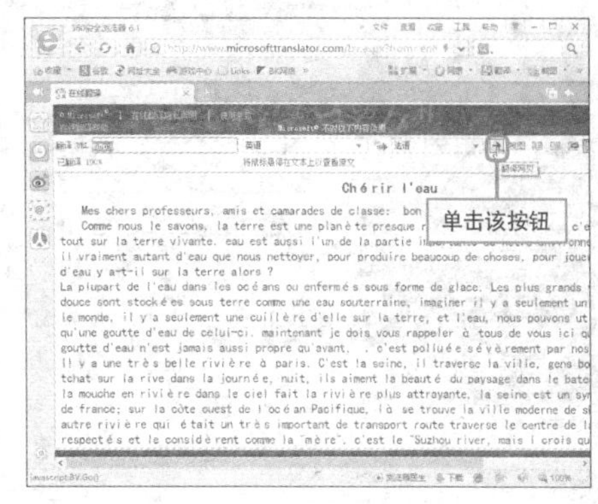

7 在该界面中，用户还可以单击不同的视图类型按钮，若选择“上下”显示方式，则文档中的源语言和目标语言上下显示。

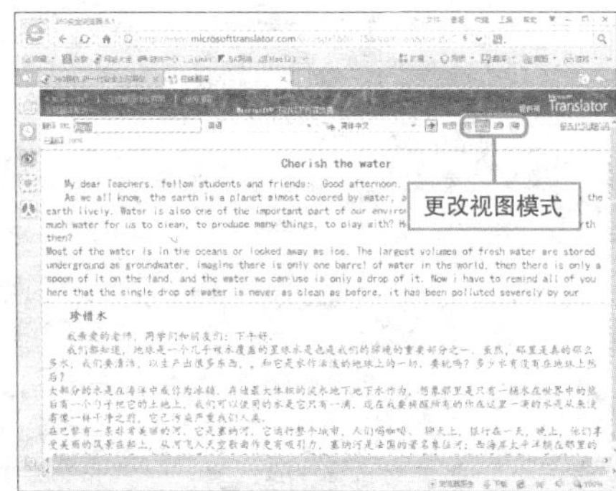

8 **翻译所选文字**。选择需翻译的文本，单击“审阅”选项卡上的“翻译”按钮，从列表中选择“翻译所选文字”按钮。

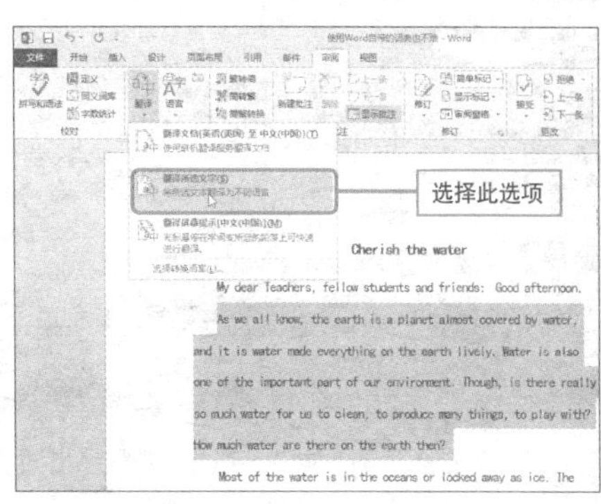

9 此时，文档右侧出现信息检索窗格，在该窗格中，用户可以看到所选文档的译文。

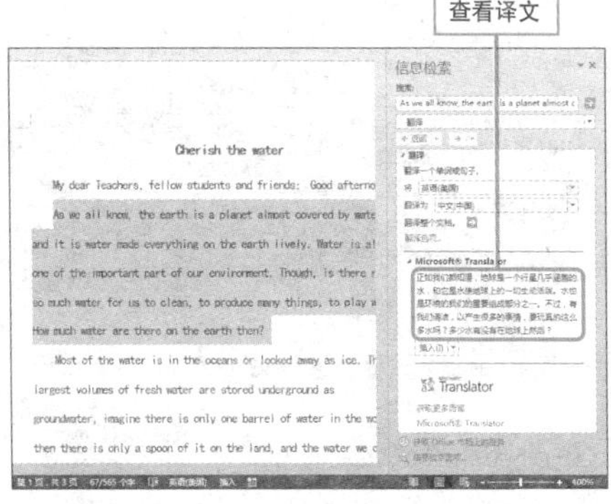

Hint

设置互译的语言类型

在信息检索窗格中，用户同样可以对互译语言选项进行设置调整。

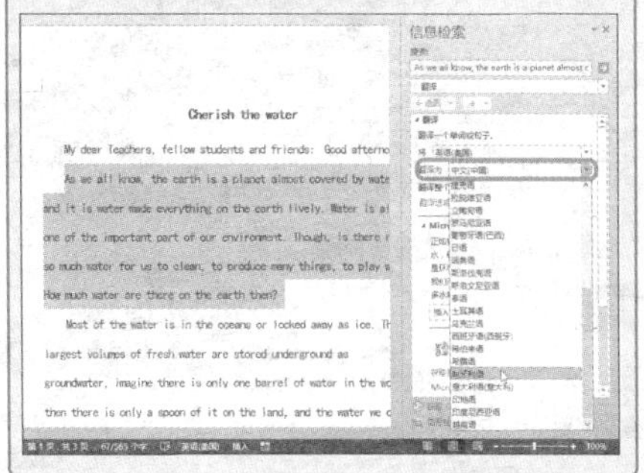

Question
144 神奇的实时翻译

Level ◆◆◆

2013 2010 2007

实例 翻译屏幕提示功能的应用

在查看文档的过程中，有时需要查看某些单词或词组的含义，但使用翻译功能又显得繁琐，此时就可以进行实时翻译，操作简单，具体介绍如下。

1. 在“翻译”列表中选择“翻译屏幕提示”选项，启用该功能。

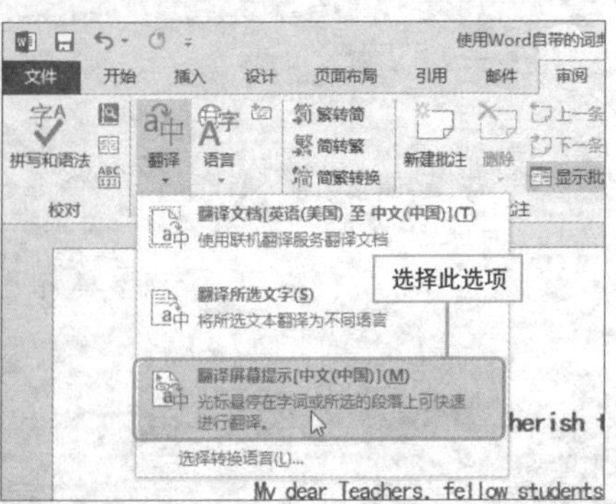

2. 将鼠标光标放置在需要翻译的单词或者词组上。此时，单词上方便会显示半透明译文框。

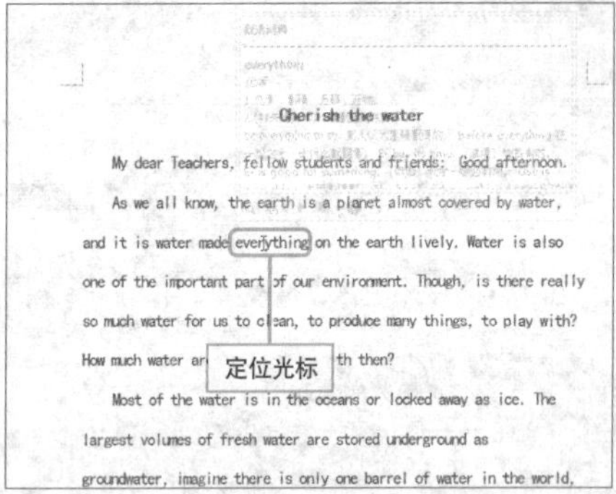

3. 若将光标移至译文框中，则可清晰显示出翻译的内容。

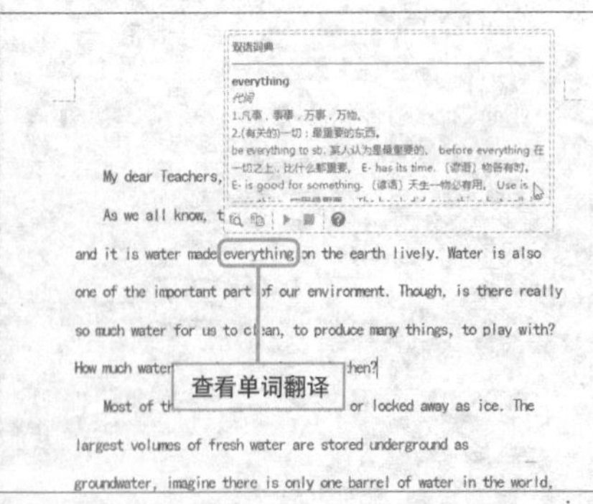

4. 单击译文框底部的功能按钮，可以实现更多操作，如查看详细信息、朗读单词、复制译文等。

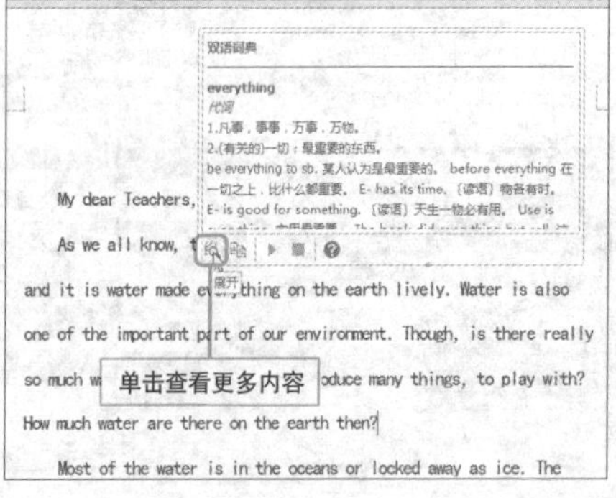

Question 145

按需自定义 Word 词典

Level ◆◆◆

2013 2010 2007

实例 在 Word 2013 中新建自定义词典

在 Word 中可以使用多个自定义词典来检查文档的拼写，而对于一些专门的技术名称、技术术语、外语单词及某些单词的替换拼写等，则可以自定一个词典涵盖这些单词，以便对文档进行拼写检查。

1 打开文档，执行“文件>菜单”命令，打开“Word选项”对话框，选择“校对”选项，单击“自定义词典”按钮。

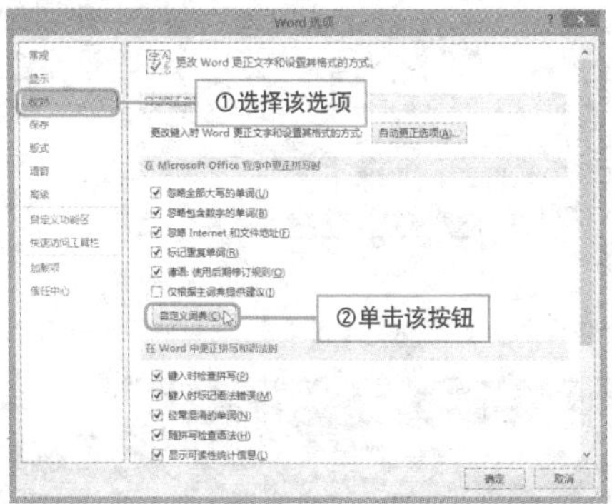

2 打开“自定义词典”对话框，单击“新建”按钮。

3 打开“创建自定义词典”对话框，选择保存路径和保存类型，输入文件名，单击“保存”按钮，返回“自定义词典”对话框，在“词典列表”列表框中可以看到自定义的词典，单击“编辑单词列表”按钮。

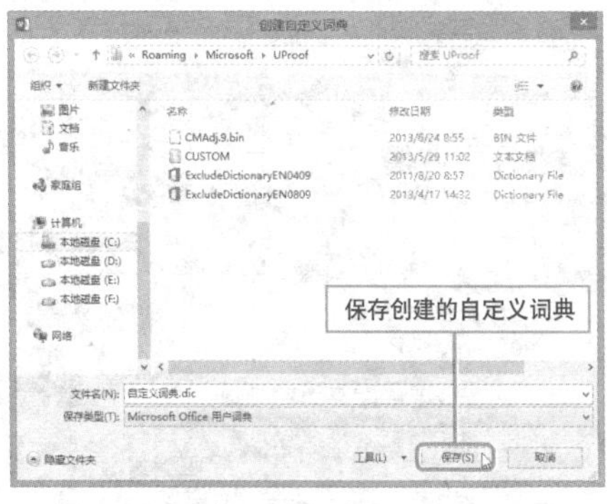

4 弹出“自定义词典”对话框，在“单词”选项输入单词后单击“添加”按钮，将其添加至“词典”列表框中，单击“确定”按钮返回“自定义词典”对话框并确认，返回“Word选项”对话框确定即可。

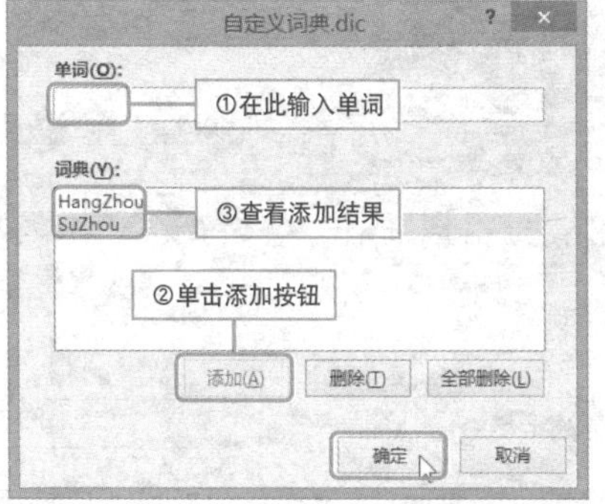

Question

146 轻松设置文档的语言选项

● Level ◇◇◇

2010 2007

实例 语言选项的设置

Word 文档都包含默认的编辑语言和校对语言，当用户需要使用其他语言进行工作时，就应为其添加相应的编辑语言和校对语言，下面对其进行详细介绍。

❶ **添加编辑语言。**切换至“审阅”选项卡，单击“语言”按钮，从列表中选择“语言首选项”，打开“Word选项”对话框。

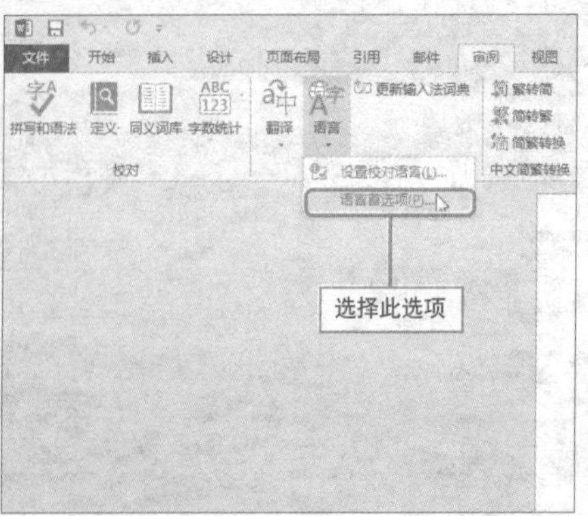

❷ 选择“校对”选项，单击“添加其他编辑语言”按钮，选择“泰语”并单击“添加”按钮，然后单击“确定”按钮。

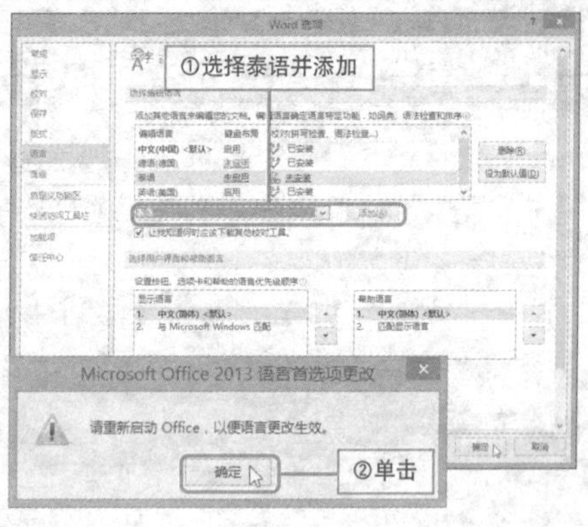

❸ **添加校对语言。**从“语言”列表选择“设置校对语言”选项，取消选中“自动检测语言”选项，单击“设置默认值”按钮。

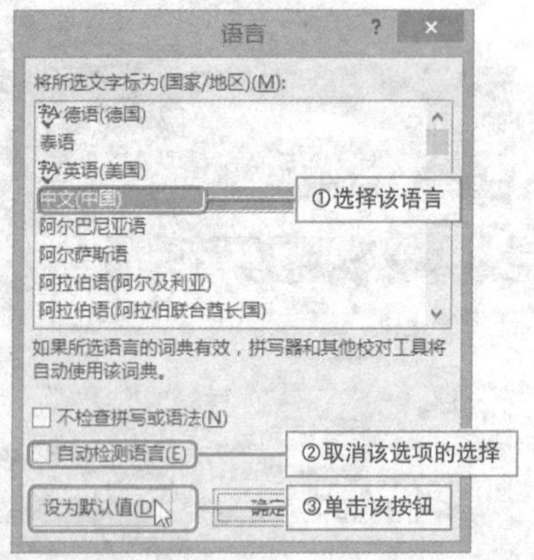

❹ 弹出提示对话框，提醒用户此更更将影响基于NORMAL模板的所有新文档，单击“是”按钮确认即可。

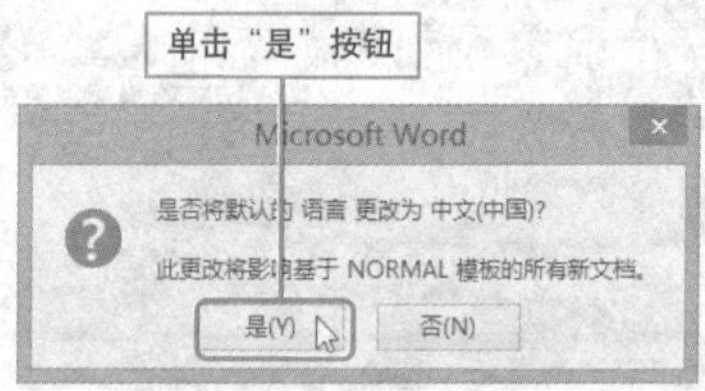

Question 147

简繁转换不求人

Level

2010 2007

实例 简繁转换功能的应用

由于工作的需要，一些人会使用繁字体与客户进行交流，所以，繁体字的录入与编辑是至关重要的。为此，我们可以使用繁简转换功能，即单击功能区中的“繁转简”、“简转繁”按钮。为了适应更多的转换词汇，下面介绍一种自定义繁简转换词语的方法。

最终效果

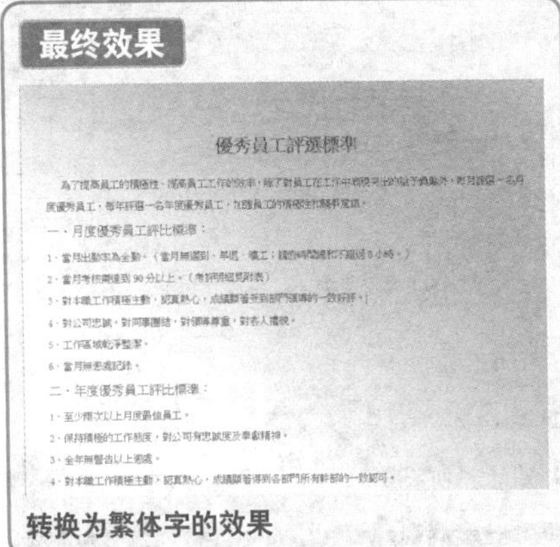

转换为繁体字的效果

❶ 打开文档，切换至“审阅”选项卡，单击“简繁转换”按钮。

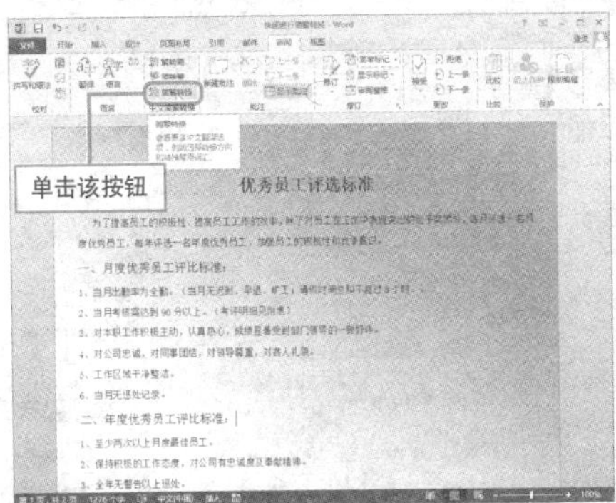

❷ 打开“中文简繁转换”对话框，选中“简体中文转换为繁体中文”选项，单击“自定义词典”按钮。

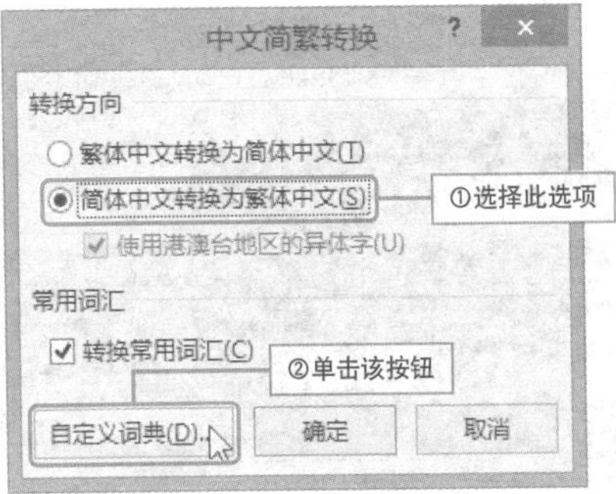

❸ 打开“简体繁体自定义词典”对话框，从中根据需要对简繁体转换的词语进行自定义，设置完成后关闭对话框。返回上一对话框确认即可。

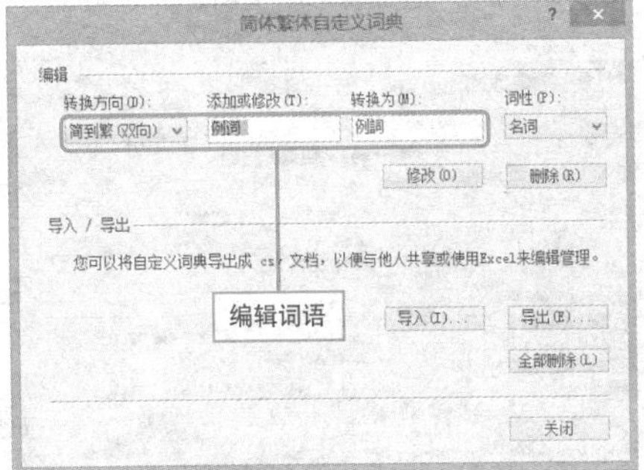

添加批注很简单

实例 创建批注

在查阅文档中，若发现有不确定性的错误，需要标注出来进行查证，或者让别人审核该问题，可以通过为文档添加批注的方法来实现，下面对其进行介绍。

1 选择需要添加批注的文本，单击“审阅”选项卡上的“新建批注”按钮。

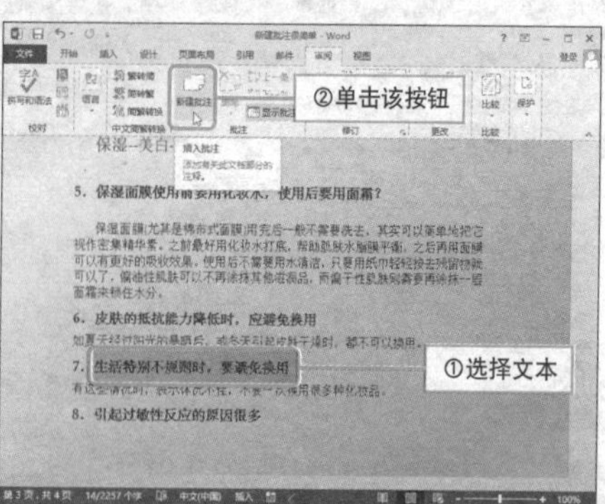

2 在文档右侧会显示出批注文本框，在文本框中输入文本即可。

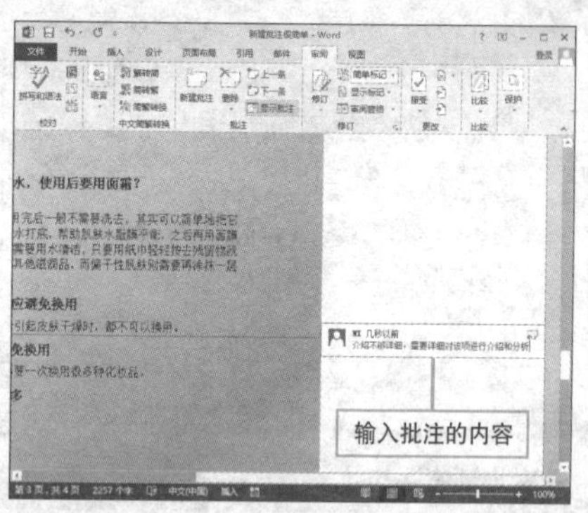

3 输入完成后，单击批注框外的区域，完成批注的创建。单击“删除”按钮，则可以删除当前批注。

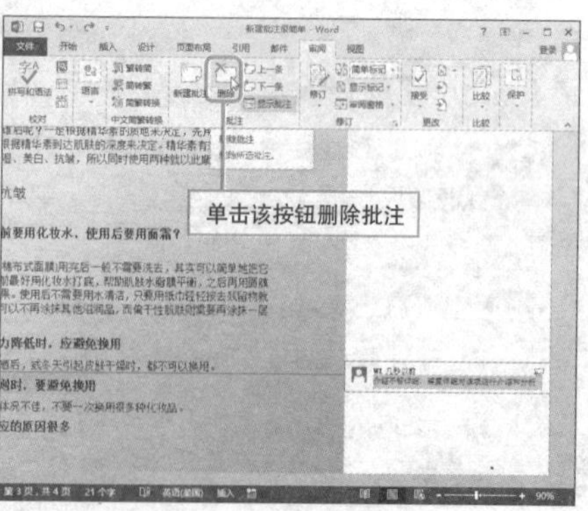

Hint

右键删除批注法

选中批注，单击鼠标右键，从弹出的快捷菜单中选择“删除批注”命令即可。

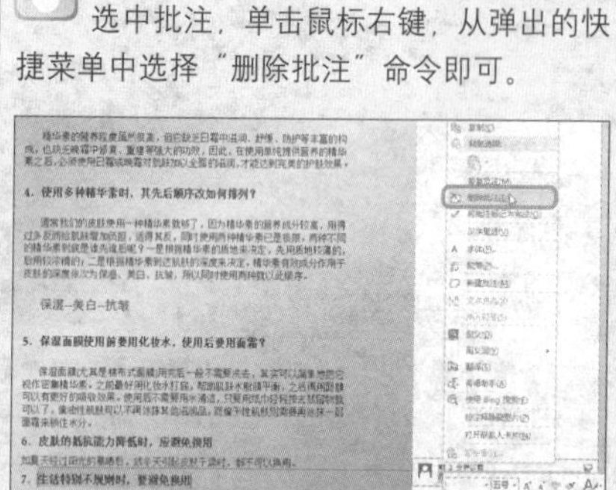

自定义批注框文本

实例 批注框的设置

插入批注后，批注框的样式为默认效果，若用户想自定义批注框样式，也是很容易的，下面介绍具体操作步骤。

1 选择批注，单击“审阅”选项卡上“修订”面板的对话框启动器。

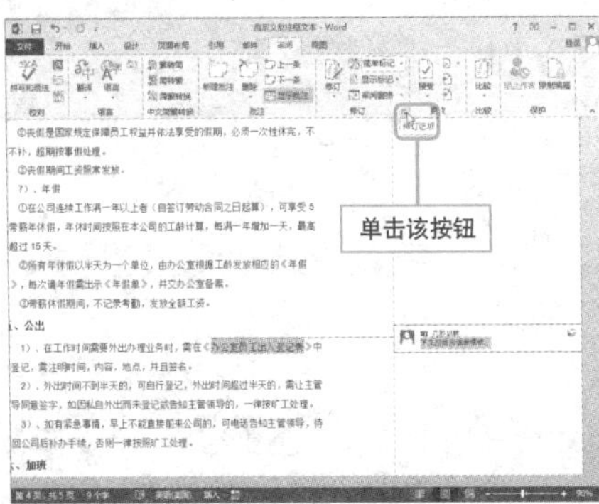

2 打开“修订选项”对话框，单击“高级选项”按钮。

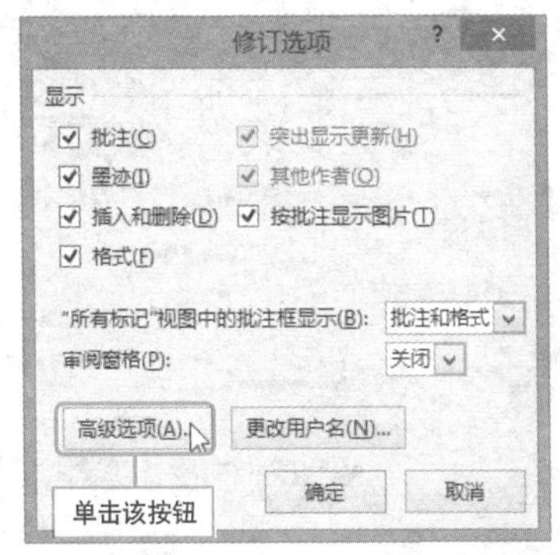

3 打开“高级修订选项”对话框，单击“批注”下拉按钮，选择“鲜绿”。

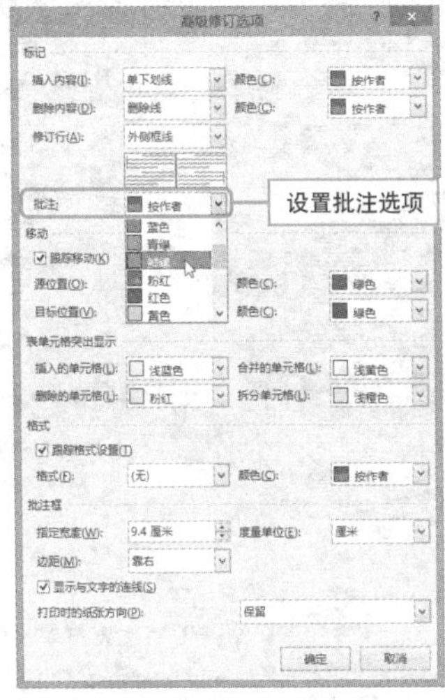

4 在“批注框”选项中设置批注框的宽度和边距，设置完成后，关闭对话框，查看设置批注框效果。

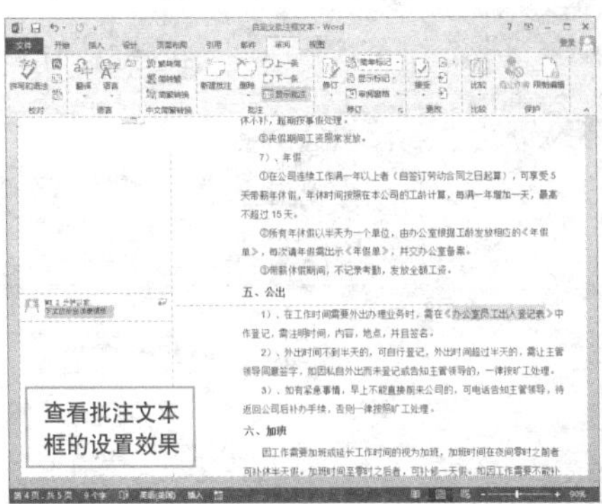

使用修订功能很简单

实例 启用修订功能

默认情况下，用户修改文档内容后，关闭文档再次打开无法看到之前对文档的修改有哪些。若想清楚地记录对文档的内容和格式的修改，可以启用修订功能，下面对其进行介绍。

1 打开文档，切换至“审阅”选项卡，单击“修订”按钮，从列表中选择“修订”选项。

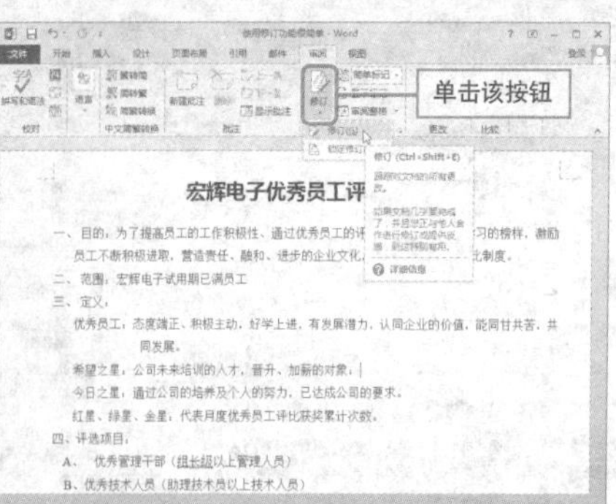

2 随后，对在文档中的文本进行相应修改，就会发现，被修改的内容会突出显示。

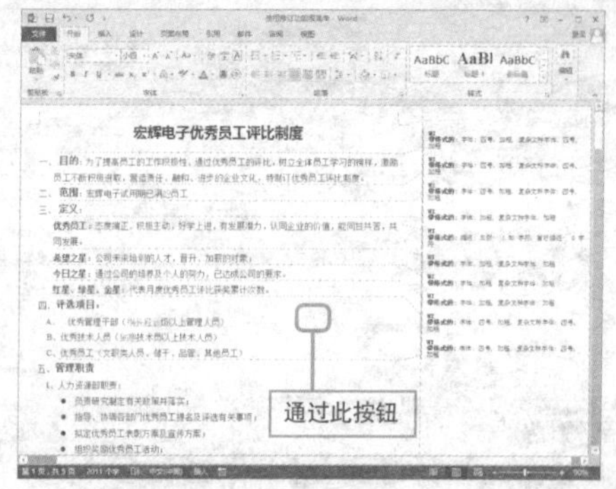

3 将光标置于修订的内容上，则会显示出修订的时间和内容。

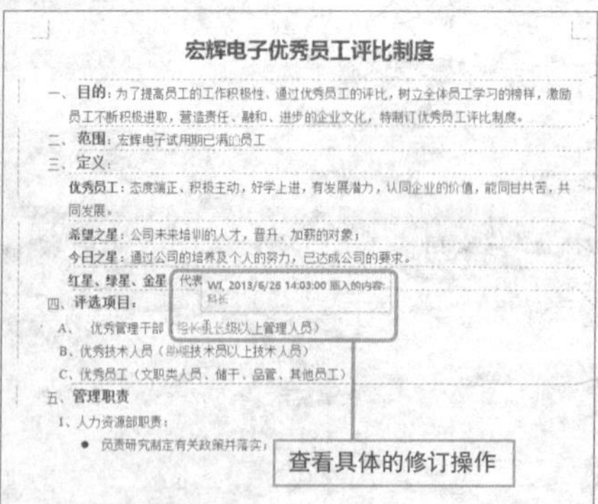

Hint

修订文章显示方式说明

在文档中，所有启动“修订”功能后，对文档所做的修改都会突出显示。其中，删除的内容会打上删除线，新增的内容会添加下划线，而修改了文本格式的内容则会在右侧标注中说明。

审阅文章很简单

实例 文档的审阅

文档交由客户或者上级修改返回后，若用户想查看他人对文档的修订，接受或者拒绝修订内容，则可以通过下面介绍的方法来完成。

❶ 打开文档，切换至“审阅”选项卡，单击“更改”面板中的“上一条”或“下一条”按钮，可逐一查阅修订内容。

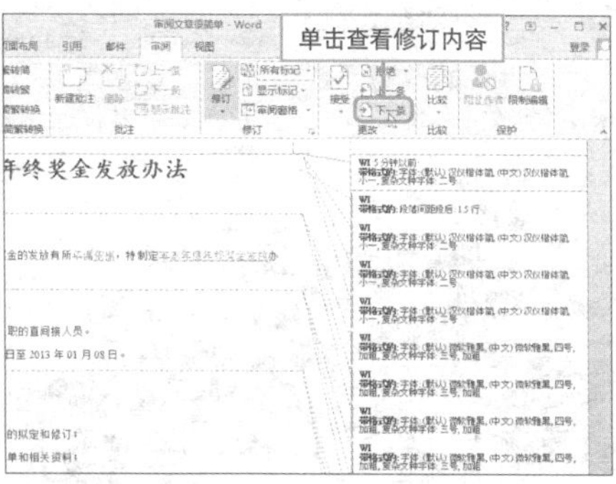

❷ 若单击“接受”按钮，从展开的列表中选择合适的命令，则可接受对文档的修订。

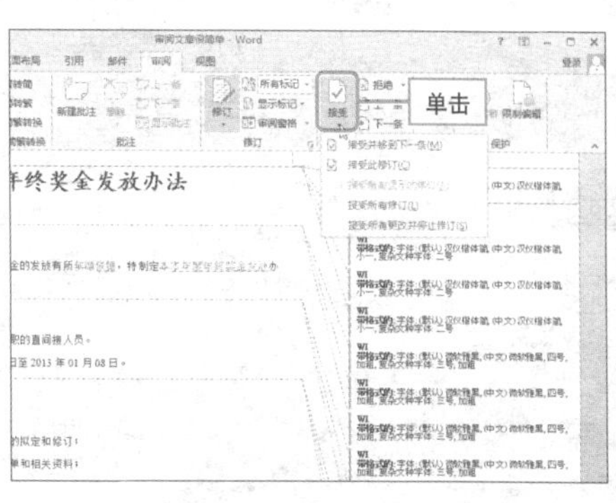

❸ 若单击“拒绝”按钮，从列表中选择合适的命令，则可拒绝对文档的修订。

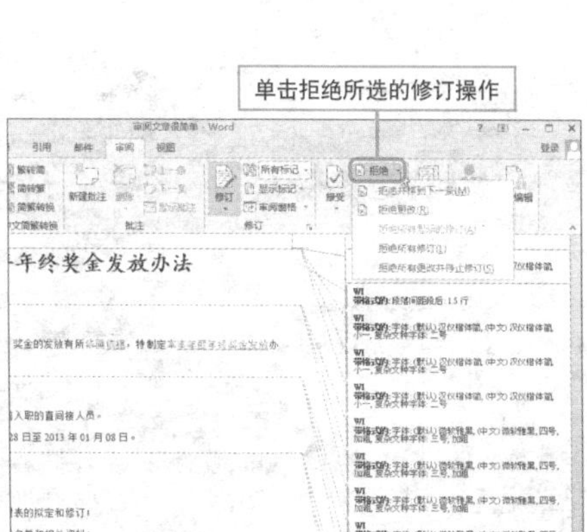

Hint

有关修订选项的设置

单击“审阅”选项卡“修订”面板的对话框启动器，打开“修订选项”对话框，选择需显示的修订项，单击“高级选项”按钮，则可在打开的对话框中对标记格式进行设置。

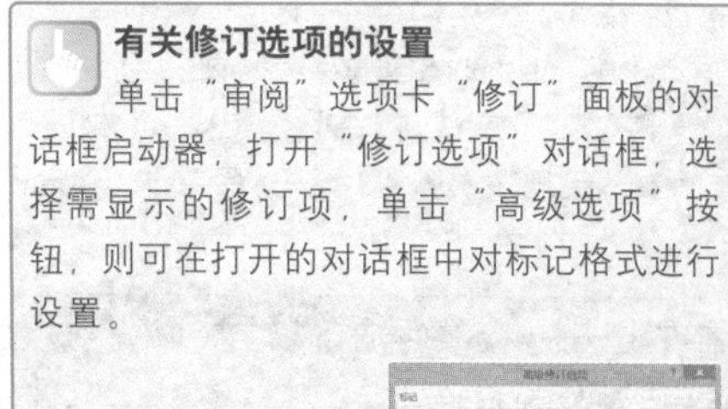

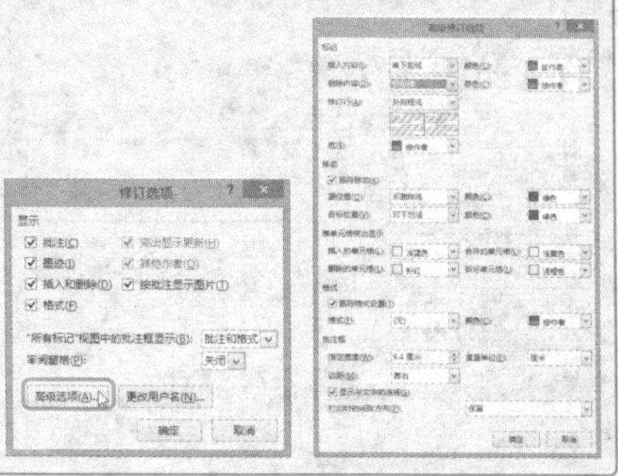

Question

152 一招保护批注和修订

● Level ◆◆◆

2013 2010 2007

实例 批注和修订的保护

用户在文档中添加批注或者对文档进行了修订后，为了防止他人恶意篡改文档，或是对文档的批注和修订作出误操作，可以对批注和修订作出相应保护，具体操作步骤如下。

1. 打开文档，切换至“审阅”选项卡，单击“保护”面板的“限制编辑”按钮，打开“限制编辑”窗格。

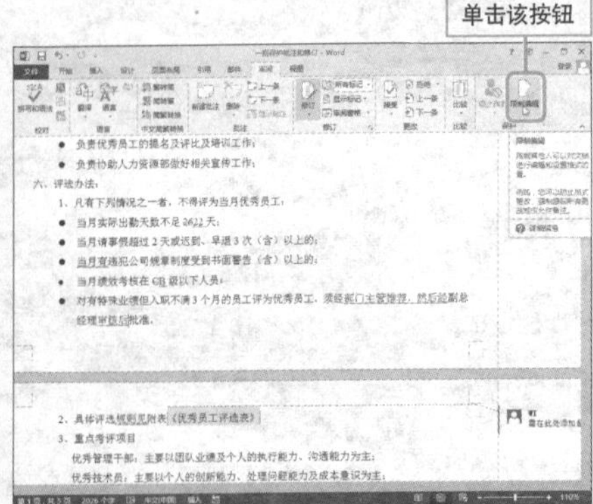

2. 在“限制编辑”选项勾选“仅允许在文档中进行此类型的编辑”复选框，设置其类型为“不允许任何更改（只读）”，然后单击“是，启动强制保护”按钮。

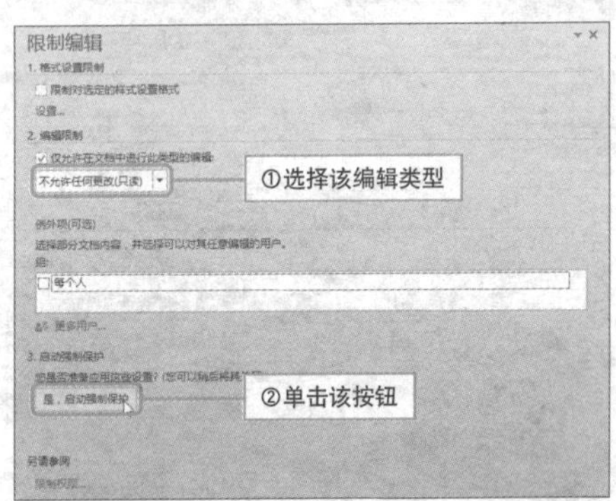

3. 打开“启动强制保护”对话框，在“新密码”和“确认新密码”文本框中输入密码，这里输入“123”，然后单击“确定”按钮。

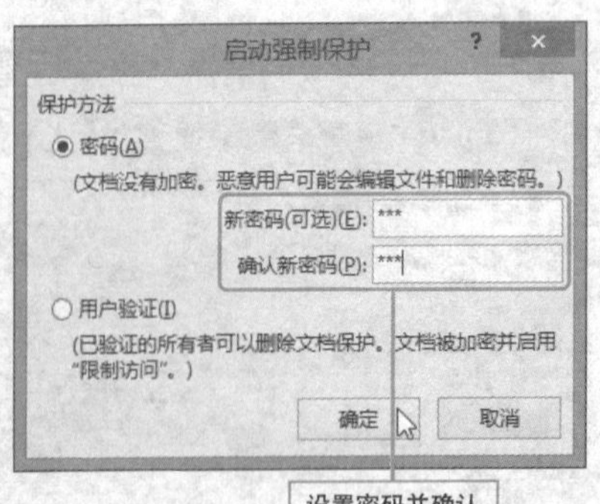

4. 设置完成后，选择文档中的文本执行删除操作后，发现不能将文本删除，并且状态栏中会出现“不允许修改，因为所选内容已被锁定”提示信息。

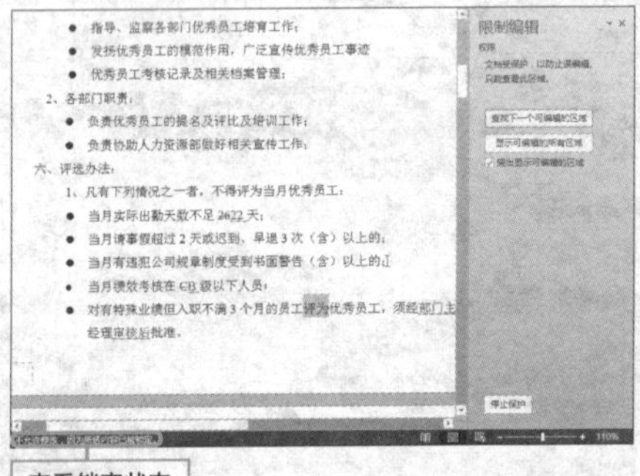

用好 Word 的比较功能

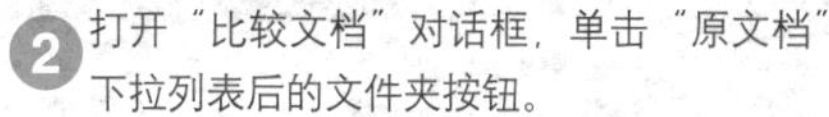

实例 比较功能的应用

在阅读文档时，有时需要对多个文档进行比较，那么怎样才能便捷地实现对比操作呢？不用着急，利用 Word 2013 中的比较功能即可。

1 打开文档，单击“审阅”选项卡的“比较”按钮，从列表中选择“比较”命令。

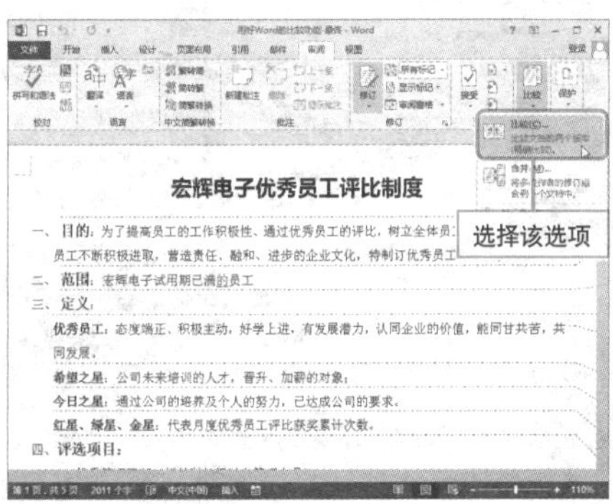

2 打开“比较文档”对话框，单击“原文档”下拉列表后的文件夹按钮。

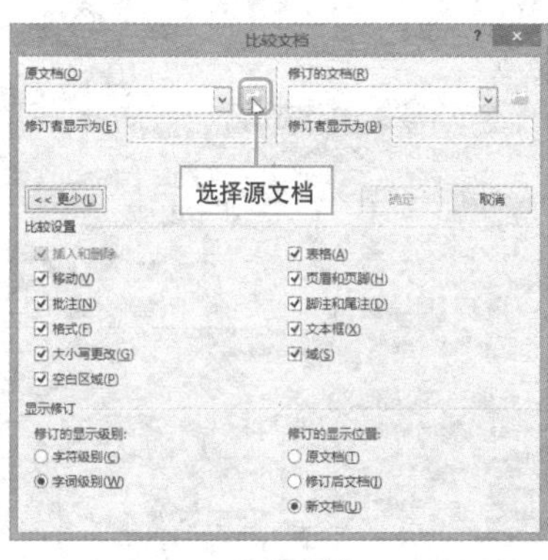

3 打开“打开”对话框，选择需要进行比较的原文档，单击“打开”按钮。

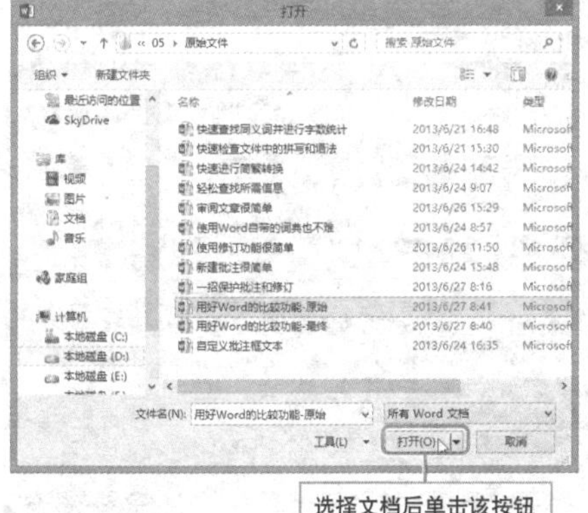

4 返回“比较文档”对话框，按照同样的方法选择修订的文档，单击“确定”按钮。

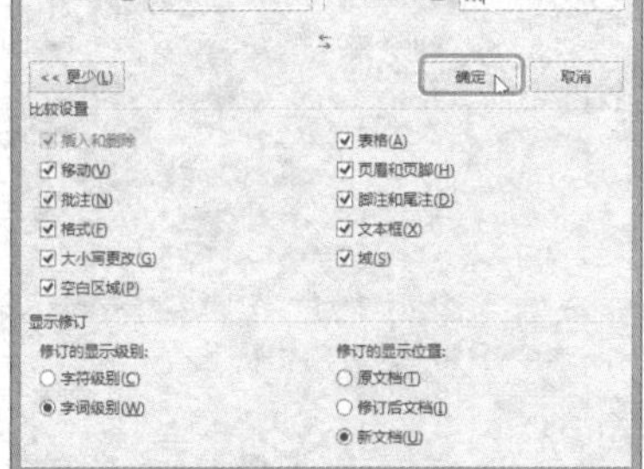

5 在打开的提示对话框中单击“是”按钮，此时，系统会新建一个名称为“比较结果1”的文档。

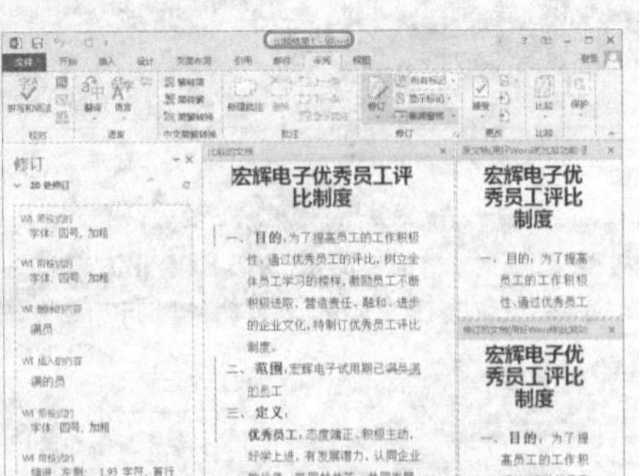

6 用户可看到文档所有修订内容，以及两文档相互比较的视图窗口，在“比较”列表中选择“合并”选项。

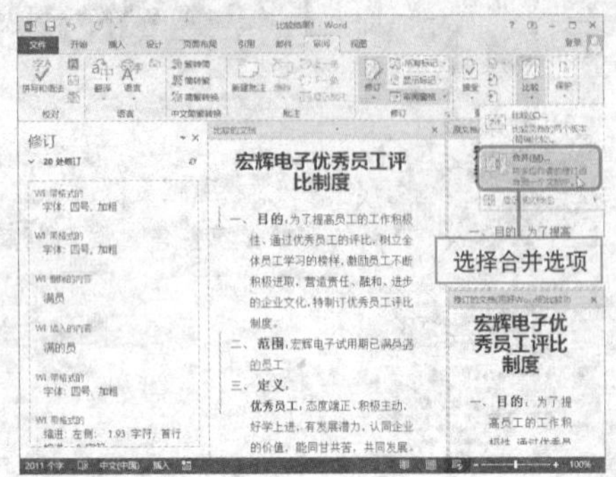

7 打开“合并文档”对话框，选择需要合并的文档，单击“确定”按钮。

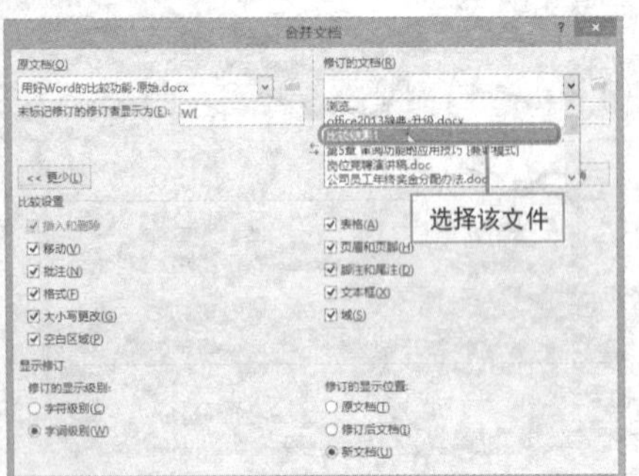

8 在打开的“合并结果4”文档中，选择“审阅>接受>接受所有修订”命令。

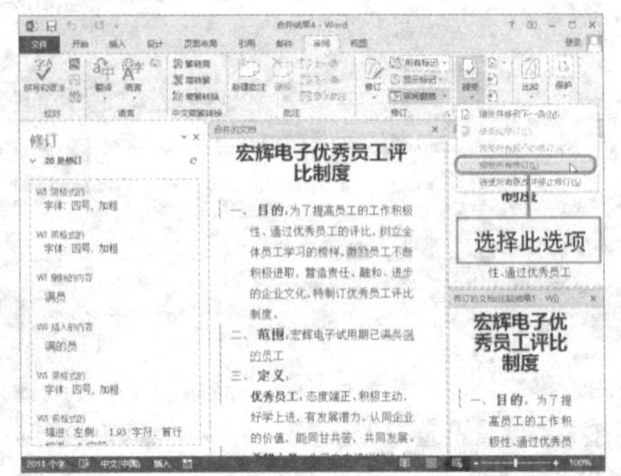

9 选择“审阅> 比较>显示源文档”命令，可在级联菜单中选择合适的命令隐藏或显示文档。

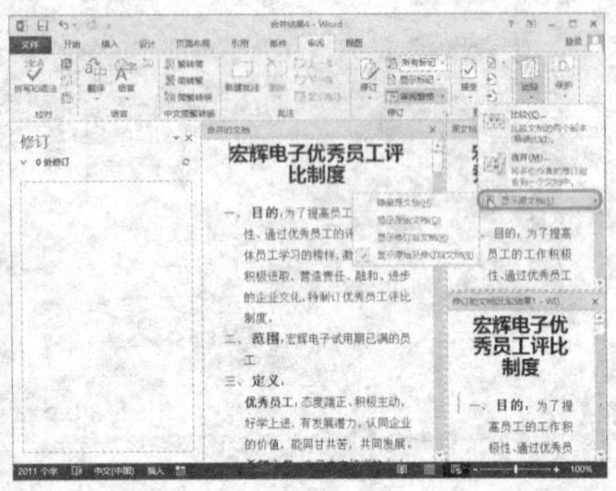

10 若选择“隐藏源文档”命令，则可将源文档隐藏。

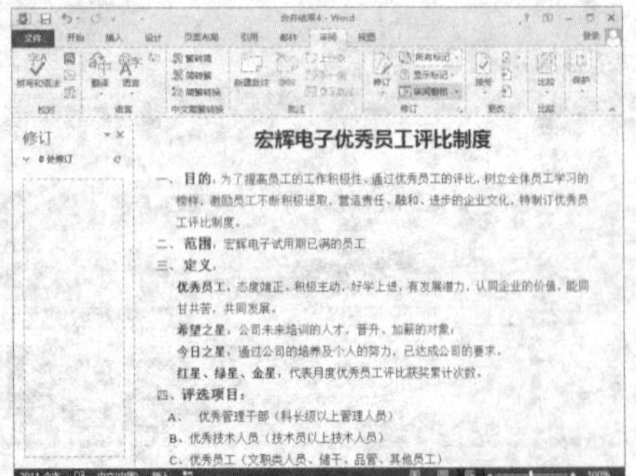

快速提取文档目录

实例 文档目录的自动生成

对于一个内容较多的文档，为了便于他人阅读时了解文档结构，把握文档内容，用户可以为文档添加目录，但是如果手工录入目录，难免过于浪费时间和精力，下面介绍一种自动提取文档目录的方法。

1. 打开文档，对文档中的标题分别进行相应的大纲级别设置，然后将鼠标光标定位在需插入目录的位置。

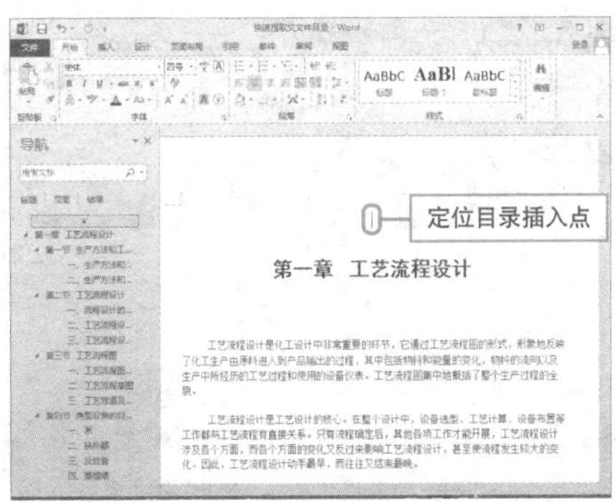

2. 切换至“引用”选项卡，单击“目录”按钮，从展开的列表中选择“自定义目录”选项。

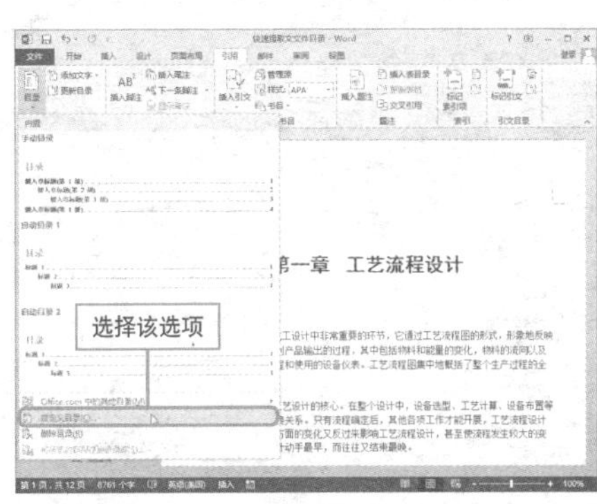

3. 打开“目录”对话框，将“常规”选项组中的“显示级别”设置为4级。

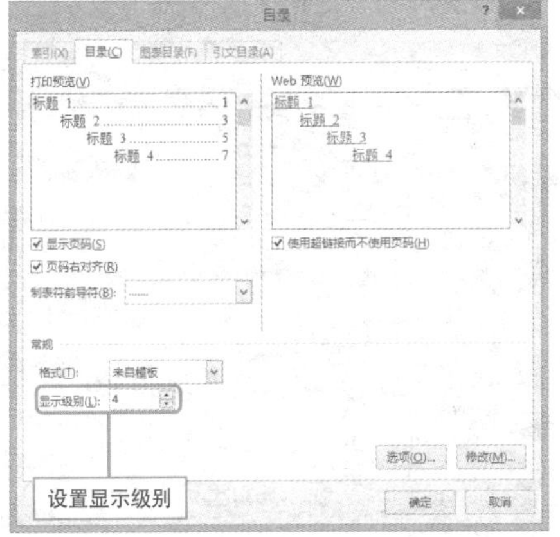

4. 设置完成后，单击“确定”按钮，即可成功提取目录。

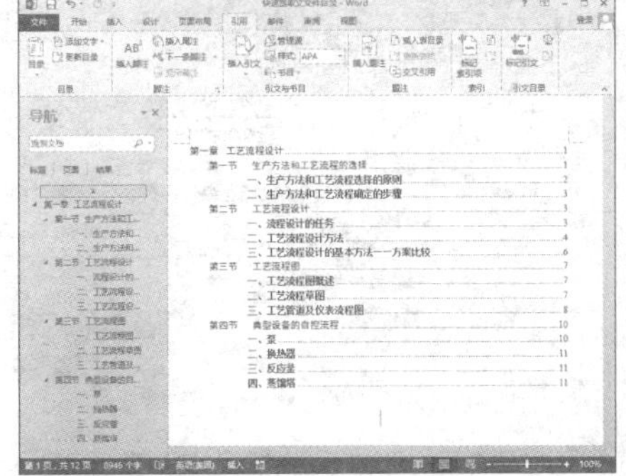

目录样式巧变身

实例 目录样式的更改

创建好文档目录后，如果用户对当前目录样式不满意，可对其进行适当修改，用户既可以选择其他类型的目录样式，也可以自定义目录样式。下面对自定义目录样式的具体操作步骤进行介绍。

1. 打开文档，切换至"审阅"选项卡，单击"目录"按钮，从列表中选择"自定义目录"选项。

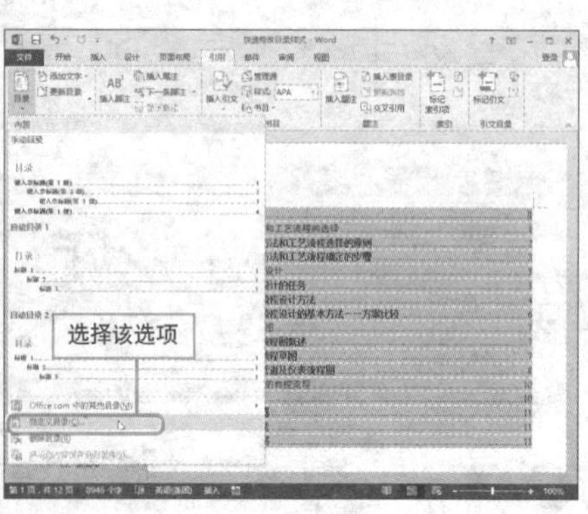

2. 打开"目录"对话框，单击"常规"选项组中的"格式"下拉按钮，从列表中选择"流行"样式。

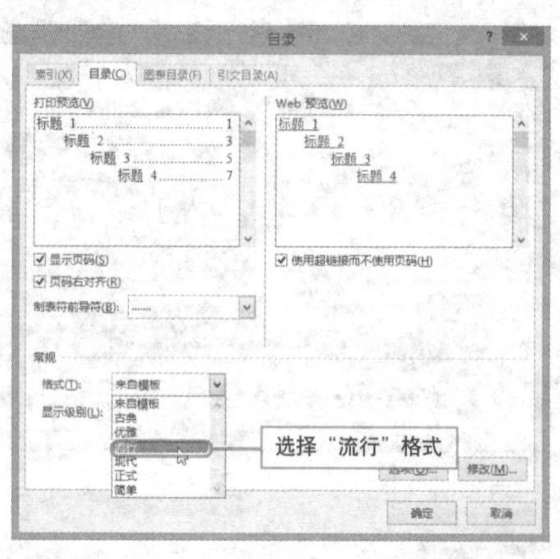

3. 选择完成后，单击"确定"按钮，单击提示对话框中的"是"按钮。

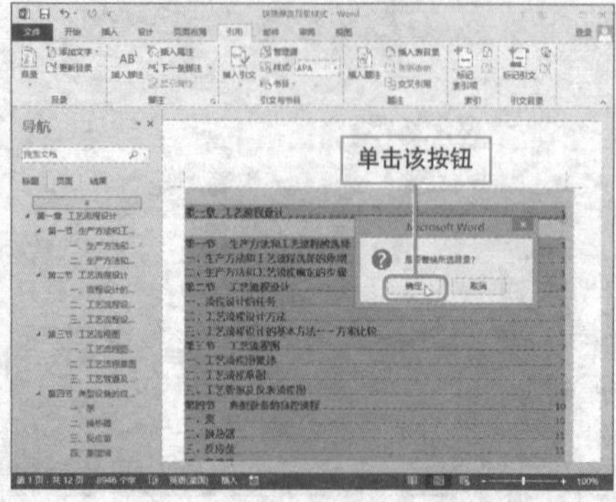

4. 设置完成后，原有的目录样式即会发生改变。

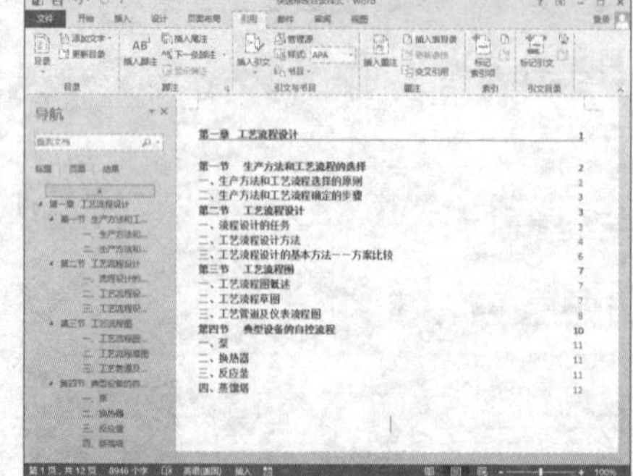

5 **自定义目录样式。**打开“目录”对话框，将“常规”选项组中的“格式”设置为“来自模板”，单击“修改”按钮。

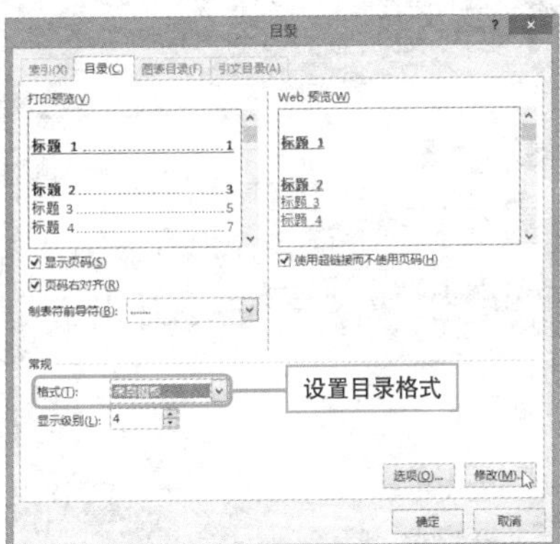

6 打开“样式”对话框，选择需修改的目录级别，这里选择“目录1”，单击“修改”按钮。

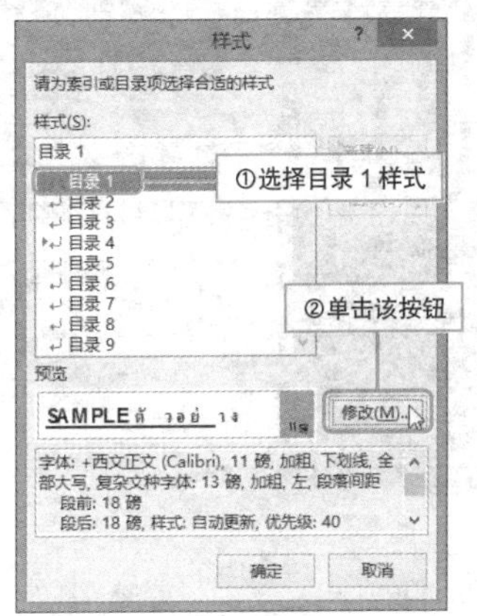

7 打开“修改样式”对话框，根据提示对相应的选项进行设置，如文字的字体、字号及颜色等。

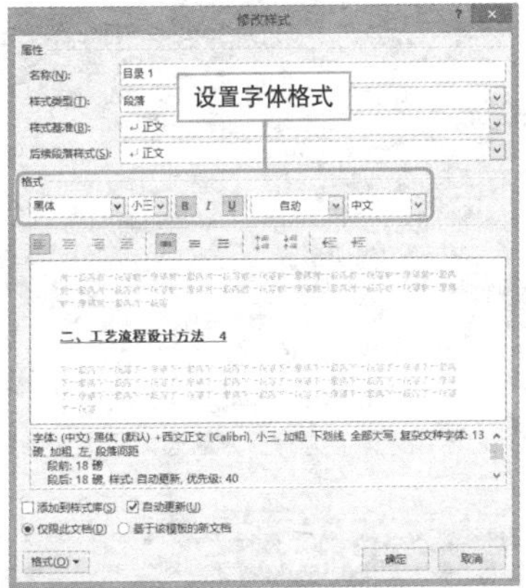

8 设置完成后，单击“确定”按钮，返回“样式”对话框，随后选择二级目录对其样式进行更改。

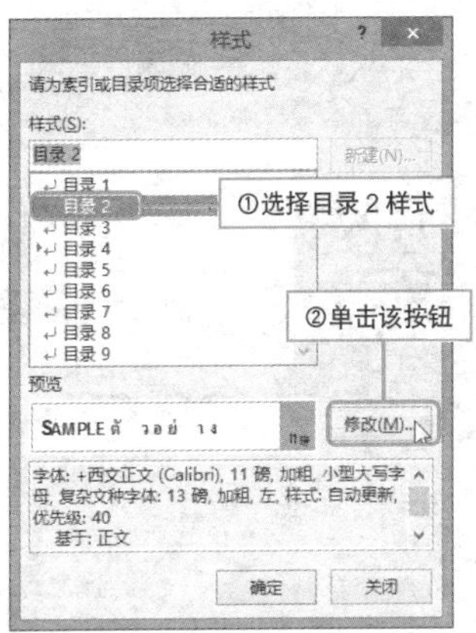

9 设置完成后，单击“确定”按钮，返回上一级对话框并单击确定，弹出提示对话框。

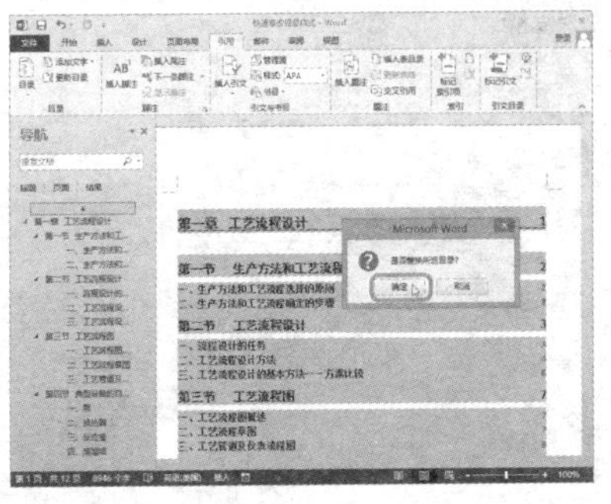

10 单击“确定”按钮，完成目录样式的创建，此时，文档目录样式也发生改变。

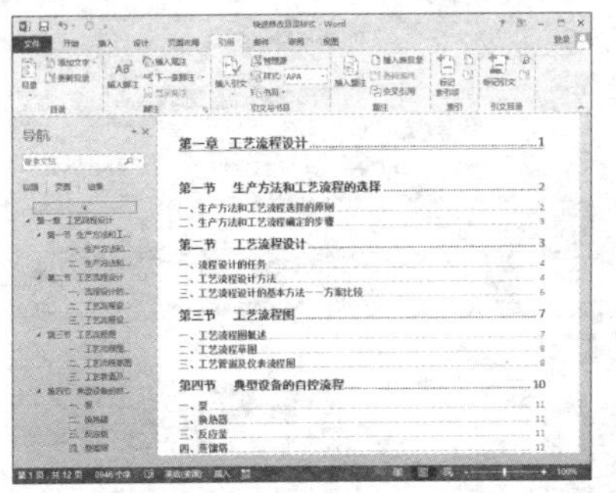

巧妙更新文件目录

实例 将文档目录设置为自动更新

完成目录的提取操作后，如果需要对文档内容进行修改，那么目录是不是还需再次提取呢？其实不用着急，用户可以利用自动更新功能更新目录。

1 打开文档，按住Ctrl键，此时鼠标光标已变成手指形状。

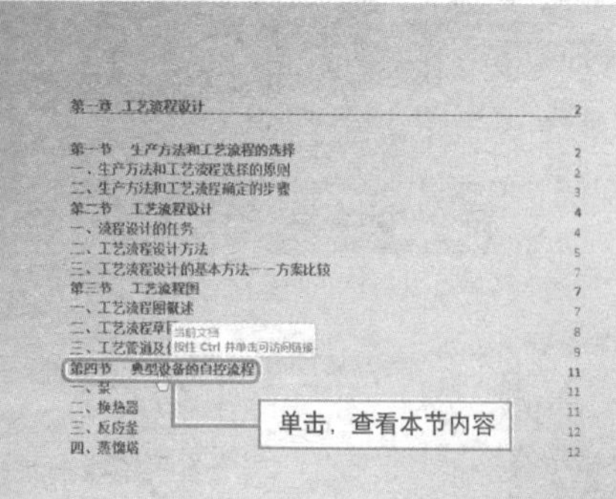

2 在目录中单击需要更改的内容标题，跳转至相关内容，并对其执行修改操作。

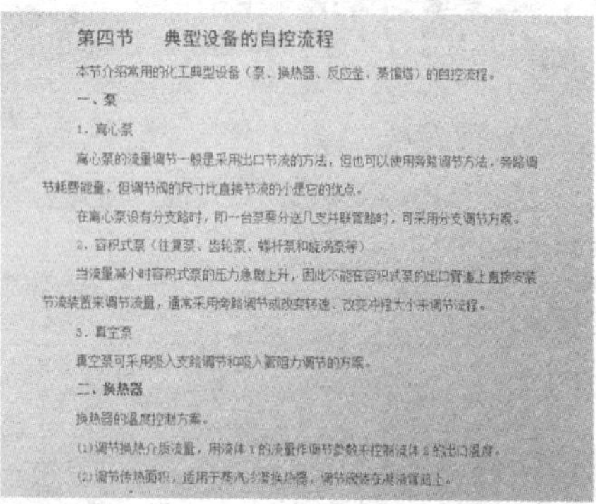

3 随后，执行"引用>更新目录"命令，弹出"更新目录"对话框，选择"更新整个目录"选项，单击"确定"按钮。

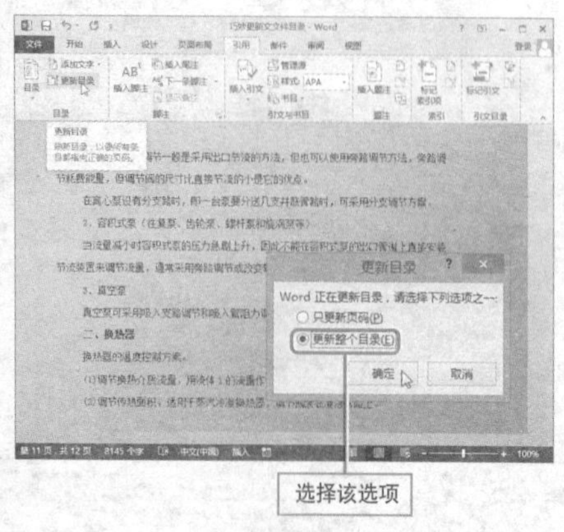

4 返回后可发现，被删除内容对应的标题已从目录中删除，同时，系统也对目录的页码进行了更新。

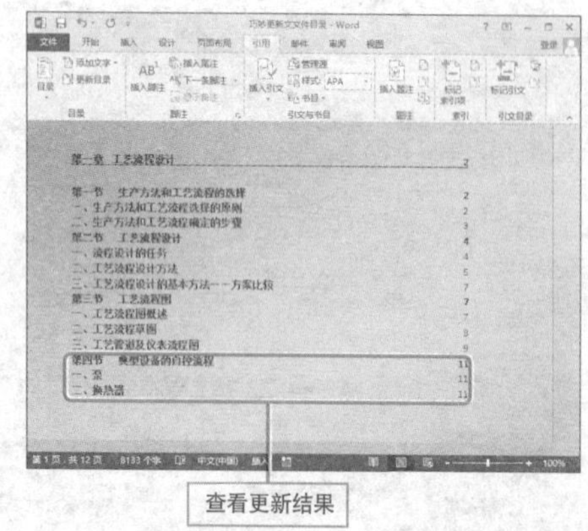

为目录的页码添加括号

实例 为目录页码添加括号

创建目录完成后，可以对目录页码添加括号，如果逐一进行添加，会非常麻烦，用户可以通过“替换”功能，实现快速添加。

❶ 选择所有目录，单击“开始”选项卡的“替换”按钮。

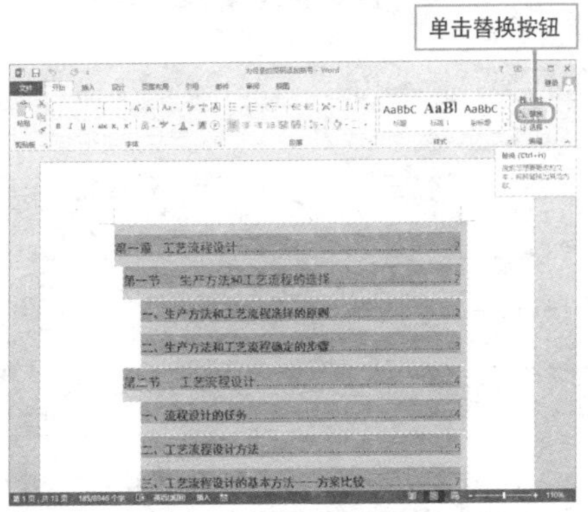

❷ 打开“查找和替换”对话框，在“查找内容”文本框中输入“([0-9]{1,})”，在“替换为”文本框中输入“（\1）”。

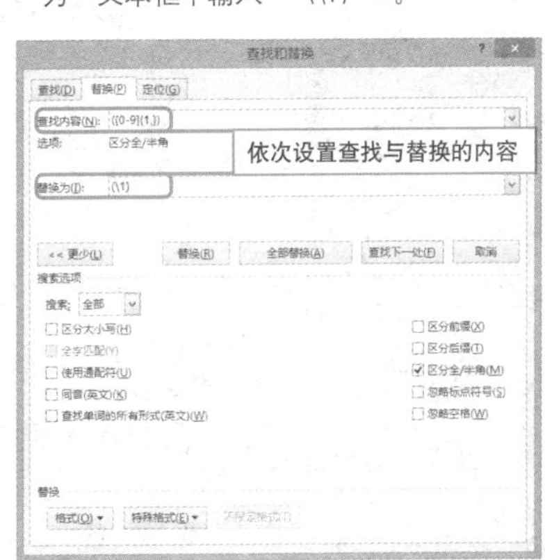

❸ 勾选“使用通配符”复选框，单击“全部替换”按钮，弹出提示对话框，单击“否”按钮。

❹ 设置完成后，即可完成目录页面括号的添加操作。

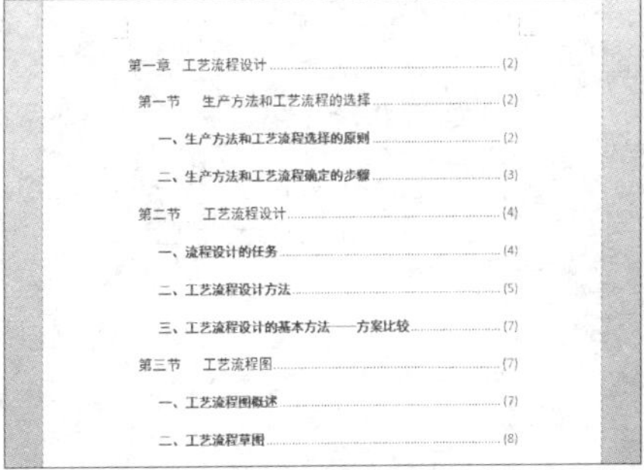

插入脚注 / 尾注用处大

实例 添加脚注 / 尾注

脚注位于页面底部，对当前页面内容起补充说明作用。而尾注位于文档的结尾，常用于列出引文的出处等。在大型文档的创作及排版中，可能经常会用到脚注和尾注，下面将对其使用方法进行介绍。

1. **添加脚注**。打开文档，切换至“引用”选项卡，单击“插入脚注”按钮。

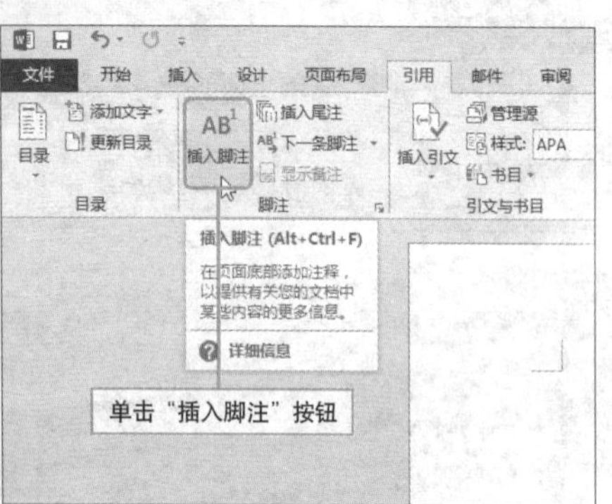

2. 鼠标光标自动定位至文档页面底部，用户可根据需要输入说明性内容。

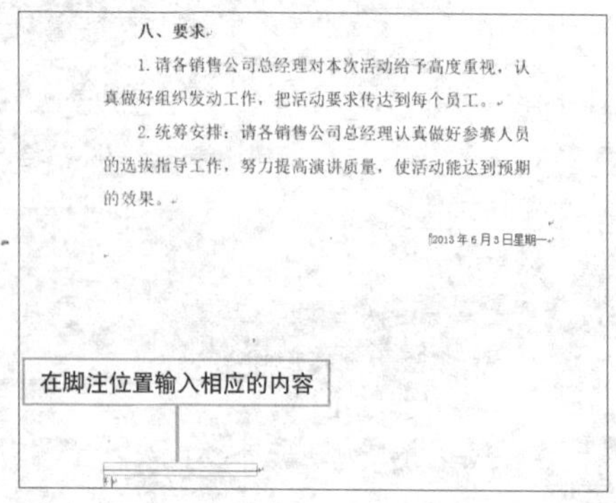

3. **添加尾注**。单击“插入”选项卡的“插入尾注”按钮。

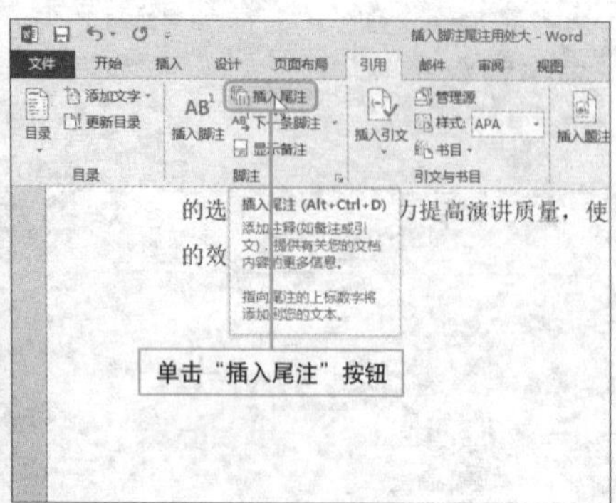

4. 鼠标光标自动定位至文档的结尾处，根据需要输入说明性文本。

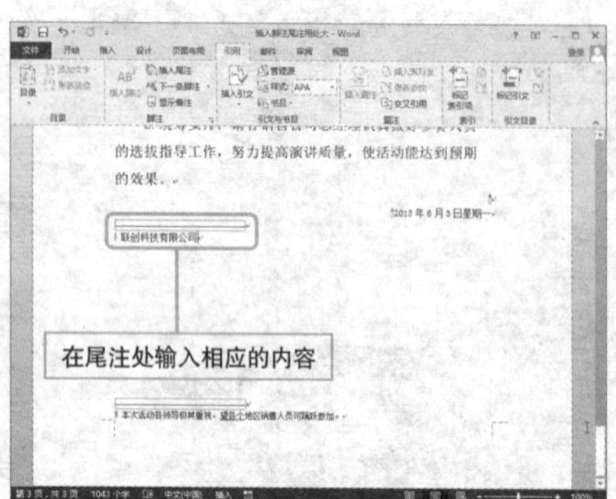

按需设置脚注 / 尾注也不难

实例 对脚注 / 尾注进行设置

插入脚注 / 尾注后，用户可以根据需要对脚注 / 尾注进行设置，包括改变脚注 / 尾注位置、设置脚注 / 尾注的编号方式、脚注和尾注间的转换以及删除脚注和尾注，下面对这些内容进行详细介绍。

❶ **改变脚注/尾注位置。**单击“引用”选项卡“脚注”面板对话框启动器，单击打开对话框的“位置”选项下“脚注/尾注”选项下拉按钮，从列表中选择合适选项。

设置脚注位置

❷ **改变脚注/尾注的编号格式。**在“脚注和尾注”对话框中的“格式”选项，单击“编号格式”下拉按钮，从列表中选择合适的编号格式即可。

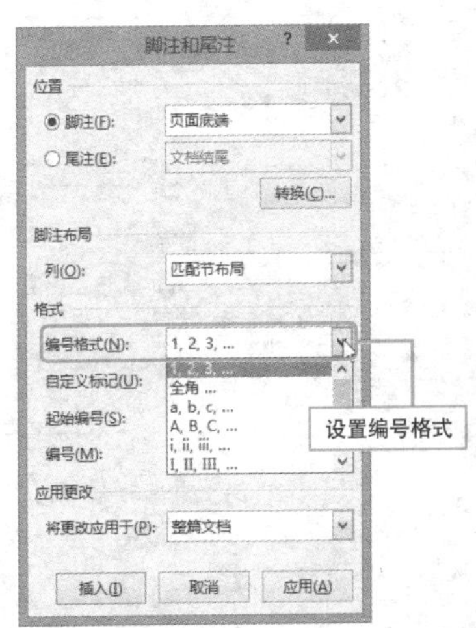

❸ **脚注和尾注间的转换。**单击“脚注和尾注”对话框中的“转换”按钮，打开“转换注释”对话框，从中进行相应的选择即可。

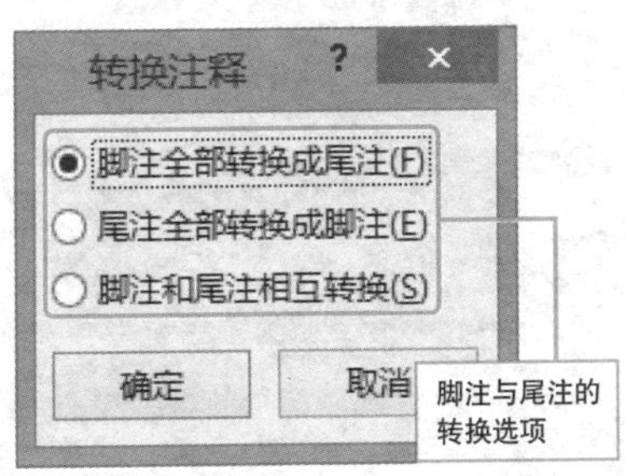

Hint

删除脚注 / 尾注

在正文内容中选中脚注 / 尾注，然后在键盘上按 Delete 键即可删除选中的脚注 / 尾注。

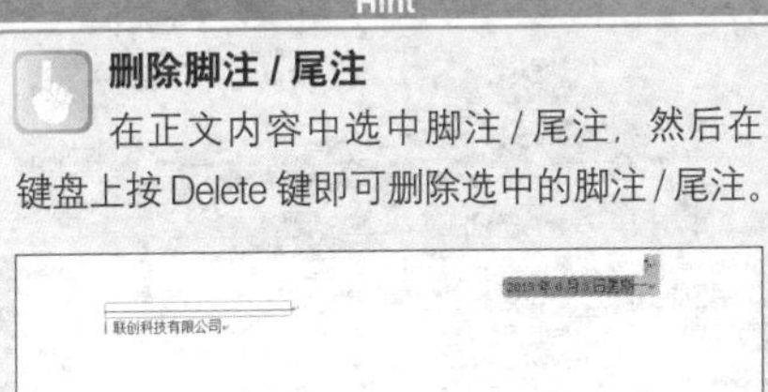

Question 160

引文功能的使用

● Level ◆◆◆

2013 2010 2007

实例 **使用引文功能**

在著书、撰写文章、编写论文时，为了引用介绍他人的思想观点及某一方面的情况，用户可以从其他书籍、文章或有关文献资料中摘引文辞，下面将对引文功能的使用方法进行介绍。

1 将鼠标光标定位至需添加引文处，单击“引用”选项卡的“插入引文”按钮，从列表中选择“添加新源”选项。

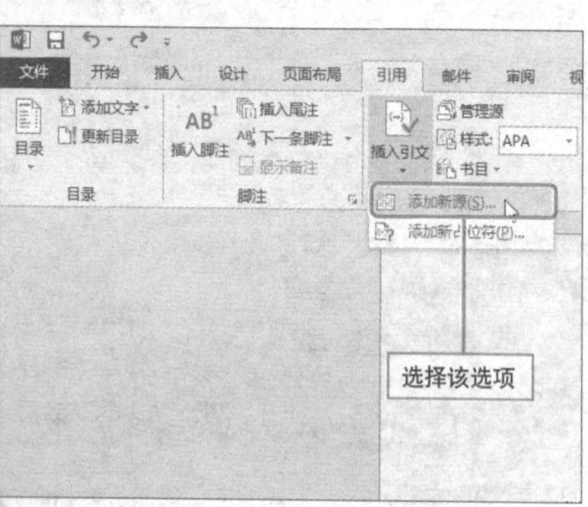

2 打开“创建源”对话框，根据实际情况设置源类型、作者、标题、年份等，设置完成后，单击“确定”按钮即可。

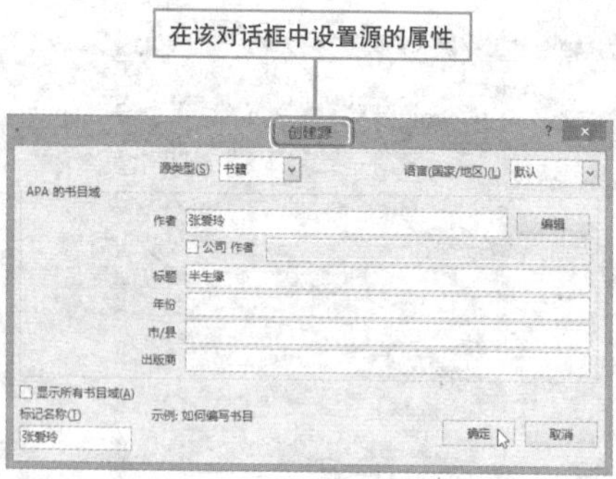

3 在插入点处添加引文后，若单击引文，则会出现“引文选项”按钮，从列表中选择“编辑引文”按钮。

张爱玲经典语录

我要你知道，在这个世界上总有一个人是等着你的，不管在什么时候，不管在什么地方，反正你知道，总有这么个人。(张爱玲)

编辑引文(E)
编辑源(I)
将引文转换为静态文本(C)
更新引文和书目

选择“编辑引文”选项

喜欢一个人，会卑微到尘埃里，然后开出花来。

我喜欢钱，因为我没吃过钱的苦，不知道钱的坏处，只知道钱的好处。

生命是一袭华美的袍，长满了虱子。

4 打开“编辑引文”对话框，可设置引用引文的页数，也可取消作者、年份或标题显示。

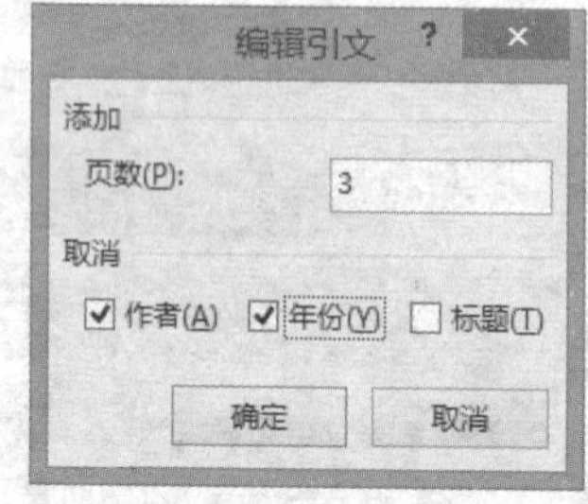

5 设置完成后，单击“确定”按钮，可以看到，引文发生了改变。

查看引文的修改效果

我要你知道，在这个世界上总有一个人是等着你的，不管在什么时候，不管在什么地方，反正你知道，总有这么个人。（半生缘，页 3）

于千万人之中，遇见你要遇见的人。于千万年之中，时间无涯的荒野里，没有早一步，也没有迟一步，遇上了也只能轻轻地说一句：“你也在这里吗？”

死生契阔——与子相悦，执子之手，与子偕老是一首最悲哀的诗……生与死与离别，都是大事，不由我们支配的。比起外界的力量，我们人是多么小，多么小！可是我们偏要说：‘我永远和你在一起，我们一生一世都别离开’。——好像我们自己做得了主似的。

喜欢一个人，会卑微到尘埃里，然后开出花来。

我喜欢钱，因为我没吃过钱的苦，不知道钱的坏处，只知道钱的好处。

生命是一袭华美的袍，长满了虱子。

娶了红玫瑰，久而久之，红玫瑰就变成了墙上的一抹蚊子血，白玫瑰还是“床前

Hint

更改引文样式

单击“引文”选项卡上的“样式”按钮，从列表中选择合适的引文样式即可。

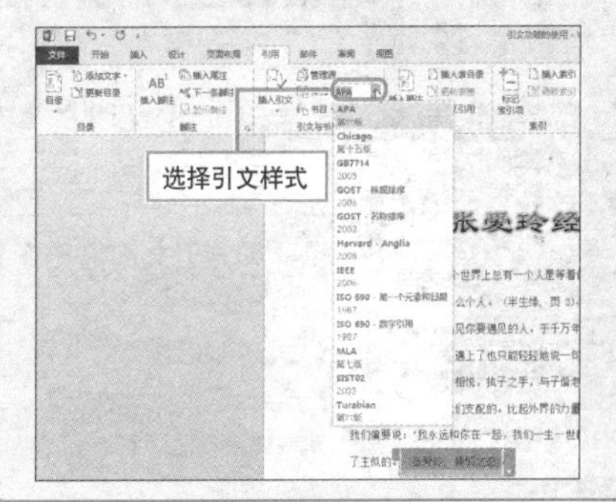

6 **通过新占位符添加引文。**执行“引用>插入引文>添加新占位符”命令，单击“引文选项”按钮，选择“编辑源”选项。

我要你知道，在这个世界上总有一个人是等着你的，不管在什么时候，不管在什么地方，反正你知道，总有这么个人。（半生缘，页 3）

于千万人之中，遇见你要遇见的人。于千万年之中，时间无涯的荒野里，没有早一步，也没有迟一步，遇上了也只能轻轻地说一句：“你也在这里吗？（占位符 1）

死生契阔——与子相悦，执子之手，与子偕老是一……别，都是大事，不由我们支配的。比起外界的力量，我……我们偏要说：‘我永远和你在一起，我们一生一世都别……了主似的。

编辑引文(E)
编辑源(I)
将引文转换为静态文本(C)
更新引文和书目

选择编辑源选项

喜欢一个人，会卑微到尘埃里，然后开出花来。

我喜欢钱，因为我没吃过钱的苦，不知道钱的坏处，只知道钱的好处。

生命是一袭华美的袍，长满了虱子。

娶了红玫瑰，久而久之，红玫瑰就变成了墙上的一抹蚊子血，白玫瑰还是“床前明月光”；娶了白玫瑰，白玫瑰就是衣服上的一粒饭渣子，红的还是心口上的一颗朱砂

7 打开“编辑源”对话框，可对源类型、作者、标题、年份等进行编辑，编辑完成后，单击“确定”按钮。

编辑并设置源选项

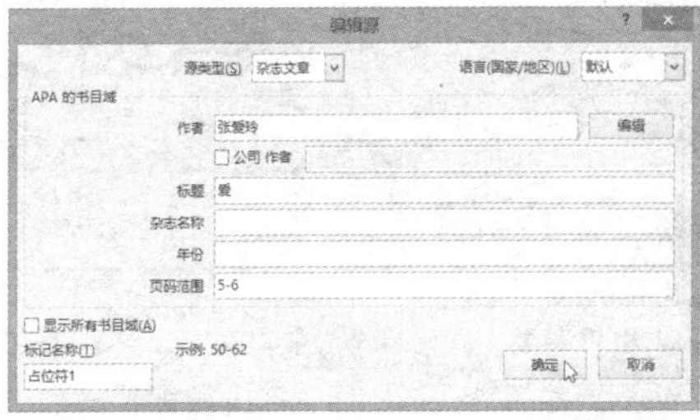

8 返回至编辑页面，查看引文。

我要你知道，在这个世界上总有一个人是等着你的，不管在什么时候，不管在什么地方，反正你知道，总有这么个人。（半生缘，页 3）

于千万人之中，遇见你要遇见的人。于千万年之中，时间无涯的荒野里，没有早一步，也没有迟一步，遇上了也只能轻轻地说一句：“你也在这里吗？（张爱玲，爱）

死生契阔——与子相悦，执子之手，与子偕老是一首最悲哀的诗……生与死与离别，都是大事，不由我们支配的。比起外界的力量，我们人是多么小，多么小！可是我们偏要说：‘我永远和你在一起，我们一生一世都别离开’。——好像我们自己做得了主似的。

喜欢一个人，会卑微到尘埃里，然后开出花来。

我喜欢钱，因为我没吃过钱的苦，不知道钱的坏处，只知道钱的好处。

生命是一袭华美的袍，长满了虱子。

娶了红玫瑰，久而久之，红玫瑰就变成了墙上的一抹蚊子血，白玫瑰还是“床前明月光”；娶了白玫瑰，白玫瑰就是衣服上的一粒饭渣子，红的还是心口上的一颗朱砂

Hint

添加重复的引文

若需要添加和上文重复的引文，在“插入引文”列表中选择已经存在的引文即可。

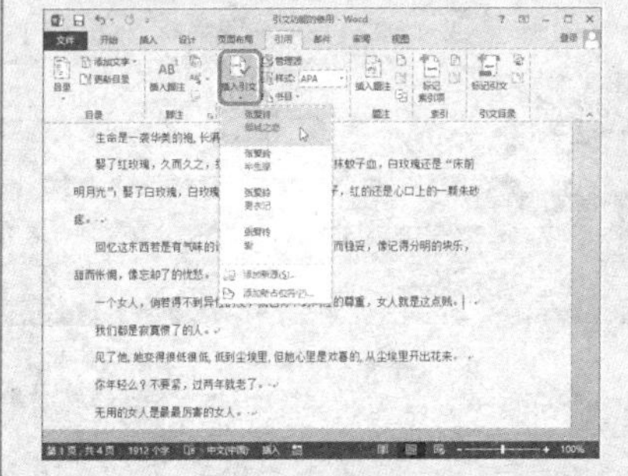

创建引文目录有技巧

实例 引文目录的创建

在论文或书籍的最后都会有一个附录，以说明正文内容引用了哪些书籍，即为引文创建一个目录，下面介绍如何创建引文目录。

1 将鼠标光标定位至文章结尾处，单击“引用”选项卡上的“书目”按钮，从列表中选择“插入书目”选项。

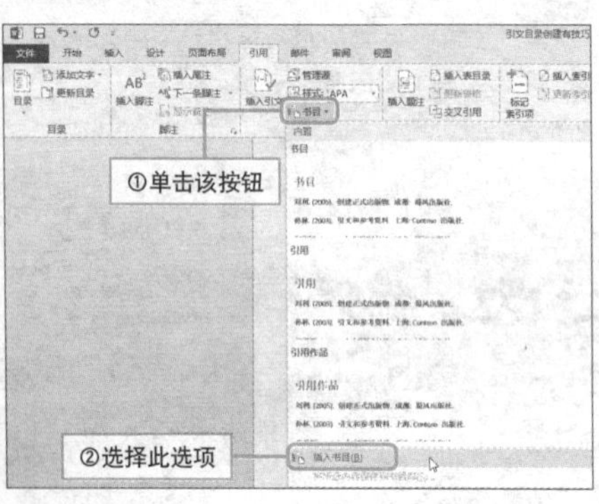

2 随后即可在文档结尾处插入文档中所有引文的目录。

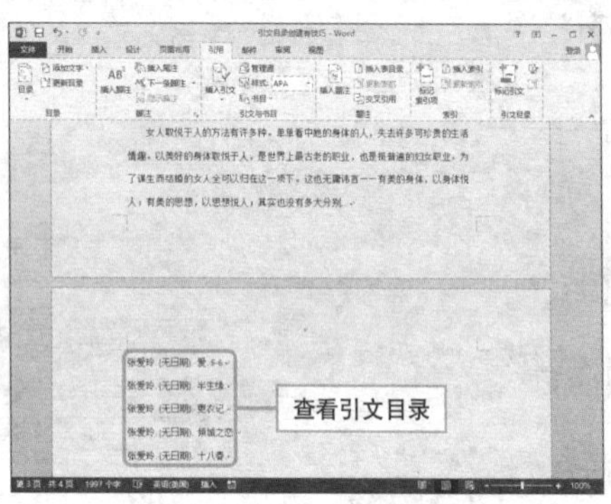

3 选择需要保存到目录库的目录，从“书目”列表中选择“将所选内容保存到书目库”选项。

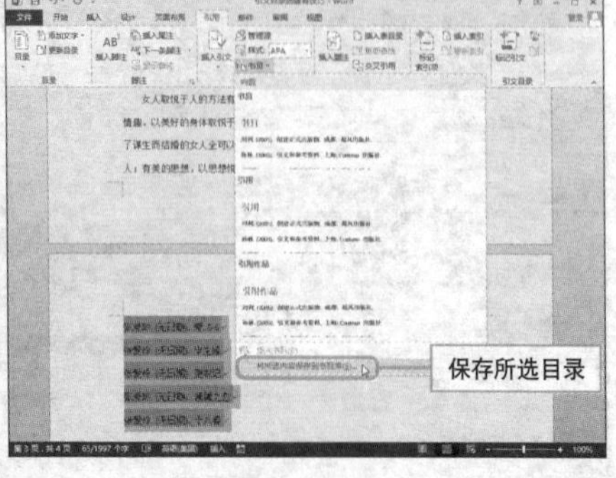

4 弹开“新建构建基块”对话框，根据需要设置书目名称、库、类别等，设置完成后，单击“确定”按钮即可。

新建构建基块

名称(N): 张爱玲.（
库(G): 书目
类别(C): 常规
说明(D):
保存位置(S): Building Blocks
选项(O): 插入自身的段落中的内容
确定 取消

5 若在创建引文目录后，又新增了引文内容，则只需单击“更新引文和书目”按钮。

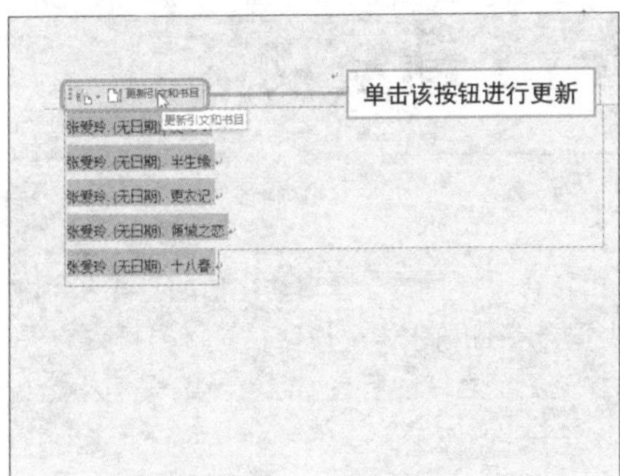

6 随后即可更新文档的引文书目。

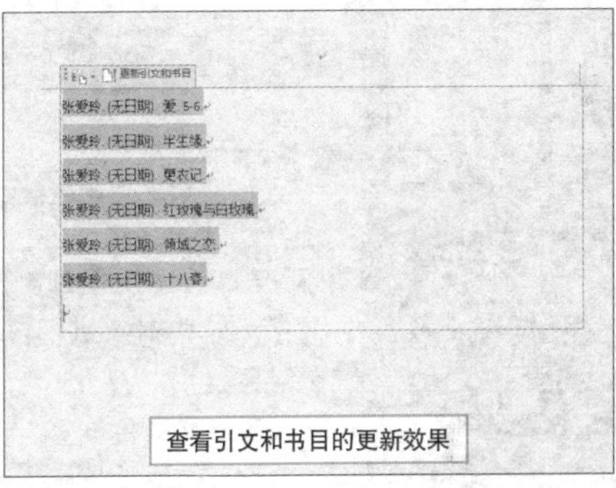

7 **插入书目。**打开“书目”列表，在保存的书目上单击鼠标右键，即可从快捷菜单中选择合适的命令在指定位置插入书目。

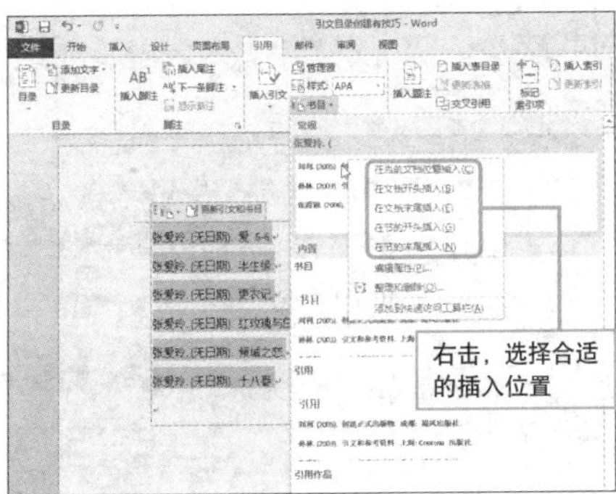

Hint

编辑书目属性

若选择“编辑属性”命令，则可对当前书目的属性进行编辑，编辑完成后确定即可。

8 **删除书目。**从右键列表中选择“整理和删除”命令。打开“构建基块管理器”对话框。

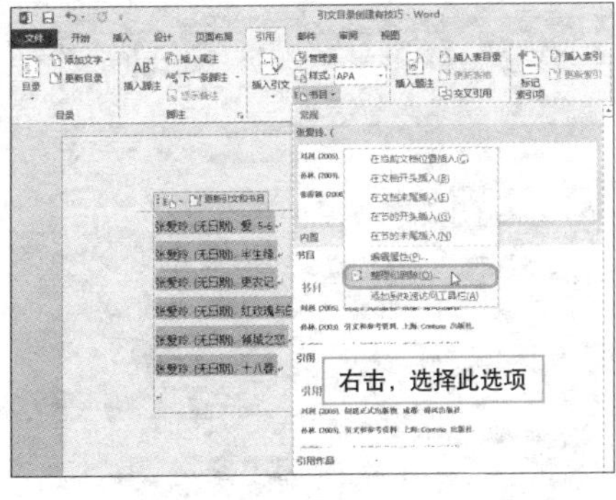

9 从中选择构建基块，随后单击“删除”按钮，即可删除当前书目。最后关闭对话框返回。

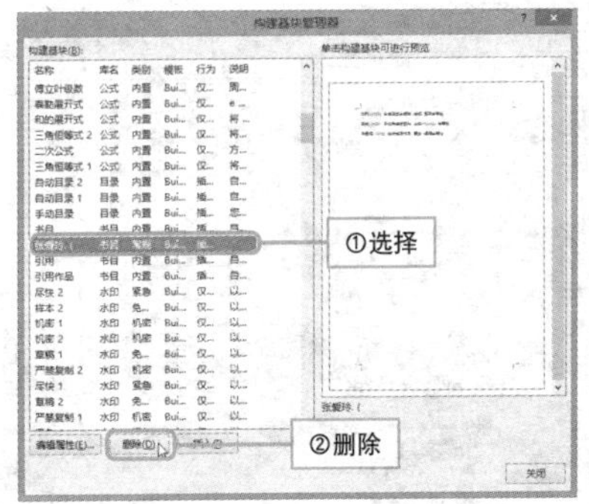

Question 162

巧妙运用 Word 题注功能

实例 题注功能的使用

Level ◆◆◆

2013 2010 2007

题注是 Word 为图片、表格和公式等提供的一个自动化功能，其主要目的是为这些对象进行自动化编号并且加入一个说明信息。当插入或删除某题注后，Word 会自动将该项目之后的所有项目重新编号，以减少用户手动修改的麻烦。

1 打开文档，将插入点置于图片下方，单击“引用”选项卡上的“插入题注”按钮。

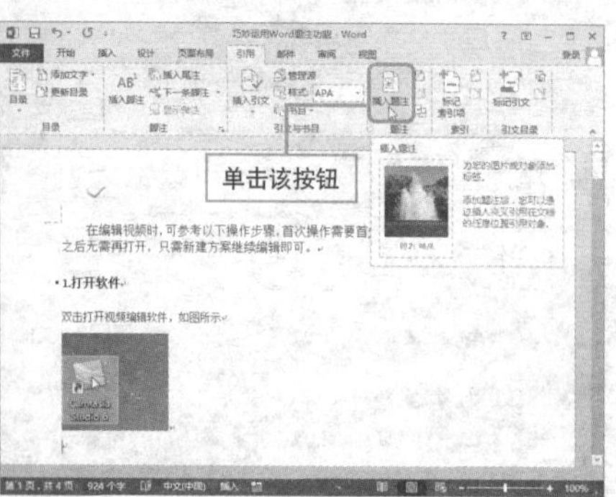

2 打开“题注”对话框，单击“标签”下拉按钮，根据需要选择标签类型。

3 如果在标签下拉列表中没有合适的类型，可单击“新建标签”按钮，在打开的对话框中，输入新标签样式。

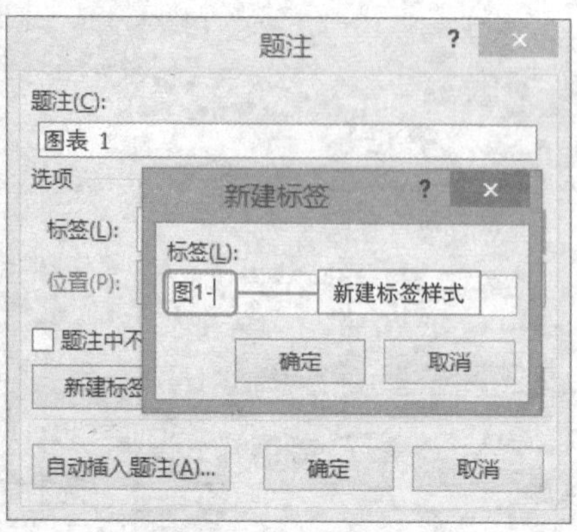

4 设置完成后，单击“确定”按钮，返回“题注”对话框，显示新题注类型，单击“确定”按钮，完成题注的插入。

5 单击“题注”对话框中的“编号”按钮，打开“题注编号”对话框，单击“格式”下拉按钮，选择满意的编号样式即可。

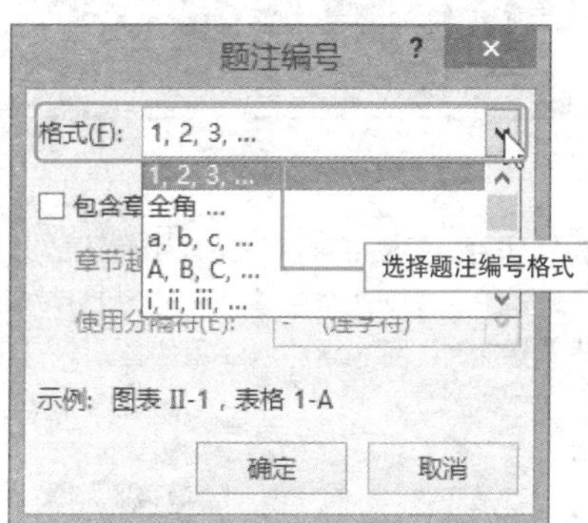

6 选择完成后，单击“确定”按钮。按Ctrl + Shift + S组合键打开“应用样式”对话框，单击“修改”按钮。

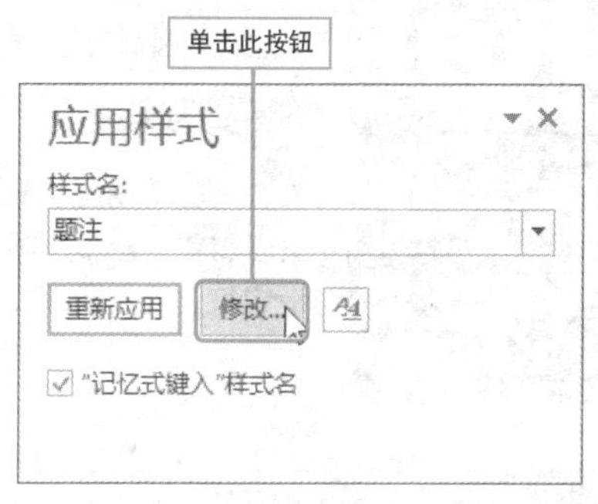

7 打开“修改样式”对话框，可对题注的字体、字号、颜色及对齐方式等进行设置。

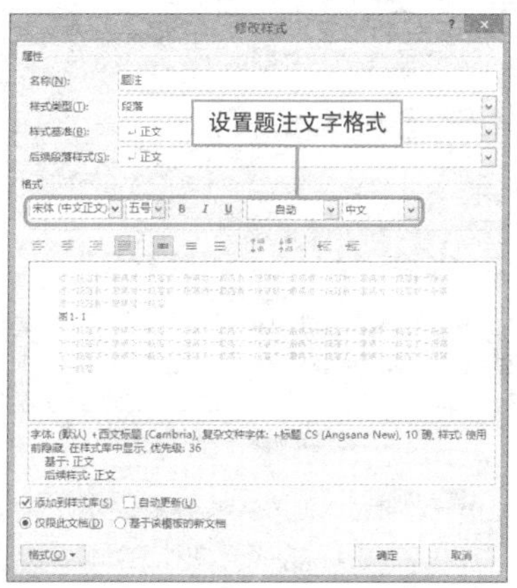

8 设置完成后，单击“确定”按钮，关闭对话框。此时题注样式发生了改变，然后在图注后输入说明性文字即可。

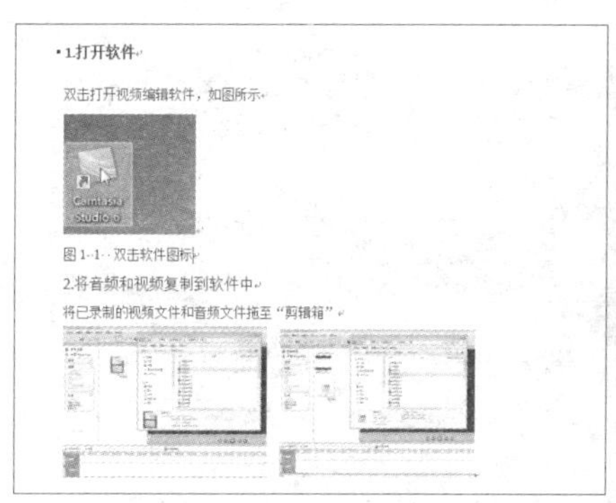

9 将鼠标定位至下一图片下方，执行“引用>插入题注”命令，在“题注”对话框中，可以看到题注编号已经自动更新。

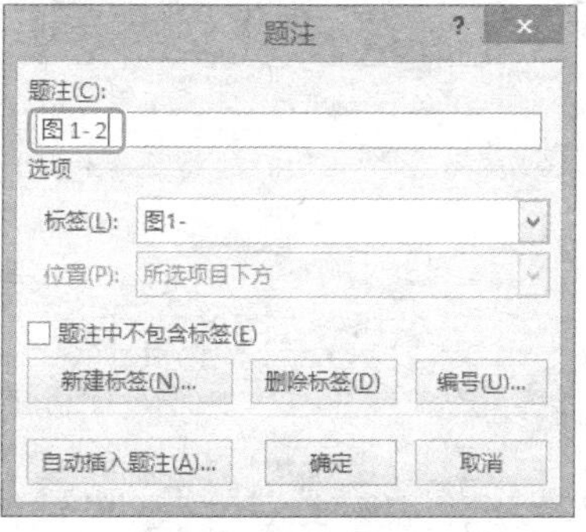

10 单击“确定”按钮，关闭对话框。在图注后添加相应内容，按照同样的方法，完成其他图注的插入。

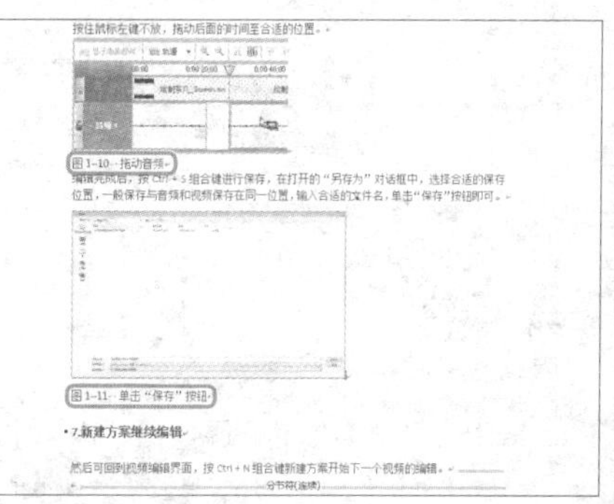

快速制作图片/图表目录

实例 图片/图表目录的制作

为了快速地浏览文档中的指定图片/图表，可以为添加了题注的图片/图表制作目录。在制作时，需要满足以下两个条件：一是为图片/图表设置好题注标签；二是正确选择图片/图表题注所使用的样式。

1 单击“引用”选项卡中的“插入图表目录”按钮。打开“图表目录”对话框，单击“修改”按钮。

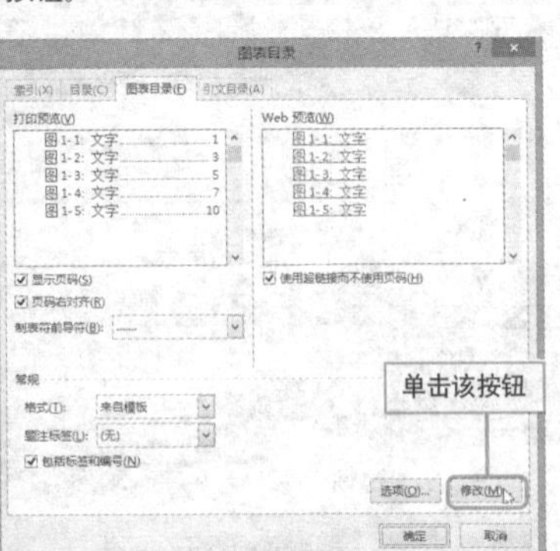

2 打开“样式”对话框，单击“修改”按钮。

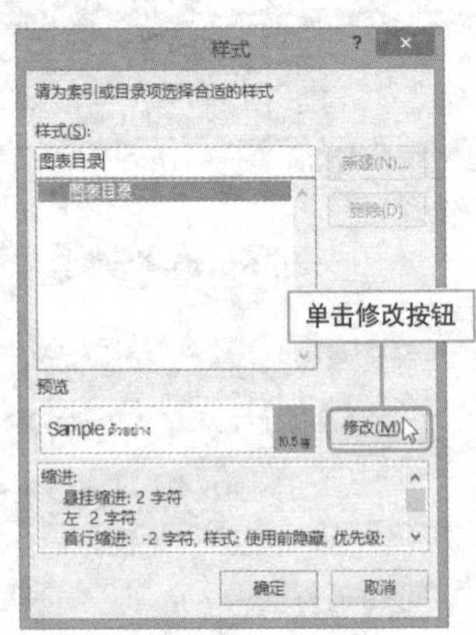

3 打开“修改样式”对话框，可对图表目录的字体、字号、颜色、对齐方式等进行设置，设置完成后，单击“确定”按钮。

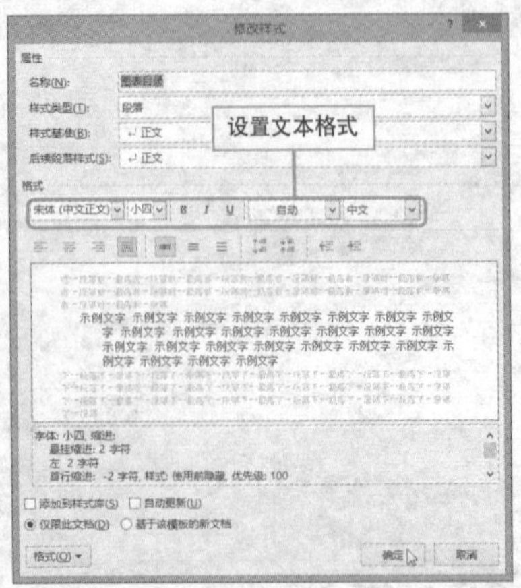

4 随后即可在插入点处插入所有图片的目录。若对图片的题注进行了更改，则可单击“更新表格”按钮更新目录。

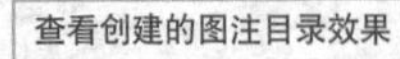

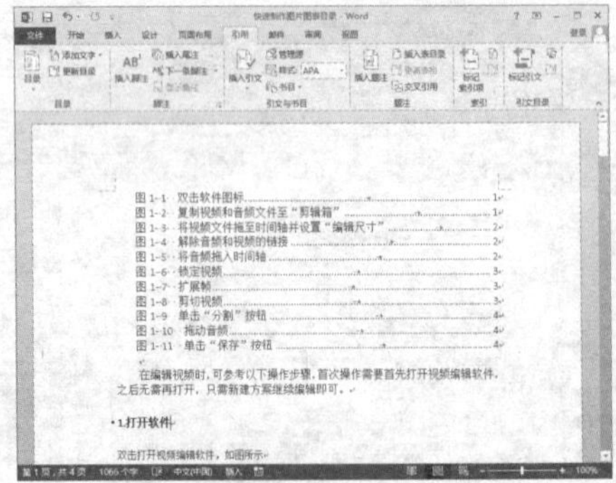

神奇的交叉引用

实例 交叉引用功能的使用

在写作过程中经常会需要调整某些内容的位置或增加一些琐碎的内容，这样就无法确保文档中各标题的位置固定不变了。假设我们需要引用某个位置的内容，但又担心其序号会发生更改，这时就可以使用Word文档的交叉引用功能。

1. 打开文档，将鼠标光标定位至“详情见”后面，单击“引用”选项卡的“交叉引用”按钮。

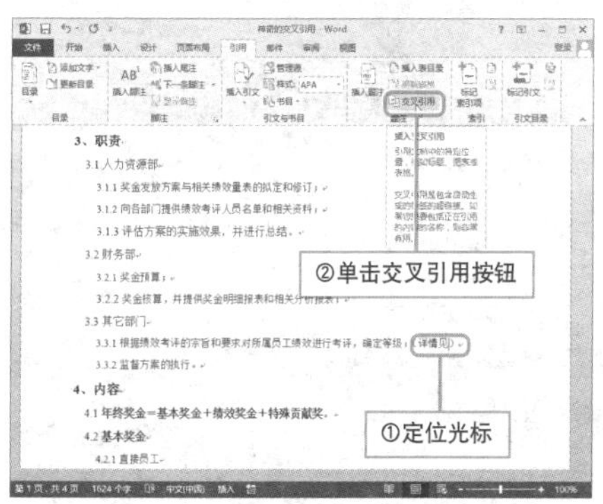

2. 打开“交叉引用”对话框，设置“引用类型”为“表格”、“引用内容”为“整项题注”，在“引用哪一个题注”列表框中选择需要应用的题注。

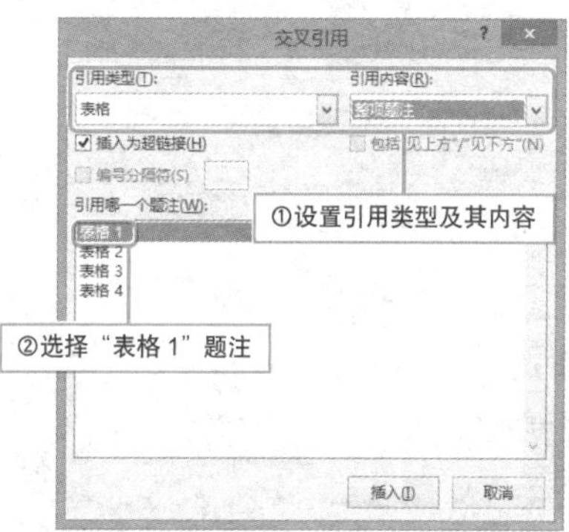

3. 单击“插入”按钮，即可交叉引用该题注。随后按住Ctrl键单击交叉引用文本。

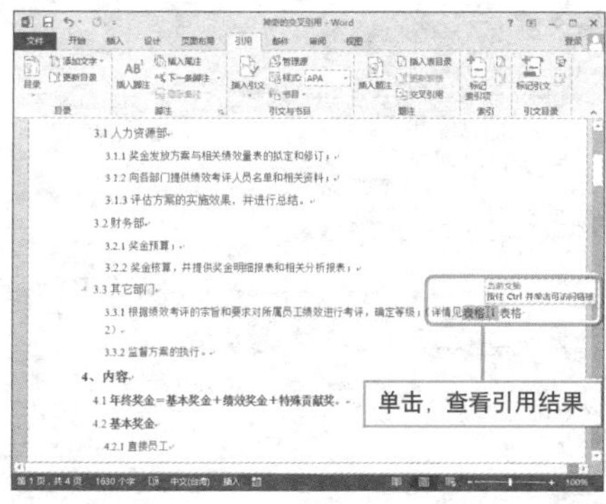

4. 即可快速跳转到引用的内容处。

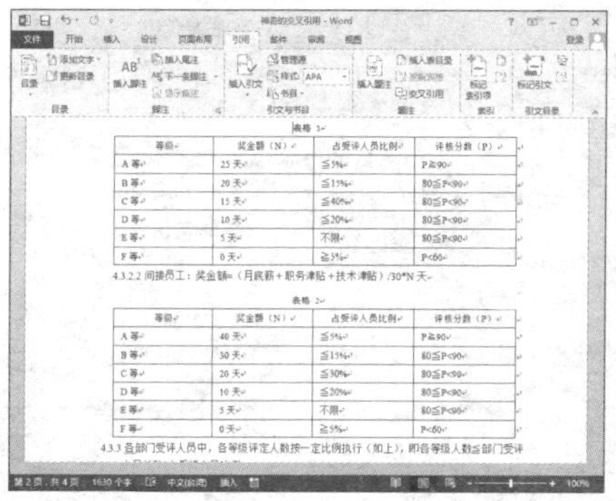

Question 165

• Level ◇◇◇

2013 2010 2007

熟练掌握索引的使用

实例 使用索引功能

对于一些大型文档来说，需要将重要词汇顺序排列成一个列表，并附有该词汇所在的页码，以便用户在文档中快速找到该词汇，这时就需要用到 Word 的索引功能。

1 打开文档，选择需要标记的词语“文件”，切换至“审阅”选项卡，单击“标记索引项”按钮。

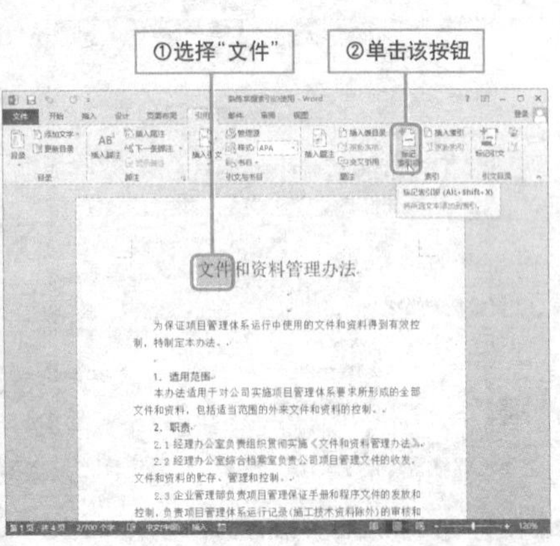

2 弹出“标记索引项”对话框，在“主索引项”中自动填入“文件”，单击“标记”按钮，标记该词语。

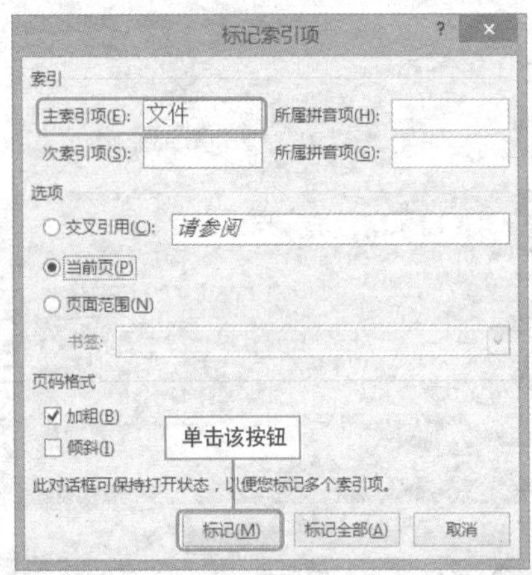

3 标记多个词语后，单击“插入索引”按钮，弹出“索引”对话框，设置索引栏数、页码对齐方式等。

①单击该按钮

②依次设置索引选项

4 设置完成后，单击“确定”按钮，即可按照指定样式生成索引。

查看生成的索引

妙用书签功能

实例 书签的添加和使用

若用户希望无论在文档任何位置，都能快速跳转至指定位置，可利用Word的书签功能。书签是一个标记，利用书签可以对文档中的内容快速定位，也可以进行交叉引用，下面介绍如何使用书签。

1. 选择需要作为书签的内容，切换至“插入”选项卡，单击“书签”按钮。

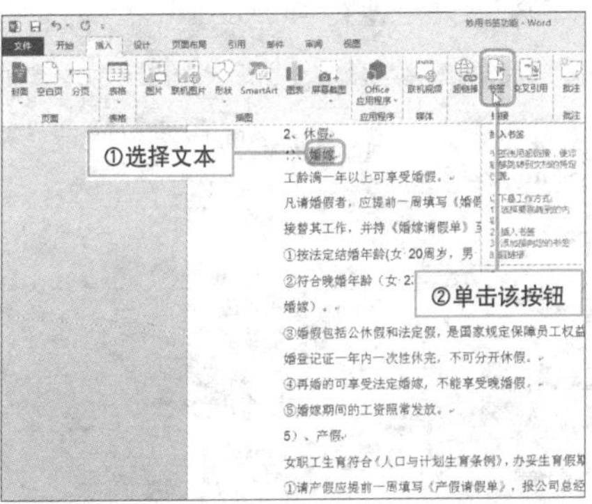

2. 打开“书签”对话框，输入“书签名”，单击“添加”按钮，即可添加书签。

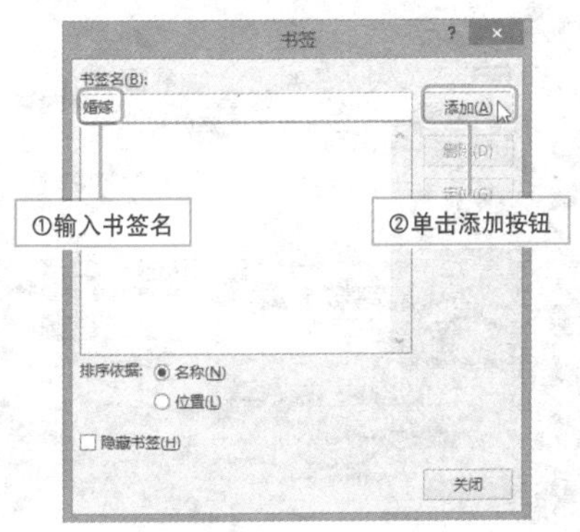

3. 在文档中按Ctrl + G组合键，切换至“定位”选项卡，在“定位目标”列表中选择“书签”。

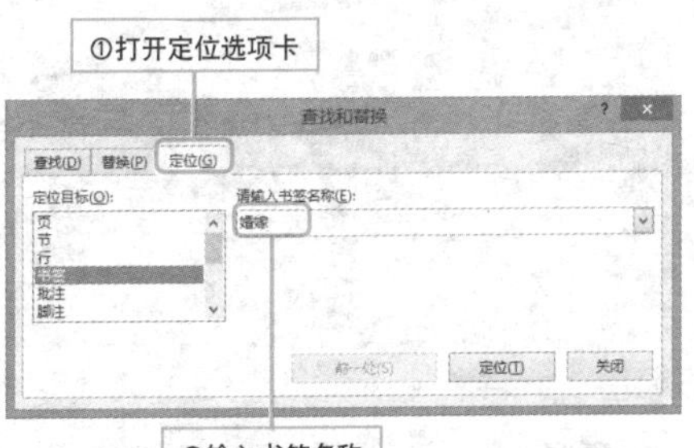

4. 设置完成后，单击“定位”按钮，可快速跳跃至书签处。

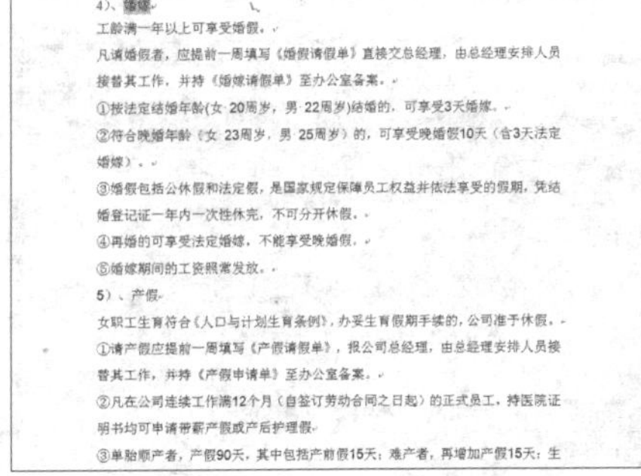

Question 167

• Level ◆◆◆

2013 2010 2007

巧妙插入域功能

实例 在文档中插入域

域作为一种占位符可以在文档的任何位置插入，使用域功能可以让用户灵活地在文档中插入各种对象，并且可以动态更新。下面介绍具体操作步骤。

1 打开文档，指定插入点，切换至“插入”选项卡，单击“文档部件”按钮，从列表中选择“域”选项。

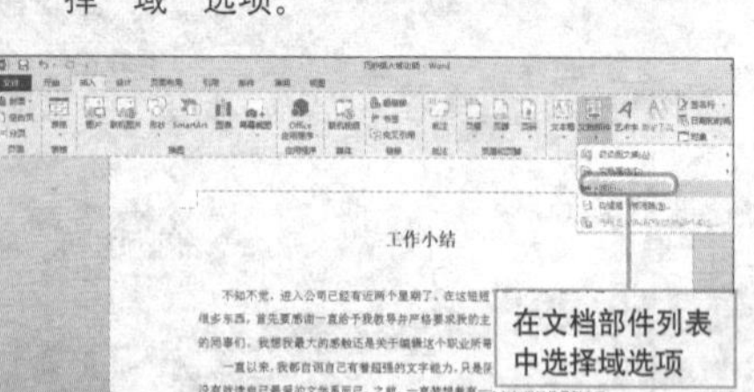

2 打开“域”对话框，打开“类别”列表，选择“日期和时间”选项，然后在“域名”列表中选择“CreateDate”。

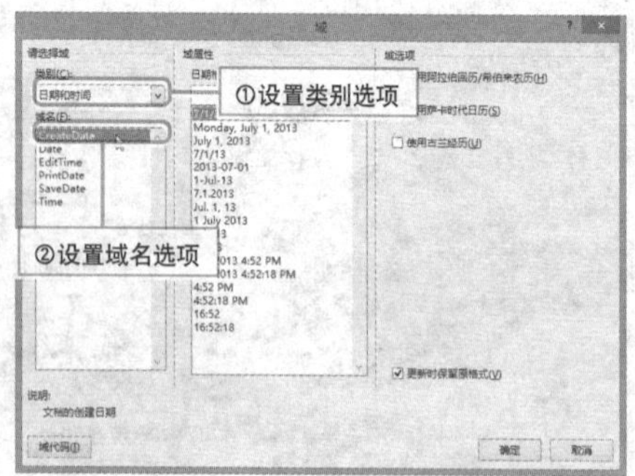

3 在“日期格式”列表中选择一种满意的日期格式，保持对“更新时保留原格式”选项的选中，单击“确定”按钮。

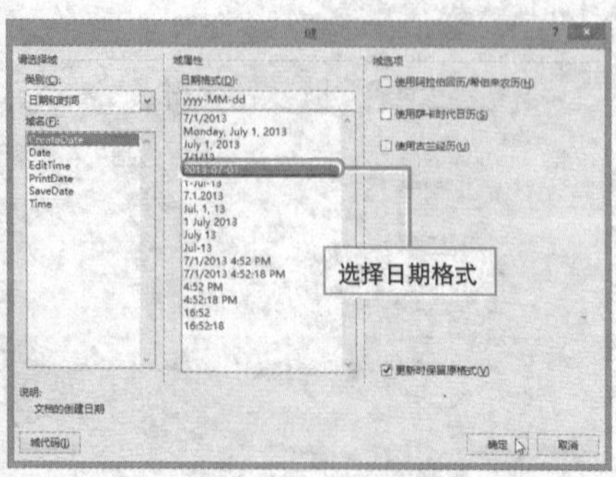

4 此时，即可在插入点位置插入一个域，并显示插入域结果。

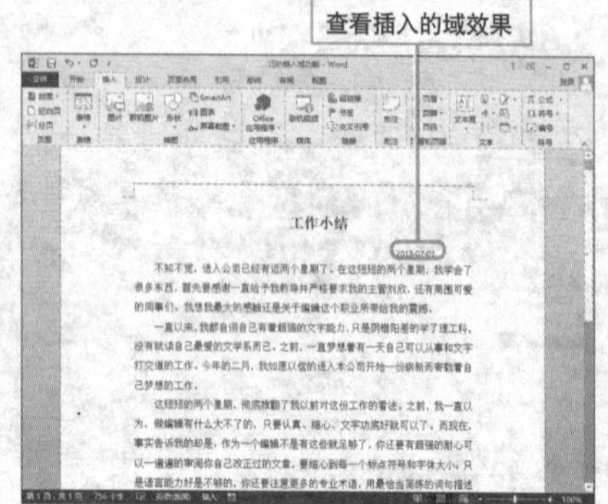

按需编辑域

实例 对域进行编辑

插入域后，还可以根据需要对域进行编辑，如更改域类别、格式等，下面就如何编辑域进行简单介绍。

1 打开文档，选择域并单击鼠标右键，从快捷菜单中选择“编辑域”命令。

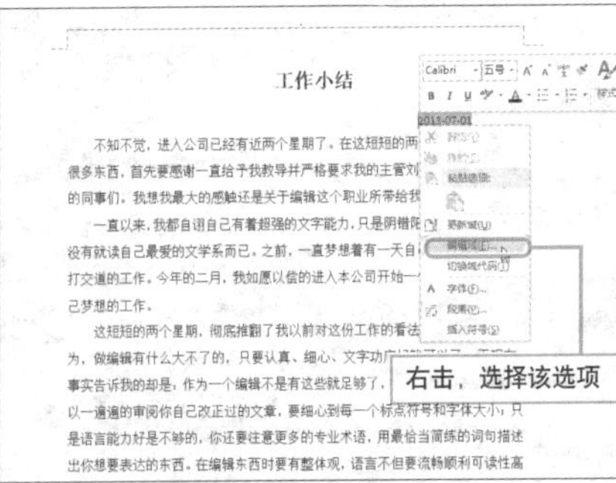

2 打开“域”对话框，单击“域代码”按钮，然后单击“选项”按钮。

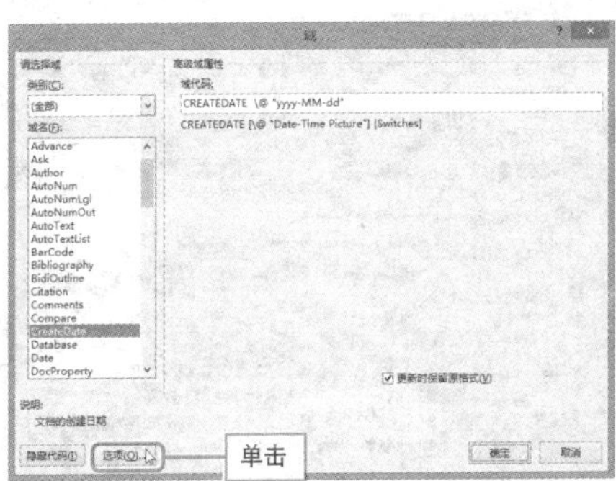

3 打开“域选项”对话框，删除域代码文本框中原有的代码。随后选择合适的“日期/时间”格式，并单击“添加到域”按钮。

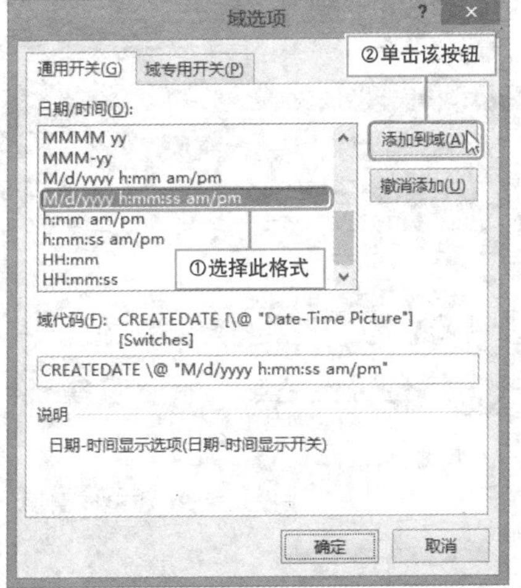

4 设置完成后，单击“确定”按钮，返回“域”对话框，单击“确定”按钮，可以看到域发生了变化。

工作小结

7/1/2013 5:04:00 PM

不知不觉，进入公司已经有近两个星期了。在这短短的两个星期，我学会了很多东西，首先要感谢一直给予我教导并严格要求我的主管刘欣，还有周围可爱的同事们。我想我最大的感触还是关于编辑这个职业所带给我的震撼。

一直以来，我都自诩自己有着超强的文字能力，只是阴错阳差的学了理工科，没有就读自己最爱的文学系而已。之前，一直梦想着有一天自己可以从事和文字打交道的工作。今年的二月，我如愿以偿的进入本公司开始一份崭新而寄载着自己梦想的工作。

这短短的两个星期，彻底推翻了我以前对这份工作的看法。之前，我一直以为，做编辑有什么大不了的，只要认真、细心、文字功底好就可以了。而现在，事实告诉我的却是：作为一个编辑不是有这些就足够了，你还要有超强的耐心可以一遍遍的审阅你自己改正过的文章，要细心到每一个标点符号和字体大小，只是语言能力好是不够的，你还要注意更多的专业术语，用最恰当简练的词句描述出你想要表达的东西。在编辑东西时要有整体观，语言不但要流畅顺利可读性高

Question 169

巧用 Word 超链接功能

• Level ◆◆◆

2013 2010 2007

实例 创建和取消 Word 文档超链接

在网站上阅读文章或者新闻时，单击特定的词、句子或图片，会跳跃至相关网页，阅读便利。其实，在 Word 中也可以实现这样的功能，下面对其进行介绍。

单击文档中的链接文字

第一，测试肌肤类型

首先，告诉大家一个判别自己肌肤类型的简单方法：

先喝一杯清水，用普通香皂，热水充分洁面。擦干面部水分，这时都会觉得面部紧绷，这是干燥的感觉。在现在这样干燥的季节里：

如果 15 分钟内，这种紧绷的感觉自然消失，说明您的皮肤油脂分泌比较多，能在比较短的时间内分泌比较多的油脂，通过油脂减少皮肤水分的流失，能在比较短的时间内，缓解皮肤干燥。这样的皮肤，是油性皮肤。

如果您超过 45 分钟，仍然觉得干燥，而且没有完全缓解的迹象，你的肤质就是干燥肌肤。您的皮肤分泌的油脂比较少，是干性皮肤。

在 15 分钟到 45 分钟之间感觉不到干燥的，是中性皮肤。

这是个大体判断皮肤种类的办法，大家可以试试。

第二，每种皮肤的特点

一、干性皮肤

http://baike.so.com/doc/3125469.html
按住 Ctrl 并单击可访问链接

医学上对干性皮肤的定义是：皮肤酸碱度 PH>6.5，就是干性皮肤。

一般我们认为干性皮肤是比较让人满意的肤质，比较紧，比较平整，很容易打理，不容易起包；但随着年龄的增长，比较容易松弛，比较容易皱纹，比较容易失去光泽。干性皮肤有两种，一种是缺油，油脂腺分泌的油脂少，表皮外没有足够的油脂保住身体内的水分；另一种是缺水，本身含水就少，这种肌肤有时也会油光光的，但与油性肌肤不同，

打开链接网页

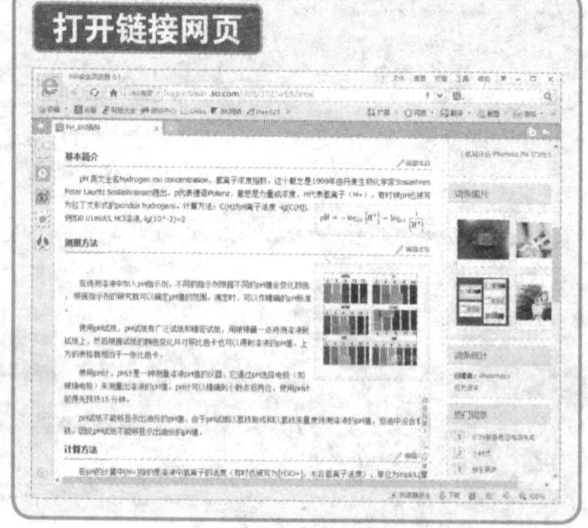

1 打开文档，选择要添加链接的文本，切换至"插入"选项卡，单击"超链接"按钮。

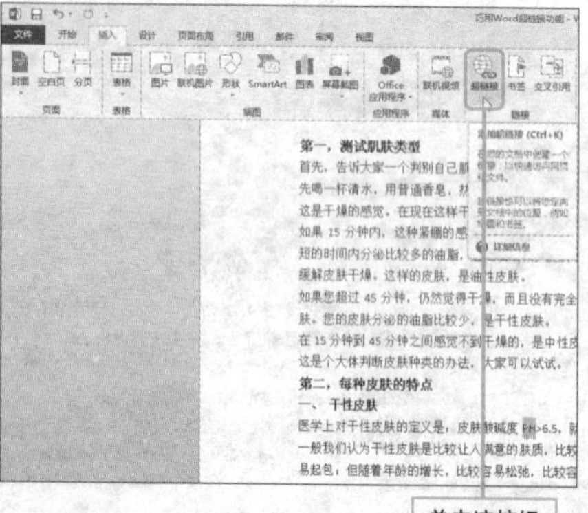

单击该按钮

2 弹开"插入超链接"对话框，切换至需要链接的页面，复制需要链接的网址，链接网址将会自动显示在"地址"栏中，单击"确定"按钮即可。

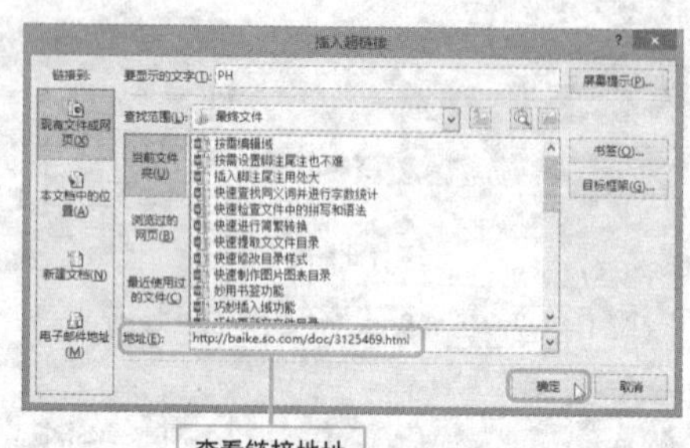

查看链接地址

Question

170

● Level ◆◆◇

2013 2010 2007

初遇多级列表

实例 应用多级列表功能

Word 多级列表是在段落缩进的基础上使用 Word 格式中项目符号和编号菜单的多级列表功能，使用它可自动地生成最多达九个层次的符号或编号，用于为列表或文档设置层次结构。

❶ 打开文档，通过“开始”选项卡上“样式”列表中的命令，为所有各标题按需设置大纲级别。

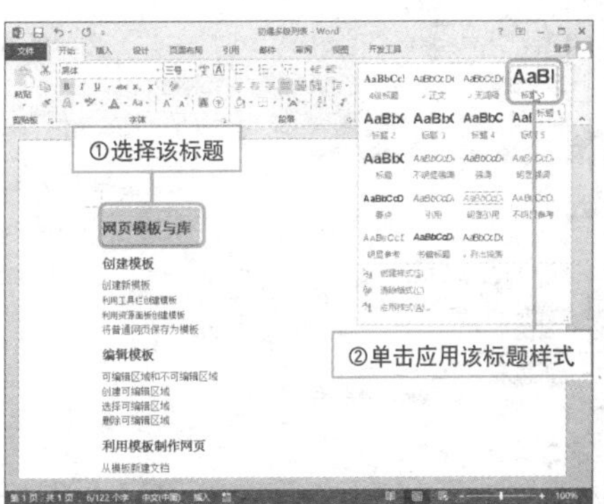

❷ 若需要进一步对段落格式进行设置，可打开“段落”对话框，在“缩进和间距”选项卡为各标题设置合适的段落格式。

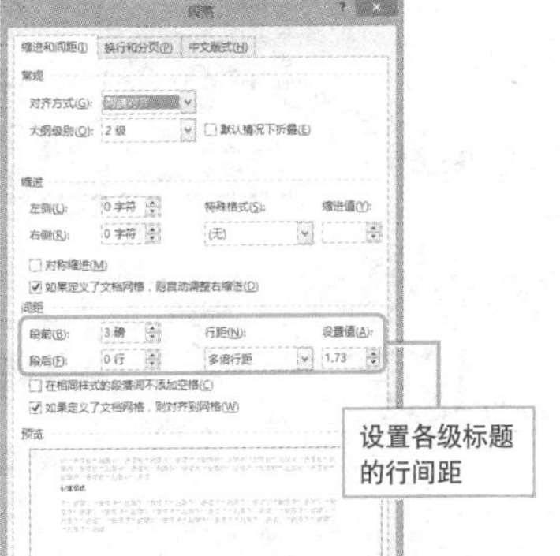

❸ 选中所有标题，执行“开始>段落>多级列表”命令，在展开的列表中选择一种合适的列表样式即可。

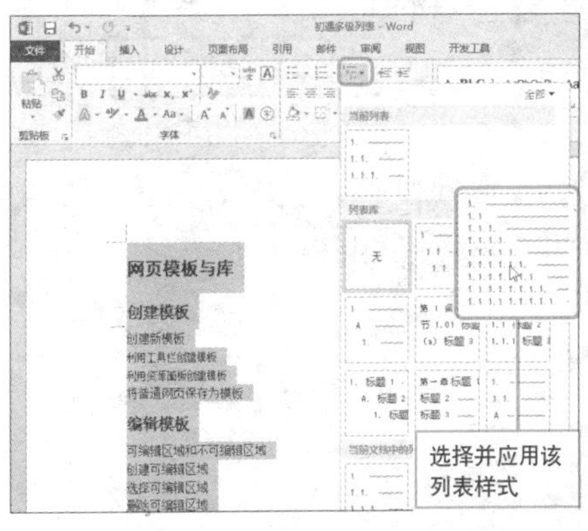

Question 171

Level ◆◆◆

2013 2010 2007

增添新多级列表很简单

实例 创建多级列表

假设对给定的多级编号不满意，或者想在现有编号的基础上进行修改，都需要创建一个新的多级列表，那么该如何进行设置呢？

创建新多级列表效果

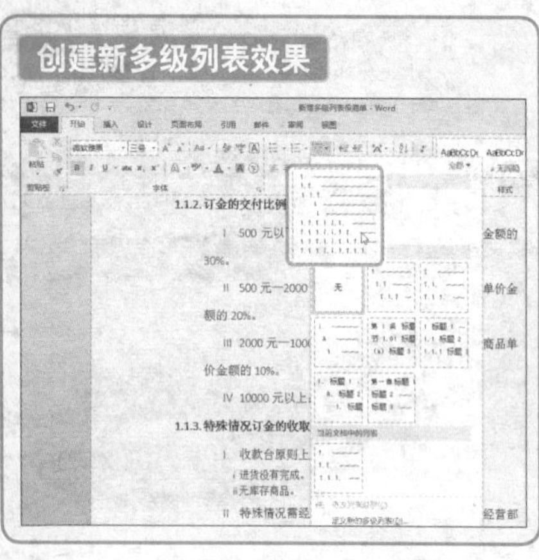

❶ 执行“开始>多级列表>定义新的多级列表”命令。

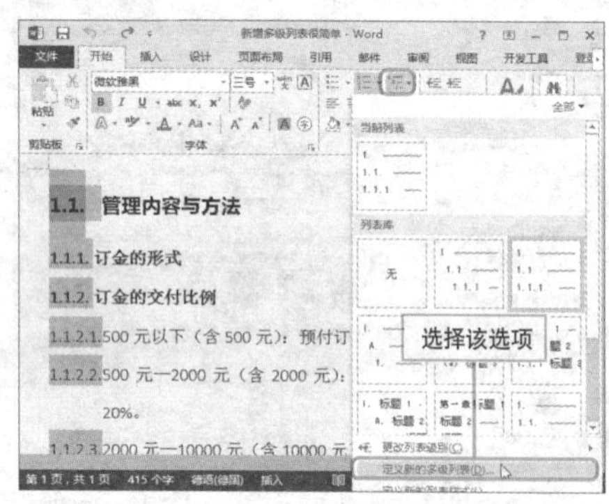

❷ 打开“定义新多级列表”对话框，选择修改的级别为“4”，删除编号格式，然后打开“此级别的编号样式”列表，选择合适的编号样式。

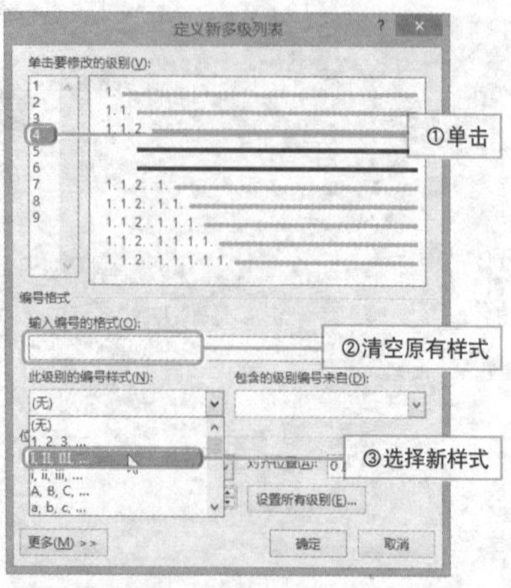

❸ 按照同样的方法，修改5级编号格式和样式，然后通过“对齐位置”数值框分别调整各级别位置，设置完成后，单击“确定”按钮即可。

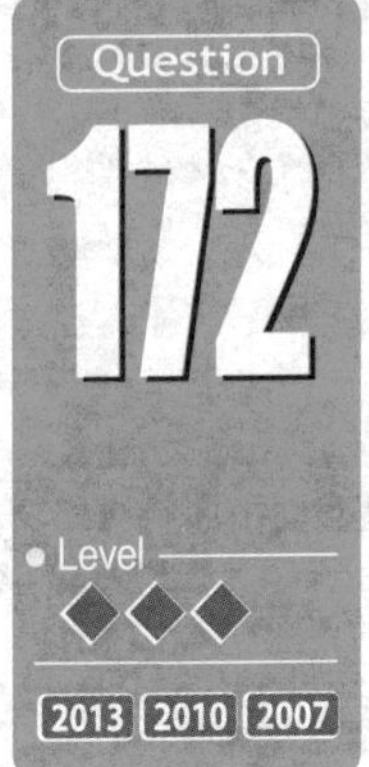

快速保存多级列表

实例 新建多级列表的保存

如果用户在文档中创建了一个多级列表，而其他文档又需要用到这个多级列表，用户就可以将当前多级列表保存到列表库中，这样在以后的工作中无需创建即可轻松使用该列表了。

1 打开包含多级列表的文档，单击“开始”选项卡上的“多级列表”按钮。

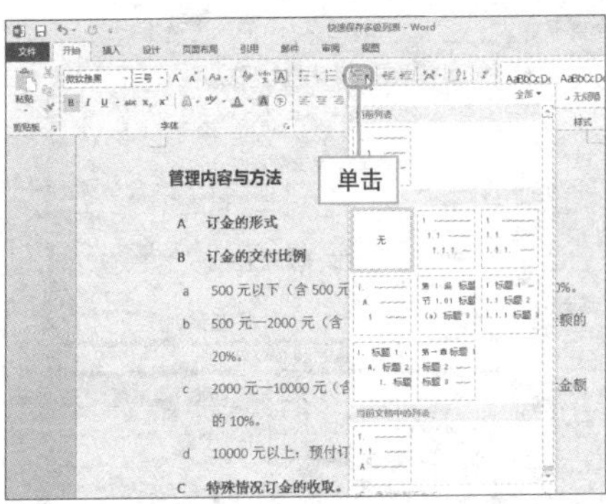

2 在需要保存的多级列表上右击，从快捷菜单中选择“保存到列表库”命令。

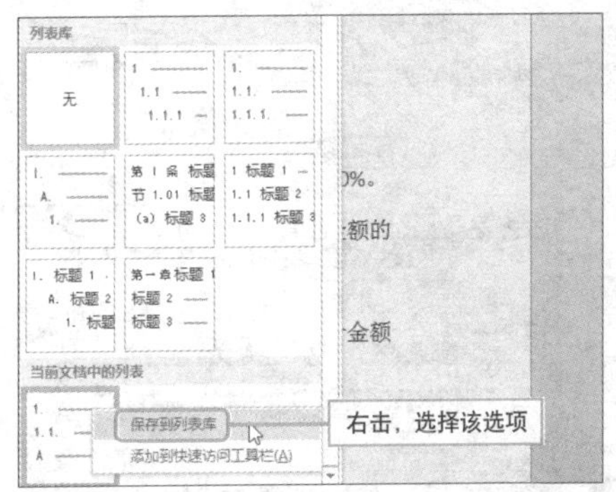

3 再次执行“开始>段落>多级列表”命令，可以在打开列表中的“列表库”选项，看到保存的多级列表。

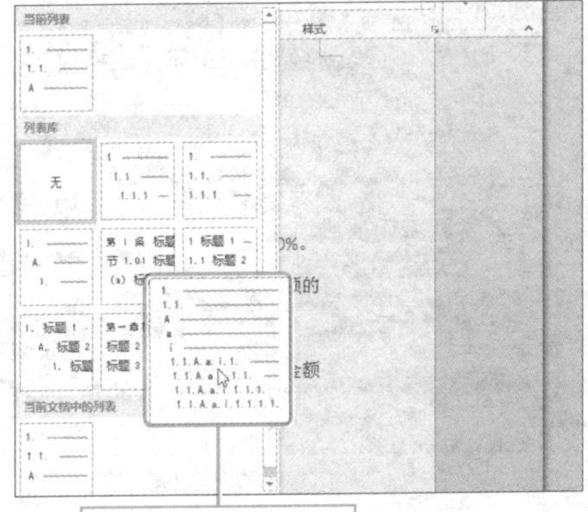

Hint

如何删除不需要的多级列表？

在该多级列表上右击，选择“从列表库中删除”命令即可。

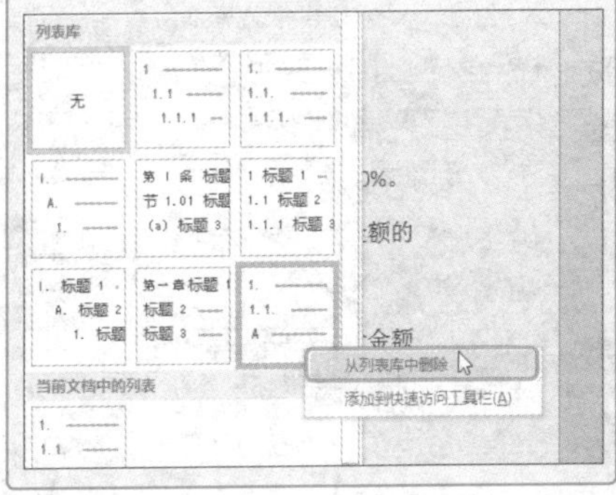

轻松创建列表样式

实例 列表样式的创建

列表样式听起来和多级列表迥然不同，但本质相差不多。下面将对列表样式的创建操作进行介绍。

1 打开文档，执行"开始>多级列表>定义新的列表样式"命令。在打开的对话框中选择需要应用格式的级别。

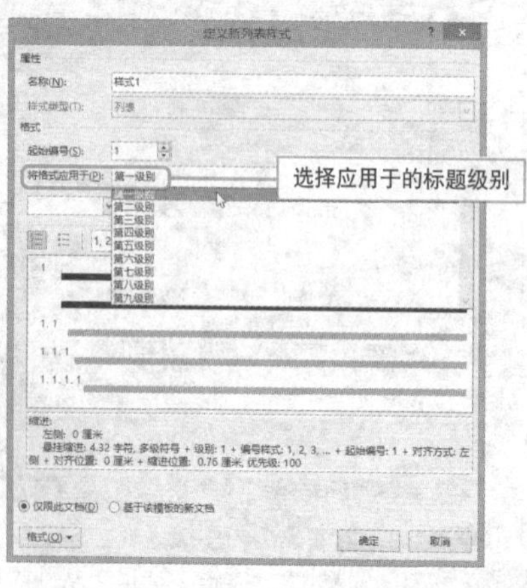

2 随后设置"起始编号"为4，加粗显示。按照同样的方法，设置其他级别的编号样式。

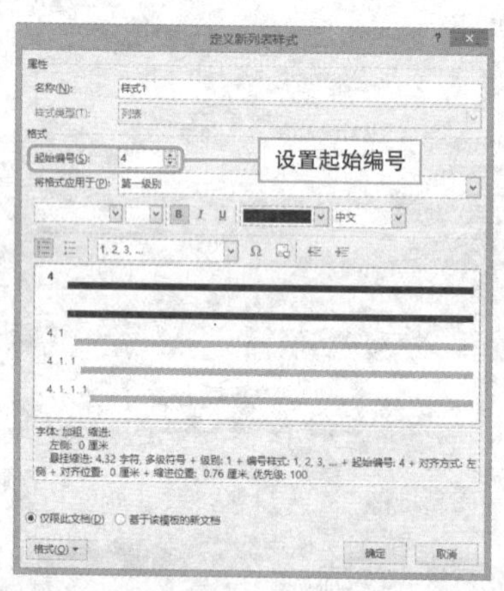

3 设置完成后，单击"确定"按钮，关闭对话框，打开"多级列表"菜单，可以在"列表样式"分类中看到新建的样式。

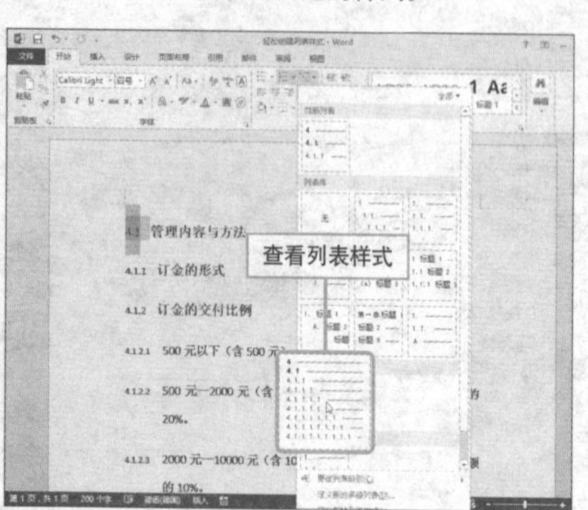

Hint

如何将新定义的列表样式保存到模板

在"定义新列表样式"对话框中的底部，有一个"基于该模板的新文档"单选按钮，选中该单选按钮，就可以将该列表样式保存到当前文档所用的模板中。

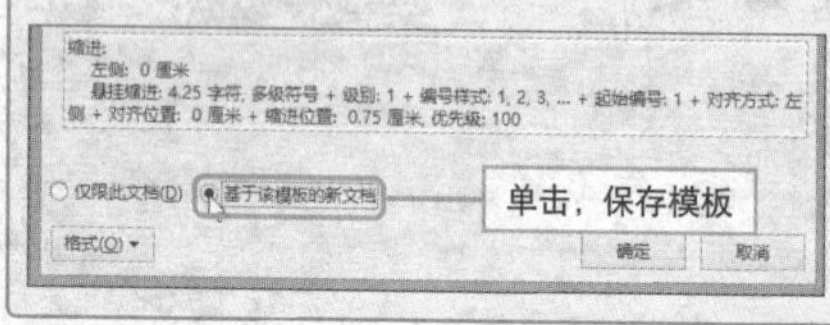

将多级列表绑定到文档样式

实例 多级列表与样式的绑定

为文档各标题设置多级编号前，必须对这些标题设置合适的大纲级别，也可以为标题套用内置的标题样式，但是这些样式不会带编号。若在编写过程中，想为标题应用样式时同时自动添加编号，可以将多级列表绑定到文档的样式中。

1. 执行“开始>多级列表>定义新的多级列表”命令。打开相应的对话框，从中单击“更多”按钮。

单击该按钮

2. 选择需要修改的级别后，单击“将级别链接到样式”按钮，从列表中选择需要连接到的级别即可。

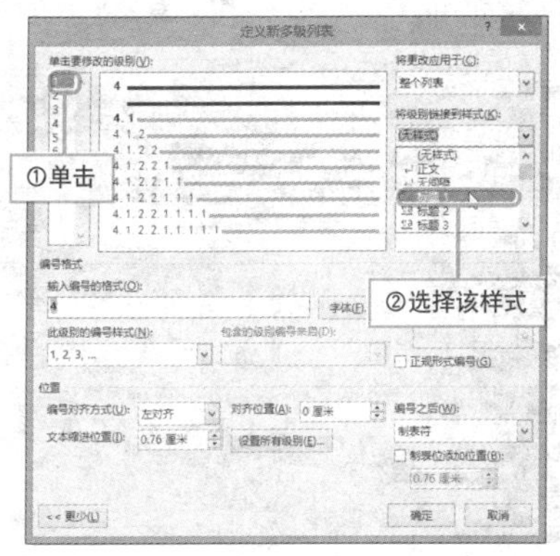

Hint

为什么多级列表会自动在各级别标题间分级显示编号？

这是由于在“定义新多级列表”对话框中默认勾选了“重新开始列表的间隔”复选框所致。选中该选项，就会使系统在编号时，只要文档中出现的编号级别小于上一级别，就会从头开始编号。

利用模板功能创建特殊文件

实例 文档模板的使用

在工作中，用户经常会需要制作一些特殊的文档，如简历、商业传单、生日海报、感谢卡、商业信函等。如果手动创建，会花费过多精力和时间，此时可以通过 Word 2013 内置的模板快速创建。

利用模板创建活动宣传单效果

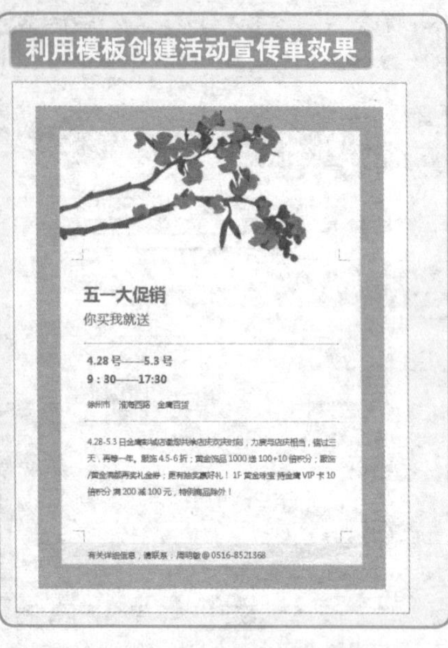

利用模板创建邀请函效果

1 **使用内置模板。**执行"文件>新建"命令，在模板列表中选择"活动传单"。

2 弹出一个预览窗口，窗口右侧包含对该模板说明信息，单击"创建"按钮。

3 打开该模板，根据提示信息，按需输入文本，即可完成该文档的创建。

4 **使用联机模板**。在搜索框中输入“邀请函”，单击右侧“开始搜索”按钮。

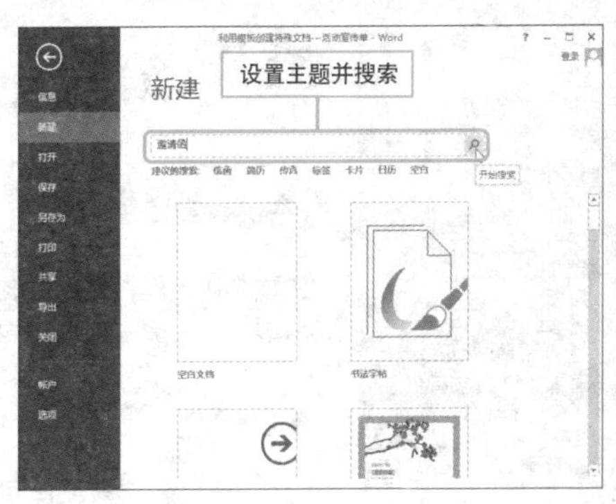

5 在列表中选择合适的模板，然后单击预览窗口中的“创建”按钮。

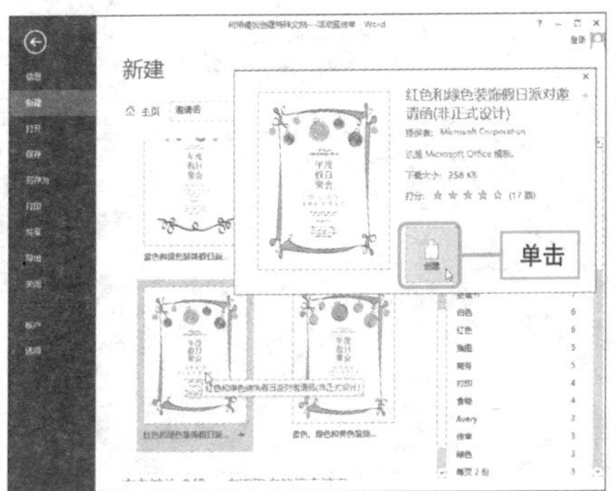

6 下载模板完成后，根据需要在模板中输入必要信息，单击“保存”按钮。

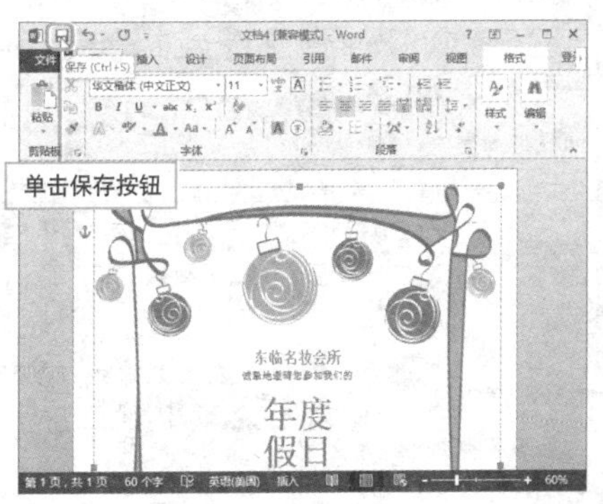

7 自动选择“另存为”选项，在“最近访问的文件夹”列表选择合适的文件夹。

8 打开“另存为”对话框，输入文件名，单击“保存”按钮进行保存即可。

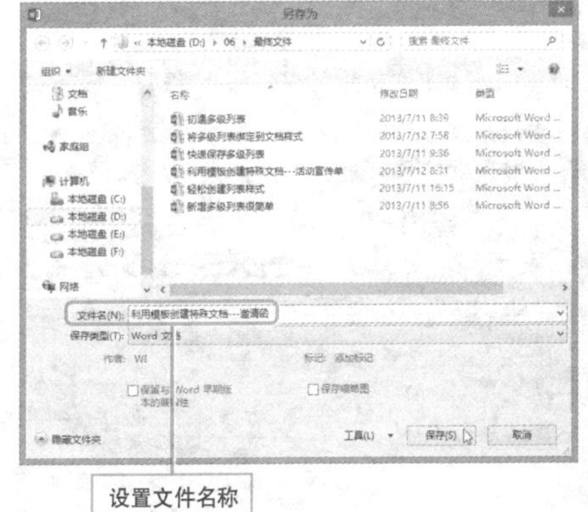

套用文件范本

实例 自定义模板的操作

在文档中设置了文档样式后，若想将新文档设置为相同的样式，则可以使用模板功能，该功能可以快速将多个文档设置为相同的样式，具体操作步骤如下。

1. 打开文档，选择文档标题，在“开始”选项卡上“样式”面板中的样式上单击鼠标右键，然后选择“修改”命令。

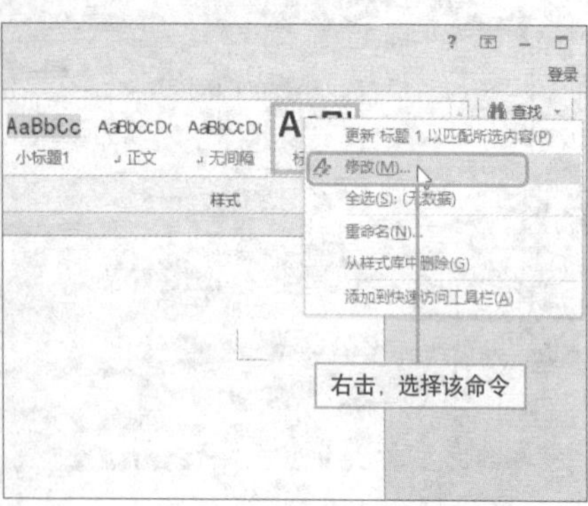

2. 打开“修改样式”对话框，按需更改标题的字体、字号和颜色。

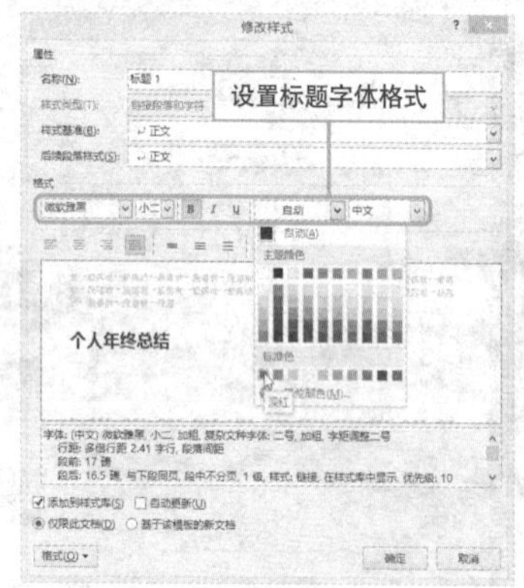

3. 单击左下角的“格式”按钮，从列表中选择“段落”选项。

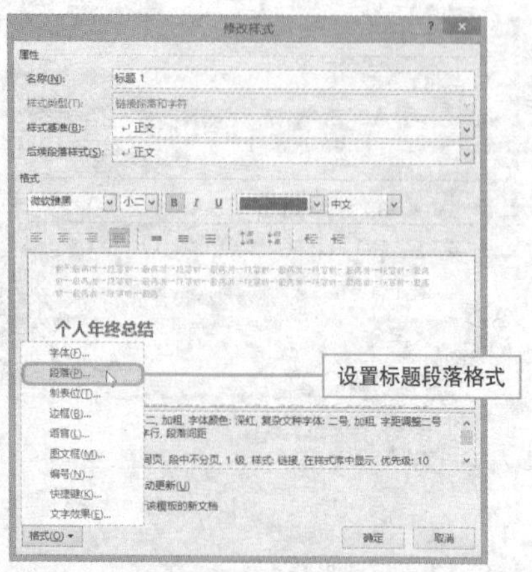

4. 打开“段落”对话框，在“间距”选项设置文本的段前、段后及行距，然后单击“确定”按钮。

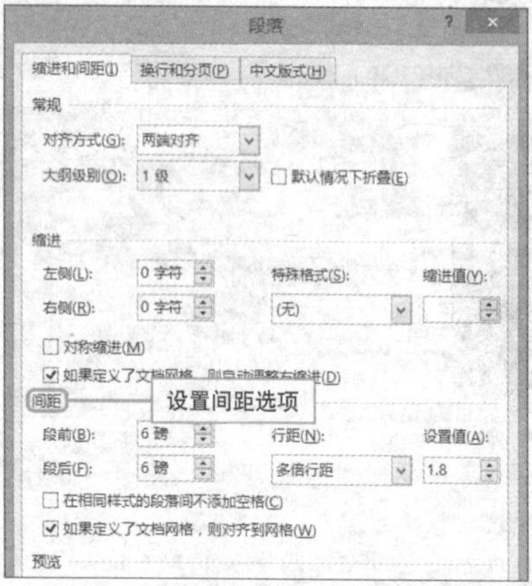

设置间距选项

5 返回"修改样式"对话框，单击"确定"按钮，按同样的方法修改其他标题的样式。

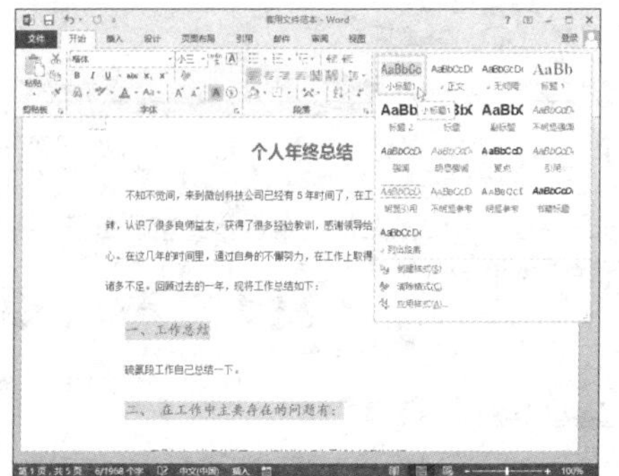

6 切换至"设计"选项卡，单击"页面颜色"按钮，从列表中选择合适的颜色作为整个文档的背景色。

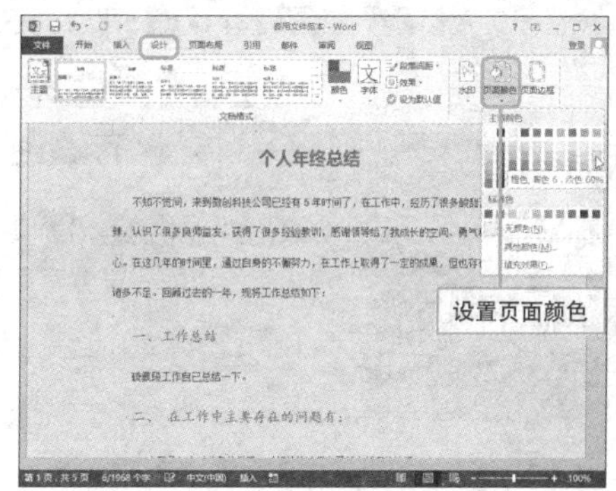

7 执行"文件>另存为"命令，选择"计算机"选项，然后选择"当前文件夹"下的文件夹。

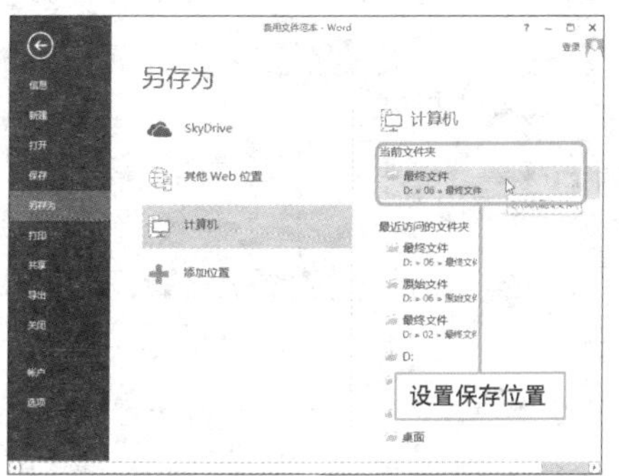

8 打开"另存为"对话框，单击"保存类型"下拉按钮，从列表中选择"Word模板"选项。

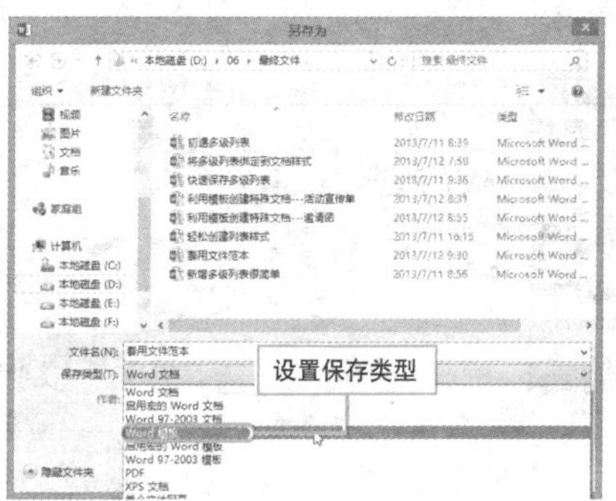

9 将该模板重新命令，单击"保存"按钮进行保存。

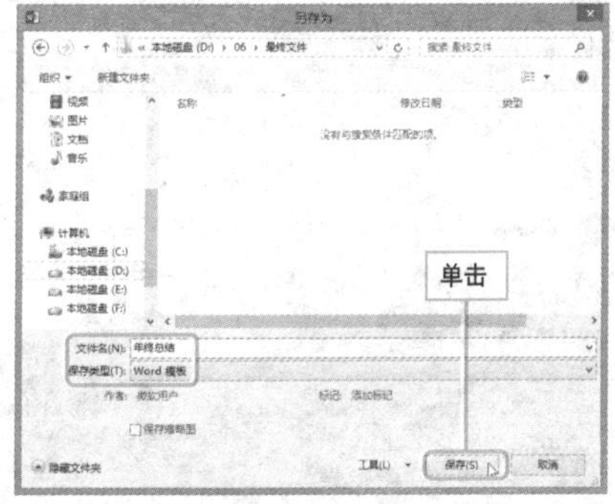

10 双击保存的模板将其打开，用户只需对文档的内容稍加修改即可创建新文档。

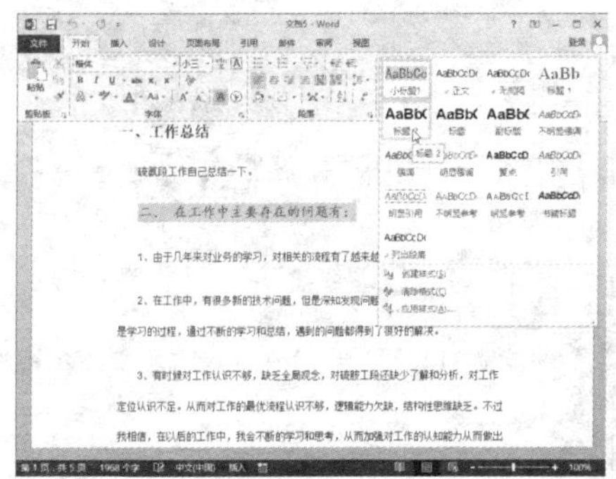

Question 177

● Level ◆◆◆

2013 2010 2007

为 Word 范本加密

实例	为文档模板设置打开密码和修改密码

如果用户经常需要用到某一文档模板，但是该模板中包含大量机密信息，用户可为该模板设置密码保护，下面对其进行介绍。

1 打开文档，执行“文件>另存为”命令，单击“浏览”按钮。

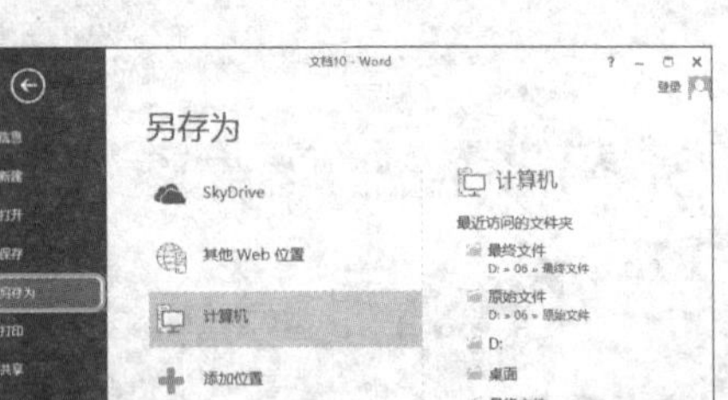

2 打开“另存为”对话框，设置保存类型和文件名，单击“工具”按钮，选择“常规选项”选项。

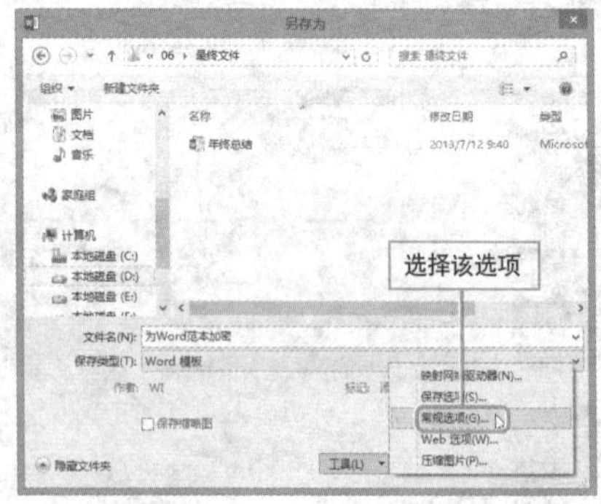

3 打开“常规选项”对话框，在“打开文件时的密码”和“修改文件时的密码”文本框中输入“123”，单击“确定”按钮。

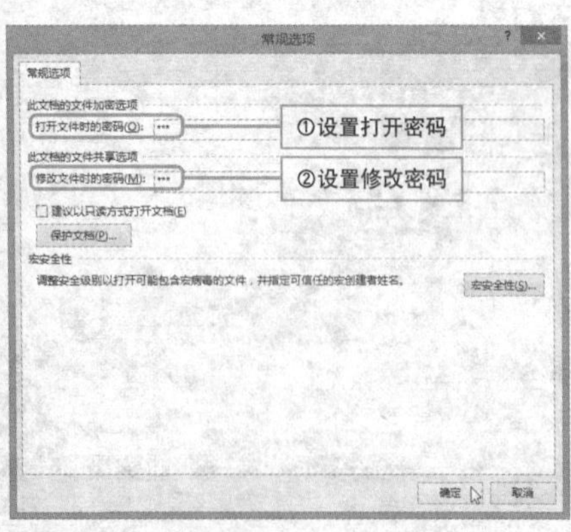

4 打开“确认密码”对话框，输入密码确认后，返回“另存为”对话框，单击“保存”按钮进行保存即可。

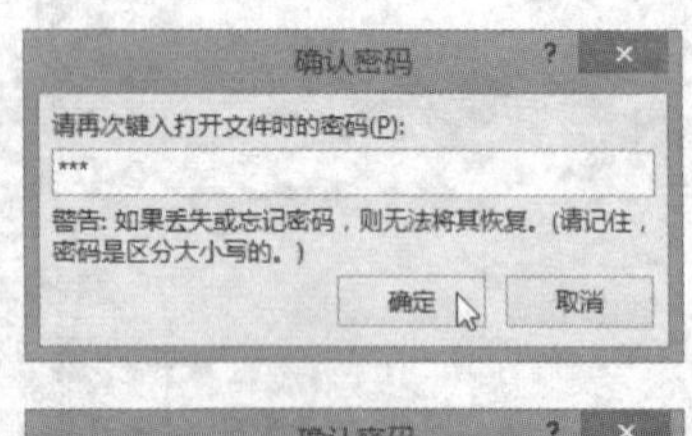

让样式随模板而更新

实例 自动更新文档样式设置

创建文档后，若想应用模板中的文档格式，但又不想应用模板的页面设置，则可以通过下面的操作来实现。

1 在“Word选项”对话框中，切换至“开发工具”选项卡。随后单击该选项卡上的“文档模板”按钮。

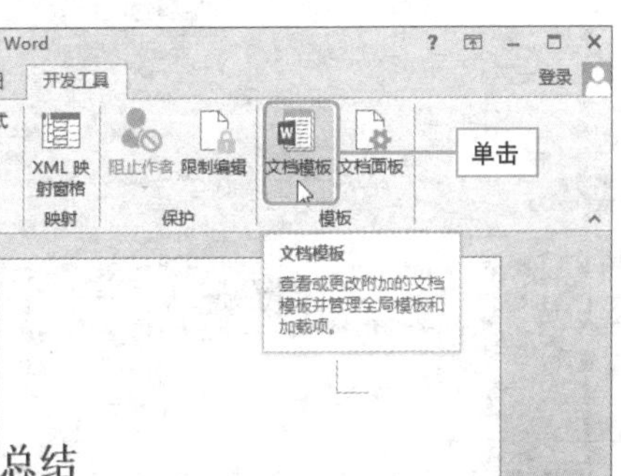

2 打开“模板和加载项”对话框，单击“文档模板”选项下的“选用”按钮。

3 打开“选用模板”对话框，选择需要应用样式的模板，单击“打开”按钮。

4 打开“模板和加载项”对话框，勾选“自动更新文档样式”复选框并确定即可。

快速定位 Normal 模板

实例 查找文档使用模板所在位置

Normal 模板是 Word 的默认模板，由自动图文集词条、样式、宏命令、组合键、工具栏等排版工具组成。新文档的样式都以 Normal 模板为基础，下面介绍如何查找 Normal 模板的位置。

1 执行“文件>选项>高级”命令，单击“常规”选项组下的“文件位置”按钮。

2 打开“文件位置”对话框，选择“用户模板”选项，单击“修改”按钮。

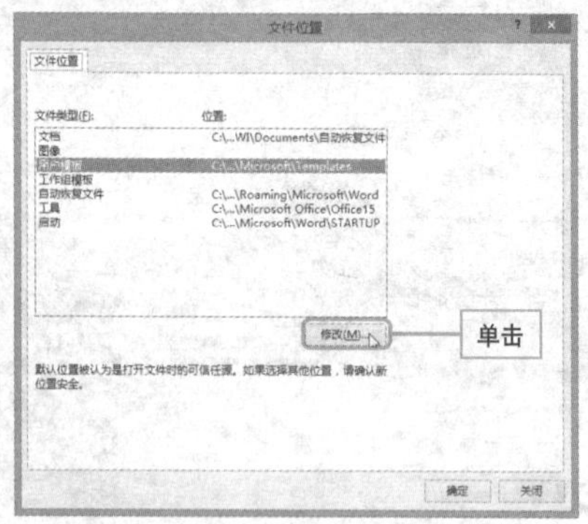

3 打开“修改位置”对话框，在空白处右击，选择“属性”命令。

4 打开“Templates属性”对话框，在“常规”选项卡中的“位置”右侧文本框中，显示模板文件的地址。

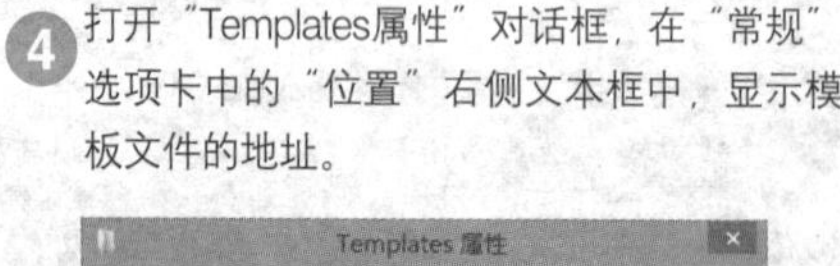

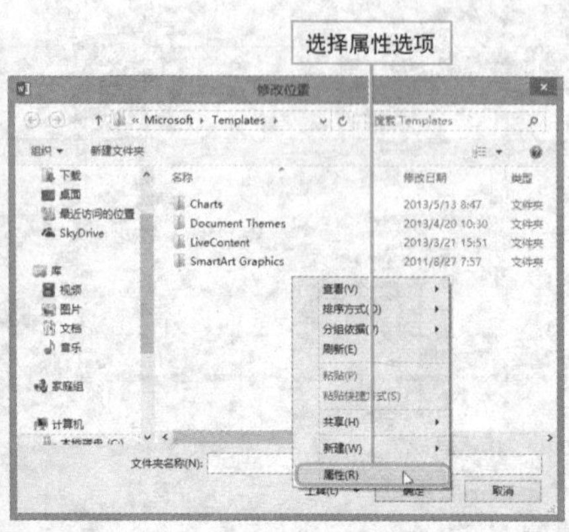

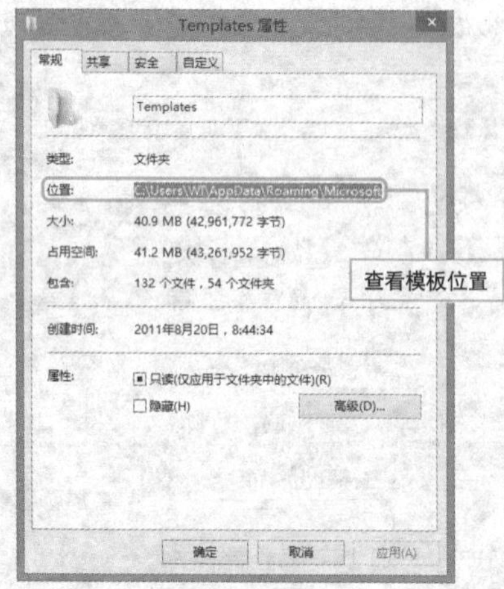

多人同时编辑一个文档有秘诀

实例 多人同时编辑一篇长文档

在实际生活中，很多工作都不是一个人能够独立完成的，需要和同事一起相互协作完成，下面介绍多人同时编辑一个文档的操作。

1 打开文档，通过“开始”选项卡中“样式”面板的命令，对文档的各标题的大纲级别进行设置。

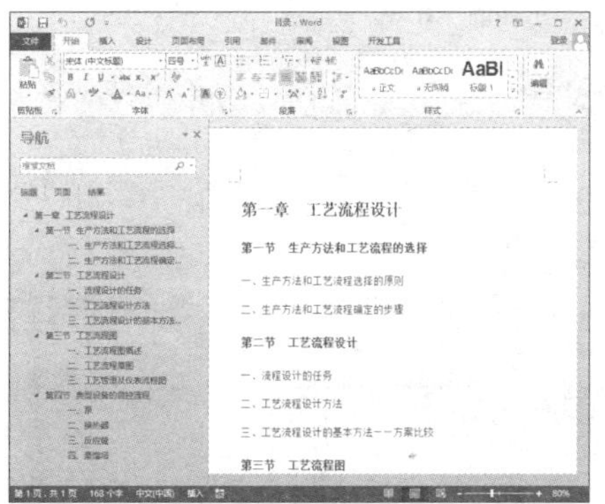

2 设置完成后，切换至“视图”选项卡，单击“大纲视图”按钮，进入大纲视图模式。

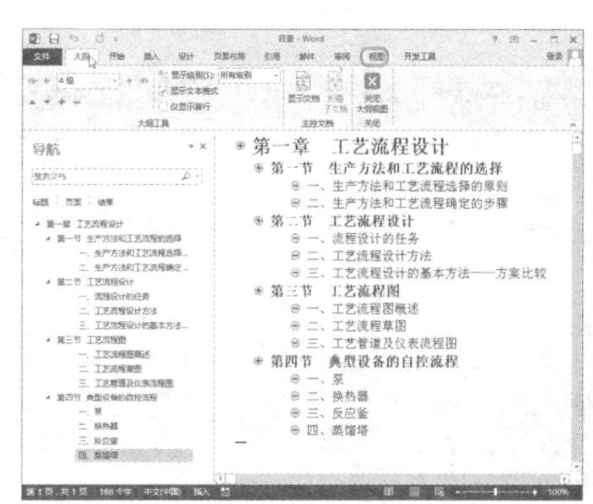

3 单击“大纲”选项卡上的“显示文档”按钮，选择目录中需要拆分的内容。

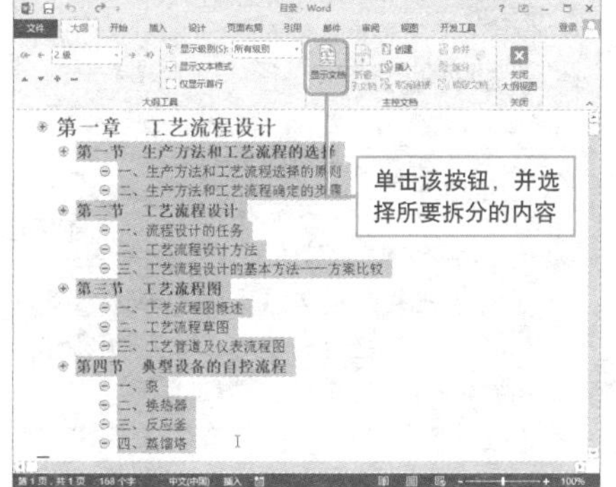

4 单击“创建”按钮，系统将根据标题级别自动拆分成多个文档。

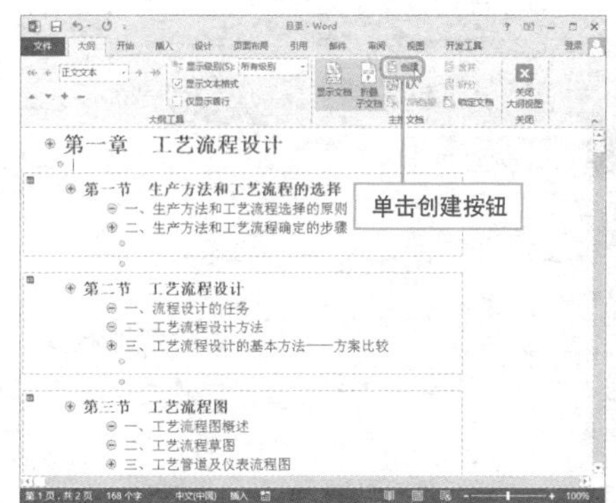

5 拆分完成后，执行“文件>另存为”命令，将文档保存在目录所在文件夹中。

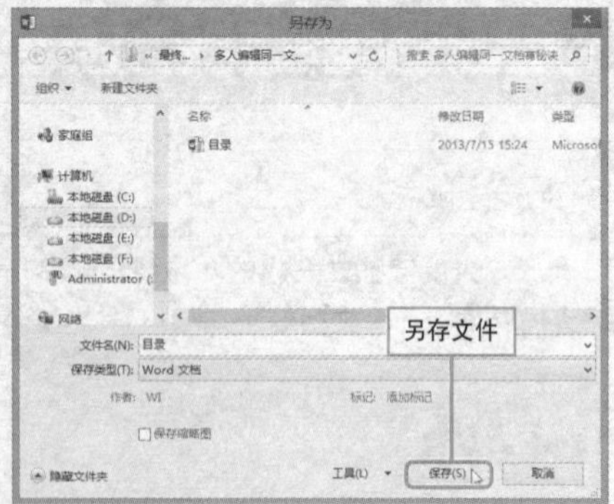

6 打开目录所在的文件夹，可以看到一个主文档和几个子文档。

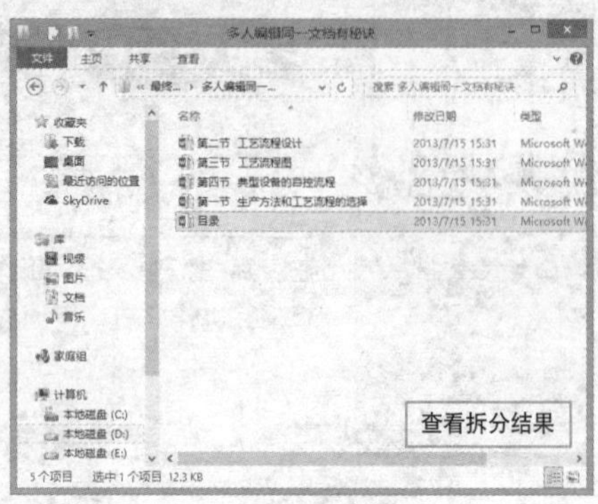

7 用户可将子文档分别发送给同事进行编辑，编辑完成后将其保存即可。

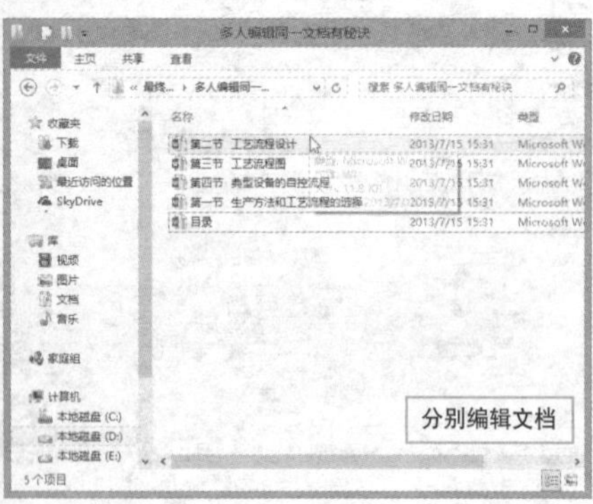

8 若需要查看子文档内容，只需打开主文档，在文档中就会显示子文档链接地址，按住Ctrl键同时单击该地址即可打开子文档。

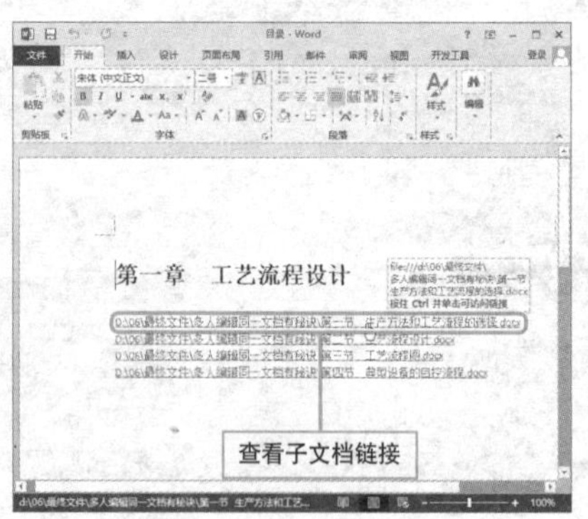

9 当子文档全部编辑完成后，单击“展开子文档”按钮，然后单击“取消链接”按钮，可在当前文档显示所有子文档内容，执行“文件>另存为”命令保存即可。

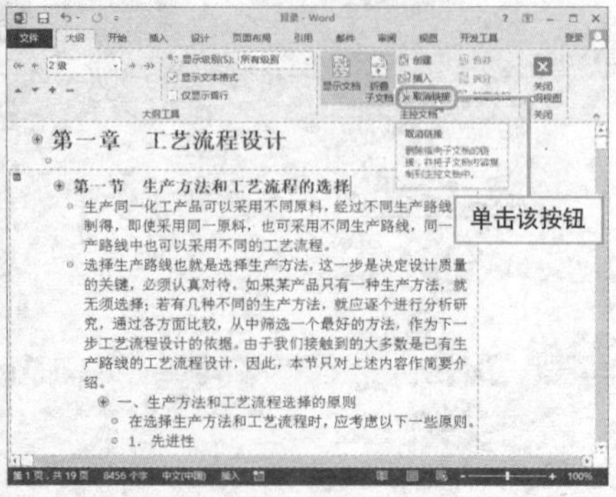

Hint

拆分子文档时的注意事项

拆分子文档是以设置的标题样式作为拆分点，并默认以首行标题作为子文档的名称。若想自定义子文档名，可在第一次保存主文档前，双击框线左上角的图标打开子文档，在打开的Word窗口中单击“保存”按钮即可自由命名保存子文档。

在保存主文档后，子文档就不能再改名或移动了，否则主文档会因为找不到子文档而无法显示。

多个文档的合并

实例 将多个文档合并为一个文档

假设用户想要将分为多个部分保存的文档合并到一个文档中，可以通过插入对象的方法来实现，下面介绍具体操作步骤。

1. 在进行文档合并前，需将合并的文档进行编号“第1节、第2节、第3节……”。

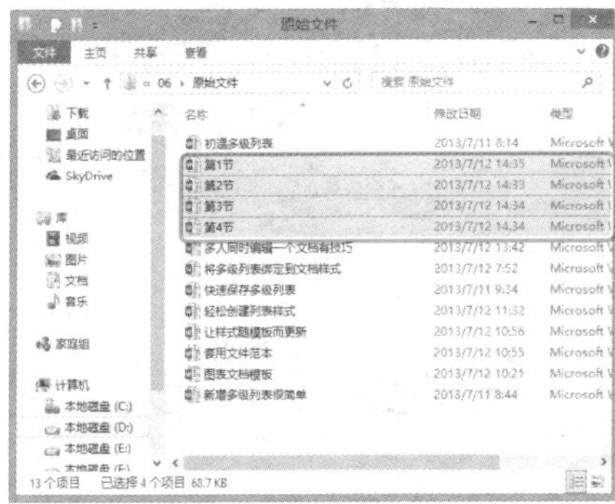

2. 双击打开第一节文档，将鼠标光标定位至文档末尾，执行“插入>对象>文件中的文字”命令。

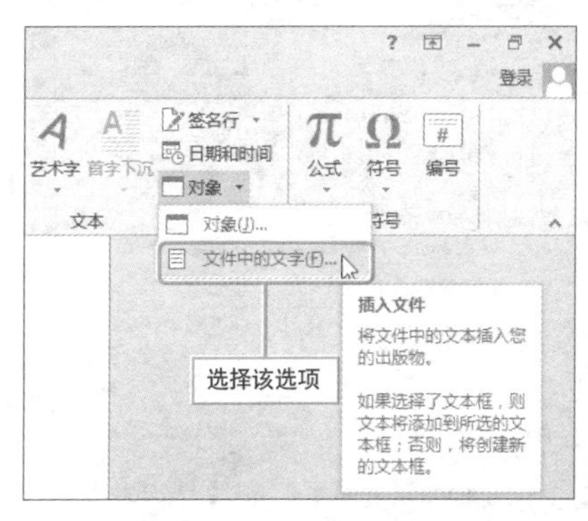

3. 打开“插入文件”对话框，选择要插入的文档，单击“插入”按钮即可将其合并，接着将其保存即可。

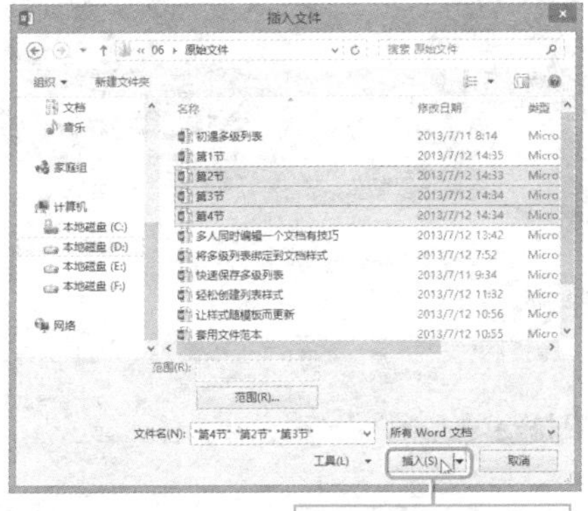

Hint

一个大型文档由哪些内容组成？

一般来说，一个大型的文档由文前、正文、文后三个组成部分构成。

其中，在正文之前的内容称为文前，主要包括扉页、题献、序言、目录、前言、致谢等部分，用于对正文进行说明和概述。

正文是指第 1 章、第 2 章等文档中正式、主要的内容，是整个文档的核心。

文后是指附录、索引等对正文内容起参考作用和对文献进行说明的内容。

将网页格式转换为 Word 文档格式

实例 将网页保存为 Word 2013 格式

上网时总会遇到一些非常有价值的信息，此时用户可以将其转换成 Word 文档并保存起来，以满足今后工作的需要。

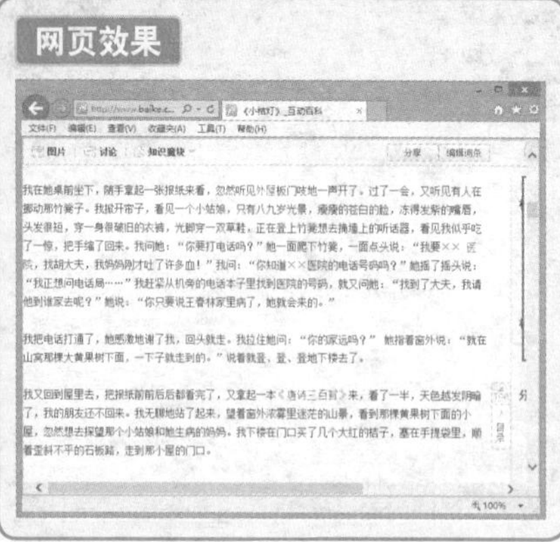

1 打开要保存的网页，单击“文件”下拉按钮，从列表中选择“使用Word（桌面）编辑”选项。

2 将窗口中的内容以只读形式保存在Word文档中，可通过“文件>另存为”命令，按照给出的提示将当前窗口中的内容以“Word文档”形式保存即可。

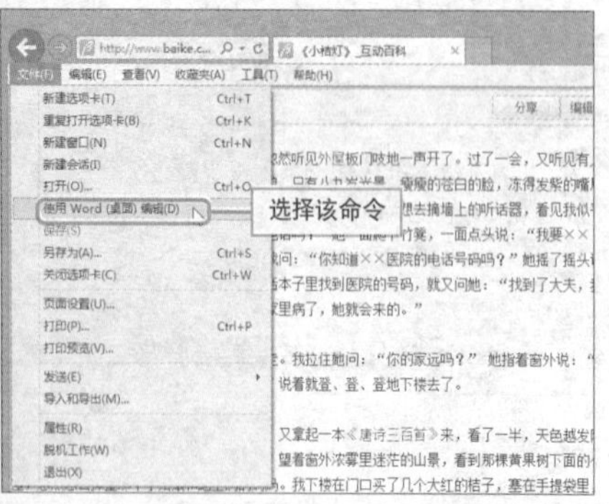

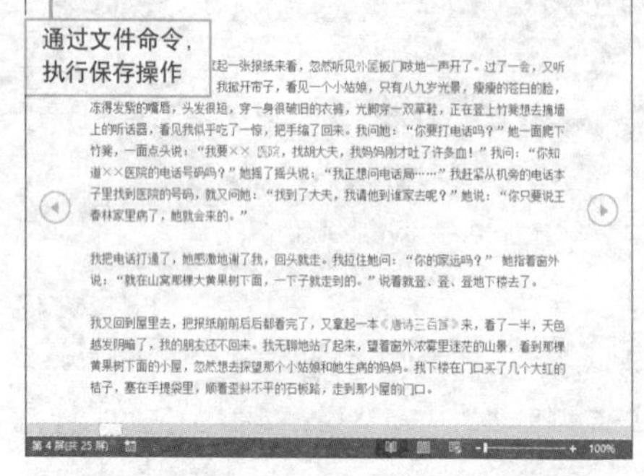

文本排版方式巧设置

实例 文字方向的设置

一般来说，Word 2013 中的文字是以水平方式输入排版的，但是在输入古诗词或者广告用语等比较特殊的文本，需要以垂直方式进行排版时，用户也可将横向排列的诗词转换为纵向排列。

初始效果

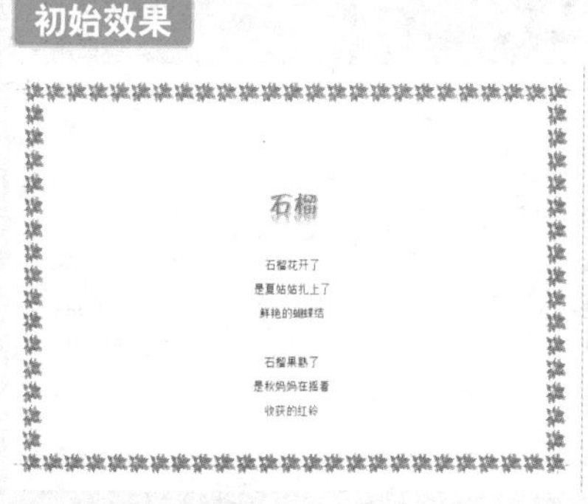

文本横向排列效果

更改方向后效果

文本纵向排列效果

① 打开文档，选择需要纵向排列的文本，切换至"页面布局"选项卡，单击"文字方向"按钮，从列表中选择"垂直"选项即可将横向排列的文本转换为纵向排列。

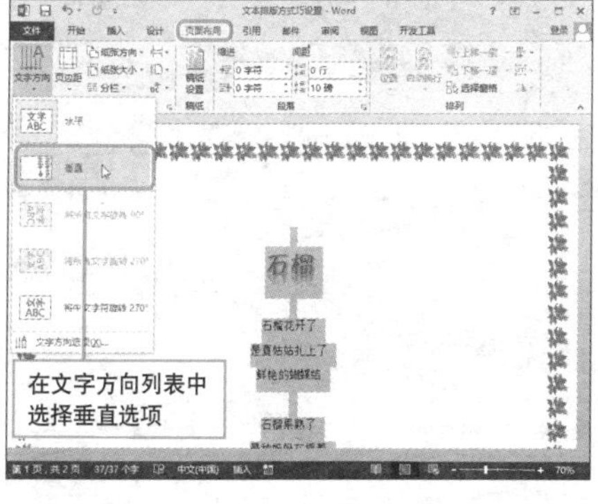

Hint

使用"文字方向"对话框进行设置

执行"页面布局 > 文字方向 > 文字方向选项"命令，打开"文字方向 - 主文档"对话框，在"方向"选项组中单击所需版式，在"应用于"列表中选择应用范围，然后确定即可。

Question 184

纵横混排很简单

• Level ◆◆◇

2013 2010 2007

实例 纵横混排功能的应用

使用纵横混排功能可以在横排段落中插入竖排的文本，也可以在竖排段落中插入横排的文本，下面将介绍如何使用纵横混排功能。

初始效果

文本未进行纵横排列效果

最终效果

文本纵横混排效果

1 在竖排段落中选择需要横排的文本，单击“开始”选项卡上的“中文版式”按钮，从展开的列表中选择“纵横混排”选项。

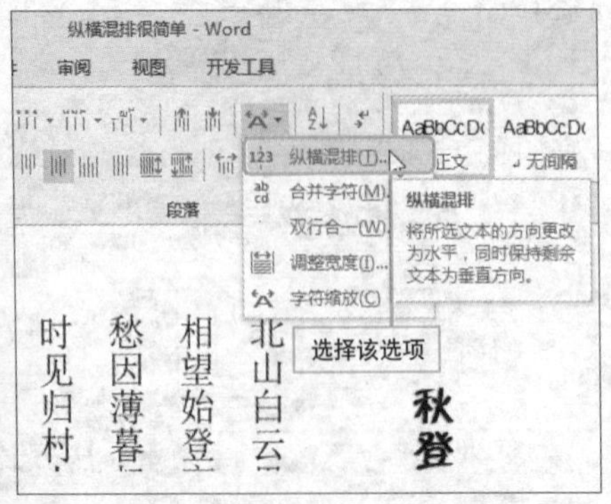

2 打开“纵横混排”对话框，取消对“适应行宽”复选框的勾选，单击“确定”按钮，即可完成纵横混排的设置。

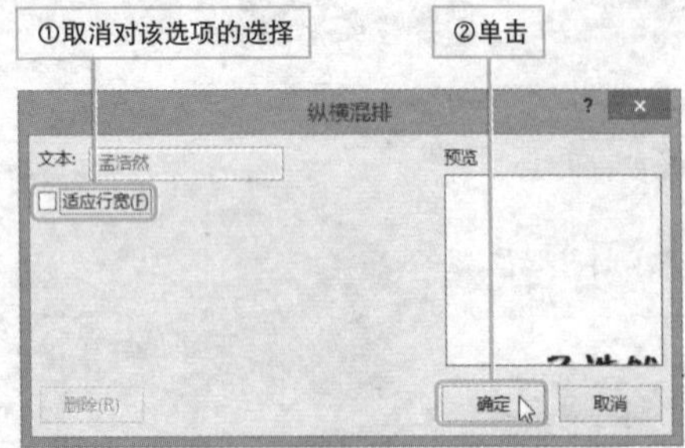

Question 185

合并字符难不倒人

实例 合并字符功能的应用

合并字符功能能够使多个字符只占有一个字符的宽度，也可将已经合并的字符还原为普通字符。下面对其进行介绍。

Level ◆◆◇

2013 2010 2007

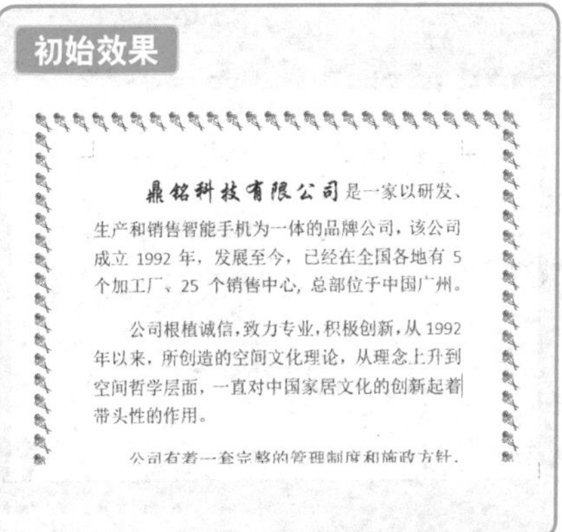

初始效果 / 应用多级列表效果

合并字符效果

1 选择需要合并字符的文本，单击“开始”选项卡上的“中文版式”按钮，从展开的列表中选择“合并字符”选项。

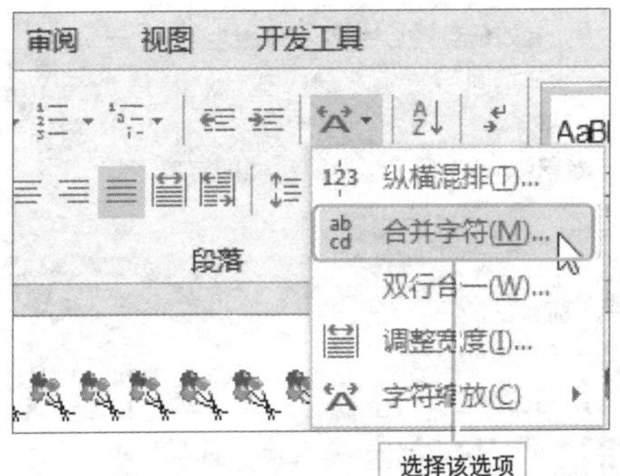

2 打开“合并字符”对话框，在“字体”选项中设置合并后的字体为“华文行楷”，在“字号”选项中设置合并后的字号为“20磅”，设置完成后，单击“确定”按钮即可。

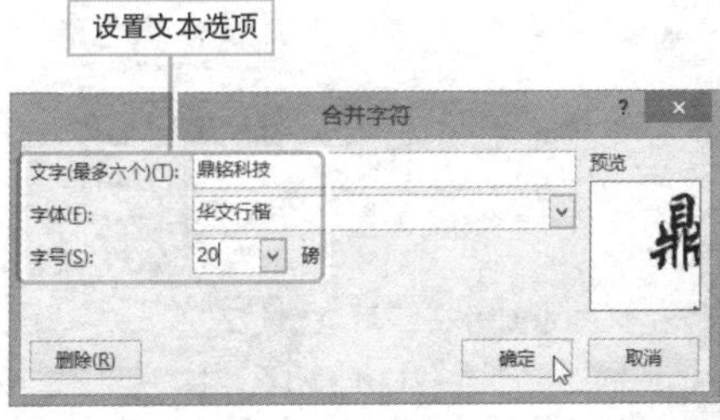

3 如果选择的字符数超过6个时，那么超出的部分将不能显示，此时可以先忽略该错误，按需设置合并后的“字体”和“字号”，设置完成后，单击“确定”按钮。

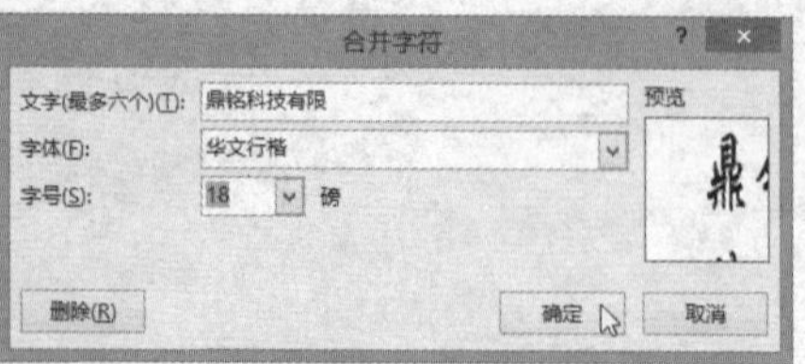

4 选择合并后的字符并单击鼠标右键，从中选择“切换域代码”命令。

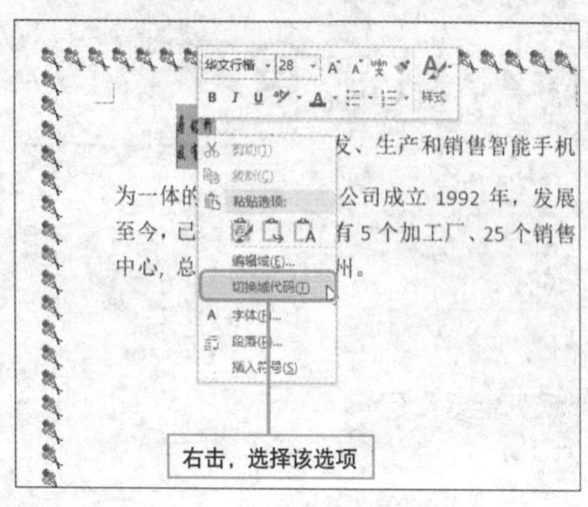

5 切换到域代码，在第一个括号中输入想要合并的字符的前半部分，在后面的括号中输入要合并字符的后半部分。

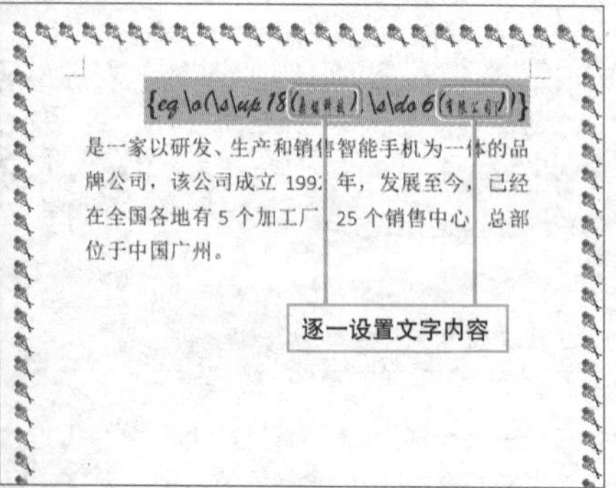

6 选择输入的文本，切换至“开始”选项卡，在“字体颜色”列表中选择“红色”作为合并后字符的颜色。

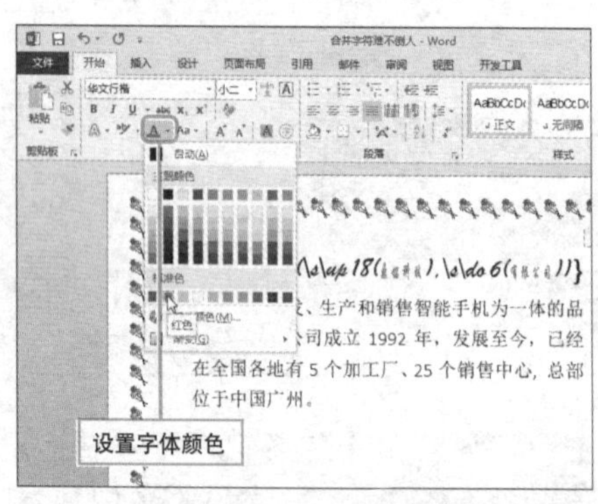

7 设置完成后，右击域代码，从中选择“切换域代码”命令，即可完成字符合并。

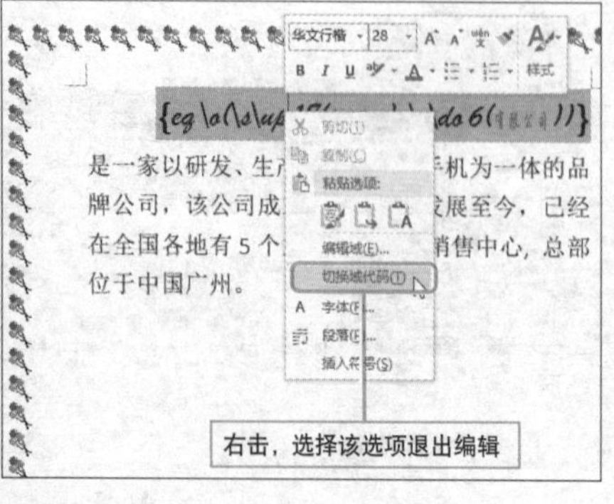

Hint

如何删除合并字符效果？

选择合并的字符，执行“开始 > 中文版式 > 合并字符”命令，打开“合并字符”对话框，单击“删除”按钮即可。

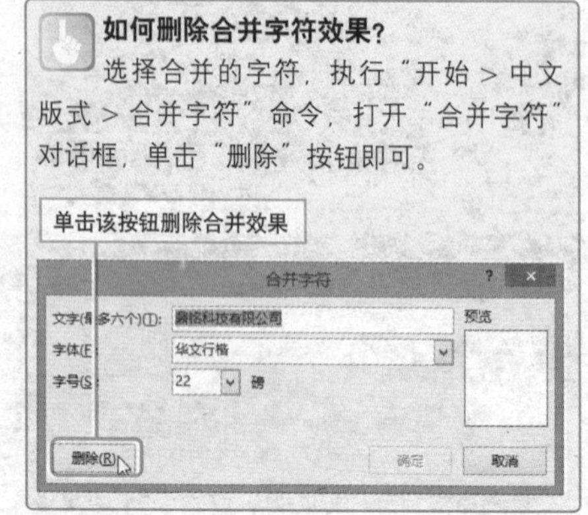

Question 186

Level ◆◆◆

2013 2010 2007

双行合一有妙用

实例 使用双行合一功能

双行合一功能可以将两行文字在一行文字的空间中显示，该功能在制作特殊格式的标题或者注释时经常用到，下面对其进行介绍。

初始效果

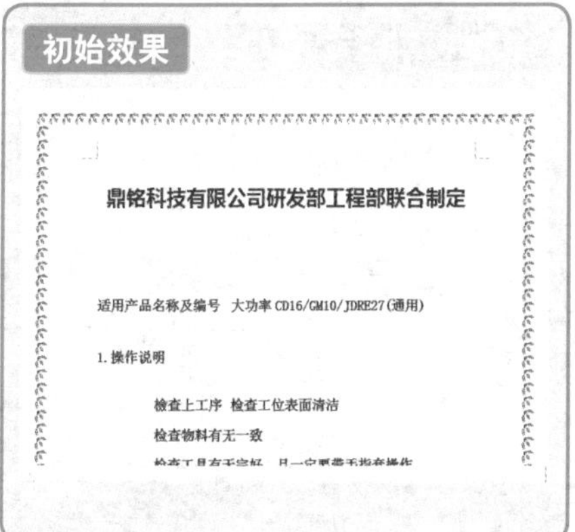

最终效果

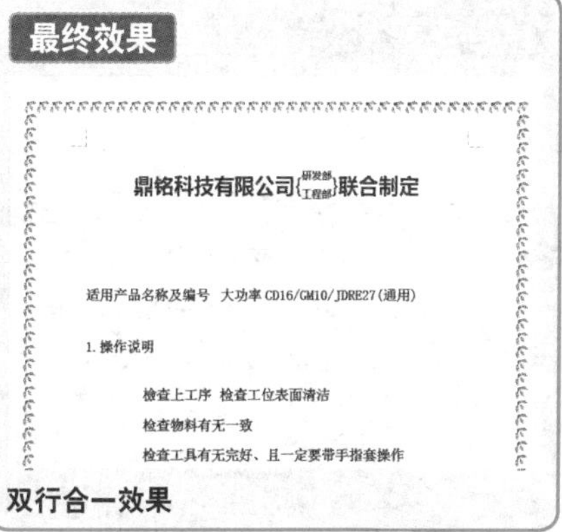

双行合一效果

❶ 选择需要进行双行合一的文字，单击“开始”选项卡上的“中文版式”按钮，从展开的列表中选择“双行合一”选项。

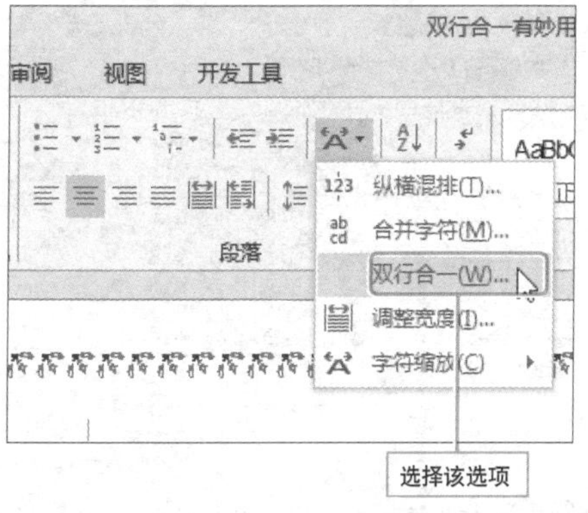

❷ 打开“双行合一”对话框，勾选“带括号”复选框，在“括号样式”列表中选择合适的括号样式，然后单击“确定”按钮即可。

Question 187

• Level ◆◆◆

2013 2010 2007

首字下沉功能用处大

实例 使用首字下沉功能

首字下沉可以在段落中加大首字符，通常用于文档或者章节的开头，在新闻稿或请帖中也会用到，可以起到强调重点和增强视觉效果的作用，下面对其进行介绍。

首字下沉 2 行的效果

荷塘月色

——朱自清

这几天心里颇不宁静。今晚在院子里坐着乘凉，忽然想起日日走过的荷塘，在这满月的光里，总该另有一番样子吧。月亮渐渐地升高了，墙外马路上孩子们的欢笑，已经听不见了；妻在屋里拍着闰儿，迷迷糊糊地哼着眠歌。我悄悄地披了大衫，带上门出去。

沿着荷塘，是一条曲折的小煤屑路。这是一条幽僻的路；白天也少人走，夜晚更加寂寞。荷塘四面，长着许多树，蓊蓊郁郁的。路的一旁，是些杨柳，和一些不知道名字的树。没有月光的晚上，这路上阴森森的，有些怕人。今晚却很好，虽然月光也还是淡淡的。

路上只我一个人，背着手踱着。这一片天地好像是我的；我也像超出了平常的自己，到了另一个世界里。我爱热闹，也爱冷静；爱群居，也爱独处。像今晚上，一个人在这苍茫的月下，什么都可以想，什么都可以不想，便觉是个自由的人。白天里一定要做的事，一定要说的话，现在都可不理。这是独处的妙处；我且受用这无边的荷香月色好了。

首字下沉 3 行的效果

荷塘月色

——朱自清

这几天心里颇不宁静。今晚在院子里坐着乘凉，忽然想起日日走过的荷塘，在这满月的光里，总该另有一番样子吧。月亮渐渐地升高了，墙外马路上孩子们的欢笑，已经听不见了；妻在屋里拍着闰儿，迷迷糊糊地哼着眠歌。我悄悄地披了大衫，带上门出去。

沿着荷塘，是一条曲折的小煤屑路。这是一条幽僻的路；白天也少人走，夜晚更加寂寞。荷塘四面，长着许多树，蓊蓊郁郁的。路的一旁，是些杨柳，和一些不知道名字的树。没有月光的晚上，这路上阴森森的，有些怕人。今晚却很好，虽然月光也还是淡淡的。

路上只我一个人，背着手踱着。这一片天地好像是我的；我也像超出了平常的自己，到了另一个世界里。我爱热闹，也爱冷静；爱群居，也爱独处。像今晚上，一个人在这苍茫的月下，什么都可以想，什么都可以不想，便觉是个自由的人。白天里一定要做的事，一定要说的话，现在都可不理。这是独处的妙处；我且受用这无边的荷香

1 将鼠标光标定位至需要设置首字下沉的段落中，单击“插入”选项卡的“首字下沉”按钮，从展开的列表中选择“下沉”选项即可。

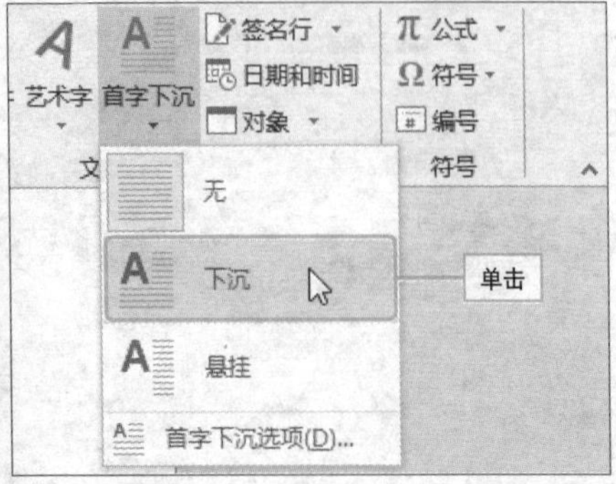

Hint

使用“首字下沉”对话框进行设置

执行“插入 > 首字下沉 > 首字下沉选项”命令，打开“首字下沉”对话框，根据需要设置下沉的字体、下沉行数，距正文距离。

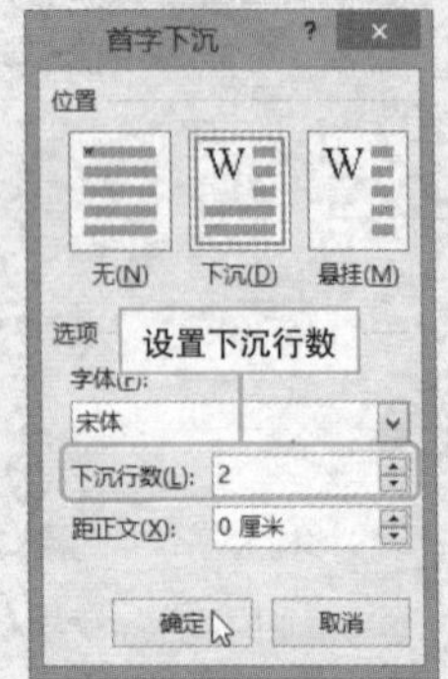

Question 188

Level ◆◆◆

2013 2010 2007

巧设置文档纸张大小

实例　文档纸张大小的设置

Word 文档默认纸张为 A4 大小，根据工作需要，用户可以将纸张设置为其他尺寸，如 16 开、32 开等，下面介绍两种设置纸张大小的方法。

1 **常规设置法。**打开文档，执行“页面布局>纸张大小”命令，从列表中选择需要的纸张大小即可。

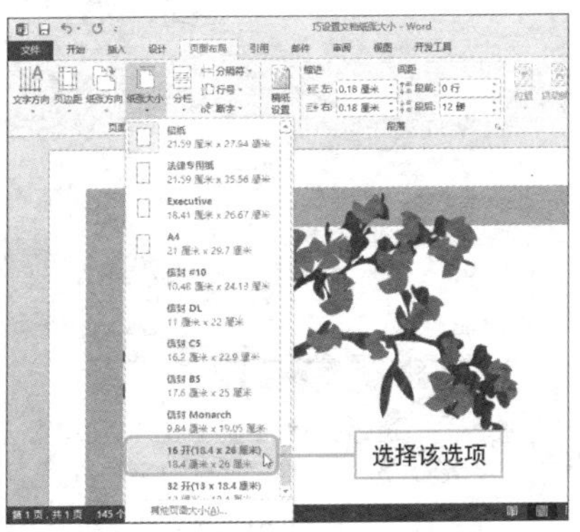

2 **对话框设置法。**单击“页面布局”选项卡“页面设置”面板的对话框启动器。

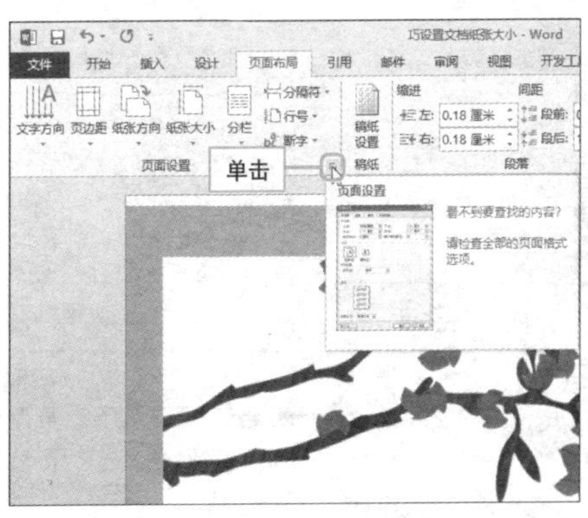

3 打开“页面设置”对话框，切换至“纸张”选项卡，在“纸张大小”列表中选择“自定义大小”选项。

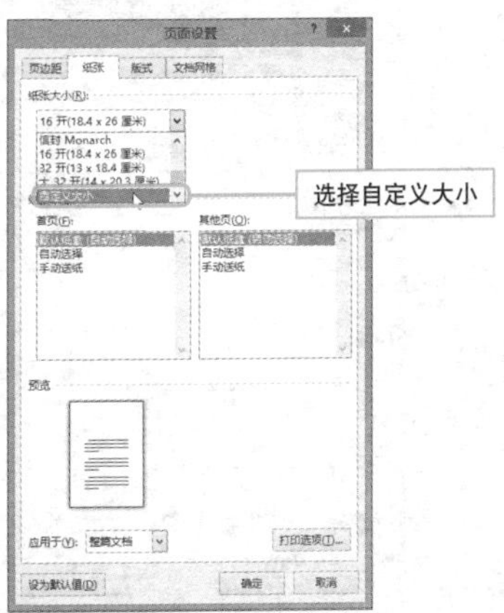

4 然后在“宽度”和“高度”文本框中输入所需纸张的尺寸，单击“确定”按钮即可。

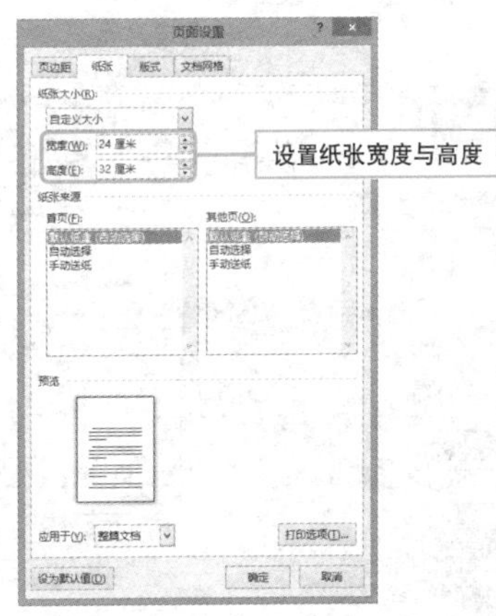

轻松实现文档页面纵横混排

实例 在同一文档中设置不同的纸张方向

在文档中，默认的纸张方向为纵向，若需要将文档中的某一页面设置为横向，该如何操作呢？解决这个问题并不难，只需按照以下方法进行操作即可。

初始效果

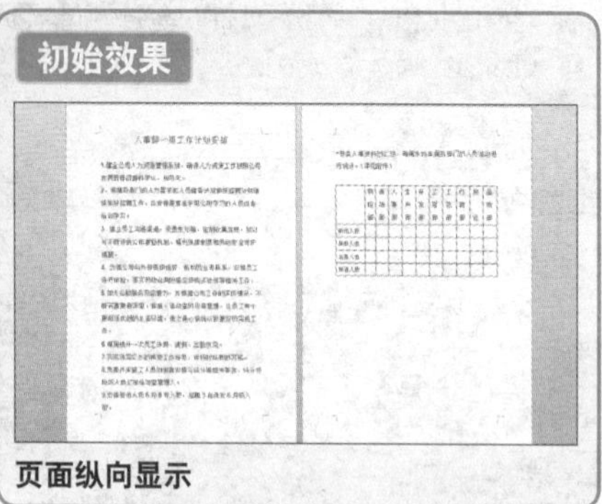

页面纵向显示

最终效果

页面纵横混排

1 打开文档，将鼠标光标定位至需要更改页面的起始点，单击“页面布局”选项卡“页面设置”面板的对话框启动器。

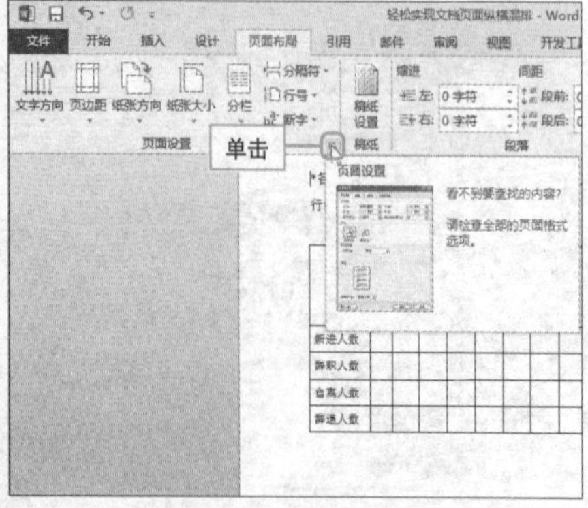

2 打开“页面设置”对话框，在“页边距”选项卡中的“纸张方向”选项组中，选择“横向”，在“应用于”列表中选择“插入点之后”，然后单击“确定”按钮即可。

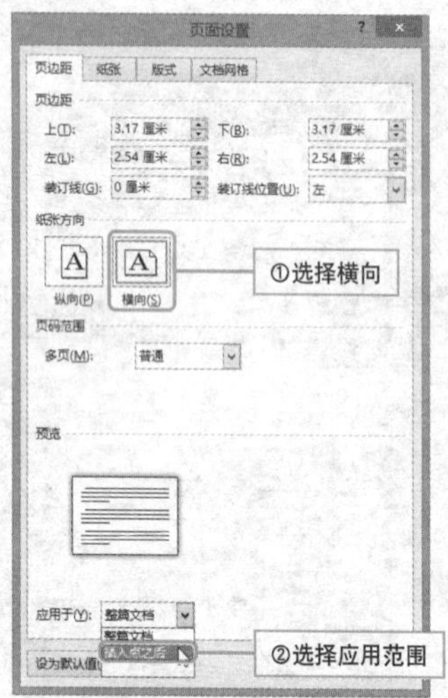

按需调整页面边距

实例 设置文档页边距

文档中页边距有两个作用，一是用于装订和美观的需要，留下一部分空白；二是可以把页眉页脚放置在空白区域中，使文档更美观，下面介绍页面边距的设置步骤。

1 **精确设置法。**打开文档，执行“页面布局>页边距”命令，从列表中选择需要的边距值即可。

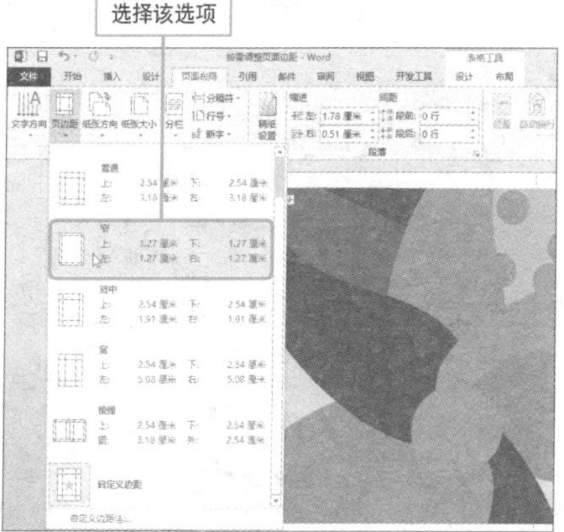

2 如果在列表中没有满意的边距值，可打开“页面设置”对话框，在“页边距”选项卡中的“页边距”选项组中，根据提示输入上、下、左、右的边距值即可。

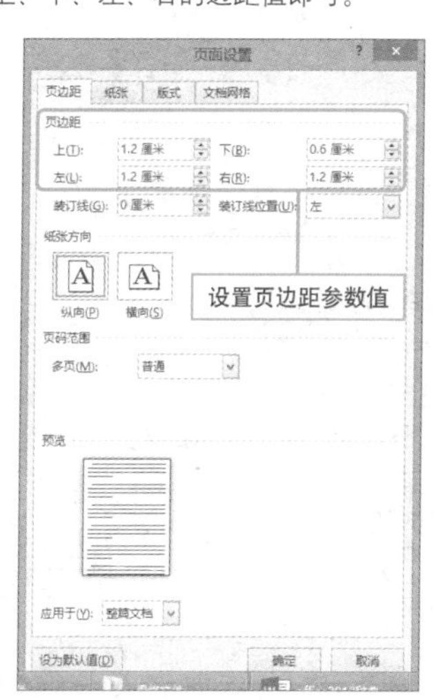

3 **利用标尺进行设置。**切换至“视图”选项卡，勾选“标尺”复选框。

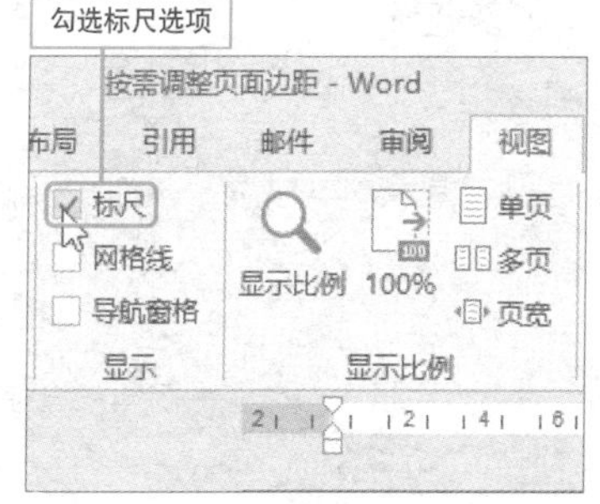

4 将鼠标光标移至标尺起始处/结尾处，当其变为双向箭头时，按住鼠标左键不放拖动鼠标即可调整页边距。

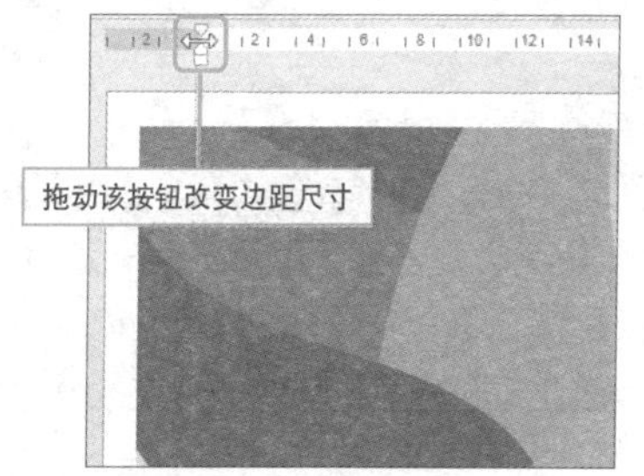

Question 191

● Level ◆◆◆

2010 2007

文档通栏和多栏混排

实例　将同一页面设置成通栏或双栏混排效果

对文档进行分栏后，整篇文档通常都会以分栏形式显示。有时为了满足排版的需求，用户可以只对文档的某部分进行分栏，下面介绍具体操作步骤。

文档通栏效果

一、生产方法和工艺流程选择的原则

在选择生产方法和工艺流程时，应考虑以下一些原则。

1．先进性

先进性主要指技术上的先进和经济上的合理可行，具体包括基建投资、产品成本、消耗定额和劳动生产率等方面的内容，应选择物料损耗小、循环量少，能量消耗少和回收利用好的生产方法。

2．可靠性

可靠性是指所选择的生产方法和工艺流程是否成熟可靠。如果采用的技术不成熟，就会影响工厂正常生产，甚至不能投产，造成极大的浪费。因此，对于尚在试验阶段的新技术、新工艺、新设备应慎重对待。

3．结合国情

中国是一个发展中的社会主义国家。在进行工厂设计时，不能单纯从技术观点考虑问题，应从中国的具体情况出发考虑各种具体问题。

上述三项原则必须在技术路线和工艺流程选择中全面衡量，综合考虑。一种技术的应用有长处，也有短处。设计人员必须采取全面分析对

文档混排效果

一、生产方法和工艺流程选择的原则

在选择生产方法和工艺流程时，应考虑以下一些原则。

1．先进性

先进性主要指技术上的先进和经济上的合理可行，具体包括基建投资、产品成本、消耗定额和劳动生产率等方面的内容，应选择物料损耗小、循环量少，能量消耗少和回收利用好的生产方法。

2．可靠性

可靠性是指所选择的生产方法和工艺流程是否成熟可靠。如果采用的技术不成熟，就会影响工厂正常生产，甚至不能投产，造成极大的浪费。因此，对于尚在试验阶段的新技术、新工艺、新设备应慎重对待。

3．结合国情

中国是一个发展中的社会主义国家。在进行工厂设计时，不能单纯从技术观点考虑问题，应从中国的具体情况出发考虑各种具体问题。

上述三项原则必须在技术路线和工艺流程选择中全面衡量，综合考虑。一种技术的应用有长处，也有短处。设计人员必须采取全面分析对比的方法，并根据建设项目的具体要求，选择其中不仅对现在有利，而

1. 选择所需段落，切换至“页面布局”选项卡，单击“分栏”按钮，从展开的列表中选择“更多分栏”选项。

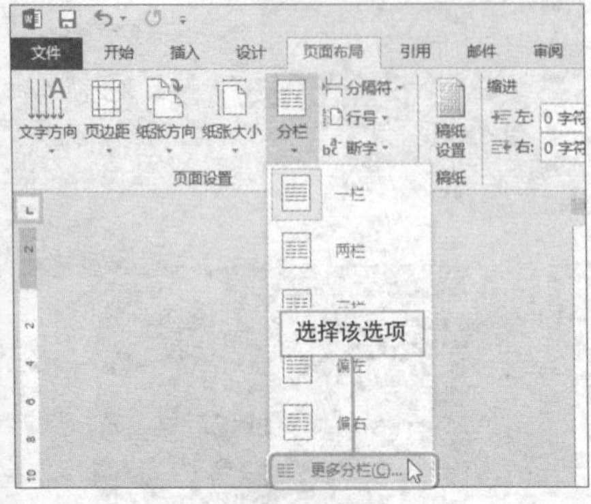

2. 打开“分栏”对话框，在“预设”选项组选择“三栏”，勾选“分隔线”复选框，在“宽度和间距”选项，设置“间距”为1.5字符，单击“确定”按钮。

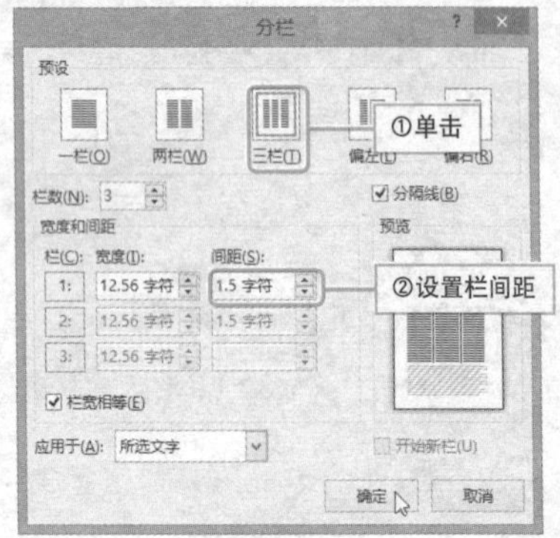

制作文档跨栏排版

实例 在已经分栏的情况下，设置单双栏混排

上一技巧讲述的是如何对文档某一段落实行单、双混排。本技巧介绍的是在文档已经完成分栏的情况下，将指定内容设置为单栏的方法。

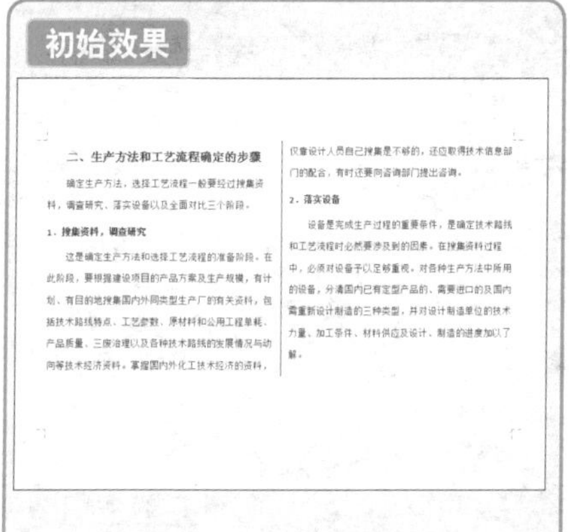

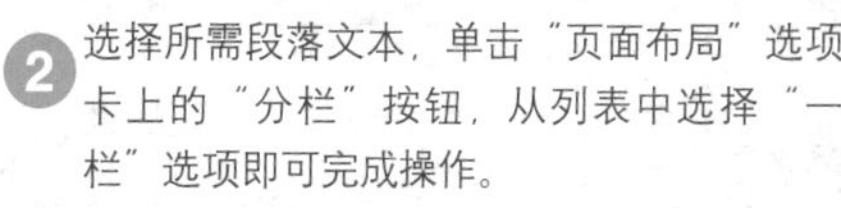

最终效果效果

文档跨栏排版效果

1 将鼠标光标定位至所需段落末尾，切换至"页面布局"选项卡，单击"分隔符"按钮，从展开的列表中选择"连续"选项。

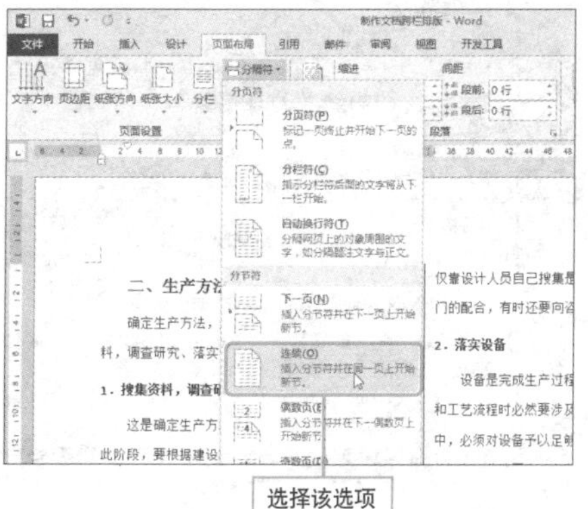

2 选择所需段落文本，单击"页面布局"选项卡上的"分栏"按钮，从列表中选择"一栏"选项即可完成操作。

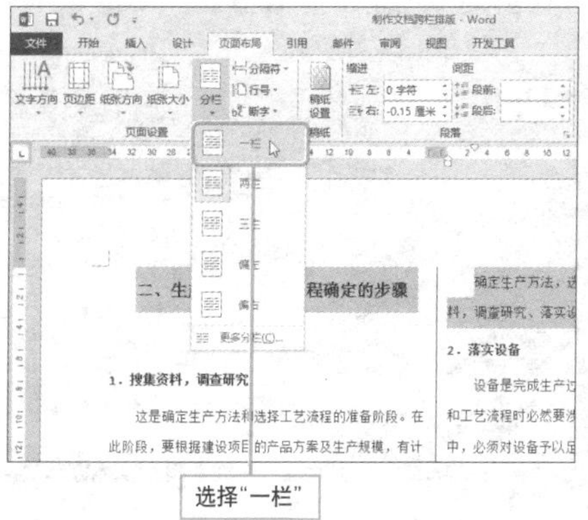

让起始页从奇数页开始

实例 分节符的使用

想要每节都从奇数页开始，最原始的方法是查看每一节的最后一页是否为偶数页。如果为偶数页，则添加一个分页符，或者按多次 Enter 键至奇数页，但是这样操作非常麻烦，下面介绍一种简便的方法。

1 打开文档，将鼠标光标定位至第一节末尾。

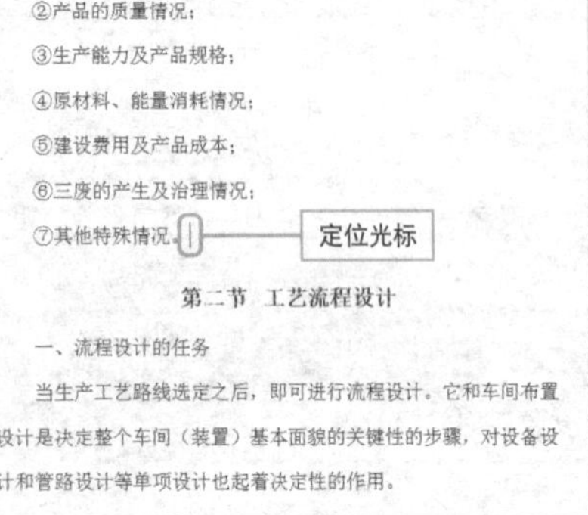

2 切换至“页面布局”选项卡，单击“分隔符”按钮，从展开的列表中选择“奇数页”选项。

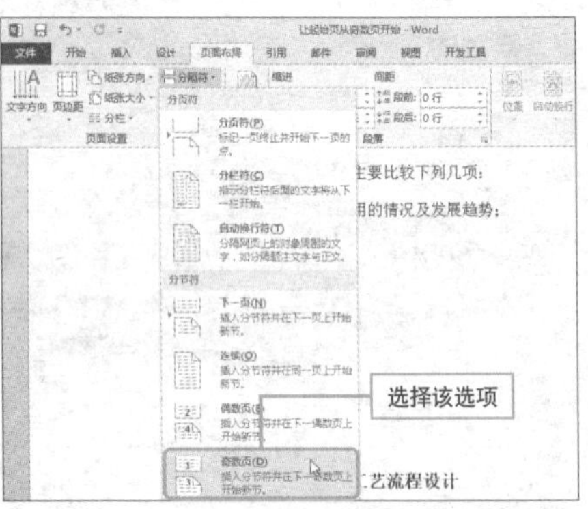

3 选择完成后，将在第一节的末尾添加一个“奇数页”分节符，此时，第2节的内容将自动以奇数页开始。

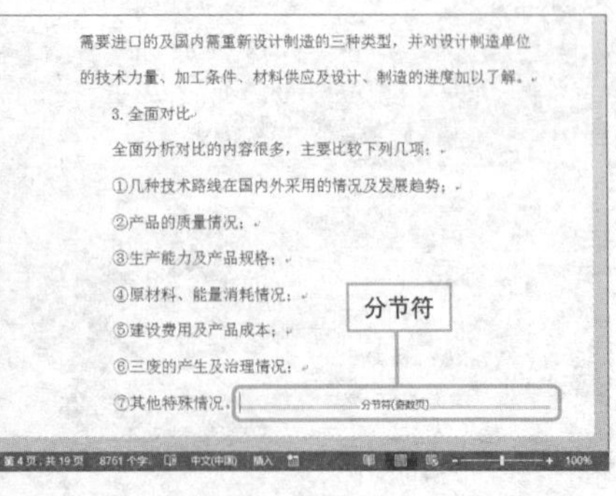

Hint

如何验证起始页从奇数页开始

将鼠标光标定位至新节，然后在 Word 窗口底部状态栏的左侧，可以看到当前页码数，即可查看到当前页是否为奇数页。

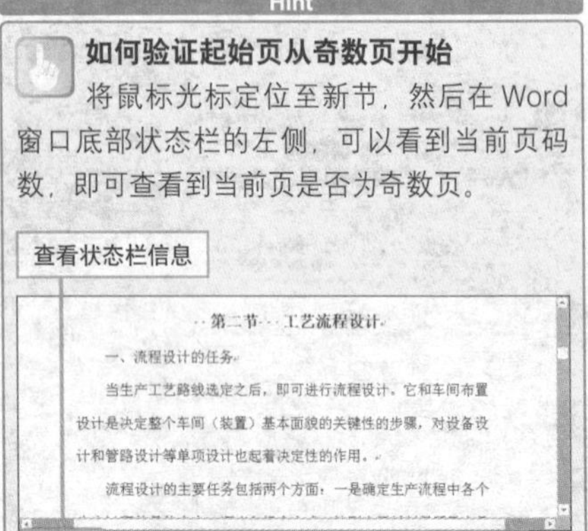

快速分页

实例 分页符的使用

通常情况下，输入文本内容至最后一行时，文档将会自动添加新页面，方便用户继续编辑。如果想要将文档中的内容强制挪入下一页，需要通过分页符功能实现，下面对其进行介绍。

1 **功能区命令分页法**。将鼠标定位至分页位置，切换至“页面布局”选项卡，单击“分隔符”按钮，从展开的列表中选择“分页符”选项。

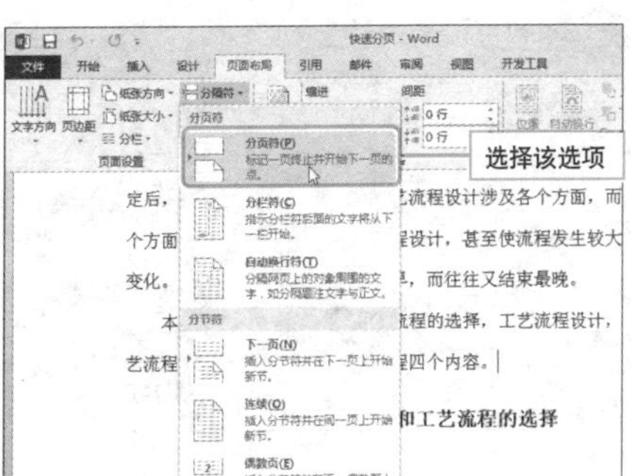

2 此时，在光标处将插入分页符，而光标之后的内容则会自动移至下一页面。

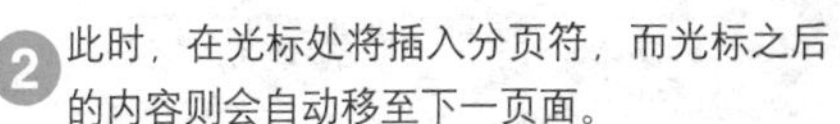

图的形式，形象地反映了化工生产由原料进入到产品输出的过程，其中包括物料和能量的变化，物料的流向以及生产中所经历的工艺过程和使用的设备仪表。工艺流程图集中地概括了整个生产过程的全貌。

工艺流程设计是工艺设计的核心。在整个设计中，设备选型、工艺计算、设备布置等工作都与工艺流程有直接关系。只有流程确定后，其他各项工作才能开展，工艺流程设计涉及各个方面，而各个方面的变化又反过来影响工艺流程设计，甚至使流程发生较大的变化。因此，工艺流程设计动手最早，而往往又结束最晚。

本章主要介绍生产方法和工艺流程的选择，工艺流程设计，工艺流程图绘制，典型设备的自控流程四个内容。……分页符……

3 **段落分页法**。指定分页位置后，单击“开始”选项卡上“段落”面板的对话框启动器。

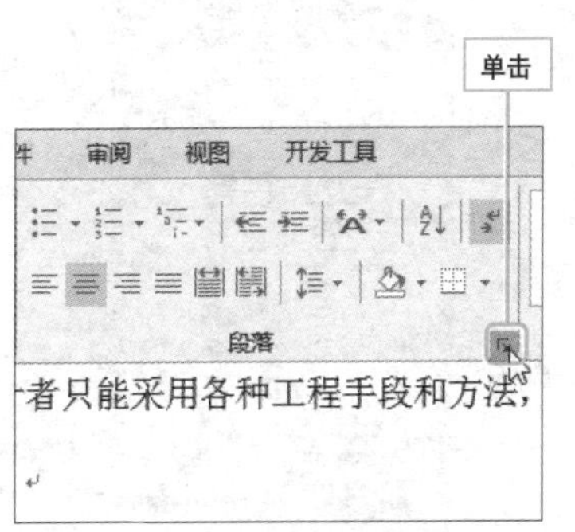

4 打开“段落”对话框，勾选“换行和分页”选项卡中的“段前分页”复选框，然后单击“确定”按钮即可。

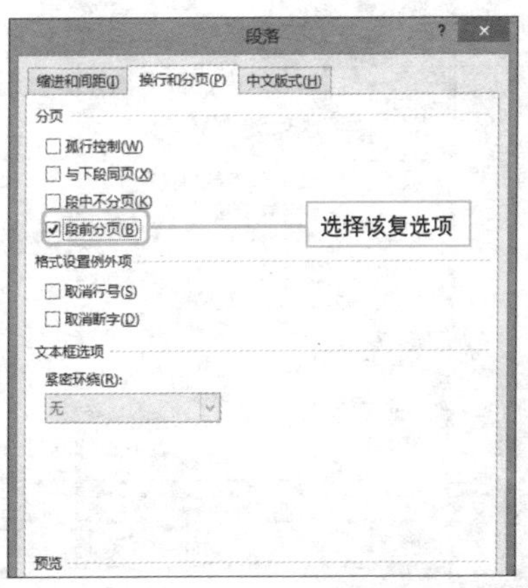

Question 195

Level ◆◆◆

2013 2010 2007

行号设置不可缺

实例 设置行号

在修改文档时，行号的设置对于文档来说也是很重要的，用户通过边距中的行号可以快速方便地引用文档中的特定行。下面介绍具体操作步骤。

最终效果

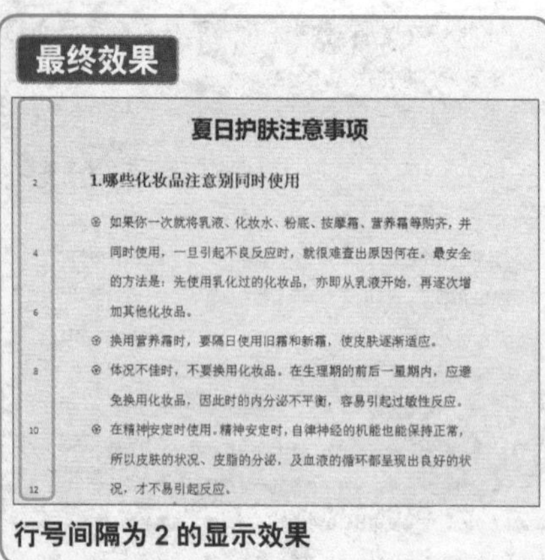

行号间隔为 2 的显示效果

1 打开文档，切换至“页面布局”选项卡，单击“行号”按钮，从列表中选择“每页重编行号”选项。

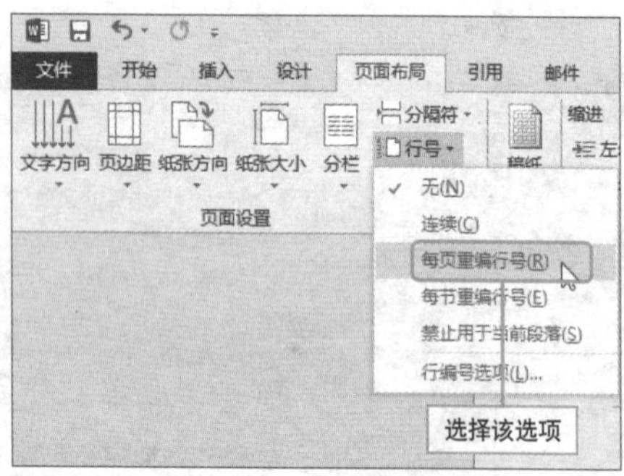

2 如果需要进一步设置，可在行号列表中选择“行编号选项”选项，打开“页面设置”对话框，单击“版式”选项卡中的“行号”按钮。

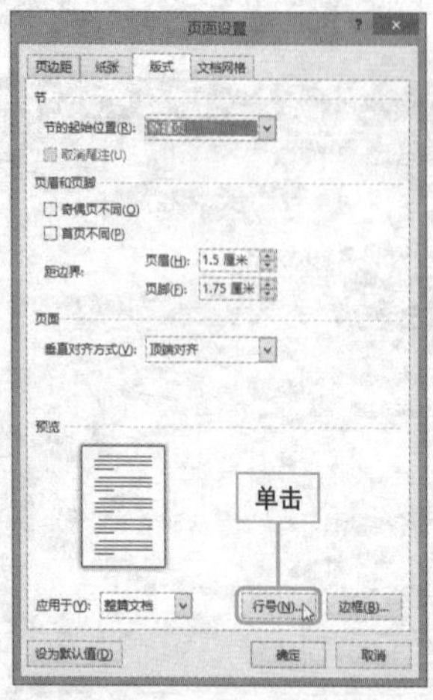

3 打开“行号”对话框，可对起始编号、距正文的距离、行号间隔等进行设置，设置完成后，单击“确定”按钮即可。

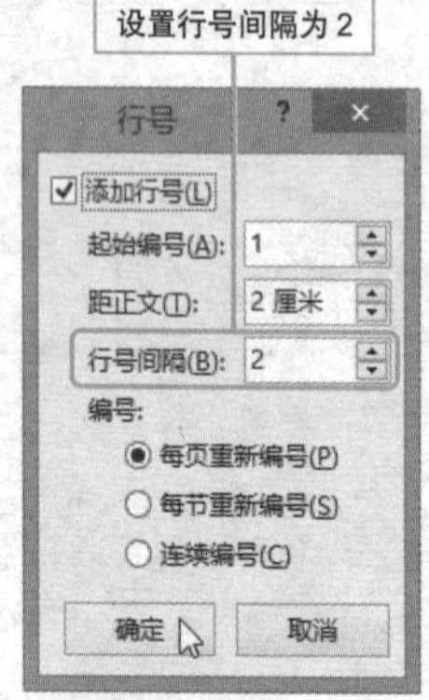

巧用断字功能

实例 使用断字功能

在文档中输入英文单词时，经常会由于单词本身太长，而出现行尾大量空白的情况，这时就可以使用断字功能，它可以防止两端对齐的文本中出现大片的空白，下面对其进行介绍。

1 打开文档，切换至“页面布局”选项卡，单击“断字”按钮，从列表中选择“手动”选项。

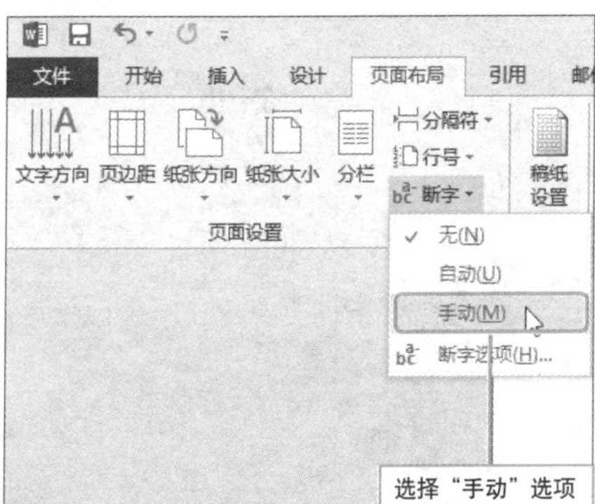

2 打开“手动断字：英语（美国）”对话框，确认断字位置后单击“是”按钮，然后会继续弹出该对话框，确认其他字符的断字位置。

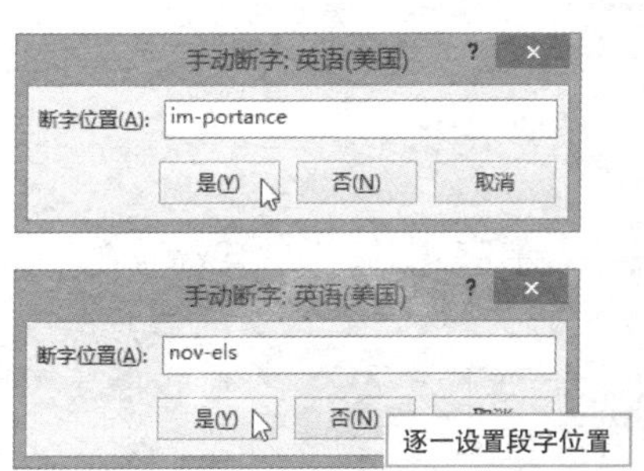

3 逐一确认断字位置后，会弹出一个提示对话框，提醒用户断字操作已经完成，单击“确定”按钮即可。

Hint

如何对“断字”选项进行设置

在“断字”列表中选择“断字选项”，打开“断字”对话框，按需进行设置即可。

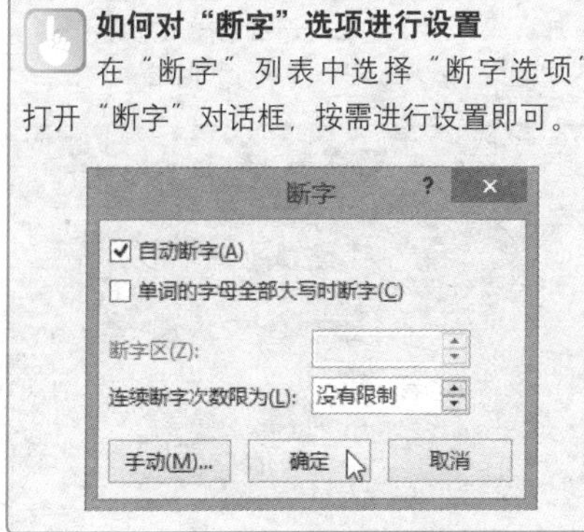

添加页码的方式知多少

实例 添加或删除文档页码

对于篇幅较大的文档来说，插入页码可以更加明确地定位文档内容，下面介绍如何添加和删除页码。

1 **普通页码的添加。**单击“插入”选项卡上的“页码”按钮，从列表中选择“页面底端>普通数字1”命令。

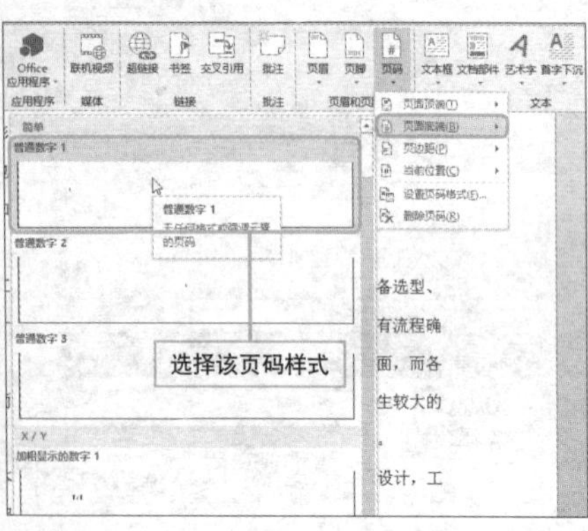

2 选择完成后，单击“关闭页眉和页脚”按钮即可完成文档页码的添加。

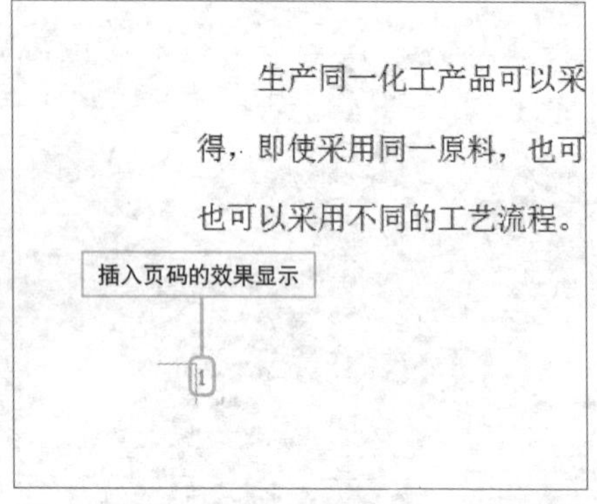

3 **从任意页添加页码。**如果想从第3页开始添加页码，则在第三页开始处插入光标，执行“页面布局>分隔符>下一页”命令。

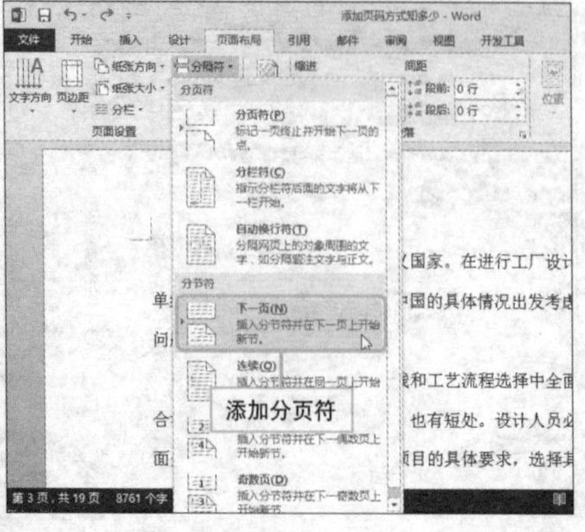

4 单击“插入”选项卡的“页眉”按钮，从列表中选择“空白”页眉格式。

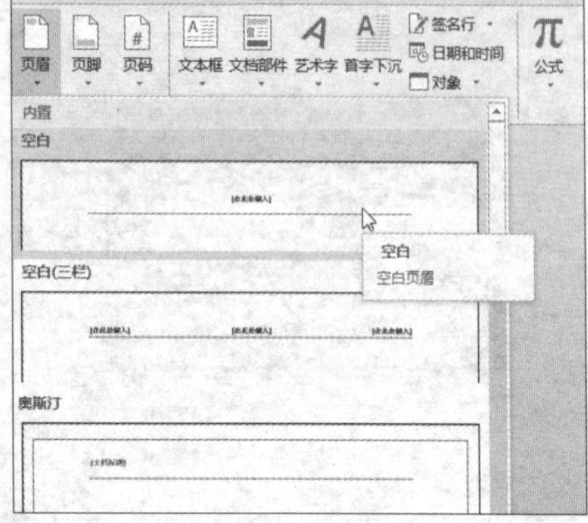

5 选择完成后，单击“页眉和页脚工具-设计”选项卡上的“转至页脚”按钮。

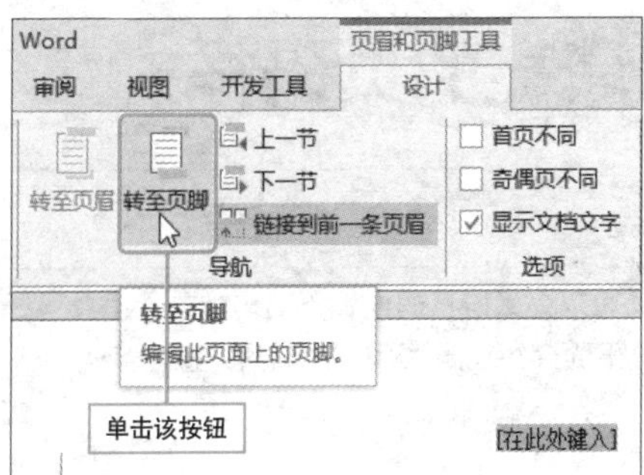

6 接着单击“链接到前一条页眉”按钮。

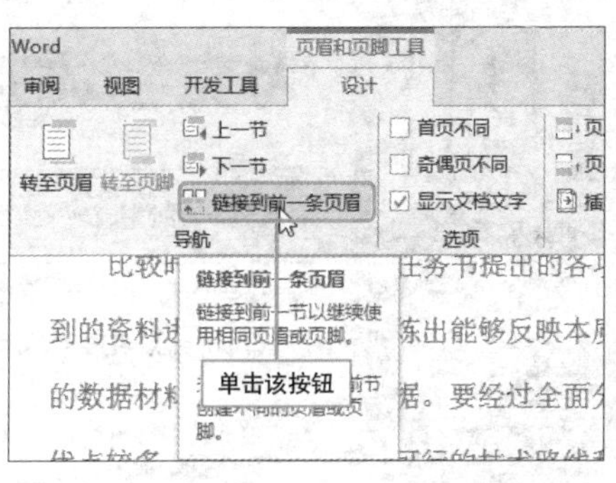

7 继续单击该选项卡上的“页码”按钮，从列表中选择“设置页码格式”选项。

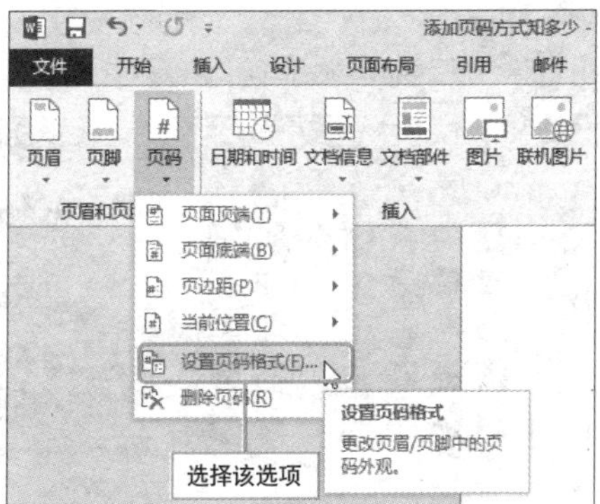

8 打开“页码格式”对话框，选中“起始页码”单选按钮，然后单击“确定”按钮。

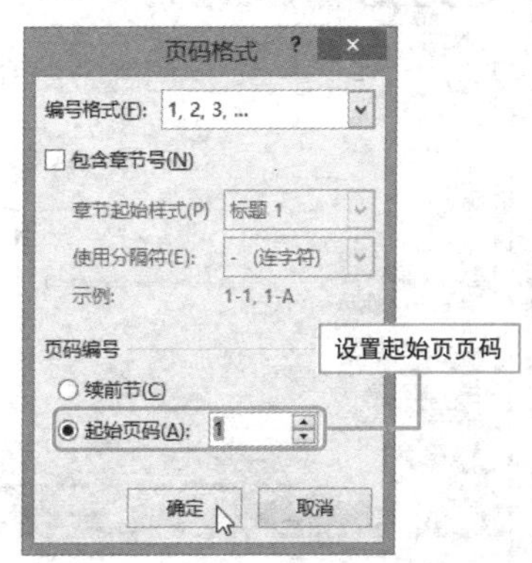

9 单击“关闭页眉和页脚”按钮即可完成页码的添加。从中可以看到，页码从第三页开始重新编号。

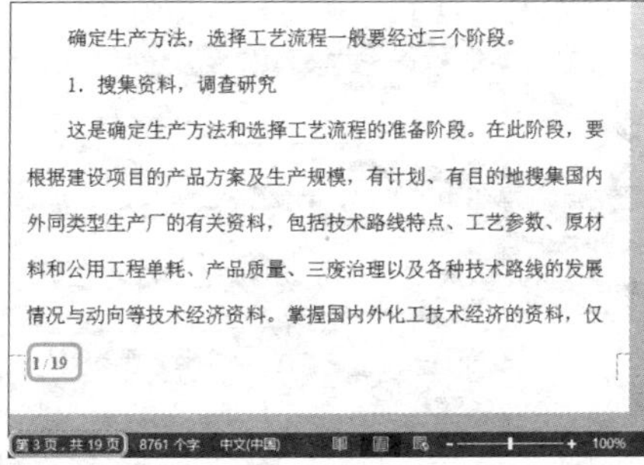

Hint

如何删除页码?

执行“插入 > 页码”命令，从展开的列表中选择“删除页码”命令即可。

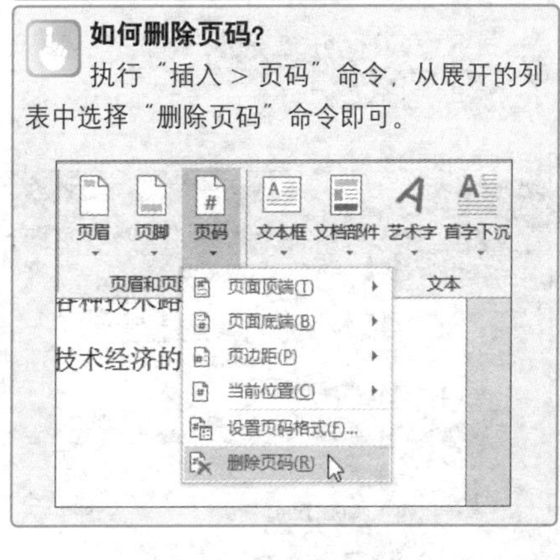

为文档添加漂亮的页码样式

实例 设置页码样式操作

为文档插入页码后，用户还可以为当前页码设置不同的样式，使页码可以醒目地显示在文档页面，下面介绍设置页码样式的具体操作步骤。

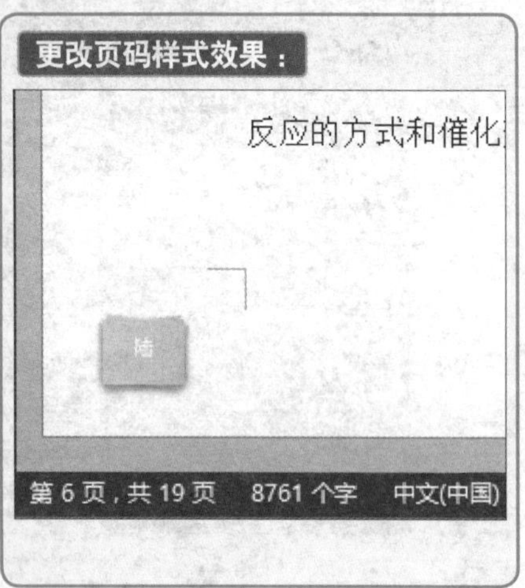

1 双击页码，打开“页眉和页脚工具-设计”选项卡，选择页码。通过“绘图工具-格式>形状样式>其他”命令，在打开的列表中选择一种合适的形状样式。

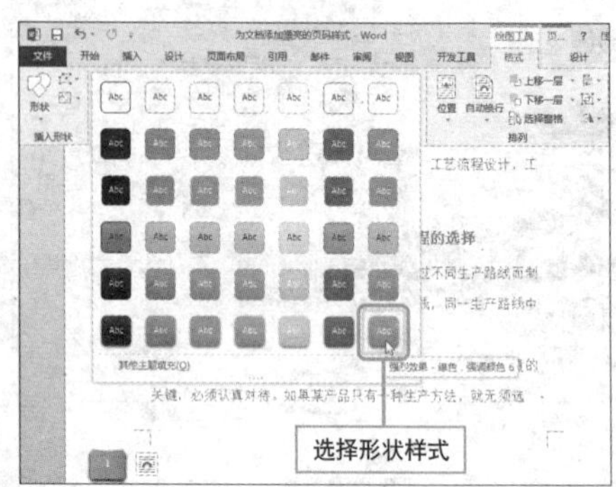

2 执行“页眉和页脚工具-设计>页码>设置页码格式”命令。

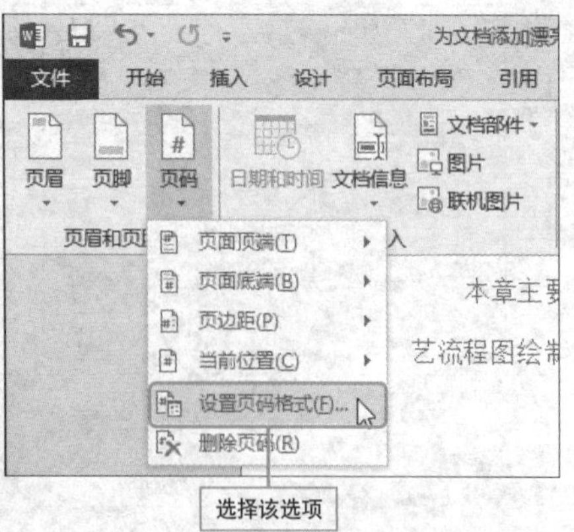

3 打开“页码格式”对话框，单击“编号格式”按钮，选择合适的页码编号格式并确认即可。

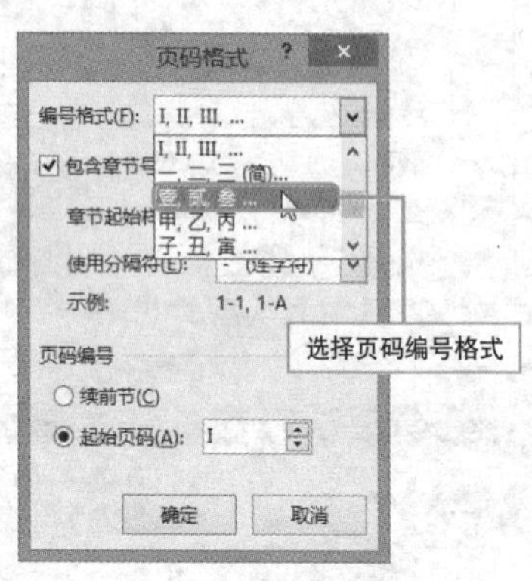

添加不连续页码有技巧

实例 在文档中添加不连续页码

在文档中添加页码时，添加的页码都是连续的，若用户想要为某一文档的封面、目录、正文和附录独立编码，该如何操作呢？本技巧将为您答疑解惑。

1 通过“页面布局>分隔符>下一页”命令，分别在各部分末页底端插入分节符。

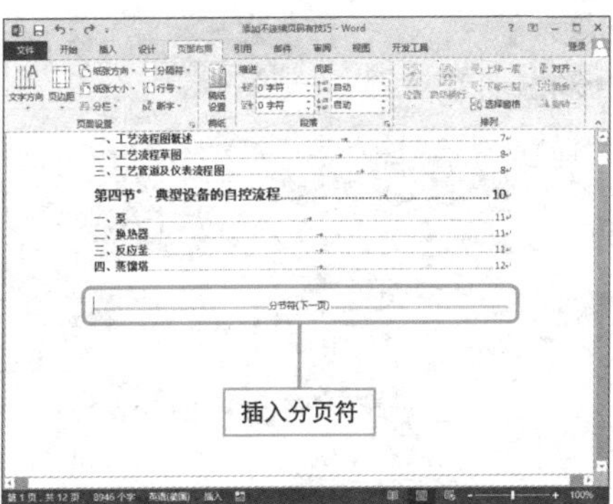

2 执行“插入>页码>页码底端”命令，从列表中选择“圆形”。

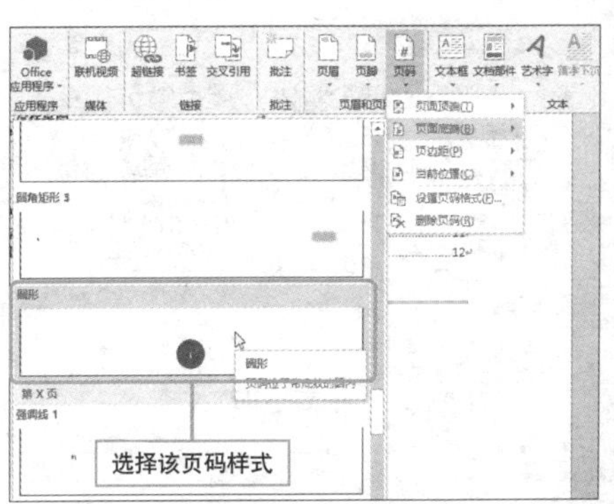

3 接着选择页码形状，在“形状工具-格式”选项卡，通过“形状样式”列表中的命令，为其应用合适的形状效果。

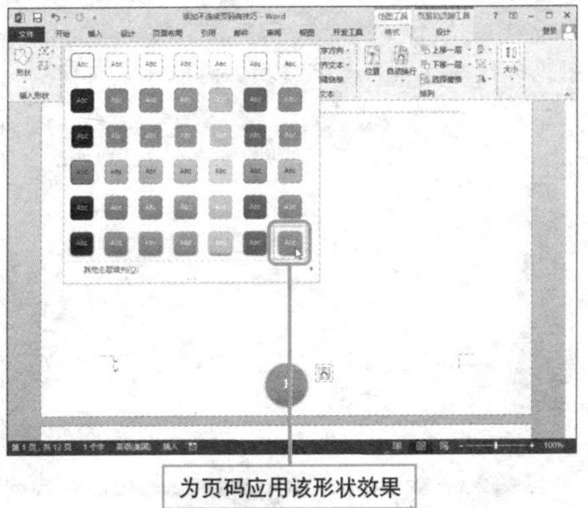

4 按照同样的方法为其他部分添加页码，然后单击“关闭页眉和页脚”按钮，退出编辑。

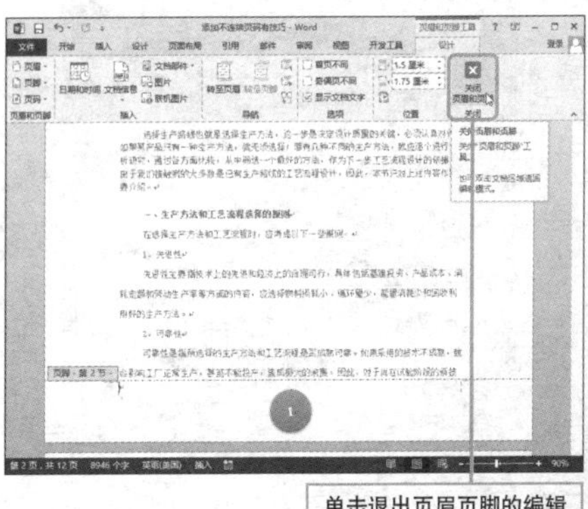

Question 200

Level ◆◆◇

2013 2010 2007

巧隐藏文档首页页码

实例 设置文档首页页码不显示

对于一些大型文档来说，有时其封面或者目录等同于首页的页面并不需要添加页码，这时候，用户可以将首页页码隐藏，有两种方法可以实现，下面介绍具体操作步骤。

1. 打开文档，切换至“页眉和页脚工具-设计”选项卡，勾选“首页不同”复选框。

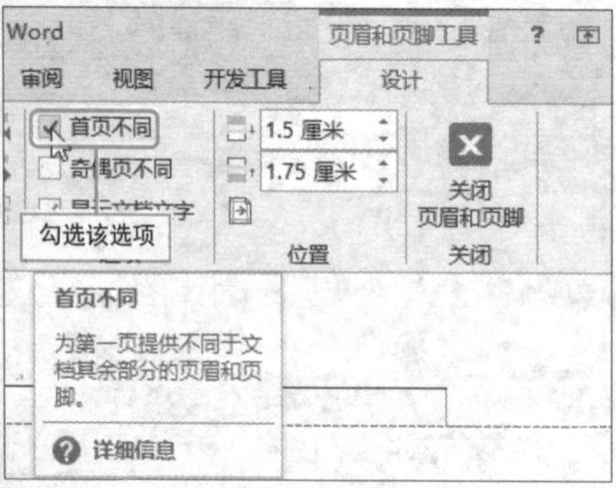

2. 单击“页码”按钮，从列表中选择“设置页码格式”选项。

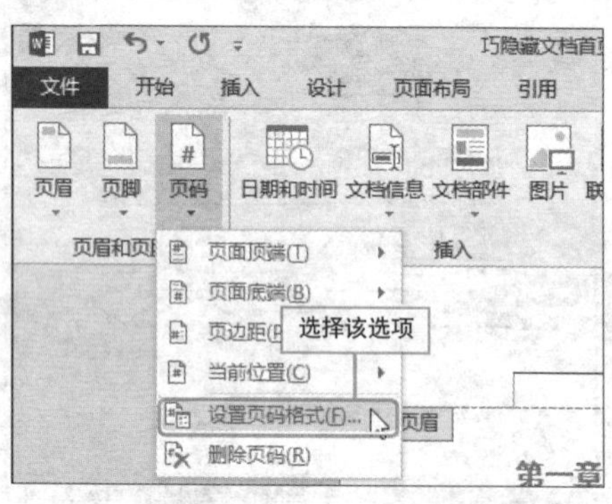

3. 弹出“页码格式”对话框，选中“起始页码”选项，设置起始编号为“0”，单击“确定”按钮即可。

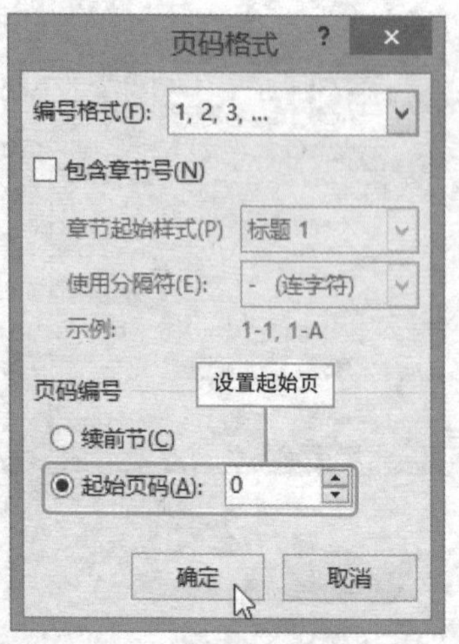

Hint

另类隐藏首页页码法

在首页添加分隔符后选择第2页，按照正常方法添加页码，在“页眉和页脚工具-设计”选项卡，单击“链接到前一条页眉”按钮使其处于非选中状态，并删除首页页码，单击“关闭页眉和页脚”按钮即可。

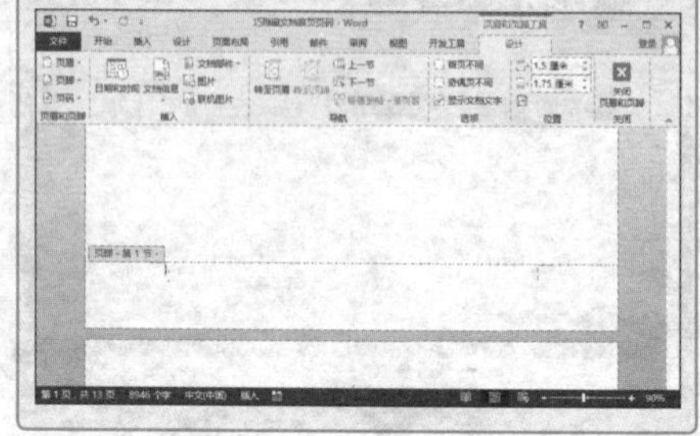

分栏页码轻松设

实例 为分栏文档添加页码

为 Word 文档添加页码时，都是一个页面添加一个页码。但是如果将文档进行了分栏，需要为每栏都添加页码，又该如何操作呢？下面以页面被分为两栏为例进行介绍。

1 打开文档，单击“插入”选项卡上的“页脚”按钮，插入一个空白页脚。

2 删除文本框中的文本，按空格键将鼠标光标移动至文档左栏中间位置。

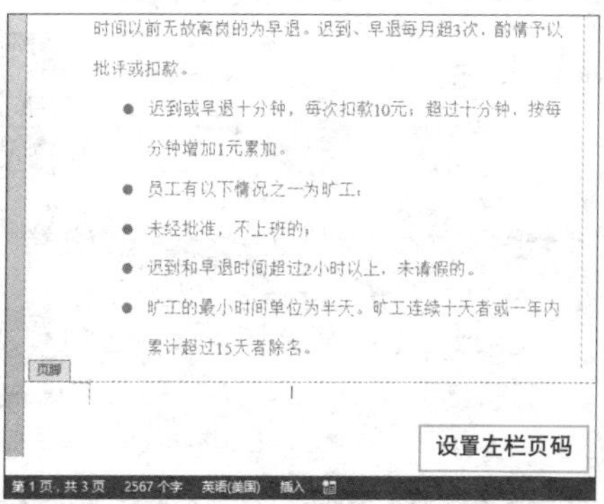

3 连续按两次Ctrl + F9组合键，此时，光标位置会显示两对大括号“{ { } }”。

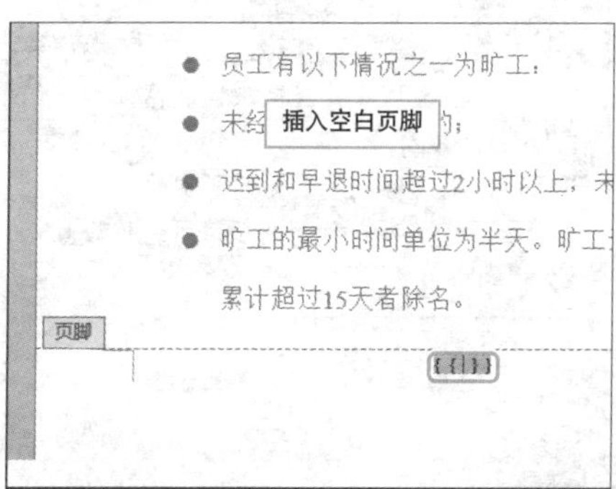

4 将输入法切换至英文状态，输入字符，是文本框内显示“{={page}*2-1}”。

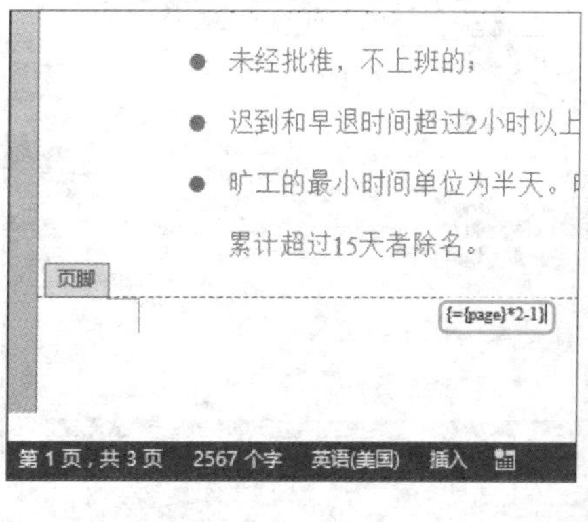

5 在左侧字符前输入“第”，右侧字符后输入“页”，使其显示为“第{={page}*2-1}页”。

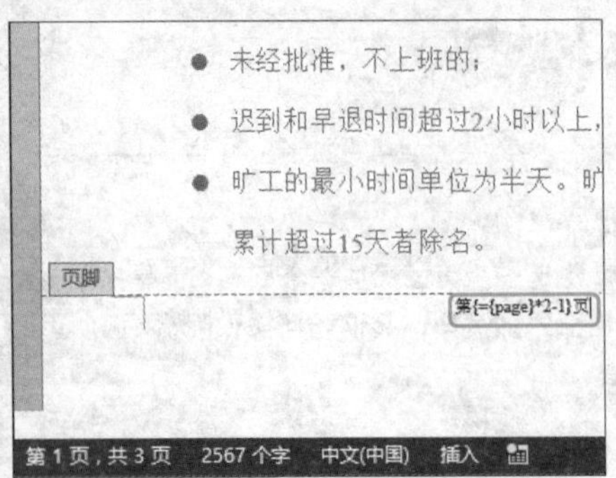

6 按空格键，将光标移至右栏中间位置，同样按两次Ctrl + F9组合键，添加两对大括号。

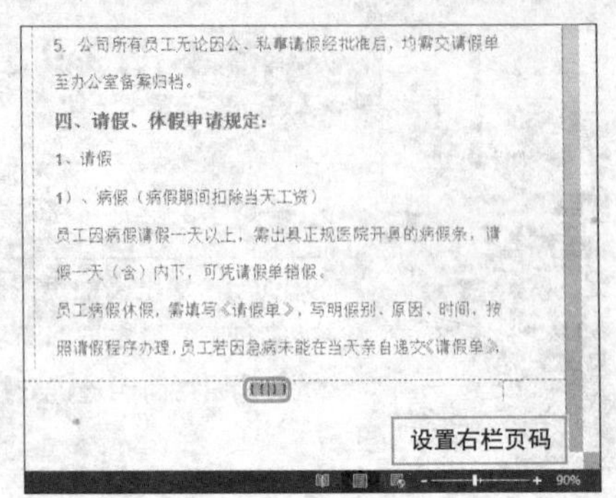

7 在文本框中输入“第{={page}*2}页”，然后删除左右两侧字符中间的空格。

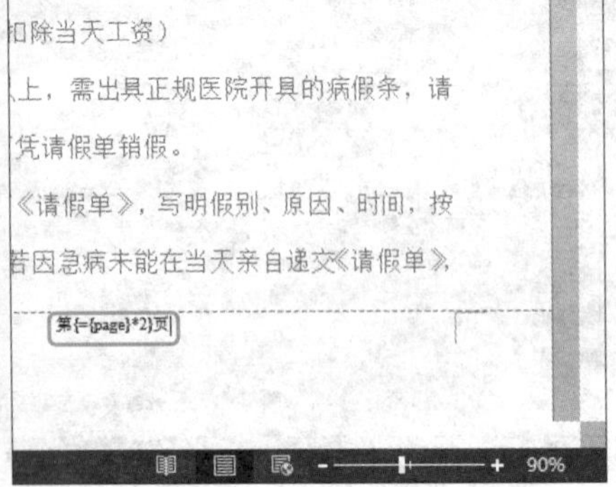

8 分别选取左、右栏中的字符，单击鼠标右键后选择“更新域”命令。

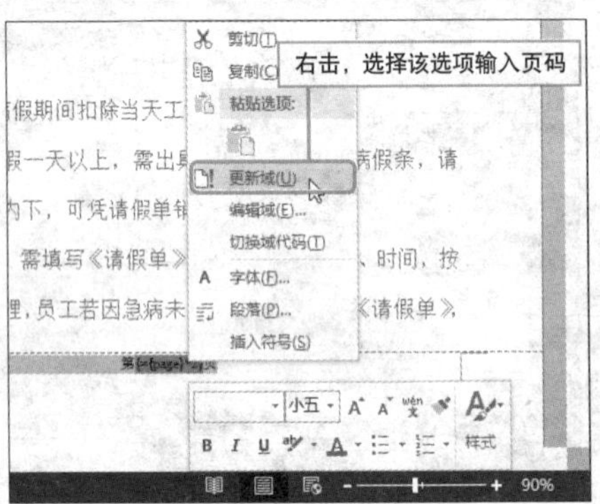

9 单击“关闭页眉和页脚”按钮，则可批量完成所有分栏页码的添加。

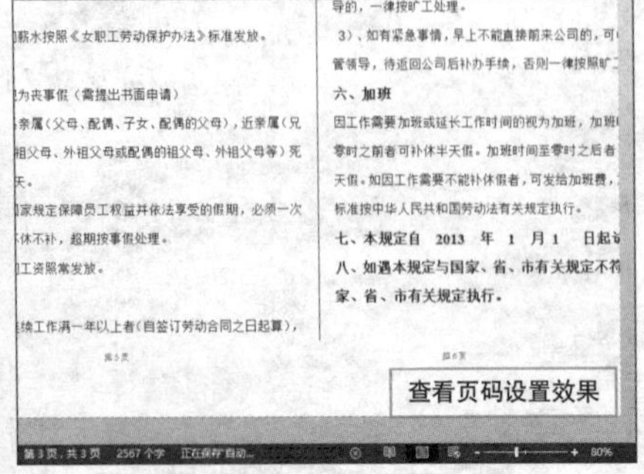

Hint

给多栏文档添加页码

如果文档被分为三栏，并且每栏都要显示页码，这时，可以将域代码修改为“第{={page}*3-2} 页”、“第 {={page}*3-1} 页”和“第 {={page}*3} 页”的形式即可。

如果分栏更多，依次类推，即可轻松设置任意分栏的页码了。

为文档添加漂亮的页眉页脚

实例 页眉和页脚的添加

为了让整个文档看起来更加完整和美观，用户可在文档中添加页眉和页脚。页眉出现在页面顶部，页脚则出现在在文档底部，通常页眉为公司名称、标志、书籍名、章节名等，而页脚多数为页码编号，下面以添加页眉为例进行介绍。

1. 打开文档，单击“插入”选项卡上的“页眉”按钮，从列表中选择页眉样式，这里选择空白页眉。

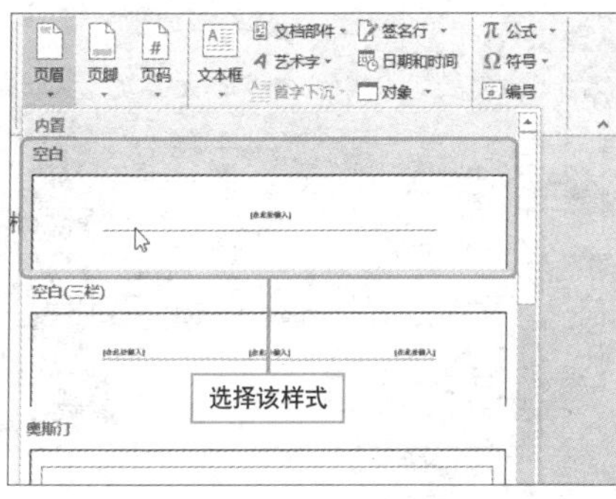

2. 选择完成后，可添加空白页眉，然后在“输入文字”文本框中输入页眉文字，这里输入“兴田贸易有限公司”。

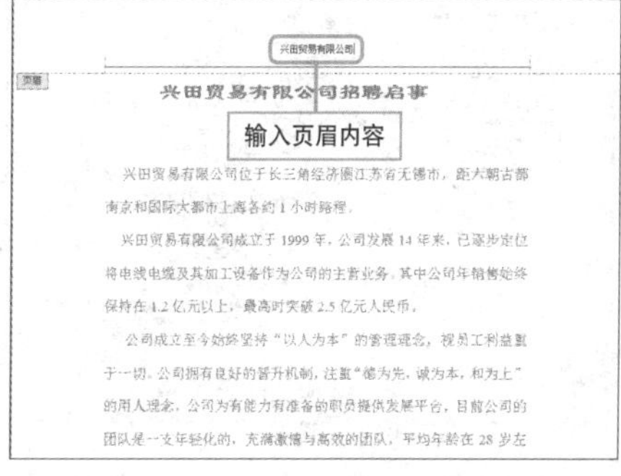

3. 单击“页眉和页脚工具-设计”选项卡上的“插入‘对齐方式’选项卡”按钮。

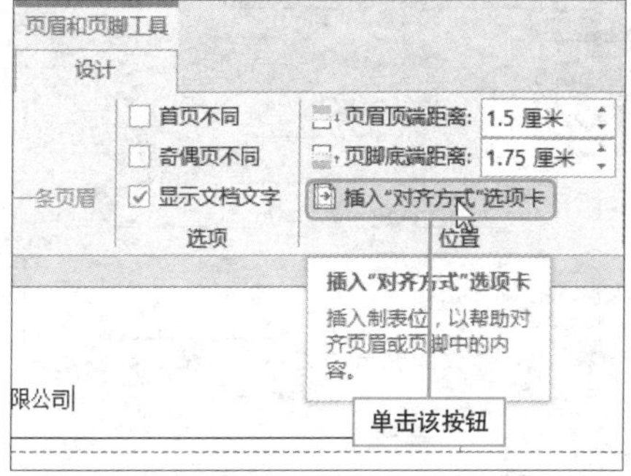

4. 打开“对齐制表位”对话框，选中“右对齐”及“3……（3）”选项并确定。

Question 203

设置奇偶页页眉页脚有技巧

● Level ◆◆◆

2013 2010 2007

实例 为奇数页和偶数页设置不同的页眉和页脚

在文档中默认添加的页眉和页脚都是统一格式，有时候为了满足排版的要求，需要将奇数页和偶数页的页眉和页脚设置为不同的样式，下面介绍具体操作步骤。

最终效果

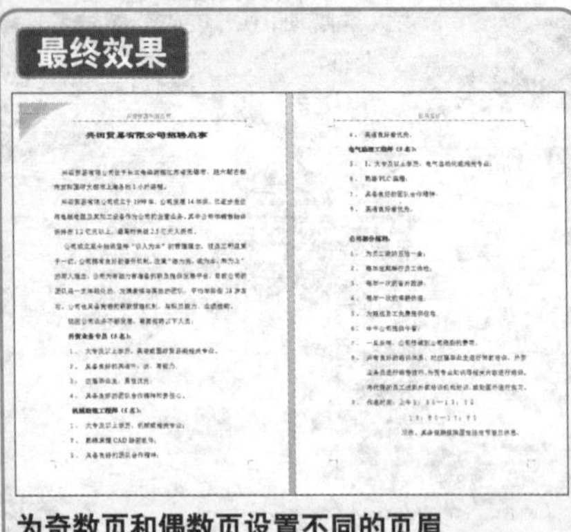

为奇数页和偶数页设置不同的页眉

❶ 打开文档，单击“插入”选项卡上的“页眉”按钮，从列表中选择满意的页眉样式，这里选择“平面（奇数页）”。

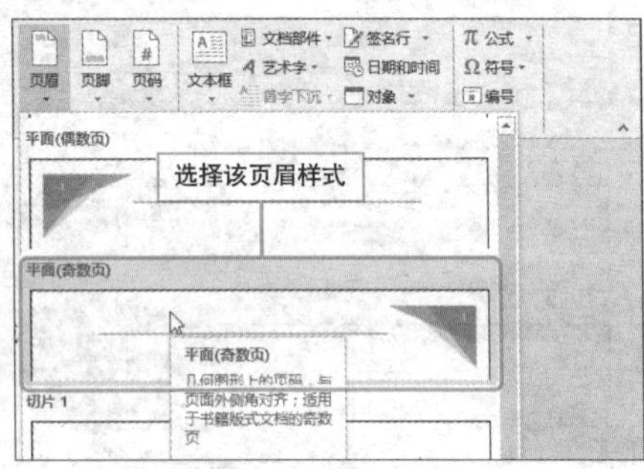

❷ 输入奇数页页眉后，接着勾选“页眉和页脚工具-设计”选项卡上的“奇偶页不同”复选框。

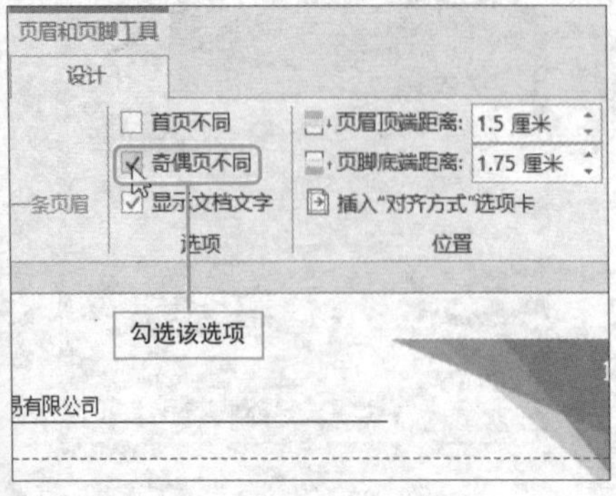

❸ 然后在偶数页输入偶数页页眉，最后单击“关闭页眉和页脚”按钮即可。

轻松消灭页眉分割线

实例 去除 Word 文档中的页眉横线

给Word文档添加页眉后，页眉下怎么会自动出来一条横线？删除页眉后，那条横线仍在。怎样才能去除页眉下的横线？下面介绍具体操作步骤。

初始效果

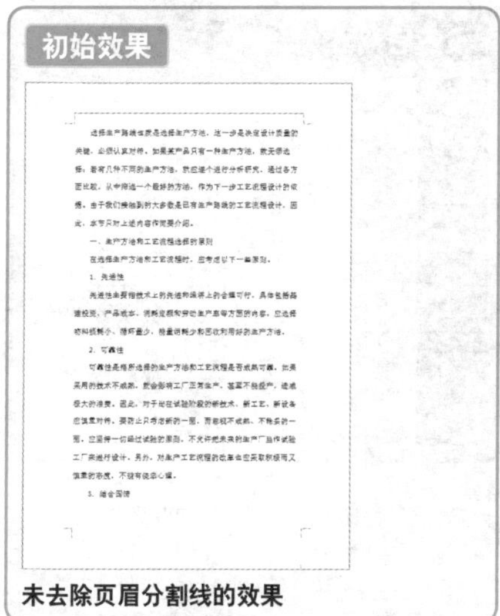

未去除页眉分割线的效果

最终效果

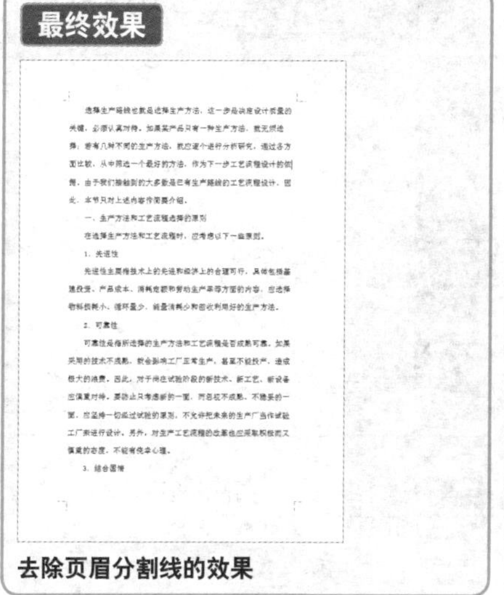

去除页眉分割线的效果

1. 双击页面中的页眉分割线，自动进入“页眉和页脚工具-设计”选项卡，页眉处于可编辑状态。

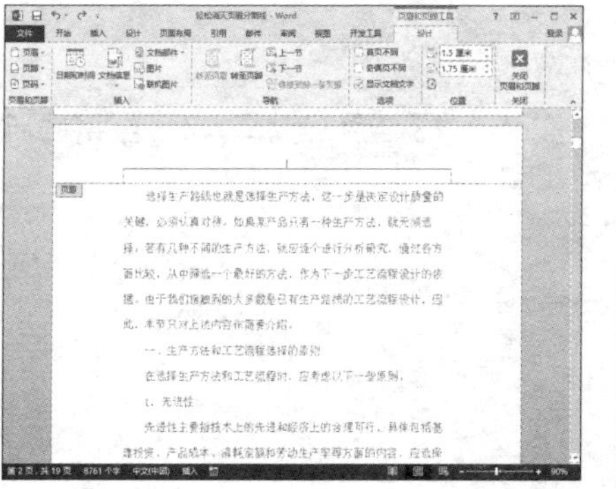

2. 切换至“开始”选项卡，单击“样式”面板的“其他”按钮，从展开的列表中选择“正文”样式即可。

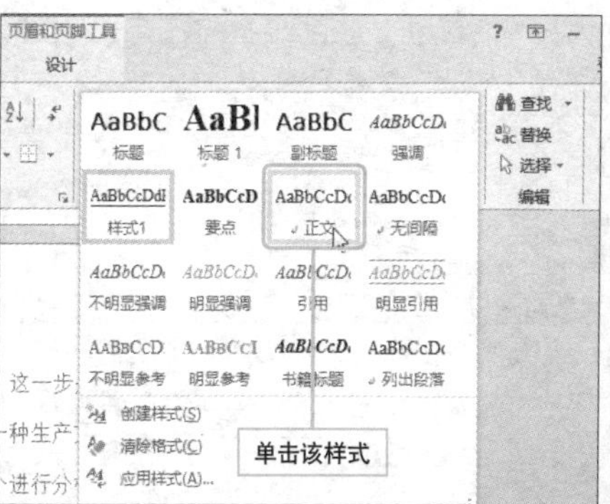

Question **205**

打印背景色很简单

Level ◆◆◆

2013 2010 2007

实例 解决文档背景色的打印问题

为了文档的美观性，用户会在文档的背景上填充漂亮的颜色或图片，但在默认情况下，文档的背景是无法打印出来的。其实，用户只需简单的设置，即可将文档背景打印出来。

设置前打印预览效果

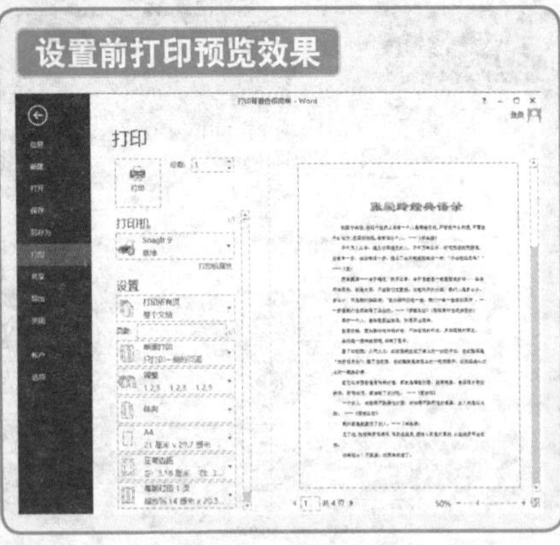

设置后打印预览效果

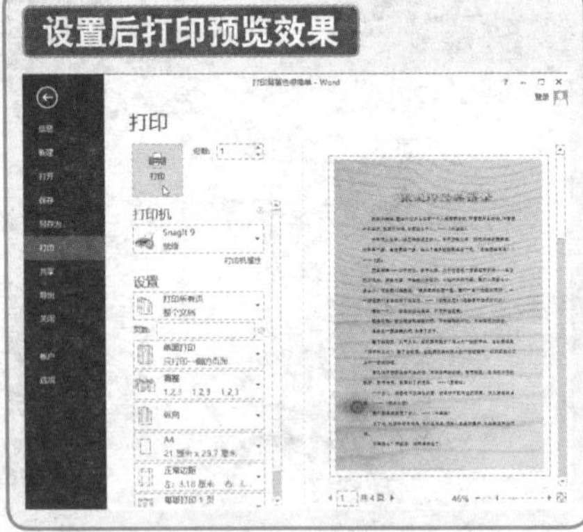

❶ 打开文档，执行“文件>选项”命令，打开“Word选项”对话框，选择“显示”选项。

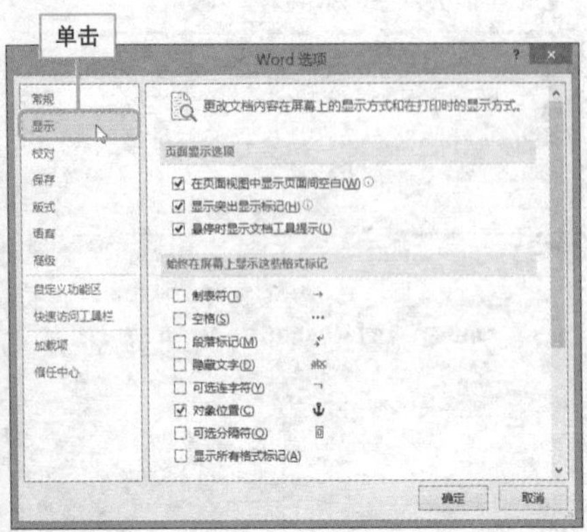

❷ 勾选“打印选项”下“打印背景色和图像”复选框，单击“确定”按钮，然后执行“文件>打印>打印”命令进行打印即可。

选择该复选项

打印文档的部分内容

实例 打印文档中指定的内容

在 Word 2013 中，默认的打印范围为全部打印，如果打印时只需打印指定的文本段落或页面，可通过下面介绍的方法来实现。

1. **打印所选内容。** 打开文档，选择需要打印的文本内容。

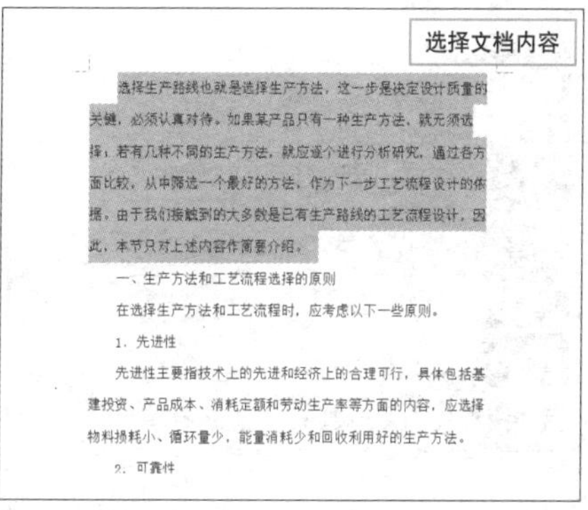

2. 执行“文件>打印”命令，单击“设置”选项下的“打印所有页”下拉按钮，从列表中选择“打印所选内容”选项即可。

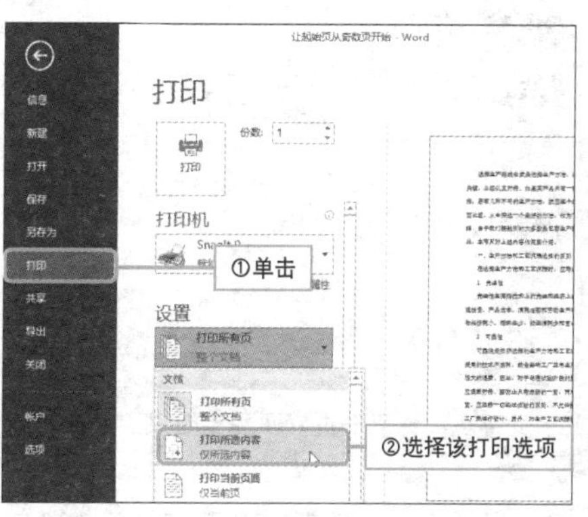

3. 若想自定义打印页码，则可以在选择“自定义打印范围”选项后，再设置“页数”选项，随后单击“打印”按钮即可。

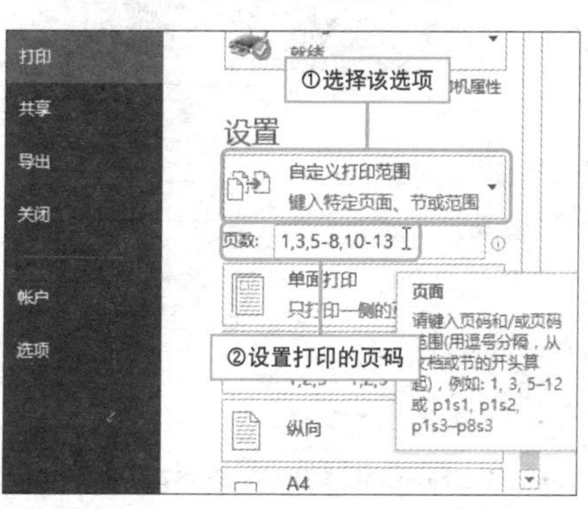

Hint

输入打印页码注意事项

在输入打印页码时，如果不是连续打印某几页，需要在输入页码数时，用逗号隔开。例如，要打印第 3 页、第 4 页、第 7 页、第 10 页，可以输入“3，4，7，10”。

如果需要打印连续页，无需使用逗号，可直接输入“2-7 或 3-12”。

如何连续页中间有间断，可在连续页码后用逗号隔开，如输入“2-5，8，12，15-17”。

打印时让文档自动缩页

实例 自动缩页后打印文档

在实际工作中，打印文档时，如果最后一页只有简单的几行，那么最后的几行占用一页会浪费纸张，此时可以将文档自动缩页后再进行打印。

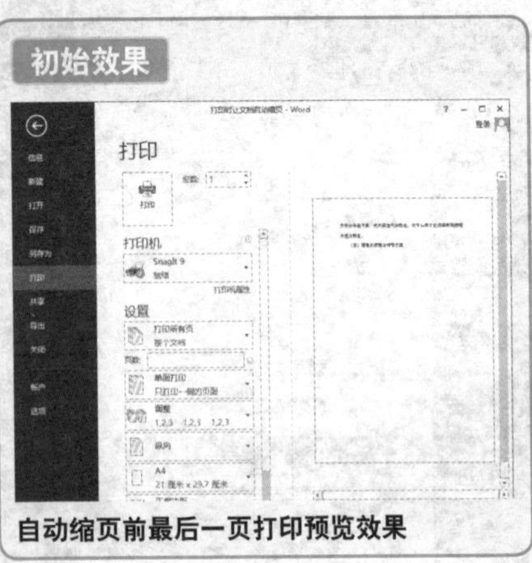

自动缩页前最后一页打印预览效果

自动缩页后最后一页打印预览效果

1 打开文档，切换至“视图”选项卡，单击“打印预览编辑模式”按钮。

2 单击“打印预览”选项卡上的“减少一页”按钮，然后执行“文件>打印>打印”命令，打印文件即可。

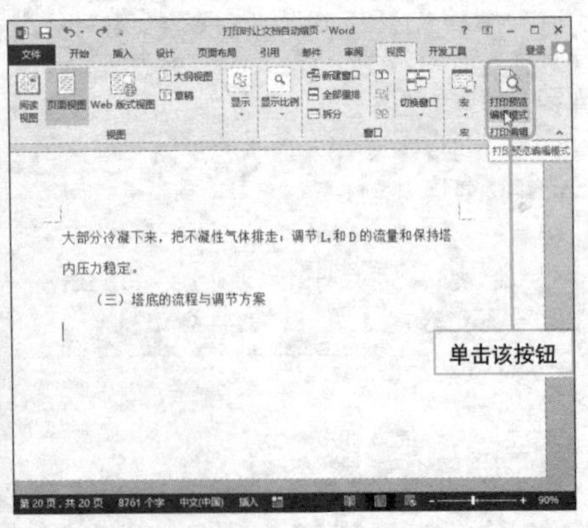

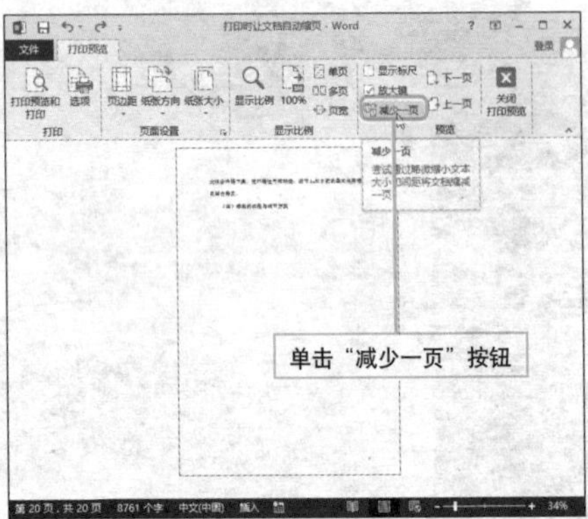

如何正确打印日期和时间

实例 日期和时间的更新与打印

如果想自动更新文档中的日期和时间，那么应在文档中插入相应的日期和时间后，将其设置为自动更新，下面对其具体操作进行介绍。

1 打开文档，切换至“插入”选项卡，单击“日期和时间”按钮。

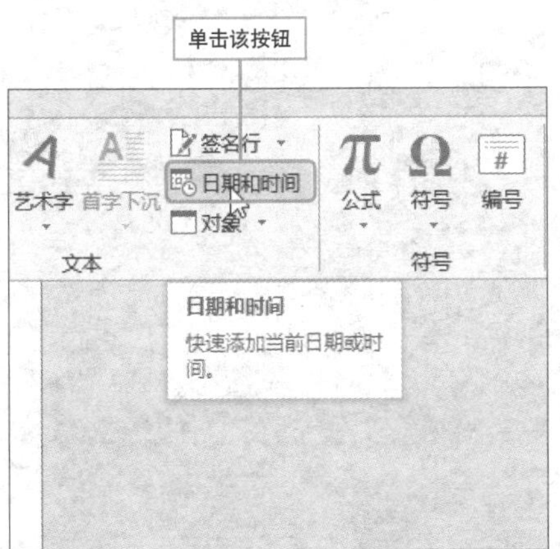

2 打开“日期和时间”对话框，在“可用格式”列表框中选择合适的日期格式，勾选“自动更新”复选框，单击“确定”按钮。

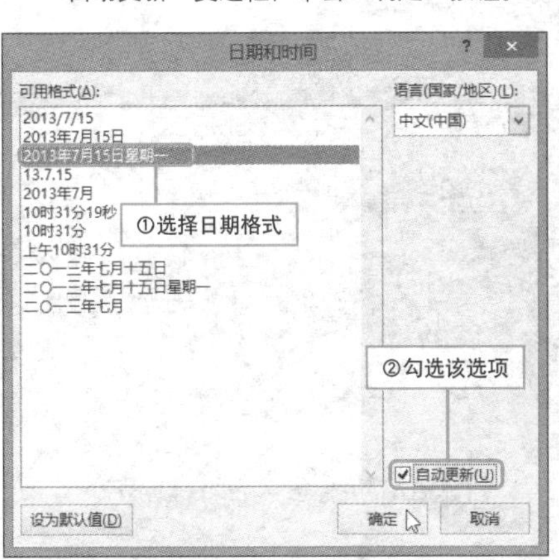

3 按照同样的方法插入时间，插入的日期和时间是一个域，按F9快捷键可更新域，执行“文件>打印>打印”命令可打印文档。

设置打印前自动更新域

打开“Word选项”对话框，选择“显示”选项，勾选“打印前更新域”复选框并单击确定即可。

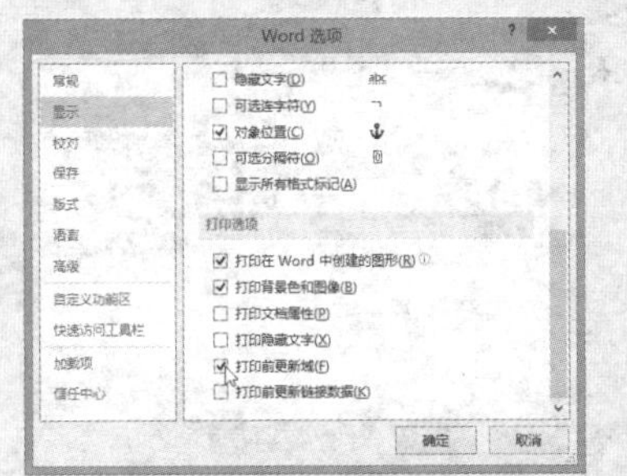

第2篇 209~497

Excel 篇

Question **209**

• Level ◆◆◇

2013

快速启动 Excel 2013 有妙招

实例 通过 Metro 界面启动 Excel 2013

Excel 是 Office 套装软件中的一个重要组件，广泛应用于工业管理、财务统计、金融决策等领域，利用它可以进行各种数据的处理、统计分析和辅助决策等。在下面介绍 Excel 2013 的快速启动操作。

1. 开机后将首先进入Windows 8 Metro界面，单击Excel 2013图标，即可启动Excel 2013应用程序。

2. 进入Excel选择界面，用户可以根据需要选择工作簿类型，随后即可进入该工作簿的编辑界面。

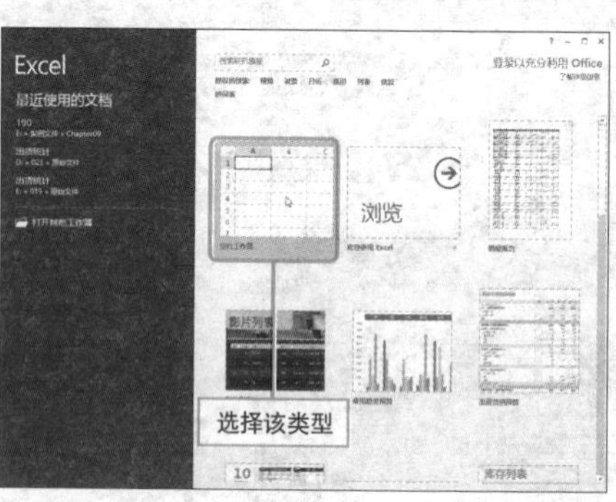

Hint

如何将 Excel 2013 图标添加到开始屏幕？

若用户在开始屏幕中无法找到 Excel 图标，该如何将其添加至开始屏幕呢？

1. 在开始屏幕下方单击鼠标右键，单击出现的“所有应用”按钮。
2. 展开所有应用列表，右击 Excel 图标，然后单击“固定到开始屏幕”按钮。

Question 210

Level ◆◇◇

2013 2010 2007

启动时自动打开指定的工作簿

实例 自动打开指定的 Excel 文件

如果经常使用同一个工作簿，每次都需要在磁盘中找到该文件并双击将其打开，有些浪费时间。下面介绍在启动 Excel 2013 程序时，自动打开。

1 启动Excel程序，打开“文件”菜单，选择“选项”选项。

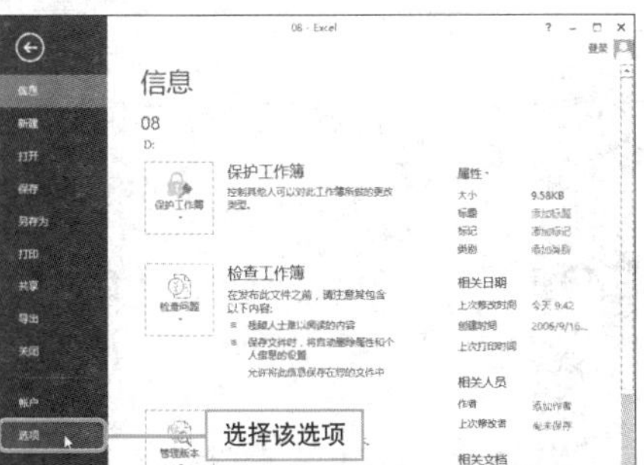

2 打开“Excel选项”对话框，选择“高级”选项。

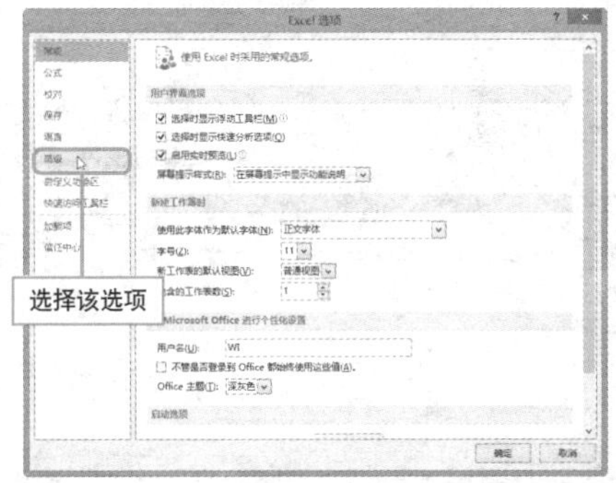

3 在“高级”选项面板中的“常规”选项组的“启动时打开此目录的所有文件”右侧文本框中输入要打开工作簿所在的路径，然后单击“确定”按钮。

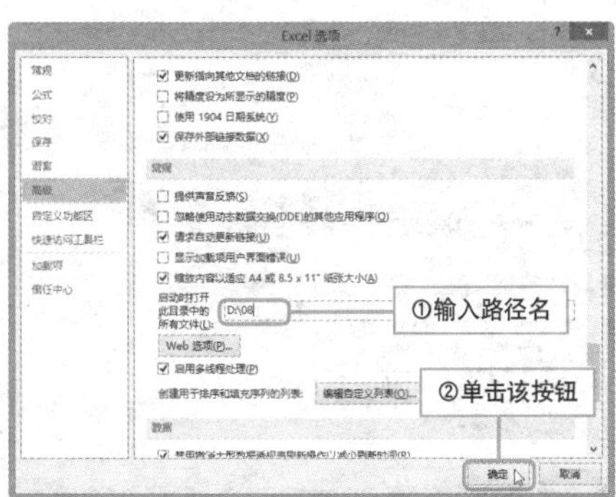

4 退出Excel程序，重新启动，即可看到指定文件夹中的工作簿已自动打开。

顺琪电气日销售统计表

品名	单价	数量	总金额
二极管	1.2	180000	216000.00
三极管	1.8	200000	360000.00
发光二极管	2	90000	180000.00
晶振	1.5	120000	180000.00
电容	0.5	450000	225000.00
电阻	0.6	620000	372000.00
保险丝	0.8	100000	80000.00
电感	1	230000	230000.00
蜂鸣器	3	10000	30000.00
IC	6.5	50000	325000.00
VGA	0.8	18000	14400.00
A7端子	0.4	80000	32000.00
S端子	0.9	20000	18000.00

Question 211

● Level ◆◇◇

2013 2010 2007

默认配色方案随我变

实例 设置 Excel 界面的颜色

在 Excel 中，默认的界面颜色共有三种：白色、浅灰色、深灰色。用户可根据工作习惯和需要进行选择，下面将对其相关操作进行介绍。

❶ 打开工作簿，可以看到，目前配色方案为深灰色。

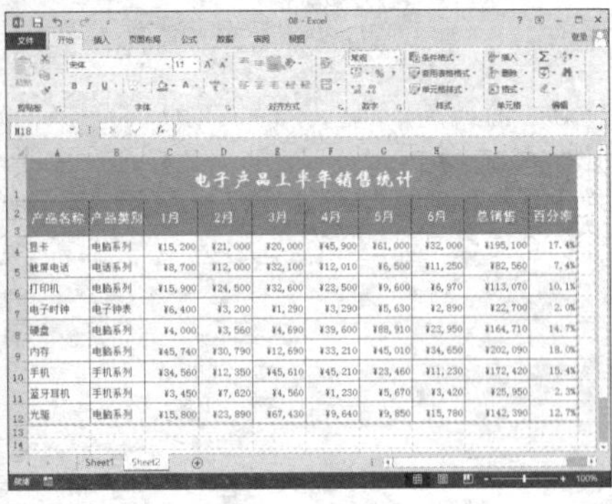

产品名称	产品类别	1月	2月	3月	4月	5月	6月	总销售	百分率
显卡	电脑系列	¥15,200	¥21,000	¥20,000	¥45,900	¥61,000	¥32,000	¥195,100	17.4%
触屏电话	电话系列	¥8,700	¥12,000	¥32,100	¥12,010	¥6,500	¥11,250	¥82,560	7.4%
打印机	电脑系列	¥15,900	¥24,500	¥32,600	¥23,500	¥9,600	¥6,970	¥113,070	10.1%
电子时钟	电子钟表	¥6,400	¥3,200	¥1,290	¥3,290	¥5,630	¥2,890	¥22,700	2.0%
硬盘	电脑系列	¥4,000	¥3,560	¥4,690	¥39,600	¥88,910	¥23,950	¥164,710	14.7%
内存	电脑系列	¥45,740	¥30,790	¥12,690	¥33,210	¥45,010	¥34,650	¥202,090	18.0%
手机	手机系列	¥34,560	¥12,350	¥45,610	¥45,210	¥23,460	¥11,230	¥172,420	15.4%
蓝牙耳机	手机系列	¥3,450	¥7,620	¥4,560	¥1,230	¥5,670	¥3,420	¥25,950	2.3%
光驱	电脑系列	¥15,800	¥23,890	¥67,430	¥9,640	¥9,850	¥15,780	¥142,390	12.7%

❷ 打开“文件”菜单，选择“选项”选项。

❸ 打开“Excel选项”对话框，在默认的“常规”选项下，单击“对Microsoft Office进行个性化设置”组中“Office主题”组右侧下拉按钮，从列表中选择“白色”。

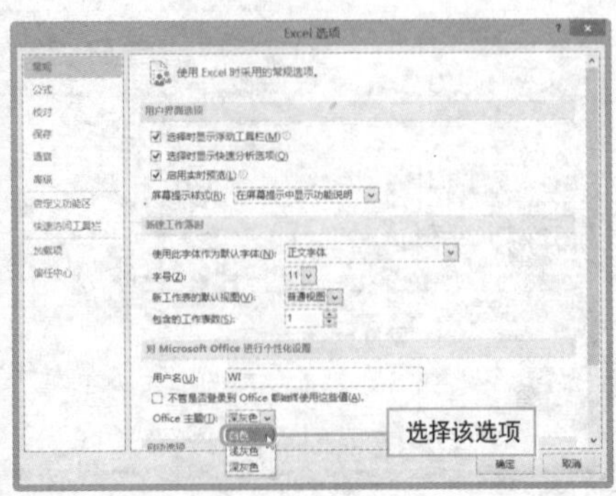

❹ 单击“Excel选项”对话框中的“确定”按钮，返回工作簿，可以看到，工作簿的界面颜色发生了改变，从深灰色转变为白色。

Question 212

页面显示比例更改有妙招

Level ◆◆◇

2013 2010 2007

实例 更改 Excel 显示比例

在一张数据量繁多的工作表中，为了便于查看数据，用户可以将页面的显示比例根据需要进行适当缩放。

1 打开工作簿，切换至“视图”选项卡，单击“显示比例”按钮。

2 弹出“显示比例”对话框，选择相应的缩放比例，单击“确定”按钮。

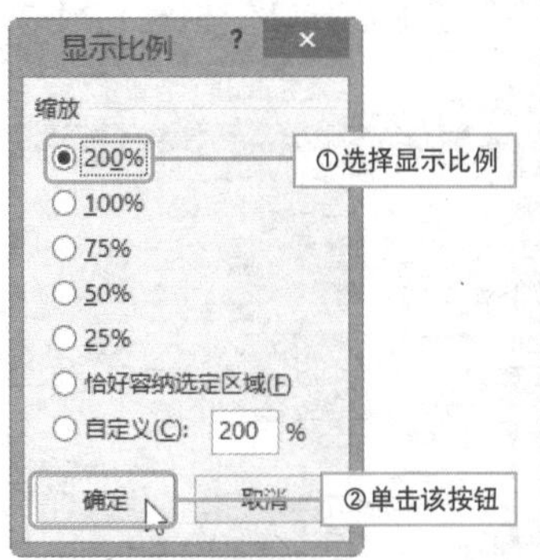

3 页面按照选定的比例缩放，若想恢复系统默认值，只需单击“视图”选项卡中的“100%”按钮。

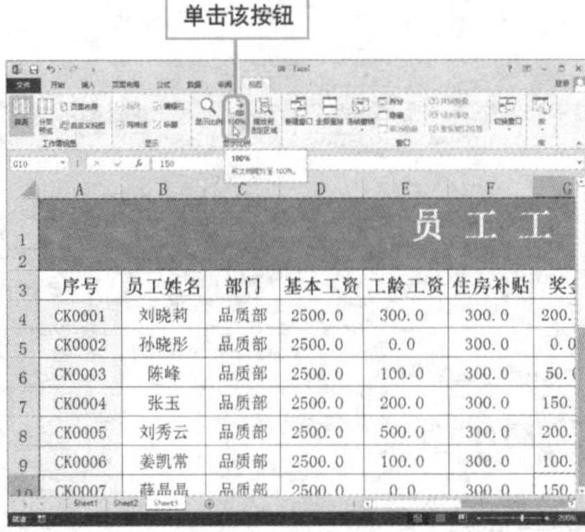

Hint

通过缩放滑块调整显示比例

将光标放置在状态栏右侧的缩放滑块上，按住鼠标左键并拖动该滑块至合适位置即可。

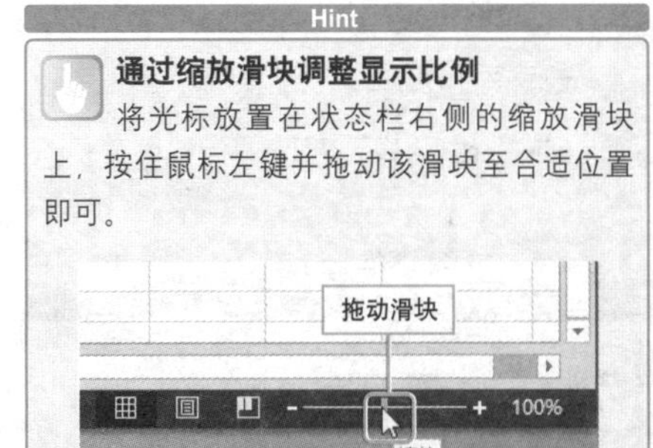

Hint

对部分区域进行缩放

选择需要缩放的区域，单击“视图”选项卡上的“缩放到选定区域”按钮即可。

Question 213

● Level ◆◆◇

2013 2010 2007

Excel 编辑语言巧设置

实例 在 Excel 中添加输入语言

对于一些有国际业务往来的公司来说，经常会编辑一些非简体中文的文件，但是对于我们目前使用的中文版办公软件来说，系统默认的语言为简体中文。为了不影响使用，用户需要在 Excel 系统中添加相应的输入语言。

1 打开工作簿，执行“文件>选项”命令，在打开对话框中的“语言”选项，单击“添加其他编辑语言”下拉按钮，从列表中选择需要的语言。

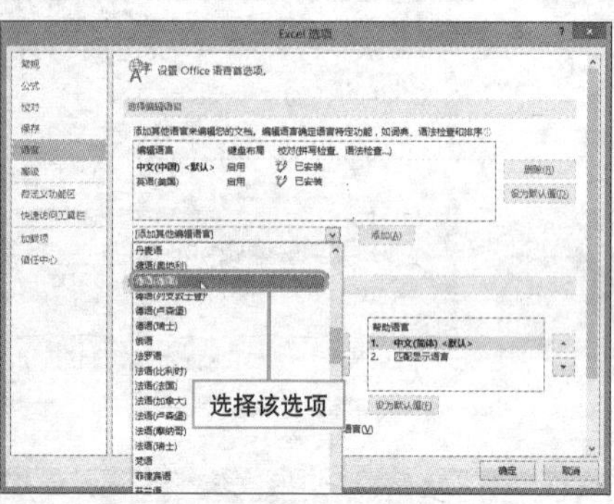

2 选择语言后，单击“添加”按钮，然后选择添加的语言，单击其右侧的“未安装”按钮，将其激活。

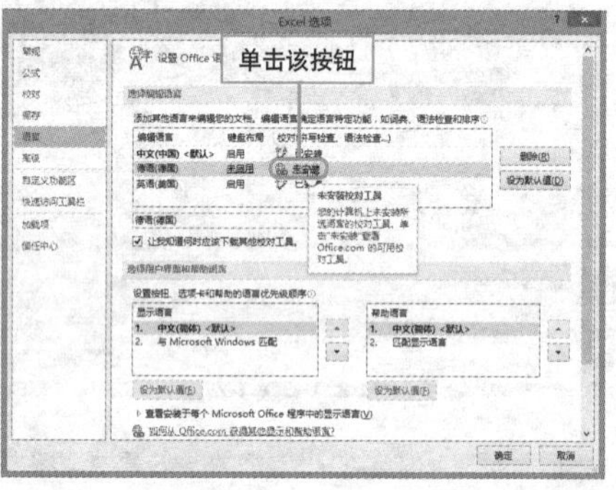

3 打开“控制面板”，选择“语言”选项，单击“添加语言”按钮。

单击该按钮

4 选择“德语”，单击“打开”按钮，然后在打开的对话框中选择“德语（德国）”，单击“添加”按钮，返回“Excel选项”对话框，单击“确定”按钮即可。

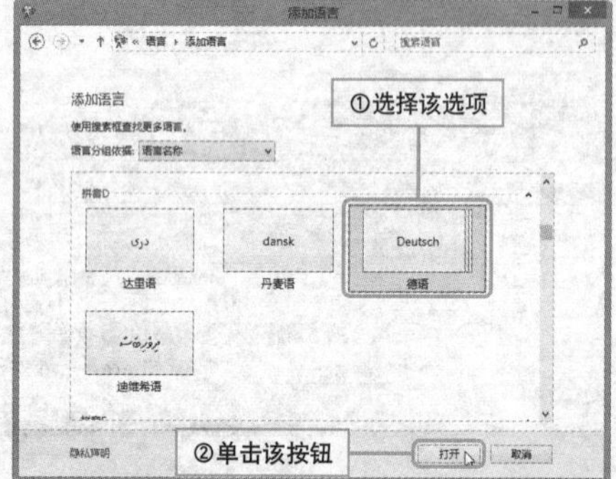

Question 214

• Level ◆◆◆

2013 2010 2007

轻松自定义 Excel 常规选项

实例 设置默认工作簿的字体字号、工作表数量等

在 Excel 中，几乎所有有关界面设置、界面显示及保存设置等的命令，都需要在“Excel 选项”对话框中进行设置，下面对一些常见的相关设置进行介绍。

1 **设置工作簿默认的字体、字号。**在“Excel选项”对话框中的“常规”选项中，通过“新建工作簿时”选项组中的“使用此字体作为默认字体”及“字号”选项，可以设置工作簿的默认字体和字号。

设置默认字体字号

2 **更改默认视图和新建工作簿时包含的工作表数。**通过“新工作表的默认视图”和“包含的工作表数”选项，可以更改工作表视图和新建工作簿时包含的工作表数。

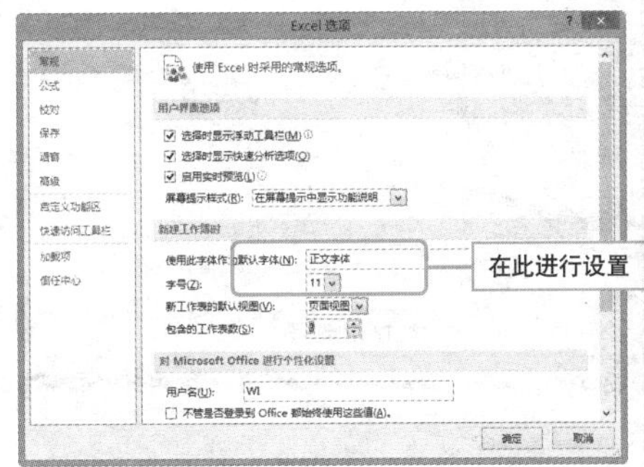

3 **更改“最近使用文档”的显示数目。**切换至“Excel选项”对话框中的“高级”选项。

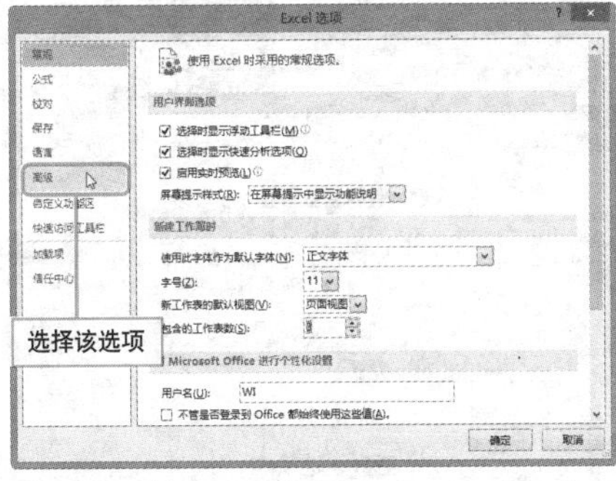

4 在“显示”选项组中的“显示此数目的”最近使用的工作簿”” 右侧的数值框中输入数值即可。

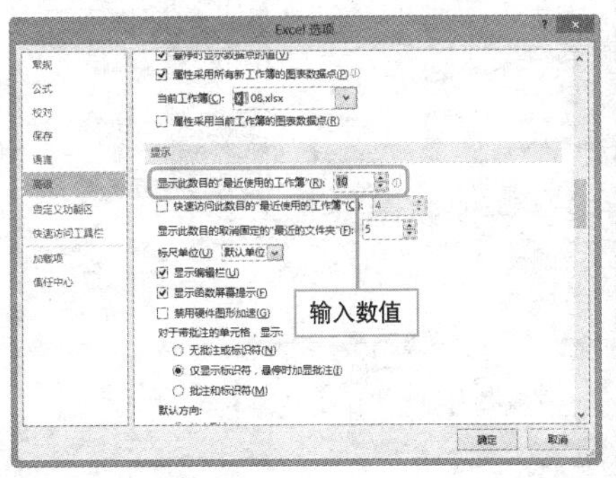

Question 215

Level ◆◆◆

2010 2007

灵活应用 Excel 主题

实例 主题功能的应用

工作簿的主题主要由颜色、字体及效果三方面组成。使用主题功能可对当前表格进行修饰，达到美观工作簿的目的。若主题列表中的主题不能够令用户满意，用户还可以自定义主题样式。

1 打开工作簿，切换至“页面布局”选项卡，单击“主题”下拉按钮，在列表中用户可以选择满意的主题样式。

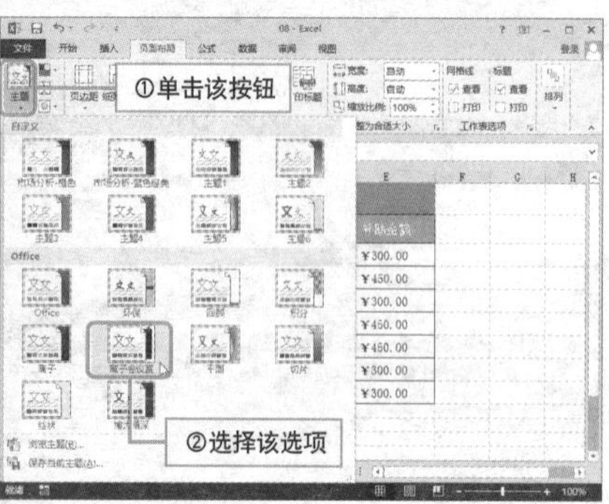

2 表格格式会发生变化，若没有满意的主题样式，则可单击“颜色”下拉按钮，选择“自定义颜色”选项。

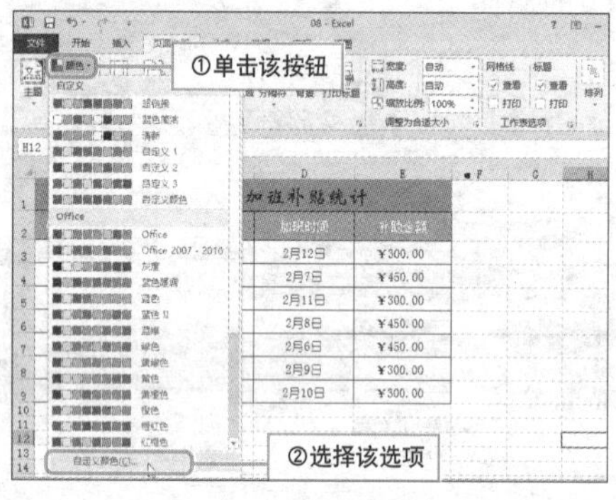

3 打开“新建主题颜色”对话框，在“名称”文本框中输入自定义主题名称。

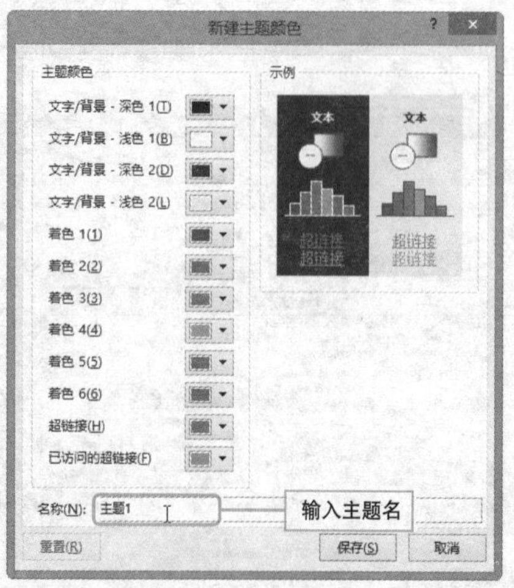

4 根据对话框中的提示信息，设置相关颜色。

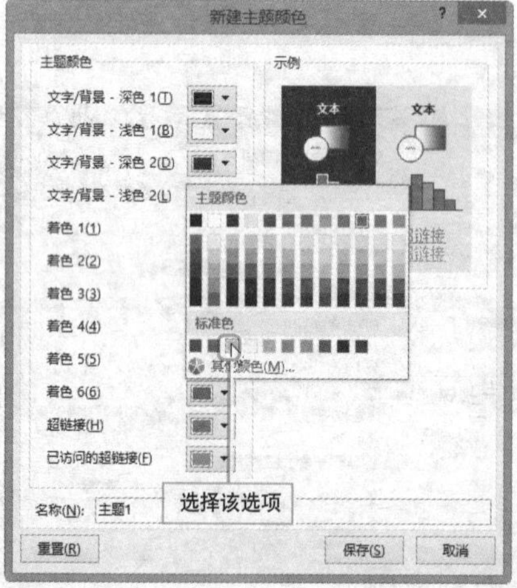

5 若需要重新设置相关颜色，可单击“重置”按钮，即可恢复默认颜色，设置完成后，单击“保存”按钮保存即可。

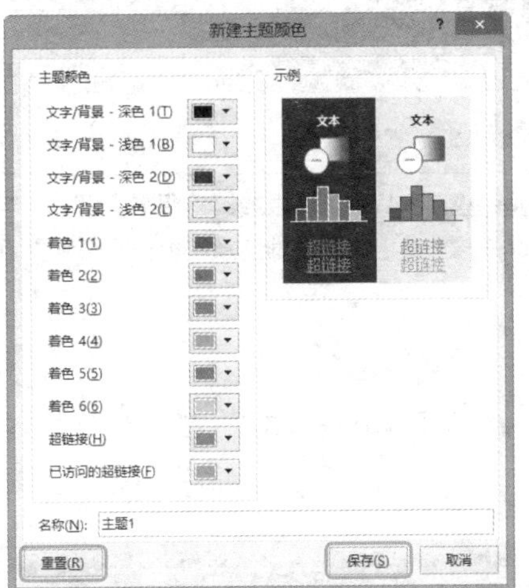

6 单击“颜色”下拉按钮，在打开的颜色列表中可以看到自定义的主题颜色。

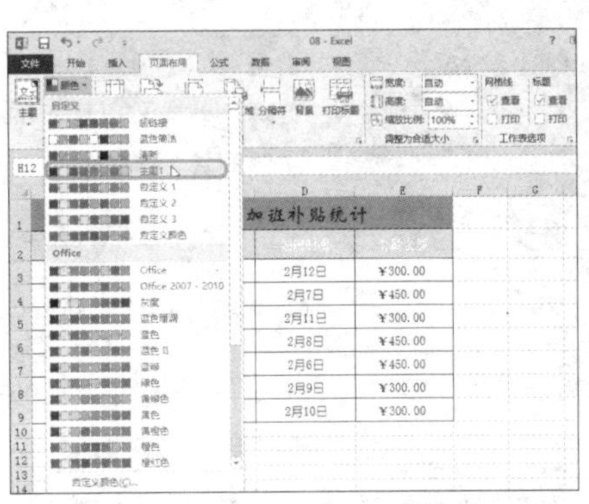

7 单击“字体”下拉按钮，选择“自定义字体”选项。

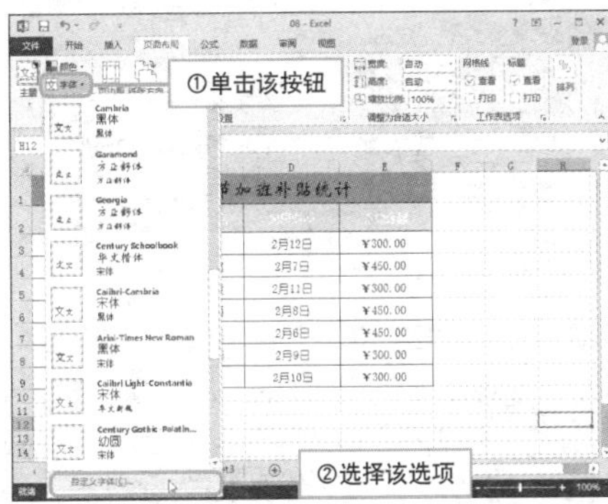

8 打开“新建主题字体”对话框，根据需要设置，并输入名称，单击“确定”按钮。

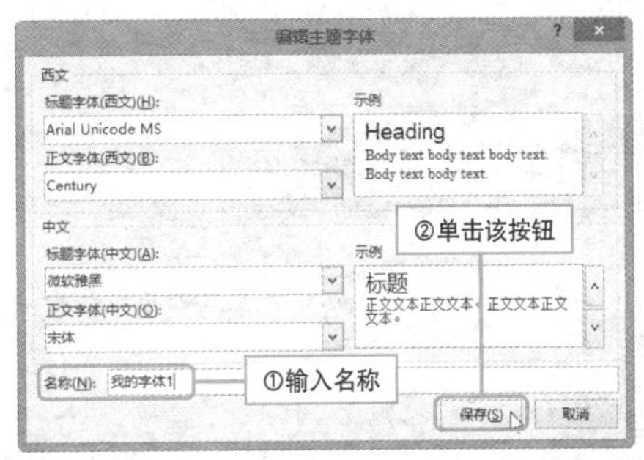

9 单击“字体”下拉按钮，从字体列表中可以看到自定义的字体效果。

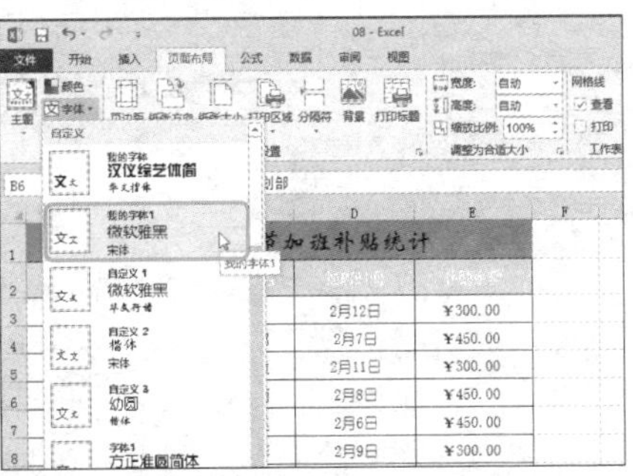

Hint

对自定义颜色和字体进行编辑

打开颜色/字体列表，在自定义的选项上单击鼠标右键，从快捷菜单中选择“编辑”命令，在打开的对话框中进行编辑即可。

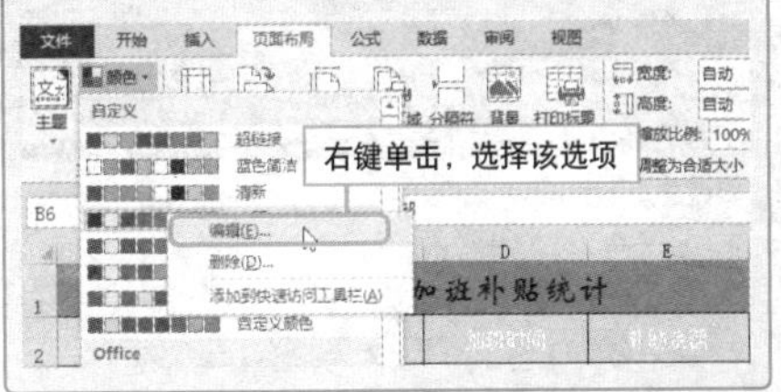

Question 216

● Level

2013 2010 2007

原来主题也能够共享

实例 将常用的主题进行共享

自定义一个漂亮的主题后，若想在以后的工作中继续使用该主题，则可以将其共享，这样就可以省去频繁自定义主题的麻烦，下面将介绍共享主题的具体操作步骤。

1 打开自定义主题的工作簿，切换至“页面布局”选项卡，单击“主题”下拉按钮，从展开的列表中选择“保存当前主题”。

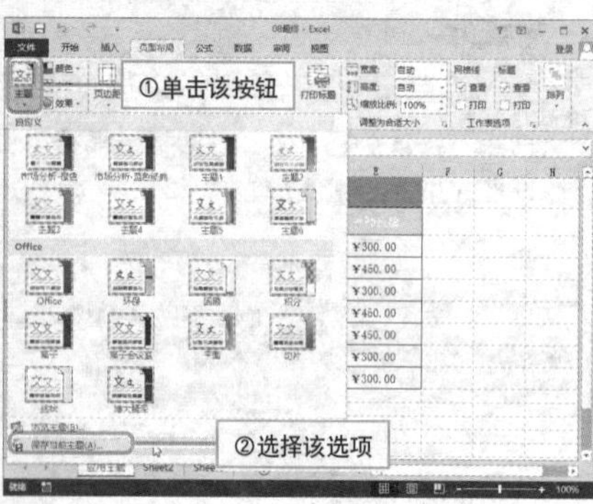

2 打开“保存当前主题”对话框，输入文件名，单击“保存”按钮。

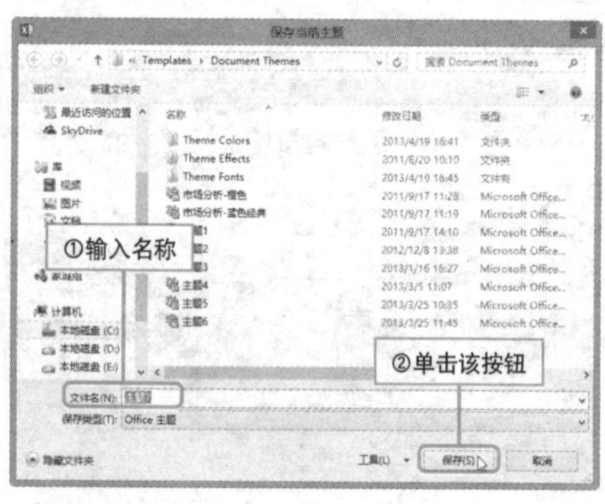

3 再次展开“主题”列表，可以看到，保存的主题出现在主题列表中。

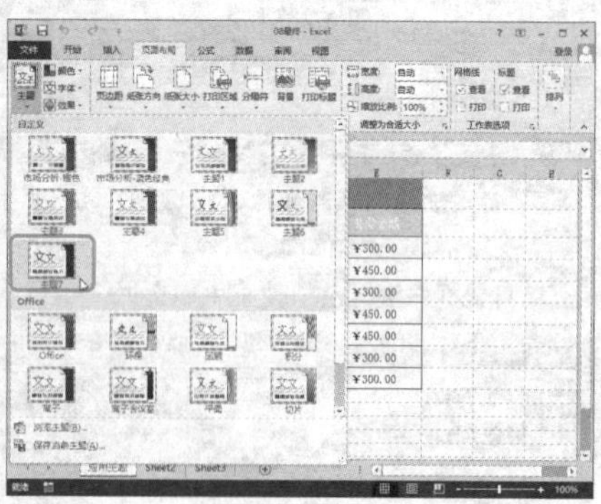

Hint

共享主题的另类操作

共享时，除了可以通过上述方法共享主题外，还可以按照下面的方法共享主题。

将创建好的自定义主题复制到Microsoft office文件夹下的Templates\Document Themes文件夹中即可使用。

轻松改变视图方式

实例 视图方式的更改

Excel 2013 有三种不同的视图方式：普通视图、分页预览视图、页面布局视图。用户可以根据实际需要进行相应选择。下面对各视图的切换方式及主要用途进行介绍。

1 **普通视图。**该视图方式为系统默认视图，单击"视图"选项卡上的"普通"按钮，可从其他视图方式切换回普通视图。

2 **分页预览视图。**单击"分页预览"按钮，可切换至该视图。分页预览视图主要用于预览打印工作表时分页的位置。

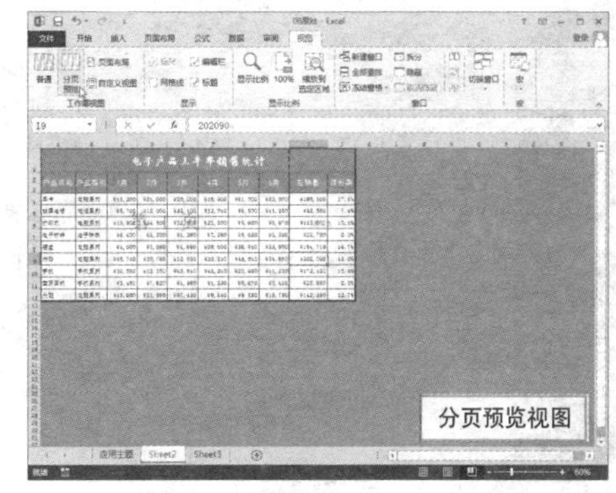

3 **页面布局视图。**单击"页面布局"按钮可切换至该视图。在页面布局视图中，可以适当添加页眉和页脚。

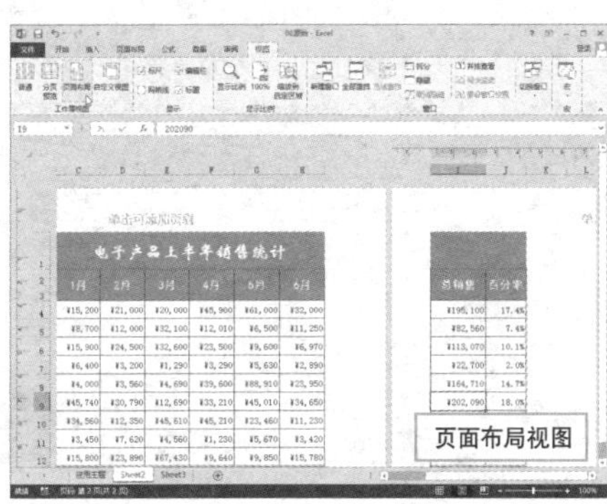

Hint

如何显示自定义的视图

单击"自定义视图"按钮，选择自定义视图，单击"视图管理器"中的"显示"按钮，可显示自定义的视图。若需要添加一个自定义视图，可单击"添加"按钮，然后根据提示进行操作即可。

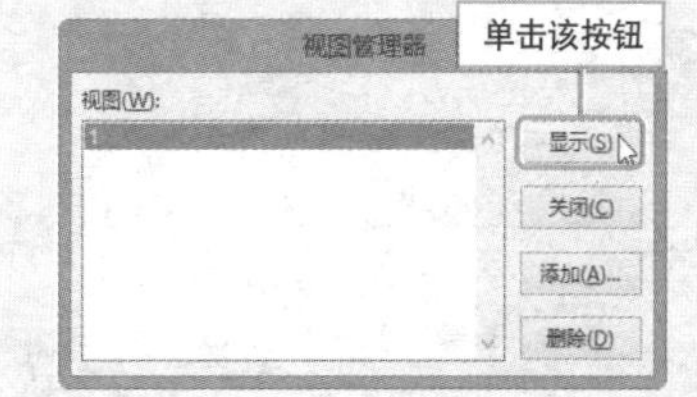

Question 218

设置 Excel 2003 为默认的保存格式

Level ◆◆◇

2013 2010 2007

实例 默认保存格式的设置

如果用户的同事或者客户使用的办公软件为低版本（如 2003），那么每次发送给对方文件时都需要进行另存后再发送。为了省去每次另存操作的麻烦，用户可以设置 Excel 2013 为默认保存格式。

1. 打开"文件"菜单，选择"选项"选项。打开"Excel选项"对话框。

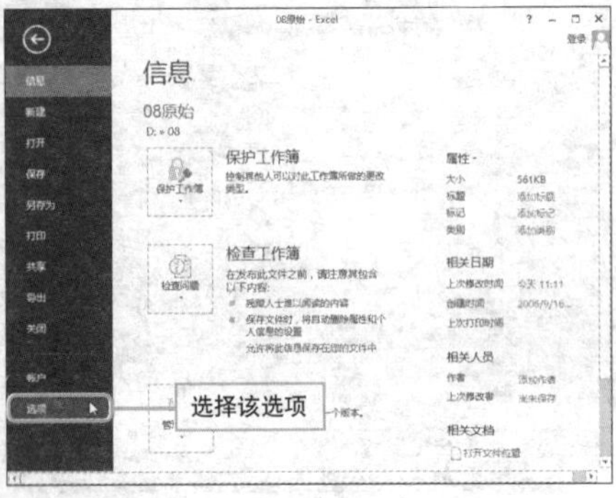

2. 切换至"保存"选项卡，打开"将文件保存为此格式"下拉列表，从中选择"Excel 97-2003工作簿"选项。

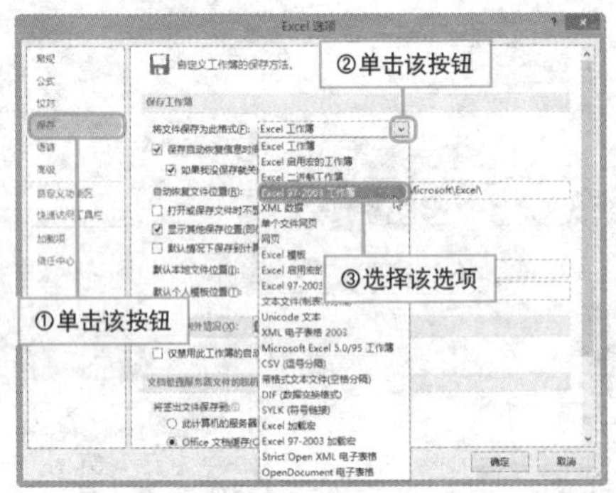

3. 再次启动Excel程序，创建工作簿进行保存时，就可以看到默认的保存类型显示为"Excel97-2003工作簿"类型。

Hint

Excel 保存格式的注意事项

若将 Excel 的保存格式设置为 XLSX，使用 Excel 2003 或者更低的版本就无法打开该文件。此时，只能将文件保存为兼容格式。在系统默认情况下，低版本无法打开高版本的文件，而高版本则可以打开低版本文件。

快速定位文件夹

实例 文件的快速查找

想在众多文件夹中找到需要的文件，其实并不轻松。那么有没有较快速地查找到文件的方法呢？下面介绍几种常用的快速查找文件的方法。

1 **搜索定位法**。鼠标移至开始面板中的右下角，单击“搜索”按钮。

2 **输入关键词**，单击右侧的“搜索”按钮，可以查找到相关文件，单击相应文件的图标，即可打开该文件。

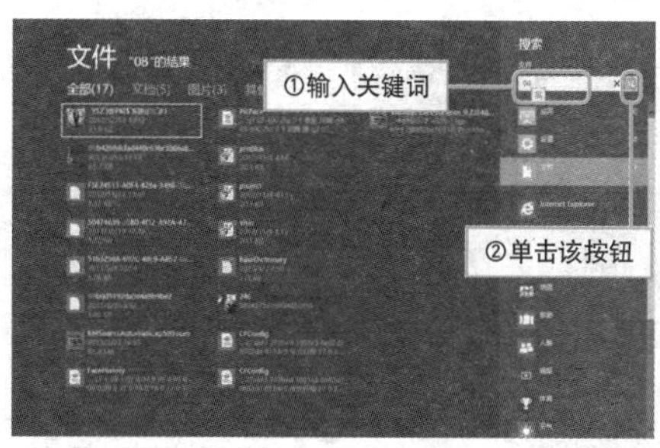

3 **快捷方式定位法**。在需要定位的文件上单击鼠标右键，在弹出的快捷菜单中选择“发送到”命令，从关联菜单中选择“桌面快捷方式”命令，以后只需双击该快捷方式就能打开该文件。

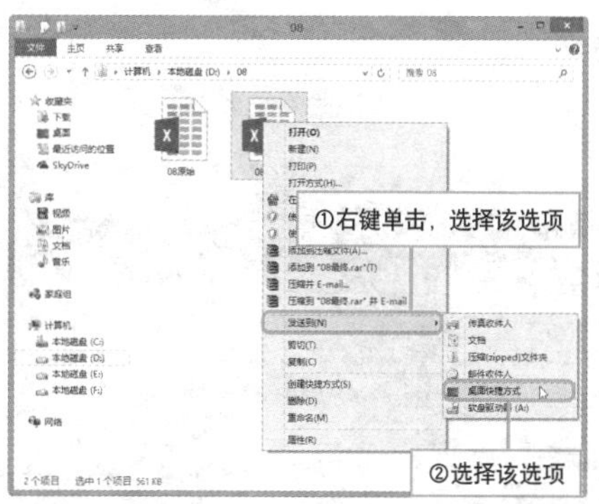

4 **永久链接法**。找到文件位置，选择该文件，按住鼠标左键不放，将其拖动至左侧的“收藏夹”中，以后使用该文件，只需打开“资源管理器”对话框，在收藏夹列表中就能找到该文件。

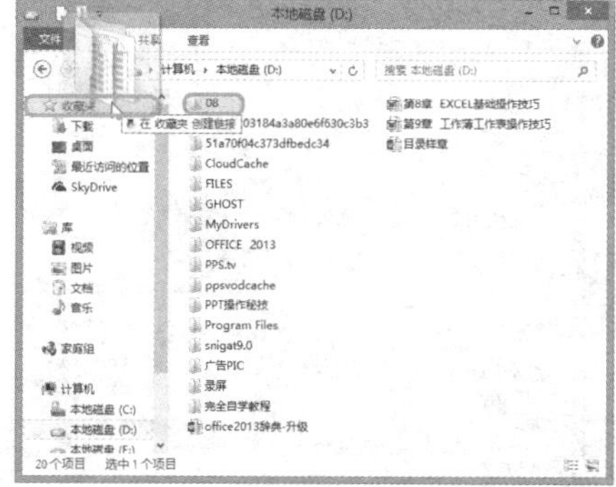

Question 220

● Level ◆◆◇

2013 2010 2007

选择性粘贴省心省时

实例 选择性粘贴功能的应用

选择性粘贴是根据需要选择合适的粘贴方式进行粘贴。例如，可以在粘贴时，只粘贴复制的文本，而将格式忽略，下面介绍如何使用选择性粘贴功能。

1. 打开工作簿，选择要粘贴的内容，在键盘上按下Ctrl + C组合键，或单击“开始”选项卡上的“复制”下拉按钮，选择“复制”选项将其复制。

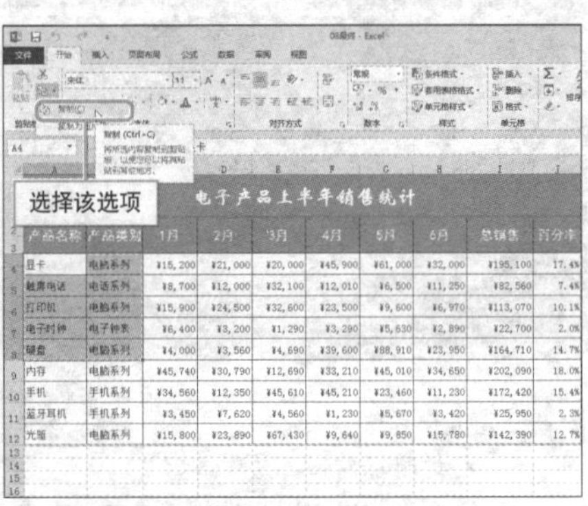

2. 将鼠标光标定位至需粘贴处，单击“开始”选项卡中的“粘贴”下拉按钮，从列表中选择“选择性粘贴”选项。

3. 打开“选择性粘贴”对话框，根据需要选择合适的粘贴选项。

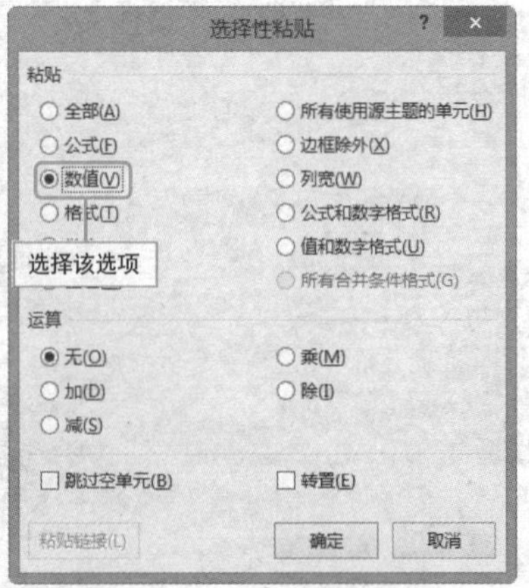

4. 设置完成后，单击“确定”按钮，此时在指定的单元格中便可以看到粘贴的内容。

电子产品上半年销售统计

产品名称	产品类别	1月	2月	3月	4月	5月	6月	总销售	百分率
显卡	电脑系列	¥15,200	¥21,000	¥20,000	¥45,900	¥61,000	¥32,000	¥195,100	17.4%
触屏电话	电话系列	¥8,700	¥12,000	¥32,100	¥12,010	¥6,500	¥11,250	¥82,560	7.4%
打印机	电脑系列	¥15,900	¥24,500	¥32,600	¥23,500	¥9,600	¥6,970	¥113,070	10.1%
电子时钟	电子钟表	¥6,400	¥3,200	¥1,290	¥3,290	¥5,630	¥2,890	¥22,700	2.0%
硬盘	电脑系列	¥4,000	¥3,560	¥4,690	¥39,600	¥88,910	¥23,950	¥164,710	14.7%
内存	电脑系列	¥45,740	¥30,790	¥12,690	¥33,210	¥45,010	¥34,650	¥202,090	18.0%
手机	手机系列	¥34,560	¥12,350	¥45,610	¥45,210	¥23,460	¥11,230	¥172,420	15.4%
蓝牙耳机	手机系列	¥3,450	¥7,620	¥4,560	¥1,230	¥5,670	¥3,420	¥25,950	2.3%
光驱	电脑系列	¥15,800	¥23,890	¥67,430	¥9,640	¥9,850	¥15,780	¥142,390	12.7%
显卡	电脑系列								
触屏电话	电话系列								
打印机	电脑系列								
电子时钟	电子钟表								
硬盘	电脑系列								

(Ctrl)

省心省力使用复制内容

实例 剪贴板的使用

剪贴板是一个临时存放数据的区域，当用户执行复制操作时，可以将复制的内容存放在剪贴板中，需要使用该数据时，单击即可将其粘贴至指定的位置。

1 打开工作簿，单击“开始”选项卡“剪贴板”面板中的对话框启动器。

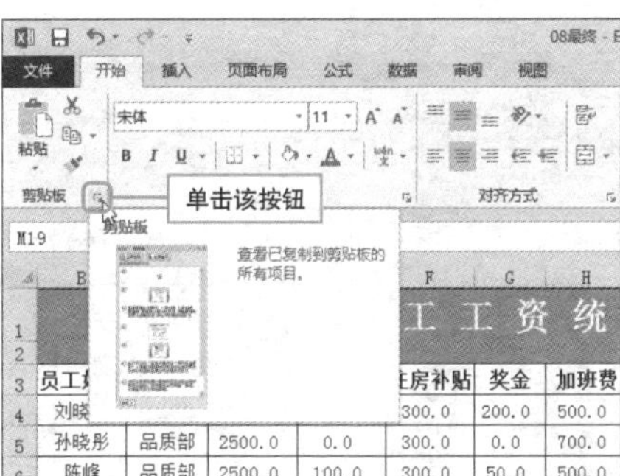

2 打开剪贴板，复制多个内容后，若需要粘贴某一项数据，只需将鼠标定位至需粘贴处，然后单击该项数据即可。

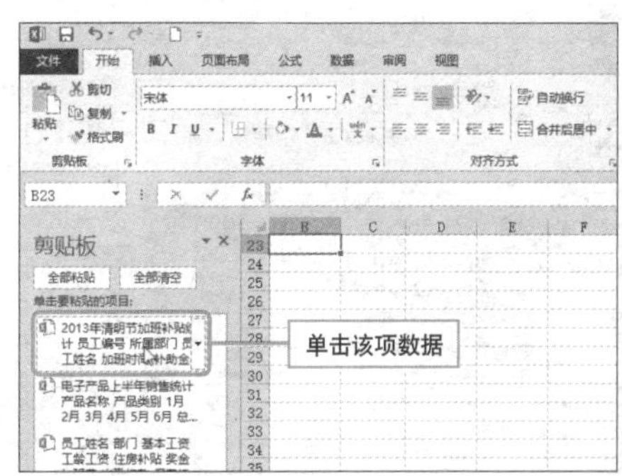

3 在剪贴板中，单击左下方的“选项”按钮，在展开的列表中选择合适的启动方式。

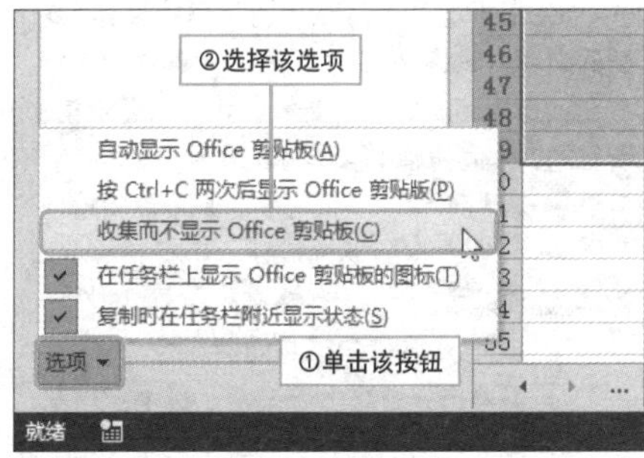

Hint

有关剪贴板启动方式的说明

剪贴板的启动方式有很多种，常用的是上述步骤中介绍的方式，下面对其他一些方式进行介绍。

“自动显示 Office 剪贴板”选项：该启动方式下，启动软件后可自动打开剪贴板窗格。

“按 Ctrl + C 两次后显示 Office 剪贴板”选项：在启动软件后，按两次 Ctrl + C 组合键即可打开该窗格。

Question 222

Level ◆◆◆

2013 2010 2007

深入探究剪贴板

实例 如何通过剪贴板将 Word 中的内容复制到 Excel 中

Office 剪贴板在所有 Office 办公软件中都是通用的，用户可以利用该特点，将其他办公软件中的内容、图片或文字复制保存在剪贴板中。下面以复制 Word 表格中的内容至 Excel 工作表为例进行介绍。

1. 打开需要复制的Word文档，选择需要复制的区域，单击鼠标右键，从快捷菜单中选择“复制”命令。

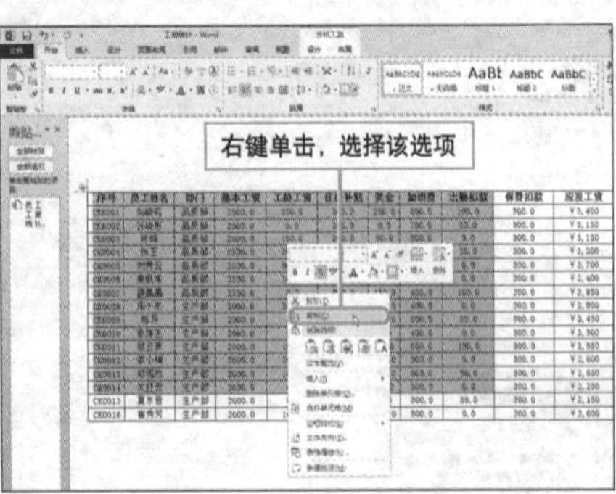

2. 切换至Excel工作表，将鼠标定位至需粘贴处，单击剪贴板中刚刚复制的内容。

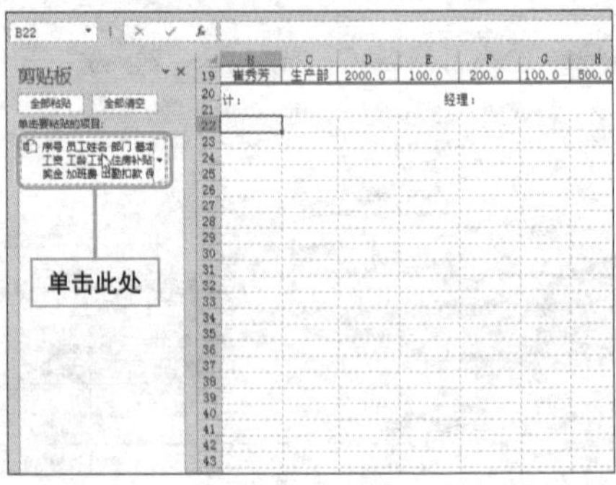

3. 即可将Word文档中复制的数据粘贴至指定的单元格中。

Hint

如何清除剪贴板中的内容

通常情况下，剪贴板可以储存 24 次复制的内容，超过 24 次，复制的内容就无法保存在该窗格。此时，需要将多余的内容清空。清空的方法有两种下面将对其进行介绍。

1. 若只需清除多余内容，则可选中该内容，单击右侧下拉按钮，选择“删除”选项即可。

2. 若需要将剪贴板中的内容全部清除，只需单击该窗格上方的“全部清空”按钮即可。

创建工作簿并不难

实例 工作簿的创建

若用户需要对大量数据进行统计和分析，首先需要创建一个工作簿，然后，在该工作簿中创建工作表，输入数据，接着进行各种统计分析，下面介绍创建工作簿的具体操作步骤。

1 **创建空白工作簿。** 开机进入Win8系统Metro界面，单击“Excel”图标，启动Excel 2013应用程序，单击开始界面上的“空白工作簿”图标即可自动创建一个空白工作簿。

2 或者是在桌面、文件夹中单击鼠标右键，选择“新建>Microsoft Excel工作表”命令，同样也可创建一个空白工作簿。

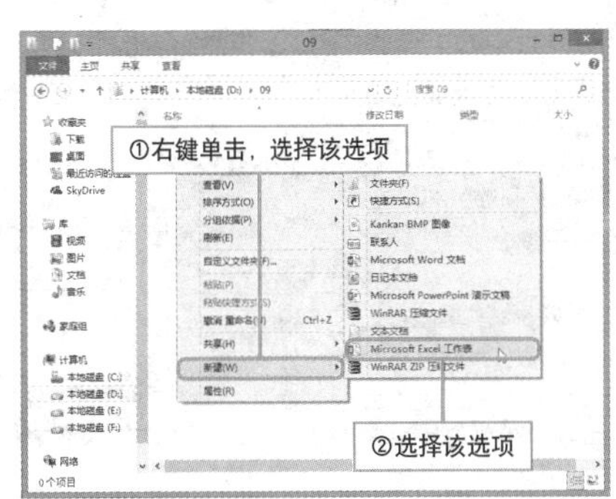

3 **根据模板创建工作簿。** 执行“文件>新建”命令，在模板列表中选择“项目的代办事项列表”模板。

4 随后将弹出一个预览窗口，单击“创建”按钮，即可创建所选模板的工作簿。

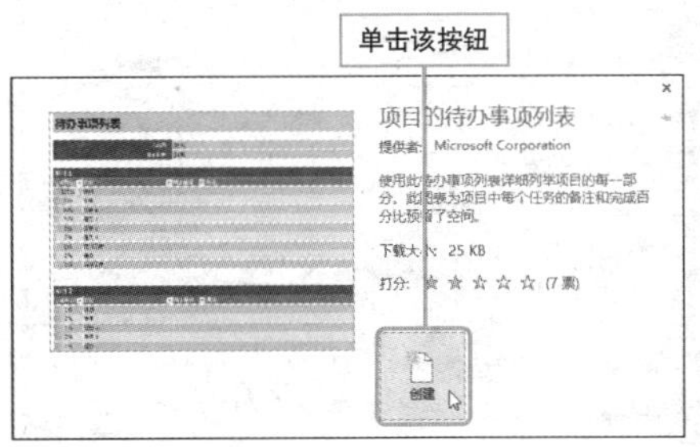

Question 224

Level ◆◆◆

2013 2010 2007

1秒钟保存文件

实例 工作簿的保存

打开一个工作簿进行工作时，为了避免当前工作不会被丢失，保存操作是必不可少的，下面以工作簿的初次保存操作为例进行介绍。

1 打开工作簿，单击“快速访问工具栏”上的“保存”按钮。也可以直接在键盘上按下Ctrl + S组合键。

2 随后单击“另存为”选项右侧面板中的“浏览”按钮。

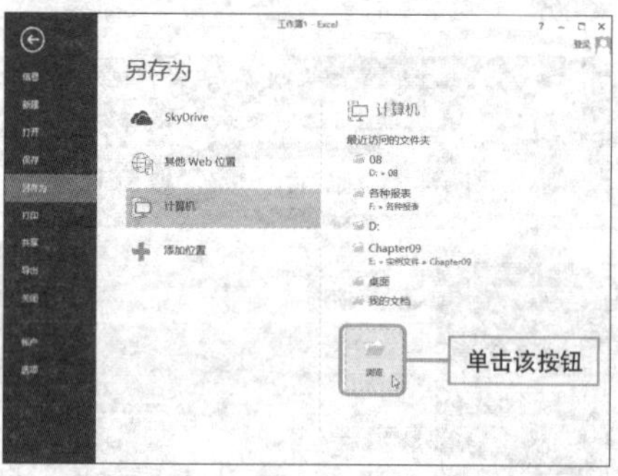

3 打开“另存为”对话框，选择保存路径，设置文件名及文件类型选项，最后单击“保存”按钮。

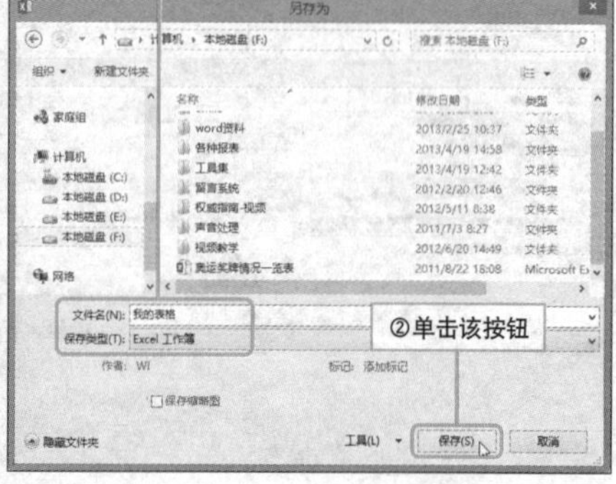

Hint

如何设置文件自动保存

为了避免因自动关机、意外断电等事故造成文件未保存无法恢复的情况，用户可以设置文件自动保存，打开“Excel选项”对话框，在“保存”选项的“保存工作簿”组进行设置即可。

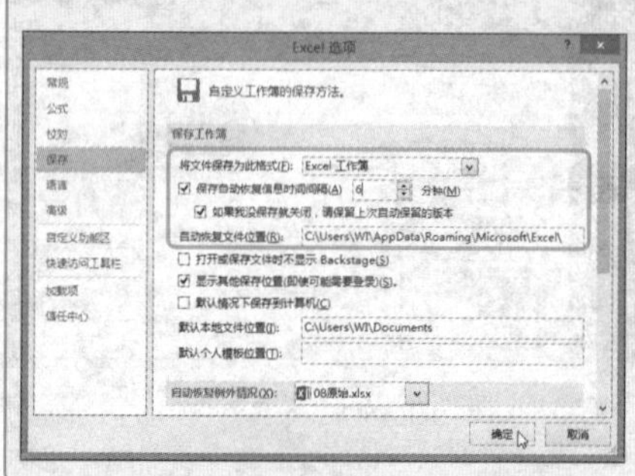

Question 225

工作簿的打开方式有讲究

Level ◆◆◇

2013 2010 2007

实例 多种方式打开工作簿

在使用 Excel 的过程中，如果要打开指定的工作簿，通常会采用双击的方式，或是右键打开的方式。为了提高工作效率，在此介绍几种更为便捷实用的方法。

1 **打开最近使用的工作簿。**执行“文件>打开”命令，单击右侧“最近使用的工作簿”列表中的工作簿名称，即可将其打开。

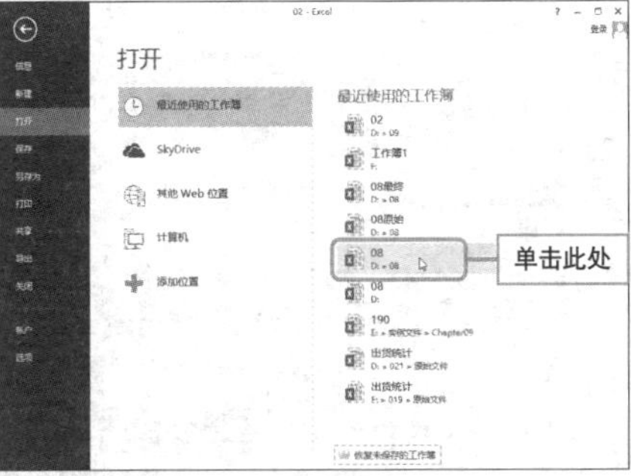

2 **以指定方式打开工作簿。**执行“文件>打开”命令，单击“打开”列表中的“计算机”选项，在右侧选择“09”文件夹。

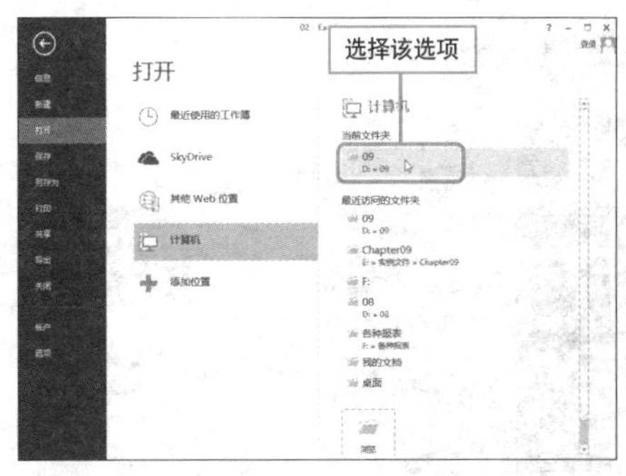

3 打开“打开”对话框，选择工作簿，单击“打开”右侧按钮，从展开的列表中选择合适的打开方式。

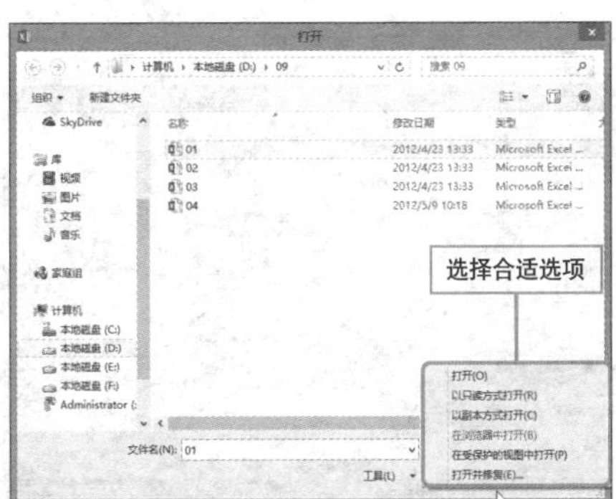

Hint

多种打开方式的比较

使用只读方式打开工作簿，只能阅读浏览工作簿，而不能对其修改。

使用副本方式打开工作簿，系统自动复制该工作簿，并打开复制后的工作簿。这样可以在极大程度上保护工作簿。

在受保护的视图中打开工作簿，是指未能通过验证的文件将在受保护的视图中打开。

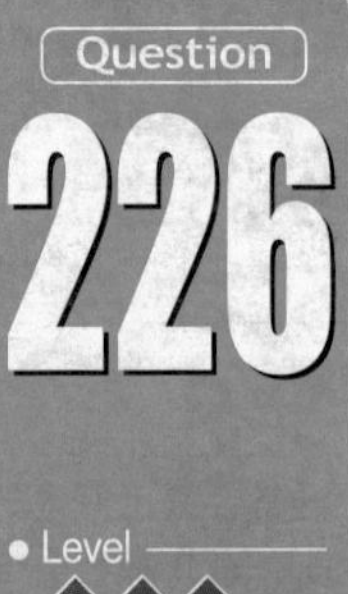

工作簿信息权限巧设置

实例 为工作簿添加访问密码

为了保证某些重要的工作簿不被其他用户查看、篡改，用户可以将此类工作簿进行加密，以实现其保密性。在此将以密码的设置为例进行介绍。

1 打开工作簿，执行“文件>信息”命令，单击“保护工作簿”按钮，从列表中选择“用密码进行加密”选项。

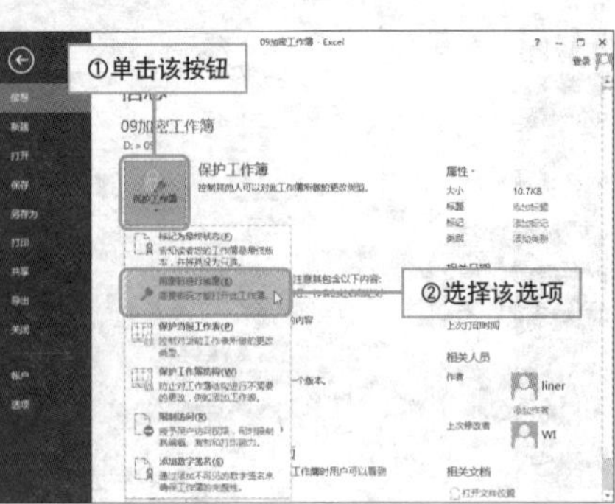

2 弹出“加密文档”对话框，在“密码”文本框中输入密码，此外输入123，单击“确定”按钮。

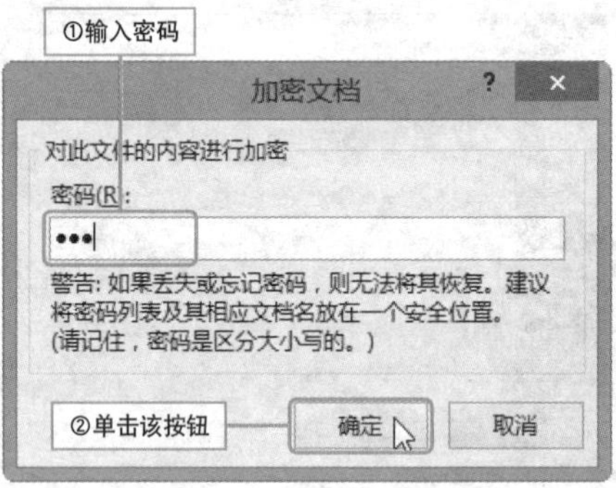

3 打开“确认密码”对话框，在“重新输入密码”文本框中再次重复输入密码，如123，单击“确定”按钮。

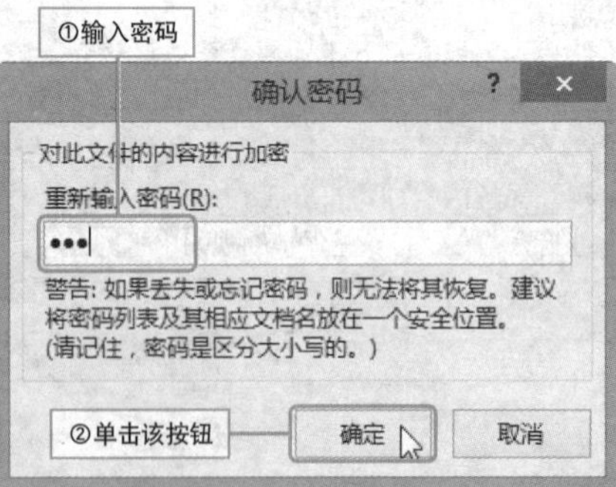

4 设置完成后，关闭工作簿，再次打开工作簿时，会弹出“密码”对话框，只有输入正确的密码才能打开工作簿。

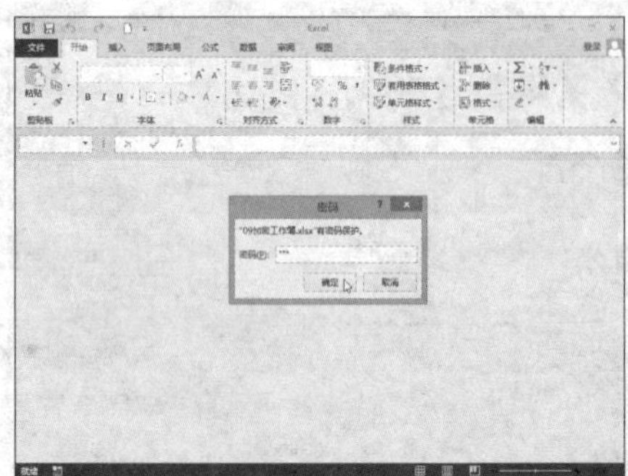

将多个工作簿在一个窗口中平铺显示

实例 在一个窗口中显示多个工作簿

为了便于查看多个工作簿中的数据，用户还可以将多个工作簿窗口同时显示在一个窗口中，下面介绍具体操作步骤。

❶ 打开多个所需的工作簿，单击“视图”选项卡中的“全部重排”按钮。

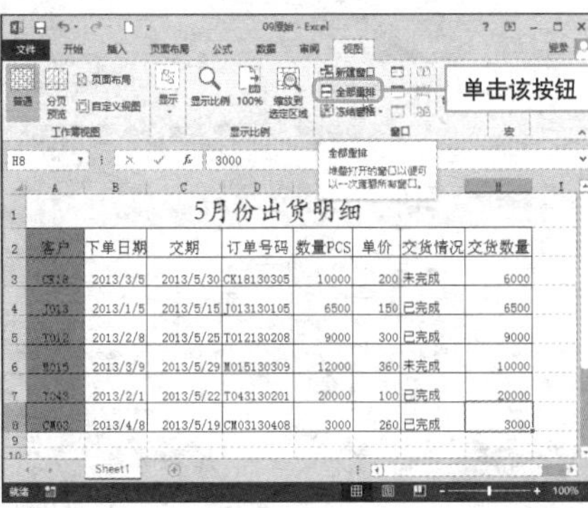

❷ 打开“重排窗口”对话框，选择合适的排列方式，单击“确定”按钮。

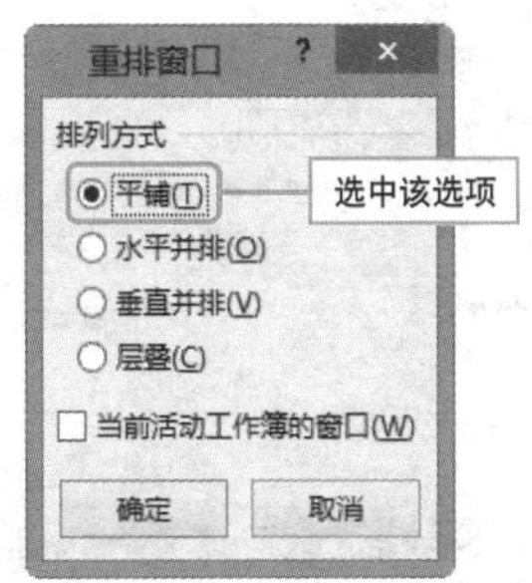

❸ 随后便会将打开的工作簿按照选定的方式排列在当前窗口中。

窗口平铺显示

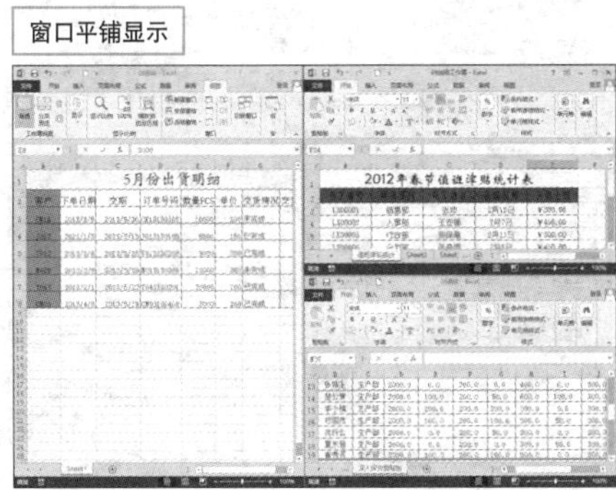

Hint

如何恢复默认窗口

若想取消当前工作簿的排列方式，恢复默认窗口，只需在打开的“重排窗口”对话框中勾选“当前活动簿的窗口”复选框即可。

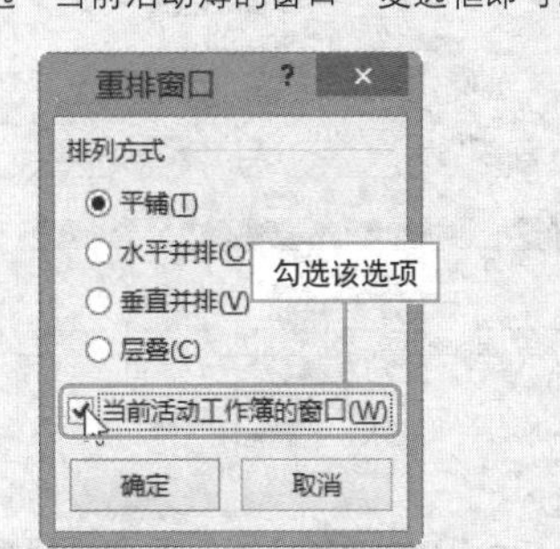

在不同的工作簿间快速切换

实例 通过功能区按钮切换工作簿

在工作中，常常需要在打开的多个工作簿中来回进行切换，以便更改、调用数据。为了避免切换出错，下面介绍一种快速有效的切换方法。

1 打开多个工作簿，切换至“视图”选项卡，单击“切换窗口”按钮。

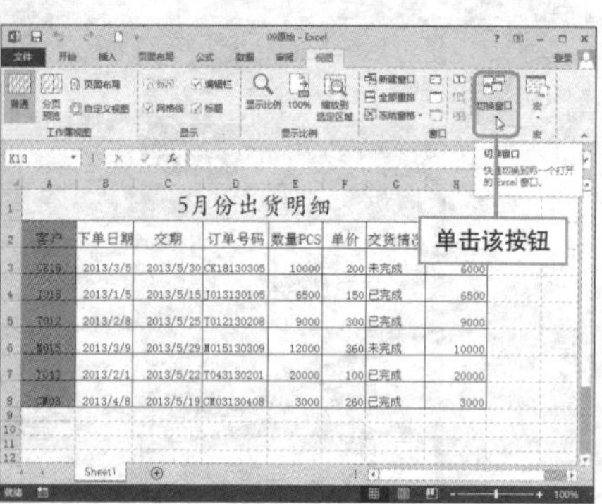

2 展开其下拉列表，从中选择需要切换至的工作簿即可。

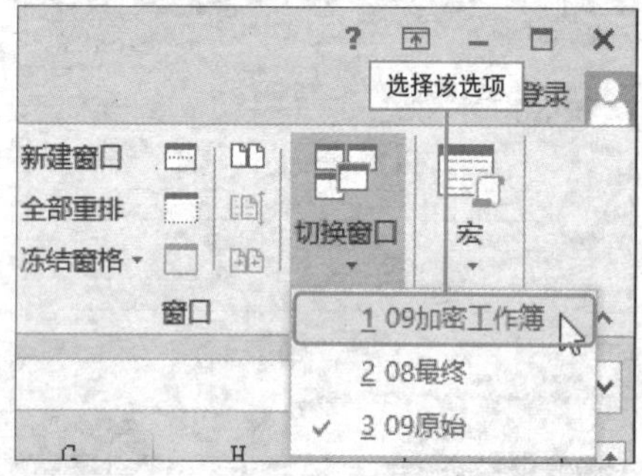

3 随后即可将工作簿切换至所选工作簿。

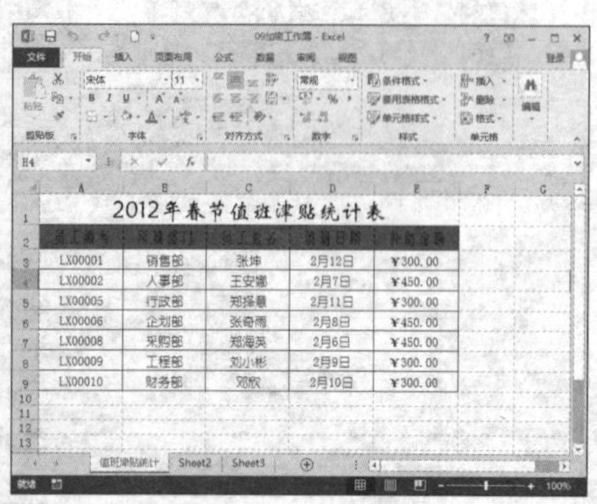

Hint

关闭工作簿很简单

若想要关闭不需要的工作簿，可以直接单击窗口右上角的“关闭”按钮。

直接在键盘上按下 Ctrl + W 组合键同样可以关闭当前窗口。

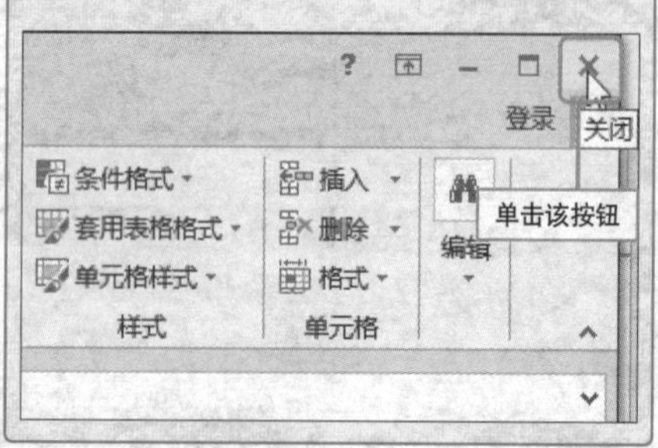

• Level ◆◆◆

2010 2007

快速查找工作簿路径有技巧

实例 工作簿路径的查找

工作簿的路径是指用于存放工作簿的文件夹的位置。在 Excel 操作界面中，是无法显示工作簿位置的。那么该如何查找工作簿的位置呢?

❶ 打开工作簿，执行“文件>打开”命令，在“最近使用的工作簿”列表中，可以看到当前工作簿的位置。

❷ 执行“文件>信息”命令，将鼠标放置在右下角“相关文档”选项下的“打开文件位置”选项上，即可显示该文件的路径。

❸ 同样的，在工作簿名称下方，可以看到该工作簿的路径。

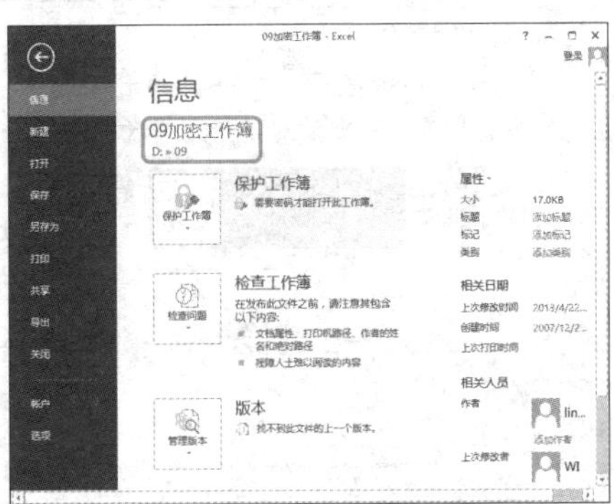

❹ 执行“文件>另存为”命令，在“当前文件夹”选项下，可以看到工作簿的路径。

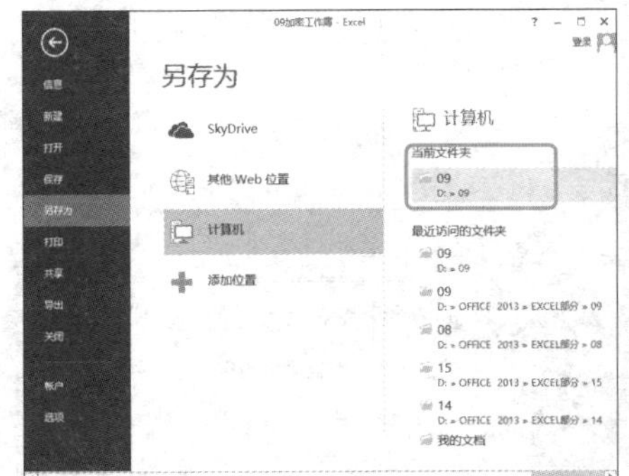

Question

Level ◆◆◆

2013 2010 2007

快速选择工作表花样多

实例 选择工作表的方法

工作表是工作簿的主要组成部分。通常，一个工作簿由多个工作表组成的。在日常工作中，我们总会将相关联的数据放在同一工作簿的多个工作表中。为了更快地对这些工作表进行操作，在此介绍如何选定工作表。

1 **选择连续多个工作表。** 选择第一个工作表标签，然后按住Shift键的同时，选择最后一个工作表标签，这边便可选中两个工作表之间的所有工作表。

3	CK18	2013/3/5	2013/5/30	CK18130305	10000
4	J013	2013/1/5	2013/5/15	J013130105	6500
5	T012	2013/2/8	2013/5/25	T012130208	9000
6	M015	2013/3/9	2013/5/29	M015130309	12000
7	T043	2013/2/1	2013/5/22	T043130201	20000
8	CM03	2013/4/8	2013/5/19	CM03130408	3000

2 **选择所有工作表。** 选择任意一个工作表标签并右击，从弹出的快捷菜单中选择“选定全部工作表”命令即可。

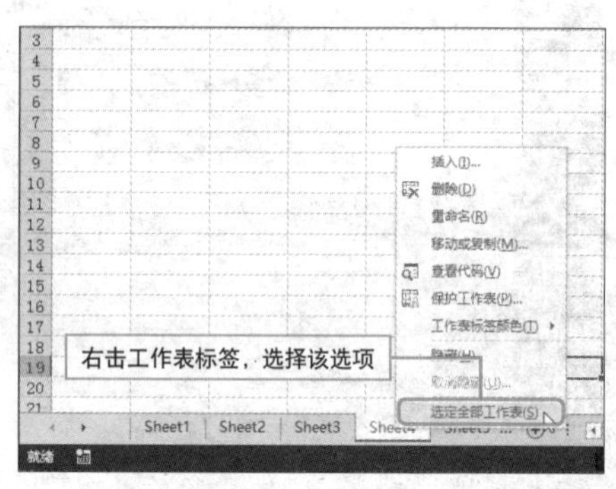

3 **选择不连续多个工作表。** 在按住Ctrl键的同时，依次单击想要选取的工作表标签即可。

3	CK18	2013/3/5	2013/5/30	CK18130305	10000
4	J013	2013/1/5	2013/5/15	J013130105	6500
5	T012	2013/2/8	2013/5/25	T012130208	9000
6	M015	2013/3/9	2013/5/29	M015130309	12000
7	T043	2013/2/1	2013/5/22	T043130201	20000
8	CM03	2013/4/8	2013/5/19	CM03130408	3000

按住 Ctrl 键分别单击工作表标签

Sheet1 Sheet2 Sheet3 Sheet4 Sheet5

Hint

取消对工作表的选定

若未选中所有工作表，则需单击未选中工作表的标签即可取消对当前工作表的选择。若已选中所有工作表，则需单击任意一个工作表标签即可。

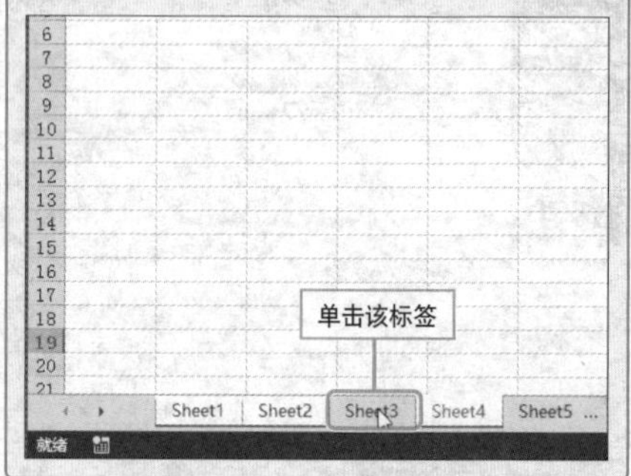

快速插入工作表

实例 工作表的插入

默认情况下，新建的工作簿只包含一张工作表，但有时用户需要多张工作表来分门别类地统计数据。这时，用户可在当前工作簿中插入新的工作表。

1 **功能区按钮法。**单击“开始”选项卡上的“插入”按钮，从展开的列表中选择“插入工作表”命令。

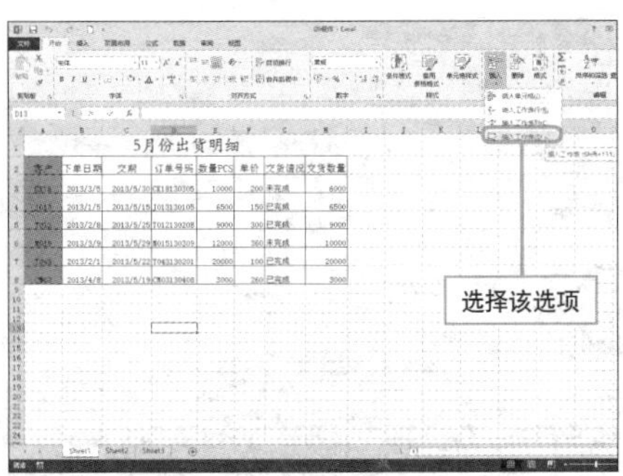

2 **快速插入法。**单击工作表底部工作标签右侧的“新工作表”按钮即可插入一个新工作表。

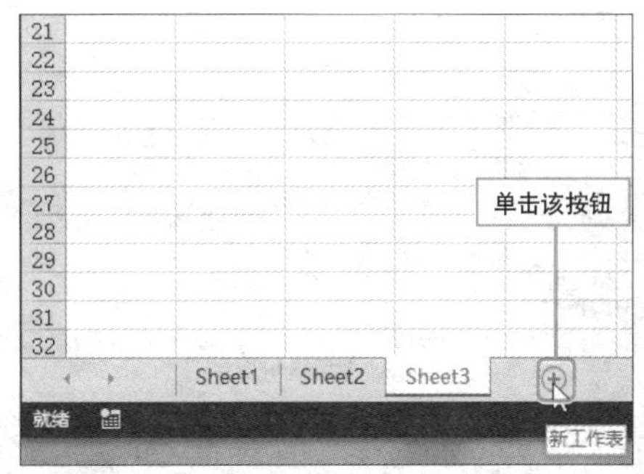

3 **快捷菜单法。**选中任意工作表标签，单击鼠标右键，在弹出的快捷菜单中选择“插入”命令。

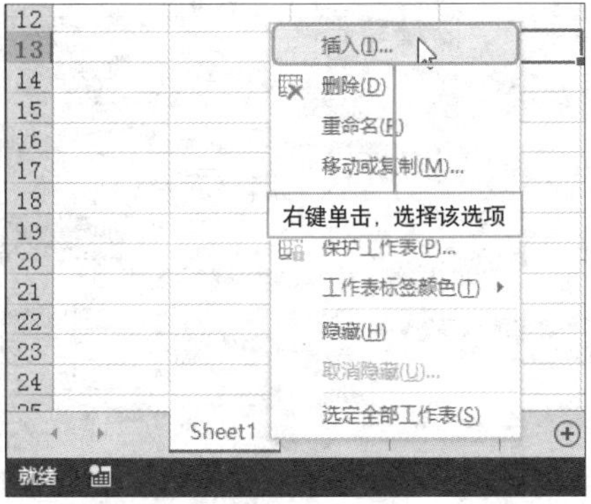

4 打开“插入”对话框，切换至“常用”选项卡，选择“工作表”选项，单击“确定”按钮即可。

Question 232

Level ◆◆◇

2010 2007

工作表名称巧设定

实例 重命名工作表

默认情况下，工作表的名称为 Sheet1、Sheet2、Sheet3……为了在工作簿中快速区分工作表，用户可以为工作表添加一个与内容相关联的名称，下面介绍具体操作步骤。

1 **右键菜单法**。选择需要重命名的工作表标签并单击右键，从弹出的快捷菜单中选择“重命名”命令。

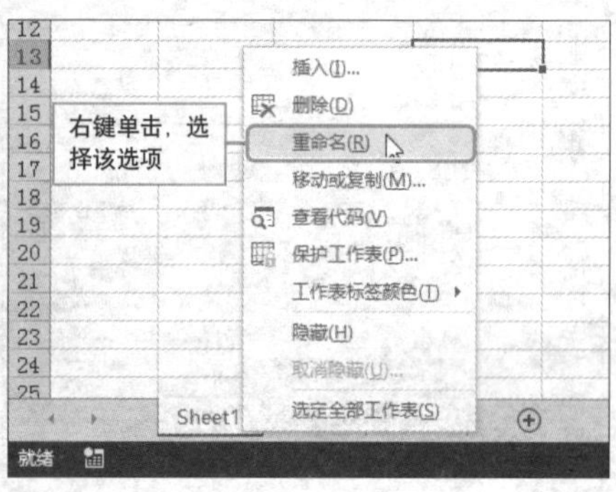

2 此时，工作表标签为可编辑状态，用户直接输入工作表名称，即可完成重命名操作。

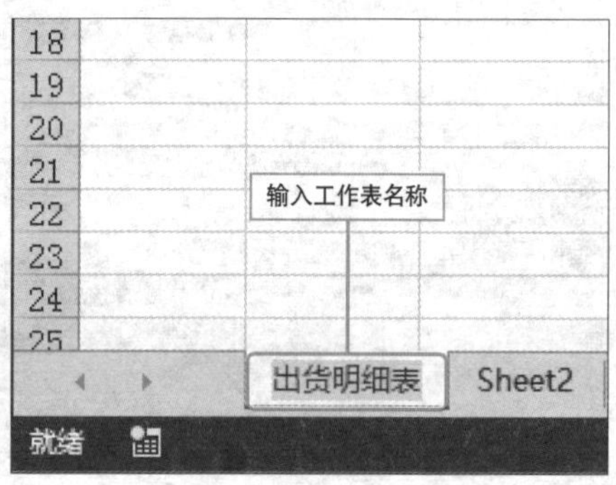

3 **双击工作表标签法**。双击要命名的工作表标签，当工作表标签变为可编辑状态时，输入工作表名称即可。

4 **功能区按钮命名法**。选择工作表，单击“开始”选项卡功能区的“格式”按钮，从列表中选择“重命名工作表”命令。

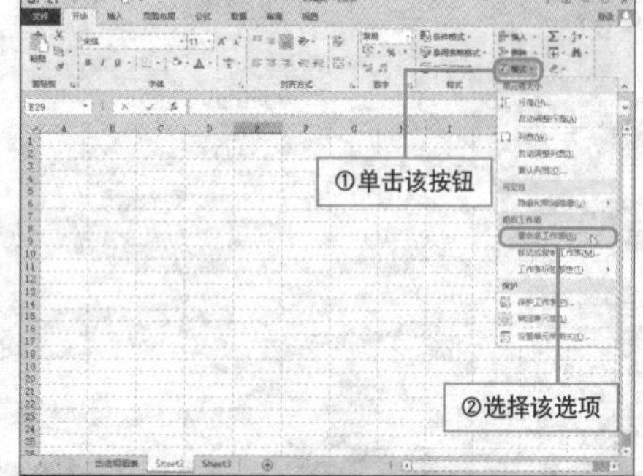

轻松改变工作表标签属性

实例 工作表标签颜色的更改

默认情况下，工作表标签的颜色为无色，若用户想要突出显示某一工作表，可以为该工作表标签设置一个抢眼的颜色。下面介绍工作表标签颜色的设置方法。

1 选择需要设置的工作表标签并单击鼠标右键，打开其右键菜单。

2 从中选择"工作表标签颜色"选项，在从其关联菜单中选择喜欢的颜色即可，如"紫色"。

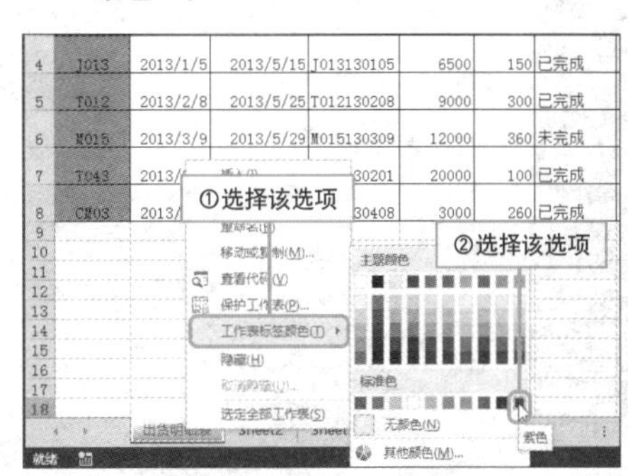

Hint

如何更改窗口颜色

若用户想更改弹出对话框窗口的颜色，可以按照下面的方法进行更改。

Step01 在电脑桌面上单击右键，从弹出的快捷菜单中选择"个性化"命令。

Step02 打开"个性化"窗口，单击底部的"颜色"按钮。

Step03 弹出"颜色和外观"对话框，选择合适的颜色，单击"保存修改"按钮即可更改对话框窗口的颜色。

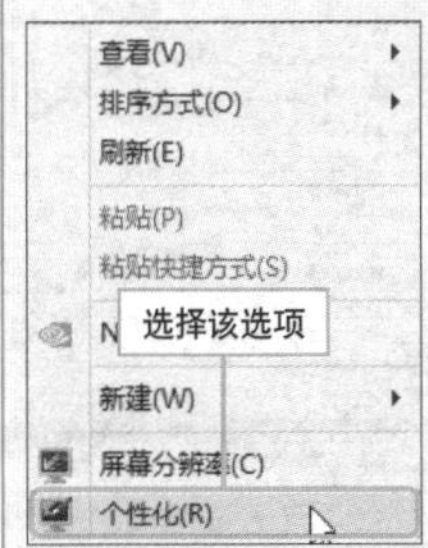

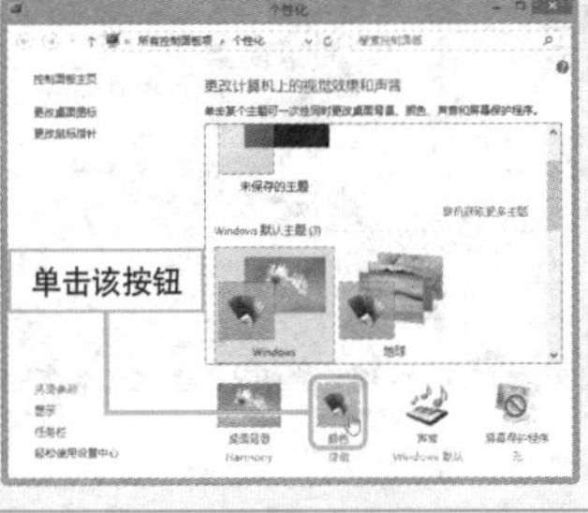

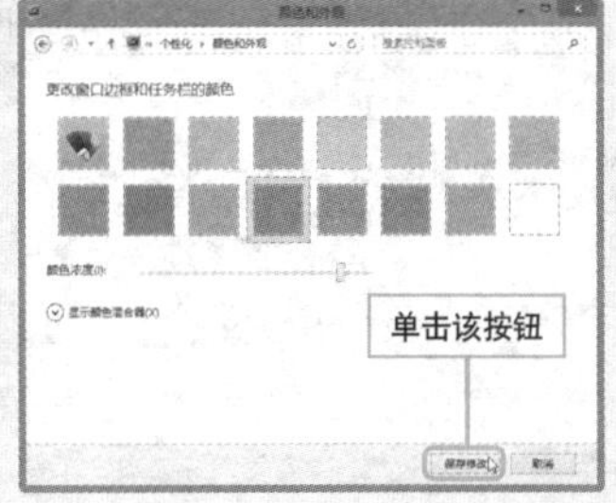

巧妙隐藏工作表标签

实例 工作表标签的隐藏操作

若当前工作表中的数据繁多，为了便于查看数据，用户可以将编辑区中的工作表标签隐藏，下面介绍具体操作方法。

1. 打开工作簿，打开文件菜单，选择“选项”选项。

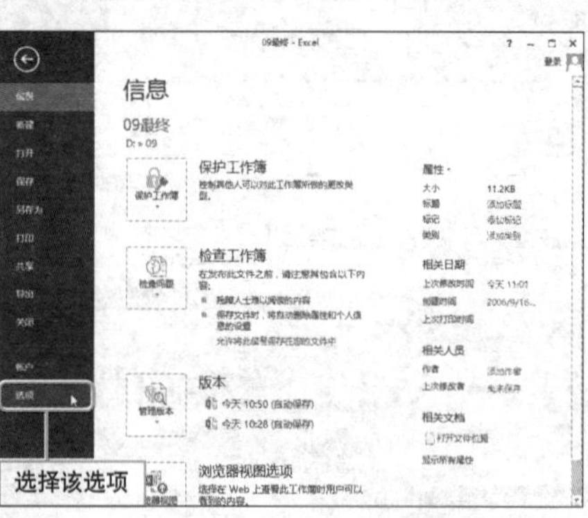

2. 打开“Excel选项”对话框，选择“高级”选项。

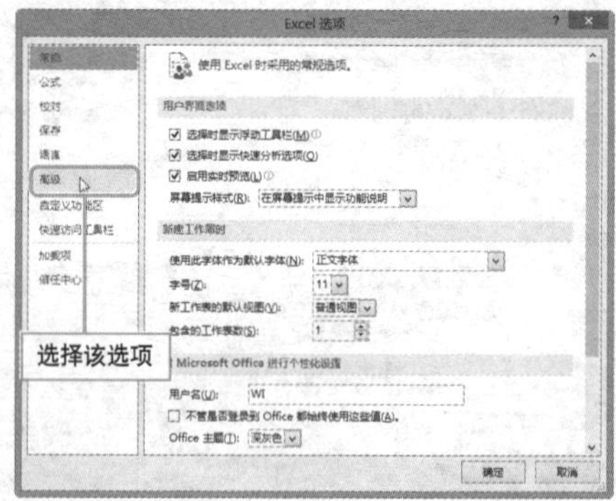

3. 在“此工作簿的显示选项”选项组中，取消对“显示工作表标签”选项的选择。

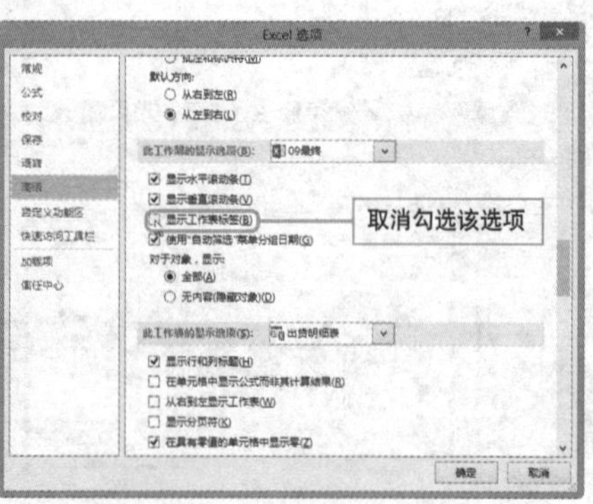

4. 设置完成后，单击“确定”按钮，返回Excel编辑页面，就可以看到，工作表标签已被隐藏。

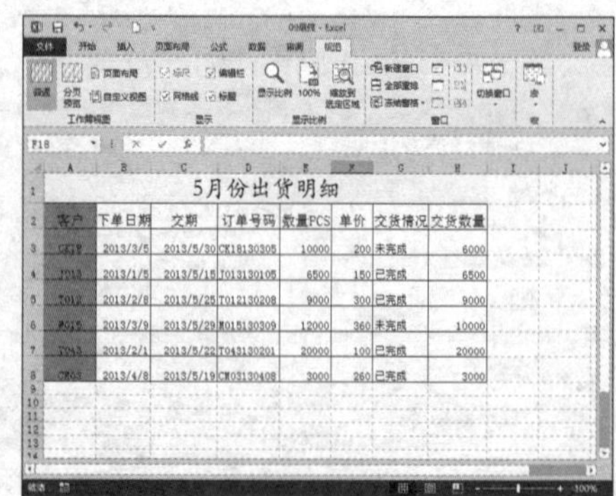

快速移动、复制工作表

实例 工作表的复制和移动

工作表的移动和复制操作是编辑数据时必不可少的操作，那么如何移动和复制数据呢？下面介绍具体操作步骤。

1 **鼠标移动工作表。** 单击工作表标签，将其选择，按住鼠标左键不放，将其拖动至合适的位置释放鼠标左键即可。

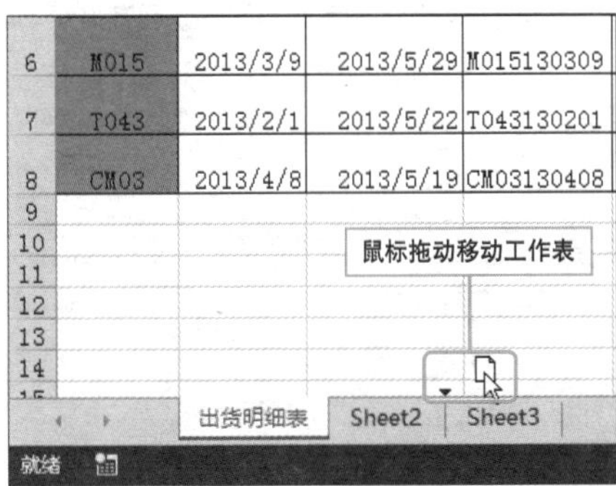

2 **鼠标拖动复制法。** 若在移动工作表的同时，按住Ctrl键不放，可将所选的工作表复制。

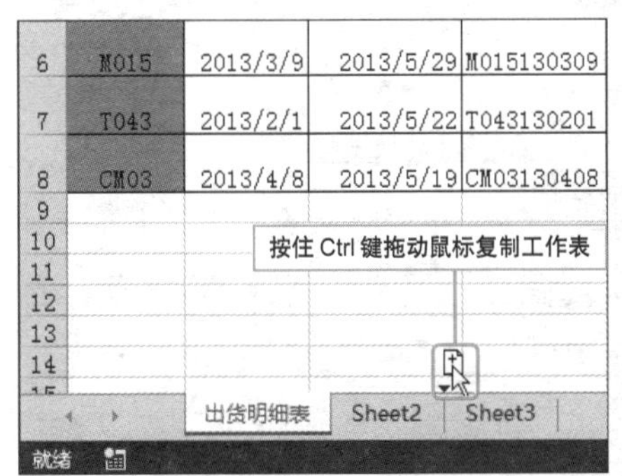

3 **功能区命令法。** 选择工作表，单击"开始"选项卡上的"格式"按钮，从列表中选择"移动或复制工作表"命令。

4 弹出"移动或复制工作表"对话框，通过"工作簿"选项，选择需要移动至的工作簿，在"下列选定工作表之前"设置工作表移动至的位置，勾选"建立副本"则可复制工作簿，然后单击"确定"按钮即可。

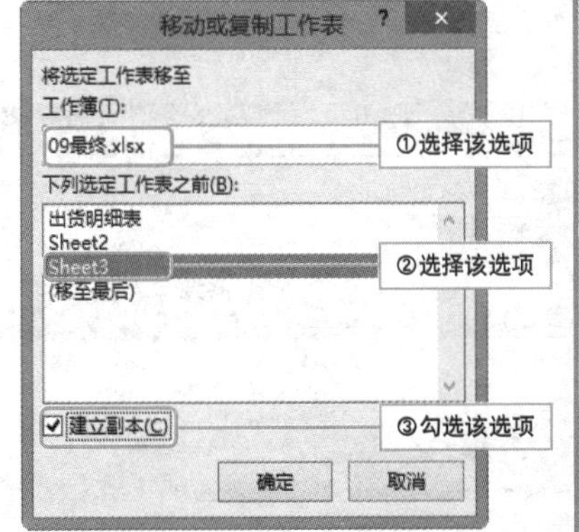

Question 236

Level ◆◆◆

2013 2010 2007

竟然可以为单元格设置超链接

实例 为单元格添加超链接信息

在日常工作中，为了更好地将相关数据关联在一起，可以为特殊的单元格添加超链接并设置提示信息，下面将对其相关操作进行详细介绍。

1 选择需要添加提示信息的单元格，单击“插入”选项卡上的“超链接”按钮。

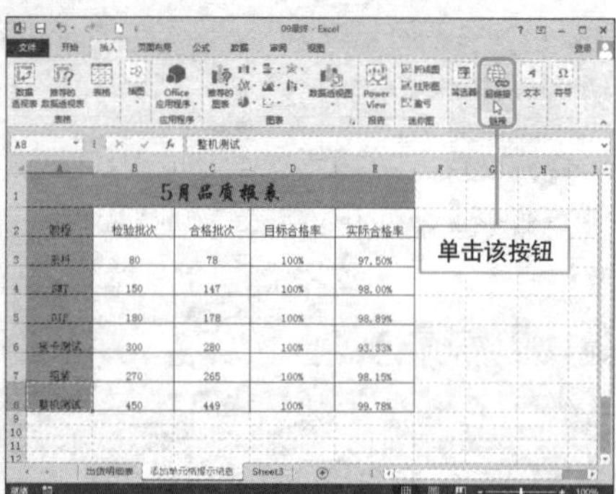

2 打开“插入超链接”对话框，在“链接到”组中选择“本文档中的位置”选项，在“或在此文档中选择一个位置”列表框中选择链接到的位置，单击“屏幕提示”按钮。

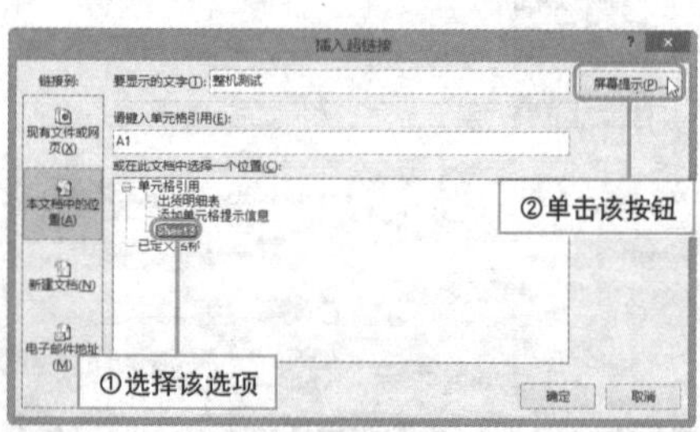

3 打开“设置超链接屏幕提示”对话框，在“屏幕提示文字”文本框中输入提示信息，单击“确定”按钮。

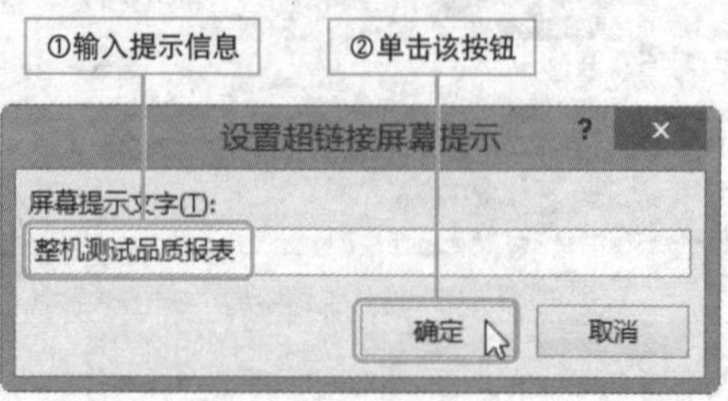

4 当鼠标光标指向设置了超链接的单元格时，会出现提示信息，并且设置了超链接的单元格中的文本颜色发生了改变。

	A	B	C	D	E
1	5月品质报表				
2	制程	检验批次	合格批次	目标合格率	实际合格率
3	来料	80	78	100%	97.50%
4	SMT	150	147	100%	98.00%
5	DIP	180	178	100%	98.89%
6	板卡测试	300	280	100%	93.33%
7	组装	270	265	100%	98.15%
8	整机测试	450	449	100%	99.78%
9	整机测试品质报表				
10					
11					
12					

给单元格起个名

实例 为单元格命名

若一个工作表中包含多个单元格，对于比较特殊的单元格，用户可以为其添加一个别致的名称以便查找和引用，下面介绍如何定义单元格名称。

❶ 选择单元格并单击鼠标右键，从弹出的快捷菜单中选择“定义名称”命令。

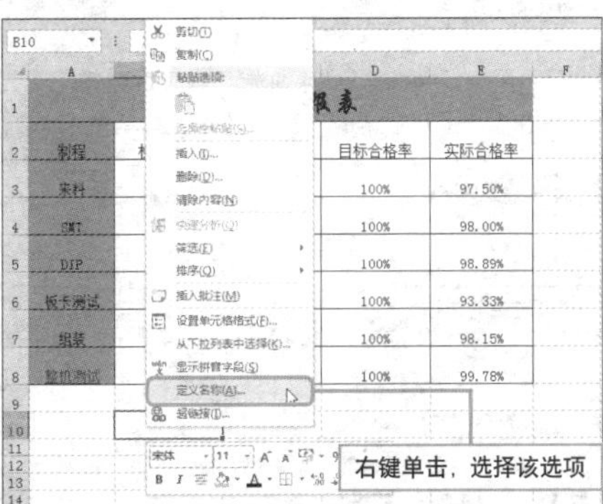

❷ 弹出“新建名称”对话框，在“名称”文本框中输入单元格名称。

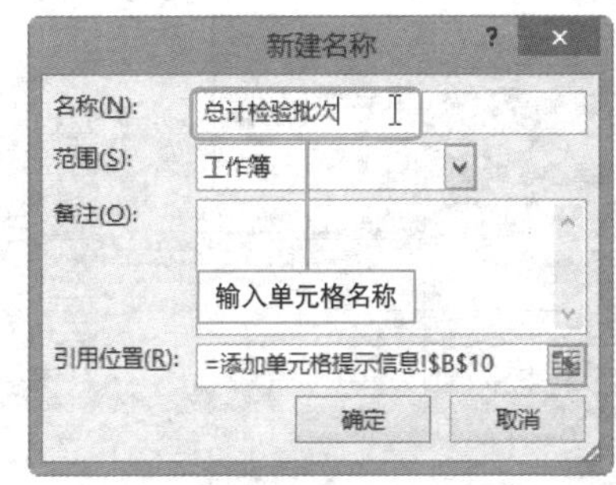

❸ 单击“范围”右侧下拉按钮，从列表中选择适用范围。

①单击该按钮

新建名称

名称(N): 总计检验批次

范围(S): 工作簿

工作簿 / 出货明细表 / 添加单元格提示信息 / Sheet3

②选择该选项

❹ 通过名称栏查找单元格。单击“名称栏”中的下三角按钮，从展开的列表中选择相应的名称即可找到指定的单元格。

总计检验批次

5月品质报表				
制程	检验批次	合格批次	目标合格率	实际合格率
来料	80	78	100%	97.50%
SMT	150	147	100%	98.00%
DIP	180	178	100%	98.89%
板卡测试	300	280	100%	93.33%
组装	270	265	100%	98.15%
整机测试	450	449	100%	99.78%
	1430			

Question 238

● Level ◆◆◆

2013 2010 2007

一招杜绝他人对编辑区域的更改

实例 锁定编辑区域

为了防止他人无意或者恶意修改工作表中的部分数据，用户可以将数据所在的区域锁定或者限制操作，下面介绍具体操作步骤。

1 选择要锁定的单元格区域并单击右键，从弹出的快捷菜单中选择“设置单元格格式”命令。

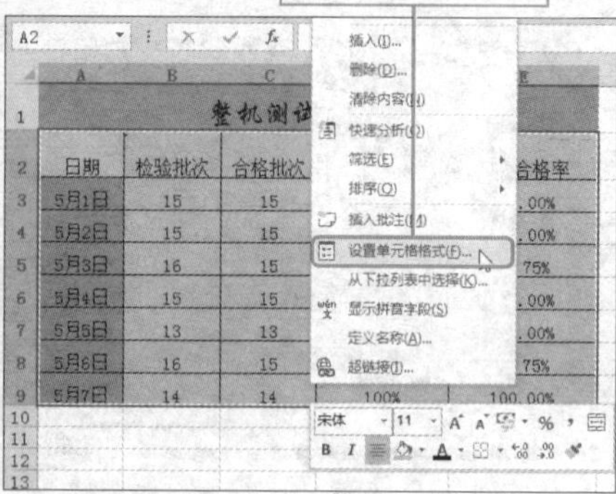

2 弹出“设置单元格格式”对话框，切换至“保护”选项卡，勾选“锁定”复选框，单击“确定”按钮。

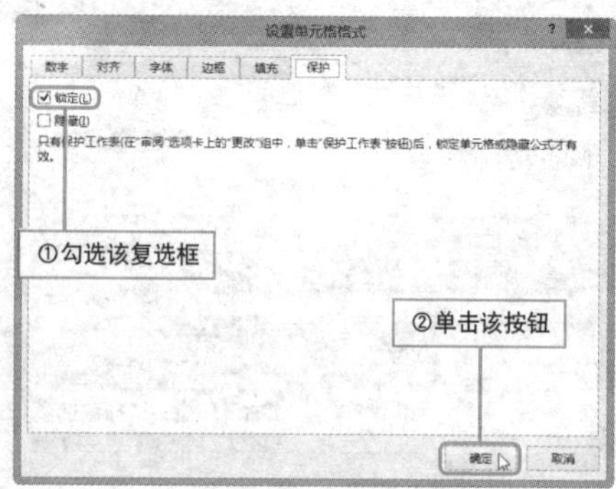

3 单击“审阅”选项卡上的“保护工作表”按钮。

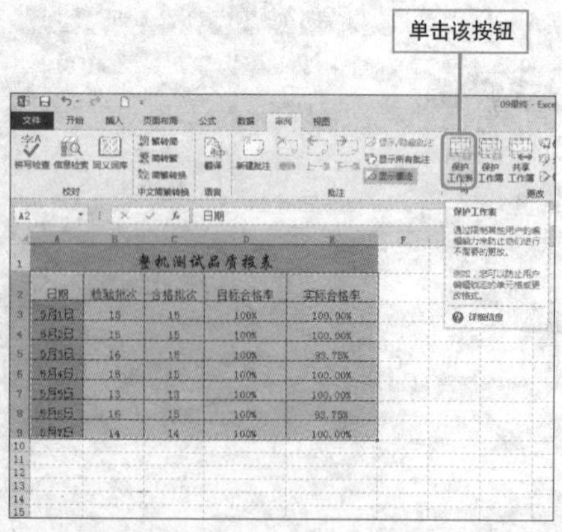

4 弹出“保护工作表”对话框，在“取消工作表保护时使用的密码”选项下的文本框中输入密码，单击“确定”按钮。

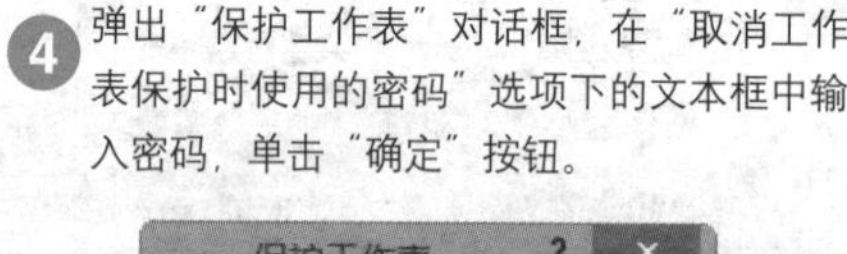
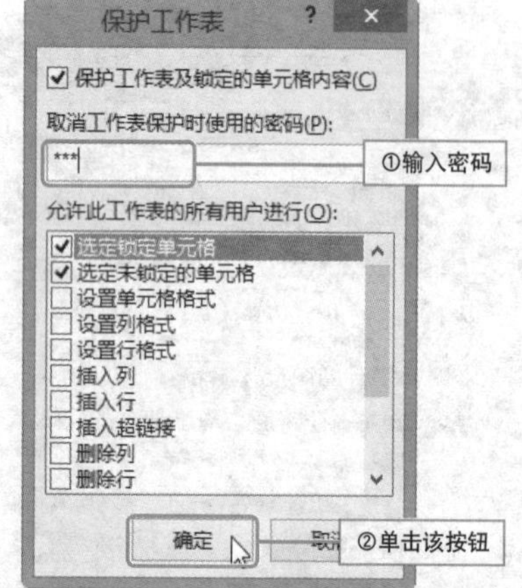

5 弹出“确认密码”对话框，再次输入密码，单击“确定”按钮。

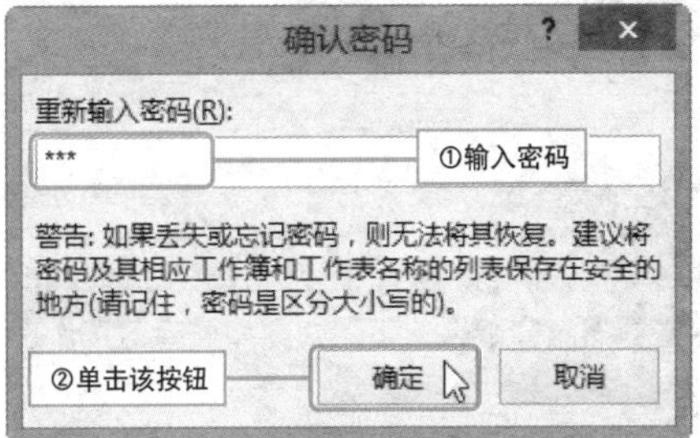

“允许此工作表的所有用户进行”列表框中选项介绍

在“允许此工作表的所有用户进行”列表框中勾选相应的复选框，就意味着在保护工作表后，该选项操作可以继续使用。

例如，勾选“选定锁定单元格”、“选定未锁定的单元格”复选框，其他复选框未选中，在该工作表中只能选定锁定以及未锁定的单元格，而不能进行设置单元格格式、设置列/行格式、插入行或列、删除行或列等操作。

6 此时，若对选中区域中的单元格进行编辑，会打开系统提示，提示该单元格已受保护，单击“确定”按钮即可返回。

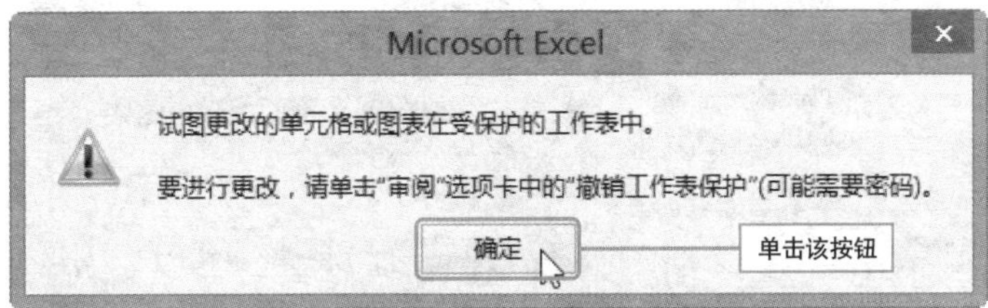

7 若需要对锁定区域中的数据进行更改，可单击“审阅”选项卡上的“撤销工作表保护”按钮。

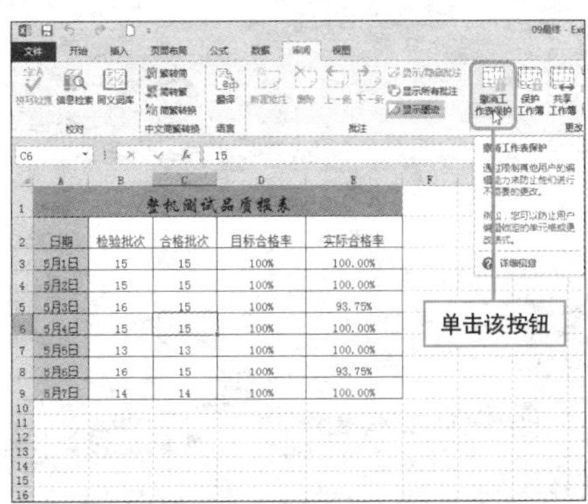

8 弹出“撤销工作表保护”对话框，输入相应的密码，单击“确定”按钮。

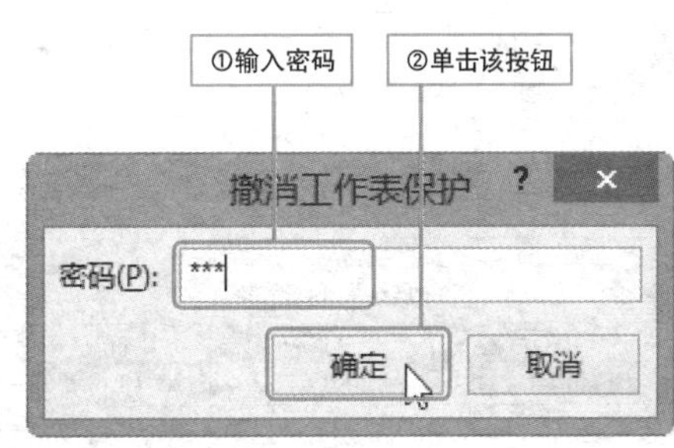

9 如果输入的密码错误，会弹出相应的提示框，提示用户密码输入不正确。

Level ◆◆◆

2013 2010 2007

让工作表内容瞬间消失

实例 隐藏工作表中的数据

若工作表中的部分数据不想被其他人看到，除此之外的数据又需要展示给其他观众，用户可以将这些数据隐藏起来。下面介绍如何隐藏工作表中的内容。

1 选择需要隐藏的区域，单击鼠标右键，从弹出的快捷菜单中选择“设置单元格格式”命令。

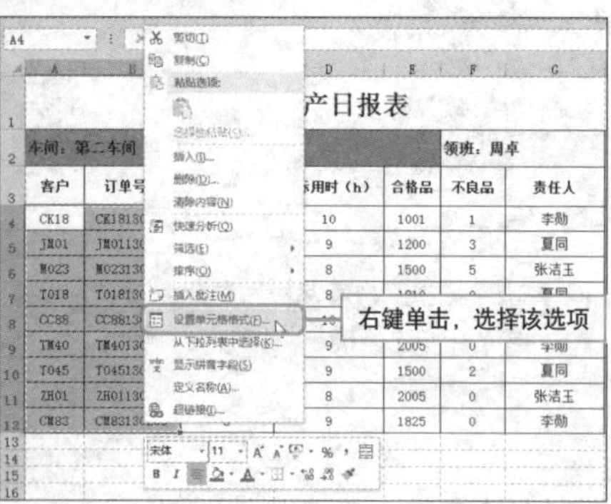

2 打开“设置单元格格式”对话框，选择“数字”选项卡的“自定义”选项，在“类型”文本框中输入三个分号。

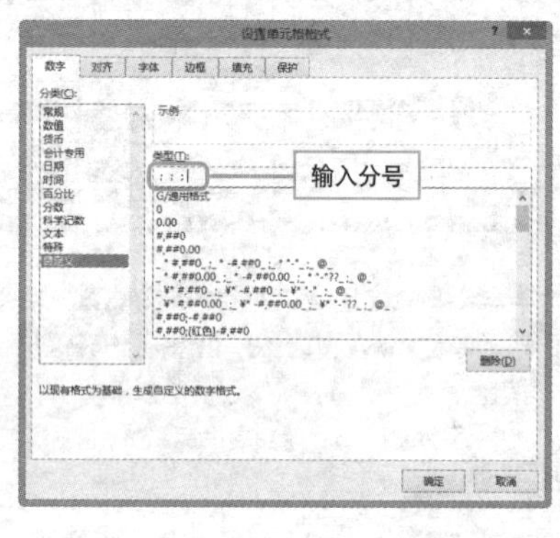

3 单击“确定”按钮，返回工作表，可以看到，选择的数据已被隐藏。

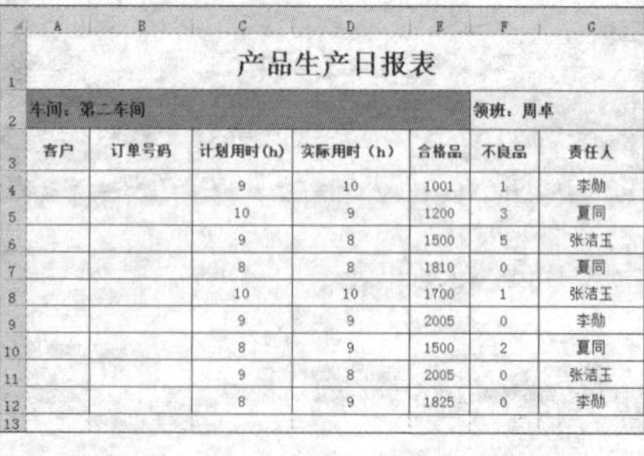

Hint

其他方法隐藏数据

将所选单元格文本颜色设置为“白色”，同样可以将所选区域数据隐藏。

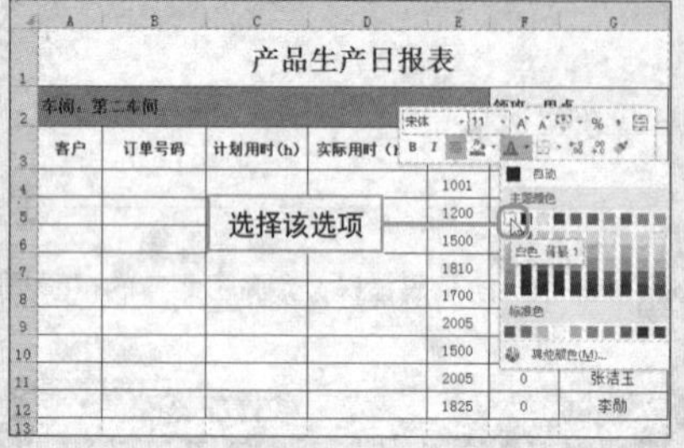

巧用冻结窗格功能

实例 冻结窗格

在进行数据分析时，特别是比较不同项目的数据时，往往需要将某一部分数据保持可见状态，并与其他数据进行对比。此时，就需要用到Excel的冻结窗格功能。

1 打开工作簿，切换至“视图”选项卡。

2 选择需要冻结行的单元格，如A5单元格，然后单击“冻结窗格”按钮，从展开的列表中选择“冻结拆分窗格”命令。

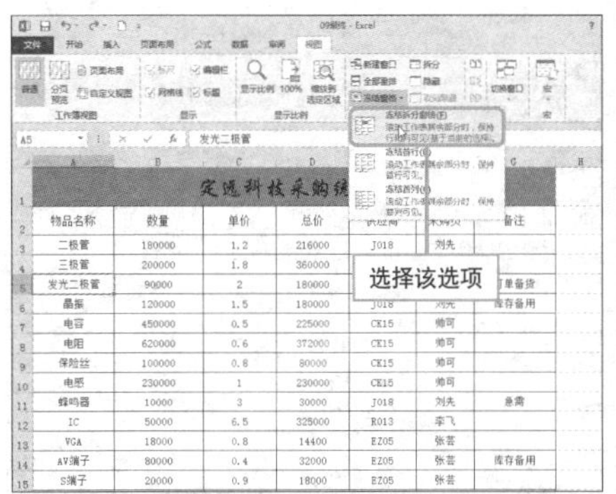

3 随后即可将表格从所选处冻结，滚动鼠标滚轮，可查看除冻结行之外的数据，同时，在冻结窗格处会看到一条灰色的线。

Hint

取消冻结窗格

单击“冻结窗格”按钮，选择“取消冻结窗格”命令即可。

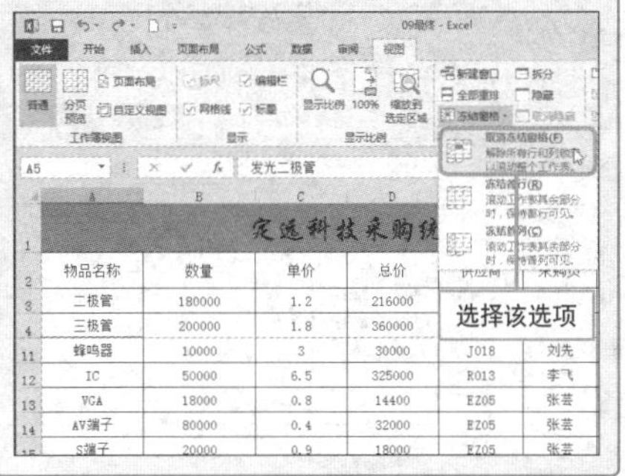

Question 241

Level ◆◆◆

2013 2010 2007

快速冻结工作表的首行或首列

实例 冻结工作表的首行或首列

在对工作表进行分析时，可能会需要将工作表的表头一直显示出来，使用户可以清晰查看表格中数据的含义，此时就需要将表格的首行或首列冻结，下面将对其进行介绍。

1 打开工作簿，单击“视图”选项卡上的“冻结窗格”按钮。

单击该按钮

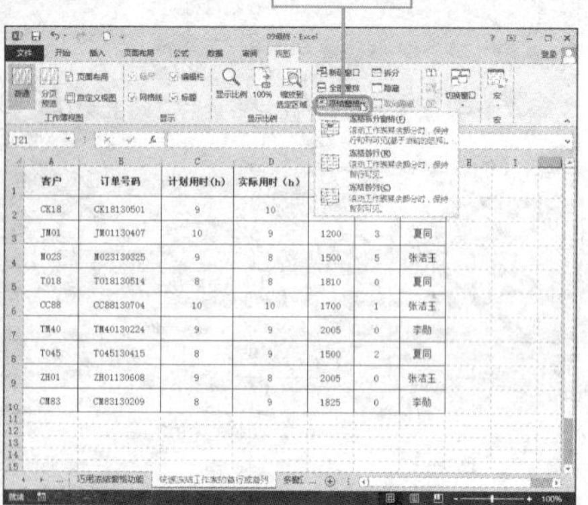

2 **冻结首行**。在列表中选择“冻结首行”命令，浏览数据时，表格首行将一直显示在工作表的顶部。

	A	B	C	D	E	F	G
1	客户	订单号码	计划用时(h)	实际用时（h）	合格品	不良品	责任人
5	T018	T018130514	8	8	1810	0	夏同
6	CC88	CC88130704	10	10	1700	1	张洁玉
7	TM40	TM40130224	9	9	2005	0	李勋
8	T045	T045130415	8	9	1500	2	夏同
9	ZH01	ZH01130608	9	8	2005	0	张洁玉
10	CM83	CM83130209	8	9	1825	0	李勋

3 **冻结首列**。在列表中选择“冻结首列”命令，浏览数据时，表格首列将一直显示在工作表的顶部。

	A	C	D	E	F	G
1	客户	计划用时(h)	实际用时（h）	合格品	不良品	责任人
2	CK18	9	10	1001	1	李勋
3	JM01	10	9	1200	3	夏同
4	M023	9	8	1500	5	张洁玉
5	T018	8	8	1810	0	夏同
6	CC88	10	10	1700	1	张洁玉
7	TM40	9	9	2005	0	李勋
8	T045	8	9	1500	2	夏同
9	ZH01	9	8	2005	0	张洁玉
10	CM83	8	9	1825	0	李勋

Hint

关于冻结首行或首列的介绍

在进行冻结操作过程中，可以通过选择“冻结窗格”列表中的“冻结首行”或“冻结首列”命令分别锁定首行或首列。但是，需要注意的是，这两个选项不能同时选中，即不能同时锁定工作表的首行和首列。

多窗口协同作业

实例 窗口的拆分

当工作表中数据太多，但又需要对工作表中相距甚远的数据进行比较时，该如何操作呢？大家此时别忘了 Excel 的拆分功能。首先应将窗口分为几个不同的部分，然后进行数据分析。

1 打开工作簿，切换至"视图"选项卡。

选择该选项

2 将鼠标光标定位至需要拆分处，单击"拆分"按钮。

单击该按钮

3 随后即可将工作表从在所选单元格处拆分为四个窗口，用户可以通过滚动条查看各窗口的数据并进行比较和分析。

Hint

如何使用拆分条

拆分条是非常便利实用的工具，用户可以直接拖动位于垂直滚动条顶端和水平滚动条右端的拆分条进行操作。

按住鼠标左键，当光标变为双向箭头时，表示可以移动，用户拖动光标到合适位置并释放鼠标即可。

Question 243

Level ◆◆◆

2013 2010 2007

一招解决用户对 Excel 文件误操作的难题

实例 将 Excel 文件转换为 PDF 文件

如果用户只是需要将工作表数据发送给其他用户进行查看，而不是随意修改，那么可以将当前工作表以 PDF 的格式进行保存。这样既减小了体积方便传送，又可避免误操作或被篡改的可能。

1 打开“文件”菜单，选择“另存为”选项。

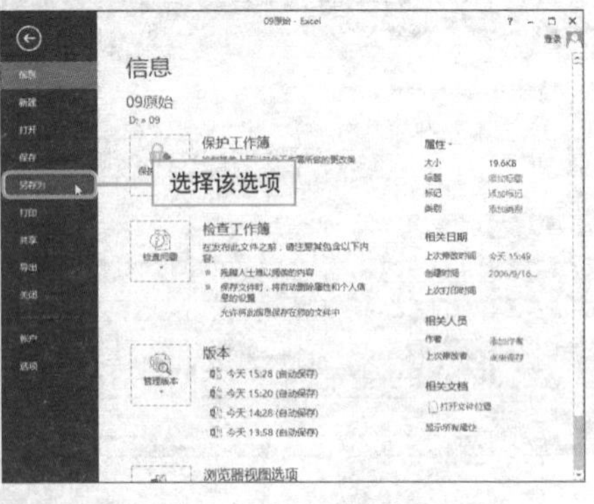

2 在“另存为”面板右侧的“计算机”列表中选择“当前文件夹”。

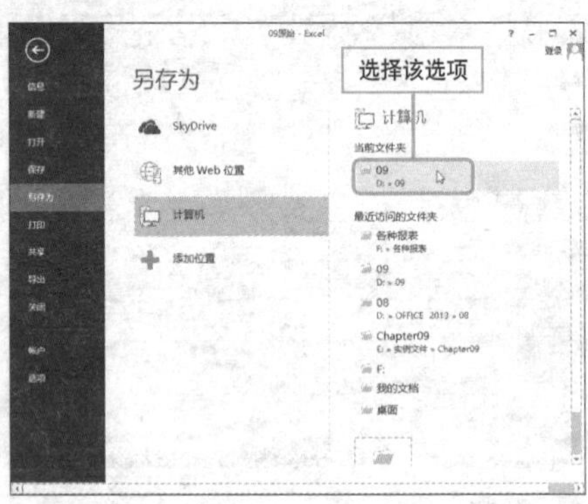

3 打开“另存为”对话框，设置保存类型为“PDF”，单击“选项”按钮。

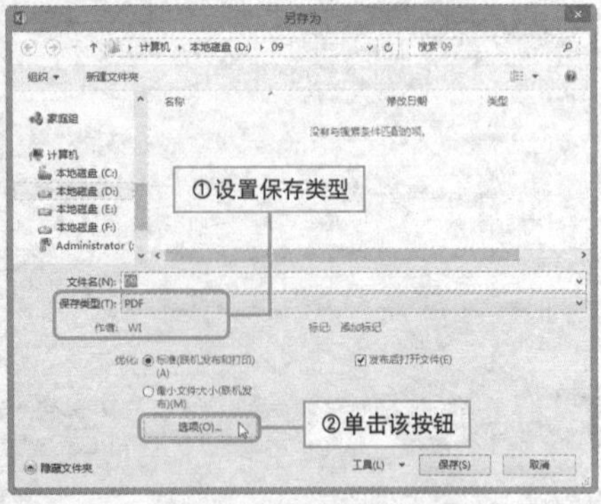

4 打开“选项”对话框，对选项进行设置，设置完成后，单击“确定”按钮，返回上一级对话框，单击“保存”按钮。

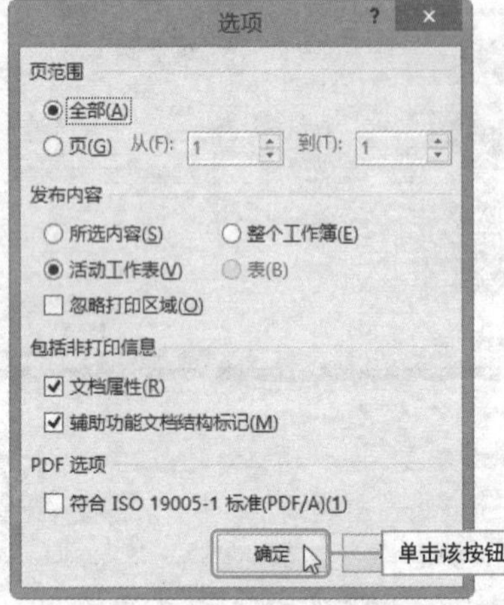

教你如何选择单元格

实例 单元格的选择

想在工作表中执行输入数据、编辑数据等操作，第一步就是选择单元格，接下来才能进行后续操作。下面介绍如何在工作表中选择单元格。

① **选择单个单元格。** 在需要选定的单元格上方单击鼠标左键，即可选中该单元格。

在此单击

员工工资统计表

序号	员工姓名	部门	基本工资	工龄工资	住房补贴	奖金	加班费	出勤扣款	保费扣款	应发工资	银行账
CK0001	刘晓莉	品质部	2500.0	300.0	300.0	200.0	500.0	100.0	300.0	¥3,400	
CK0002	孙晓彤	品质部	2500.0	0.0	300.0	0.0	700.0	50.0	300.0	¥3,150	
CK0003	陈峰	品质部	2500.0	100.0	300.0	50.0	500.0	0.0	300.0	¥3,150	
CK0004	张玉	品质部	2500.0	200.0	300.0	150.0	400.0	50.0	300.0	¥3,200	
CK0005	刘秀云	品质部	2500.0	500.0	300.0	200.0	500.0	0.0	300.0	¥3,700	
CK0006	姜凯常	品质部	2500.0	100.0	300.0	100.0	700.0	0.0	300.0	¥3,400	
CK0007	薛晶晶	品质部	2500.0	0.0	300.0	150.0	400.0	100.0	300.0	¥2,950	
CK0008	周小东	生产部	2000.0	300.0	200.0	200.0	400.0	0.0	300.0	¥2,800	
CK0009	陈月	生产部	2000.0	0.0	200.0	100.0	500.0	50.0	300.0	¥2,450	
CK0010	张陈玉	生产部	2000.0	0.0	200.0	0.0	400.0	0.0	300.0	¥2,300	
CK0011	楚云萝	生产部	2000.0	100.0	200.0	50.0	600.0	100.0	300.0	¥2,550	
CK0012	李小楠	生产部	2000.0	200.0	200.0	200.0	300.0	0.0	300.0	¥2,600	
CK0013	郑国茂	生产部	2000.0	100.0	200.0	100.0	500.0	50.0	300.0	¥2,550	
CK0014	沈纤云	生产部	2000.0	0.0	200.0	50.0	300.0	0.0	300.0	¥2,250	
CK0015	夏东晋	生产部	2000.0	0.0	200.0	0.0	300.0	50.0	300.0	¥2,150	
CK0016	崔秀芳	生产部	2000.0	100.0	200.0	100.0	500.0	0.0	300.0	¥2,600	

会计： 经理： 上报时间：

② **选择连续多个单元格。** 拖动鼠标选取需要选择区域，即可选择连续多个单元格。

拖动鼠标选取

③ **选择不连续多个单元格。** 在按住Ctrl键的同时，用鼠标选取多个单元格或单元格区域即可。

按住 Ctrl 键拖动选取多个区域

④ **选择所有单元格。** 只需单击工作表左上角的“全选”按钮，即可选择工作表内的所有单元格。

单击该按钮

Question

245 轻松搞定行高和列宽

• Level ◆◆◆

2010 2007

实例 行高和列宽的调整

运用 Excel 工作表进行数据统计时，经常需要根据内容对行高和列宽进行更改。常见的操作包括手动调节等，通过对话框精确调整，或是通过系统自动调整等多种方式。

❶ **手动调整行高和列宽。**将鼠标光标移至该行边界，待鼠标指针变成十字形，拖动边界至合适位置释放鼠标。调整列宽只需拖动该列的左/右边界进行调节即可。

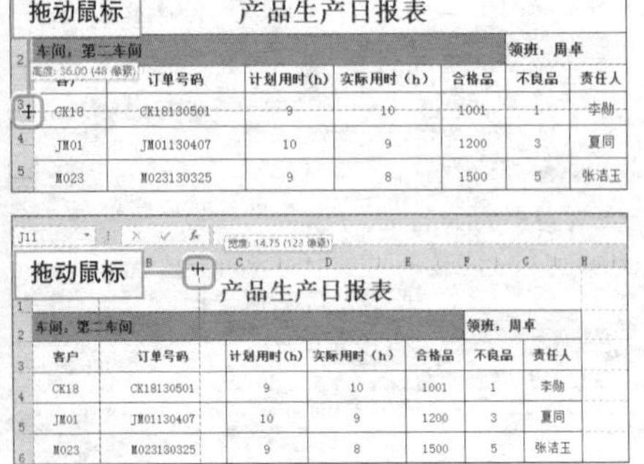

❷ **自动调整行高和列宽。**选择单元格区域，单击“开始”选项卡上的“格式”按钮，从下拉列表中选择“自动调整行高”/“自动调整列宽”选项即可。

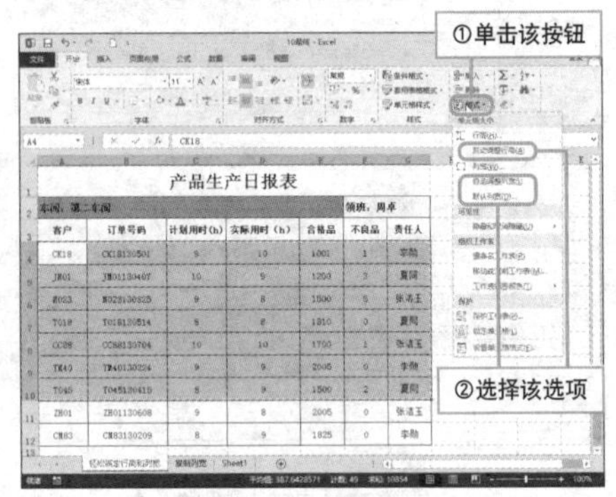

❸ **精确设置行高和列宽。**在需要设置行高/或列宽的行标题/列标题上单击鼠标右键，从快捷菜单中选择“行高（或列宽）”命令。

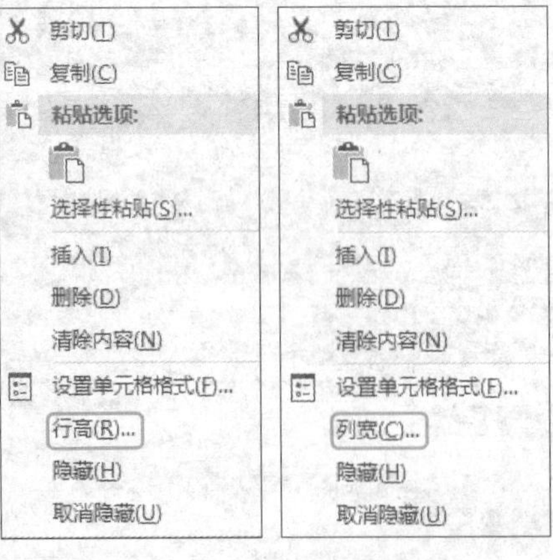

❹ 随后将弹出“行高（或列宽）”对话框，从中即可对行高（或列宽）值进行设定，最后单击“确定”按钮返回。

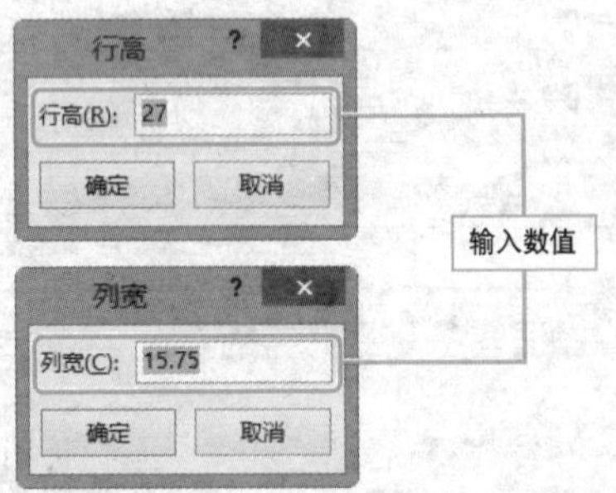

5 **调整所有行的行高以适应内容。**若要快速调整工作表中所有行的行高以适应内容，只需单击“全选”按钮，然后双击任意两个行标题之间的边界即可。

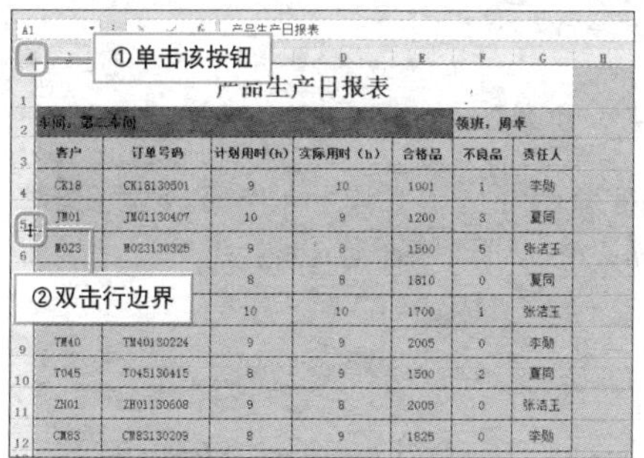

6 **调整所有列的列宽以适应内容。**若要快速调整工作表中所有列的列宽以适应内容，首先要单击“全选”按钮，然后双击任意两个列标题之间的边界即可。

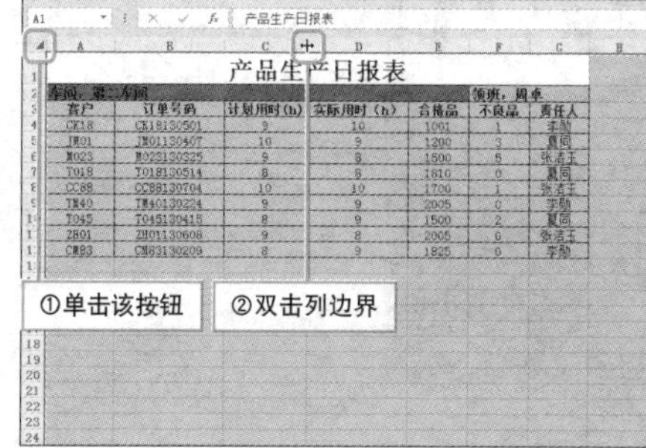

Hint

如何调整多行的行高？

（1）连续多行行高的调整

选择连续单元格区域后，选择连续区域中任一行边界拖动即可。

（2）不连续多列列宽的调整

按住 Ctrl 的同时依次单击列标题，然后进行手动调整或精确调整。

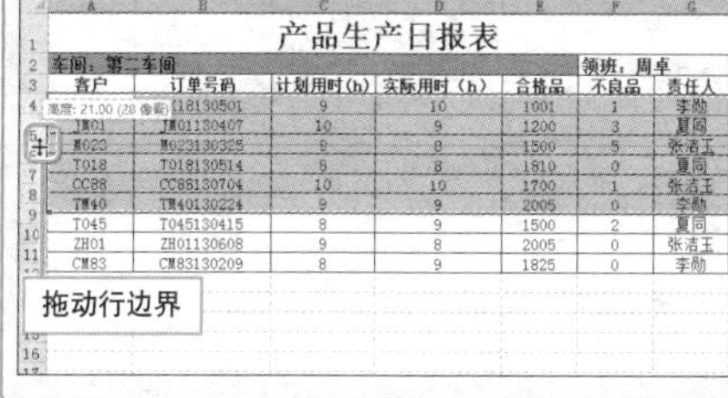

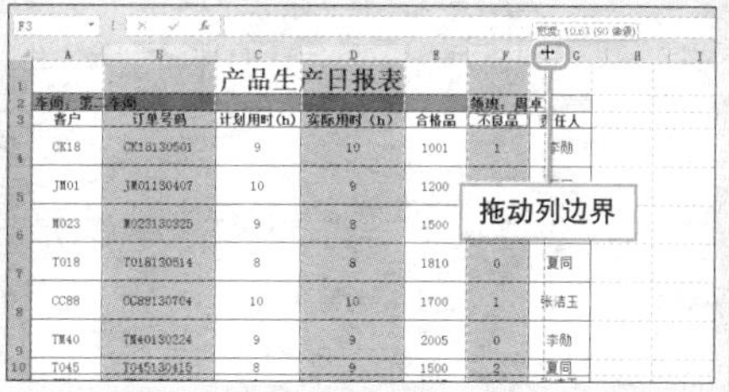

Hint

比较不同调整方式之间的优劣

（1）手动调节简单、便捷，但是调整后的结果不够精确，有时会影响表格的整体美观性。

（2）在对话框内设置行高和列宽，调整后的结果较为精确，但是用户有时并不能很好地把握行高或列宽的值。

（3）如果只是需要行高或列宽与表格内容相匹配，那么可以采用调整行高或列宽以适应内容进行调整。

总的来说，在进行调整时，需根据自身的需要来选择调整方式，也可以采用不同方式相结合的方法进行调整。

复制列宽有妙招

实例 通过复制使列宽与另一列的列宽相匹配

在制作表格时，如果希望将某一列的列宽设置为与另一列列宽相同时，那么可以通过复制的方式来实现，下面对其操作进行介绍。

1 在所需列宽的列中选择C4单元格，切换至“开始”选项卡，单击“复制”按钮。

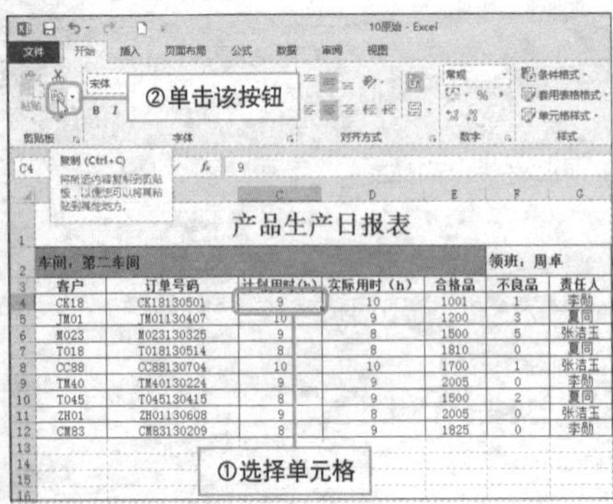

2 选中目标列中的D2和E2单元格，单击“粘贴”按钮，展开其下拉列表，从中选择“选择性粘贴”选项。

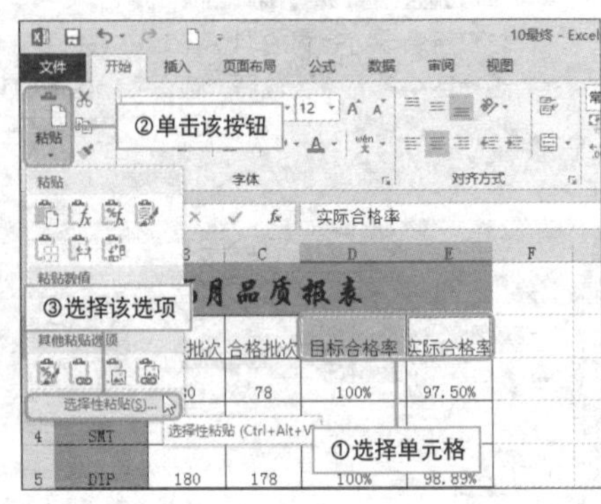

3 弹出“选择性粘贴”对话框，选中“列宽”单选按钮。

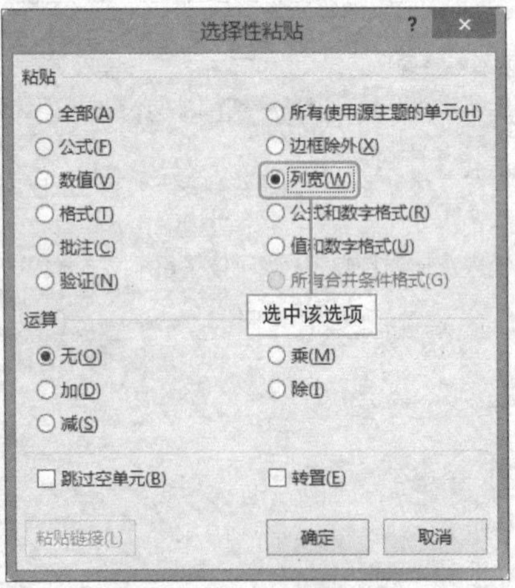

4 单击“确定”按钮，随后即可发现目标列和所选列的列宽相一致。

	A	B	C	D	E	F
1	5月品质报表					
2	制程	检验批次	合格批次	目标合格率	实际合格率	
3	来料	80	78	100%	97.50%	
4	SMT	150	147	100%	98.00%	
5	DIP	180	178	100%	98.89%	
6	板卡测试	300	280	100%	93.33%	
7	组装	270	265	100%	98.15%	
8	整机测试	450	449	100%	99.78%	
9						
10						

Question 247

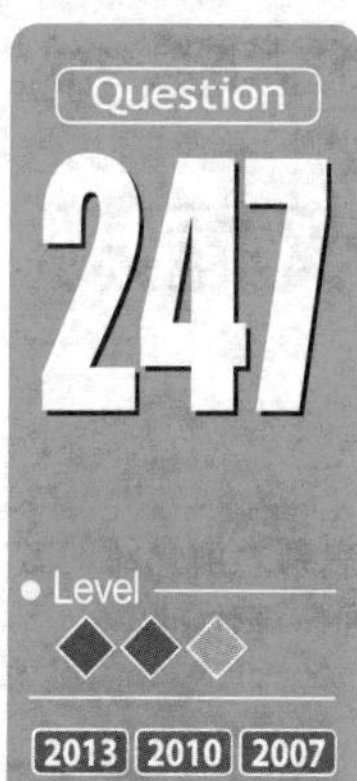

迅速插入行或列

实例 多种方式插入行或列

在制作表格时，如果需要在表格中间添加一行或一列数据，那么应先插入一行 / 列。在此，介绍几种既便捷又准确的插入方法。

Level ◆◆◇

2013 2010 2007

1 **快捷键插入法。**选中数据行，在键盘上按下“Ctrl + Shift + = ”组合键即可在所选行插入一个新行。

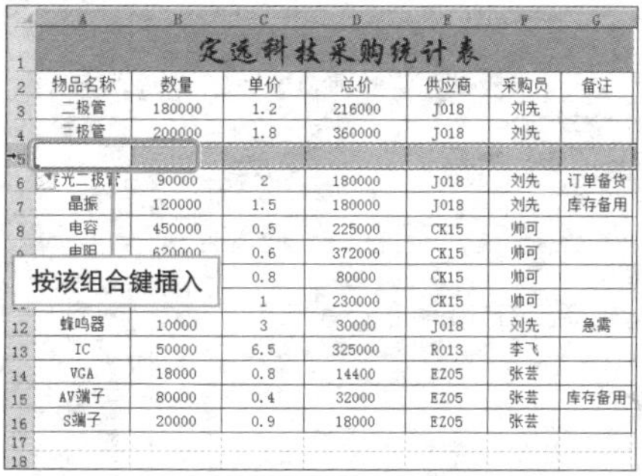
按该组合键插入

2 **右键插入法。**选择数据行，单击鼠标右键，从弹出的快捷菜单中选择“插入”命令即可在所选位置插入新行。

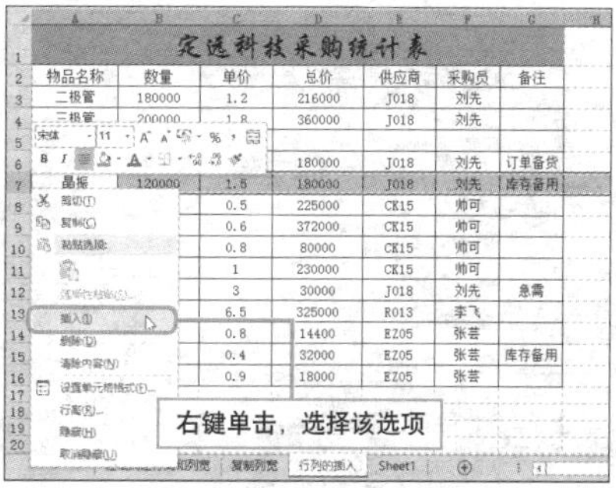
右键单击，选择该选项

3 **功能区按钮插入法。**选择数据行，单击“开始”选项卡上的“插入”按钮可直接插入新行。

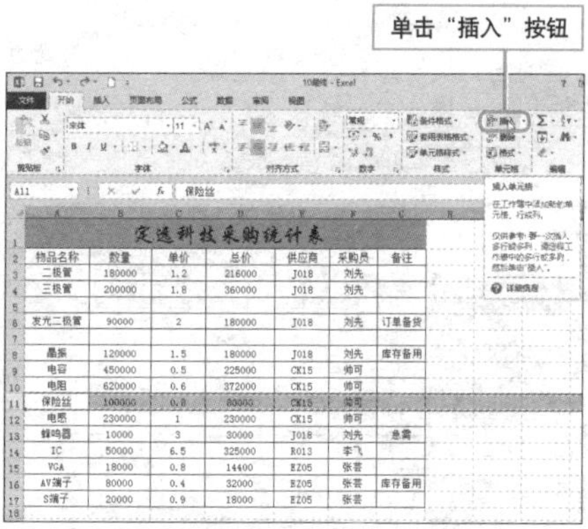
单击“插入”按钮

4 **单元格插入法。**选择任意单元格。单击鼠标右键，从快捷菜单中选择“插入”命令。弹出“插入”对话框，从中选择“整行”单选按钮并单击“确定”按钮即可插入。

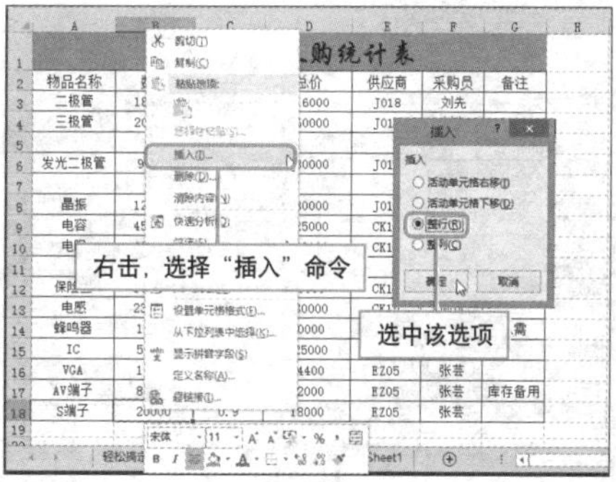
右击，选择“插入”命令
选中该选项

8 Excel基础操作技巧
9 工作簿表操作技巧
10 Excel单元格操作技巧
11 数据输入与编辑技巧
12 Excel图形图表应用技巧
13 数据透视表与透视图
14 公式与函数应用技巧

轻而易举实现行列的交叉插入

实例	行列的交叉插入

在制作工作表时，如果需要交叉插入行/列，首先会想到之前介绍的方法逐一进行插入，但是会花费用户大量时间，那么该如何操作呢？

1 **轻松插入行。**按住Ctrl 键，分别单击要交叉插入行的行号，然后单击鼠标右键，从快捷菜单中选择“插入”命令。

右击，选择“插入”命令

2 执行插入操作后，即可以看到在所选行处插入了空行。

定远科技采购统计表

物品名称	数量	单价	总价	供应商	采购员
二极管	180000	1.2	216000	J018	刘先
三极管	200000	1.8	360000	J018	刘先
电容	450000	0.5	225000	CK15	帅可
电阻	620000	0.6	372000	CK15	帅可
保险丝	100000	0.8	80000	CK15	帅可
电感	230000	1	230000	CK15	帅可
蜂鸣器	10000	3	30000	J018	刘先
IC	50000	6.5	325000	R013	李飞
VGA	18000	0.8	14400	EZ05	张芸
AV端子	80000	0.4	32000	EZ05	张芸
S端子	20000	0.9	18000	EZ05	张芸

3 **交叉插入列也很简单。**分别选中多列并单击右键，从弹出的快捷菜单中选择“插入”命令即可。

右击，选择“插入”命令

Hint

交叉插入行或列时的注意事项

再选择行或列时，注意一定是按住 Ctrl 键的同时逐一选择，而不能采用鼠标拖选的方法。若拖动鼠标选择多行，执行插入操作后会插入连续的多行，不能实现交叉插入。

隔行插入，辅助列来帮助

实例 隔行插入空行

在实际工作中，若需要隔行插入空行，该如何实现呢？可以借助辅助列及数据的排序来到达目的，下面对其相关操作进行详细介绍。

1 打开工作表，在A列前插入一个辅助列，然后在A2:A7单元格区域输入1～6；在A8:A13单元格区域输入1.1～6.1。

	A	B	C	D	E	F	G	H
1		序号	员工姓名	部门	基本工资	工龄工资	住房补贴	奖金
2	1	CK0001	刘晓莉	品质部	2500.0	300.0	300.0	200.0
3	2	CK0002	孙晓彤	品质部	2500.0	0.0	300.0	0.0
4	3	CK0003	陈峰	品质部	2500.0	100.0	300.0	50.0
5	4	CK0004	张王	品质部	2500.0	200.0	300.0	150.0
6	5	CK0005	刘秀云	品质部	2500.0	500.0	300.0	200.0
7	6	CK0006	姜凯常	品质部	2500.0	100.0	300.0	100.0
8	1.1							
9	2.1							
10	3.1							
11	4.1							
12	5.1							
13	6.1							

创建辅助列

2 选中A2:A13单元格区域，单击“开始”选项卡中的“排序和筛选”按钮，从下拉列表中选择“升序”选项。

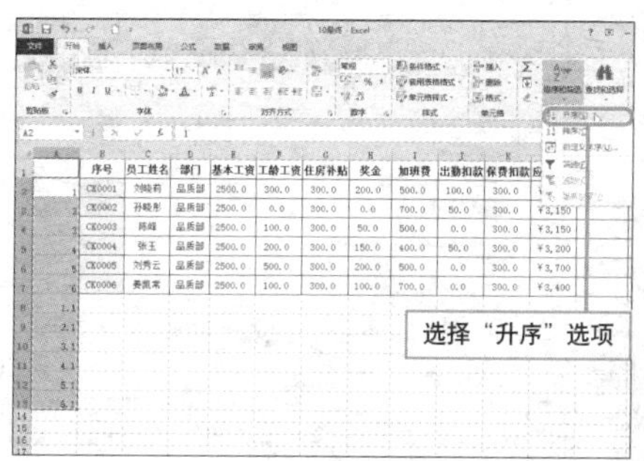

3 弹出“排序提醒”对话框，选中“扩展选定区域”单选按钮，然后单击“排序”按钮即可。

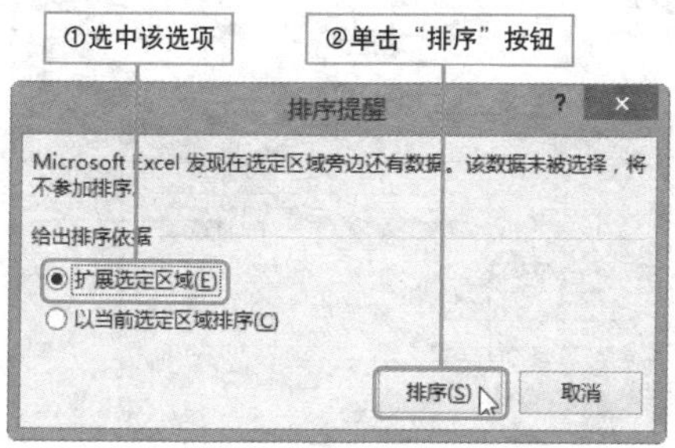

4 单击A列列标，通过右键快捷菜单删除A列。然后对表格边框进行简单设置，即可完成隔行插入的操作。

	A	B	C	D	E	F	G	H	I
1	序号	员工姓名	部门	基本工资	工龄工资	住房补贴	奖金	加班费	出勤扣款
2	CK0001	刘晓莉	品质部	2500.0	300.0	300.0	200.0	500.0	100.0
3									
4	CK0002	孙晓彤	品质部	2500.0	0.0	300.0	0.0	700.0	50.0
5									
6	CK0003	陈峰	品质部	2500.0	100.0	300.0	50.0	500.0	0.0
7									
8	CK0004	张王	品质部	2500.0	200.0	300.0	150.0	400.0	50.0
9									
10	CK0005	刘秀云	品质部	2500.0	500.0	300.0	200.0	500.0	0.0
11									
12	CK0006	姜凯常	品质部	2500.0	100.0	300.0	100.0	700.0	0.0

Question 250

行列的快速删除有妙招

● Level ◆◆◇

2010 2007

实例 行 / 列的删除

前面介绍了多种方法插入行 / 列的操作，但是，对于一些不再需要的行 / 列，为了不影响表格的准确性和美观性，应及时将其删除，下面对行与列的删除操作进行介绍。

1 **单元格删除法。**选中要删除行中的任一单元格。单击鼠标右键，从快捷菜单中选择“删除”命令。

右击，选择“删除”命令

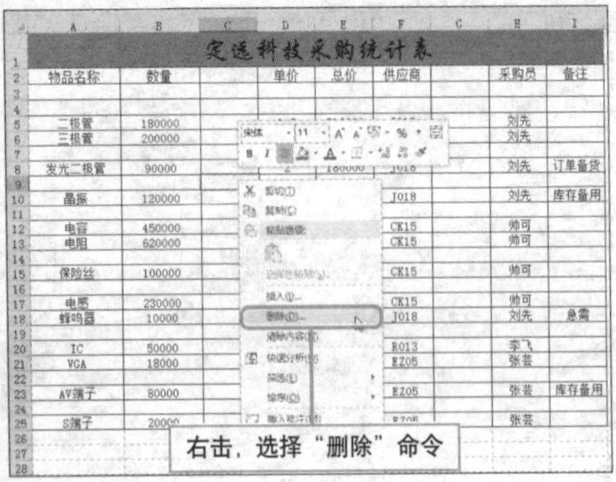

2 弹出“删除”对话框，单击“整行”单选按钮，然后单击“确定”按钮即可删除单元格所在的行。

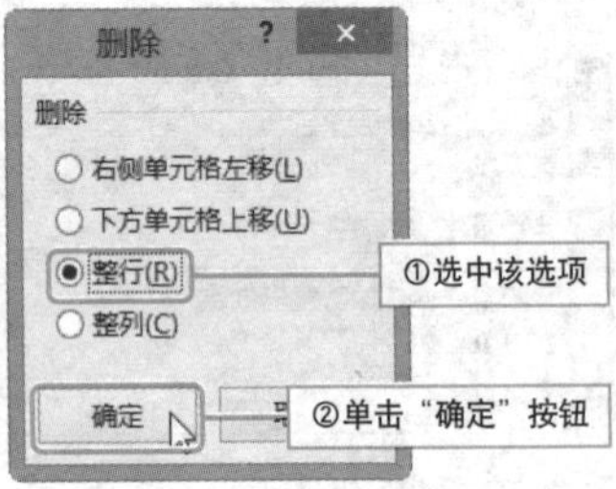

①选中该选项

②单击“确定”按钮

3 **右键删除法。**选择要删除的行，单击鼠标右键，从弹出的快捷菜单中选择“删除”命令即可。

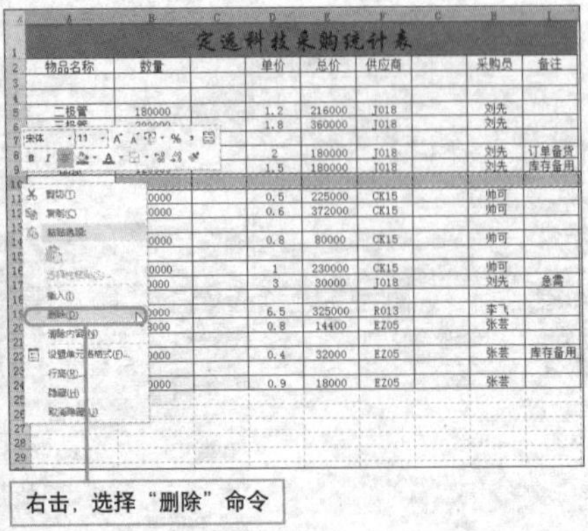

右击，选择“删除”命令

4 **功能区按钮删除法。**选择要删除的行，切换至“开始”选项卡，单击“删除”按钮即可。

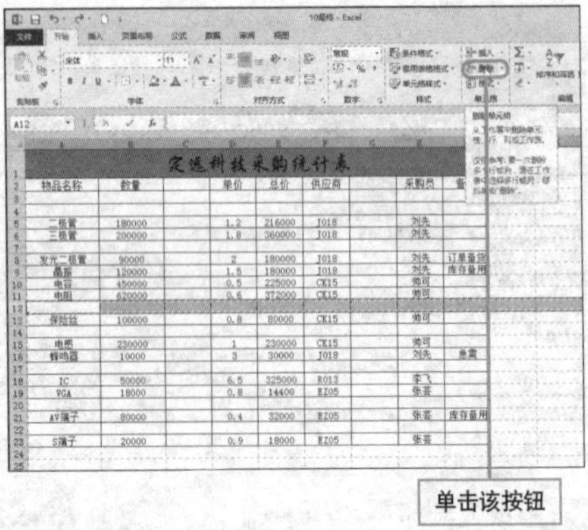

单击该按钮

Question

251 瞬间消灭表格内所有空行

实例 一次性删除表格内所有空行

● Level ◆◆◆

2013 2010 2007

在一个工作表中，若存在很多空行，为了使工作表简单易懂、美观大方，可以将其删除。那么如何才能瞬间删除这些空行呢？下面介绍具体操作步骤。

1 **排序筛选法。**选择数据区域，单击“排序和筛选”按钮，从下拉列表中选择“升序”选项。

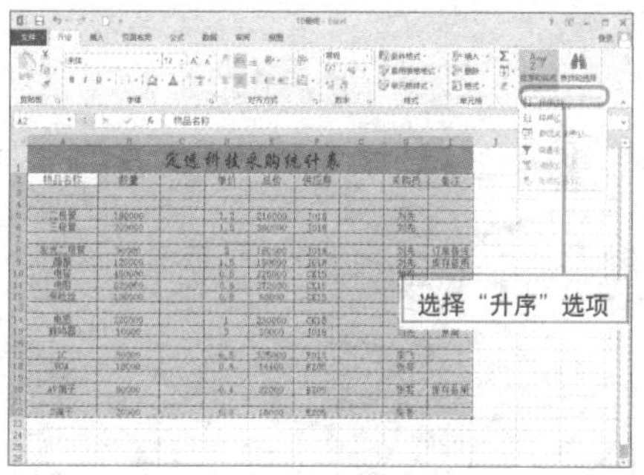

2 随后所有空行会集中出现，选择所有空行，将其删除即可。

定远科技采购统计表								
AV端子	80000		0.4	32000	EZ05		张芸	库存备用
IC	50000		6.5	325000	R013		李飞	
S端子	20000		0.9	18000	EZ05		张芸	
VGA	18000		0.8	14400	EZ05		张芸	
保险丝	100000		0.8	80000	CK15		帅可	
电感	230000		1	230000	CK15		帅可	
电容	450000		0.5	225000	CK15		帅可	
电阻	620000		0.6	372000	CK15		帅可	
二极管	180000		1.2	216000	J018		刘先	
发光二极管	90000		2	180000	J018		刘先	订单备货
蜂鸣器	10000		3	30000	J018		刘先	急需
晶振	120000		1.5	180000	J018		刘先	库存备用
三极管	200000		1.8	360000	J018		刘先	
物品名称	数量		单价	总价	供应商		采购员	备注

3 **数据筛选法。**选定数据区域，单击“排序和筛选”按钮，选择“升序”选项。在任意列的筛选条件列表中只勾选“空白”复选框，单击“确定”按钮。

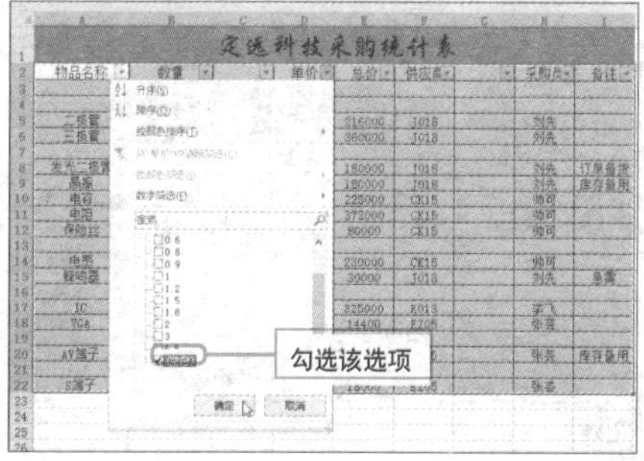

4 将筛选出所有空行，空行行号显示为蓝色，选中所有空行，执行删除操作。然后单击列筛选下三角按钮，从下拉列表中勾选“全选”复选框即可显示工作表。

定远科技采购统计表								
物品名称	数量		单价	总价	供应商		采购员	备注

Question 252

● Level ◆◆◆

2013 2010 2007

数据行 / 列巧插队

实例　工作表数据行次序的更改

完成表格的制作后，如果发现工作表中数据行 / 列的排列不合理，用户可以对行 / 列的排列顺序进行调整。下面介绍两种比较便捷的操作方法。

1 **鼠标拖动法。**选择需要调整顺序的C3:C12单元格区域，将鼠标光标置于右侧边框处，当鼠标光标变为⁜样式时，按住Shift键的同时将其拖至合适位置即可。

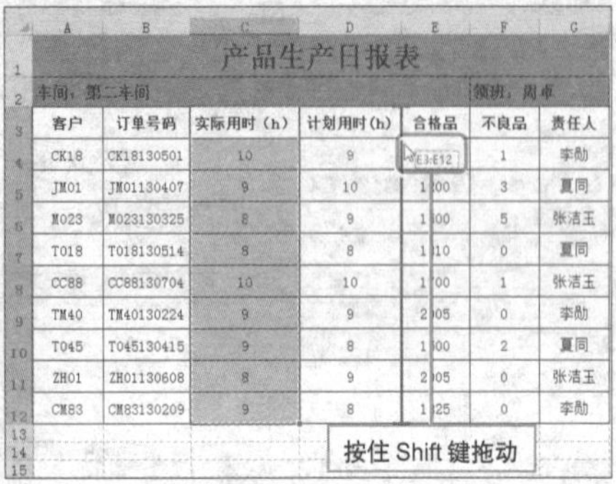

产品生产日报表

车间：第二车间　　领班：周卓

客户	订单号码	实际用时（h）	计划用时(h)	合格品	不良品	责任人
CK18	CK18130501	10	9	1001	1	李勋
JM01	JM01130407	9	10	1200	3	夏同
M023	M023130325	8	9	1500	5	张洁玉
T018	T018130514	8	8	1810	0	夏同
CC88	CC88130704	10	10	1700	1	张洁玉
TM40	TM40130224	9	9	2005	0	李勋
T045	T045130415	9	8	1500	2	夏同
ZH01	ZH01130608	8	9	2005	0	张洁玉
CM83	CM83130209	9	8	1825	0	李勋

按住 Shift 键拖动

2 **剪切插入法。**选择需要调整顺序的C3:C12单元格区域，然后按下Ctrl + X组合键剪切该区域。

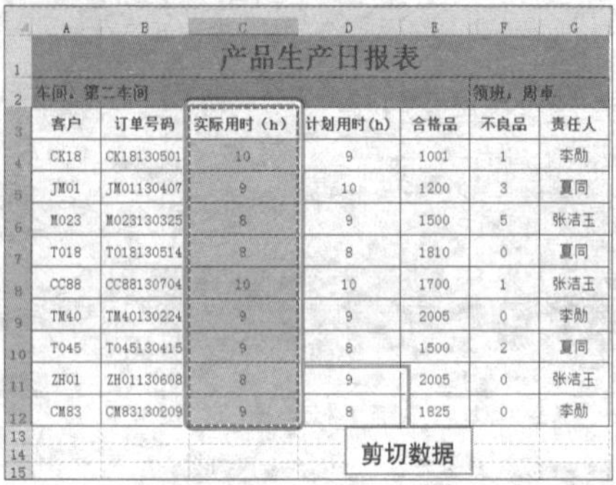

剪切数据

3 选择目标列后单击鼠标右键，从弹出的快捷菜单中选择“插入剪切的单元格”命令即可。

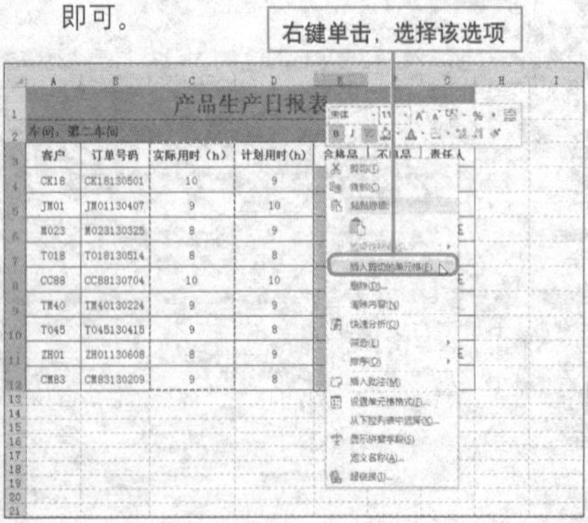

右键单击，选择该选项

4 无论采用那种操作，均可看到数据列的顺序已经发生变化，如果仍需要调整，重复操作即可。

产品生产日报表

车间：第二车间　　领班：周卓

客户	订单号码	计划用时(h)	实际用时（h）	合格品	不良品	责任人
CK18	CK18130501	9	10	1001	1	李勋
JM01	JM01130407	10	9	1200	3	夏同
M023	M023130325	9	8	1500	5	张洁玉
T018	T018130514	8	8	1810	0	夏同
CC88	CC88130704	10	10	1700	1	张洁玉
TM40	TM40130224	9	9	2005	0	李勋
T045	T045130415	8	9	1500	2	夏同
ZH01	ZH01130608	9	8	2005	0	张洁玉
CM83	CM83130209	8	9	1825	0	李勋

Question
253 行列也玩捉迷藏

● Level ◆◆◆

2013 2010 2007

实例 隐藏工作表中的行 / 列

对于一些不想展示给其他人的数据行或数据列，用户可以将其隐藏起来。当需要编辑时，再将其显示即可。工作表中行 / 列隐藏操作介绍如下。

① **功能区按钮隐藏法。**选择需要隐藏的行，单击“格式”按钮，从下拉菜单中选择“隐藏和取消隐藏>隐藏行”命令。

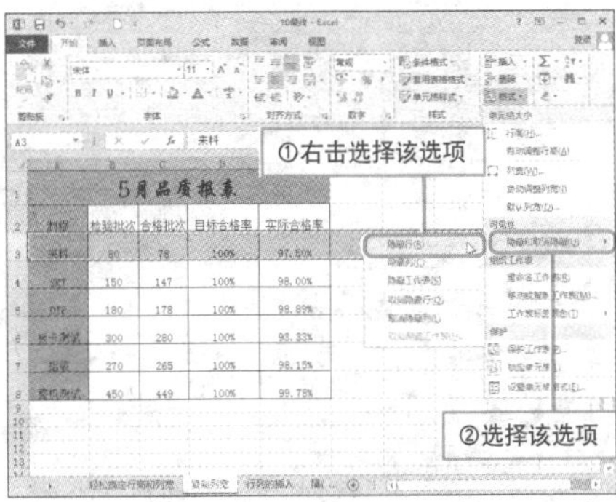

② **右键菜单隐藏法。**选择需要隐藏的行，单击鼠标右键，从快捷菜单中选择“隐藏”命令即可。隐藏列操作与隐藏行相同。

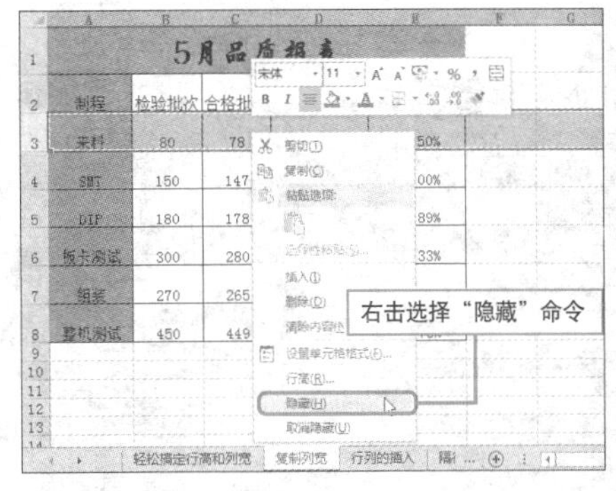

③ **一次性隐藏多行或多列。**只需选中多行或多列，执行隐藏操作即可。执行隐藏操作后，观察行号或列号可以发现隐藏的行数或列数。

	A	B	C	D	E
1	5月品质报表				
3	来料	80	78	100%	97.50%
4	SMT	150	147	100%	98.00%
6	板卡测试	300	280	100%	93.33%
8	整机测试	450	449	100%	99.78%
9					
10					
11					
12					
13					
14					
15					

Hint

显示隐藏的行或列

选中隐藏行并单击鼠标右键，从右键菜单中选择“取消隐藏”命令即可。取消列的隐藏操作与之相同，读者可以自行体验。

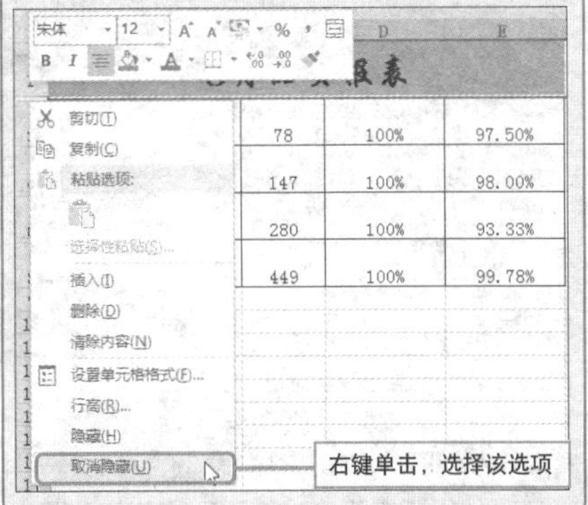

文本内容巧换行

实例 单元格内文本的自动换行

在单元格内输入大量的文字信息会导致表格凌乱，影响视觉效果。这时，用户可以通过设置使表格内的文本自动换行，下面将对这一操作进行介绍。

1 选择单元格区域，单击“开始”选项卡上“对齐方式”组的对话框启动器。

单击该按钮

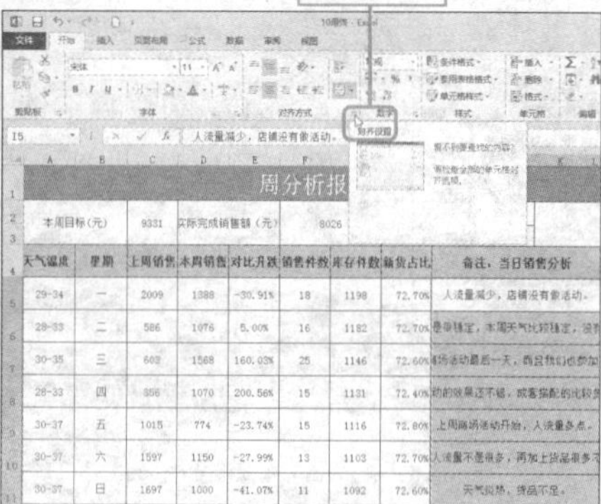

2 弹出“设置单元格格式”对话框，切换至“对齐”选项卡，从中勾选“自动换行”复选框。

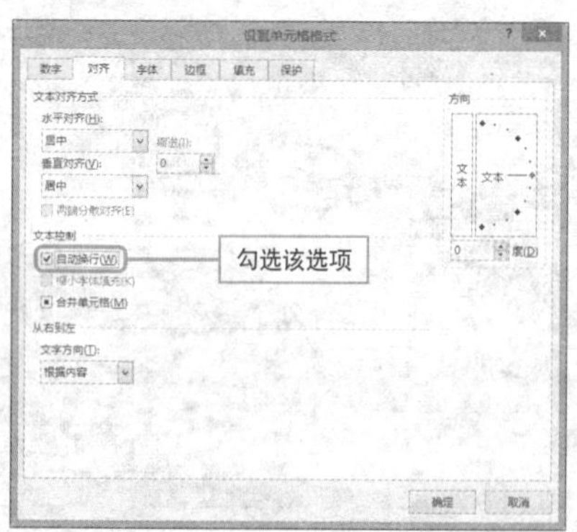

3 单击“确定”按钮，关闭对话框，随后即可看到所选区域中的文本已经自动换行。

周分析报表							
9331	实际完成销售额（元）	8026		目标达成率		86.01%	
				下周计划目标（元）		9317	
上周销售	本周销售	对比升跌	销售件数	库存件数	新货占比	备注：当日销售分析	
2009	1388	-30.91%	18	1198	72.70%	人流量减少，店铺没有做活动。	
586	1076	5.00%	16	1182	72.70%	上周天气不是很稳定，本周天气比较稳定，没有下雨天气。	
603	1568	160.03%	25	1146	72.60%	30号是商场活动最后一天，而且我们也参加了活动。	
356	1070	200.56%	15	1131	72.40%	活动的效果还不错，成套搭配的比较多。	
1015	774	-23.74%	15	1116	72.80%	上周商场活动开始，人流量多点。	
1597	1150	-27.99%	13	1103	72.70%	天气比较炎热，人流量不是很多，再加上货品很多不是齐色齐码了。	
1697	1000	-41.07%	11	1092	72.60%	天气炎热，货品不足。	
7863	8026	2.07%				新货到货件数	0

Hint

手动强制换行

在需要换行的位置按 Alt+Enter 组合键即可。手动换行不受列宽的影响，可以在任意位置换行。以下为手动换行与自动换行的对比。

上周天气不是很稳定，本周天气比较稳定，没有下雨天气。
30号是商场活动最后一天，而且我们也参加了活动。

上周天气不是很稳定， 本周天气比较稳定，没有下雨天气。
30号是商场活动最后一天， 而且我们也参加了活动。

Question 255

巧妙绘制表头斜线

Level ◆◆◇

2013 2010 2007

实例 表头斜线的绘制

在制作表格的过程中，为了表示行列数据，经常需要为表头绘制斜线，下面介绍具体操作步骤。

❶ 选择需绘制斜线的单元格，单击鼠标右键，从弹出的快捷菜单中选择“设置单元格格式”命令。或者在选中单元格后，按Ctrl + 1组合键。

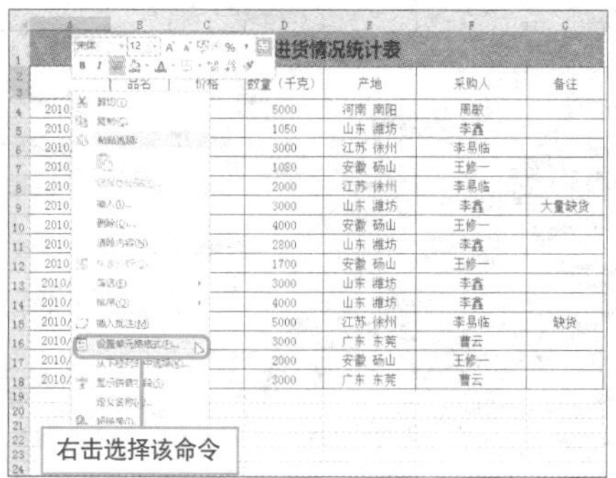

❷ 打开“设置单元格格式”对话框，切换至“边框”选项卡，单击右下角的斜线按钮。

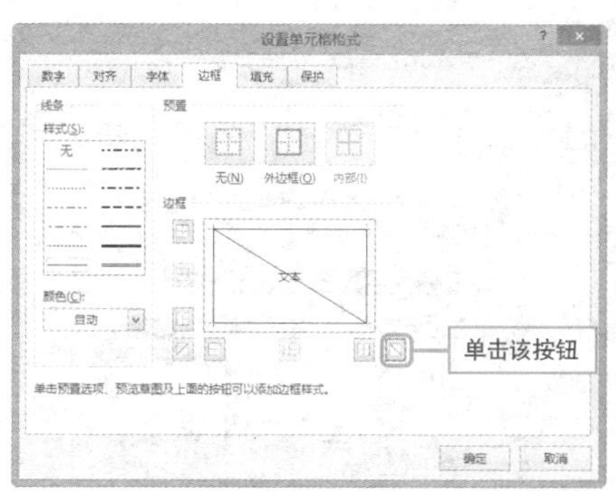

❸ 设置完成后，单击“确定”按钮，关闭对话框。返回工作表，查看绘制的斜线效果。

每日进货情况统计表

	品名	价格	数量（千克）	产地	采购人	备注
2010/4/1	土鸡蛋	9	5000	河南 南阳	周敏	
2010/4/2	生菜	4	1050	山东 潍坊	李鑫	
2010/4/3	芹菜	3	3000	江苏 徐州	李易临	
2010/4/4	菠菜	2	1080	安徽 砀山	王修一	
2010/4/5	花菜	4	2000	江苏 徐州	李易临	
2010/4/6	西红柿	5	3000	山东 潍坊	李鑫	大量缺货
2010/4/7	黄瓜	3	4000	安徽 砀山	王修一	
2010/4/8	豆角	4	2800	山东 潍坊	李鑫	
2010/4/9	四季豆	5	1700	安徽 砀山	王修一	
2010/4/10	青椒	4	3000	山东 潍坊	李鑫	
2010/4/11	茄子	3	4000	山东 潍坊	李鑫	
2010/4/12	西葫芦	3	5000	江苏 徐州	李易临	缺货
2010/4/13	丝瓜	4	3000	广东 东莞	曹云	
2010/4/14	苦瓜	5	2000	安徽 砀山	王修一	
2010/4/15	冬瓜	2	3000	广东 东莞	曹云	

Hint

怎样为多个单元格绘制斜线？

在制表时，有时为了标识表中的多个单元格为无效单元格，则需为其添加斜线。其实道理是相同的。

同时选中需添加斜线的多个单元格，然后通过按Ctrl + 1组合键或通过右键快捷菜单命令，打开“设置单元格格式”对话框，在“边框”选项卡中进行设置，设置完成后单击“确定”按钮即可。

在有斜线的单元格内输入文字

实例 在绘制有斜线的单元格内输入对应的文字

在表头绘制出斜线后，怎样输入文字为标题行与标题列命名呢？通过设置单元格格式和强制换行的方法都可以实现，下面对其进行介绍。

1 **手动强制换行法。** 将鼠标光标定位到需要上下分开的文字中间，按Alt + Enter键手动换行，然后在上方文字前键入空格，调整位置即可。

项目日期	品名	价格
2010/4/1	土鸡蛋	9
2010/4/2	生菜	4
2010/4/3	芹菜	3
2010/4/4	菠菜	2
2010/4/5	花菜	4

2 **设置单元格格式法。** 选择上方文字，按Ctrl+1组合键，在打开的“设置单元格格式”对话框中勾选“上标”复选框，用同样的方法设置下方文字为下标格式。

勾选该选项

3 设置完成后，单击“确定”按钮，关闭对话框，返回工作表，查看设置效果并进行适当调整。

每日进货情况统计表

项目 / 日期	品名	价格	数量（千克）	产地	采购人	备注
2010/4/1	土鸡蛋	9	5000	河南 南阳	周敏	
2010/4/2	生菜	4	1050	山东 潍坊	李鑫	
2010/4/3	芹菜	3	3000	江苏 徐州	李易临	
2010/4/4	菠菜	2	1080	安徽 砀山	王修一	
2010/4/5	花菜	4	2000	江苏 徐州	李易临	
2010/4/6	西红柿	5	3000	山东 潍坊	李鑫	大量缺货
2010/4/7	黄瓜	3	4000	安徽 砀山	王修一	
2010/4/8	豆角	4	2800	山东 潍坊	李鑫	
2010/4/9	四季豆	5	1700	安徽 砀山	王修一	
2010/4/10	青椒	4	3000	山东 潍坊	李鑫	
2010/4/11	茄子	3	4000	山东 潍坊	李鑫	
2010/4/12	西葫芦	3	5000	江苏 徐州	李易临	缺货
2010/4/13	丝瓜	4	3000	广东 东莞	曹云	
2010/4/14	苦瓜	5	2000	安徽 砀山	王修一	
2010/4/15	冬瓜	2	3000	广东 东莞	曹云	

Hint

在斜线内键入文字时注意事项

在含有斜线的单元格中输入文字后，如果既不调整行高或列宽，而且不用空格调整文字位置，输入后的效果会很差。虽然通过设置文字被分为上下方文字，但它们还是一个整体，同样可以执行对齐等单元格应有操作。

每日进货情况统计表

项目 / 日期	品名	价格	数量（千克）	产地	采购人
2010/4/1	土鸡蛋	9	5000	河南 南阳	周敏
2010/4/2	生菜	4	1050	山东 潍坊	李鑫
2010/4/3	芹菜	3	3000	江苏 徐州	李易临
2010/4/4	菠菜	2	1080	安徽 砀山	王修一
2010/4/5	花菜	4	2000	江苏 徐州	李易临
2010/4/6	西红柿	5	3000	山东 潍坊	李鑫
2010/4/7	黄瓜	3	4000	安徽 砀山	王修一
2010/4/8	豆角	4	2800	山东 潍坊	李鑫

快速填充所有空白单元格

实例 为所有空白单元格填充数据

制作表格时，经常需要在单元格中填充大量相同的数据，这时，可以先将这些单元格留白，然后将该数据快速批量输入到留白的单元格内，下面介绍具体操作步骤。

❶ 选择区域，单击“开始”选项卡中的“查找和替换”按钮，展开其下拉列表。

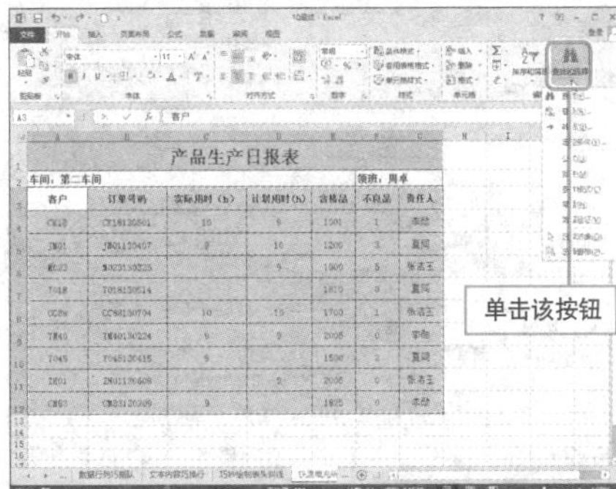

❷ 选择“替换”命令，弹出“查找和替换”对话框，在“替换为”文本框中输入8，单击“全部替换”按钮即可。

输入数值

查找和替换

查找(D) 替换(P)

查找内容(N):

替换为(E): 8

选项(T) >>

全部替换(A) 替换(R) 查找全部(I) 查找下一个(F) 关闭

❸ 或者选择“定位条件”命令，打开“定位条件”对话框，选中“空值”单选按钮并单击“确定”按钮。

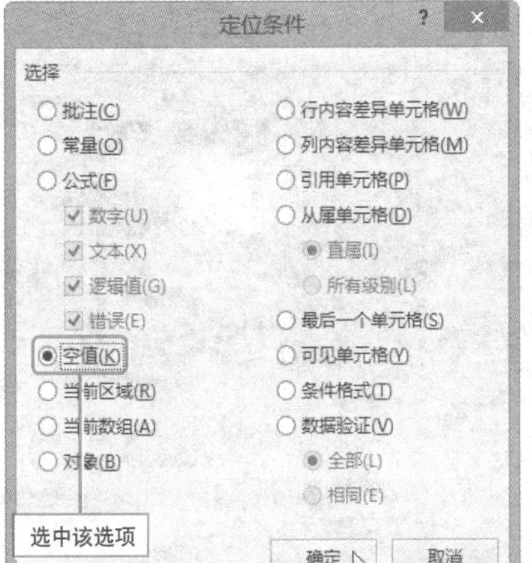

❹ 返回到工作表，输入8后按下Ctrl + Enter组合键即可完成填充操作。

产品生产日报表

车间：第二车间　　领班：周卓

客户	订单号码	实际用时（h）	计划用时(h)	合格品	不良品	责任人
CK18	CK18130501	10	9	1001	1	李勋
JM01	JM01130407	9	10	1200	3	夏同
M023	M023130325	8	9	1500	5	张洁玉
T018	T018130514	8	8	1810	0	夏同
CC88	CC88130704	10	10	1700	1	张洁玉
TM40	TM40130224	9	9	2005	0	李勋
T045	T045130415	9	8	1500	2	夏同
ZH01	ZH01130608	8	9	2005	0	张洁玉
CM83	CM83130209	9	8	1825	0	李勋

巧妙套用单元格样式

实例 快速套用单元格样式

在实际工作中经常需要为标题、数字、注释等设置特定的单元格样式，以增强其可读性和规范性，以便后期数据处理。用户可以直接使用Excel 中预置的一些样式，以实现单元格格式的快速设置。

① 选择需要改变颜色的单元格区域，单击“开始”选项卡中的“单元格样式”按钮。

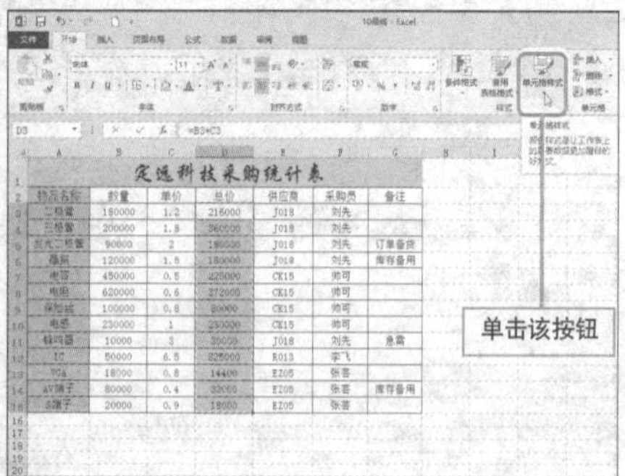

② 展开其下拉列表中，从中选择所需样式即可，这里选择“着色4”样式。

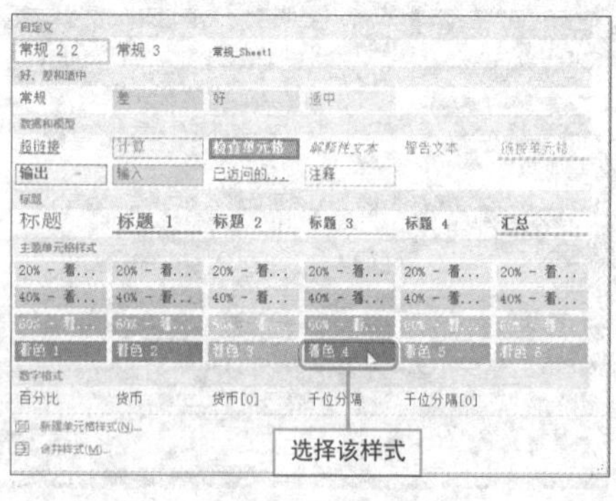

③ 可以看到，工作表内选定区域的单元格已经应用了所选样式。

定远科技采购统计表

物品名称	数量	单价	总价	供应商	采购员	备注
二极管	180000	1.2	216000	J018	刘先	
三极管	200000	1.8	360000	J018	刘先	
发光二极管	90000	2	180000	J018	刘先	订单备货
晶振	120000	1.5	180000	J018	刘先	库存备用
电容	450000	0.5	225000	CK15	帅可	
电阻	620000	0.6	372000	CK15	帅可	
保险丝	100000	0.8	80000	CK15	帅可	
电感	230000	1	230000	CK15	帅可	
蜂鸣器	10000	3	30000	J018	刘先	急需
IC	50000	6.5	325000	R013	李飞	
VGA	18000	0.8	14400	EZ05	张芸	
AV端子	80000	0.4	32000	EZ05	张芸	库存备用
S端子	20000	0.9	18000	EZ05	张芸	

Hint

创建自定义样式

如用户对系统提供的样式不满意，可以根据需要自定义样式。打开“单元格样式”列表，选择“新建单元格样式”选项，打开“样式”对话框，根据需要进行设置即可。

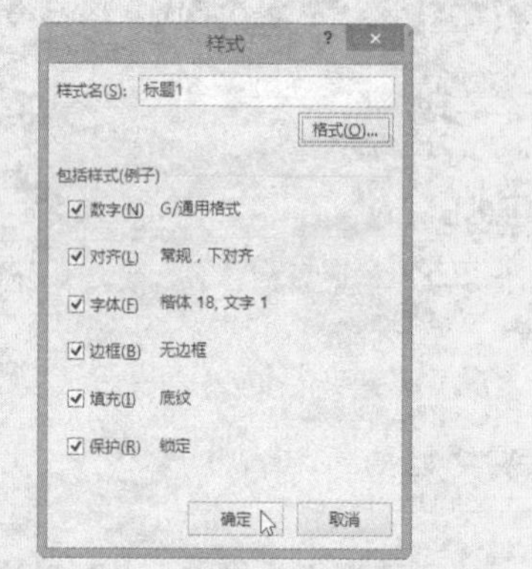

从其他工作簿中提取单元格样式

实例 合并单元格样式

上一技巧介绍了单元格样式的套用及自定义方法，那么，如何将自定义的单元格样式在工作簿之间共享呢？下面介绍具体操作步骤。

1. 打开包含目标单元格样式和需要合并单元格样式的工作簿，单击“单元格样式”按钮，从列表中选择“合并样式”选项。

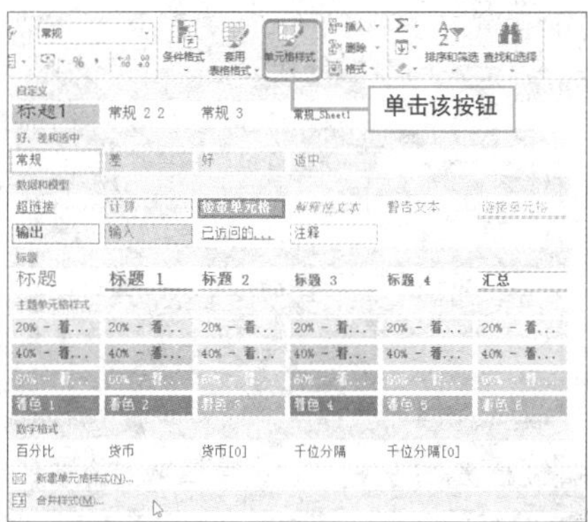

2. 打开“合并样式”对话框，在“合并样式来源”列表框中选择需要合并样式的工作簿，单击“确定”按钮。

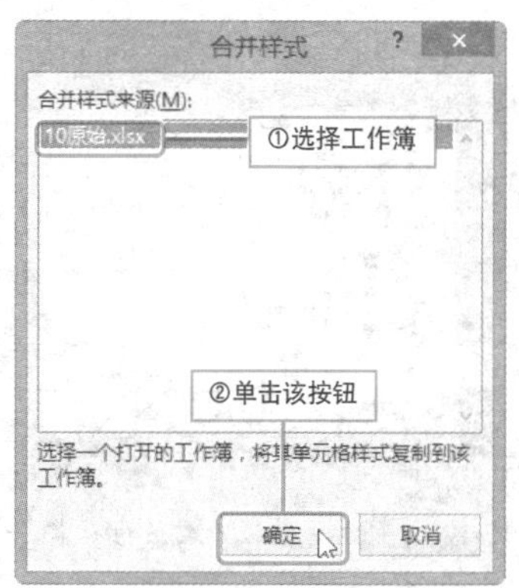

3. 打开单元格样式列表，可以看到之前不存在的单元格样式。

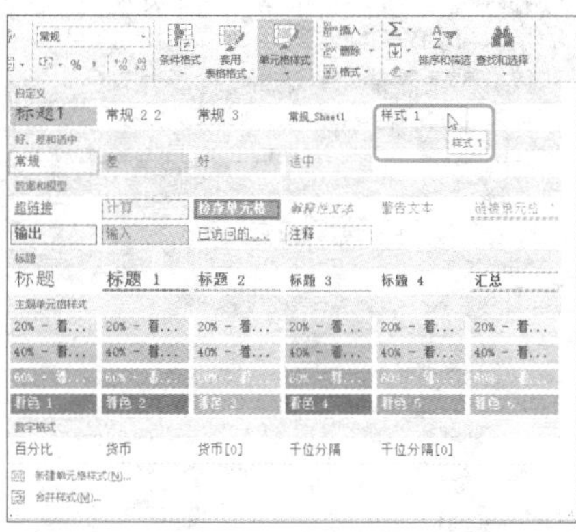

Hint

关于合并单元格样式的说明

由于不同的工作簿之间包含不同的单元格样式，因此为了使工作表协调统一，应用“合并样式”功能是最明智的。

从其他工作簿中提取已经存在的单元格样式，将其复制到当前工作簿中，就可以省去重新定义单元格样式的麻烦，从而轻松实现单元格样式的共享。

快速清除单元格格式

实例 清除表格格式只保留文本内容

为了美化表格，使表格规范化，用户经常使用单元格样式或设置单元格格式使表格变得美观、规范。但是有时只需使用表格内容，而不需要保留格式，这种情况下可对单元格格式进行清除。

1 选择D4:D18单元格区域，单击“开始”选项卡“编辑”面板的“清除”按钮。

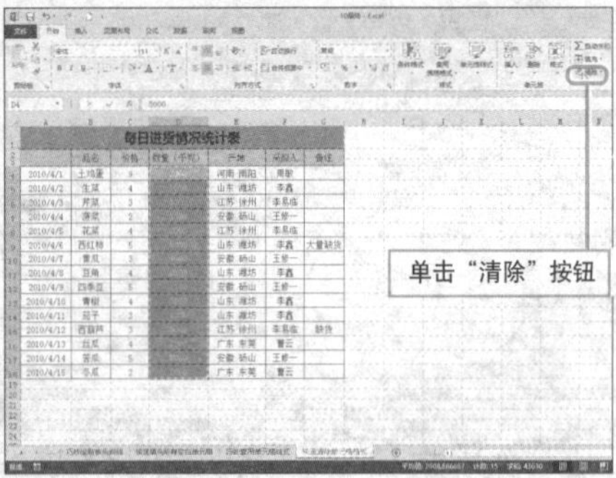

2 展开其下拉列表，从中选择“清除格式”命令。

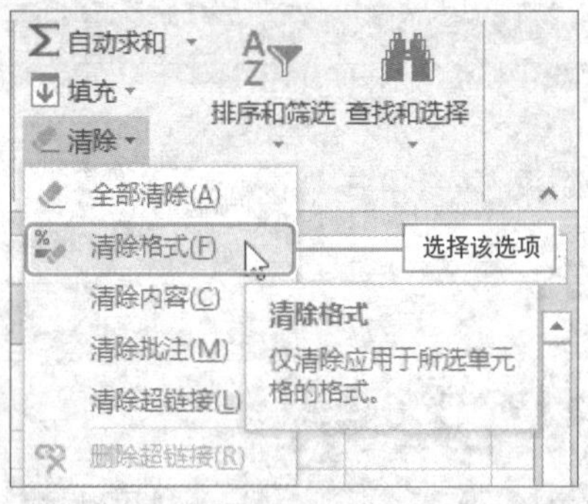

3 随后即可将选中区域单元格的格式清除。

	A	B	C	D	E	F	G
1	每日进货情况统计表						
2-3		品名	价格	数量（千克）	产地	采购人	备注
4	2010/4/1	土鸡蛋	9	5000	河南 南阳	周敏	
5	2010/4/2	生菜	4	1050	山东 潍坊	李鑫	
6	2010/4/3	芹菜	3	3000	江苏 徐州	李易临	
7	2010/4/4	菠菜	2	1080	安徽 砀山	王修一	
8	2010/4/5	花菜	4	2000	江苏 徐州	李易临	
9	2010/4/6	西红柿	5	3000	山东 潍坊	李鑫	大量缺货
10	2010/4/7	黄瓜	3	4000	安徽 砀山	王修一	
11	2010/4/8	豆角	4	2800	山东 潍坊	李鑫	
12	2010/4/9	四季豆	5	1700	安徽 砀山	王修一	
13	2010/4/10	青椒	4	3000	山东 潍坊	李鑫	
14	2010/4/11	茄子	3	4000	山东 潍坊	李鑫	
15	2010/4/12	西葫芦	3	5000	江苏 徐州	李易临	缺货
16	2010/4/13	丝瓜	4	3000	广东 东莞	曹云	
17	2010/4/14	苦瓜	5	2000	安徽 砀山	王修一	
18	2010/4/15	冬瓜	2	3000	广东 东莞	曹云	

Hint

清除格式可以清除哪些内容？

清除格式后，选中区域表格的边框、字体的设置、文本的对齐方式、货币符号的显示、单元格对齐方式等都会被清除。即清除完成后只保留表格中的内容。

所以，当清除操作完成后，需要对表格进行简单设置，以保持整个表格的一致性。

快速合并单元格

实例 单元格的合并

在制作工作表的过程中，输入工作表标题、项目总汇名称时，为了可以很好地显示其包含的内容，通常需要将其所属的单元格合并后再进行输入，下面将介绍如何合并单元格。

1 **功能区按钮法。**选择需要合并的单元格区域，单击“开始”选项卡中的“合并后居中”右侧下拉按钮，从展开的列表中选择合适的命令即可。

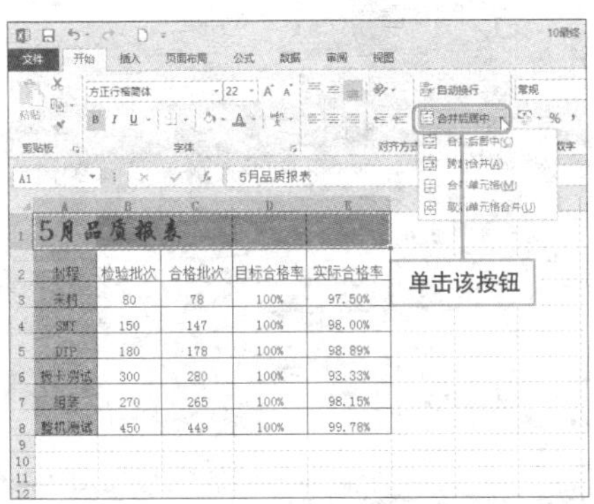

2 **右键快捷菜单法。**选中需合并单元格区域，单击鼠标右键，从弹出的快捷菜单中选择“设置单元格格式”选项。

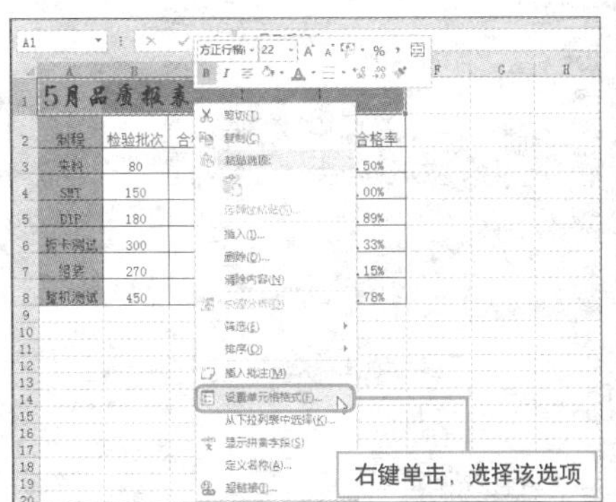

3 打开“设置单元格格式”对话框，在“对齐”选项卡中勾选“合并单元格”复选框，设置水平、垂直对齐。

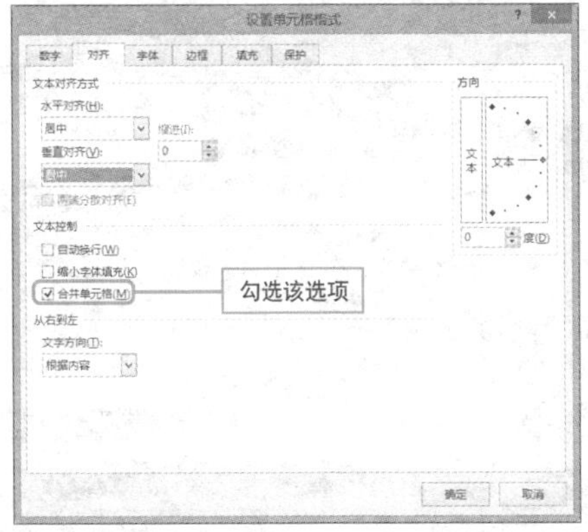

4 设置完成后，单击“确定”按钮，关闭对话框，查看设置效果。

	A	B	C	D	E
1	5月品质报表				
2	制程	检验批次	合格批次	目标合格率	实际合格率
3	来料	80	78	100%	97.50%
4	SMT	150	147	100%	98.00%
5	DIP	180	178	100%	98.89%
6	板卡测试	300	280	100%	93.33%
7	组装	270	265	100%	98.15%
8	整机测试	450	449	100%	99.78%
9					
10					
11					
12					

巧用边框美化表格

实例 设置表格边框

想制作一个漂亮、大方的表格，边框的设计起着画龙点睛的作用，下面就介绍一下如何运用边框来美化表格。

1 选择单元格区域，单击“开始”选项卡上“边框”按钮，选择“线条颜色”选项，从关联菜单中选择合适的颜色。

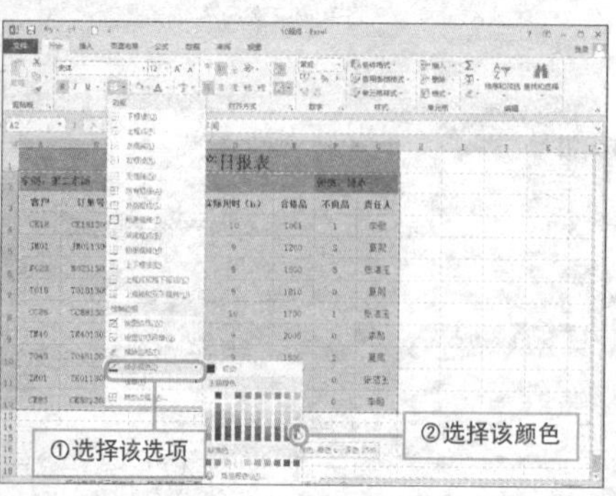

2 再次展开“边框”列表，从中选择“线型”选项，从关联菜单中选择合适的线型。

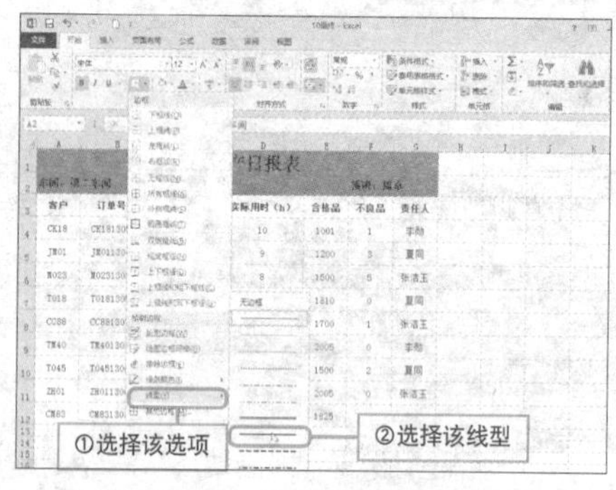

3 打开“边框”列表，选择“所有框线”命令，应用设置效果。

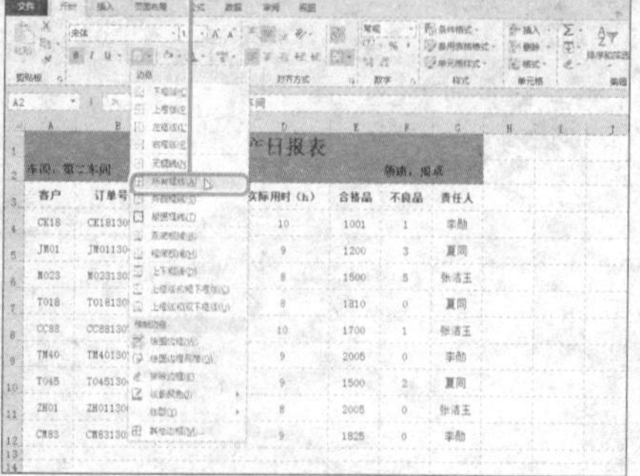

对话框法美化表格边框

选择单元格区域，在键盘上按下Ctrl + 1组合键，打开“设置单元格格式”对话框，切换至“边框”选项卡，从中进行相应设置即可。

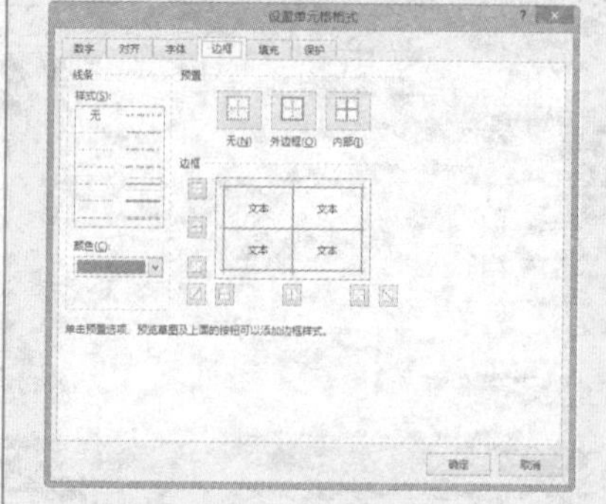

美化工作表背景很简单

实例 为工作表添加一个匹配的背景

如果想让当前操作的工作表更加个性，用户可以为其添加一个漂亮的背景，如新产品的图片、公司的LOGO，亦或是其他自己喜欢的图片。下面介绍具体操作步骤。

1 打开工作表，切换至“页面布局”选项卡，单击“背景”按钮。

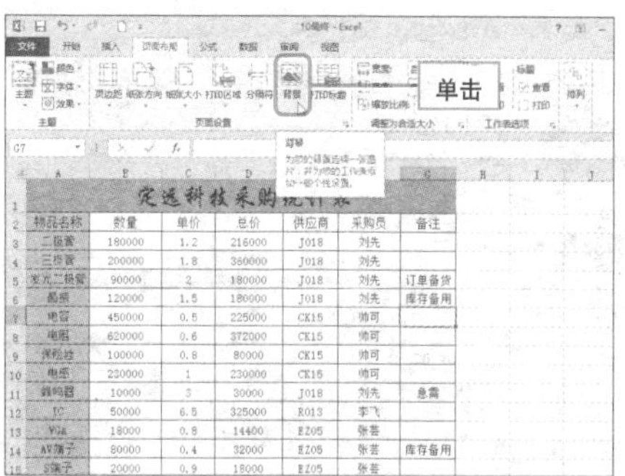

2 打开“插入图片”窗格，单击“来自文件”选项右侧的“浏览”按钮。

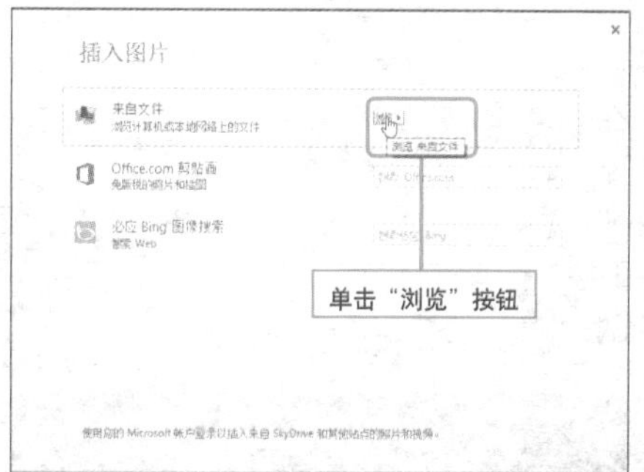

3 打开“工作表背景”对话框，从本地磁盘中查找合适的图片，选中该图片，并单击“插入”按钮即可。

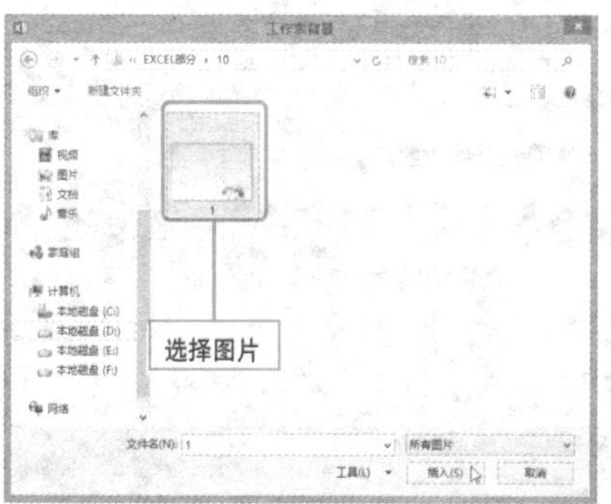

4 可将所选图片作为当前工作表的背景。

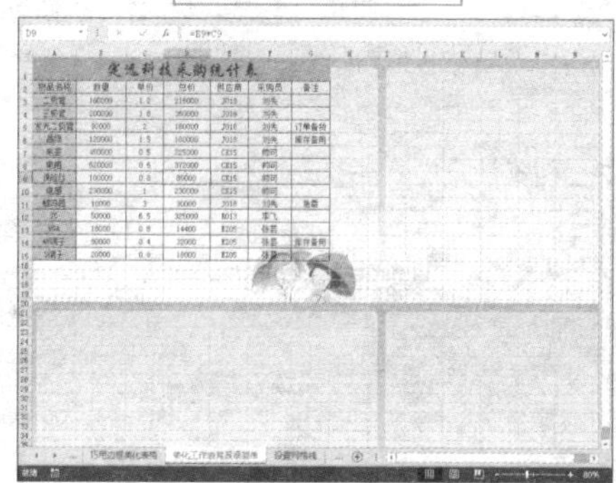

设置网格线，美化工作表

实例 隐藏网格线及改变网格线的颜色

打开一个工作表后，发现网格线的颜色变成了彩色或者看不到网格线了，这是怎样做到的呢？Excel 工作表中的网格线是可以根据用户的需要自由设置的，下面将对这一操作进行介绍。

1 打开“文件”菜单，选择“选项”选项。

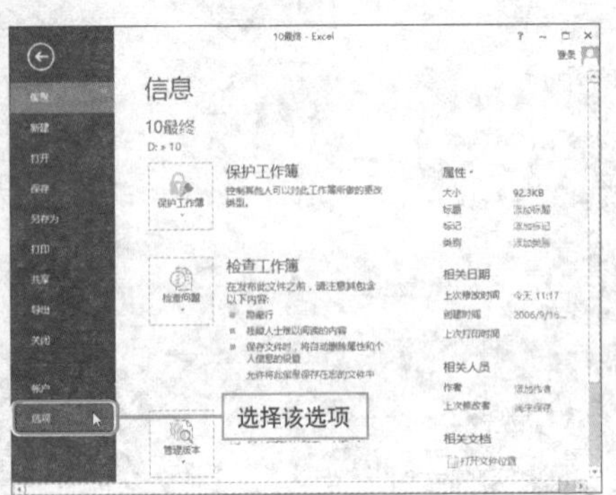

2 **隐藏网格线。**打开“Excel选项”对话框，单击“高级”选项，取消对“显示网格线”复选框的勾选并确定即可。

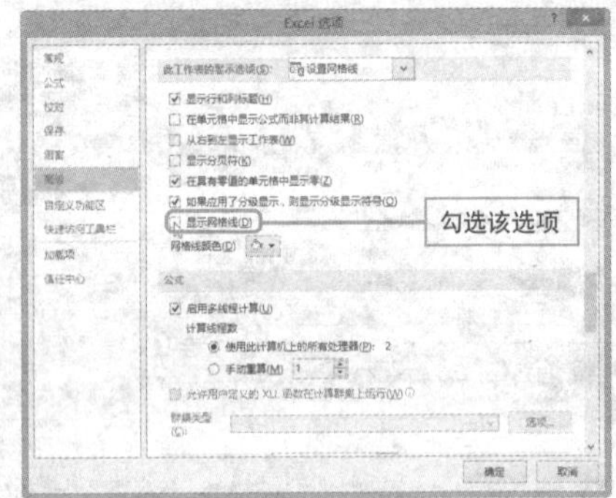

3 **改变网格线颜色。**勾选“显示网格线”复选框，单击“网格线颜色”按钮，从展开的颜色列表中进行选择即可。

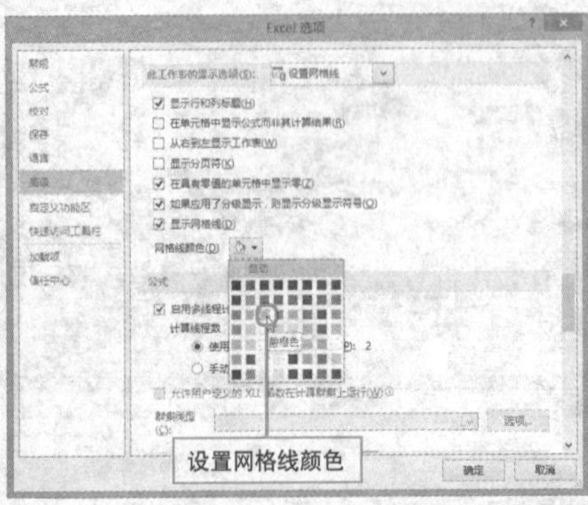

4 设置完成后，单击“确定”按钮，返回工作表，即可看到当前工作表中网格线的颜色已经发生了变化。

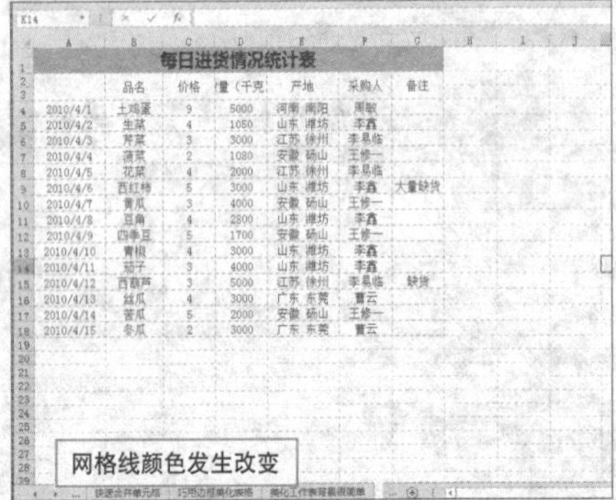

突出显示含有公式的单元格

实例 定位工作表中含有公式的单元格

当工作表中含有大量数据时，为了快速分清哪些数据是包含公式的数据，哪些数据是源数据，用户可以利用定位条件命令将含有公式的单元格全部显示出来。

1 打开工作表，单击“开始”选项卡的“查找和替换”按钮，从下拉列表中选择“定位条件”选项。

2 弹出“定位条件”对话框，选中“格式”单选按钮。

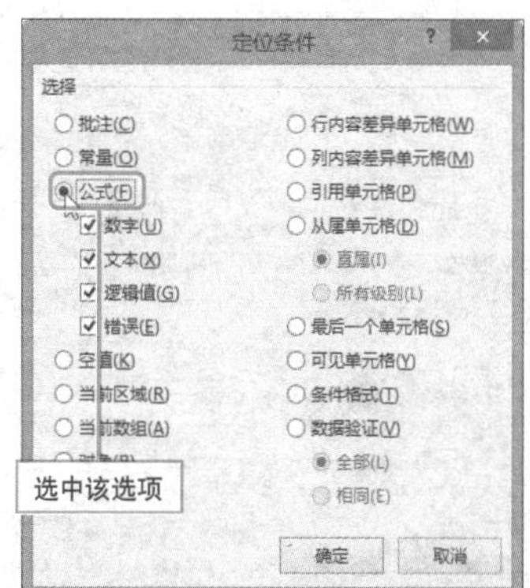

3 设置完成后，单击“确定”按钮，关闭对话框，可以看到工作表中包含公式的单元格程呈选中状态。

周分析报表						
天气温度	星期	上周销售	本周销售	增长比	销售件数	库存件数
29-34	一	2009	1388	-30.91%	18	1198
28-33	二	586	1076	83.62%	16	1182
30-35	三	603	1568	160.03%	25	1146
28-33	四	356	1070	200.56%	15	1131
30-37	五	1015	774	-23.74%	15	1116
30-37	六	1597	1150	-27.99%	13	1103
30-37	日	1697	1000	-41.07%	11	1092
合计		7863	8026	2.07%	113	7968

Hint

“定位条件”对话框各选项含义

“批注”表示带有批注的单元格。

“行内容差异单元格”表示目标区域中每行与其他单元格不同的单元格。

“列内容差异单元格”表示目标区域中每列与其他单元格不同的单元格。

“常量”表示内容为常量的单元格。

“引用单元格”表示选定单元格或单元格区域中公式引用的单元格。

“空值”表示空白单元格。

“条件格式”表示应用了条件格式的单元格。

巧用色阶显示数据大小

实例 根据单元格数值大小标识颜色

用户可以利用色阶标识数值，使含有数值的单元格突出显示，并直观反应单元格中数值的大小变化。下面将对相关的操作进行详细的介绍。

① 打开工作表，选中D4:D18区域，单击“开始”选项卡中的“条件格式”按钮。

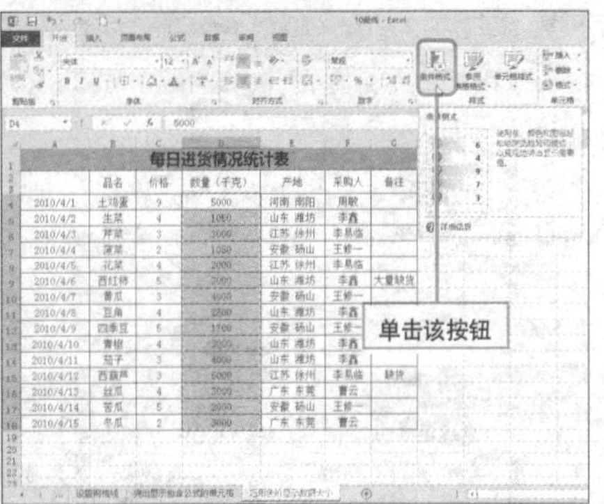

② 从展开的列表中选中“色阶”选项，从展开的关联菜单中选择“绿-白-红色阶”。

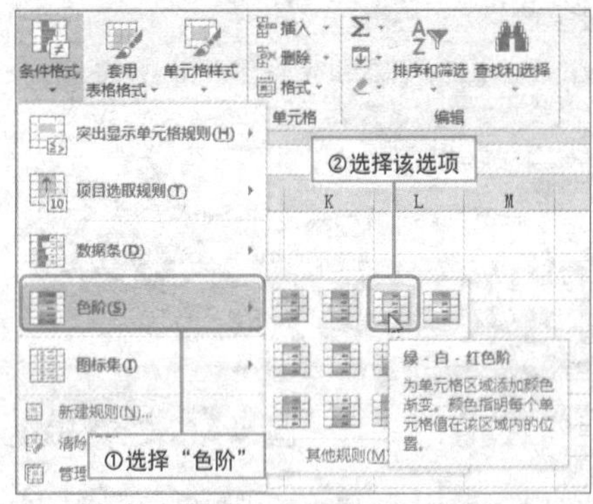

③ 随后即可为所选区域应用选定样式的色阶，若用户对当前样式不满意，可以按照同样的方法进行更改。

	A	B	C	D	E	F	G
1	每日进货情况统计表						
2–3		品名	价格	数量（千克）	产地	采购人	备注
4	2010/4/1	土鸡蛋	9	5000	河南 南阳	周敏	
5	2010/4/2	生菜	4	1050	山东 潍坊	李鑫	
6	2010/4/3	芹菜	3	3000	江苏 徐州	李易临	
7	2010/4/4	菠菜	2	1020	安徽 砀山	王修一	
8	2010/4/5	花菜	4	2000	江苏 徐州	李易临	
9	2010/4/6	西红柿	5	3000	山东 潍坊	李鑫	大量缺货
10	2010/4/7	黄瓜	3	4000	安徽 砀山	王修一	
11	2010/4/8	豆角	4	2800	山东 潍坊	李鑫	
12	2010/4/9	四季豆	5	1700	安徽 砀山	王修一	
13	2010/4/10	青椒	4	3000	山东 潍坊	李鑫	
14	2010/4/11	茄子	3	4000	山东 潍坊	李鑫	
15	2010/4/12	西葫芦	3	5000	江苏 徐州	李易临	缺货
16	2010/4/13	丝瓜	4	3000	广东 东莞	曹云	
17	2010/4/14	苦瓜	5	2000	安徽 砀山	王修一	
18	2010/4/15	冬瓜	2	3000	广东 东莞	曹云	

Hint

关于色阶

色阶是在一个单元格区域中显示双色渐变或三色渐变的单元格颜色底纹，可以表示单元格数值的大小。

从效果图中可以看出，应用了“绿-白-红色阶”后，数值越小的单元格，底色越接近红色；数值中等的单元格，底色越接近白色；数值越大的单元格，底色越接近绿色。

巧用数据条快速区分正负数据

实例 数据条功能的应用

条件格式中的“数据条”功能指利用带有颜色的数据条标识数据大小，并且自动区别正、负数据，从而使有差异的数据更易理解，下面介绍数据条的应用。

1. 选择E3:E10单元格区域。单击“开始”选项卡上的“条件格式”按钮。

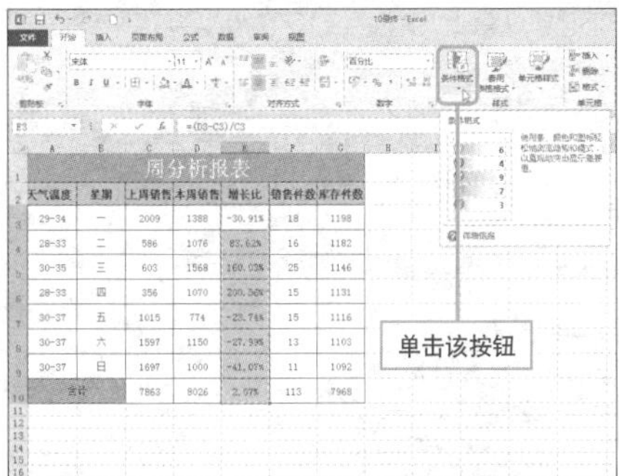

2. 从展开的列表中选择“数据条”选项，从展开的关联菜单中选择“紫色数据条”。

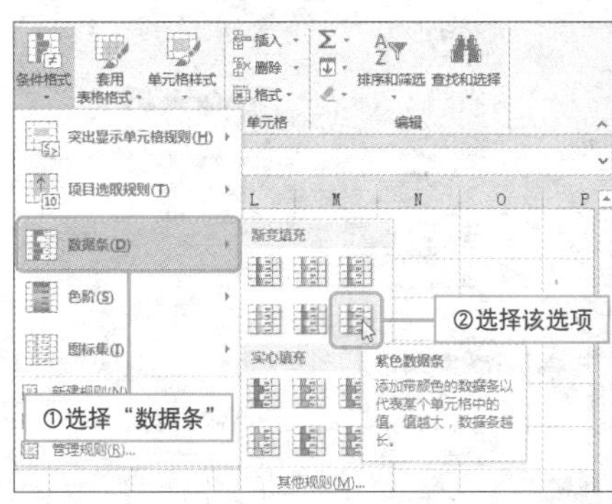

3. 随后即可为所选区域应用选定样式的数据条。若用户对当前样式不满意，则可以按照同样的方法进行更改。

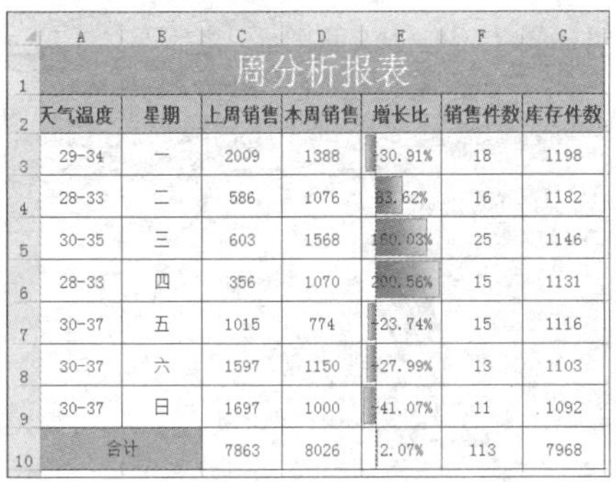

周分析报表						
天气温度	星期	上周销售	本周销售	增长比	销售件数	库存件数
29-34	一	2009	1388	-30.91%	18	1198
28-33	二	586	1076	83.62%	16	1182
30-35	三	603	1568	160.03%	25	1146
28-33	四	356	1070	200.56%	15	1131
30-37	五	1015	774	-23.74%	15	1116
30-37	六	1597	1150	-27.99%	13	1103
30-37	日	1697	1000	-41.07%	11	1092
合计		7863	8026	2.07%	113	7968

Hint

关于数据条

数据条可以将含有数字的单元格显示为某种颜色，不包含数字的单元格不显示颜色。数据条的长度和数值的大小相关，数值越大，数据条越长；数值越小，数据条越短。

当数值为负值时，数据条将反向显示。即负值越小时，数据条反向显示越长。

用户也可以通过设置在单元格只显示数据条而不显示数据。

Question 268

● Level ◆◆◆

2013 2010 2007

形象说明数据大小的图标集

实例 利用图标集辅助显示数据大小

使用图标集功能同样可以生动形象地辅助说明数据的大小，使数据更加清晰易懂，下面将对图标集的应用进行介绍。

1 打开工作表，选择C3:C8单元格区域。单击“开始”选项卡中的“条件格式”按钮。

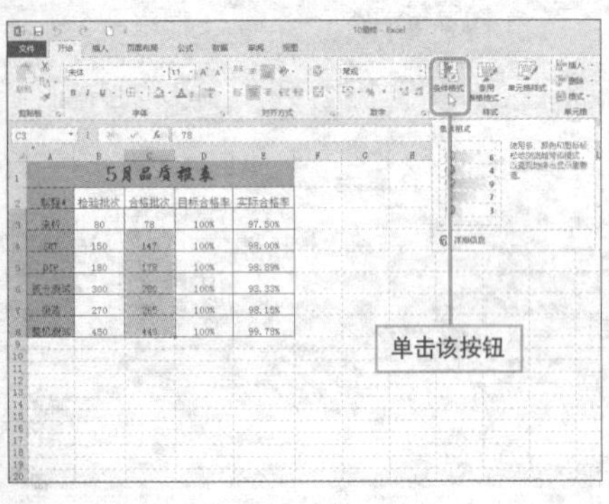

2 从展开的列表中选择“图标集”选项，从关联菜单中选择“四色交通灯”样式。

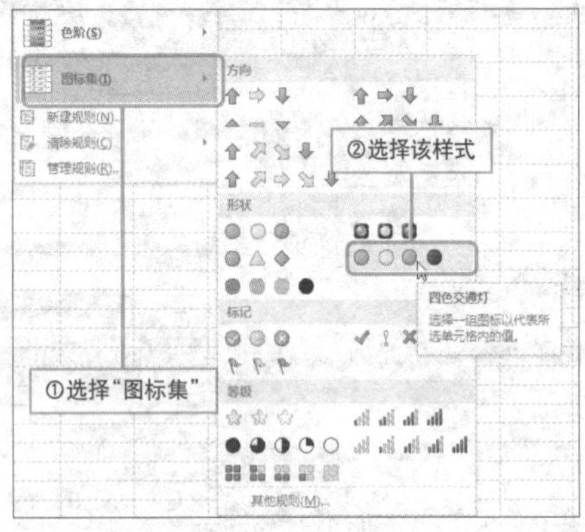

3 随后即可发现已为所选区域应用了选定样式的图标集。

	A	B	C	D	E
1	5月品质报表				
2	制程	检验批次	合格批次	目标合格率	实际合格率
3	来料	80	78	100%	97.50%
4	SMT	150	147	100%	98.00%
5	DIP	180	178	100%	98.89%
6	板卡测试	300	280	100%	93.33%
7	组装	270	265	100%	98.15%
8	整机测试	450	449	100%	99.78%

Hint

关于图标集

单元格区域应用了图标集后，该区域的每个单元格中会显示所应用样式的图标，每个图标代表单元格中值所属的等级。

按需创建条件格式很简单

实例 新建规则的应用

当用户对体统提供给的条件格式不满意时，还可以根据需要为选定的区域自定义规则，下面对其相关操作进行介绍。

❶ 选择B3:B8单元格区域，单击“条件格式”按钮，从展开的列表中选择“新建规则”命令。

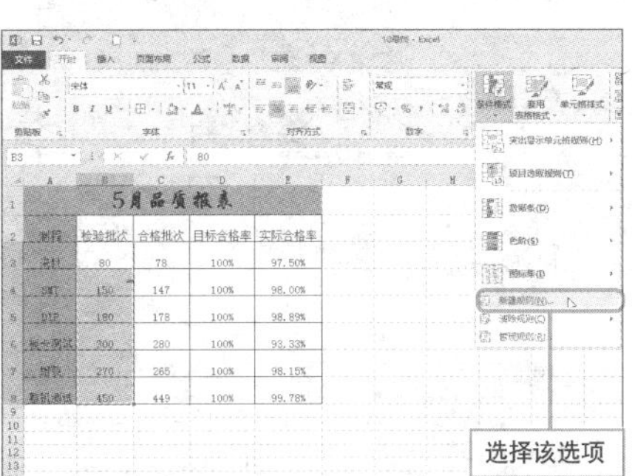

❷ 打开“新建格式规则”对话框，单击“格式样式”下拉按钮，从列表中选择“三色刻度”选项。

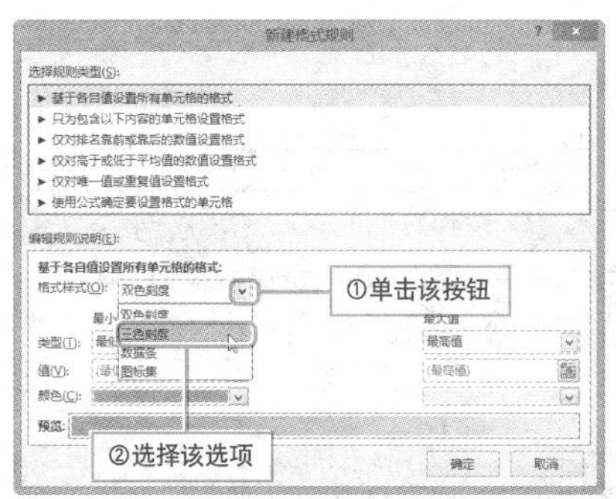

❸ 通过“颜色”选项，依次设置最小值、中间值、最大值的颜色。

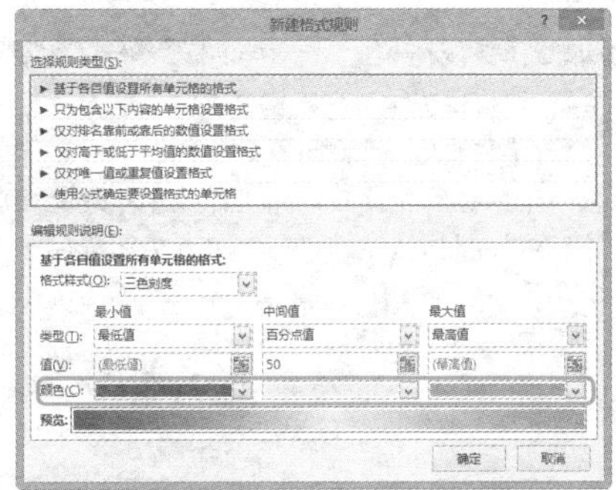

❹ 设置完成后，单击“确定”按钮，关闭对话框，查看自定义条件格式效果。

	A	B	C	D	E
1	5月品质报表				
2	制程	检验批次	合格批次	目标合格率	实际合格率
3	来料	80	78	100%	97.50%
4	SMT	150	147	100%	98.00%
5	DIP	180	178	100%	98.89%
6	板卡测试	300	280	100%	93.33%
7	组装	270	265	100%	98.15%
8	整机测试	450	449	100%	99.78%

Question 270

• Level ◆◆◆

2013 2010 2007

快速选定含有条件格式的单元格

实例 巧用"定位条件"选定应用条件格式的单元格

在实际工作中，用户经常根据需要为单元格设置条件格式、添加批注、设置数据有效性等。如果这些设置了特殊格式的单元格并不是连续的，该如何快速选取这些单元格呢？

❶ 打开工作表，单击"开始"选项卡中的"查找和选择"按钮。

❷ 从下拉列表中选择"条件格式"选项。

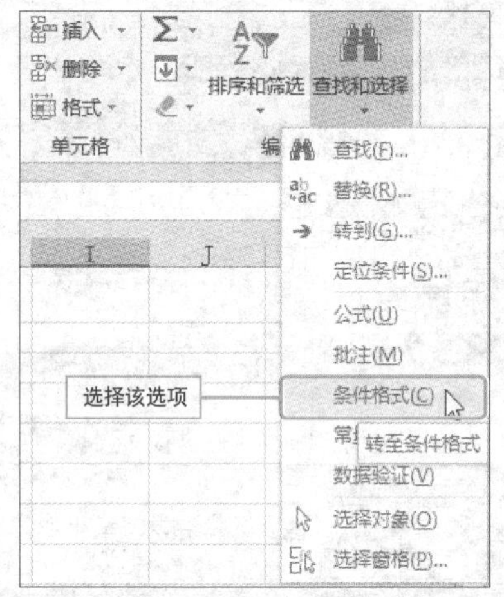

❸ 可以看到工作表中包含条件格式的单元格全部被选中。

	A	B	C	D	E	F	G
1	每日进货情况统计表						
2-3		品名	价格	数量（千克）	产地	采购人	备注
4	2010/4/1	土鸡蛋	9	5000	河南 南阳	周敏	
5	2010/4/2	生菜	4	1550	山东 潍坊	李鑫	
6	2010/4/3	芹菜	3	3000	江苏 徐州	李易临	
7	2010/4/4	菠菜	2	1030	安徽 砀山	王修一	
8	2010/4/5	花菜	4	2000	江苏 徐州	李易临	
9	2010/4/6	西红柿	5	3000	山东 潍坊	李鑫	大量缺货
10	2010/4/7	黄瓜	3	4000	安徽 砀山	王修一	
11	2010/4/8	豆角	4	2800	山东 潍坊	李鑫	
12	2010/4/9	四季豆	5	1700	安徽 砀山	王修一	
13	2010/4/10	青椒	4	3000	山东 潍坊	李鑫	
14	2010/4/11	茄子	3	4000	山东 潍坊	李鑫	
15	2010/4/12	西葫芦	3	5000	江苏 徐州	李易临	缺货
16	2010/4/13	丝瓜	4	3000	广东 东莞	曹云	
17	2010/4/14	苦瓜	5	2000	安徽 砀山	王修一	
18	2010/4/15	冬瓜	2	3000	广东 东莞	曹云	
19							
20							

Hint

如何快速定位到数据区域的第一个单元格和最后一个单元格

在一个数据区域比较大的工作表中，想要快速定位到数据区域的第一个单元格和最后一个单元格，可以通过快捷键来快速实现。

其中按"Ctrl + Home"组合键，可以快速定位至数据区域的第一个单元格；而按"Ctrl + End"组合键，则可快速定位至数据区域的最后一个单元格。

快速设置表格格式

实例 套用表格格式

在 Excel 2013 中，内置了丰富多彩的表格样式，让用户无需详细地对表格进行设计，只需轻松单击几下鼠标即可完成表格格式的设置，下面介绍如何应用表格格式。

❶ 打开工作簿，单击“开始”选项卡上的“套用表格格式”按钮。

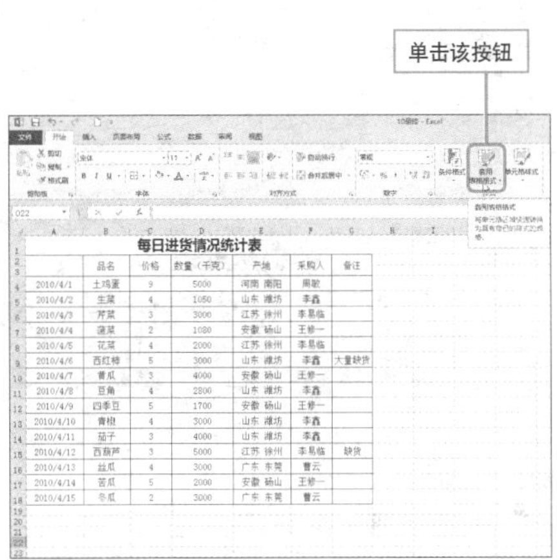

❷ 展开其下拉列表，从列表中选择“表样式浅色9”。

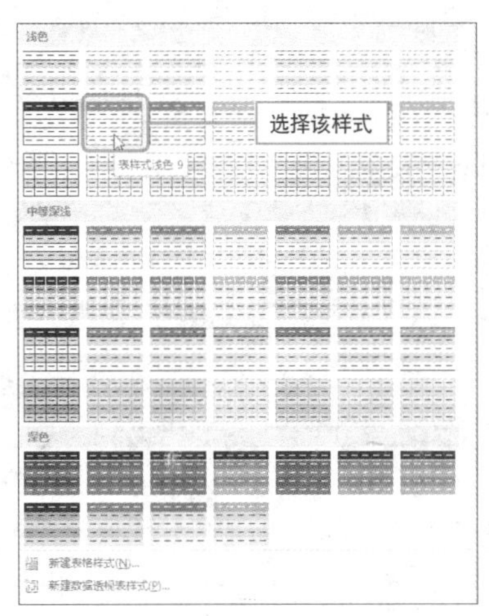

❸ 打开“套用表格式”对话框，先勾选“表包含标题”复选框，接着单击“表数据来源”下方的“范围选取”按钮。

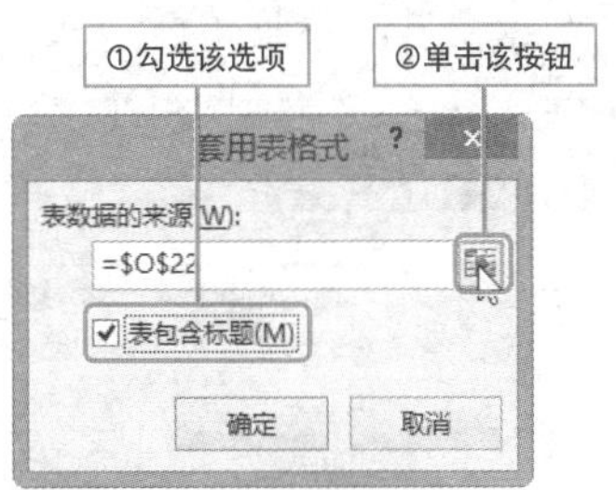

❹ 根据需要选择单元格区域，再次单击“范围选取”按钮，还原对话框，单击“确定”按钮，完成表格格式的套用。

每日进货情况统计表

	品名	价格	数量（千克）	产地	采购人	备注
2010/4/1	土鸡蛋	9	5000	河南 南阳	周敏	
2010/4/2	生菜	4	1050	山东 潍坊	李鑫	
2010/4/3	芹菜	3	3000	江苏 徐州	李易临	
2010/4/4	菠菜	2	1080	安徽 砀山	王修一	
2010/4/5	花菜	4	2000	江苏 徐州	李易临	
2010/4/6	西红柿	5				大量缺货
2010/4/7	黄瓜	3				
2010/4/8	豆角	4	2800	山东 潍坊	李鑫	
2010/4/9	四季豆	5	1700	安徽 砀山	王修一	
2010/4/10	青椒	4	3000	山东 潍坊	李鑫	
2010/4/11	茄子	3	4000	山东 潍坊		
2010/4/12	西葫芦	3	5000	江苏 徐		
2010/4/13	丝瓜	4	3000	广东 东莞	曹云	
2010/4/14	苦瓜	5	2000	安徽 砀山	王修一	
2010/4/15	冬瓜	2	3000	广东 东莞	曹云	

套用表格式
$A$2:$G$18
单击该按钮

Question 272

巧妙调整套用格式的单元格区域

实例 扩大 / 缩小包含表格格式的区域

● Level ◆◆◆

2013 2010 2007

为表格区域套用格式后，若想增添 / 删除数据，需要想扩大 / 缩小套用表格格式的范围，下面将对其进行介绍。

① **鼠标拖动法。** 将鼠标光标移至表格右下角，当鼠标变为双向箭头时，拖动鼠标可进行调整。

100.0	500.0	50.0	300.0	￥2,450
0.0	400.0	0.0	300.0	￥2,300
50.0	600.0	100.0	300.0	￥2,550
200.0	300.0	0.0	300.0	￥2,600
100.0	500.0	50.0	300.0	￥2,550
50.0	300.0	0.0	300.0	￥2,250
0.0	300.0	50.0	300.0	￥2,150
100.0	500.0	0.0	300.0	￥2,600

向右拖动

② **功能区按钮法。** 选中应用了表格格式的任一单元格，切换至“表格工具-设计”选项卡，单击“调整表格大小”按钮。

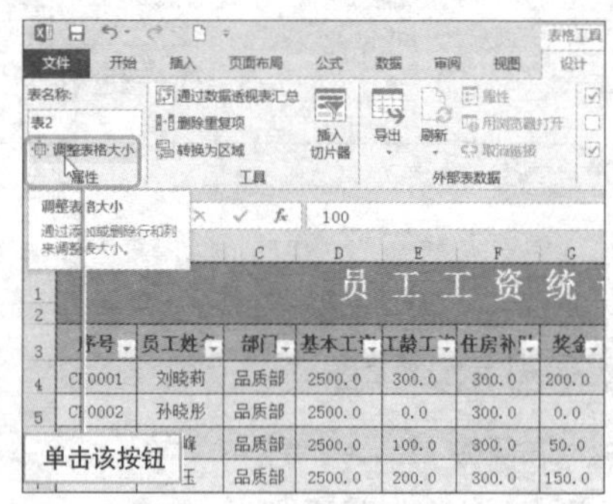

③ 弹出“调整表大小”对话框，单击文本框右侧的范围选取按钮。

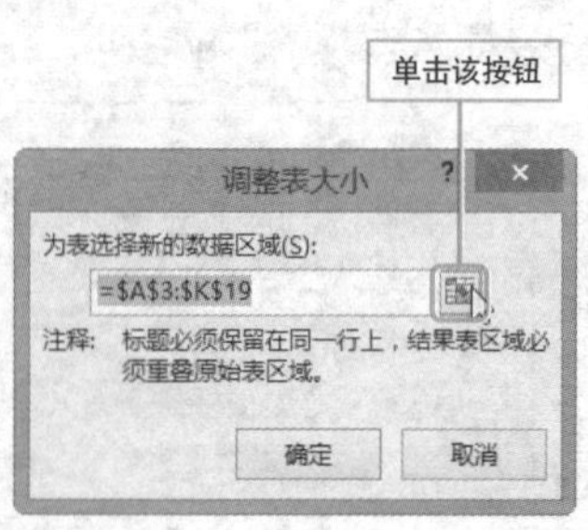

④ 拖动鼠标选取合适的区域，选择完成后，再次单击范围选取按钮，还原对话框，单击“确定”按钮，完成表格范围的更改。

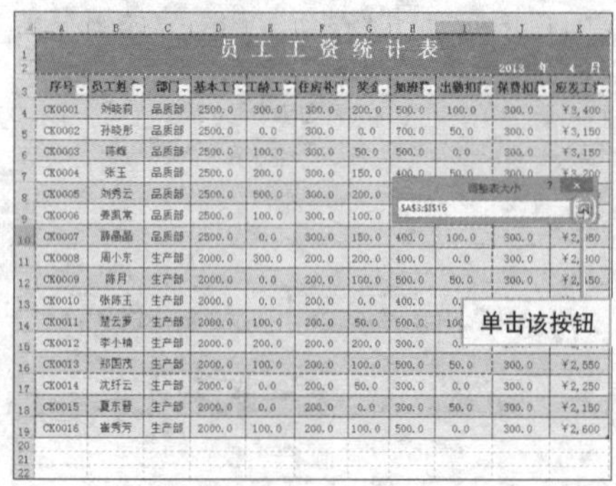

Question 273

Level ◆◆◆

2013 2010 2007

首/末列的突出显示

实例 突出显示第一列和最后一列

用户可以根据需要，在套用表格格式后，通过“设计”选项卡设置工作表，如将工作表的首/末列突出显示。

1 选择应用了表格格式的任一单元格，切换至“表格工具-设计”选项卡。

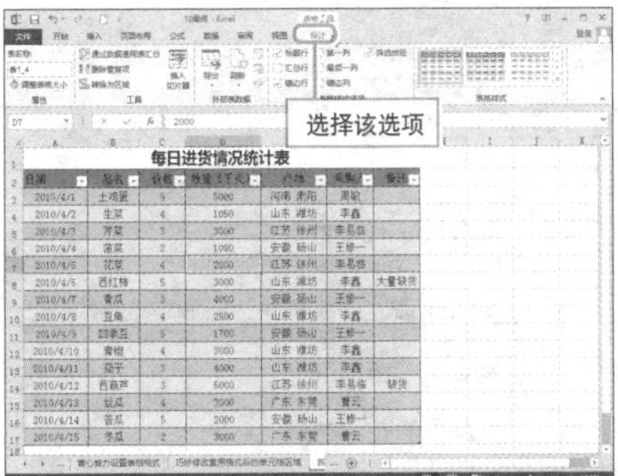

2 在“表格样式选项”组中，勾选“第一列”和“最后一列”复选框。

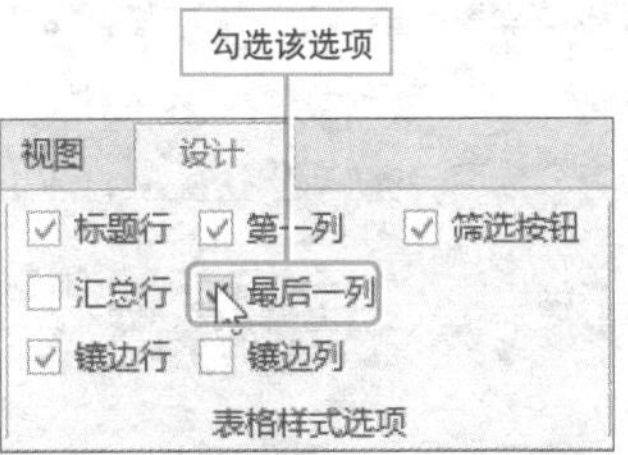

3 随后即可看到，表格的第一列和最后一列已经突出显示了。

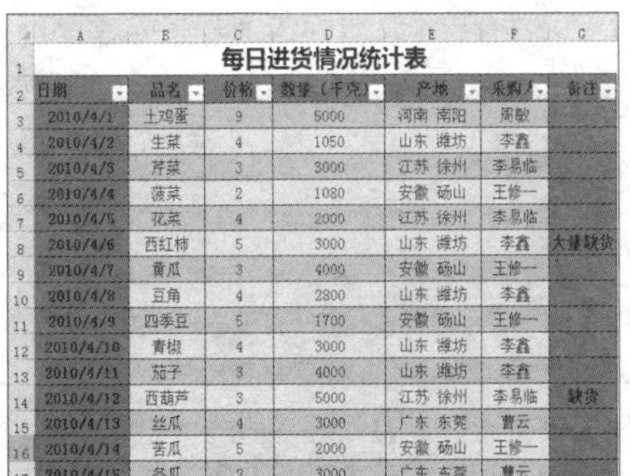

每日进货情况统计表

日期	品名	价格	数量（千克）	产地	采购人	备注
2010/4/1	土鸡蛋	9	5000	河南 南阳	周敏	
2010/4/2	生菜	4	1050	山东 潍坊	李鑫	
2010/4/3	芹菜	3	3000	江苏 徐州	李易临	
2010/4/4	菠菜	2	1080	安徽 砀山	王修一	
2010/4/5	花菜	4	2000	江苏 徐州	李易临	
2010/4/6	西红柿	5	3000	山东 潍坊	李鑫	大量缺货
2010/4/7	黄瓜	3	4000	安徽 砀山	王修一	
2010/4/8	豆角	4	2800	山东 潍坊	李鑫	
2010/4/9	四季豆	5	1700	安徽 砀山	王修一	
2010/4/10	青椒	4	3000	山东 潍坊	李鑫	
2010/4/11	茄子	3	4000	山东 潍坊	李鑫	
2010/4/12	西葫芦	3	5000	江苏 徐州	李易临	缺货
2010/4/13	丝瓜	4	3000	广东 东莞	曹云	
2010/4/14	苦瓜	5	2000	安徽 砀山	王修一	
2010/4/15	冬瓜	2	3000	广东 东莞	曹云	

Hint

关于表格样式选项

“第一列”用于显示表中第一列的特殊格式。

“最后一列”用于显示最后一列的特殊格式。

“镶边列”以不同方式显示奇数列和偶数列，以方便用户阅读。

“镶边行”以不同方式显示奇数行和偶数行，以方便用户阅读。

“标题行”用于决定是否显示工作表标题行。

“汇总行”用于打开或关闭汇总行。

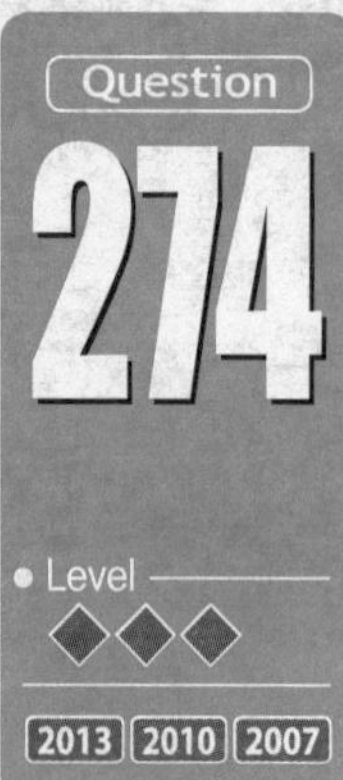

标题行的隐藏与显示

实例 隐藏标题行

在编辑工作表的过程中，用户可以根据自身需求将标题行进行隐藏 / 显示，下面将对其具体操作过程进行介绍。

1 选择应用了表格格式的任一单元格，切换至“表格工具-设计”选项卡。

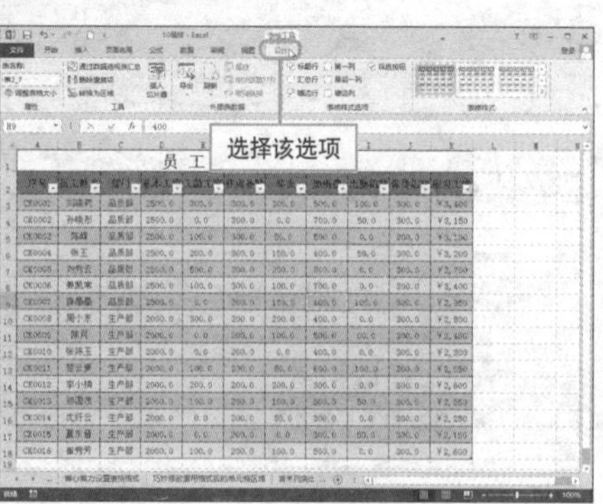

2 在“表格样式选项”组中，取消对“标题行”复选框的勾选。

3 随后即可看到，表格中的标题行已经被隐藏起来了。

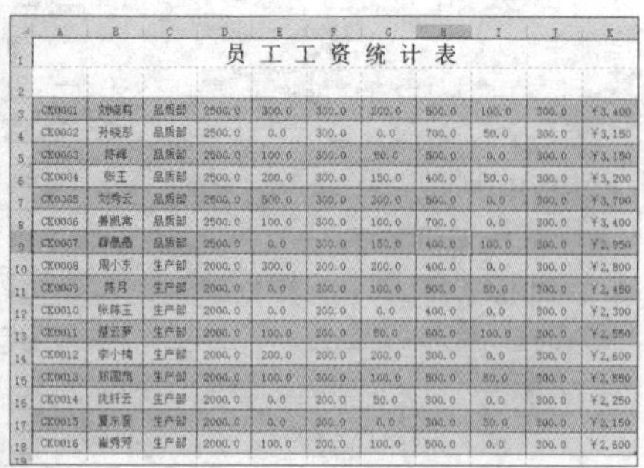

Hint

如何将标题行显示？

若需要将标题行再次显示出来，只需切换至“设计”选项卡，勾选“标题行”前的复选框即可。

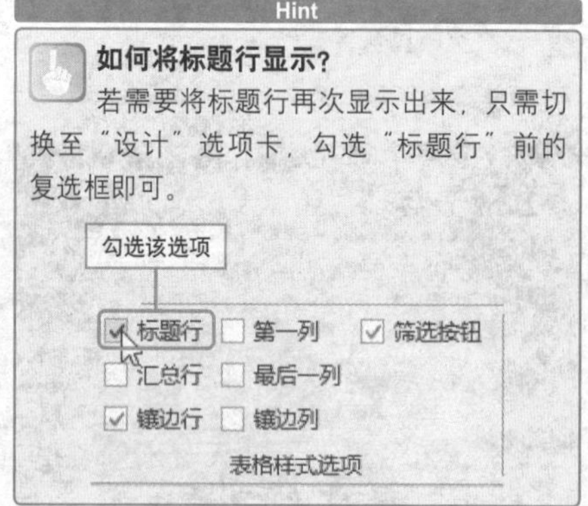

巧用标题行进行筛选

实例　按照指定的条件筛选数据信息

套用表格样式后，标题行会出现筛选按钮，单击相应项目标题按钮，便可以在弹出的列表中对表格中的信息进行筛选，下面介绍具体操作步骤。

❶ 打开工作表，单击标题行中的“供应商”筛选按钮。

定远科技采购统计表

物品名称	数量	单价	总价	供应商	采购员	备注
二极管	180000	1.2	216000	J018	刘先	
三极管	200000	1.8	360000	J018	刘先	
发光二极管	90000	2	180000			订单备货
晶振	120000	1.5	180000			库存备用
电容	450000	0.5	225000	CK15	帅可	
电阻	620000	0.6	372000	CK15	帅可	
保险丝	100000	0.8	80000	CK15	帅可	
电感	230000	1	230000	CK15	帅可	
蜂鸣器	10000	3	30000	J018	刘先	急需
IC	50000	6.5	325000	R013	李飞	
VGA	18000	0.8	14400	EZ05	张芸	
AV端子	80000	0.4	32000	EZ05	张芸	库存备用
S端子	20000	0.9	18000	EZ05	张芸	

单击该按钮

❷ 在打开的列表中，取消对“全选”选项的勾选，并勾选“J018”复选框。

升序(S)
降序(O)
按颜色排序(T)
文本筛选(F)
搜索
(全选)
CK15
EZ05
J018
R013
确定　取消

勾选该选项

❸ 设置完成后，单击“确定”按钮，可以看到，工作表只对供应商为J018的数据进行了显示。

定远科技采购统计表

物品名称	数量	单价	总价	供应商	采购员	备注
二极管	180000	1.2	216000	J018	刘先	
三极管	200000	1.8	360000	J018	刘先	
发光二极管	90000	2	180000	J018	刘先	订单备货
晶振	120000	1.5	180000	J018	刘先	库存备用
蜂鸣器	10000	3	30000	J018	刘先	急需

Hint

自定义表格样式

如果用户对内置的表格样式不满意，还可以自定义表格样式，单击“套用表格样式”按钮，从下拉列表中选择“新建表样式”选项，在弹出的对话框中进行设置即可。

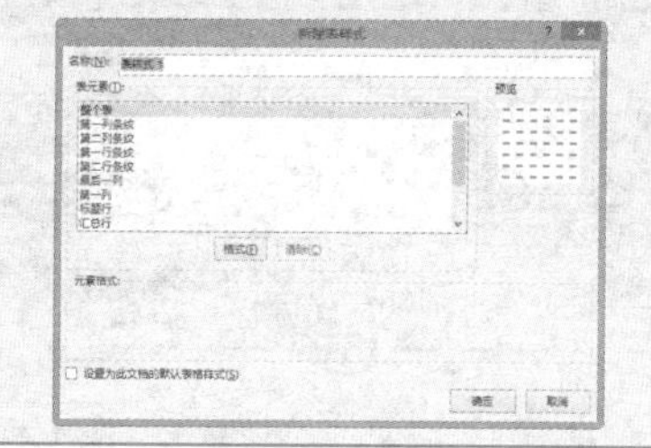

Question

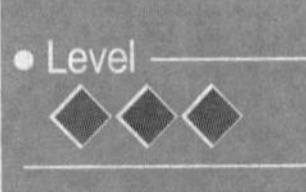

Level ◆◆◆

2013 2010 2007

重现套用格式中的筛选内容

实例 完全显示表格内容

利用标题行按照指定条件筛选信息后，若需显示表格中所有内容应当如何操作呢？

1 打开工作表，单击标题行中的“产地”筛选按钮。

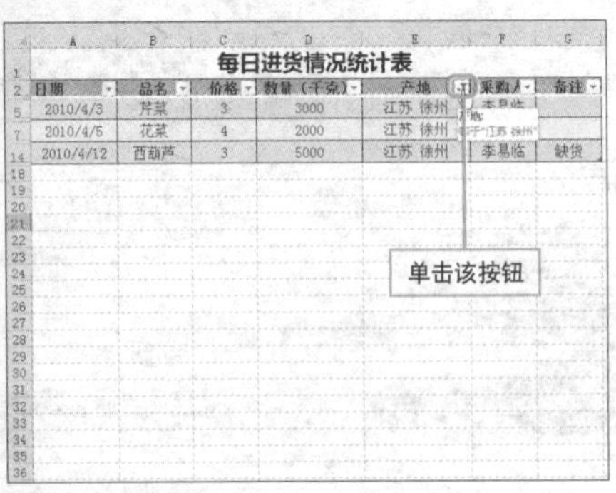

2 在打开的列表中，勾选“全选”复选框。

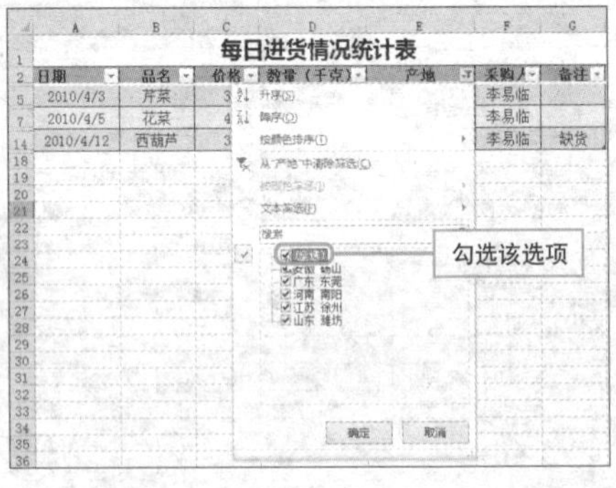

3 即可将工作表中的数据全部显示出来。

每日进货情况统计表

日期	品名	价格	数量（千克）	产地	采购人	备注
2010/4/1	土鸡蛋	9	5000	河南 南阳	周敏	
2010/4/2	生菜	4	1050	山东 潍坊	李鑫	
2010/4/3	芹菜	3	3000	江苏 徐州	李易临	
2010/4/4	菠菜	2	1080	安徽 砀山	王修一	
2010/4/5	花菜	4	2000	江苏 徐州	李易临	
2010/4/6	西红柿	5	3000	山东 潍坊	李鑫	大量缺货
2010/4/7	黄瓜	3	4000	安徽 砀山	王修一	
2010/4/8	豆角	4	2800	山东 潍坊	李鑫	
2010/4/9	四季豆	5	1700	安徽 砀山	王修一	
2010/4/10	青椒	4	3000	山东 潍坊	李鑫	
2010/4/11	茄子	3	4000	山东 潍坊	李鑫	
2010/4/12	西葫芦	3	5000	江苏 徐州	李易临	缺货
2010/4/13	丝瓜	4	3000	广东 东莞	曹云	
2010/4/14	苦瓜	5	2000	安徽 砀山	王修一	
2010/4/15	冬瓜	2	3000	广东 东莞	曹云	

Hint

其他方式重现筛选内容

如果用户在利用标题行进行筛选后，并未执行其他操作，可以通过 Ctrl + Z 组合键来撤销筛选操作，以达到重现工作表的目的。

撤销表格格式的套用

实例 表格格式的清除

若用户想撤销对表格格式的套用，也是很容易就能够实现的，下面介绍具体操作方法。

1. 选中套用表格格式区域中的任一单元格，切换至“表格工具-设计”选项卡，单击“表格样式”面板的“其他”按钮。

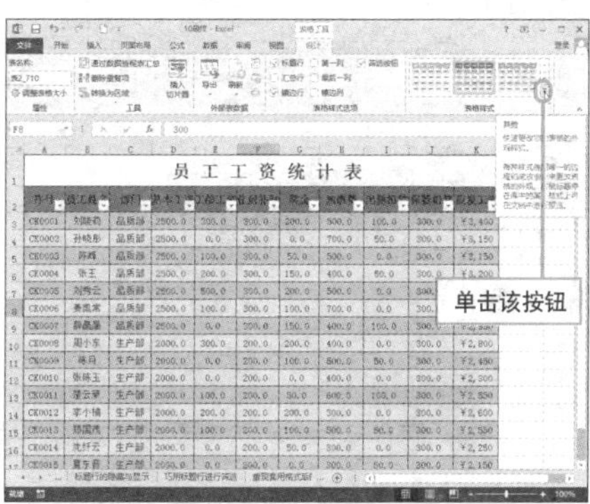

2. 从下拉列表底部选择“清除”选项。

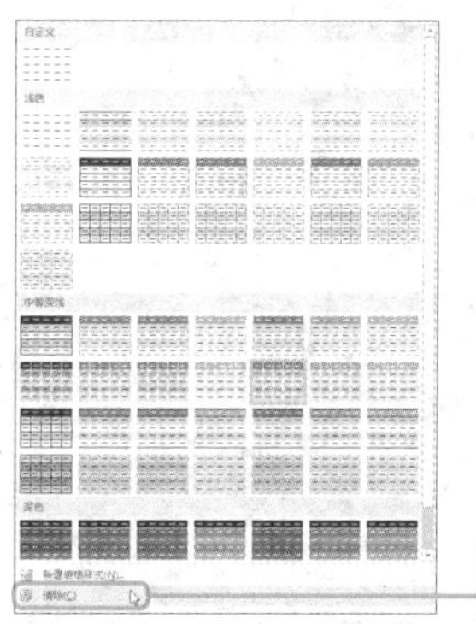

3. 返回编辑区，即可发现已经将套用的表格格式清除。

员工工资统计表										
序号	员工姓名	部门	基本工资	工龄工资	住房补贴	奖金	加班费	出勤扣款	保费扣款	应发工资
CK0001	刘晓莉	品质部	2500.0	300.0	300.0	200.0	500.0	100.0	300.0	¥3,400
CK0002	孙晓彤	品质部	2500.0	0.0	300.0	0.0	700.0	50.0	300.0	¥3,150
CK0003	陈峰	品质部	2500.0	100.0	300.0	50.0	500.0	0.0	300.0	¥3,150
CK0004	张玉	品质部	2500.0	200.0	300.0	150.0	400.0	50.0	300.0	¥3,200
CK0005	刘秀云	品质部	2500.0	500.0	300.0	200.0	500.0	0.0	300.0	¥3,700
CK0006	姜凯常	品质部	2500.0	100.0	300.0	100.0	700.0	0.0	300.0	¥3,400
CK0007	薛晶晶	品质部	2500.0	0.0	300.0	150.0	400.0	100.0	300.0	¥2,950
CK0008	周小东	生产部	2000.0	300.0	200.0	200.0	400.0	0.0	300.0	¥2,800
CK0009	陈月	生产部	2000.0	0.0	200.0	100.0	500.0	50.0	300.0	¥2,450
CK0010	张陈玉	生产部	2000.0	0.0	200.0	0.0	400.0	0.0	300.0	¥2,300
CK0011	楚云萝	生产部	2000.0	100.0	200.0	50.0	600.0	100.0	300.0	¥2,550
CK0012	李小楠	生产部	2000.0	200.0	200.0	200.0	300.0	0.0	300.0	¥2,600
CK0013	郑国茂	生产部	2000.0	100.0	200.0	100.0	500.0	50.0	300.0	¥2,550
CK0014	沈纤云	生产部	2000.0	0.0	200.0	50.0	300.0	0.0	300.0	¥2,250
CK0015	夏东晋	生产部	2000.0	0.0	200.0	0.0	300.0	50.0	300.0	¥2,150
CK0016	崔秀芳	生产部	2000.0	100.0	200.0	100.0	500.0	0.0	300.0	¥2,600

Hint

其他方法清除表格格式

选中需清除表格格式的单元格区域，单击“开始”选项卡中的“清除”按钮，从下拉列表中选择“清除格式”选项即可。

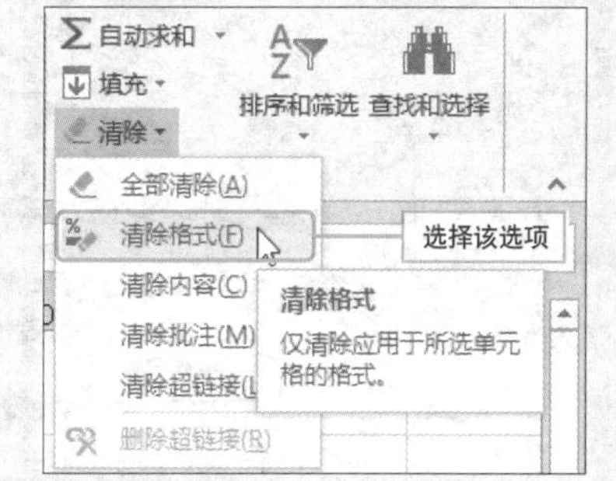

原来格式也可以复制和粘贴

实例　**复制并粘贴单元格格式**

有些时候，用户需要已有的单元格格式，就无需重新进行设计，使用复制与贴格格式操作，即可轻松实现单元格格式的复制，下面介绍几种常用方法。

1. **右键菜单法。**复制B2单元格，选中G7单元格，右键单击，单击右键菜单中选择“选择性粘贴”选项下的“格式”按钮。

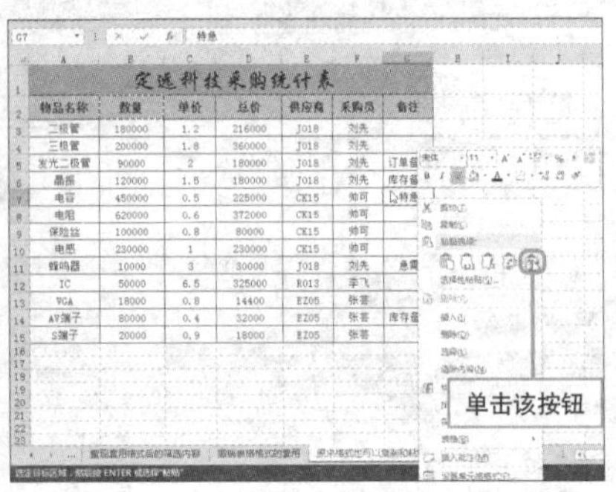

2. **功能区按钮法。**复制B2单元格，选中G7单元格，单击“开始”选项卡中的“粘贴”按钮，从下拉列表中选择“格式”按钮。

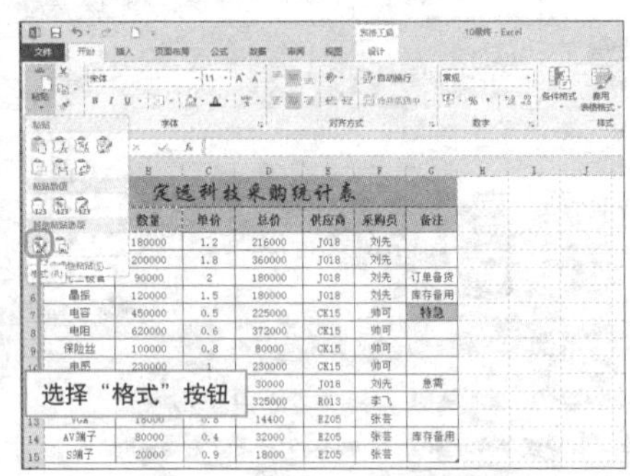

3. **“选择性粘贴”对话框法。**可以选择右键快捷菜单，或功能区按钮的“选择性粘贴”选项，在打开的对话框中选中“格式”单选按钮，然后单击“确定”按钮即可。

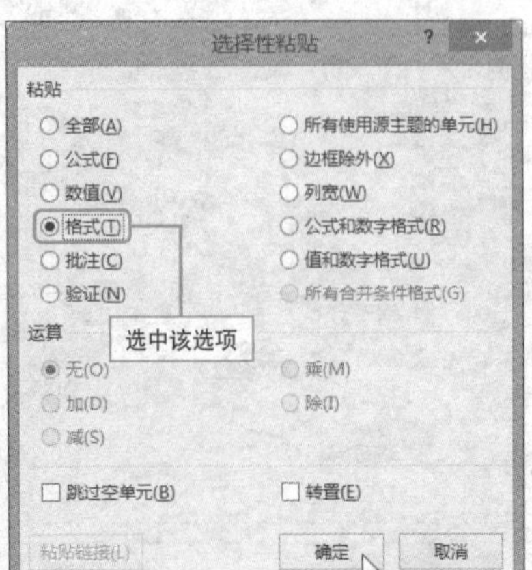

4. 随后即可发现粘贴了格式的G7单元格中的字体、字号、颜色及单元格的大小、填充色均与源单元格B2相同。

定远科技采购统计表

物品名称	数量	单价	总价	供应商	采购员	备注
二极管	180000	1.2	216000	J018	刘先	
三极管	200000	1.8	360000	J018	刘先	
发光二极管	90000	2	180000	J018	刘先	订单备货
晶振	120000	1.5	180000	J018	刘先	库存备用
电容	450000	0.5	225000	CK15	帅可	特急
电阻	620000	0.6	372000	CK15	帅可	
保险丝	100000	0.8	80000	CK15	帅可	
电感	230000	1	230000	CK15	帅可	
蜂鸣器	10000	3	30000	J018	刘先	急需
IC	50000	6.5	325000	R013	李飞	
VGA	18000	0.8	14400	EZ05	张芸	
AV端子	80000	0.4	32000	EZ05	张芸	库存备用
S端子	20000	0.9	18000	EZ05	张芸	

Question

279

● Level ◆◆◆

2013 2010 2007

原来也可以为单元格添加批注

实例 批注功能的应用

对于工作表中需要注释的名词、特殊的数据，为了让客户或者同事更清晰其含义，可以为其添加批注。下面介绍为单元格添加批注的方法。

1 打开工作表，选择E2单元格，单击“审阅”选项卡上的“新建批注”按钮。

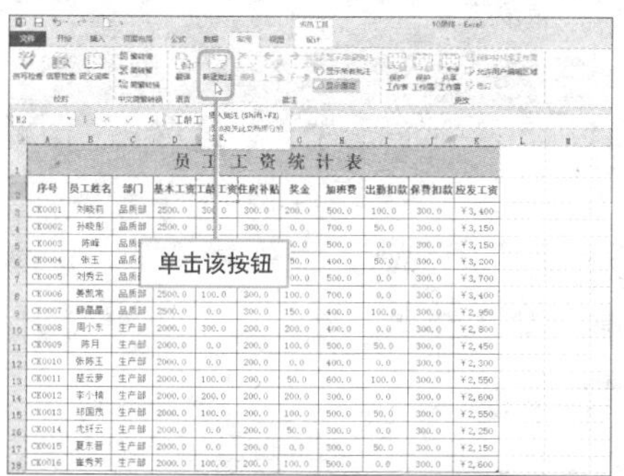

2 将在所选单元格处出现一个批注框，鼠标光标自动移至框内，输入批注内容。

3 输入完成后，在批注框外单击。将鼠标光标移至E2单元格时，将显示批注内容。

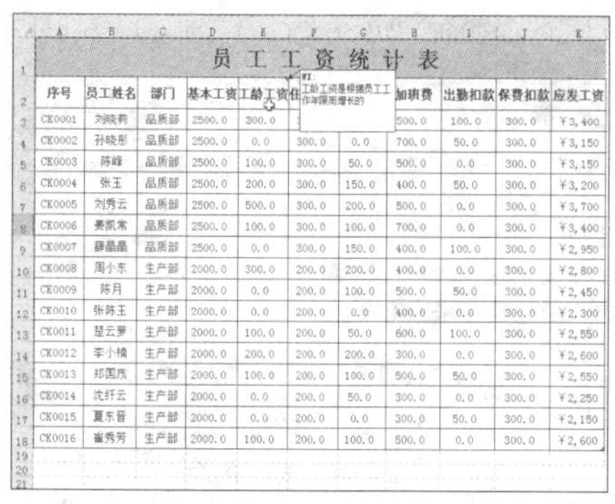

Hint

如何删除批注

若不再需要当前批注内容，可以单击“审阅”选项卡上的“删除”按钮将其删除。

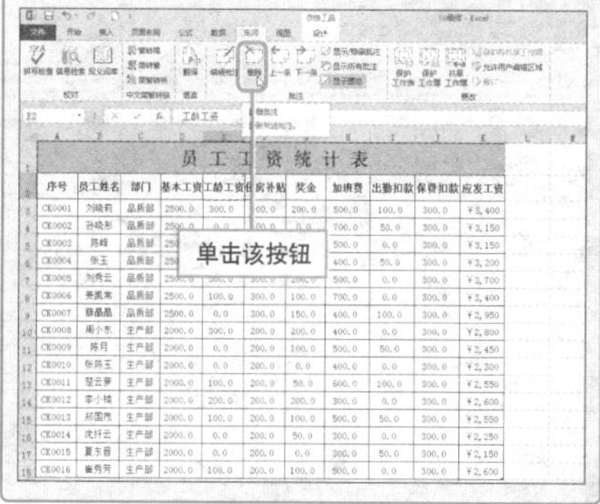

批注的编辑如此简单

实例	编辑批注

创建批注完成后，还可以根据需要对批注进行修改，显示 / 隐藏批注等，下面对其进行介绍。

❶ **编辑批注。**选择批注后，单击“审阅”选项卡上的“编辑批注”按钮。

单击该按钮

定远科技采购统计表

物品名称	数量	单价	总价	供应商	采购员	备注
二极管	180000	1.2	216000	J018	刘先	
三极管	200000	1.8	360000	J018	刘先	
发光二极管	90000	2	180000	J018	刘先	订单备货
晶振	120000	1.5	180000	J018	刘先	库存备用
电容	450000	0.5	225000	CK15	帅可	特急
电阻	620000	0.6	372000	CK15	帅可	
保险丝	100000	0.8	80000	CK15	帅可	
电感	230000	1	230000	CK15	帅可	
蜂鸣器	10000	3	30000	J018	刘先	急需
IC	50000	6.5	325000	R013	李飞	
VGA	18000	0.8	14400	EZ05	张芸	
AV端子	80000	0.4	32000	EZ05	张芸	库存备用

❷ 鼠标光标移至批注框内，根据需要进行编辑即可。编辑完成后，在编辑框外单击可退出编辑。

定远科技采购统计表

物品名称	数量	单价	总价	供应商		
二极管	180000	1.2	216000	J018		
三极管	200000	1.8	360000	J018	刘先	
发光二极管	90000	2	180000	J018	刘先	订单备货
晶振	120000	1.5	180000	J018	刘先	库存备用
电容	450000	0.5	225000	CK15	帅可	特急
电阻	620000	0.6	372000	CK15	帅可	
保险丝	100000	0.8	80000	CK15	帅可	
电感	230000	1	230000	CK15	帅可	
蜂鸣器	10000	3	30000	J018	刘先	急需
IC	50000	6.5	325000	R013	李飞	
VGA	18000	0.8	14400	EZ05	张芸	
AV端子	80000	0.4	32000	EZ05	张芸	库存备用
S端子	20000	0.9	18000	EZ05	张芸	

作者:
供应商名称使用代码，可以防止公司信息外泄，很好的保护公司权益

❸ **显示/隐藏批注。**默认情况下，批注是隐藏起来的，只有当光标移至该单元格，方能显示批注。若用户想要批注一直显示出来，可以单击“审阅”选项卡上的“显示/隐藏批注”按钮，即可将其显示出来。

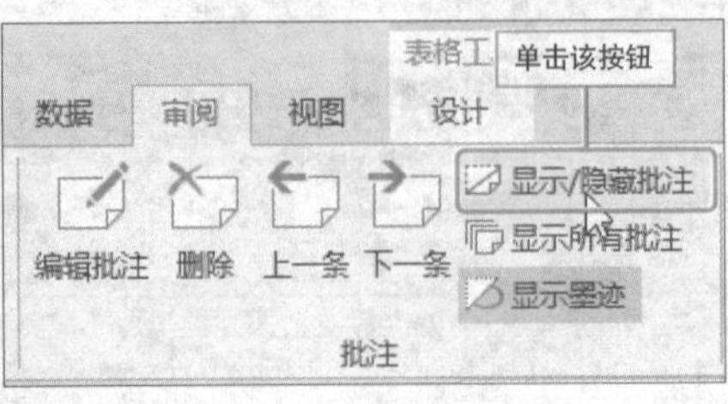

Hint

如何在批注间快速移动

若用户想查阅添加的批注，可以通过“审阅”选项卡“批注”组的“上一条”和“下一条”按钮，在整个工作簿之间的批注间进行移动。

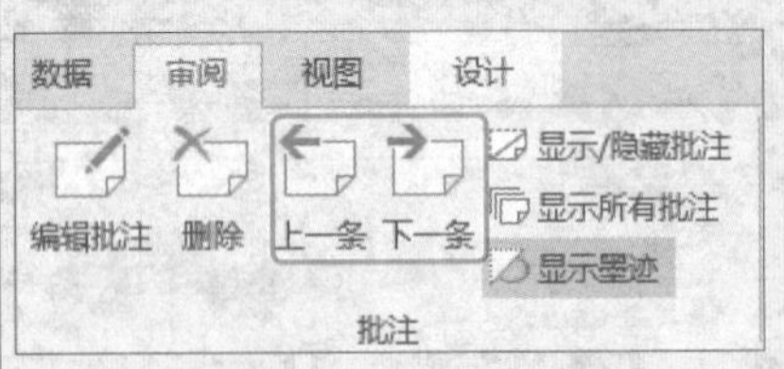

巧妙对齐单元格中的文本内容

实例 设置单元格文本内容的对齐方式

文本的对齐方式主要分为垂直和水平对齐两种，垂直对齐方式又可以分为顶端对齐、垂直居中和底端对齐 3 种；水平对齐方式又可分为左对齐、居中和右对齐 3 种，下面介绍更改文本对齐方式的操作步骤。

1. **对话框设置法**。选A2:F13单元格区域，单击鼠标右键，从快捷菜单中选择“设置单元格格式”命令。

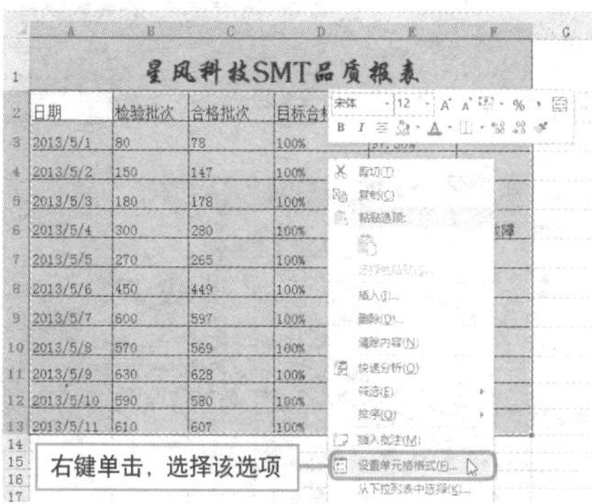

2. 也可以按Ctrl + 1组合键打开“设置单元格格式”对话框，切换至“对齐”选项卡，设置水平对齐居中、垂直对齐居中。

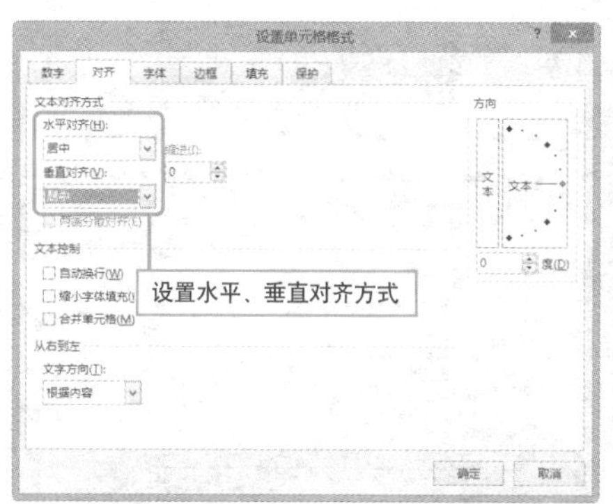

3. 设置完成后，单击“确定”按钮，关闭对话框，即可看到选择区域内的文本水平对齐方式已经发生改变。

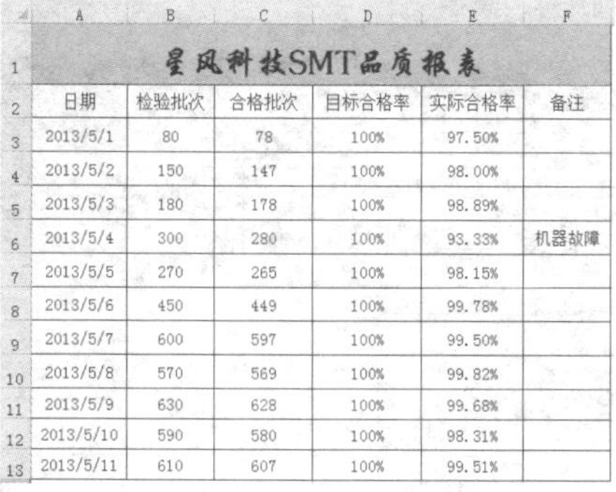

星风科技SMT品质报表					
日期	检验批次	合格批次	目标合格率	实际合格率	备注
2013/5/1	80	78	100%	97.50%	
2013/5/2	150	147	100%	98.00%	
2013/5/3	180	178	100%	98.89%	
2013/5/4	300	280	100%	93.33%	机器故障
2013/5/5	270	265	100%	98.15%	
2013/5/6	450	449	100%	99.78%	
2013/5/7	600	597	100%	99.50%	
2013/5/8	570	569	100%	99.82%	
2013/5/9	630	628	100%	99.68%	
2013/5/10	590	580	100%	98.31%	
2013/5/11	610	607	100%	99.51%	

Hint

设置文本对齐的其他方法

选择A2:F13单元格区域后，依次单击“开始”选项卡功能区中的“垂直居中”和“居中”按钮。

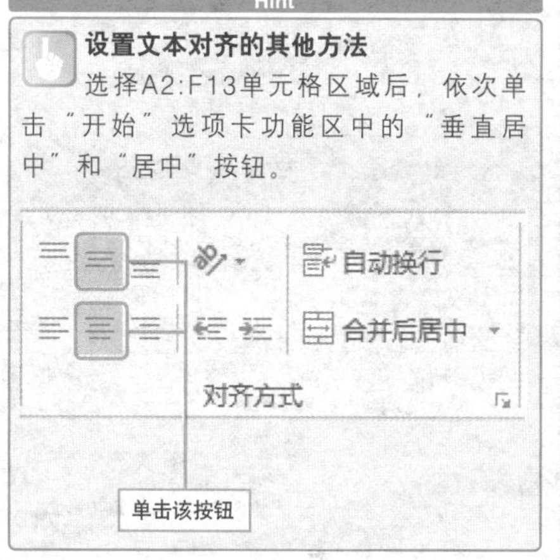

为中文添加拼音标注

实例 为中文添加拼音注释并进行编辑

对于工作表中的一些生僻字，为了让客户更好地了解表格内容，就需要为这些生僻的汉字添加拼音注释。那么该怎样为中文添加拼音标注呢？下面介绍为中文添加拼音标注的方法。

1 选择F3、F7单元格，切换至“开始”选项卡，单击“显示或隐藏拼音字段”按钮。

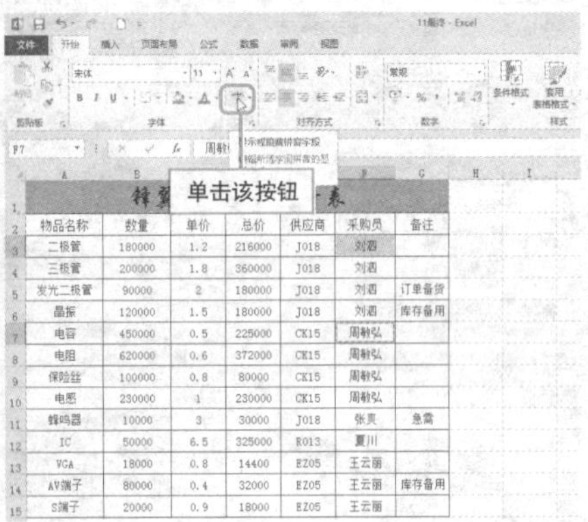

2 单击“显示或隐藏拼音字段”右侧下拉按钮，从列表中选择“编辑拼音”选项，在单元格的上半部区域输入相应拼音。

3 从“显示或隐藏拼音字段”列表中选择“拼音设置”选项，打开“拼音属性”对话框对拼音的属性进行设置。

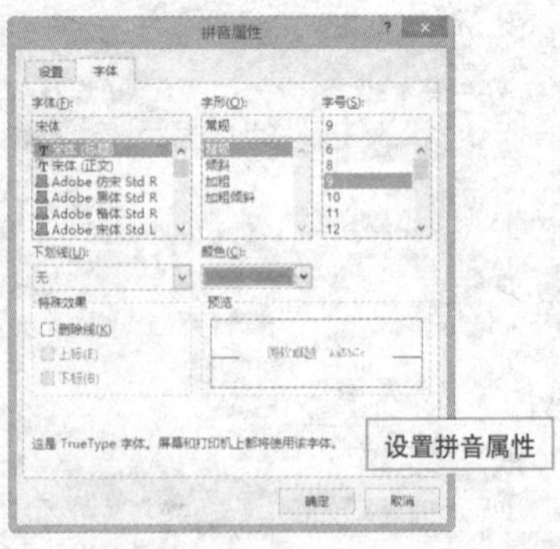

4 设置完成后，单击“确定”按钮，返回Excel工作表，查看设置效果。

锋冀电子采购统计表						
物品名称	数量	单价	总价	供应商	采购员	备注
二极管	180000	1.2	216000	J018	liu si 刘 泗	
三极管	200000	1.8	360000	J018	刘泗	
发光二极管	90000	2	180000	J018	刘泗	订单备货
晶振	120000	1.5	180000	J018	刘泗	库存备用
电容	450000	0.5	225000	CK15	zhou qin hong 周 敏 弘	
电阻	620000	0.6	372000	CK15	周敏弘	
保险丝	100000	0.8	80000	CK15	周敏弘	
电感	230000	1	230000	CK15	周敏弘	
蜂鸣器	10000	3	30000	J018	张爽	急需
IC	50000	6.5	325000	R013	夏川	
VGA	18000	0.8	14400	EZ05	王云丽	
AV端子	80000	0.4	32000	EZ05	王云丽	库存备用
S端子	20000	0.9	18000	EZ05	王云丽	

Question **283**

● Level ◆◆◆

2013 2010 2007

巧妙输入首位为 0 的数据

实例 输入以 0 开头的学号

在输入学生的学号、订单编号、固定电话号码等开头为 0 的数据时，会发现系统自动取消首位 0 值的显示，那么该怎样解决这类问题呢？

❶ **普通输入。**在输入订单号之前，先输入一个英文状态下的单引号“ ' ”，然后输入订单号即可。

生产日报表

客户	订单号码	实际用时（h）	计划用时(h)	合格品	不良品	责任人
CK18	'013080501	10	9	1001	1	李勋
JM01		9	10	1200	3	夏同
M023		8	9	1500	5	张洁玉
T01		8	8	1810	0	夏同
CC88		10	10	1700	1	张洁玉
TM40		9	9	2005	0	李勋
T045		9	8	1500	2	夏同
ZH01		8	9	2005	0	张洁玉
CM83		9	8	1825	0	李勋

输入订单号

❷ **功能区按钮输入法。**选中B3:B11单元格区域，单击“开始”选项卡“数字”按钮，选择“文本”选项，输入订单号。

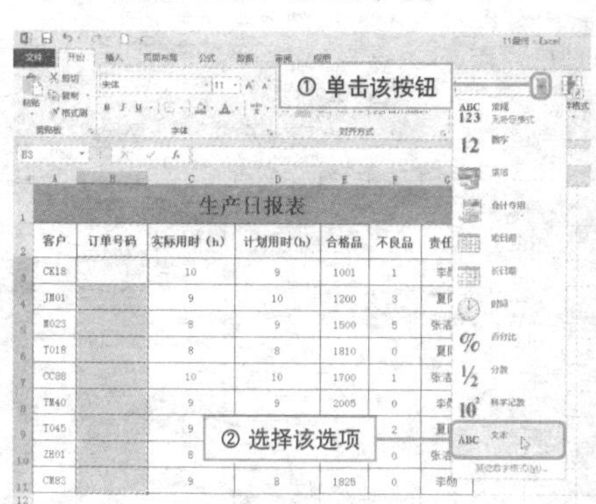

❸ **对话框设置法。**按Ctrl + 1组合键打开“设置单元格格式”对话框，在“数字”选项卡设置分类为“文本”。

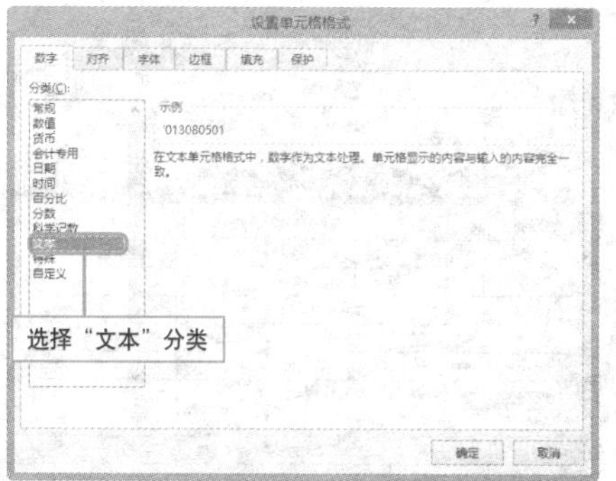

❹ 设置完成后，单击“确定”按钮，返回工作表，输入学号即可。

生产日报表

客户	订单号码	实际用时（h）	计划用时(h)	合格品	不良品	责任人
CK18	013080501	10	9	1001	1	李勋
JM01	013080502	9	10	1200	3	夏同
M023	013080503	8	9	1500	5	张洁玉
T018	013080504	8	8	1810	0	夏同
CC88	013080505	10	10	1700	1	张洁玉
TM40	013080506	9	9	2005	0	李勋
T045	013080507	9	8	1500	2	夏同
ZH01	013080508	8	9	2005	0	张洁玉
CM83	013080509	9	8	1825	0	李勋

快速输入同一地区的电话号码

实例 完整电话号码与邮编的输入

在公司员工信息统计表中，电话号码和邮编的输入总是很麻烦，针对这些问题，下面介绍一种比较便捷的输入方法。

❶ 首先在G列建立一个不包含区号的辅助列，之后在C3单元格输入公式“="0370-"&G3”。

SUM fx ="0370-"&G3

	A	B	C	D	E	F	G
1	民权县香云冷柜厂员工信息统计						
2	姓名	部门	电话	邮编	入职年份	备注	
3	刘晓莉	品质部	="0370-"&G3		1998		8673356
4	孙晓彤	品质部			2002		8673358
5	陈峰	品质部			2002		8673125
6	张玉	品质部			2003		8678052
7	刘秀云	品质部			2004		8674523
8	姜凯常	品质部			2002		8673332
9	薛晶晶	品质部			2004		8673359
10	周小东	生产部			2003		8674582
11	陈月	生产部			1997		8503365
12	张陈玉	生产部			2008		8679523
13	楚云萝	生产部			2008		8673456
14	李小楠	生产部			2010		8673452

输入公式

❷ 输入公式后，按Enter键即可输入包含公式的完整电话号码，接着复制公式到其他单元格，并隐藏辅助列。

	A	B	C	D	E	F
1	民权县香云冷柜厂员工信息统计					
2	姓名	部门	电话	邮编	入职年份	备注
3	刘晓莉	品质部	0370-8673356		1998	
4	孙晓彤	品质部	0370-8673358		2002	
5	陈峰	品质部	0370-8673125		2002	
6	张玉	品质部	0370-8678052		2003	
7	刘秀云	品质部	0370-8674523		2004	
8	姜凯常	品质部	0370-8673332		2002	
9	薛晶晶	品质部	0370-8673359		2004	
10	周小东	生产部	0370-8674582		2003	
11	陈月	生产部	0370-8503365		1997	
12	张陈玉	生产部	0370-8679523		2008	
13	楚云萝	生产部	0370-8673456		2008	
14	李小楠	生产部	0370-8673452		2010	

❸ 选择D3:D14单元格区域，按Ctrl + 1组合键打开“设置单元格格式”对话框，在“数字”选项卡设置分类为“特殊”，类型为“邮政编码”，单击“确定”按钮。

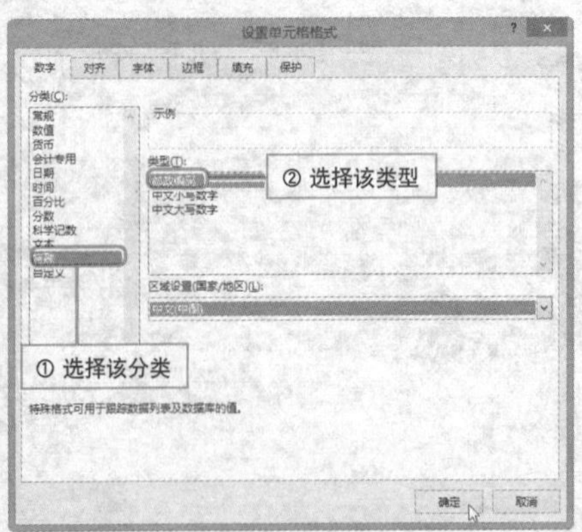

❹ 在邮编项目下的单元格内，输入邮政编码，完成表格的制作。

	A	B	C	D	E	F
1	民权县香云冷柜厂员工信息统计					
2	姓名	部门	电话	邮编	入职年份	备注
3	刘晓莉	品质部	0370-8673356	476800	1998	
4	孙晓彤	品质部	0370-8673358	476800	2002	
5	陈峰	品质部	0370-8673125	476800	2002	
6	张玉	品质部	0370-8678052	476800	2003	
7	刘秀云	品质部	0370-8674523	476800	2004	
8	姜凯常	品质部	0370-8673332	476800	2002	
9	薛晶晶	品质部	0370-8673359	476800	2004	
10	周小东	生产部	0370-8674582	476800	2003	
11	陈月	生产部	0370-8503365	476800	1997	
12	张陈玉	生产部	0370-8679523	476800	2008	
13	楚云萝	生产部	0370-8673456	476800	2008	
14	李小楠	生产部	0370-8673452	476800	2010	

批量添加千位分隔符

实例 使用千位分隔符

在Excel工作表中，为数据添加数据分隔符，可以清楚地了解数值的大小。下面介绍具体操作步骤。

1 打开工作表，选择B3:B15单元格区域，单击鼠标右键，从快捷菜单中选择“设置单元格格式”命令。

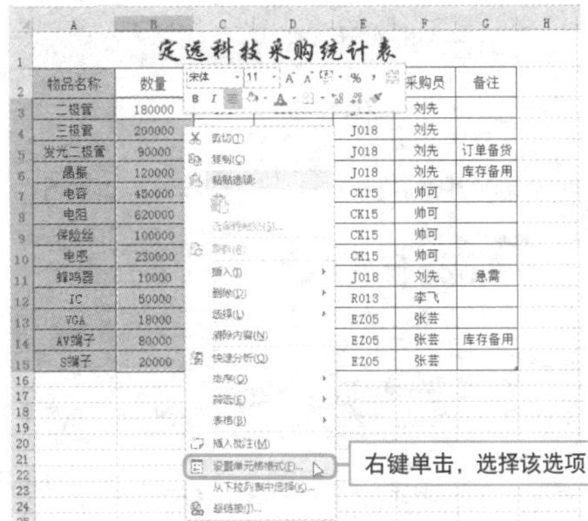

2 打开“设置单元格格式”对话框，切换至“数字”选项卡，设置分类为“数值”，勾选“使用千位分隔符”复选框。

3 设置完成后，单击“确定”按钮，返回工作表，查看设置效果。

定远科技采购统计表

物品名称	数量	单价	总价	供应商	采购员	备注
二极管	180,000.00	1.2	216000	J018	刘先	
三极管	200,000.00	1.8	360000	J018	刘先	
发光二极管	90,000.00	2	180000	J018	刘先	订单备货
晶振	120,000.00	1.5	180000	J018	刘先	库存备用
电容	450,000.00	0.5	225000	CK15	帅可	
电阻	620,000.00	0.6	372000	CK15	帅可	
保险丝	100,000.00	0.8	80000	CK15	帅可	
电感	230,000.00	1	230000	CK15	帅可	
蜂鸣器	10,000.00	3	30000	J018	刘先	急需
IC	50,000.00	6.5	325000	R013	李飞	
VGA	18,000.00	0.8	14400	EZ05	张芸	
AV端子	80,000.00	0.4	32000	EZ05	张芸	库存备用
S端子	20,000.00	0.9	18000	EZ05	张芸	

Hint

其他方法添加千位分隔符

通过“开始”选项卡中“数字”面板中的“千位分隔样式”按钮，添加千位分隔符。

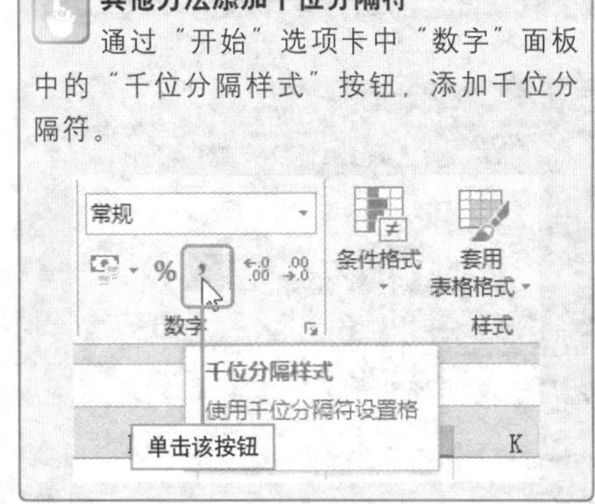

快速输入身份证号码

实例 完全显示输入的 18 位身份证号码

在 Excel 2013 中，当单元格中输入多于 15 位数字的时，15 位以后的数据将变为 0。但是，在制作信息统计表等需要输入身份证号码的工作表时，又必须输入身份证号码，该如何输入呢？

1 打开工作表，在D3单元格中输入一个18位的身份证号码。

D3 411421198603087420

民权县香云冷柜厂员工信息统计					
姓名	部门	电话	身份证号码	入职年份	备注
刘晓莉	品质部	0370-8673356	411421198603087420	2006	
孙晓彤	品质部	0370-8673358		2008	
陈峰	品质部	0370-8673125		2010	
张玉	品质部	0370-8678052		2009	
刘秀云	品质部	0370-8674523		2013	
姜凯常	品质部	0370-8673332		2012	
薛晶晶	品质部	0370-8673359		2005	
周小东	生产部	0370-8674582		2011	
陈月	生产部	0370-8503365		2009	
张陈玉	生产部	0370-8679523		2012	
楚云萝	生产部	0370-8673456		2009	
李小楠	生产部	0370-8673452		2012	

2 按Enter键确认，发现号码无法完全显示，在键盘上按下 Ctrl + 1组合键。

D3 411421198603087000

民权县香云冷柜厂员工信息统计					
姓名	部门	电话	身份证号码	入职年份	备注
刘晓莉	品质部	0370-8673356	4.11421E+17	2006	
孙晓彤	品质部	0370-8673358		2008	
陈峰	品质部	0370-8673125		2010	
张玉	品质部	0370-8678052		2009	
刘秀云	品质部	0370-8674523		2013	
姜凯常	品质部	0370-8673332		2012	
薛晶晶	品质部	0370-8673359		2005	
周小东	生产部	0370-8674582		2011	
陈月	生产部	0370-8503365		2009	
张陈玉	生产部	0370-8679523		2012	
楚云萝	生产部	0370-8673456		2009	
				2012	

在键盘上按 Ctrl + 1 组合键

3 打开“设置单元格格式”对话框，在“数字”选项卡，设置“分类”为“自定义”，在“类型”文本框中输入内容“@”。

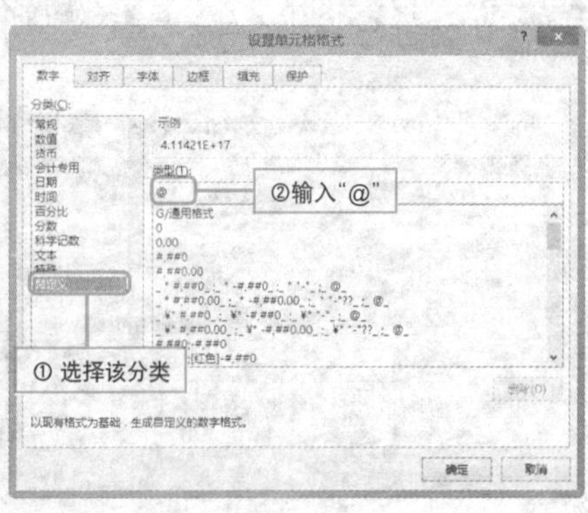

4 单击“确定”按钮，关闭对话框，重新输入数据，按Enter键，便可看到身份证号码能够完全显示出来了。

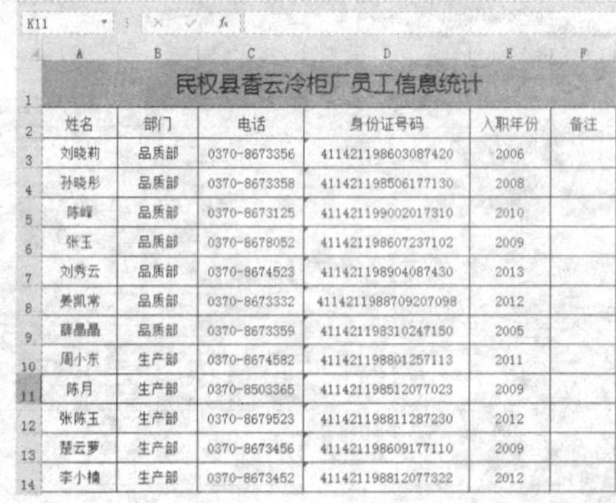

K11

民权县香云冷柜厂员工信息统计					
姓名	部门	电话	身份证号码	入职年份	备注
刘晓莉	品质部	0370-8673356	411421198603087420	2006	
孙晓彤	品质部	0370-8673358	411421198506177130	2008	
陈峰	品质部	0370-8673125	411421199002017310	2010	
张玉	品质部	0370-8678052	411421198607237102	2009	
刘秀云	品质部	0370-8674523	411421198904087430	2013	
姜凯常	品质部	0370-8673332	4114211988709207098	2012	
薛晶晶	品质部	0370-8673359	411421198310247150	2005	
周小东	生产部	0370-8674582	411421198801257113	2011	
陈月	生产部	0370-8503365	411421198512077023	2009	
张陈玉	生产部	0370-8679523	411421198811287230	2012	
楚云萝	生产部	0370-8673456	411421198609177110	2009	
李小楠	生产部	0370-8673452	411421198812077322	2012	

输入不同类型的分数花样多

实例 不同类型分数的输入

默认情况下，用户在单元格中输入“1/2、4/15”时，往往会被Excel自动识别为日期或文本，如何才能正确有效地输入分数呢？

❶ **常规法输入分数**。输入分数时，应当按照：整数部分（小于1的分数整数部分为0）+空格键+分数部分的步骤输入。如要输入“14/3”，可在单元格内先输入“4”，按空格键，再输入“2/3”，后按Enter确认即可。输入“4/7”，应先在单元格内输入“0”，按空格键，再输入“4/7”即可。

	A	B	C	D
1	大于1的分数		小于1的分数	
2	输入	显示	输入	显示
3	4 2/3	4 2/3	0 4/7	4/7
4	5 5/6	5 5/6	0 5/8	5/8

❷ **输入指定分母的分数**。选择单元格区域，按Ctrl + 1组合键打开“设置单元格格式”对话框，在“数字”选项卡设置分类为“分数”，然后在右侧的“类型”列表框中选择相应类型即可。

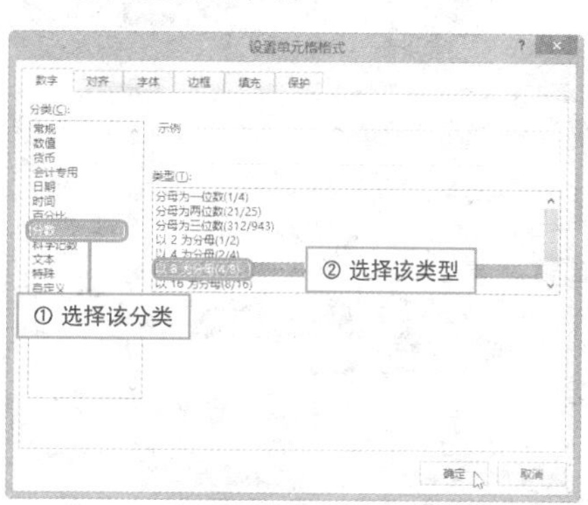

❸ **输入自定义分数**。在“数字”选项卡设置分类为“自定义”，然后在右侧的“类型”列表框中进行相应设置即可。

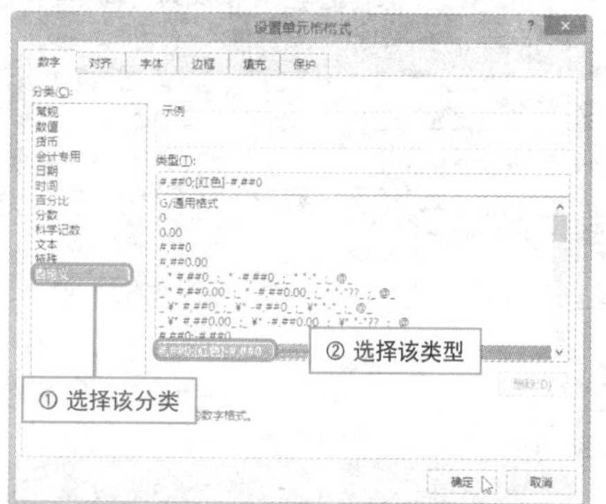

Hint

Excel 的自动处理功能

（1）输入的分数大于1

输入分数如“14/3”时，Excel会自动进行换算，将分数显示为换算后的“整数 + 真分数”。

（2）输入的分数可约分

输入分数如“4/12”时，（其分子和分母的公约数为4），Excel会自动对其进行约分处理转换为1/3。

7	大于1的分数		可约分的分数	
8	输入	显示	输入	显示
9	0 14/3	4 2/3	0 4/12	1/3
10	0 35/6	5 5/6	0 3/6	1/2

自动输入小数点

实例 通过不同方式设置小数点位数

在制作财务报表、工程计算报表时往往需要在表格中输入大量包含小数点的数据，而频繁输入小数点会令用户头痛，怎样才能快速准确地将小数点输入到工作表中呢？

1 **“Excel选项”对话框设置法**。打开“Excel选项”对话框，在“高级”选项右侧区域中勾选“自动插入小数点”复选框，通过“位数”数值框改变小数点位数，单击“确定”按钮返回并输入数据。

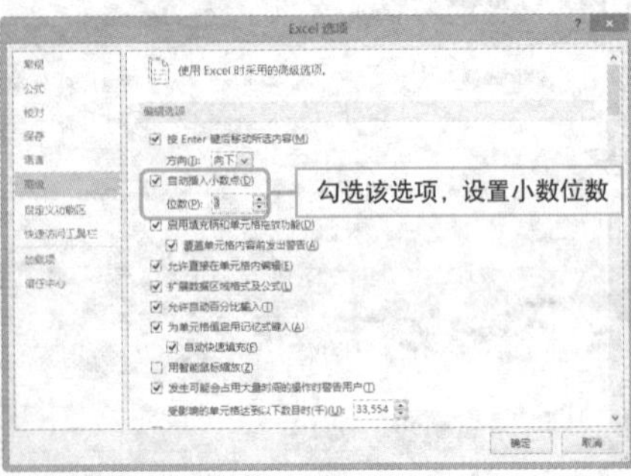

2 **单元格格式设置法**。选择单元格区域，按Ctrl + 1组合键打开“设置单元格格式”对话框，在“数字”选项卡，设置分类为“数值”，通过“小数位数”数值框设置小数点位数，最后单击“确定”按钮。

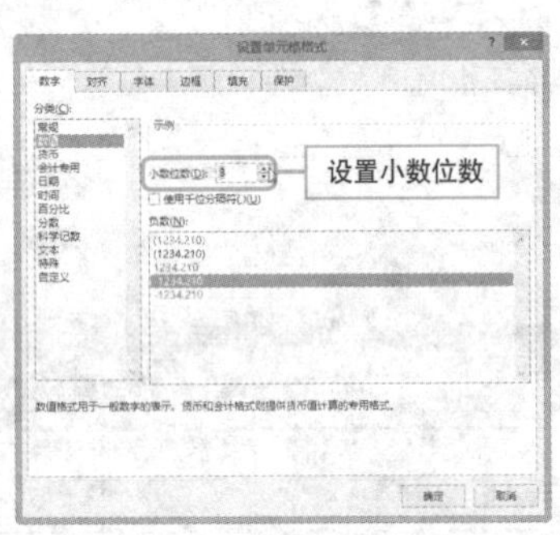

3 **自定义数据格式法**。在默认的“数字”选项卡中，设置分类为“自定义”，在右侧“类型”下面的方框中设置新的格式类型，单击“确定”按钮即可。

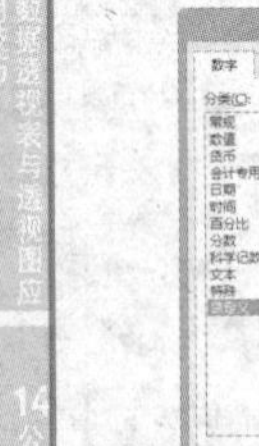

Hint

设置小数位数后如何输入小数

若设置的小数位数为1，则需要把数据放大10倍输入；若设置的小数位数为2，则需要把数据放大100倍输入；若设置的小数位数为3，则需要把数据放大1000倍输入，依次类推输入数据即可。

Question **289**

小写数字与大写数字快速转换

实例 输入中文大小写数字

● Level ◆◆◆

2010 2007

在财务报表中经常需要输入大写的中文数字，若直接输入会比较麻烦，那么能不能把输入的数字直接转换成中文数字呢？当然可以，下面介绍具体操作步骤。

1 选中单元格，单击鼠标右键，从弹出的快捷菜单中选择“设置单元格格式”命令。

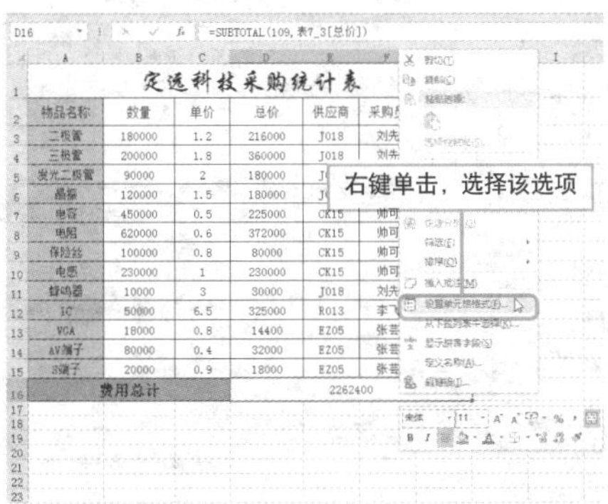

2 打开“设置单元格格式”对话框，在“分类”列表框中选择“特殊”选项，在右侧的列表中选择“中文大写数字”类型。

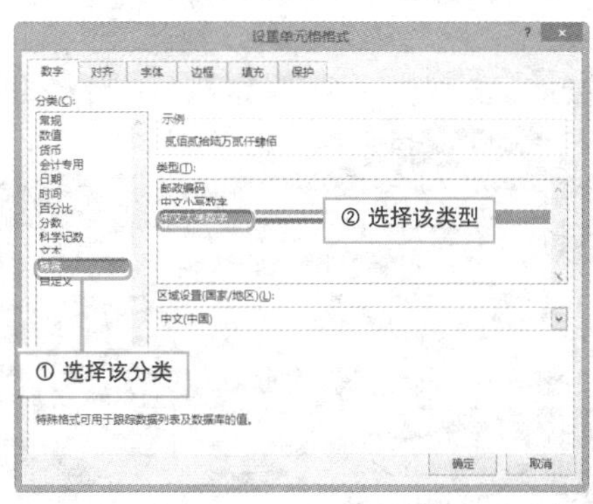

3 单击“确定”按钮，返回工作表，查看转换效果。

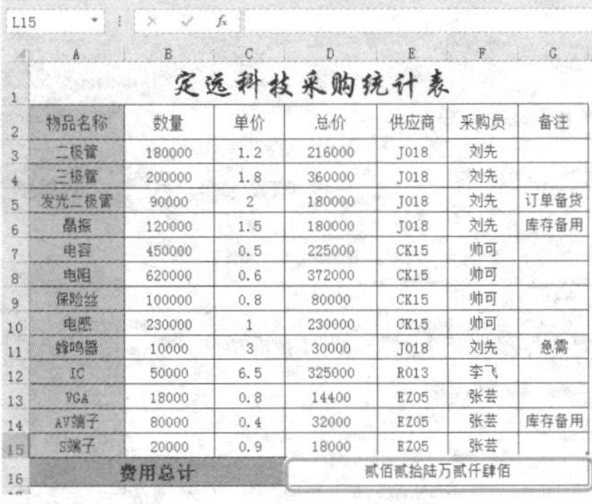

定远科技采购统计表

物品名称	数量	单价	总价	供应商	采购员	备注
二极管	180000	1.2	216000	J018	刘先	
三极管	200000	1.8	360000	J018	刘先	
发光二极管	90000	2	180000	J018	刘先	订单备货
晶振	120000	1.5	180000	J018	刘先	库存备用
电容	450000	0.5	225000	CK15	帅可	
电阻	620000	0.6	372000	CK15	帅可	
保险丝	100000	0.8	80000	CK15	帅可	
电感	230000	1	230000	CK15	帅可	
蜂鸣器	10000	3	30000	J018	刘先	急需
IC	50000	6.5	325000	R013	李飞	
VGA	18000	0.8	14400	EZ05	张芸	
AV端子	80000	0.4	32000	EZ05	张芸	库存备用
S端子	20000	0.9	18000	EZ05	张芸	
费用总计			贰佰贰拾陆万贰仟肆佰			

Hint

如何将数字转换为中文小写数字

选择需要转换数字所在的单元格，在键盘上按Ctrl + 1组合键，打开“设置单元格格式”对话框，在“数字”选项卡中，设置“分类”为“特殊”，然后在列表框中选择“中文小写数字”选项即可。

轻松输入特殊符号

实例 在表格中插入特殊字符

在实际工作中，用户经常需要在Excel中插入一些特殊的字符，熟悉它们的输入方法可以给工作带来很大便利。下面介绍两种常见的插入符号的方法。

❶ **功能区按钮插入法**。选中需插入符号的单元格，切换至“插入”选项卡，单击“符号”按钮。

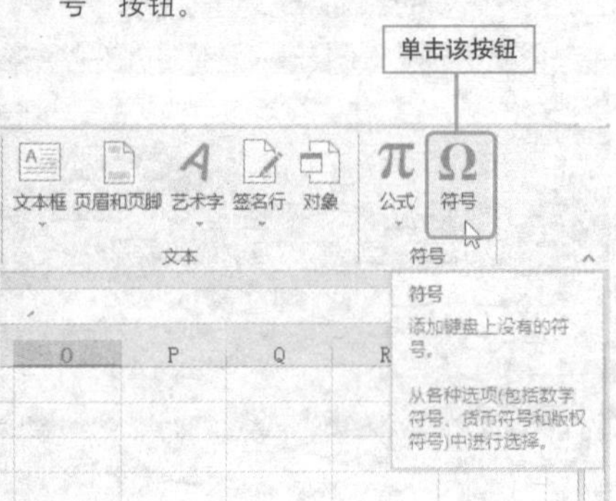

❷ 弹出“符号”对话框，从中进行选择即可。

❸ **软键盘插入法**。以百度输入法为例，右键单击语言栏，从快捷菜单中“软键盘”命令，从关联菜单中选择相应分类。

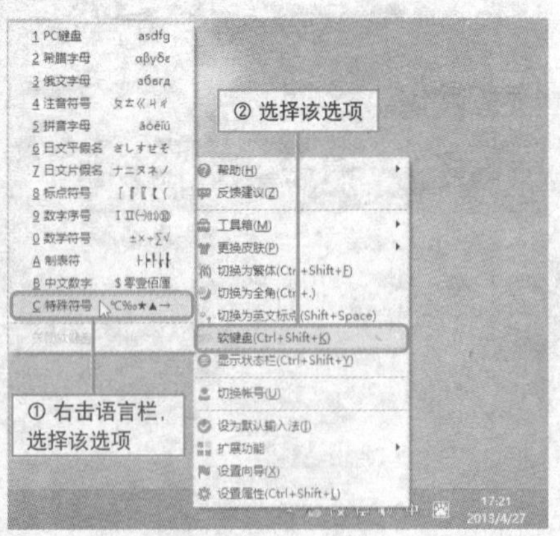

❹ 若选择“特殊符号”，则会弹出“特殊符号”分类的软键盘，单击相应键盘按钮即可插入该按钮上显示的符号。

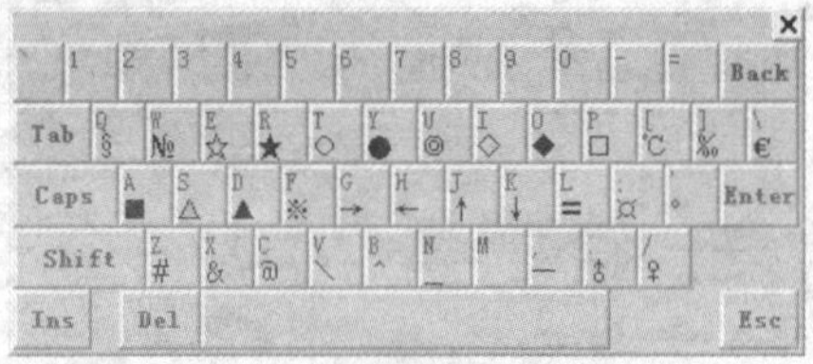

巧用记忆性填充功能

实例 启用记忆性键入功能提高输入速度

当工作表中需要录入大量数据时，可以通过“Excel 选项”对话框开启记忆性键入功能，在输入相似或相同数据时可以实现快速录入，下面将对其具体操作进行详细介绍。

1. 打开工作簿，执行“文件>选项”命令，将打开“Excel选项”对话框。

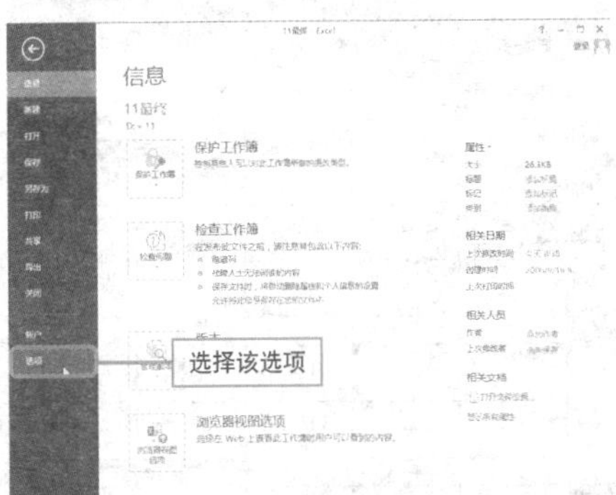

2. 选择“高级”选项，在右侧区域勾选“为单元格值启用记忆式键入”复选框。

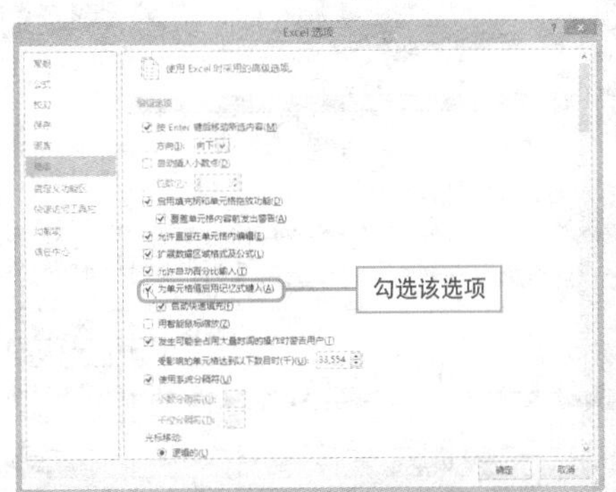

3. 在单元格中输入相同内容时，文档会自动填充，在E13单元格中输入“山”字后，出现记忆键入提醒，按Enter键可以确认输入。

	A	B	C	D	E	F	G
1	每日进货情况统计表						
2-3		品名	价格	数量（千克）	产地	采购人	备注
4	2010/4/1	土鸡蛋	9	5000	河南 南阳	周敏	
5	2010/4/2	生菜	4	1050	山东 潍坊	李鑫	
6	2010/4/3	芹菜	3	3000	江苏 徐州	李易临	
7	2010/4/4	菠菜	2	1080	安徽 砀山	王修一	
8	2010/4/5	花菜	4	2000	江苏 徐州	李易临	
9	2010/4/6	西红柿	5	3000	山东 潍坊	李鑫	大量缺货
10	2010/4/7	黄瓜	3	4000	安徽 砀山	王修一	
11	2010/4/8	豆角	4	2300	山东 潍坊	李鑫	
12	2010/4/9	四季豆	5	1700	安徽 砀山	王修一	
13	2010/4/10	青椒	4	3000	山东 潍坊	李鑫	
14	2010/4/11	茄子	3	4000		李鑫	
15	2010/4/12	西葫芦	3	5000		李易临	缺货
16	2010/4/13	丝瓜	4	3000		曹云	
17	2010/4/14	苦瓜	5	2000		王修一	
18	2010/4/15	冬瓜	2	3000		曹云	

4. 假定之前已有含有相同部分数据的内容，再次输入数据时，需输入到相同部分下一数据才会出现记忆键入提醒。

E16 山东 潍坊 青州

	A	B	C	D	E	F	G
1	每日进货情况统计表						
2-3		品名	价格	数量（千克）	产地	采购人	备注
4	2010/4/1	土鸡蛋	9	5000	河南 南阳	周敏	
5	2010/4/2	生菜	4	1050	山东 潍坊	李鑫	
6	2010/4/3	芹菜	3	3000	江苏 徐州	李易临	
7	2010/4/4	菠菜	2	1080	安徽 砀山	王修一	
8	2010/4/5	花菜	4	2000	江苏 徐州	李易临	
9	2010/4/6	西红柿	5	3000	山东 潍坊	李鑫	大量缺货
10	2010/4/7	黄瓜	3	4000	安徽 砀山	王修一	
11	2010/4/8	豆角	4	2800	山东 潍坊	李鑫	
12	2010/4/9	四季豆	5	1700	安徽 砀山	王修一	
13	2010/4/10	青椒	4	3000	山东 潍坊	李鑫	
14	2010/4/11	茄子	3	4000	山东 潍坊 青州	李鑫	
15	2010/4/12	西葫芦	3	5000	安徽 砀山	李易临	缺货
16	2010/4/13	丝瓜	4	3000	山东 潍坊 青州	曹云	
17	2010/4/14	苦瓜	5	2000		王修一	

Question 292

● Level ◆◆◆

2013 2010 2007

拖动鼠标填充等差数列

实例 拖动鼠标快速生成等差序列

若用户需要在工作表中填充一个等差数列，该如何实现呢？下面介绍快速生成等差序列的操作方法。

❶ 在A1、A2单元格中分别输入3、6。

	A	B	C	D	E
1	3				
2	6				
3					
4					
5					
6					
7					
8					
9					
10					
11					
12					
13					
14					
15					
16					
17					

❷ 选中A1、A2单元格，将光标置于区域右下角，鼠标光标变为十字形。

	A	B	C	D	E
1	3				
2	6				
3					
4					
5					
6					
7					
8					
9					
10					
11					
12					
13					
14					
15					
16					
17					

❸ 鼠标光标变为黑色十字形后，按住鼠标左键不放，向下拖动鼠标，即可生成步长值为3的等差序列。

	A	B	C	D	E
1	3				
2	6				
3	9				
4	12				
5	15				
6	18				
7	21				
8	24				
9	27				
10	30				
11	33				
12	36				
13	39				
14	42				
15	45				
16	48				
17	51				
18					

Hint

等差序列是如何定义的？

在一个序列中，如果从第二项起，每一项与它的前一项的差等于同一个常数，这个序列就叫做等差序列。这个常数叫做等差序列的“步长”。步长值既可以是一个正值，也可以是一个负值，即该序列既可以是规律递增序列，也可以是规律递减序列。

填充递减序列也不难

实例 填充指定步长值和终止值得到递减序列

在编辑 Excel 工作表时，若需要在某列中输入一个递减序列，起始值为 70，步长值为 -6，终止值为 10，该如何快速输入该序列呢？

1 在A1单元格中输入70，然后选择A1:A15单元格区域。

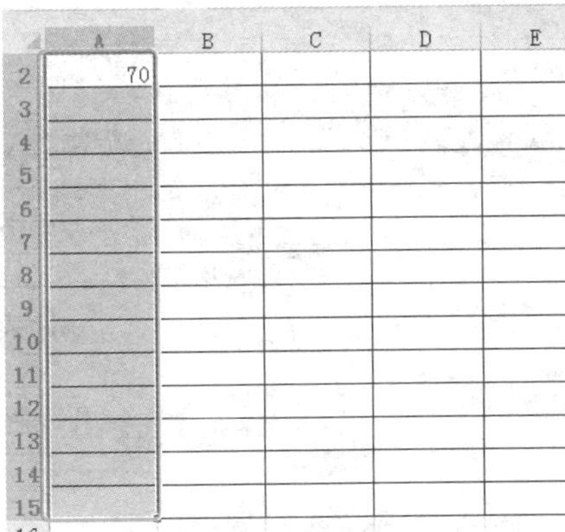

2 单击“开始”选项卡中的“填充”按钮，从下拉列表中选择“序列”选项。

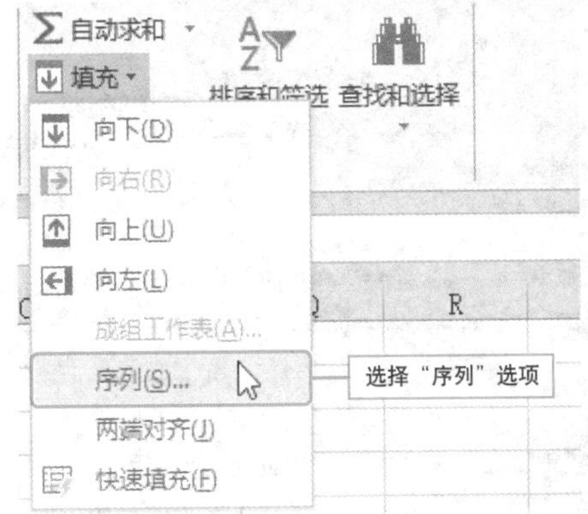

3 打开“序列”对话框，设置“类型”为“等差序列”，“步长值”为-6，“终止值”为10，然后单击“确定”按钮。

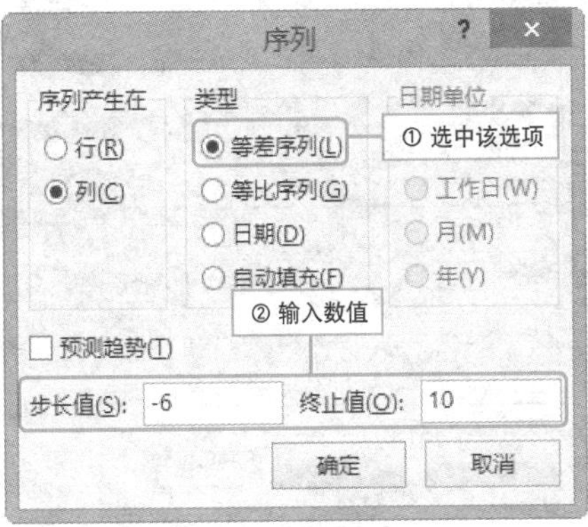

4 将返回到当前工作表区域，可以看到在A列自动填充了一个步长值为-6、终止值大于等于10的递减序列。

	A	B	C	D	E
2	70				
3	64				
4	58				
5	52				
6	46				
7	40				
8	34				
9	28				
10	22				
11	16				
12	10				
13					
14					
15					

Question

294 自动填充日期值的妙招

● Level ◆◆◆

2013 2010 2007

实例 在单元格中反向填充日期值

在制作年度工作表、员工月加班报表、周生产报表时，需要频繁地输入日期值，除了可以手动输入外，有没有更快速、简简便的方法呢？

1 打开工作表，在A9单元格中输入日期，选中A9单元格。

品质周报表				
日期	检验批次	合格批次	目标合格率	实际合格率
	80	78	100%	97.50%
	150	147	100%	98.00%
	180	178	100%	98.89%
	300	280	100%	93.33%
	270	265	100%	98.15%
	360	354	100%	98.33%
2013/4/28	450	449	100%	99.78%

2 将鼠标光标置于单元格右下角，鼠标光标变为十字形后按住鼠标左键不放向上拖动鼠标。

品质周报表				
日期	检验批次	合格批次	目标合格率	实际合格率
	80	78	100%	97.50%
	150	147	100%	98.00%
向上拖动	2013/4/22 180	178	100%	98.89%
	300	280	100%	93.33%
	270	265	100%	98.15%
	360	354	100%	98.33%
2013/4/28	450	449	100%	99.78%

3 拖动至合适位置后，释放鼠标左键，完成日期的反向填充。

品质周报表				
日期	检验批次	合格批次	目标合格率	实际合格率
2013/4/22	80	78	100%	97.50%
2013/4/23	150	147	100%	98.00%
2013/4/24	180	178	100%	98.89%
2013/4/25	300	280	100%	93.33%
2013/4/26	270	265	100%	98.15%
2013/4/27	360	354	100%	98.33%
2013/4/28	450	449	100%	99.78%

Hint

在行中填充序列

在Excel中，不仅可以在列中填充序列，而且可以在行中填充序列；不仅可以在列中进行反向填充，还可以在行中进行反向填充。

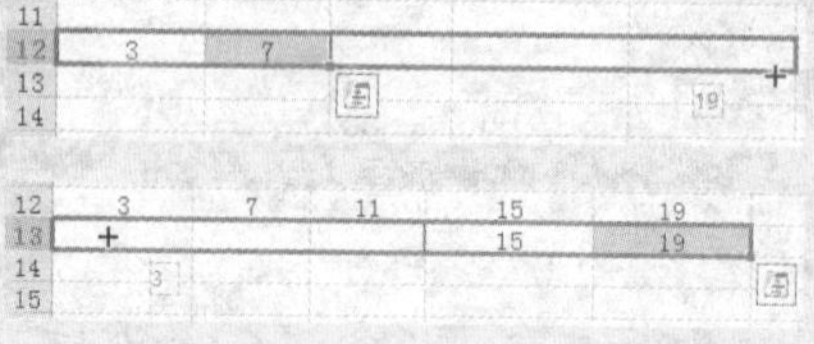

快速输入等比序列

实例 填充步长为 3 的等比数列

除了可以在单元格区域填充等差序列和日期值外，还可以在单元格区域填充等比序列，下面以步长值为 3 的等比序列的填充为例进行介绍。

1 在A1中输入7，然后选中A1:A11区域。单击“开始”选项卡上的“填充”按钮，从列表中选择“序列”选项。

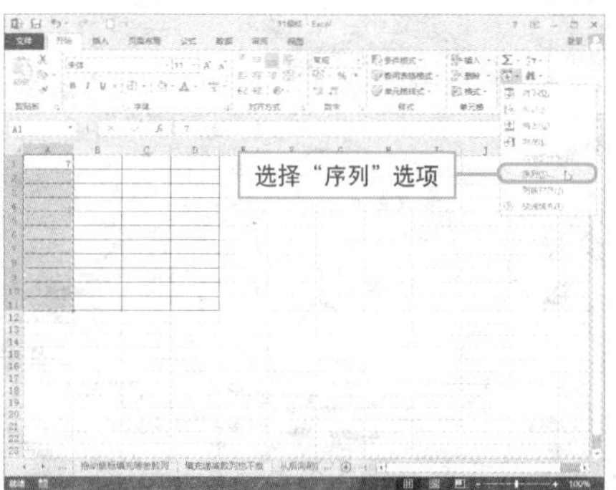

2 打开“序列”对话框，设置“类型”为“等比序列”，“步长值”为3，单击“确定”按钮。

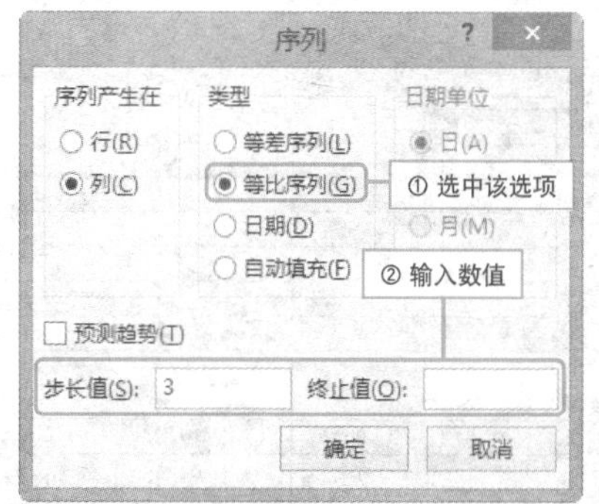

3 返回工作表，可以看到在A列自动填充了一个步长值为3的等比序列。

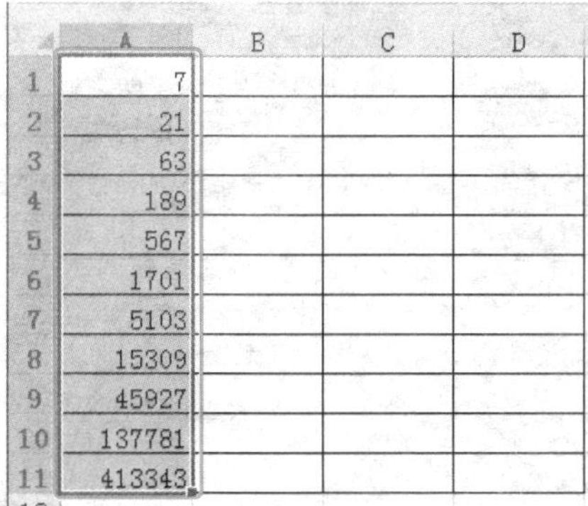

	A	B	C	D
1	7			
2	21			
3	63			
4	189			
5	567			
6	1701			
7	5103			
8	15309			
9	45927			
10	137781			
11	413343			

Hint

等比序列是如何定义的?

在一个序列中，如果从第二项起，每一项与它的前一项的比等于同一个常数，这个序列就叫做等比序列。这个常数叫做等比序列的“步长”。步长值既可以是一个正值，也可以是一个负值，既可以为整数，也可以为小数。

手动定义等比序列步长

实例 手动填充步长值为 5 的等比序列

若用户觉得通过“序列”对话框定义等比序列步长比较麻烦，还可以手动指定步长。下面介绍如何手动自定义等比序列步长。

1. 在A1和A2单元格中分别输入2、10，并将其选中，将光标置于单元格区域右下角，鼠标光标变为十字形。

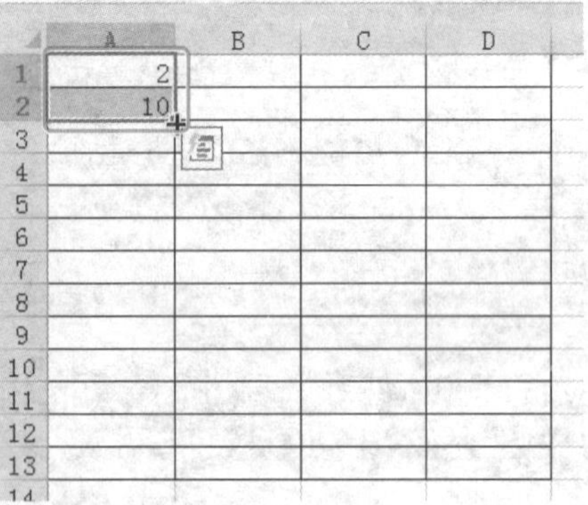

2. 按住鼠标右键不放，向下拖动鼠标，直至目标单元格后释放鼠标右键，将弹出一个快捷菜单。

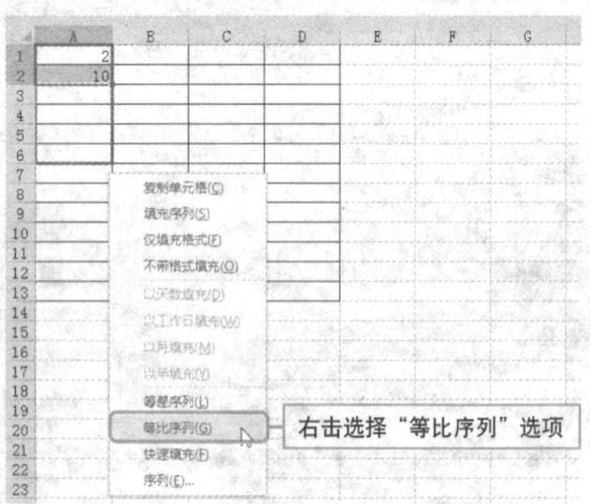

3. 从右键菜单中选择“等比序列”命令，即可完成步长值为5的等比序列的填充。

	A	B	C	D
1	2			
2	10			
3	50			
4	250			
5	1250			
6	6250			
7				
8				
9				
10				
11				
12				
13				

Hint

关于右键菜单中命名的介绍

若选中“等差序列”命令将填充步长值为5的等差序列。若选中“序列”命令，将打开“序列”对话框，用户可以对填充的类型、步长值、终止值等进行重新设置。

Question 297

● Level ◆◆◆

2013 2010 2007

快速指定等比序列的终止值

实例 等比序列终止值的指定

若用户想插入一个既定范围的等比序列，就需要设定等比序列的终止值，下面将对其相关操作进行介绍。

1 在A1中输入2，然后选择A1:A16单元格区域。单击“开始”选项卡中的“填充”按钮，从列表中选择“序列”选项。

2 打开“序列”对话框，设置“类型”为“等比序列”，“步长值”为2、“终止值”为500，然后单击“确定”按钮。

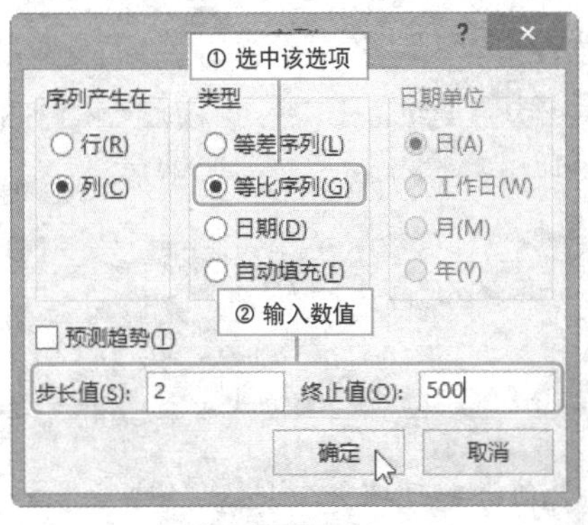

3 返回工作表，可以看到在A列生成了符合指定要求的等比序列。

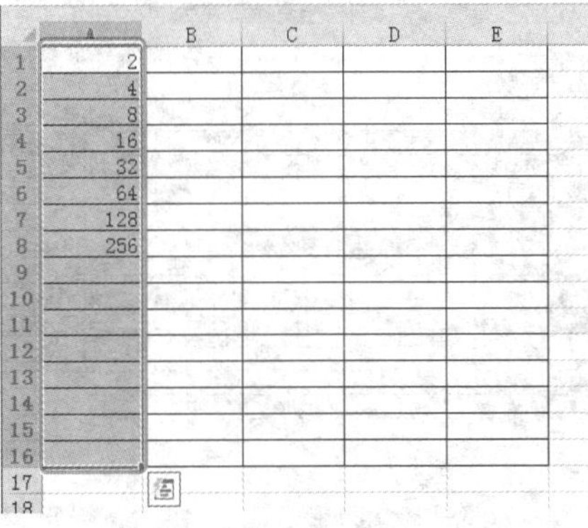

Hint

关于终止值的介绍

由产生的序列可以看出，指定终止值后，将会产生一个最大值不超出终止值的序列。利用终止值可以很好地设置序列产生的范围，为用户提供极大的便利。

不保留格式填充序列

2013 2010 2007

实例 在填充序列时，不填充格式

在填充序列时，格式往往随着序列一起被填充到单元格区域，如何可以在不保留格式的前提下填充序列呢？

1 选择A4单元格，将光标置于单元格右下角，鼠标光标将变为十字形。

每日进货情况统计表

日期	品名	价格	数量（千克）	产地	采购人	备注
2010/4/1	土鸡蛋	9	5000	河南 南阳	周敏	
	生菜	4	1050	山东 潍坊	李鑫	
	芹菜	3	3000	江苏 徐州	李易临	
	菠菜	2	1080	安徽 砀山	王修一	
	花菜	4	2000	江苏 徐州	李易临	
	西红柿	5	3000	山东 潍坊	李鑫	大量缺货
	黄瓜	3	4000	安徽 砀山	王修一	
	豆角	4	2800	山东 潍坊	李鑫	
	四季豆	5	1700	安徽 砀山	王修一	
	青椒	4	3000	山东 潍坊	李鑫	
	茄子	3	4000	山东 潍坊	李鑫	
	西葫芦	3	5000	江苏 徐州	李易临	缺货
	丝瓜	4	3000	广东 东莞	曹云	
	苦瓜	5	2000	安徽 砀山	王修一	
	冬瓜	2	3000	广东 东莞	曹云	

2 按住鼠标左键不放，向下拖动鼠标至A18单元格。

每日进货情况统计表

日期	品名	价格	数量（千克）	产地	采购人	备注
2010/4/1	土鸡蛋	9	5000	河南 南阳	周敏	
	生菜	4	1050	山东 潍坊	李鑫	
	芹菜	3	3000	江苏 徐州	李易临	
	菠菜	2	1080	安徽 砀山	王修一	
	花菜	4	2000	江苏 徐州	李易临	
	西红柿	5	3000	山东 潍坊	李鑫	大量缺货
	黄瓜	3	4000	安徽 砀山	王修一	
	豆角	4	2800	山东 潍坊	李鑫	
	四季豆	5	1700	安徽 砀山	王修一	
		4	3000	山东 潍坊	李鑫	
		3	4000	山东 潍坊	李鑫	
	西葫芦	3	5000	江苏 徐州	李易临	缺货
	丝瓜	4	3000	广东 东莞	曹云	
	苦瓜	5	2000	安徽 砀山	王修一	
	冬瓜	2	3000	广东 东莞	曹云	

向下拖动鼠标

3 释放鼠标，单击“自动填充选项”按钮，在弹出的快捷菜单中选中“不带格式填充”命令。

每日进货情况统计表

日期	品名	价格	数量（千克）	产地	采购人	备注
2010/4/1	土鸡蛋	9	5000	河南 南阳	周敏	
2010/4/2	生菜	4	1050	山东 潍坊	李鑫	
2010/4/3	芹菜	3	3000	江苏 徐州	李易临	
2010/4/4	菠菜	2	1080	安徽 砀山	王修一	
2010/4/5			2000	江苏 徐州	李易临	
2010/4/6			3000	山东 潍坊	李鑫	大量缺货
2010/4/7			4000	安徽 砀山	王修一	
2010/4/8			2800	山东 潍坊	李鑫	
2010/4/9			1700	安徽 砀山	王修一	
2010/4/10			3000	山东 潍坊	李鑫	
2010/4/11			4000	山东 潍坊	李鑫	
2010/4/12			5000	江苏 徐州	李易临	缺货
2010/4/13			3000	广东 东莞	曹云	
2010/4/14			2000	安徽 砀山	王修一	
2010/4/15			3000	广东 东莞	曹云	

② 选中该选项

- 复制单元格(C)
- 填充序列(S)
- 仅填充格式(F)
- 不带格式填充(O)
- 以天数填充(D)
- 以工作日填充(W)
- 以月填充(M)
- 以年填充(Y)
- 快速填充(F)

① 单击该按钮

4 从填充结果可以看出，选中该命令后，填充序列同时，不填充单元格格式。

每日进货情况统计表

日期	品名	价格	数量（千克）	产地	采购人	备注
2010/4/1	土鸡蛋	9	5000	河南 南阳	周敏	
2010/4/2	生菜	4	1050	山东 潍坊	李鑫	
2010/4/3	芹菜	3	3000	江苏 徐州	李易临	
2010/4/4	菠菜	2	1080	安徽 砀山	王修一	
2010/4/5	花菜	4	2000	江苏 徐州	李易临	
2010/4/6	西红柿	5	3000	山东 潍坊	李鑫	大量缺货
2010/4/7	黄瓜	3	4000	安徽 砀山	王修一	
2010/4/8	豆角	4	2800	山东 潍坊	李鑫	
2010/4/9	四季豆	5	1700	安徽 砀山	王修一	
2010/4/10	青椒	4	3000	山东 潍坊	李鑫	
2010/4/11	茄子	3	4000	山东 潍坊	李鑫	
2010/4/12	西葫芦	3	5000	江苏 徐州	李易临	缺货
2010/4/13	丝瓜	4	3000	广东 东莞	曹云	
2010/4/14	苦瓜	5	2000	安徽 砀山	王修一	
2010/4/15	冬瓜	2	3000	广东 东莞	曹云	

Question **299**

巧妙添加自定义序列

实例 自定义序列的添加

• Level ◆◆◆

2013 2010 2007

若用户经常需要用到某一固定的序列，可以将其自定义并添加到Excel系统中，以便用户日后使用。下面介绍添加自定义序列的具体操作步骤。

1 打开工作簿，执行“文件>选项”命令。

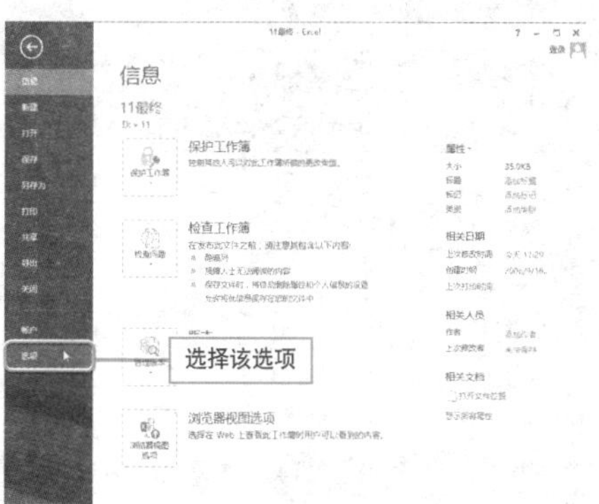

2 打开“Excel选项”对话框，单击“高级”选项右侧区域“编辑自定义列表”按钮。

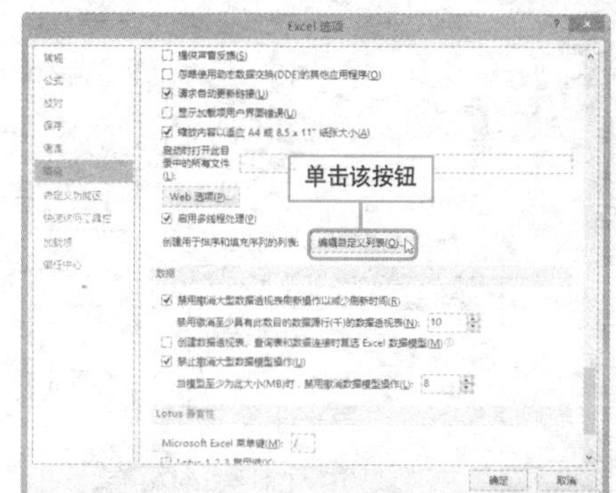

3 打开“自定义序列”对话框，在“输入序列”列表框中输入序列，然后单击“添加”按钮，最后单击“确定”按钮。

4 返回“Excel选项”对话框，单击“确定”按钮，返回工作表，在A1单元格中输入“生产部”，拖动鼠标，即可填充自定义序列。

快速填充公式的技巧

实例 巧用鼠标拖动填充法填充公式

如果需要在某单元格区域使用相同的公式，那么完全可以在一个单元格中输入公式后，采用鼠标拖动的方法将公式自动填充至目标区域，下面将对这一操作进行详细介绍。

❶ 打开工作表，在E3单元格中输入公式=(D3-C3)/C3。

SUM =(D3-C3)/C3

衣袂时尚周分析报表						
天气温度	星期	上周销售	本周销售	增长比	销售件数	库存件数
29-34	一	2009		=(D3-C3)/C3		1198
28-33	二	586	1076		16	1182
30-35	三	603	1568		25	1146
28-33	四	356	1070		15	1131
30-37	五	1015	774		15	1116
30-37	六	1597	1150		13	1103
30-37	日	1697	1000		11	1092

输入公式

❷ 按Enter键确认输入，将鼠标光标移至E3单元格右下角，鼠标光标变为十字形。

衣袂时尚周分析报表						
天气温度	星期	上周销售	本周销售	增长比	销售件数	库存件数
29-34	一	2009	1388	-30.91%	18	1198
28-33	二	586	1076		16	1182
30-35	三	603	1568		25	1146
28-33	四	356	1070		15	1131
30-37	五	1015	774		15	1116
30-37	六	1597	1150		13	1103
30-37	日	1697	1000		11	1092

❸ 向下拖动鼠标，至合适位置后，释放鼠标左键，即可完成公式的复制操作。

E3 =(D3-C3)/C3

衣袂时尚周分析报表						
天气温度	星期	上周销售	本周销售	增长比	销售件数	库存件数
29-34	一	2009	1388	-30.91%	18	1198
28-33	二	586	1076	83.62%	16	1182
30-35	三	603	1568	160.03%	25	1146
28-33	四	356	1070	200.56%	15	1131
30-37	五	1015	774	-23.74%	15	1116
30-37	六	1597	1150	-27.99%	13	1103
30-37	日	1697	1000	-41.07%	11	1092

Hint

验证公式是否被填充

双击A9单元格，可以发现其中的公式为"=(D9-C9)/C9"，可见公式已被填充。

SUM =(D9-C9)/C9

衣袂时尚周分析报表						
天气温度	星期	上周销售	本周销售	增长比	销售件数	库存件数
29-34	一	2009	1388	-30.91%	18	1198
28-33	二	586	1076	83.62%	16	1182
30-35	三	603	1568	160.03%	25	1146
28-33	四	356	1070	200.56%	15	1131
30-37	五	1015	774	-23.74%	15	1116
30-37	六	1597	1150	-27.99%	13	1103
30-37	日	1697		=(D9-C9)/C9		1092

Question 301

Level ◆◆◆

2013 2010 2007

快速添加货币符号

实例 货币符号的添加

在财务报表、商品采购表中，经常需要输入各种货币符号，如人民币符号、英镑符号、美元符号等。掌握它们的快速输入方法可以极大改善用户工作效率，下面以人民币符号的添加为例进行介绍。

1. 选中需要添加货币符号的D3:K18单元格区域，单击“开始”选项卡中“数字格式”按钮右侧的下三角按钮，从下拉列表中选择“货币”或“会计专用”选项即可。

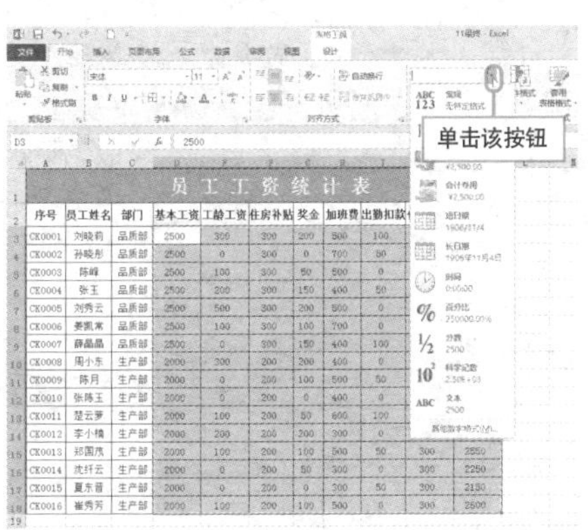

2. 或者单击“会计数字格式”右侧的下三角按钮，从下拉列表中选择合适的货币符号。

3. 用户还可以按Ctrl + 1组合键打开“设置单元格格式”对话框，在“数字”选项卡的“货币”或“会计专用”选项中进行设置。

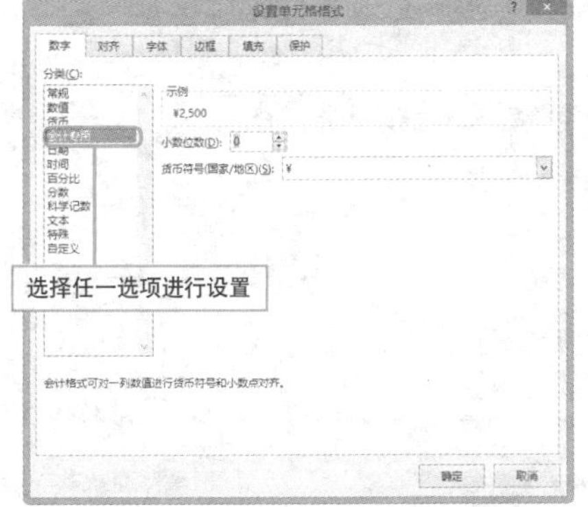

4. 设置完成后，单击“确定”按钮，返回工作表，可以看到，工作表中的数据已经添加了货币符号。

员工工资统计表

序号	员工姓名	部门	基本工资	工龄工资	住房补贴	奖金	加班费	出勤扣款	保费扣款	应发工资
CK0001	刘晓莉	品质部	¥2,500	¥ 300	¥ 300	¥200	¥500	¥ 100	¥ 300	¥3,400
CK0002	孙晓彤	品质部	¥2,500	¥ -	¥ 300	¥ -	¥700	¥ 50	¥ 300	¥3,150
CK0003	陈峰	品质部	¥2,500	¥ 100	¥ 300	¥ 50	¥500	¥ -	¥ 300	¥3,150
CK0004	张玉	品质部	¥2,500	¥ 200	¥ 300	¥150	¥400	¥ 50	¥ 300	¥3,200
CK0005	刘秀云	品质部	¥2,500	¥ 500	¥ 300	¥200	¥500	¥ -	¥ 300	¥3,700
CK0006	姜凯常	品质部	¥2,500	¥ 100	¥ 300	¥100	¥700	¥ -	¥ 300	¥3,400
CK0007	薛晶晶	品质部	¥2,500	¥ -	¥ 300	¥150	¥400	¥ 100	¥ 300	¥2,950
CK0008	周小东	生产部	¥2,000	¥ 300	¥ 200	¥200	¥400	¥ -	¥ 300	¥2,800
CK0009	陈月	生产部	¥2,000	¥ -	¥ 200	¥100	¥500	¥ 50	¥ 300	¥2,450
CK0010	张陈玉	生产部	¥2,000	¥ -	¥ 200	¥ -	¥400	¥ -	¥ 300	¥2,300
CK0011	楚云萝	生产部	¥2,000	¥ 100	¥ 200	¥ 50	¥600	¥ 100	¥ 300	¥2,550
CK0012	李小楠	生产部	¥2,000	¥ 200	¥ 200	¥200	¥300	¥ -	¥ 300	¥2,600
CK0013	郑国茂	生产部	¥2,000	¥ 100	¥ 200	¥100	¥500	¥ 50	¥ 300	¥2,550
CK0014	沈纤云	生产部	¥2,000	¥ -	¥ 200	¥ 50	¥300	¥ -	¥ 300	¥2,250
CK0015	夏东晋	生产部	¥2,000	¥ -	¥ 200	¥ -	¥300	¥ 50	¥ 300	¥2,150
CK0016	崔秀芳	生产部	¥2,000	¥ 100	¥ 200	¥100	¥500	¥ -	¥ 300	¥2,600

Question **302**

一秒钟输入当前时间

实例 当前日期与时间的输入

在制表时，经常需要输入制表的日期和时间。这时，很多用户会采用手动输入方式，那么还有没有更方便的方法呢?

● Level ◇◇◇

2013 2010 2007

1 **输入当前日期**。选择单元格，然后按Ctrl + ；组合键即可输入当前日期。

进货情况统计表						
日期	品名	价格	数量（千克）	产地	采购人	备注
2010/4/1	土鸡蛋	9	5000	河南 南阳	周敏	
2010/4/2	生菜	4	1050	山东 潍坊	李鑫	
2010/4/3	芹菜	3	3000	江苏 徐州	李易临	
2010/4/4	菠菜	2	1080	安徽 砀山	王修一	
2010/4/5	花菜	4	2000	江苏 徐州	李易临	
2010/4/6	西红柿	5	3000	山东 潍坊	李鑫	大量缺货
2010/4/7	黄瓜	3	4000	安徽 砀山	王修一	
2010/4/8	豆角	4	2800	山东 潍坊	李鑫	
2010/4/9	四季豆	5	1700	安徽 砀山	王修一	
2010/4/10	青椒	4	3000	山东 潍坊	李鑫	
2010/4/11	茄子	3	4000	山东 潍坊	李鑫	
2010/4/12	西葫芦	3	5000	江苏 徐州	李易临	缺货
2010/4/13	丝瓜	4	3000	广东 东莞	曹云	
2010/4/14	苦瓜	5	2000	安徽 砀山	王修一	
2010/4/15	冬瓜	2	3000	广东 东莞	曹云	
制表日期			2013/4/28			

2 **输入当前时间**。选择单元格，然后Ctrl + Shift + ；组合键即可输入当前时间。

进货情况统计表						
日期	品名	价格	数量（千克）	产地	采购人	备注
2010/4/1	土鸡蛋	9	5000	河南 南阳	周敏	
2010/4/2	生菜	4	1050	山东 潍坊	李鑫	
2010/4/3	芹菜	3	3000	江苏 徐州	李易临	
2010/4/4	菠菜	2	1080	安徽 砀山	王修一	
2010/4/5	花菜	4	2000	江苏 徐州	李易临	
2010/4/6	西红柿	5	3000	山东 潍坊	李鑫	大量缺货
2010/4/7	黄瓜	3	4000	安徽 砀山	王修一	
2010/4/8	豆角	4	2800	山东 潍坊	李鑫	
2010/4/9	四季豆	5	1700	安徽 砀山	王修一	
2010/4/10	青椒	4	3000	山东 潍坊	李鑫	
2010/4/11	茄子	3	4000	山东 潍坊	李鑫	
2010/4/12	西葫芦	3	5000	江苏 徐州	李易临	缺货
2010/4/13	丝瓜	4	3000	广东 东莞	曹云	
2010/4/14	苦瓜	5	2000	安徽 砀山	王修一	
2010/4/15	冬瓜	2	3000	广东 东莞	曹云	
制表日期			28/4			
			14:47			

3 输入完成后，在单元格外单击即可完成日期和时间的插入。

进货情况统计表						
日期	品名	价格	数量（千克）	产地	采购人	备注
2010/4/1	土鸡蛋	9	5000	河南 南阳	周敏	
2010/4/2	生菜	4	1050	山东 潍坊	李鑫	
2010/4/3	芹菜	3	3000	江苏 徐州	李易临	
2010/4/4	菠菜	2	1080	安徽 砀山	王修一	
2010/4/5	花菜	4	2000	江苏 徐州	李易临	
2010/4/6	西红柿	5	3000	山东 潍坊	李鑫	大量缺货
2010/4/7	黄瓜	3	4000	安徽 砀山	王修一	
2010/4/8	豆角	4	2800	山东 潍坊	李鑫	
2010/4/9	四季豆	5	1700	安徽 砀山	王修一	
2010/4/10	青椒	4	3000	山东 潍坊	李鑫	
2010/4/11	茄子	3	4000	山东 潍坊	李鑫	
2010/4/12	西葫芦	3	5000	江苏 徐州	李易临	缺货
2010/4/13	丝瓜	4	3000	广东 东莞	曹云	
2010/4/14	苦瓜	5	2000	安徽 砀山	王修一	
2010/4/15	冬瓜	2	3000	广东 东莞	曹云	
制表日期			28/4			
			14:47			

Hint

如何快速转换长短日期

选择单元格，单击“开始”选项卡中“数字格式”右侧按钮，从列表中选择合适的日期格式即可。

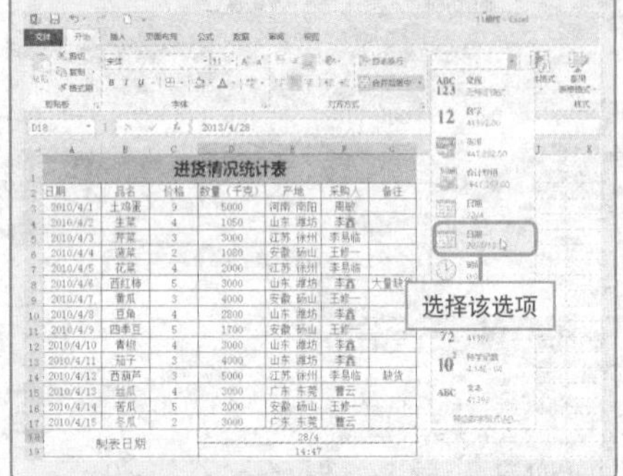

修改日期格式很容易

实例 改变当前日期与时间的格式

在工作表中，完成当前日期与时间的输入后，用户还可对格式做进一步调整，使之与工作表更协调、美观。

1 打开工作表，选择单元格，在键盘上按下按Ctrl + 1组合键。

	A	B	C	D	E	F	G
1	进货情况统计表						
2	日期	品名	价格	数量（千克）	产地	采购人	备注
3	2010/4/1	土鸡蛋	9	5000	河南 南阳	周敏	
4	2010/4/2	生菜	4	1050	山东 潍坊	李鑫	
5	2010/4/3	芹菜	3	3000	江苏 徐州	李易临	
6	2010/4/4	菠菜	2	1080	安徽 砀山	王修一	
7	2010/4/5	花菜	4	2000	江苏 徐州	李易临	
8	2010/4/6	西红柿	5	3000	山东 潍坊	李鑫	大量缺货
9	2010/4/7	黄瓜	3	4000	安徽 砀山	王修一	
10	2010/4/8	豆角	4	2800	山东 潍坊	李鑫	
11	2010/4/9	四季豆	5	1700	安徽 砀山	王修一	
12	2010/4/10	青椒	4	3000	山东 潍坊	李鑫	
13	2010/4/11	茄子	3	4000	山东 潍坊	李鑫	
14	2010/4/12	西葫芦	3	5000	江苏 徐州	李易临	缺货
15	2010/4/13	丝瓜	4	3000	广东 东莞	曹云	
16	2010/4/14	苦瓜	5	2000	安徽 砀山	王修一	
17	2010/4/15	冬瓜	2	3000	广东 东莞	曹云	
18	制表日期			28/4/13			
19				14:47			

2 **调整日期格式**。打开“设置单元格格式”对话框，选择“日期”分类，从右侧“类型”列表中选择所需格式。

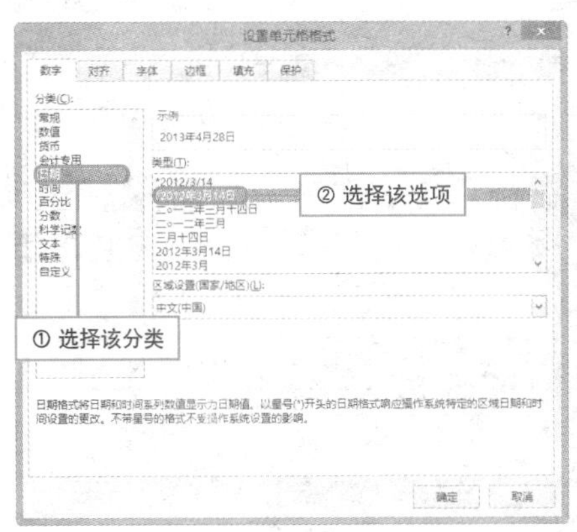

3 **调整时间格式**。选择“时间”分类，从右侧“类型”列表中选择所需格式。

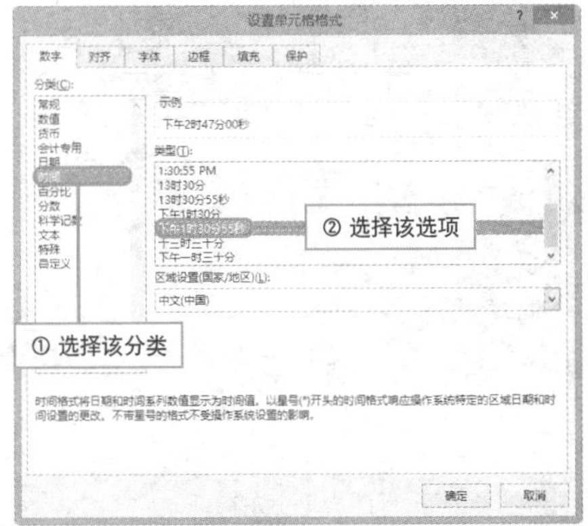

4 设置完成后，单击“确定”按钮，关闭对话框，查看设置效果。

	A	B	C	D	E	F	G
1	进货情况统计表						
2	日期	品名	价格	数量（千克）	产地	采购人	备注
3	2010/4/1	土鸡蛋	9	5000	河南 南阳	周敏	
4	2010/4/2	生菜	4	1050	山东 潍坊	李鑫	
5	2010/4/3	芹菜	3	3000	江苏 徐州	李易临	
6	2010/4/4	菠菜	2	1080	安徽 砀山	王修一	
7	2010/4/5	花菜	4	2000	江苏 徐州	李易临	
8	2010/4/6	西红柿	5	3000	山东 潍坊	李鑫	大量缺货
9	2010/4/7	黄瓜	3	4000	安徽 砀山	王修一	
10	2010/4/8	豆角	4	2800	山东 潍坊	李鑫	
11	2010/4/9	四季豆	5	1700	安徽 砀山	王修一	
12	2010/4/10	青椒	4	3000	山东 潍坊	李鑫	
13	2010/4/11	茄子	3	4000	山东 潍坊	李鑫	
14	2010/4/12	西葫芦	3	5000	江苏 徐州	李易临	缺货
15	2010/4/13	丝瓜	4	3000	广东 东莞	曹云	
16	2010/4/14	苦瓜	5	2000	安徽 砀山	王修一	
17	2010/4/15	冬瓜	2	3000	广东 东莞	曹云	
18	制表日期			2013年4月28日			
19				下午2时47分00秒			

Question 304

● Level ◆◆◆

2013 2010 2007

批量输入相同数据有绝招

实例 在相邻区域快速输入重复数据

在实际工作中，经常需要在相邻的单元格中重复输入相同的数据。如果逐一输入肯定会浪费很多时间，下面介绍一种高效率批量输入技巧。

1 在需要输入相同数据的区域上方输入数据。

定远科技采购统计表						
物品名称	数量	单价	总价	供应商	采购员	备注
二极管	180000	1.2	216000	J018	刘先	
三极管	200000	1.8	360000			
发光二极管	90000	2	180000			订单备货
晶振	120000	1.5	180000			库存备用
蜂鸣器	10000	3	30000			急需
电容	450000	0.5	225000	CK15	帅可	
电阻	620000	0.6	372000			
保险丝	100000	0.8	80000			
电感	230000	1	230000			
IC	50000	6.5	325000			
VGA	18000	0.8	14400	EZ05	张芸	
AV端子	80000	0.4	32000			库存备用
S端子	20000	0.9	18000			

2 选择E3、F3单元格，将鼠标光标之余区域右下角，按住鼠标左键向下拖动鼠标。

定远科技采购统计表						
物品名称	数量	单价	总价	供应商	采购员	备注
二极管	180000	1.2	216000	J018	刘先	
三极管	200000	1.8	360000			
发光二极管	90000	2	180000			订单备货
晶振	120000	1.5	180000			库存备用
蜂鸣器	10000	3	30000			急需
电容	450000	0.5	225000	CK15	帅可	
电阻	620000	0.6	372000			
保险丝	100000	0.8	80000			
电感	230000	1	230000			
IC	50000	6.5	325000			
VGA	18000	0.8	14400	EZ05	张芸	
AV端子	80000	0.4	32000			库存备用
S端子	20000	0.9	18000			

J022

选择该选项

3 拖动至合适位置后释放鼠标，单击出现的“自动填充选项”按钮，从列表中选择“复制单元格”选项。

定远科技采购统计表						
物品名称	数量	单价	总价	供应商	采购员	备注
二极管	180000	1.2	216000	J018		
三极管	200000	1.8	360000	J019		
发光二极管	90000	2	180000	J020	刘先	订单备货
晶振	120000	1.5	180000	J021	刘先	库存备用
蜂鸣器	10000	3	30000	J022	刘先	急需
电容	450000	0.5	225000	CK15	帅可	
电阻	620000	0.6	372000			
保险丝	100000	0.8	80000			
电感	230000	1	230000			
IC	50000	6.5	325000			
VGA	18000	0.8	14400	EZ05		
AV端子	80000	0.4	32000			
S端子	20000	0.9	18000			

① 选择该分类

复制单元格(C)
填充序列(S)
仅填充格式(F)
不带格式填充(O)

② 选择该选项

4 按照同样的方法，复制其他相同的内容。

定远科技采购统计表						
物品名称	数量	单价	总价	供应商	采购员	备注
二极管	180000	1.2	216000	J018	刘先	
三极管	200000	1.8	360000	J018	刘先	
发光二极管	90000	2	180000	J018	刘先	订单备货
晶振	120000	1.5	180000	J018	刘先	库存备用
蜂鸣器	10000	3	30000	J018	刘先	急需
电容	450000	0.5	225000	CK15	帅可	
电阻	620000	0.6	372000	CK15	帅可	
保险丝	100000	0.8	80000	CK15	帅可	
电感	230000	1	230000	CK15	帅可	
IC	50000	6.5	325000	CK15	帅可	
VGA	18000	0.8	14400	EZ05	张芸	
AV端子	80000	0.4	32000	EZ05	张芸	库存备用
S端子	20000	0.9	18000	EZ05	张芸	

Question 305

• Level ◆◆◆

2013 2010 2007

快速为选定的区域输入数据

实例 在不连续区域输入相同数据

上述技巧介绍了相邻单元格重复输入的技巧，在此介绍如何为多个不连续的单元格内输入相同数据的方法，其实操作也是比较简单的，具体操作方法介绍如下。

❶ 按住Ctrl键的同时，依次选取需要输入数据的区域。

员工工资统计表

序号	员工姓名	部门	基本工资	工龄工资	住房补贴	奖金	加班费	出勤扣款	保费扣款	应发工资
CK0001	刘晓莉	品质部	2500.0			200.0	500.0	100.0		¥3,100
CK0002	孙晓彤	品质部	2500.0	0.0		0.0	700.0	50.0		¥3,150
CK0003	陈峰	品质部	2500.0	100.0		50.0	500.0	0.0		¥3,150
CK0004	张玉	品质部	2500.0			150.0	400.0	50.0		¥3,000
CK0005	刘秀云	品质部	2500.0	500.0		200.0	500.0	0.0		¥3,700
CK0006	姜凯常	品质部	2500.0	100.0		100.0	700.0	0.0		¥3,400
CK0007	薛晶晶	品质部	2500.0	0.0		150.0	400.0	100.0		¥2,950
CK0008	周小东	生产部	2000.0	300.0	200.0	200.0	400.0	0.0		¥3,100
CK0009	陈月	生产部	2000.0	0.0	200.0	100.0	500.0	50.0		¥2,750
CK0010	张陈玉	生产部	2000.0	0.0	200.0	0.0	400.0	0.0		¥2,600
CK0011	楚云萝	生产部	2000.0		200.0	50.0	600.0	100.0		¥2,750
CK0012	李小楠	生产部	2000.0		200.0	200.0		0.0		¥2,400
CK0013	郑国茂	生产部	2000.0	100.0	200.0	100.0	500.0	50.0		¥2,850
CK0014	沈纤云	生产部	2000.0	0.0	200.0	50.0		0.0		¥2,250
								50.0		¥2,150
							0	0.0		¥2,900

按住 Ctrl 键同时选取多个单元格区域

❷ 输入数据，然后按下Ctrl + Enter组合键确认输入。

员工工资统计表

序号	员工姓名	部门	基本工资	工龄工资	住房补贴	奖金	加班费	出勤扣款	保费扣款	应发工资
CK0001	刘晓莉	品质部	2500.0			200.0	500.0	100.0	300	¥3,100
CK0002	孙晓彤	品质部	2500.0	0.0		0.0	700.0	50.0		¥3,150
CK0003	陈峰	品质部	2500.0	100.0		50.0	500.0	0.0		¥3,150
CK0004	张玉	品质部	2500.0			150.0	400.0	50.0		¥3,000
CK0005	刘秀云	品质部	2500.0	500.0		200.0	500.0	0.0		¥3,700
CK0006	姜凯常	品质部	2500.0	100.0		100.0	700.0	0.0		¥3,400
CK0007	薛晶晶	品质部	2500.0	0.0		150.0	400.0	100.0		¥2,950
CK0008	周小东	生产部	2000.0	300.0	200.0	200.0	400.0			
CK0009	陈月	生产部	2000.0	0.0	200.0	100.0	500.			
CK0010	张陈玉	生产部	2000.0	0.0	200.0	0.0	400.			
CK0011	楚云萝	生产部	2000.0		200.0	50.0	600.			
CK0012	李小楠	生产部	2000.0		200.0	200.0		0.0		¥2,400
CK0013	郑国茂	生产部	2000.0	100.0	200.0	100.0	500.0	50.0		¥2,850
CK0014	沈纤云	生产部	2000.0	0.0	200.0	50.0		0.0		¥2,250
CK0015	夏东晋	生产部	2000.0	0.0	200.0	0.0		50.0		¥2,150
CK0016	崔秀芳	生产部	2000.0	100.0	200.0	100.0	500.0	0.0		¥2,900

输入数据后按 Ctrl + Enter 组合键

❸ 从中可以看到选定的区域已全部填充了相同的数据。

员工工资统计表

序号	员工姓名	部门	基本工资	工龄工资	住房补贴	奖金	加班费	出勤扣款	保费扣款	应发工资
CK0001	刘晓莉	品质部	2500.0	300.0	300.0	200.0	500.0	100.0	300.0	¥3,400
CK0002	孙晓彤	品质部	2500.0	0.0	300.0	0.0	700.0	50.0	300.0	¥3,150
CK0003	陈峰	品质部	2500.0	100.0	300.0	50.0	500.0	0.0	300.0	¥3,150
CK0004	张玉	品质部	2500.0	300.0	300.0	150.0	400.0	50.0	300.0	¥3,300
CK0005	刘秀云	品质部	2500.0	500.0	300.0	200.0	500.0	0.0	300.0	¥3,700
CK0006	姜凯常	品质部	2500.0	100.0	300.0	100.0	700.0	0.0	300.0	¥3,400
CK0007	薛晶晶	品质部	2500.0	0.0	300.0	150.0	400.0	100.0	300.0	¥2,950
CK0008	周小东	生产部	2000.0	300.0	200.0	200.0	400.0	0.0	300.0	¥2,800
CK0009	陈月	生产部	2000.0	0.0	200.0	100.0	500.0	50.0	300.0	¥2,450
CK0010	张陈玉	生产部	2000.0	0.0	200.0	0.0	400.0	0.0	300.0	¥2,300
CK0011	楚云萝	生产部	2000.0	300.0	200.0	50.0	600.0	100.0	300.0	¥2,750
CK0012	李小楠	生产部	2000.0	300.0	200.0	200.0	300.0	0.0	300.0	¥2,700
CK0013	郑国茂	生产部	2000.0	100.0	200.0	100.0	500.0	50.0	300.0	¥2,550
CK0014	沈纤云	生产部	2000.0	0.0	200.0	50.0	300.0	0.0	300.0	¥2,250
CK0015	夏东晋	生产部	2000.0	0.0	200.0	0.0	300.0	50.0	300.0	¥2,150
CK0016	崔秀芳	生产部	2000.0	100.0	200.0	100.0	500.0	0.0	300.0	¥2,600

Hint

如何启用填充柄和单元格拖放功能

打开工作表若发现不能使用填充柄和单元格拖放功能，需执行"文件>选项"命令，打开"Excel选项"对话框，在"高级"选项，勾选"启用填充柄和单元格缩放功能"复选框即可。

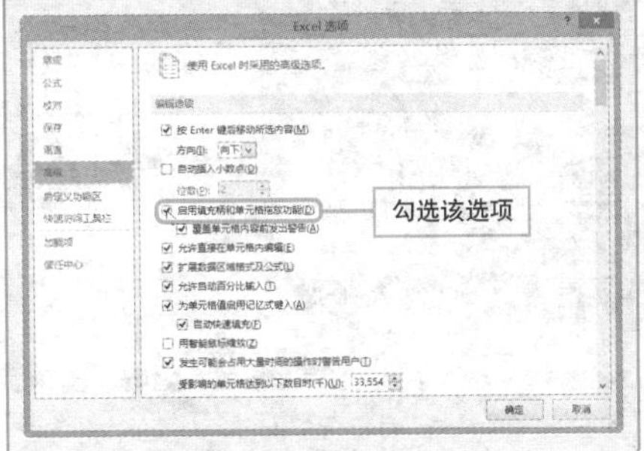

Question 306

● Level ◆◆◆

2013 2010 2007

轻松实现数据在不同工作表中的备份

实例 将当前工作表中的数据添加到其他多个工作表中

使用 Excel 工作时，为了防止数据丢失，通常需将数据复制并粘贴到其他工作表中，除此之外，还有没有更便捷的方法将数据备份到其他工作表中呢？

1 按住Shift键的同时单击包含数据的工作表标签及03，选择四个工作表。

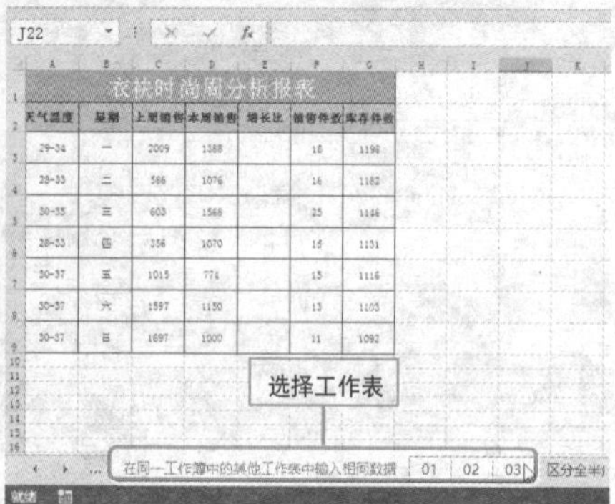

2 在包含数据的工作表中，选取A2:G9单元格区域。

衣袂时尚周分析报表						
天气温度	星期	上周销售	本周销售	增长比	销售件数	库存件数
29-34	一	2009	1388		18	1198
28-33	二	586	1076		16	1182
30-35	三	603	1568		25	1146
28-33	四	356	1070		15	1131
30-37	五	1015	774		15	1116
30-37	六	1597	1150		13	1103
30-37	日	1697	1000		11	1092

3 单击“开始”选项卡的“填充”按钮，从展开的列表中选择“成组工作表”选项。

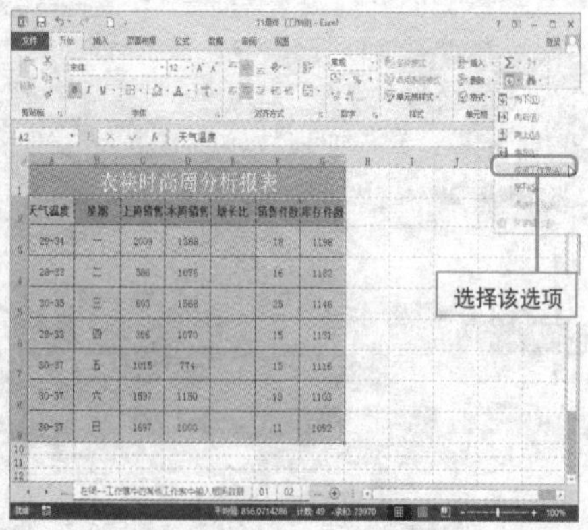

4 弹出“填充成组工作表”对话框，选中“全部”单选按钮，然后单击“确定”按钮即可。

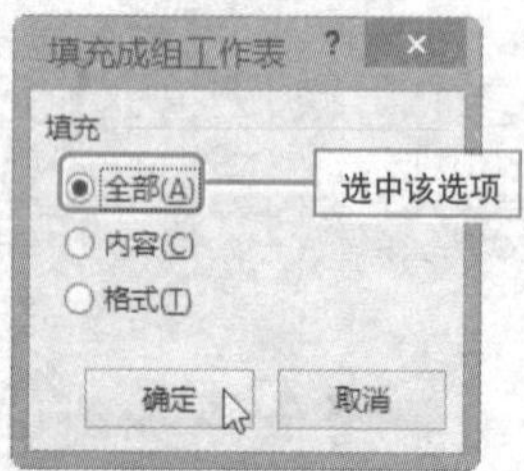

查找指定内容有秘诀

实例 使用查找功能定位指定内容

在一张包含大量数据的工作表中，想要轻而易举地查找到指定的内容是不容易的，这就需要利用 Excel 提供的查找功能来解决，具体操作方法如下所示。

1 打开工作表，单击“开始”选项卡中的“查找和选择”按钮，从下拉列表中选择“查找”选项。

2 弹出“查找和替换”对话框，在“查找内容”文本框中输入要查找的内容，如“山东”，然后单击“查找下一个”按钮。

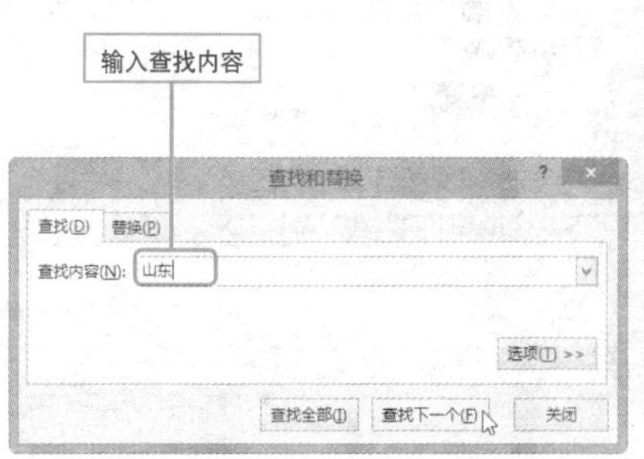

3 若单击“查找全部”按钮，则会显示查找到的所有内容。

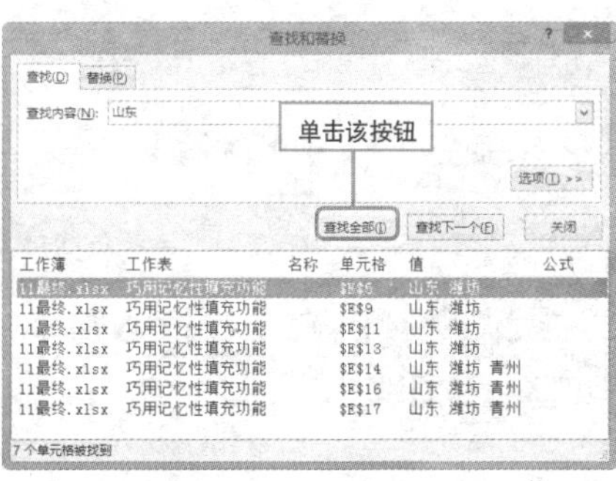

Hint

快速打开“查找和替换”对话框

打开工作表后，在键盘上按Ctrl + F组合键，同样可以打开“查找和替换”对话框，然后根据需要进行查找即可。

查找和替换
查找(D) 替换(P)
查找内容(N): 山东
按 Ctrl + F 组合键打开对话框
选项(T) >>
查找全部(I) 查找下一个(F) 关闭

Question 308

在特定区域内查找指定内容有绝招

• Level ◆◆◆

2013 2010 2007

实例 设置查找范围，提高查找效率

在 Excel 中查找指定内容时，为了提高查找效率，可以设置查找范围，减少系统的工作时间。

❶ **指定查找区域**。选择B列，按Ctrl + F组合键，打开“查找和替换”对话框。

民权县香云冷柜厂员工信息统计					
姓名	部门	电话	身份证号码	入职年份	备注
刘晓莉	品质部	0370-8673356	411421198603087420	2006	
孙晓彤	品质部	0370-8673358	411421198506177130	2008	
陈峰	品质部	0370-8673125	411421199002017310	2010	
张玉	品质部	0370-8678052	411421198607237102	2009	
刘秀云	品质部	0370-8674523	411421198904087430	2013	
姜凯常	品质部	0370-8673332	4114211988709207098	2012	
薛晶晶	品质部	0370-8673359	411421198310247150	2005	
周小东	生产部	0370-8674582	411421198801257113	2011	
陈月	生产部	0370-8503365	411421198512077023	2009	
张陈玉	生产部	0370-8679523	411421198811287230	2012	
楚云萝	生产部	0370-8673456	411421198609177110	2009	
李小楠	生产部	0370-8673452	411421198812077322	2012	

❷ 在“查找内容”文本框中输入“生产部”，设置“按列”搜索，然后单击“查找全部”按钮即可。

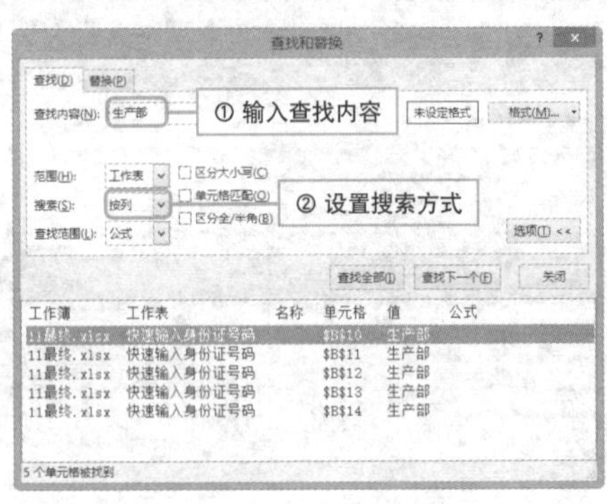

❸ **指定工作表**。可以设置查找范围为“工作表”，“按行”搜索，然后单击“查找全部”按钮即可。

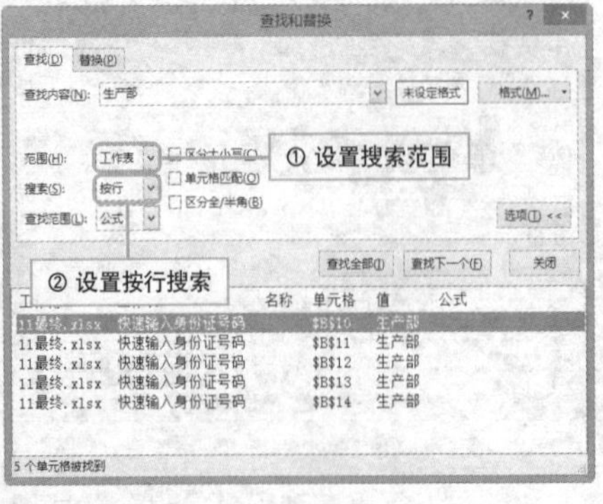

❹ **指定工作簿**。可以设置查找范围为“工作簿”，“按行”搜索，然后单击“查找全部”按钮即可。

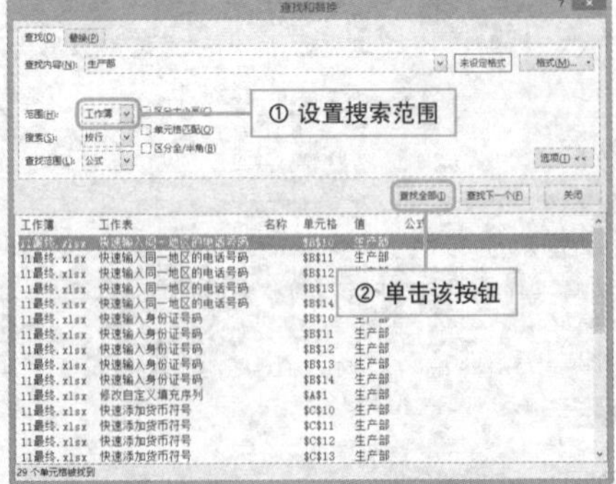

区分全半角查找有妙用

实例 在查找时区分全角与半角

在工作表中录入和编辑数据的过程中，很可能会将字母、标点等全半角混合在了一起并执行了录入操作，这种情况下就需要将其查找出来。下面介绍区分全半角进行查找的方法。

1 打开工作表，选择单元格区域，单击“开始”选项卡上的“查找和选择”按钮，从展开的列表中选择“查找”选项。

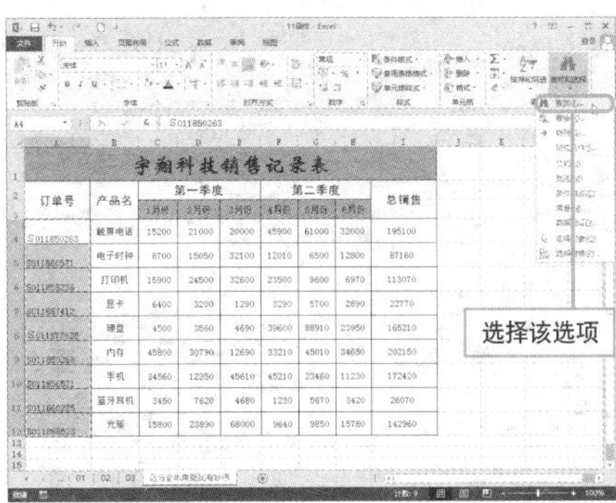

2 或者是选择单元格区域后，直接在键盘上按Ctrl + F组合键，打开“查找和替换”对话框，输入要查找的内容，单击“选项”按钮。

输入查找内容

查找和替换

查找(D) 替换(P)

查找内容(N): S

选项(T) >>

查找全部(I) 查找下一个(F) 关闭

3 勾选“区分全/半角”复选框，单击“查找全部”按钮，即可显示全部相关内容。

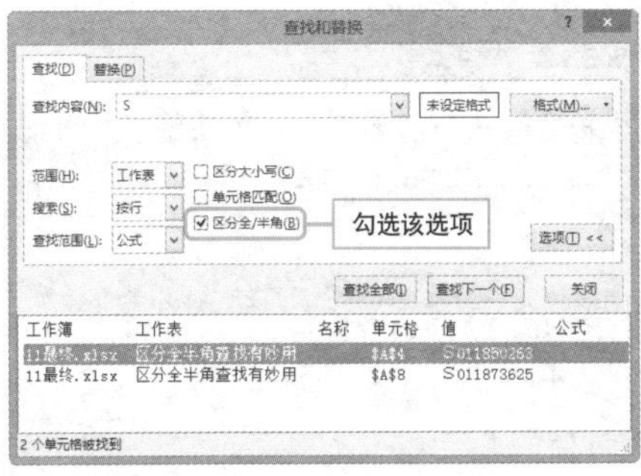

Hint

何谓全角与半角

(1) 全角是指一个字符占用两个标准字符位置；半角是指一个字符占用一个标准字符位置。

(2) 全角半角主要针对标点符号、字母、数字来讲的，全角占两个字节，半角占一个字节。

(3) 而对于汉字来说，无论全角还是半角，都会占用两个字节。

区分大小写查找很实用

实例　在查找时区分字母大小写

在工作表中进行查找字母时，如果不区分大小写，会将所有包含该字母的内容查找出来，但是有时候只需要查找小写或者大写字母，该怎样进行查找呢？

1 打开工作表，选择需要查找内容的B3:B12单元格区域。接着按Ctrl + F组合键。

畅销品统计

畅销前十名	款号	上周销售件数	目前库存的数量	补货情况	货品卖点分析
1	JC018	189560	160000	已补货	性价比高，外形抢眼
2	KM136	156980	250000	未补货	个性独特，彰显品质
3	jc035	150000	110000	未补货	经济适用，品质过硬
4	CN486	132000	180000	无需补货	赠送礼品吸引人
5	OP047	110050	90000	已补货	老品牌，口碑好
6	cn892	85632	90000	已补货	产品宣传到位
7	km570	81456	189000	无需补货	打折产品，质量上乘
8	jc965	65890	180000	无需补货	特卖商品，知名品牌
9	OR456	55874	60000	已补货	新产品，质量外观吸引力强
10	GH019	40000	90000	未补货	外观漂亮，价格适中

2 打开“查找和替换”对话框，输入要查找的内容，勾选“区分大小写”复选框，然后单击“查找全部”按钮。

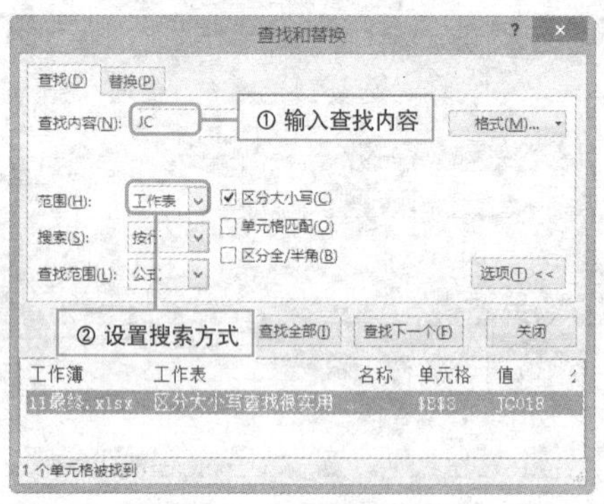

3 若未勾选“区分全/半角”复选框，则会将全部相关内容查找出来。

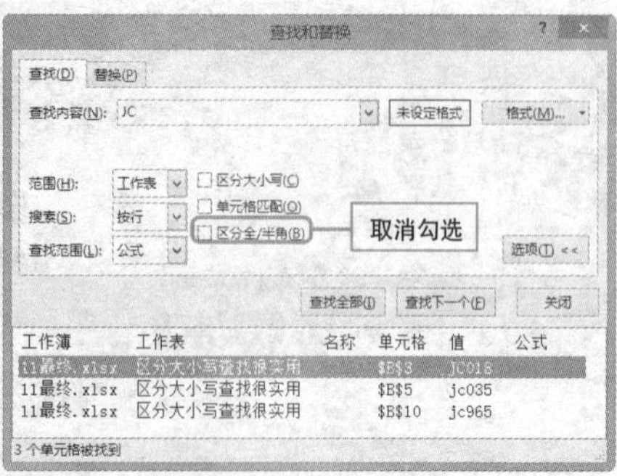

Hint

对话框中选项功能介绍

“选项”按钮用于展开或收起“范围”、“搜索”、“区分大小写”等选项。

“格式”按钮用于打开“查找格式”对话框，可以设置查找内容的格式，进行精确查找。

按照公式、值或批注查找内容

实例 查找包含公式、值、批注的内容

在查找过程中，除了可以区分大小写、全半角内容外，Excel 还可以按照公式、值、批注进行查找，下面介绍其相关操作。

1 打开工作表，选择B3:E15单元格区域。在键盘上按Ctrl + F组合键，打开“查找和替换”对话框。

定远科技采购统计表

物品名称	数量	单价	总价	供应商	采购员	备注
二极管	180000	1.2	216000	J018	刘先	
三极管	200000	1.8	360000	J018	刘先	
发光二极管	90000	2	180000	J018	刘先	订单备货
晶振	120000	1.5	180000	J018	刘先	库存备用
电容	450000	0.5	225000	CK15	帅可	特急
电阻	620000	0.6	372000	CK15	帅可	
保险丝	100000	0.8	80000	CK15	帅可	
电感	230000	1	230000	CK15	帅可	
蜂鸣器	10000	3	30000	J018	刘先	急需
IC	50000	6.5	325000	R013	李飞	
VGA	18000	0.8	14400	EZ05	张芸	
AV端子	80000	0.4	32000	EZ05	张芸	库存备用
S端子	20000	0.9	18000	EZ05	张芸	

2 在“查找内容”文本框中输入“=”，“查找范围”设置为“公式”，然后单击“查找全部”按钮即可查找出所有相关内容。

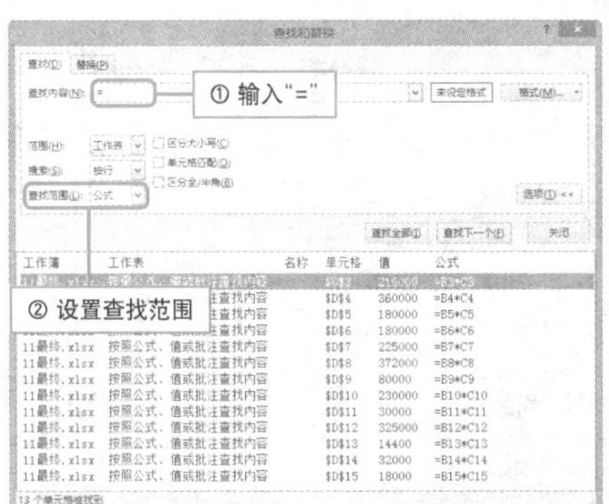

3 在“查找内容”文本框中输入“代码”，“查找范围”设置为“批注”，然后单击“查找全部”按钮即可查找出相关内容。

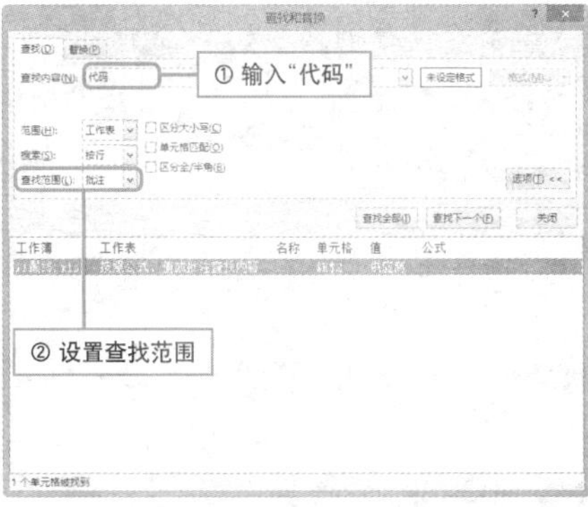

4 在“查找内容”文本框中输入“80000”，“查找范围”设置为“值”，然后单击“查找全部”按钮即可查找出所有相关内容。

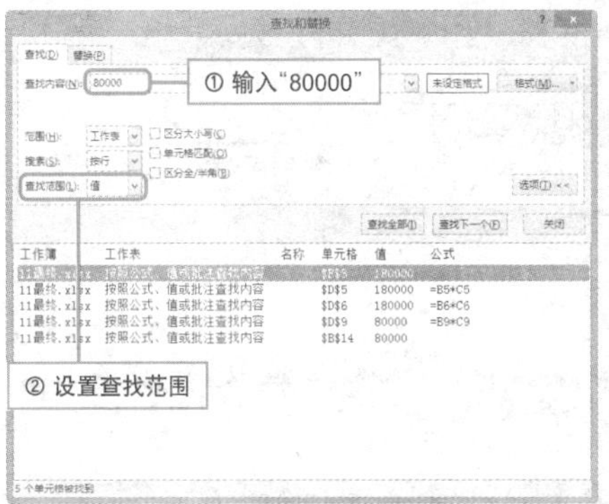

精确查找定位准

实例 查找内容时区分单元格格式

在查找时，用户还可以精确地区分数字格式、字体、对齐方式、单元格填充色、边框等进行查找，下面介绍具体操作步骤。

1 打开工作表，单击“开始”选项卡上的“查找和选择”按钮，从列表中选择“查找”选项。

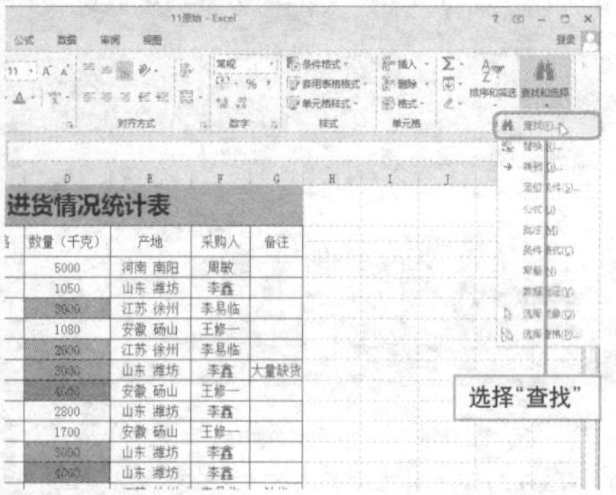

2 打开“查找和替换”对话框，在“查找内容”文本框中输入“3”，然后单击“格式”按钮。

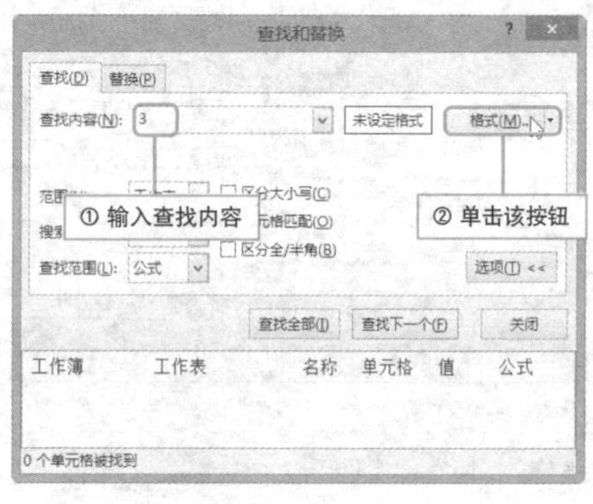

3 打开“查找格式”对话框，从中根据需要设置单元格填充色，单击“确定”按钮。

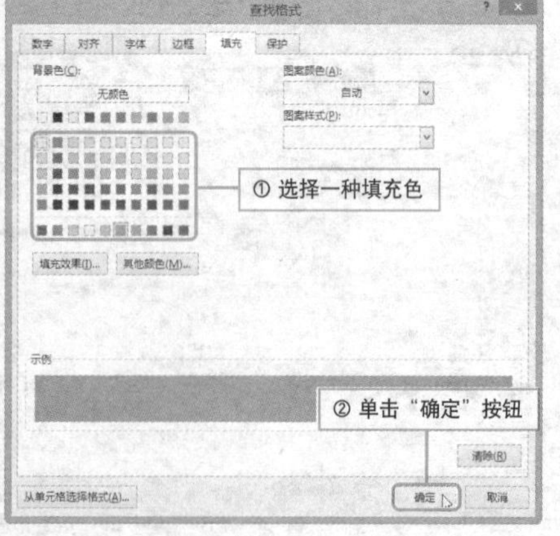

4 返回到“查找和替换”对话框，在“格式”按钮左侧可以看到预览效果，然后单击“查找全部”按钮即可。

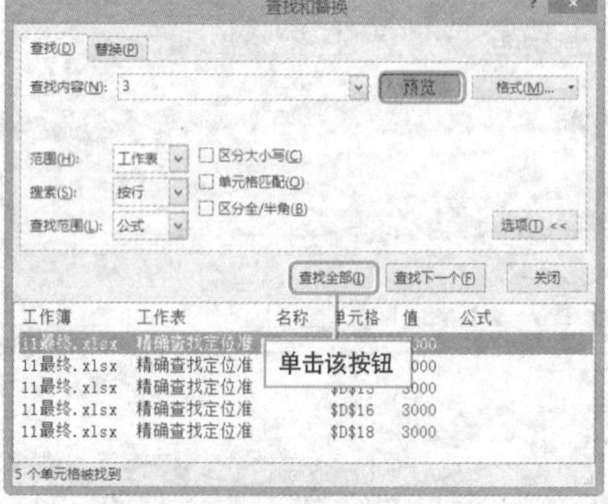

模糊查找显身手

实例 使用通配符进行查找

在实际工作中，有时候用户并不能准确确定所要查找的内容，此时就需要采用模糊查找的方法对相近内容进行查找，下面介绍具体操作步骤。

1 按Ctrl + F组合键，打开“查找和替换”对话框。在“查找内容”文本框中输入“?5”，单击“查找全部”按钮即可。

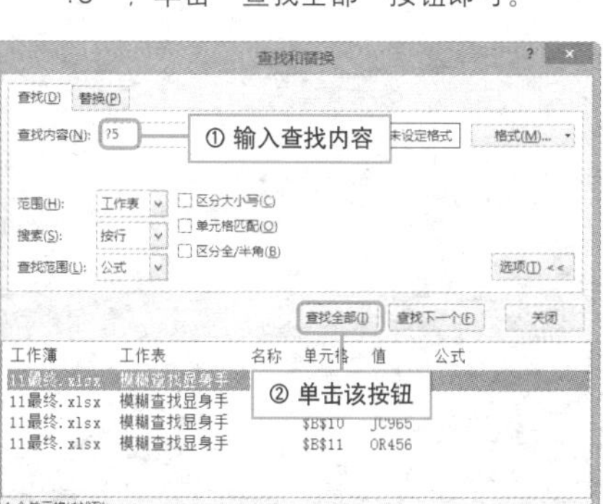

2 需要注意的是问号必须在英文状态下输入，否则将会出现错误。

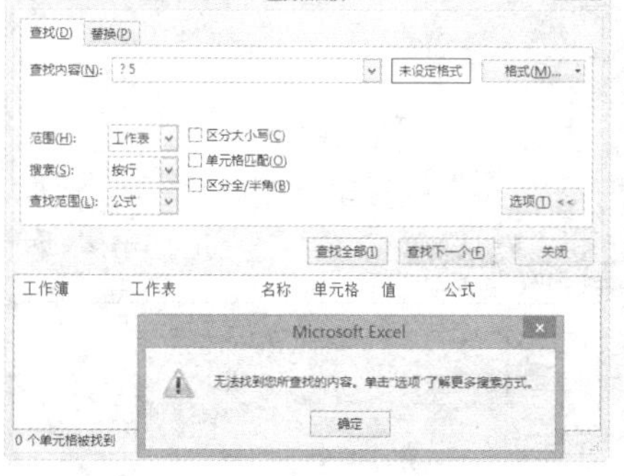

3 在“查找内容”文本框中输入“JC*5”，然后单击“查找全部”按钮即可看到查询结果。

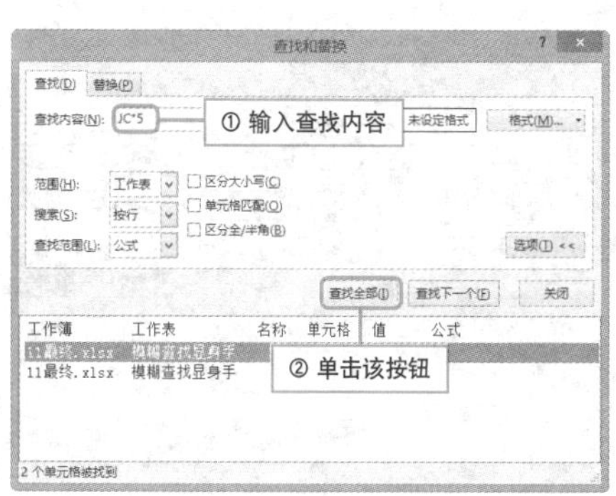

Hint

关于通配符

通配符是一类键盘字符，有星号（*）和问号（?）。

使用星号代替0个或多个字符。如果正在查找以A开头的字符，但不记得字符其余部分，可以输入A*，可查找到AEW、AON、ALONE等。

使用问号（?）代替一个或多个字符。如果输入lo?，可查找到lovey、loved等。

Question 314

Level ◆◆◆

2013 2010 2007

轻而易举替换特定内容

实例 使用替换功能批量修改表中数据

在工作表中修改批量数据时，为了节约时间，提高工作效率，用户可以采用替换功能，下面介绍具体操作方法。

① 打开Excel工作表，单击“开始”选项卡中的“查找和选择”按钮，从下拉列表中选择“替换”选项。

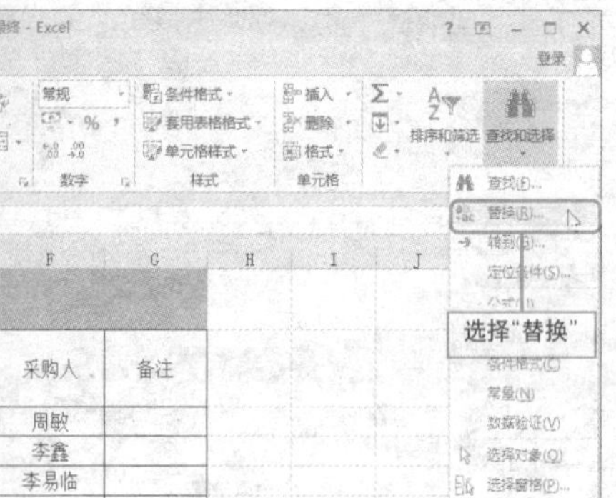

② 打开“查找和替换”对话框，从中设置“查找内容”为“江苏 徐州”，“替换为”为“陕西 西安”，然后单击“全部替换”按钮。

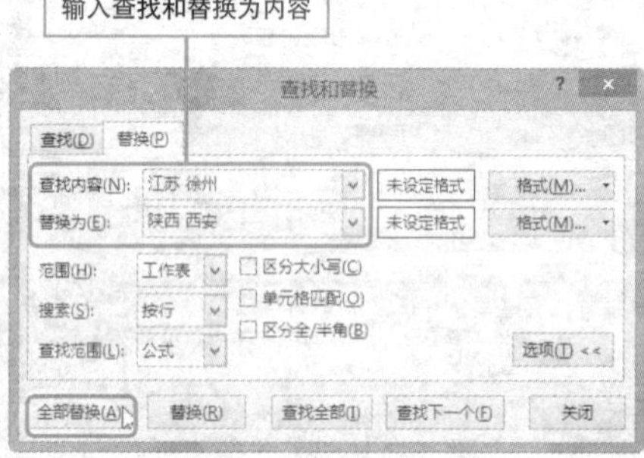

③ 系统将弹出提示对话框，单击“确定”按钮即可完成替换操作。

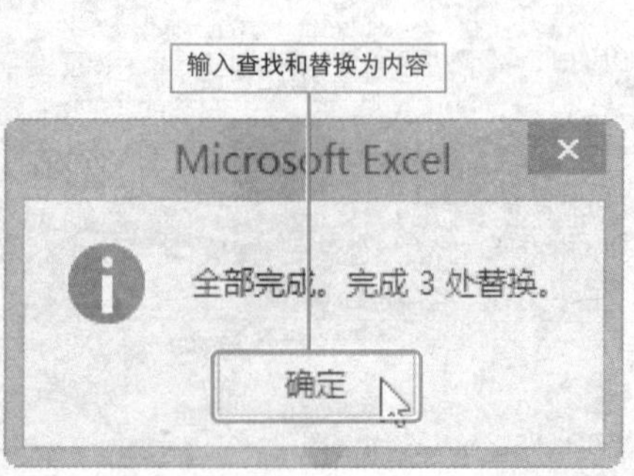

④ 可以看到，产地项目中所有“江苏 徐州”全部替换为“陕西 西安”。

每日进货情况统计表

项目 / 日期	品名	价格	数量（千克）	产地	采购人	备注
2010/4/1	土鸡蛋	9	5000	河南 南阳	周敏	
2010/4/2	生菜	4	1050	山东 潍坊	李鑫	
2010/4/3	芹菜	3	3000	陕西 西安	李易临	
2010/4/4	菠菜	2	1080	安徽 砀山	王修一	
2010/4/5	花菜	4	2000	陕西 西安	李易临	
2010/4/6	西红柿	5	3000	山东 潍坊	李鑫	大量缺货
2010/4/7	黄瓜	3	4000	安徽 砀山	王修一	
2010/4/8	豆角	4	2800	山东 潍坊	李鑫	
2010/4/9	四季豆	5	1700	安徽 砀山	王修一	
2010/4/10	青椒	4	3000	山东 潍坊	李鑫	
2010/4/11	茄子	3	4000	山东 潍坊	李鑫	
2010/4/12	西葫芦	3	5000	陕西 西安	李易临	缺货
2010/4/13	丝瓜	4	3000	广东 东莞	曹云	
2010/4/14	苦瓜	5	2000	安徽 砀山	王修一	
2010/4/15	冬瓜	2	3000	广东 东莞	曹云	

Question 315

全 / 半角替换很方便

Level ◆◆◆

2013 2010 2007

实例 执行替换操作时，区分全角和半角

在进行替换操作时，有时需要将错误输入的某些半角字符替换为全角字符，这就要用到替换功能中的区分全角和半角。

❶ 打开Excel工作表，单击“开始”选项卡中的“查找和选择”按钮，从下拉列表中选择“替换”选项。

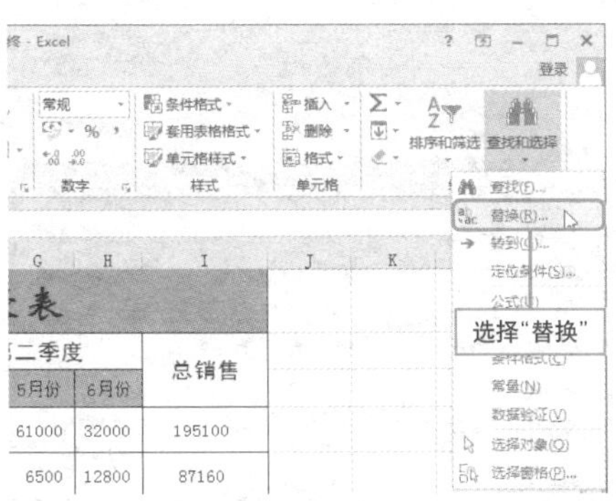

❷ 打开“查找和替换”对话框，从中设置“查找内容”为半角字符s，“替换为”为全角字符S，勾选“区分全/半角”复选框，然后单击“全部替换”按钮。

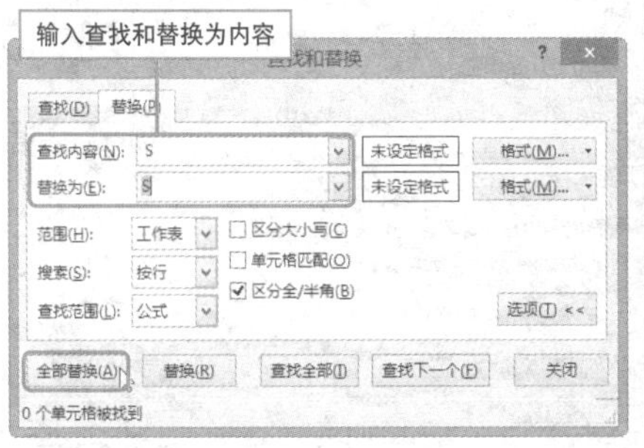

❸ 系统将弹出相应的提示信息，以说明替换了多少处内容。

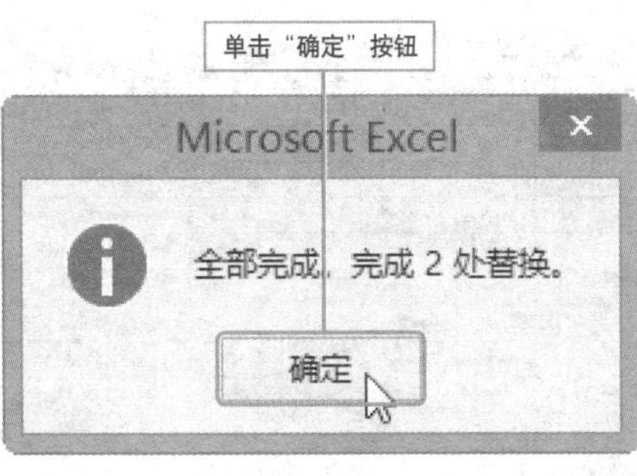

❹ 返回工作表，可以看到，工作表中的所有半角字符 S 被替换为全角字符S。

宇翔科技销售记录表								
订单号	产品名	第一季度			第二季度			总销售
		1月份	2月份	3月份	4月份	5月份	6月份	
S011850263	触屏电话	15200	21000	20000	45900	61000	32000	195100
S011860571	电子时钟	8700	15050	32100	12010	6500	12800	87160
S011858236	打印机	15900	24500	32600	23500	9600	6970	113070
S011867412	显卡	6400	3200	1290	3290	5700	2890	22770
S011873625	硬盘	4500	3560	4690	39600	88910	23950	165210
S011850268	内存	45800	30790	12690	33210	45010	34650	202150
S011856521	手机	34560	12350	45610	45210	23460	11230	172420
S011860285	蓝牙耳机	3450	7620	4680	1230	5670	3420	26070
S011888523	光驱	15800	23890	68000	9640	9850	15780	142960

Question 316

● Level ◆◆◆

2013 2010 2007

区分大小写替换效率高

实例 区分大小写进行替换

在替换字母时，区分大小写进行替换可以提高操作的准确性，下面对其进行详细介绍。

① 打开Excel工作表，单击"开始"选项卡中的"查找和选择"按钮，从下拉列表中选择"替换"选项。

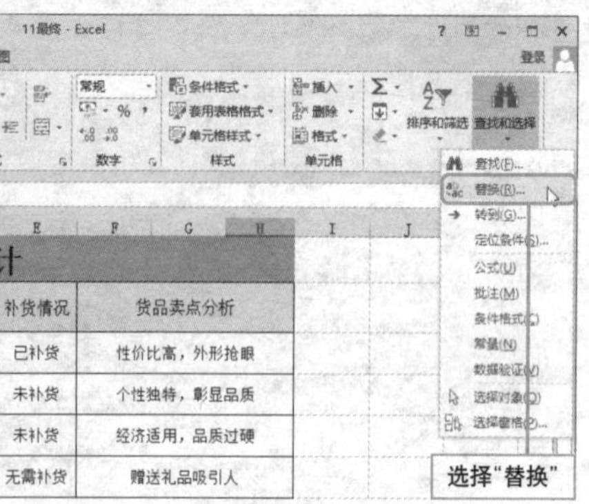

② 打开"查找和替换"对话框，从中设置"查找内容"为jc，"替换为"为JC，勾选"区分大小写"复选框，然后单击"全部替换"按钮。

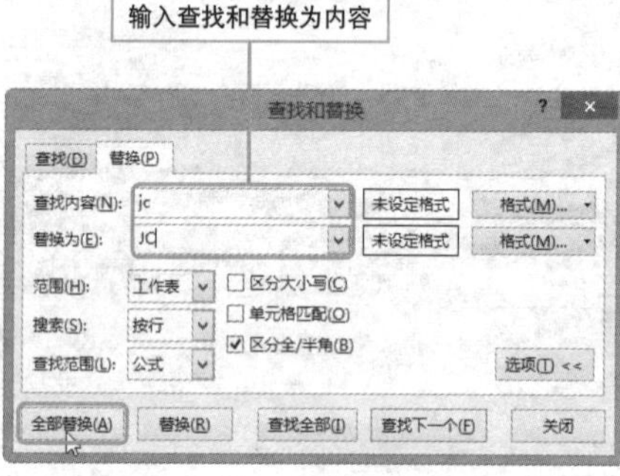

③ 随后系统将给出相应的提示信息，以说明替换了多少处内容。

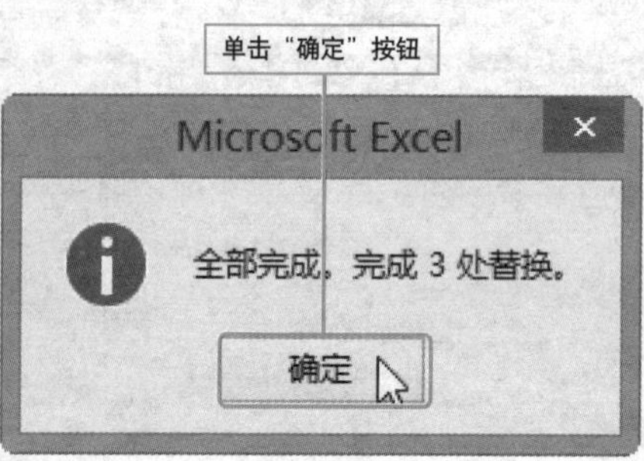

④ 返回工作表，可以看到，工作表中的所有小写jc被替换为大写JC。

畅销品统计					
畅销前十名	款号	上周销售件数	目前库存的数量	补货情况	货品卖点分析
1	JC018	189560	160000	已补货	性价比高，外形抢眼
2	KM136	156980	250000	未补货	个性独特，彰显品质
3	JC035	150000	110000	未补货	经济适用，品质过硬
4	CN486	132000	180000	无需补货	赠送礼品吸引人
5	OP047	110050	90000	已补货	老品牌，口碑好
6	cn892	85632	90000	已补货	产品宣传到位
7	km570	81456	189000	无需补货	打折产品，质量上乘
8	JC965	65890	180000	无需补货	特卖商品，知名品牌
9	OR456	55874	60000	已补货	新产品，质量外观吸引力强
10	GH019	40000	90000	未补货	外观漂亮，价格适中

Question 317

Level ◆◆◆

2013 2010 2007

快速指定替换操作范围

实例 在规定的范围内执行替换操作

在执行替换操作之前，为了提高工作效率，节约时间，用户可以为替换操作指定执行范围。下面介绍相关操作方法。

1 **手动选择替换区域**。用户可以在执行替换操作之前，先在工作表中选择行/列，或者单元格区域，指定替换操作范围。

物品名称	数量	单价	总价	供应商	采购员	备注
二极管	180000	1.2	216000	J018	刘先	
三极管	200000	1.8	360000	J018	刘先	
发光二极管	90000	2	180000	J018	刘先	订单备货
晶振	120000	1.5	180000	J018	刘先	库存备用
电容	450000	0.5	225000	CK15	帅可	特急
电阻	620000	0.6	372000	CK15	帅可	
保险丝	100000	0.8	80000	CK15	帅可	
电感	230000	1	230000	CK15	帅可	
蜂鸣器	10000	3	30000	J018	刘先	急需
IC	50000	6.5	325000	R013	李飞	
VGA	18000	0.8	14400	EZ05	张芸	
AV端子	80000	0.4	32000	EZ05	张芸	库存备用
S端子	20000	0.9	18000	EZ05	张芸	

2 通过“查找和替换”对话框指定查找范围。通过对话框指定查找范围包括“工作簿”和“工作表”两种情况，用户还可以在搜索选项中指定搜索方式，即按行搜索或按列搜索。

Hint

指定范围规则

若需要执行替换操作的区域比较小，并且各数据特征明显时，用户可以采用手动选择的方法。若需要执行替换操作的区域分布在工作簿中的多个工作表中的不同区域时，则应在对话框中指定“工作簿”为操作范围。

若需执行替换操作的区域全部集中在一个较大的工作表中时，则可以选择“工作表”为操作范围。

执行精确替换

实例 替换工作表中的单元格格式

在执行替换操作时，不但可以区分全/半角和字母大小写，而且可以将原有数据单元格的格式替换，如数据格式、对齐方式、字体、边框等。

❶ 打开Excel工作表，在键盘上按下Ctrl + H组合键。

	A	B	C	D	E
1	5月品质报表				
2	制程	检验批次	合格批次	目标合格率	实际合格率
3	来料	80	78	100%	97.50%
4	SMT	150	147	100%	98.00%
5	DIP	180	178	100%	98.89%
6	板卡测试	300	280	100%	93.33%
7	组装	270	265	100%	98.15%
8	整机测试	450	449	100%	99.78%

❷ 打开“查找和替换”对话框，从中设置“查找内容”为100%，然后单击右侧的“格式”按钮。

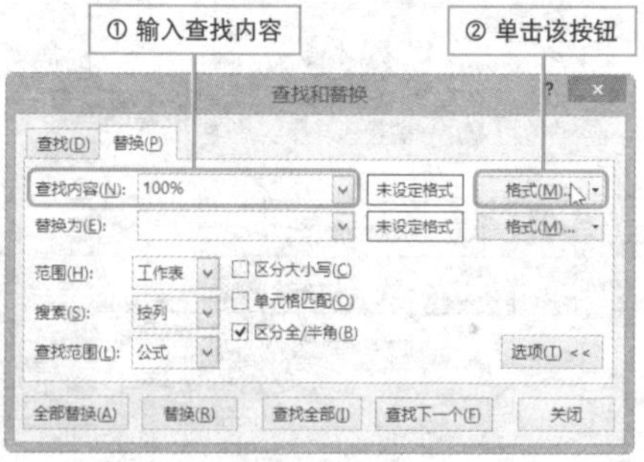

❸ 打开“查找格式”对话框，切换至“字体”选项卡，设置字体为倾斜、10号、带下划线，单击“确定”按钮。

❹ 按照同样的方法设置“替换为”选项中内容的字体格式为加粗、11号、红色，单击“确定”按钮。

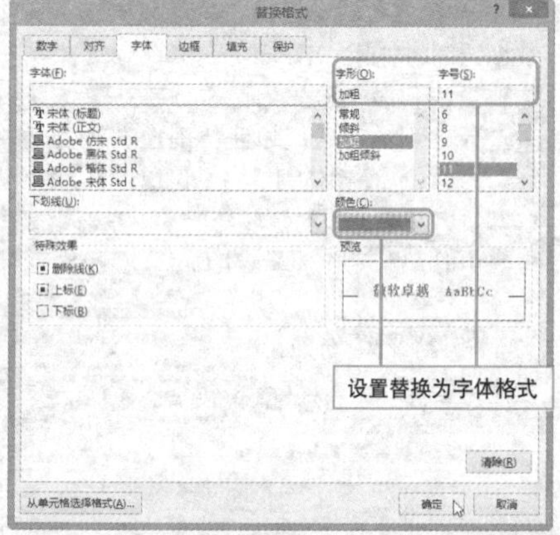

5 返回“查找和替换”对话框，在“格式”按钮左侧预览框中可以预览内容格式。

6 单击“全部查找”按钮，在下方显示区域中会列出全部查找内容。

7 由于查找到的内容并非全部需要修改，因此用户需要在选择替换的选项后单击“替换”按钮逐一执行替换操作。

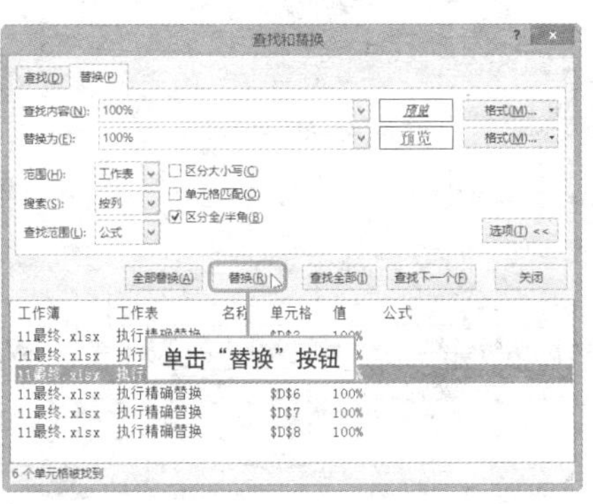

8 如果查找到的内容过多，可勾选“单元格匹配”复选框，然后单击“查找全部”按钮，就可以将所有符合要求的内容查找出来。

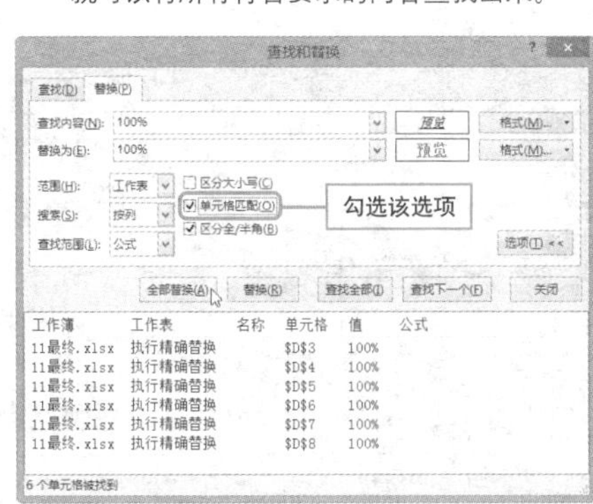

9 单击“全部替换”按钮，系统会给出提示信息，单击“确定”按钮，完成精确替换。

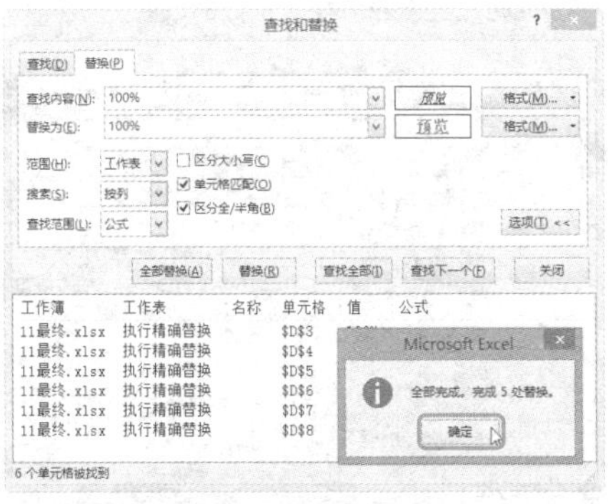

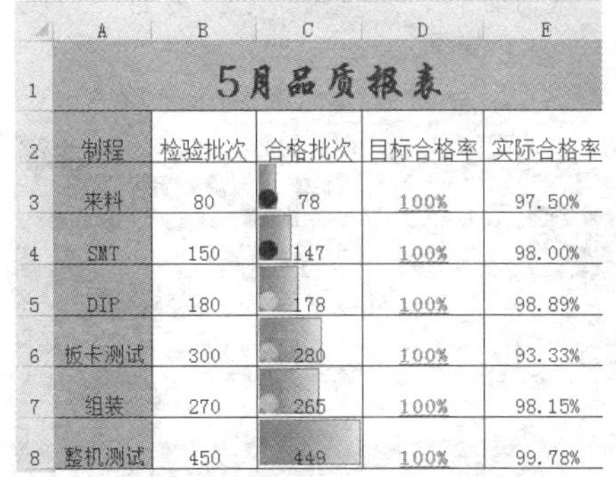

	A	B	C	D	E
1	5月品质报表				
2	制程	检验批次	合格批次	目标合格率	实际合格率
3	来料	80	78	100%	97.50%
4	SMT	150	147	100%	98.00%
5	DIP	180	178	100%	98.89%
6	板卡测试	300	280	100%	93.33%
7	组装	270	265	100%	98.15%
8	整机测试	450	449	100%	99.78%

Hint

可以精确替换的内容包括哪些？

在替换格式中可以设置的格式都包括在内，主要有数字格式、对齐方式、字体格式、边框设置、填充色等。

Question 319

• Level ◆◆◆

2013 2010 2007

瞬间消灭换行符

实例 批量删除单元格中的换行符

在制作 Excel 表格过程中，用户为了使单元格的内容整齐、美观，经常会输入一些换行符。但是，怎样才能快速地批量删除这些换行符呢？

1. 打开工作表，单击“开始”选项卡上的“查找和选择”按钮，从展开的列表中选择“替换”选项。

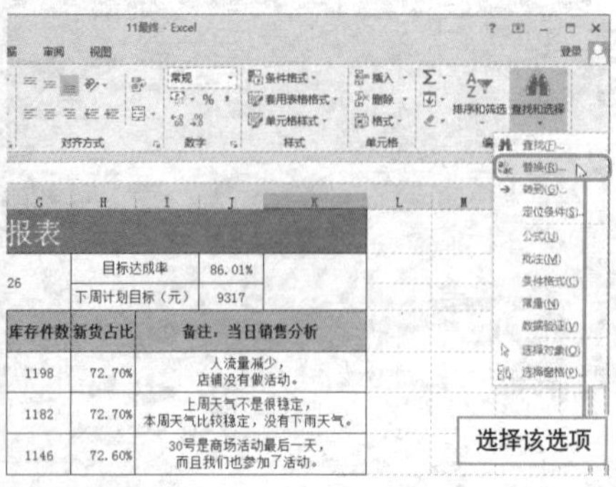

2. 打开“查找和替换”对话框，将光标置于“查找内容”文本框中，在按住Alt键的同时输入10。“替换为”文本框中不做任何设置。单击“查找全部”按钮查看结果。

按住 Alt 键输入 10

3. 单击“全部替换”按钮，系统将弹出相应的提示信息。单击“确定”按钮即可完成替换操作。

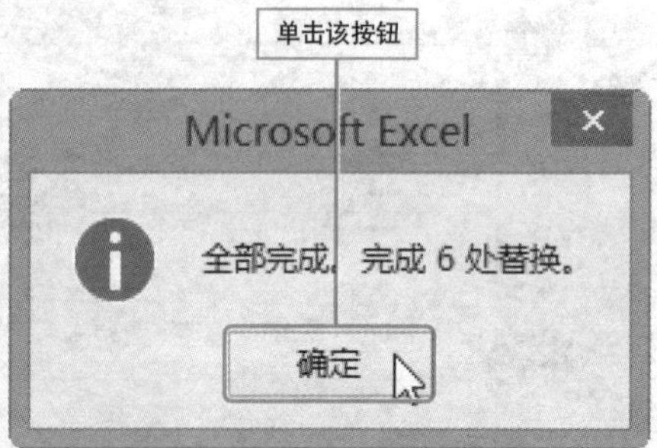

4. 随后可以看到，工作表中包含换行符的单元格已经全部发生了相应的改变。

周分析报表							
9331	实际完成销售额（元）		8026		目标达成率	86.01%	
					下周计划目标（元）	9317	
上周销售	本周销售	对比升跌	销售件数	库存件数	新货占比	备注，当日销售分析	
2009	1388	-30.91%	18	1198	72.70%	人流量减少，店铺没有做活动。	
586	1076	5.00%	16	1182	72.70%	上周天气不是很稳定，本周天气比较稳定，没有下雨天气。	
603	1568	160.03%	25	1146	72.60%	30号是商场活动最后一天，而且我们也参加了活动。	
356	1070	200.56%	15	1131	72.40%	活动的效果还不错，搭配的比较多。	
1015	774	-23.74%	15	1116	72.80%	上周商场活动开始，人流量多点。	
1597	1150	-27.99%	13	1103	72.70%	天气比较炎热，人流量不是很多，再加上货品很多不是齐色齐码了。	
1697	1000	-41.07%	11	1092	72.60%	天气炎热，货品不足。	
7863	8026	2.07%				新货到货件数	0

小小通配符用处大

实例 使用通配符替换内容

在执行替换操作时，为了将多种表述方式统一，可以使用通配符将不一致的表述语全部查找出来并替换，下面对其进行详细介绍。

❶ 单击“开始”选项卡上的“查找和选择”按钮，从列表中选择“替换”选项。

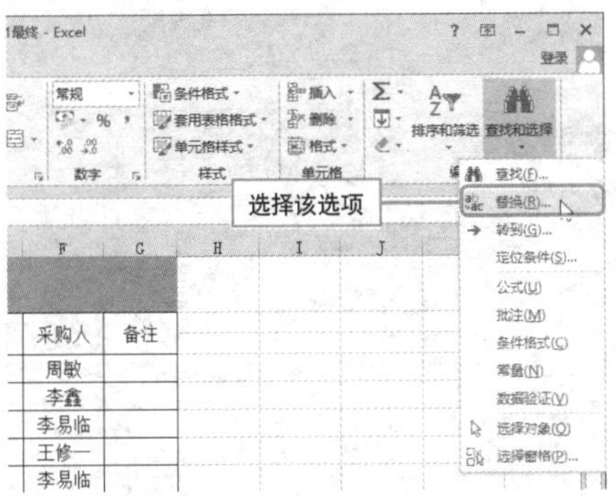

❷ 打开“查找和替换”对话框，从中设置“查找内容”为“江*州”，“替换为”为“河南 周口”，单击“选项”按钮。

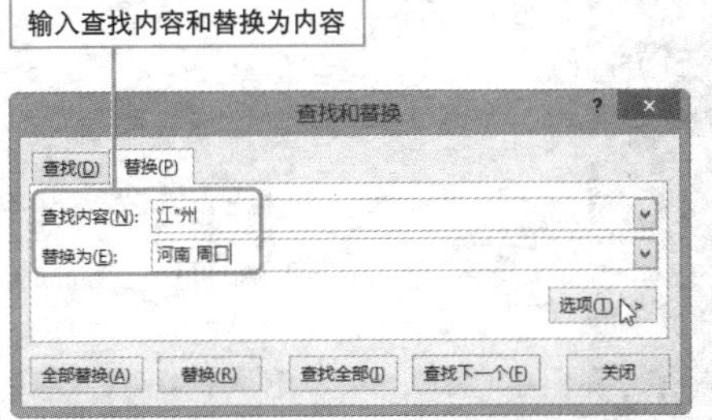

❸ 勾选“单元格匹配”复选框，单击“查找全部”按钮，确认无误后单击“全部替换”按钮即可。

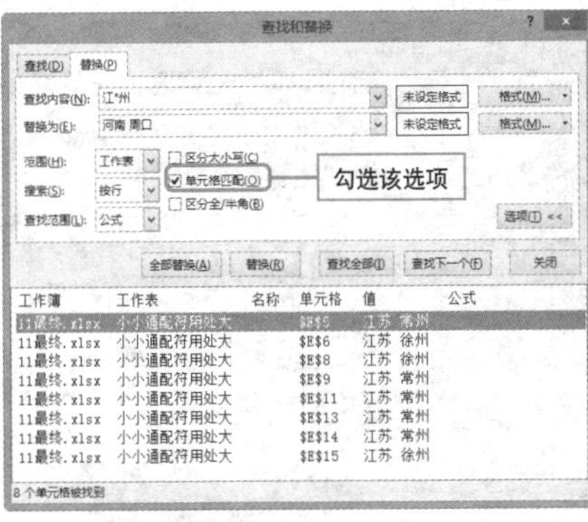

❹ 假定使用问号通配符，则需要替换的文本之间有几个字符，需要输入几个问号“？”才能正确查找到文本并进行替换。

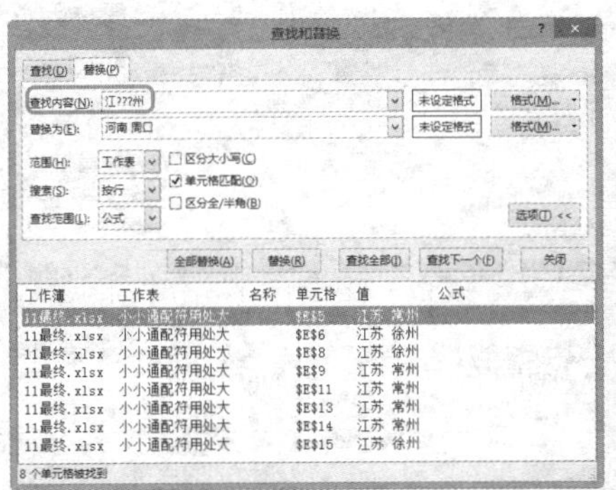

关闭自动替换功能

实例 通过设置关闭自动替换功能

在利用 Excel 进行工作时，经常会出现自动替换现象。造成此现象的原因有两种，一是系统的自动更正功能，二是对单元格格式进行了设置。下面将对如何关闭自动替换功能进行介绍。

1. **“Excel选项”对话框设置法**。打开“文件”菜单，选择“选项”选项。

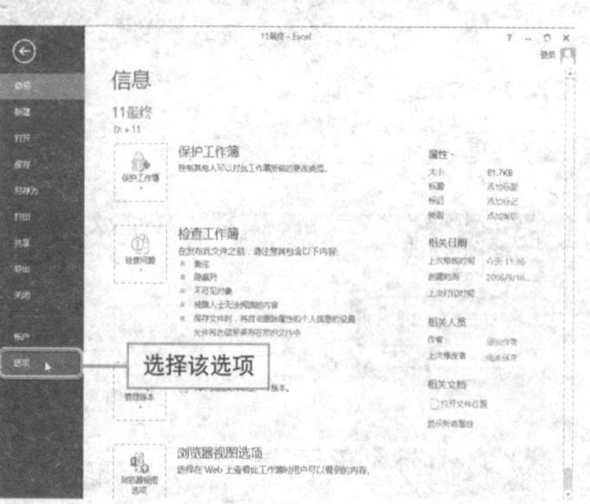

2. 打开“Excel选项”对话框，选择“校对”选项，单击“自动更正选项”按钮。

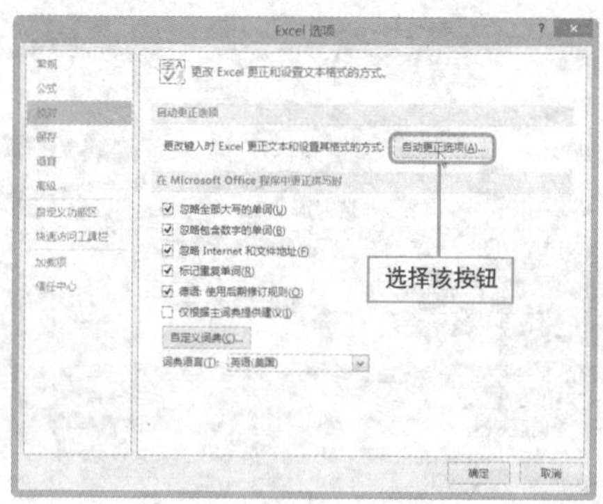

3. 弹出“自动更正”对话框，在默认的“自动更正”选项卡中撤销对“键入时自动替换”复选框的勾选，单击“确定”按钮。

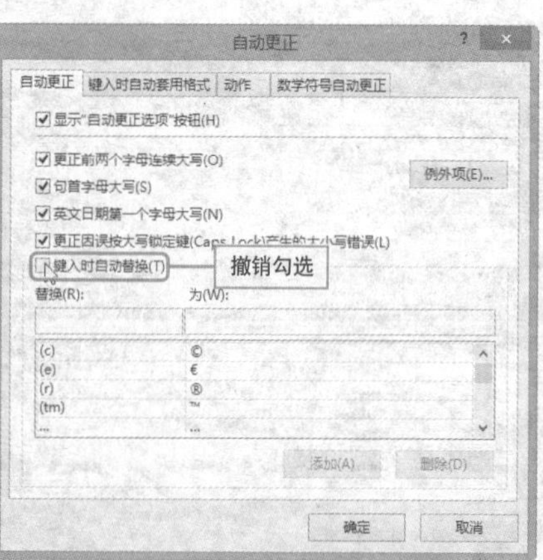

4. **更改单元格格式**。在键盘上按Ctrl +1组合键，打开“设置单元格格式”对话框，在单击“数字”选项，更改单元格格式即可。

Question 322

• Level ◆◆◆

2013 2010 2007

快速设置单元格数据的有效性

实例 在单元格区域设置输入整数的范围

为了保证输入数据的有效性，用户可以设置数据的输入范围。一旦输入出错，系统就会给出相应的警告或提示，以提醒用户重新输入。

1 打开工作簿，选择F3:F18单元格区域。单击“数据”选项卡上“数据验证”按钮，从下拉列表中选择“数据验证”选项。

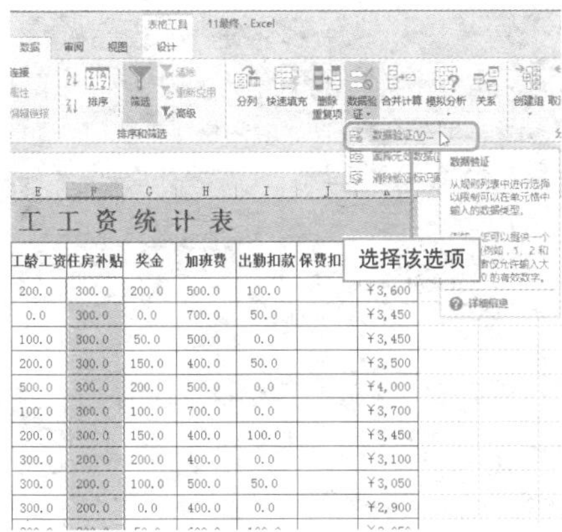

2 弹出“数据验证”对话框，切换至“设置”选项卡，从“允许”下拉列表中选择“整数”选项。

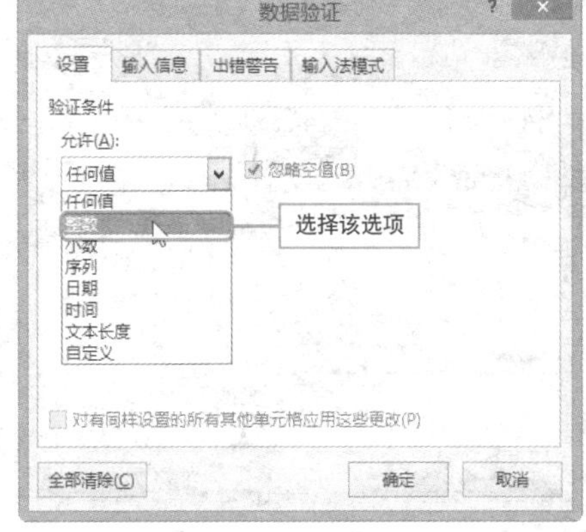

3 从“数据”选项的下拉列表中选择“介于”选项，然后设置其“最小值”、“最大值”，单击“确定”按钮。

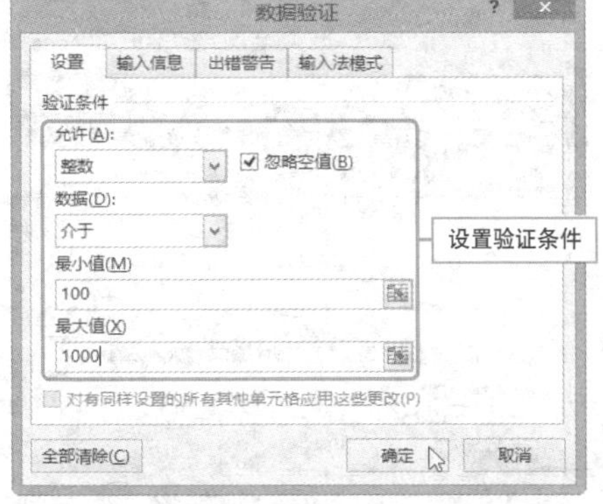

4 当输入的数据不在有效范围时，会弹出出错提示对话框，提示用户该数据值为非法。

员工工资统计表

序号	员工姓名	部门	基本工资	工龄工资	住房补贴	奖金	加班费	出勤扣款	保费扣款	应发工资
CK0001	刘晓莉	品质部	2500.0	200.0	300.0	200.0	500.0	100.0		¥3,600
CK0002	孙晓彤	品质部	2500.0	0.0	300.0	0.0	700.0	50.0		¥3,450
CK0003	陈峰	品质部	2500.0	100.0	300.0	50.0	500.0	0.0		¥3,450
CK0004	张玉	品质部	2500.0	200.0	300.0	150.0	400.0	50.0		¥3,500
CK0005	刘秀云	品质部	2500.0	500.0	0	200.0	500.0	0.0		¥4,000
CK0006	姜凯常	品质部	2500.0	100.0	300.0	100.0	700.0	0.0		¥3,700
CK0007	薛晶晶	品质部	2500.	[illegible]	[illegible]	[illegible]	[illegible]	[illegible]		¥3,450
CK0008	周小东	生产部	2000.	[illegible]	[illegible]	[illegible]	[illegible]	[illegible]		¥3,100
CK0009	陈月	生产部	2000.	[illegible]	[illegible]	[illegible]	[illegible]	[illegible]		¥3,050
CK0010	张陈玉	生产部	2000.	[illegible]	[illegible]	[illegible]	[illegible]	[illegible]		¥2,900
CK0011	楚云萝	生产部	2000.	[illegible]	[illegible]	[illegible]	[illegible]	[illegible]		¥3,050
CK0012	李小楠	生产部	2000.0	300.0	200.0	200.0	200.0	0.0		¥2,900
CK0013	郑国茂	生产部	2000.0	100.0	200.0	100.0	500.0	50.0		¥2,850
CK0014	沈纤云	生产部	2000.0	200.0	200.0	50.0	200.0	0.0		¥2,650
CK0015	夏东晋	生产部	2000.0	200.0	200.0	0.0	200.0	50.0		¥2,550
CK0016	崔秀芳	生产部	2000.0	100.0	200.0	100.0	500.0	0.0		¥2,900

Microsoft Excel

输入值非法。

其他用户已经限定了可以输入该单元格的数值。

重试(R) 取消 帮助(H)

Question 323

● Level ◆◆◆

2013 2010 2007

巧设提示信息让错误无处可藏

实例 设置提示信息

为了减少输入错误，用户可以设置数据有效性。此外，用户还可设置输入提示信息和出错警告，以免再次输入错误数据，下面介绍具体操作步骤。

1 选择单元格区域，单击“数据”选项卡上的“数据验证”按钮，弹出“数据验证”对话框，设置数据有效性。

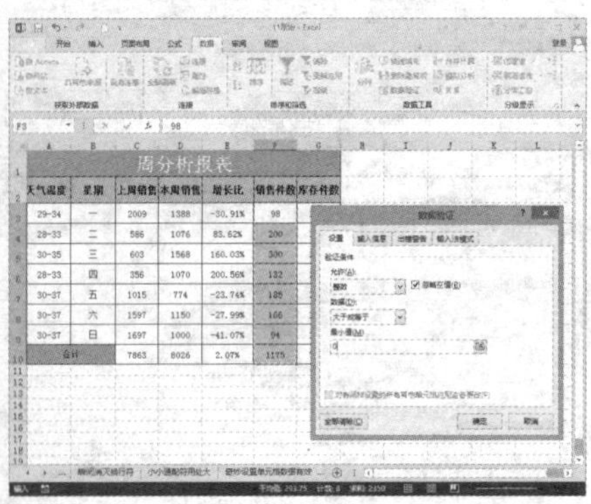

2 切换至“输入信息”选项卡，勾选“选定单元格时显示输入信息”复选框，然后设置标题和输入信息。

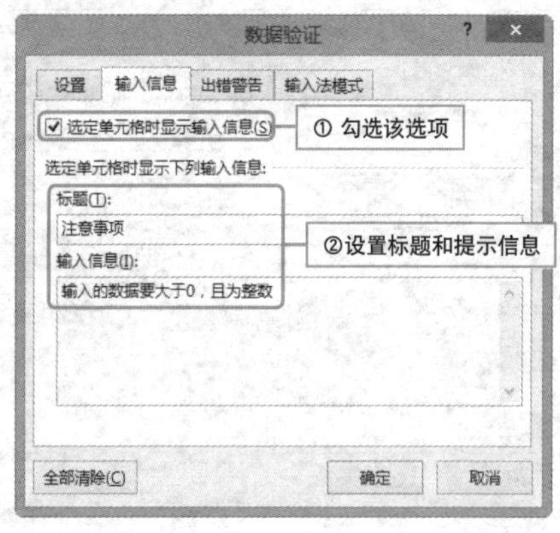

3 在“出错警告”选项选中勾选“输入无效数据时显示出错警告”复选框，设置样式、标题和错误信息，单击“确定”按钮。

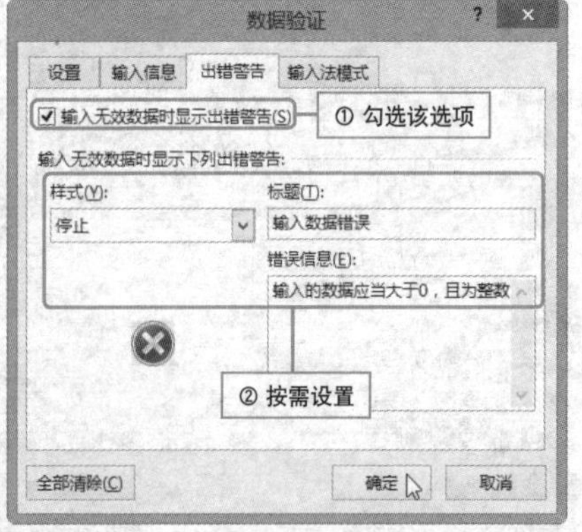

4 在F3单元格中输入数据98.5，输入数据时，显示输入信息，按Enter键确认输入后，出现出错提示信息。

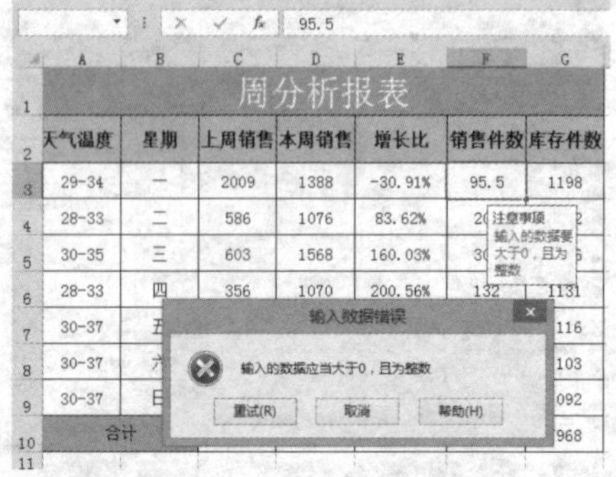

巧为项目创建下拉菜单

实例 单元格下拉菜单的创建

在工作表中，若某一项目数据过多，可以为其创建下拉菜单，以便录入、查看数据，下面介绍具体操作步骤。

1 打开工作表，选择A1单元格，单击“数据”选项卡上的“数据验证”按钮。

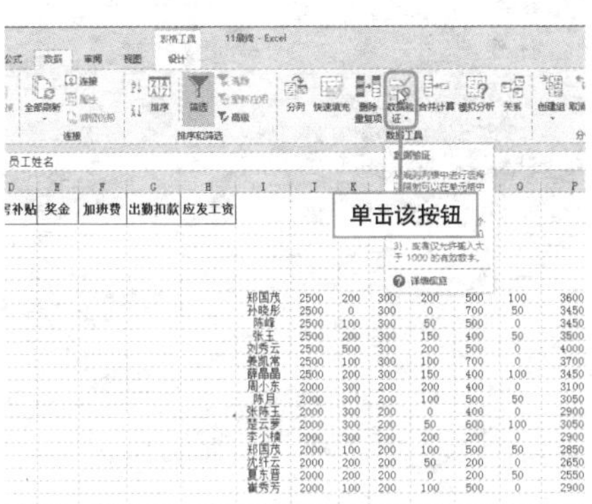

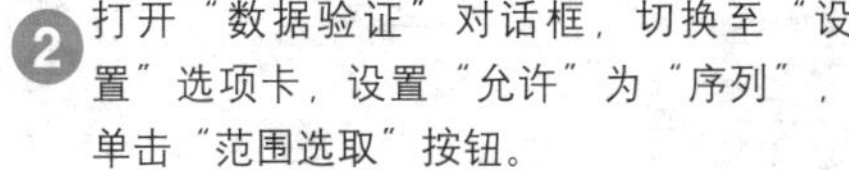

2 打开“数据验证”对话框，切换至“设置”选项卡，设置“允许”为“序列”，单击“范围选取”按钮。

3 拖动鼠标，选择合适的单元格区域，再次单击“范围选取”按钮。

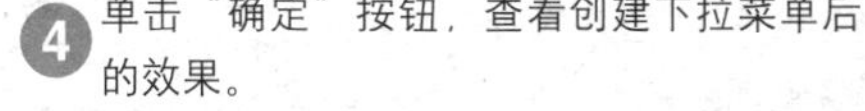

4 单击“确定”按钮，查看创建下拉菜单后的效果。

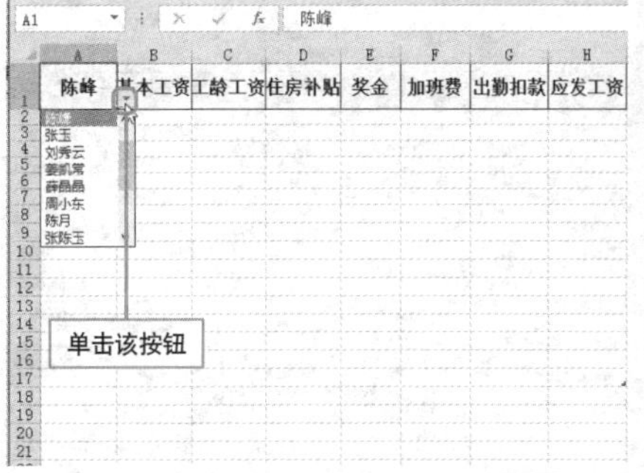

Question

325 一招防止录入错误日期

● Level ◆◆◆

2013 2010 2007

实例 强制按顺序录入数据

在制作按日期统计的表格时，为了使输入的数据按照一定顺序录入，用户可设置数据验证，下面介绍具体操作步骤。

❶ 选择A3:A17单元格区域，设置单元格格式为“长日期”。

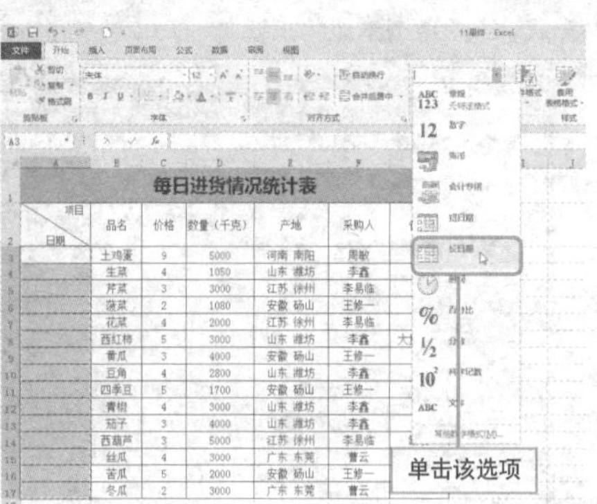

❷ 切换至“数据”选项卡，单击“数据验证”按钮。

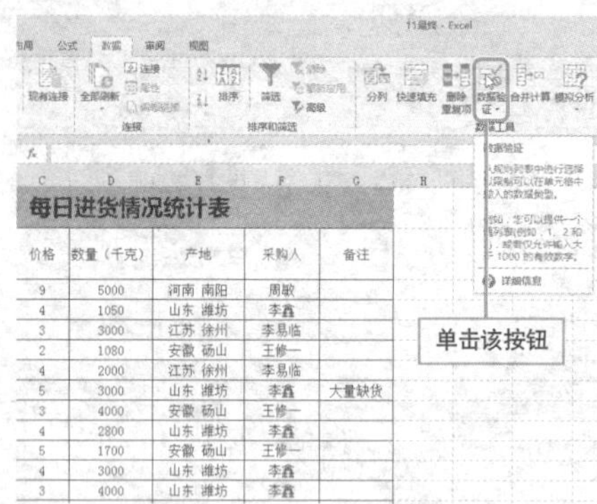

❸ 打开“数据验证”对话框，在“设置”选项卡，设置“允许”为“日期”、“数据”为“大于或等于”、在“开始日期”中输入公式“=MAX($A$2:$A6)”后单击确定即可。

❹ 返回编辑区，输入数据时会发现，若此时输入小于之前单元格中的日期，会给出提示信息。

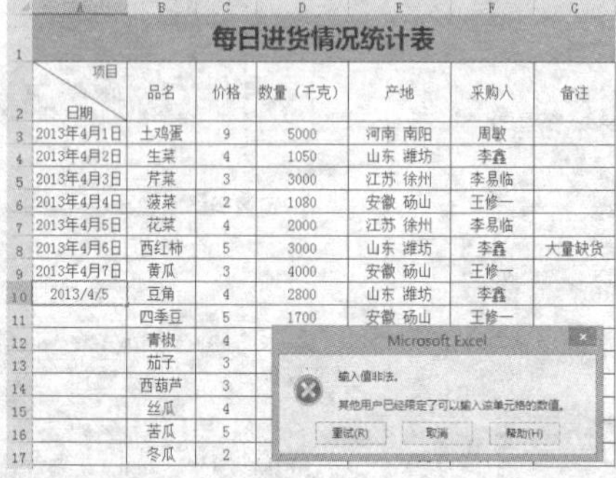

Question 326

Level ◆◆◆

2013 2010 2007

快速圈出工作簿中的无效数据

实例 数据验证在规范表格中的应用

在包含大量数据的表格中，若想要快速地查找出无效数据，会花费大量精力，下面介绍一种比较快速的方法。

1 选择F3:F18单元格区域，单击“数据”选项卡上的“数据验证”按钮。

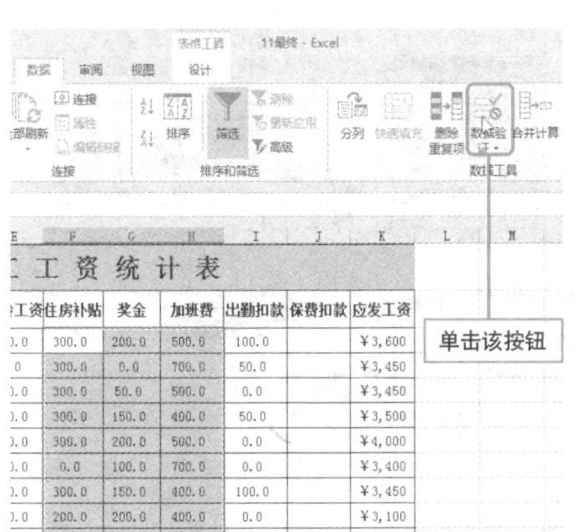

2 打开“数据验证”对话框，在“设置”选项卡中设置数据为大于等于50小于等于600的整数，单击“确定”按钮。

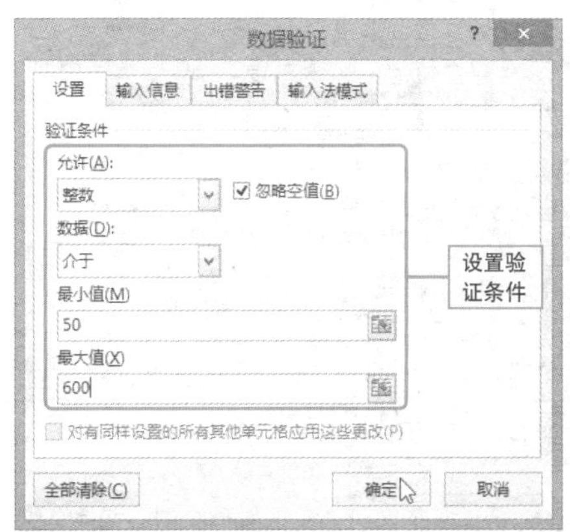

3 单击“数据验证”按钮，从展开的列表中选择“圈释无效数据”选项。

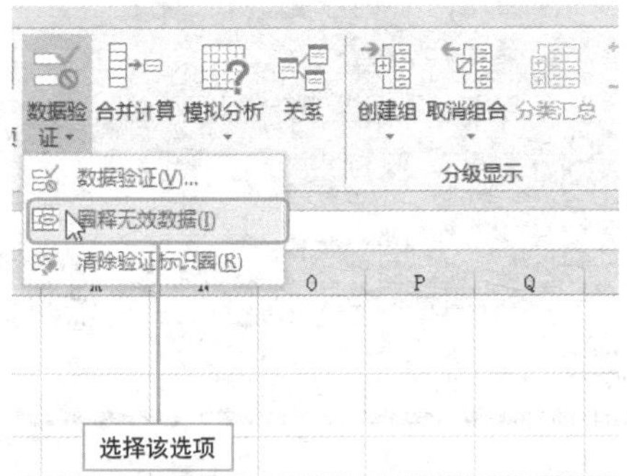

4 随后即可将无效的数据用红色椭圆圈出来。

员工工资统计表

序号	员工姓名	部门	基本工资	工龄工资	住房补贴	奖金	加班费	出勤扣款	保费扣款	应发工资
CK0001	刘晓莉	品质部	2500.0	200.0	300.0	200.0	500.0	100.0		¥3,600
CK0002	孙晓彤	品质部	2500.0	0.0	300.0	0.0	700.0	50.0		¥3,450
CK0003	陈峰	品质部	2500.0	100.0	300.0	50.0	500.0	0.0		¥3,450
CK0004	张玉	品质部	2500.0	200.0	300.0	150.0	400.0	50.0		¥3,500
CK0005	刘秀云	品质部	2500.0	500.0	300.0	200.0	500.0	0.0		¥4,000
CK0006	姜凯常	品质部	2500.0	100.0	0.0	100.0	700.0	0.0		¥3,400
CK0007	薛晶晶	品质部	2500.0	200.0	300.0	150.0	400.0	100.0		¥3,450
CK0008	周小东	生产部	2000.0	300.0	200.0	200.0	400.0	0.0		¥3,100
CK0009	陈月	生产部	2000.0	300.0	200.0	100.0	500.0	50.0		¥3,050
CK0010	张陈玉	生产部	2000.0	300.0	200.0	0.0	400.0	0.0		¥2,900
CK0011	楚云萝	生产部	2000.0	300.0	0.0	50.0	600.0	100.0		¥2,850
CK0012	李小楠	生产部	2000.0	300.0	200.0	200.0	200.0	0.0		¥2,900
CK0013	郑国茂	生产部	2000.0	100.0	200.0	100.0	500.0	50.0		¥2,850
CK0014	沈纤云	生产部	2000.0	200.0	200.0	50.0	200.0	0.0		¥2,650
CK0015	夏东青	生产部	2000.0	200.0	0.0	0.0	200.0	50.0		¥2,350
CK0016	崔秀芳	生产部	2000.0	100.0	200.0	100.0	500.0	0.0		¥2,900

Question 327

• Level ◆◆◇

2013 2010 2007

在 Excel 中按需绘制图形

实例 图形的插入

在制作包含大量数据的表格时，为了明确数据之间的归属关系，将这些数据一目了然地展示给观众，用户可以通过绘制图形进行辅助说明。下面介绍具体操作步骤。

❶ 打开工作表，切换至“插入”选项卡，单击“形状”按钮，从展开的列表中选择“右键头标注”命令。

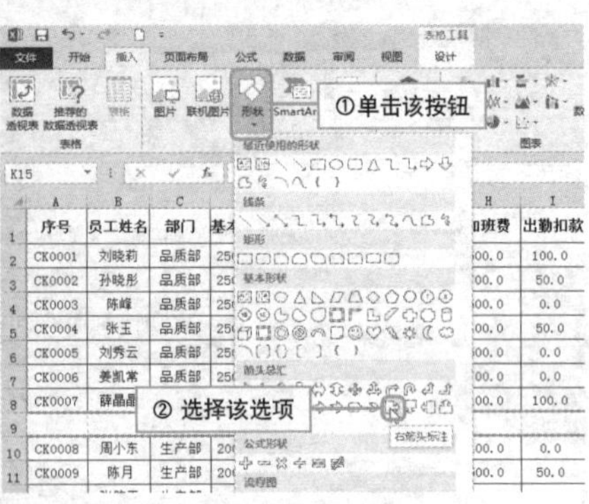

❷ 鼠标光标变为十字形，按住鼠标左键不放，拖动鼠标绘制形状。

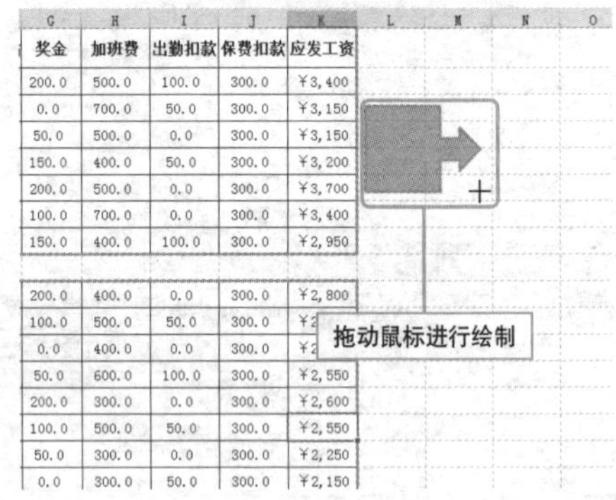

❸ 释放鼠标左键，完成图形绘制，切换至合适的输入法，输入说明文本。

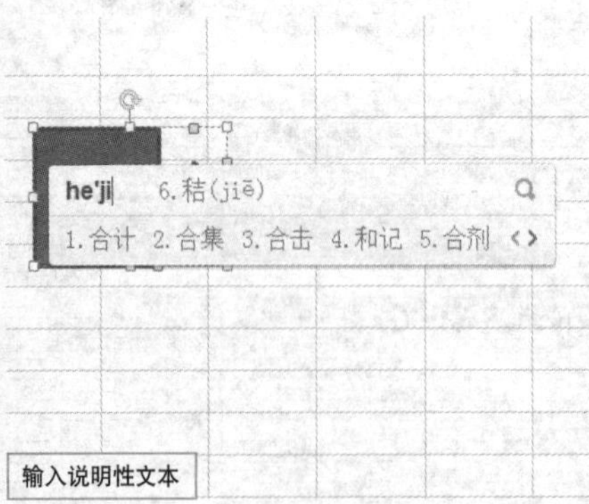

❹ 按照同样的方法绘制其他图形，并应用合适的样式。

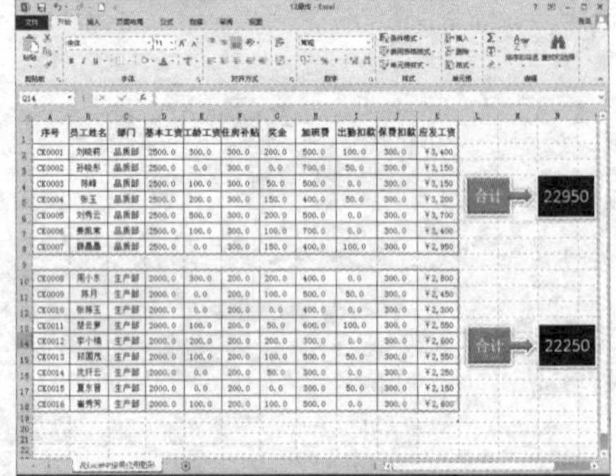

快速美化图形

实例 图形的美化很简单

完成图形的绘制操作后，若默认的图形样式不美观，则可以根据需要美化图形，下面介绍具体操作方法。

❶ **应用图形快速样式**。选择图形，单击“绘图工具-格式”选项卡上“形状样式”面板的“其他”按钮，从展开的列表中选择合适的形状样式即可。

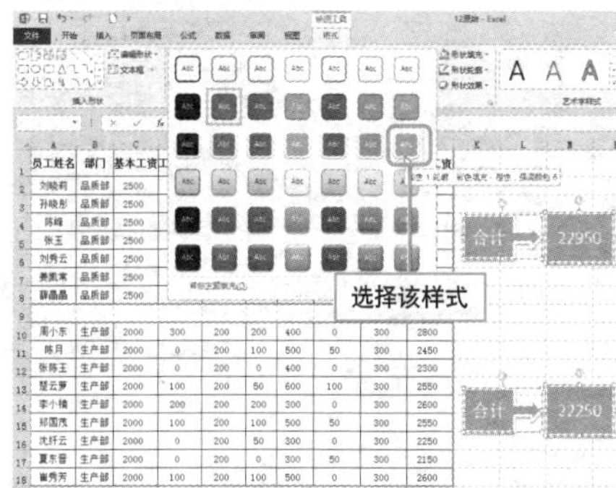

❷ **更改图形填充色**。通过“形状填充”、“形状轮廓”、“形状效果”列表中的相应命令，可以更改图形的填充色、轮廓以及样式，美化图形。

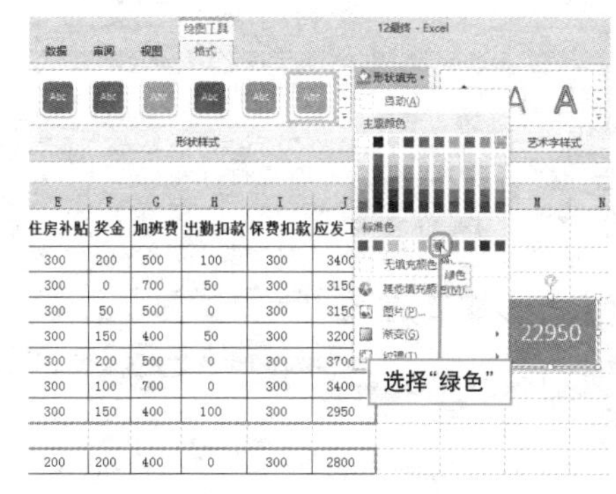

❸ **设置形状格式窗格自定义图形样式**。单击“形状样式”组的对话框启动器。

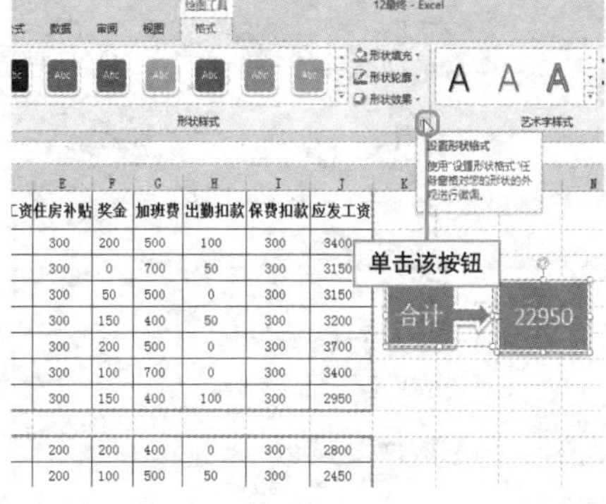

❹ 在右侧的“设置形状格式”窗格中，可以自定义形状的填充色、轮廓、效果，还可以调整图形大小。

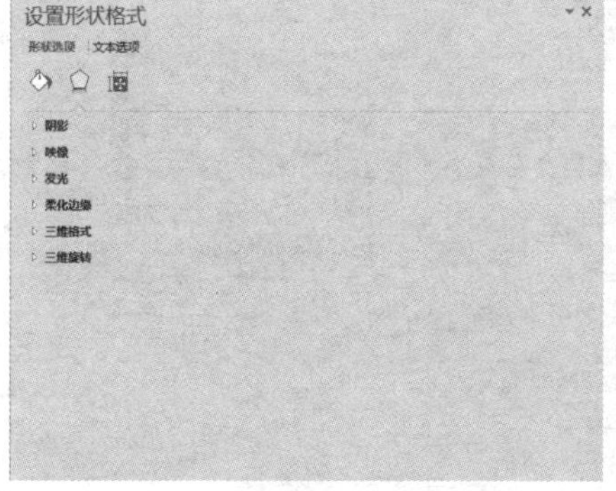

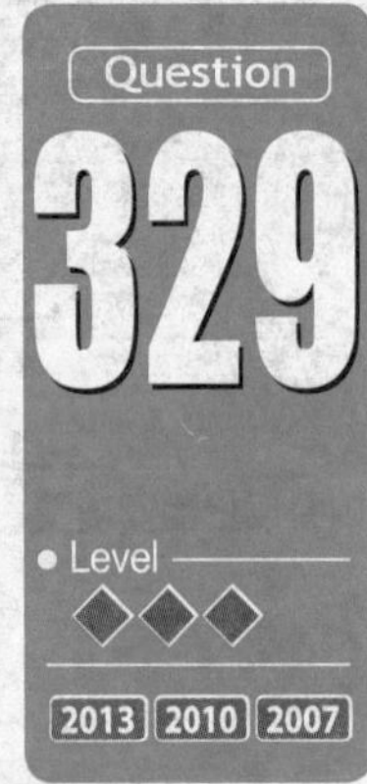

图形分分合合很简单

实例 图形的组合和拆分

在添加了多个图形后，每次移动、复制这些图形时，都需要全部将其选中，此时可将多个图形组合为一个图形进行操作，以使操作更便捷，下面介绍具体操作步骤。

1 **通过功能区命令组合**。选择图形，执行"绘图工具-格式>排列>组合>组合"命令，将所选图形组合。

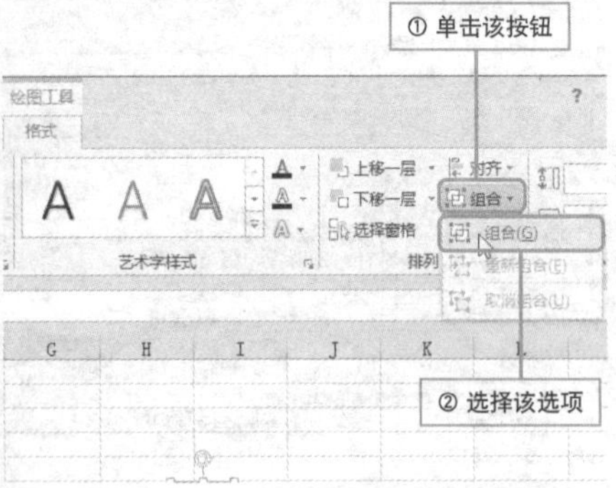

2 **通过右键菜单命令组合**。选择图形后单击鼠标右键，从弹出的快捷菜单中选择"组合>组合"命令即可。

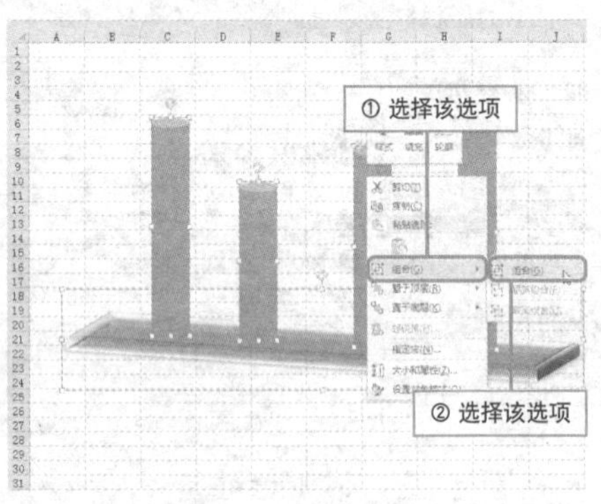

3 组合图形后，这些图形将变为一个大图形，便于用户移动、复制图形等。

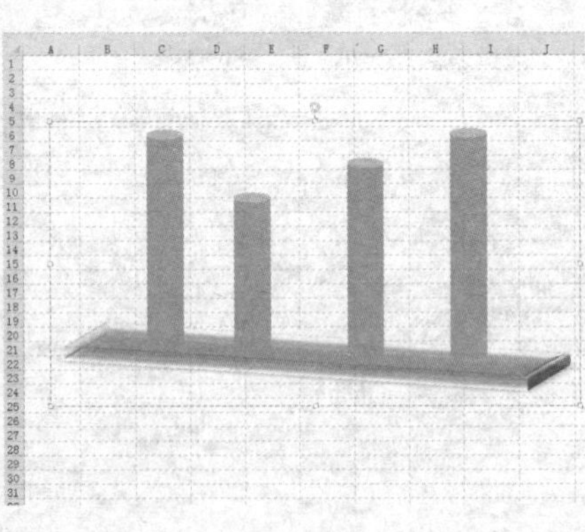

Hint

拆分图形

选择图形后，通过功能区中的按钮，或者是右键菜单命令，均可实现拆分操作。

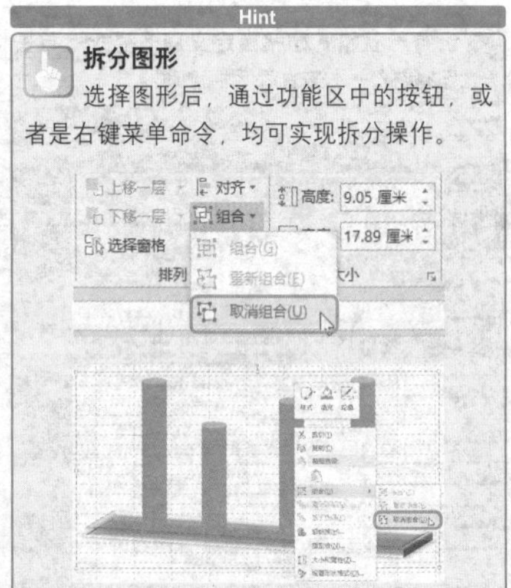

快速插入 SmartArt 图形

实例 SmartArt 图形的应用

在对抽象的数据进行说明时，用户可以通过插入一个形象化的图形进行辅助说明，如 SmartArt 图形，使数据更易懂。下面将对 SmartArt 图形的应用操作进行介绍。

1. 打开工作表，切换至“插入”选项卡，单击“SmartArt”按钮。

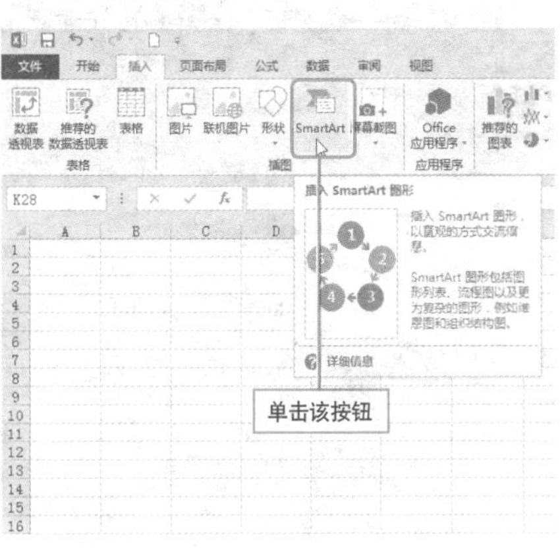

2. 弹出“选择SmartArt图形”对话框，单击“组织结构”选项，选择“组织结构图”，单击“确定”按钮。

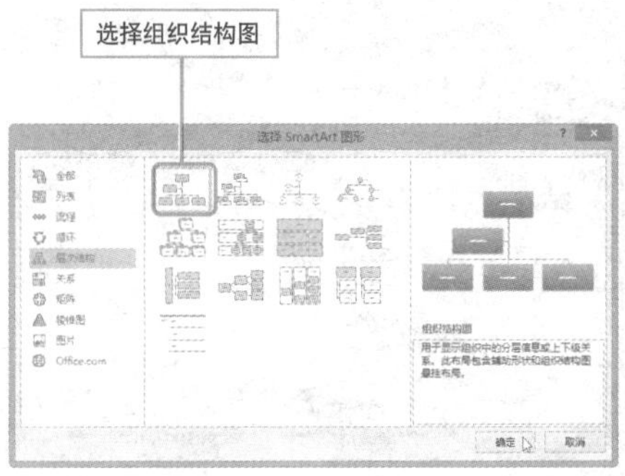

3. 单击SmartArt图形左侧的“展开”按钮打开“文本窗格”，输入文本。

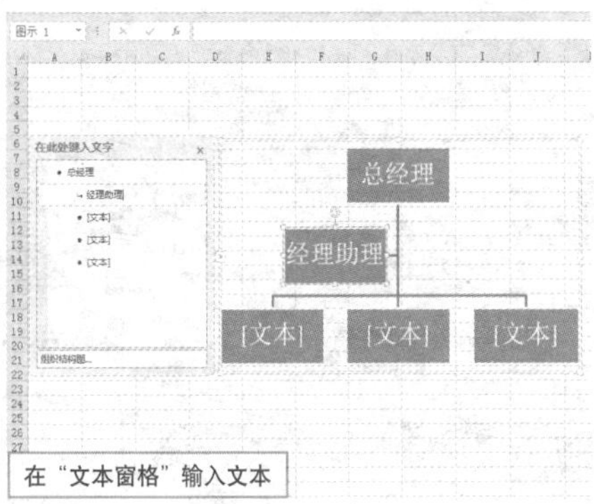

4. 输入文本完成后，关闭文本窗格，并适当调整SmartArt图形即可。

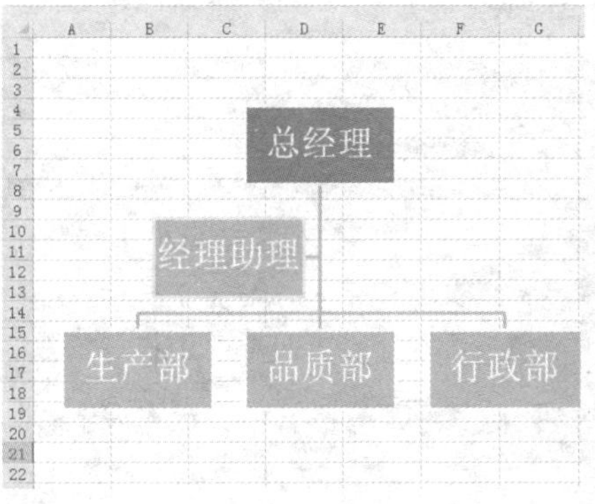

Question 331

• Level ◆◆◆

2013 2010 2007

按需编辑 SmartArt 图形

实例 SmartArt 图形的编辑

插入SmartArt图形后，用户还可以根据需要对SmartArt图形进行编辑，包括 SmartArt 图形的颜色更改、形状添加、布局调整等，下面介绍具体操作步骤。

① **添加形状**。选择SmartArt图形中的图形，执行“SmartArt工具-设计>添加形状>在后面添加形状”命令即可。

选择该选项

② **更改图形布局**。单击“SmartArt工具-设计”选项卡上“布局”面板的“其他”按钮，可从展开的列表中选择合适的布局。

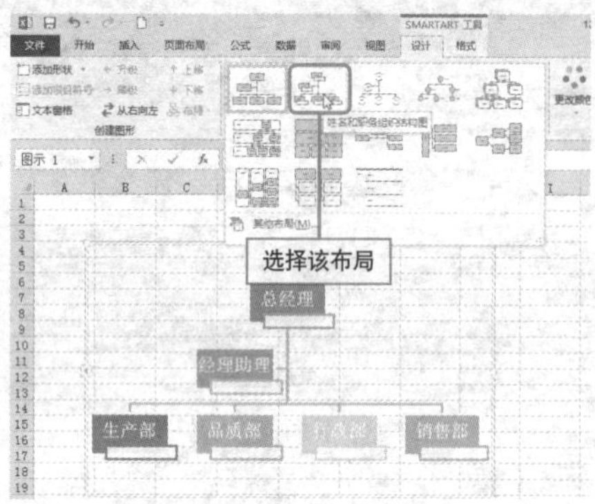

③ **更改图形颜色**。单击“SmartArt工具-设计”选项卡上的“更改颜色”按钮，从列表中选择合适的颜色方案即可。

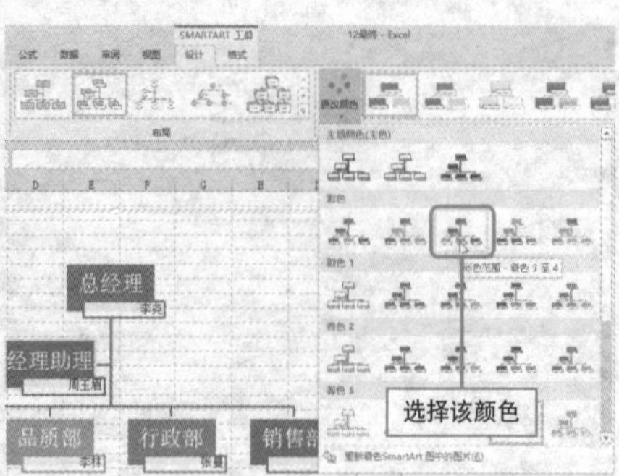

④ **更改SmartArt图形样式**。执行“SmartArt工具-设计>形状样式>其他”按钮，从列表中进行选择即可。

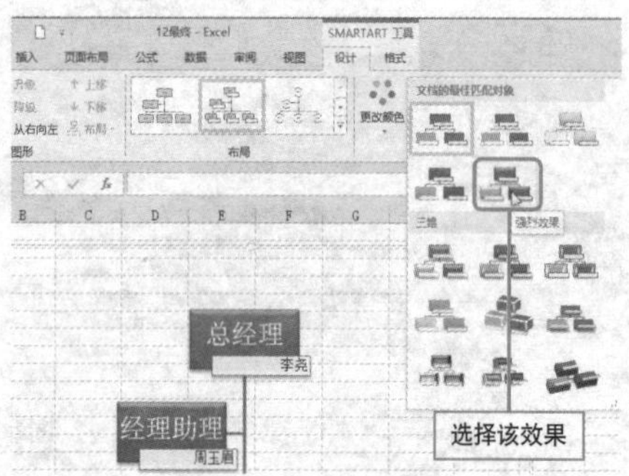

Question 332

Level ◆◆◆

2013 2010 2007

利用图片辅助说明数据

实例 图片的插入

为了更好地对表格中的数据进行说明，还可以在表格中插入与数据相关的图片，下面介绍具体操作方法。

1. 打开工作表，切换至“插入”选项卡，单击“图片”按钮。

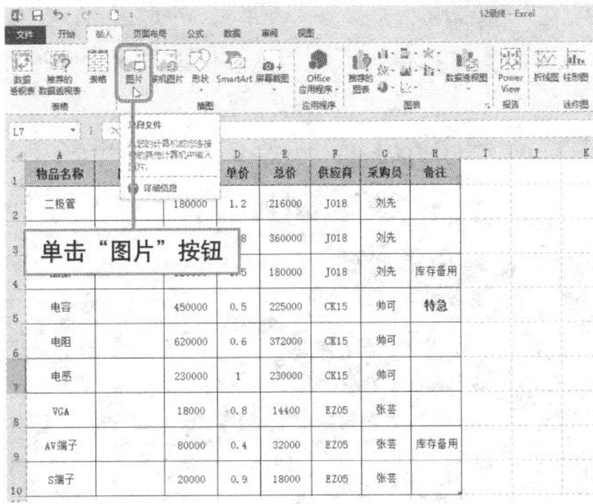

2. 打开“插入图片”对话框，选择合适的图片，单击“插入”按钮。

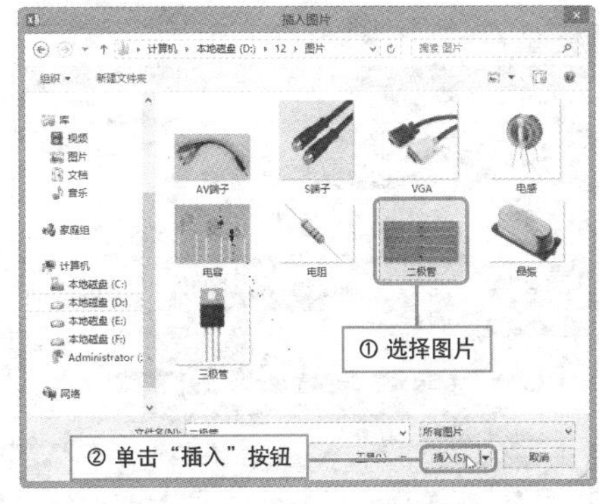

3. 插入图片后，调整图片的大小、删除图片背景，然后将其移至合适的位置即可。

物品名称	图示	数量	单价	总价	供应商	采购员	备注
二极管		180000	1.2	216000	J018	刘先	
三极管		200000	1.8	360000	J018	刘先	
晶振		120000	1.5	180000	J018	刘先	库存备用
电容		450000	0.5	225000	CK15	帅可	特急
电阻		620000	0.6	372000	CK15	帅可	
电感		230000	1	230000	CK15	帅可	
VGA		18000	0.8	14400	EZ05	张芸	
AV端子		80000	0.4	32000	EZ05	张芸	库存备用
S端子		20000	0.9	18000	EZ05	张芸	

Hint

插入联机图片

若当前电脑处于联网状态，还可以在“插入”选项卡选择“联机图片”命令，在打开的对话框中输入关键词搜索图片并插入即可。

插入图片
Office.com 剪贴画
必应 Bing 图像搜索

删除图片无用的背景

实例	删除图片背景

为了使插入的图片更加美观，用户可以将无用的背景删除，下面介绍具体操作步骤。

1 选择图片，切换至“图片工具-格式”选项卡，单击“删除背景”按钮。

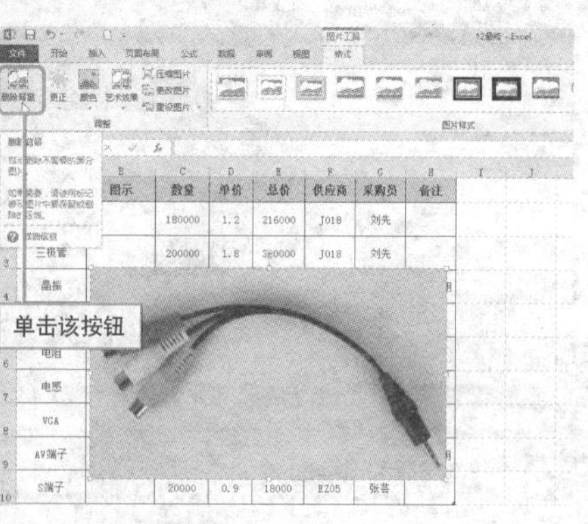

2 图片四周会出现控制点，拖动控制点，调整删除背景区域。

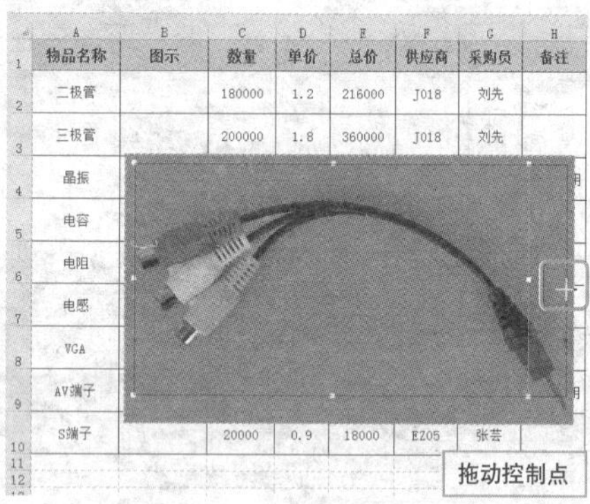

3 调整完成后，在图片外单击，即可完成图片背景的删除操作。

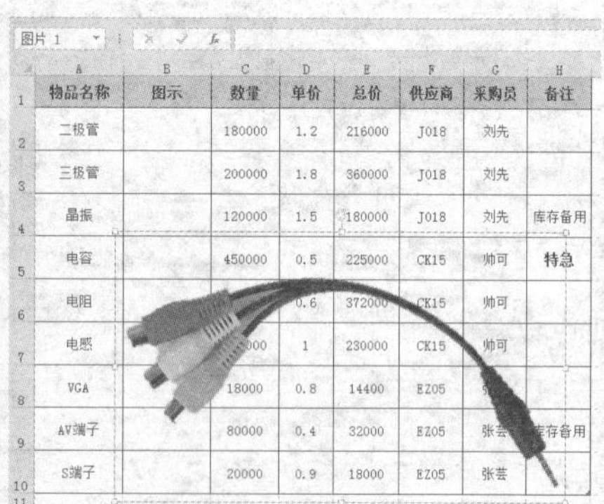

Hint

如何还原被更改的图片

如果用户需要将更改的图片还原至初始状态，那么可以在选择图片后，执行“图片工具－格式 > 调整 > 调整图片”命令，从展开的列表中选择相应命令即可。

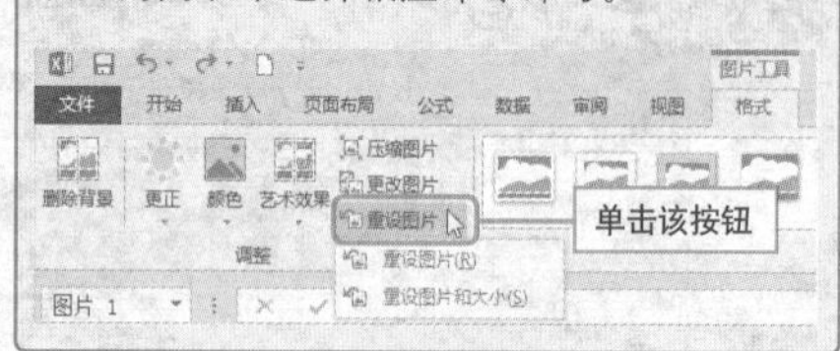

利用文本框为图片添加文字

实例 在图片上添加文字

插入图片后，如果还想对图片进行简单说明，那么可以使用文本框添加文本，下面介绍利用文本框添加文本的具体操作步骤。

1 打开工作表，切换至“插入”选项卡，单击“文本框”下拉按钮，从展开的列表中选择“横排文本框”选项。

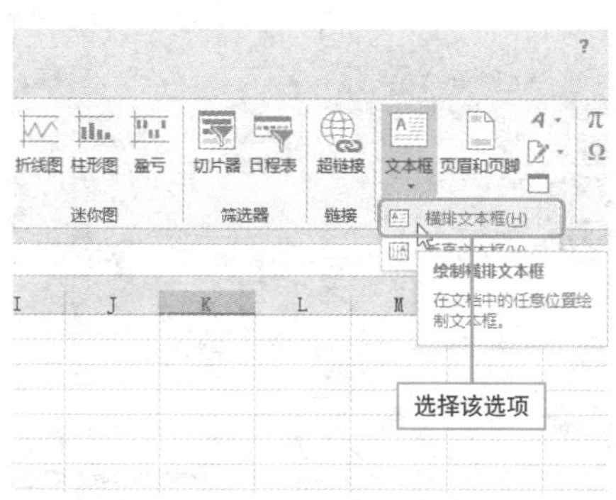

2 按住鼠标左键不放，拖动鼠标，绘制合适大小的文本框。

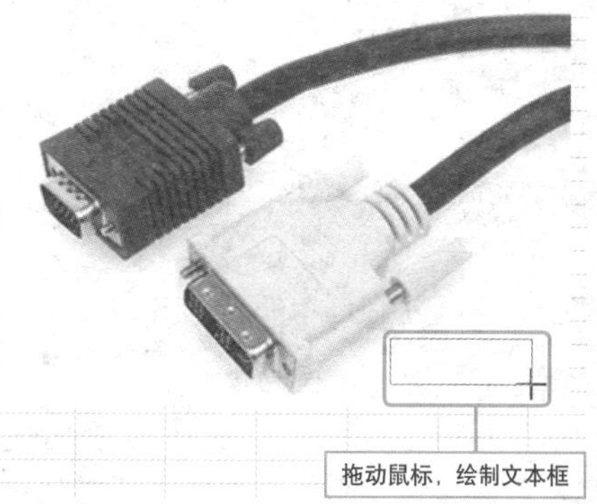

3 绘制完成后，鼠标光标自动定位至文本框内，输入需要的文本内容，并调整字号大小即可。

4 切换至“绘图工具-格式”选项卡，单击“形状填充”按钮，从列表中选择合适的颜色进行填充。

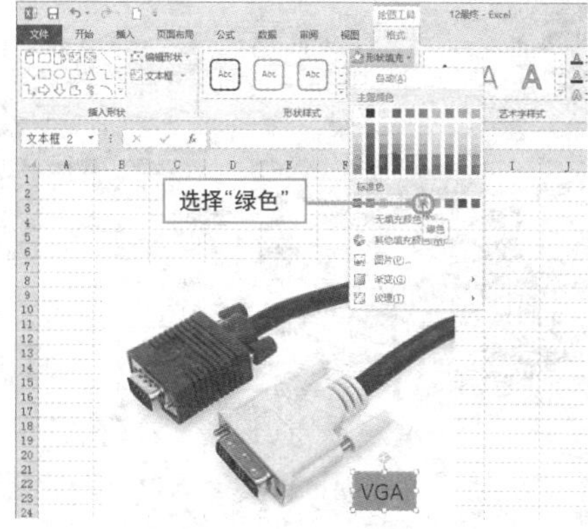

Question

335 快速创建图表

● Level ◆◆◆

2010 2007

实例 图表的应用

若想将表格中的数据更直观地反映给受众，用户可以将表格中的数据以图表的形式显示出来，下面对图表的创建操作进行介绍。

1 选择所要创建图表的数据区域，单击“插入”选项卡上的“柱形图”按钮，从展开的列表中选择“三维簇状柱形图”命令。

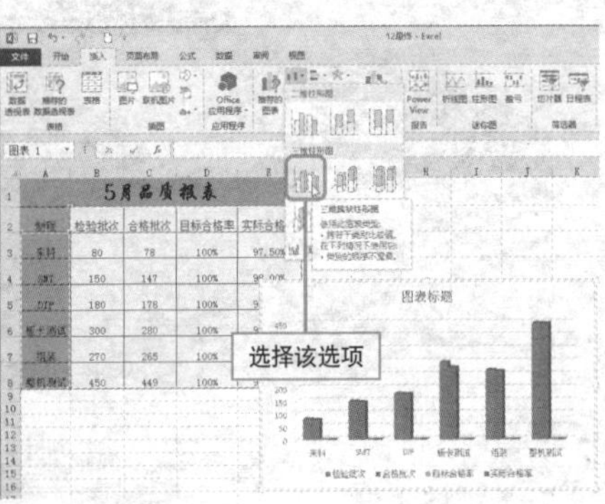

2 即可在页面中插入一个三维簇状柱形图。

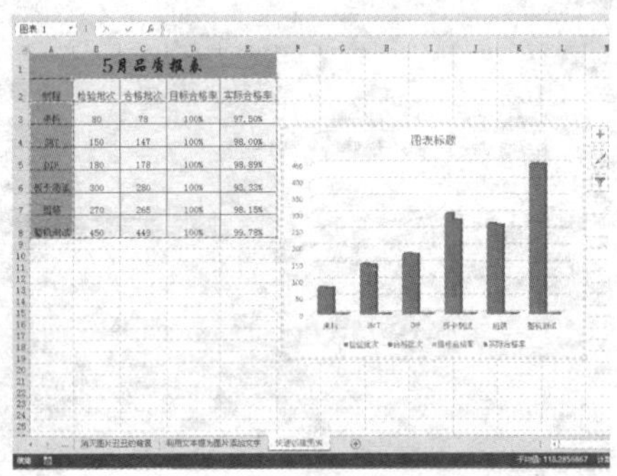

3 插入最合适的图表。Excel 2013提供了推荐图表功能，选择数据后，单击“插入”选项卡上的“推荐的图表”按钮。

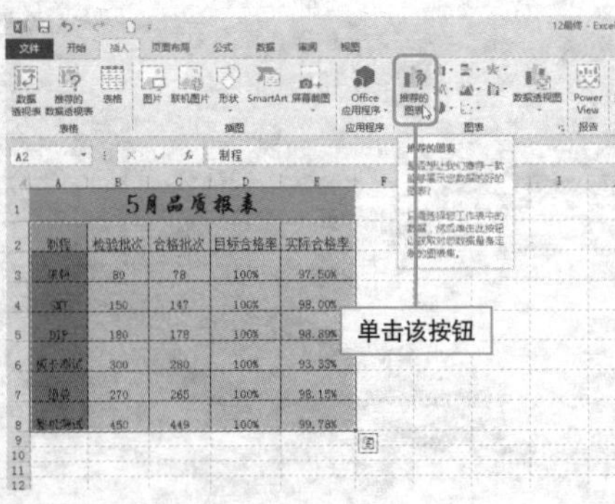

4 打开“插入图表”对话框，选择“簇状条形图”，单击“确定”按钮即可。

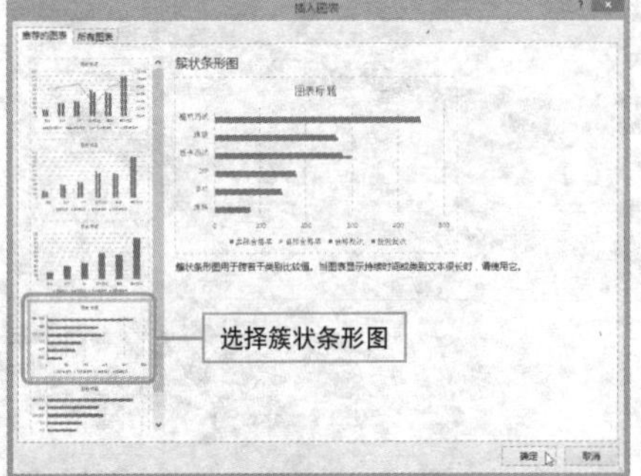

Question 336

● Level ◆◆◆

2010 2007

快速为图表添加标题

实例 图表标题的添加

添加图表后，为了可以更明确地说明图表中的内容，需要为图表添加一个清晰、明确的标题，下面介绍具体操作步骤。

1 **功能区命令添加法**。选择图表，执行“图表工具-设计>添加图表元素>图表标题>图表上方”命令即可。

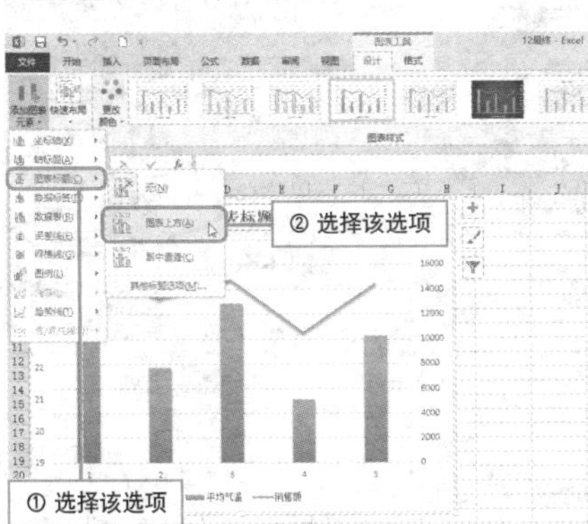

2 **悬浮面板设置法**。选择图表，右侧将出现悬浮面板，单击“图表元素”按钮，勾选“图表标题”复选框，选择“图表上方”选项。

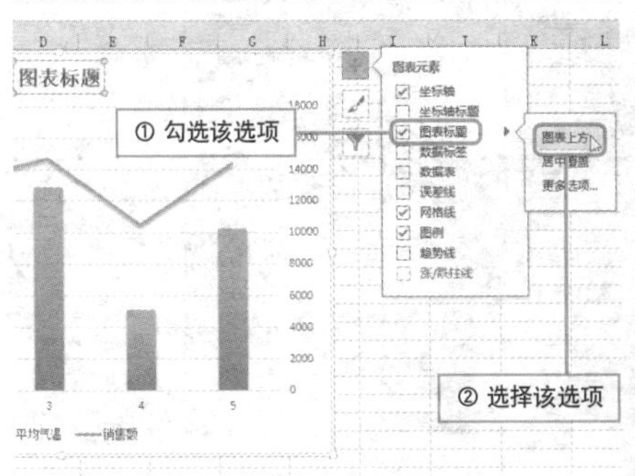

3 图表上方出现标题框后，开始输入标题，重复上一步骤，选择“更多选项”，打开“设置图表标题格式”窗格，对标题进行详细设计。

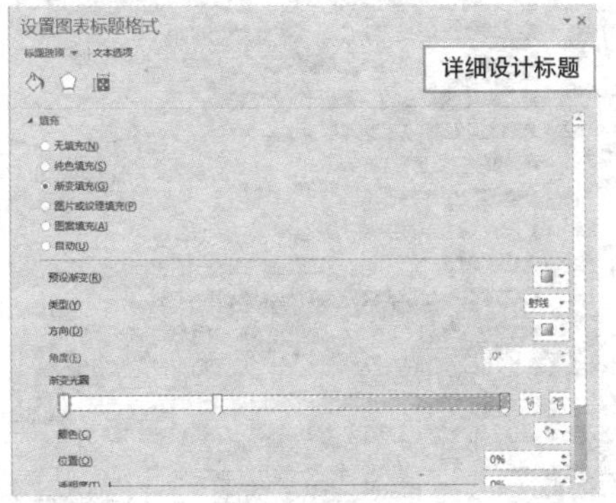

4 设计完成后，关闭“设置图表标题格式”窗格，查看设计效果。

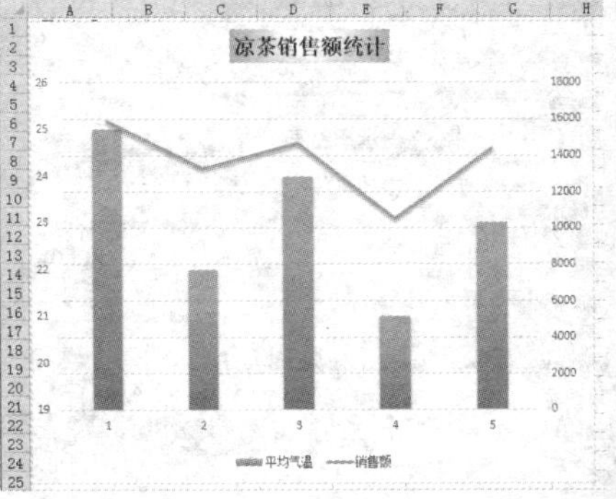

Question

337 不相邻区域图表的创建有秘笈

● Level ◆◆◆

2013 2010 2007

实例 使用不相邻的行列数据创建图表

在创建图表的过程中，为了形成对比，用户可以根据表格中不相邻行或列中的数据创建图表，其操作也是比较简单的，具体操作步骤如下。

1 打开工作表，按住Ctrl键的同时，选择B1:B11和D1:D11单元格区域。

品名	预计销售	进货量	实际销售	库存量	目标达成率
土鸡蛋	5000	10000	4500	5500	90.0%
生菜	1050	3000	1700	1300	161.9%
芹菜	3000	4500	3100	1400	103.3%
菠菜	1080	3800	1700	2100	157.4%
花菜	2000	2900	2200	700	110.0%
西红柿	3000	5800	2500	3300	83.3%
黄瓜	4000	6200	3600	2600	90.0%
豆角	2800	3700	2700	1000	96.4%
四季豆	1700	2650	2000	650	117.6%
青椒	3000	4360	2400	1960	80.0%

2 切换至“插入”选项卡，单击“推荐的图表”按钮。

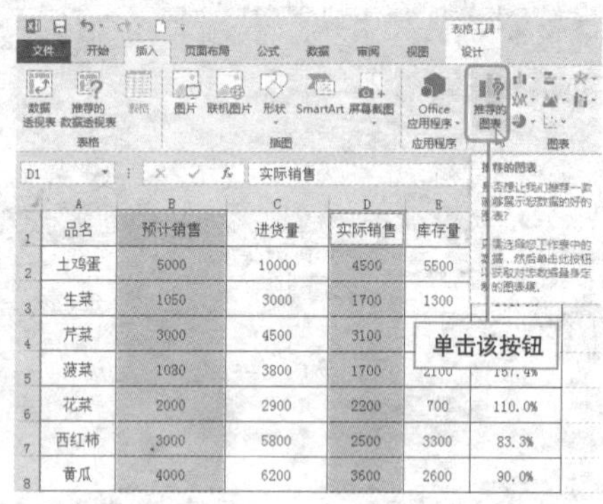

3 弹出“插入图表”对话框，选择合适的图表，单击“确定”按钮。

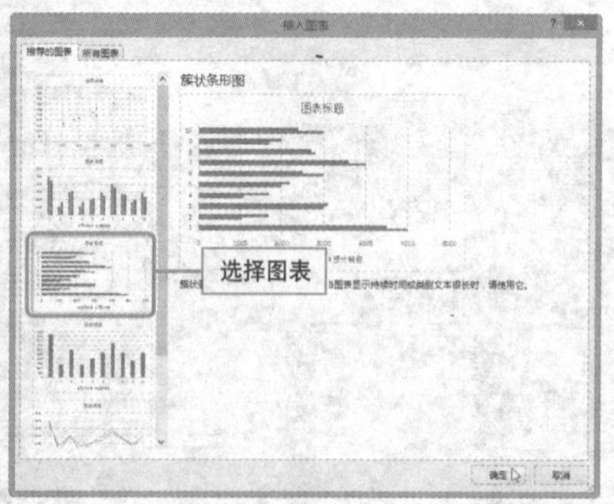

4 在图表上方的文本框中，输入图表标题，并根据需要调整标题字号大小，然后调整图表的大小和位置。

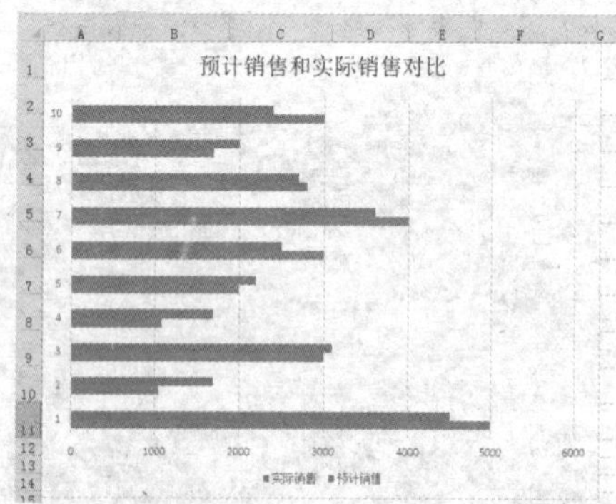

图表中对象的颜色随意变

实例 更改图表数据系列颜色

图表创建完成后，各数据系列都会有一个默认的填充色，若用户想要突出显示某一数据系列或者创建个性化的图表，则可以对数据系列的颜色进行更改。

❶ **功能区命令更改法**。选择图表，切换至“图表工具-设计”选项卡，单击“更改颜色”按钮，从列表中选择“颜色4”选项。

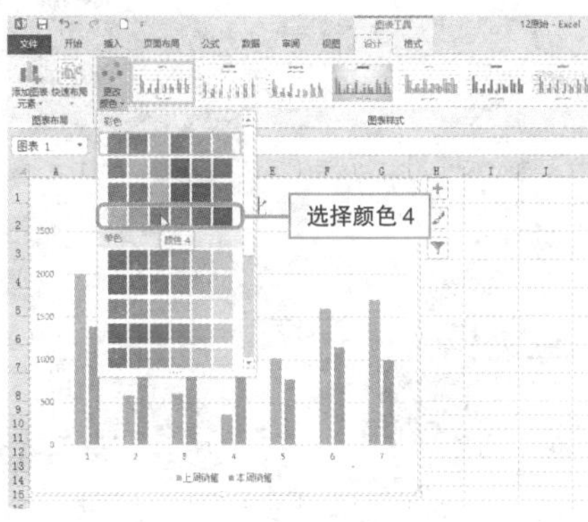

❷ **悬浮面板更改法**。选择图表，右侧出现悬浮面板，单击“图表样式”按钮，在“样式”选项卡中选择“颜色2”选项。

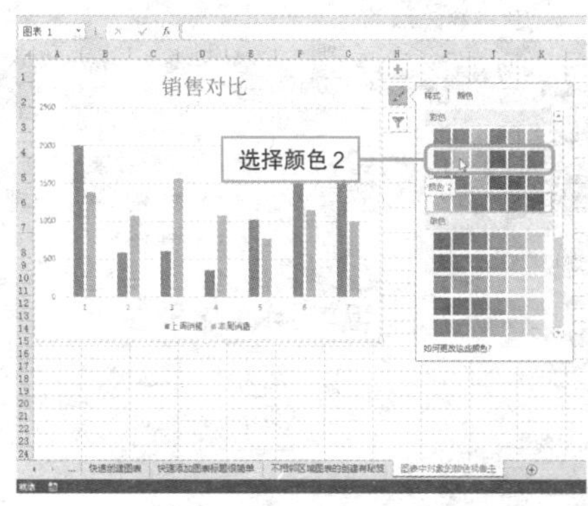

❸ **更改某一数据系列颜色**。选择数据系列，执行“图表工具-格式>形状填充”命令，从列表中选择合适的颜色即可。

Hint

更改图表对象颜色的技巧

除了上述介绍的方法外，用户还可以使用以下方法更改数据系列颜色。

选择数据系列并单击鼠标右键，从快捷菜单中选择“设置数据系列格式”命令，在打开的窗格中的“填充线条”选项卡中，设置数据系列填充色进行填充即可。

Question 339

● Level ◆◆◆

2013 2010 2007

图表的填充效果任你定

实例 设置数据系列填充

除了可以通过更改数据系列的填充色美化图表外，还可以通过设置数据系列的填充效果更改图表外观，吸引观众的注意，下面介绍具体操作步骤。

1 **应用图形快速样式**。选择数据系列，切换至“图表工具-格式”选项卡，单击“形状样式”面板的“其他”按钮，从列表中选择满意的形状样式即可。

选择该样式

2 **应用提供的形状效果**。执行“图表工具-格式>形状效果”命令，从展开的菜单中选择相应命令，并从其关联菜单中选择合适的效果即可。

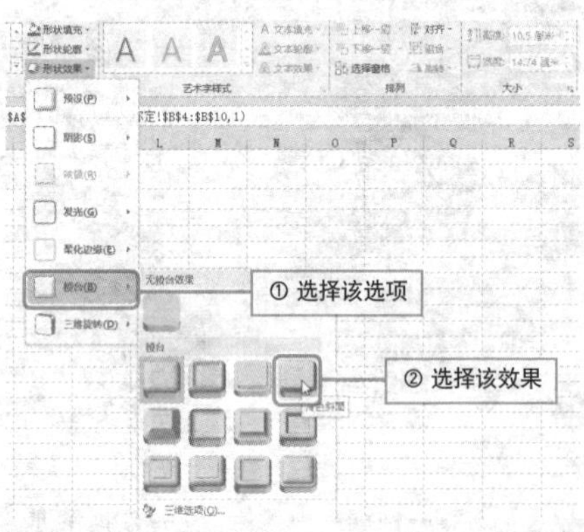

3 **自定义形状效果**。单击“形状样式”面板的对话框启动器，在打开窗格的“效果”选项卡中进行详细设计即可。

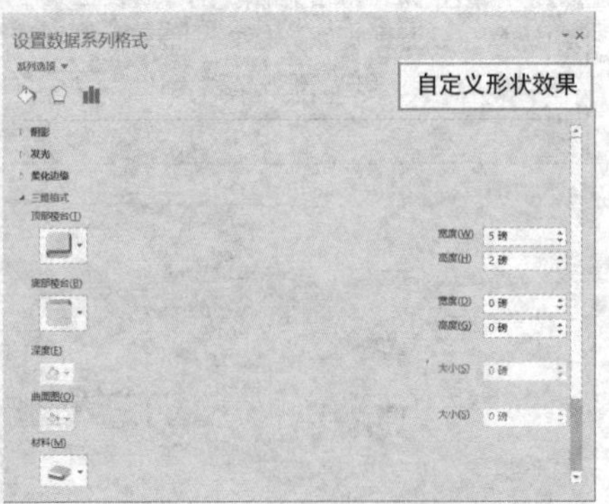

Hint

如何应用图表快速样式

选择图表，执行“图表工具-设计>图表样式>其他”命令，从列表中选择合适的样式即可。

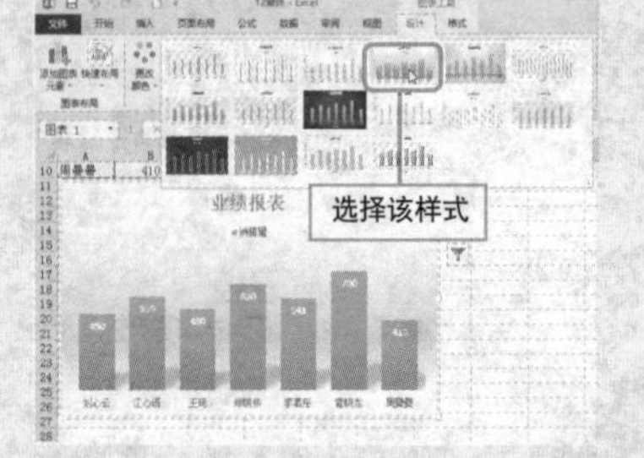

Question 340

Level ◆◆◆

2013 2010 2007

快速加入数据标签

实例 给数据系列添加标签

为了使图表中的数据清晰地显示出变化趋势，用户可以为数据系列添加标签，下面介绍具体操作步骤。

❶ **功能区命令添加**。选择图表，执行“图表工具-设计>添加图表元素>数据标签>数据标签外”命令即可。

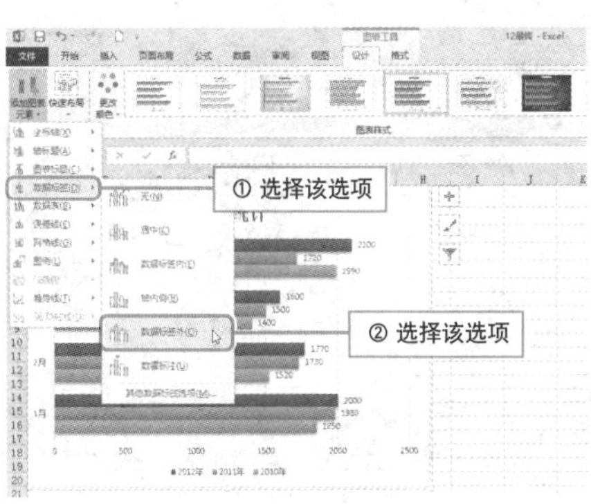

❷ **悬浮面板添加**。选择图表，右侧出现悬浮面板，单击“图表元素”按钮，勾选“数据标签”复选框，选择“数据标签内”选项。

❸ 出现数据标签后，重复上述操作，在列表中选择“更多选项”，打开“设置数据标签格式”窗格，可对标签进行详细设计。

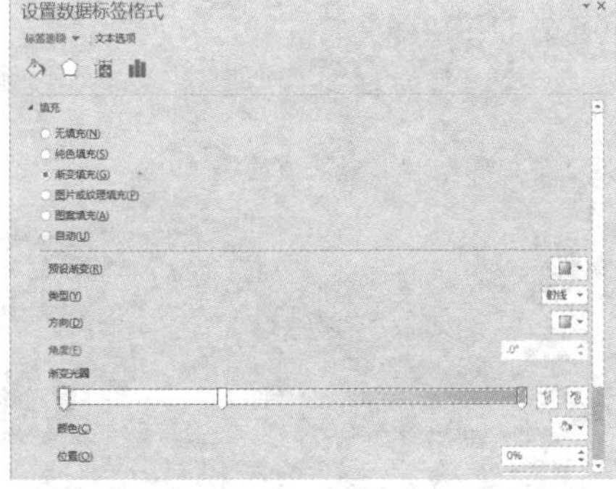

❹ 逐一对数据系列标签进行设置，设置完成后，关闭“设置数据标签格式”窗格，查看设置效果。

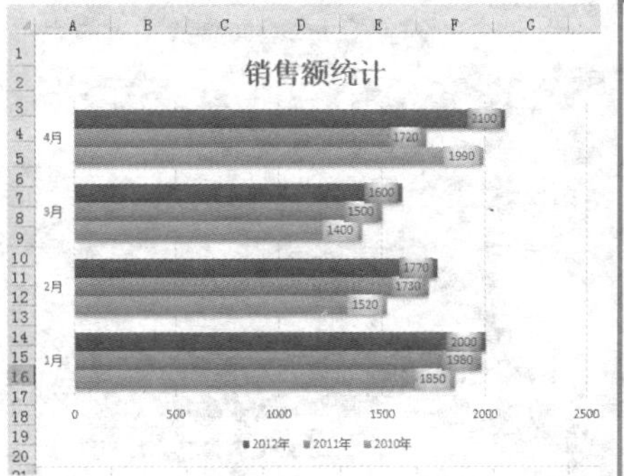

Question 341

轻松调整图表大小

Level ◆◆◆

2013 2010 2007

实例 图表大小的调整

插入图表后，若默认的图表大小不符合当前需求，用户可以根据需要对图表进行调整，下面介绍具体操作步骤。

1 **鼠标拖动调整法**。将鼠标光标置于图表任意一个角上，待光标变为双向箭头时，按住鼠标左键不放，拖动鼠标进行调整。

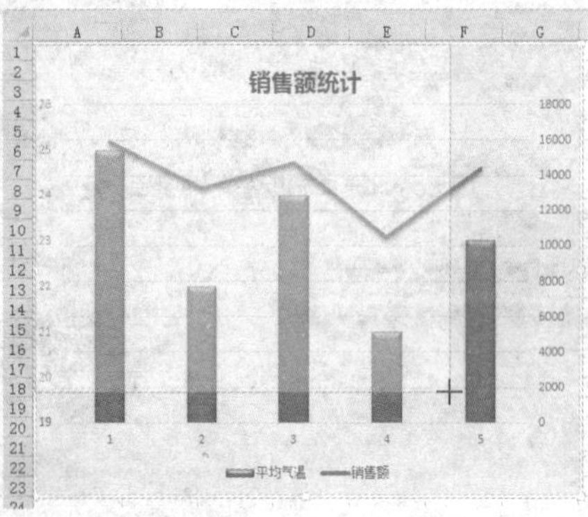

2 **功能区命令调整法**。选中图表后，在"图表工具-格式"选项卡中的"大小"面板中，通过"宽度"和"高度"数值框进行调整。

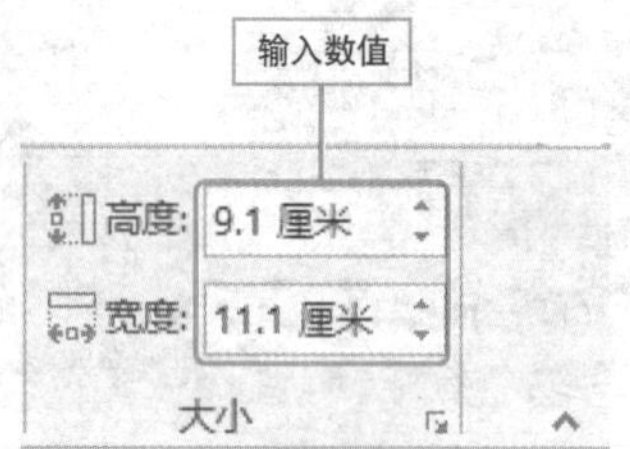

3 **窗格精确设置法**。在图表上单击鼠标右键，选择"设置图表区域格式"命令。

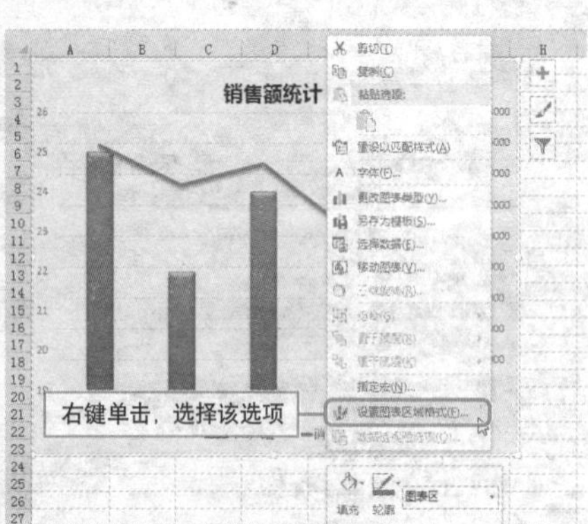

4 打开"设置图表区域格式"窗格，在窗格中进行设置即可。

Question 342

等比缩放图表很简单

Level ◆◆◆

2013 2010 2007

实例 图表大小调整

若在调整图表时，希望不改变原图表纵横比，该如何操作呢？下面介绍具体操作方法。

1 **鼠标+键盘调整**。将光标置于图表任意一角，按住Shift键不放，鼠标光标变为双向箭头，拖动鼠标进行调整即可。

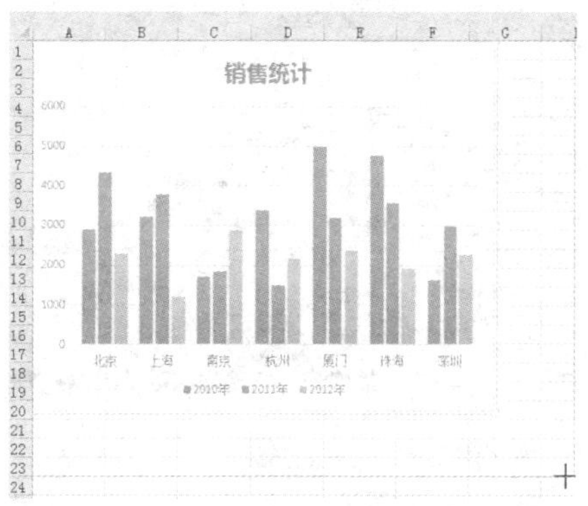

2 **窗格精确设置法。**选择图表，切换至“图表工具-格式”选项卡，单击“大小”面板对话框启动器，打开“打开设置图表区格式”窗格。

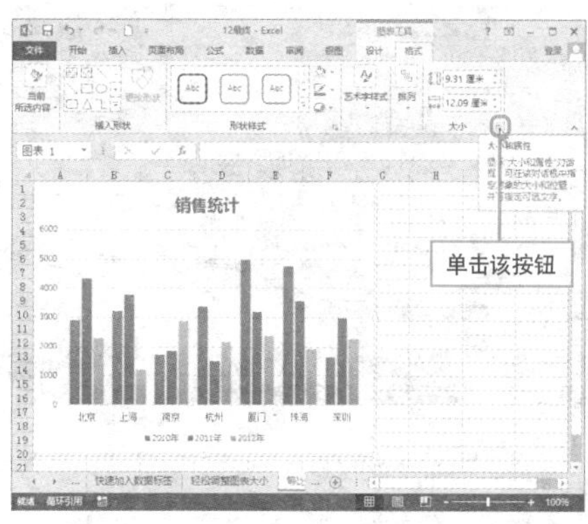

3 勾选“锁定纵横比”复选框，在“高度”和“宽度”数值框输入数值即可。

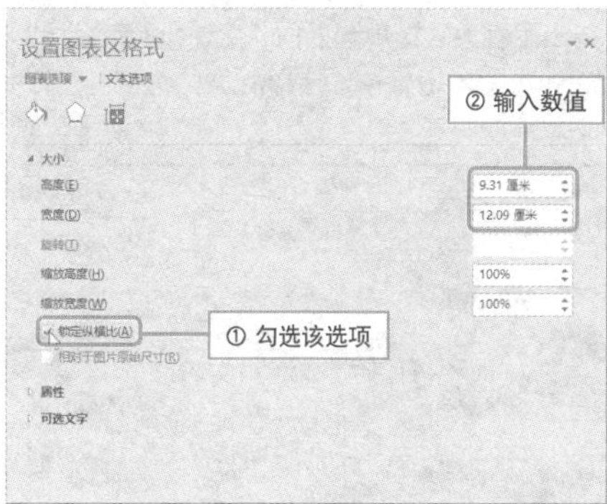

Hint

如何更改图表背景

若想使图表背景更加美观，可以对其进行更改。

选择图表，单击“图表工具－格式”选项卡“形状样式”面板的“形状填充”按钮，在打开的列表中选择合适的填充色即可。

Question 343

Level ◆◆◆

2013 2010 2007

调整图表以适应窗口大小

实例 调整图表使其适应窗口大小

默认情况下，放大/缩小工作表时，图表并不会跟随工作表窗口改变而改变，若想在放大/缩小窗口时，使图表可以适应当前窗口大小，可以按照下面介绍的方法进行设置。

1 打开工作表，调整工作表大小时发现图表大小保持不变。

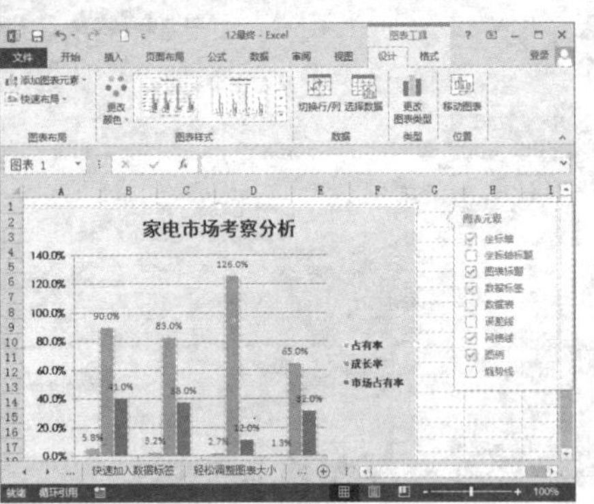

2 选择图表，切换至"视图"选项卡，单击"缩放到选定区域"按钮。

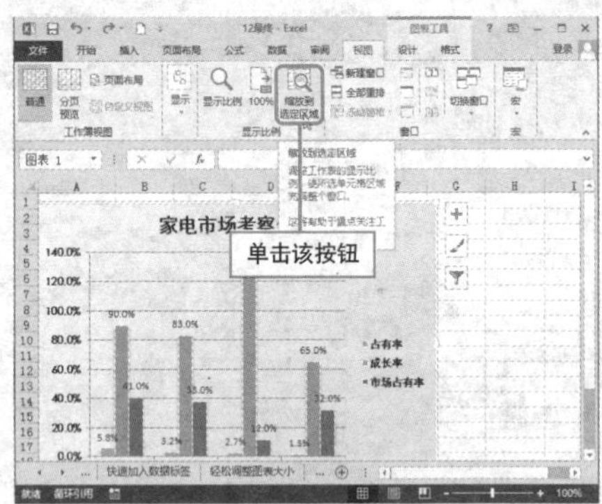

3 随后再次改变窗口大小时，图表将以最佳比例显示在当前视图窗口中。

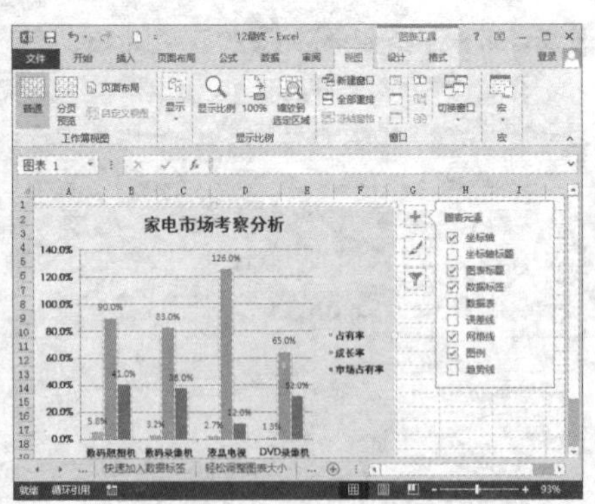

Hint

其他更改图表比例的操作

除了上述介绍的方法可以更改图表显示比例外，还可以通过其他方法更改图表显示比例。

单击"视图"选项卡上的"显示比例"按钮，在弹出的对话框中，选择所需比例值，即可缩放当前图表。

快速设置图表字体格式

实例 图表中字体格式的更改

插入工作表中的图表都会有一个默认的字体格式，若用户觉得当前字体不够美观，还可以根据需要对图表中的字体进行修改，下面介绍具体操作步骤。

1 **更改字体**。选择图表中的标题，单击“开始”选项卡上的“字体”按钮，从列表中选择合适的字体。

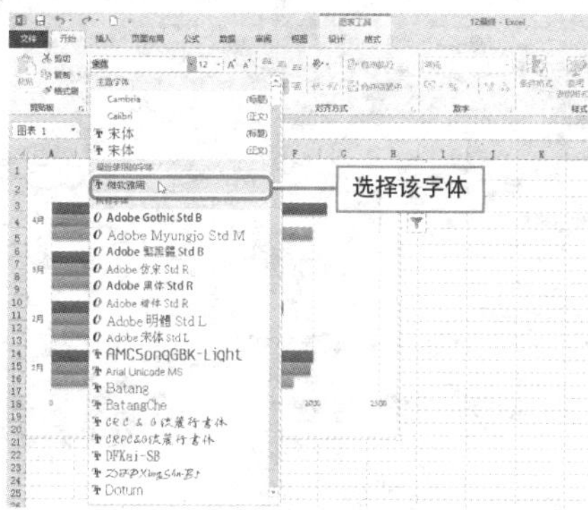

2 **更改字号**。保持标题的选中，单击“字号”按钮，从展开的列表中选择合适的字号大小。

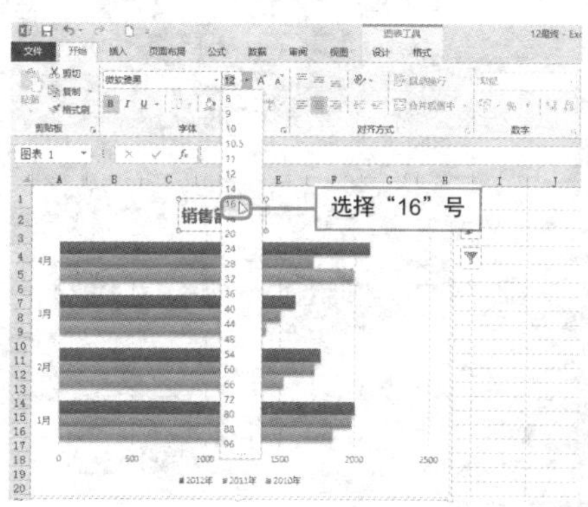

3 **更改字体颜色**。单击“颜色”按钮，从展开的列表中选择合适的颜色即可。

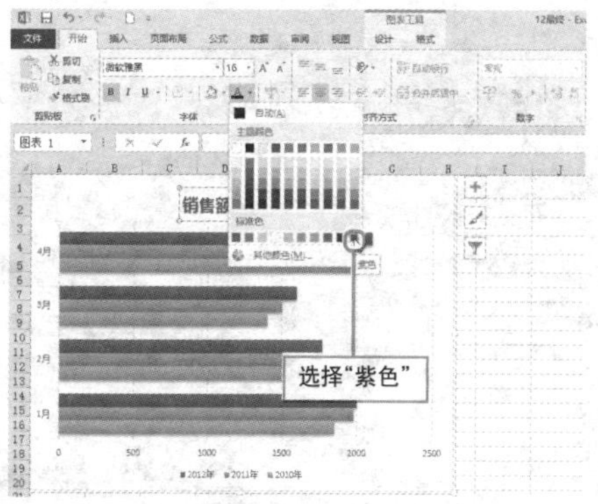

Hint

通过字体对话框设置

在图表标题上单击鼠标右键，选择“字体”命令，打开“字体”对话框，从中进行详细设置。

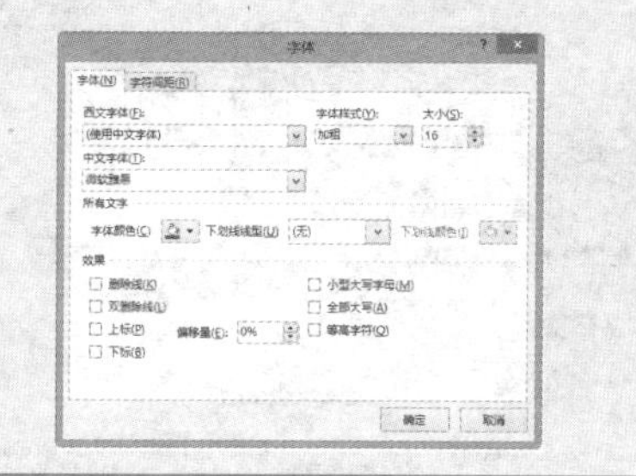

Question 345

Level ◆◆◆

2013 2010 2007

巧为图表添加靓丽背景

实例 图表背景的设置

为了使图表更加美观，可以在图表中插入一个简单、大方的背景，美化图表，下面介绍具体操作步骤。

1 选择图表，执行"图表工具-格式>形状填充"命令，从列表中选择合适的颜色填充，或者在相应选项的关联菜单中选择。

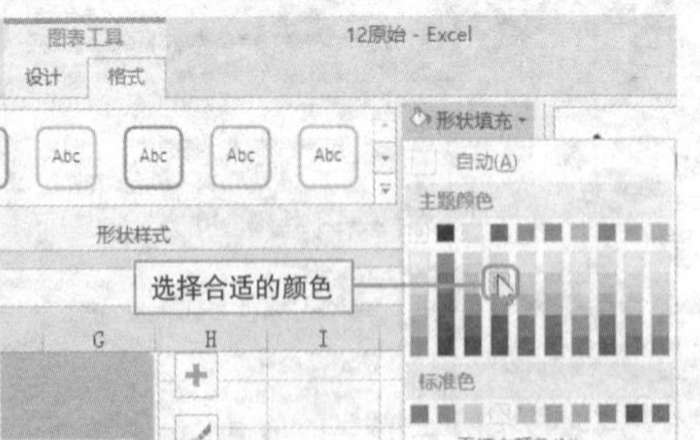

2 若选择"图片"选项，将打开"插入图片"窗格，单击"来自文件"右侧的"浏览"按钮。

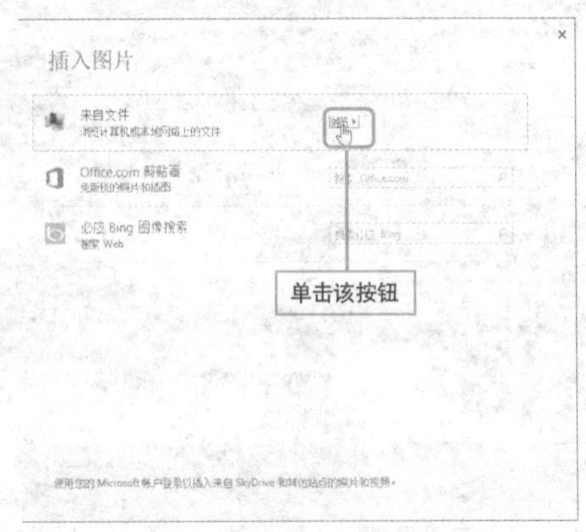

3 打开"插入图片"对话框，选择图片，单击"插入"按钮。

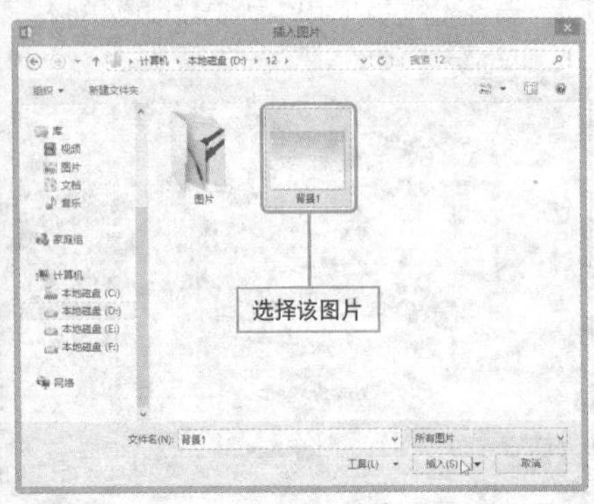

4 即可将所选图片作为当前图表的背景。

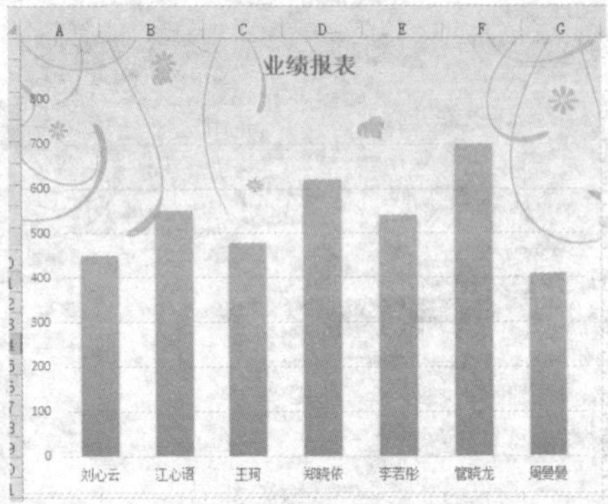

巧妙设置背景透明的图表

实例 为图表背景设置透明度

若图表背景中图片太过靓丽，影响了数据的显示，用户可以通过调整插入图片的透明度进行调整，下面介绍具体操作步骤。

1 选择图表并单击鼠标右键，从弹出的快捷菜单中选择“设置图表区域格式”命令。

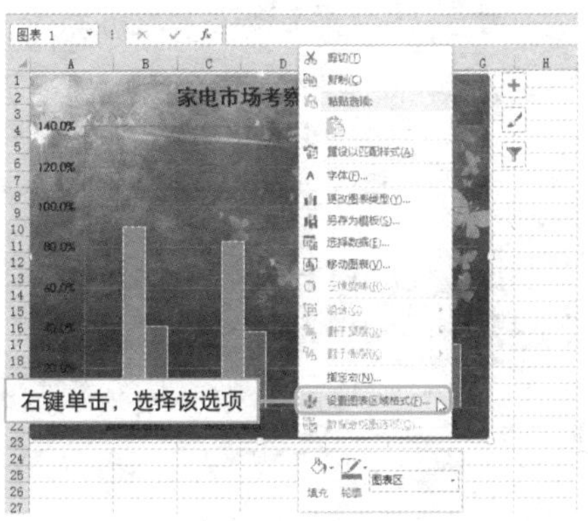

2 打开“设置图表区格式”窗格，拖动透明度滑块，即可调整图表背景透明度。

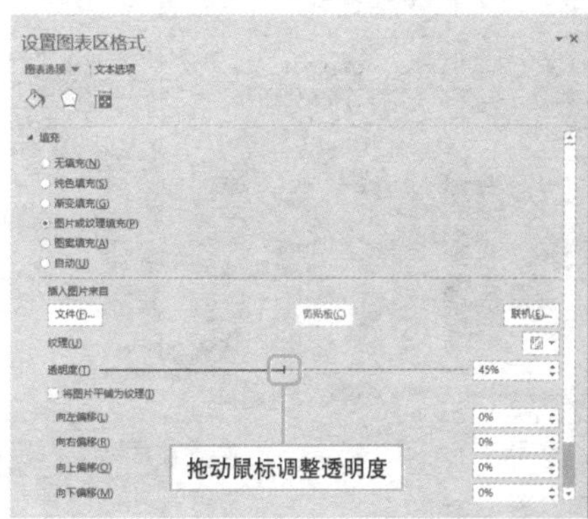

3 设置完成后，关闭“设置图表区格式”窗格，查看设置效果。

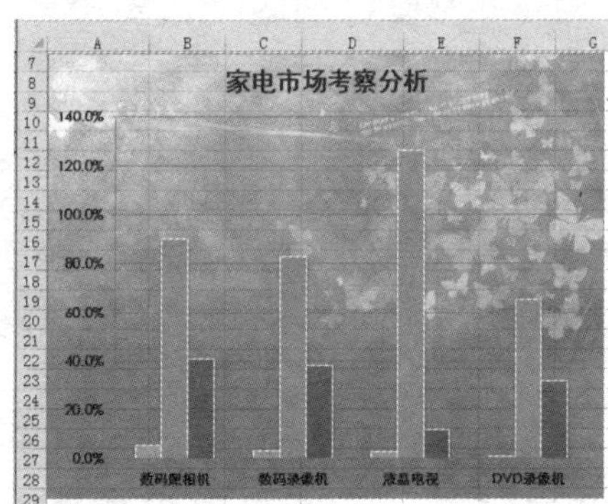

Hint

如何快速删除图表中的图例

虽然数据标签可以直观地显示数据变化，但是当数据量过多时，会让整个图表变得臃肿不堪，此时就应将图例删除。

直接将图例选中，在键盘上按 Delete 键即可快速删除图例。

Question 347

原来图表也会一成不变

实例 快速制作静态图表

顾名思义，静态图表就是制作好的图表不会随着工作表中数据的变化而变化，有利于阶段性数据的比较，下面介绍静态图表。

● Level ◆◆◆

2013 2010 2007

① 创建图表完成后，选择图表中需要静态显示的数据系列。

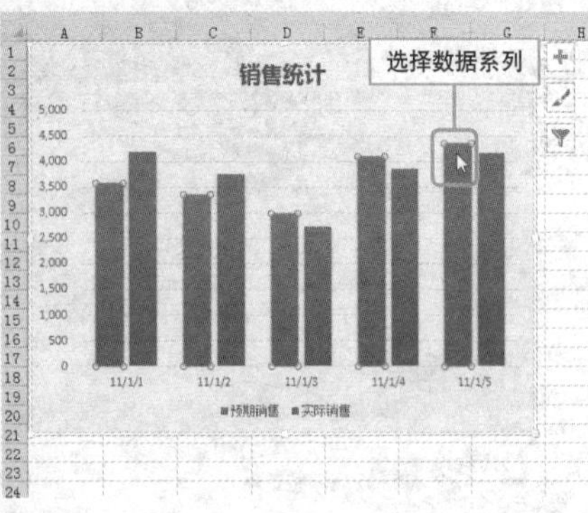

② 此时，在Excel的编辑框中，会显示选择数据系列的函数，将其选中。

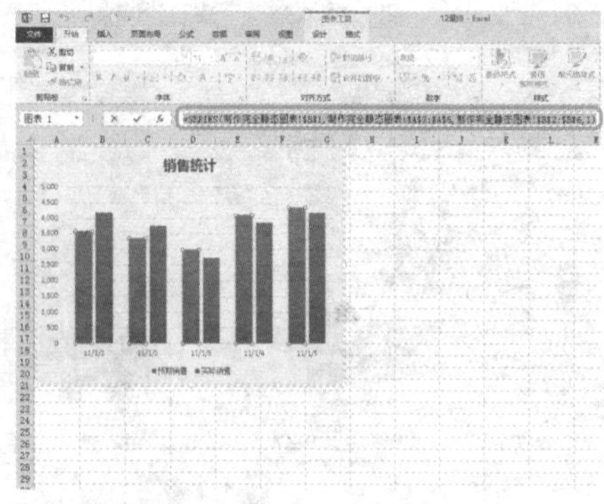

③ 选择数据系列函数后，在键盘上按下F9键，将公式转换为数组。此时，图表变为静态图表。

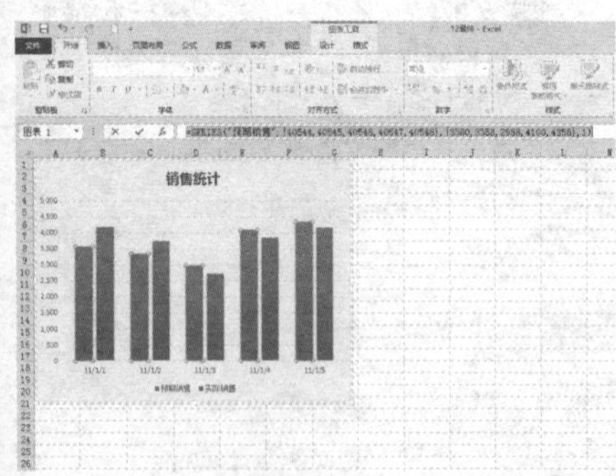

Hint

图表介绍之柱形图和折线图

柱形图：通常用来比较一段时间内两个或多个项目的相对大小，由一系列垂直条组成，如不同月份的销售额对比、不同产品的销售量对比、不同人员的业务量对比等。

折线图：用来表示某项目在一段时间内的变化趋势。例如，如果需要研究的数据一段时间呈上升趋势，一段时间呈下降趋势，就可以通过趋势图来进行描述。若需要研究的数据有几种情况，折线图就有几条不同的线，如 4 种商品的不同月份的销售量变化，就有 4 条折线可以相互对比。

将图表转换为图片

实例 图表转换为图片

大家都知道，动态图表中的数据会随着原始数据的变化而变化，可实时显示数据变化。但这也给那些需要静态比对的用户带来了麻烦，此时，用户可以将图表转换为图片。

1 选择图表，单击“开始”选项卡的“复制”下拉按钮，从列表中选择“复制为图片”。

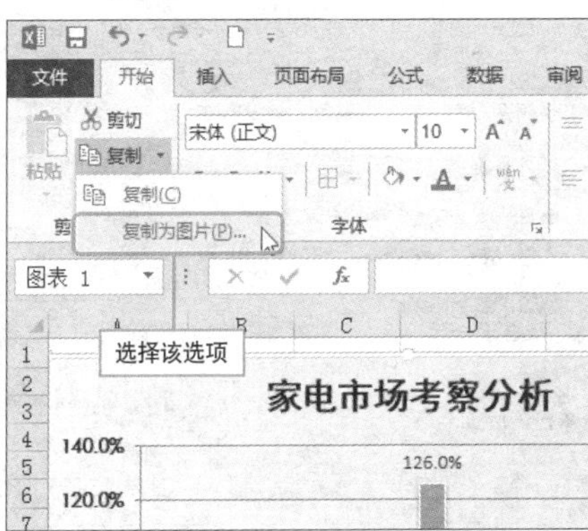

2 打开“复制图片”对话框，设置后单击“确定”按钮。

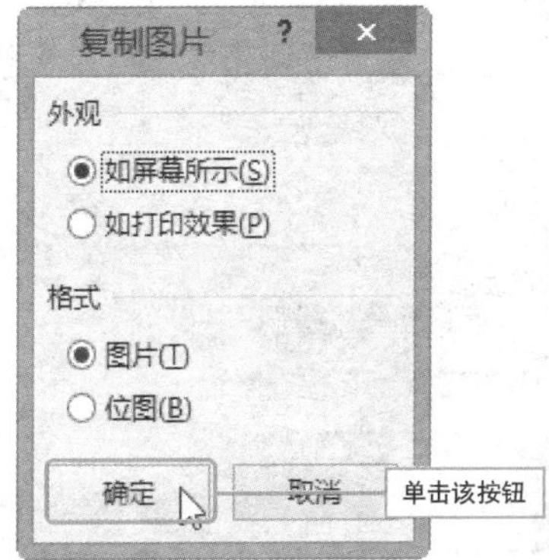

3 选择目标工作表中的任意单元格，单击“粘贴”按钮，完成图表向图片的转换。

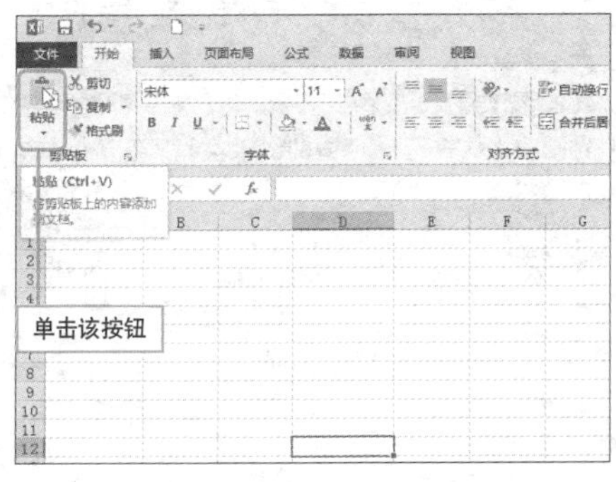

Hint

右键菜单法将图表转换为图片

选择图表，单击鼠标右键后选择“复制”命令，然后单击鼠标右键选择“粘贴 > 图片”命令。

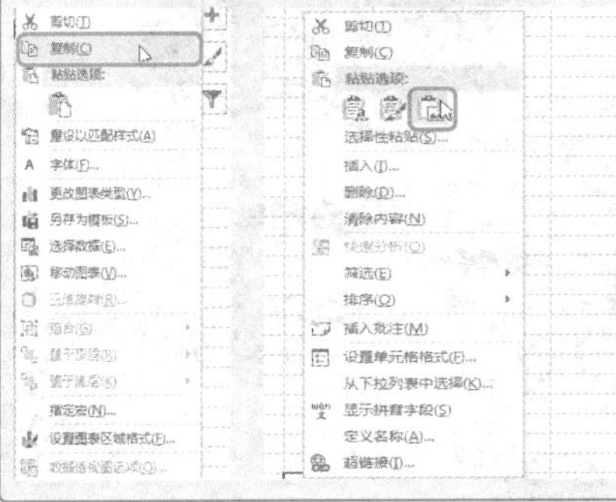

Question 349

Level ◆◆◆

2013 2010 2007

图表行 / 列的快速切换

实例	切换图表的行 / 列

完成图表的制作后，若发现图表行列的表示不符合逻辑，则可以将行列切换，下面介绍具体操作步骤。

1 选择图表，切换至“图表工具-设计”选项卡。

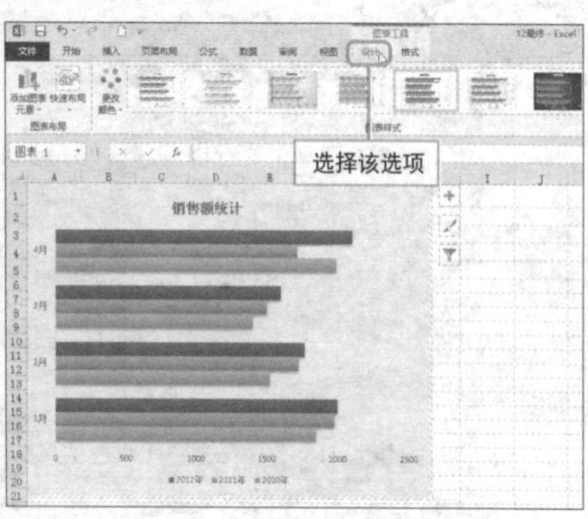

2 单击“数据”面板的“切换行/列”按钮。

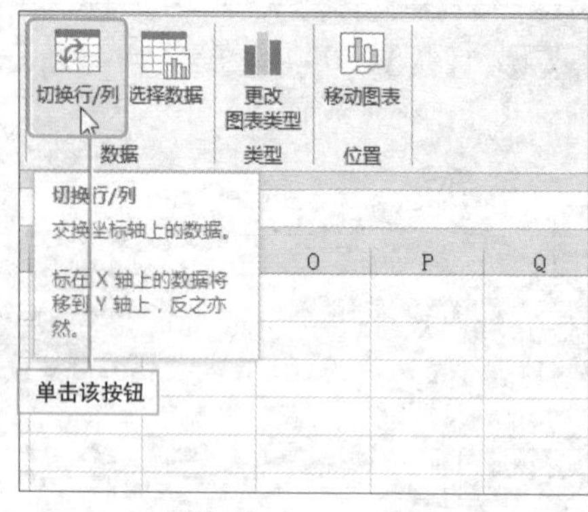

3 随后即可将当前图表的行和列切换，切换效果如下所示。

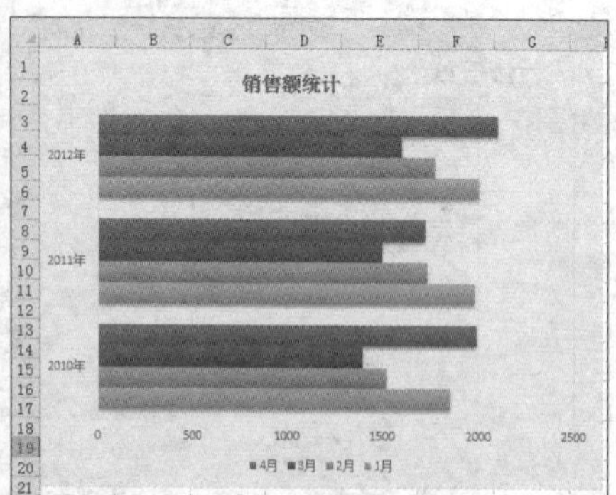

Hint

如何更改当前图表类型

若对当前图表类型不满意，可以选择图表，单击“图表工具 - 设计”选项卡上的“更改图表类型”按钮，打开“更改图表类型”对话框，从中选择合适的图表类型，单击“确定”按钮。

Question 350

图表布局巧变换

● Level ◆◆◆

2013 2010 2007

实例 图表布局的更改

更改图表的布局，可以使图表的重点内容得以凸显，而且可以美化图表，下面介绍具体操作步骤。

1 选择图表，切换至“图表工具-设计”选项卡。

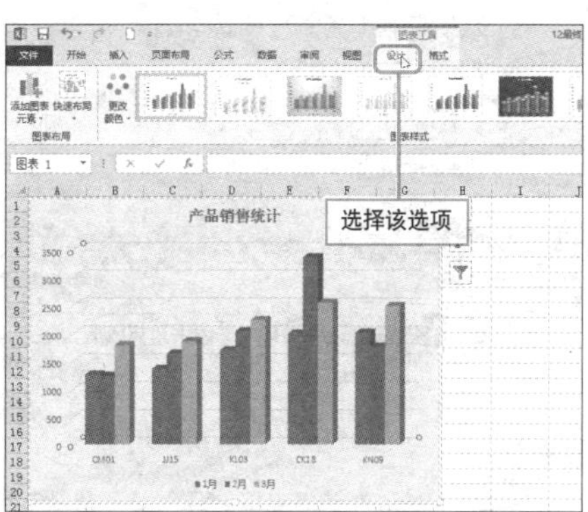

2 单击“图表布局”按钮，从展开的列表中选择“布局5”。

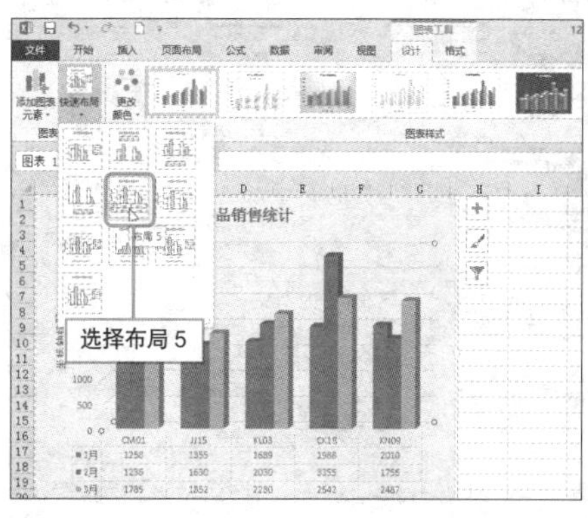

3 随后可以看到图表布局已经发生了更改。

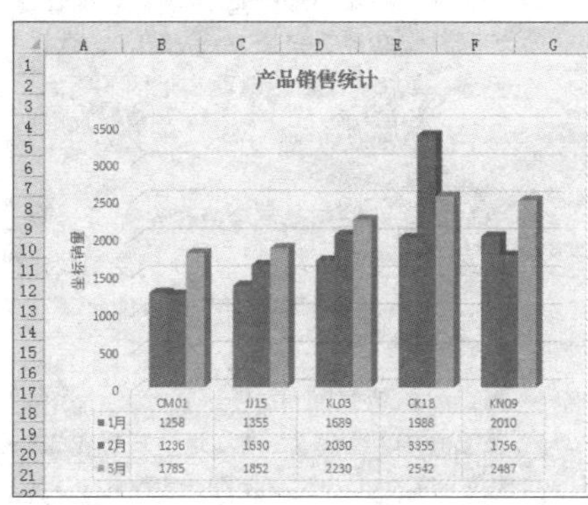

Hint

图表数据的更改

在图表的原始数据范围内添加行或列数据时，Excel 会自动将此范围增加的数据添加到图表数据系列中。

同理，若删除原始数据范围内的行或列，图表用样会发生相应改变。

移动图表到其他工作表中

实例 移动图表

若在利用数据对其他工作表中的内容进行说明时，需要用到当前图表，可以将图表移动到其他工作表中，下面介绍具体操作方法。

1 选择图表，切换至“图表工具-设计”选项卡，单击“移动图表”按钮。

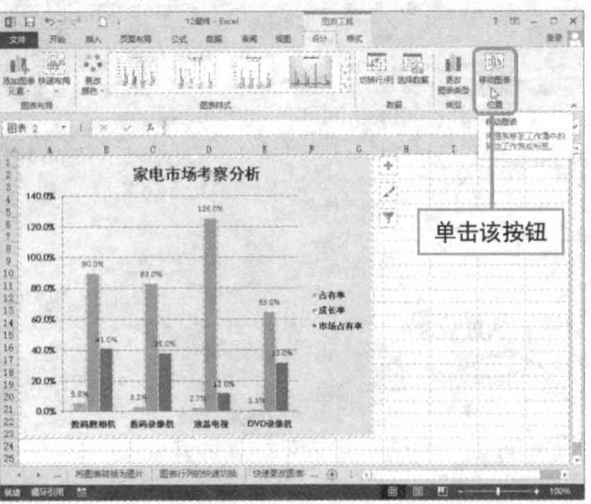

2 **移动至新工作表**。打开“移动图表”对话框，选中“新工作表”单选按钮，在右侧的文本框中输入新工作表名称并确定，即可将其移至新工作表。

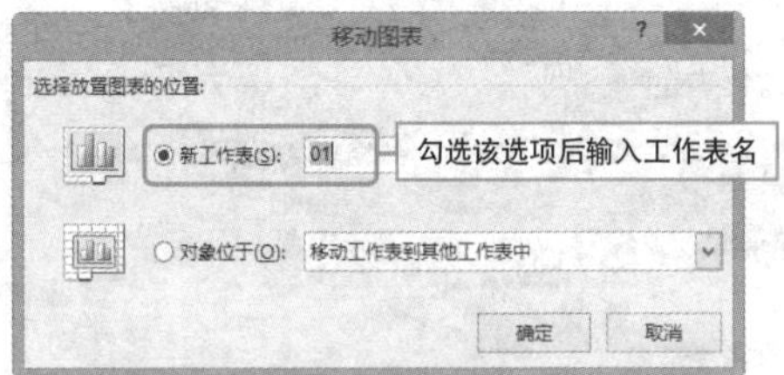

3 **移至已经存在的工作表**。选中“对象位于”单选按钮，单击该选项右侧下拉按钮，从展开的列表中选择目标工作表，然后单击“确定”按钮，关闭对话框即可完成工作表的移动。

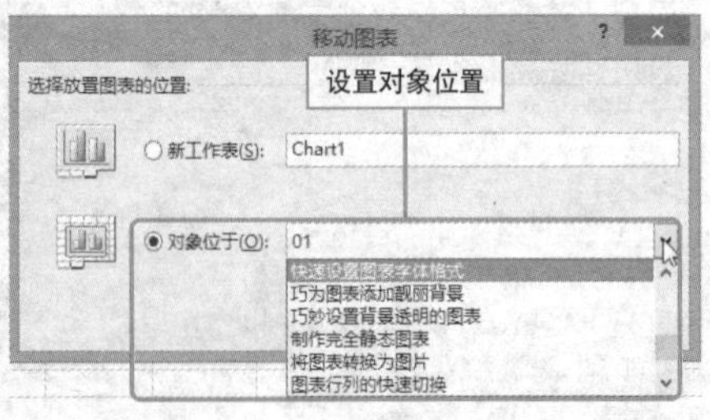

Hint

如何将图表复制并粘贴

方法一：功能区按钮复制粘贴法。选择图表，单击“开始”选项卡上的“复制”按钮，然后选择目标位置，单击“粘贴”按钮即可。

方法二：右键菜单命令复制粘贴。选择图表，单击鼠标右键，选择“复制”命令，然后同样利用右键菜单，即可将其粘贴至目标位置。

方法三：快捷键复制粘贴。选择图表，按Ctrl+ C组合键，然后选择目标位置，按Ctrl+ V组合键粘贴即可。

巧妙添加图表网格线

实例 图表网格线的设置

对于包含大量数据的图表来说，数据系列之间的关系就变得不容易区分，为了可以更好地标识数据，可以对图表的网格线进行适当设置，下面介绍具体操作方法。

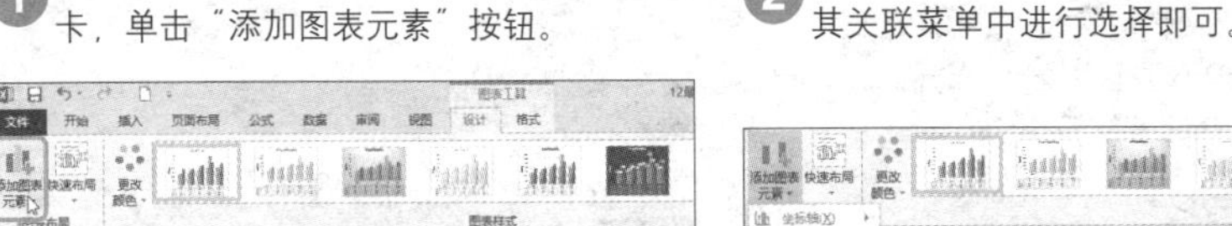

1 选择图表，切换至“图表工具-设计”选项卡，单击“添加图表元素”按钮。

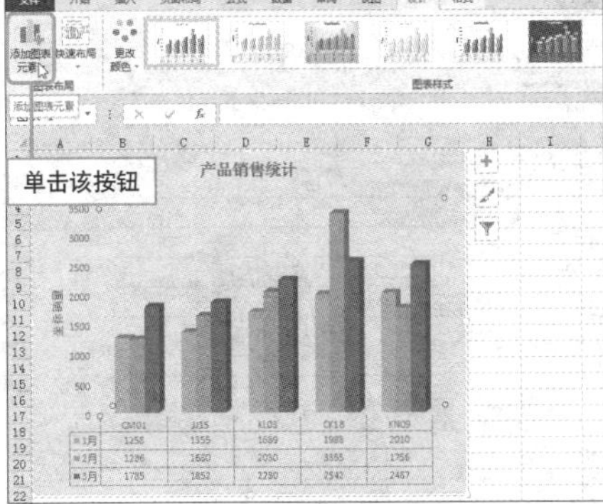

2 从展开的列表中选择“网格线”选项，从其关联菜单中进行选择即可。

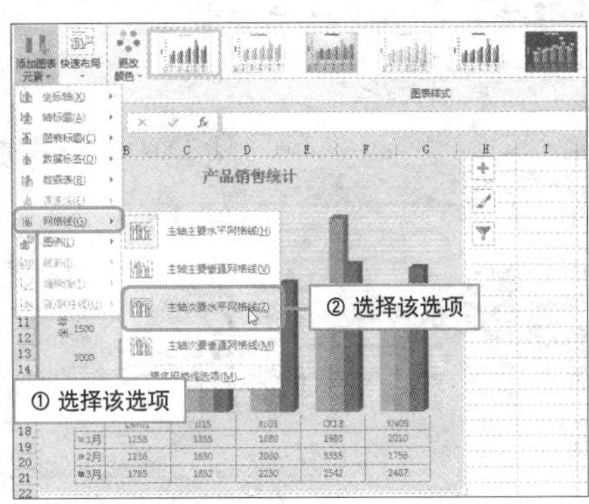

3 若用户想要对网格线的颜色和粗细进行设置，可以选择“更多网格线选项”，在打开的窗格中进行设置。

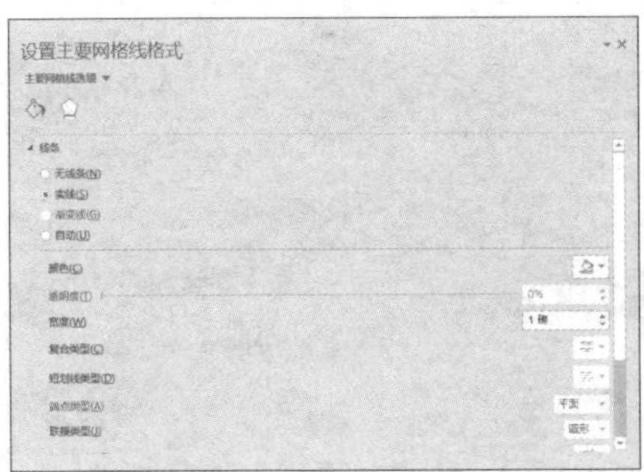

4 设置完成后，关闭窗格，即可查看所设置的网格线效果。

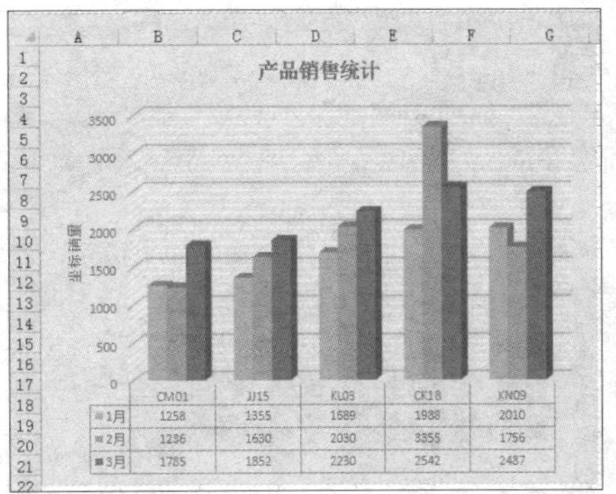

Question 353

Level ◆◆◆

2013 2010 2007

快速隐藏坐标轴

实例 取消坐标轴的显示

图表通常会有两个坐标轴，主要用来对数据进行度量和分类，以便绘制数据。为了避免图表过于复杂，在不需要显示坐标轴时，可以将其隐藏。

1 选择图表，切换至“图表工具-设计”选项卡，单击“添加图表元素”按钮。

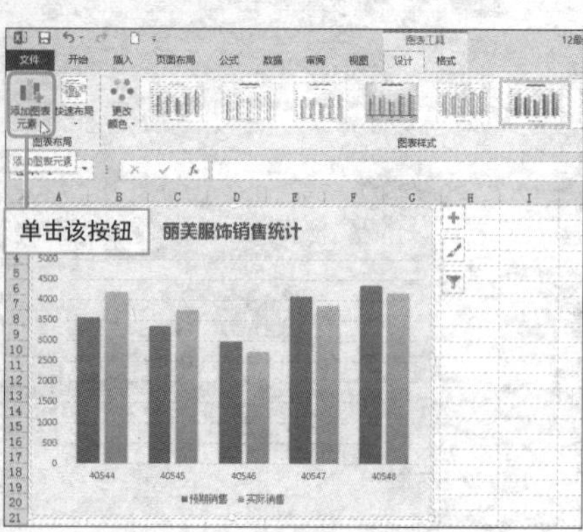

2 从展开的列表中选择“坐标轴”选项，从其关联菜单中选择“主要横坐标轴”。

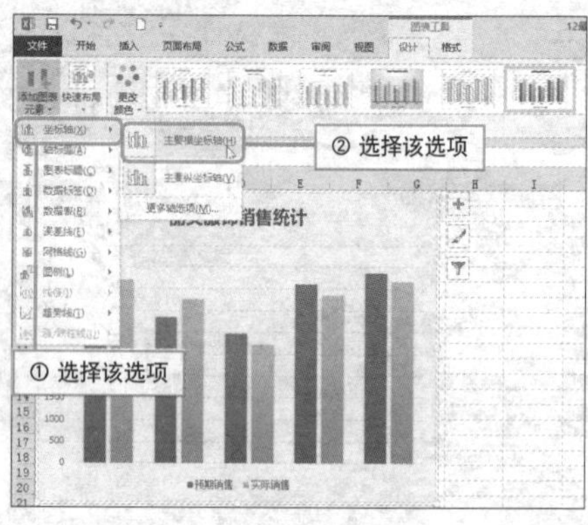

3 将横坐标轴隐藏后，按照同样的方法隐藏主要纵坐标轴即可。

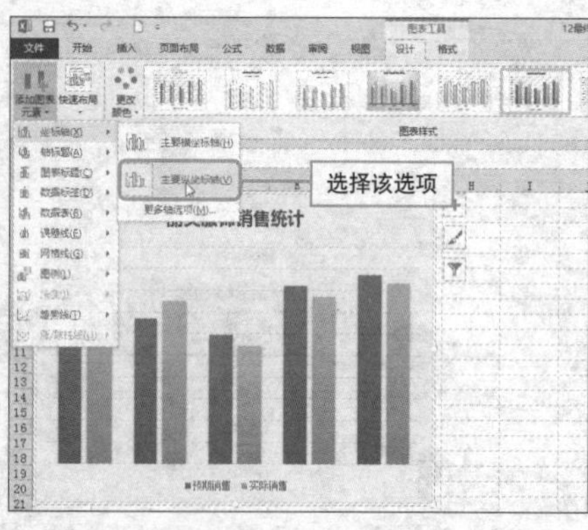

Hint

如何对坐标轴格式进行设置？

若用户想要对坐标轴进行详细设计，可以选择“更多轴选项”，在打开的窗格中进行设置即可。

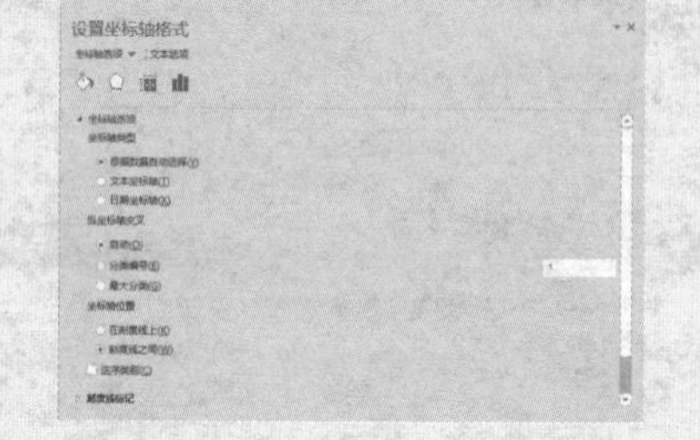

Question

354

隐藏接近于零的数据标签

实例 隐藏接近于 0% 的标签

● Level ◆◆◆

2013 2010 2007

在处理数据时，经常会用到饼图，当部分源数据过小时，可以将接近 0% 的数据隐藏起来。下面将对该效果的实现方法进行介绍。

❶ 选择源数据，单击“插入”选项卡上的“饼图”按钮，从列表中选择饼图样式。

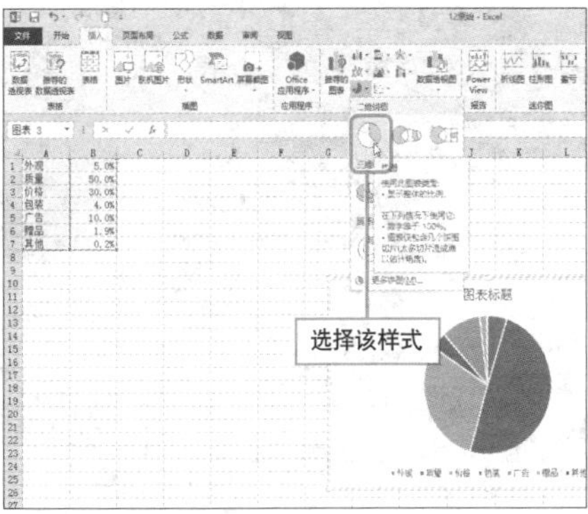

❷ 更改图表布局，显示数据标签并将其选择，单击鼠标右键，从弹出的快捷菜单中选择“设置数据标签格式”命令。

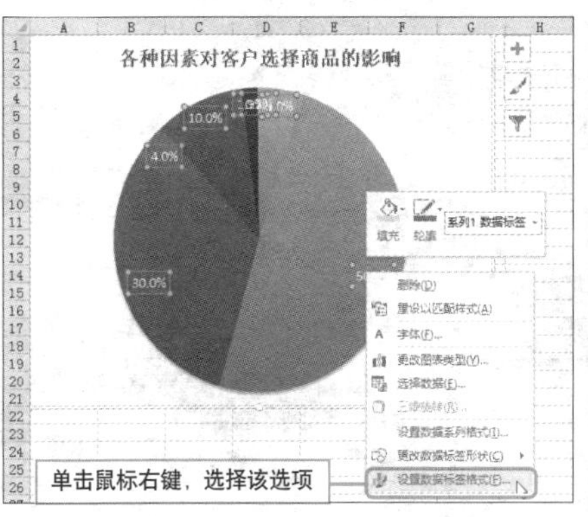

❸ 打开“设置数据标签格式”窗格，在“数字”选项，设置“类型”为“数字”，在“格式代码”文本框中输入代码。

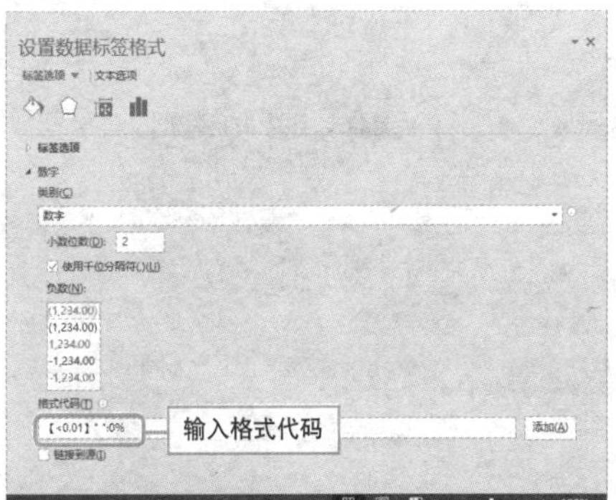

❹ 输入完成后，在“自定义”列表中，可以看到刚刚输入的代码，关闭窗格，即可完成设置。

创建突出显示的饼图

实例	分离需要突出显示的数据块

为突出显示某数据块的特殊性，在饼状图可以将此区域设置成从饼图中分离出来的样式，以强调其特殊性或重要性。下面介绍两种设置分离饼图的方法。

1 **鼠标拖动法**。鼠标选择需要分离的扇形数据块，按住鼠标左键不放拖动鼠标，至满意位置后释放鼠标左键即可。

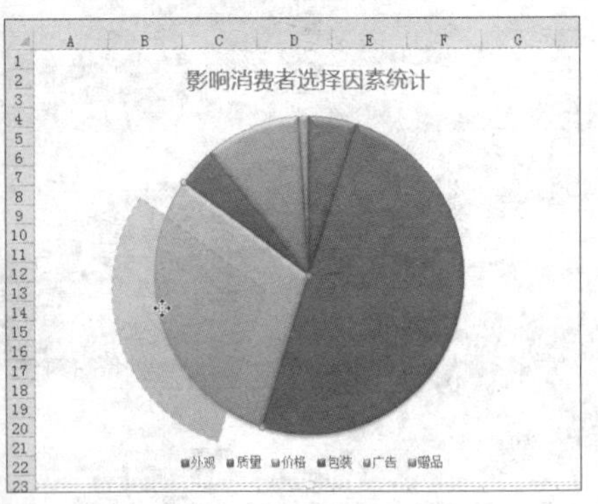

2 **设置数据点格式法**。选择需要突出显示的数据块，单击鼠标右键，从快捷菜单中选择“设置数据点格式”命令。

3 打开“设置数据点格式”窗格，拖动“点爆炸型”滑块，调整分离位置。

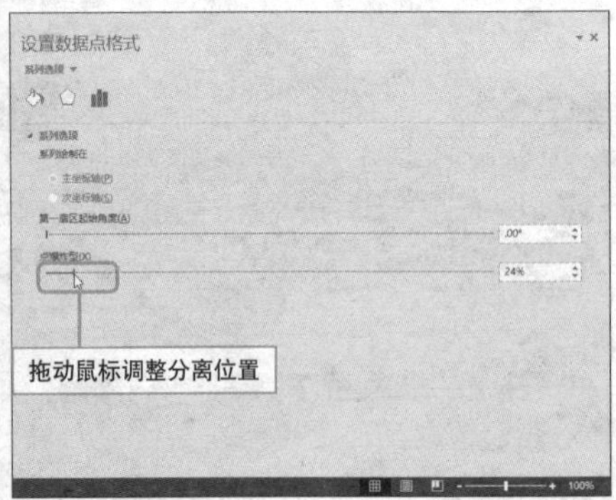

4 设置完成后，关闭“设置数据点格式”窗格，即可完成数据块的分离。

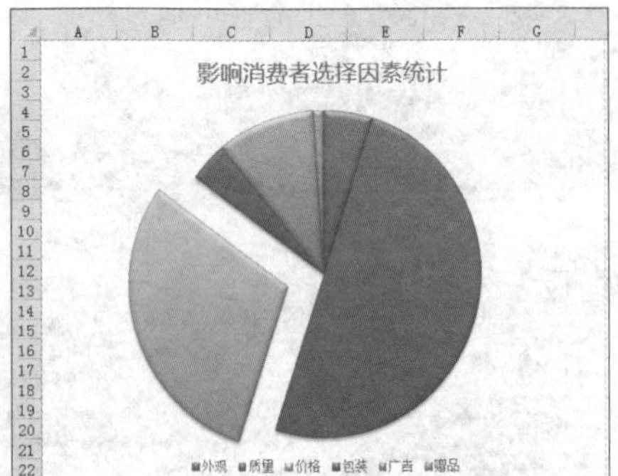

在图表中处理负值

实例 让图表中的负值突出显示

如果创建的图表中包含负值，且又希望受众可以注意到这些数据，那么可设置负值突出显示，具体操作步骤如下。

1 选择图表，执行“图表工具-设计>添加图表元素>数据标签>左侧”命令。

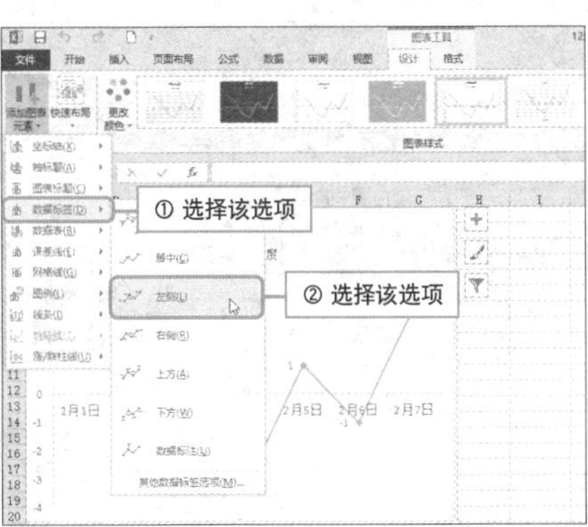

2 选择数据标签，单击鼠标右键，从弹出的快捷菜单中选择“设置数据标签格式”。

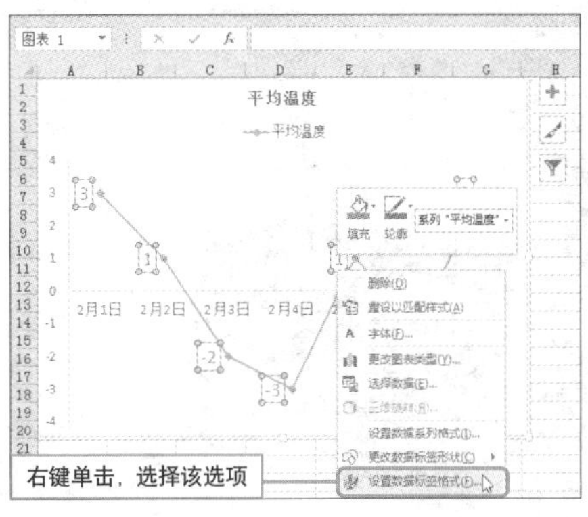

3 在窗格的“数字”选项卡，设置“类别”为“数字”。

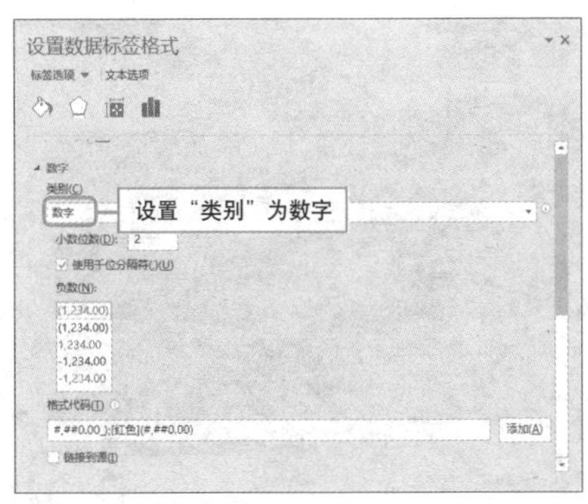

4 设置完成后，关闭窗格，返回工作表查看效果。

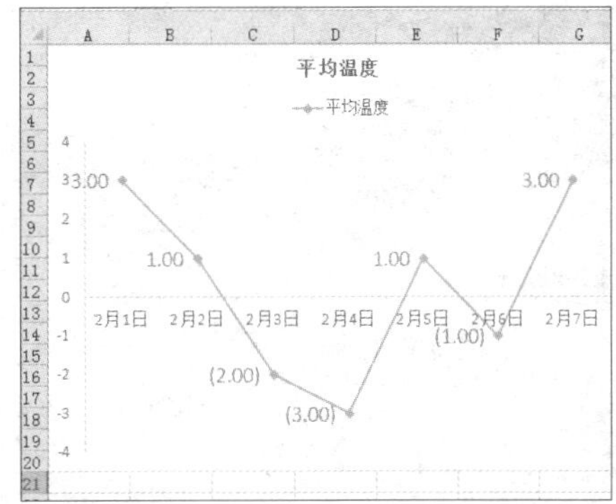

Question 357

Level ◆◆◆

2013 2010 2007

快速切换图表类型

实例 图表类型的更改

插入图表后，如果用户觉得当前图表类型不能契合主题，那么可以根据需要更改图表类型。

① 选择图表，切换至“图表工具-设计”选项卡。

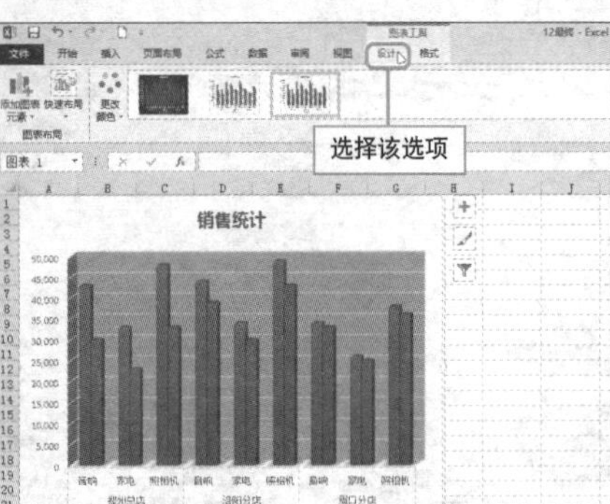

② 单击“类型”面板中的“更改图表类型”按钮。

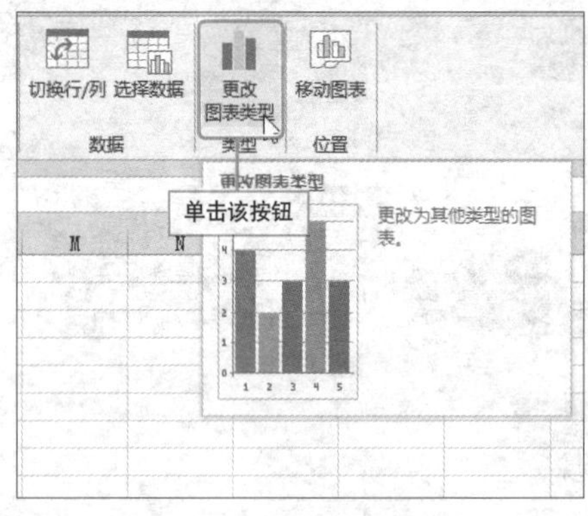

③ 打开“更改图表类型”对话框，选择合适的图表类型。

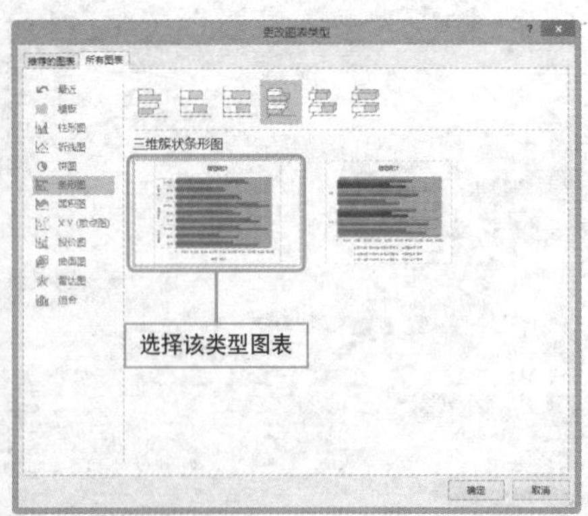

④ 设置完成后，单击“确定”按钮，查看设置效果。

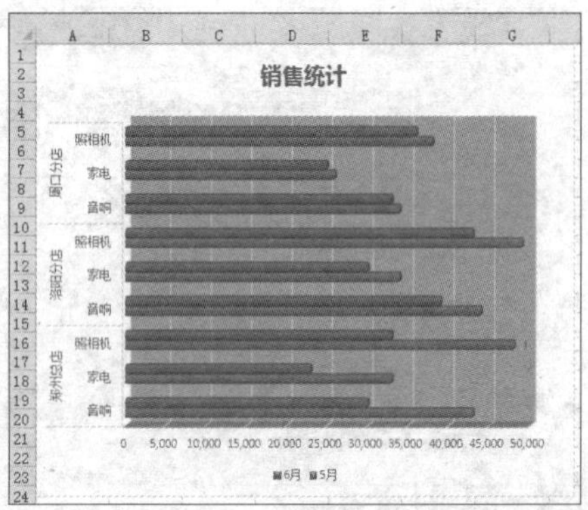

一秒钟还原图表到最初样式

实例 将图表还原至未更改状态

在美化图表时，可能会将图表改的面目全非，若用户想要重新设计图表，可以将图表还原到最初样式再进行更改，下面介绍具体操作步骤。

1 选择图表，切换至“图表工具-设计”选项卡。

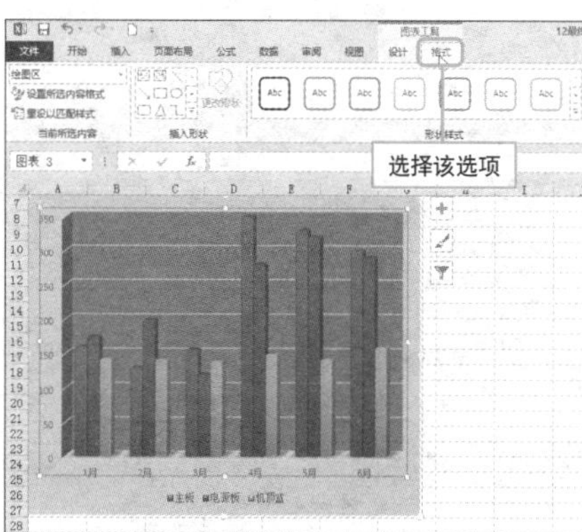

2 单击“当前所选内容”面板中的“重设以匹配样式”按钮。

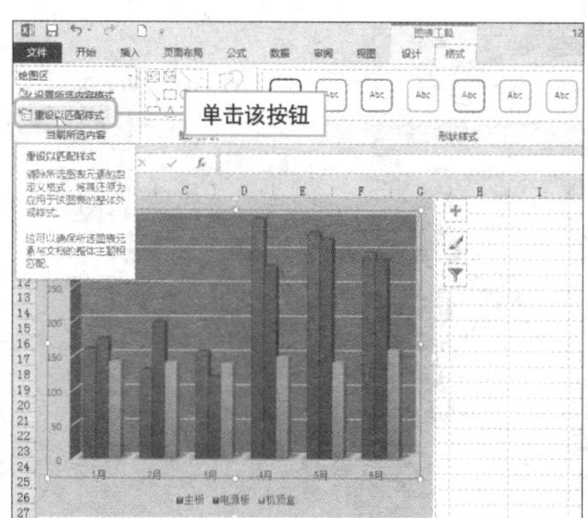

3 随后可以看到，工作表中的图表样式发生了改变。

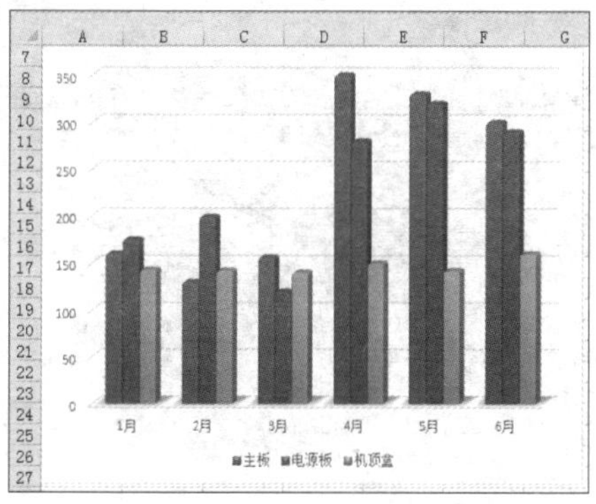

Hint

图表工具栏消失了，如何重新显示?

在功能区中右击选择“自定义功能区”，在打开的对话框中勾选“设计”和“格式”复选框即可，如下图所示。

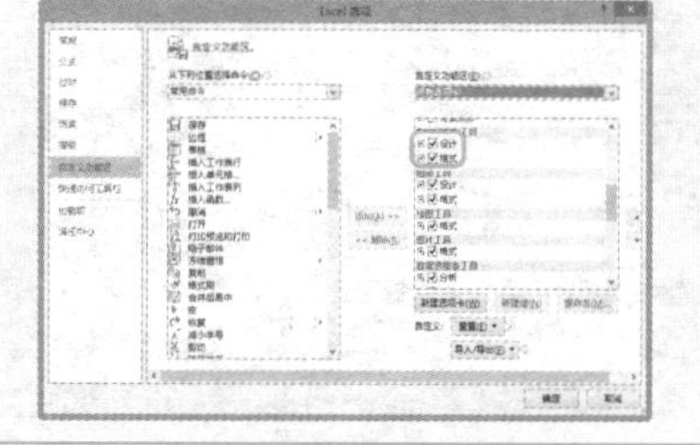

巧妙显示被隐藏的数据

实例 在图表中显示隐藏行或列中的数据

在制作图表时，工作表中包含了隐藏的数据，而用户又希望在图表中显示这些隐藏数据，此时该如何操作呢？

1 打开工作表，切换至“图表工具-设计”选项卡，单击“选择数据”按钮。

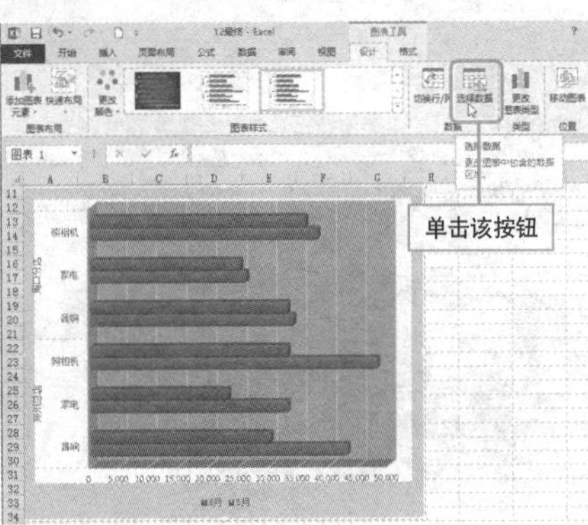

2 打开“选择数据源”对话框，单击“隐藏的单元格和空单元格”按钮。

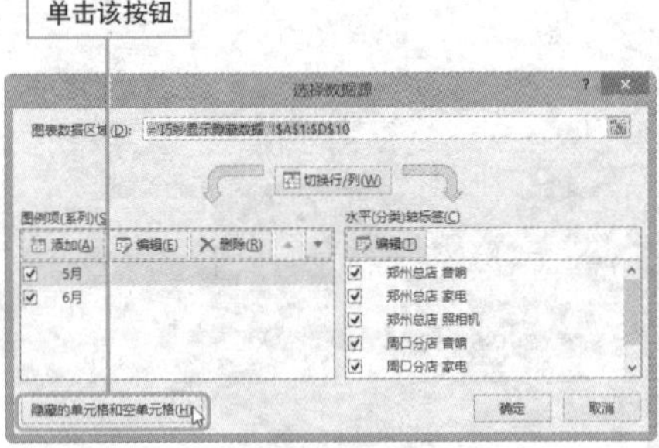

3 弹出“隐藏和空单元格设置”对话框，勾选“显示隐藏行列中的数据”复选框，单击“确定”按钮。

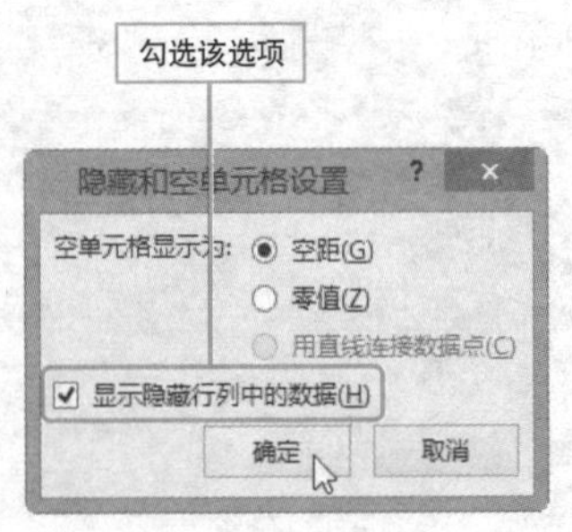

4 返回至“选择数据源”对话框，单击“确定”按钮，查看显示效果。

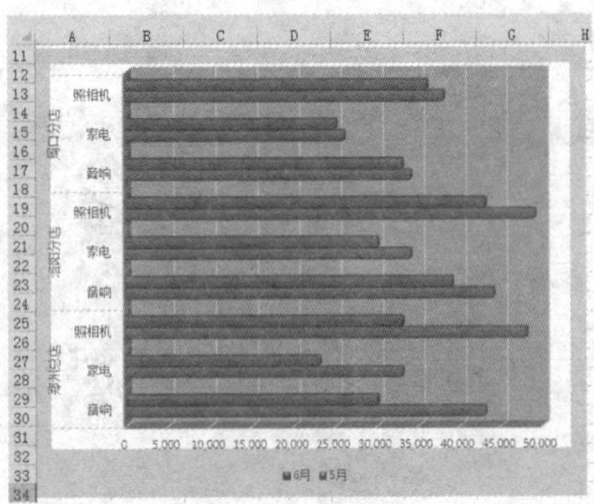

最值显示有绝招

实例　突出显示图表中的最大值和最小值

在利用图表分析数据时，若想突出显示图表中的最大值和最小值，则可以先通过函数分析，再通过插入图表的方法来实现。关于函数的更多介绍参见后面章节的内容。

1 打开工作表，在C2单元格中输入公式“=IF(B2=MAX($B$2:$B$19),B2,NA())”。

SUM　=IF(B2=MAX($B$2:$B$19),B2,NA())

	A	B	C	D
1	温度	销售量	最大值	最小值
2	13~24	1,703	=IF(B2=MAX($B$2:$B$19),B2,NA())	
3	15~29	2308		
4	10~21	1035		
5	16~20	1350		
6	20~24	2430		
7	25~29	2800		
8	20~28	2443		
9	25~32	2689		
10	20~28	3000		
11	22~21	3300		
12	20~29	3521		
13	21~27	3100		
14	20~28	3300		
15	22~30	3600		
16	18~26	2267		
17	19~27	2535		
18	17~25	2000		
19	15~23	1200		

输入最大值公式

2 按Enter键确认输入，并向下复制公式，然后输入计算最小值公式“=IF(B2=MIN($B$2:$B$19),B2,NA())”。

SUM　=IF(B2=MIN($B$2:$B$19),B2,NA())

	A	B	C	D
1	温度	销售量	最大值	最小值
2	13~24	1,703	#N/A	;B$19),B2,
3	15~29	2308	#N/A	
4	10~21	1035	#N/A	
5	16~20	1350	#N/A	
6	20~24	2430	#N/A	
7	25~29	2800	#N/A	
8	20~28	2443	#N/A	
9	25~32	2689	#N/A	
10	20~28	3000	#N/A	
11	22~21	3300	#N/A	
12	20~29	3521	#N/A	
13	21~27	3100	#N/A	
14	20~28	3300	#N/A	
15	22~30	3600	3600	
16	18~26	2267	#N/A	
17	19~27	2535	#N/A	
18	17~25	2000	#N/A	
19	15~23	1200	#N/A	

输入最小值公式

3 同样复制最小值公式，选择整个表格，单击“插入”选项卡的“插入折线图”按钮，从列表中选择“带数据标记的折线图”选项。

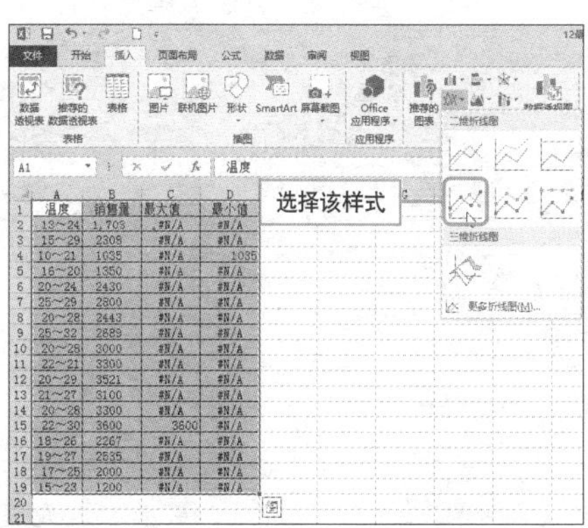

4 输入图表标题，可以看到，折线图中已经显示了最大值和最小值。

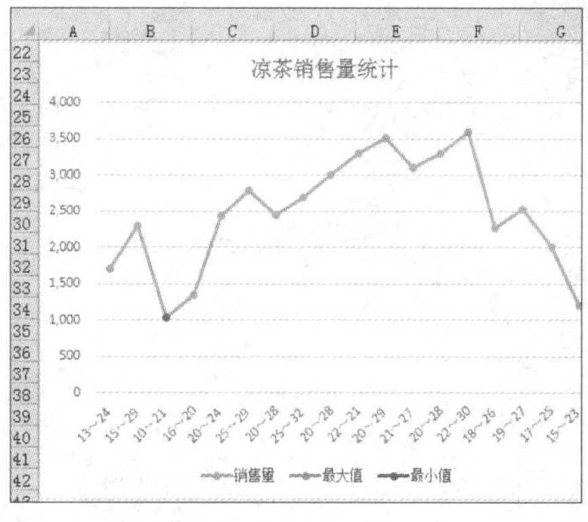

5 右击最大值数据点，从快捷菜单中选择“添加数据标签”命令。

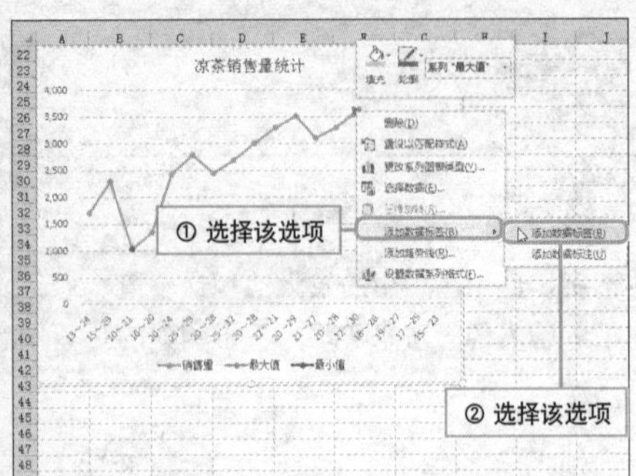

6 此时在最大值数据点右侧，显示出数据标签，标记出工作表中的最大值。

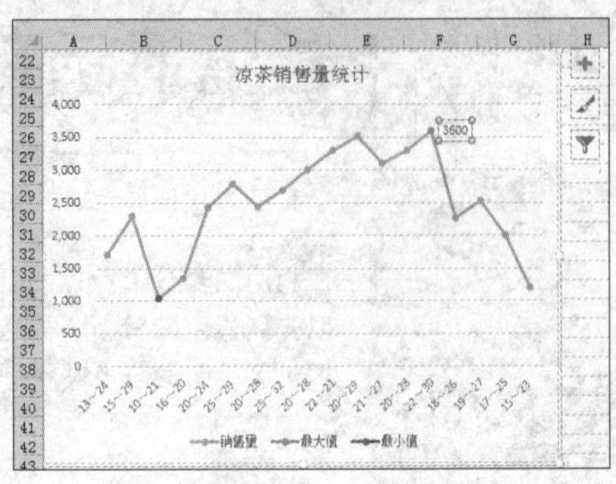

7 再次右击最大值数据点，从快捷菜单中选择“设置数据标签格式”命令。

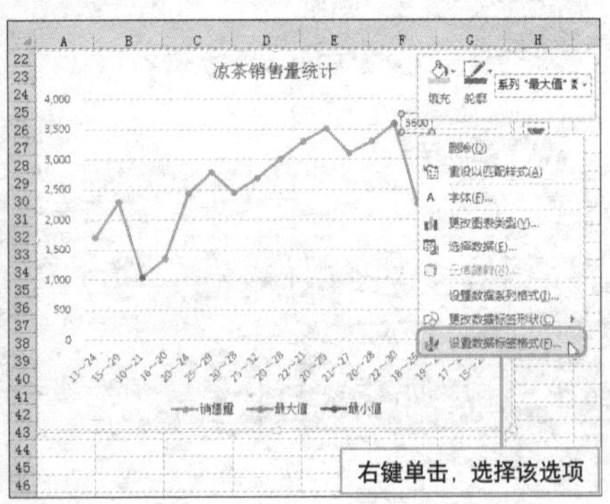

8 在打开的“设置数据标签格式”窗格中，勾选“系列名称”复选框。

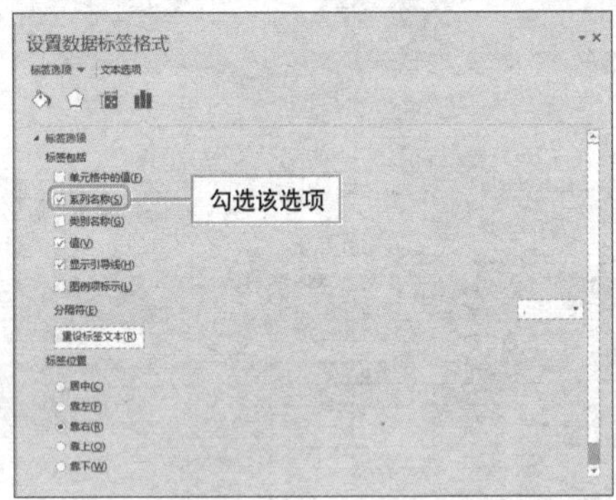

9 然后选择最小值数据点，按照上述方法进行设置。

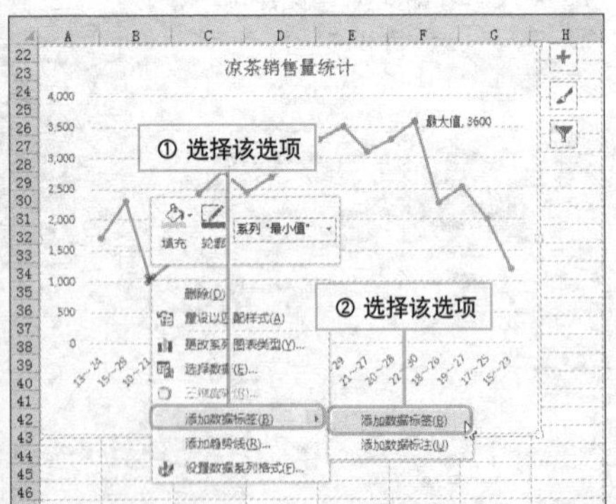

10 设置完成后，关闭“设置数据标签格式”窗格，查看设置效果。

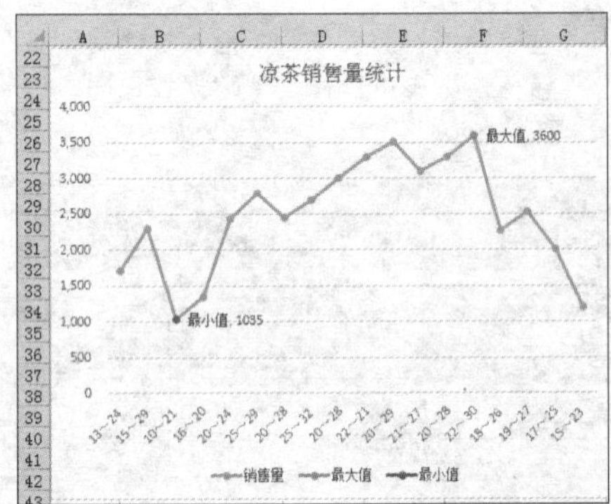

由低到高给条形图表排个队

实例 更改条形图表排列顺序

默认情况下，条形图表中的数据系列是按照与反映的原始数据相反排列的。若用户需要将条形图中的数据从低到高排列，可以按照以下操作方法进行。

1 选择B2:B11单元格区域，单击“数据”选项卡上的“升序”按钮，然后单击“排序提醒”对话框中的“排序”按钮。

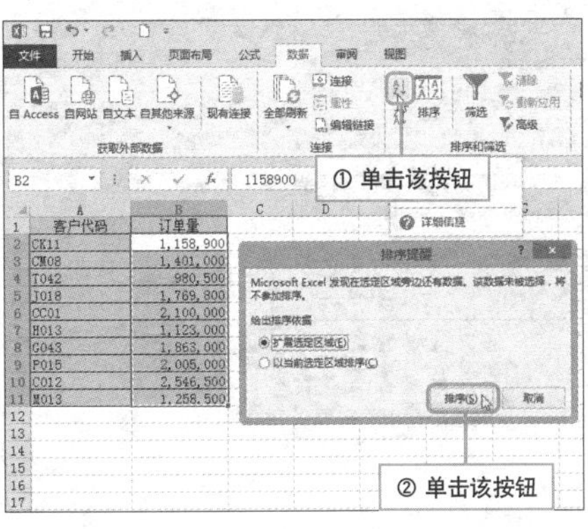

2 选择纵坐标轴，单击“图表工具-格式”选项卡上的“设置所选内容格式”按钮。

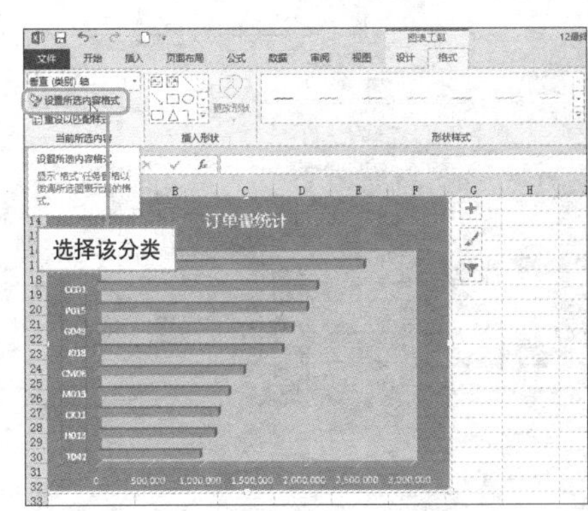

3 打开“设置坐标轴格式”窗格，选中“最大分类”单选按钮，并勾选“逆序类别”复选框。

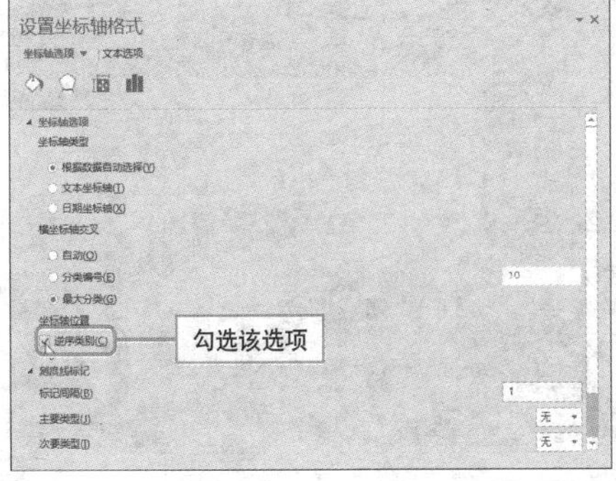

4 设置完成后，关闭窗格，查看设置效果。若想快速由低到高排列条形图，也可以在步骤1中选择降序排列数据。

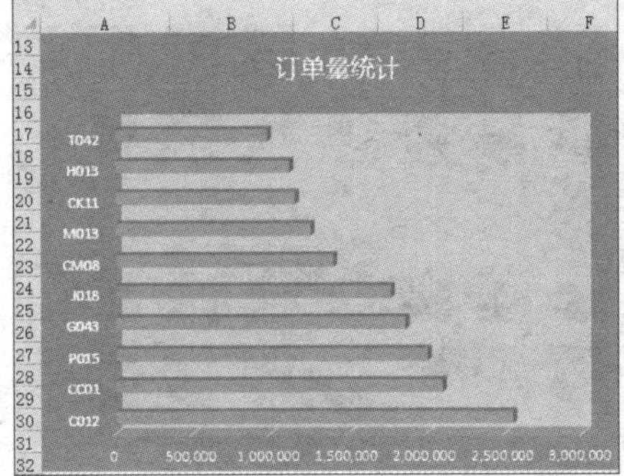

Question 362

● Level ◆◆◆

2013 2010 2007

突出显示指定数据

实例	特殊数据的突出显示

在颜色和样式相同的柱形图表中，为了突出显示某一项目的数据，可以对相应柱形的样式进行更改，下面介绍具体操作步骤。

1 打开工作表，选择图表中需要突出显示的柱形，执行“图表工具-格式>形状填充”命令，从列表中选择“红色”。

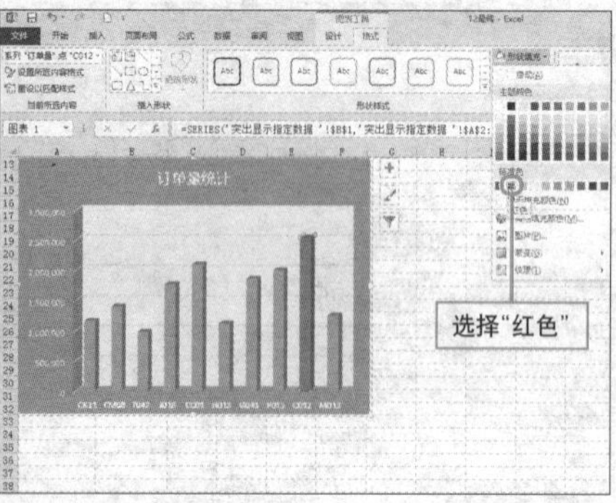

2 还可以通过更改形状样式突出显示柱状图表，只需单击“图表工具-格式”选项卡“形状样式”面板的“其他”按钮。

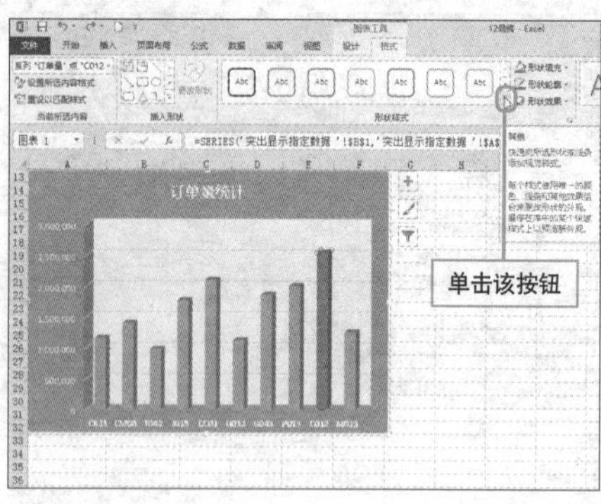

3 从形状样式列表中选择“强烈效果-紫色，强调颜色4”样式。

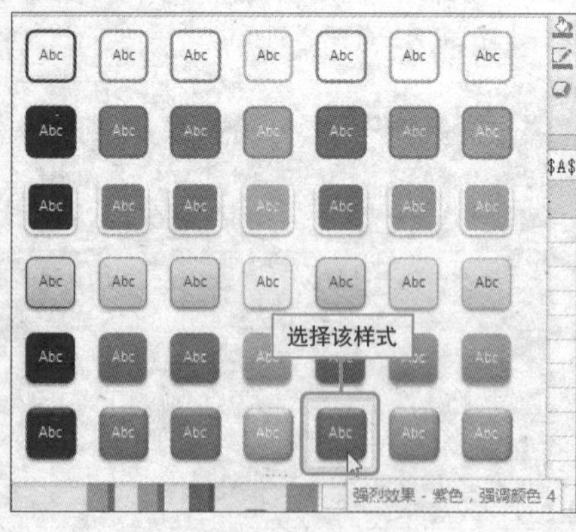

4 即可将所选柱形突出显示。

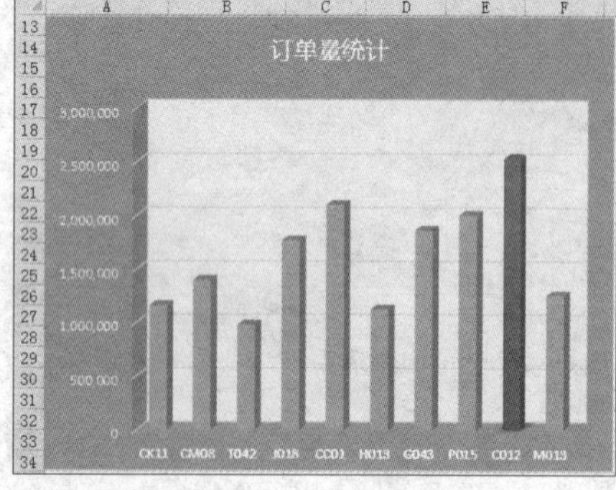

设置图表区边框为圆角

实例 将图表区边框设置为圆角

对于想要凸显图表个性的用户来说，美化图表时将图表区边框设置为圆角，会有意想不到的效果哦！下面对其进行介绍。

1 选择图表并单击鼠标右键，从快捷菜单中选择“设置图表区域格式”命令。

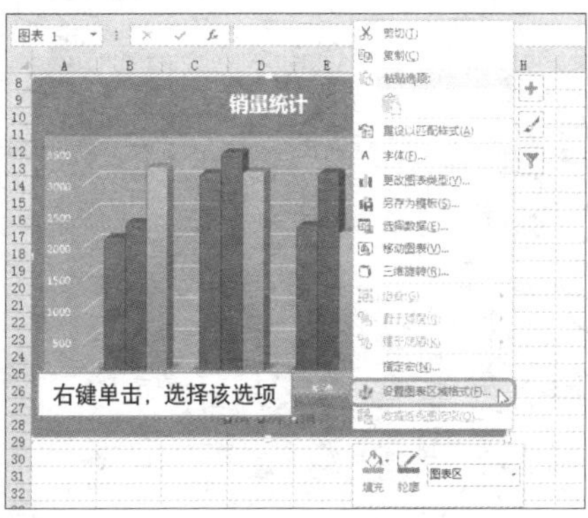

2 打开“设置图表区格式”窗格，在“边框”选项，勾选“圆角”复选框。

3 设置完成后，关闭窗格，查看设置效果。

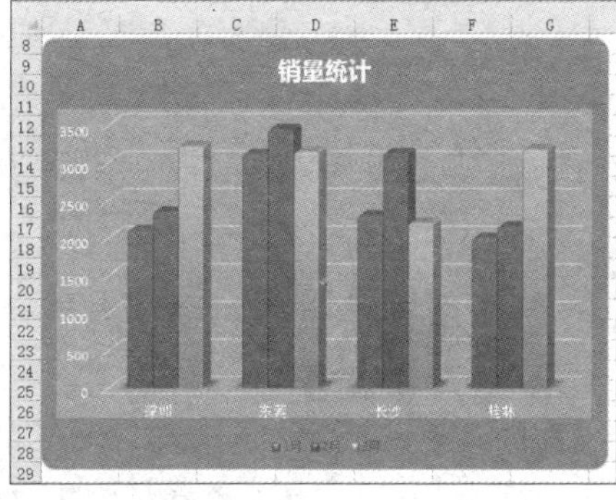

Hint

如何更改图表区颜色

选择图表，执行“图表工具 - 格式 > 形状填充”命令，从列表中选择合适的颜色即可。

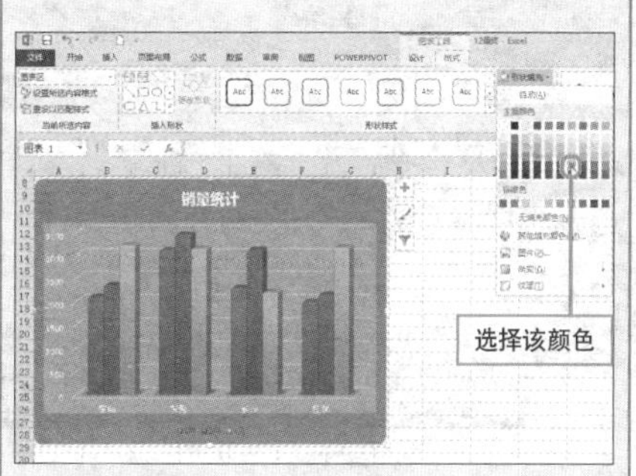

Question 364

圆柱形图表的设计

Level ◆◆◆

2013 2010 2007

实例 制作圆柱形图表

圆柱形图表在视觉效果上给人的感觉比较亲和，但是在Excel 2013中，用户插入图表时，并不能直接插入一个圆柱形图表，那么，如何插入一个圆柱形图表呢？下面对其进行介绍。

1 选择工作表中的源数据，单击“插入”选项卡上的“插入柱形图”按钮，从展开的列表中选择“三维簇状柱形图”。

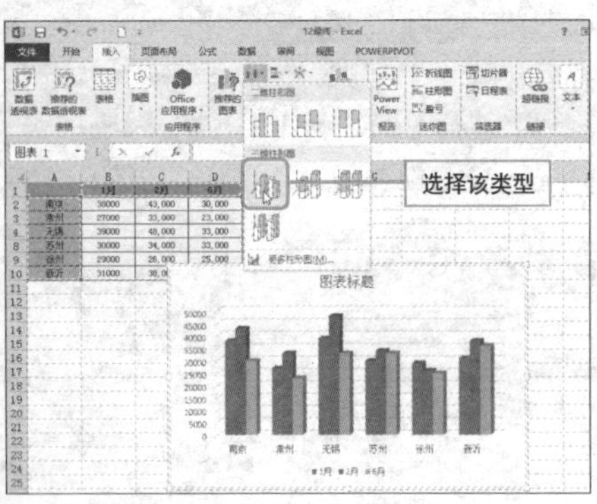

2 输入图表标题，选择图表中的数据系列，单击“图表工具-格式”选项卡上的“设置所选内容格式”按钮。

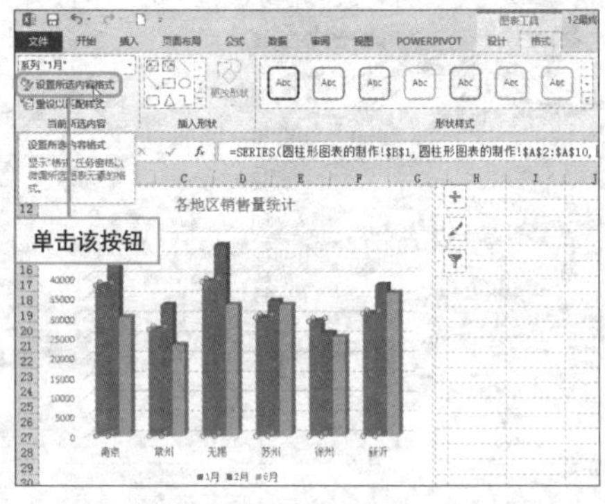

3 在打开的窗格中，选择“圆柱图”单选按钮。

4 按照同样的方法设置其他数据系列，然后关闭窗格，并为图表应用快速样式。

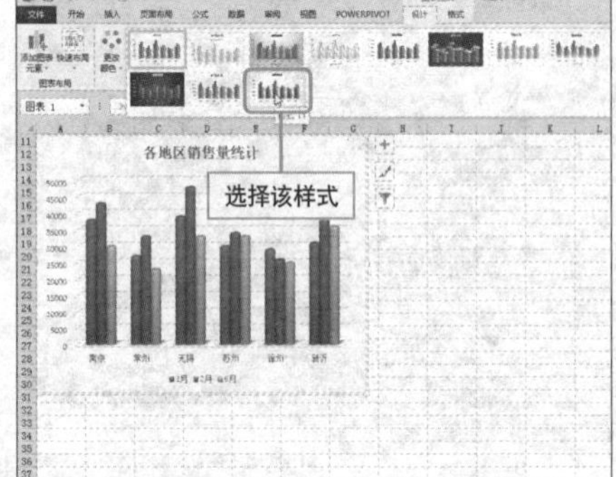

折线图的制作也不难

实例 制作折线图

折线图是用一个单位长度表示一定数量，根据数量的多少描出点，用线段依次将各个点连接，以绘制出线段的上升或下降表示数据的增减，可以清晰的表现数据变化情况，下面介绍如何制作折线图。

1. 选择数据，单击“插入”选项卡上“插入折线图”按钮，从列表中选择“带数据标记的折线图”。

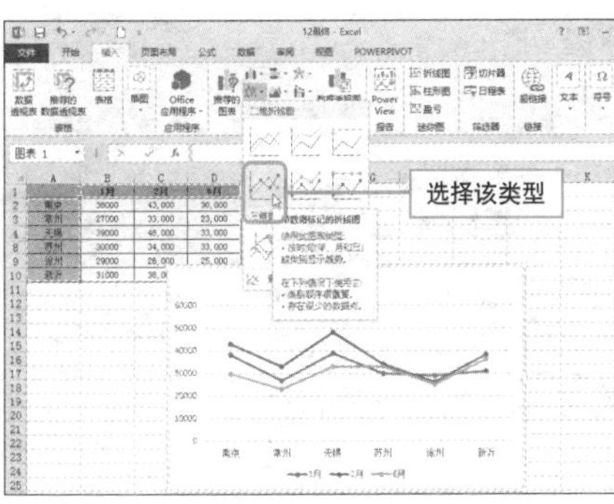

2. 输入图表标题，单击“图表工具-设计”选项卡上“图表样式”面板的“其他”按钮，从列表中选择“样式11”。

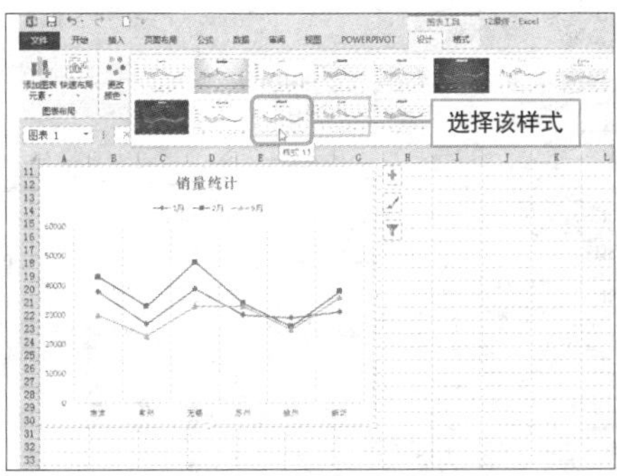

3. 在绘图区单击鼠标右键，选择“设置绘图区格式”命令，在打开的窗格中适当设置。

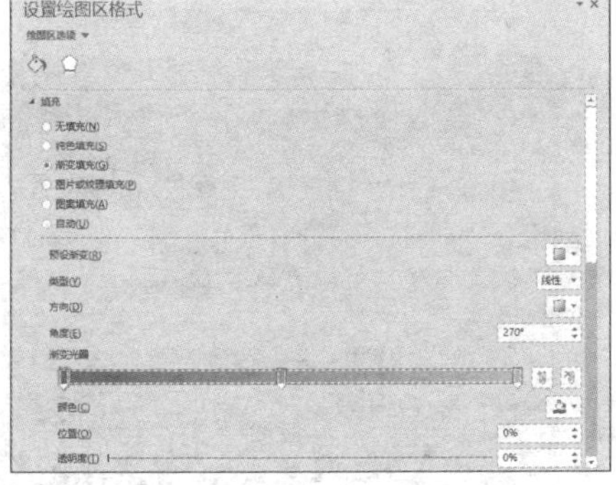

4. 设置完成后，关闭窗格，即可查看制作的折线图效果。

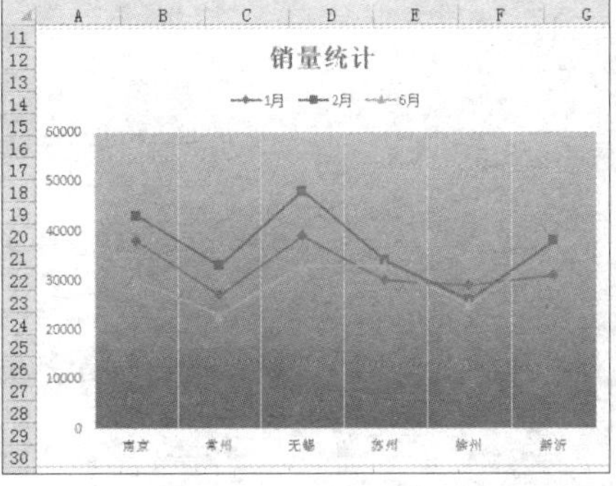

分析数据走向，趋势线来帮忙

实例 图表趋势线的添加

若用户想要清楚表示多个数据之间的规律，明确数据之间的关系和趋势，就需要在图表中添加趋势线，下面对其进行介绍。

1 选择数据，单击“插入”选项卡上的“插入柱形图”按钮，从展开的列表中选择“簇状柱形图”。

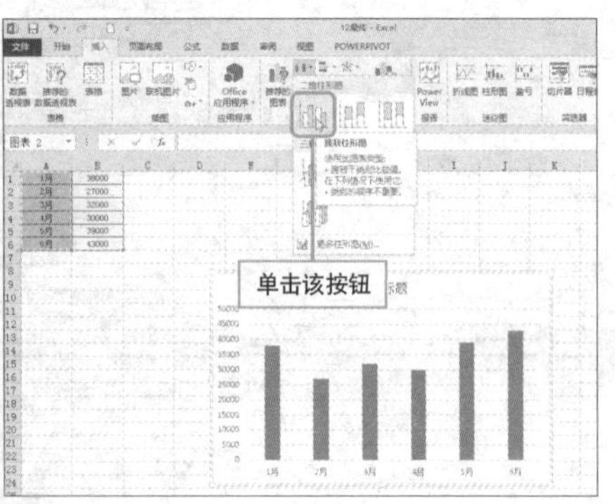

2 输入图表标题，选择图表，执行“图表工具-设计>添加图表元素>趋势线>线性”命令。

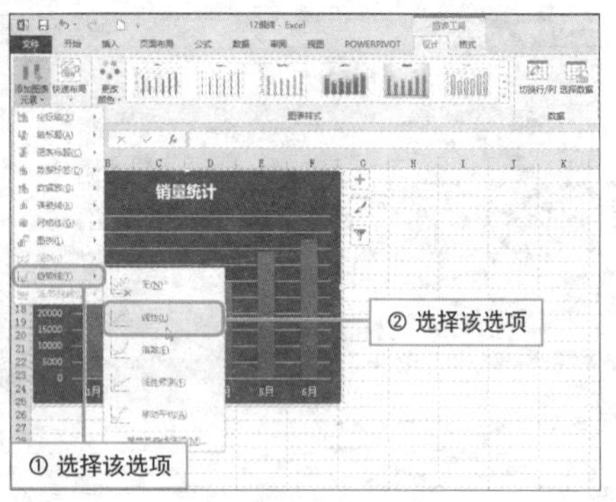

3 双击趋势线，在打开的“设置趋势线格式”窗格中进行详细设计。

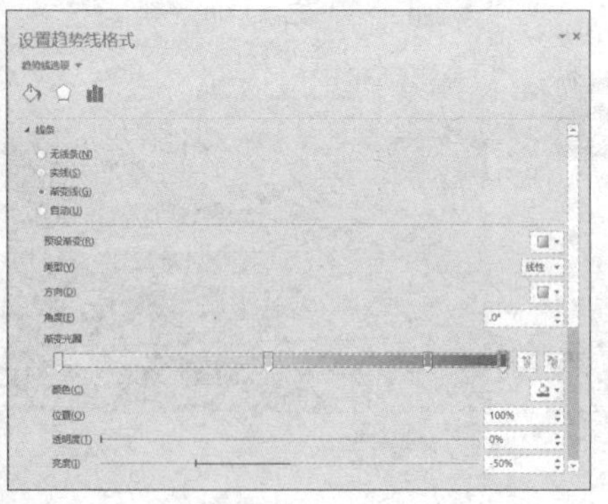

4 设置完成后，关闭窗格，查看设置趋势线效果。

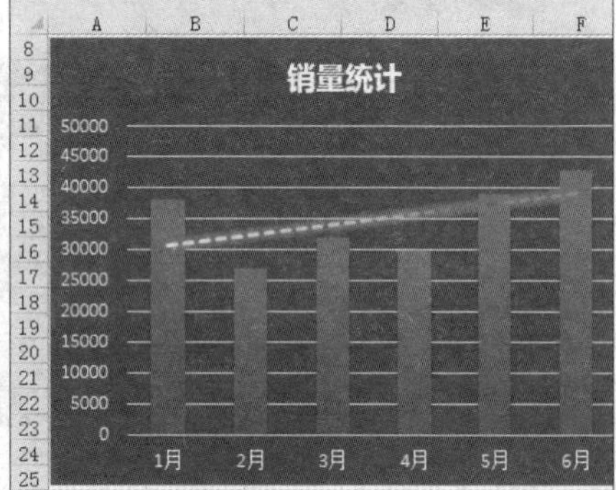

为图表添加误差线

实例 误差线的添加

误差线可以形象展示数据的随机波动性，用户可以通过为数据系列添加误差线来指出数据的潜在误差，下面介绍添加误差线的具体操作步骤。

1 选择数据，单击“插入”选项卡上的“插入柱形图”按钮，从展开的列表中选择“簇状柱形图”。

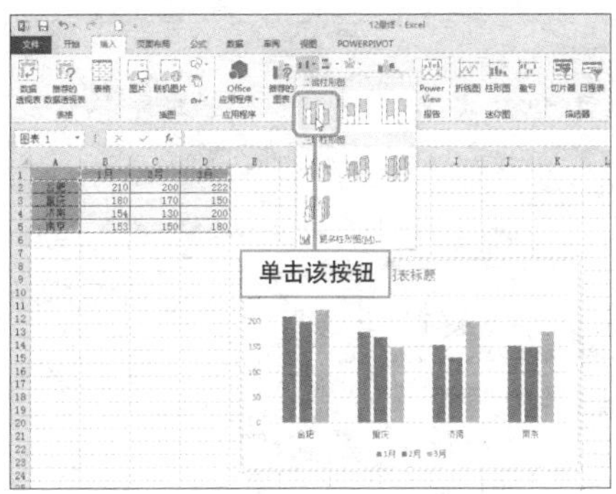

2 输入图表标题，选择图表，执行“图表工具-设计>添加图表元素>误差线>百分比”命令。

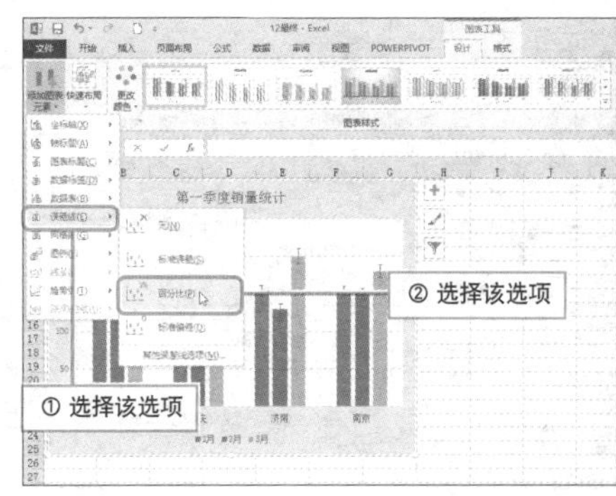

3 双击误差线，在打开的“设置误差线格式”窗格中进行详细设计。

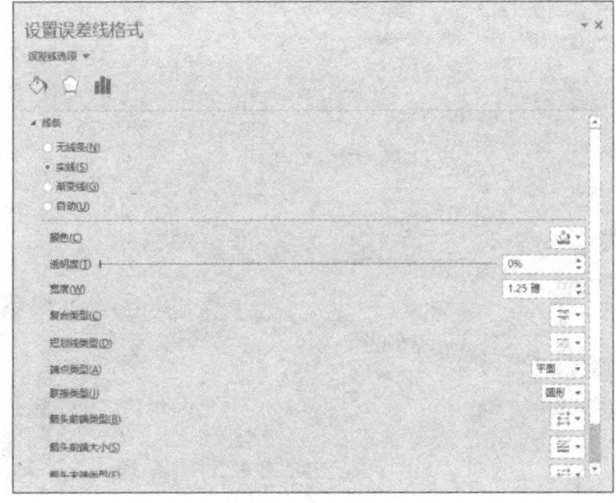

4 设置完成后，关闭窗格，查看设置误差线效果。

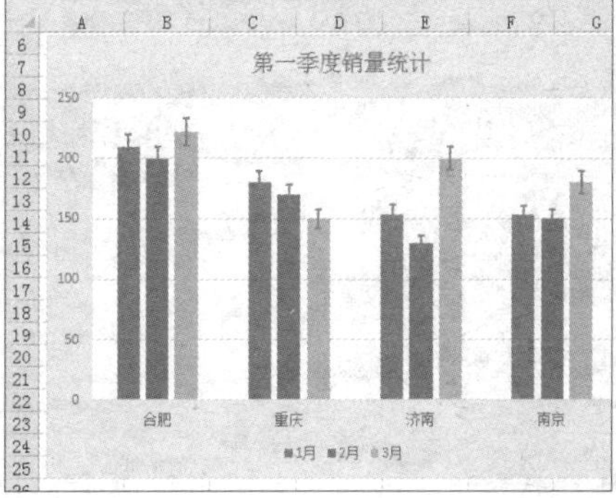

Question 368

Level ◆◆◆

2013 2010 2007

在图表中显示数据表

实例 显示图表的数据表

若用户想要图表中的各项数据清晰的显示在图表中，可以通过设置将数据表显示出来，下面对其进行介绍。

1 选择数据，单击“插入”选项卡上的“插入条形图”按钮，从展开的列表中选择“三维簇状条形图”。

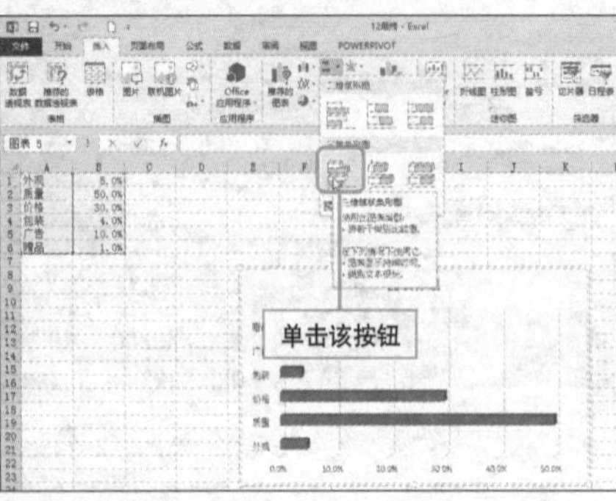

2 输入图表标题，选择图表，执行“图表工具-设计>添加图表元素>数据表>显示图例项标示”命令。

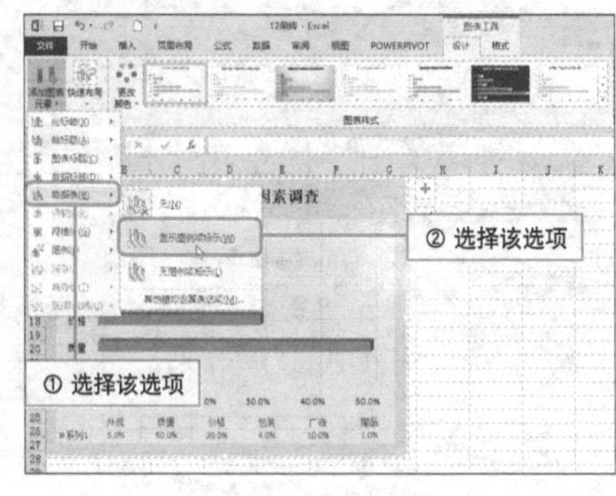

3 双击数据表，在打开的“设置模拟运算表格式”窗格中进行详细设计。

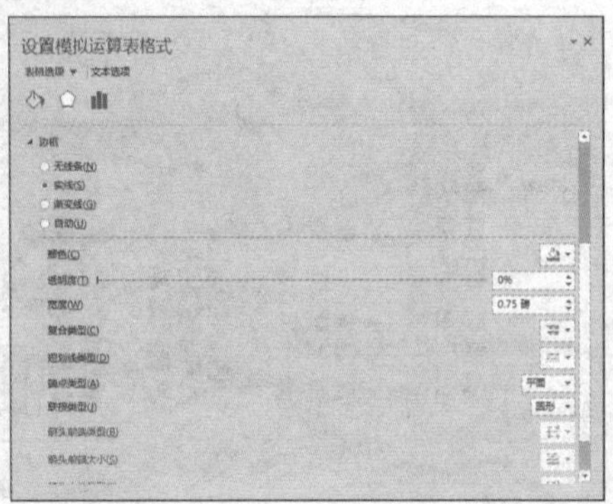

4 设置完成后，关闭窗格，查看设置数据表效果。

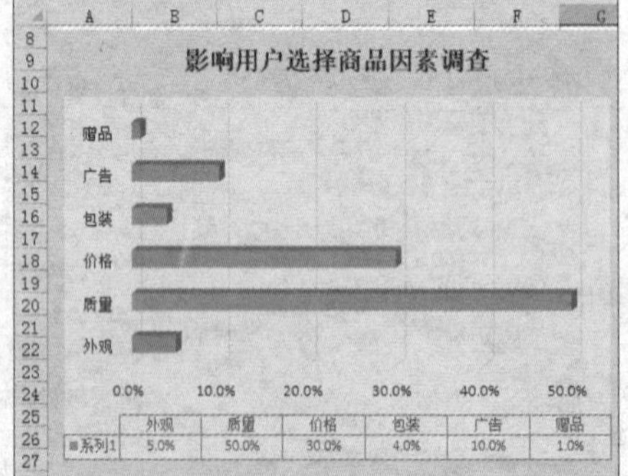

巧妙设置三维图表的透明度

实例 三维图表透明度的设置

在三维图表中，会经常遇到前面的数据遮挡了后面数据的情况，造成观察数据时，无法清晰观察，此时可以通过设置数据系列透明度来改善这一状况，下面介绍具体操作步骤。

1. 选择数据，单击“插入”选项卡上的“插入柱形图”按钮，从展开的列表中选择“三维簇状柱形图”。

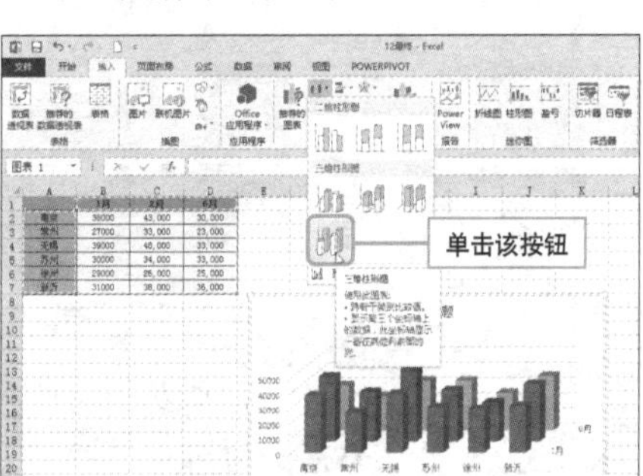

2. 选择图表，单击鼠标右键，从快捷菜单中选择“设置数据系列格式”命令。

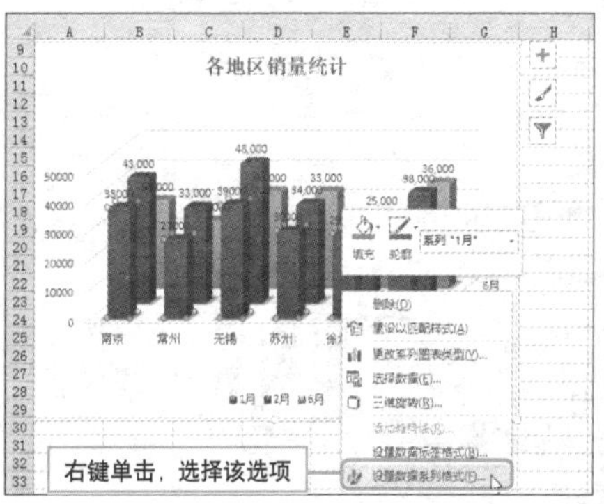

3. 在打开的窗格中的“填充”选项，设置图形填充，并设置透明度为20%。

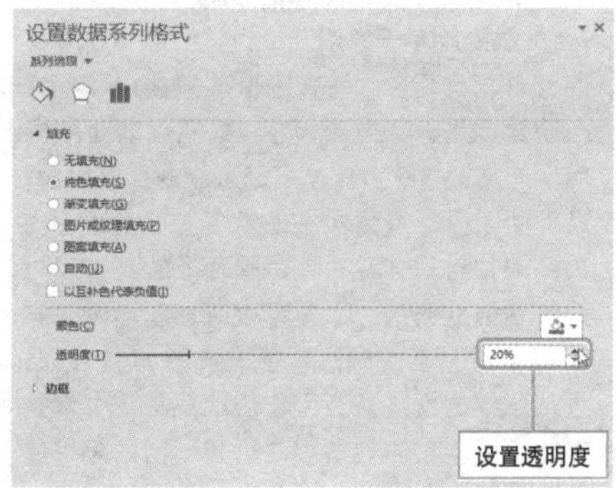

4. 按照同样的方法依次设置其他数据系列的透明度，然后关闭窗格即可。

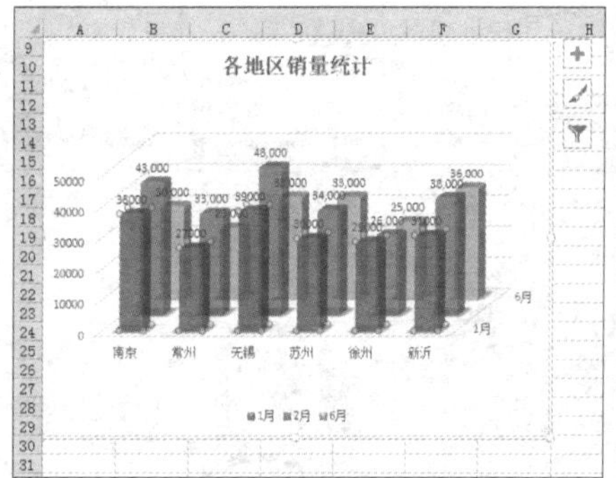

主题颜色在图表中的灵活应用

实例 为图表创建合适的主题色

用户可以通过更改主题颜色来改变图表的颜色，为了让图表拥有更多的色彩，用户还可以通过自定义主题的操作来创建更多主题色，下面对其进行介绍。

1 选择图表，单击“页面布局”选项卡上的“颜色”按钮，当鼠标移动至不同的主题色上，图表颜色会随之发生改变。

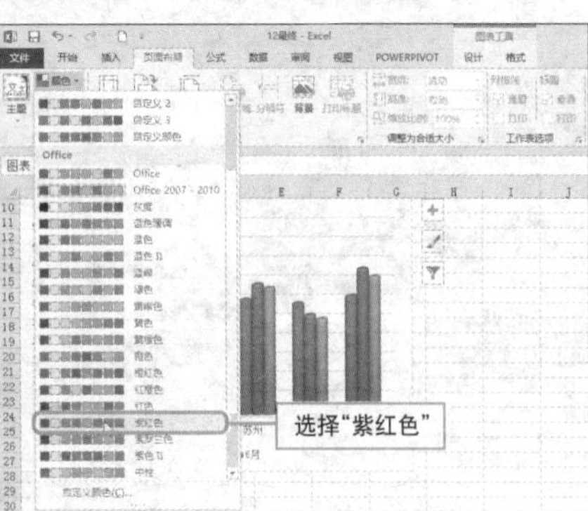

2 选择“新建主题颜色”命令，在打开的对话框中，可以根据自己喜好设置颜色。

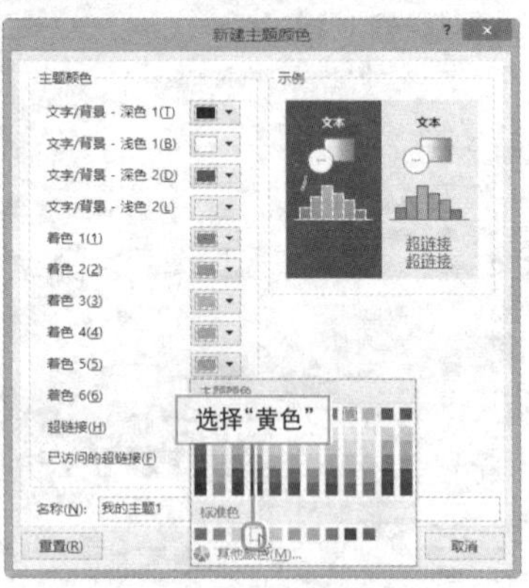

3 设置完成后，单击“保存”按钮，图表的颜色发生改变，再次打开“颜色”列表，可以发现自定义的主题色已存于列表中。

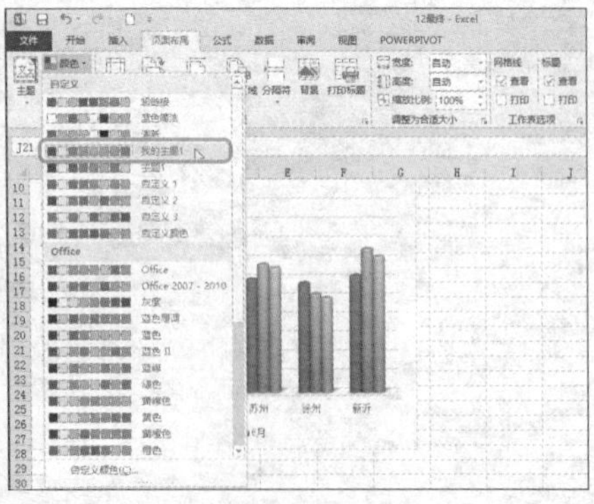

Hint

图表介绍之饼图和条形图

饼图：用于说明几个数据在总和中所占的百分比。整个圆饼代表这些数据之和，每一个数据用一个楔形代表，如可以表示不同月份产品销售额占该季度销售额的百分比。

条形图：由一系列水平条组成。可以让不同项目的相对尺寸在对域时间轴上的某一点可比性增强。例如，用户可以通过条形图比较不同年份、不同产品中任意一种的销售额。条形图中的每一条在工作表上都是一个单独的数据点。它和柱形图的行和列刚好是相反的，可以互换使用。

创建上下对称图表很简单

实例 上下对称柱形图的创建

在实际应用中，若用户想对一段时间的收入和支出数据进行比较，可以通过上下对称的图表来实现，下面对其进行介绍。

1 选择数据，执行"插入>插入柱形图>簇状柱形图"命令。

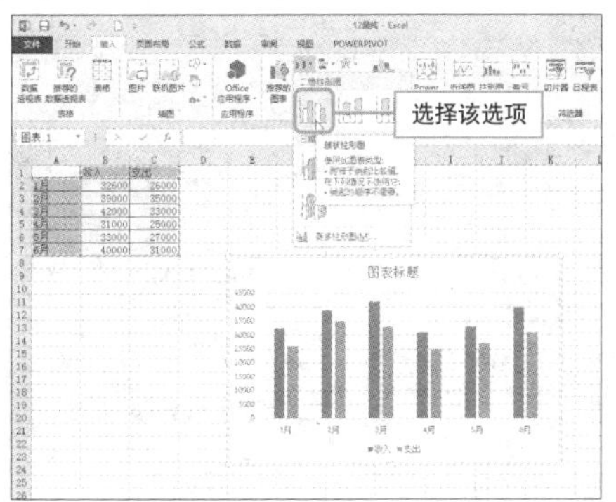

2 插入柱形图，删除图表标题，在图表上单击鼠标右键，从快捷菜单中选择"设置数据系列格式"命令。

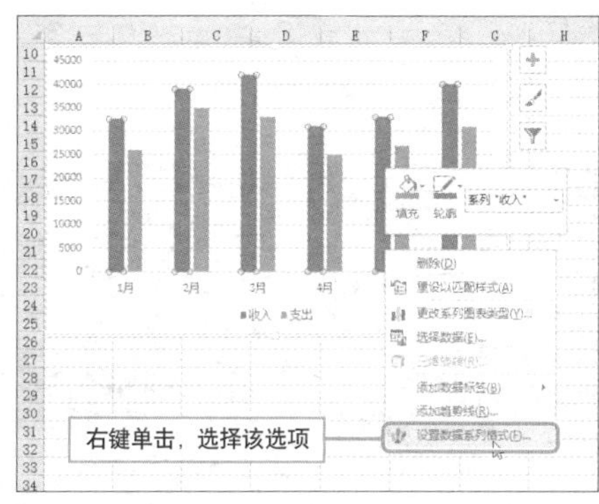

3 在打开窗格中的"系列选项"选项下，选中"次坐标轴"单选按钮。

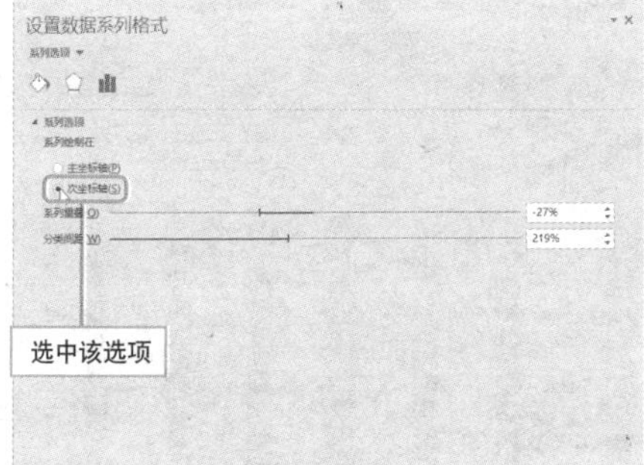

4 选择次坐标轴，单击鼠标右键，从快捷菜单中选择"设置坐标轴格式"命令。

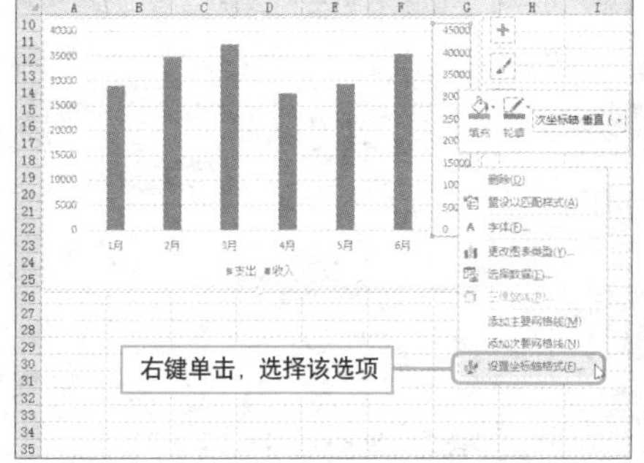

5 在打开窗格中的“坐标轴”选项下，设置“边界”的“最小值”为-40000，“最大值”为40000。

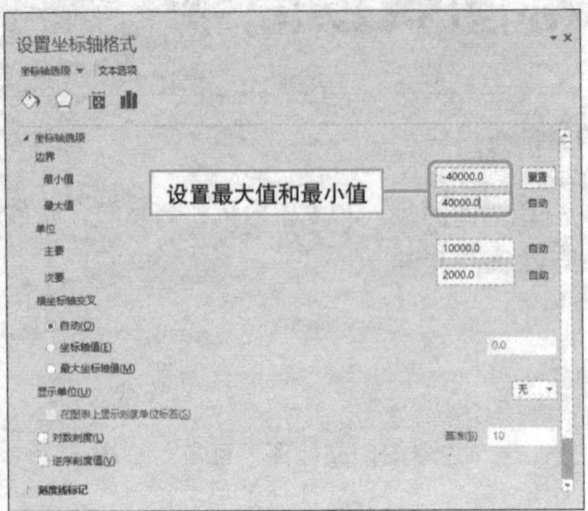

6 设置“显示单位”为“千”，勾选“逆序刻度值”复选框，然后在“标签”选项，设置“标签位置”为“无”。

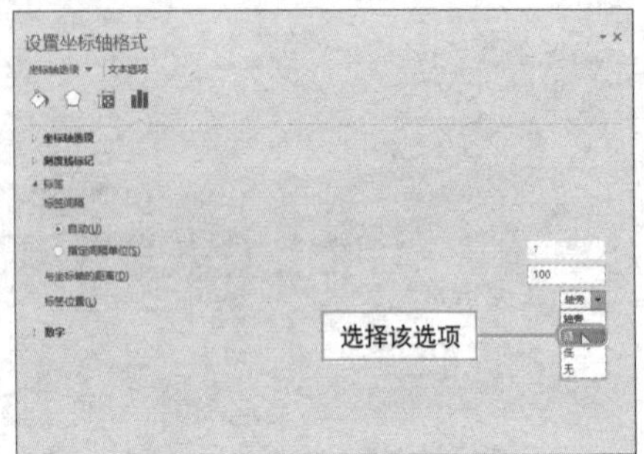

7 保持窗格打开状态，单击图表的垂直轴，同样设置“边界”的“最小值”为-40000，“最大值”为40000。

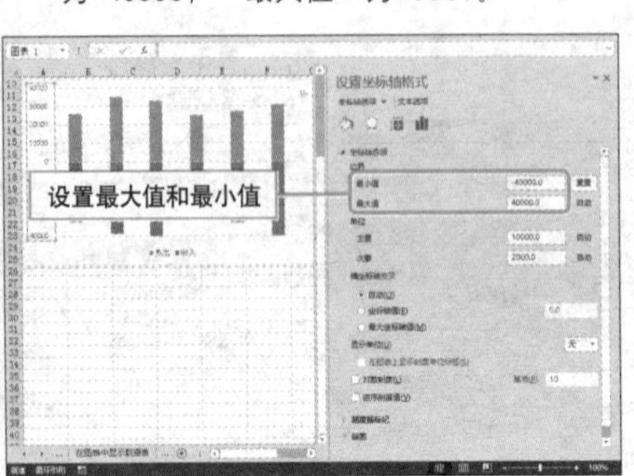

8 继续保持窗格打开状态，选择图表中的水平轴，在“标签”选项，设置“标签位置”为“高”。

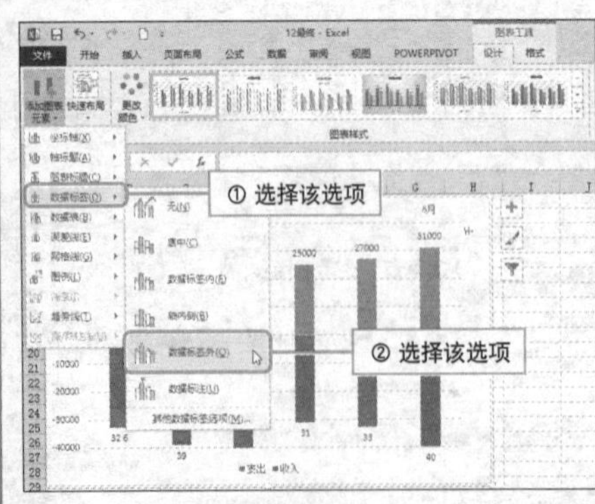

9 关闭窗格，选择图表，执行“图表工具-设计>添加图表元素>数据标签>数据标签外”命令。

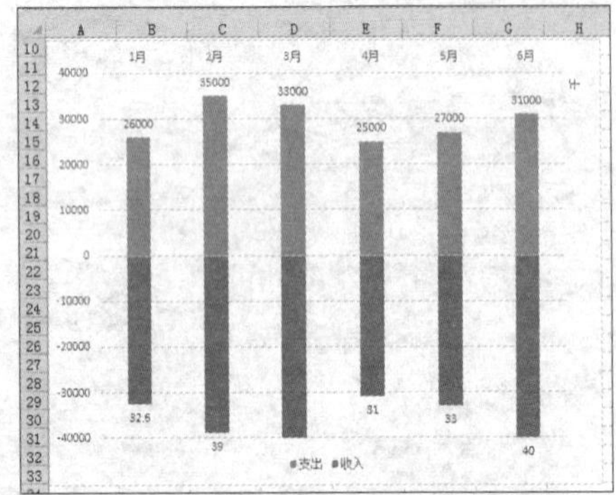

10 显示数据标签，查看最终效果。

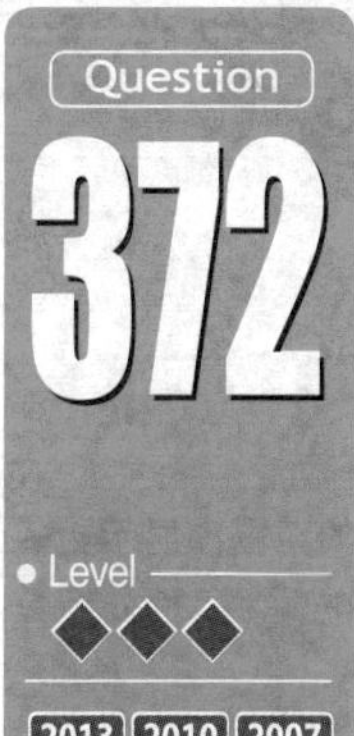

为图表添加轴标题

实例 数据透视表的创建

为了清晰标识图表内容，用户可以为图表的坐标轴添加轴标题，下面介绍添加坐标轴标题的具体操作步骤。

1 选择图表，切换至“图表工具-设计”选项卡，单击“添加图表元素”按钮。

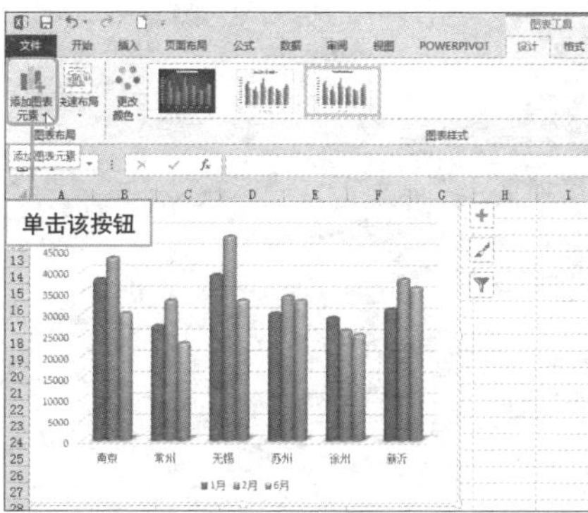

2 从展开的列表中选择“轴标题”选项，从关联菜单中选择“主要纵坐标轴”。

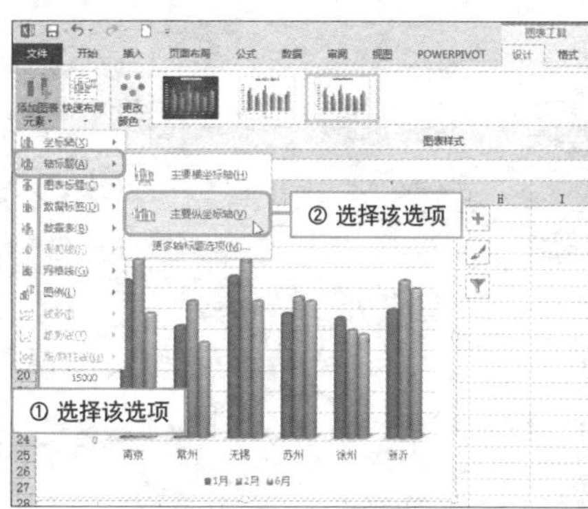

3 此时，纵坐标旁边会出现一个文本框，在文本框中输入纵坐标标题即可。

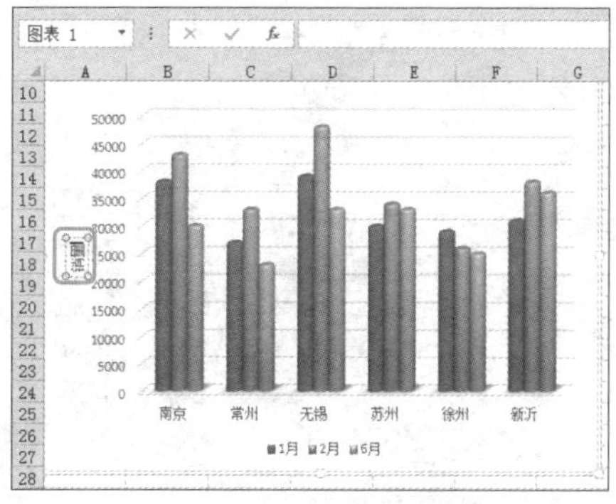

4 输入标题后，还可以对字体大小、文本框填充色进行设置。

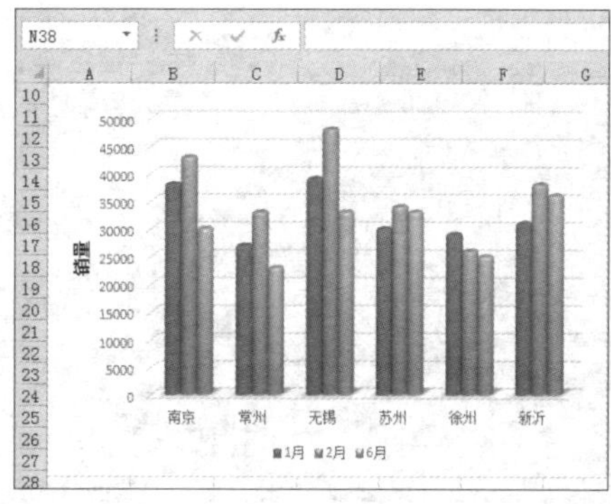

Question 373

层层叠叠柱形图更称心

Level ◆◆◆

2013 2010 2007

实例 创建柱体重叠的柱形图

当图表内包含的数据系列过多时，若用户希望在有限的范围内显示更多信息，并且更便捷地比较数据，可以将图表中的柱形重叠，下面介绍具体操作步骤。

1 选择数据，执行“插入>插入柱形图>簇状柱形图”命令。

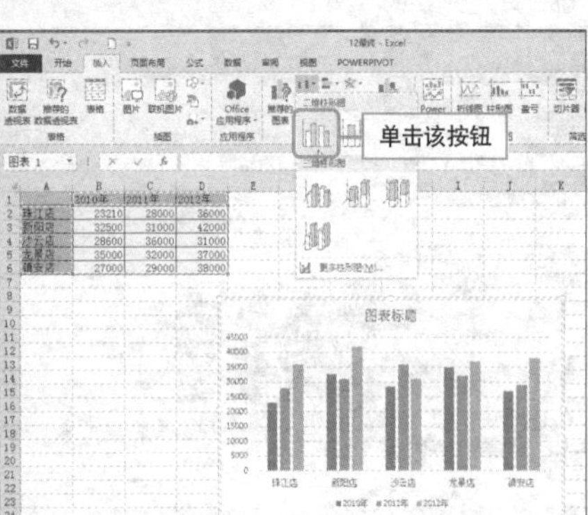

2 输入标题，选择数据系列，执行“图表工具-格式>设置所选内容格式”命令。

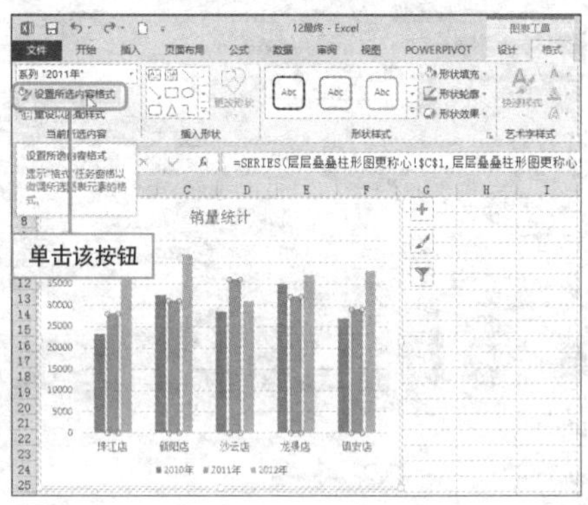

3 打开“设置数据系列格式”窗格，向右拖动“系列重叠”选项的滑块。

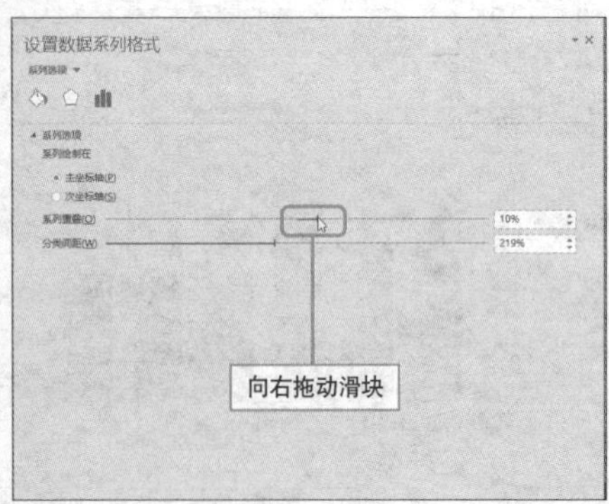

4 调整系列重叠完毕后，关闭窗格，查看设置效果。

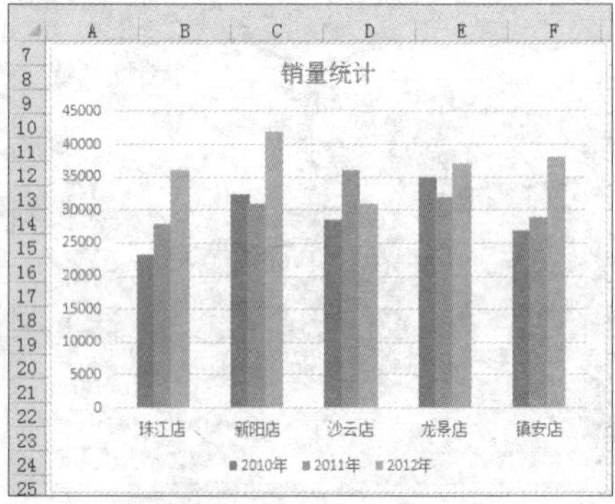

巧妙增粗柱形图

实例 加粗柱形图，使数据一目了然

当图表中的数据系列较少时，用户可以加粗数据系列，使数据看起来更加直观。柱形的粗细与数据大小无关，用户可以自由设置，下面对其进行介绍。

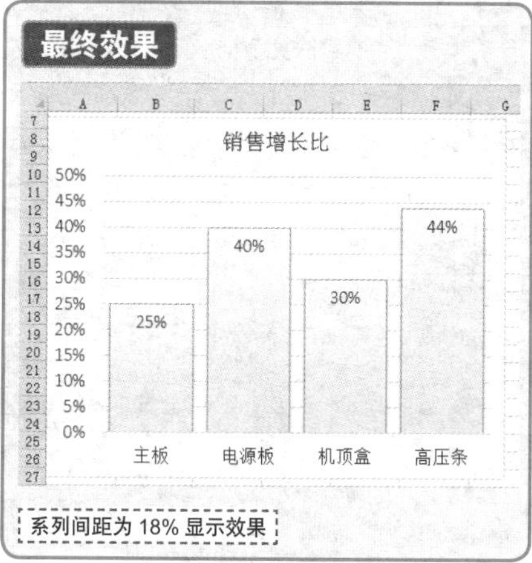

1 选择数据系列，切换至“图表工具-格式”选项卡，单击“设置所选内容格式”按钮。

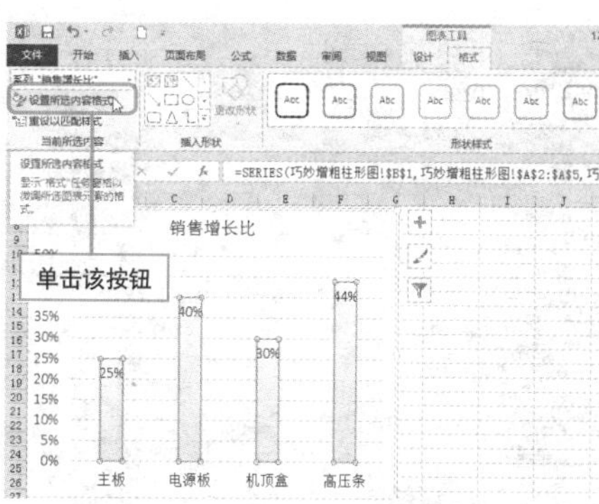

2 打开“设置数据系列格式”窗格，按住鼠标左键不放，向左拖动“分类间距”选项滑块调节间距分类间距。

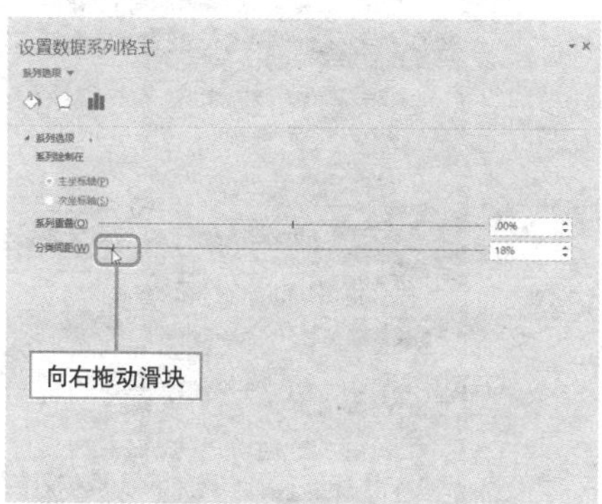

Hint

如何自定义数据标签格式？

只需双击数据标签，在打开的窗格中，对数据标签进行设置即可。

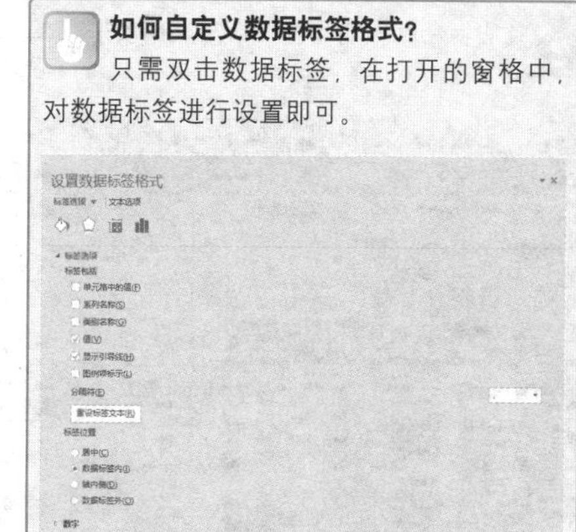

Question 375

一招防止他人篡改图表

实例 锁定图表，对其进行保护

为了防止辛苦制作完成的图表被他人篡改，保护图表内容或位置，用户可以设置图表的状态为锁定，从而保护图表，下面介绍具体操作步骤。

Level ◆◆◆

2013 2010 2007

1 选择A1:D5单元格区域，单击鼠标右键，从快捷菜单中选择“设置单元格格式”命令。

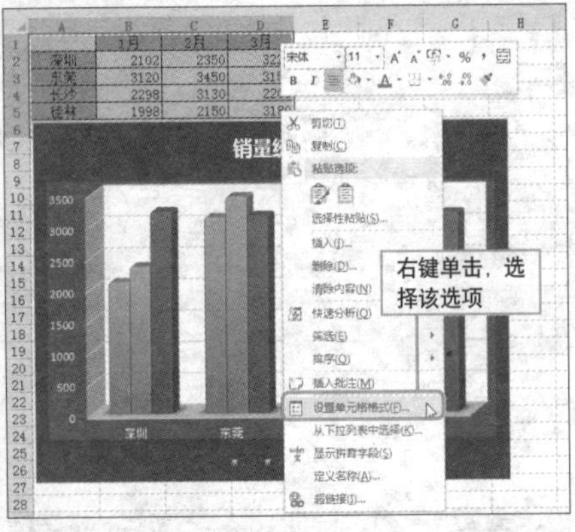

2 打开“设置单元格格式”对话框，勾选“锁定”选项前的复选框。

3 关闭对话框，切换至“审阅”选项卡，单击“保护工作表”按钮。

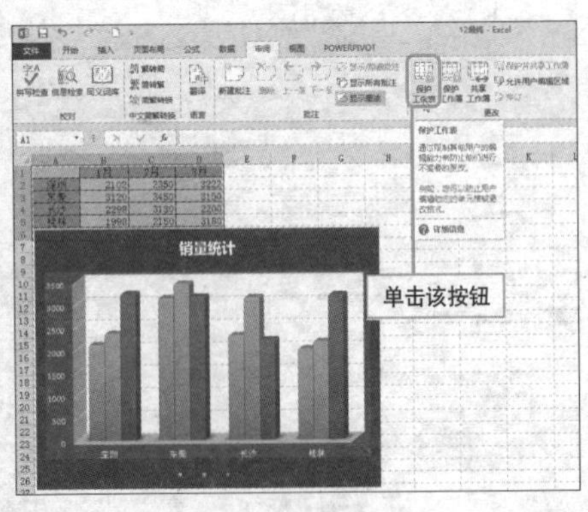

4 打开“保护工作表”对话框，勾选允许操作的复选框，单击“确定”按钮即可。

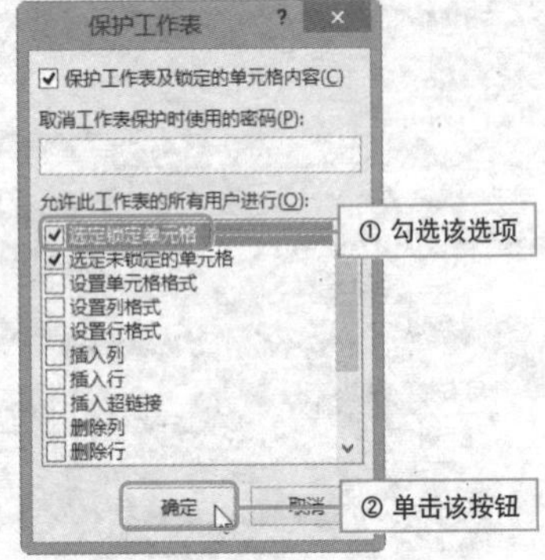

堆积面积图的设计妙招

实例 快速创建堆积面积图

堆积面积图与折线图的功能类似，用于表示总数量的变化及每个系列数据的变化倾向。用户可以在堆积图的面积内填充色彩，突出显示图表所表现的数据变化。

1 选择表格数据，单击“插入”选项卡上的“插入面积图”按钮，从展开的列表中选择“堆积面积图”。

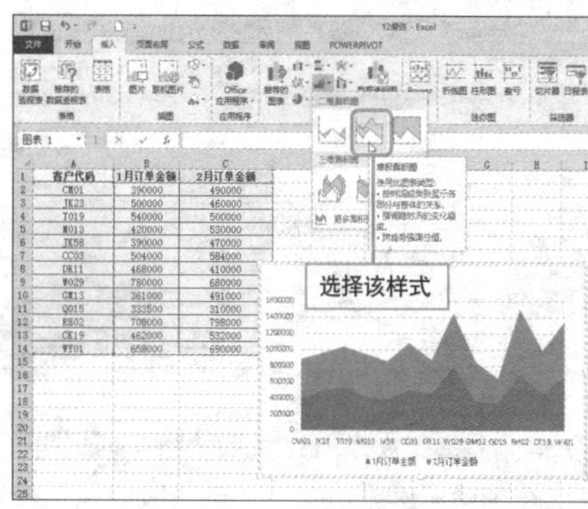

2 切换至“图表工具-设计”选项卡，单击“更改颜色”按钮，从展开的列表中选择“颜色3”。

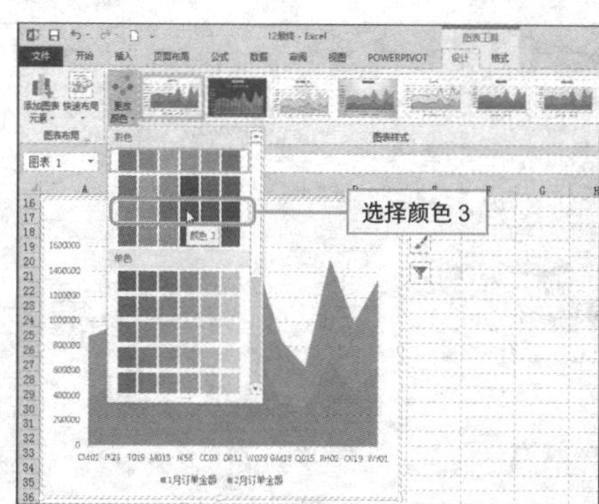

3 单击“图表样式”面板的“其他”按钮，从列表中选择合适的图表样式即可。

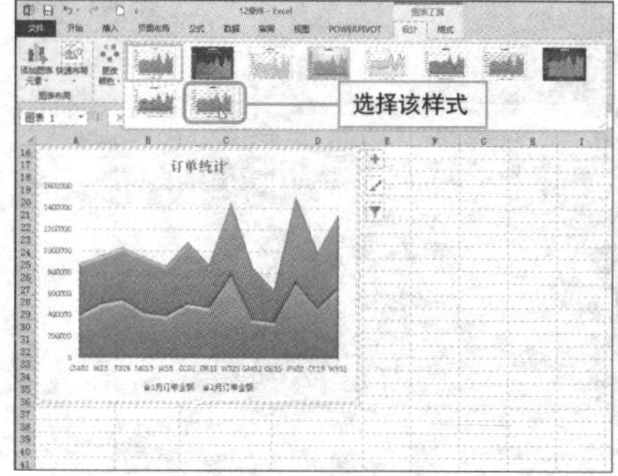

4 还可以通过“图表工具-格式”选项卡上的“图形填充”按钮，为图表填充合适的颜色。

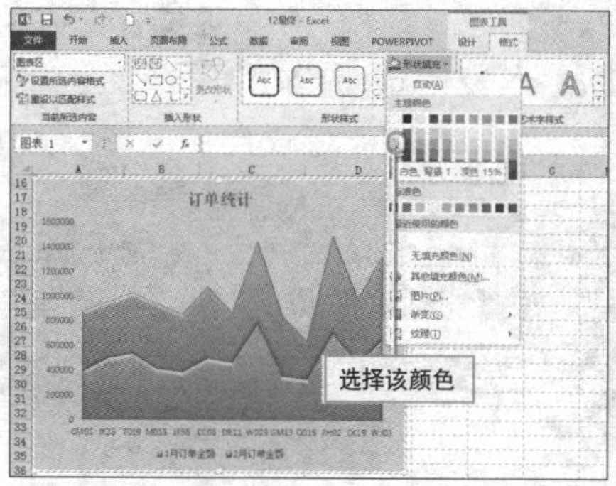

Question 377

Level ◆◆◆

2013 2010 2007

组合图表大显身手

实例 组合图表的应用

与之前的版本不同，Excel 2013 中用户可以直接在页面中插入组合图表，方便数据的比对和说明，下面介绍创建组合图表的具体操作步骤。

1 选择A1:D7单元格区域，切换至“插入”选项卡，单击“插入组合图表”按钮，可以从展开的列表中选择一种合适的样式。

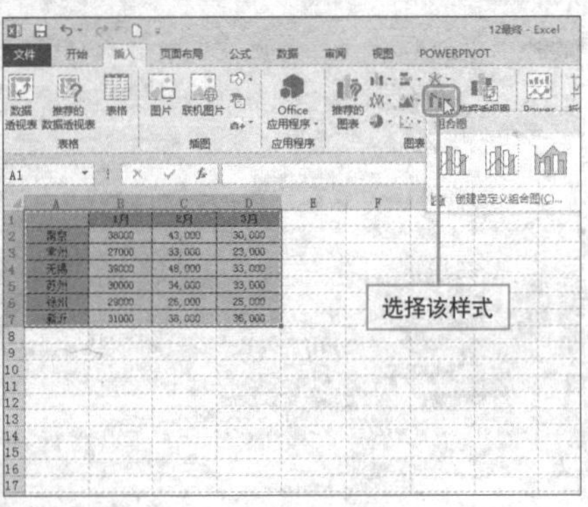

2 若选择“创建自定义组合图”，在打开对话框中的“为您的数据系列选择图表类型和轴”选项下进行适当设置。

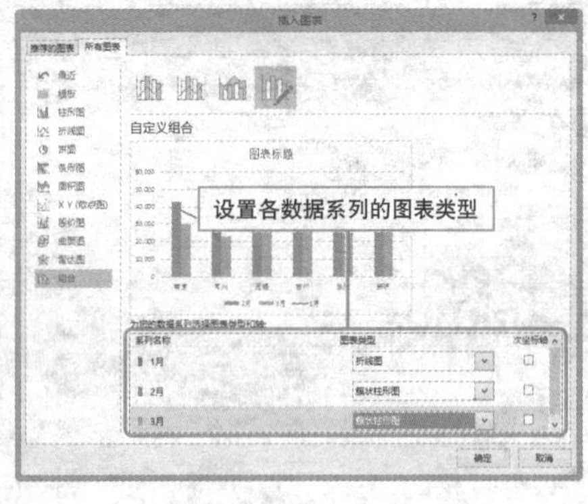

3 单击“确定”按钮，关闭对话框，输入图表标题，应用图表样式8。

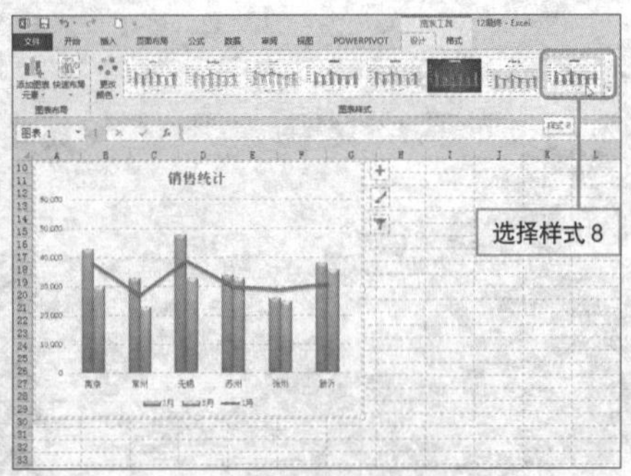

4 保持图表的选中，为图表添加数据表，并设置数据表显示图例项标示。

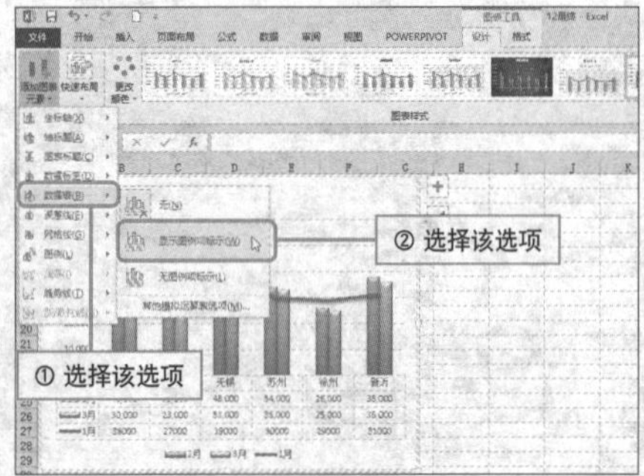

Question 378

● Level ◆◆◆

2013 2010 2007

美化折线图数据标记

实例 折线数据标记格式的设置

默认情况下，折现图中数据标记只有几种简单的几何图形，若用户想突出显示数据标记，可以对标记的格式进行更改，下面对其进行介绍。

❶ 选择数据标记，单击鼠标右键，从快捷菜单中选择“设置数据系列选项”命令。

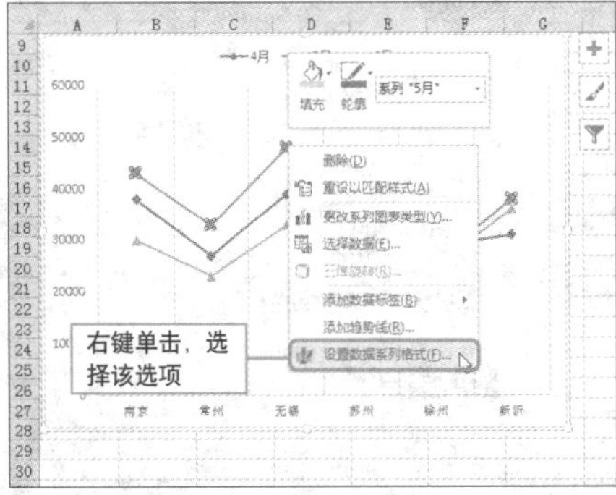

❷ 在打开的窗格中，在“数据标记选项”设置“大小”为12，单击“填充”选项“文件”按钮。

设置数据系列格式

① 选择该选项

② 单击该按钮

❸ 在打开的“插入图片”对话框中选择合适的图片，单击“插入”按钮。

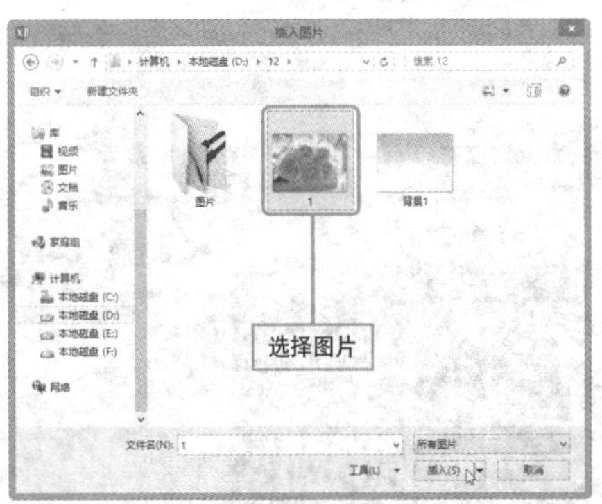

❹ 按照同样的方法，设置其他数据系列标签格式即可。

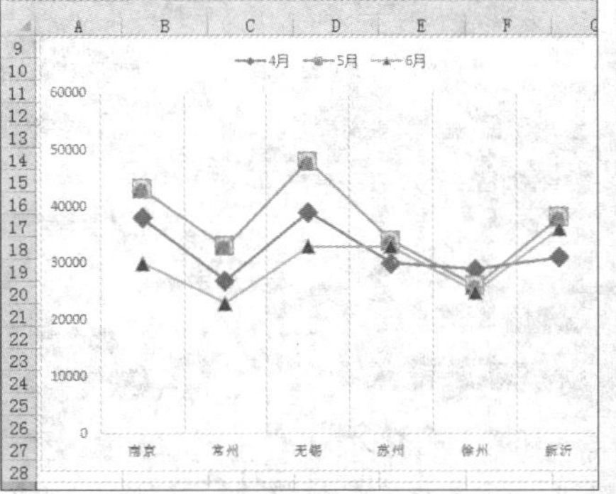

Question 379

Level ◆◆◆

2013 2010 2007

轻松创建股价图

实例 编辑批注

创建批注完成后，用户可以根据需要对批注进行修改，显示/隐藏批注等，下面对其进行介绍。

1 选择A1:F22单元格区域，切换至“插入”选项卡，单击“推荐的图表”按钮。

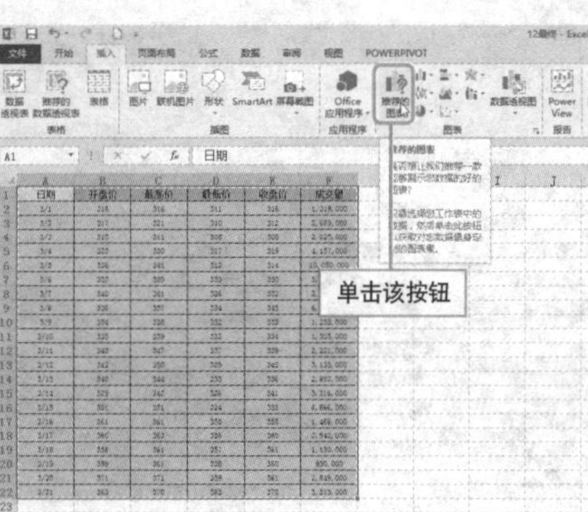

2 打开“插入图表”对话框，选择“所有图表”选项卡中“股价图”选项的“成交量-开盘-盘高-盘低-收盘图”，单击确定即可。

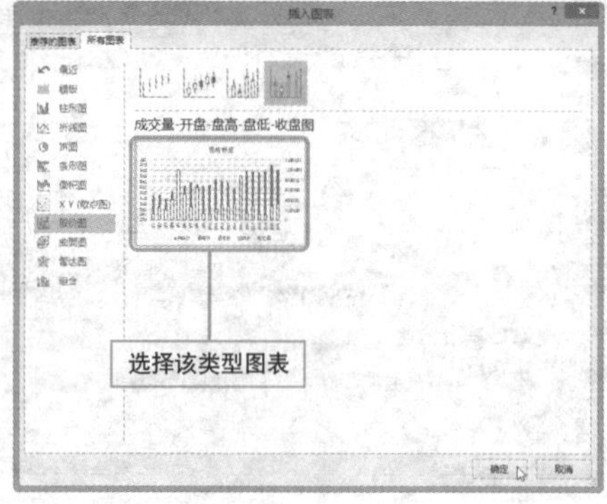

3 删除图表标题后，选择图表，切换至“图表工具-设计”选项卡，单击“更改颜色”按钮，从展开的列表中选择“颜色3”。

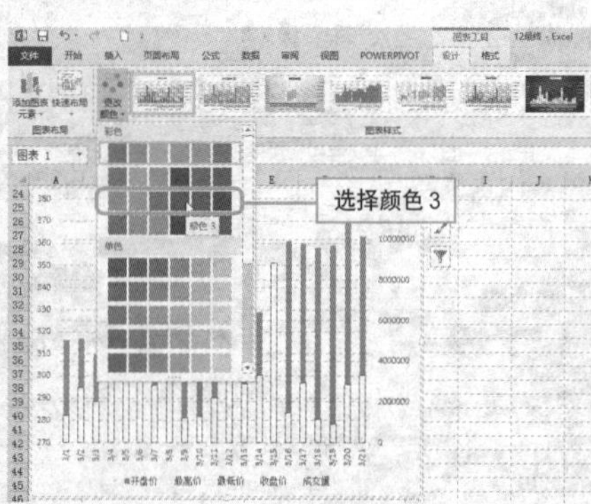

4 保持对图表的选中，选择“图表样式”面板中的“样式7”即可。

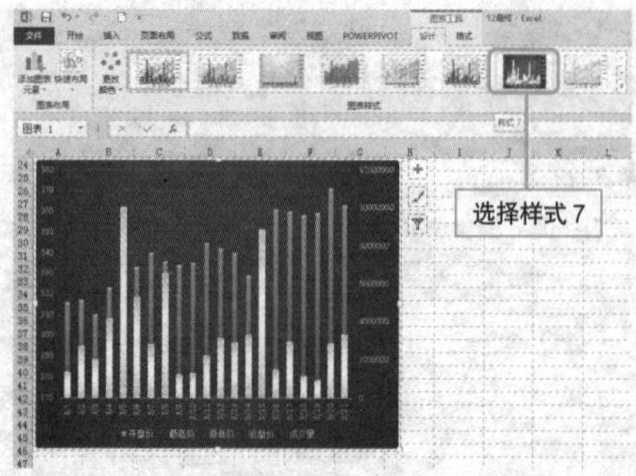

折线图中垂直线的添加

实例 为折线图添加垂直线

若折线图中的系列比较多，需要比对不同项目之间同一时期之间的数据就会比较棘手，这时，用户可以通过在折线图之间添加垂直线来辅助数据的比对，下面介绍具体操作步骤。

1. 选择图表，切换至“图表工具-设计”选项卡，单击“添加图表元素”按钮。

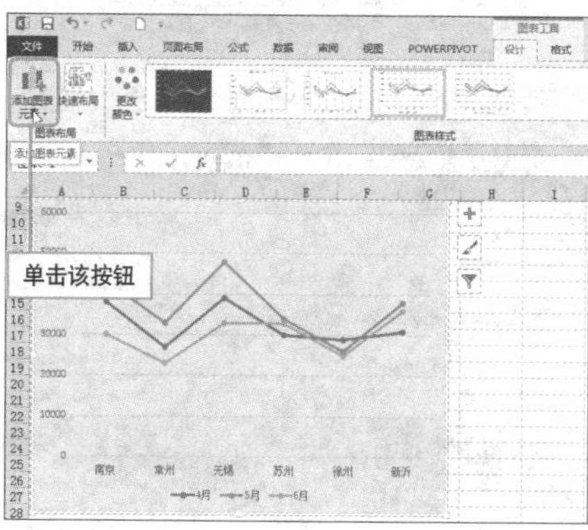

2. 从展开的列表中选择“线条”选项，从其关联菜单中选择“高低点连线”选项。

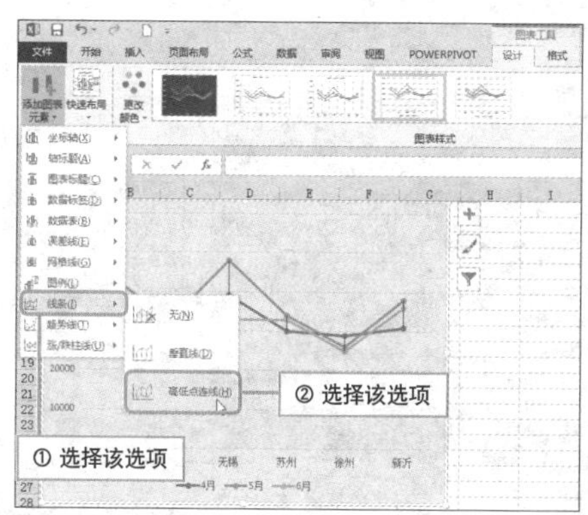

3. 双击出现的垂直线，在打开的“设置高低点连线格式”窗格中，对垂直线的颜色、粗细、箭头前端类型等进行设置。

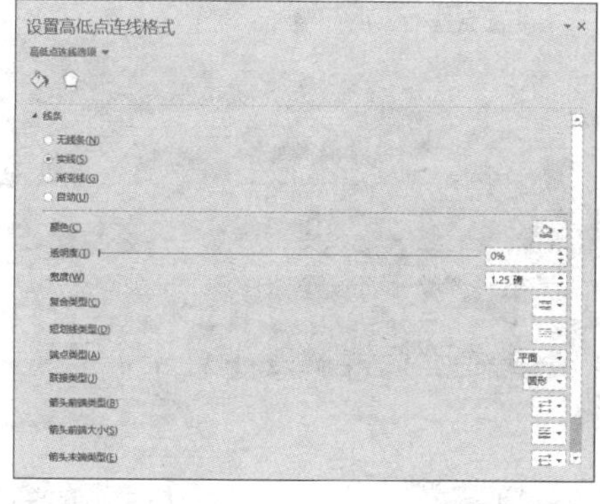

4. 设置完成后，关闭窗格，查看设置垂直线效果。

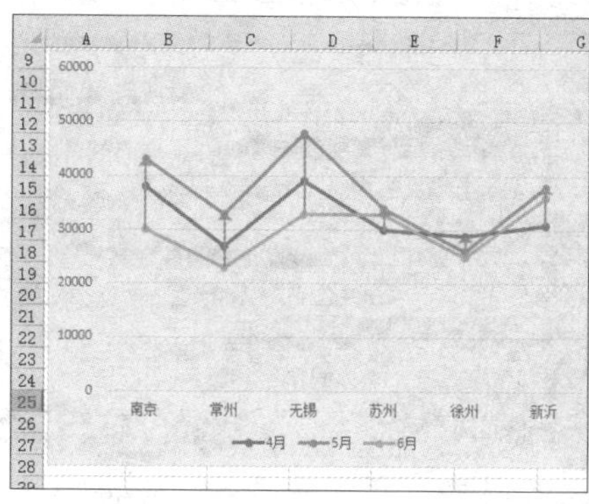

Question

381

快速美化三维图表

Level ◆◆◆

2013 2010 2007

实例 三维图表的美化

三维图表能给观众带来更强大的视觉冲击，并且可以更形象地反映出数据之间的关系。下面介绍如何美化制作完成的三维图表，使图表更加突出。

1 **设置图表区格式**。选择图表单击鼠标右键，出现浮动工具栏，单击“填充”按钮，从列表中选择“深蓝，文字2”。

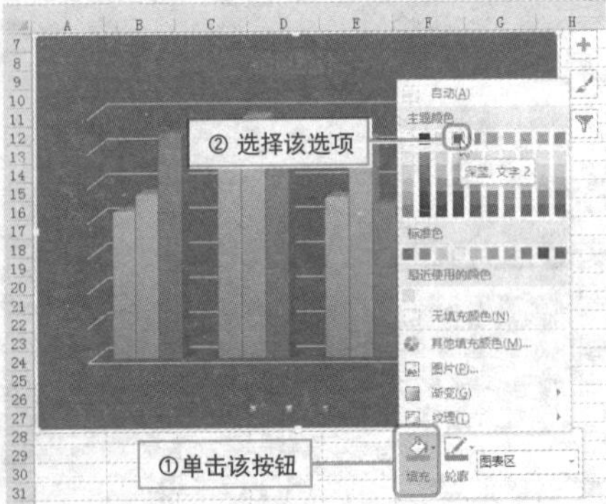

2 **设置绘图区格式**。选择绘图区并右击，通过浮动工具栏中的填充面板，为绘图区填充“深蓝，文字2，淡色60%”。

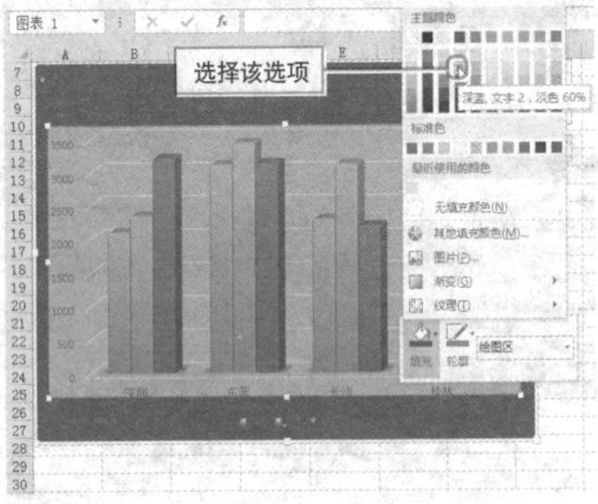

3 **设置三维旋转**。依次设置背景墙和地板格式填充，并更改标题文本颜色为白色。然后在图表上右击选择“三维旋转”命令。

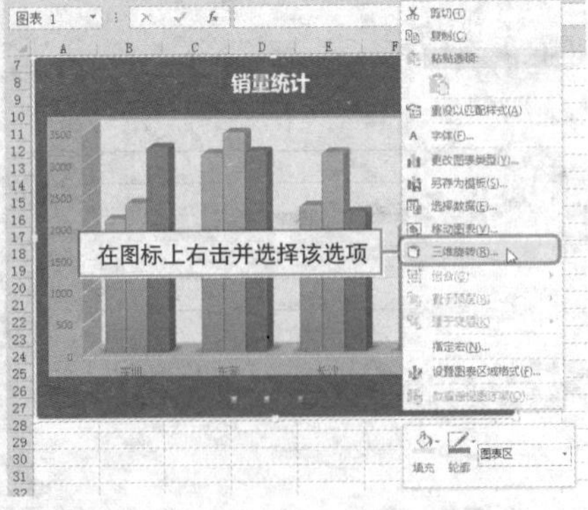

4 打开“设置图表区格式”窗格，在“三维旋转”选项，设置“X旋转”为“40°”、“Y旋转”为“30°”，“深度”为“120”。设置完成后，关闭窗格即可。

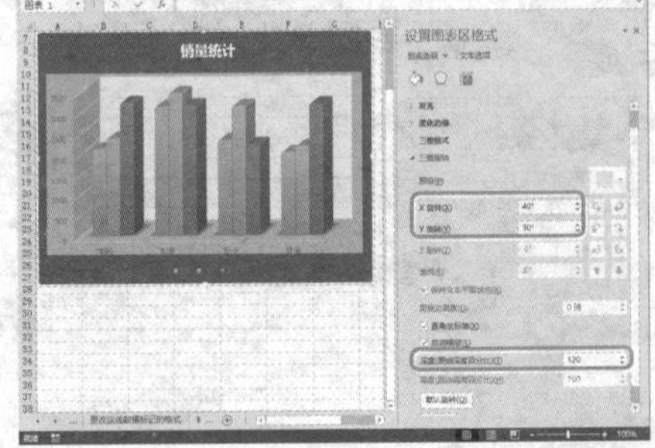

Question 382

Level ◆◆◆

2013 2010 2007

巧妙将图表另存

实例 将自定义的图表保存为模板

若用户制作完成一个非常漂亮的图表，并且希望在以后的工作中能以当前图表为模板创建图表，可以将该图表保存为模板。下面介绍将自定义图表保存为模板的具体操作步骤。

1. 选择自定义的图表，单击鼠标右键，从快捷菜单中选择“另存为模板”命令。

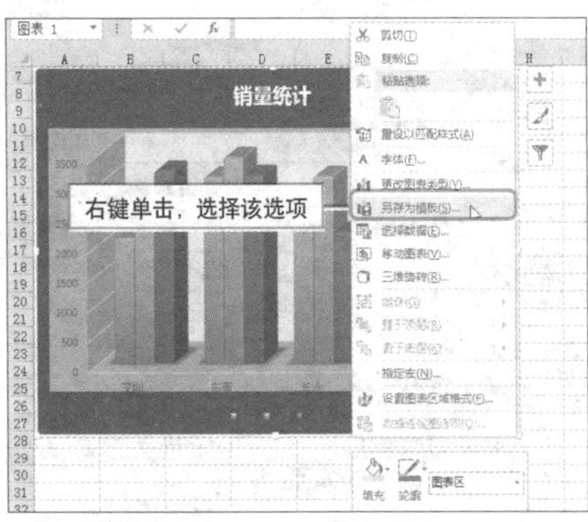

2. 打开“保存图表模板”对话框，输入文件名后单击“保存”按钮进行保存。

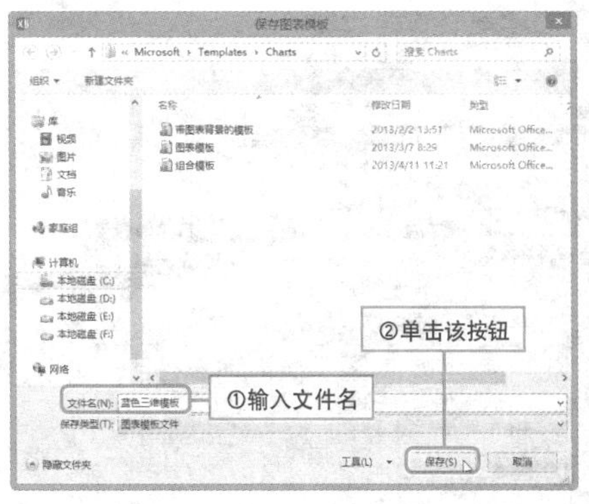

3. 在插入图表时，若想插入模板图表，在选择数据后，单击“图表”面板的对话框启动器。

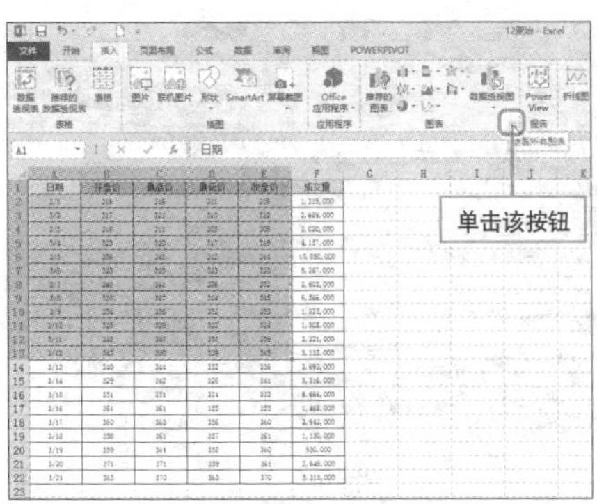

4. 打开“插入图表”对话框，选择“所有图表”选项卡上的“模板”选项，即可看到保存的模板，选择合适的模板并单击“确定”按钮即可。

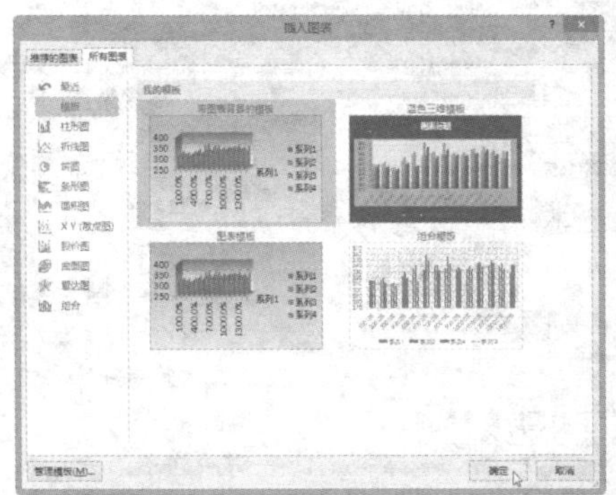

轻而易举创建数据透视表

实例 数据透视表的创建

数据透视表是一种交互式的表，可以快速汇总大量数据并能对其进行深入分析。下面就介绍数据透视表的创建步骤。

1 打开工作表，选择表格中的任意单元格，单击“插入”选项卡中的“数据透视表”按钮。

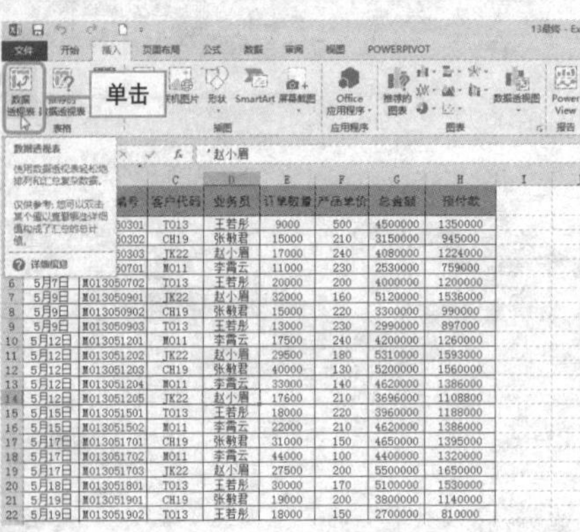

2 打开“创建数据透视表”对话框，保持默认设置，单击“确定”按钮。

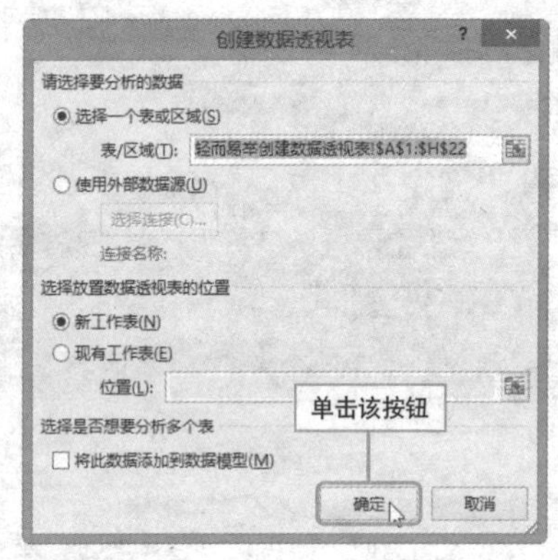

3 在新工作表中出现数据透视表视图界面。

4 在“数据透视表字段”列表中包含所有字段，选择字段，将其拖至对应区域即可成功创建。

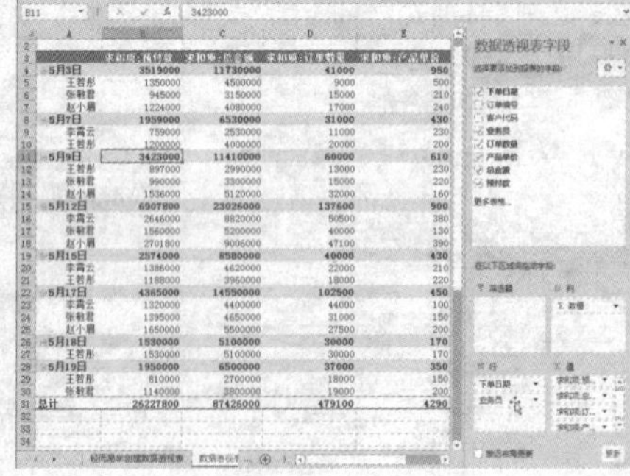

快速删除数据透视表

实例 数据透视表的删除

若工作表中存在无用数据透视表，为了不让这些无用的表占据内存，可以将其删除，从而提高工作效率，下面对其进行介绍。

❶ **功能区命令清除法**。选择数据透视表中的任一单元格，切换至“数据透视表工具-分析”选项卡，单击“清除”按钮，从列表中选择“全部清除”命令即可。

❷ **快捷键清除法**。选择整个数据透视表区域，然后在键盘上直接按下Delete键即可将数据透视表删除。

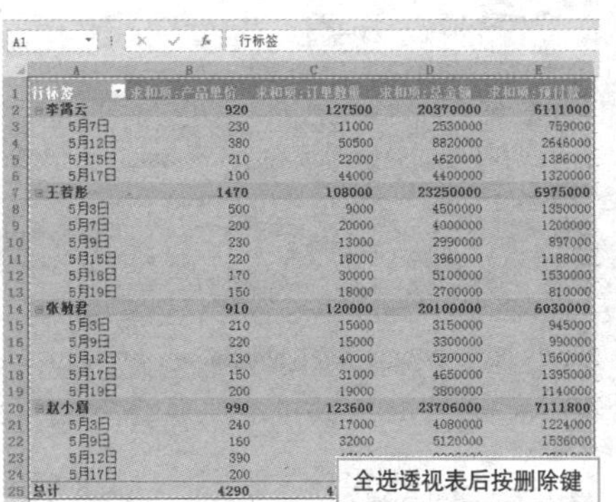

Hint

“数据透视表字段”窗格各选项介绍

上半部分为“选择要添加到报表的字段”列表框，勾选相应复选框，可以将其添加至数据透视表中。

下半部分为“在以下区域间拖动字段”选项，用户可以直接将“选择要添加到报表的字段”列表框中的选项拖动至下面的区域中。

数据透视表字段
选择要添加到报表的字段:
下单日期
订单编号
客户代码
业务员
订单数量
产品单价
总金额
预付款
更多表格...
在以下区域间拖动字段:
筛选器
列
行
值
下单日期
订单数量
求和项:总金额
推迟布局更新
更新

按需更改数据透视表的布局

实例 数据透视表布局的灵活运用

数据透视表的布局可以分为“以压缩形式显示”、“以大纲形式显示”、“以表格形式显示”三种。用户可以根据需要，选择符合需求的布局方式，下面对各布局方式进行介绍。

1 打开数据透视表，切换至“图表工具-设计”选项卡，单击“报表布局”按钮，从展开的列表中选择合适的布局方式即可。

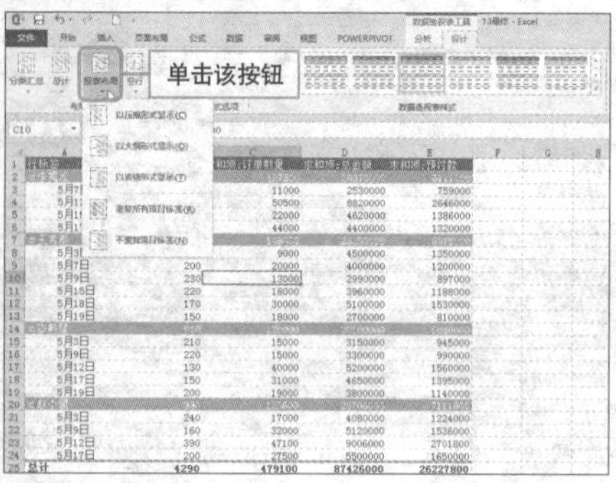

2 **以压缩形式显示**。该布局方式可以使透视表的相关数据在屏幕上水平折叠并最小化显示，适合字段的展开和折叠。

行标签	求和项:产品单价	求和项:订单数量	求和项:总金额	求和项:预付款
⊟[illegible]	[illegible]	[illegible]	[illegible]	[illegible]
5月7日	230	11000	2530000	759000
5月12日	380	50500	8820000	2646000
5月15日	210	22000	4620000	1386000
5月17日	100	44000	4400000	1320000
⊟[illegible]	[illegible]	[illegible]	[illegible]	[illegible]
5月3日	500	9000	4500000	1350000
5月7日	200	20000	4000000	1200000
5月9日	230	13000	2990000	897000
5月15日	220	18000	3960000	1188000
5月18日	170	30000	5100000	1530000
5月19日	150	18000	2700000	810000
⊟[illegible]	[illegible]	[illegible]	[illegible]	[illegible]
5月3日	210	15000	3150000	945000
5月9日	220	15000	3300000	990000
5月12日	130	40000	5200000	1560000
5月17日	150	31000	4650000	1395000
5月19日	200	19000	3800000	1140000
⊟[illegible]	[illegible]	[illegible]	[illegible]	[illegible]
5月3日	240	17000	4080000	1224000
5月9日	160	32000	5120000	1536000
5月12日	390	47100	9006000	2701800
5月17日	200	27500	5500000	1650000
总计	4290	479100	87426000	26227800

3 **以大纲形式显示**。该布局会将分类汇总显示在每组的顶部。

业务员	下单日期	求和项:产品单价	求和项:订单数量	求和项:总金额	求和项:预付款
⊟[illegible]		[illegible]	[illegible]	[illegible]	[illegible]
	5月7日	230	11000	2530000	759000
	5月12日	380	50500	8820000	2646000
	5月15日	210	22000	4620000	1386000
	5月17日	100	44000	4400000	1320000
⊟[illegible]		[illegible]	[illegible]	[illegible]	[illegible]
	5月3日	500	9000	4500000	1350000
	5月7日	200	20000	4000000	1200000
	5月9日	230	13000	2990000	897000
	5月15日	220	18000	3960000	1188000
	5月18日	170	30000	5100000	1530000
	5月19日	150	18000	2700000	810000
⊟[illegible]		[illegible]	[illegible]	[illegible]	[illegible]
	5月3日	210	15000	3150000	945000
	5月9日	220	15000	3300000	990000
	5月12日	130	40000	5200000	1560000
	5月17日	150	31000	4650000	1395000
	5月19日	200	19000	3800000	1140000
⊟[illegible]		[illegible]	[illegible]	[illegible]	[illegible]
	5月3日	240	17000	4080000	1224000
	5月9日	160	32000	5120000	1536000
	5月12日	390	47100	9006000	2701800
	5月17日	200	27500	5500000	1650000
总计		4290	479100	87426000	26227800

4 **以表格形式显示**。该布局以传统的表格形式查看数据，并能方便地将单元格复制到其他工作表中。

业务员	下单日期	求和项:产品单价	求和项:订单数量	求和项:总金额	求和项:预付款
⊟[illegible]	5月7日	230	11000	2530000	759000
	5月12日	380	50500	8820000	2646000
	5月15日	210	22000	4620000	1386000
	5月17日	100	44000	4400000	1320000
[illegible] 汇总		920	127500	20370000	6111000
⊟[illegible]	5月3日	500	9000	4500000	1350000
	5月7日	200	20000	4000000	1200000
	5月9日	230	13000	2990000	897000
	5月15日	220	18000	3960000	1188000
	5月18日	170	30000	5100000	1530000
	5月19日	150	18000	2700000	810000
[illegible] 汇总		1470	108000	23250000	6975000
⊟[illegible]	5月3日	210	15000	3150000	945000
	5月9日	220	15000	3300000	990000
	5月12日	130	40000	5200000	1560000
	5月17日	150	31000	4650000	1395000
	5月19日	200	19000	3800000	1140000
[illegible] 汇总		910	120000	20100000	6030000
⊟[illegible]	5月3日	240	17000	4080000	1224000
	5月9日	160	32000	5120000	1536000
	5月12日	390	47100	9006000	2701800
	5月17日	200	27500	5500000	1650000
[illegible] 汇总		990	123600	23706000	7111800
总计		4290	479100	87426000	26227800

一秒钟给行字段或列字段搬个家

实例 移动数据透视表中的行字段或列字段

在数据透视表中无法插入单元格、行或列，也无法移动单元格、行或列。那么如何调整数据透视表中行列中字段的顺序呢？下面对其进行介绍。

1 选择要重新排序的字段行，然后单击鼠标右键，从弹出的快捷菜单中选择“移动”命令，从其关联菜单中选择合适的命令即可。

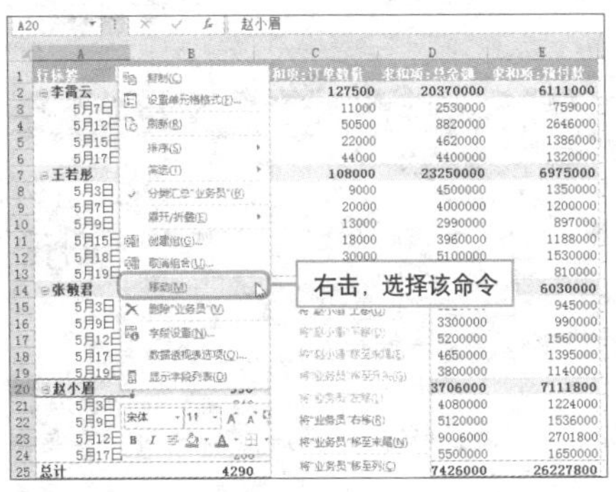

2 选择列字段，单击鼠标右键，会发现并不存在移动命令，那么可以选择“显示字段列表”命令。

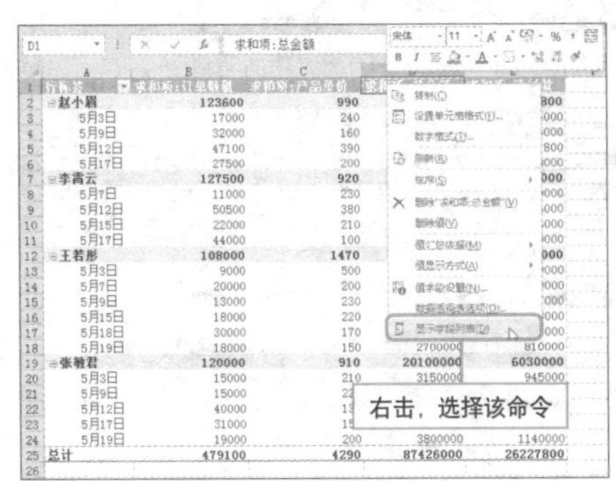

3 打开“数据透视表字段”窗格，在列字段所在区域，选择需要移动的列字段，按住鼠标左键不放拖动至合适位置。

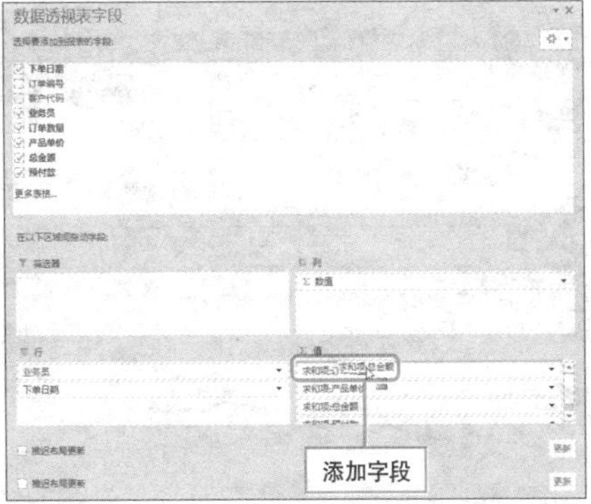

4 释放鼠标左键，完成列字段的移动，关闭窗格，查看移动字段效果。

	A	B	C	D	E
1	行标签	求和项:总金额	求和项:订单数量	求和项:产品单价	求和项:预付款
2	⊟赵小眉	23706000	123600	990	7111800
3	5月3日	4080000	17000	240	1224000
4	5月9日	5120000	32000	160	1536000
5	5月12日	9006000	47100	390	2701800
6	5月17日	5500000	27500	200	1650000
7	⊟李霄云	20370000	127500	920	6111000
8	5月7日	2530000	11000	230	759000
9	5月12日	8820000	50500	380	2646000
10	5月15日	4620000	22000	210	1386000
11	5月17日	4400000	44000	100	1320000
12	⊟王若彤	23250000	108000	1470	6975000
13	5月3日	4500000	9000	500	1350000
14	5月7日	4000000	20000	200	1200000
15	5月9日	2990000	13000	230	897000
16	5月15日	3960000	18000	220	1188000
17	5月18日	5100000	30000	170	1530000
18	5月19日	2700000	18000	150	810000
19	⊟张敏君	20100000	120000	910	6030000
20	5月3日	3150000	15000	210	945000
21	5月9日	3300000	15000	220	990000
22	5月12日	5200000	40000	130	1560000
23	5月17日	4650000	31000	150	1395000
24	5月19日	3800000	19000	200	1140000
25	总计	87426000	479100	4290	26227800

Question 387

Level ◆◆◆

2013 2010 2007

数据源的快速更换

实例 数据透视表中源数据的更改

在编辑数据透视表时，为了创建出更合理准确的数据表，我们需要更换数据源来更新数据透视表，下面对数据表源数据的更换操作进行介绍。

1. 打开数据透视表，单击“数据透视表工具 分析”选项卡上的“更改数据源”按钮，从列表中选择“更改数据源”选项。

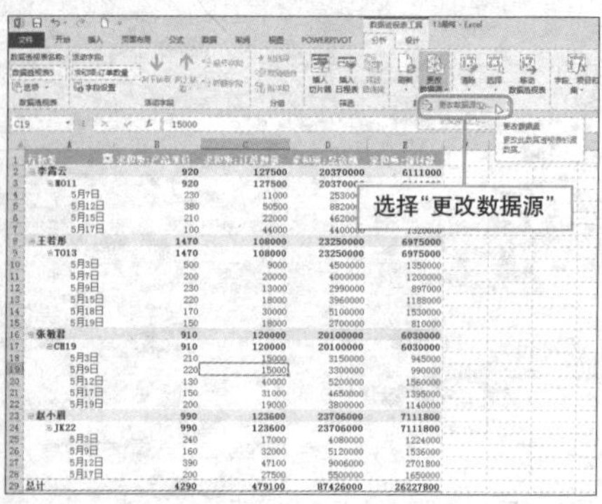

2. 打开“更改数据透视表数据源”对话框，单击“范围选取”按钮。

单击该按钮，设置数据表范围

更改数据透视表数据源

请选择要分析的数据

选择一个表或区域(S)

表/区域(T): D:\13\[13原始.xlsx]轻而易举创建数据透视

使用外部数据源(U)

选择连接(C)...

连接名称:

确定 取消

3. 在源数据工作表中，拖动鼠标选择合适范围的数据，选取完成后，再次单击“范围选取”按钮，返回对话框。

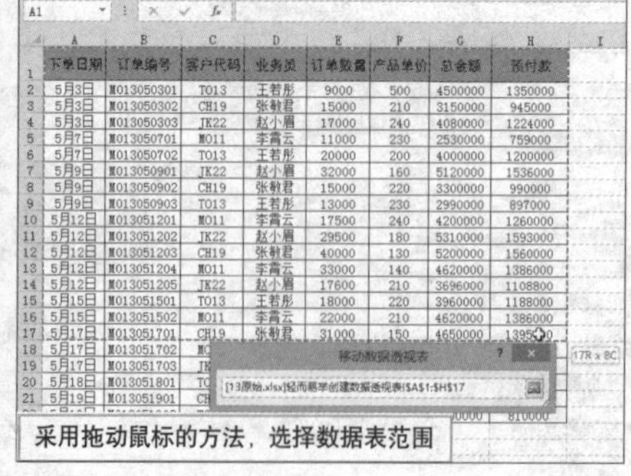

下单日期	订单编号	客户代码	业务员	订单数量	产品单价	总金额	预付款
5月3日	M013050301	T013	王若彤	9000	500	4500000	1350000
5月3日	M013050302	CH19	张敏君	15000	210	3150000	945000
5月3日	M013050303	JK22	赵小眉	17000	240	4080000	1224000
5月7日	M013050701	M011	李青云	11000	230	2530000	759000
5月7日	M013050702	T013	王若彤	20000	200	4000000	1200000
5月9日	M013050901	JK22	赵小眉	32000	160	5120000	1536000
5月9日	M013050902	CH19	张敏君	15000	220	3300000	990000
5月9日	M013050903	T013	王若彤	13000	230	2990000	897000
5月12日	M013051201	M011	李青云	17500	240	4200000	1260000
5月12日	M013051202	JK22	赵小眉	29500	180	5310000	1593000
5月12日	M013051203	CH19	张敏君	40000	130	5200000	1560000
5月12日	M013051204	M011	李青云	33000	140	4620000	1386000
5月12日	M013051205	JK22	赵小眉	17600	210	3696000	1108800
5月15日	M013051501	T013	王若彤	18000	220	3960000	1188000
5月15日	M013051502	M011	李青云	22000	210	4620000	1386000
5月17日	M013051701	CH19	张敏君	31000	150	4650000	1395000
5月17日	M013051702						
5月17日	M013051703						
5月18日	M013051801						
5月19日	M013051901						810000

4. 单击“更改数据透视表数据源”对话框上的“确定”按钮，即可看到，数据透视表中的数据同样发生了更改。

行标签	求和项:产品单价	求和项:订单数量	求和项:总金额	求和项:预付款
李青云	820	83500	15970000	4791000
M011	820	83500	15970000	4791000
5月7日	230	11000	2530000	759000
5月12日	380	50500	8820000	2646000
5月15日	210	22000	4620000	1386000
王若彤	1150	60000	15450000	4635000
T013	1150	60000	15450000	4635000
5月3日	500	9000	4500000	1350000
5月7日	200	20000	4000000	1200000
5月9日	230	13000	2990000	897000
5月15日	220	18000	3960000	1188000
张敏君	710	101000	16300000	4890000
CH19	710	101000	16300000	4890000
5月3日	210	15000	3150000	945000
5月9日	220	15000	3300000	990000
5月12日	130	40000	5200000	1560000
5月17日	150	31000	4650000	1395000
赵小眉	790	96100	18206000	5461800
JK22	790	96100	18206000	5461800
5月3日	240	17000	4080000	1224000
5月9日	160	32000	5120000	1536000
5月12日	390	47100	9006000	2701800
总计	3470	340600	65926000	19777800

快速查看数据透视表中的详细数据

实例 数据透视表中详细数据的显示

使用数据透视表可以实现数据的汇总，也可以对数据进行查看，下面对其进行介绍。

1 **功能区命令法**。选择需要查看的单元格，单击鼠标右键，从弹出的快捷菜单中选择“显示详细信息”命令。

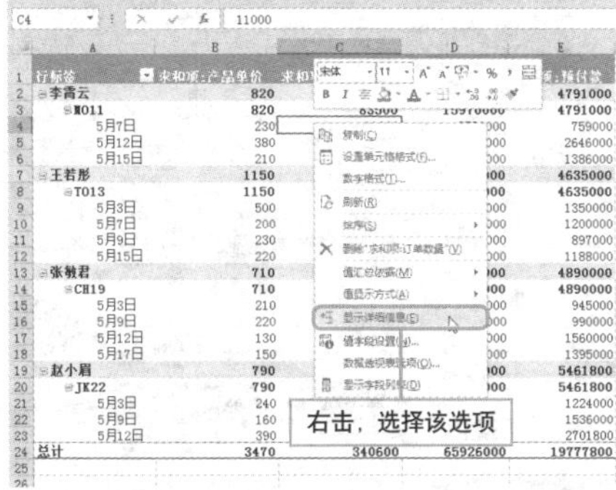

2 随后即可打开一个新工作表，并在新工作表中显示所选单元格的全部信息。

3 **双击查看法**。选择D4单元格，在其上双击鼠标左键。

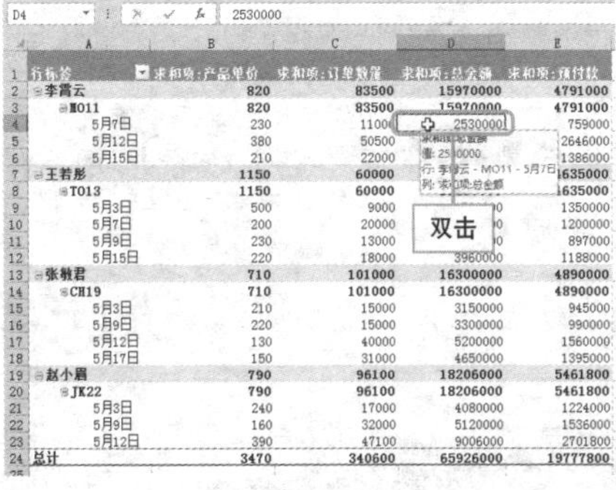

4 此时即可打开一个新工作表，并在新工作表中显示D4单元格的全部信息。

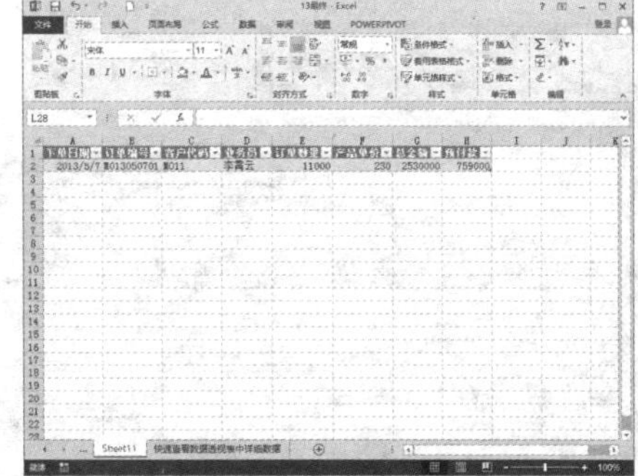

Question 389

Level ◆◆◆

2013 2010 2007

迅速展开和折叠字段

实例 数据透视表中字段的展开或折叠

默认情况下，在数据透视表中的展开和折叠字段都是处于打开状态，若是因为操作失误而关闭了这些字段，该如何将其展开和折叠呢？下面对其进行介绍。

1 **右键菜单法展开和折叠字段**。在想要展开的字段上单击鼠标右键，从快捷菜单中选择“展开/折叠>展开”命令。

右击字段，选择展开选项

2 随后即可将所选字段全部展开，若不需要展开所有字段，可以选择“展开/折叠”菜单中的合适命令。

查看详细的数据信息

3 **按钮法展开和折叠字段**。直接单击字段左侧的“展开/折叠”按钮，可以展开或折叠字段。

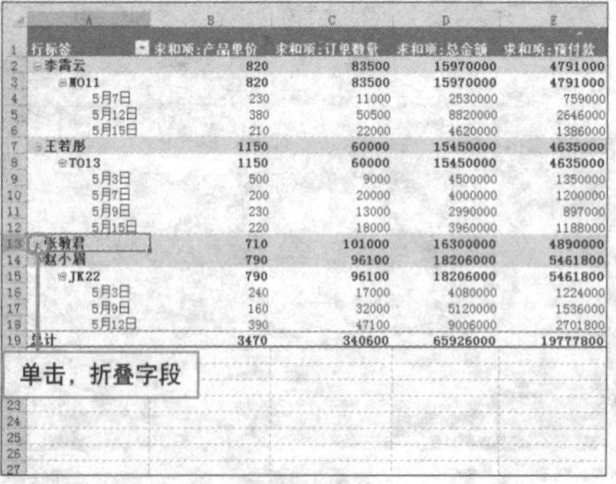

行标签	求和项:产品单价	求和项:订单数量	求和项:总金额	求和项:预付款
⊟李霄云	820	83500	15970000	4791000
⊟M011	820	83500	15970000	4791000
5月7日	230	11000	2530000	759000
5月12日	380	50500	8820000	2646000
5月15日	210	22000	4620000	1386000
⊟王若彤	1150	60000	15450000	4635000
⊟T013	1150	60000	15450000	4635000
5月3日	500	9000	4500000	1350000
5月7日	200	20000	4000000	1200000
5月9日	230	13000	2990000	897000
5月15日	220	18000	3960000	1188000
⊞张敏君	710	101000	16300000	4890000
⊟赵小娟	790	96100	18206000	5461800
⊟JK22	790	96100	18206000	5461800
5月3日	240	17000	4080000	1224000
5月9日	160	32000	5120000	1536000
5月12日	390	47100	9006000	2701800
总计	3470	340600	65926000	19777800

Hint

如何让消失的展开和折叠按钮重新显示

切换至“数据透视表工具 - 分析”选项卡，单击“+/- 按钮”即可。

Question 390

• Level ◆◆◆

2013 2010 2007

数据透视表的去繁化简

实例 组合数据表中的关联项

若用户想要计算销售报表，或者计算订单表等一类包含日期的工作表中某段时期内的销售额或者订单量，该如何才能实现呢？下面对其进行介绍。

1 打开数据透视表，可以看到其中的数据按照下单日期的先后顺序记录。

行标签	求和项:产品单价	求和项:订单数量	求和项:总金额	求和项:预付款
5月3日	950	41000	11730000	3519000
CH19	210	15000	3150000	945000
JK22	240	17000	4080000	1224000
T013	500	9000	4500000	1350000
5月7日	430	31000	6530000	1959000
M011	230	11000	2530000	759000
T013	200	20000	4000000	1200000
5月9日	610	60000	11410000	3423000
CH19	220	15000	3300000	990000
JK22	160	32000	5120000	1536000
T013	230	13000	2990000	897000
5月12日	900	137600	23026000	6907800
CH19	130	40000	5200000	1560000
JK22	390	47100	9006000	2701800
M011	380	50500	8820000	2646000
5月15日	430	40000	8580000	2574000
M011	210	22000	4620000	1386000
T013	220	18000	3960000	1188000
5月17日	150	31000	4650000	1395000
CH19	150	31000	4650000	1395000
总计	3470	340600	65926000	19777800

2 在任一日期单元格单击鼠标右键，从快捷菜单中选择“创建组”命令。

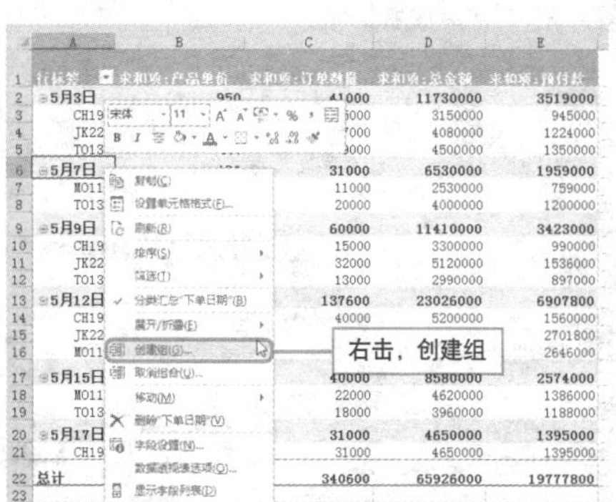

3 打开“组合”对话框，“起始于”和“终止于”选项保持默认，在“步长”列表框中选择“日”选项。

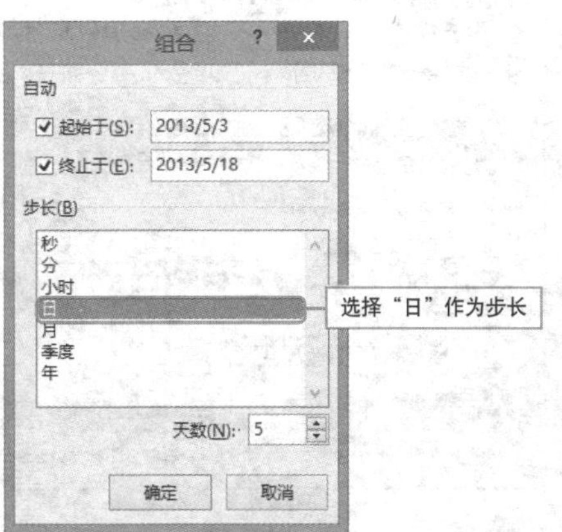

4 设置完成后，单击“确定”按钮，关闭对话框，即可看到，数据透视表中的数据按照设置的分组进行统计。

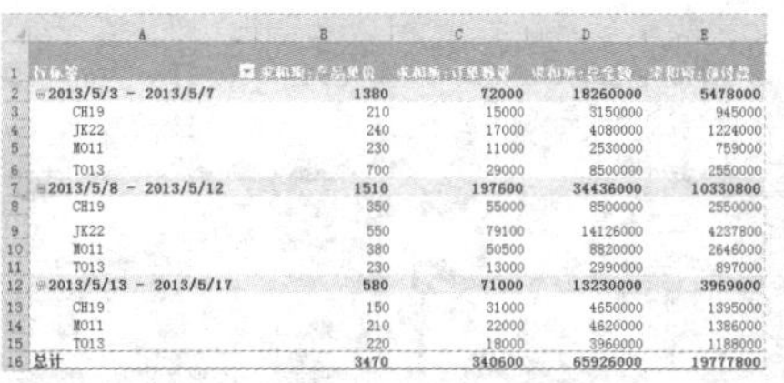

行标签	求和项:产品单价	求和项:订单数量	求和项:总金额	求和项:预付款
2013/5/3 - 2013/5/7	1380	72000	18260000	5478000
CH19	210	15000	3150000	945000
JK22	240	17000	4080000	1224000
M011	230	11000	2530000	759000
T013	700	29000	8500000	2550000
2013/5/8 - 2013/5/12	1510	197600	34436000	10330800
CH19	350	55000	8500000	2550000
JK22	550	79100	14126000	4237800
M011	380	50500	8820000	2646000
T013	230	13000	2990000	897000
2013/5/13 - 2013/5/17	580	71000	13230000	3969000
CH19	150	31000	4650000	1395000
M011	210	22000	4620000	1386000
T013	220	18000	3960000	1188000
总计	3470	340600	65926000	19777800

Hint

如何选择步长

若透视表中的数据的日期项不在一年内，为了不让不同年份的相同日期组合在一起，应在按住 Ctrl 键的同时选择“年”。

Question 391

Level ◆◆◆

2010 2007

巧用数据透视表计算数据

实例 对字段进行计算

在使用数据透视表时，用户可以根据需要对各字段进行计算，常见的有求和、计数、求最大值、求最小值等。下面介绍如何对字段进行计算。

1 选择需要计算的字段中的任一单元格，切换至“数据透视表工具-分析”选项卡，单击“字段设置”按钮。

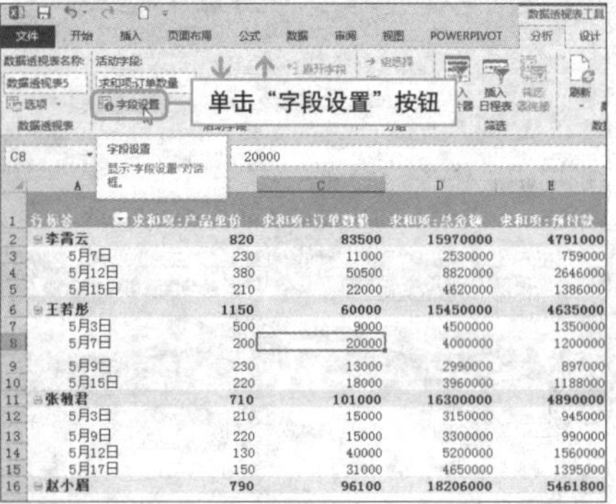

2 打开“值字段设置”对话框，在“值汇总方式”选项卡中选择合适的计算类型。

3 设置完成后，单击“确定”按钮，可以发现，单元格所在的字段已按照指定类型计算出结果。

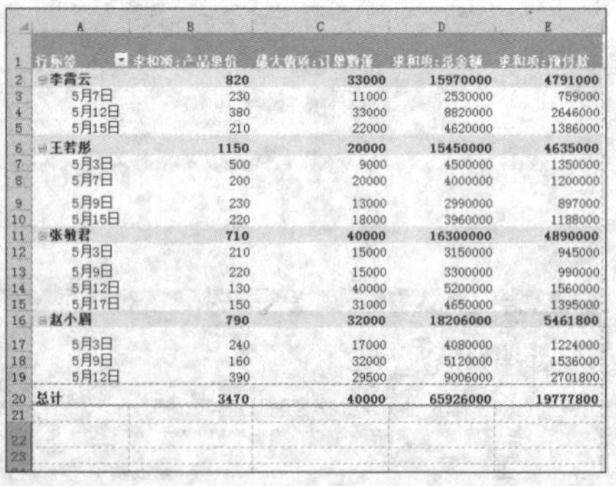

Hint

其他方法对字段进行计算

选择字段中任一单元格并单击鼠标右键，选择“值汇总依据 > 最小值”命令即可。

巧为数据透视表添加计算项

实例 快速计算出不同业务员之间的订单差

计算项是指通过对原有字段进行计算，在表格中插入新的计算字段。只需用户在数据透视表中自定义一个计算项，就可以应用它们，下面介绍计算项的添加。

1. 选择任一业务员单元格，切换至“数据透视表工具-分析”选项卡，单击“字段、项目和集”按钮，从列表中选择“计算项”。

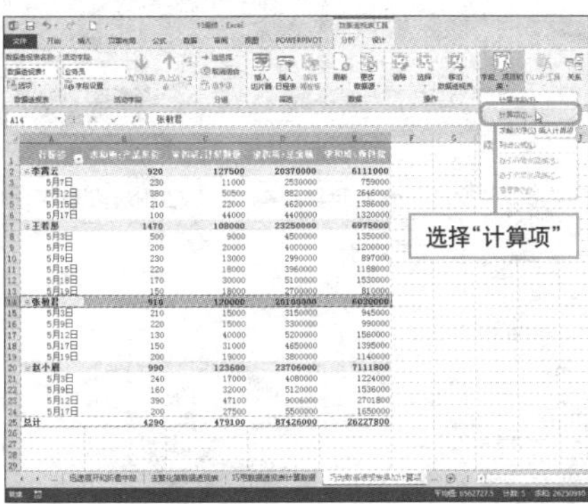

2. 打开“在‘业务员’中插入计算字段”对话框，在“名称”和“公式”文本框中输入合适的名称和公式。

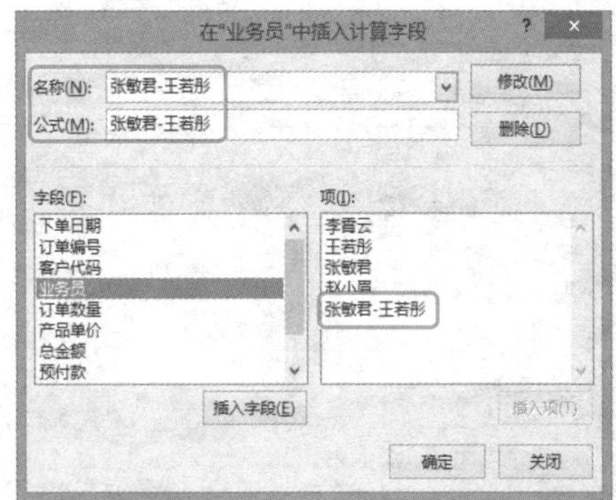

3. 设置完成后，单击“确定”按钮，可以看到，在数据透视表中，已经新增了一个计算项。

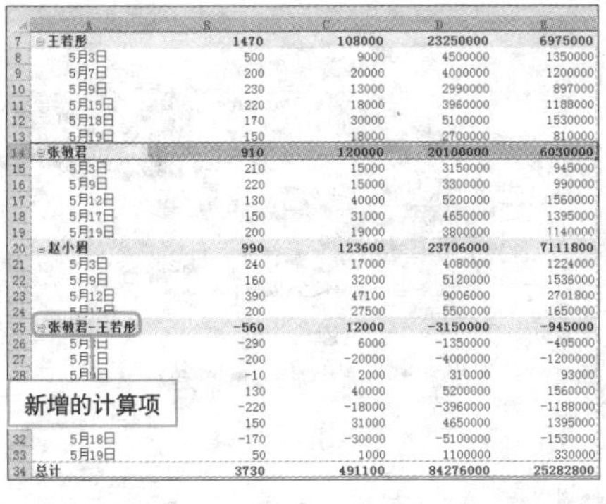

	A	B	C	D	E
7	王若彤	1470	108000	23250000	6975000
8	5月3日	500	9000	4500000	1350000
9	5月7日	200	20000	4000000	1200000
10	5月9日	230	13000	2990000	897000
11	5月15日	220	18000	3960000	1188000
12	5月18日	170	30000	5100000	1530000
13	5月19日	150	18000	2700000	810000
14	张敏君	910	120000	20100000	6030000
15	5月3日	210	15000	3150000	945000
16	5月9日	220	15000	3300000	990000
17	5月12日	130	40000	5200000	1560000
18	5月17日	150	31000	4650000	1395000
19	5月19日	200	19000	3800000	1140000
20	赵小眉	990	123600	23706000	7111800
21	5月3日	240	17000	4080000	1224000
22	5月9日	160	32000	5120000	1536000
23	5月12日	390	47100	9006000	2701800
24	[illegible]	200	27500	5500000	1650000
25	张敏君-王若彤	-560	12000	-3150000	-945000
26	5月[illegible]日	-290	6000	-1350000	-405000
27	5月[illegible]日	-200	-20000	-4000000	-1200000
28	5月[illegible]日	-10	2000	310000	93000
[illegible]	[illegible]	130	40000	5200000	1560000
[illegible]	[illegible]	-220	-18000	-3960000	-1188000
[illegible]	[illegible]	150	31000	4650000	1395000
32	5月18日	-170	-30000	-5100000	-1530000
33	5月19日	50	1000	1100000	330000
34	总计	3730	491100	84276000	25282800

Hint

如何计算待付款项

在“字段、项目和集”列表中选择“计算字段”选项，然后在打开的对话框中进行适当设置即可。

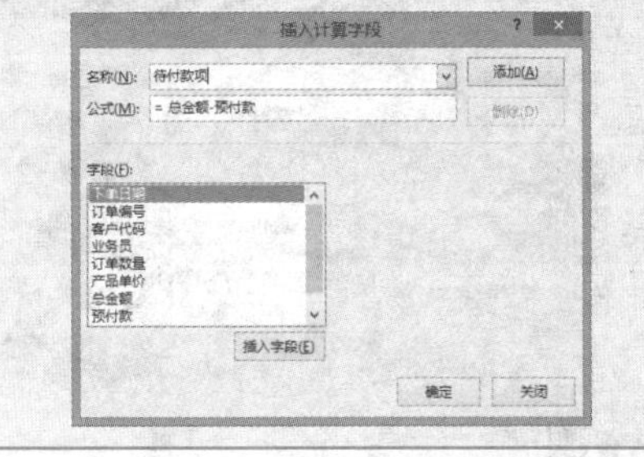

Question 393

• Level ◆◆◆

2013 2010 2007

更新数据透视表数据花样多

实例 更新数据透视表数据

在使用数据透视表时，如果能始终保持数据透视表中的数据和源数据一致，则可省去很多麻烦，下面介绍具体操作步骤。

❶ **设置自动更新**。选择数据透视表中的任一单元格，单击“数据透视表工具-分析”选项卡上的“选项”按钮。

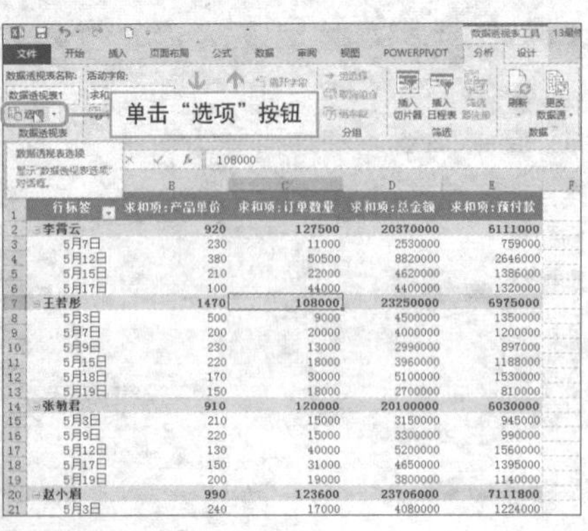

❷ 打开“数据透视表选项”对话框，在“数据”选项卡，勾选“打开文件时刷新数据”复选框并单击确定即可。

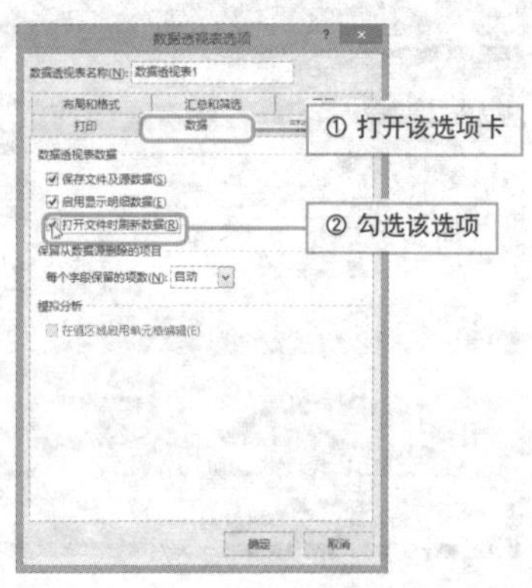

❸ **手动更新数据**。在数据透视表上单击鼠标右键，从弹出的快捷菜单中选择“刷新”命令。

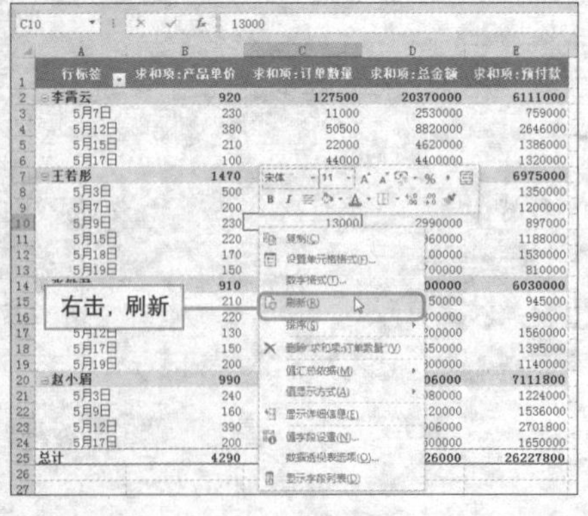

Hint

巧用功能区命令手动更新数据

执行“数据透视表工具-分析 > 刷新”命令，从展开的列表中选择合适的命令即可。

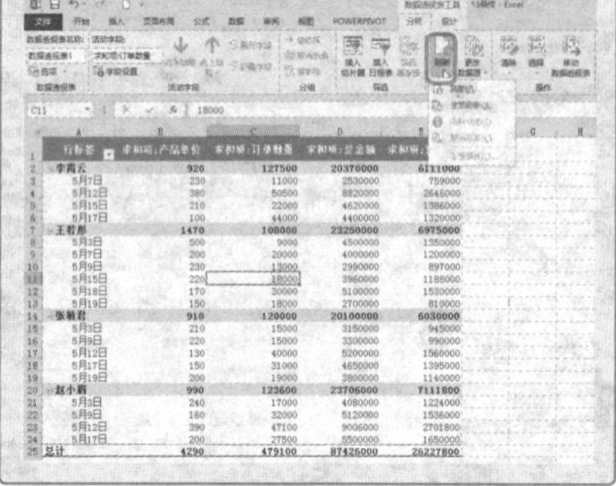

Question 394

创建数据透视图很容易

Level ◆◆◆

2013 2010 2007

实例 数据透视图的创建

与数据透视表不同，数据透视图是通过图形的形式来表示数据之间的关系，和普通图表一样显示数据系列、类别、数据标记等，下面介绍数据透视图的创建。

1 打开工作表，切换至“插入”选项卡，单击“数据透视图”按钮，从列表中选择“数据透视图”选项。

2 打开“创建数据透视图”对话框，保持默认设置。

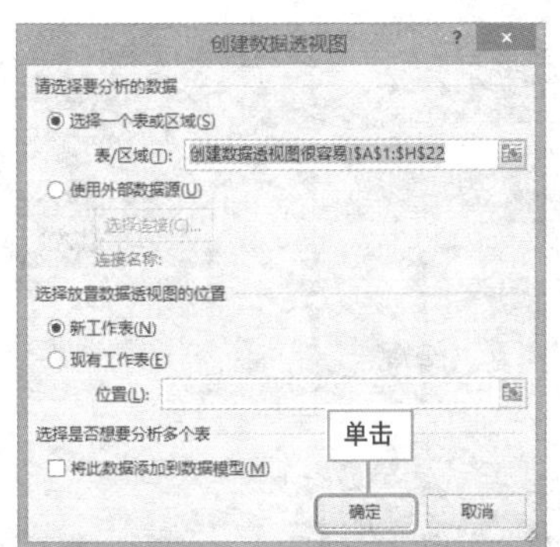

3 设置完成后，单击“确定”按钮，关闭对话框，在编辑区中出现图标区域，在右侧的“数据透视图字段”窗格中进行设置。

4 分别将“订单数量”字段拖至“筛选器”区、将“客户代码”字段拖至“图例（系列）”、将“业务员”拖至“轴（类别）”等，完成设置。

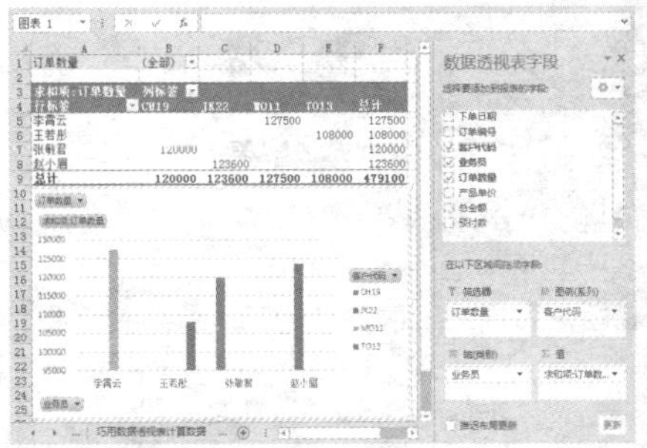

数据透视图类型的快速更换

实例 更改数据透视图类型

在创建数据透视图的过程中，为了使数据透视图更加直观、漂亮，用户可以多尝试几种不同的图表类型。下面介绍数据透视图类型的更改。

1 打开数据透视图，切换至“数据透视图工具-设计”选项卡，单击“更改图表类型”按钮。

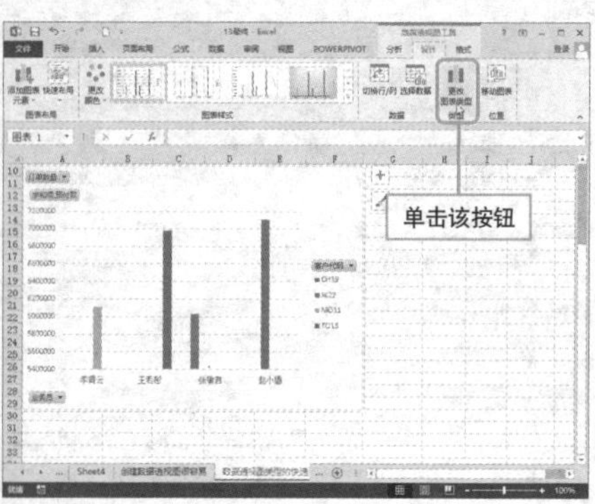

2 打开“更改图表类型”对话框，有多种类型的图表可供用户选择，选择一种合适的图表类型即可。

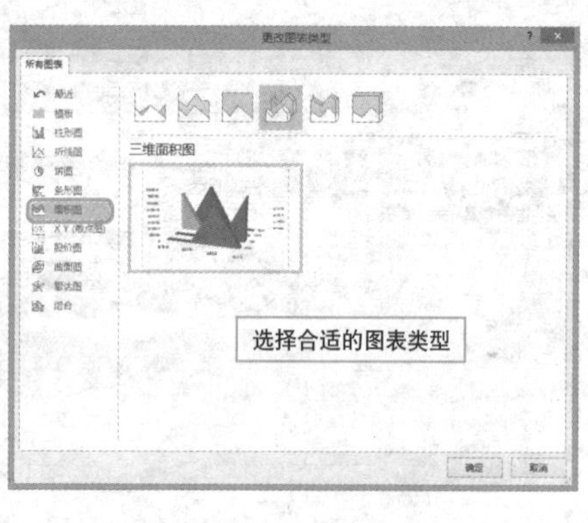

3 单击“确定”按钮，关闭对话框，返回编辑区会发现图表类型已经发生更改。

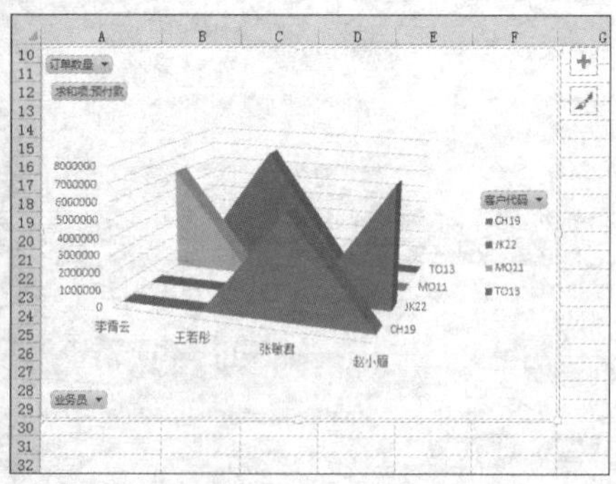

Hint

如何将数据透视图转换为标准图表

将与数据透视图相关联的数据透视表删除，即可将数据透视图转换为标准图表。若工作簿中存在多个数据透视表和数据透视图，则应先找到与数据透视图名称相关联的数据透视表，然后将其删除。

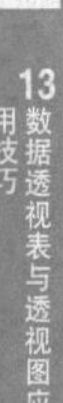

个性化字段或项的名称

实例 重命名字段名称

为了使观众更加清晰地了解字段名称，还可以为字段重命名，为其添加一个通俗易懂的名称，下面介绍具体操作步骤。

1 打开数据透视图，单击图表中选择重命名的字段，切换至"数据透视图工具-分析"选项卡。

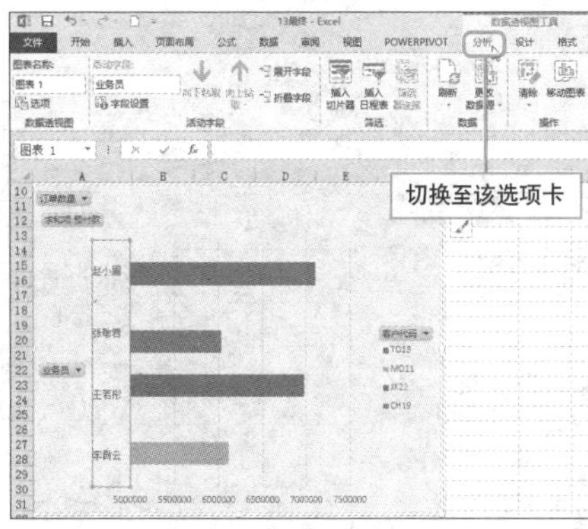

2 在"活动字段"面板中"活动字段"下方的文本框中输入字段名称。

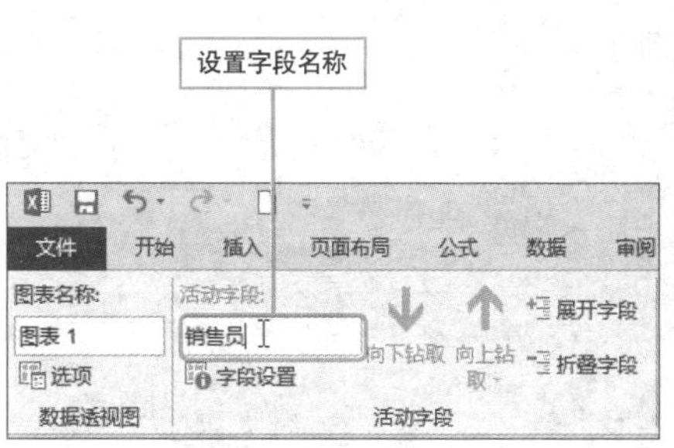

3 输入字段名称后按Enter键确认输入，即可看到字段名称发生了改变。

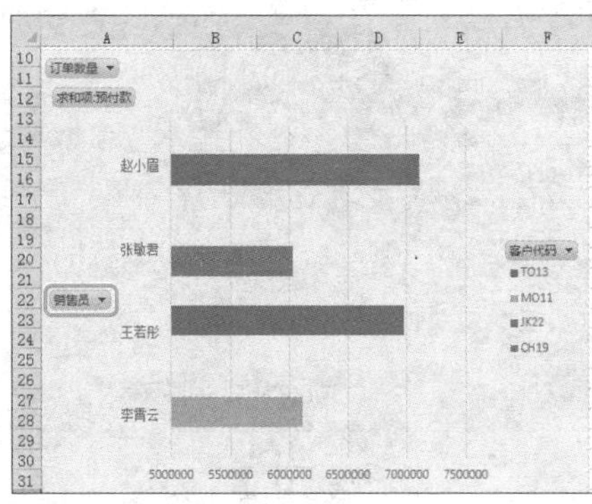

Hint

对话框法

用户可通过"数据透视图工具 - 分析 > 字段设置"命令，在打开的对话框中设置字段名称。

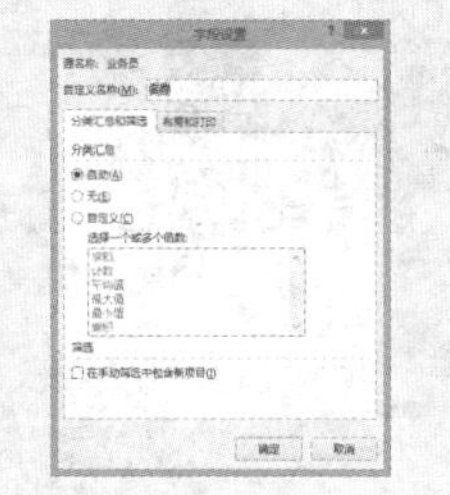

按需筛选数据透视图内容

实例 根据数据透视图筛选数据

相较于数据透视表，使用数据透视图还可以对数据进行筛选，显示需要显示的数据，下面介绍如何通过透视图筛选数据。

1. 打开工作表，可以发现数据透视图中的每个字段名称右侧都有一个下拉按钮。

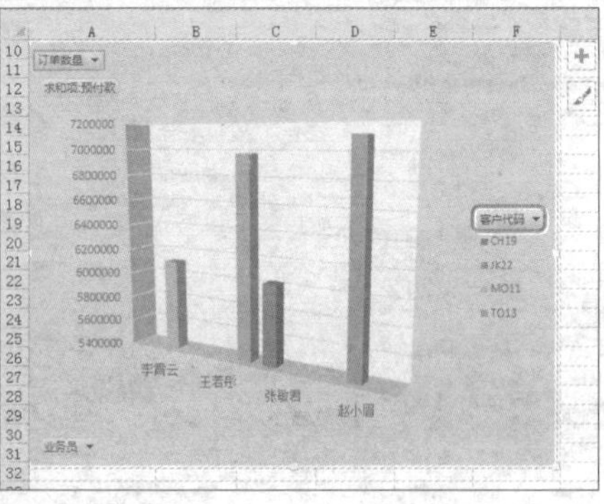

2. 单击该下拉按钮，从展开的列表中取消对“全选”的选中，然后勾选相应复选框。

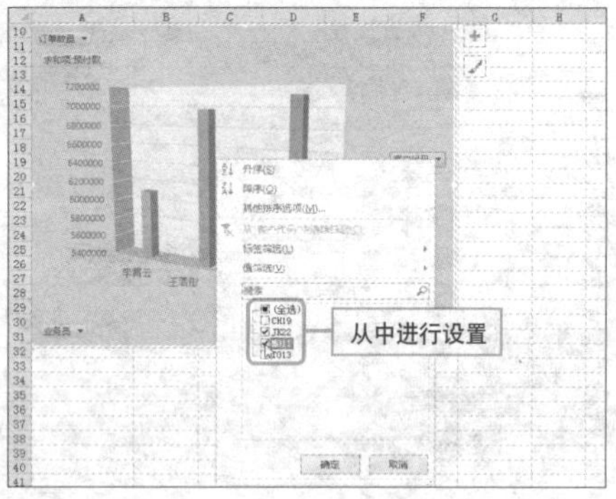

3. 设置完成后，单击“确定”按钮，即可看到相应的筛选数据，该字段右侧的按钮将发生改变。

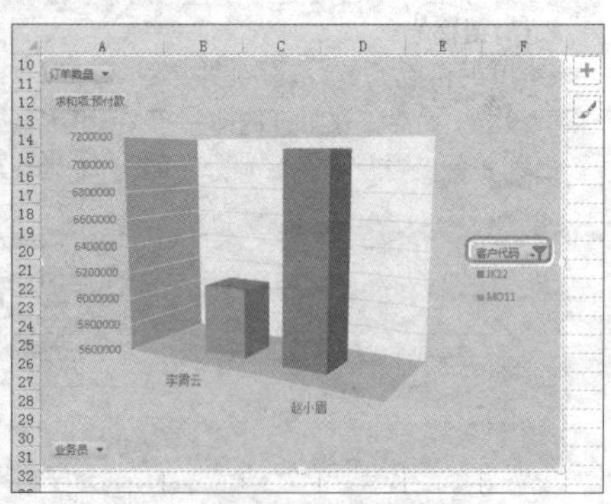

4. 若用户想要取消筛选，可以打开其字段列表，勾选“全选”复选框即可。

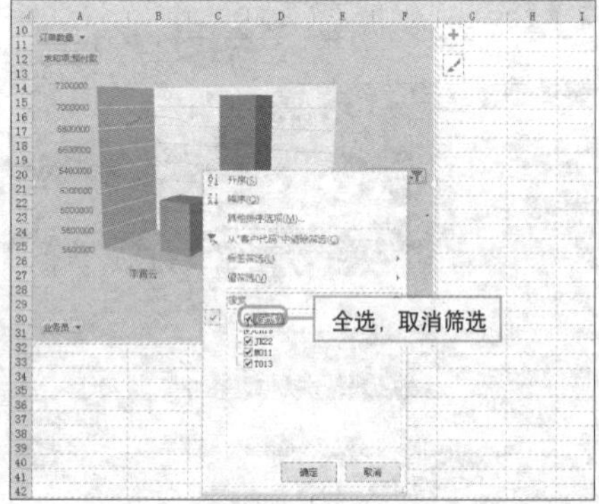

恢复数据源数据也不难

实例 恢复误删了的源数据

当数据透视图或透视表创建完成后，若不小心误删了源数据中的内容，可以通过其他途径将数据找回，下面介绍具体操作步骤。

❶ 在数据透视表中任一单元格单击鼠标右键，从弹出的快捷菜单中选择“数据透视表选项”命令。

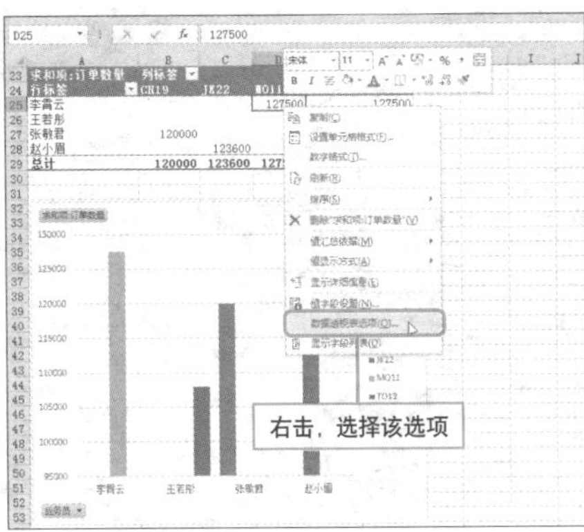

❷ 打开“数据透视表选项”对话框，切换至“数据”选项卡，勾选“启用显示明细数据”复选框。

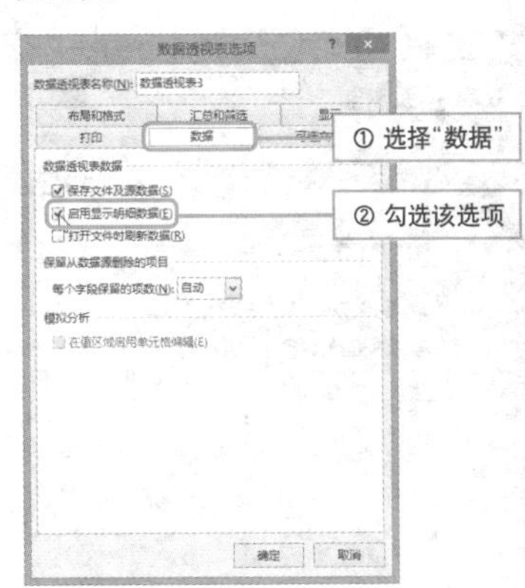

❸ 设置完成后，单击“确定”按钮，双击数据透视表区域最后一个单元格。

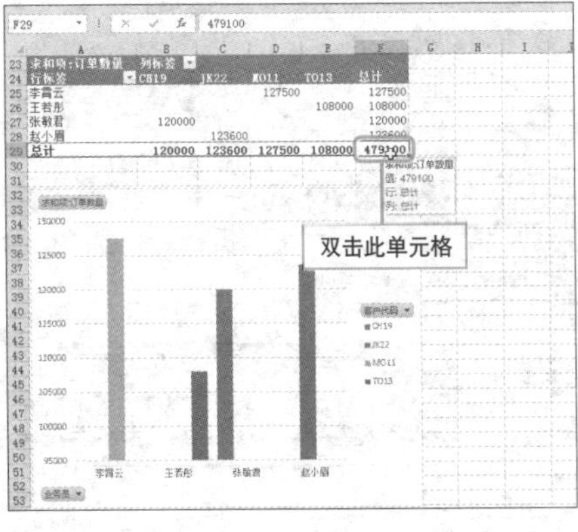

❹ 即可在新工作表中生成原始数据，需要注意的是，此数据是根据数据表的显示情况恢复的，隐藏或筛选过的数据不能恢复。

	下单日期	订单编号	客户代码	业务员	订单数量	产品单价	总金额	预付款
2	2013/5/7	M013050701	M011	李青云	11000	230	2530000	759000
3	2013/5/12	M013051201	M011	李青云	17500	240	4200000	1260000
4	2013/5/12	M013051204	M011	李青云	33000	140	4620000	1386000
5	2013/5/15	M013051502	M011	李青云	22000	210	4620000	1386000
6	2013/5/17	M013051702	M011	李青云	44000	100	4400000	1320000
7	2013/5/3	M013050301	T013	王若彤	9000	500	4500000	1350000
8	2013/5/7	M013050702	T013	王若彤	20000	200	4000000	1200000
9	2013/5/9	M013050903	T013	王若彤	13000	230	2990000	897000
10	2013/5/15	M013051501	T013	王若彤	18000	220	3960000	1188000
11	2013/5/18	M013051801	T013	王若彤	30000	170	5100000	1530000
12	2013/5/19	M013051902	T013	王若彤	18000	150	2700000	810000
13	2013/5/3	M013050302	CH19	张敏君	15000	210	3150000	945000
14	2013/5/9	M013050902	CH19	张敏君	15000	220	3300000	990000
15	2013/5/12	M013051203	CH19	张敏君	40000	130	5200000	1560000
16	2013/5/17	M013051701	CH19	张敏君	31000	150	4650000	1395000
17	2013/5/19	M013051901	CH19	张敏君	19000	200	3800000	1140000
18	2013/5/3	M013050303	JK22	赵小眉	17000	240	4080000	1224000
19	2013/5/9	M013050901	JK22	赵小眉	32000	160	5120000	1536000
20	2013/5/12	M013051202	JK22	赵小眉	29500	180	5310000	1593000
21	2013/5/12	M013051205	JK22	赵小眉	17600	210	3696000	1108800
22	2013/5/17	M013051703	JK22	赵小眉	27500	200	5500000	1650000

Question 399

Level ◆◆◆

2013 2010 2007

数据视图样式大变身

实例 应用数据透视图样式

创建数据透视图后，若觉得当前数据透视图样式太简单，还可以更改数据透视图样式，使其更美观，下面介绍具体操作步骤。

1 选择数据透视图，切换至“数据透视图工具-设计”选项卡，单击“图表样式”面板的“其他”按钮。

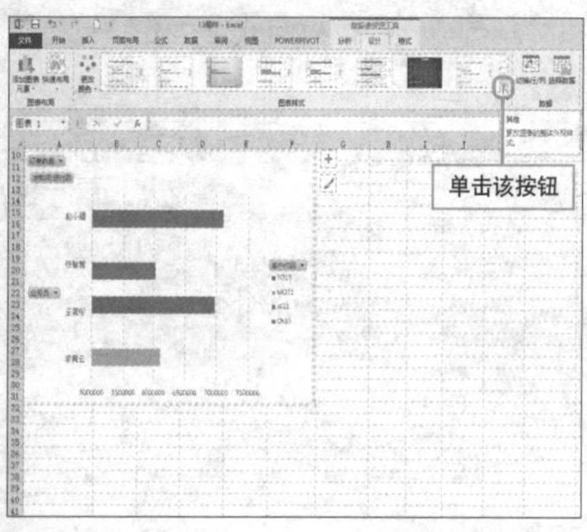

2 在展开的“图表样式”列表中选择“样式 12”。

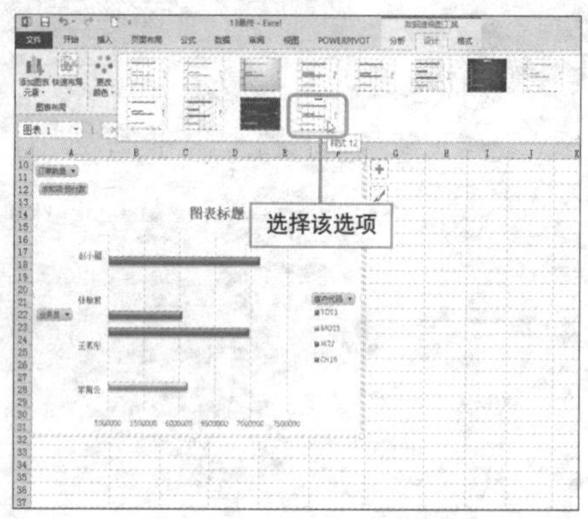

3 在“图表标题”文本框中输入图表标题并确认即可。

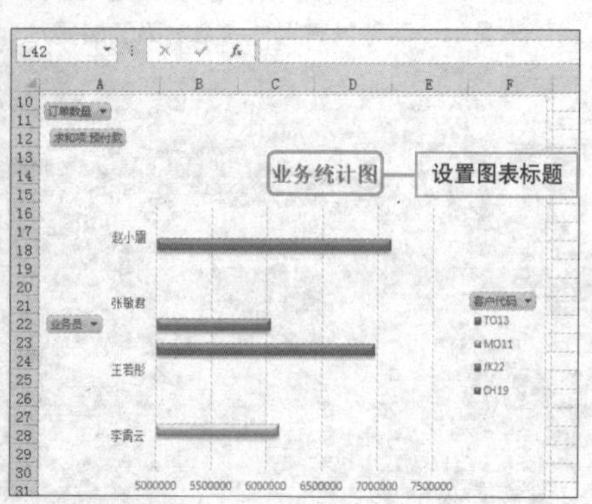

Hint

如何移动图表

选择图表，执行“数据透视图工具-设计 > 移动图表”命令，打开“移动图表”对话框，设置图表需要移动到的位置并确定即可。

移动图表

选择放置图表的位置:

新工作表(S): Chart1

对象位于(O): 数据透视图样式大变身

确定 取消

为数据透视图画个妆

实例 美化数据透视图

为了使数据透视图更加美观，用户可以像美化图表一样对数据透视图进行美化，下面介绍具体操作步骤。

1 打开工作表，在数据透视图图表区双击鼠标，打开“设置图表区格式”窗格。

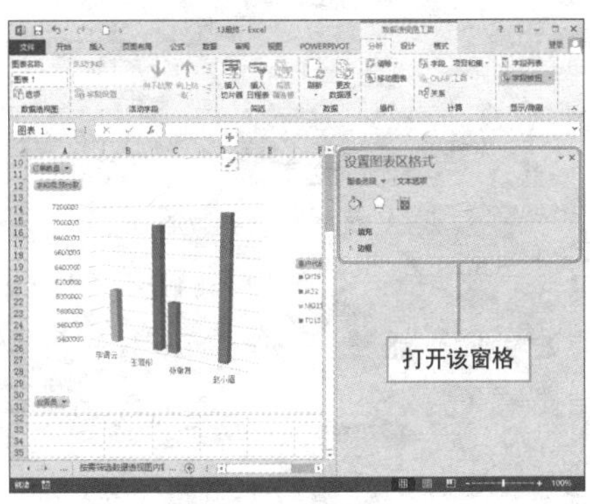

2 在“填充”选项卡，为图表区设置渐变填充效果。

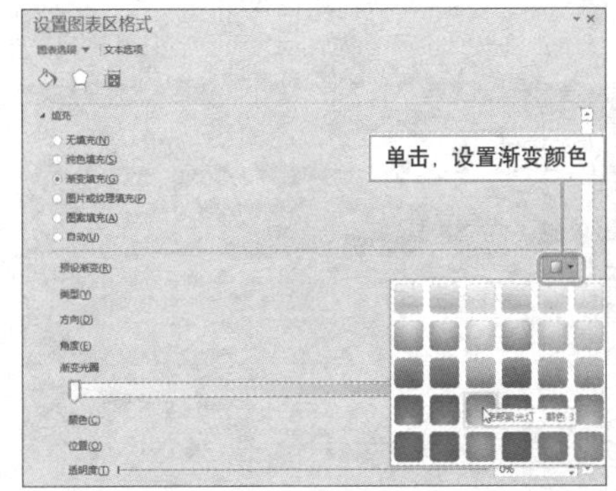

3 保持窗格的打开，在绘图区单击，转换到“设置绘图区格式”窗格，为绘图区设置渐变填充效果，并添加一个合适的边框。

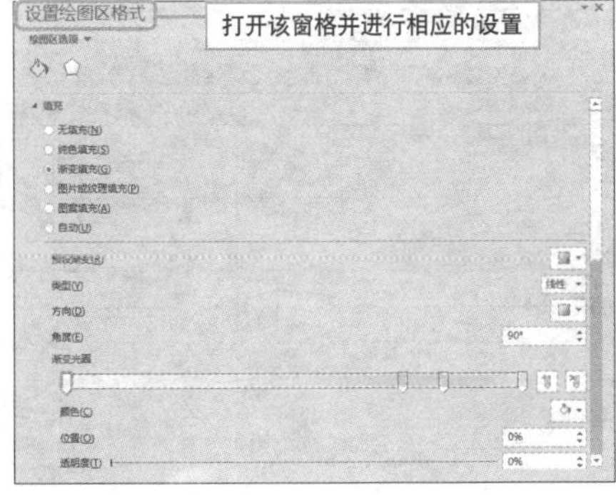

4 通过“数据透视图工具-设计>添加图表元素>数据标签>数据标注”命令，添加数据标签。

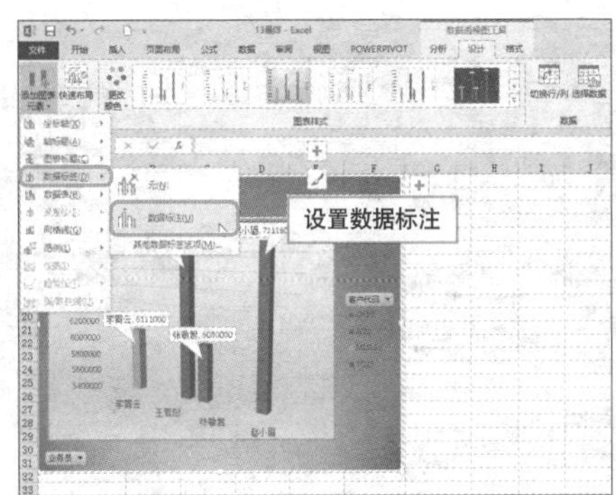

小小迷你图用处大

实例 使用迷你图

在包含大量数据的表格中，若数据之间存在一定变化，用户需要分析这些数据的变化趋势，有时只需一个小小的迷你图就可以轻松实现，下面对其进行介绍。

1 将鼠标光标定位至需要插入迷你图的单元格，切换至“插入”选项卡，单击“迷你图”面板的“折线图”按钮。

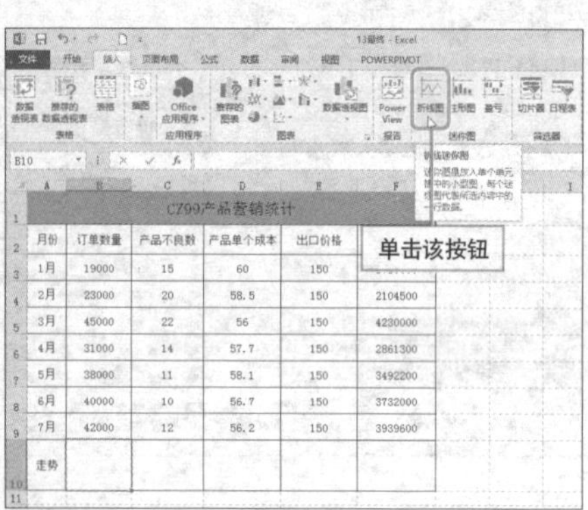

2 打开“创建迷你图”对话框，单击“数据范围”选项右侧的“范围选取”按钮。

单击，以设置数据范围

创建迷你图

选择所需的数据

数据范围(D):

选择放置迷你图的位置

位置范围(L): $B$10

确定 取消

3 拖动鼠标，选取合适的数据范围。

月份	订单数量	产品不良数	产品单个成本	出口价格	当月利润
1月	19000	15	60	150	1710000
2月	23000	20	58.5	150	2104500
3月	45000	22	56	150	4230000
4月	31000	14	57.7	150	2861300
5月	38000	11	58.1	150	3492200
6月	40000	10	56.7	150	3732000
7月	42000	12	56.2	150	3939600
走势					

创建迷你图 B3:B9

拖动鼠标选择数据

4 再次单击“范围选取”按钮，然后单击“确定”按钮，即可创建一个迷你图。

CZ99产品营销统计

月份	订单数量	产品不良数	产品单个成本	出口价格	当月利润
1月	19000	15	60	150	1710000
2月	23000	20	58.5	150	2104500
3月	45000	22	56	150	4230000
4月	31000	14	57.7	150	2861300
5月	38000	11	58.1	150	3492200
6月	40000	10	56.7	150	3732000
7月	42000	12	56.2	150	3939600
走势					

查看创建的迷你图

编辑迷你图很简单

实例 根据需要编辑迷你图

创建迷你图完成后，用户还可以根据需要编辑迷你图，包括更改迷你图类型、改变迷你图显示效果、更改迷你图样式等，下面对其进行介绍。

1. **更改迷你图类型**。选择迷你图，单击“迷你图工具-设计”选项卡上“类型”面板中的“柱形图”，可将折线图转换为柱形图。

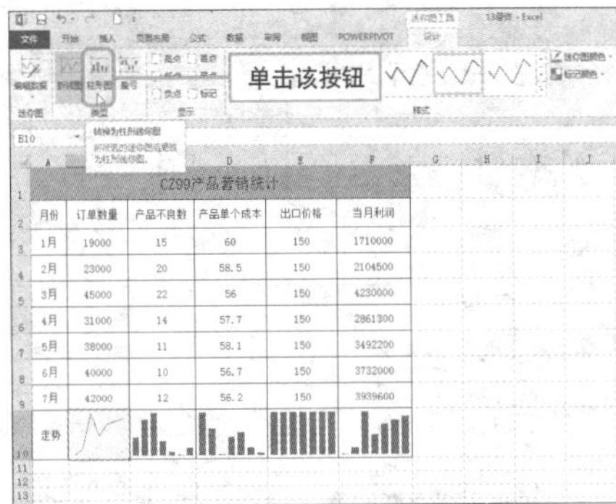

2. **改变迷你图显示效果**。在“显示”面板中，勾选需要突出显示的复选框，可将其突出显示。

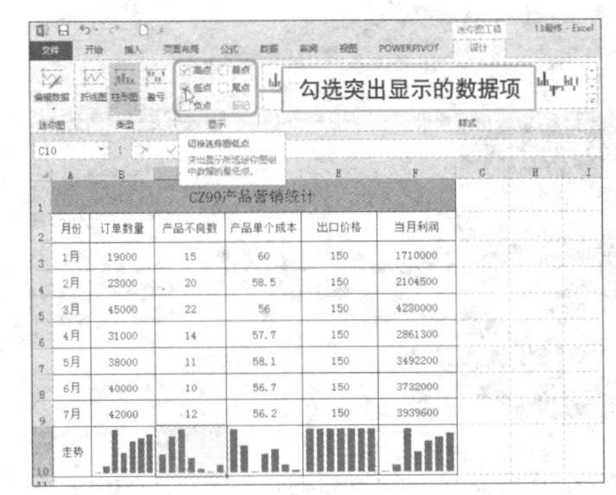

3. **改变迷你图样式**。单击“样式”面板中的“其他”按钮，从列表中选择合适样式。

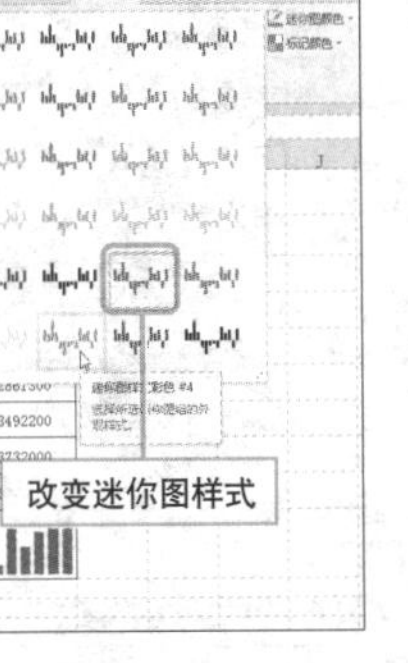

4. **更改迷你图颜色和标记颜色**。通过迷你图颜色列表和标记颜色列表，即可更改迷你图颜色和标记颜色。

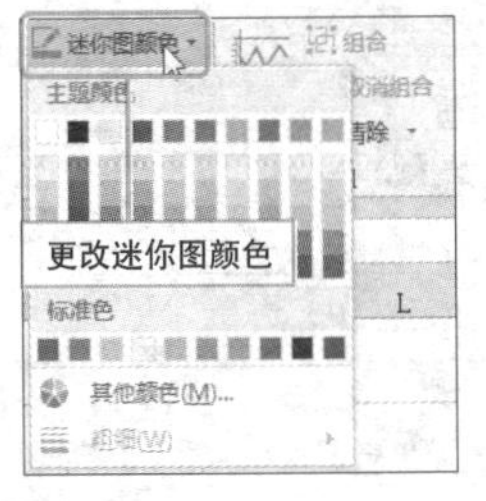

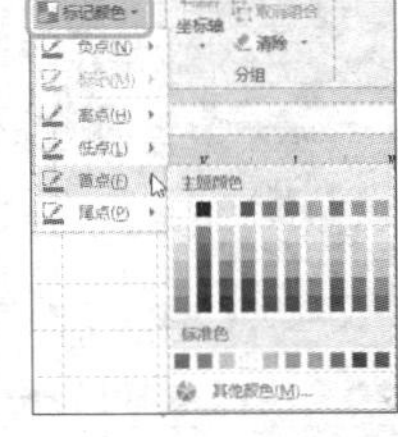

Question 403

快速创建公式

• Level ◆◆◇

2013 2010 2007

实例 公式的创建

在利用工作表统计数据时，如果要计算相关数据的总和、平均值、最大值、最小值、百分比等，通过手动一一计算肯定是不可取的，此时可利用公式得到相关数据，下面介绍具体操作步骤。

❶ 打开工作表，在E3单元格中输入“=”，接着单击C3单元格。

	A	B	C	D	E
1	3月品质报表				
2	制程	检验批次	合格批次	目标合格率	实际合格率
3	来料	80	78	100%	=C3
4	SMT	150	147	100%	
5	DIP	180	178	100%	
6	板卡测试	300		100%	
7	组装	270	265	100%	
8	整机测试	450	449	100%	

② 单击C3　① 输入“=”

❷ 输入一个“/”，然后，单击B3单元格。

B3　=C3/B3

	A	B	C	D	E
1	3月品质报表				
2	制程	检验批次	合格批次	目标合格率	实际合格率
3	来料	80	78	100%	=C3/B3
4	SMT	150	147	100%	
5	DIP	180	178	100%	
6	板卡测试		280	100%	
7	组装	270	265	100%	
8	整机测试	450	449	100%	

② 单击B3　① 输入“/”

❸ 在键盘上按下Enter键确认输入，在E3单元格中显示计算结果（C3/B3的值）。

	A	B	C	D	E
1	3月品质报表				
2	制程	检验批次	合格批次	目标合格率	实际合格率
3	来料	80	78	100%	97.50%
4	SMT	150	147	100%	
5	DIP	180	178	100%	
6	板卡测试	300	280	100%	
7	组装	270	265	100%	
8	整机测试	450	449	100%	

Hint

直接输入法

选择E4单元格，直接输入"=C4/B4"后，按Enter键确认输入即可。

	A	B	C	D	E
1	3月品质报表				
2	制程	检验批次	合格批次	目标合格率	实际合格率
3	来料	80	78	100%	97.50%
4	SMT	150	147	100%	=C4/B4
5	DIP	180	178	100%	
6	板卡测试	300	280	100%	
7	组装	270	265	100%	
8	整机测试	450	449	100%	

输入公式

Hint

什么是公式?

在Excel工作表中，公式是用户在系统规范下，运用常量数据、单元格引用、运算符及函数等元素自由设计出能够计算处理数据的式子。

给公式起一个别致的名称

实例 定义公式名称

在利用 Excel 工作时，为了增强公式的可读性，便于简化、修改公式，可以为部分公式定义名称，下面介绍具体操作步骤。

1 选择需定义名称的E3:E17单元格区域，单击“公式”选项卡上的“定义名称”按钮。

2 在弹出的“新建名称”对话框中设置名称、范围、引用位置，设置完成后，单击“确定”按钮即可。

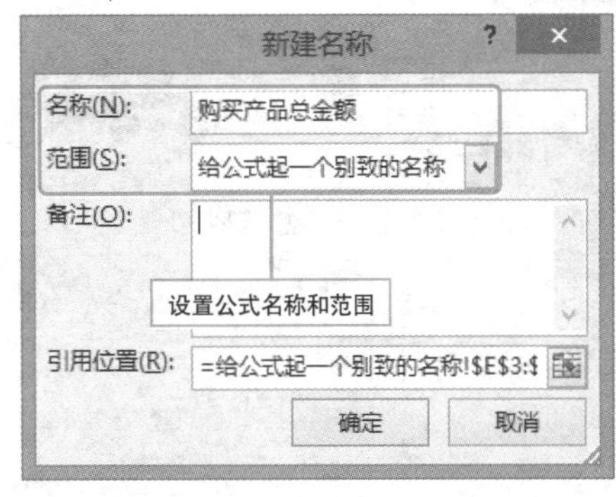

3 若用户想要编辑公式名称，可以通过执行“公式>名称管理器”命令，打开“名称管理器”对话框，单击“编辑”按钮，在打开的“编辑名称”对话框中对公式名称进行编辑即可。

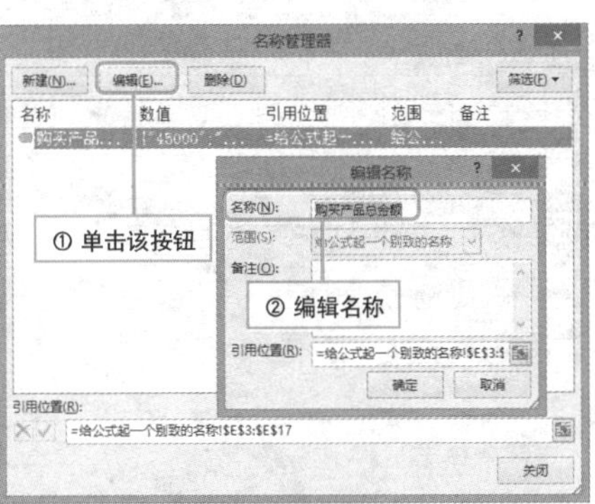

Hint

定义名称时注意事项

公式的名称可以由任意字符和数据组合在一起，但是不能以数字开头，更不能全部由数字组成，而且不能与单元格地址重复。名称中不能包含空格，但可以使用下划线或点号代替；不能使用除下划线、点号及反斜线以外的符号；允许使用句号，但是不能在名称开头使用。

在定义名称时，应遵循通俗易懂、简短明确的原则，并且需要注意，Excel 不区分名称标识中使用的英文大小写。

Question 405

Level ◆◆◆

2013 2010 2007

让 Excel 内置公式为您解忧

实例 利用 Excel 提供的函数快速创建公式

初学者通常无法快速地直接应用函数创建公式，此时可利用 Excel 提供的众多常用函数，下面介绍具体操作方法。

1. **创建公式**。选择需要创建公式的C18单元格，切换至“公式”选项卡。

选择该选项

序号	员工姓名	基本工资	工龄工资	住房补贴	奖金	加班费	出勤扣款	保费扣款	应发工资
CK0001	刘晓莉	2500.0	300.0	300.0	200.0	500.0	100.0	300.0	¥3,400
CK0002	孙晓彤	2500.0	0.0	300.0	0.0	700.0	50.0	300.0	¥3,150
CK0003	陈峰	2500.0	100.0	300.0	50.0	500.0	0.0	300.0	¥3,150
CK0004	张玉	2500.0	200.0	300.0	150.0	400.0	50.0	300.0	¥3,200
CK0005	刘秀云	2500.0	500.0	300.0	200.0	500.0	0.0	300.0	¥3,700
CK0006	姜凯常	2500.0	100.0	300.0	100.0	700.0	0.0	300.0	¥3,400
CK0007	薛晶晶	2500.0	0.0	300.0	150.0	400.0	100.0	300.0	¥2,950
CK0008	周小东	2000.0	300.0	200.0	200.0	400.0	0.0	300.0	¥2,800
CK0009	陈月	2000.0	0.0	200.0	100.0	500.0	50.0	300.0	¥2,450
CK0010	张陈玉	2000.0	0.0	200.0	0.0	400.0	0.0	300.0	¥2,300
CK0011	楚云萝	2000.0	100.0	200.0	50.0	600.0	100.0	300.0	¥2,550
CK0012	李小楠	2000.0	200.0	200.0	200.0	300.0	0.0	300.0	¥2,600
CK0013	郑国茂	2000.0	100.0	200.0	100.0	500.0	50.0	300.0	¥2,550
CK0014	沈纤云	2000.0	0.0	200.0	50.0	300.0	0.0	300.0	¥2,250
CK0015	夏东晋	2000.0	0.0	200.0	0.0	300.0	50.0	300.0	¥2,150
CK0016	崔秀芳	2000.0	100.0	200.0	100.0	500.0	0.0	300.0	¥2,600

2. 单击“自动求和”按钮，从展开的列表中选择“平均值”选项。

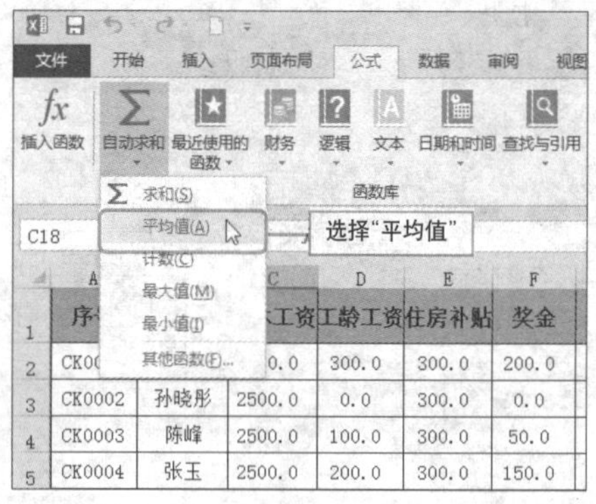

3. 随后便会在所选单元格中插入需要的公式，如果其他单元格中需插入公式，复制C18单元格中格式即可。

C18 =SUBTOTAL(101,表2_710114[基本工资])

序号	员工姓名	基本工资	工龄工资	住房补贴	奖金	加班费	出勤扣款	保费扣款	应发工资
CK0001	刘晓莉	2500.0	300.0	300.0	200.0	500.0	100.0	300.0	¥3,400
CK0002	孙晓彤	2500.0	0.0	300.0	0.0	700.0	50.0	300.0	¥3,150
CK0003	陈峰	2500.0	100.0	300.0	50.0	500.0	0.0	300.0	¥3,150
CK0004	张玉	2500.0	200.0	300.0	150.0	400.0	50.0	300.0	¥3,200
CK0005	刘秀云	2500.0	500.0	300.0	200.0	500.0	0.0	300.0	¥3,700
CK0006	姜凯常	2500.0	100.0	300.0	100.0	700.0	0.0	300.0	¥3,400
CK0007	薛晶晶	2500.0	0.0	300.0	150.0	400.0	100.0	300.0	¥2,950
CK0008	周小东	2000.0	300.0	200.0	200.0	400.0	0.0	300.0	¥2,800
CK0009	陈月	2000.0	0.0	200.0	100.0	500.0	50.0	300.0	¥2,450
CK0010	张陈玉	2000.0	0.0	200.0	0.0	400.0	0.0	300.0	¥2,300
CK0011	楚云萝	2000.0	100.0	200.0	50.0	600.0	100.0	300.0	¥2,550
CK0012	李小楠	2000.0	200.0	200.0	200.0	300.0	0.0	300.0	¥2,600
CK0013	郑国茂	2000.0	100.0	200.0	100.0	500.0	50.0	300.0	¥2,550
CK0014	沈纤云	2000.0	0.0	200.0	50.0	300.0	0.0	300.0	¥2,250
CK0015	夏东晋	2000.0	0.0	200.0	0.0	300.0	50.0	300.0	¥2,150
CK0016	崔秀芳	2000.0	100.0	200.0	100.0	500.0	0.0	300.0	¥2,600
平均值		2218.75	125	243.75	103.125	468.75	34.375	300	2925

4. **修改公式**。选择需要修改公式的单元格，执行“公式>自动求和>最大值”命令，可将公式由求平均值改为求最大值。

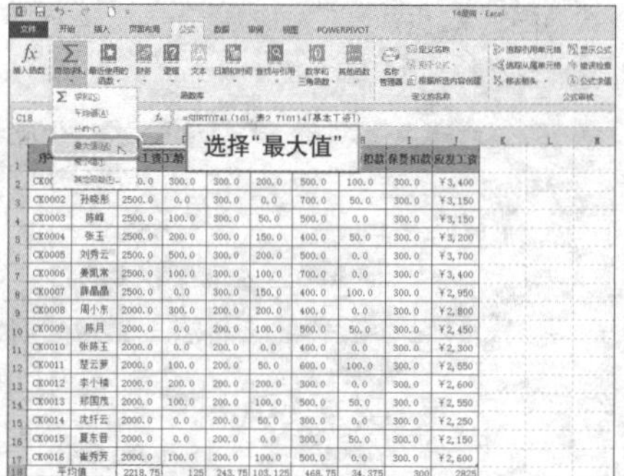

Question 406

防止他人篡改公式有绝招

Level ◆◆◆

2013 2010 2007

实例 隐藏工作表中的公式

若用户不想要他人看到并随意修改工作表中的公式，可以通过单元格设置，将工作表中的公式保护起来，下面介绍具体操作步骤。

1 打开工作表，单击“开始”选项卡上的“查找和选择”按钮，从列表中选择“定位条件”命令。

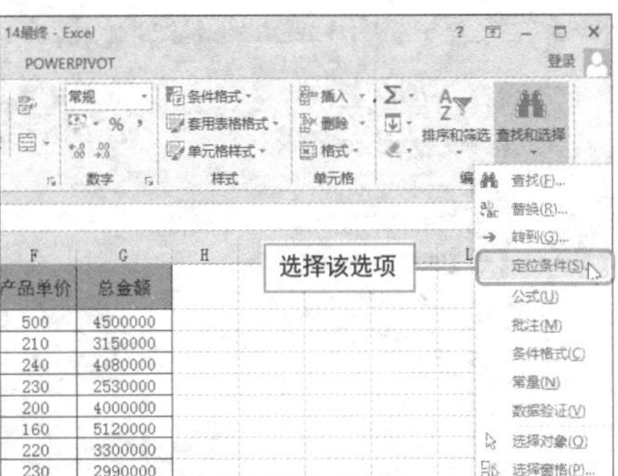

2 打开“定位条件”对话框，选中“公式”单选按钮，单击“确定”按钮可将工作表中所有包含公式的单元格选中。

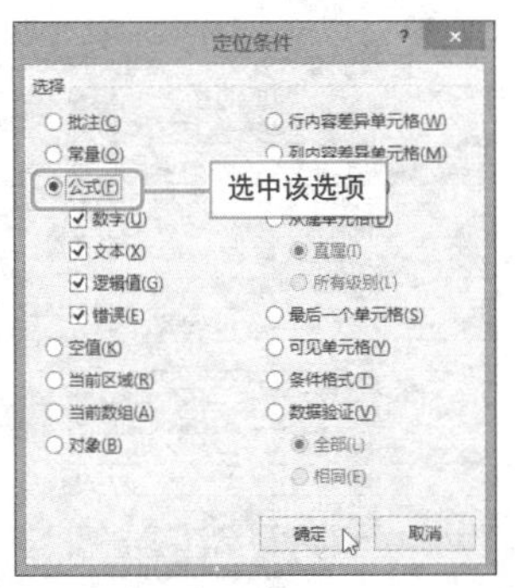

3 按Ctrl + 1组合键打开“设置单元格格式”对话框，勾选“锁定”和“隐藏”复选框，单击“确定”按钮。

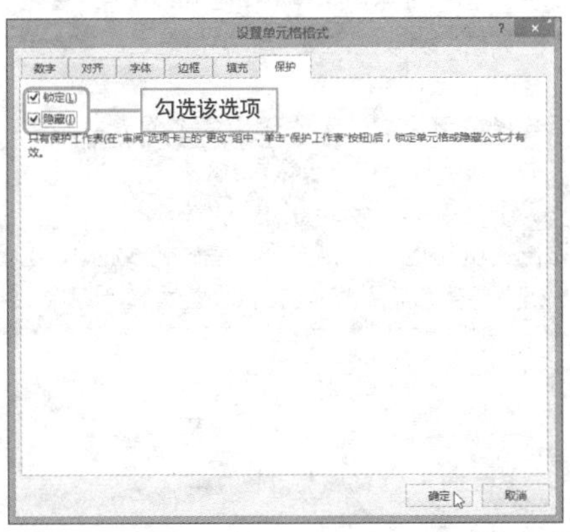

4 切换至“审阅”选项卡，单击“保护工作表”按钮，然后单击打开对话框中的“确定”按钮即可。

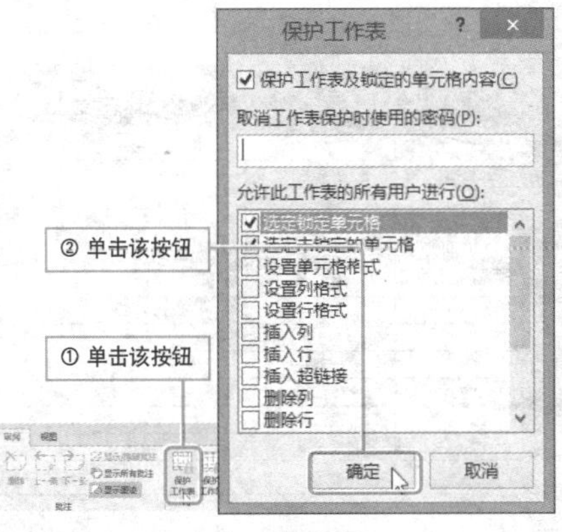

Question 407

巧妙引用其他工作簿中单元格数据

Level ◆◆◆

2013 2010 2007

实例 引用其他工作簿中的数据

在 Excel 中，不但可以引用同一工作簿同一工作表中的单元格数据，还可以引用其他工作簿中的数据进行计算，下面介绍具体操作步骤。

❶ 选择C2单元格，输入公式“=SUM([原始14]让Excel内置公式为您解忧!C2:I2)”。

SUM =SUM([原始14]让Excel内置公式为您解忧!C2:I2)

	A	B	C	D
1	序号	员工姓名	应发工资	
2	CK0001	=SUM([原始14]让Excel内置公式为您解忧!C2:I2)		
3	CK0002	孙晓彤		
4	CK0003	陈峰		
5	CK0004	张玉		
6	CK0005	刘秀云		
7	CK0006	姜凯常		
8	CK0007	薛晶晶		
9	CK0008	周小东		
10	CK0009	陈月		
11	CK0010	张陈玉		
12	CK0011	楚云萝		
13	CK0012	李小楠		

❷ 按Enter键确认输入，打开“更新值：原始14”对话框，选择相应工作簿后，单击“确定”按钮。

❸ 将C2单元格中的公式向下复制到其他单元格，会弹出“更新值：原始14”对话框中，单击“确定”按钮即可。

	A	B	C
1	序号	员工姓名	应发工资
2	CK0001	刘晓莉	￥4,200
3	CK0002	孙晓彤	￥3,850
4	CK0003	陈峰	￥3,750
5	CK0004	张玉	￥3,900
6	CK0005	刘秀云	￥4,300
7	CK0006	姜凯常	￥4,000
8	CK0007	薛晶晶	￥3,750
9	CK0008	周小东	￥3,400
10	CK0009	陈月	￥3,150
11	CK0010	张陈玉	￥2,900
12	CK0011	楚云萝	￥3,350
13	CK0012	李小楠	￥3,200

Hint

引用其他工作表表达形式介绍

若想要引用同一工作簿中其他工作表中的数据，其表达形式为：工作表名称！单元格引用。

若想要引用其他工作簿中的工作表中的数据，则需按照如下表达形式：[工作簿名称]工作表名称！单元格引用。

若被引用的工作簿名称中有一个或多个空格，则需用单引号将其引起来。

Question 408

单元格引用花样多

Level ◆◆◆

2010 2007

实例 多种方式引用单元格

在一个公式中，用户可以引用工作表中不同单元格中的数据，也可以在多个公式中引用同一单元格中的数据，下面介绍几种引用单元格数据的方法。

1 **相对引用**。相对引用是指相对于包含公式的单元格的相对位置。例如，单元格 D2 包含公式“=A1”，在复制包含相对引用的公式时，Excel 将自动调整复制公式中的引用，以便引用相对于当前公式位置的其他单元格。

	A	B	C	D
1	12			=A1
2	23			
3	35			

	A	B	C	D
1	12			12
2	23			23
3	35			35

2 **绝对引用**。绝对引用是指引用单元格的绝对名称，必须在引用的行号和列号前加上美元符号$，这样就是单元格的绝对引用。例如，如果公式将D1单元格中的公式复制任何一个单元格其值都不会改变 。

	A	B	C	D
5	12			=$A$1
6	23			
7	35			

	A	B	C	D
5	12			12
6	23			12
7	35			12

3 **混合引用**。既包含绝对引用又包含相对引用的引用方式称为混合引用，可以分为绝对引用列相对引用行和相对引用列绝对引用行两种。

C12 =$A12+$B12

	A	B	C
8	数据1	数据2	绝对引用列
9	12	10	22
10	27	4	31
11	16	23	39
12	9	55	64

C18 =A$15+B$15

	A	B	C
14	数据1	数据2	绝对引用行
15	12	10	22
16	27	4	22
17	16	23	22
18	9	55	22

Hint

如何在不同的引用方式之间进行切换

如果创建了一个公式并希望将相对引用更改为其他引用方式，可以选定包含该公式的单元格，在编辑栏中选择要更改的引用并按 F4 键，每次按 F4 键时，Excel 会在以下组合间切换：

绝对列与绝对行 (例如，$A$1)

相对列与绝对行 (A$1)

绝对列与相对行 ($C1)

相对列与相对行 (C1)

Question 409

Level ◆◆◆

2010 2007

禁止自动重算数据也不难

实例 计算机重算功能的禁用

默认情况下，修改公式中引用的单元格中的数据时，计算机会自动重算这些数据并显示计算结果。若用户想要禁用此项功能，该如何操作呢？

1 打开工作簿，打开“文件”菜单，选择“选项”选项。

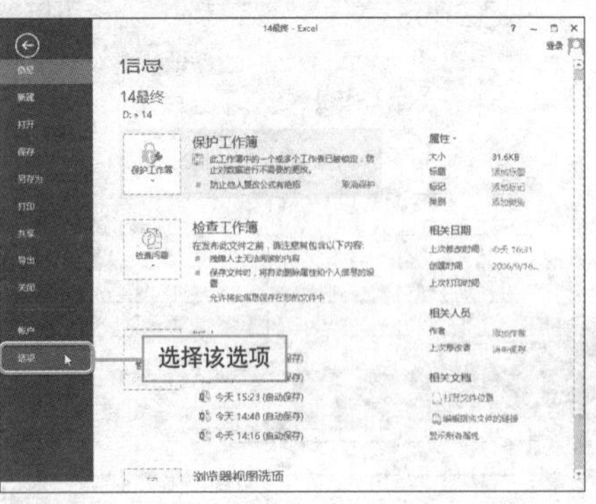

2 打开“Excel选项”对话框，在“公式”选项中选中“手动重算”并确定。

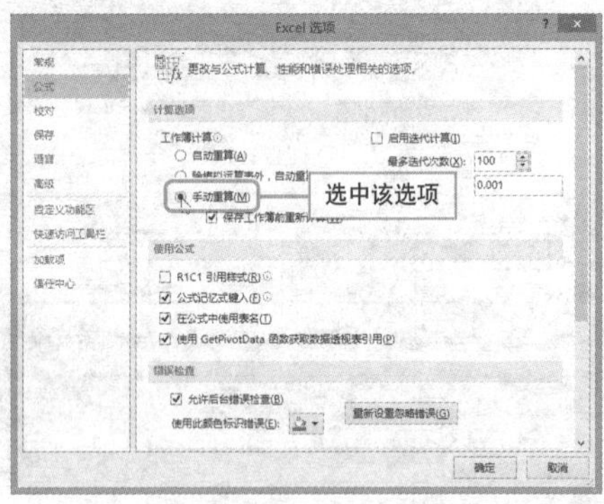

3 返回工作表，修改C列单元格中的数据，会发现E列中的数据并未发生变化，用户需要选择包含公式的单元格手动重算数据。

3月品质报表				
制程	检验批次	合格批次	目标合格率	实际合格率
来料	80	78	100%	97.50%
SMT	150	147	100%	98.00%
DIP	180	178	100%	98.89%
板卡测试	300	280	100%	93.33%
组装	270	265	100%	98.15%
整机测试	450	449	100%	99.78%

3月品质报表				
制程	检验批次	合格批次	目标合格率	实际合格率
来料	80	79	100%	97.50%
SMT	150	135	100%	98.00%
DIP	180	177	100%	98.89%
板卡测试	300	292	100%	93.33%
组装	270	267	100%	98.15%
整机测试	450	445	100%	99.78%

3月品质报表				
制程	检验批次	合格批次	目标合格率	实际合格率
来料	80	79	100%	98.75%
SMT	150	135	100%	90.00%
DIP	180	177	100%	98.33%
板卡测试	300	292	100%	97.33%
组装	270	267	100%	98.89%
整机测试	450	445	100%	98.89%

Hint

有关手动重算的说明

在“Excel 选项”对话框，选中“手动重算”选项后，系统将会自动勾选“保存工作簿前重新计算”选项前的复选框。

假设工作簿被设置为手动重算，则修改数据后，需要重新计算结果，可以通过 F9 键来重新计算公式。

Question **410**

● Level ◆◆◆

2013 2010 2007

巧用运算符合并单元格内容

实例 将多个单元格中的内容通过公式合并

在制作订单统计、出货明细表时，通常会需要一个订单号，通常情况下，若公司订单号是由客户代码和下单日期组成的，用户可以将客户栏和下单日期栏中的数据合并到订单号码栏中，下面对其进行介绍。

❶ 选择C3单元格，在编辑栏中输入公式“=A3&B3”。

SUM =A3&B3 输入公式

	A	B	C	D	E	F
1	5月出货明细					
2	客户	下单日期	订单号码	数量PCS	单价	交货数量
3	CK18	2013/3/5	=A3&B3	10000	200	6000
4	J013	2013/1/5		6500	150	6500
5	T012	2013/2/8		9000	300	9000
6	M015	2013/3/9		12000	360	10000
7	T043	2013/2/1		20000	100	20000
8	CM03	2013/4/8		3000	260	3000

❷ 按Enter确认，选择C3单元格，将公式以序列填充的方式向下复制至C8单元格。

C8 =A8&B8

	A	B	C	D	E	F
1	5月出货明细					
2	客户	下单日期	订单号码	数量PCS	单价	交货数量
3	CK18	2013/3/5	CK1841338	10000	200	6000
4	J013	2013/1/5	J01341279	6500	150	6500
5	T012	2013/2/8	T01241313	9000	300	9000
6	M015	2013/3/9	M01541342	12000	360	10000
7	T043	2013/2/1	T04341306	20000	100	20000
8	CM03	2013/4/8	CM0341372	3000	260	3000

❸ 选择C2:C8单元格区域，按Ctrl + C组合键复制，然后单击“开始”选项卡上的“粘贴”按钮，从列表中选择“值”选项。

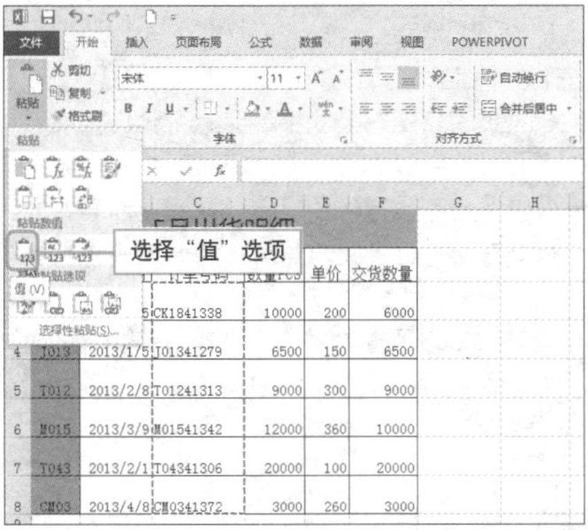

文件 开始 插入 页面布局 公式 数据 审阅 视图 POWERPIVOT

剪切 复制 格式刷 粘贴 宋体 11 自动换行 合并后居中 字体 对齐方式

粘贴 粘贴数值 选择“值”选项 值(V) 其他粘贴选项 选择性粘贴(S)...

	A	B	C	D	E	F
3			CK1841338	10000	200	6000
4	J013	2013/1/5	J01341279	6500	150	6500
5	T012	2013/2/8	T01241313	9000	300	9000
6	M015	2013/3/9	M01541342	12000	360	10000
7	T043	2013/2/1	T04341306	20000	100	20000
8	CM03	2013/4/8	CM0341372	3000	260	3000

❹ 这样，C列中的内容即可转换为数值的方式，而非公式。

C8 CM0341372

	A	B	C	D	E	F
1	5月出货明细					
2	客户	下单日期	订单号码	数量PCS	单价	交货数量
3	CK18	2013/3/5	CK1841338	10000	200	6000
4	J013	2013/1/5	J01341279	6500	150	6500
5	T012	2013/2/8	T01241313	9000	300	9000
6	M015	2013/3/9	M01541342	12000	360	10000
7	T043	2013/2/1	T04341306	20000	100	20000
8	CM03	2013/4/8	CM0341372	3000	260	3000

Question 411

Level ◆◆◆

2010 2007

自动检查规则巧设置

实例 打开或关闭错误检查规则选项

在工作表中，可以通过对系统的错误检查规则进行设置，从而及时发现某些固定错误，虽然不能完全避免错误，但在一定程度上可较少错误率，下面介绍打开、关闭规则的具体操作步骤。

1. 打开工作簿，打开“文件”菜单，选择“选项”选项，打开“Excel选项”对话框。

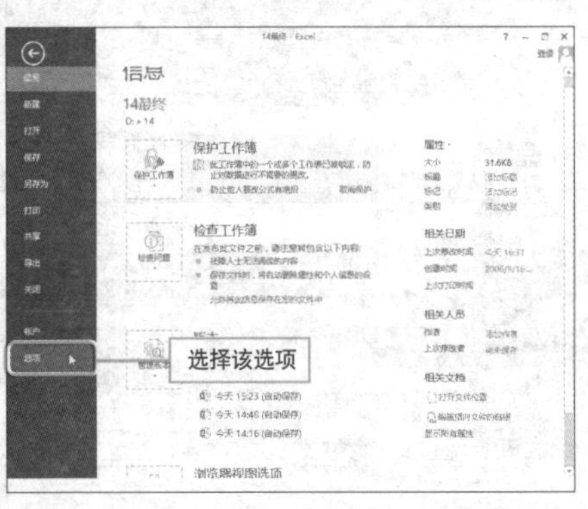

2. 选择“公式”选项，在“错误检查”选区和“错误检查规则”选区进行适当的设置即可。

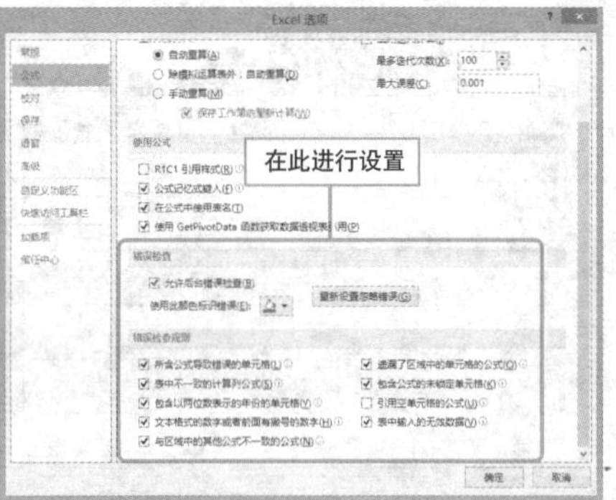

Hint

“错误检查规则”选项的简单介绍

公式导致错误的单元格。公式没有使用正确的语法、参数或数据类型。错误值包括#DIV/0!、#N/A、#NAME?、#NULL!、#NUM!、#REF! 和 #VALUE!。

表格中不一致的计算列公式。计算列可能包含于列公式不同的公式，这会导致运行异常。

包含以两位数字表示的年份的单元格。单元格中包含的文本日期在公式中使用时可能会被解释成错误的世纪时间。

文本格式的数字或者前面有撇号的数字。单元格包含以文本形式存储的数字。从其他源导入数据时，通常会存在这种现象。存储为文本的数字可能会导致意外的排序结果，因此最好将其转换为数字。

在表格中输入的数据无效。表格中存在验证错误。用户可以检查单元格的验证设置，方法是在“数据”选项卡中的“数据工具”面板中单击“数据验证”按钮。

查看公式求值过程

实例　分步查看公式计算结果

在利用公式计算数据时，用户所能直接看到的是公式的最终结果，若想查看其求值过程，该如何操作呢？

❶ 打开工作簿，选择需要查看求值过程的J17单元格。

J17　=C17+D17+E17+F17+G17-H17-I17

序号	员工姓名	基本工资	工龄工资	住房补贴	奖金	加班费	出勤扣款	保费扣款	应发工资
CK0001	刘晓莉	2500.0	300.0	300.0	200.0	500.0	100.0	300.0	¥3,400
CK0002	孙晓彤	2500.0	0.0	300.0	0.0	700.0	50.0	300.0	¥3,150
CK0003	陈峰	2500.0	100.0	300.0	50.0	500.0	0.0	300.0	¥3,150
CK0004	张玉	2500.0	200.0	300.0	150.0	400.0	50.0	300.0	¥3,200
CK0005	刘秀云	2500.0	500.0	300.0	200.0	500.0	0.0	300.0	¥3,700
CK0006	姜凯常	2500.0	100.0	300.0	100.0	700.0	0.0	300.0	¥3,400
CK0007	薛晶晶	2500.0	0.0	300.0	150.0	400.0	100.0	300.0	¥2,950
CK0008	周小东	2000.0	300.0	200.0	200.0	400.0	0.0	300.0	¥2,800
CK0009	陈月	2000.0	0.0	200.0	100.0	500.0	50.0	300.0	¥2,450
CK0010	张陈玉	2000.0	0.0	200.0	0.0	400.0	0.0	300.0	¥2,300
CK0011	楚云萝	2000.0	100.0	200.0	50.0	600.0	100.0	300.0	¥2,550
CK0012	李小楠	2000.0	200.0	200.0	200.0	300.0	0.0	300.0	¥2,600
CK0013	郑国茂	2000.0	100.0	200.0	100.0	500.0	50.0	300.0	¥2,550
CK0014	沈纤云	2000.0	0.0	200.0	50.0	300.0	0.0	300.0	¥2,250
CK0015	夏东晋	2000.0	0.0	200.0	0.0	300.0	50.0	300.0	¥2,150
CK0016	崔秀芳	2000.0	100.0	200.0	100.0	500.0	0.0	300.0	¥2,[illegible]0

❷ 切换至“公式”选项卡，单击“公式求值”按钮。

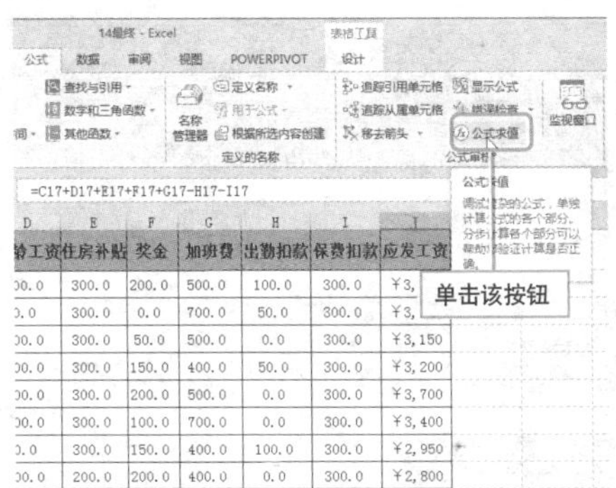

❸ 单击打开对话框中的“步入”按钮，然后单击“步出”按钮，可带入C17的值。

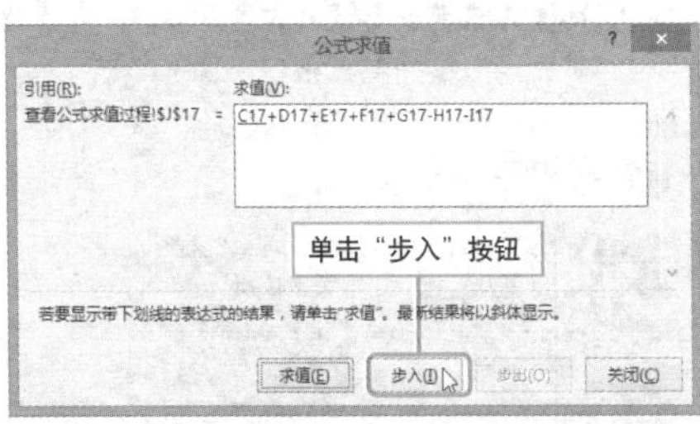

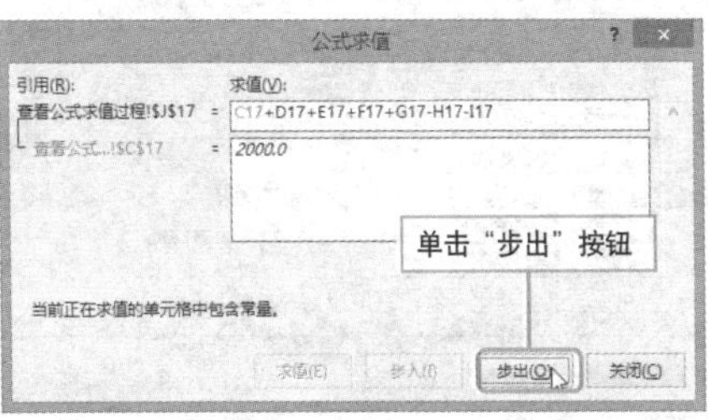

❹ 同理带入D17的值，单击“求值”按钮求值后再继续求值直至计算结束。

公式求值
引用(R):　查看公式求值过程!$J$17 =
求值(V):　2000+*100*+E17+F17+G17-H17-I17
单击“求值”按钮
若要显示带下划线的表达式的结果，请单击“求值”。最新结果将以斜体显示。
求值(E)　步入(I)　步出(O)　关闭(C)

公式求值
引用(R):　查看公式求值过程!$J$17 =
求值(V):　*¥2,600*
若要显示带下划线的表达式的结果，请单击“求值”。最新结果将以斜体显示。
重新启动(E)　步入(I)　步出(O)　关闭(C)

快速修改表格错误公式

实例　利用错误检查功能修改出错公式

在输入公式计算数据时，会因为各种各样的原因导致输入表格中的公式不小心产生错误并显示提示。那么该如何通过系统的错误检查功能修改出错的公式呢？

❶ 打开工作表，切换至“公式”选项卡，单击“错误检查”按钮。

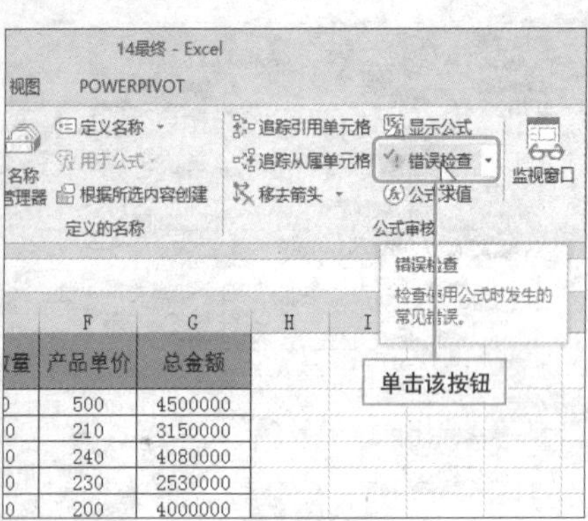

❷ 打开“错误检查”对话框，会显示公式出错原因，用户可以单击“从上部复制公式”按钮来修改公式。若有多处错误，可以通过“上一个”、“下一个”按钮进行查看。

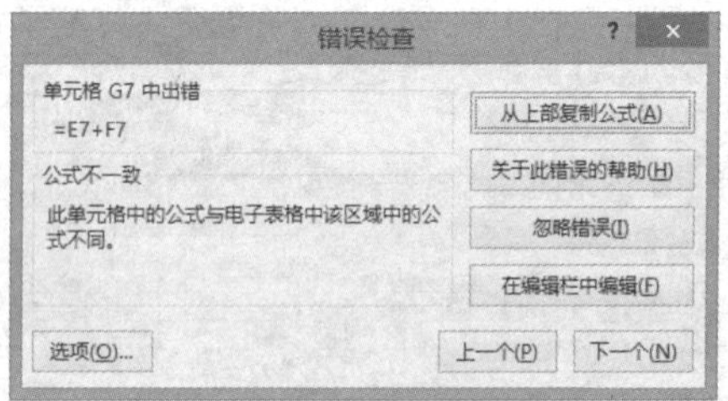

❸ 更正公式后，关闭对话框。可以看到工作表中不一致的公式已经得到了更正，显示出正确数据。

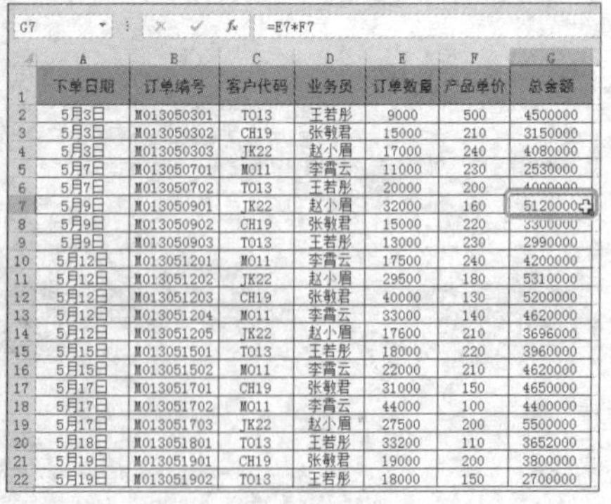

G7　=E7*F7

	A	B	C	D	E	F	G
1	下单日期	订单编号	客户代码	业务员	订单数量	产品单价	总金额
2	5月3日	M013050301	T013	王若彤	9000	500	4500000
3	5月3日	M013050302	CH19	张敏君	15000	210	3150000
4	5月3日	M013050303	JK22	赵小眉	17000	240	4080000
5	5月7日	M013050701	M011	李霄云	11000	230	2530000
6	5月7日	M013050702	T013	王若彤	20000	200	4000000
7	5月9日	M013050901	JK22	赵小眉	32000	160	5120000
8	5月9日	M013050902	CH19	张敏君	15000	220	3300000
9	5月9日	M013050903	T013	王若彤	13000	230	2990000
10	5月12日	M013051201	M011	李霄云	17500	240	4200000
11	5月12日	M013051202	JK22	赵小眉	29500	180	5310000
12	5月12日	M013051203	CH19	张敏君	40000	130	5200000
13	5月12日	M013051204	M011	李霄云	33000	140	4620000
14	5月12日	M013051205	JK22	赵小眉	17600	210	3696000
15	5月15日	M013051501	T013	王若彤	18000	220	3960000
16	5月15日	M013051502	M011	李霄云	22000	210	4620000
17	5月17日	M013051701	CH19	张敏君	31000	150	4650000
18	5月17日	M013051702	M011	李霄云	44000	100	4400000
19	5月17日	M013051703	JK22	赵小眉	27500	200	5500000
20	5月18日	M013051801	T013	王若彤	33200	110	3652000
21	5月19日	M013051901	CH19	张敏君	19000	200	3800000
22	5月19日	M013051902	T013	王若彤	18000	150	2700000

Hint

其他方法更正出错公式

在公式出错的单元格会出现一个出错按钮，单击该按钮，从列表中选择“从上部复制公式”可更正公式。

① 单击该按钮
② 选择该选项
公式不一致
从上部复制公式(A)
关于此错误的帮助(H)
忽略错误(I)
在编辑栏中编辑(F)
错误检查选项(O)...

闪电般复制公式

实例 将公式复制到其他单元格

若表格中需要输入大量相同公式，就无需逐个输入，通过复制公式的方法，即可快速填充公式，下面介绍具体操作步骤。

❶ **鼠标拖动法**。将鼠标光标移至公式所在单元格E2的右下角，当光标变为十字形后，按住鼠标左键不放向下拖动。

	A	B	C	D	E	F
1	订单编号	产品名称	单价	数量	总金额	交货日期
2	MM15009	雪纺短袖	99.00	992	98208	5月5日
3	MM15005	纯棉睡衣	103.00	780		5月21日
4	MM15015	雪纺连衣裙	128.00	985		5月19日
5	MM15010	PU短外套	99.00	771		5月25日
6	MM15005	时尚风衣	185.00	268		5月14日
7	MM15006	超薄防晒衣	77.00	1023		5月24日
8	MM15004	时尚短裤	62.00	1132		5月27日
9	MM15002	修身长裤	110.00	852		5月18日
10	MM15011	运动套装	228.00	523		5月9日
11	MM15008	纯棉打底衫	66.00	975		5月15日

❷ 拖动至E11单元格后，释放鼠标左键，即可将公式复制到目标单元格。

E2 =C2*D2

	A	B	C	D	E	F
1	订单编号	产品名称	单价	数量	总金额	交货日期
2	MM15009	雪纺短袖	99.00	992	98208	5月5日
3	MM15005	纯棉睡衣	103.00	780	80340	5月21日
4	MM15015	雪纺连衣裙	128.00	985	126080	5月19日
5	MM15010	PU短外套	99.00	771	76329	5月25日
6	MM15005	时尚风衣	185.00	268	49580	5月14日
7	MM15006	超薄防晒衣	77.00	1023	78771	5月24日
8	MM15004	时尚短裤	62.00	1132	70184	5月27日
9	MM15002	修身长裤	110.00	852	93720	5月18日
10	MM15011	运动套装	228.00	523	119244	5月9日
11	MM15008	纯棉打底衫	66.00	975	64350	5月15日

❸ **功能区命令法**。选择E2单元格，单击“开始”选项卡上的“复制”按钮。

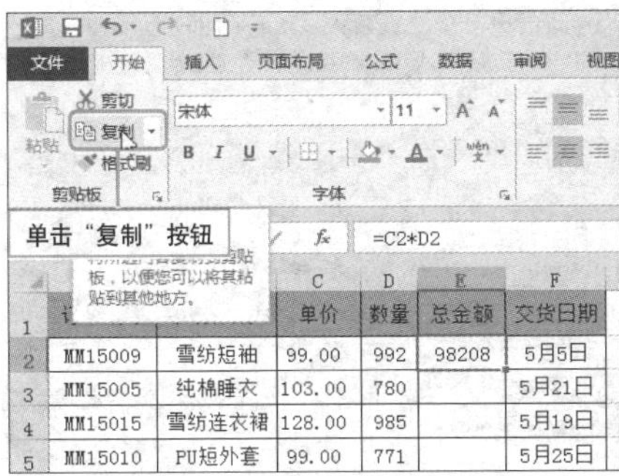

	A	B	C	D	E	F
1			单价	数量	总金额	交货日期
2	MM15009	雪纺短袖	99.00	992	98208	5月5日
3	MM15005	纯棉睡衣	103.00	780		5月21日
4	MM15015	雪纺连衣裙	128.00	985		5月19日
5	MM15010	PU短外套	99.00	771		5月25日

❹ 选择E3:E11单元格区域，单击“粘贴”按钮，从列表中选择“公式”即可。

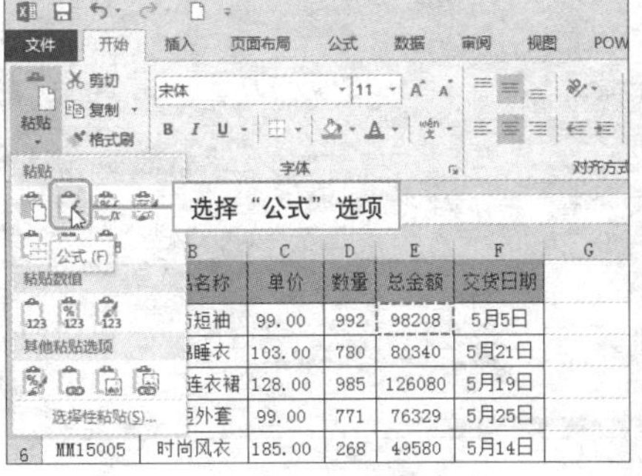

Question 415

Level ◆◆◆

2013 2010 2007

如何快速了解函数

实例 通过帮助文件了解函数

当需要使用一个新函数时，若用户不了解该函数的格式和使用方法，可以通过帮助文件查阅该函数，下面以 TEXT 函数文件为例进行介绍。

❶ 打开工作表，单击编辑栏左侧“插入函数”按钮。

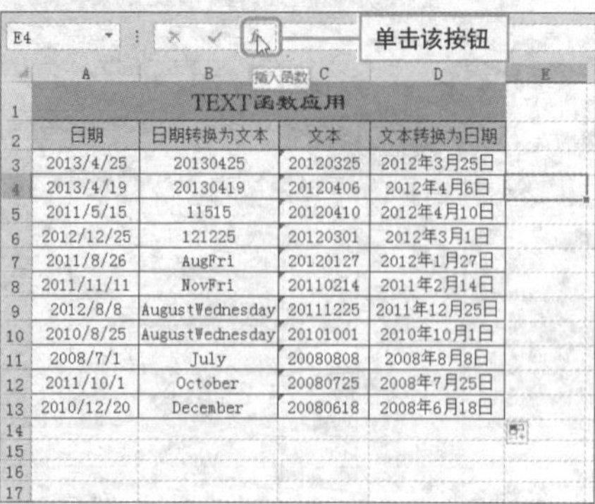

TEXT函数应用			
日期	日期转换为文本	文本	文本转换为日期
2013/4/25	20130425	20120325	2012年3月25日
2013/4/19	20130419	20120406	2012年4月6日
2011/5/15	11515	20120410	2012年4月10日
2012/12/25	121225	20120301	2012年3月1日
2011/8/26	AugFri	20120127	2012年1月27日
2011/11/11	NovFri	20110214	2011年2月14日
2012/8/8	AugustWednesday	20111225	2011年12月25日
2010/8/25	AugustWednesday	20101001	2010年10月1日
2008/7/1	July	20080808	2008年8月8日
2011/10/1	October	20080725	2008年7月25日
2010/12/20	December	20080618	2008年6月18日

❷ 在打开的对话框中选择该函数，单击对话框左下角“有关该函数的帮助”选项。

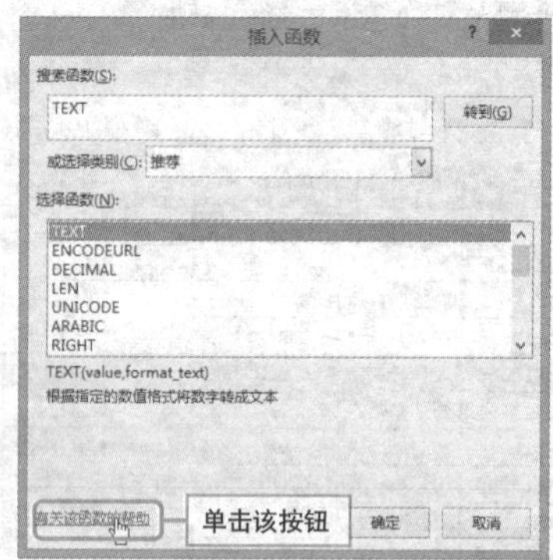

❸ 打开“Excel帮助”对话框，查找到该函数的介绍，查看该函数说明即可。

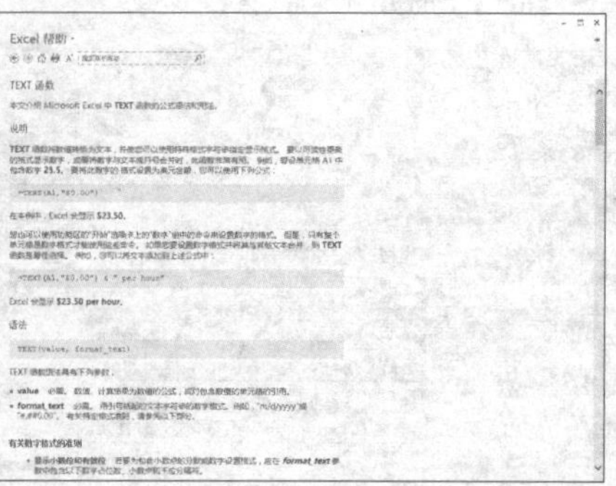

Hint

其他方法查询 TEXT 函数

单击 Excel 右上角的帮助按钮，输入关键词查询，然后选择合适的选项打开即可。

快速插入函数

实例 函数的应用

对表格中的数据进行简单计算时，可以通过简单的加、减、乘、除来实现。但是，若需要进行比较复杂的计算时，就需要利用函数来来计算，下面介绍如何在表格中插入函数。

1 选择C18单元格，单击“公式”选项卡上的“插入函数”按钮。

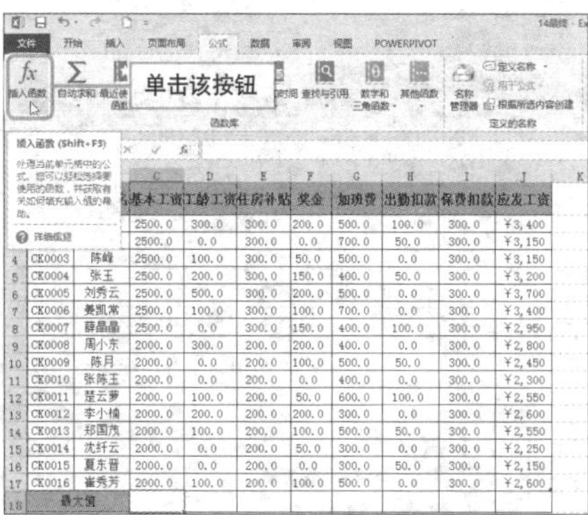

2 打开“插入函数”对话框，单击“或选择类别”右侧下拉按钮，从列表中选择“统计”选项。

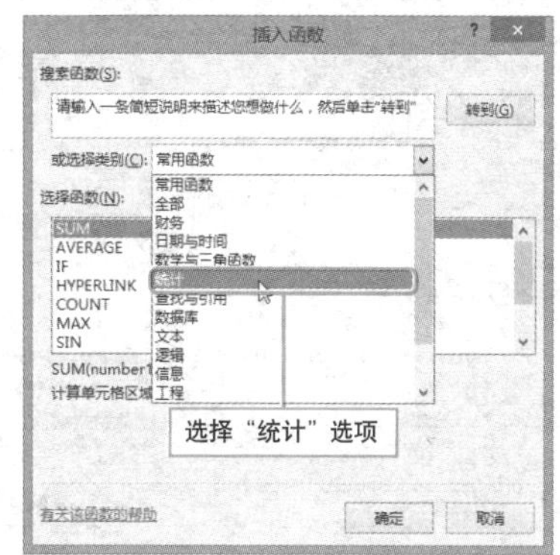

3 在“选择类型”列表框中，选择函数类型为AVERAGE，单击“确定”按钮。

4 打开“函数参数”对话框，设置参数区域，单击“确定”按钮，即可完成函数的插入操作。

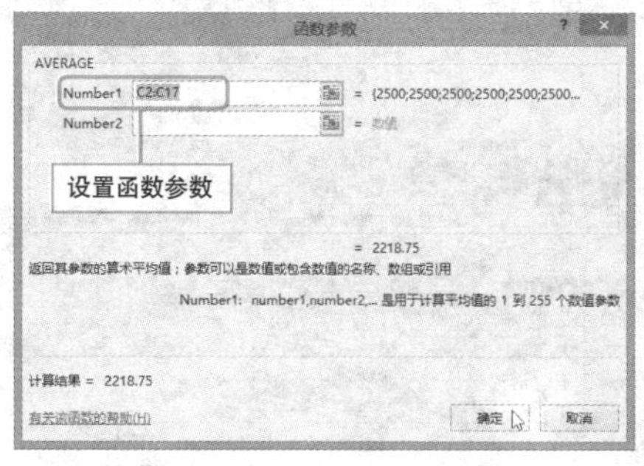

Question 417

Level ◆◆◆

2013 2010 2007

单元格引用与从属关系大揭秘

实例 追踪引用 / 从属单元格

为了让观众更加清晰地了解字段名称，还可以为字段重命名，为其添加一个通俗易懂的名称，下面介绍具体操作方法。

① **追踪引用单元格**。选择需要追踪的G2单元格，单击“公式”选项卡上的“追踪引用单元格”按钮。

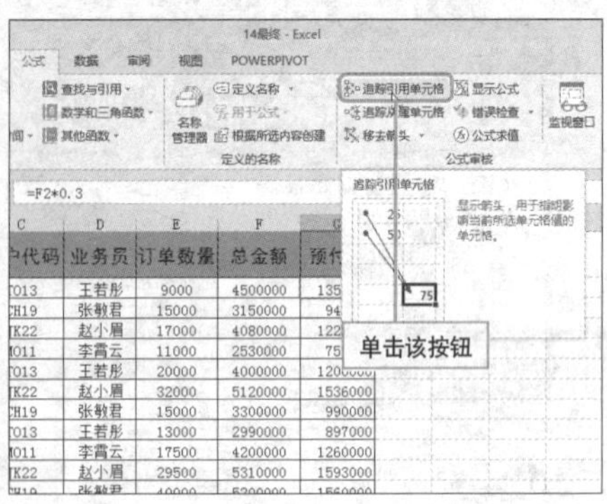

② 出现一个箭头，从F2单元格开始，指向G2单元格，表示G2单元格中内容引用了F2单元格内容。

G2 =F2*0.3

下单日期	订单编号	客户代码	业务员	订单数量	总金额	预付款
5月3日	M013050301	T013	王若彤	9000	4500000	1350000
5月3日	M013050302	CH19	张敏君	15000	3150000	945000
5月3日	M013050303	JK22	赵小眉	17000	4080000	1224000
5月7日	M013050701	M011	李霄云	11000	2530000	759000
5月7日	M013050702	T013	王若彤	20000	4000000	1200000
5月9日	M013050901	JK22	赵小眉	32000	5120000	1536000
5月9日	M013050902	CH19	张敏君	15000	3300000	990000
5月9日	M013050903	T013	王若彤	13000	2990000	897000
5月12日	M013051201	M011	李霄云	17500	4200000	1260000
5月12日	M013051202	JK22	赵小眉	29500	5310000	1593000
5月12日	M013051203	CH19	张敏君	40000	5200000	1560000
5月12日	M013051204	M011	李霄云	33000	4620000	1386000
5月12日	M013051205	JK22	赵小眉	17600	3696000	1108800
5月15日	M013051501	T013	王若彤	18000	3960000	1188000
5月15日	M013051502	M011	李霄云	22000	4620000	1386000
5月17日	M013051701	CH19	张敏君	31000	4650000	1395000
5月17日	M013051702	M011	李霄云	44000	4400000	1320000
5月17日	M013051703	JK22	赵小眉	27500	5500000	1650000
总计				412100	75826000	22747800

③ **追踪从属单元格**。选择需要追踪的E2单元格，单击“公式”选项卡上的“追踪从属单元格”按钮。

单击该按钮

④ 将出现一个箭头，从E2单元格开始，指向E20单元格，表示E2单元格中内容从属于E20单元格内容。

E2 9000

下单日期	订单编号	客户代码	业务员	订单数量	总金额	预付款
5月3日	M013050301	T013	王若彤	9000	4500000	1350000
5月3日	M013050302	CH19	张敏君	15000	3150000	945000
5月3日	M013050303	JK22	赵小眉	17000	4080000	1224000
5月7日	M013050701	M011	李霄云	11000	2530000	759000
5月7日	M013050702	T013	王若彤	20000	4000000	1200000
5月9日	M013050901	JK22	赵小眉	32000	5120000	1536000
5月9日	M013050902	CH19	张敏君	15000	3300000	990000
5月9日	M013050903	T013	王若彤	13000	2990000	897000
5月12日	M013051201	M011	李霄云	17500	4200000	1260000
5月12日	M013051202	JK22	赵小眉	29500	5310000	1593000
5月12日	M013051203	CH19	张敏君	40000	5200000	1560000
5月12日	M013051204	M011	李霄云	33000	4620000	1386000
5月12日	M013051205	JK22	赵小眉	17600	3696000	1108800
5月15日	M013051501	T013	王若彤	18000	3960000	1188000
5月15日	M013051502	M011	李霄云	22000	4620000	1386000
5月17日	M013051701	CH19	张敏君	31000	4650000	1395000
5月17日	M013051702	M011	李霄云	44000	4400000	1320000
5月17日	M013051703	JK22	赵小眉	27500	5500000	1650000
总计				412100	75826000	22747800

多个工作表快速求和

实例 计算同一工作簿中多个工作表相同位置数值的和

若用户需要统计几个月份销售额的总和，而不同月份销售额统计表格位于不同的工作表中，该如何快速求和呢？

❶ 打开工作簿可以看到，不同月份工作表销售统计表格式一致。

地区	洁面乳	护肤乳	爽肤水	防晒霜	面膜
杭州	180000	142700	173000	144000	150000
苏州	277000	169000	192000	192500	145000
无锡	299000	186000	216000	203000	164000
常州	230500	199000	388000	256000	193000
上海	375000	240000	390000	278000	220000
南京	300500	215000	300000	240400	242300

❷ 选择需要计算统计结果的A2单元格，输入公式“=SUM('01:03'!B2:F7)”。

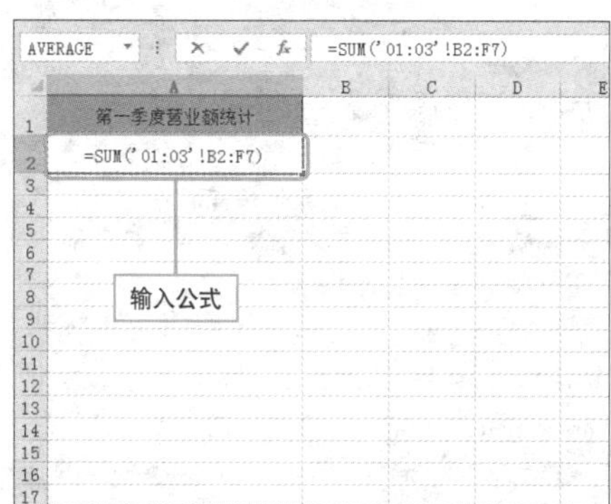

❸ 输入完成后，按键盘上的Enter键确认，即可计算出第一季度的营业额。

Hint

工作簿多工作表求和公式说明

求和公式为 =SUM(Sheet1: SheetN! 单元格 / 单元格区域)。

在上述公式中，Sheet1 表示需要求和的第一个工作表表名。SheetN 代表需要求和的最后一个工作表表名。

单元格 / 单元格区域，表示需要求和的单元格，或者单元格区域。

在进行求和时，若其他关联工作表中的数据发生变化，则公式结果也会随之发生改变。

Question 419

Level ◆◆◆

2013 2010 2007

快速计算最大值 / 最小值

实例 利用函数求最大值 / 最小值

在利用函数统计数据时，经常需要求一组数据中的最大值 / 最小值，下面介绍利用函数进行求解的操作方法。

Hint

关于 MAX 函数和 MIN 函数

MAX 函数返回一组值中的最大值，语法格式如下。

MAX(number1, [number2], ...)

其中参数 number1 是必需的，后续参数是可选的。参数可以是数字或者是包含数字的名称、数组或引用。但若参数是一个数组或引用，则只使用其中的数字，而空白单元格、逻辑值或文本将被忽略。如若参数不包含任何数字，则 MAX 返回 0（零）。如果参数为错误值或为不能转换为数字的文本，将会导致错误。MIN 函数同 MAX 函数，不再赘述。

1 **MAX函数求最大值**。选择B8单元格，在单元格中输入“=MAX(B2:B7)”，然后按Enter键确认输入即可。

=MAX(B2: B7)

	A	B	C	D	E	F
1		洁面乳	护肤乳	爽肤水	防晒霜	面膜
2	杭州	125820	89700	165000	125600	99800
3	苏州	223000	103000	175000	138500	115000
4	无锡	250030	156000	198000	197400	132000
5	常州	198500	142000	352000	213600	164000
6	上海	325890	198000	335600	235400	173000
7	南京	287500	175000	274000	187400	142300
8	=MAX(B2: B7)		输入公式			
9	最小值					

2 **MIN函数求最小值**。选择B9单元格，在单元格中输入“=MIN(B2:B7)”，然后按Enter键确认输入即可。

AVERAGE =MIN(B3:B8)

	A	B	C	D	E	F
1		洁面乳	护肤乳	爽肤水	防晒霜	面膜
2	杭州	125820	89700	165000	125600	99800
3	苏州	223000	103000	175000	138500	115000
4	无锡	250030	156000	198000	197400	132000
5	常州	198500	142000	352000	213600	164000
6	上海	325890	198000	335600	235400	173000
7	南京	287500	175000	274000	187400	142300
8	最大值	325890				
9	=MIN(B3:B8)			输入公式		

3 选择B8和B9单元格，向右复制公式即可。

	A	B	C	D	E	F
1		洁面乳	护肤乳	爽肤水	防晒霜	面膜
2	杭州	125820	89700	165000	125600	99800
3	苏州	223000	103000	175000	138500	115000
4	无锡	250030	156000	198000	197400	132000
5	常州	198500	142000	352000	213600	164000
6	上海	325890	198000	335600	235400	173000
7	南京	287500	175000	274000	187400	142300
8	最大值	325890	198000	352000	235400	173000
9	最小值	198500	103000	175000	138500	115000
10						
11						

圆周率巧计算

实例 利用函数计算圆周率

圆周率是圆的周长和直径的比值，在计算圆形的面积和体积时需要用到该函数，下面对其进行详细介绍。

Hint

PI 函数介绍

PI 函数格式如下。

PI()

不用指定任何参数，在单元格或编辑栏中直接输入函数“=PI()”。若参数指定为文本或数值等，则会出现“输入的公式包含错误”信息。

使用该函数可以求出圆周率的近似值。

圆周率是一个无理数，PI 函数精确到小数点第 15 位。

❶ **求圆周率**。打开工作表，选择B1单元格，输入函数“=PI()”。

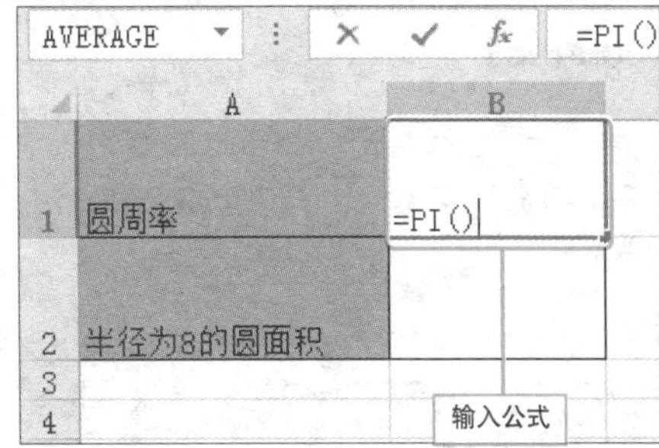

❷ 在键盘上按Enter键确认输入，得到圆周率的近似值。

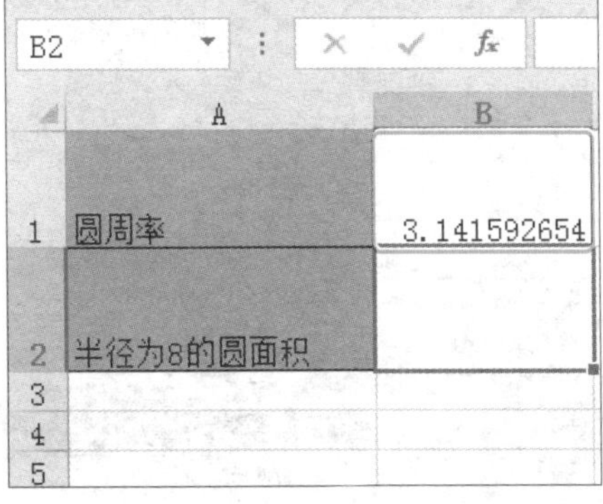

❸ **求圆面积**。在单元格B2中输入公式“=PI()*8^2”按Enter键确认输入即可。

B2 =PI()*8^2

	A	B	C
1	圆周率	3.141592654	
2	半径为8的圆面积	201.0619298	
3			
4			
5			
6			
7			
8			

Question

421 平方根计算不求人

Level ◆◆◆

2013 2010 2007

实例 通过函数求平方根

Excel 中的数学和三角函数中提供了用于计算数据平方根的函数 SQRT，下面介绍如何使用该函数计算平方根。

Hint

SQRT 函数介绍

SQRT 函数格式如下。

SQRT(number)

参数为需要计算平方根的数，如果参数为负数，则会返回错误值"#NUM!"；如果参数为数值意外的文本，则会返回错误值"#VALUE!"。

使用 SQRT 函数可求出正数的正平方根。求负平方根可用运算符 ^，例如公式"=X^0.5"；也可以用 POWER 函数。求负数的虚数平方根用 IMSQRT。

❶ 打开工作表，选择B2单元格，单击编辑栏左侧的"插入函数"按钮。

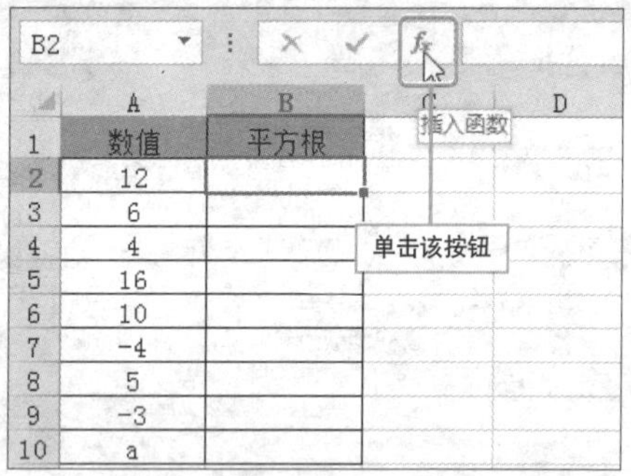

	A	B	C	D
1	数值	平方根		
2	12			
3	6			
4	4			
5	16			
6	10			
7	-4			
8	5			
9	-3			
10	a			

❷ 打开"插入函数"对话框，在"或选择类别"下拉列表框中选择"数学与三角函数"选项，在"选择函数"列表框中选择SQRT选项，单击"确定"按钮。

❸ 弹出"函数参数"对话框，在其中的文本框中设置参数为A2，单击"确定"按钮，求得函数的计算结果。然后再将公式填充到其他单元格即可。

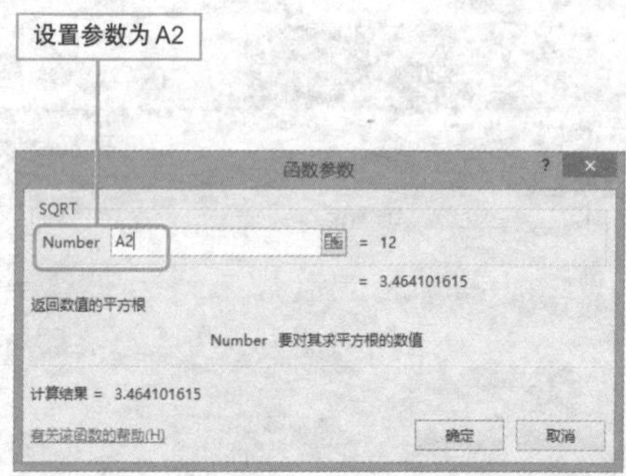

快速计算绝对值

实例 求实数的绝对值

绝对值是一个非负数，正数和 0 的绝对值是它本身，负数的绝对值是它的相反数。在 Excel 中，利用 ABS 函数可以快速计算出数值的绝对值，下面对其进行详细的介绍。

Hint

ABS 函数介绍

ABS 函数格式如下。

ABS(number)

参数为需要计算绝对值的实数，如果参数为数值以外的文本，则会返回错误值"#VALUE!"。

使用 ABS 函数可求数值的绝对值，绝对值不考虑正负问题，求多个元素的绝对值时需要用 IMABS 函数。

1 打开工作表，选择B2单元格，单击编辑栏左侧的"插入函数"按钮。

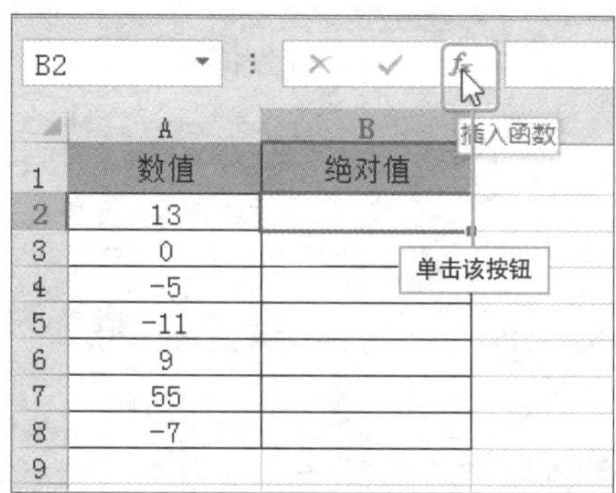

2 打开"插入函数"对话框，在"或选择类别"右侧的下拉列表框中选择"数学与三角函数"选项，在"选择函数"列表框中选择ABS选项，单击"确定"按钮。

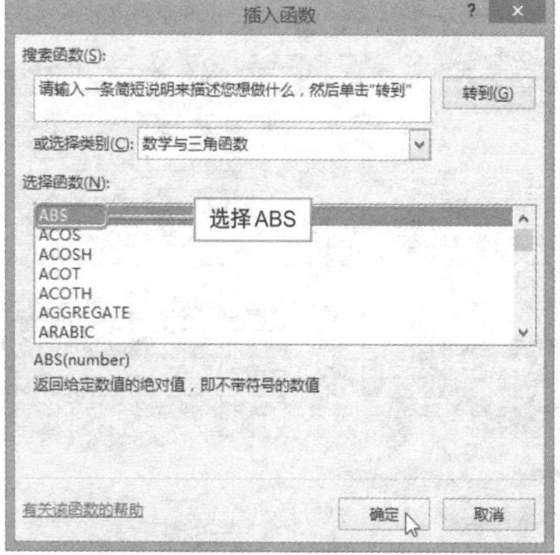

3 弹出"函数参数"对话框，在其中的文本框中设置参数为A2，单击"确定"按钮，求得函数的计算结果。然后将公式填充到其他单元格即可。

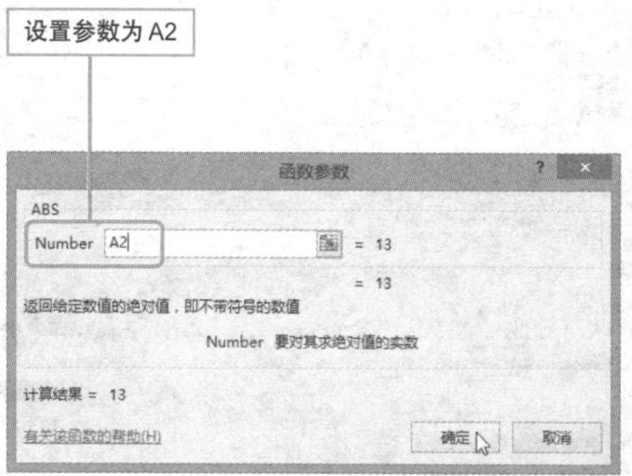

Question **423**

● Level ◆◆◆

2013 2010 2007

快速替换字符串有绝招

实例 利用 REPLACE 函数查找并替换指定字符串

若需要将表格中指定的字符串查找出来并替换为其他字符串，利用 Excel 提供的“查找和替换”功能可以快速实现，但是查找 - 替换功能操作是一次性的，替换后的数据无法用于其他计算。这时用户可以利用 REPLACE 函数来实现。

Hint

REPLACE 函数介绍

REPLACE 函数格式如下。

Replace(old-text,start-num,num-chars,new-text)

其中，参数 old-text 为要替换其部分字符的文本；

参数 start-num 为 old-text 中要替换为 new-text 的字符位置；num-chars 为 old-text 中希望 REPLACE 使用 new-text 来进行替换的字符数；参数 new-text 为将替换 old-text 中字符的文本。若直接指定参数为文本，需要加双引号，否则会返回错误值。

① 打开工作表，选择B2单元格，单击编辑栏左侧的“插入函数”按钮，打开“插入函数”对话框，选择REPLACE函数并确认。

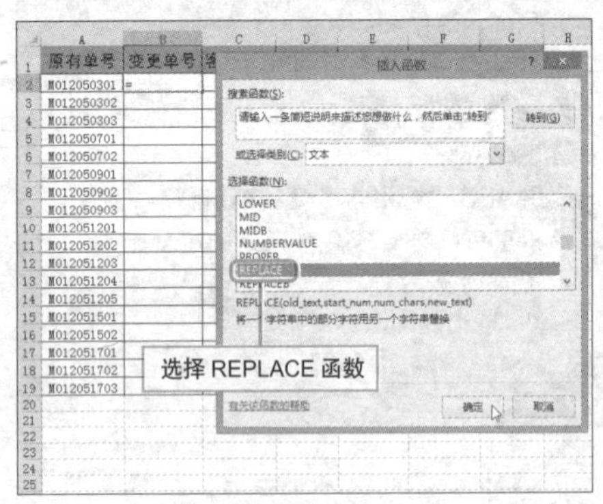

② 弹出“函数参数”对话框，指定参数old-text为“A2”；start-num为“3”；num-chars为“4”；new-text为”1306”，然后单击“确定”按钮。

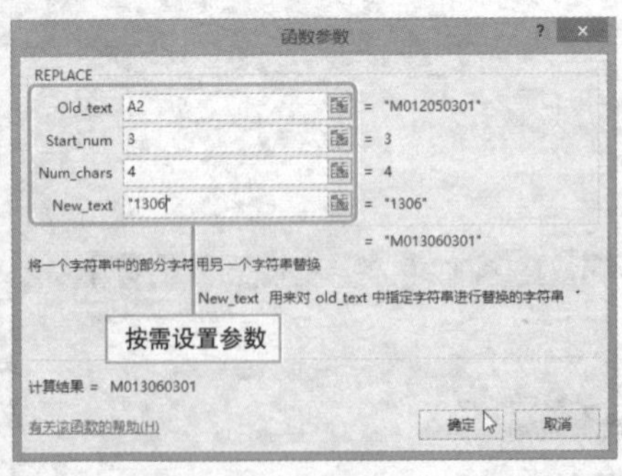

③ 随后即可得出新单号，并以序列填充方式，向下填充公式即可。

C19 JK22

原有单号	变更单号	客户代码	业务员	订单数量	总金额	预付款
M012050301	M013060301	T013	王若彤	9000	4500000	1350000
M012050302	M013060302	CH19	张敏君	15000	3150000	945000
M012050303	M013060303	JK22	赵小眉	17000	4080000	1224000
M012050701	M013060701	M011	李霄云	11000	2530000	759000
M012050702	M013060702	T013	王若彤	20000	4000000	1200000
M012050901	M013060901	JK22	赵小眉	32000	5120000	1536000
M012050902	M013060902	CH19	张敏君	15000	3300000	990000
M012050903	M013060903	T013	王若彤	13000	2990000	897000
M012051201	M013061201	M011	李霄云	17500	4200000	1260000
M012051202	M013061202	JK22	赵小眉	29500	5310000	1593000
M012051203	M013061203	CH19	张敏君	40000	5200000	1560000
M012051204	M013061204	M011	李霄云	33000	4620000	1386000
M012051205	M013061205	JK22	赵小眉	17600	3696000	1108800
M012051501	M013061501	T013	王若彤	18000	3960000	1188000
M012051502	M013061502	M011	李霄云	22000	4620000	1386000
M012051701	M013061701	CH19	张敏君	31000	4650000	1395000
M012051702	M013061702	M011	李霄云	44000	4400000	1320000
M012051703	M013061703	JK22	赵小眉	27500	5500000	1650000

替换指定字符串也不难

实例 SUBSTITUTE 函数的应用

若用户想要快速地替换某一字符串中指定的字符 / 字符串，可以通过 SUBSTITUTE 函数来实现，下面将举例对其进行说明。

Hint

SUBSTITUTE 函数介绍

其格式如下。

SUBSTITUTE(text,old-text,new-text,instance-num)

其中，参数 text 为需要替换其中字符的文本，或对含有文本的单元格的引用；old-text 为需要替换的旧文本；new-text 为用于替换 old-text 的文本；instance-num 为一数值，用来指定以 new-text 替换第几次出现的 old-text。如果指定了 instance-num，则只有满足要求的 old-text 被替换；否则将用 new-text 替换 text 中出现的所有 old-text。

1 选择B2单元格，单击编辑栏左侧“插入函数”按钮，打开对话框，在“搜索函数”文本框中，直接输入函数，单击“转到”按钮。

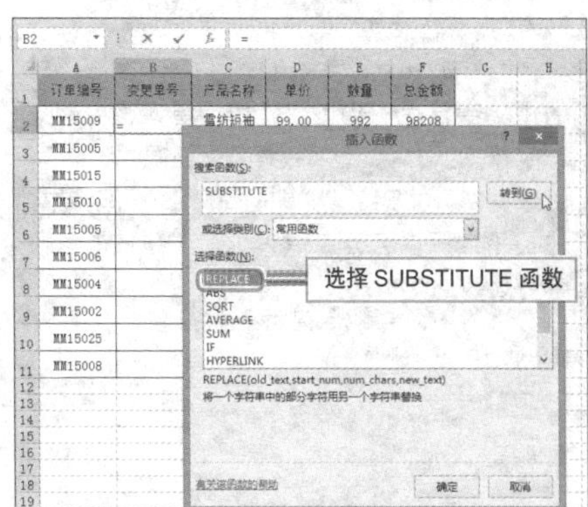

2 单击“插入函数”对话框中的“确定”按钮，打开“函数参数”对话框，依次设置各参数，然后单击“确定”按钮。

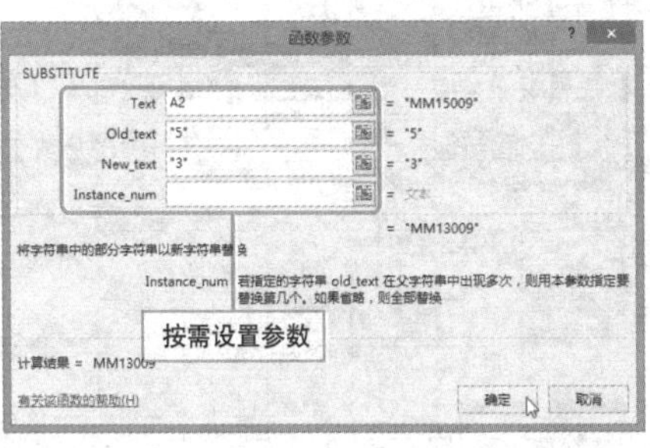

3 随后即可将指定的字符全部替换为新字符，接着向下复制公式即可得到其他值。

B11 =SUBSTITUTE(A11,"5","3")

	A	B	C	D	E	F
1	订单编号	变更单号	产品名称	单价	数量	总金额
2	MM15009	MM13009	雪纺短袖	99.00	992	98208
3	MM15005	MM13003	纯棉睡衣	103.00	780	80340
4	MM15015	MM13013	雪纺连衣裙	128.00	985	126080
5	MM15010	MM13010	PU短外套	99.00	771	76329
6	MM15005	MM13003	时尚风衣	185.00	268	49580
7	MM15006	MM13006	超薄防晒衣	77.00	1023	78771
8	MM15004	MM13004	时尚短裤	62.00	1132	70184
9	MM15002	MM13002	修身长裤	110.00	852	93720
10	MM15025	MM13023	运动套装	228.00	523	119244
11	MM15008	MM13008	纯棉打底衫	66.00	975	64350

Question 425

Level ◆◆◆

2013 2010 2007

一秒钟完成表格校对

实例 EXACT 函数的应用

在核实由不同人员完成的同一个工作表数据时，或是检查用户几次的统计数据时，为了能既快又准地完成校验工作，可以使用 EXACT 函数进行比对，具体操作过程如下所示。

Hint

EXACT 函数介绍

EXACT 函数可用于检测两个字符串是否完全相同，其语法格式为：

EXACT(text1,text2)

其中，参数 text1 和 text2 分别表示需要比较的文本字符串，也可以是引用单元格中的文本字符串。如果两个参数完全相同，EXACT 函数返回TRUE 值，否则返回 FALSE 值参数。并且函数可以区分字母大小写、全角半角及字符之间的空格。

1. 打开包含统计数据的工作表。

	A	B	C	D	E
1	订单编号	产品名称	单价	数量	总金额
2	MM15009	雪纺短袖	99.00	992	98208
3	MM15005	纯棉睡衣	103.00	780	80340
4	MM15015	雪纺连衣裙	128.00	985	126080
5	MM15010	PU短外套	99.00	771	76329
6	MM15005	时尚风衣	185.00	268.1	49598.5
7	MM15006	超薄防晒衣	77.00	1023	78771
8	MM15004	时尚短裤	62.00	1132	70184
9	MM15002	修身长裤	110.00	852	93720
10	Mm15025	运动套装	228.00	523	119244
11	MM15008	纯棉打底衫	66.00	973	64218

	A	B	C	D	E
1	订单编号	产品名称	单价	数量	总金额
2	MM15009	雪纺短袖	99.00	992	98208
3	MM15005	纯棉睡衣	103.00	780	80340
4	MM15015	雪纺连衣裙	128.00	985	126080
5	MM15011	PU短外套	99.00	771	76329
6	MM15005	时尚风衣	185.00	268	49580
7	MM15006	超薄防晒衣	77.00	1023	78771
8	MM15004	时尚短裤	62.00	1132	70184
9	MM15002	修身长裤	110.00	852	93720
10	MM15025	运动套装	228.00	523	119244
11	MM15008	纯棉打底衫	66.00	975	64350

2. 打开“函数参数”对话框，指定参数value为G3:G11，然后单击“确定”按钮。

SUBSTI... ='001'!A1='002'!A1

	A	B	C	D	E	F
1			运算符比较文本			
2	='001'!A1='002'!A1					
3						
4						
5						
6						
7						
8						
9						

输入公式

SUBSTI... =EXACT('001'!A1,'002'!A1)

	A	B	C	D	E	F
14			EXACT函数比较文本			
15	=EXACT('001'!A1,'002'!A1)					
16						
17						
18						
19						
20						
21						

3. 返回工作表，可以看到G12单元格中显示出计算结果。

	A	B	C	D	E	F	G
1			运算符比较文本				
2	TRUE	TRUE	TRUE	TRUE	TRUE	TRUE	
3	TRUE	TRUE	TRUE	TRUE	TRUE	TRUE	
4	TRUE	TRUE	TRUE	TRUE	TRUE	TRUE	
5	TRUE	TRUE	TRUE	TRUE	TRUE	TRUE	
6	FALSE	TRUE	TRUE	TRUE	TRUE	TRUE	
7	TRUE	TRUE	TRUE	FALSE	FALSE	TRUE	
8	TRUE	TRUE	TRUE	TRUE	TRUE	TRUE	
9	TRUE	TRUE	TRUE	TRUE	TRUE	TRUE	
10	TRUE	TRUE	TRUE	TRUE	TRUE	TRUE	
11	TRUE	TRUE	TRUE	TRUE	TRUE	TRUE	
12	TRUE	TRUE	TRUE	FALSE	FALSE	TRUE	
13							
14			EXACT函数比较文本				
15	TRUE	TRUE	TRUE	TRUE	TRUE	TRUE	
16	TRUE	TRUE	TRUE	TRUE	TRUE	TRUE	
17	TRUE	TRUE	TRUE	TRUE	TRUE	TRUE	
18	TRUE	TRUE	TRUE	TRUE	TRUE	TRUE	
19	FALSE	TRUE	TRUE	TRUE	TRUE	TRUE	
20	TRUE	TRUE	TRUE	FALSE	FALSE	TRUE	
21	TRUE	TRUE	TRUE	TRUE	TRUE	TRUE	
22	TRUE	TRUE	TRUE	TRUE	TRUE	TRUE	
23	TRUE	TRUE	TRUE	TRUE	TRUE	TRUE	
24	FALSE	TRUE	TRUE	TRUE	TRUE	TRUE	
25	TRUE	TRUE	TRUE	FALSE	FALSE	TRUE	

提取字符串花样多

实例 多种函数提取指定字符数的字符串

在日常工作中，用户经常会需要从一串文本中提取需要的信息，这时可利用文本提取函数，下面对其进行具体介绍。

Hint

LEFT 函数介绍

LEFT 函数格式如下。

LEFT(string, num-chars)

其中，参数 string 指定要提取子串的字符串。 num-chars 指定子串长度返回值 String。

函数执行成功时返回 string 字符串左边 n 个字符，发生错误时返回空字符串（""）。如果任何参数的值为 NULL，Left() 函数返回 NULL。如果 num-chars 的值大于 string 字符串的长度，那么 Left() 函数返回整个 string 字符串，但并不增加其他字符。

使用 LEFT 函数可以从一个文本字符串的第一个字符开始返回指定个数的字符。字符串中不分全角半角，其中的句号、逗号、空格作为一个字符计算。当计数单位不是字符而是字节时，需要使用 LEFTB 函数，LEFTB 函数与 LEFT 函数具有相同的功能，只是计数单位不同。

1 **LEFT函数提取文本**。选择B2单元格，输入公式“=LEFT(A2,4)”。

B2 =LEFT(A2,4)

	A	B	C	D	E
1	订单编号	客户代码	年份	日期	订单数量
2	T	=LEFT(A2,4)			9000
3	CH1920120809				15000
4	JK2220130106				17000
5	MO1120130217				11000
6	TO1320130322				20000
7	JK222011072				32000
8	CH192011121				15000
9	TO132012102				13000
10	MO1120130420				17500
11	JK2220120914				29500
12	CH1920110726				40000
13	MO1120130405				33000
14	JK2220130401				17600
15	TO1320130414				18000
16	MO1120130506				22000
17	CH1920130511				31000
18	MO1120130517				44000
19	JK2220130225				27500

输入公式

2 按Enter键确认输入，然后复制公式到其他单元格，提取客户代码。

B2 =LEFT(A2,4)

	A	B	C	D	E
1	订单编号	客户代码	年份	日期	订单数量
2	TO1320120513	TO13			9000
3	CH1920120809	CH19			15000
4	JK2220130106	JK22			17000
5	MO1120130217	MO11			11000
6	TO1320130322	TO13			20000
7	JK2220110728	JK22			32000
8	CH1920111211	CH19			15000
9	TO1320121025	TO13			13000
10	MO1120130420	MO11			17500
11	JK2220120914	JK22			29500
12	CH1920110726	CH19			40000
13	MO1120130405	MO11			33000
14	JK2220130401	JK22			17600
15	TO1320130414	TO13			18000
16	MO1120130506	MO11			22000
17	CH1920130511	CH19			31000
18	MO1120130517	MO11			44000
19	JK2220130225	JK22			27500
20					

3 **MID函数提取文本**。选择C2单元格，输入公式“=MID(A2,5,4)”。

SUBSTI... | =MID(A2,5,4)

	A	B	C	D	E
1	订单编号	客户代码	年份	日期	订单数量
2	T01320120513		=MID(A2,5,4)		9000
3	CH1920120809	CH19			15000
4	JK2220130106	JK22			17000
5	MO1120130217	MO11			11000
6	T01320130322	T013			20000
7	JK2220110728	JK22			32000
8	CH1920111211	CH19			15000
9	T01320121025	T013			13000
10	MO1120130420	MO11			17500
11	JK2220120914	JK22			29500
12	CH1920110726	CH19			40000
13	MO1120130405	MO11			33000
14	JK2220130401	JK22			17600
15	T01320130414	T013			18000
16	MO1120130506	MO11			22000
17	CH1920130511	CH19			31000
18	MO1120130517	MO11			44000
19	JK2220130225	JK22			27500

输入公式

4 按Enter键确认输入，然后复制公式到其他单元格，提取年份。

C19 | =MID(A19,5,4)

	A	B	C	D	E
1	订单编号	客户代码	年份	日期	订单数量
2	T01320120513	T013	2012		9000
3	CH1920120809	CH19	2012		15000
4	JK2220130106	JK22	2013		17000
5	MO1120130217	MO11	2013		11000
6	T01320130322	T013	2013		20000
7	JK2220110728	JK22	2011		32000
8	CH1920111211	CH19	2011		15000
9	T01320121025	T013	2012		13000
10	MO1120130420	MO11	2013		17500
11	JK2220120914	JK22	2012		29500
12	CH1920110726	CH19	2011		40000
13	MO1120130405	MO11	2013		33000
14	JK2220130401	JK22	2013		17600
15	T01320130414	T013	2013		18000
16	MO1120130506	MO11	2013		22000
17	CH1920130511	CH19	2013		31000
18	MO1120130517	MO11	2013		44000
19	JK2220130225	JK22	2013		27500
20					

5 **RIGHT 函数提取文本**。选择D2单元格，输入公式“=RIGHT(A2,4)”。

SUBSTI... | =RIGHT(A2,4)

	A	B	C	D	E
1	订单编号	客户代码	年份	日期	订单数量
2	T01320120513	T013	2012	=RIGHT(A2,4)	9000
3	CH1920120809	CH19	2012		15000
4	JK2220130106	JK22	2013		17000
5	MO1120130217	MO11	2013		11000
6	T01320130322	T013	2013		20000
7	JK2220110728	JK22	2011		32000
8	CH1920111211	CH19	2011		15000
9	T01320121025	T013	2012		13000
10	MO1120130420	MO11	2013		17500
11	JK2220120914	JK22	2012		29500
12	CH1920110726	CH19	2011		40000
13	MO1120130405	MO11	2013		33000
14	JK2220130401	JK22	2013		17600
15	T01320130414	T013	2013		18000
16	MO1120130506	MO11	2013		22000
17	CH1920130511	CH19	2013		31000
18	MO1120130517	MO11	2013		44000
19	JK2220130225	JK22	2013		27500

输入公式

6 按Enter键确认输入，然后复制公式到其他单元格，提取日期。

L25 |

	A	B	C	D	E
1	订单编号	客户代码	年份	日期	订单数量
2	T01320120513	T013	2012	0513	9000
3	CH1920120809	CH19	2012	0809	15000
4	JK2220130106	JK22	2013	0106	17000
5	MO1120130217	MO11	2013	0217	11000
6	T01320130322	T013	2013	0322	20000
7	JK2220110728	JK22	2011	0728	32000
8	CH1920111211	CH19	2011	1211	15000
9	T01320121025	T013	2012	1025	13000
10	MO1120130420	MO11	2013	0420	17500
11	JK2220120914	JK22	2012	0914	29500
12	CH1920110726	CH19	2011	0726	40000
13	MO1120130405	MO11	2013	0405	33000
14	JK2220130401	JK22	2013	0401	17600
15	T01320130414	T013	2013	0414	18000
16	MO1120130506	MO11	2013	0506	22000
17	CH1920130511	CH19	2013	0511	31000
18	MO1120130517	MO11	2013	0517	44000
19	JK2220130225	JK22	2013	0225	27500

Hint

MID 函数介绍

其格式为：

MID(text, start-num, num-chars)

其中，参数 text 为要提取字符的文本字符串。start-num 为文本中要提取的第一个字符的位置。文本中第一个字符的 start-num 为 1，以此类推。num_chars 为指定希望 MID 从文本中返回字符的个数。若 start-num 大于文本长度，则 MID 返回空文本 ("")。若 start-num 小于文本长度，但 start-num 加上 num-chars 超过了文本的长度，则 MID 只返回至多直到文本末尾的字符。如果 start-num 小于 1 或为负数，则 MID 返回 错误值。

Hint：RIGHT 函数介绍

其格式为：RIGHT(text,num-chars)

参数 text 为包含要提取字符的文本字符串。num-chars 为指定希望 right 提取的字符数。num-chars 必须大于或等于零。若 num-chars 大于文本长度，则返回所有文本；若省略 num-chars，则假定其值为 1。

字母大小写转换不求人

实例 运用函数转换字母大小写

若表格中输入的字母大小写混杂，用户需要将表格中的全部字母转换为大写或者小写的格式，可利用UPPER函数和LOWER函数，下面对上述函数进行介绍。

Hint

UPPER函数和LOWER函数

UPPER函数可以将所有字母转换为大写形式，其格式如下：

UPPER（text）

参数text为需要转换为大写字母的文本或文本所在的单元格。

LOWER函数可以将所有字母转换为小写形式，其格式为：

LOWER（text）

参数text为需要转换为小写字母的文本或文本所在的单元格。

1. 选择B2单元格，输入公式"=UPPER(A2)"。

SUBSTI... =UPPER(A2)

	A	B	C	D
1	文本	转换为大写	转换为小写	
2	apple	=UPPER(A2)		
3	Apple			
4	APPLE			
5	苹果			
6	peach			
7	PEACH			
8	Peach			
9	桃子			
10				
11				
12				

输入公式

2. 按Enter键确认输入，然后选择C2单元格，输入公式"=LOWER(A2)"。

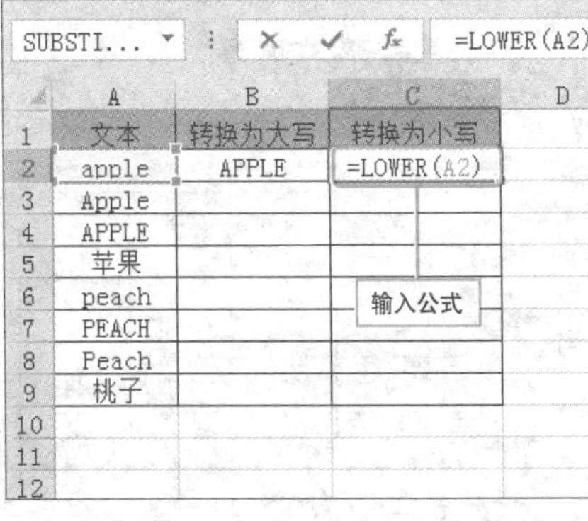

3. 按Enter键确认输入，然后将公式复制到其他单元格即可。

I21

	A	B	C
1	文本	转换为大写	转换为小写
2	apple	APPLE	apple
3	Apple	APPLE	apple
4	APPLE	APPLE	apple
5	苹果	苹果	苹果
6	peach	PEACH	peach
7	PEACH	PEACH	peach
8	Peach	PEACH	peach
9	桃子	桃子	桃子
10			

Question 428

屏蔽公式错误值有妙招

● Level ◆◆◆

2013 2010 2007

实例 ISERR 函数的应用

在使用公式计算表格中的数据时，可能会因为某些原因无法得到正确结果而返回一个错误值。若用户想要避免此类错误的发生，则可以利用错误判断函数协助处理，下面以 ISERR 函数为例进行介绍。

Hint

错误判断函数简介

常见的错误判断函数有 ISERR 函数、ISNA 函数以及 ISERROR 函数。

ISERR 函数格式如下：

ISERR(value)

参数为需要进行检验的数值。

ISNA 函数格式如下：

ISNA (value)

参数用于指定是否为 #N/A 错误值的数值。

ISERROR 函数格式如下：

ISERROR (value)

参数指定用于检验是否为错误值的数据。

1. 打开Excel工作表，在销售统计表中，当上周销售量为0时，返回错误值“#DIV/0！”。

	A	B	C	D	E
1	商品品名	上周销售	本周销售	两周对比	屏蔽错误
2	PU外套	2009	1388	69.09%	
3	风衣	586	1076	183.62%	
4	牛仔裤	603	1568	260.03%	
5	针织衫	356	1070	300.56%	
6	雪纺长裙	0	774	#DIV/0!	
7	纯棉衬衣	1597	1150	72.01%	
8	运动装	0	1000	#DIV/0!	

2. 若要屏蔽此类错误，则需要在E2单元格中输入公式“=IF(ISERR(C2/B2),0,C2/B2)”。

SUBSTI... =IF(ISERR(C2/B2),0,C2/B2)

	A	B	C	D	E	F
1	商品品名	上周销售	本周销售	两周对比	屏蔽错误	
2	PU外套	2009	1388	=IF(ISERR(C2/B2),0,C2/B2)		
3	风衣	586	1076	183.62%		
4	牛仔裤	603	1568	260.03%		
5	针织衫	356	1070	300.56%		
6	雪纺长裙	0	774	#DIV/0!		
7	纯棉衬衣	1597	1150	72.01%		
8	运动装	0	1000	#DIV/0!		
9						

输入公式

3. 按Enter键确认输入，然后将公式复制到其他单元格即可。

	A	B	C	D	E
1	商品品名	上周销售	本周销售	两周对比	屏蔽错误
2	PU外套	2009	1388	69.09%	69%
3	风衣	586	1076	183.62%	184%
4	牛仔裤	603	1568	260.03%	260%
5	针织衫	356	1070	300.56%	301%
6	雪纺长裙	0	774	#DIV/0!	0%
7	纯棉衬衣	1597	1150	72.01%	72%
8	运动装	0	1000	#DIV/0!	0%

巧妙判断是否满足多条件

实例 AND 函数的应用

若用户想判断某一项目是否是否满足多条件，可以通过AND函数来实现，下面对其进行详细介绍。

Hint

AND 函数介绍

AND 函数格式如下：

AND(logical1, logical2, …)

参数 logical1 指定要测试的第一个条件。logical2 可选指定要测试的其他条件，最多可包含 255 个条件，该条件可缺省。参数的计算结果必须是逻辑值（如 TRUE 或 FALSE），或者参数必须是包含逻辑值的数组或引用。若数组或引用参数中包含文本或空白单元格，则这些值将被忽略。若指定的单元格区域未包含逻辑值，则 AND 函数将返回"#VALUE!"错误值。

1 选择F3单元格，单击编辑栏左侧的"插入函数"按钮，弹出"插入函数"对话框，选择AND函数。

F3 | 单击该按钮 | 插入函数

	A	B	C	D	E	F
1	产品生产日报表					
2	客户	订单号码	计划用时	实际用时	不良品	实际用时小于9，不良品数小于3
3	CK18	CK18130501	9	10	1	
4	JM01	JM01130407	10	9	3	
5	M023	M023130325	9	8	5	
6	T018	T018130514	8	8	0	
7	CC88	CC88130704	10	10	1	
8	TM40	TM40130224	9	9	0	
9	T045	T045130415	8	9	2	
10	ZH01	ZH01130608	9	8	0	

2 打开"函数参数"对话框，指定logical1为D3<9，logical2为E3<3，然后单击"确定"按钮。

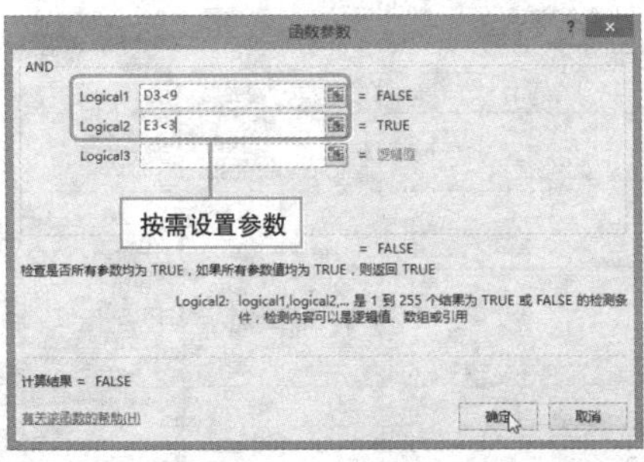

3 将F3单元格中的公式复制到其他单元格，得出判断结果。

K19

	A	B	C	D	E	F
1	产品生产日报表					
2	客户	订单号码	计划用时	实际用时	不良品	实际用时小于9，不良品数小于3
3	CK18	CK18130501	9	10	1	FALSE
4	JM01	JM01130407	10	9	3	FALSE
5	M023	M023130325	9	8	5	FALSE
6	T018	T018130514	8	8	0	TRUE
7	CC88	CC88130704	10	10	1	FALSE
8	TM40	TM40130224	9	9	0	FALSE
9	T045	T045130415	8	9	2	FALSE
10	ZH01	ZH01130608	9	8	0	TRUE
11	CM83	CM83130209	8	9	0	FALSE

Question 430

Level ◆◆◆

2013 2010 2007

巧用 OR 逻辑函数

实例 OR 函数应用

使用 OR 函数时，任何一个参数的逻辑值为真，就返回 True，全部为假，则返回 FALSE，下面对其进行介绍。

Hint

OR 函数介绍

OR 函数格式如下：

OR(logical1, logical2, ...)

参数 Logical1 是必需的，后续逻辑值是可选的。最多可包含 255 个条件，测试结果可以为 TRUE 或 FALSE。参数必须能计算为逻辑值或者为包含逻辑值的数组或引用。如果数组或引用参数中包含文本或空白单元格，则这些值将被忽略。如果指定的区域中不包含逻辑值，则返回错误值 #VALUE!。

① 选择E2单元格，单击编辑栏左侧的“插入函数”按钮，弹出“插入函数”对话框，选择OR函数。

E2 插入函数 单击该按钮

	A	B	C	D	E
1	产品名称	单价	数量	总金额	单价大于100，销量大于80000
2	雪纺短袖	99.00	992	98208	
3	纯棉睡衣	103.00	780	80340	
4	雪纺连衣裙	128.00	985	126080	
5	PU短外套	99.00	771	76329	
6	时尚风衣	185.00	268	49580	
7	超薄防晒衣	77.00	1023	78771	
8	时尚短裤	62.00	1132	70184	
9	修身长裤	110.00	852	93720	
10	运动套装	228.00	523	119244	

② 打开“函数参数”对话框，指定logical1为“B2>100”，logical2为“C2>80000”，然后单击“确定”按钮。

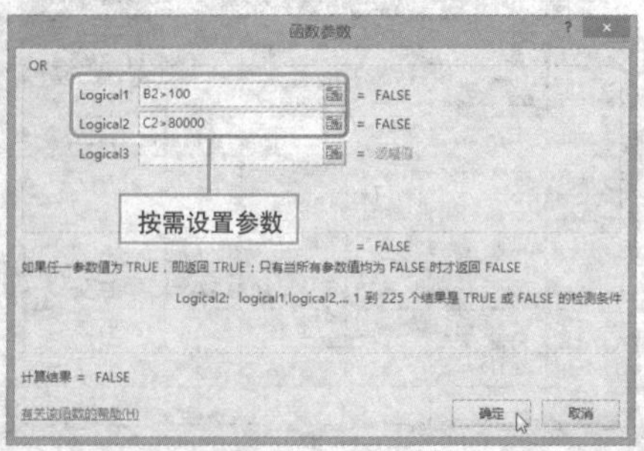

③ 将E2单元格中的公式复制到其他单元格，得出判断结果。

M23

	A	B	C	D	E
1	产品名称	单价	数量	总金额	单价大于100，销量大于80000
2	雪纺短袖	99.00	992	98208	FALSE
3	纯棉睡衣	103.00	780	80340	TRUE
4	雪纺连衣裙	128.00	985	126080	TRUE
5	PU短外套	99.00	771	76329	FALSE
6	时尚风衣	185.00	268	49580	TRUE
7	超薄防晒衣	77.00	1023	78771	FALSE
8	时尚短裤	62.00	1132	70184	FALSE
9	修身长裤	110.00	852	93720	TRUE
10	运动套装	228.00	523	119244	TRUE
11	纯棉打底衫	66.00	975	64350	FALSE

巧用 NOT 函数

实例 NOT 函数应用

NOT 函数的意义很简单，用于对参数值求反。如果要使一个值不等于某个特定值时，就可以使用 NOT 函数。下面介绍运用 NOT 函数求进货数量不大于 4000 的蔬菜。

● Level

2013 2010 2007

Hint

NOT 函数介绍

NOT 函数格式如下：

NOT(logical)

参数 Logical 必需，为计算结果为 TRUE 或 FALSE 的任何值或表达式。但是，若指定多个逻辑表达式，会返回错误值。

如果逻辑值为 FALSE，函数 NOT 返回 TRUE；如果逻辑值为 TRUE，函数 NOT 返回 FALSE。

1 选择G3单元格，单击编辑栏左侧的“插入函数”按钮，弹出“插入函数”对话框，选择NOT函数。

单击该按钮

每日进货情况统计表

项目/日期	品名	价格	数量（千克）	采购人	备注	数量不大于4000
2010/4/1	土鸡蛋	9	5000	周敏		
2010/4/2	生菜	4	1050	李鑫		
2010/4/3	芹菜	3	3000	李易临		
2010/4/4	菠菜	2	1080	王修一		
2010/4/5	花菜	4	2000	李易临		
2010/4/6	西红柿	5	3000	李鑫	大量缺货	
2010/4/7	黄瓜	3	4000	王修一		
2010/4/8	豆角	4	2800	李鑫		
2010/4/9	四季豆	5	1700	王修一		
2010/4/10	青椒	4	3000	李鑫		
2010/4/11	茄子	3	4000	李鑫		
2010/4/12	西葫芦	3	5000	李易临	缺货	
2010/4/13	丝瓜	4	3000	曹云		
2010/4/14	苦瓜	5	2000	王修一		
2010/4/15	冬瓜	2	3000	曹云		

2 打开“函数参数”对话框，指定logical为D3>4000，然后单击“确定”按钮。

设置参数

函数参数

NOT

Logical D3>4000 = TRUE

= FALSE

对参数的逻辑值求反：参数为 TRUE 时返回 FALSE；参数为 FALSE 时返回TRUE

Logical 可以对其进行真(TRUE)假(FALSE) 判断的任何值或表达式

计算结果 = FALSE

有关该函数的帮助(H) 确定 取消

3 将G3单元格中的公式复制到其他单元格，即可得出判断结果。

每日进货情况统计表

项目/日期	品名	价格	数量（千克）	采购人	备注	数量不大于4000
2010/4/1	土鸡蛋	9	5000	周敏		FALSE
2010/4/2	生菜	4	1050	李鑫		TRUE
2010/4/3	芹菜	3	3000	李易临		TRUE
2010/4/4	菠菜	2	1080	王修一		TRUE
2010/4/5	花菜	4	2000	李易临		TRUE
2010/4/6	西红柿	5	3000	李鑫	大量缺货	TRUE
2010/4/7	黄瓜	3	4000	王修一		TRUE
2010/4/8	豆角	4	2800	李鑫		TRUE
2010/4/9	四季豆	5	1700	王修一		TRUE
2010/4/10	青椒	4	3000	李鑫		TRUE
2010/4/11	茄子	3	4000	李鑫		TRUE
2010/4/12	西葫芦	3	5000	李易临	缺货	FALSE
2010/4/13	丝瓜	4	3000	曹云		TRUE
2010/4/14	苦瓜	5	2000	王修一		TRUE
2010/4/15	冬瓜	2	3000	曹云		TRUE

Question 432

• Level ◆◆◆

2013 2010 2007

妙用 IF 函数

实例 利用 IF 函数判断是否需要补货

若用户想要判断某一项目是否满足条件，并对项目进行标记，该如何操作呢，下面对其进行介绍。

Hint

IF 函数介绍

IF 函数格式如下：

IF(logical-test,[value-if-true, value-if-false)

其中，参数 logical-test 必需，为计算结果为逻辑值或表达式。参数 value-if-true 可选为 logical-test 参数的计算结果为 TRUE 时所要返回的值。参数 value-if-false 可选为 logical-test 参数的计算结果为 FALSE 时所要返回的值。最多可以使用 64 个 IF 函数作为 value-if-true 和 value-if-false 参数进行嵌套以构造更详尽的测试。

1 选择G3单元格，单击编辑栏左侧的“插入函数”按钮，弹出“插入函数”对话框，选择IF函数。

单击该按钮

插入函数

5月份出货明细						
客户	下单日期	交期	订单号码	数量PCS	交货数量	交货情况
CK18	2013/3/5	2013/5/30	CK18130305	10000	6000	
J013	2013/1/5	2013/5/15	J013130105	6500	6500	
T012	2013/2/8	2013/5/25	T012130208	9000	9000	
M015	2013/3/9	2013/5/29	M015130309	12000	10000	
T043	2013/2/1	2013/5/22	T043130201	20000	20000	
CM03	2013/4/8	2013/5/19	CM03130408	3000	3000	
T018	2013/5/1	2013/5/30	T018130501	12000	6000	
J220	2013/2/25	2013/5/18	J220130225	13000	13000	
CH19	2013/3/17	2013/5/23	CH19130317	11000	10000	

2 打开“函数参数”对话框，指定logical-testl为F3<E3；value-if-true为“未完成”value-if-false为“已完成”，然后单击“确定”按钮。

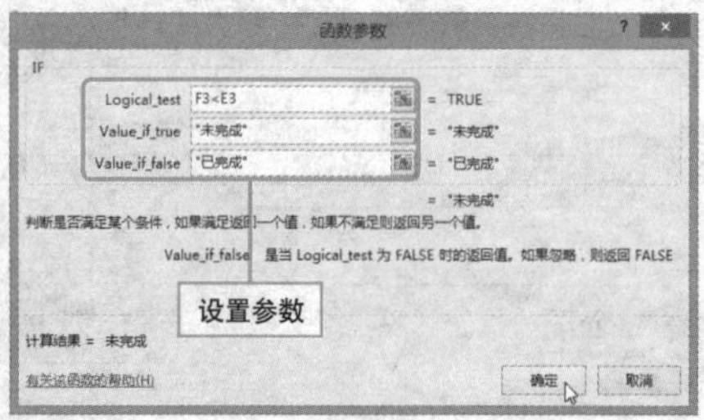

3 将G3单元格中的公式复制到其他单元格，得出判断结果。

G11 =IF(F11<E11,"未完成","已完成")

5月份出货明细						
客户	下单日期	交期	订单号码	数量PCS	交货数量	交货情况
CK18	2013/3/5	2013/5/30	CK18130305	10000	6000	未完成
J013	2013/1/5	2013/5/15	J013130105	6500	6500	已完成
T012	2013/2/8	2013/5/25	T012130208	9000	9000	已完成
M015	2013/3/9	2013/5/29	M015130309	12000	10000	未完成
T043	2013/2/1	2013/5/22	T043130201	20000	20000	已完成
CM03	2013/4/8	2013/5/19	CM03130408	3000	3000	已完成
T018	2013/5/1	2013/5/30	T018130501	12000	6000	未完成
J220	2013/2/25	2013/5/18	J220130225	13000	13000	已完成
CH19	2013/3/17	2013/5/23	CH19130317	11000	10000	未完成

模糊求和很简单

实例 使用通配符结合函数模糊求和

模糊求和是指条件有一定规律但是又不确定具体内容时进行的求和。使用 SUMIF 函数可以轻松实现对符合条件的值进行求和，下面对其进行介绍。

Hint

SUMIF 函数介绍

SUMIF 函数格式如下：

SUMIF(range, criteria,sum-range)

其中，参数 range 必需，为用于条件计算的单元格区域。参数 criteria 必需，为用于确定对哪些单元格求和的条件。参数 sum-range 可选，为要求和的实际单元格。如果省略 sum-range 参数，会在范围参数中求和。可以在 criteria 参数中使用通配符（包括问号 (?) 和星号 (*)）。问号匹配任意单个字符，星号匹配任意一串字符。如果要查找实际的问号或星号，请在该字符前键入波形符 (~)。

1. 打开工作表，选择E13单元格，单击编辑栏左侧的“插入函数”按钮，弹出“插入函数”对话框，选择SUMIF函数。

单击该按钮

畅销前十名	商品代码	上周销售件数	目前库存的数量	补货情况
1	JC018	189560	160000	已补货
2	KM136	156980	250000	未补货
3	JC035	150000	110000	未补货
4	CN486	132000	180000	无需补货
5	OP047	110050	90000	已补货
6	KL892	85632	90000	已补货
7	KJ570	81456	189000	无需补货
8	JC965	65890	180000	无需补货
9	OR456	55874	60000	已补货
10	GH019	40000	90000	未补货
商品代码以K开头的总库存量				

2. 打开“函数参数”对话框，根据需要依次指定各参数，然后单击“确定”按钮。

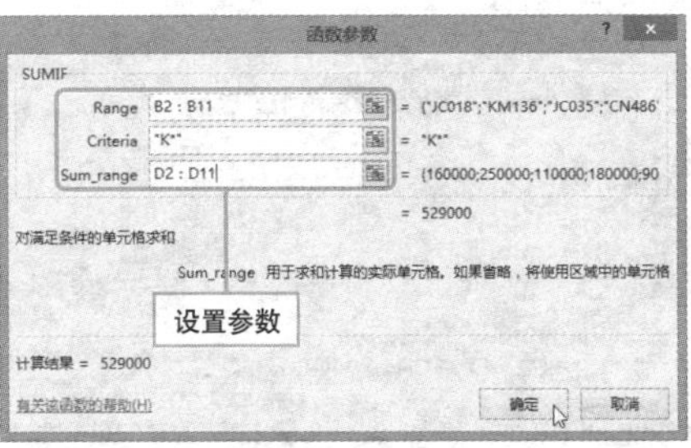

3. 在E13单元格中，显示出计算出的结果。

E13 =SUMIF(B2:B11,"K*",D2:D11)

畅销前十名	商品代码	上周销售件数	目前库存的数量	补货情况
1	JC018	189560	160000	已补货
2	KM136	156980	250000	未补货
3	JC035	150000	110000	未补货
4	CN486	132000	180000	无需补货
5	OP047	110050	90000	已补货
6	KL892	85632	90000	已补货
7	KJ570	81456	189000	无需补货
8	JC965	65890	180000	无需补货
9	OR456	55874	60000	已补货
10	GH019	40000	90000	未补货
商品代码以K开头的总库存量				529000

Question 434

• Level ◆◆◆

2013 2010 2007

指定范围求和，星号 * 来帮忙

实例 利用星号 * 求指定范围数据总和

若用户想要计算指定范围内数据的总和，可以利用星号 * 来实现，下面对其进行详细介绍。

1 选择F13单元格，输入公式"=SUM((B2:F11>1700)*(B2:F11<2200)*B2:F11)"。

SUMIF | =SUM((B2:F11>1700)*(B2:F11<2200)*B2:F11)

	A	B	C	D	E	F
1	地区/日期	黄浦区	徐汇区	长宁区	静安区	虹口区
2	2013/4/16	1567	1800	1100	1800	1853
3	2013/4/17	1185	1740	1456	2100	1988
4	2013/4/18	1369	1690	1785	2400	1744
5	2013/4/19	1700	2030	1844	1500	1555
6	2013/4/20	1600	1980	1660	1700	1640
7	2013/4/21	1900	2100	1960	1800	2030
8	2013/4/22	1456	1850	1400	1755	2210
9	2013/4/23	1852	2320	1325	1869	1944
10	2013/4/24	1745	1780	1750	1951	2155
11	2013/4/25	2011	2400	1660	1744	2007
12						
13	日销售量大于1700小于2200的销售总和					=SUM((B2:F11>1700)*(B2:F11<2200)*B2:F11)

输入公式

2 按Enter确认后，会出现计算错误，这是因为公式中包含数组所致。

	A	B	C	D	E	F
1	地区/日期	黄浦区	徐汇区	长宁区	静安区	虹口区
2	2013/4/16	1567	1800	1100	1800	1853
3	2013/4/17	1185	1740	1456	2100	1988
4	2013/4/18	1369	1690	1785	2400	1744
5	2013/4/19	1700	2030	1844	1500	1555
6	2013/4/20	1600	1980	1660	1700	1640
7	2013/4/21	1900	2100	1960	1800	2030
8	2013/4/22	1456	1850	1400	1755	2210
9	2013/4/23	1852	2320	1325	1869	1944
10	2013/4/24	1745	1780	1750	1951	2155
11	2013/4/25	2011	2400	1660	1744	2007
12						
13	日销售量大于1700小于2200的销售总和					#VALUE!

3 公式输入完成后，应按Ctrl + Shift + Enter组合键确认输入，即可计算出该区域符合条件的整数之和。

I17

	A	B	C	D	E	F
1	地区/日期	黄浦区	徐汇区	长宁区	静安区	虹口区
2	2013/4/16	1567	1800	1100	1800	1853
3	2013/4/17	1185	1740	1456	2100	1988
4	2013/4/18	1369	1690	1785	2400	1744
5	2013/4/19	1700	2030	1844	1500	1555
6	2013/4/20	1600	1980	1660	1700	1640
7	2013/4/21	1900	2100	1960	1800	2030
8	2013/4/22	1456	1850	1400	1755	2210
9	2013/4/23	1852	2320	1325	1869	1944
10	2013/4/24	1745	1780	1750	1951	2155
11	2013/4/25	2011	2400	1660	1744	2007
12						
13	日销售量大于1700小于2200的销售总和					54867

Hint

如何统计日销售量大于 1700 小于 2200 的个数

选择F15单元格，输入公式"=SUM((B2:F11>1700)*(B2:F11<2200))"即可。

SUMIF | =SUM((B2:F11>1700)*(B2:F11<2200))

	A	B	C	D	E	F
1	地区/日期	黄浦区	徐汇区	长宁区	静安区	虹口区
2	2013/4/16	1567	1800	1100	1800	1853
3	2013/4/17	1185	1740	1456	2100	1988
4	2013/4/18	1369	1690	1785	2400	1744
5	2013/4/19	1700	2030	1844	1500	1555
6	2013/4/20	1600	1980	1660	1700	1640
7	2013/4/21	1900	2100	1960	1800	2030
8	2013/4/22	1456	1850	1400	1755	2210
9	2013/4/23	1852	2320	1325	1869	1944
10	2013/4/24	1745	1780	1750	1951	2155
11	2013/4/25	2011	2400	1660	1744	2007
12						
13	日销售量大于1700小于2200的销售总和					54867
14						
15	所有日销售量大于1700小于2200的个数					=SUM((B2:F11>1700)*(B2:F11<2200))

Question 435

批量计算有诀窍

Level ◆◆◆

2013 2010 2007

实例 利用数组公式进行计算

对于需要计算出多个结果的数据来说，可以利用数组公式进行计算，下面对其进行介绍。

1 打开工作表，选择需要保存计算结果的E4：E18单元格区域。

E4

日期	品名	价格	数量（千克）	总金额	采购人	备注
2010/4/1	土鸡蛋	9	5000		周敏	
2010/4/2	生菜	4	1050		李鑫	
2010/4/3	芹菜	3	3000		李易临	
2010/4/4	菠菜	2	1080		王修一	
2010/4/5	花菜	4	2000		李易临	
2010/4/6	西红柿	5	3000		李鑫	大量缺货
2010/4/7	黄瓜	3	4000		王修一	
2010/4/8	豆角	4	2800		李鑫	
2010/4/9	四季豆	5	1700		王修一	
2010/4/10	青椒	4	3000		李鑫	
2010/4/11	茄子	3	4000		李鑫	
2010/4/12	西葫芦	3	5000		李易临	缺货
2010/4/13	丝瓜	4	3000		曹云	
2010/4/14	苦瓜	5	2000		王修一	
2010/4/15	冬瓜	2	3000		曹云	

2 输入公式“=C4:C18*D4:D18”。

SUMIF =C4:C18*D4:D18

日期	品名	价格	数量（千克）	总金额	采购人	备注
2010/4/1	土鸡蛋	9		=C4:C18*D4:D18		
2010/4/2	生菜	4	1050		李鑫	
2010/4/3	芹菜	3	3000		李易临	
2010/4/4	菠菜	2	1080		王修一	
2010/4/5	花菜	4	2000		李易临	
2010/4/6	西红柿	5	3000		李鑫	大量缺货
2010/4/7	黄瓜	3	4000		王修一	
2010/4/8	豆角	4	2800		李鑫	
2010/4/9	四季豆	5	1700		王修一	
2010/4/10	青椒	4	3000		李鑫	
2010/4/11	茄子	3	4000		李鑫	
2010/4/12	西葫芦	3	5000		李易临	缺货
2010/4/13	丝瓜	4	3000		曹云	
2010/4/14	苦瓜	5	2000		王修一	
2010/4/15	冬瓜	2	3000		曹云	

输入公式

3 输入完成后，应按Ctrl + Shift + Enter组合键确认输入，即可计算出商品的总金额。

每日进货情况统计表

日期	品名	价格	数量（千克）	总金额	采购人	备注
2010/4/1	土鸡蛋	9	5000	45000	周敏	
2010/4/2	生菜	4	1050	4200	李鑫	
2010/4/3	芹菜	3	3000	9000	李易临	
2010/4/4	菠菜	2	1080	2160	王修一	
2010/4/5	花菜	4	2000	8000	李易临	
2010/4/6	西红柿	5	3000	15000	李鑫	大量缺货
2010/4/7	黄瓜	3	4000	12000	王修一	
2010/4/8	豆角	4	2800	11200	李鑫	
2010/4/9	四季豆	5	1700	8500	王修一	
2010/4/10	青椒	4	3000	12000	李鑫	
2010/4/11	茄子	3	4000	12000	李鑫	
2010/4/12	西葫芦	3	5000	15000	李易临	缺货
2010/4/13	丝瓜	4	3000	12000	曹云	
2010/4/14	苦瓜	5	2000	10000	王修一	
2010/4/15	冬瓜	2	3000	6000	曹云	

Hint

数组公式使用原则 1

1. 输入数组公式之前，需要选择用于保存计算结果的单元格区域。

2. 输入数组公式后，按 Ctrl + Shift + Enter 组合键，此时系统将在输入公式的两边自动添加大括号 {}，表示该公式为数组公式。单击数组公式中任意一个单元格，在编辑栏中会出现带有大括号的数组公式。

3. 在数组公式所涉及的单元格中，不能编辑、清除或移动单元格，也不能插入或删除其中任何一个单元格。

Question

436

• Level ◆◆◆

2013 2010 2007

巧妙提取大量数据

实例 OFFSET 函数的应用

若用户想要从包含大量数据的表格中提取单元格或单元格区域引用，可以通过 OFFSET 函数来实现，下面对其进行介绍。

Hint

OFFSET 函数简介

OFFSET 函数格式如下：

OFFSET(reference, rows, cols, height,width)

参数 Reference 是以其为偏移量的底数的引用。参数 Rows为需要左上角单元格引用的向上或向下行数。参数 Cols 为需要结果的左上角单元格引用的从左到右的列数。参数 Height 可选，为需要返回的引用的行高。参数 Width 可选，为需要返回的引用的列宽。若 rows 和 cols 的偏移使引用超出了工作表边缘，则 OFFSET 返回，错误值 #REF!。

1 选择G1:H19单元格区域，单击编辑栏左侧“插入函数”按钮，在打开的对话框中选择“OFFSET”函数。

G1 输入公式

	A	B	C	D	E	F	G	H
1	订单编号	客户代码	业务员	订单数量	产品单价	总金额		
2	M013050301	T013	王若彤	9000	500	4500000		
3	M013050302	CH19	张敏君	15000	210	3150000		
4	M013050303	JK22	赵小眉	17000	240	4080000		
5	M013050701	M011	李霄云	11000	230	2530000		
6	M013050702	T013	王若彤	20000	200	4000000		
7	M013050901	JK22	赵小眉	32000	160	5120000		
8	M013050902	CH19	张敏君	15000	220	3300000		
9	M013050903	T013	王若彤	13000	230	2990000		
10	M013051201	M011	李霄云	17500	240	4200000		
11	M013051202	JK22	赵小眉	29500	180	5310000		
12	M013051203	CH19	张敏君	40000	130	5200000		
13	M013051204	M011	李霄云	33000	140	4620000		
14	M013051205	JK22	赵小眉	17600	210	3696000		
15	M013051501	T013	王若彤	18000	220	3960000		
16	M013051502	M011	李霄云	22000	210	4620000		
17	M013051701	CH19	张敏君	31000	150	4650000		

2 打开“函数参数”对话框，依次设置参数为：A1:B19、0、1、19、2。

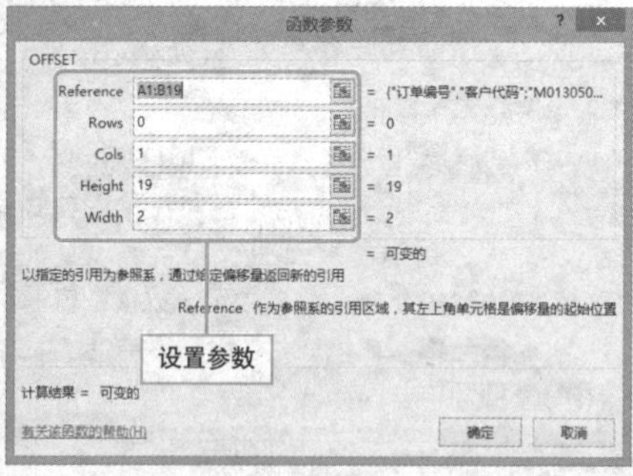

3 按住Ctrl + Shift的同时单击“确定”按钮即可。

M21

	A	B	C	D	E	F	G	H
1	订单编号	客户代码	业务员	订单数量	产品单价	总金额	客户代码	业务员
2	M013050301	T013	王若彤	9000	500	4500000	T013	王若彤
3	M013050302	CH19	张敏君	15000	210	3150000	CH19	张敏君
4	M013050303	JK22	赵小眉	17000	240	4080000	JK22	赵小眉
5	M013050701	M011	李霄云	11000	230	2530000	M011	李霄云
6	M013050702	T013	王若彤	20000	200	4000000	T013	王若彤
7	M013050901	JK22	赵小眉	32000	160	5120000	JK22	赵小眉
8	M013050902	CH19	张敏君	15000	220	3300000	CH19	张敏君
9	M013050903	T013	王若彤	13000	230	2990000	T013	王若彤
10	M013051201	M011	李霄云	17500	240	4200000	M011	李霄云
11	M013051202	JK22	赵小眉	29500	180	5310000	JK22	赵小眉
12	M013051203	CH19	张敏君	40000	130	5200000	CH19	张敏君
13	M013051204	M011	李霄云	33000	140	4620000	M011	李霄云
14	M013051205	JK22	赵小眉	17600	210	3696000	JK22	赵小眉
15	M013051501	T013	王若彤	18000	220	3960000	T013	王若彤
16	M013051502	M011	李霄云	22000	210	4620000	M011	李霄云
17	M013051701	CH19	张敏君	31000	150	4650000	CH19	张敏君
18	M013051702	M011	李霄云	44000	100	4400000	M011	李霄云
19	M013051703	JK22	赵小眉	27500	200	5500000	JK22	赵小眉

巧用 N 函数修正数据

实例 使用 N 函数修正表格数据

若用户表格中同一项的数据类型不一致，在计算时，就会导致计算错误，该如何改变这一现状呢？此时，别忘记可以使用 N 函数来实现快速修正操作。

Hint

N 函数简介

N 函数可以将参数中指定的不是数值形式的数据转换为数值形式，其格式如下：

N(value)

参数 value 为需要转换为数值的值或值所在的单元格。

若参数指定文本，则返回 0；若参数指定日期则返回日期序列号；若指定数字，则返回数字；若参数指定错误值，则返回错误值；若参数指定逻辑值 TRUE，则返回 1；若参数指定逻辑值 FALSE，则返回 0。

❶ 打开工作表，选择C2单元格，输入公式“=N(B2)”。

OFFSET　=N(B2)

	A	B	C	D	E
1	产品名称	单价	修正单价	数量	总金额
2	雪纺短袖	99.00	=N(B2)	992	98208
3	纯棉睡衣	¥103.00		780	80340
4	雪纺连衣裙	128.00		985	126080
5	PU短外套	¥ 99.00		771	76329
6	时尚风衣	185.00		268	49580
7	超薄防晒衣	77.00		1023	78771
8	时尚短裤	¥ 62.00		1132	70184
9	修身长裤	110.00		852	93720
10	运动套装	¥228.00		523	119244

输入公式

❷ 输入完成后按Enter键确认，并向下复制公式即可。

M19

	A	B	C	D	E
1	产品名称	单价	修正单价	数量	总金额
2	雪纺短袖	99.00	99.00	992	98208
3	纯棉睡衣	¥103.00	103.00	780	80340
4	雪纺连衣裙	128.00	128.00	985	126080
5	PU短外套	¥ 99.00	99.00	771	76329
6	时尚风衣	185.00	185.00	268	49580
7	超薄防晒衣	77.00	77.00	1023	78771
8	时尚短裤	¥ 62.00	62.00	1132	70184
9	修身长裤	110.00	110.00	852	93720
10	运动套装	¥228.00	228.00	523	119244
11	纯棉打底衫	¥ 66.00	66.00	975	64350

Hint

数组公式使用原则 2

若要编辑或清除数组公式，应先选择整个数组，然后在编辑栏中修改或删除数组公式。最后按 Ctrl + Shift + Enter 组合键确认即可。

若要移动数组公式，则需选中整个数组公式所包含的范围，然后把整个区域拖放到目标位置，也可执行“剪切 - 粘贴”操作实现。

公式以数组作为参数时，所有数组维数必须相同。若维数不同，系统会自动扩展该参数。

Question 438

轻松获取当前工作簿或工作表名

实例 CELL 函数的应用

在日常工作中，有时会需要使用当前工作表或当前工作簿的名称，这时可以通过 CELL 函数来获取，下面将对该函数的使用方法进行介绍。

• Level ◆◆◆

2013 2010 2007

Hint

CELL 函数简介

CELL 函数格式如下：

CELL（info-type，reference）

参数 info-type 为文本值，指定所需的单元格信息的类型。若指定"filename"，则返回包含引用的文件名和文件类型。若指定"format"，则返回指定的单元格格式对应的文本常数。参数 reference 指定需要检查信息的单元格。

如果省略 reference，则在 info-type 中指定的信息将返回给最后更改的单元格。

❶ 打开工作表，在A2单元格中输入公式"CELL("filename")"并确认，将一下子返回工作表路径、工作簿名称及工作表名称。

OFFSET =CELL("filename")
当前工作表名称
=CELL("filename")

A3 当期工作簿名称
当前工作表名称
D:\14\[14最终.xlsx]轻松获取当前工作簿或工作表名

❷ 若用户只想获取当前工作表名称，则可输入公式"=MID(CELL("filename"), FIND("]",CELL("filename"))+1,255)"或者公式"=REPLACE(CELL("filename"),1,FIND("]",CELL("filename")),"")"，输入完成后，按Enter键确认输入即可。

A2 =MID(CELL("filename"), FIND("]",CELL("filename"))+1,255)
当前工作表名称
轻松获取当前工作簿或工作表名

A2 =REPLACE(CELL("filename"),1,FIND("]",CELL("filename")),"")
当前工作表名称
轻松获取当前工作簿或工作表名

❸ 若用户只想获取当前工作簿名称可输入公式"=MID(CELL("filename",$A$1),FIND("[",CELL("filename",$A$1))+1,FIND("]",CELL("filename",$A$1))-FIND("[",CELL("filename",$A$1))-1)"，然后按Enter键确认输入即可。

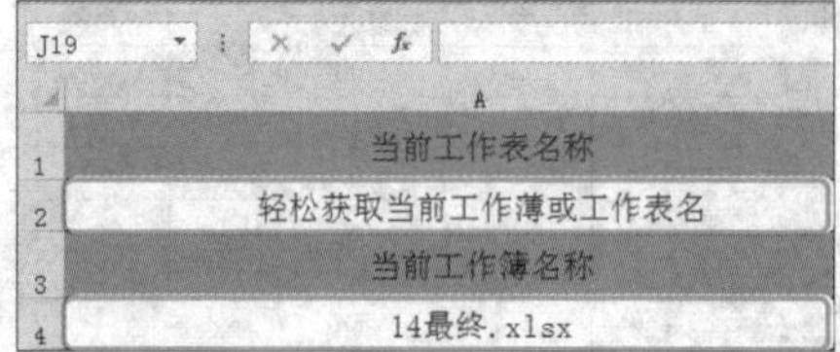

Question **439**

三维引用不重复数据

实例 COUNTIF 函数的应用

在工作表中，有时候会需要在大量的数据中找出不重复的数据，如果通过人工查找，会花费大量时间且准确性不高，此时可利用 Excel 提供的函数快速实现，下面介绍如何通过 COUNTIF 函数查找不重复数据。

● Level ◆◆◆

2013 2010 2007

Hint

COUNTIF 函数简介

COUNTIF 函数格式如下：

COUNTIF(range, criteria)

参数 range 为要计数的一个或多个单元格，包括数字或包含数字的名称、数组或引用。空值和文本值将被忽略。

参数 criteria 为定义要进行计数的单元格的数字、表达式、单元格引用或文本字符串。可以在条件中使用通配符，即问号 (?) 和星号 (*)。条件不区分大小写。

❶ 打开工作表，选择D2：D11单元格区域。

D3

	A	B	C	D
1	商品销售统计			
2	品名	产地	单价	商品来自哪些地区
3	苹果	烟台	7	
4	柚子	海南	6	
5	香蕉	海南	6	
6	荔枝	四川	18	
7	龙眼	广东	14	
8	火龙果	广东	10	
9	西瓜	广东	2	
10	猕猴桃	海南	9	
11	甘蔗	湖南	5	

❷ 在编辑栏中输入公式“=INDEX($B$3:$B$11,SMALL(IF(COUNTIF(OFFSET($B$3,,,ROW($B$3:$B$11)-ROW($B$2)),$B$3:$B$11)=1,ROW($B$3:$B$11)-ROW($B$2)),ROW($B$3:$B$11)-ROW($B$2)))”。

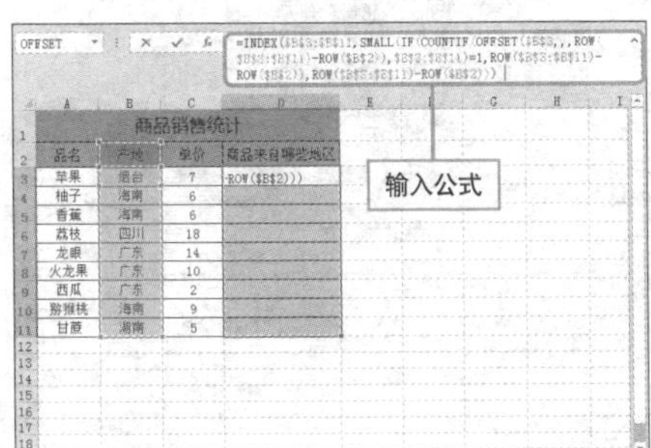

❸ 输入完成后，按Ctrl + Shift + Enter组合键确认即可。

	A	B	C	D
1	商品销售统计			
2	品名	产地	单价	商品来自哪些地区
3	苹果	烟台	7	烟台
4	柚子	海南	6	海南
5	香蕉	海南	6	四川
6	荔枝	四川	18	广东
7	龙眼	广东	14	湖南
8	火龙果	广东	10	#NUM!
9	西瓜	广东	2	#NUM!
10	猕猴桃	海南	9	#NUM!
11	甘蔗	湖南	5	#NUM!

Question 440

Level ◆◆◆

2013 2010 2007

多工作表查询也不难

实例 查询商品销售信息

若用户需要从多个工作表中查询某一商品的相关信息，可以通过VLOOKUP 函数快速查找，下面对其进行介绍。

Hint

VLOOKUP 函数简介

VLOOKUP 函数格式如下：

VLOOKUP(lookup-value,table-array, col-index-num, range-lookup)

参数 lookup-value 为在表格或区域的第一列中搜索的值。参数 lookup-value 可以是值或引用。参数 table-array 为包含数据的单元格区域。参数 col-index-num 为参数 table-array 中必须返回的匹配值的列号。参数 range-lookup 可选，是一个逻辑值，指定希望 VLOOKUP 查找精确匹配值还是近似匹配值。

1 打开Excel工作簿，要求在销售统计1、销售统计2和销售统计3中的数据中查询“纯棉睡衣”三个月份的销售数据。

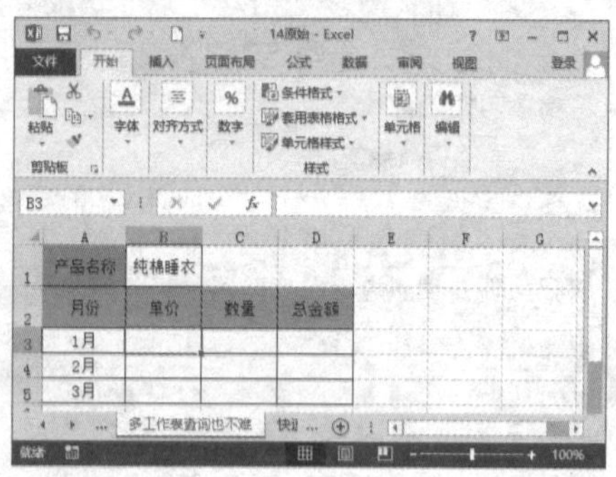

2 选择B3：D5单元格区域，在编辑栏中输入公式“=VLOOKUP($B$1, INDIRECT("销售统计"&{1;2;3}&"!A3:D12"),{2,3,4},0)”。

输入公式

3 输入完成后，按Ctrl + Shift + Enter组合键确认即可查询出相关信息。

	A	B	C	D
1	产品名称	纯棉睡衣		
2	月份	单价	数量	总金额
3	1月	103	825	84975
4	2月	103	752	77456
5	3月	103	1010	104030
6				

快速汇总多表数据

实例 求某商品销售总和

如果用户想要在多个工作表中求出某一商品的销售总额，可以通过函数来实现，下面对其进行介绍。

Hint

INDIRECT 函数简介

INDIRECT 函数格式如下：

INDIRECT(ref-text, a1)

参数 ref-text 为对单元格引用，此单元格包含 A1 样式的引用、R1C1 样式的引用、定义为引用的名称或对作为文本字符串的单元格的引用。如果 ref-text 不是合法的单元格引用，则 indirect 返回错误值 #REF!。

参数 A1 可选，为一个逻辑值，用于指定包含在单元格 ref-text 中的引用的类型。

1 打开Excel工作簿，要求根据销售统计1、销售统计2和销售统计3中的数据计算出纯棉睡衣第一季度的销售额。

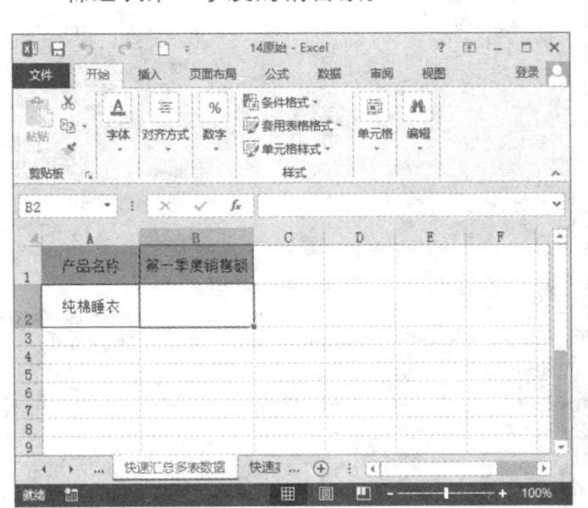

2 选择B2单元格，在编辑栏中输入公式“=SUM(SUMIF(INDIRECT("销售统计"&{1;2;3}&"!A3:A12"),A2,INDIRECT("销售统计"&{1;2;3}&"!D3:D12")))”。

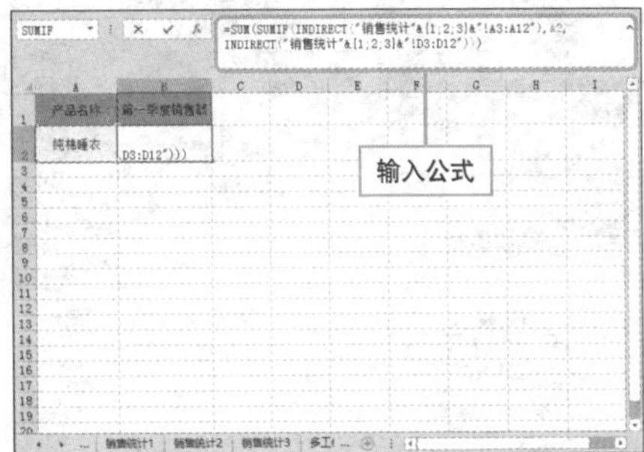

3 输入完成后， Enter组合键确认即可计算出纯棉睡衣在第一季度的销售额。

	A	B
1	产品名称	第一季度销售额
2	纯棉睡衣	266461

Question 442

快速实现数字转英文序数

• Level ◆◆◆

2013 2010 2007

实例 将数字转换为英文序数

将数字转换为英文序数是一个比较复杂的问题。因为它没有一个十分固定的模式，实现起来变得比较麻烦。但是，通过 Excel 函数，可以轻松将英文基数词转换为序数词。

Hint

关于英文序数的介绍

大多数的数字变成英文序数都是以“th”作为后缀，但是以“1”、“2”、“3”结尾的数字却分别以“st”、“nd”、“rt”结尾的。而且，“11”、“12”、“13”这 3 个数字又是以“th”结尾的。

在分析数据时，应先判断数字是否以“11”、“12”、“13”结尾，是则加上“th”后缀；不是则检查最后一个数字是否已“1”、“2”、“3”结尾，是就添加“st”、“nd”、“rt”；如果不属于以上两种情况，则添加“th”。

❶ 打开工作表，选择B1单元格，输入公式“=A1&IF(OR(--RIGHT(A1,2)={11,12,13}),"th",IF(OR(--RIGHT(A1)={1,2,3}),CHOOSE(RIGHT(A1),"st","nd","rd"),"th"))”。

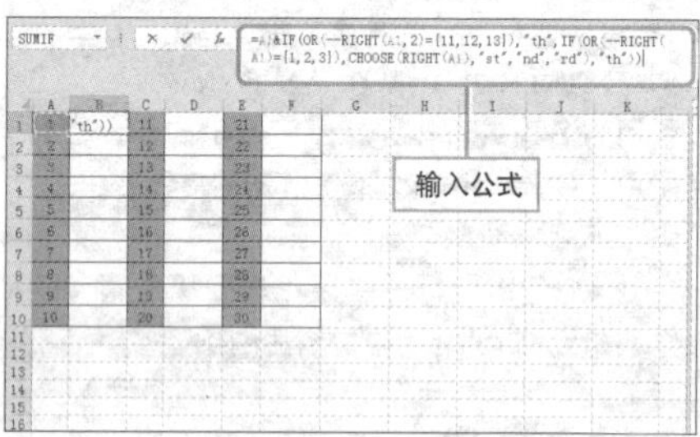

❷ 按Enter键确认输入，拖动鼠标，向下复制公式。

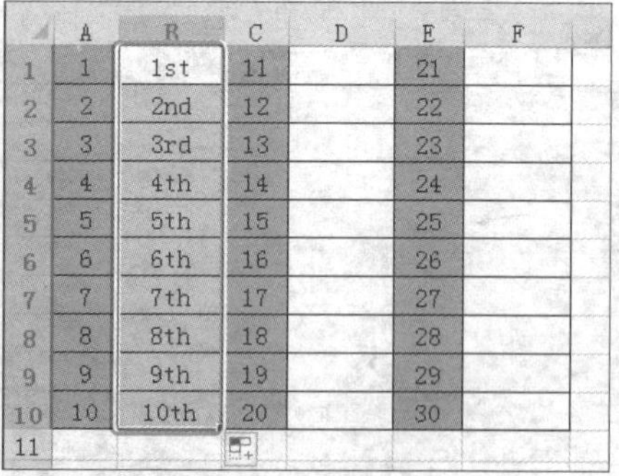

	A	B	C	D	E	F
1	1	1st	11		21	
2	2	2nd	12		22	
3	3	3rd	13		23	
4	4	4th	14		24	
5	5	5th	15		25	
6	6	6th	16		26	
7	7	7th	17		27	
8	8	8th	18		28	
9	9	9th	19		29	
10	10	10th	20		30	
11						

❸ 选择B1:B10单元格区域，复制公式，分别粘贴至D1:D10 和F1:F10单元格区域。

	A	B	C	D	E	F	G
1	1	1st	11	11th	21	21st	
2	2	2nd	12	12th	22	22nd	
3	3	3rd	13	13th	23	23rd	
4	4	4th	14	14th	24	24th	
5	5	5th	15	15th	25	25th	
6	6	6th	16	16th	26	26th	
7	7	7th	17	17th	27	27th	
8	8	8th	18	18th	28	28th	
9	9	9th	19	19th	29	29th	
10	10	10th	20	20th	30	30th	
11							(Ctrl)
12							
13							

快速标记工作表中的重复记录

实例 为重复的数据自动添加编号

若表格中存在大量重复数据，但是又不能删除这些重复数据，用户以为这些重复的数据添加编号，以便日后对这些数据的查询和统计。

1 **添加数字编号**。打开工作表，选择C2单元格，输入公式“=B2&IF(COUNTIF($B$2:$B51,B2)>1，COUNTIF(B$2:B2,B2),"")”。然后确认输入即可。

2 **添加字母编号**。选择D2单元格，输入公式“=B2&IF(COUNTIF(B$2:B51,B2)>1，CHAR(64+COUNTIF(B$2:B2,B2)),"")”，然后确认输入即可。

3 当发现重复数据超过26个时，记录会出现符号和小写字母。

	姓名	籍贯	加数字编号	加字母编号1	加字母编号2
29	刘真真	江苏	江苏18	江苏R	
30	夏雨萌	江苏	江苏19	江苏S	
31	王思雨	江苏	江苏20	江苏T	
32	刘若男	江苏	江苏21	江苏U	
33	邹雪衣	江苏	江苏22	江苏V	
34	王雪晴	江苏	江苏23	江苏W	
35	刘琳灵	江苏	江苏24	江苏X	
36	张曼怡	江苏	江苏25	江苏Y	
37	周晓晓	江苏	江苏26	江苏Z	
38	李嘉宁	江苏	江苏27	江苏[	
39	张安心	海南	海南	海南	
40	王恩恩	江苏	江苏28	江苏\	
41	周小爱	江苏	江苏29	江苏]	
42	张曼西	江苏	江苏30	江苏^	
43	周念恩	江苏	江苏31	江苏_	
44	倪虹	江苏	江苏32	江苏`	
45	张霓赏	江苏	江苏33	江苏a	
46	周童童	江苏	江苏34	江苏b	
47	夏雨欣	江苏	江苏35	江苏c	
48	王紫逸	江苏	江苏36	江苏d	
49	胡筱云	江苏	江苏37	江苏e	
50	刘云罗	江苏	江苏38	江苏f	
51	张敏君	江苏	江苏39	江苏g	

4 修正字母编号。可将公式修正为“=B2&IF(COUNTIF(B:B,B2)>1,SUBSTITUTE(ADDRESS(1,COUNTIF(B$2:B2,B2),4),1,),"")”。

Question 444

• Level ◆◆◆

2013 2010 2007

快速统计日记账中的余额

实例 计算日记账的累计余额

在对每天的收入和支出进行统计时，如何快速计算出累计余额呢？下面对其进行详细介绍。

1 打开工作表，选择D2单元格，输入公式"=SUM(B$2:B2)-SUM(C2:C2)"。

SUMIF =SUM(B2:B2)-SUM(C2:C2)

	A	B	C	D	E
1	日期	收入	支出	余额	
2	2013/05/01	3,500.00	500.00	-SUM(C2:C2)	
3	2013/05/02	4,300.00	800.00		
4	2013/05/03	5,700.00	5,000.00		
5	2013/05/04	6,000.00	5,000.00		
6	2013/05/05	5,800.00	2,000.00		
7	2013/05/06	7,000.00	600.00		
8	2013/05/07	9,200.00	1,200.00		
9	2013/05/08	6,600.00	5,000.00		
10	2013/05/09	9,900.00	1,000.00		
11	2013/05/10	10,500.00	400.00		
12					

输入公式

2 将鼠标光标定位至需要改变单元格引用的单元格处，按两次F4键，将其转换为相对引用行绝对引用列的形式。

SUMIF =SUM(B$2:B2)-SUM(C$2:C2)

	A	B	C	D	E
1	日期	收入	支出	余额	
2	2013/05/01	3,500.00	500.00	-SUM(C$2:C2)	
3	2013/05/02	4,300.00	800		
4	2013/05/03	5,700.00	5,000		
5	2013/05/04	6,000.00	5,000.00		
6	2013/05/05	5,800.00	2,000.00		
7	2013/05/06	7,000.00	600.00		
8	2013/05/07	9,200.00	1,200.00		
9	2013/05/08	6,600.00	5,000.00		
10	2013/05/09	9,900.00	1,000.00		
11	2013/05/10	10,500.00	400.00		
12					
13					

按F4键改变引用形式

3 按Enter键确认输入，可以计算出D2单元格中的数据。

D2 =SUM(B$2:B2)-SUM(C$2:C2)

	A	B	C	D	E
1	日期	收入	支出	余额	
2	2013/05/01	3,500.00	500.00	3,000.00	
3	2013/05/02	4,300.00	800.00		
4	2013/05/03	5,700.00	5,000.00		
5	2013/05/04	6,000.00	5,000.00		
6	2013/05/05	5,800.00	2,000.00		
7	2013/05/06	7,000.00	600.00		
8	2013/05/07	9,200.00	1,200.00		
9	2013/05/08	6,600.00	5,000.00		
10	2013/05/09	9,900.00	1,000.00		
11	2013/05/10	10,500.00	400.00		
12					

4 将鼠标光标移至D2单元格右下角，按住鼠标左键向下拖动鼠标复制公式即可。

D11 =SUM(B$2:B11)-SUM(C$2:C11)

	A	B	C	D	E
1	日期	收入	支出	余额	
2	2013/05/01	3,500.00	500.00	3,000.00	
3	2013/05/02	4,300.00	800.00	6,500.00	
4	2013/05/03	5,700.00	5,000.00	7,200.00	
5	2013/05/04	6,000.00	5,000.00	8,200.00	
6	2013/05/05	5,800.00	2,000.00	12,000.00	
7	2013/05/06	7,000.00	600.00	18,400.00	
8	2013/05/07	9,200.00	1,200.00	26,400.00	
9	2013/05/08	6,600.00	5,000.00	28,000.00	
10	2013/05/09	9,900.00	1,000.00	36,900.00	
11	2013/05/10	10,500.00	400.00	47,000.00	
12					
13					

日期与数字格式的转换

实例 TEXT 函数的应用

利用 TEXT 函数可以将日期转换为不同的数字格式，也可以将文本转换为日期，下面介绍如何利用该函数快速在日期和文本之间进行转换。

Hint

TEXT 函数介绍

TEXT 函数可以将数值转换为指定格式的文本，其格式如下：

TEXT(value, format-text)

参数 value 为数值、计算结果为数值的公式，或对包含数值的单元格的引用。参数 format-text 为双引号引起的文本字符串的数字格式。例如，"m/d/yyyy" 或 "#,##0.00"。有关详细的格式准则，请单击 Excel 右上角的帮助按钮，打开帮助文件进行详细了解。

1 **将日期转换为文本**。选择B3单元格，输入公式"=TEXT(A3,"yyyymmdd")"，然后确认输入即可。

SUMIF =TEXT(A3,"yyyymmdd")

	A	B	C	D
1	TEXT函数应用			
2	日期	日期转换为文本	文本	文本转换为日期
3		=TEXT(A3,"yyyymmdd")		
4	2013/4/19		20120406	
5	2011/5/15		20120410	
6	2012/12/25		20120301	
7	2011/8/26		20120127	
8	2011/11/11		20110214	
9	2012/8/8		20111225	

输入公式

2 向下复制公式，更改参数format-text的数字格式，可将日期更改为其他数字格式。

B10 =TEXT(A10,"mmmmdddd")

	A	B	C	D
1	TEXT函数应用			
2	日期	日期转换为文本	文本	文本转换为日期
3	2013/4/25	20130425	20120325	
4	2013/4/19	20130419	20120406	
5	2011/5/15	11515	20120410	
6	2012/12/25	121225	20120301	
7	2011/8/26	AugFri	20120127	
8	2011/11/11	NovFri	20110214	
9	2012/8/8	AugustWednesday	20111225	
10	2010/8/25	AugustWednesday	20101001	
11	2008/7/1	July	20080808	
12	2011/10/1	October	20080725	
13	2010/12/20	December	20080618	

3 **将文本转换为日期**。选择D3单元格，输入公式"=--TEXT(C3,"0-00-00")"并确认。

D3 =--TEXT(C3,"0-00-00")

	A	B	C	D
1	TEXT函数应用			
2	日期	日期转换为文本	文本	文本转换为日期
3	2013/4/25	20130425	20120325	2012年3月25日
4	2013/4/19	20130419	20120406	2012年4月6日
5	2011/5/15	11515	20120410	2012年4月10日
6	2012/12/25	121225	20120301	2012年3月1日
7	2011/8/26	AugFri	20120127	2012年1月27日
8	2011/11/11	NovFri	20110214	2011年2月14日
9	2012/8/8	AugustWednesday	20111225	2011年12月25日
10	2010/8/25	AugustWednesday	20101001	2010年10月1日
11	2008/7/1	July	20080808	2008年8月8日
12	2011/10/1	October	20080725	2008年7月25日
13	2010/12/20	December	20080618	2008年6月18日
14				

Question

446 快速将中文日期文本转换为日期值

实例 DATE 函数的应用

若表格中存在大量中文日期文本，用户想要将这些中文日期文本转为日期值，该怎样才能实现呢？

• Level ◆◆◆

2013 2010 2007

Hint

DATE 函数介绍

使用 DATE 函数，可以返回代表指定日期的序列号，其语法格式如下：

DATE(year,month,day)

参数 Year 可以包含一到四位数字。Excel 将根据计算机所使用的日期系统来解释 year 参数。默认情况下，Microsoft Excel for Windows 将使用 1900 日期系统。

参数 month 表示一年中从 1 月至 12 月的各个月。如果 month 大于 12，则 month 会将该月份数与指定年中的第一个月相加。如果 month 小于 1，month 则从指定年份的一月份开始递减该月份数，然后再加上 1 个月。

参数 Day 是 一个正整数或负整数，表示一月中从 1 日到 31 日的各天。如果 day 大于月中指定的天数，则 day 会将天数与该月中的第一天相加。

1. 选择B2单元格，输入公式“=DATE(1898+MATCH(LEFT(A2,4),TEXT(ROW($1899:$2099),"[DBNum1]0000"),0),MONTH(MATCH(SUBSTITUTE(MID(A2,6,7),"元","一"),TEXT(ROW($1:$365),"[DBNum1]m月d日"),0)),DAY(MATCH(SUBSTITUTE(MID(A2,6,7),"元","一"),TEXT(ROW($1:$365),"[DBNum1]m月d日"),0)))”。

输入公式

2. 输入完成后，按Ctrl + Shift + Enter键确认输入，然后将公式向下复制到其他单元格即可。

	A	B
1	中文日期文本	日期值
2	二〇一二年三月四日	2012/3/4
3	二〇一一年十二月十三日	2011/12/13
4	二〇〇五年十月二十日	2005/10/20
5	二〇〇三年十一月三十日	2003/11/30
6	二〇〇九年元月十二日	2009/1/12
7	二〇〇八年元月一日	2008/1/1
8	二〇〇四年八月二十日	2004/8/20
9	二〇〇七年四月九日	2007/4/9
10	二〇〇八年六月六日	2008/6/6
11		

巧用嵌套函数划分等级

实例 巧用 IF 函数评定优秀员工

在进行复杂地运算时，单个函数就无法满足用户需求，需要多个函数嵌套使用，下面介绍嵌套函数的使用方法与技巧。

1. 打开工作表，选择E3单元格，单击编辑栏左侧“插入函数”按钮。

单击该按钮

	A	B	C	D	E
1	第一季度销售量统计				
2	姓名	1月	2月	3月	等级
3	王玲琳	3756	4023	3395	
4	李锦瑟	2985	3988	4012	
5	王小梦	4456	3988	3745	
6	张敏君	3860	4522	4023	
7	王恩恩	3788	3852	4003	
8	周若彤	2985	3058	3365	
9	李子淇	3789	3852	3741	
10	韩秀云	3895	3028	2744	
11	李家瑞	4058	3851	4233	

2. 打开“插入函数”对话框，选择IF函数，单击“确定”按钮。

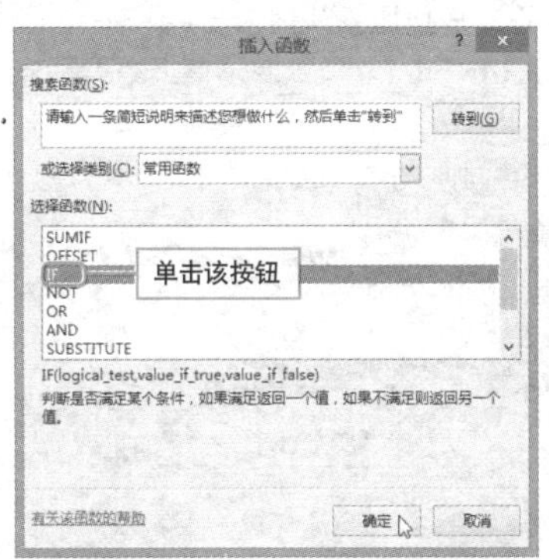

3. 打开“函数参数”对话框，鼠标光标定位至“Logical-text”右侧文本框中，单击工作表左上方“名称框”下拉按钮，选择“AND”选项。

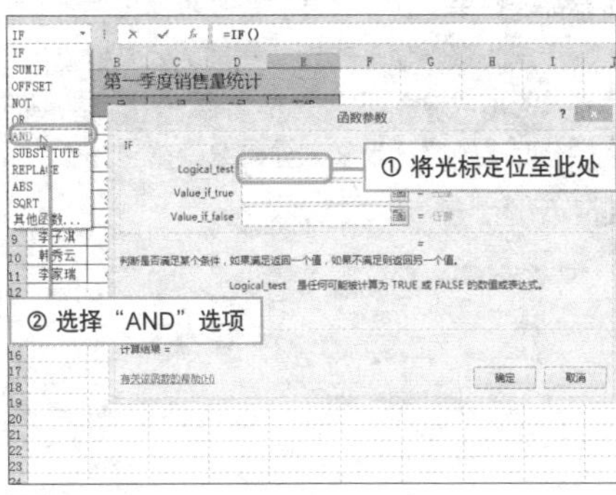

4. 打开AND函数的“函数参数”对话框，依次设置Logical1为B3>3500、Logical2为C3>3500、Logical3为D3>3500，然后单击编辑栏公式中的IF。

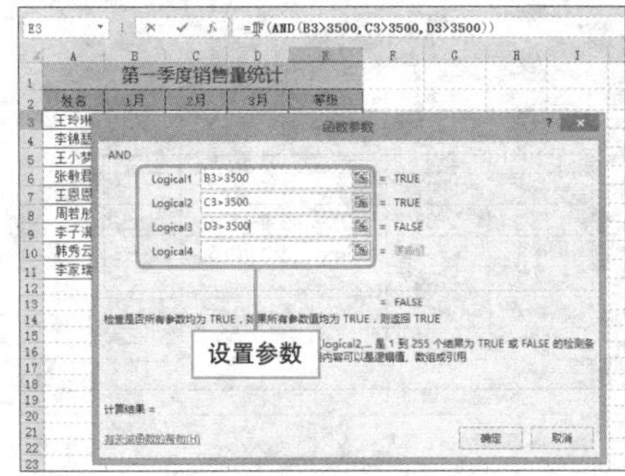

5 返回IF函数的“函数参数”对话框，指定参数Value-if-true为”一级”，将光标定位至Value-if-false文本框，然后从名称框列表中选择IF选项。

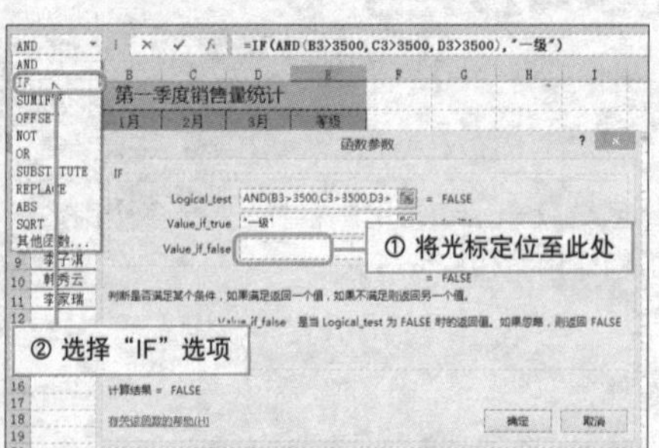

6 打开IF函数的“函数参数”对话框，按照步骤3中的方法指定参数“Logical-text”为AND函数，并依次设置AND函数各参数，设置完成后，单击编辑栏公式中嵌套的IF。

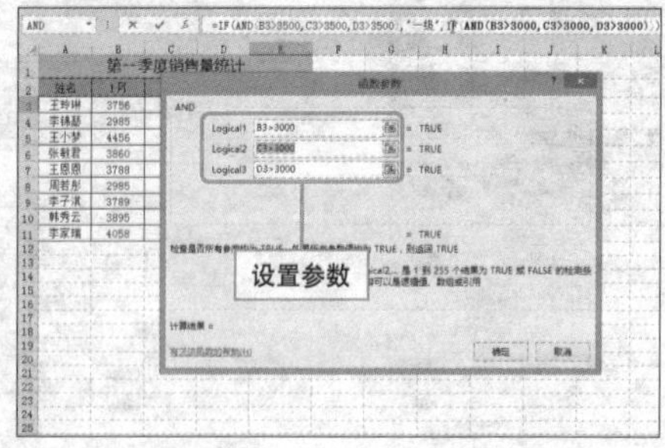

7 返回嵌套的IF函数的“函数参数”对话框，根据需要分别指定Value-if-true和Value-if-false参数，单击编辑栏公式中的IF。

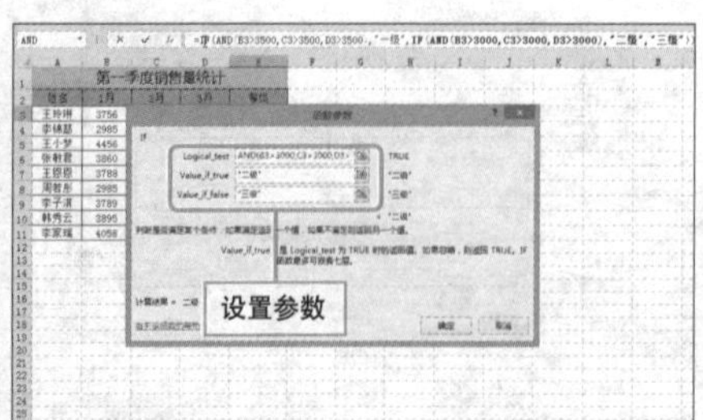

8 返回IF函数的“函数参数”对话框，单击“确定”按钮。

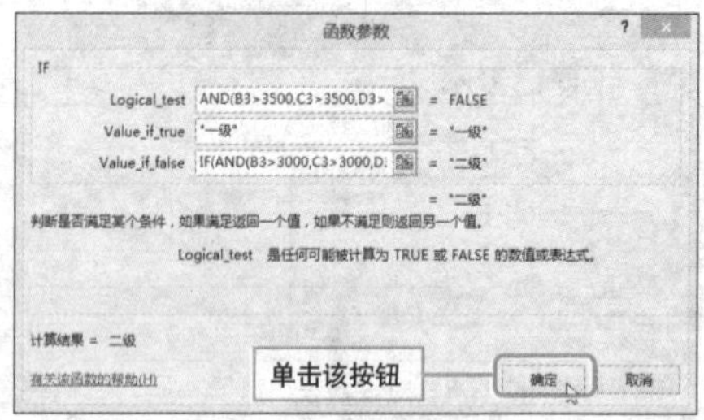

9 算出E3单元格中的值，然后将公式复制到其他单元格即可。

	A	B	C	D	E
1	第一季度销售量统计				
2	姓名	1月	2月	3月	等级
3	王玲琳	3756	4023	3395	二级
4	李锦瑟	2985	3988	4012	三级
5	王小梦	4456	3988	3745	一级
6	张敏君	3860	4522	4023	一级
7	王恩恩	3788	3852	4003	一级
8	周若彤	2985	3058	3365	三级
9	李子淇	3789	3852	3741	一级
10	韩秀云	3895	3028	2744	三级
11	李家瑞	4058	3851	4233	一级
12					
13					

Hint

嵌套函数注意事项

嵌套函数一般以逻辑函数中的IF和AND为前提条件，与其他函数组合使用。用户可以利用“插入函数”对话框，以正常参数指定的顺序嵌套函数。从嵌套的函数返回原来的函数时，不能单击“函数参数”对话框中的“确定”按钮，而是单击编辑公式中需要返回的函数。

轻松留下单元格操作时间

实例 记录单元格操作时间

若用户希望可以对表格中的数据改动时，自动记录下单元格的最后操作时间，可以通过IF函数、COUNTBLANK函数及NOW函数来实现，下面对其进行介绍。

Level

2013 2010 2007

Hint

COUNTBLANK函数和NOW函数介绍

COUNTBLANK函数格式如下：

COUNTBLANK(column)

参数column为包含要计数的空白单元的列。返回值是一个整数。如果找不到满足条件的行，则返回空白。

NOW函数格式如下：

NOW()

返回值是一个日期，该函数没有参数，Excel可将日期存储为可用于计算的序列号，且序列号右边的数字表示时间，左边的数字表示日期。函数返回值仅在计算工作表或运行含有该函数的宏时才发生改变，不会持续更新。

❶ 选择E2单元格，输入公式"=IF(COUNTBLANK($A2:$D2),"",NOW())"。

AND =IF(COUNTBLANK($A2:$D2),"",NOW())

	A	B	C	D	E	F
1	进货日期	客户	进货单	数量	记录时间	
2	2013/4/1	M013	=IF(COUNTBLANK($A2:$D2),"",NOW())			
3	2013/4/2	T005	S0002	300		
4	2013/4/3	H008	S0003	400		
5	2013/4/4	K018	S0004	350		
6	2013/4/5	T003	S0005	410		
7	2013/4/6	M012	S0006	203		
8	2013/4/7	T018	S0007	189		
9	2013/4/8	M012	S0008	356		
10	2013/4/9	T012	S0009	500		

输入公式

❷ 输入完成后，按Enter键确认输入，并向下复制公式即可。

I13

	A	B	C	D	E
1	进货日期	客户	进货单	数量	记录时间
2	2013/4/1	M013	S0001	450	12:59:27 PM
3	2013/4/2	T005	S0002	300	12:59:27 PM
4	2013/4/3	H008	S0003	400	12:59:27 PM
5	2013/4/4	K018	S0004	350	12:59:27 PM
6	2013/4/5	T003	S0005	410	12:59:27 PM
7	2013/4/6	M012	S0006	203	12:59:27 PM
8	2013/4/7	T018	S0007	189	12:59:27 PM
9	2013/4/8	M012	S0008	356	12:59:27 PM
10	2013/4/9	T012	S0009	500	12:59:27 PM

Question **449**

Level ◆◆◆

2013 2010 2007

产生指定范围内的随机数

实例 RAND 函数的应用

RAND 函数可以返回大于 0 且小于 1 的随机数，每次打开工作表都会返回新的随机数。下面介绍如何利用 RAND 函数产生指定范围内的随机数。

Hint

RAND 函数介绍

RAND 函数格式如下：

RAND()

不指定任何参数。在单元格或编辑栏内直接输入 RAND() 即可。如果参数指定文本或数字，则会出现“输入的公式包含错误”的提示信息。

该函数在以下几种情况下产生新的随机数。

1. 打开工作表时。
2. 单元格内容发生变化时。
3. 按 F9 键或 Shift + F9 键时。

❶ 打开工作表，选择A2单元格，输入公式“=INT(RAND()*20+51)”。

AND | =INT(RAND()*20+51)

	A	B	C	D	E
1	产生20至70之间的随机整数				
2	=INT(RAND()*20+51)				

输入公式

❷ 输入完成后，按Enter键确认输入，然后向其他单元格复制公式即可。

J18

	A	B	C	D	E
1	产生20至70之间的随机整数				
2	62	66	65	58	56
3	68	62	65	58	67
4	51	61	64	51	58
5	55	51	68	66	54
6	63	68	52	68	60
7	51	56	60	59	63
8	63	64	62	69	54
9	61	59	66	62	62
10	59	57	60	67	63
11	66	67	58	55	51

Hint

一次性产生多个随机数

选择多个单元格或单元格区域，输入上述公式，然后按 Ctrl + Shift + Enter 组合键确认。

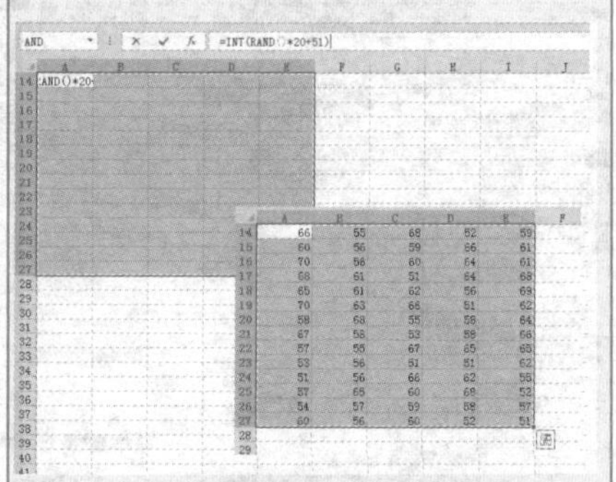

排列与组合函数的运算

实例 函数 PERMUT 与 COMBIN 的应用

在数学运算中，排列和组合运算的运算令人头痛。但是在 Excel 中，通过 PERMUT 与 COMBIN 函数可以快速计算出排列数和组合数，下面对其进行详细介绍。

Hint

PERMUT 与 COMBIN 函数介绍

PERMUT 函数格式如下：

PERMUT(number,number-chosen)

参数 number 不可缺省，表示对象个数的整数。参数 number-chosen 不可缺省，表示每个排列中对象个数的整数。

COMBIN 函数格式如下：

COMBIN (number,number-chosen)

参数 number 不可缺省，表示项目的数量。参数 number-chosen 不可缺省，表示每个组合中项目的数量。

❶ **利用PERMUT函数计算排列数**。选择B1单元格，输入公式“=PERMUT(B2,B3)”，然后按Enter确认输入即可。

AND ｜ =PERMUT(B2,B3)

	A	B	C
1	福彩3D所有可能的排列	=PERMUT(B2,B3)	
2	元素总数	10	
3	每个排列中的元素数目	3	

	A	B
1	福彩3D所有可能的排列数为	720
2	元素总数	10
3	每个排列中的元素数目	3

❷ **利用COMBIN函数计算组合数**。选择B1单元格，输入公式“=COMBIN(B2,B3)”，然后按Enter确认输入即可。

AND ｜ =COMBIN(B2,B3)

	A	B	C
1	从20人中抽取5人的纟	=COMBIN(B2,B3)	
2	总人数	20	
3	每个组合中的人数	5	

	A	B
1	从20人中抽取5人的组合数为	15504
2	总人数	20
3	每个组合中的人数	5

Hint

排列组合公式简介

在数学计算中，排列数的计算公式如下：

$$P_n^r = n(n-1)\ldots(n-r+1) = \frac{n!}{(n-r)!}$$

组合数的计算公式如下：

$$C_n^r = \frac{P_n^r}{r!} = \frac{n!}{r!(n-r)!}$$

其中，参数 number 对应公式中的 n，参数 number-chosen 对应公式中的 K。

Question 451

● Level ◆◆◆

2013 2010 2007

单个区域排名花样多

实例 不同函数进行区域排名

在销售额统计、订单量统计等报表中，经常需要根据销售额的大小、订单量的多少，对表格中的数据进行排名，对数据排名的方法有很多种，下面对其进行介绍。

Hint

RANK 函数介绍

RANK 函数格式如下：

RANK(number,ref,order)

参数 number 指定需要找到排位的数字。参数 ref 指定数字列表数组或对数字列表的引用。参数 order 指定排位方式，若指定为 1，则按照升序排列；若指定为 0 或省略，则按照降序排列。

❶ **RANK函数排名**。选择C2单元格，输入降序排列公式“=RANK(B2,B$2:B$13)”。然后选择D2单元格，输入升序排列公式“=RANK(B2,B$2:B$13,1)”。

D2 =RANK(B2,B$2:B$13,1)

	A	B	C	D	E	F	G	H
1	月份	销售量	RANK降序	RANK升序	COUNTIF降序	COUNTIF升序	SUM降序	SUM升序
2	1月	892	10	3				
3	2月	985	7	6				
4	3月	888	11	2				
5	4月	1093	4	9				
6	5月	1156	2	11				
7	6月	961	8	5				
8	7月	776	12	1				
9	8月	1068	5	8				
10	9月	1015	6	7				
11	10月	923	9	4				
12	11月	1149	3	10				
13	12月	1374	1	12				

❷ **COUNTIF函数排名**。选择E2单元格，输入降序排列公式“=COUNTIF(B$2:B$13,">"&B2)+1”。然后选择F2单元格，输入升序排列公式“=COUNTIF(B$2:B$13,"<"&B2)+1”。

F2 =COUNTIF(B$2:B$13,"<"&B2)+1

	A	B	C	D	E	F	G	H
1	月份	销售量	RANK降序	RANK升序	COUNTIF降序	COUNTIF升序	SUM降序	SUM升序
2	1月	892	10	3	10	3		
3	2月	985	7	6	7	6		
4	3月	888	11	2	11	2		
5	4月	1093	4	9	4	9		
6	5月	1156	2	11	2	11		
7	6月	961	8	5	8	5		
8	7月	776	12	1	12	1		
9	8月	1068	5	8	5	8		
10	9月	1015	6	7	6	7		
11	10月	923	9	4	9	4		
12	11月	1149	3	10	3	10		
13	12月	1374	1	12	1	12		

❸ **SUM函数排名**。选择G2单元格，输入降序排列公式“=SUM(--(B$2:B$13>B2))+1”。然后选择H2单元格，输入升序排列公式“=SUM(--(B$2:B$13<B2))+1”。

H2 {=SUM(--(B$2:B$13<B2))+1}

	A	B	C	D	E	F	G	H
1	月份	销售量	RANK降序	RANK升序	COUNTIF降序	COUNTIF升序	SUM降序	SUM升序
2	1月	892	10	3	10	3	10	3
3	2月	985	7	6	7	6	7	6
4	3月	888	11	2	11	2	11	2
5	4月	1093	4	9	4	9	4	9
6	5月	1156	2	11	2	11	2	11
7	6月	961	8	5	8	5	8	5
8	7月	776	12	1	12	1	12	1
9	8月	1068	5	8	5	8	5	8
10	9月	1015	6	7	6	7	6	7
11	10月	923	9	4	9	4	9	4
12	11月	1149	3	10	3	10	3	10
13	12月	1374	1	12	1	12	1	12

巧用数据库函数处理采购数据

实例 DSUM 函数的应用

数据库是包含一组相关数据的列表，其中包含相关信息的行称为记录，包含数据的列称为字段。列表的第一行包含着每一列的标志项。DSUM函数能从数据清单或者数据库的列中返回满足指定条件的数字之和。

Hint

DSUM 函数介绍

DSUM 函数格式如下：

DSUM(database, field, criteria)

参数 database 为构成列表或数据库的单元格区域。

参数 field 为指定函数所使用的列。

参数 criteria 为包含指定条件的单元格区域。可以为其指定任意区域，但要此区域包含至少一个列标签，并且列标签下至少有一个在其中为列指定条件的单元格。

1 打开工作表，选择D15单元格，单击编辑栏左侧“插入函数”按钮，从弹出的“插入函数”对话框中选择DSUM函数。

D15 | 单击该按钮 | 插入函数

	A	B	C	D
1	料号	单价	采购数量	总金额
2	S01181256	0.5	1500	750
3	S01181257	0.7	1200	840
4	S01181258	0.5	6000	3000
5	S01181259	1	3000	3000
6	S01181260	0.8	1200	960
7	S01181261	0.7	4000	2800
8	S01181262	0.5	3000	1500
9	S01181263	0.75	5000	3750
10	料号	单价	采购数量	总金额
11		0.5		
12				
13				
14				
15	采购单价为0.5的物品花费金额			

2 打开“函数参数”对话框，指定参数Database为“A1:D9”、参数Field为“D1”、参数Criteria为“A10:D11”，然后单击“确定”按钮。

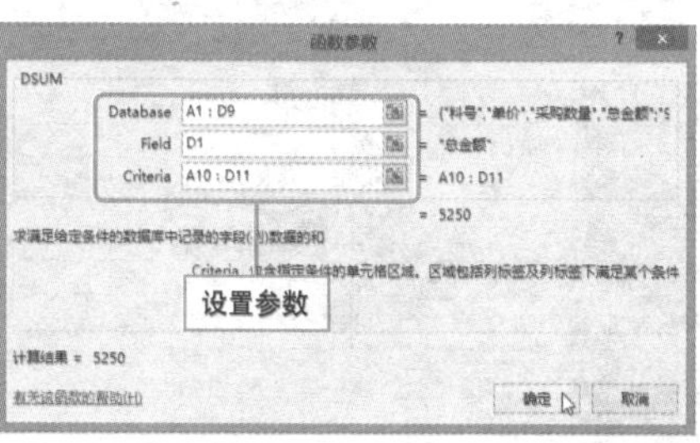

3 返回工作表，可以看到D15单元格中显示出计算结果。

D15 =DSUM(A1:D9,D1,A10:D11)

	A	B	C	D
1	料号	单价	采购数量	总金额
2	S01181256	0.5	1500	750
3	S01181257	0.7	1200	840
4	S01181258	0.5	6000	3000
5	S01181259	1	3000	3000
6	S01181260	0.8	1200	960
7	S01181261	0.7	4000	2800
8	S01181262	0.5	3000	1500
9	S01181263	0.75	5000	3750
10	料号	单价	采购数量	总金额
11		0.5		
12				
13				
14				
15	采购单价为0.5的物品花费金额			5250

Question 453

• Level ◆◆◆

2013 2010 2007

利用 COUNTA 函数统计完成订单数

实例 COUNTA 函数的应用

COUNTA 函数可以统计单元格区域中不为空的单元格个数，下面介绍如何使用 COUNTA 函数统计已完成订单数。

Hint

COUNTA 函数介绍

COUNTA 函数格式如下：

COUNTA(value1, value2, ...)

参数 value1 必需，表示要计数的值的第一个参数。参数 value2, ... 可选，表示要计数的值的其他参数，最多可包含 255 个参数。COUNTA 函数计算包含任何类型的信息（包括错误值和空文本 ("")）的单元格，但是不会对空单元格进行计数。

1 打开工作表，选择G12单元格，单击编辑栏左侧“插入函数”按钮，从弹出的“插入函数”对话框中选择COUNTA函数。

单击该按钮

插入函数

5月份出货明细						
客户	下单日期	交期	订单号码	数量PCS	单价	交货情况
CK18	2013/3/5	2013/5/30	CK18130305	10000	200	
J013	2013/1/5	2013/5/15	J013130105	6500	150	已完成
CM03	2012/12/30	2013/5/11	CM03121230	12000	200	已完成
T012	2013/2/8	2013/5/25	T012130208	9000	300	已完成
JD11	2013/4/5	2013/5/24	JD11130405	8000	150	
M015	2013/3/9	2013/5/29	M015130309	12000	360	以完成
MK14	2013/4/23	2013/5/20	MK14130423	6600	450	
T043	2013/2/1	2013/5/22	T043130201	20000	100	已完成
CM03	2013/4/8	2013/5/19	CM03130408	3000	260	已完成
已完成订单数						

2 打开“函数参数”对话框，指定参数value为G3：G11，然后单击“确定”按钮。

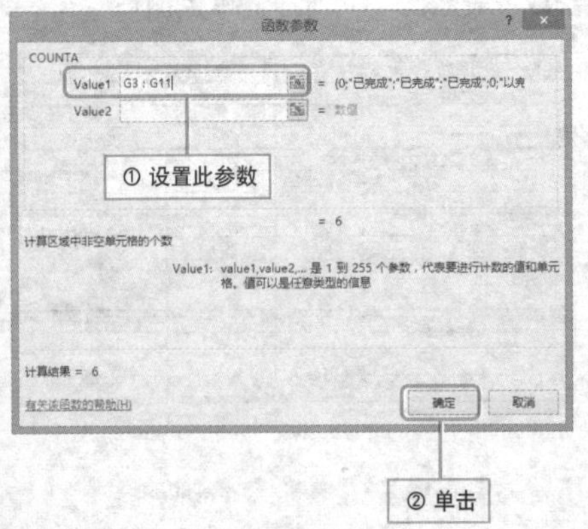

3 返回工作表，可以看到G12单元格中显示出计算结果。

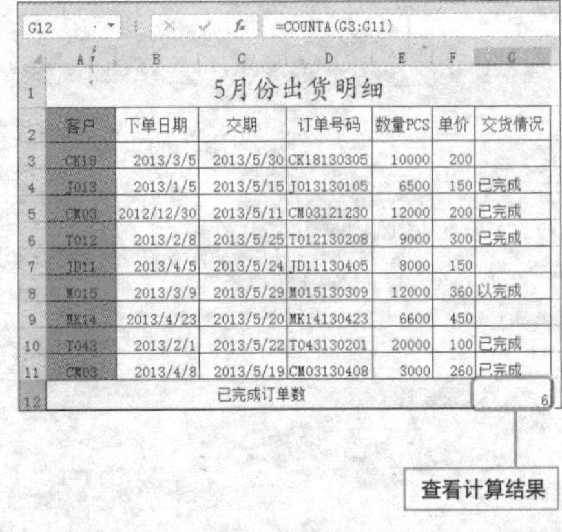

=COUNTA(G3:G11)

5月份出货明细						
客户	下单日期	交期	订单号码	数量PCS	单价	交货情况
CK18	2013/3/5	2013/5/30	CK18130305	10000	200	
J013	2013/1/5	2013/5/15	J013130105	6500	150	已完成
CM03	2012/12/30	2013/5/11	CM03121230	12000	200	已完成
T012	2013/2/8	2013/5/25	T012130208	9000	300	已完成
JD11	2013/4/5	2013/5/24	JD11130405	8000	150	
M015	2013/3/9	2013/5/29	M015130309	12000	360	以完成
MK14	2013/4/23	2013/5/20	MK14130423	6600	450	
T043	2013/2/1	2013/5/22	T043130201	20000	100	已完成
CM03	2013/4/8	2013/5/19	CM03130408	3000	260	已完成
已完成订单数						6

查看计算结果

利用 MAXA 函数求最大销售额

实例 MAXA 函数的应用

MAXA 函数可以计算出参数列表中的最大值，下面介绍利用 MAXA 函数计算最大销售额的具体操作方法。

Hint

MAXA 函数介绍

MAXA 函数格式如下：

MAXA(column)

参数 column 为需要查找的单元格区域。

MAXA 函数采用某一列作为参数，并且查找以下类型值中的最大值：

数字

日期

逻辑值（例如 TRUE 和 FALSE）。计算结果为 TRUE 的行将作为 1 计数；计算结果为 FALSE 的行将作为 0（零）计数。

1 打开工作表，选择G15单元格，单击编辑栏左侧“插入函数”按钮，从弹出的“插入函数”对话框中选择MAXA函数。

G15 单击该按钮 插入函数

	A	B	C	D	E	F	G
1	上海市各区销售额统计/万元						
2	月份	黄浦区	徐汇区	长宁区	静安区	普陀区	闸北区
3	1月	800.5	805.4	960	736.2	667.3	714.8
4	2月	375	689	785	556	885	767.4
5	3月	891	964	852	970	1010	1123
6	4月	738	894	792	914	823	1000
7	5月	1123	980	834	841	975	1022
8	6月	1315	1216	1306	1392	1488	1387
9	7月	1201	1010	958	865	844	751
10	8月	1160	1185	930	890	882	756
11	9月	1100	1072	1190	1173	1366	1320
12	10月	1020	987	998	856	911	823
13	11月	852	970	1015	1006	1020	1057
14	12月	1050	1030	1052	1020	1083	1152
15	全区月最大销售额						

2 打开“函数参数”对话框，指定参数column为B3：G14，然后单击“确定”按钮。

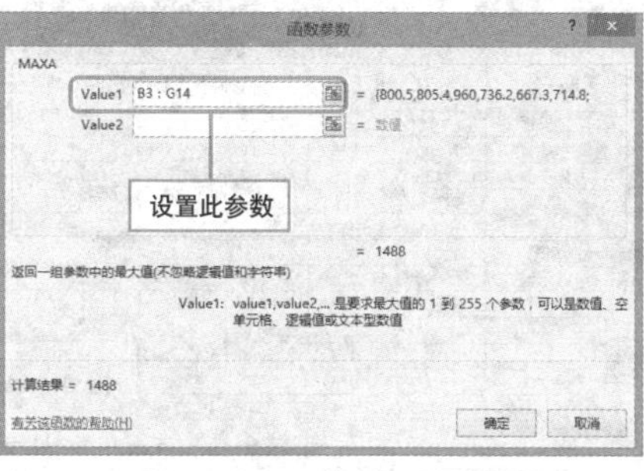

3 返回工作表，可以看到G15单元格中显示出计算结果。

K21

	A	B	C	D	E	F	G
1	上海市各区销售额统计/万元						
2	月份	黄浦区	徐汇区	长宁区	静安区	普陀区	闸北区
3	1月	800.5	805.4	960	736.2	667.3	714.8
4	2月	375	689	785	556	885	767.4
5	3月	891	964	852	970	1010	1123
6	4月	738	894	792	914	823	1000
7	5月	1123	980	834	841	975	1022
8	6月	1315	1216	1306	1392	1488	1387
9	7月	1201	1010	958	865	844	751
10	8月	1160	1185	930	890	882	756
11	9月	1100	1072	1190	1173	1366	1320
12	10月	1020	987	998	856	911	823
13	11月	852	970	1015	1006	1020	1057
14	12月	1050	1030	1052	1020	1083	1152
15	全区月最大销售额						1488

利用 RMB 函数为数值添加货币符号

实例 RMB 函数的应用

在 Excel 中，使用 RMB 函数可以将数字转换为带有小数位的文本，并添加货币符号，所添加的货币符号由当前计算机的语言设置决定，下面介绍具体操作步骤。

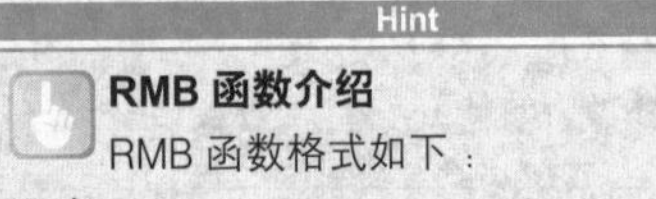

RMB 函数介绍

RMB 函数格式如下：

语法

RMB(number, decimals)

参数 number 必需，可以是数字，也可以是对包含数字的单元格的引用，或是计算结果为数字的公式。

参数 decimals 可选，指定小数点右边的位数。如果 decimals 为负数，则 number 从小数点往左按相应位数四舍五入。如果省略 decimals，则假设其值为 2。

❶ 打开工作表，选择F3单元格，单击编辑栏左侧"插入函数"按钮，从弹出的"插入函数"对话框中选择RMB函数。

单击该按钮

定远科技采购统计表

物品名称	数量	单价	总价	供应商	添加货币符号
二极管	180000	1.2	216000	J018	
三极管	200000	1.8	360000	J018	
发光二极管	90000	2	180000	J018	
晶振	120000	1.5	180000	J018	
电容	450000	0.5	225000	CK15	
电阻	620000	0.6	372000	CK15	
保险丝	100000	0.8	80000	CK15	
电感	230000	1	230000	CK15	
蜂鸣器	10000	3	30000	J018	
IC	50000	6.5	325000	R013	
VGA	18000	0.8	14400	EZ05	
AV端子	80000	0.4	32000	EZ05	
S端子	20000	0.9	18000	EZ05	

❷ 打开"函数参数"对话框，指定参数Number为C3、参数 Decimals为2，然后单击"确定"按钮。

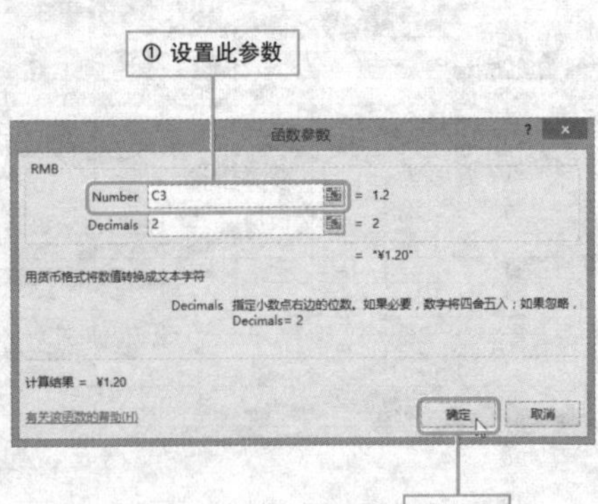

❸ 返回工作表，可以看到F3单元格中显示出计算结果。随后向下复制公式即可。

定远科技采购统计表

物品名称	数量	单价	总价	供应商	添加货币符号
二极管	180000	1.2	216000	J018	¥1.20
三极管	200000	1.8	360000	J018	¥1.80
发光二极管	90000	2	180000	J018	¥2.00
晶振	120000	1.5	180000	J018	¥1.50
电容	450000	0.5	225000	CK15	¥0.50
电阻	620000	0.6	372000	CK15	¥0.60
保险丝	100000	0.8	80000	CK15	¥0.80
电感	230000	1	230000	CK15	¥1.00
蜂鸣器	10000	3	30000	J018	¥3.00
IC	50000	6.5	325000	R013	¥6.50
VGA	18000	0.8	14400	EZ05	¥0.80
AV端子	80000	0.4	32000	EZ05	¥0.40
S端子	20000	0.9	18000	EZ05	¥0.90

快速删除字符串中多余的空格

实例 TRIM 函数应用

在表格中输入数据时，可能会因为一些原因导致输入的字符串中含有多余的空格，那么如何将这些多余的空格删除呢？下面介绍具体操作步骤。

Hint

TRIM 函数介绍

TRIM 函数格式如下：

TRIM(text)

参数 text 为含有空格的文本或者单元格引用，若直接指定文本，需加双引号，否则将返回错误值 #VALUE!。

TRIM 函数可以删除文本中的多余空格。对于插入在字符串开头和结尾中的空格同样可以删除；对于插入在字符中的多个空格，只保留一个，其他则全部删除。此外，该函数对于从其他程序中获取的带有不规则空格的文本同样适用。

1 打开工作表，选择F2单元格，单击编辑栏左侧“插入函数”按钮，从弹出的“插入函数”对话框中选择TRIM函数。

F2 单击该按钮 插入函数

	A	B	C	D	E	F
1	订单编号	产品名称	单价	数量	总金额	删除空格
2	MM15009	雪纺　　短袖	99.00	992	98208	
3	MM15005	纯棉　　睡衣	103.00	780	80340	
4	MM15015	雪纺　连衣裙	128.00	985	126080	
5	MM15010	PU 短外套	99.00	771	76329	
6	MM15005	时尚风衣	185.00	268	49580	
7	MM15006	超薄　　防晒衣	77.00	1023	78771	
8	MM15004	时尚　　　短裤	62.00	1132	70184	
9	MM15002	修身　长裤	110.00	852	93720	
10	MM15025	运动　　套装	228.00	523	119244	
11	MM15008	纯棉　　打底衫	66.00	975	64350	

2 打开“函数参数”对话框，指定参数Text为B2，单击“确定”按钮即可得到结果。

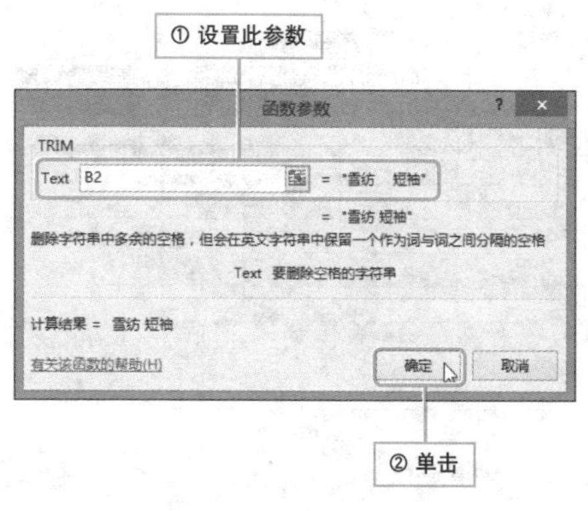

3 随后拖动鼠标向下复制公式，即可完成其他单元格删除空格的操作。

J16

	A	B	C	D	E	F
1	订单编号	产品名称	单价	数量	总金额	删除空格
2	MM15009	雪纺　　短袖	99.00	992	98208	雪纺 短袖
3	MM15005	纯棉　　睡衣	103.00	780	80340	纯棉 睡衣
4	MM15015	雪纺　连衣裙	128.00	985	126080	雪纺 连衣裙
5	MM15010	PU 短外套	99.00	771	76329	PU 短外套
6	MM15005	时尚风衣	185.00	268	49580	时尚风衣
7	MM15006	超薄　　防晒衣	77.00	1023	78771	超薄 防晒衣
8	MM15004	时尚　　　短裤	62.00	1132	70184	时尚 短裤
9	MM15002	修身　长裤	110.00	852	93720	修身 长裤
10	MM15025	运动　　套装	228.00	523	119244	运动 套装
11	MM15008	纯棉　　打底衫	66.00	975	64350	纯棉 打底衫
12						
13						
14						

查看结果，并向下复制公式

利用 MMULT 函数计算商品销售额

实例 MMULT 函数的应用

在计算商品销售额时，若销售量和单价位于同一个表格中，直接将数据相乘即可得到结果，但是，若它们分布在不同的表格中，该如何计算销售额呢？下面对其进行介绍。

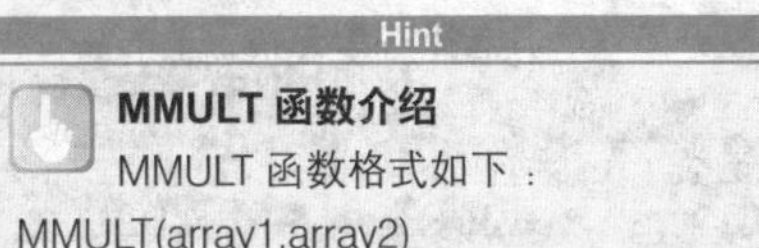

Hint

MMULT 函数介绍

MMULT 函数格式如下：

MMULT(array1,array2)

参数 array1 和 array2 都是指定要进行矩阵乘法运算的数组或单元格区域引用。array1 的列数必须和 array2 的行数相等。如果单元格是空白单元格或含有字符串，或是 array1 的列数和 array2 的行数不相等，会返回错误值 #VALUE!。

❶ 打开工作表，选择F3:F8单元格区域，单击编辑栏左侧“插入函数”按钮，从打开的“插入函数”对话框中选择MMULT函数。

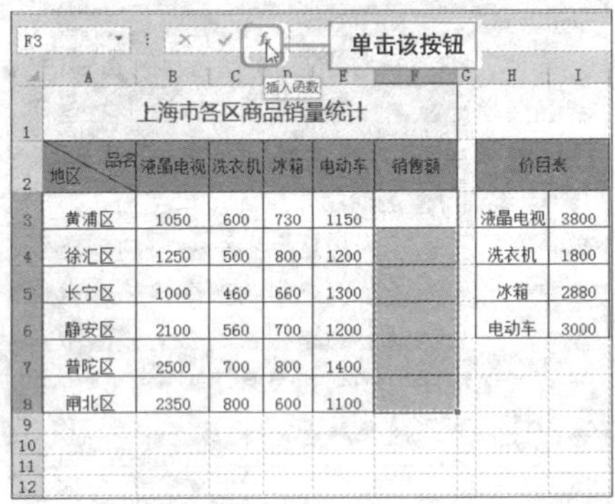

上海市各区商品销量统计

地区＼品名	液晶电视	洗衣机	冰箱	电动车	销售额
黄浦区	1050	600	730	1150	
徐汇区	1250	500	800	1200	
长宁区	1000	460	660	1300	
静安区	2100	560	700	1200	
普陀区	2500	700	800	1400	
闸北区	2350	800	600	1100	

价目表	
液晶电视	3800
洗衣机	1800
冰箱	2880
电动车	3000

❷ 打开“函数参数”对话框，指定参数Array1为B3:E8，参数Array2为I3:I6，然后按Ctrl+Shift组合键的同时单击“确定”按钮。

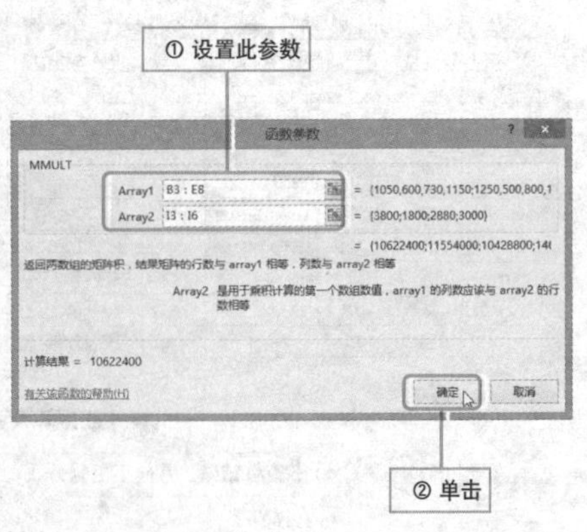

❸ 返回工作表，可以看到F3：F8单元格区域已经显示出计算结果。

上海市各区商品销量统计

地区＼品名	液晶电视	洗衣机	冰箱	电动车	销售额
黄浦区	1050	600	730	1150	10622400
徐汇区	1250	500	800	1200	11554000
长宁区	1000	460	660	1300	10428800
静安区	2100	560	700	1200	14604000
普陀区	2500	700	800	1400	17264000
闸北区	2350	800	600	1100	15398000

价目表	
液晶电视	3800
洗衣机	1800
冰箱	2880
电动车	3000

利用 SUMPRODUCT 函数计算预付款

实例 SUMPRODUCT 函数的应用

通常情况下，计算商品的总金额时，总是先计算出一种商品的金额，然后再对所有商品的值进行求和。使用 SUMPRODUCT 函数可以让用户直接求和，下面对其进行介绍。

Hint

SUMPRODUCT 函数介绍

SUMPRODUCT 函数可以在给定的几个数组中将数组间对应的元素相乘，并返回乘积之和，其格式如下。

SUMPRODUCT(array1, array2, array3, ...)

参数 array1 必需，为相应元素需要进行相乘并求和的第一个数组参数。参数 array2, array3,... 可选，为 2 到 255 个数组参数，其相应元素需要进行相乘并求和。

❶ 打开工作表，选中F14单元格，单击编辑栏左侧“插入函数”按钮。从“插入函数”对话框中选择SUMPRODUCT函数。

F14　　单击该按钮　插入函数

	A	B	C	D	E	F
1	订单编号	客户代码	业务员	订单数量	产品单价	预付百分比
2	M013050301	T013	王若彤	9000	500	10%
3	M013050302	CH19	张敏君	15000	210	15%
4	M013050303	JK22	赵小眉	17000	240	12%
5	M013050701	M011	李霄云	11000	230	10%
6	M013050702	T013	王若彤	20000	200	20%
7	M013050901	JK22	赵小眉	32000	160	15%
8	M013050902	CH19	张敏君	15000	220	11%
9	M013050903	T013	王若彤	13000	230	18%
10	M013051201	M011	李霄云	17500	240	20%
11	M013051202	JK22	赵小眉	29500	180	22%
12	M013051203	CH19	张敏君	40000	130	17%
13	M013051204	M011	李霄云	33000	140	15%
14	订单预付款总计					

❷ 打开“函数参数”对话框，用户指定参数Array1为D2:D13，参数Array2为E2:E13，参数Array3为F3:F13，并单击“确定”按钮。

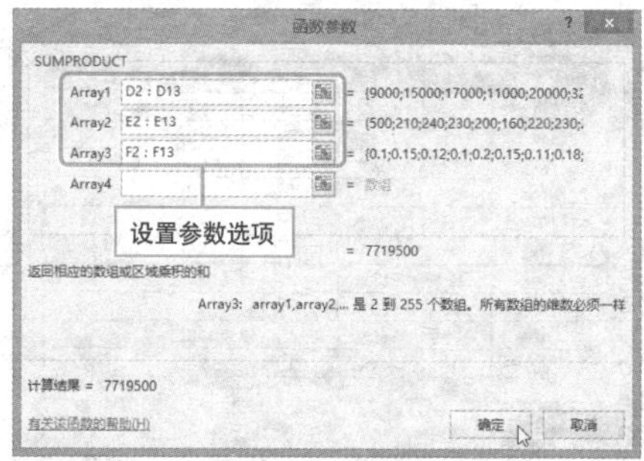

❸ 返回工作表，可以看到F14单元格中显示出计算结果。

F14　=SUMPRODUCT(D2:D13,E2:E13,F2:F13)

	A	B	C	D	E	F	G
1	订单编号	客户代码	业务员	订单数量	产品单价	预付百分比	
2	M013050301	T013	王若彤	9000	500	10%	
3	M013050302	CH19	张敏君	15000	210	15%	
4	M013050303	JK22	赵小眉	17000	240	12%	
5	M013050701	M011	李霄云	11000	230	10%	
6	M013050702	T013	王若彤	20000	200	20%	
7	M013050901	JK22	赵小眉	32000	160	15%	
8	M013050902	CH19	张敏君	15000	220	11%	
9	M013050903	T013	王若彤	13000	230	18%	
10	M013051201	M011	李霄云	17500	240	20%	
11	M013051202	JK22	赵小眉	29500	180	22%	
12	M013051203	CH19	张敏君	40000	130	17%	
13	M013051204	M011	李霄云	33000	140	15%	
14	订单预付款总计					7719500	
15							

利用 DATEVALUE 函数计算日期相隔天数

实例 DATEVALUE 函数的应用

通常情况下，计算两个日期相差天数可以直接相减，但是，如果两个日期不是以完整的日期形式显示在单元格中，就需要利用 DATEVALUE 函数来计算，下面对其进行详细介绍。

Hint

DATEVALUE 函数介绍

DATEVALUE 函数可以将日期值从字符串转换为序列号，其格式如下：
DATEVALUE(date-text)
参数 date-text 为表示日期的文本。
在执行转换时，DATEVALUE 函数使用客户端计算机的区域设置和日期/时间设置来理解文本值。如果当前日期/时间设置以月/日/年的格式表示日期，则字符串“1/8/2009”将转换为与 2009 年 1 月 8 日等效的 datetime 值。若输入日期值以外的文本，或者指定 Excel 日期格式以外的格式，会返回错误值。

1 打开订货记录表，可以看到下单日期和交货日期以日的形式表示，若直接用日期相减，则返回错误值#VALUE!。

F2 =E2-D2

	A	B	C	D	E	F
1	产品名称	单价	数量	下单日期	交货日期	相隔天数
2	雪纺短袖	99	1992	1日	18日	#VALUE!
3	纯棉睡衣	103	1780	2日	22日	
4	雪纺连衣裙	128	1985	3日	30日	
5	PU短外套	99	1771	7日		
6	时尚风衣	185	1268	5日	19日	
7	超薄防晒衣	77	1023	4日	25日	
8	时尚短裤	62	1132	3日	26日	
9	修身长裤	110	1852	7日	27日	
10	运动套装	228	1523	5日	15日	
11	纯棉打底衫	66	1975	7日	23日	
12						
13	2013年					
14	5月					
15						

计算错误反馈

2 因此，需要选中F2单元格，输入公式“=DATEVALUE($A$13&$A$14&E2)-DATEVALUE($A$13&$A$14&D2)”。

SUMPRO... =DATEVALUE($A$13&$A$14&E2)-DATEVALUE($A$13&$A$14&D2)

	A	B	C	D	E	F
1	产品名称	单价	数量	下单日期	交货日期	相隔天数
2	雪纺短袖	99	=DATEVALUE($A$13&$A$14&E2)-DATEVALUE($A$13&$A$14&D2)			
3	纯棉睡衣	103	1780	2日	22日	
4	雪纺连衣裙	128	1985	3日	30日	
5	PU短外套	99	1771	7日	28日	
6	时尚风衣	185	1268	5日	19日	
7	超薄防晒衣	77	1023	4日	25日	
8	时尚短裤	62	1132	3日	26日	
9	修身长裤	110	1852	7日	27日	
10	运动套装	228	1523	5日	15日	
11	纯棉打底衫	66	1975	7日	23日	
12						
13	2013年					
14	5月					

在 F2 单元格中直接输入相应的公式

3 输入完成后，按Enter键确认输入，并向下复制公式即可。

	A	B	C	D	E	F
1	产品名称	单价	数量	下单日期	交货日期	相隔天数
2	雪纺短袖	99	1992	1日	18日	17
3	纯棉睡衣	103	1780	2日	22日	20
4	雪纺连衣裙	128	1985	3日	30日	27
5	PU短外套	99	1771	7日	28日	21
6	时尚风衣	185	1268	5日	19日	14
7	超薄防晒衣	77	1023	4日	25日	21
8	时尚短裤	62	1132	3日	26日	23
9	修身长裤	110	1852	7日	27日	20
10	运动套装	228	1523	5日	15日	10
11	纯棉打底衫	66	1975	7日	23日	16
12						
13	2013年					
14	5月					
15						
16						

复制公式进行快速计算

Question **460**

轻松判断奇偶数

● Level ◆◆◆

2013 2010 2007

实例 ISEVEN 函数与 ISODD 函数的应用

利用 ISEVEN 函数与 ISODD 函数可以轻松判断出数值的奇偶性，返回 TRUE 或 FALSE，下面对其进行介绍。

Hint

ISEVEN 函数与 ISODD 函数介绍

ISEVEN 函数用于检测一个数值是否为偶数，其格式如下：

ISEVEN(number)

参数 number 指定用于检测的数据，或数据所在的单元格，检测时自动忽略小数点后的数字，如果指定空白单元格，则作为 0 计算。如果输入文本等数值外的数据，则返回错误值 #VALUE!。

ISODD 函数用于检测一个数值是否为奇数，其格式如下：

ISODD(number)

❶ 选择C3单元格，在编辑栏中输入公式“=ISEVEN(A3)”，然后按Enter键确认输入。

SUMPRO... =ISEVEN(A3)

	A	B	C	D
1	员工月考勤记录表			
2	日期	出勤情况	偶数日	奇数日
3	1		=ISEVEN(A3)	
4	2			
5	3	迟到		
6	4			
7	5			
8	6	请假		
9	7			
10	8			

输入偶数计算公式

❷ 选择D3单元格，输入计算奇数日公式“=ISODD(A3)”，然后按Enter键确认输入。

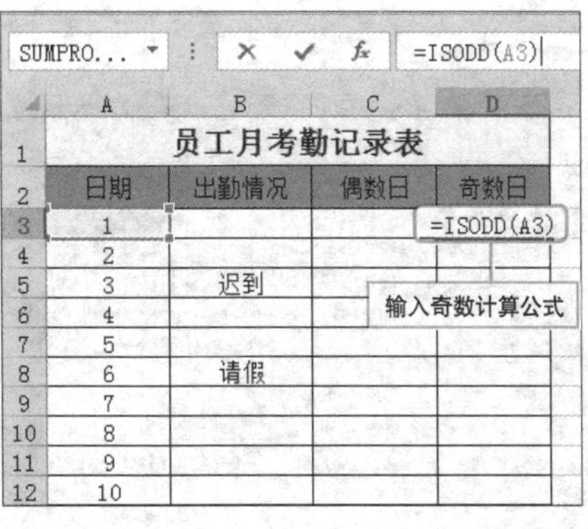

❸ 以序列填充方式向下复制公式，即可完成偶数日、奇数日的判定。

C3 =ISEVEN(A3)

	A	B	C	D
1	员工月考勤记录表			
2	日期	出勤情况	偶数日	奇数日
3	1		FALSE	TRUE
4	2		TRUE	FALSE
5	3	迟到	FALSE	TRUE
6	4		TRUE	FALSE
7	5		FALSE	TRUE
8	6	请假	TRUE	FALSE
9	7		FALSE	TRUE
10	8		TRUE	FALSE
11	9		FALSE	TRUE
12	10		TRUE	FALSE

查看计算结果

Question **461**

● Level ◆◆◆

2013 2010 2007

快速提取身份证中的出生日期

实例 MID 函数的应用

18位身份证号码组成规则如下：第7、8、9、10为出生年份（四位数）；第11、第12位为出生月份；第13、第14位为出生日期；第17位代表性别，奇数为男，偶数为女；第18位为校验码。下面介绍如何使用MID函数提取出生日期。

Hint

MID 函数介绍

MID 函数可以从文本字符串中指定的起始位置返回指定长度的字符，其格式如下：

MID(text, start-num, num-chars)

其中，参数 text 为包含要提取字符的文本字符串。

参数 start-num 为文本中要提取的第一个字符的位置。

参数 num-chars 指定希望 MID 从文本中返回的字符个数。

如果 start-num 大于文本长度，则 MID 返回空文本 ("")。

如果 start-num 小于文本长度，但 start-num 加上 num-chars 超过了文本的长度，则 MID 只返回至多直到文本末尾的字符。

如果 start-num 小于 1，则 MID 返回错误值。

如果 num-chars 为负数，则 MID 返回错误值 #VALUE!。

1. 选择D2单元格，在编辑栏中输入公式"=MID(B2,7,4) &"年"&MID(B2,11,2)&"月"&MID(B2,13,2)&"日""。

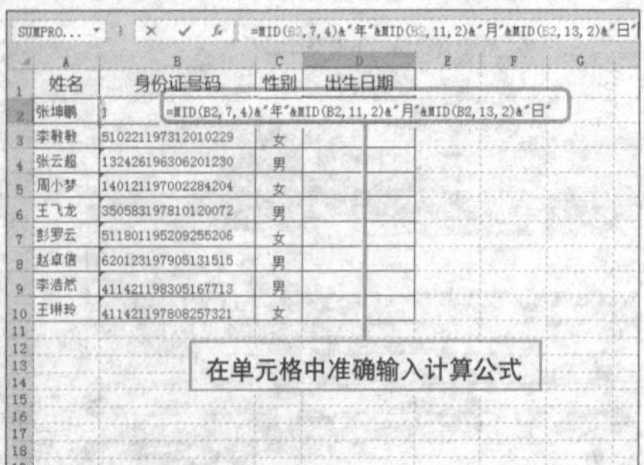

2. 输入完成后，按Enter键确认输入，然后向下复制公式即可。

	A	B	C	D
1	姓名	身份证号码	性别	出生日期
2	张坤鹏	110221196908152232	男	1969年08月15日
3	李敏敏	510221197312010229	女	1973年12月01日
4	张云超	132426196306201230	男	1963年06月20日
5	周小梦	140121197002284204	女	1970年02月28日
6	王飞龙	350583197810120072	男	1978年10月12日
7	彭罗云	511801195209255206	女	1952年09月25日
8	赵卓信	620123197905131515	男	1979年05月13日
9	李浩然	411421198305167713	男	1983年05月16日
10	王琳玲	411421197808257321	女	1978年08月25日
11				
12				

复制公式进行快速计算

巧妙升级身份证位数

实例 MOD 和 ROW 函数的应用

18 位身份证号码校验码的计算方法为：首先将前 17 位数字分别与 7、9、10、5、8、4、2、1、6、3、7、9、10、5、8、4、2 相乘，然后将结果相加，最后用相加结果除以 11，得到一个范围在 0 ～ 10 的余数即为校验码，余数为 10 时用罗马字符 X 表示。

Hint

MOD 函数介绍

MOD 函数可以求两数相除时的余数，其格式如下：

MOD(number, divisor)

参数 number 为被除数。参数 divisor 为要除以的数字，即除数。

其返回值是一个整数，如果除数为 0（零），MOD 将返回错误值。

Hint

ROW 函数介绍

ROW 函数可以返回引用的行号，其格式如下：

ROW(reference)

参数指定需要得到其行号的单元格或单元格区域。选择区域时，返回位于区域首行的单元格行号。如果省略参数，则会返回 ROW 函数所在的单元格行号。

1. 选择D2单元格，在编辑栏中输入公式"=REPLACE(B2,7,,19)&MID("10X98765432",MOD(SUM(MID(REPLACE(B2,7,,19),ROW($1:$10),1)*MOD(2^(18-ROW($1:$10)),11)),11),1)"。

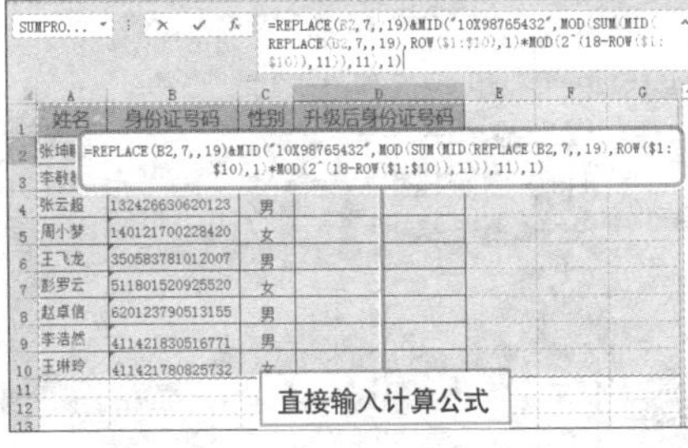

直接输入计算公式

2. 输入完成后，按Enter键确认输入，然后向下复制公式即可。

	A	B	C	D
1	姓名	身份证号码	性别	升级后身份证号码
2	张坤鹏	110221690815223	男	110221196908152236
3	李敏敏	510221731201022	女	510221197312010220
4	张云超	132426630620123	男	132426196306201236
5	周小梦	140121700228420	女	140121197002284206
6	王飞龙	350583781012007	男	350583197810120073
7	彭罗云	511801520925520	女	511801195209255200
8	赵卓信	620123790513155	男	620123197905131554
9	李浩然	411421830516771	男	411421198305167717
10	王琳玲	411421780825732	女	411421197808257327
11				
12				
13				

向下复制公式

Question 463

● Level ◆◆◆

2013 2010 2007

根据生日计算生肖很简单

实例 根据公立生日计算生肖

生肖也称为属相，是中国和东亚地区的一些民族用来代表年份和人的出生年的十二种动物。生肖的周期为 12 年，每一个人在其出生年都有一种动物作为生肖。下面介绍一种计算生肖的简单方法。

Hint

YEAR、MONTH、DAY 函数简介

YEAR 函数格式如下：

YEAR(serial-number)

参数 serial-number 为一个日期值。返回与日期对应的年份，返回值为 1900 ~ 9999。

MONTH 函数格式如下：

MONTH(serial-number)

参数 serial-number 为一个日期值，返回一个 1 ~ 12 的整数。

DAY 函数格式如下：

DAY(serial-number)

参数 serial-number 为要查找的天数日期。

1 选择D2单元格，在编辑栏中输入公式"=MID（"鼠""牛""虎""兔""龙""蛇""马""羊""猴""鸡""狗""猪"）"，MOD(YEAR(B2)-4,12)+1,1）"。

SUMPRO... =MID("鼠牛虎兔龙蛇马羊猴鸡狗猪",MOD(YEAR(B2)-4,12)+1,1)

	A	B	C	D	E
1	姓名	出生日期	性别	生肖	CHOOSE函数计算
2	=MID("鼠牛虎兔龙蛇马羊猴鸡狗猪",MOD(YEAR(B2)-4,12)+1,1)				
3	李敏敏	1988年3月4日	女		
4	张云超	1956年7月14日	男		
5	周小梦	1990年6月4日	女		
6	王飞龙	1963年8月25日	男		
7	彭罗云	1984年7月10日	女		
8	赵卓信	1989年3月25日	男		
9	李浩然	1993年5月7日	男		
10	王琳玲	1974年9月21日	女		

直接输入计算公式

2 按Enter键确认输入，然后以序列填充方式向下复制公式，完成生肖的计算。

	A	B	C	D	E
1	姓名	出生日期	性别	生肖	CHOOSE函数计算
2	张坤鹏	1979年5月26日	男	羊	
3	李敏敏	1988年3月4日	女	龙	
4	张云超	1956年7月14日	男	猴	
5	周小梦	1990年6月4日	女	马	
6	王飞龙	1963年8月25日	男	兔	
7	彭罗云	1984年7月10日	女	鼠	
8	赵卓信	1989年3月25日	男	蛇	
9	李浩然	1993年5月7日	男	鸡	
10	王琳玲	1974年9月21日	女	虎	

复制公式进行计算

Hint

CHOOSE 函数计算生肖

在 E2 单元格输入"=CHOOSE(MOD(YEAR(B2)-4,12)+1,"鼠","牛","虎","兔","龙","蛇","马","羊","猴","鸡","狗","猪")"同样可以计算生肖。

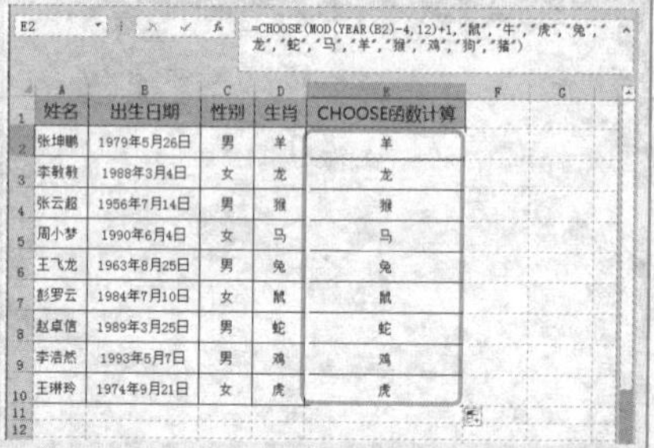

E2 =CHOOSE(MOD(YEAR(B2)-4,12)+1,"鼠","牛","虎","兔","龙","蛇","马","羊","猴","鸡","狗","猪")

	A	B	C	D	E
1	姓名	出生日期	性别	生肖	CHOOSE函数计算
2	张坤鹏	1979年5月26日	男	羊	羊
3	李敏敏	1988年3月4日	女	龙	龙
4	张云超	1956年7月14日	男	猴	猴
5	周小梦	1990年6月4日	女	马	马
6	王飞龙	1963年8月25日	男	兔	兔
7	彭罗云	1984年7月10日	女	鼠	鼠
8	赵卓信	1989年3月25日	男	蛇	蛇
9	李浩然	1993年5月7日	男	鸡	鸡
10	王琳玲	1974年9月21日	女	虎	虎

角度格式显示及转换

实例　RADIANS 与 DEGREES 函数的应用

弧度和角度是数学中常用的两个概念。用弧度作单位来度量角的制度叫弧度制，用度（°）、分（′）、秒（″）来度量角的大小的制度叫做角度制。下面介绍如何在两种角度格式之间进行转换。

Hint

RADIANS 与 DEGREES 函数简介

RADIANS 函数将角度转化为弧度，其格式如下：

RADIANS（angle）

参数 angle 为需要转换为弧度的角度。

DEGREES 函数将弧度转化为角度，其格式如下：

DEGREES（angle）

参数 angle 为需要转换为角度的弧度。

1 传统转换法。分别在B3单元格中输入公式"=A3*180/PI()"，D3单元格中输入公式"=C3*PI()/180"，并复制到其他单元格。

SUMPRO...　=A3*180/PI()

	A	B	C	D
1	传统转算法			
2	弧度	转换为角度	角度	转换为弧度
3	3.1415927	=A3*180/PI()	45	
4	1.070796		60	
5	0.785398		90	

D3　=C3*PI()/180

	A	B	C	D
1	传统转算法			
2	弧度	转换为角度	角度	转换为弧度
3	3.1415927	180.0000027	45	0.785398163
4	1.070796	61.35209152	60	1.047197551
5	0.785398	44.99999064	90	1.570796327

2 快速转换法。分别在B9、D9单元格输入公式"=DEGREES(A9)"、"=RADIANS(C9)"，按Enter键确认。

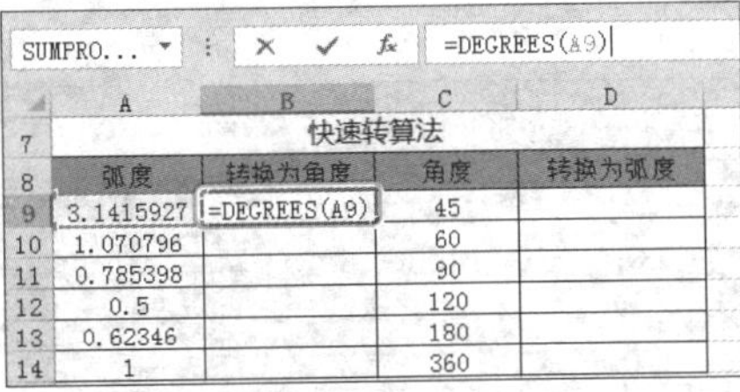

SUMPRO...　=DEGREES(A9)

	A	B	C	D
7	快速转算法			
8	弧度	转换为角度	角度	转换为弧度
9	3.1415927	=DEGREES(A9)	45	
10	1.070796		60	
11	0.785398		90	
12	0.5		120	
13	0.62346		180	
14	1		360	

SUMPRO...　=RADIANS(C9)

	A	B	C	D
7	快速转算法			
8	弧度	转换为角度	角度	转换为弧度
9	3.1415927	180.0000027	45	=RADIANS(C9)
10	1.070796		60	
11	0.785398		90	
12	0.5		120	
13	0.62346		180	
14	1		360	

3 输入完成后，分别复制公式到其他单元格，完成角度格式的转换。

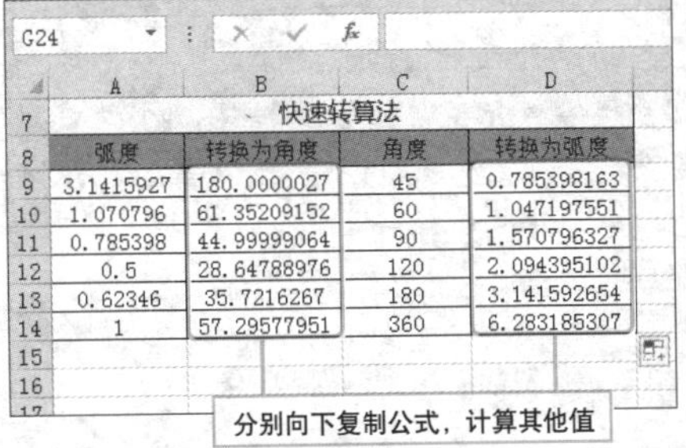

G24

	A	B	C	D
7	快速转算法			
8	弧度	转换为角度	角度	转换为弧度
9	3.1415927	180.0000027	45	0.785398163
10	1.070796	61.35209152	60	1.047197551
11	0.785398	44.99999064	90	1.570796327
12	0.5	28.64788976	120	2.094395102
13	0.62346	35.7216267	180	3.141592654
14	1	57.29577951	360	6.283185307
15				
16				

Question 465

四舍五入计算有绝招

• Level ◆◆◆

2013 2010 2007

实例 ROUND 函数的应用

所谓四舍五入是将需要保留小数的最后一位数字与 5 相比，不足 5 则舍弃，达到 5 则进位。ROUND 函数是进行四舍五入运算最合适的函数之一，下面介绍如何通过 ROUND 函数进行四舍五入计算。

Hint

ROUND 函数介绍

ROUND 函数可求出按指定位数对数字四舍五入后的值，格式如下：

ROUND(number, num-digits)

参数 number 为要四舍五入的数字。参数 num-digits 为要进行四舍五入运算的位数。如果 num-digits 大于 0（零），则将数字四舍五入到指定的小数位数。如果 num-digits 等于 0，则将数字四舍五入到最接近的整数。如果 num-digits 小于 0，则将数字四舍五入到小数点左边的相应位数。

1 打开工作表，选择C2单元格，单击编辑栏左侧“插入函数”按钮，从“插入函数”对话框中选择ROUND函数。

C2 | 插入函数

	A	B	C
1	数值	位数	舍入结果
2	45786.10589	5	
3		4	
4		3	
5			
6		1	
7		0	
8		-1	
9		-2	
10		-3	

单击该按钮，插入函数 ROUND

2 打开“函数参数”对话框，指定参数number为$A$2，参数Num-Digits为B2，并单击“确定”按钮。

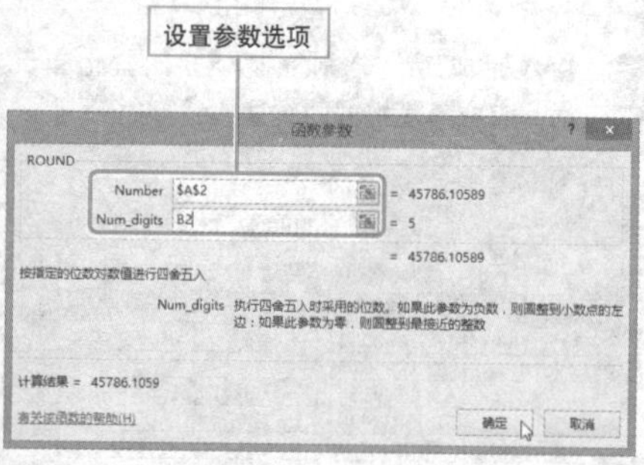

3 返回工作表，将C2单元格中的公式复制到其他单元格即可。

C2 | =ROUND($A$2, B2)

	A	B	C
1	数值	位数	舍入结果
2	45786.10589	5	45786.1059
3		4	45786.1059
4		3	45786.1060
5		2	45786.1100
6		1	45786.1000
7		0	45786.0000
8		-1	45790.0000
9		-2	45800.0000
10		-3	46000.0000
11		-4	50000.0000
12		-5	0.0000
13			

复制公式，查看结果

轻松计算数组矩阵的逆矩阵

实例 MINVERSE 函数的应用

MINVERSE 函数可以返回数组中存储的矩阵的逆矩阵。但数组的行数和列数必须保持相等，下面对其进行详细介绍。

Hint

MINVERSE 函数介绍

MINVERSE 函数格式如下：

MINVERSE(array)

参数 array 可以是单元格区域，如 A1:F15；也可以是数组常量，如 {1,3,5;4,7,9;5,8,10}；也可以是单元格区域或数组常量的名称。

若数组中包含空白单元格或包含文字的单元格，则函数返回错误值 #VALUE!。

若数组的行数和列数不相等，则函数同样返回错误值 #VALUE!。

对于返回结果为数组的公式，必须以数组公式的形式进行输入。

1 打开工作表，选择A7:D10单元格区域，单击编辑栏左侧“插入函数”按钮。从“插入函数”对话框中选择MINVERSE函数。

A7 | 插入函数 | 单击该按钮

	A	B	C	D
1	原矩阵			
2	1	6		13
3	5	12	15	8
4	9	7	10	14
5	10	8	14	11
6	逆矩阵			
7				
8				
9				
10				

2 打开“函数参数”对话框，指定参数array为A2:D5，按住Ctrl + Shift键的同时单击“确定”按钮。

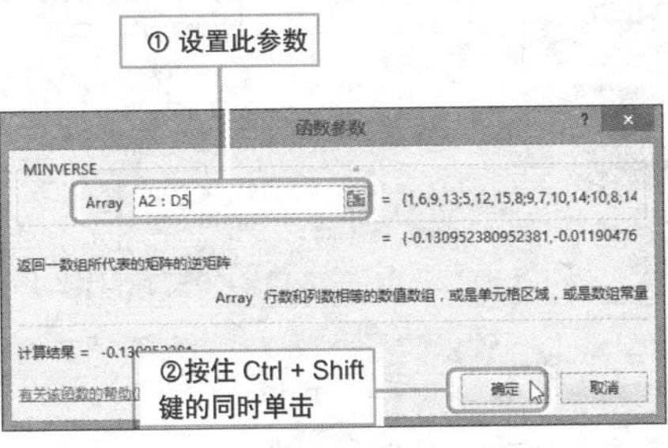

3 返回工作表，在A7:D10单元格区域中显示出计算结果。

	A	B	C	D
1	原矩阵			
2	1	6	9	13
3	5	12	15	8
4	9	7	10	14
5	10	8	14	11
6	逆矩阵			
7	-0.13095	-0.0119	0.119048	0.011905
8	-0.14177	0.224026	0.274892	-0.34524
9	0.12013	-0.0855	-0.29654	0.297619
10	0.069264	-0.04329	0.069264	-0.04762

• Level ◆◆◆

2013 2010 2007

求解多元一次方程

实例 MINVERSE 函数和 MMULT 函数的综合应用

在数学计算中，求解多元一次方程的方法有多种，但求解过程比较繁琐，容易出错，下面介绍一种比较简单的计算方法。

1 将方程组中X、Y、Z前的系数提取出来组成一个3*3的数组，将等号右边的值提取出来组成一个3*1的数组。

L21

	A	B	C	D	E	F	G	H
1		2x+y+2z=27		x	y	z		值
2	方程组	x+3y+4z=50		2	1	2		27
3		5x+2y+z=33		1	3	4		50
4				5	2	1		33
5								
6								
7		解		逆矩阵				
8	x							
9	y							
10	z							
11								
12								

规划工作表，以作计算准备

2 选择D8:F10单元格区域，输入公式"=MINVERSE(D2:F4)"后按Ctrl+Shift+Enter组合键确认输入。

D8 {=MINVERSE(D2:F4)}

	A	B	C	D	E	F	G	H
1		2x+y+2z=27		x	y	z		值
2	方程组	x+3y+4z=50		2	1	2		27
3		5x+2y+z=33		1	3	4		50
4				5	2	1		33
5								
6								
7		解		逆矩阵				
8				0.294	-0.18	0.118		
9				-1.12	0.471	0.353		
10	z			0.765	-0.06	-0.29		
11								

查看逆矩阵计结果

3 选择B8:B10单元格区域，输入公式"=MMULT(D8:F10,H2:H4)"。

=MMULT(D8:F10,H2:H4)

	A	B	C	D	E	F	G	H
1		2x+y+2z=27		x	y	z		值
2	方程组	x+3y+4z=50		2	1	2		27
3		5x+2y+z=33		1	3	4		50
4				5	2	1		33
5								
6								
7		解		逆矩阵				
8	x	=MMULT(D8:F10,H2:H4)		0.294	-0.18	0.118		
9	y			-1.12	0.471	0.353		
10	z			0.765	-0.06	-0.29		
11								
12								
13								

输入公式进行计算

4 按Ctrl + Shift + Enter组合键确认输入，即可求出方程的解。

L21

	A	B	C	D	E	F	G	H
1		2x+y+2z=27		x	y	z		值
2	方程组	x+3y+4z=50		2	1	2		27
3		5x+2y+z=33		1	3	4		50
4				5	2	1		33
5								
6								
7		解		逆矩阵				
8	x	3		0.294	-0.18	0.118		
9	y	5		-1.12	0.471	0.353		
10	z	8		0.765	-0.06	-0.29		
11								
12								

查看计算结果

一秒钟让数据乖乖排好顺序

实例 升序排列单元格中的数据

在分析表格中的数据时，若用户想要让某一项的数据从低到高排列，则可以通过单元格排序的方法来实现，下面对其进行详细介绍。

1. 选择需要排序的D2:D17单元格区域，单击鼠标右键，在弹出的快捷菜单中选择“排序>升序”命令。

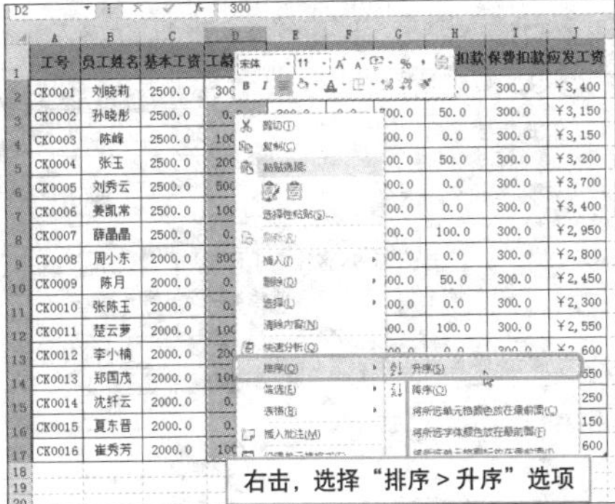

2. 也可以在选择单元格区域后，单击“开始”选项卡上的“排序和筛选”按钮，从展开的列表中选择“升序”选项。

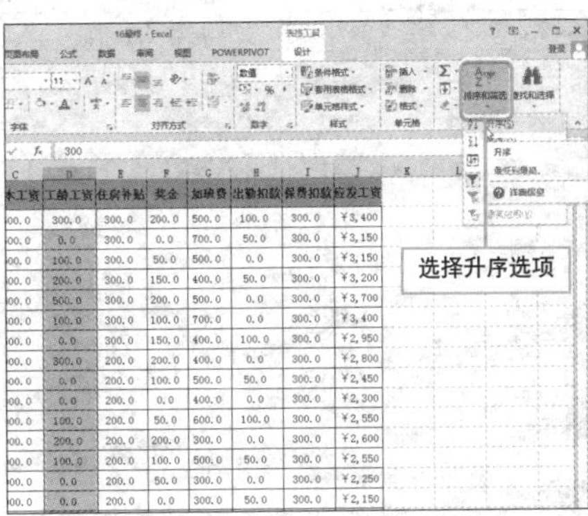

3. 执行升序操作后可以发现，所选单元格区域中的数据已经按照从小到大的顺序进行排列。

工号	员工姓名	基本工资	工龄工资	住房补贴	奖金	加班费	出勤扣款	保费扣款	应发工资
CK0002	孙晓彤	2500.0	0.0	300.0	0.0	700.0	50.0	300.0	¥3,150
CK0007	薛晶晶	2500.0	0.0	300.0	150.0	400.0	100.0	300.0	¥2,950
CK0009	陈月	2000.0	0.0	200.0	100.0	500.0	50.0	300.0	¥2,450
CK0010	张陈玉	2000.0	0.0	200.0	0.0	400.0	0.0	300.0	¥2,300
CK0014	沈纤云	2000.0	0.0	200.0	50.0	300.0	0.0	300.0	¥2,250
CK0015	夏东晋	2000.0	0.0	200.0	0.0	300.0	50.0	300.0	¥2,150
CK0003	陈峰	2500.0	100.0	300.0	50.0	500.0	0.0	300.0	¥3,150
CK0006	姜凯常	2500.0	100.0	300.0	100.0	700.0	0.0	300.0	¥3,400
CK0011	楚云萝	2000.0	100.0	200.0	50.0	600.0	100.0	300.0	¥2,550
CK0013	郑国茂	2000.0	100.0	200.0	100.0	500.0	50.0	300.0	¥2,550
CK0016	崔秀芳	2000.0	100.0	200.0	100.0	500.0	0.0	300.0	¥2,600
CK0004	张玉	2500.0	200.0	300.0	150.0	400.0	50.0	300.0	¥3,200
CK0012	李小楠	2000.0	200.0	200.0	200.0	300.0	0.0	300.0	¥2,600
CK0001	刘晓莉	2500.0	300.0	300.0	200.0	500.0	100.0	300.0	¥3,400
CK0008	周小东	2000.0	300.0	200.0	200.0	400.0	0.0	300.0	¥2,800
CK0005	刘秀云	2500.0	500.0	300.0	200.0	500.0	0.0	300.0	¥3,700

查看排序结果

Hint

降序排列也不难

对单元格区域中的数据降序排列也不难，其方法与上述步骤中的方法类似。

除此之外，用户还可以通过“数据”选项卡功能区中的“降序”按钮来排列数据。

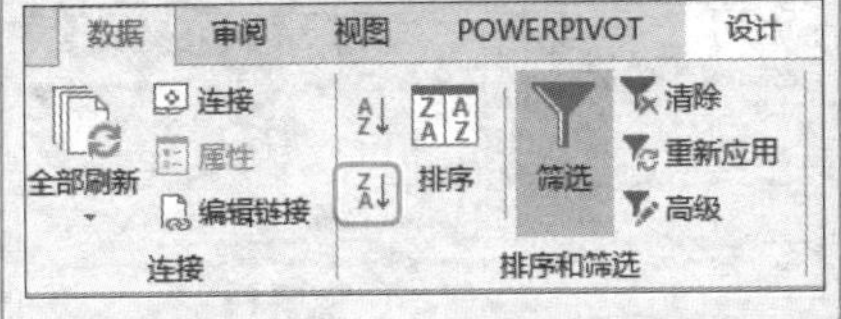

Question 469

根据字体颜色排序有秘技

实例　根据单元格中字体的颜色进行排序

● Level ◆◆◆

2013 2010 2007

如果事先对表格中的数据进行了颜色划分，那么在排序时就可以根据颜色进行分析统计。下面介绍具体操作步骤。

1 选择D1:D22单元格区域，单击“数据”选项卡上“排序”按钮，单击弹出对话框中的“排序”按钮。

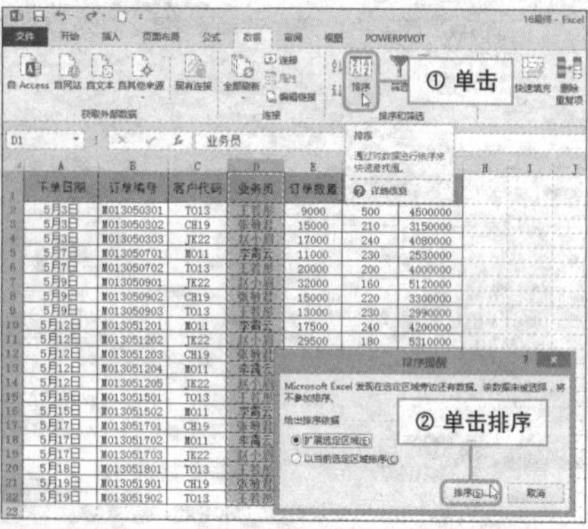

2 弹出“排序”对话框，设置“主要关键字”为“业务员”、“排序依据”为“字体颜色”选项、“次序”为“红色”、“在顶端”，单击“添加条件”按钮。

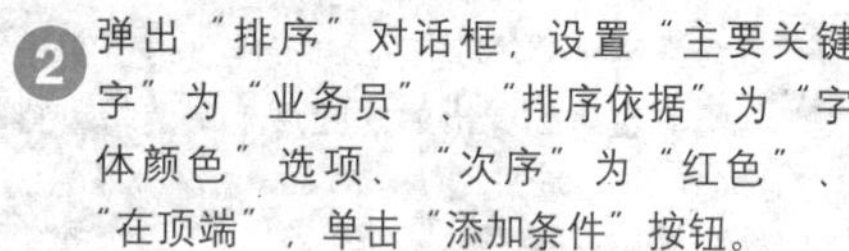

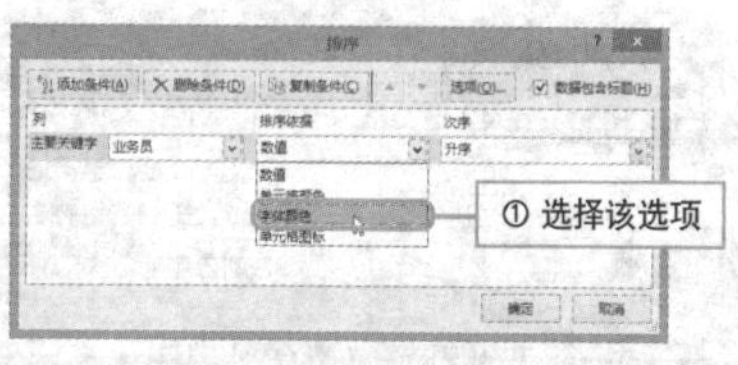

3 根据需要，依次设置次要关键字，设置完成后，单击“确定”按钮。

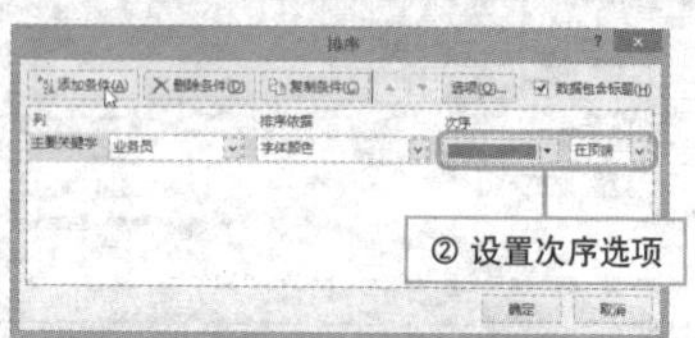

4 返回工作表，可以看到D1:D22单元格区域中的数据已经按照字体颜色排序。

	A	B	C	D	E	F	G
1	下单日期	订单编号	客户代码	业务员	订单数量	产品单价	总金额
2	5月3日	M013050302	CH19	张敏君	15000	210	3150000
3	5月9日	M013050902	CH19	张敏君	15000	220	3300000
4	5月12日	M013051203	CH19	张敏君	40000	130	5200000
5	5月17日	M013051701	CH19	张敏君	31000	150	4650000
6	5月19日	M013051901	CH19	张敏君	19000	200	3800000
7	5月3日	M013050303	JK22	赵小娟	17000	240	4080000
8	5月9日	M013050901	JK22	赵小娟	32000	160	5120000
9	5月12日	M013051202	JK22	赵小娟	29500	180	5310000
10	5月12日	M013051205	JK22	赵小娟	17600	210	3696000
11	5月17日	M013051703	JK22	赵小娟	27500		
12	5月3日	M013050301	T013	王若彤	9000		
13	5月7日	M013050702	T013	王若彤	20000		
14	5月9日	M013050903	T013	王若彤	13000	230	2990000
15	5月15日	M013051501	T013	王若彤	18000	220	3960000
16	5月18日	M013051801	T013	王若彤	33200	110	3652000
17	5月19日	M013051902	T013	王若彤	18000	150	2700000
18	5月7日	M013050701	M011	李霄云	11000	230	2530000
19	5月12日	M013051201	M011	李霄云	17500	240	4200000
20	5月12日	M013051204	M011	李霄云	33000	140	4620000
21	5月15日	M013051502	M011	李霄云	22000	210	4620000
22	5月17日	M013051702	M011	李霄云	44000	100	4400000

查看排序结果

按单元格颜色排序很简单

实例 根据单元格的颜色对数据进行排序

在表格中，为了标识一些数据，使其有所区别，用户会为其添加单元格填充。若用户想根据单元格颜色进行排序，也是很容易的，下面介绍具体操作步骤。

1. 选择D5单元格（红色），单击鼠标右键，选择“排序>将所选单元格颜色放在最前面”命令。

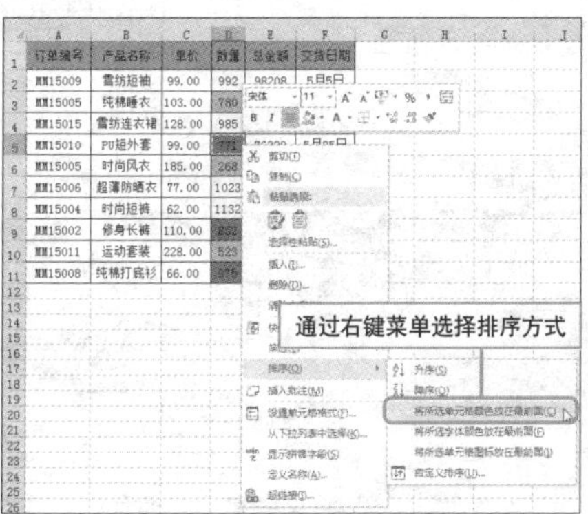

2. 按照同样的方法，依次调整其他单元格颜色排列的顺序。在此选择排序后的D5单元格（黄色）。

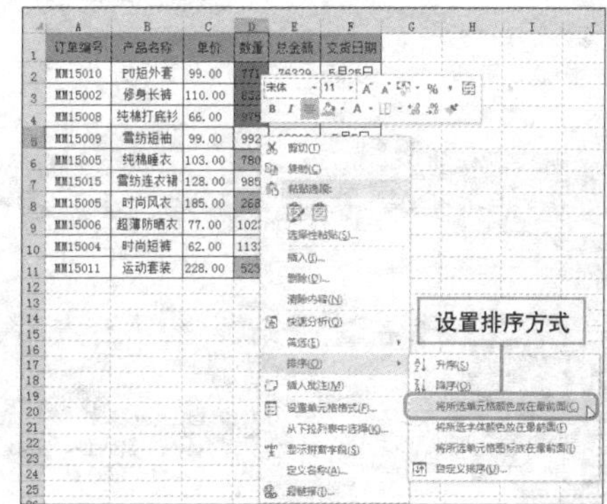

3. 全部排列完毕后，单元格将按照所选的顺序依次进行排列。

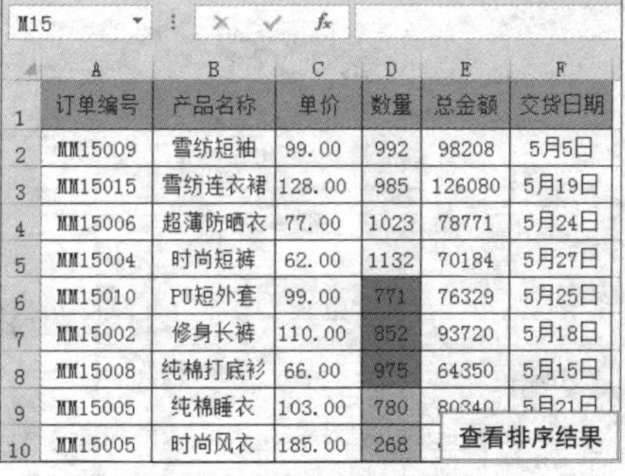

	A	B	C	D	E	F
1	订单编号	产品名称	单价	数量	总金额	交货日期
2	MM15009	雪纺短袖	99.00	992	98208	5月5日
3	MM15015	雪纺连衣裙	128.00	985	126080	5月19日
4	MM15006	超薄防晒衣	77.00	1023	78771	5月24日
5	MM15004	时尚短裤	62.00	1132	70184	5月27日
6	MM15010	PU短外套	99.00	771	76329	5月25日
7	MM15002	修身长裤	110.00	852	93720	5月18日
8	MM15008	纯棉打底衫	66.00	975	64350	5月15日
9	MM15005	纯棉睡衣	103.00	780	80340	5月21日
10	MM15005	时尚风衣	185.00	268		

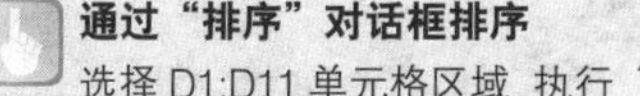

通过“排序”对话框排序

选择D1:D11单元格区域，执行“数据>排序”命令，在打开的“排序”对话框中根据需要进行设置即可。

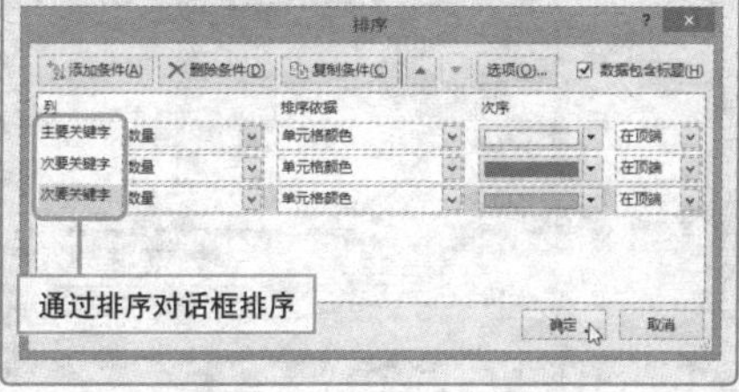

轻松按照笔划排序

实例 根据笔划排序

在工作表中，对数据内容排序的方法有很多种。当工作表中含有大量汉字信息时，用户可以根据汉字笔划进行排序，下面介绍具体操作步骤。

❶ 选择E1:E16单元格区域，单击“数据”选项卡上“排序”按钮，单击弹出对话框中的“排序”按钮。

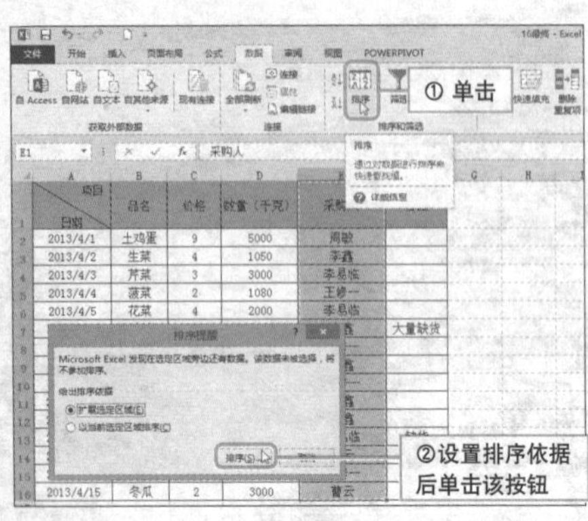

❷ 在弹出的“排序”对话框中单击“选项”按钮。

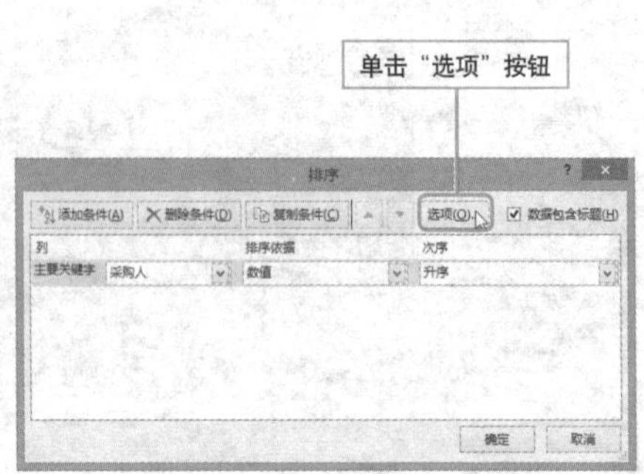

❸ 弹出“排序选项”对话框，选中“笔划排序”选项，单击“确定”按钮。

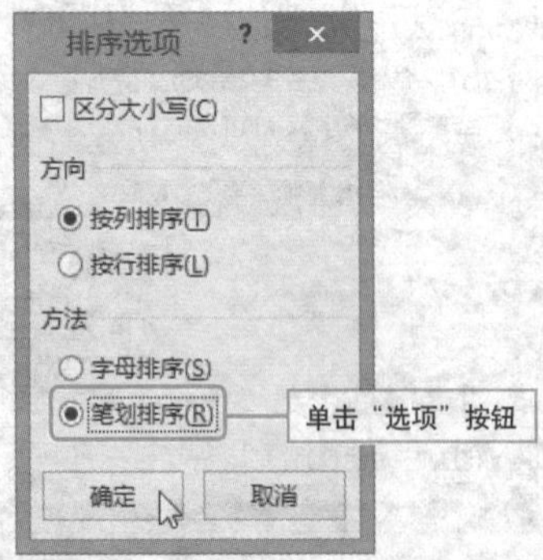

❹ 返回“排序”对话框，单击“确定”按钮，所选区域即可按照笔划进行排序。

	A	B	C	D	E	F
1	项目 日期	品名	价格	数量（千克）	采购人	备注
2	2013/4/4	菠菜	2	1080	王修一	
3	2013/4/7	黄瓜	3	4000	王修一	
4	2013/4/9	四季豆	5	1700	王修一	
5	2013/4/14	苦瓜	5	2000	王修一	
6	2013/4/3	芹菜	3	3000	李易临	
7	2013/4/5	花菜	4	2000	李易临	
8	2013/4/[illegible]	[illegible]	[illegible]	5000	李易临	缺货
9	2013/4/[illegible]	[illegible]	[illegible]	1050	李鑫	
10	2013/4/6	西红柿	5	3000	李鑫	大量缺货
11	2013/4/8	豆角	4	2800	李鑫	
12	2013/4/10	青椒	4	3000	李鑫	
13	2013/4/11	茄子	3	4000	李鑫	
14	2013/4/1	土鸡蛋	9	5000	周敏	
15	2013/4/13	丝瓜	4	3000	曹云	
16	2013/4/15	冬瓜	2	3000	曹云	

查看排序结果

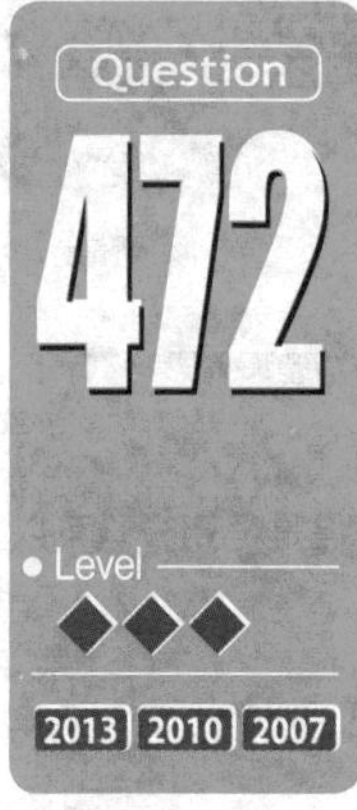

我的顺序我做主

实例 根据自定义序列排序

如果表格中的某项数据具有一定规律，且能组成一个序列，那么用户可将该项数据按照自定义序列进行排序，下面介绍具体操作步骤。

1 选择E1:E11单元格区域，单击“数据”选项卡上“排序”按钮，单击弹出对话框中的“排序”按钮。

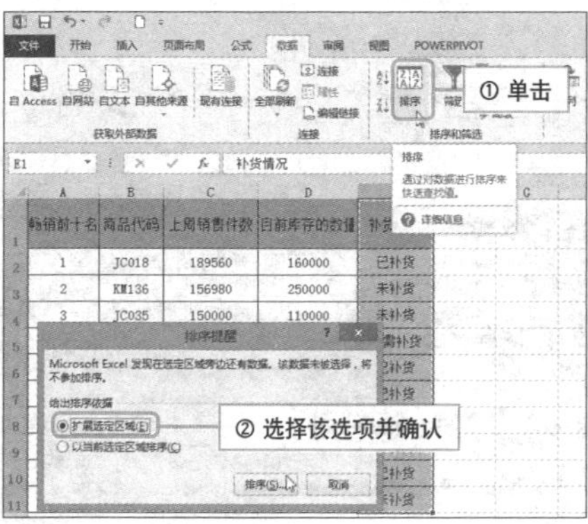

2 弹出“排序”对话框，单击“次序”下拉按钮，从展开的列表中选择“自定义序列”选项。

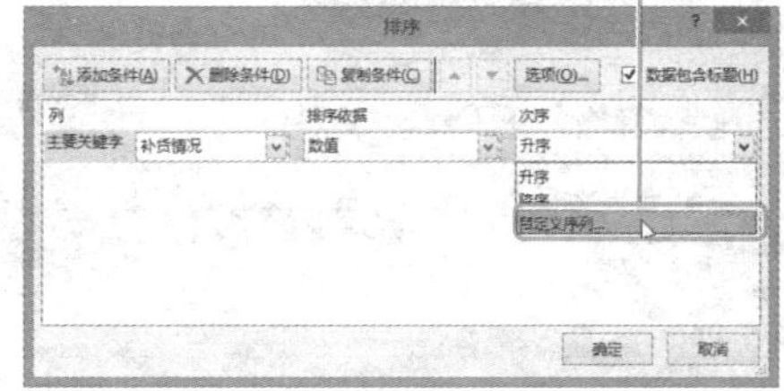

3 打开“自定义序列”对话框，在“输入序列”列表框中输入自定义序列，单击“添加”按钮后单击“确定”按钮。

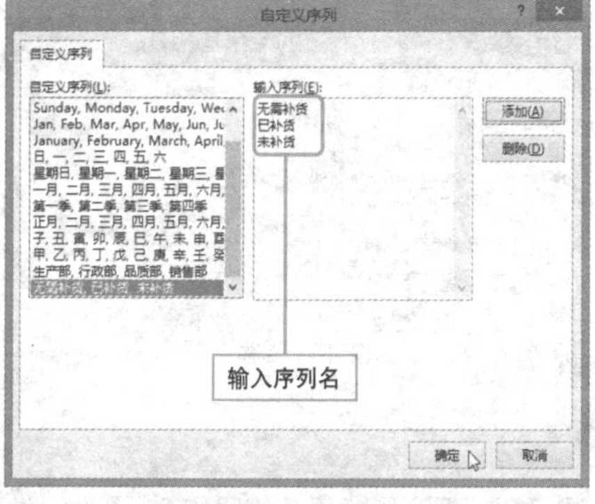

4 返回“排序”对话框，单击“确定”按钮即可看到，所选单元格数据按照自定义序列进行了排序。

畅销前十名	商品代码	上周销售件数	目前库存的数量	补货情况
4	CN486	132000	180000	无需补货
7	KJ570	81456	189000	无需补货
8	JC965	65890	180000	无需补货
1	JC018	189560	160000	已补货
5	OP047	[illegible]	[illegible]	已补货
6	KL892	[illegible]	[illegible]	已补货
9	OR456	55874	60000	已补货
2	KM136	156980	250000	未补货
3	JC035	150000	110000	未补货
10	GH019	40000	90000	未补货

查看排序结果

按行排序很简单

实例 按行排序

通常情况下，数据表将根据数据所在的列进行排序。但是，用户也可以根据数据表的行进行排序，下面对其进行介绍。

1 选择A1:F1单元格区域，单击“数据”选项卡上“排序”按钮，单击弹出对话框中的“排序”按钮。

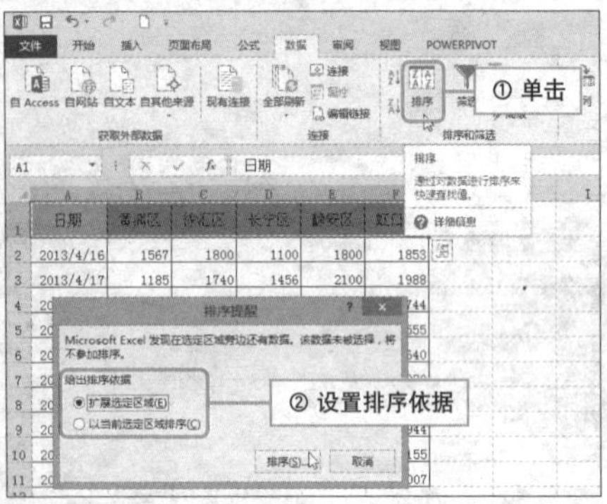

2 弹出“排序”对话框，单击“选项”按钮，弹出“排序选项”对话框，选中“按行排序”单选按钮，单击“确定”按钮。

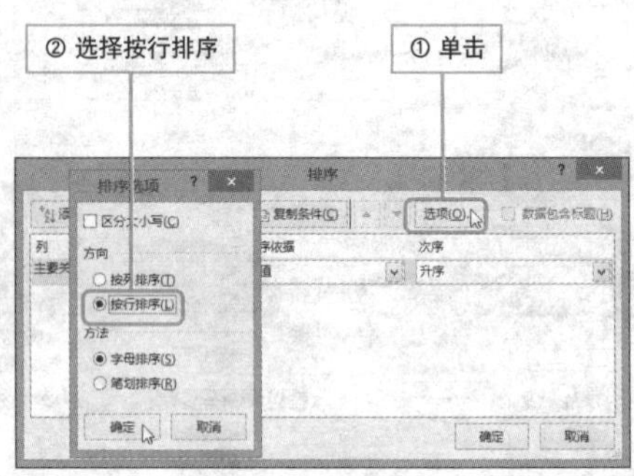

3 返回“排序”对话框，在“主要关键字”下拉列表中选择“行1”选项，在“次序”下拉列表中选择“自定义序列”选项。

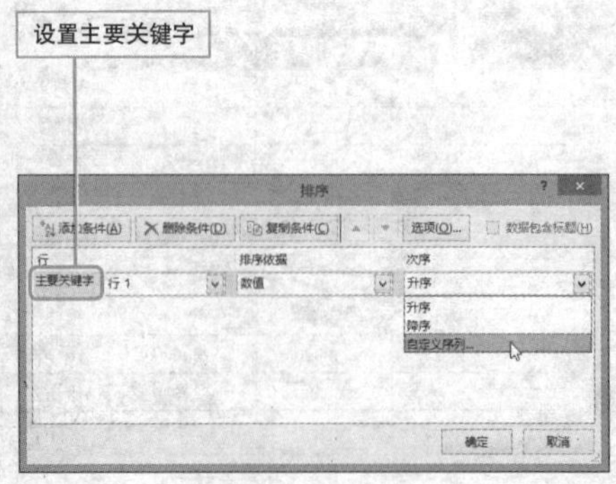

4 打开“自定义序列”对话框，在“输入序列”列表框中输入自定义序列，单击“添加”按钮后单击“确定”按钮，返回“排序”对话框，单击“确定”按钮即可。

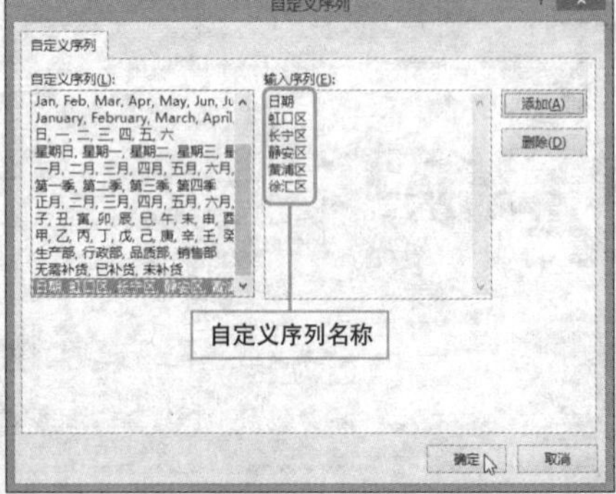

瞬间将排序后的表格恢复原貌

实例 将排序后的表格恢复到初始状态

在对表格中的数据进行多次排序后，如果用户又希望将表格中的数据恢复到初始状态，该如何操作呢？下面对其进行详细介绍。

1. 打开排序后的工作表，选择序号列中的数据，单击“数据”选项卡的“升序”按钮。

2. 打开“排序提醒”对话框，保持默认设置，单击“排序”按钮。

设置排序依据后单击该按钮

排序提醒

Microsoft Excel 发现在选定区域旁边还有数据。该数据未被选择，将不参加排序。

给出排序依据

◉ 扩展选定区域(E)

○ 以当前选定区域排序(C)

排序(S) 取消

3. 随后即可将表格中的数据恢复到未排序前的状态。

	A	B	C	D	E
1	畅销前十名	商品代码	上周销售件数	目前库存的数量	补货情况
2	1	JC018	189560	160000	已补货
3	2	KM136	156980	250000	未补货
4	3	JC035	150000	110000	未补货
5	4	CN486	132000	180000	无需补货
6	5	[illegible]	[illegible]	90000	已补货
7	6	[illegible]	[illegible]	90000	已补货
8	7	KJ570	81456	189000	无需补货
9	8	JC965	65890	180000	无需补货
10	9	OR456	55874	60000	已补货
11	10	GH019	40000	90000	未补货

恢复排序前的顺序

Hint

辅助列帮你快速恢复排序后的数据

上述情况介绍的是表格中包含具有次序的数据列的情况，那么对于表格中不包含序号列的表格来，该如何操作呢？

为了防止无法恢复数据到初始状态，用户可以在对表格进行排序之前，添加辅助列，并为其填充序列。

Question

475 自动筛选显身手

Level ◆◆◆

2013 2010 2007

实例 筛选出符合条件的数据

除了可以对表格中的数据进行排序外，用户还可以在大量的表格数据中筛选出想要查看的数据，下面将以筛选出业务员“张敏君”的相关信息为例进行介绍。

1 将鼠标光标定位至表格中的任一单元格，单击“数据”选项卡上的“筛选”按钮。

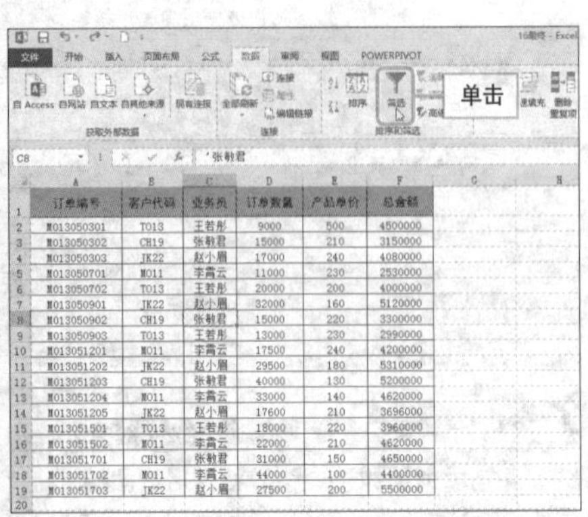

2 数据列标题出现筛选按钮，单击“业务员”筛选按钮，在展开的列表中取消对“全选”的选中，然后勾选“张敏君”复选框。

3 设置完成后，单击“确定”按钮，即可筛选出有关业务员“张敏君”的所有信息。

	A	B	C	D	E	F
1	订单编号	客户代码	业务员	订单数量	产品单价	总金额
3	M013050302	CH19	张敏君	15000	210	3150000
8	M013050902	CH19	张敏君	15000	220	3300000
12	M013051203	CH19	张敏君	40000	130	5200000
17	M013051701	CH19	张敏君	31000	150	4650000

查看筛选结果

Hint

筛选功能介绍

在筛选表格中的数据时，根据所选的字段不同，打开的列表中的筛选条件也会发生改变，如文本筛选、颜色筛选、数字筛选、日期筛选等。

按需筛选出有用数据

实例 自定义筛选

若用户想要筛选出表格中某一范围内的数据，该如何操作呢？这就需要用到自定义筛选，下面对其进行详细介绍。

1 选择表格中的任一数据单元格，单击“数据”选项卡的“排序和筛选”面板中的“筛选”按钮。

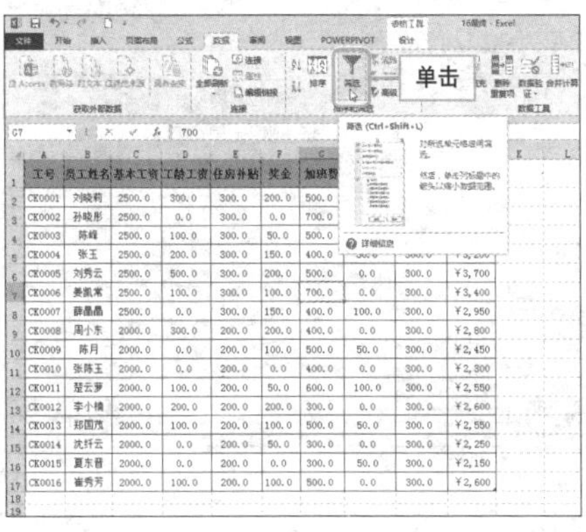

2 单击“加班费”列右侧的下拉按钮，在弹出的下拉列表中选择“数字筛选>小于”选项。

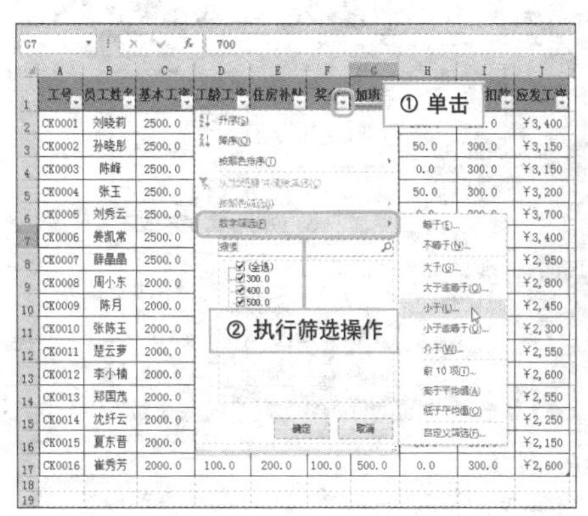

3 弹出“自定义自动筛选方式”对话框，设置加班费小于400或大于500。

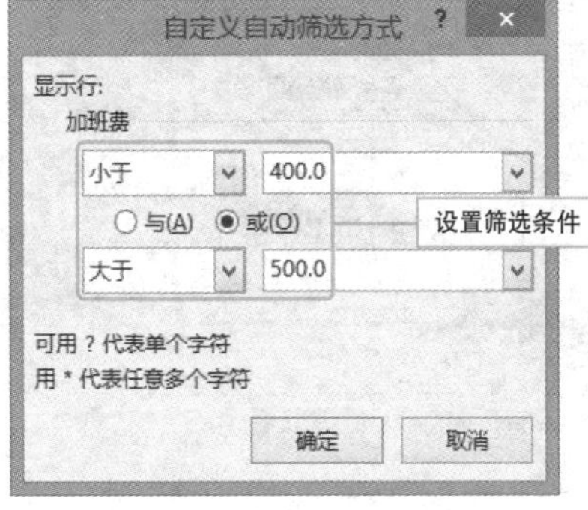

4 单击“确定”按钮，筛选出所有加班费小于400或者大于500的数据。

	A	B	C	D	E	F	G	H	I	J
1	工号	员工姓名	基本工资	工龄工资	住房补贴	奖金	加班费	出勤扣款	保费扣款	应发工资
3	CK0002	孙晓彤	2500.0	0.0	300.0	0.0	700.0	50.0	300.0	￥3,150
7	CK0006	姜凯常	2500.0	100.0	300.0	100.0	700.0	0.0	300.0	￥3,400
12	CK0011	楚云萝	2000.0	100.0	200.0	50.0	600.0	100.0	300.0	￥2,550
13	CK0012	李小楠	2000.0	200.0	200.0	200.0	300.0	0.0	300.0	￥2,600
15	CK0014	沈纤云	2000.0	0.0	200.0	50.0	300.0	0.0	300.0	￥2,250
16	CK0015	夏东晋	2000.0	0.0	200.0	0.0	300.0	50.0	300.0	￥2,150

设置筛选条件

Question 477

Level ◆◆◆

2013 2010 2007

多条件筛选难不倒人

实例 满足多个条件筛选

在对表格中的大量数据进行筛选时，若想要筛选出同时满足多个条件的数据，是不是很困难呢？其实并不困难，下面介绍具体操作步骤。

❶ 打开工作表，然后在C19:E20单元格区域中输入条件。

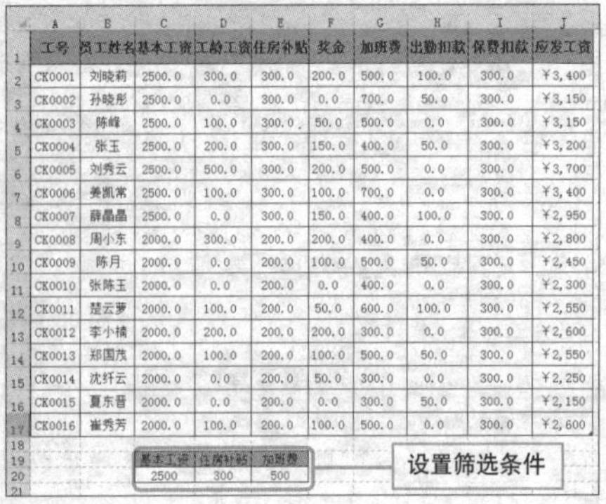

工号	员工姓名	基本工资	工龄工资	住房补贴	奖金	加班费	出勤扣款	保费扣款	应发工资
CK0001	刘晓莉	2500.0	300.0	300.0	200.0	500.0	100.0	300.0	￥3,400
CK0002	孙晓彤	2500.0	0.0	300.0	0.0	700.0	50.0	300.0	￥3,150
CK0003	陈峰	2500.0	100.0	300.0	50.0	500.0	0.0	300.0	￥3,150
CK0004	张玉	2500.0	200.0	300.0	150.0	400.0	50.0	300.0	￥3,200
CK0005	刘秀云	2500.0	500.0	300.0	200.0	500.0	0.0	300.0	￥3,700
CK0006	姜凯常	2500.0	100.0	300.0	100.0	700.0	0.0	300.0	￥3,400
CK0007	薛晶晶	2500.0	0.0	300.0	150.0	400.0	100.0	300.0	￥2,950
CK0008	周小东	2000.0	300.0	200.0	200.0	400.0	0.0	300.0	￥2,800
CK0009	陈月	2000.0	0.0	200.0	100.0	500.0	50.0	300.0	￥2,450
CK0010	张陈玉	2000.0	0.0	200.0	0.0	400.0	0.0	300.0	￥2,300
CK0011	楚云萝	2000.0	100.0	200.0	50.0	600.0	100.0	300.0	￥2,550
CK0012	李小楠	2000.0	200.0	200.0	200.0	300.0	0.0	300.0	￥2,600
CK0013	郑国茂	2000.0	100.0	200.0	100.0	500.0	50.0	300.0	￥2,550
CK0014	沈纤云	2000.0	0.0	200.0	50.0	300.0	0.0	300.0	￥2,250
CK0015	夏东晋	2000.0	0.0	200.0	0.0	300.0	50.0	300.0	￥2,150
CK0016	崔秀芳	2000.0	100.0	200.0	100.0	500.0	0.0	300.0	￥2,600

基本工资	住房补贴	加班费
2500	300	500

❷ 单击“数据”选项卡“排序和筛选”面板中的“高级”按钮。

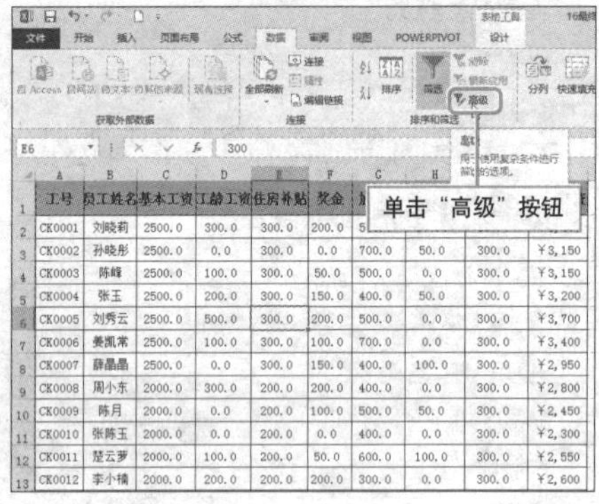

❸ 弹出“高级筛选”对话框，分别设置“列表区域”和“条件区域”。

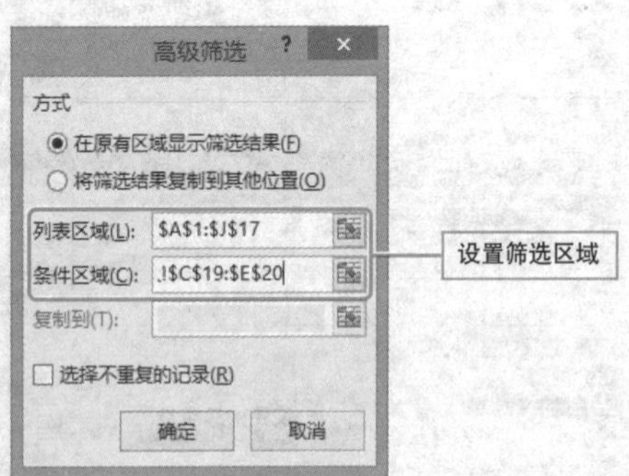

❹ 单击“确定”按钮，即可按照筛选条件筛选出符合条件的数据。

工号	员工姓名	基本工资	工龄工资	住房补贴	奖金	加班费	出勤扣款	保费扣款	应发工资
CK0001	刘晓莉	2500.0	300.0	300.0	200.0	500.0	100.0	300.0	￥3,400
CK0003	陈峰	2500.0	100.0	300.0	50.0	500.0	0.0	300.0	￥3,150
CK0005	刘秀云	2500.0	500.0	300.0	200.0	500.0	0.0	300.0	￥3,700

基本工资	住房补贴	加班费
2500	300	500

查看符合筛选条件的结果

满足其中一个条件筛选也不难

实例 升序排列单元格中的数据

若在筛选数据时，希望可以将满足多个条件中的某个条件的数据筛选出来，该如何操作呢？下面对其进行详细介绍。

1 打开工作表，然后在B21:C23单元格区域中输入条件。

	A	B	C	D
1	料号	单价	采购数量	总金额
2	S01181256	0.5	150000	75000
3	S01181257	0.7	120000	84000
4	S01181258	0.5	600000	300000
5	S01181259	1	300000	300000
6	S01181260	0.8	120000	96000
7	S01181261	0.7	400000	280000
8	S01181262	0.5	300000	150000
9	S01181263	0.75	500000	375000
10	S01181264	0.5	400000	200000
11	S01181265	0.75	500000	375000
12	S01181266	0.6	400000	240000
13	S01181267	0.5	800000	400000
14	S01181268	0.75	600000	450000
15	S01181269	0.6	500000	300000
16	S01181270	0.5	400000	200000
17	S01181271	0.75	500000	375000
18	S01181272	0.6	400000	240000
19	S01181273	0.5	500000	250000
20				
21		单价	采购数量	
22		0.5		
23			500000	

2 单击“数据”选项卡“排序和筛选”面板中的“高级”按钮。

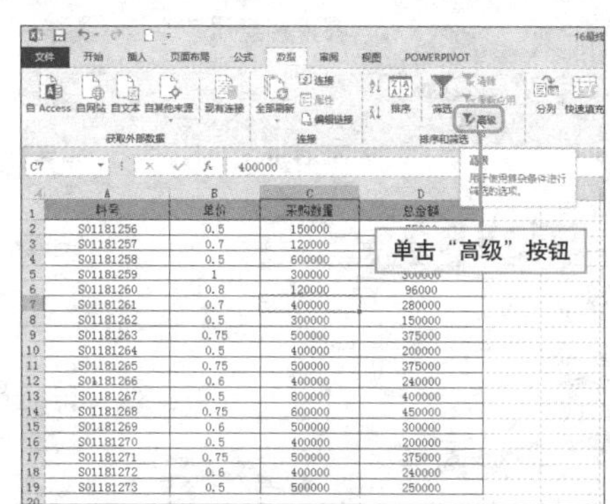

3 弹出“高级筛选”对话框，分别设置“列表区域”和“条件区域”。

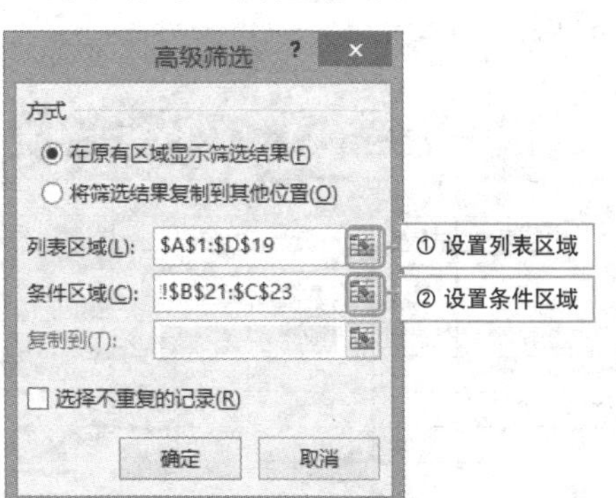

4 单击“确定”按钮，即可按照筛选条件筛选出符合条件的数据。

	A	B	C	D
1	料号	单价	采购数量	总金额
2	S01181256	0.5	150000	75000
4	S01181258	0.5	600000	300000
8	S01181262	0.5	300000	150000
9	S01181263	0.75	500000	375000
10	S01181264	0.5	400000	200000
11	S01181265	0.75	500000	375000
13	S01181267	0.5	800000	400000
15	S01181269	0.6	500000	300000
16	S01181270	0.5	400000	200000
17	S01181271	0.75	500000	375000
19	S01181273	0.5	500000	250000
20				
21		单价	采购数量	
22		0.5		
23			500000	

查看筛选结果

Question 479

• Level ◆◆◆

2013 2010 2007

标记特定数据，高级筛选来顶你

实例 巧用高级筛选进行标记

在统计表格中，用户可以对某些数据进行备注，通过高级筛选来实现，下面以标记缺货商品为例进行介绍。

1 打开工作表，在其右侧输入缺货的商品代码，然后单击“数据”选项卡“排序和筛选”面板中的“高级”按钮。

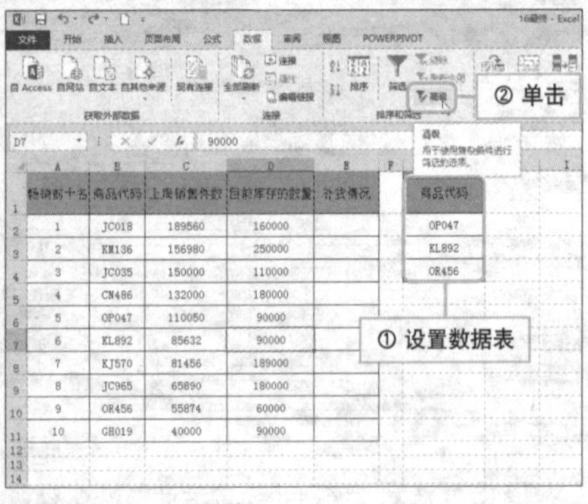

2 弹出“高级筛选”对话框，分别设置“列表区域”和“条件区域”。

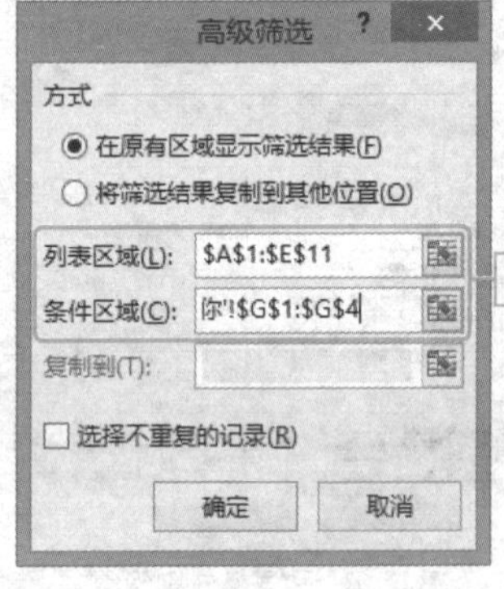

3 单击“确定”按钮，筛选符合条件的数据。

	A	B	C	D	E	F	G
1	畅销前十名	商品代码	上周销售件数	目前库存的数量	补货情况		商品代码
6	5	OP047	110050	90000			
7	6	KL892	85632	90000			
10	9	OR456	55874	60000			

查看筛选结果

4 在筛选的结果右侧标记“缺货”，然后单击“排序和筛选”面板中的“清除”按钮。

	A	B	C	D	E
1	畅销前十名	商品代码	上周销售件数	目前库存的数量	补货情况
2	1	JC018	189560	160000	
3	2	KM136	156980	250000	
4	3	JC035	150000	110000	
5	4	CN486	132000	180000	
6	5	OP047	110050	90000	缺货
7	6	KL892	85632	90000	缺货
8	7	KJ570	81456	189000	
9	8	JC965	65890	180000	
10	9	OR456	55874	60000	缺货
11	10	GH019	40000	90000	

恢复数据表原貌

一招选出空白数据行

实例 筛选空白数据行

通过高级筛选功能，用户还可以将包含空白数据的行筛选出来，下面介绍具体操作步骤。

❶ 打开工作表，然后在B16:E20单元格区域中输入条件。

	A	B	C	D	E
1	客户代码	1月订单金额	2月订单金额	3月订单金额	4月订单金额
2	CM01	390000	490000	485300	690000
3	JK23		460000	460000	580000
4	T019	540000	500000	432000	475000
5	M013	420000	530000		550000
6	JK58	390000	470000	450000	630000
7	CC03		584000	601000	644000
8	DR11	468000		452000	594000
9	W029	780000			490000
10	GM13	361000			651000
11	Q015		310000	586500	363000
12	RH02	708000	798000	688000	778000
13	CK19	462000	532000	602000	
14	WY01	658000	690000	622000	754000
15					
16		1月订单金额	2月订单金额	3月订单金额	4月订单金额
17		=			
18			=		
19				=	
20					=

❷ 单击“数据”选项卡“排序和筛选”面板中的“高级”按钮。

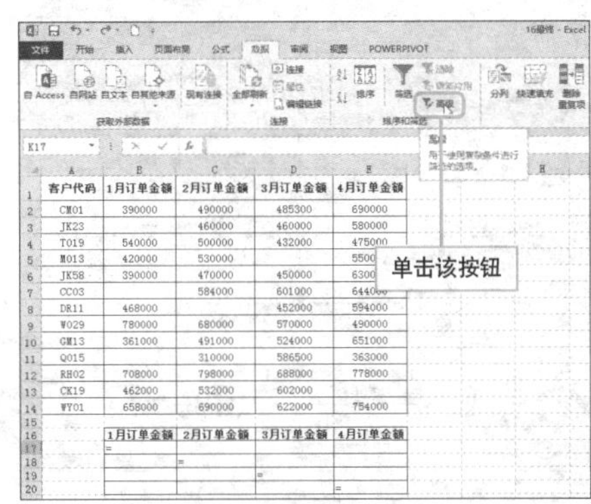

❸ 弹出“高级筛选”对话框，分别设置“列表区域”和“条件区域”。

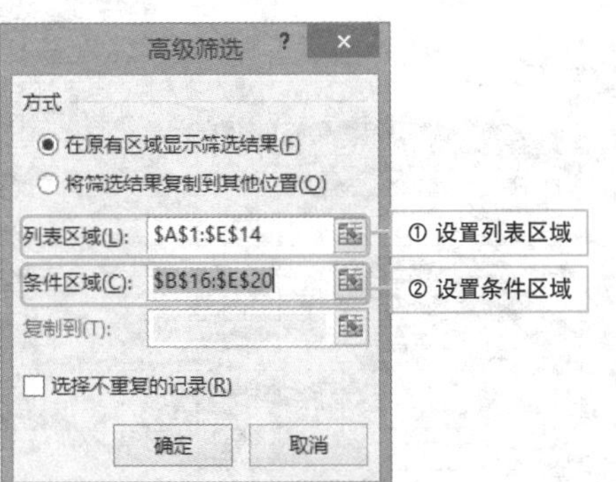

❹ 单击“确定”按钮，即可按照筛选条件筛选出包含空白数据的行。

	A	B	C	D	E
1	客户代码	1月订单金额	2月订单金额	3月订单金额	4月订单金额
3	JK23		460000	460000	580000
5	M013	420000	530000		550000
7	CC03		584000	601000	644000
8	DR11	468000		452000	594000
11	Q015		310000	586500	363000
13	CK19	462000	532000	602000	
15					
16		1月订单金额	2月订单金额	3月订单金额	4月订单金额
17		=			
18			=		
19				=	
20					=

查看筛选结果

Question **481**

● Level ◆◆◆

2013 2010 2007

轻而易举筛选出不重复数据

实例 筛选出与制定数据不重复的数据

若某列中存在多个重复数据，用户希望将不重复的数据筛选出来，这样的操作也需要通过高级筛选功能来实现，其具体操作步骤如下。

1 打开工作表，然后在B10:B11单元格区域中输入条件。

	A	B	C	D
1		2010年	2011年	2012年
2	珠江店	23210	28000	36000
3	新民店	35000	32500	29880
4	小榄店	33700	38450	36690
5	新阳店	35000	31000	42000
6	沙云店	28600	36000	31000
7	龙景店	35000	32000	37000
8	镇安店	27000	29000	38000
9				
10		2010年		
11		35000		
12				

设置筛选条件

2 单击“数据”选项卡下“排序和筛选”面板中的“高级”按钮。

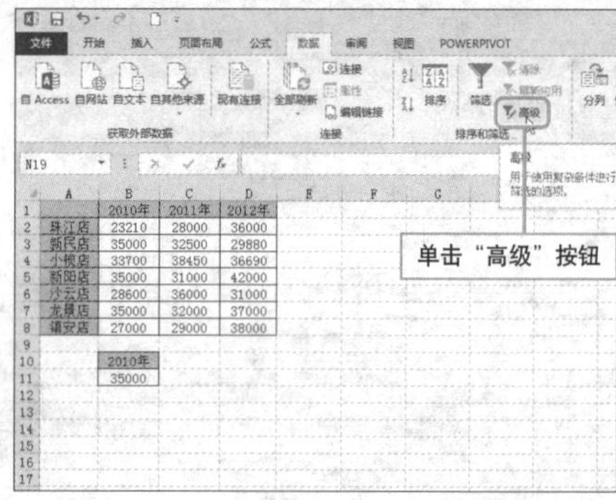

3 弹出“高级筛选”对话框，选中“将筛选结果复制到其他位置”选项，并勾选“选择不重复的记录”复选框，然后分别设置“列表区域”、“条件区域”及“复制到”。

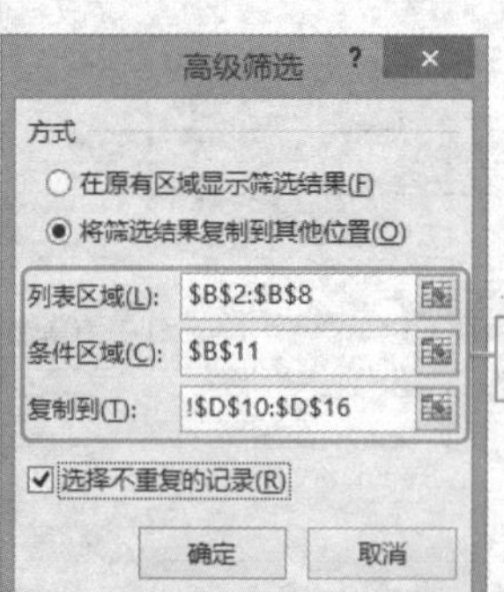

4 单击“确定”按钮，即可筛选出不重复的数据。

	A	B	C	D	E	F
1		2010年	2011年	2012年		
2	珠江店	23210	28000	36000		
3	新民店	35000	32500	29880		
4	小榄店	33700	38450	36690		
5	新阳店	35000	31000	42000		
6	沙云店	28600	36000	31000		
7	龙景店	35000	32000	37000		
8	镇安店	27000	29000	38000		
9						
10		2010年		23210		
11		35000		35000		
12				33700		
13				28600		
14				27000		
15						
16						
17						

查看筛选结果

对数据信息进行模糊筛选

实例 使用通配符进行数据筛选

若在对表格中的数据进行筛选时，不能够明确筛选条件，用户可以通过通配符进行模糊筛选，下面对其具体操作进行介绍。

1 打开工作表，然后在C21:C22单元格区域中输入条件。

	A	B	C	D	E	F
1	订单编号	客户代码	业务员	订单数量	产品单价	总金额
2	M013050301	T013	赵春梅	9000	500	4500000
3	M013050302	CH19	张敏君	15000	210	3150000
4	M013050303	JK22	赵小眉	17000	240	4080000
5	M013050701	M011	李霄云	11000	230	2530000
6	M013050702	T013	赵春梅	20000	200	4000000
7	M013050901	JK22	赵小眉	32000	160	5120000
8	M013050902	CH19	张敏君	15000	220	3300000
9	M013050903	T013	赵春梅	13000	230	2990000
10	M013051201	M011	李霄云	17500	240	4200000
11	M013051202	JK22	赵小眉	29500	180	5310000
12	M013051203	CH19	张敏君	40000	130	5200000
13	M013051204	M011	李霄云	33000	140	4620000
14	M013051205	JK22	赵小眉	17600	210	3696000
15	M013051501	T013	赵春梅	18000	220	3960000
16	M013051502	M011	李霄云	22000	210	4620000
17	M013051701	CH19	张敏君	31000	150	4650000
18	M013051702	M011	李霄云	44000	100	4400000
19	M013051703	JK22	赵小眉	27500	200	5500000
20						
21			业务员			
22			赵*			
23						

设置筛选条件

2 单击“数据”选项卡“排序和筛选”面板中的“高级”按钮。

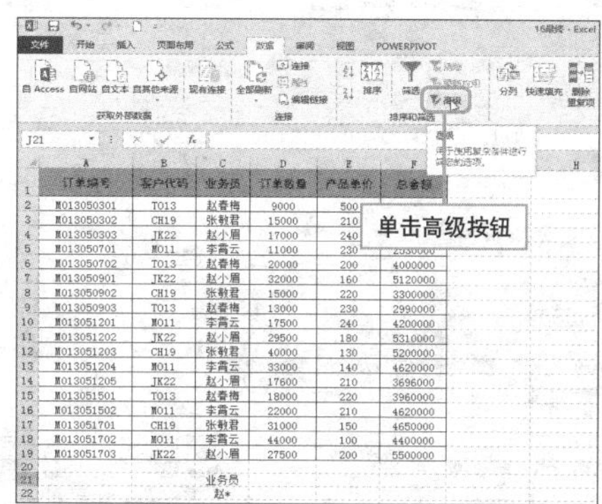

3 弹出“高级筛选”对话框，分别设置“列表区域”和“条件区域”。

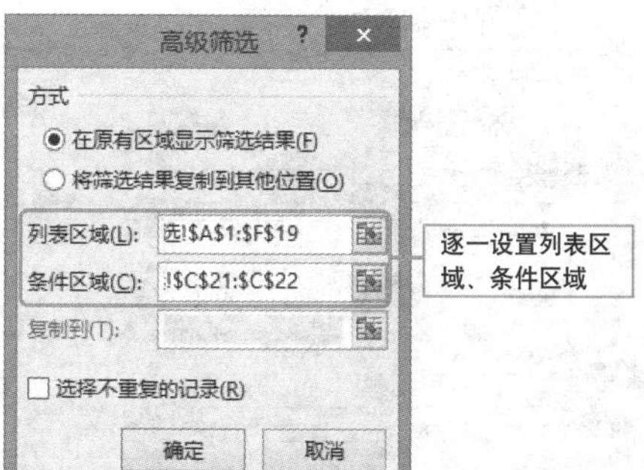

4 单击“确定”按钮，即可筛选出所有赵姓员工的相关信息。

	A	B	C	D	E	F
1	订单编号	客户代码	业务员	订单数量	产品单价	总金额
2	M013050301	T013	赵春梅	9000	500	4500000
4	M013050303	JK22	赵小眉	17000	240	4080000
6	M013050702	T013	赵春梅	20000	200	4000000
7	M013050901	JK22	赵小眉	32000	160	5120000
9	M013050903	T013	赵春梅	13000	230	2990000
11	M013051202	JK22	赵小眉	29500	180	5310000
14	M013051205	JK22	赵小眉	17600	210	3696000
15	M013051501	T013	赵春梅	18000	220	3960000
19	M013051703	JK22	赵小眉	27500	200	5500000
20						
21			业务员			
22			赵*			
23						
24						
25						
26						
27						

查看筛选结果

汇总指定项很简单

实例 按指定的分类字段汇总数据

利用分类汇总可以快速、简便地将关联数据汇总，使用户可以更清晰明确地分析数据，下面对其相关操作进行介绍。

1 选择F1:F19单元格区域，单击“数据”选项卡上“升序”按钮，然后单击弹出对话框中的“排序”按钮。

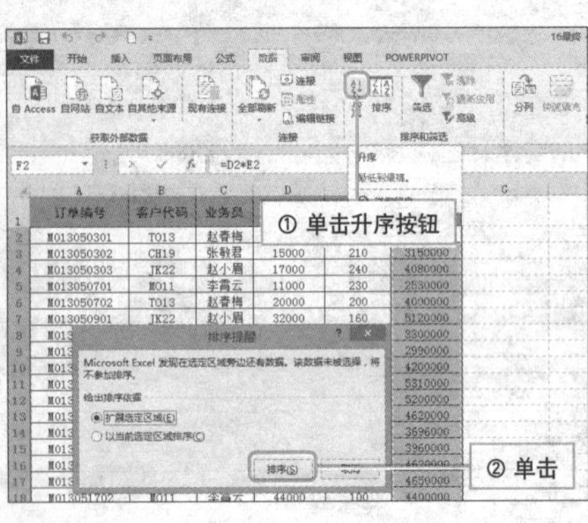

2 选择表格中的任一单元格，单击“数据”选项卡上的“分类汇总”按钮。

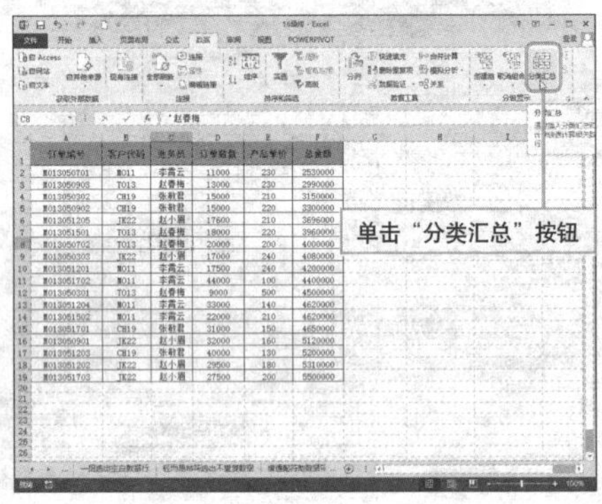

3 弹出“分类汇总”对话框，设置合适的分类字段，指定合适的汇总项。

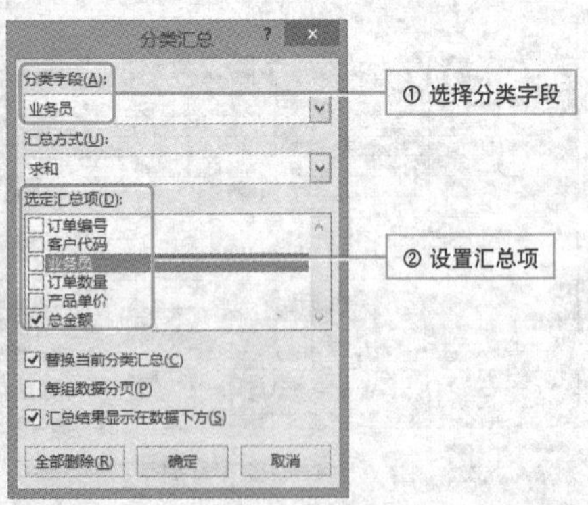

4 单击“确定”按钮，关闭对话框，查看汇总效果。

订单编号	客户代码	业务员	订单数量	产品单价	总金额
M013050701	M011	李青云	11000	230	2530000
		李青云 汇总			2530000
M013050903	T013	赵春梅	13000	230	2990000
		赵春梅 汇总			2990000
M013050302	CH19	张敏君	15000	210	3150000
M013050902	CH19	张敏君	15000	220	3300000
		张敏君 汇总			6450000
M013051205	JK22	赵小眉	17600	210	3696000
		赵小眉 汇总			3696000
M013051501	T013	赵春梅	18000	220	3960000
M013050702	T013	赵春梅	20000	200	4000000
		赵春梅 汇总			7960000
M013050303	JK22	赵小眉	17000	240	4080000
		赵小眉 汇总			4080000
M013051201	M011	李青云	17500	240	4200000
M013051702	M011	李青云	44000	100	4400000
		李青云 汇总			8600000
M013050301	T013	赵春梅	9000	500	4500000
		赵春梅 汇总			4500000
M013051204	M011	李青云	33000	140	4620000
M013051502	M011	李青云	22000	210	4620000
		李青云 汇总			9240000
M013051701	CH19	张敏君	31000	150	4650000
		张敏君 汇总			
M013050901	JK22	赵小眉	32000	160	
		赵小眉 汇总			

查看汇总结果

轻松汇总多字段

实例 按照多个字段进行分类汇总

若用户想要对表格中的多个字段选项进行汇总，也是很简单的，下面对其进行详细介绍。

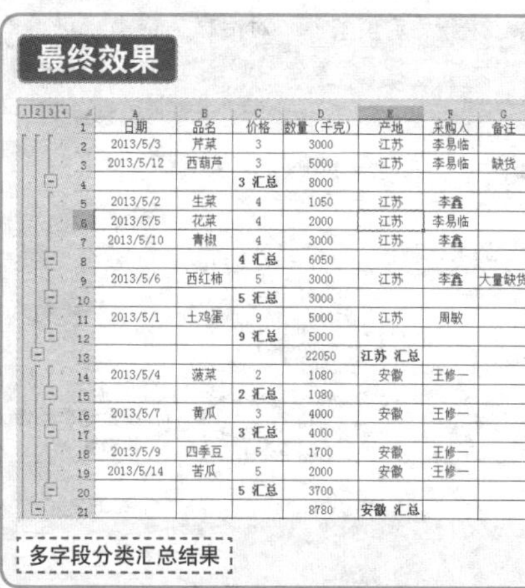

	A	B	C	D	E	F	G
1	日期	品名	价格	数量（千克）	产地	采购人	备注
2	2013/5/3	芹菜	3	3000	江苏	李易临	
3	2013/5/12	西葫芦	3	5000	江苏	李易临	缺货
4			3 汇总	8000			
5	2013/5/2	生菜	4	1050	江苏	李鑫	
6	2013/5/5	花菜	4	2000	江苏	李易临	
7	2013/5/10	青椒	4	3000	江苏	李鑫	
8			4 汇总	6050			
9	2013/5/6	西红柿	5	3000	江苏	李鑫	大量缺货
10			5 汇总	3000			
11	2013/5/1	土鸡蛋	9	5000	江苏	周敏	
12			9 汇总	5000			
13				22050	江苏 汇总		
14	2013/5/4	菠菜	2	1080	安徽	王修一	
15			2 汇总	1080			
16	2013/5/7	黄瓜	3	4000	安徽	王修一	
17			3 汇总	4000			
18	2013/5/9	四季豆	5	1700	安徽	王修一	
19	2013/5/14	苦瓜	5	2000	安徽	王修一	
20			5 汇总	3700			
21				8780	安徽 汇总		

多字段分类汇总结果

1 在进行多字段分类操作时，应当首先按照分类字段选项的优先级对工作表进行排序，按照之前讲述的方法，打开“排序”对话框，对主要和次要关键字进行相应设置，设置完成后，单击“确定”按钮。

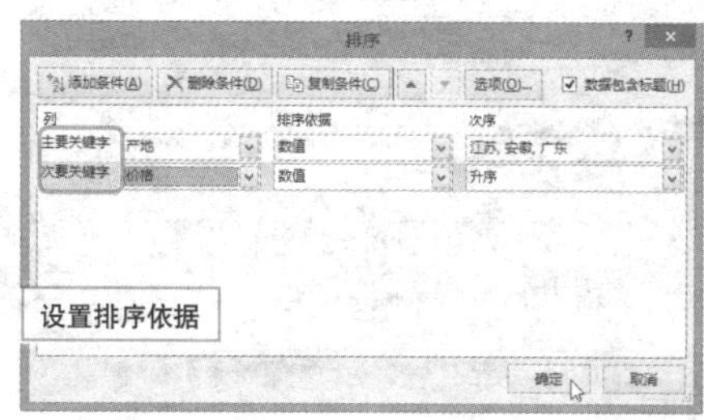

2 返回编辑区，单击“数据”选项卡上的“分类汇总”按钮。弹出“分类汇总”对话框，对“产地”字段进行汇总并确认。

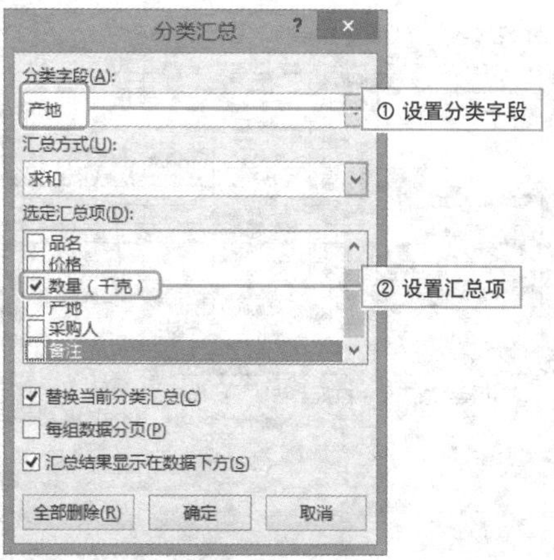

3 随后再对“价格”字段进行汇总，注意一定要取消对“替换当前分类汇总”复选框的勾选，随后单击“确定”按钮即可。

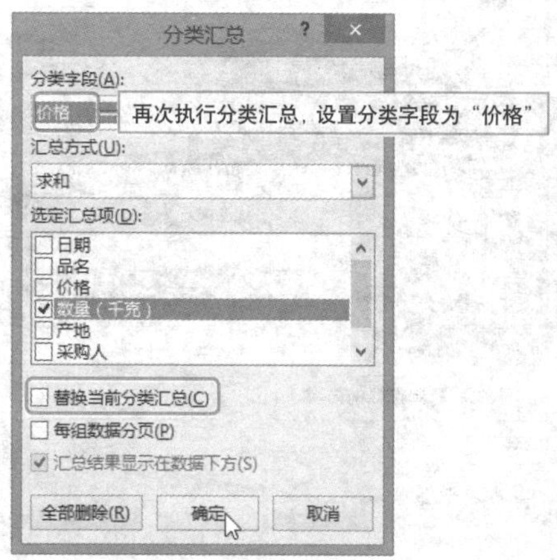

分类汇总结果输出有秘诀

实例 将分类汇总结果复制到新工作表中

分类汇总操作完成后，若用户想要复制汇总数据到新工作表中，而在直接复制并粘贴后，发现所有的数据都粘贴在新工作表中，那么如何才能只将汇总结果复制到新工作表中呢？

1 打开进行了分类汇总的工作表，单击列标题左侧的3，将明细数据隐藏，只保留汇总数据，然后选择A1:G30单元格区域。

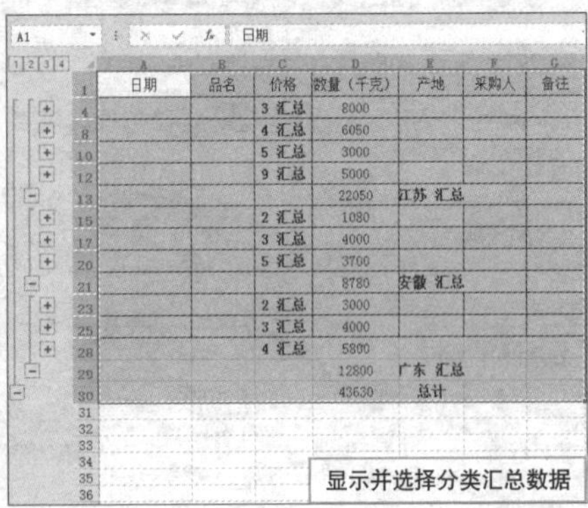

显示并选择分类汇总数据

2 打开“定位条件”对话框，选中“可见单元格”选项，单击“确定”按钮。

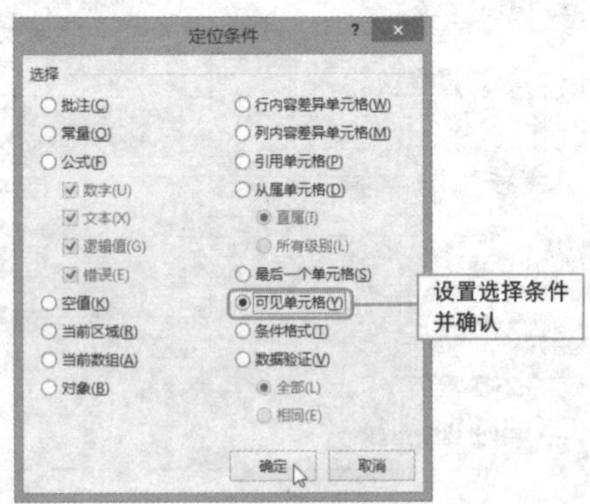

设置选择条件并确认

3 返回工作表，按下Ctrl + C组合键复制单元格。

复制选择的内容

4 切换至新工作表，按下Ctrl + V组合键粘贴即可。

	A	B	C	D	E	F	G
1	日期	品名	价格	数量（千克）	产地	采购人	备注
2			3 汇总	8000			
3			4 汇总	6050			
4			5 汇总	3000			
5			9 汇总	5000			
6				22050	江苏 汇总		
7			2 汇总	1080			
8			3 汇总	4000			
9			5 汇总	3700			
10				8780	安徽 汇总		
11			2 汇总	3000			
12			3 汇总	4000			
13			4 汇总	5800			
14				12800	广东 汇总		
15				43630	总计		

切换至新工作表执行“粘贴”操作

轻松合并多个工作表中的数据

实例 合并计算

若需要将多个地区的统计表汇总到同一工作表中上报给总公司，该如何进行操作呢？通过 Excel 的合并计算功能可以快速汇总多表数据，下面介绍具体操作步骤。

1 打开各地区销售报表，新建一个工作表，选择新工作表中的A1单元格。

产品名称	1月	2月	3月
雪纺短袖	1082	1027	1800
纯棉睡衣	1175	1500	2000
雪纺连衣裙	1365	1800	1700
PU短外套	1895	2000	1500
时尚风衣	1185	1650	2000
超薄防晒衣	1707	1630	1500
时尚短裤	2236	1990	1850
修身长裤	1022	1500	1800
运动套装	980	2010	2000
纯棉打底衫	1066	1800	1500

江宁店 黄浦店 虹桥店

产品名称	1月	2月	3月
雪纺短袖	1300	1027	1800
纯棉睡衣	1175	2030	2000
雪纺连衣裙	1500	1800	2400
PU短外套	1895	2000	1500
时尚风衣	1185	2085	2000
超薄防晒衣	1600	1630	1850
时尚短裤	2100	2010	1850
修身长裤	1022	1500	1800
运动套装	1080	2010	2500
纯棉打底衫	1400	1970	2030

江宁店 黄浦店 虹桥店

产品名称	1月	2月	3月
雪纺短袖	2000	1027	1800
纯棉睡衣	1175	1500	2000
雪纺连衣裙	1765	1800	1985
PU短外套	1850	2000	3000
时尚风衣	1185	1650	2050
超薄防晒衣	2150	2000	1500
时尚短裤	2236	2040	1850
修身长裤	1022	1500	2080
运动套装	980	2010	2000
纯棉打底衫	1066	1981	1500

黄浦店 虹桥店 轻松合并...

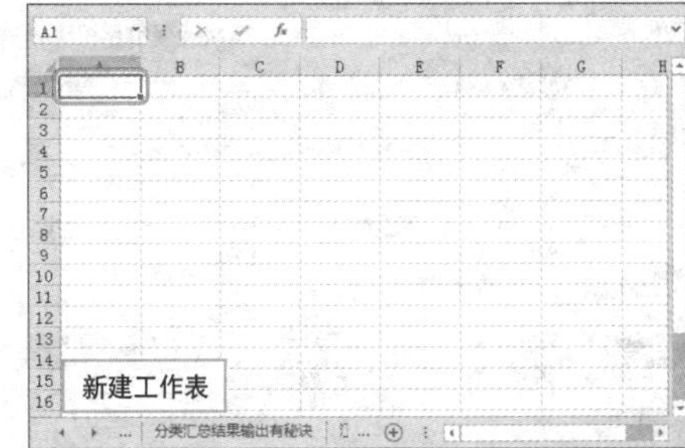

2 单击“数据”选项卡的“合并计算”按钮。

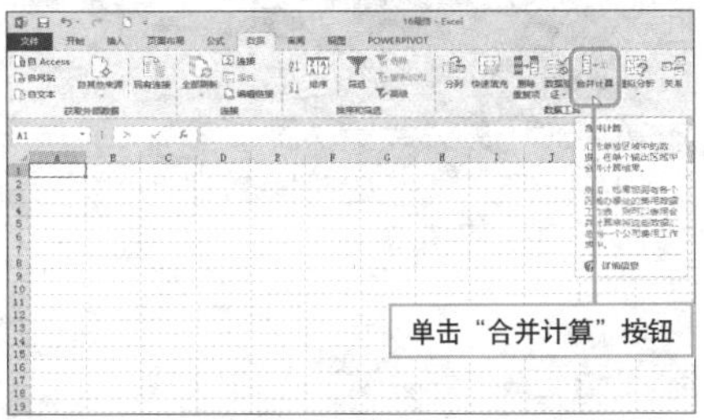

3 打开“合并计算”对话框，设置“函数”类型为求和；单击“引用位置”右侧范围选取按钮。

① 设置求和函数
② 单击该按钮

4 切换至需要合并数据的工作表，拖动鼠标选取单元格区域，然后单击“范围选取”按钮。

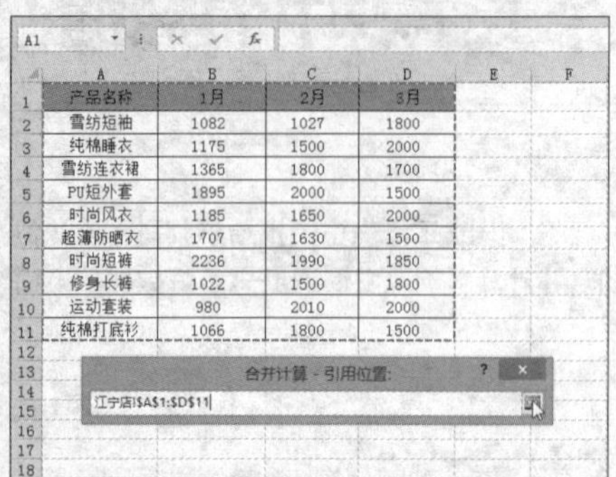

	A	B	C	D
1	产品名称	1月	2月	3月
2	雪纺短袖	1082	1027	1800
3	纯棉睡衣	1175	1500	2000
4	雪纺连衣裙	1365	1800	1700
5	PU短外套	1895	2000	1500
6	时尚风衣	1185	1650	2000
7	超薄防晒衣	1707	1630	1500
8	时尚短裤	2236	1990	1850
9	修身长裤	1022	1500	1800
10	运动套装	980	2010	2000
11	纯棉打底衫	1066	1800	1500

5 返回“合并计算”对话框，单击“添加”按钮，将引用位置添加到“所有引用位置”列表框中。

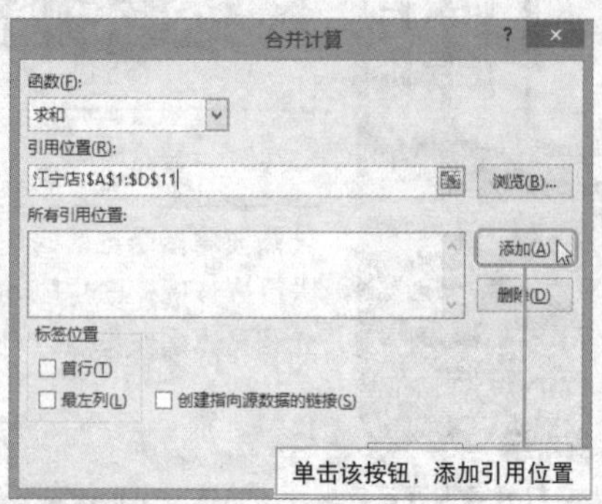

6 再次单击“范围选取”按钮，继续添加引用位置。

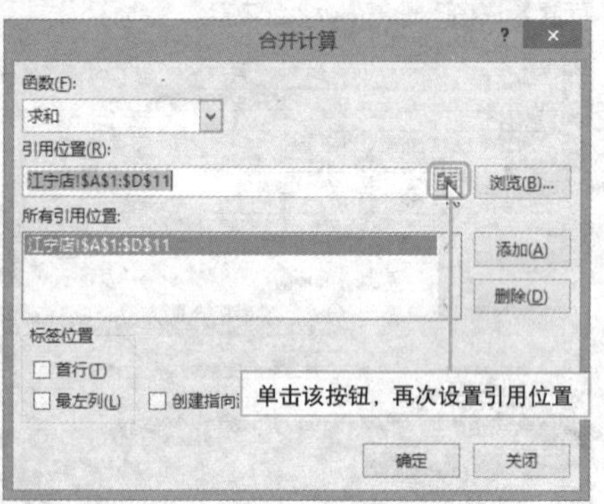

Hint

删除引用位置

若添加的引用位置有误，则可以在选择该位置后，单击右侧“删除”按钮进行删除。

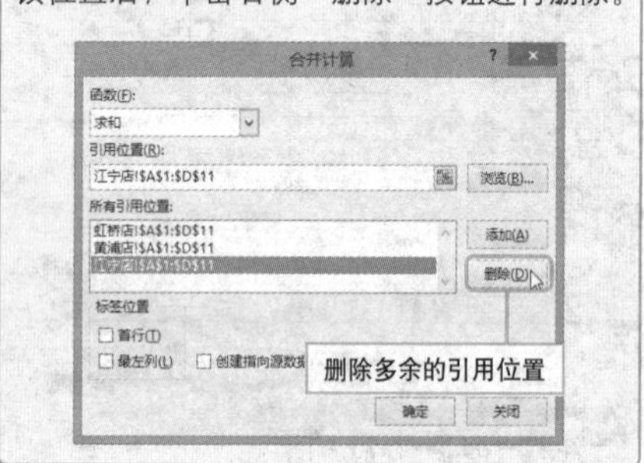

7 接下来在“标签位置”选项下，勾选“首行”和“最左列”选项前的复选框。

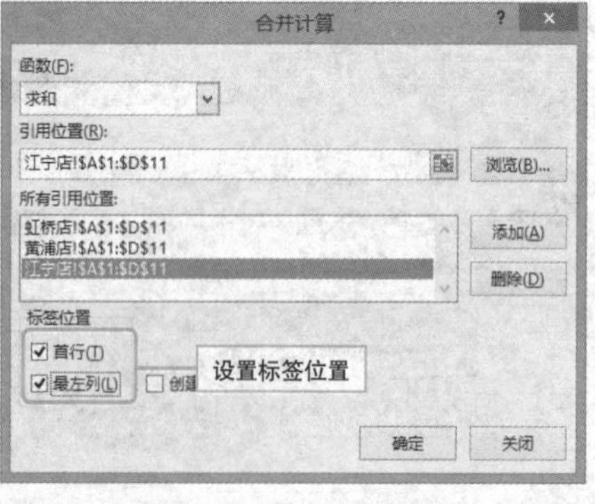

8 单击“确定”按钮，即可完成多表汇总。

	A	B	C	D
1		1月	2月	3月
2	雪纺短袖	4382	3081	5400
3	纯棉睡衣	3525	5030	6000
4	雪纺连衣裙	4630	5400	6085
5	PU短外套	5640	6000	6000
6	时尚风衣	3555	5385	6050
7	超薄防晒衣	5457	5260	4850
8	时尚短裤	6572	6040	5550
9	修身长裤	3066	4500	5680
10	运动套装	3040	6030	6500
11	纯棉打底衫	3532	5751	5030

巧妙设置自动更新数据源

实例 使用合并计算功能更新汇总数据

在执行合并计算后，如果用户又一次更改了源数据，那么原先的汇总结果会不会产生误差呢？如何才能实现合并计算结果随源数据的变化而变化呢？其实这并不难，我们将在上一技巧的基础上完成本操作。

1 随着各个地区数据表的更新，在各表中出现了4月份的销售数据。在汇总表中单击“数据”选项卡中的“合并计算”按钮。

江宁店：

产品名称	1月	2月	3月	4月
雪纺短袖	1082	1027	1800	2300
纯棉睡衣	1175	1500	2000	1234
雪纺连衣裙	1365	1800	1700	1530
PU短外套	1895	2000	1500	800
时尚风衣	1185	1650	2000	900
超薄防晒衣	1707	1630	1500	687
时尚短裤	2236	1990	1850	123
修身长裤	1022	1500	1800	569
运动套装	980	2010	2000	983
纯棉打底衫	1066	1800	1500	433

黄浦店：

产品名称	1月	2月	3月	4月
雪纺短袖	1300	1027	1800	600
纯棉睡衣	1175	2030	2000	800
雪纺连衣裙	1500	1800	2400	900
PU短外套	1895	2000	1500	899
时尚风衣	1185	2085	2000	943
超薄防晒衣	1600	1630	1850	999
时尚短裤	2100	2010	1850	687
修身长裤	1022	1500	1800	598
运动套装	1080	2010	2500	498
纯棉打底衫	1400	1970	2030	965

虹桥店：

产品名称	1月	2月	3月	4月
雪纺短袖	2000	1027	1800	1200
纯棉睡衣	1175	1500	2000	1100
雪纺连衣裙	1765	1800	1985	3600
PU短外套	1850	2000	3000	1280
时尚风衣	1185	1650	2050	1698
超薄防晒衣	2150	2000	1500	3200
时尚短裤	2236	2040	1850	4200
修身长裤	1022	1500	2080	2300
运动套装	980	2010	2000	1000
纯棉打底衫	1066	1981	1500	3690

查看各个数据表内容

2 弹出“合并计算”对话框，选择“求和”函数，并设置引用区域，然后将“标签位置”中的3个复选项全部选中。

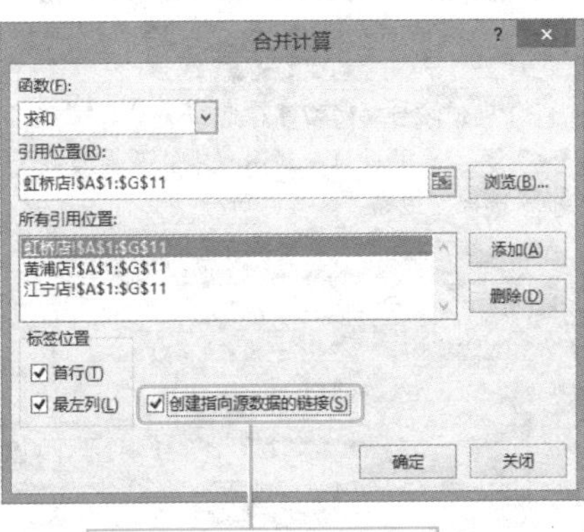

在进行合并计算时勾选该复选框

3 单击“确定”按钮进行合并计算。这样，若对表中的数据做出了相应修改，汇总结果也会得到实时更新。

	1月	2月	3月	4月
雪纺短袖	4382	3081	5400	4100
纯棉睡衣	3525	5030	6000	3134
雪纺连衣裙	4630	5400	6085	6030
PU短外套	5640	6000	6000	2979
时尚风衣	3555	5385	6050	3541
超薄防晒衣	5457	5260	4850	4886
时尚短裤	6572	6040	5550	5010
修身长裤	3066	4500	5680	3467
运动套装	3040	6030	6500	2481
纯棉打底衫	3532	5751	5030	5088

查看新合并计算结果

快速计算重复次数

实例 合并计算统计次数

在 Excel 中，使用合并计算功能能够实现统计功能，下面将以统计各种商品的进货次数为例，介绍使用合并计算统计数量的方法。

1 打开工作表，选择E1单元格（用于定位统计数据的显示位置），单击“数据”选项卡上的“合并计算”按钮。

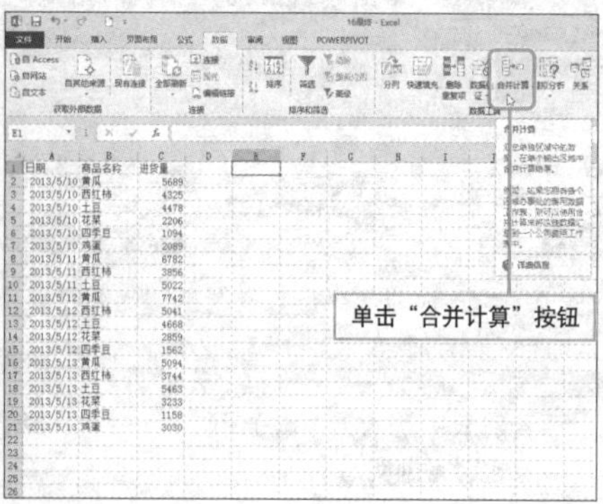

2 打开“合并计算”对话框，从中选择“计数”函数，并添加引用位置，勾选“首行”和“最左列”复选框。

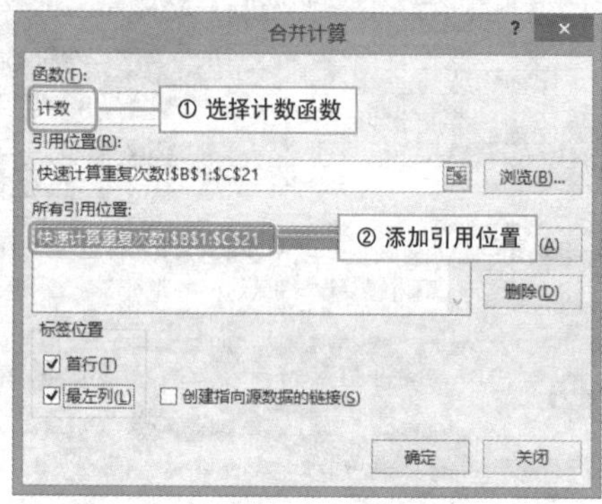

3 单击“确定”按钮，得到合并计算的结果，在“进货量”列中计算出各商品的重复次数。

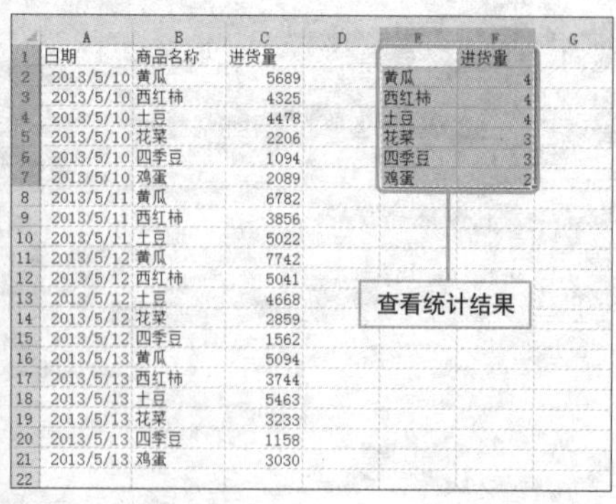

Hint

如何统计总进货量

在“合并计算”对话框中的“函数”选项，选择“求和”函数即可。

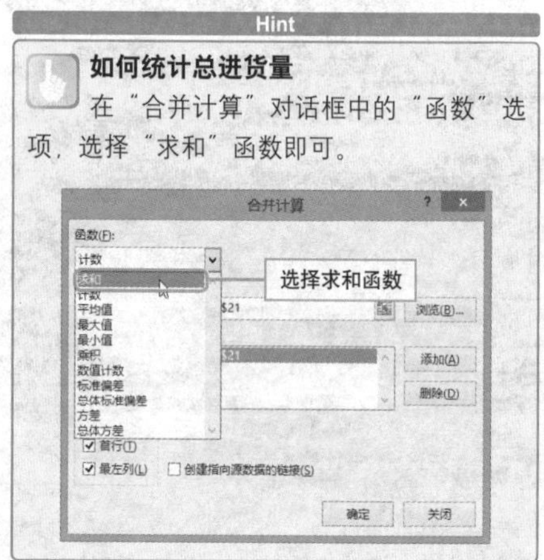

让工作表的网格线“浮出水面”

实例 将工作表中的网格线打印到纸张中

通常情况下，网格线是不会被打印出来的，若想要在纸张中显示出网格线，则需要在打印前进行相应设置。

1 打开“文件”菜单，选择“打印”选项。

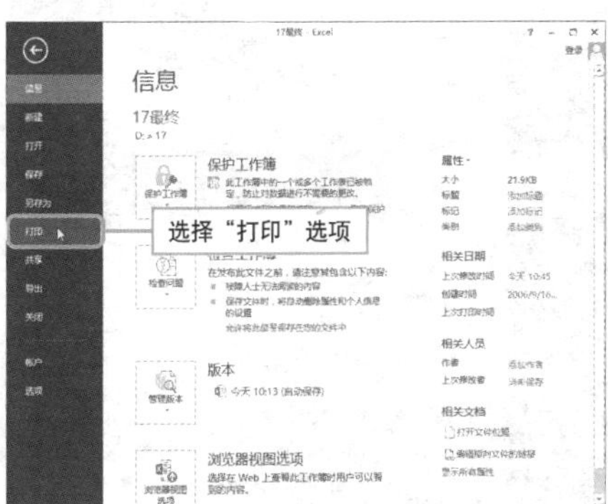

2 单击“设置”选项的“页面设置”按钮。

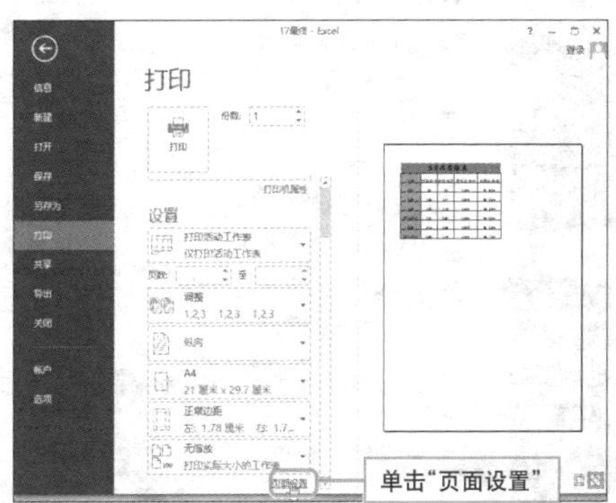

3 打开“页面设置”对话框，在“工作表”选项卡，勾选“网格线”复选框，单击“确定”按钮，然后单击“打印”按钮进行打印即可。

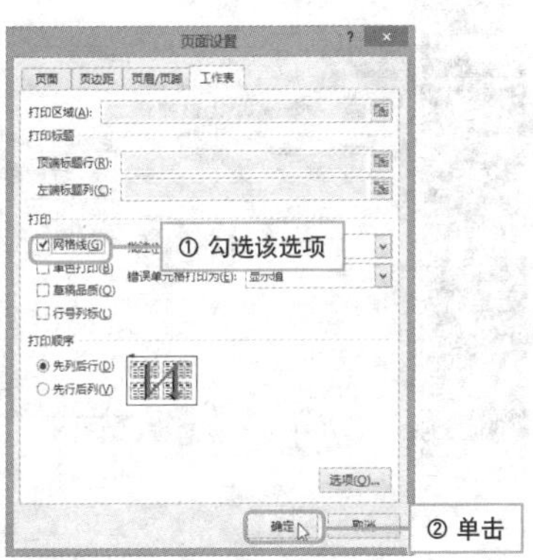

Hint

网格线的应用范围

Excel 中的网格线从A1单元格开始，到工作表中包含数据的最后一个单元格结束。下图为显示网格线后的打印预览效果。

3月品质报表

制程	检验批次	合格批次	目标合格率	实际合格率
来料	80	78	100%	97.50%
SMT	150	147	100%	98.00%
DIP	180	178	100%	98.89%
板卡测试	300	280	100%	93.33%
组装	270	265	100%	98.15%
整机测试	450	449	100%	99.78%

轻松将行号和列标一同打印

实例 打印行号和列标

使用打印出来的数据进行分析时，如果无法准确定位单元格中数据的位置，就需要在打印工作表之前添加行号和列号，下面对其进行介绍。

1 打开“文件”菜单，选择“打印”选项。

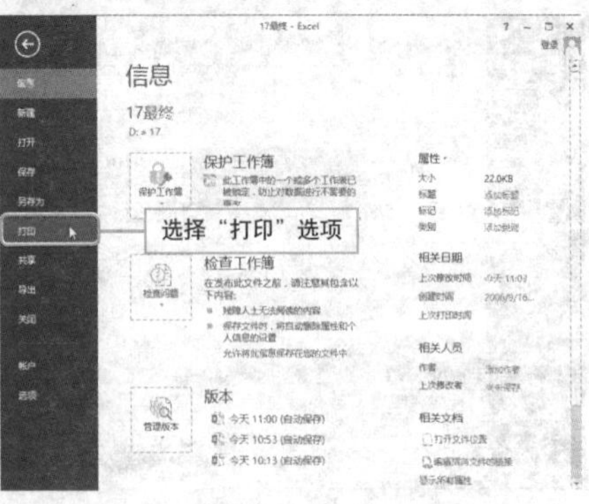

2 单击“设置”选项的“页面设置”按钮。

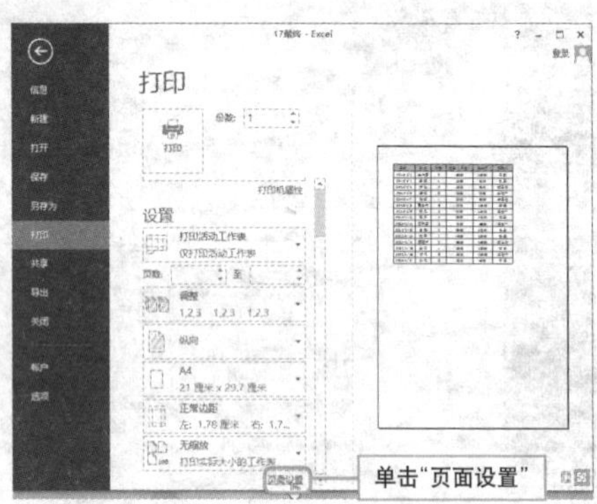

3 打开“页面设置”对话框，切换至“工作表”选项卡，勾选“行号列标”复选框，单击“确定”按钮。

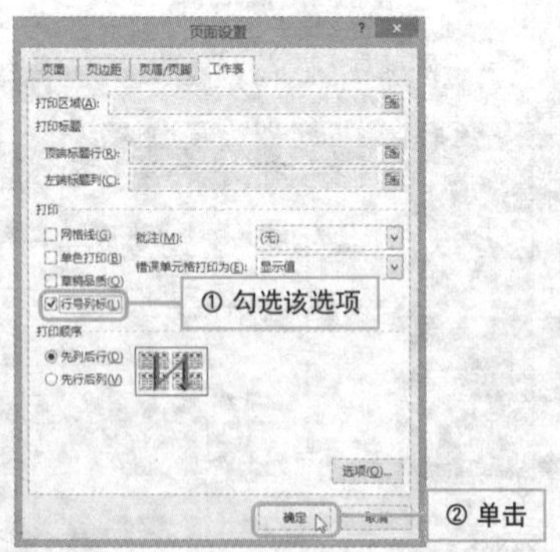

4 返回工作表，单击“打印”按钮进行打印即可。

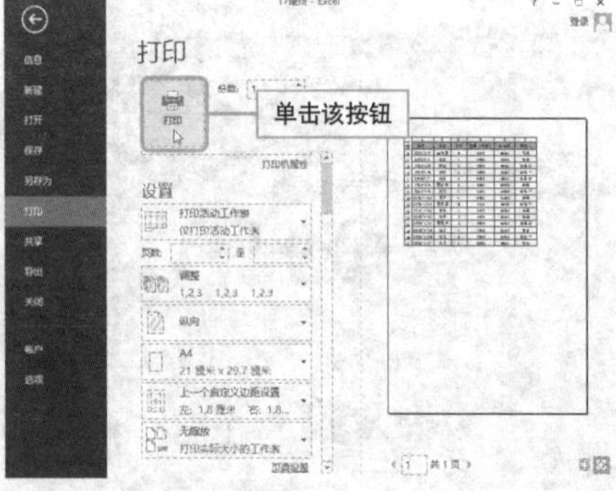

重复打印标题行或列也不难

实例 每页自动打印指定的标题行或列

若数据表中的数据非常多，占用了多页工作表，为了可以清晰了解工作表中的数据，可以在每页的上方都重复打印标题行或列，下面对其进行详细介绍。

❶ 打开工作表，切换至“页面布局”选项卡，单击“打印标题”按钮。

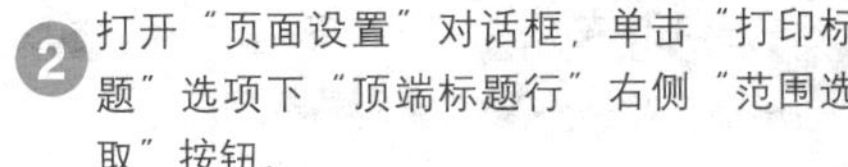

❷ 打开“页面设置”对话框，单击“打印标题”选项下“顶端标题行”右侧“范围选取”按钮。

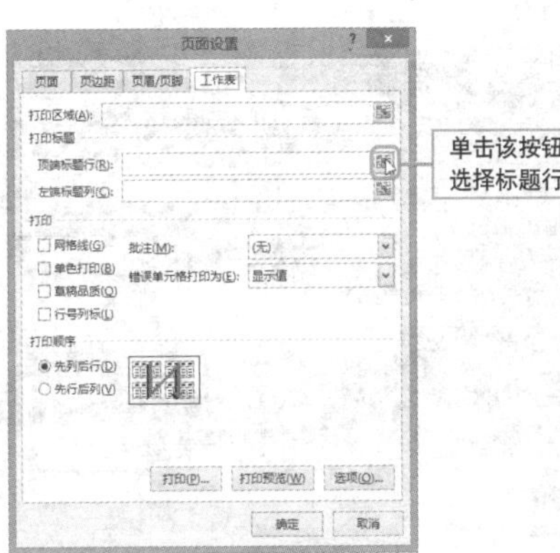

❸ 单击标题行，然后单击“范围选取”按钮，返回到“页面设置”对话框。

❹ 按照同样的方法，设置标题列和打印区域，然后执行“文件>打印>打印”命令。

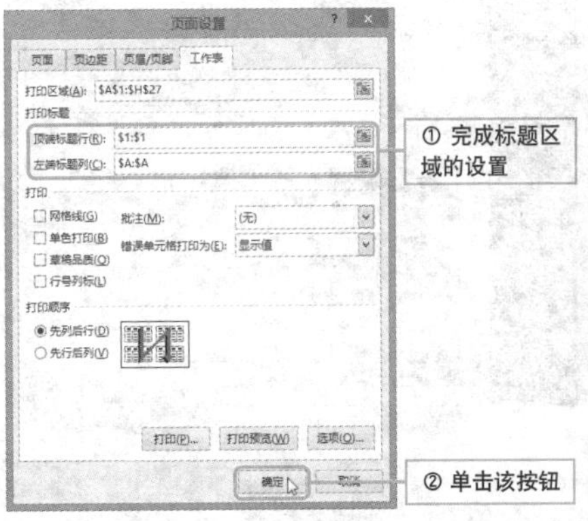

15 EXCEL高级应用技巧
16 数据的排序、筛选及合并计算
17 工作表的打印技巧
18 PowerPoint 2013操作技巧
19 幻灯片编辑技巧
20 多媒体使用技巧
21 幻灯片放映技巧

不连续区域的打印有技巧

实例 打印工作表的不连续区域

若只想打印工作表中的部分内容，则可以逐一选择工作表中的数据区域，随后再进行打印。需要说明的是，在打印时要对打印的内容进行相应的设置。

1 打开工作表，按住Ctrl键不放的同时，选取多个不连续区域。

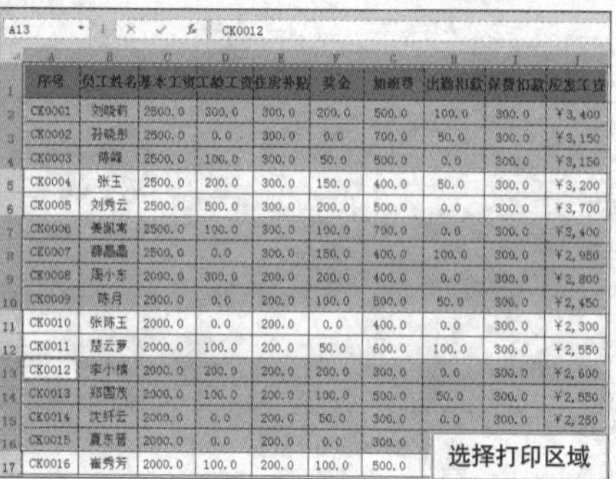

序号	员工姓名	基本工资	工龄工资	住房补贴	奖金	加班费	出勤扣款	保费扣款	应发工资
CK0001	刘晓莉	2500.0	300.0	300.0	200.0	500.0	100.0	300.0	￥3,400
CK0002	孙晓彤	2500.0	0.0	300.0	0.0	700.0	50.0	300.0	￥3,150
CK0003	陈峰	2500.0	100.0	300.0	50.0	500.0	0.0	300.0	￥3,150
CK0004	张玉	2500.0	200.0	300.0	150.0	400.0	50.0	300.0	￥3,200
CK0005	刘秀云	2500.0	500.0	300.0	200.0	500.0	0.0	300.0	￥3,700
CK0006	姜凯常	2500.0	100.0	300.0	100.0	700.0	0.0	300.0	￥3,400
CK0007	薛晶晶	2500.0	0.0	300.0	150.0	400.0	100.0	300.0	￥2,950
CK0008	周小东	2000.0	300.0	200.0	200.0	400.0	0.0	300.0	￥2,800
CK0009	陈月	2000.0	0.0	200.0	100.0	500.0	50.0	300.0	￥2,450
CK0010	张陈玉	2000.0	0.0	200.0	0.0	400.0	0.0	300.0	￥2,300
CK0011	楚云萝	2000.0	100.0	200.0	50.0	600.0	100.0	300.0	￥2,550
CK0012	李小楼	2000.0	200.0	200.0	200.0	300.0	0.0	300.0	￥2,600
CK0013	郑国茂	2000.0	100.0	200.0	100.0	500.0	50.0	300.0	￥2,550
CK0014	沈纤云	2000.0	0.0	200.0	50.0	300.0	0.0	300.0	￥2,250
CK0015	真东晋	2000.0	0.0	200.0	0.0	300.0			
CK0016	崔秀芳	2000.0	100.0	200.0	100.0	500.0			

2 打开“文件”菜单，选择“打印”选项。

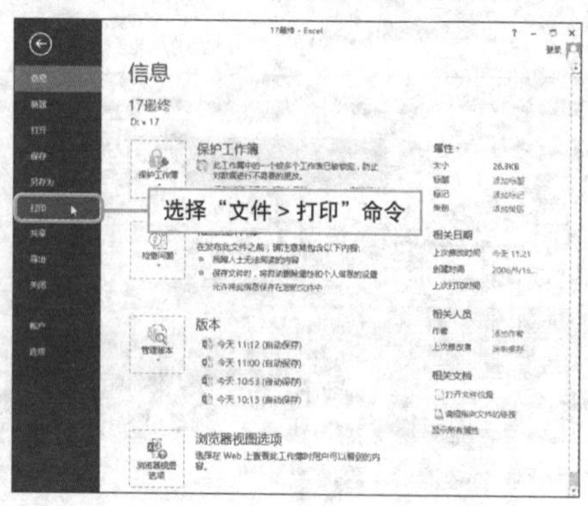

3 在“设置”选项，选择“打印选定区域”选项，然后单击“打印”按钮进行打印。

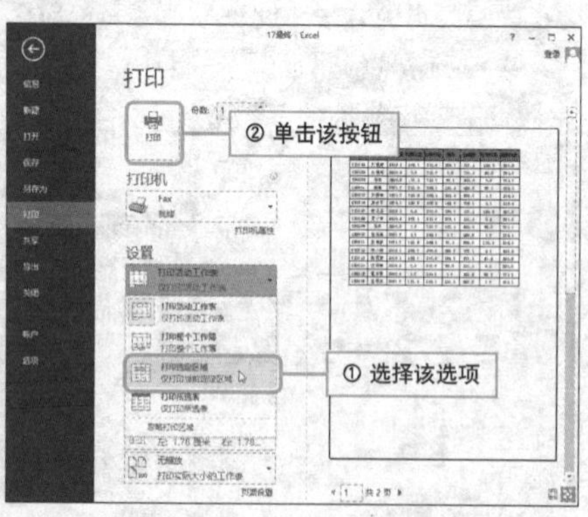

Hint

关于多区域打印的介绍

在按照选定区域进行打印时，通常会被分为多页进行打印，如选择了六个区域，那么就会占到六个打印页面。

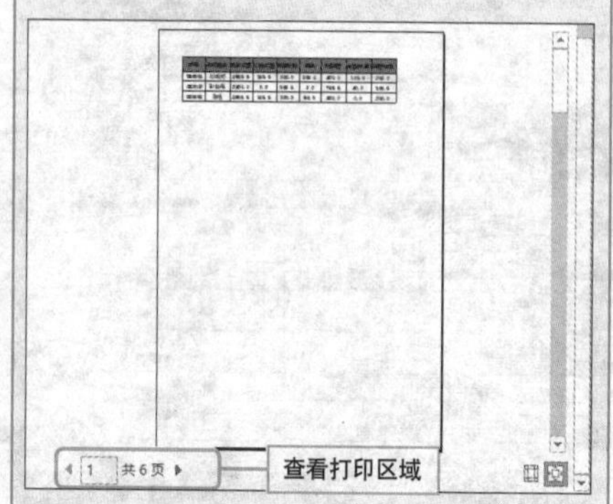

巧妙实现多工作表打印

实例 一次打印多个工作表

打印工作表时，通常只打印默认的工作表。如果要打印多个工作表，该怎样打印呢？下面对其操作方法进行介绍。

❶ 打开需要打印的工作簿，在按住Ctrl键的同时，选取多个工作表。

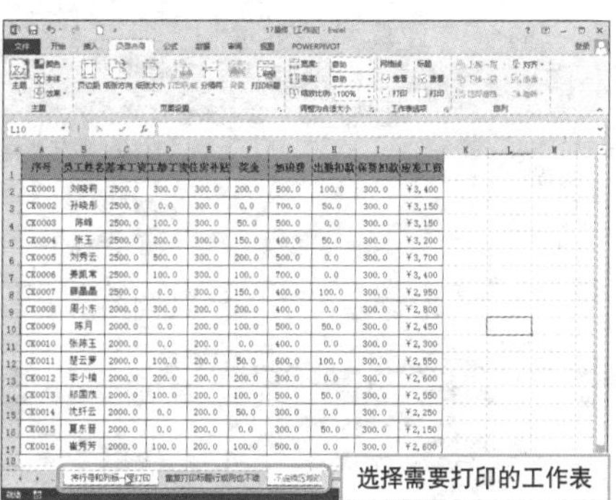

❷ 打开“文件”菜单，选择“打印”选项。

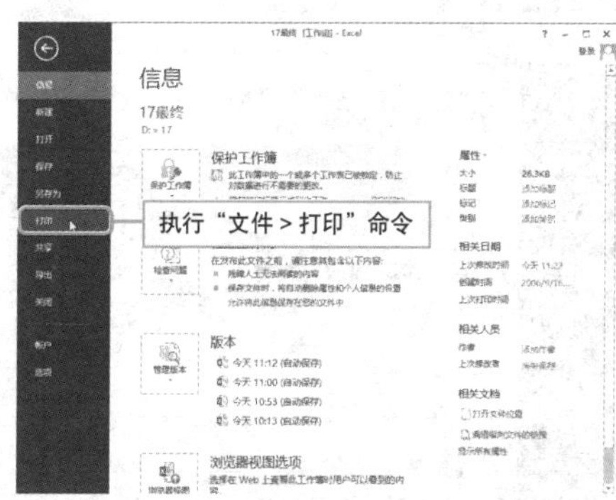

❸ 在“设置”选项，选择“打印活动工作表”选项，然后单击“打印”按钮打印。

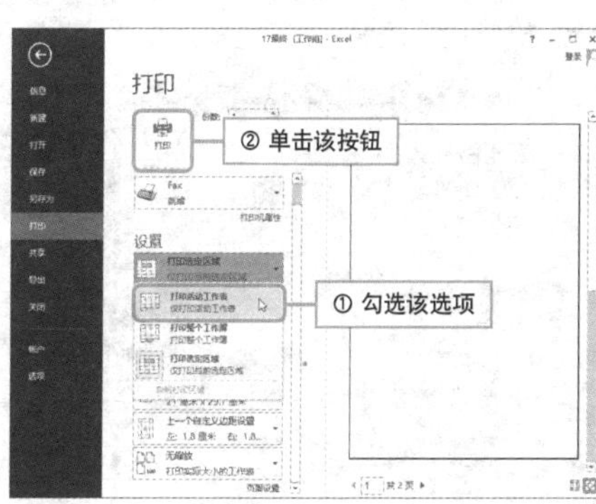

Hint

如何打印连续多个工作表

若要选择连续多个工作表，可以在按住Shift 键的同时，选取第一个工作表，然后选择最后一个工作表。若要打印所有工作表，可以直接使用“打印整个工作簿”功能。

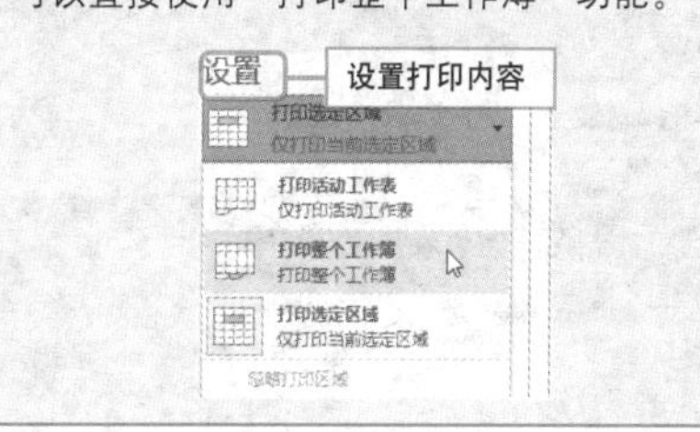

Question 494

页眉、页脚如何打印我做主

Level ◆◆◆

2013 2010 2007

实例 添加系统内置的页眉与页脚

当打印的工作表包含多页内容时，为了防止打印操作结束后工作表的顺序混淆，用户可以为其添加页眉与页脚，下面对其相关操作进行介绍。

1 打开工作表，执行“文件>打印”命令，单击“页面设置”按钮。

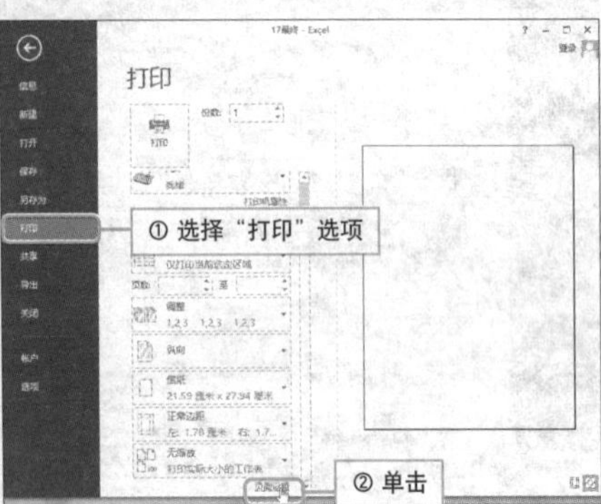

2 打开“页面设置”对话框，切换至“页眉/页脚”选项卡，单击“页脚”下拉按钮，选择合适的页脚样式即可。

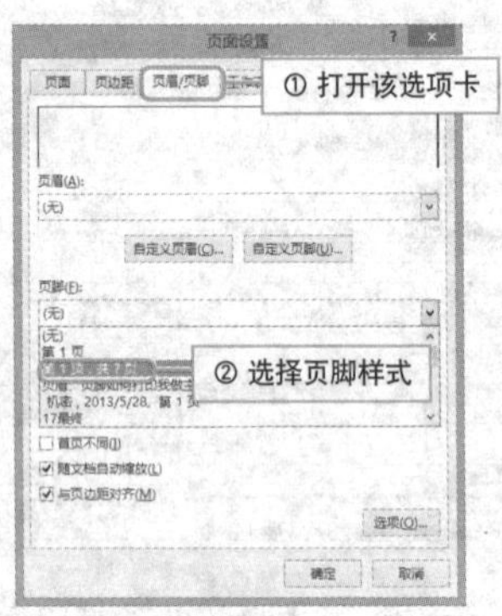

3 单击“确定”按钮，在预览效果中，可以看到页脚已经添加了相应内容。

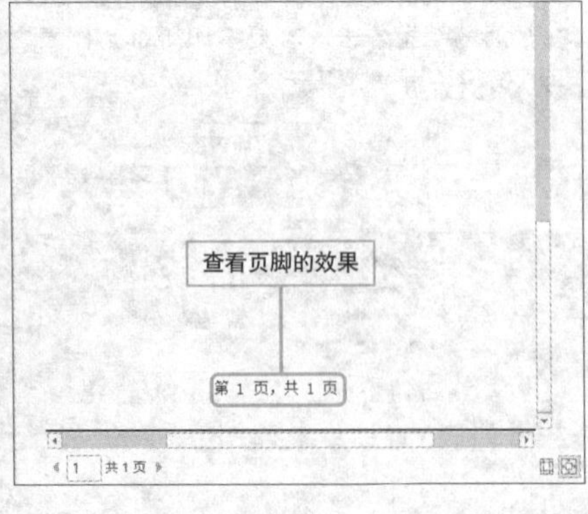

4 若想要删除页眉和页脚，则可以在对应的选项组中，选择“无”选项。

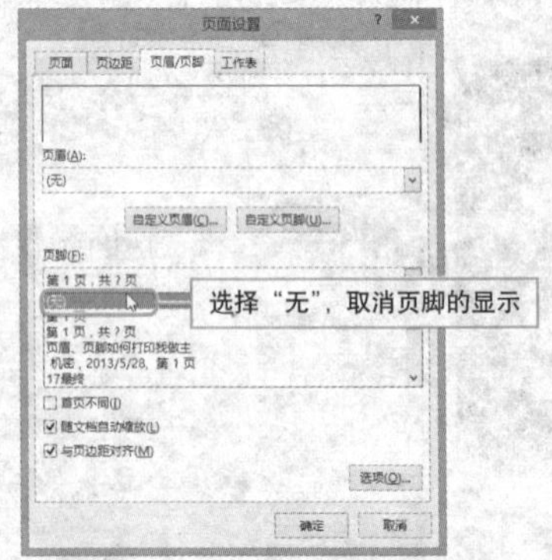

打印日期巧添加

实例 在文档页眉 / 页脚处添加打印日期

若想要在打印工作表时，将当前日期也一起打印出来，需要对页眉和页脚进行相应设置，下面以在页眉中添加打印日期为例进行介绍。

1 打开工作表，执行“文件>打印”命令，单击“页面设置”按钮。

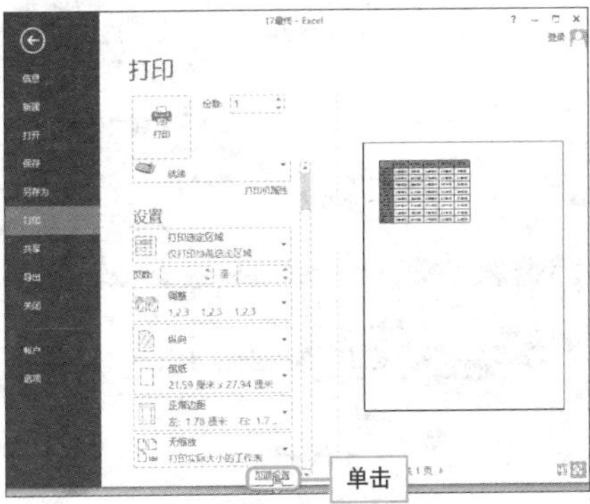

2 打开“页面设置”对话框，切换至“页眉/页脚”选项卡，单击“自定义页眉”按钮。

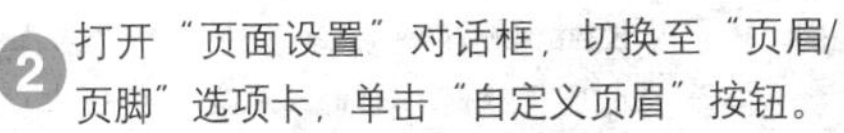

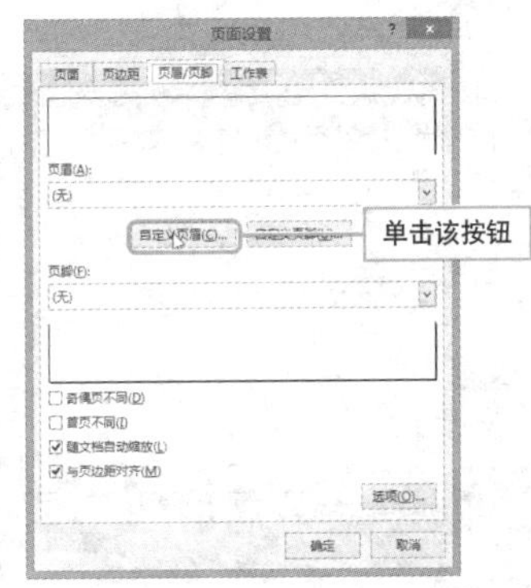

3 打开“页眉”对话框，单击“插入日期”按钮，然后单击“确定”按钮。

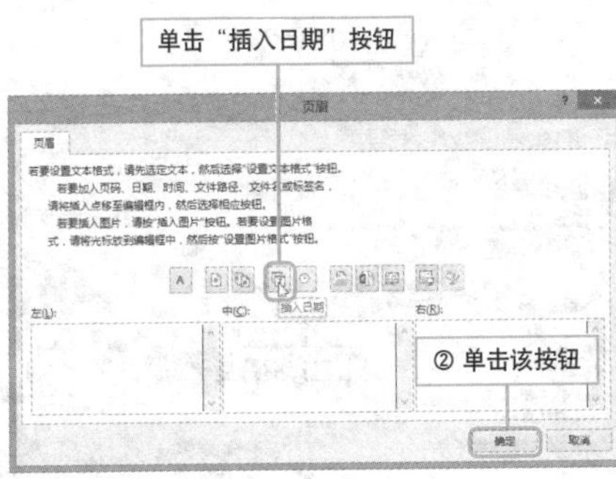

4 返回至“页面设置”对话框，可以看到页眉处添加的日期，单击“确定”按钮，然后打印工作表即可。

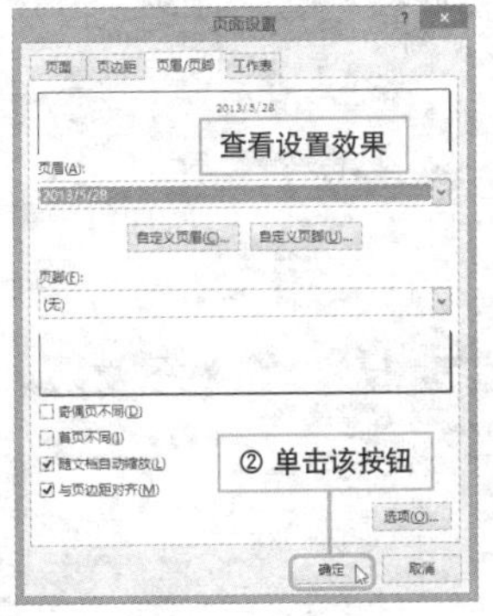

在报表中添加公式 LOGO

实例 工作表 LOGO 的添加

在需要打印的工作报表中，用户可以将公司的 LOGO 作为页眉显示在工作表中，下面将对其具体操作进行介绍。

1. 执行“文件>打印>页面设置”命令，切换至“页眉/页脚”选项卡，单击“自定义页眉”按钮。

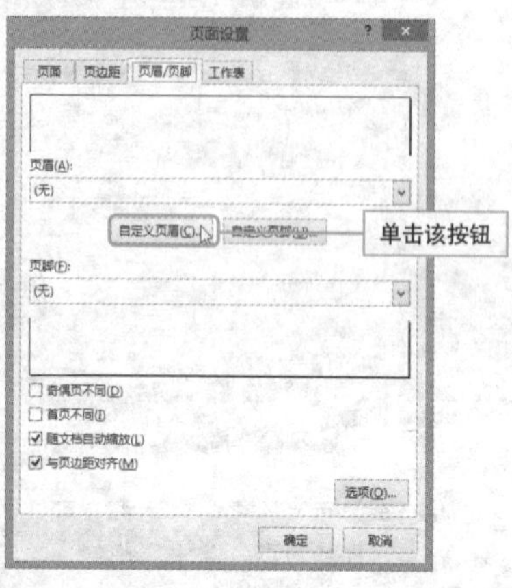

2. 打开“页眉”对话框，单击“插入图片”按钮，然后单击“确定”按钮。

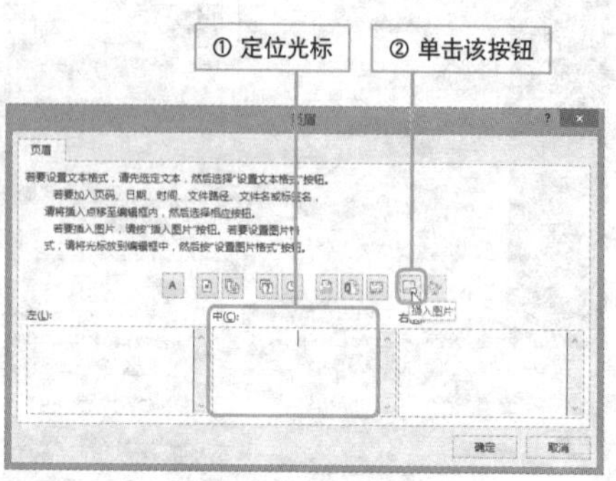

3. 在打开的对话框中，单击“来自文件”右侧的“浏览”按钮。

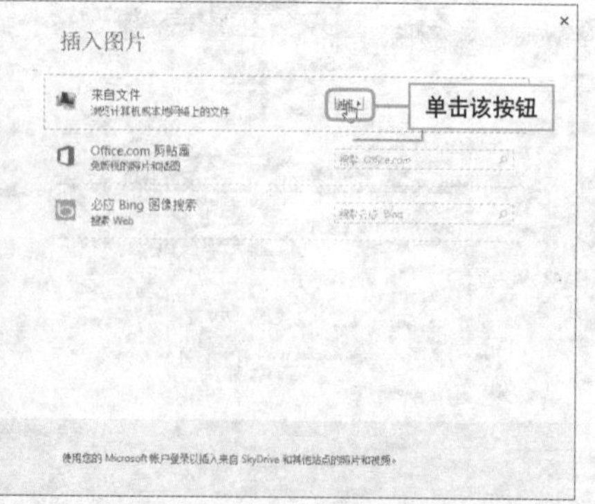

4. 打开“插入图片”对话框，选择图片，单击“插入”按钮，返回上一级对话框并确认，然后进行打印即可。

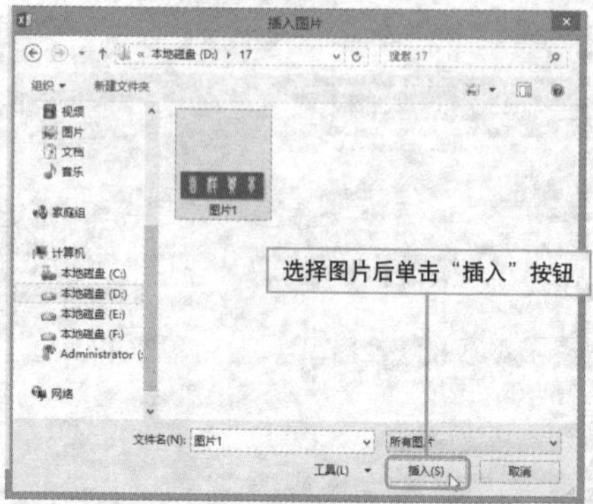

为奇偶页设定不同的页眉与页脚

实例 根据需要设置奇数页和偶数页的不同页眉或页脚

在打印工作表时，还可以为奇数页和偶数页设置不同的页眉或页脚，其具体操作方法介绍如下。

1 执行“文件>打印”命令，单击“页面设置”按钮。

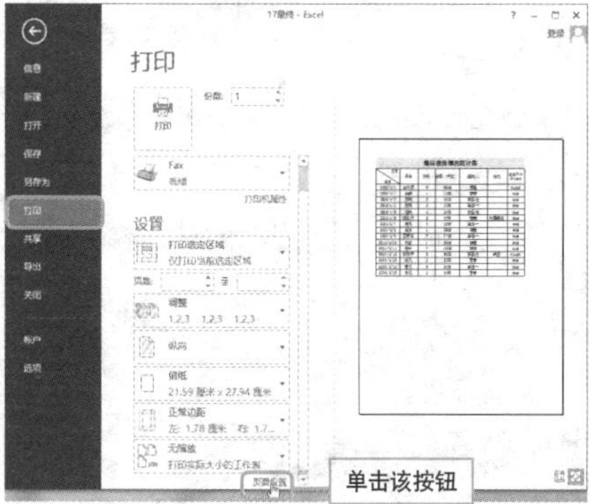

2 打开“页面设置”对话框，勾选“奇偶页不同”复选框，单击“自定义页眉”按钮。

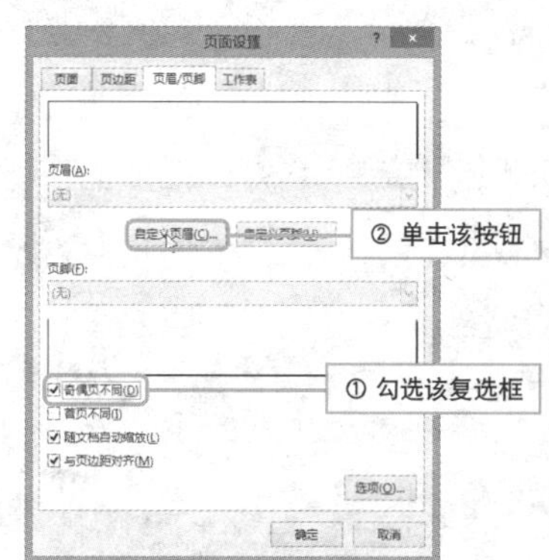

3 打开“页眉”对话框，分别设置奇数页页眉和偶数页页眉，设置完成后，单击“确定”按钮。

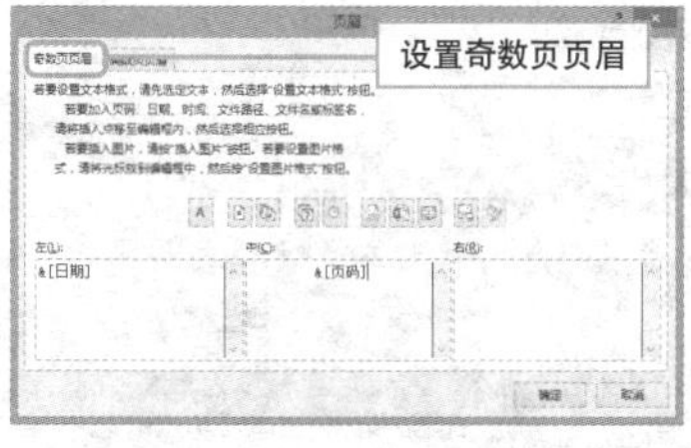

4 在“页面设置”对话框中，若选择“首页不同”选项，则在进行页眉定义时，将出现一个“首页页眉”选项卡，根据需要进行设置即可。

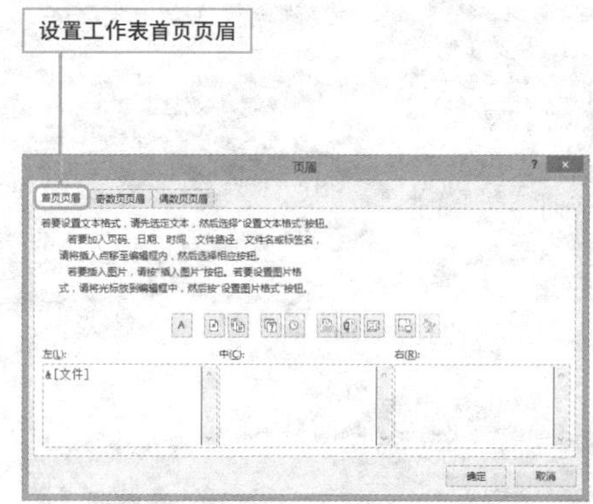

第 3 篇 498~618

PowerPoint篇

Question 498

• Level ◆◆◇

2013 2010 2007

创建演示文稿如此简单

实例 根据需要创建演示文稿

PowerPoint 2013 带给用户全新的体验，与以往版本相比，在创建演示文稿时有了较大的变化。它不再是在开启的同时默认创建一个空白演示文稿，而是让用户在打开的界面中根据需要进行选择。

1 启动PowerPoint 2013程序，用户将在开始界面看到一些内置主题，选择一种合适的主题，这里选择“平面”主题效果。

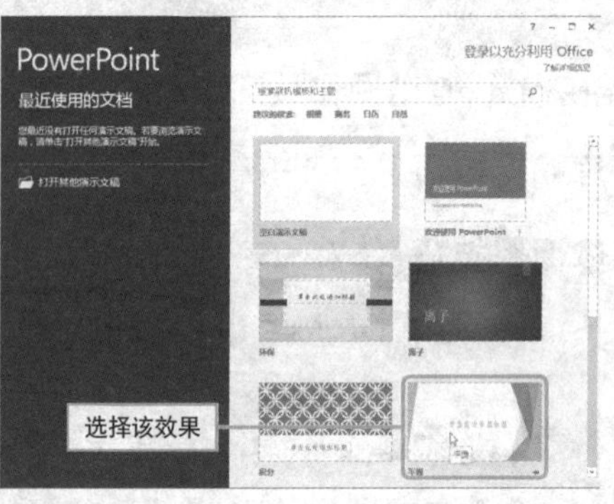

2 在弹出的窗口右侧，将会出现几种不同的颜色方案，选择一种合适的颜色方案，单击“创建”按钮。

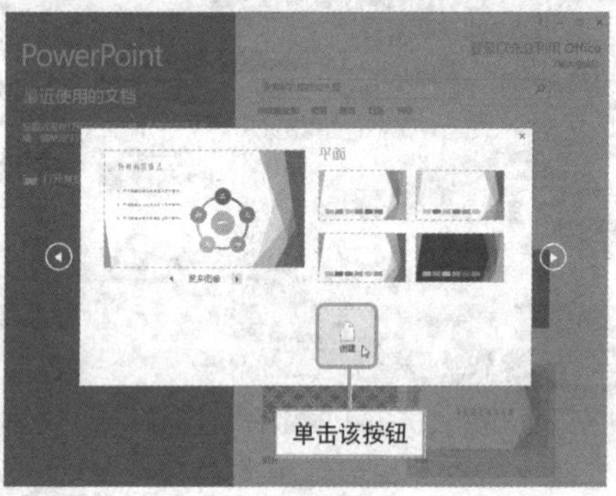

3 随后便可创建一个包含主题的演示文稿，用户从中根据需要输入合适的文本信息，插入图片、图形等。

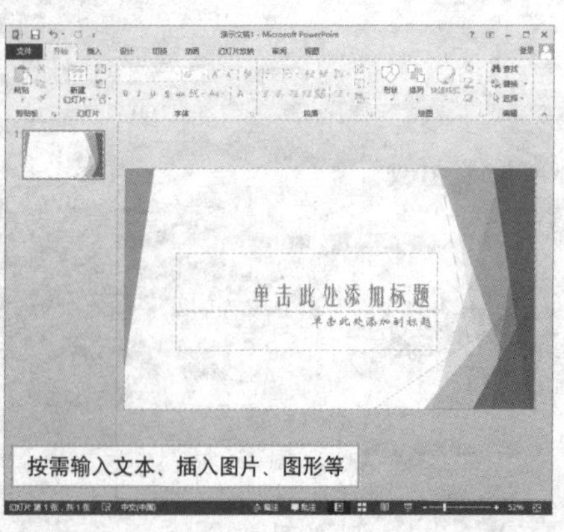

Hint

如何创建联机模板和主题示文稿？

在“创建联机模板和主题”搜索框中输入关键字/词，单击“搜索”按钮进行搜索，然后在搜索列表中选择合适的模板即可。

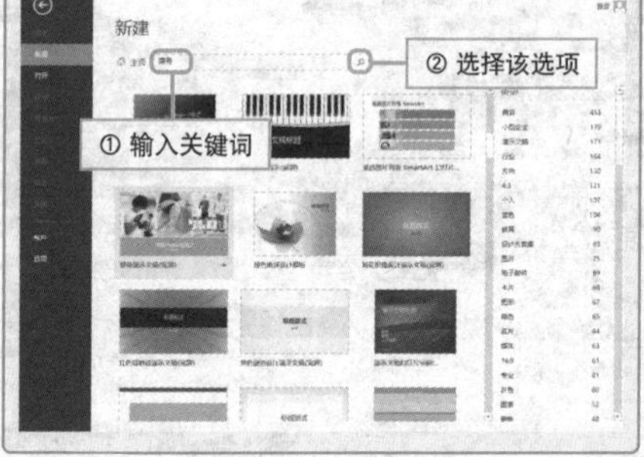

按需保存演示文稿很必要

实例　保存演示文稿

创建完成一个演示文稿后，需要将其以适当的名称保存在合适位置，才能在以后的工作中迅速方便地查找到该文件。如果没有进行保存操作，那么所有花费在制作演示文稿上的心血都将付诸东流。下面将以演示文稿的首次保存为例进行介绍。

1 当演示文稿制作完成后，单击快速访问工具栏上的“保存”按钮，或者执行“文件>保存”命令。

2 选择“另存为”选项下的“计算机”选项，接着单击右侧的“浏览”按钮。

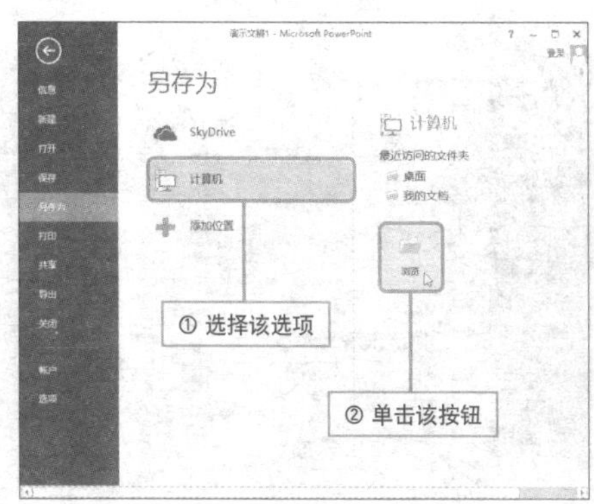

3 打开“另存为”对话框，设置保存路径、文件名、保存类型，单击“保存”按钮。

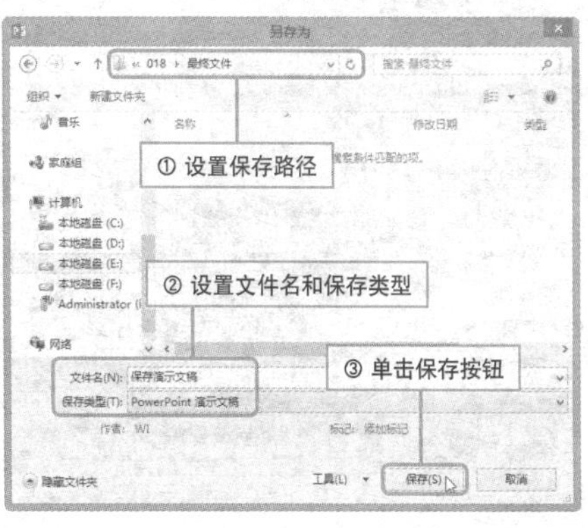

Hint

如何快速保存已经保存过的演示文稿

对于已经保存过的演示文稿来说，对其修改完毕后，再次进行保存时，只需在键盘上按下 Ctrl + S 组合键即可。

若需要将当前演示文稿保存到其他位置或者以其类型或文件名进行保存，只需执行“文件 > 另存为”命令，然后进行保存即可。

Question 500

Level

2013 2010 2007

根据 Word 文件轻松制作演示文稿

实例 利用 Word 文件制作演示文稿

若在制作演示文稿时，有已经做好的相关 Word 文档，可以根据已有的文件快速制作演示文稿，而无须用户逐页复制文本内容到演示文稿中。

1 启动PowerPoint程序，执行“文件>打开”选项，选择“计算机”选项，单击“浏览”按钮。

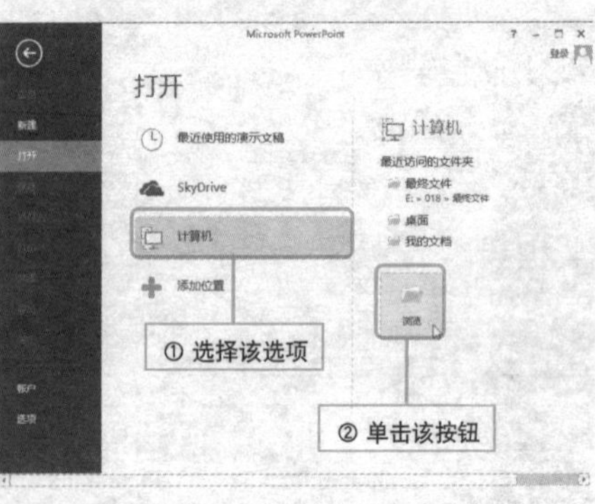

2 在“打开”对话框中单击“文件类型”下拉按钮，从列表中选择“所有文件”选项。

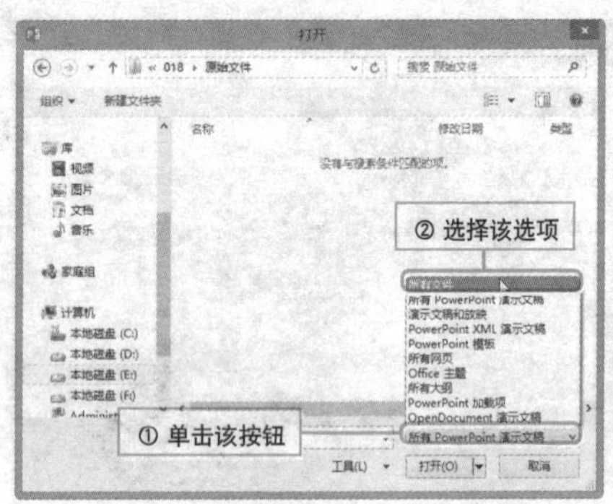

3 选择现有的用于制作样式文稿的Word文件，单击“打开”按钮。

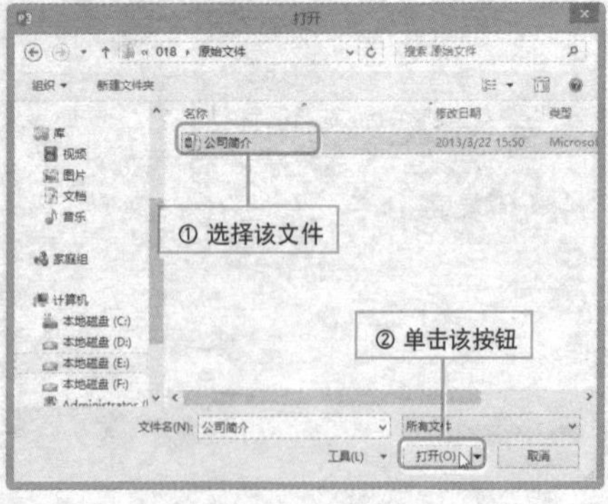

4 将Word文件中的内容导入演示文稿，然后根据需要，为其应用合适的主题，并进行简单调整即可。

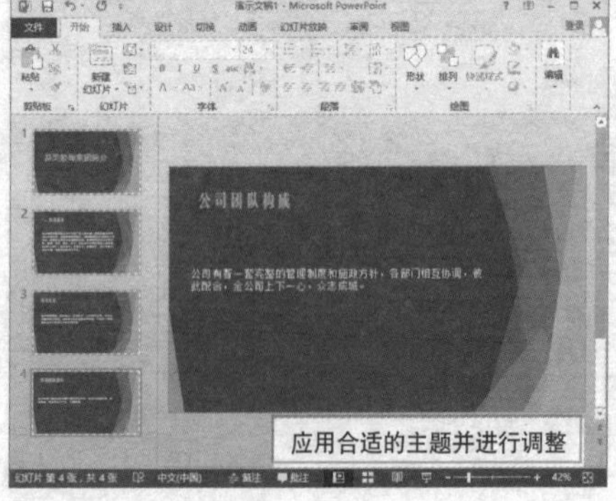

Question

501

打开演示文稿很简单

• Level ◆◆◇

2013 2010 2007

实例 多种方法打开演示文稿

若想查看或者编辑已经保存在磁盘中的演示文稿，需要将其打开，有多种方法可以打开演示文稿，包括在磁盘中直接打开、通过对话框打开等。

1 **在磁盘中直接打开**。在演示文稿所在的文件夹中，直接双击该文档图标，即打开该演示文稿。

2 **通过对话框打开演示文稿**。执行“文件>打开>计算机>浏览”命令，在打开的对话框中选择文件，单击“打开”按钮。

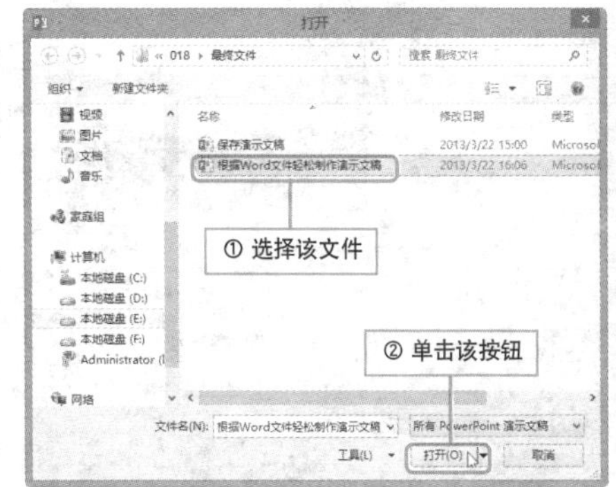

3 **以其他形式打开演示文稿**。在“打开”对话框中选择文档后，单击“打开”右侧下拉按钮，从列表中选择打开文稿的方式。

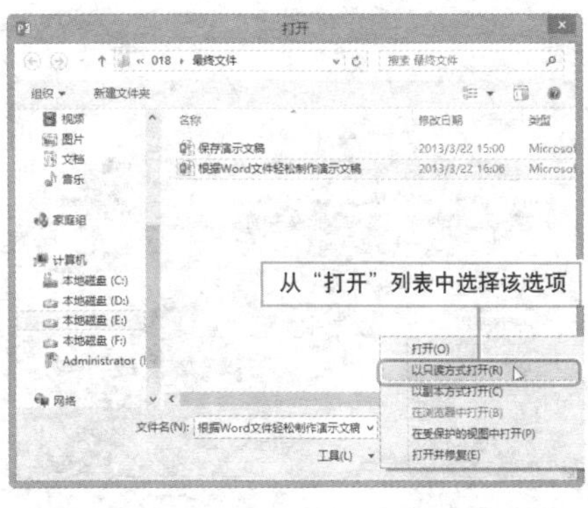

4 **打开最近使用过的演示文稿**。执行“文件>打开>最近使用的演示文稿”命令，单击需要打开的演示文稿图标即可。

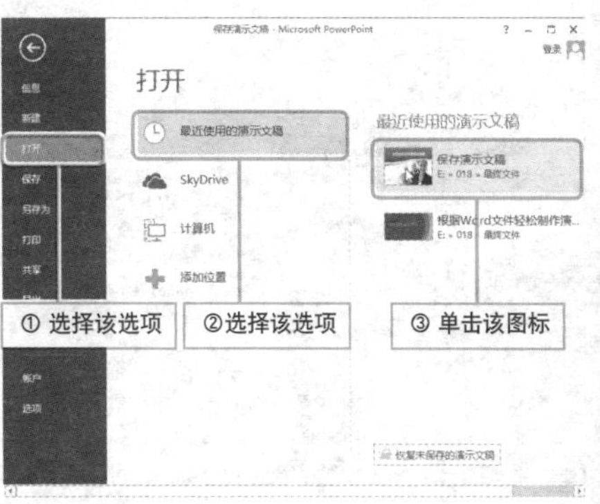

Question 502

Level

2013 2010 2007

轻松选定需要的幻灯片

实例 幻灯片的选择方法

如果要对幻灯片进行设置，首先需要将其选中，才能继续进行操作，下面以在普通视图中选择幻灯片为例进行介绍。

1 **选择单张幻灯片**。在缩略图窗格中，单击需要的幻灯片缩略图，即可将其选中。

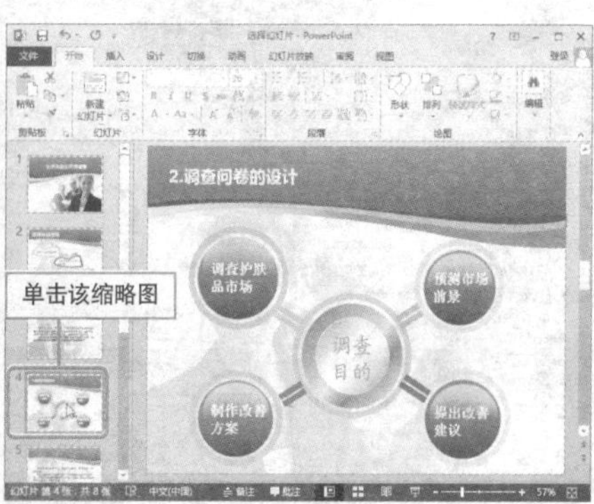

2 **选择连续幻灯片**。单击第一张幻灯片后，按住Shift键的同时选择另外一张幻灯片，可将两张幻灯片之间的所有幻灯片选中。

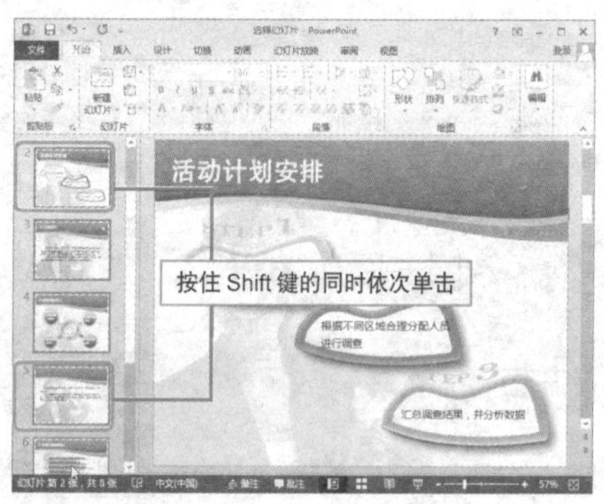

3 **选择不连续幻灯片**。按住Ctrl键不放，依次单击需要的幻灯片将其选中。

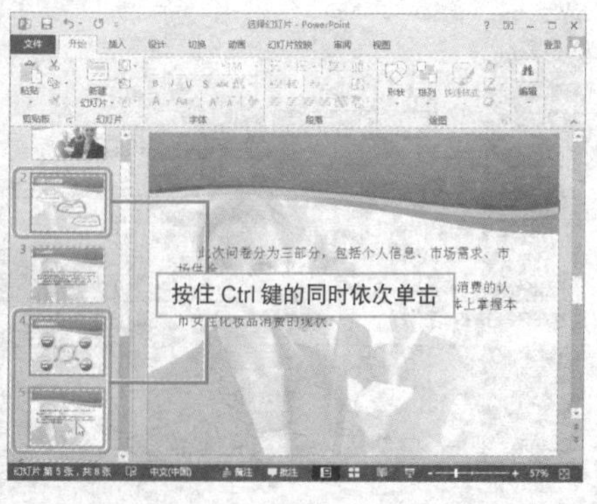

4 **选择所有幻灯片**。选择任意一张幻灯片后，在键盘上按下Ctrl + A组合键可将所有幻灯片选中。

快速插入幻灯片

实例 幻灯片的插入方法

创建演示文稿后，若想要对演示文稿进行编辑，需要在演示文稿中添加新的幻灯片，下面介绍几种插入幻灯片的方法。

① **功能区命令法**。单击"开始"选项卡上的"新建幻灯片"按钮，从展开的列表中选择一种合适的版式。

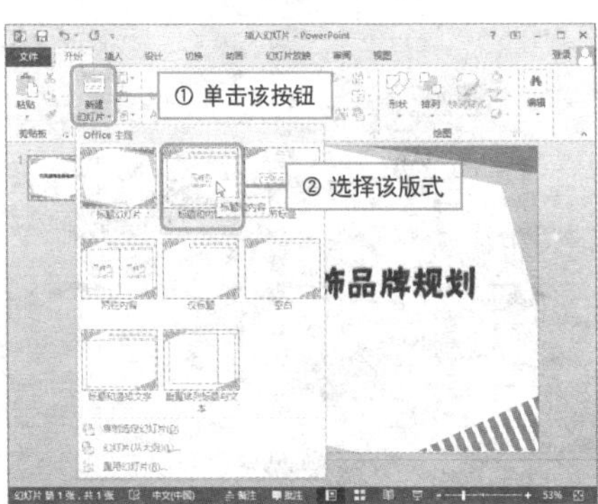

② **右键菜单命令法**。选择一张幻灯片，单击鼠标右键，从弹出的快捷菜单中选择"新建幻灯片命令"。

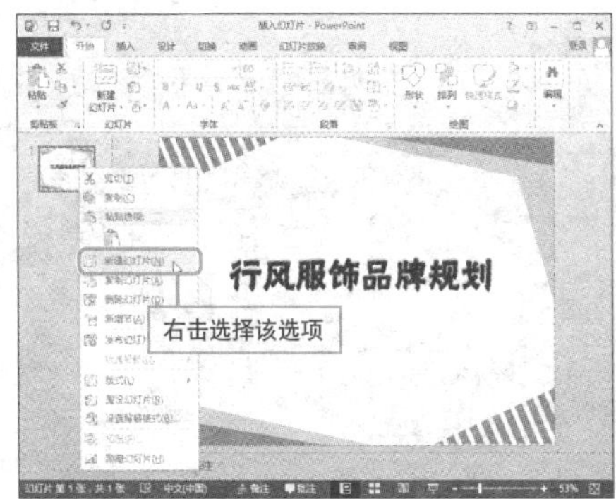

③ **快捷键法**。选择幻灯片后，直接在键盘上按下Enter键，即可在所选幻灯片下方插入一张新的幻灯片。

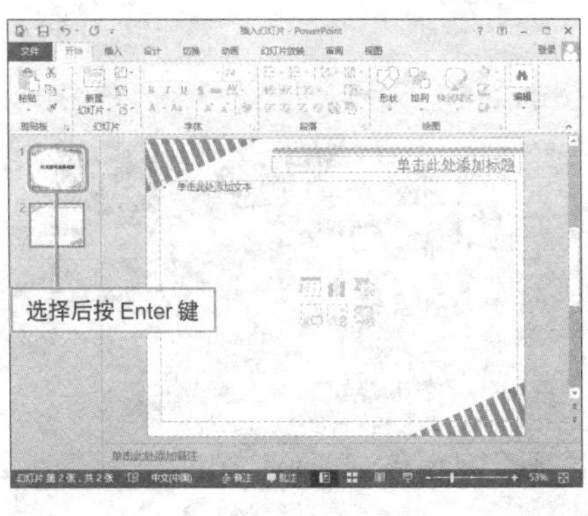

Hint

删除幻灯片也不难

若想要删除多余的幻灯片，只需选择该幻灯片，在键盘上按 Delete 键删除。

复制、移动幻灯片也不难

实例 幻灯片的复制和移动

播放幻灯片时，需要按照一定次序进行播放，若需要添加相同格式的幻灯片，可以通过复制操作来实现，下面介绍快速复制、移动幻灯片的方法。

1 **功能区按钮法复制幻灯片**。选择要复制的幻灯片，单击“开始”选项卡上的“复制”按钮。

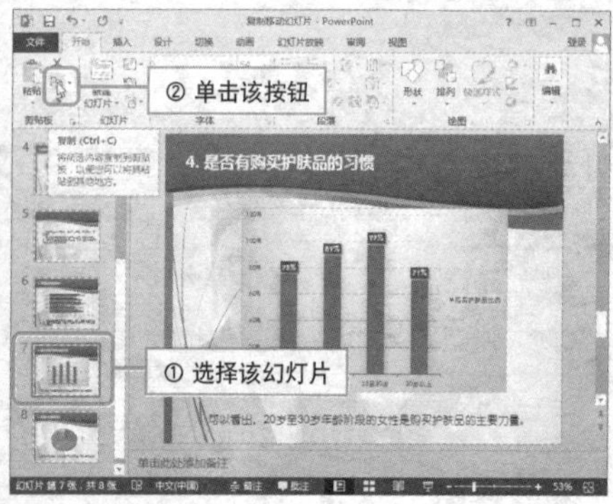

2 在需要粘贴的位置插入光标，单击“粘贴”下拉按钮，从列表中选择“使用目标主题”选项。

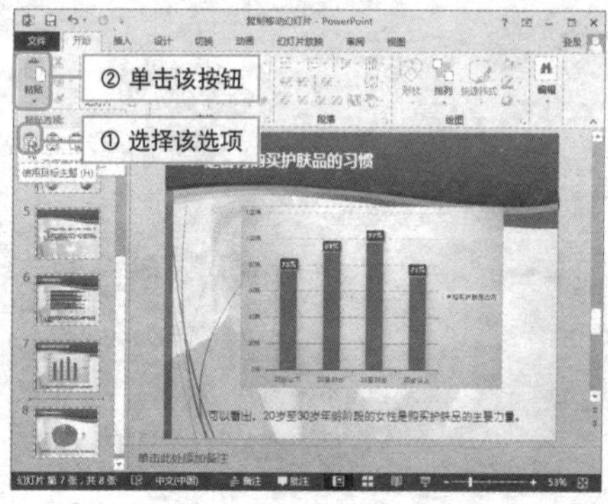

3 **右键菜单法复制幻灯片**。选择幻灯片后，单击鼠标右键，从快捷菜单中选择“复制幻灯片”命令。

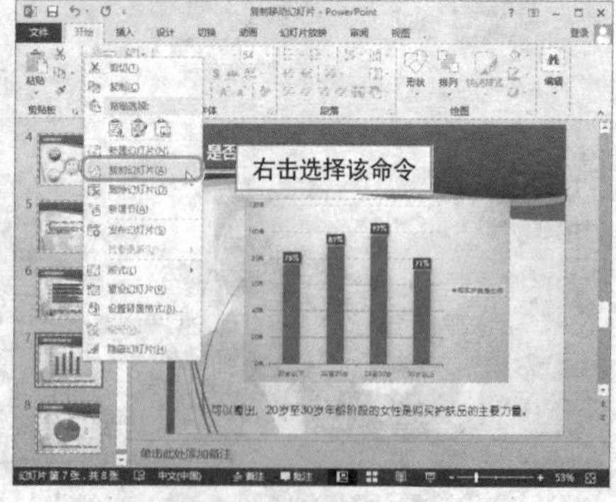

4 **鼠标+键盘法复制幻灯片**。选择幻灯片，鼠标拖动至合适的位置，在键盘上按住Ctrl键不放，释放鼠标左键后松开Ctrl键。

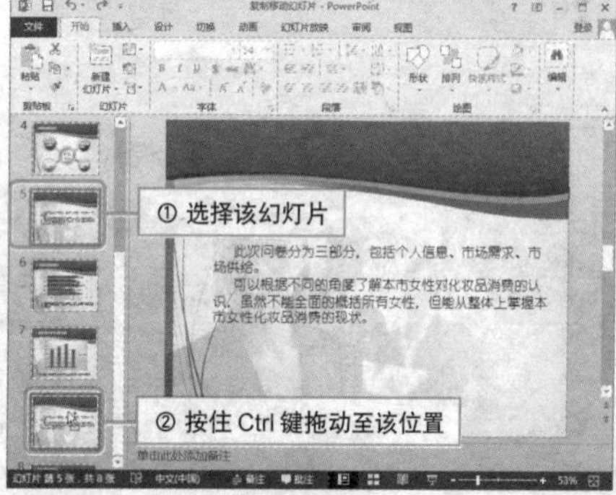

5 **功能区按钮法移动幻灯片。**选择想要剪切的幻灯片，单击“开始”选项卡上的“剪切”按钮。

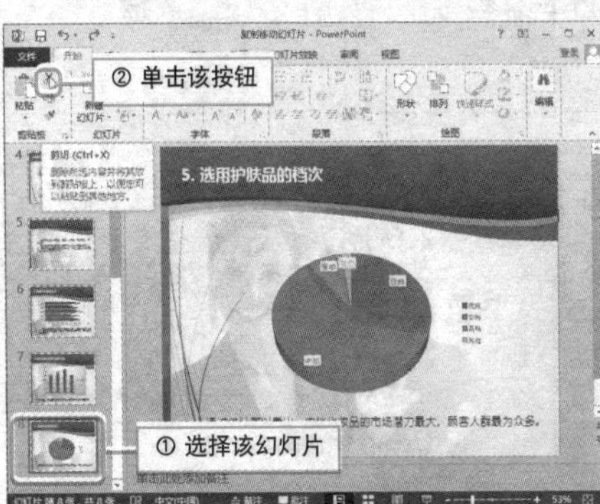

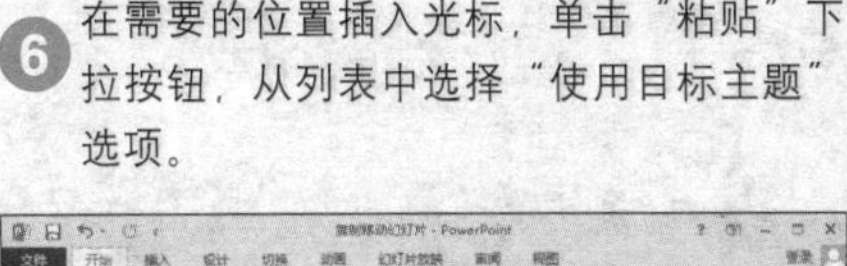

6 在需要的位置插入光标，单击“粘贴”下拉按钮，从列表中选择“使用目标主题”选项。

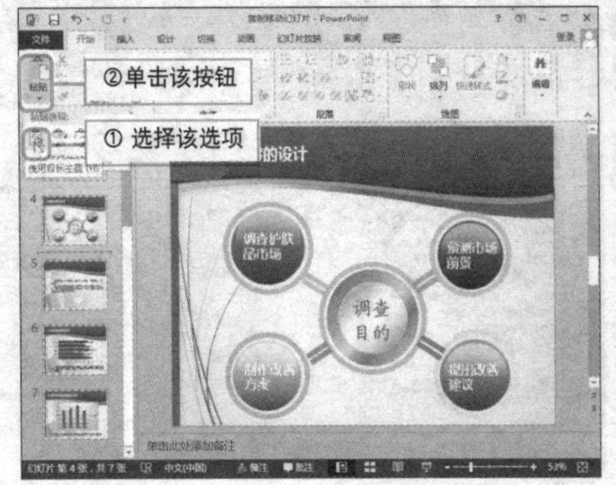

7 **右键菜单法移动幻灯片。**选择幻灯片后，单击鼠标右键，从快捷菜单中选择“剪切”命令，然后将幻灯片粘贴至需要移动的位置即可。

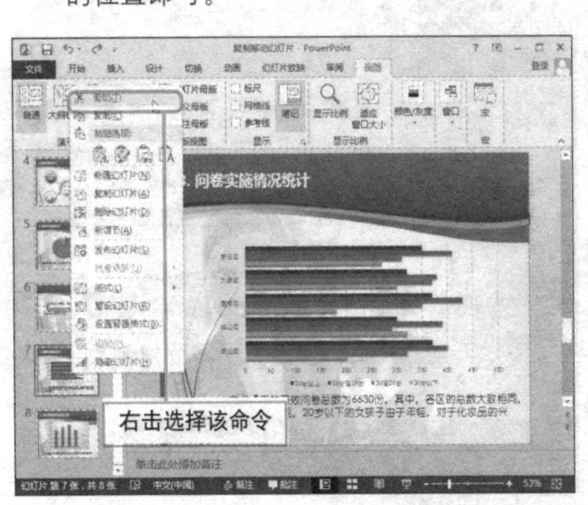

8 **鼠标移动幻灯片。**选择幻灯片，鼠标拖动至合适的位置，释放鼠标左键完成幻灯片的移动。

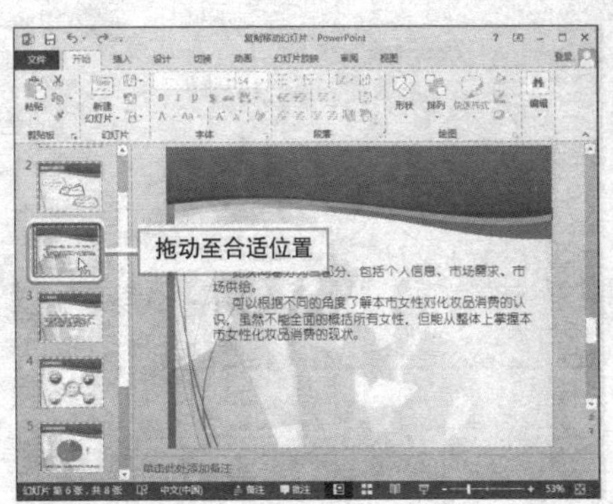

Hint

快捷键在复制、移动幻灯片中的应用

除了上述介绍的方法可以复制和移动幻灯片外，还可以在选择幻灯片后，通过 Ctrl + C 组合键复制幻灯片，然后通过 Ctrl + V 组合键将其粘贴至合适位置。若选择幻灯片后直接按 Ctrl + D 组合键，便会在当前幻灯片下方得到复制的幻灯片。

若选择幻灯片后，按 Ctrl + X 组合键剪切幻灯片，然后通过 Ctrl + V 组合键将其粘贴至需要的位置，这样便实现了移动操作。

Question 505

• Level ◆◆◆

2013 2010 2007

瞬间隐藏幻灯片

实例 幻灯片的隐藏

在进行幻灯片播放操作时，若想要某些幻灯片不播放，但是又不想删除这些幻灯片，可以将这些幻灯片隐藏起来，具体操作步骤如下。

1 **右键菜单法**。选择需要隐藏的幻灯片，单击鼠标右键，从弹出的快捷菜单中选择“隐藏幻灯片”命令。

2 随后便可将所选的幻灯片隐藏。隐藏幻灯片后，其缩略图中左上角的序号会出现隐藏符号。

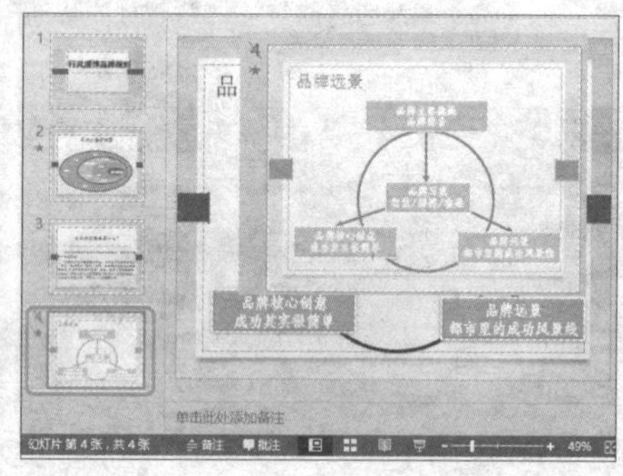

3 **功能区命令法**。选择幻灯片，单击“幻灯片放映”选项卡上的“隐藏幻灯片”按钮即可将所选幻灯片隐藏。

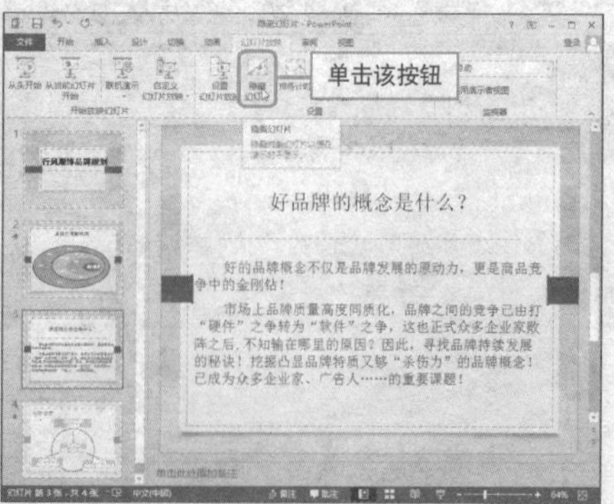

Hint

如何取消幻灯片的隐藏

幻灯片被隐藏后，若需要将其显示出来，可以按照以下的方法进行操作。

选中隐藏的幻灯片，单击鼠标右键，在打开的快捷菜单中，再次选择“隐藏幻灯片”命令，或者单击“幻灯片放映”选项卡上的“隐藏幻灯片”按钮，即可取消对幻灯片的隐藏。

巧妙设置渐变背景

实例 设置具有渐变效果背景的幻灯片

您是否已经对单一的背景感到厌倦了呢？那么，自己动手设置幻灯片的背景吧，下面介绍幻灯片渐变背景的设计方法与技巧。

❶ 选择幻灯片，单击“设计”选项卡上的“设置背景格式”按钮。

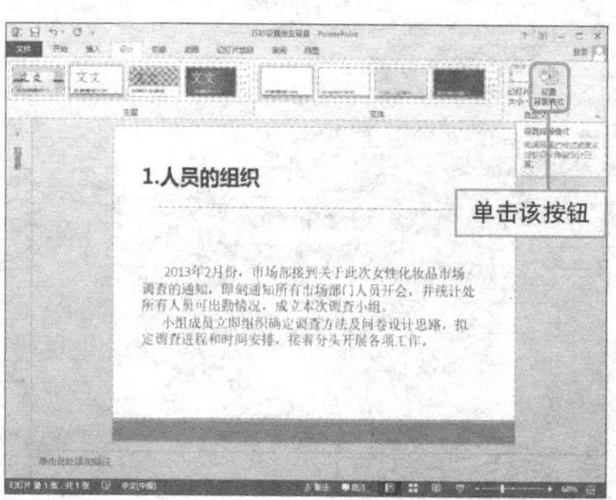

❷ 打开“设置背景格式”窗格，选中“渐变填充”单选按钮，可以单击“预设渐变”按钮，从列表中选择一种合适的渐变方式。

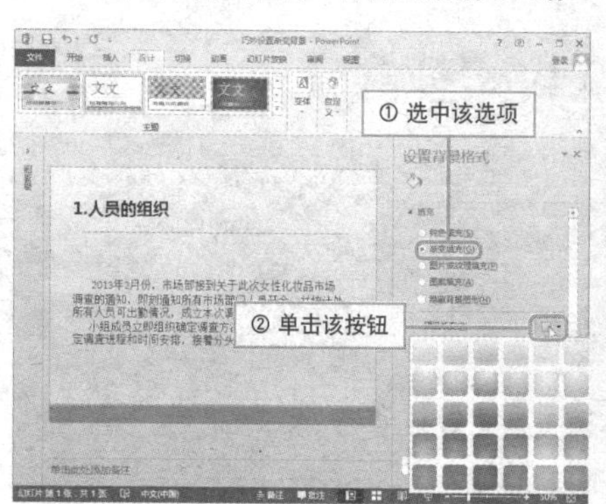

❸ 在“类型”、“方向”、“角度”选项进行设置，还可以通过“添加渐变光圈”和“删除渐变光圈”按钮增减光圈，以便设置更丰富的渐变效果。

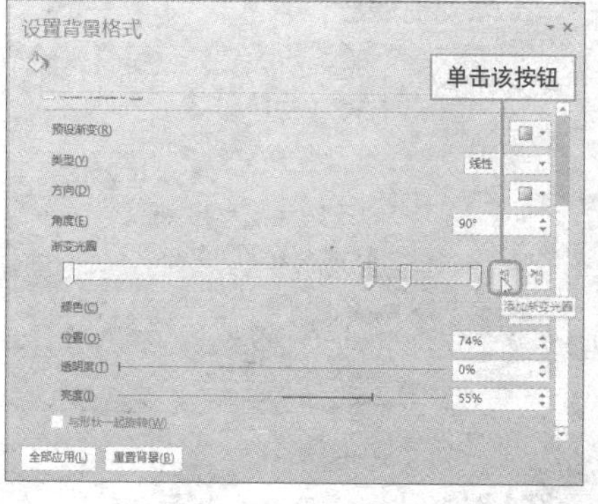

❹ 逐一选择停止点，并通过其右侧的“颜色”按钮，为其添加合适的颜色，然后设置合适的透明度和亮度，最后单击“全部应用”按钮即可。

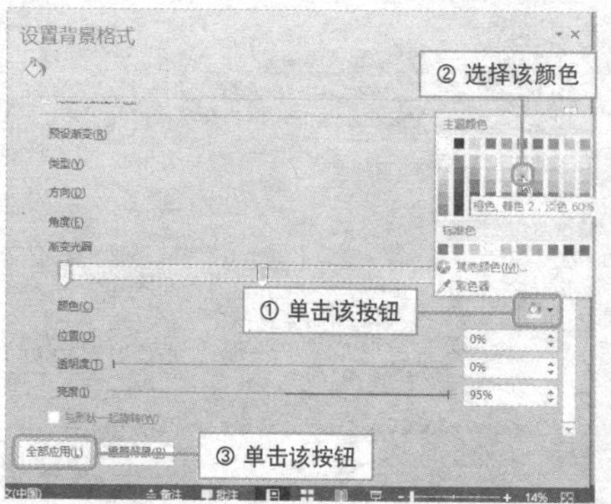

Question 507

Level ◆◆◆

2010 2007

使用精美图片作为幻灯片背景

实例 为幻灯片设置图片背景

在制作公司宣传、学校课件、广告策划类的演示文稿时，用户可以将相关图片设置为演示文稿的背景，下面介绍为幻灯片设置图片背景的方法。

1 选择幻灯片，单击“设计”选项卡上的“设置背景格式”按钮。

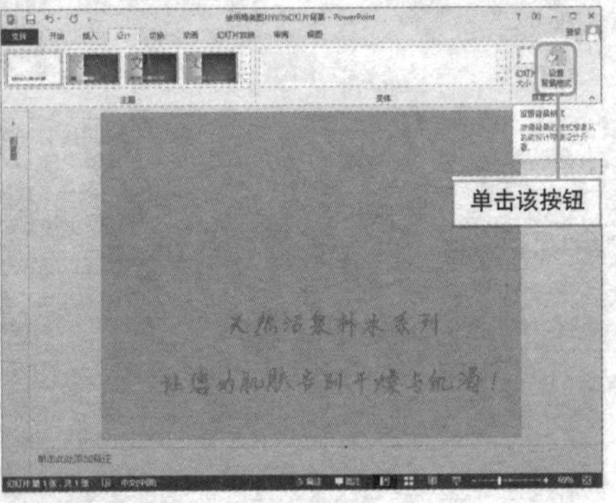

2 打开“设置背景格式”窗格，选中“图片或纹理填充”单选按钮，单击“插入图片来自”选项下的“文件”按钮。

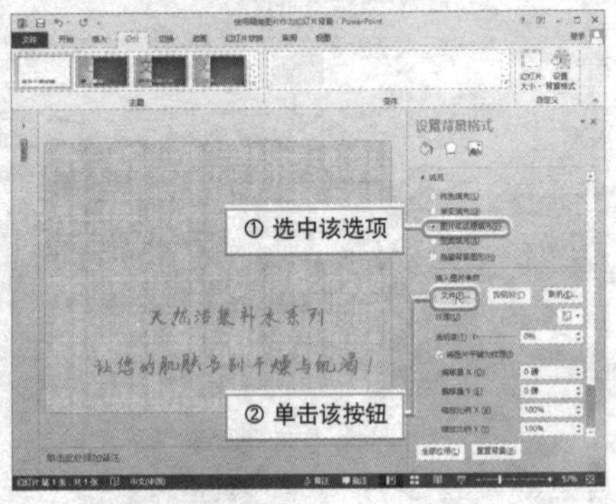

3 打开“插入图片”对话框，选择图片后，单击“插入”按钮。

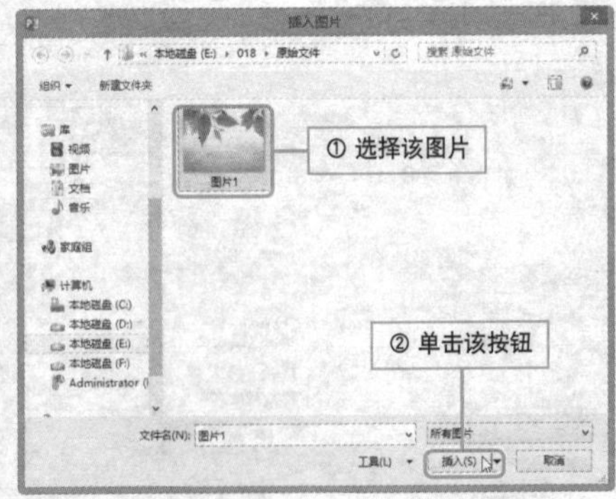

4 在“向上偏移”右侧的文本框中，设置偏移量为“-20%”，单击“全部应用”按钮，关闭“设置背景格式”窗格。

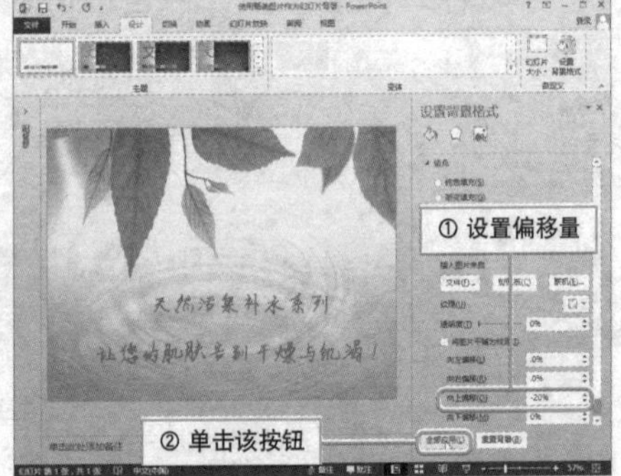

轻松选择幻灯片显示模式

实例 视图模式的选择

PowerPoint 提供了几种不同的视图模式，以便用户对幻灯片进行编辑，下面将对这几种视图模式进行简单的介绍，并介绍快速切换视图模式的方法。

1 **功能区按钮法切换法**。切换至“视图”选项卡，单击“演示文稿视图”面板的对应按钮，可切换至该视图。

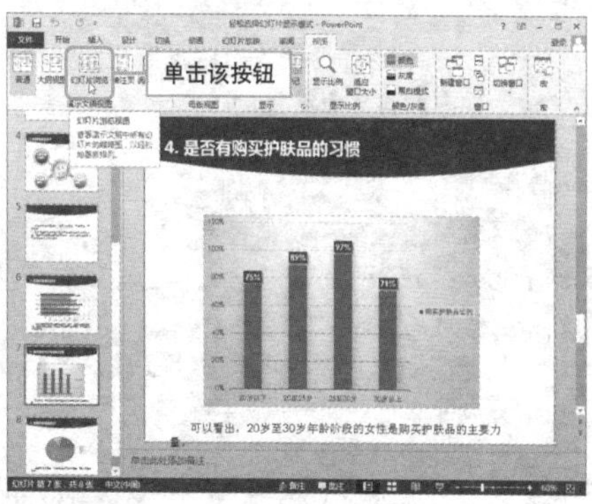

2 **状态栏按钮切换法**。单击状态栏上的对应视图按钮，同样可切换至相应的视图。

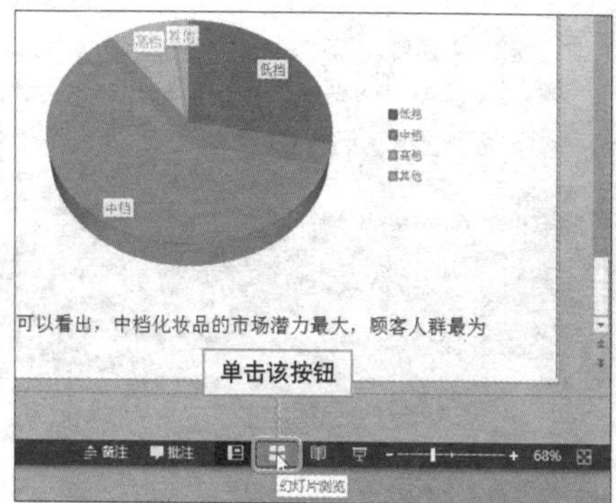

3 **普通视图**。此视图为默认视图方式，从中可以查看每张幻灯片的主题，标题及备注，并且可以对幻灯片进行详细设置。

4 **大纲视图**。主要用于查看各张幻灯片的主要内容，用户还可以直接在此执行排版与编辑等操作。

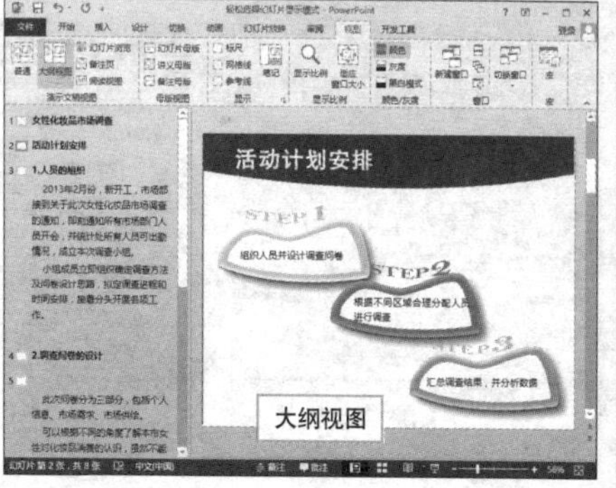

5 **幻灯片浏览视图**。用于同时显示多张幻灯片并查看整个演示文稿，通过此视图模式可以轻松添加、删除、复制和移动幻灯片。

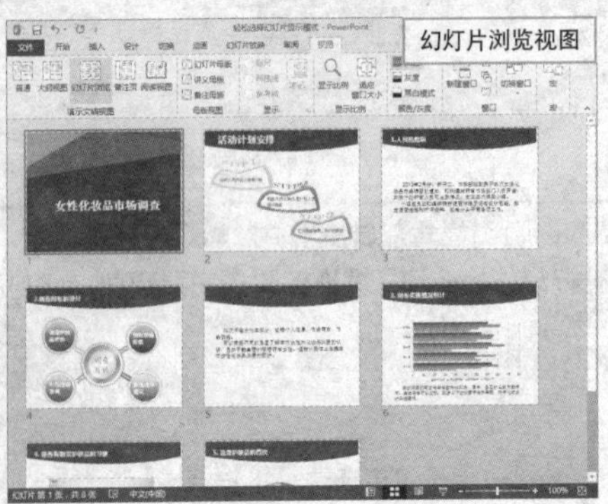

6 **备注页视图**。用于查看备注页，用户可以输入当前幻灯片的备注，但是在该视图模式下，用户无法编辑幻灯片的内容。

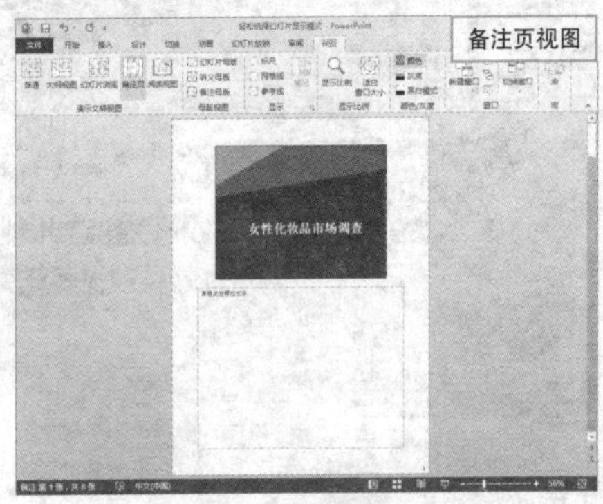

7 **阅读视图**。该视图实质上就是幻灯片的放映模式，可使用户在屏幕上更便利地查看演示文稿。在该视图下，单击任意处或者滚动鼠标滚轮，即可切换至下一张幻灯片，按Esc键则可退出该视图模式。

Hint

快速了解母版视图

母版视图又可分为幻灯片母版视图、讲义母版视图和备注母版视图。

幻灯片母版视图：在该视图模式下，母版幻灯片控制整个演示文稿的外观，包括颜色、字体、背景、效果和其他内容。在幻灯片母版上插入形状和徽标等内容后，会自动显示在所有幻灯片上。

讲义母版视图：在该视图模式下，用户可以自定义演示文稿打印时的外观。

备注母版视图：在该视图模式下，用户可以自定义演示文稿与备注一起打印时的外观。

Hint

如何以灰度方式预览幻灯片

在进行黑白打印之前，可以以灰度方式预览幻灯片，查看打印效果，只需切换至“视图”选项卡，单击“颜色/灰度”面板中的“灰度”按钮即可。

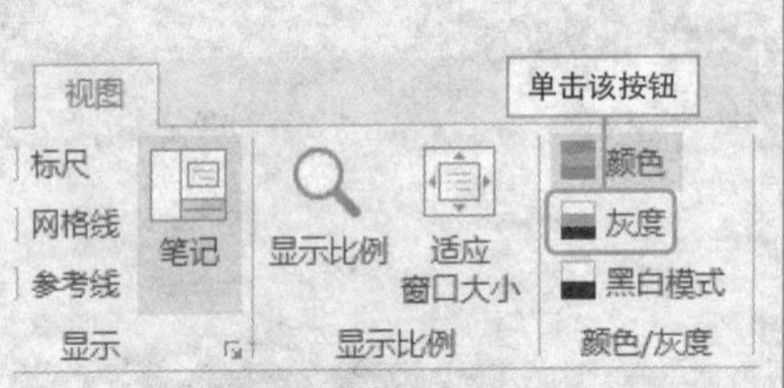

复制幻灯片配色方案

实例 **快速复制幻灯片配色方案**

在 PowerPoint 中，如果用户创建了一个非常满意的配色方案，想要应用到其他页面中，可以对当前配色方案进行复制，然后应用到其他页面。

1. 打开演示文稿，选择需要复制配色的幻灯片，单击“开始”选项卡上的“格式刷”按钮。

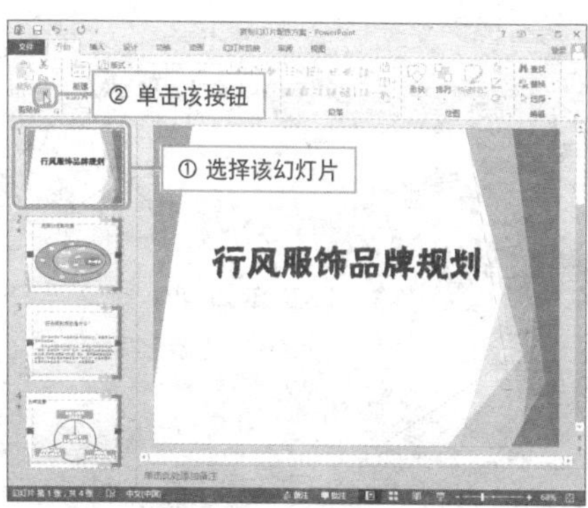

2. 鼠标光标变为小刷子形状，在“缩略图”窗格中，单击需要应用配色方案的幻灯片缩略图。

3. 小刷子刷过的幻灯片配色方案将变为与复制的配色方案一致。

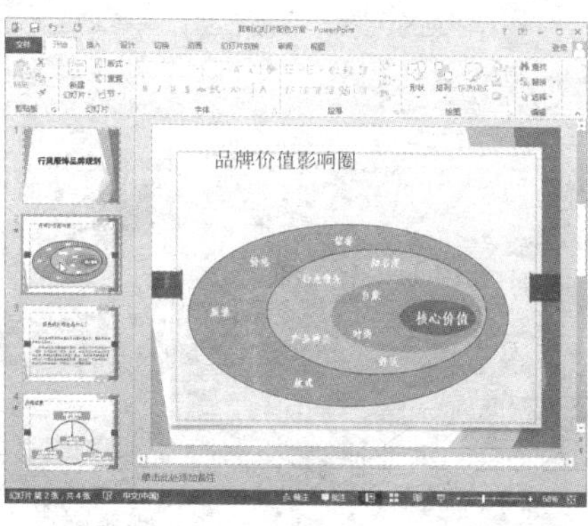

Hint

多次复制配色方案也很简单

若用户需要为多个页面应用当前配色方案，可以双击“格式刷”按钮，然后依次单击需要复制配色方案的幻灯片缩略图即可。完成复制后，按 Esc 键，可取消格式刷模式。用户还可以根据需要，将好看的配色方案进行保存。

Question 510

Level ◆◆◇

2013 2010 2007

应用设计模板

实例 如何应用设计主题

PowerPoint 提供了多种不同主题供用户进行选择，选择某种主题后，还会给出几种不同的变体，用户可以根据需要，对当前幻灯片进行美化。

1 打开演示文稿，选择需要应用主题的幻灯片，切换至“设计”选项卡，单击“主题”面板中的“其他”按钮。

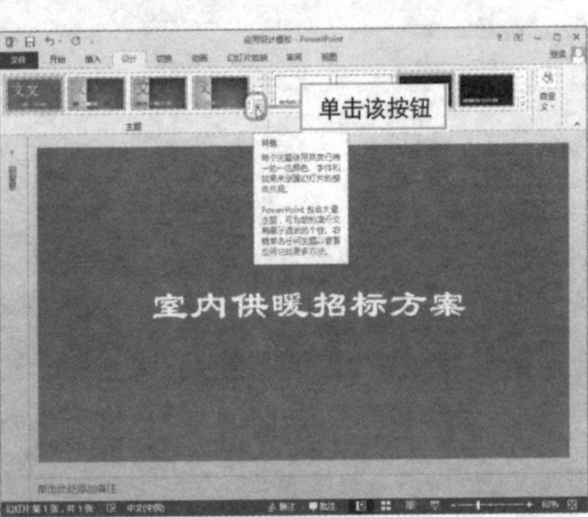

2 打开主题列表，在展开的列表中选择合适的主题即可，当鼠标光标停留在某一主题上时，将会实时显现该主题效果。

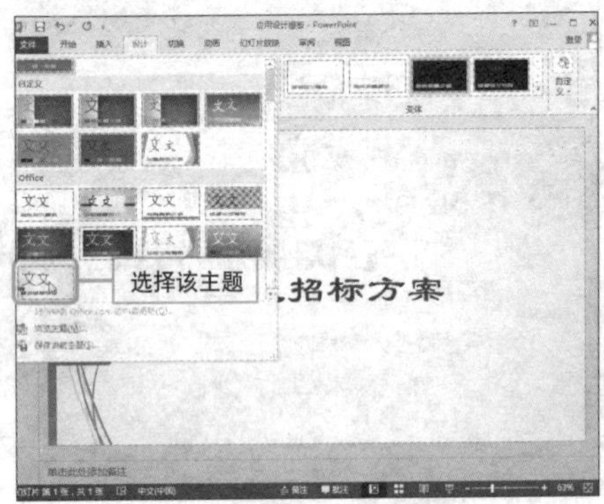

3 在“变体”组中显示该主题的变体，用户可根据需要进行选择，或执行“变体>其他>颜色”命令，在展开的列表中选择一种主题色。

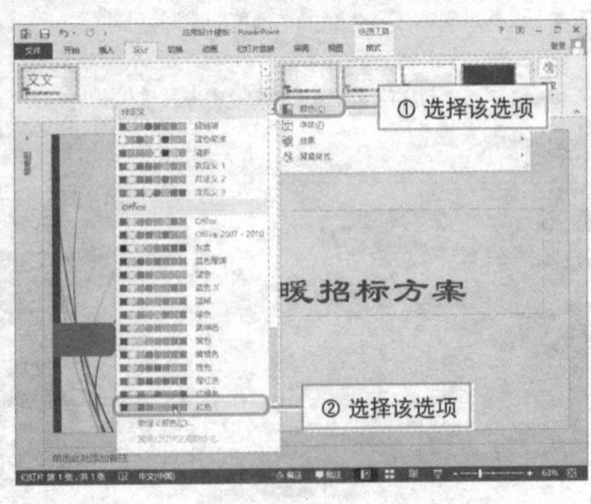

Hint

应用多个主题

若想要应用多个主题，可以在主题上单击鼠标右键，从快捷菜单中选择“应用于选定幻灯片”。

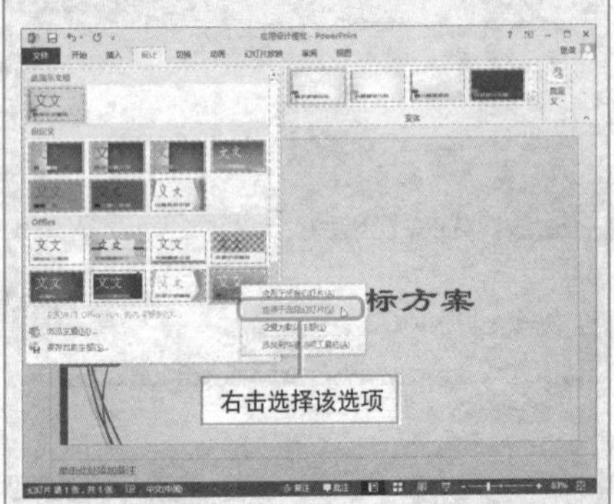

自定义幻灯片主题

实例	自定义主题

若用户对系统提供的主题方案不满意，还可以根据需要自定义幻灯片的主题，包括幻灯片背景填充色、主题字体等，下面对其相关操作进行具体介绍。

1 打开演示文稿，切换至“设计”选项卡，单击“变体”面板中的“其他”按钮。

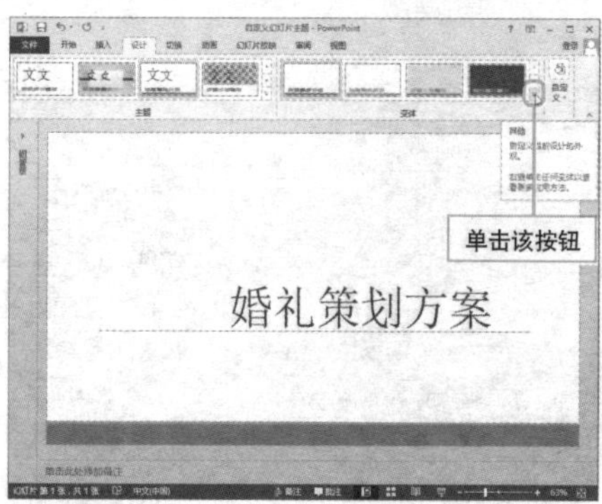

2 从展开的列表中选择“颜色”选项，从其级联菜单中选择“自定义颜色”选项。

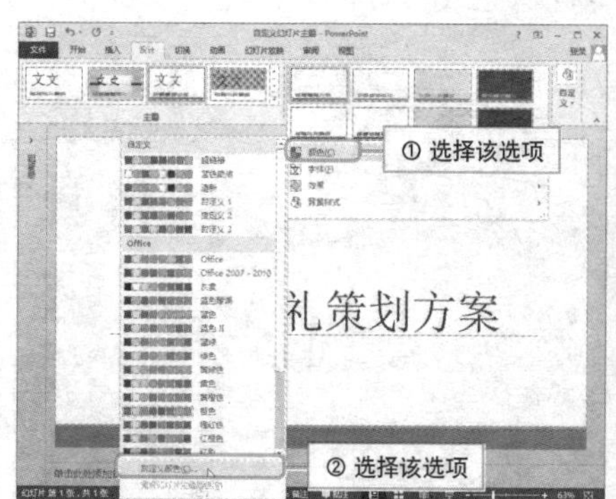

3 打开“新建主题颜色”对话框，单击相应选项右侧的下拉按钮，从颜色列表中选择一种合适的颜色。

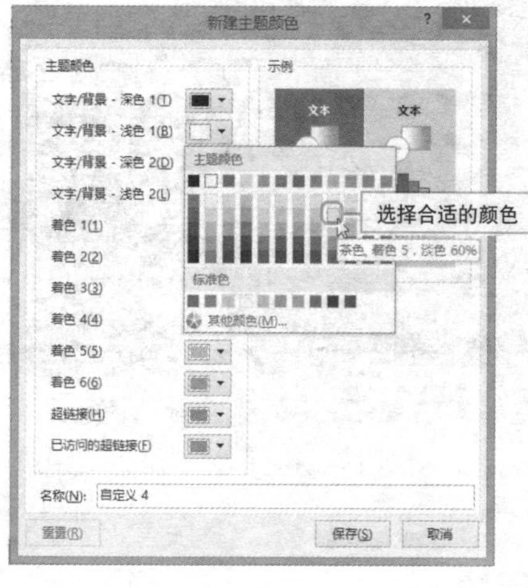

4 依次设置各个选项的颜色，设置完成后，输入所需保存的主题名称，单击“保存”按钮进行保存。

5 执行“设计>变体>其他>字体”命令，字体列表中选择“自定义字体”选项。

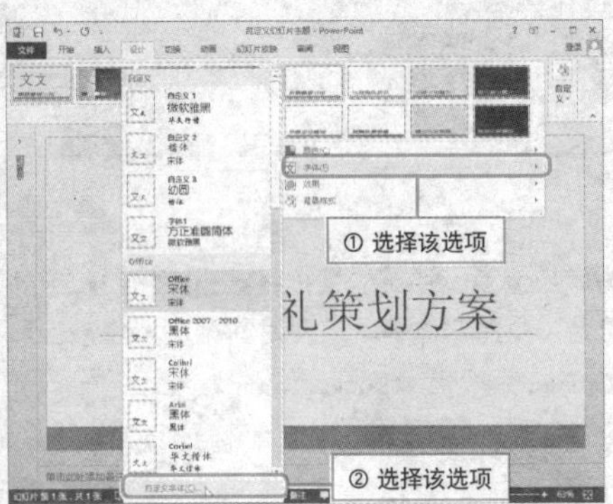

6 打开“新建主题字体”对话框，设置满意的中英文字体，输入名称进行保存。

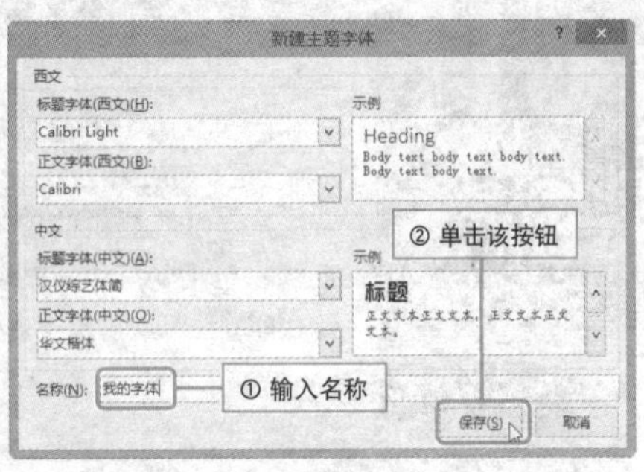

7 单击“设计”选项卡上的“设置背景格式”按钮。

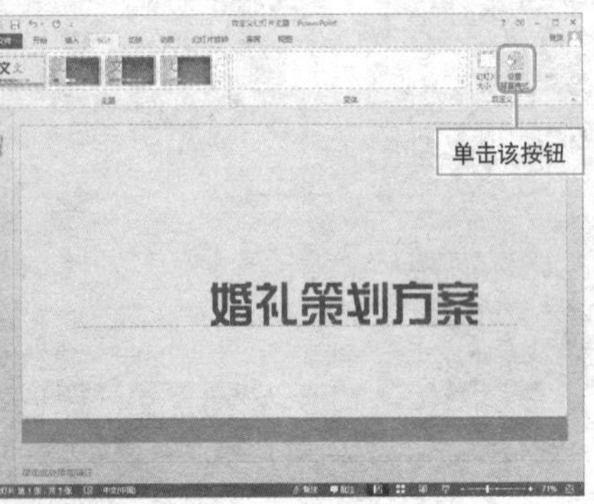

8 在打开的窗格中，选中“图片或纹理填充”单选按钮，单击“文件”按钮。

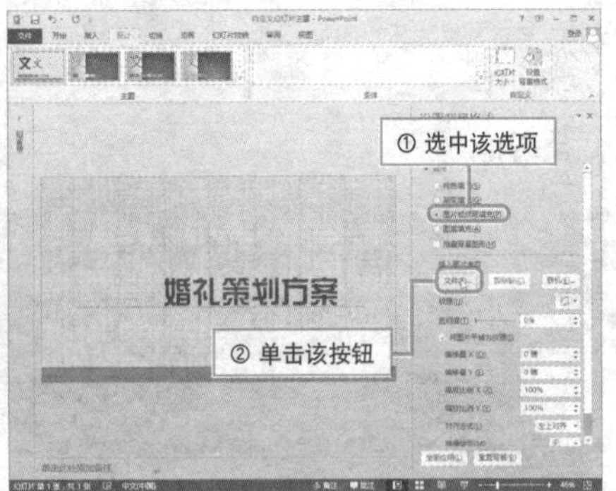

9 打开“插入图片”对话框，选择图片，单击“插入”按钮。

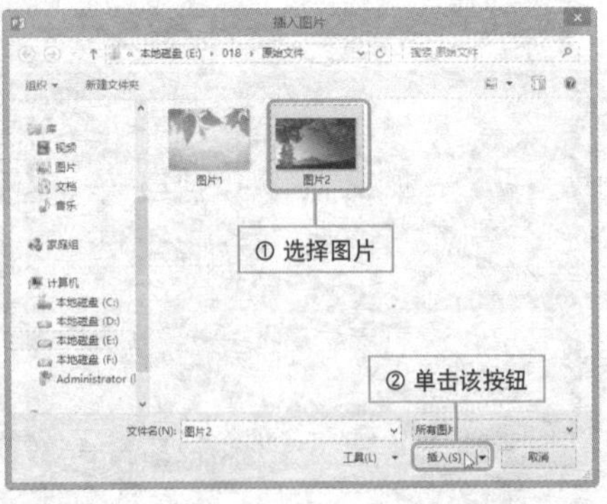

10 单击“主题”面板的“其他”按钮，从列表中选择“保存当前主题”选项，保存主题。

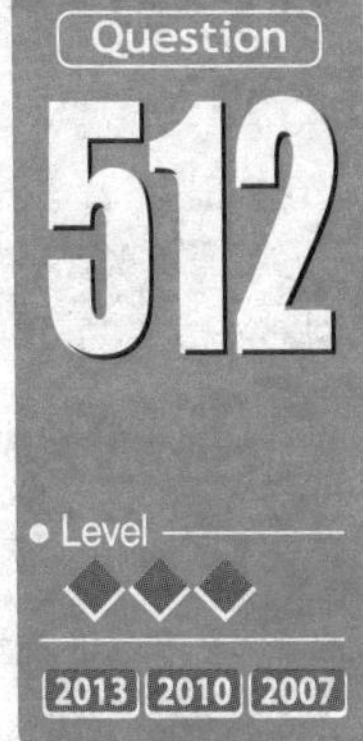

自定义幻灯片母版

实例 设置幻灯片母版

使用幻灯片母版，可以确定幻灯片中共同出现的内容及各个构成要素的格式，用户可在创建每张幻灯片时，直接套用设置好的格式，从而节约工作时间，提高工作效率。

1. 打开演示文稿，切换至“视图”选项卡，单击“幻灯片母版”按钮。

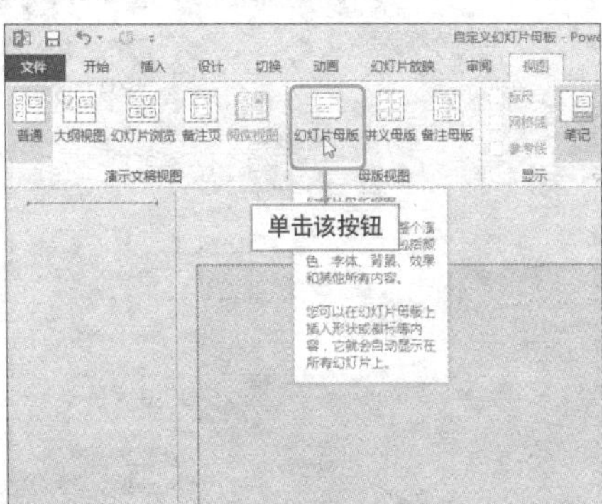

2. 选择母版幻灯片中的标题占位符，通过“开始”选项卡上的“字体”列表上的命令，设置标题文本和正文文本字体。

3. 选择标题幻灯片中的标题占位符，按住鼠标左键不放，将该占位符移至幻灯片的合适位置。

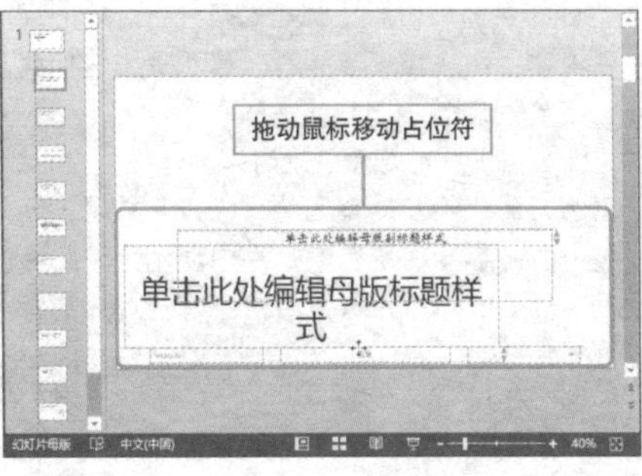

4. 选中副标题、时间、页脚及编号占位符，按Delete键将其删除。

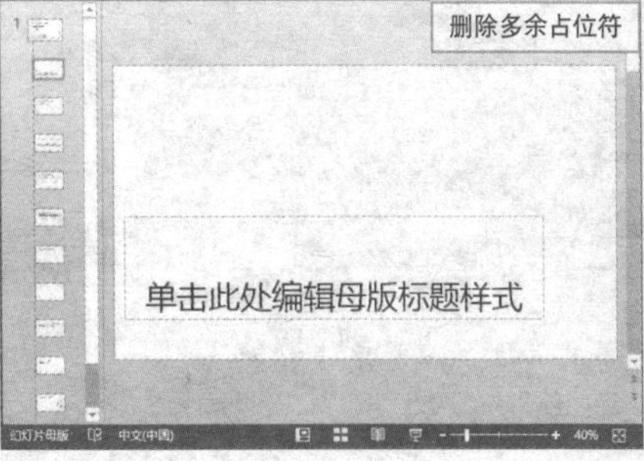

5 单击“幻灯片母版”选项卡上的“插入占位符”按钮，选择“图片”选项。

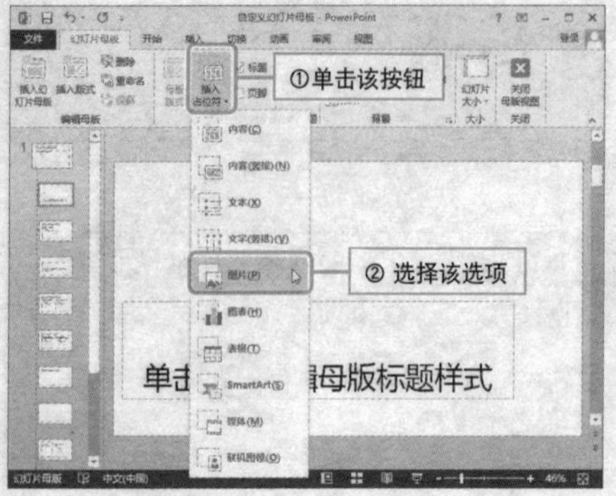

6 鼠标光标变为十字形，拖动鼠标绘制占位符，然后复制出其他两个占位符。

绘制占位符并复制

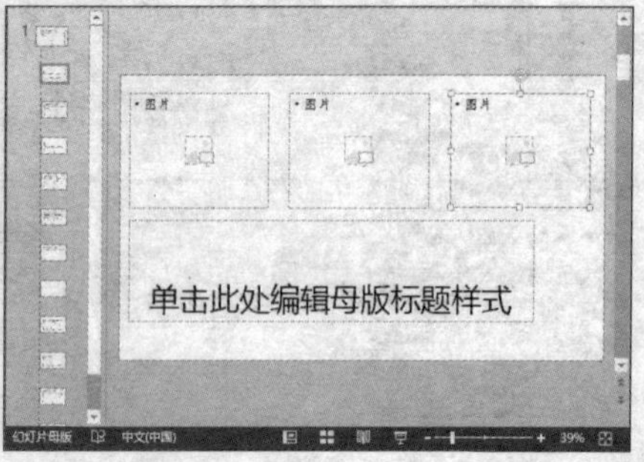

7 再次选中母版幻灯片，单击“插入”选项卡上的“图片”按钮。

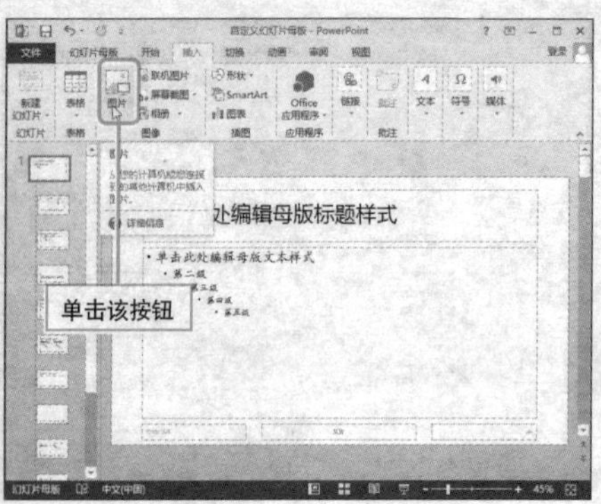

8 在打开的“插入图片”对话框中，选择图片，单击“插入”按钮。

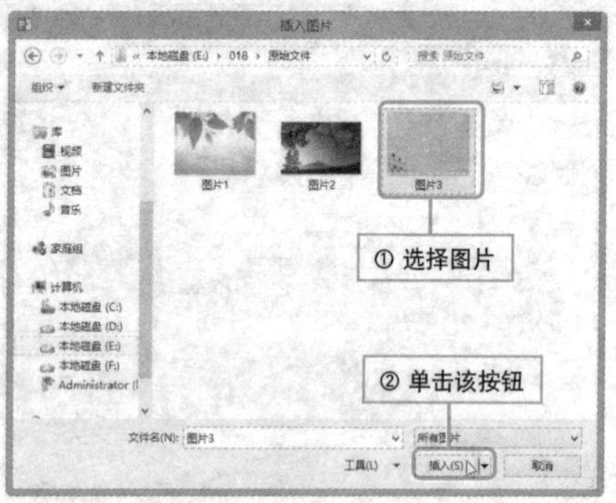

9 调整图片大小，并执行“图片工具-格式>下移一层>移至底层”命令。将图片移至底层后，退出母版视图即可。

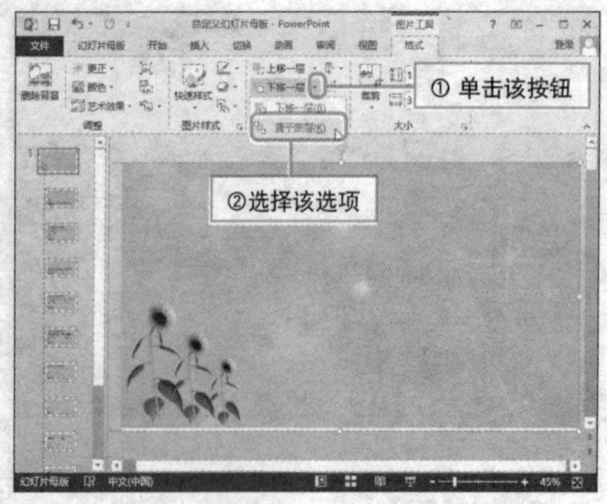

Hint

关于幻灯片母版的说明

幻灯片母版根据版式和用途的不同分为“Office 主题”母版、“标题幻灯片”母版、“标题内容”母版和“节标题”母版等，它们共同决定幻灯片的样式。

为什么在设置幻灯片背景时都会选择“Office 主题”母版呢？这是因为“Office 主题”母版中的内容会在所有幻灯片中显示，因此更改该母版的幻灯片背景后，所有幻灯片的背景都会发生改变。

Question 513

• Level ◆◆◆

2013 2010 2007

讲义母版大变脸

实例 修改讲义母版的显示方式

讲义母版可按照讲义方式打印演示文稿（每个页面可以包含一、二、三、四、六或九张幻灯片），供用户在会议中使用。下面将介绍如何对讲义母版进行修改。

1 启动PowerPoint程序，切换至“视图”选项卡，单击“讲义母版”按钮。

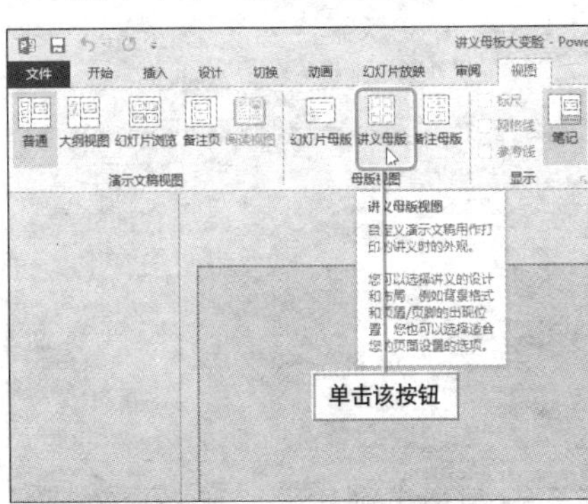

2 单击“幻灯片大小”按钮，从列表中选择“自定义幻灯片大小”选项。

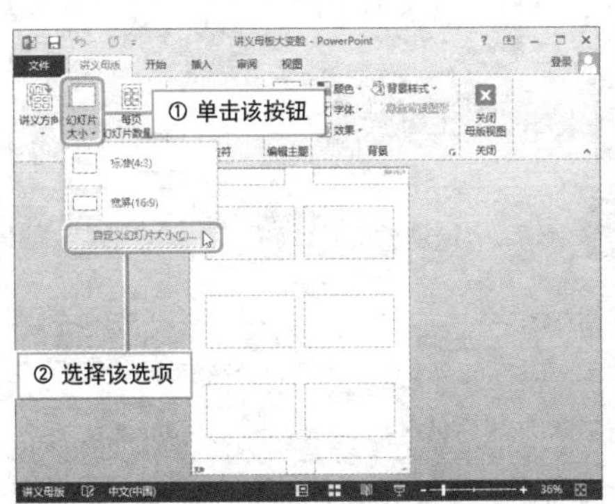

3 在打开的“幻灯片大小”对话框中，对母版宽度、高度及幻灯片大小等进行设置。最后单击“确定”按钮。

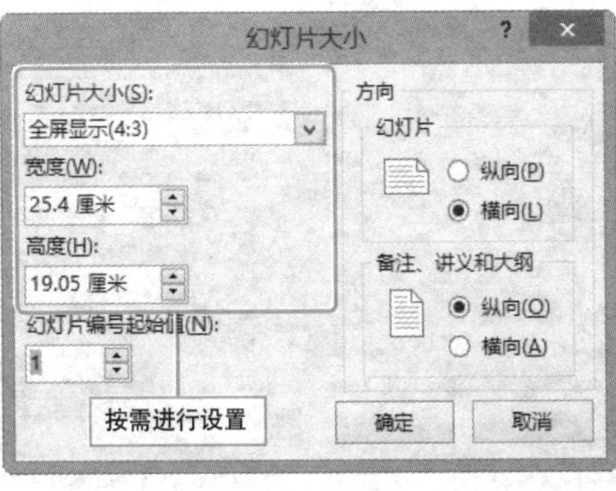

4 在“占位符”面板中，根据需要勾选“页眉”、“页脚”、“日期”及“页码”复选框，可将对应占位符显示出来。

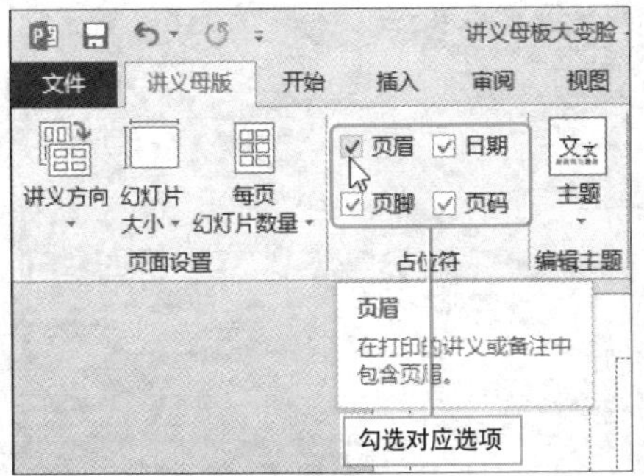

Question 514

Level ◆◆◇

2013 2010 2007

自定义备注母版

实例 设置备注母版格式

在制作演示文稿时，用户可将需要展示的内容放在幻灯片里，而那些无需展示的文本内容，则可以写在备注页中，备注母版的设置方法同讲义母版相似，下面对其进行介绍。

1 启动PowerPoint程序，切换至“视图”选项卡，单击“备注母版”按钮。

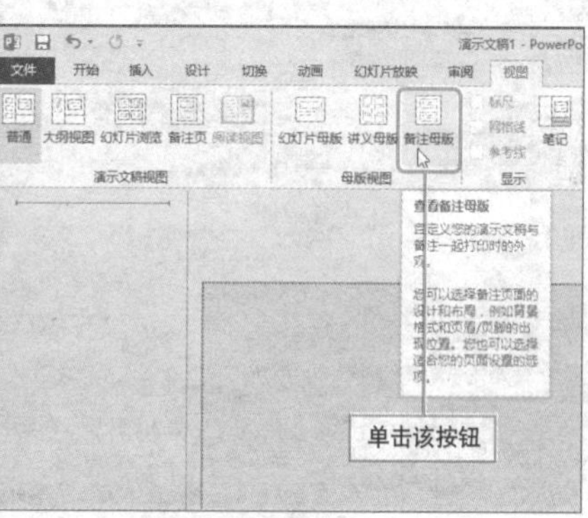

2 选择占位符中所有文本，单击鼠标右键，从快捷菜单中选择“字体”命令。

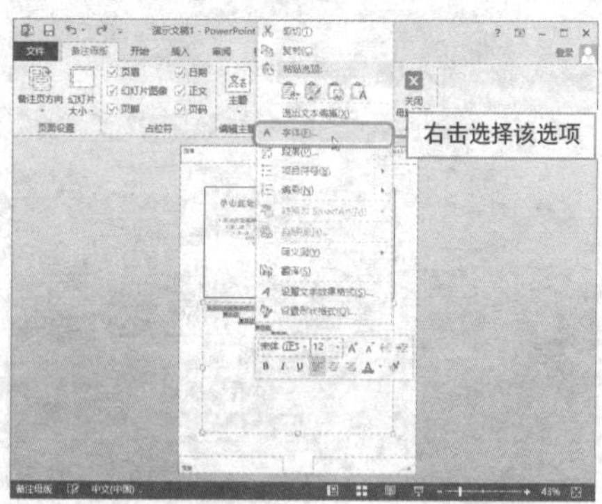

3 打开“字体”对话框，从中对文本的字体、颜色、字号进行设置，最后单击“确定”按钮返回。

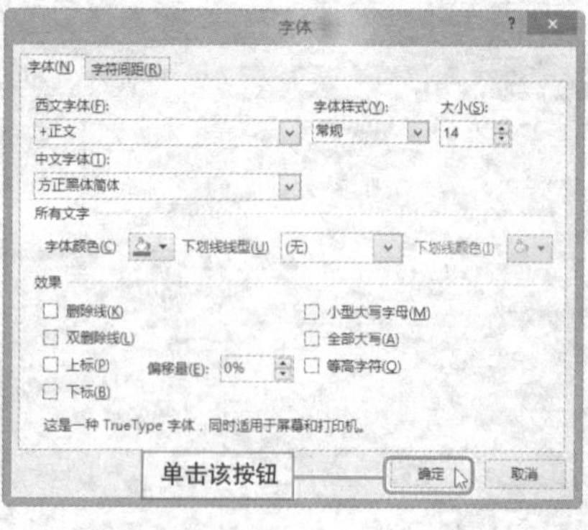

4 通过“背景样式>设置背景格式”命令，设置背景格式，然后单击“关闭母版视图”按钮，退出备注母版。

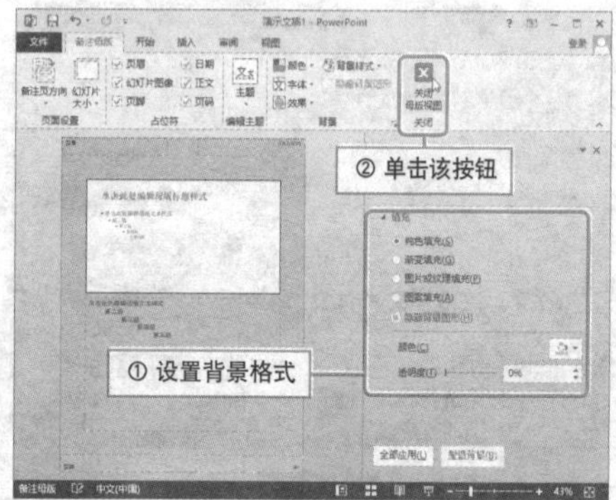

保护演示文稿

实例 演示文稿的保护

为了防止他人对演示文稿进行篡改，保护演示文稿，用户可以根据需要对演示文稿进行保护，包括标记为最终版本、为演示文稿加密等，下面对其进行介绍。

1 打开“文件”菜单，单击“保护演示文稿”按钮，展开其下拉列表。

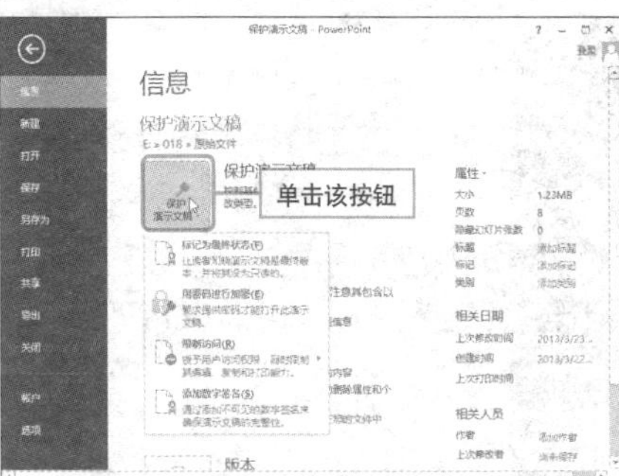

2 若选择“标记为最版终本”选项，单击提示对话框中的“确定”按钮。

3 演示文稿被标记为最终版本，所有人都可以访问该演示文稿，若想对其编辑，单击“仍然编辑”按钮。

Hint

为演示文稿加密

若选择“用密码进行加密”选项，会弹出“加密文档”对话框，输入密码确认后，弹出“确认密码”对话框，再次输入密码确认即可加密演示文稿。

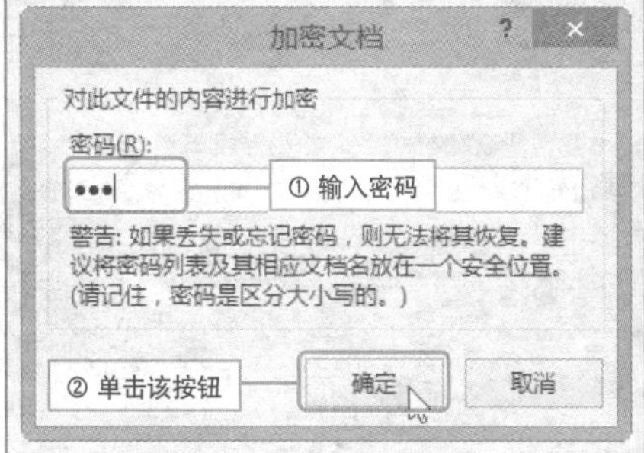

Question 516

漂亮演示文稿变身模板用处大

● Level ◆◆◇

2013 2010 2007

实例 将演示文稿以模板形式保存

在工作中，若经常需要用到同一类型的演示文稿，或者遇到设计版式和配色都很美观的演示文稿，可以将其以模板的形式保存起来，这样在需要使用时，只需进行简单的修改，随后输入需要的信息即可继续使用。

1 打开演示文稿，打开“文件”菜单，选择“另存为”命令。

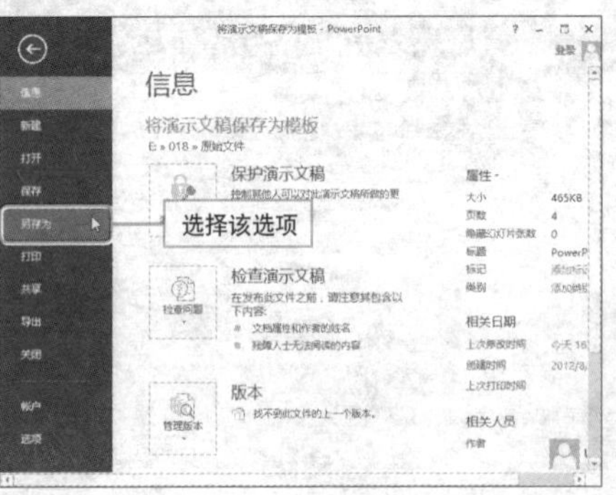

2 在右侧的“最近访问的文件夹”选项下，选择“最终文件”选项。

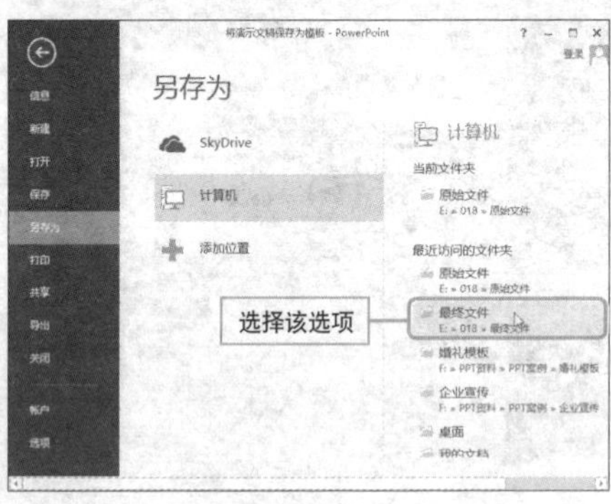

3 打开“另存为”对话框，输入文件名，设置保存类型为“PowerPoint模板”，单击“保存”按钮保存。

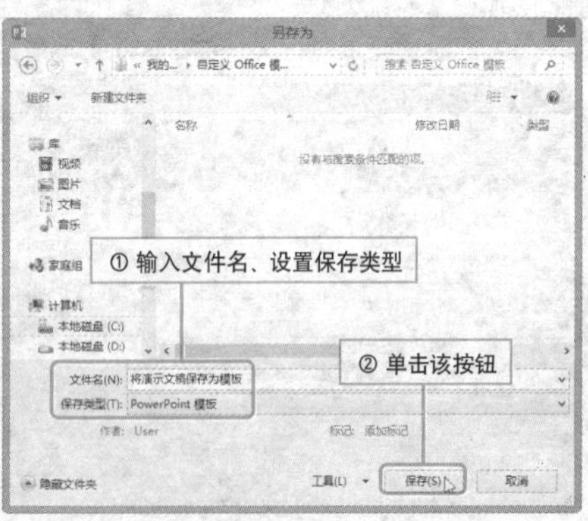

4 若需要调用该模板，只需执行“文件>新建>自定义>自定义Office模板”命令，即可看到自定义的模板。

设置幻灯片显示比例有绝招

实例 改变幻灯片显示比例

在对幻灯片页面中的对象进行编辑时，若想要极其精确地对幻灯片中的对象进行调整，可以将幻灯片页面放大后再进行操作，具体操作步骤如下所示。

❶ 打开演示文稿，单击“视图”选项卡上的“显示比例”按钮。打开“缩放”对话框，从中直接选中一个给定的比例，也可以自定义显示比例。

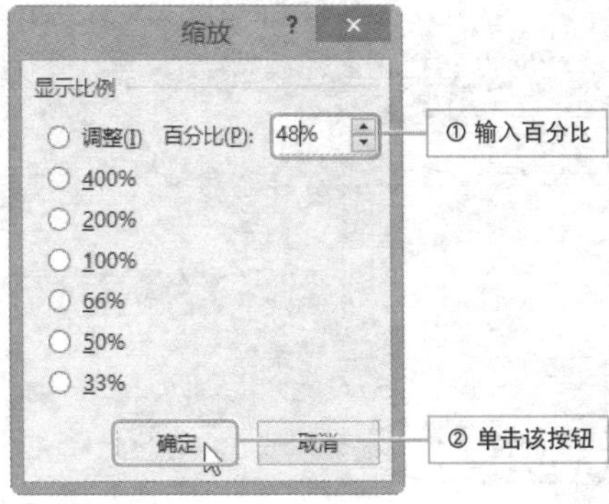

❷ 通过状态栏右侧的缩放滑块也可调整显示比例。若想要调整至最佳显示比例，则可通过状态栏右侧按钮和“视图”选项卡功能区中的按钮进行调整。

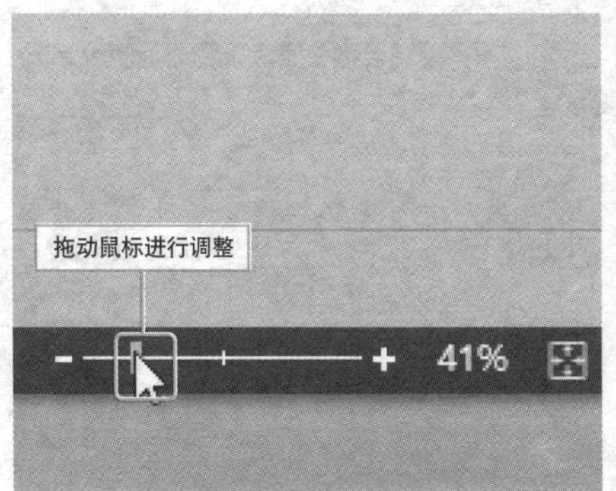

Question 518

自定义幻灯片页面格式

Level ◆◆◆

2013 2010 2007

实例	幻灯片页面设置

启动 PowerPoint 2013 后，默认创建的幻灯片为宽屏、横向显示，若想对幻灯片的大小、方向进行更改，可通过设置幻灯片页面格式来实现。

1 打开演示文稿，单击“设计”选项卡上的“幻灯片大小”按钮。

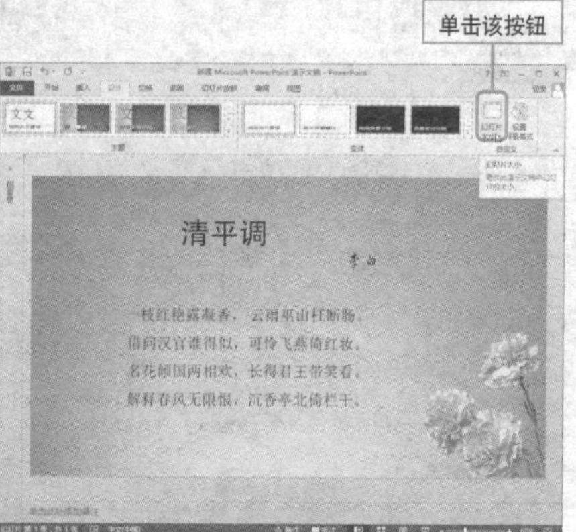

2 在列表中选择标准或宽屏显示，若想自定义幻灯片大小，则选择“自定义幻灯片大小”选项。

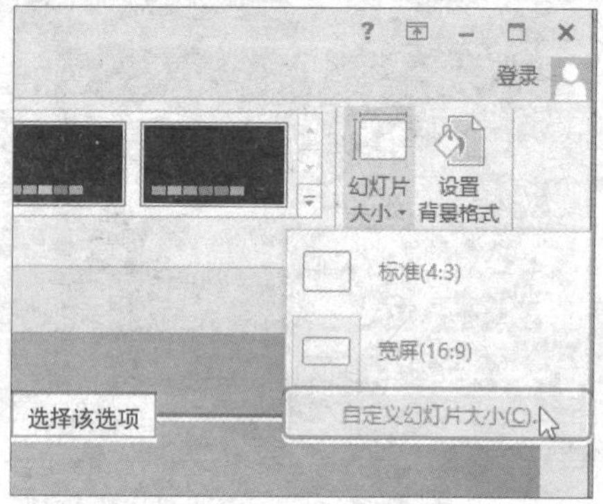

3 打开“幻灯片大小”对话框，设置幻灯片大小为：A4纸张、纵向显示，还可设置幻灯片编号的起始值，设置完成后，单击“确定”按钮。

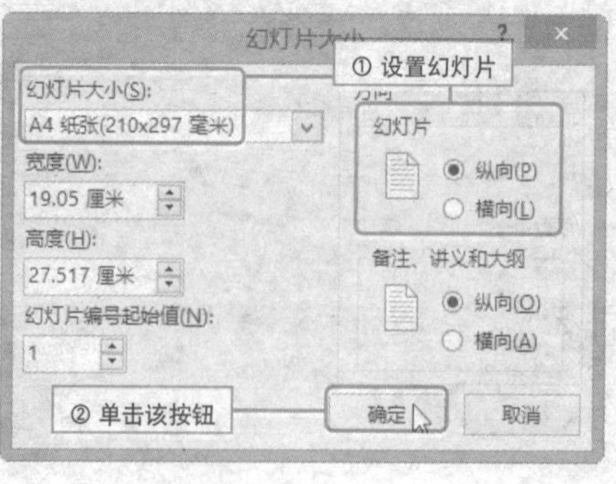

4 弹出提示对话框，提示用户正在缩放幻灯片，从中选择一种方式，最后单击“确保适合”按钮，即可按比例大小进行缩放。

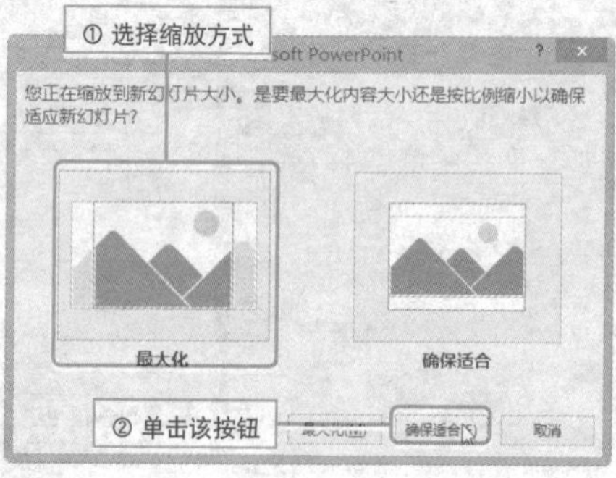

快速输入幻灯片标题

实例 使用占位符添加文本

创建演示文稿后，在页面中总是会看到一些“单击此处添加标题”、“在此处添加内容”的虚线方框，这些方框称为文本占位符，它确定了幻灯片中文本的格式，下面对文本占位符的相关知识及使用方法进行介绍。

1. 打开演示文稿，即可看到“单击此处添加标题”、“单击此处添加副标题”虚线框。

2. 在虚线框中单击鼠标，待光标定位至文本框中，即可开始输入文本。输入的文本将会自动套用系统设定的格式。

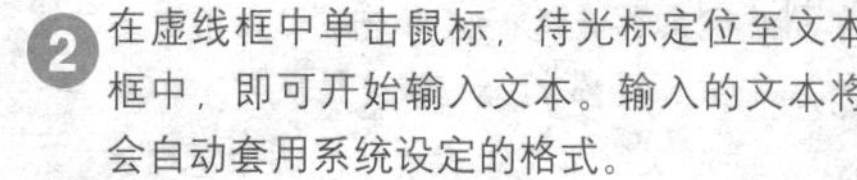

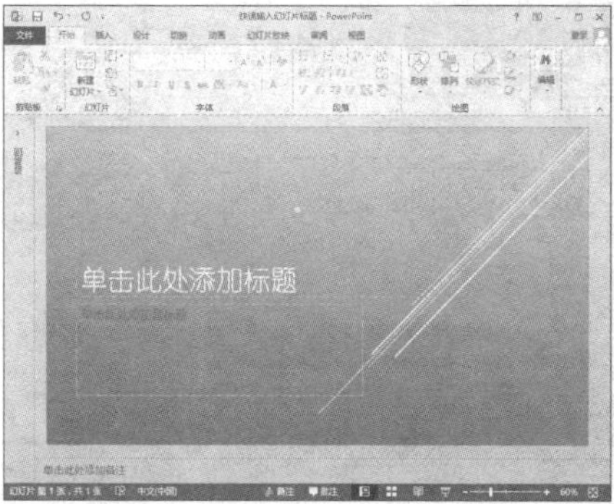

3. 在文本占位符中输入的文本长度超过占位符的宽度时，文本便会自动换行。

4. 若需要输入多段文本，可按Enter键重新开始一个段落。当文字过多，或者缩小占位符，文本字号将自动缩小显示。

Question 520

Level ◆◆◇

2013 2010 2007

文本框的使用技巧

实例 使用文本框添加文本

若用户想随心所欲地在页面中输入文本，就要用到文本框，文本框是用来编辑文字的方框，其使用方法与 WORD 中的使用方法相类似。

1 在“插入”选项卡中单击“文本框”下拉按钮，从列表中选择“横排文本框”命令。

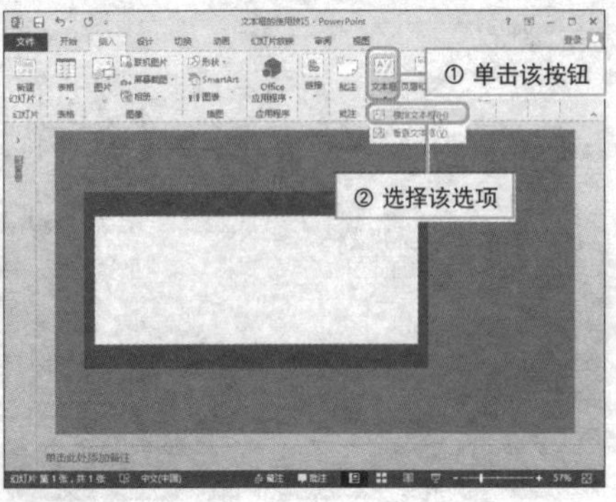

2 将鼠标光标移至幻灯片页面，按住鼠标左键不放，鼠标光标变为黑色十字形，拖动鼠标绘制文本框。

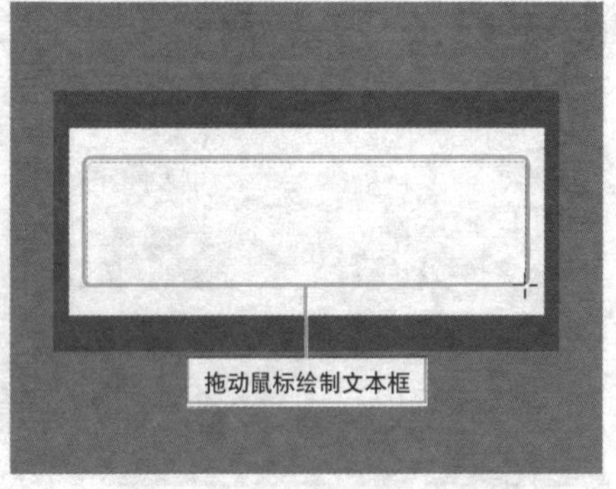

3 绘制完成后，释放鼠标左键，鼠标光标将自动定位到绘制的文本框中，此时即可输入文本信息。

Hint

如何输入纵向排列的文字

要纵向输入文字，只需从“文本框”列表中选择“垂直文本框”，绘制文本框并输入文本即可。

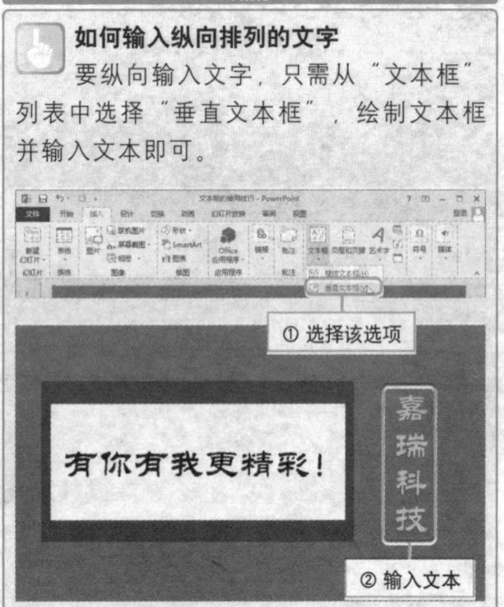

文字排列方式的更改

实例 更改文字排列方式

在幻灯片中可以通过更改文字的排列方式来改变视觉效果。如在某些场合中，将演示文稿中横向排列的文字改为竖排，会收到意想不到的惊喜效果。

1 打开演示文稿，选择文本框，单击“开始”选项卡上的“文本方向”按钮。

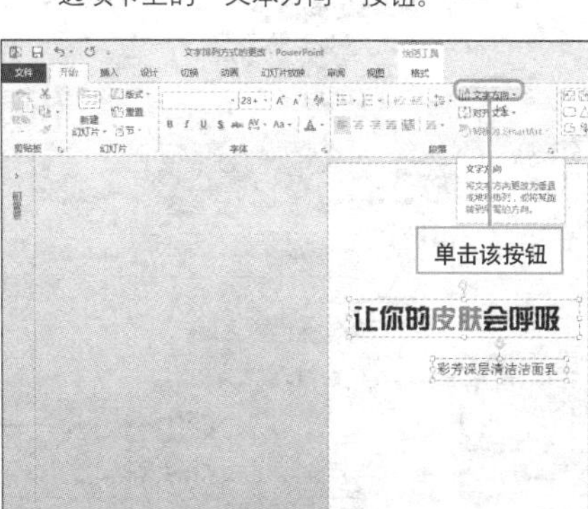

2 展开下拉列表，从中选择“竖排”选项。

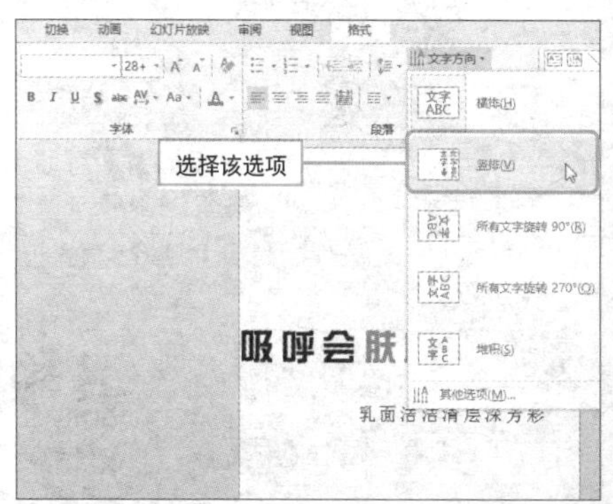

3 设置完成后，若发现文本没有自动竖排显示，就需要调整文本框的大小促使其正确显示。

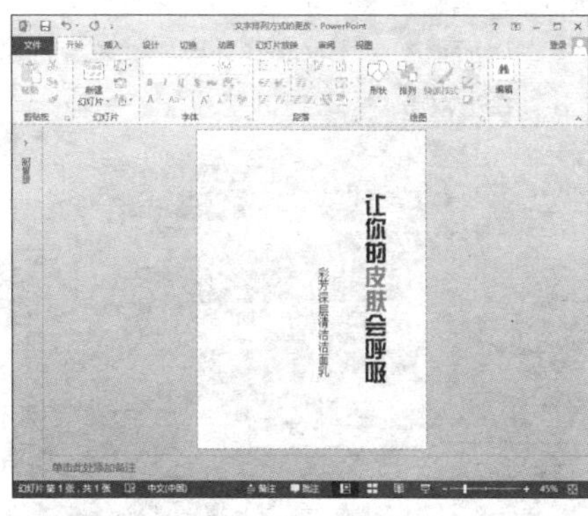

Hint

字符间距的更改

若想更改文本的字符间距，可以选择文本，单击“开始”选项卡上的“字符间距”按钮，从展开的列表中进行选择。

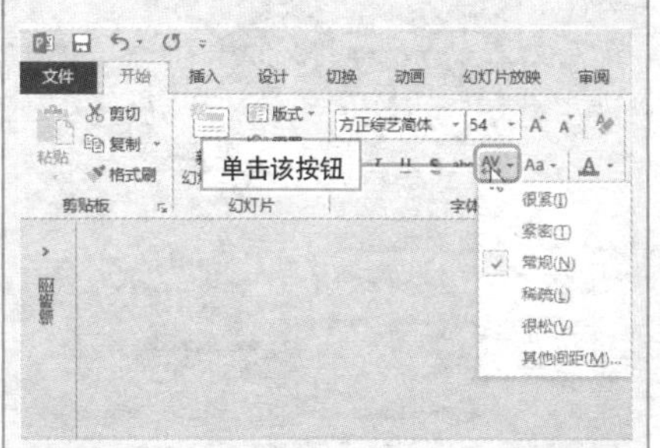

Question 522

Level ◆◆◆

2010 2007

管理演示文稿有秘诀

实例 使用节管理幻灯片

若一个演示文稿中包含多页幻灯片，那么在编辑和查阅幻灯片的过程中，就容易混淆幻灯片内容，这就需要使用节管理幻灯片功能，下面对其进行介绍。

1 将光标定位至需添加节处，单击“开始”选项卡上的“节”按钮，从列表中选择“管理节”命令。

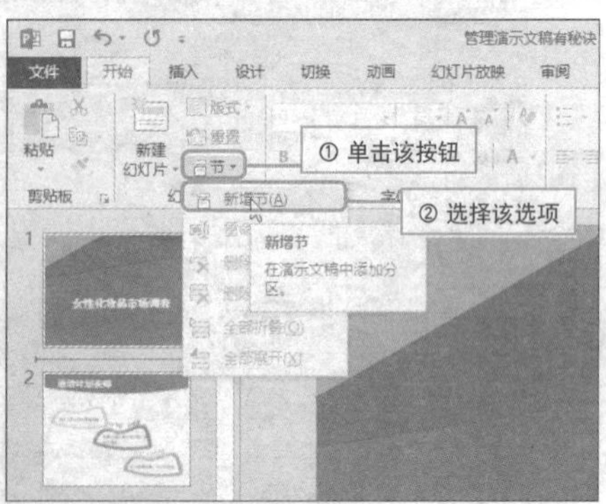

2 新增一个节，单击鼠标右键，从弹出的快捷菜单中选择“重命名节”命令。

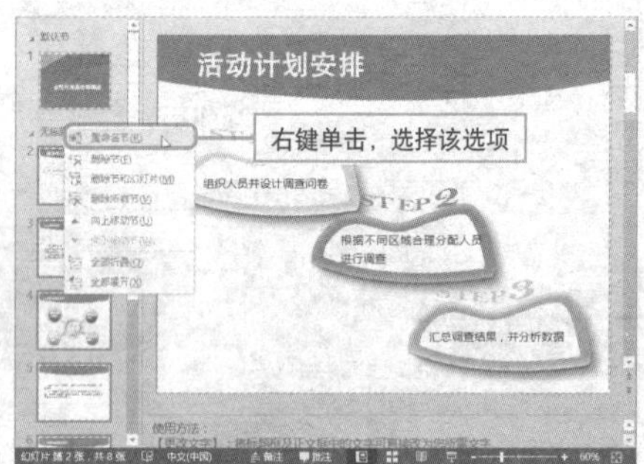

3 打开“重命名节”对话框，输入节名，单击“重命名”按钮即可。

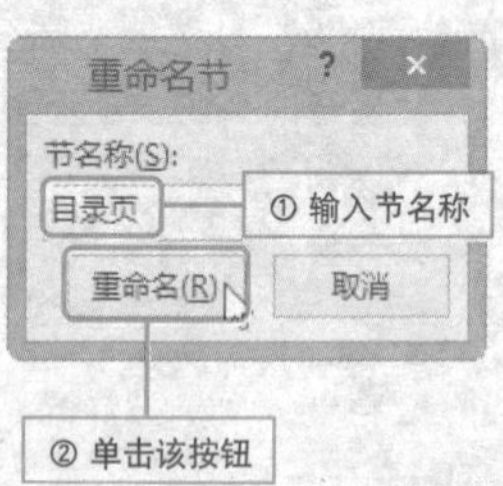

Hint

如何展开和折叠节

若想快速查看其他节幻灯片，可折叠无关节的幻灯片，双击节名称即可将其折叠，再次双击节则可将其展开。

设置项目符号与编号

实例 项目符号和编号的应用

若幻灯片中包含一些并列内容，可以为其添加项目符号或编号，使文本内容更加清晰、明了，下面对其进行介绍。

1 **添加项目符号**。选择文本，单击“开始”选项卡上的“项目符号”下拉按钮，从列表中选择一种合适的符号样式即可。

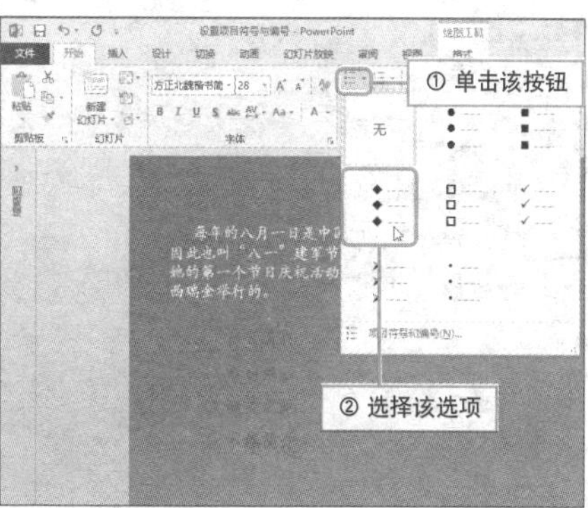

Hint

添加编号

选择文本，单击“开始”选项卡上的“项目编号”下拉按钮，从列表中选择一种合适的编号样式即可。

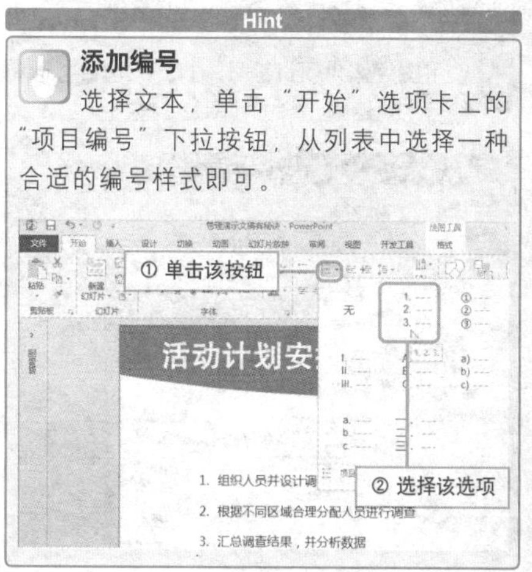

2 **自定义项目符号**。在项目符号列表中选择“项目符号和编号”选项，在打开的对话框中单击“自定义”按钮。

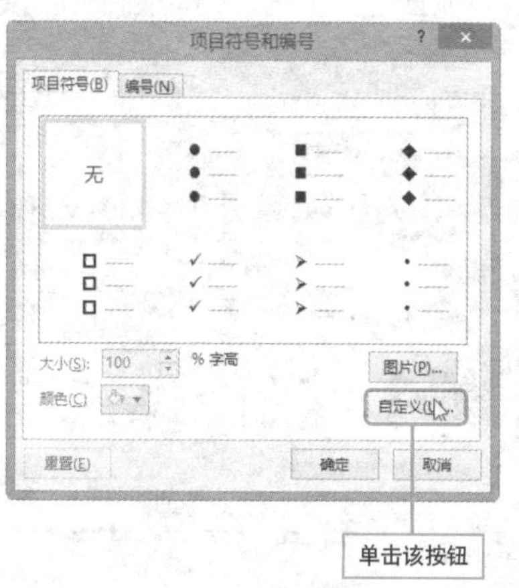

3 打开“符号”对话框，从中选择合适的符号，单击“确定”按钮即可。

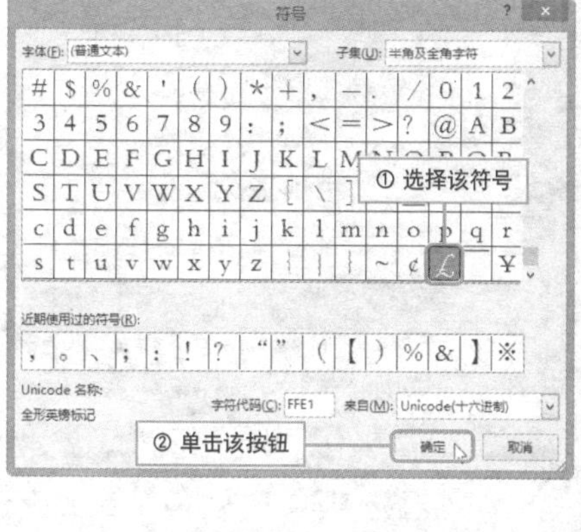

4 返回至“项目符号和编号”对话框，单击“颜色”按钮，从列表中选择“红色”，以改变项目符号的颜色。

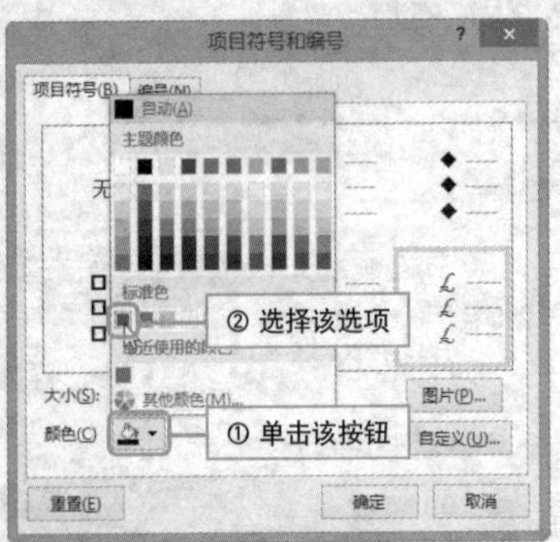

5 在“大小”右侧的数值框中输入数值，以改变项目符号的大小。最后单击“确定”按钮。

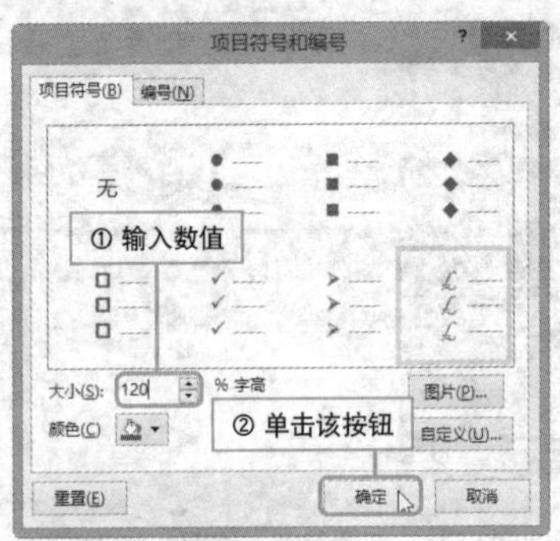

6 **使用图片作为项目符号**。打开“项目符号和编号”对话框，单击“图片”按钮。

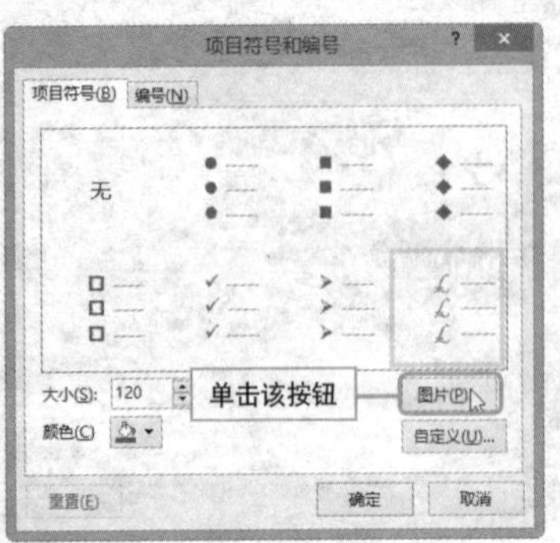

7 弹出“插入图片”提示框，单击“来自文件”右侧的“浏览”按钮。

8 打开“插入图片”对话框，选择图片，单击“插入”按钮即可。

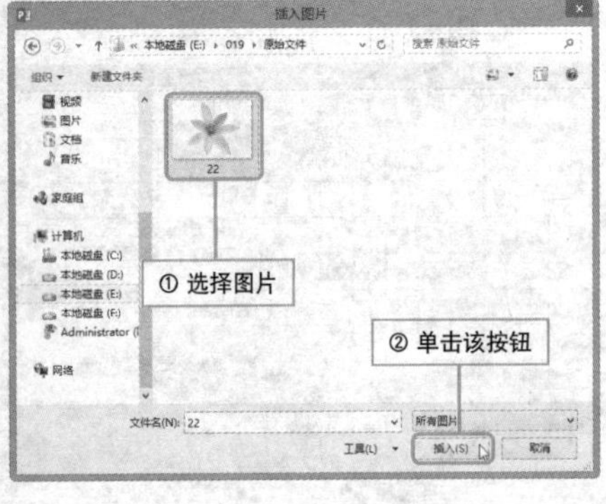

使用剪贴画作为项目符号

若在“插入图片”提示框中选择“Office.com剪贴画”选项，则可按关键词查找需要的图片。

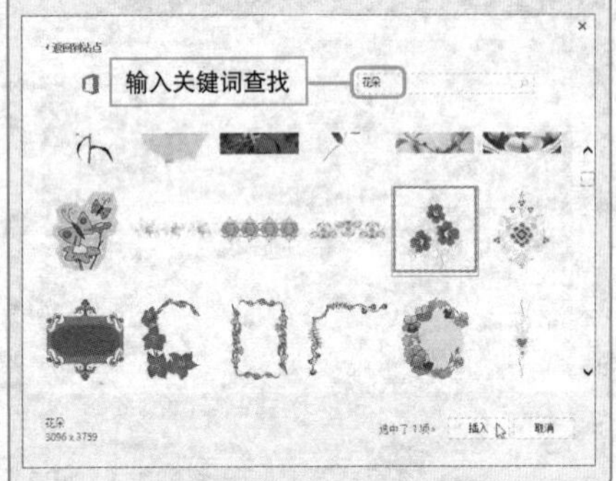

幻灯片页面的美化

实例 设置页眉与页脚

为了使幻灯片页面中的内容更加全面，显示出日期和时间、当前幻灯片编号等信息，用户可以为其添加页眉和页脚内容，下面对其相关操作进行详细介绍。

1 打开演示文稿，单击“插入”选项卡中的“页眉和页脚”按钮。

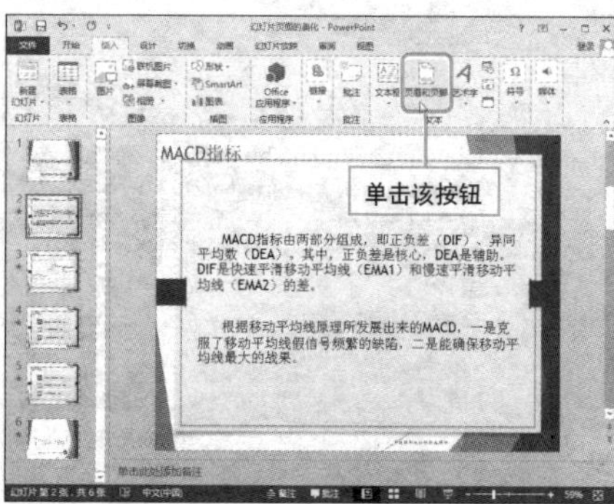

2 打开“页眉和页脚”对话框，切换至“幻灯片”选项卡，勾选“日期和时间”、“幻灯片编号”、“页脚”复选框。

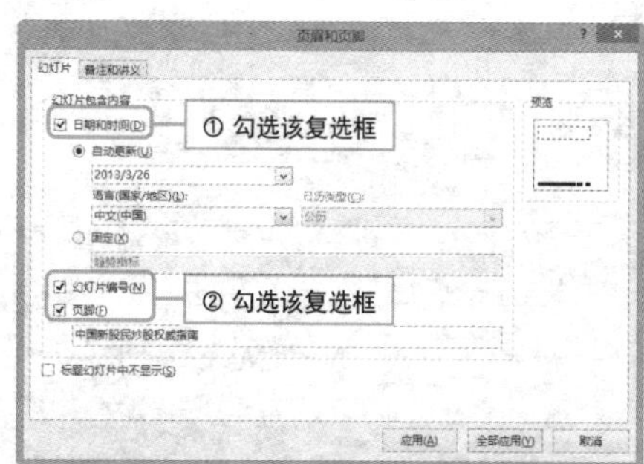

3 设置完成后，单击“全部应用”按钮，可为演示文稿内的所有幻灯片应用设置。

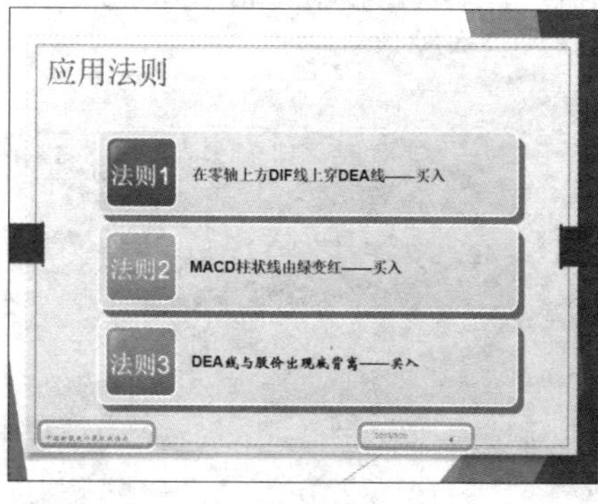

Hint

如何让标题幻灯片不显示页眉和页脚

如果为演示文稿中的所有幻灯片应用了页眉和页脚，但是又不想让标题幻灯片也显示，那么可以在“页眉和页脚”对话框中，勾选“标题幻灯片不显示”复选框即可。

统一调整页眉和页脚的位置

实例 页眉和页脚位置的更改

为了使页眉、页脚更加美观，用户还可以调整其在幻灯片页面中的位置。若想统一对其进行更改，可进入母版视图进行操作，具体操作步骤如下。

1. 打开演示文稿，单击“视图”选项卡上的“幻灯片母版”按钮。

2. 选择母版幻灯片，在幻灯片页面，选择页脚占位符，按住鼠标左键不放，将其移至右下脚，释放鼠标左键。

单击此处编辑母版标题样式
单击此处编辑母版文本样式
第二级
第三级
第四级
第五级
移动占位符

3. 将编号占位符移至幻灯片底部的中间位置，然后切换至“开始”选项卡，设置页脚占位符中的字体为红色、14号。

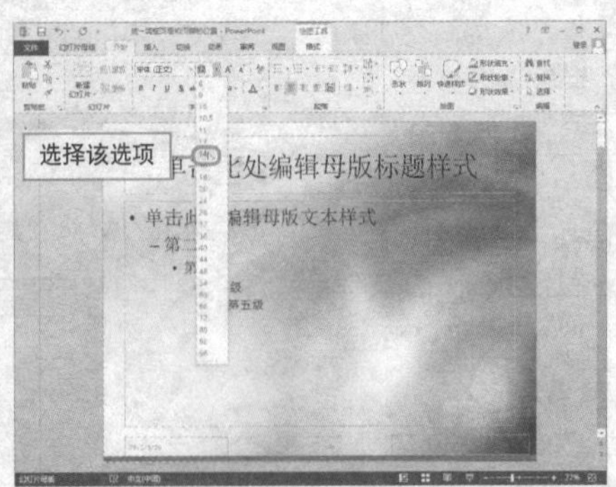

4. 切换至“幻灯片”母版选项卡，单击“关闭母版视图”按钮，退出母版视图即可。

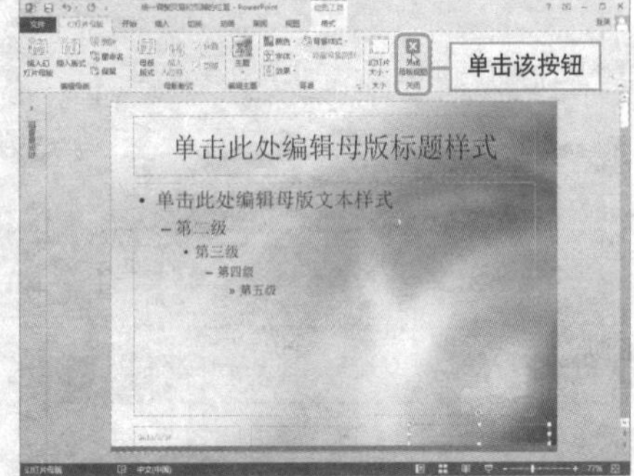

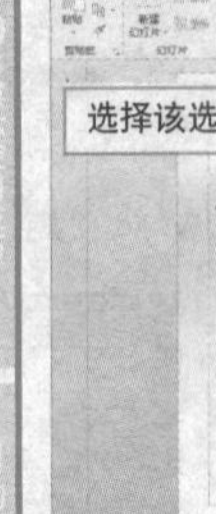

快速插入图片文件

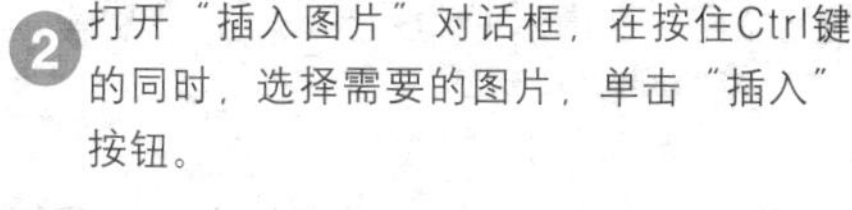

在制作幻灯片的过程中，为了增强视觉效果，用户可插入一些图片辅助说明或者作为装饰，下面介绍插入图片的具体操作步骤。

1 选择幻灯片，单击“插入”选项卡上的“图片”按钮。

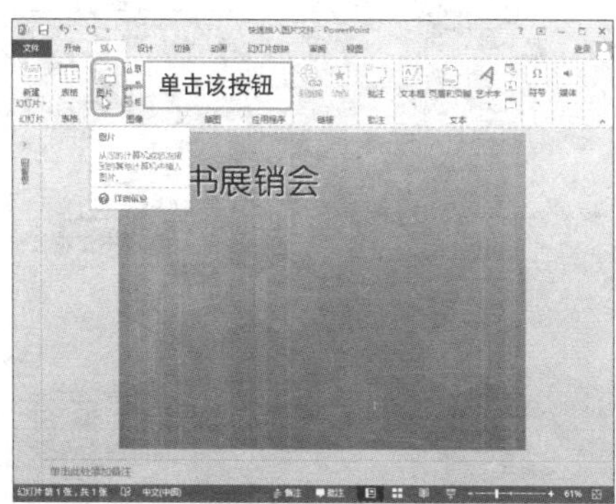

2 打开“插入图片”对话框，在按住Ctrl键的同时，选择需要的图片，单击“插入”按钮。

① 选择图片

② 单击该按钮

3 将图片插入到幻灯片页面，在图片上单击鼠标左键选中图片，然后按住鼠标左键不放，将图片移至合适位置。

4 将鼠标光标移至图片右下角控制点，按住鼠标左键不放，拖动鼠标，即可调整图片的大小。

Question 527

● Level ◆◆◇

2013 2010 2007

快速插入联机图片

实例 联机图片的应用

用户除了可以插入自己收藏的图片外，还可以插入 PowerPoint 系统提供的联机图片。所谓的联机图片，也就是之前 Office 办公软件版本中的剪贴画，是系统提供的一些图片。

1 选择幻灯片，单击“插入”选项卡上的“联机图片”按钮。

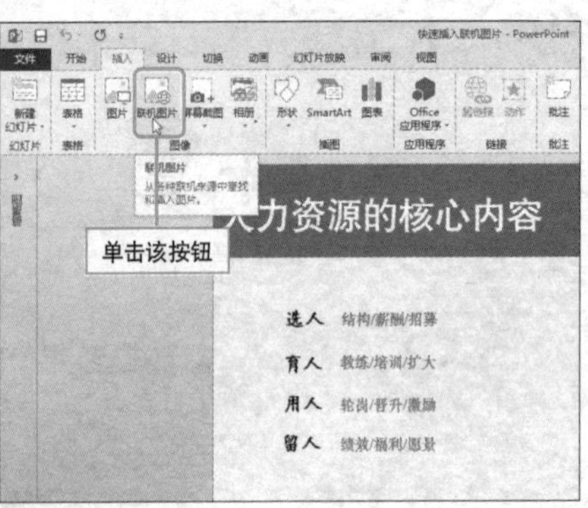

2 打开“插入图片”提示框，在“Office.com剪贴画”右侧的文本框中输入“职场”，单击“搜索”按钮。

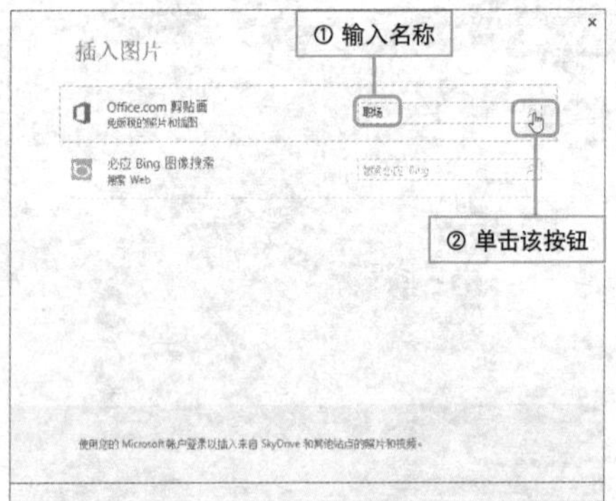

3 稍等片刻，即可看到搜索到的图片，按住Ctrl键的同时，选择需要的图片，单击“插入”按钮。

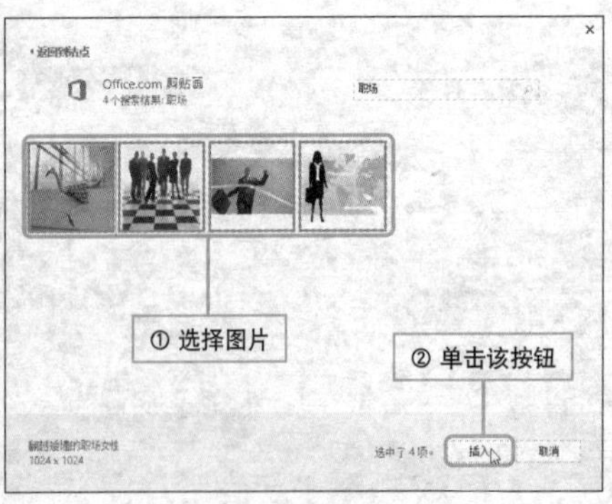

4 随后即可将选择的图片插入到幻灯片页面，接着根据需要调整图片的大小和位置即可。

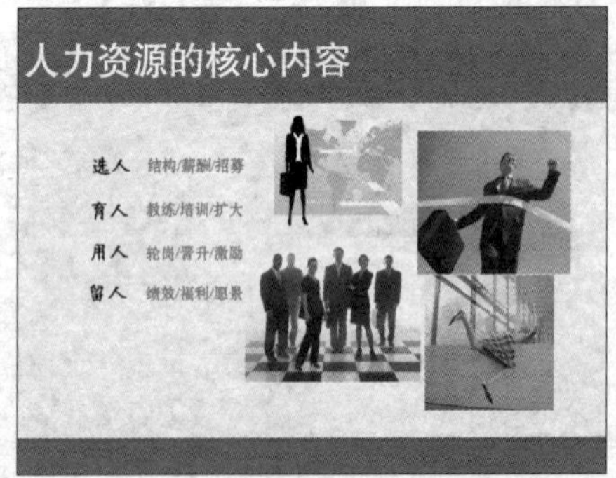

裁剪图片有妙招

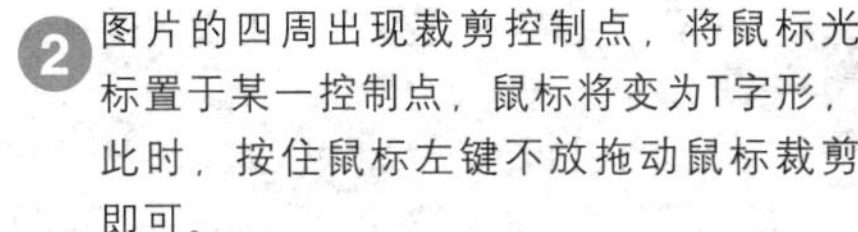

在幻灯片中插入图片后，若发现图片过大，或者需要突出的重点部分不够明显，用户可以根据需要裁剪图片，下面对其进行详细介绍。

1 选择图片，切换至“图片工具-格式”选项卡，单击“裁剪”按钮。

2 图片的四周出现裁剪控制点，将鼠标光标置于某一控制点，鼠标将变为T字形，此时，按住鼠标左键不放拖动鼠标裁剪即可。

3 用户也可以将图片裁剪为指定形状。即单击“裁剪”下拉按钮，从展开的列表中选择“裁剪为形状”选项，再从其级联菜单中选择形状样式即可。

Hint

精确裁剪

通过右键菜单，打开“设置图片格式”窗格，切换至“图片”选项卡，在“裁剪”选区下的“裁剪位置”选项进行设置即可。

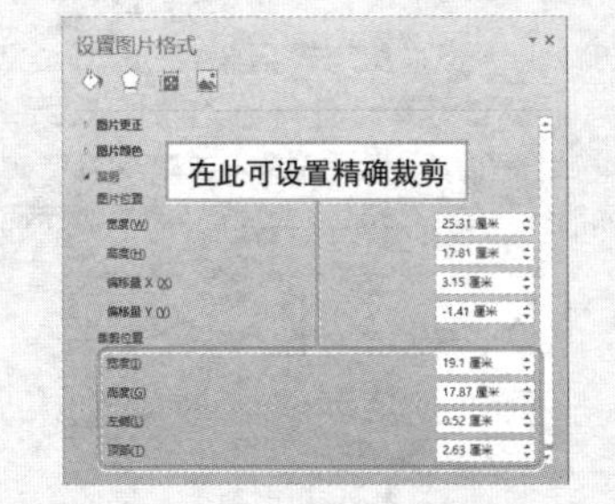

Question 529

• Level

2013 2010 2007

为演示文稿减肥很简单

实例 压缩图片

如果对幻灯片页面中的图片进行了裁剪操作，图片裁剪掉的区域依旧会占用一定空间，为了减小演示文稿的体积，方便文件的传送和保存，用户可以通过压缩图片功能将图片裁剪后的区域删除。

1 打开演示文稿，对图片执行裁剪和删除背景操作后，选择想要压缩的图片，单击“图片工具-格式”选项卡上的“调整”面板的“压缩图片”按钮。

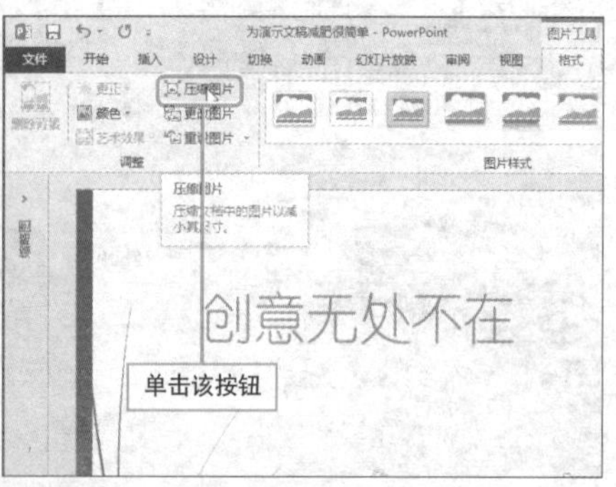

2 打开“压缩图片”对话框，在“压缩选项”和“目标输出”选项下根据需要进行设置，设置完成后，单击“确定”按钮。

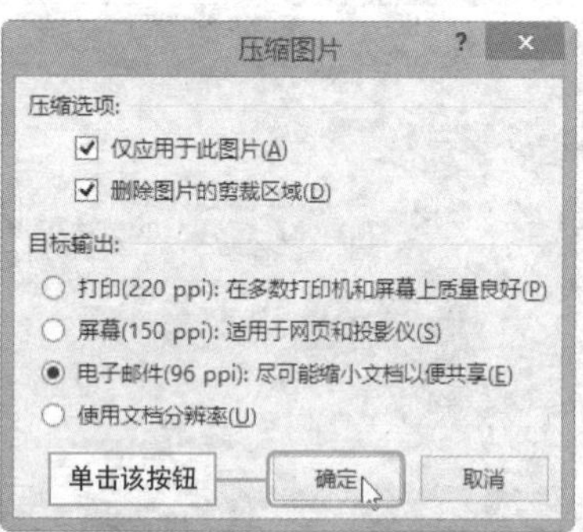

Hint

常见图片格式介绍

BMP：是一种与硬件设备无关的图像文件格式，使用非常广，但占用的空间很大。由于BMP文件格式是Windows环境中交换与图有关的数据的一种标准，因此在Windows环境中运行的图形图像软件都支持BMP图像格式。

JEPG：是最常用的图像文件格式，是一种有损压缩格式，能够将图像压缩在很小的储存空间，图像中重复或不重要的资料将丢失，因此容易造成图像数据的损伤。如果追求高品质图像，不宜采用过高压缩比例。

PNG：即“可移植性网络图像”的缩写，是网上接受的最新图像文件格式。能够提供长度比GIF小30%的无损压缩图像文件。同时提供 24位和48位真彩色图像支持及其他诸多技术性支持。由于PNG非常新，所以目前并不是所有的程序都可以用它来存储图像文件。

增强图片艺术效果

实例 图片艺术效果的应用

在幻灯片中插入图片后，用户还可以利用系统提供的艺术化功能对图片效果进行处理，从而快速地为图片添加数码效果，如标记、铅笔灰度、蜡笔平滑等效果。

1 打开演示文稿，选择需要应用艺术效果的图片，单击“图片工具-格式”选项卡上“艺术效果”按钮。

2 从展开的列表中选择一种合适的艺术效果，这里选择“蜡笔平滑”艺术效果。

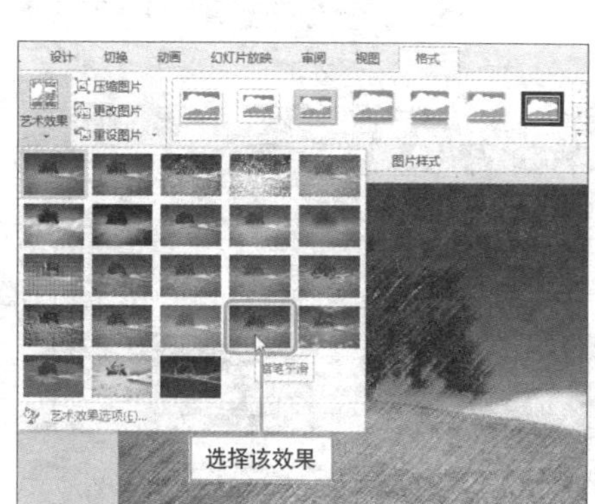

3 若在展开的列表中选择“艺术效果选项”，将打开“设置图片格式”窗格，从中可对艺术效果进行自定义设置。

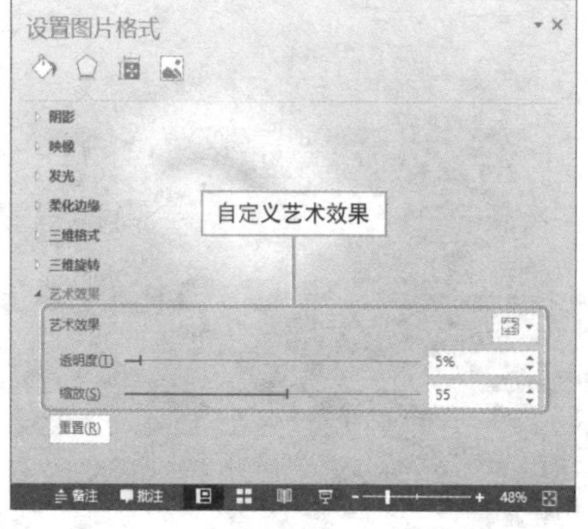

4 设置完成后，关闭“设置图片格式”窗格，即可返回编辑区查看设置的效果。

Question 531

巧妙为暗色的图片增光

Level

2013 2010 2007

实例 调整图片的亮度和对比度

在演示文稿中，有些图片会因为拍摄角度或者幻灯片页面背景的原因，看起来比较暗，从而影响观众的阅读效果。从 2010 版之后，用户即可通过系统提供的调整亮度和对比度功能对图片进行优化处理。

1 打开演示文稿，选择图片，单击“图片工具-格式”选项卡上“更正”按钮。

2 从展开的列表中选择“亮度：+40%对比度+20%”，然后设置锐化为+20%。

3 若在展开的列表中选择“图片更正选项”，将打开“设置图片格式”窗格，用户通过“图片更正”选项即可对亮度、对比度、锐化和柔化等参数进行设置。

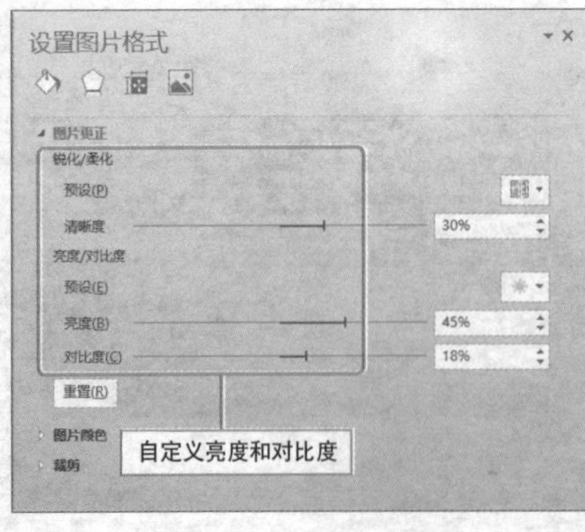

4 设置完成后，关闭“设置图片格式”窗格，即可查看图片效果。

为图片改头换面很简单

实例 调整图片的颜色很简单

若插入的图片颜色不够靓丽，用户可以在演示文稿中对图片的饱和度和色调进行调整。用户既可以通过功能区中的命令进行调整，也可以通过窗格自定义图片的颜色。

1 打开演示文稿，选择图片，单击“图片工具-格式”选项卡上的“颜色”按钮。

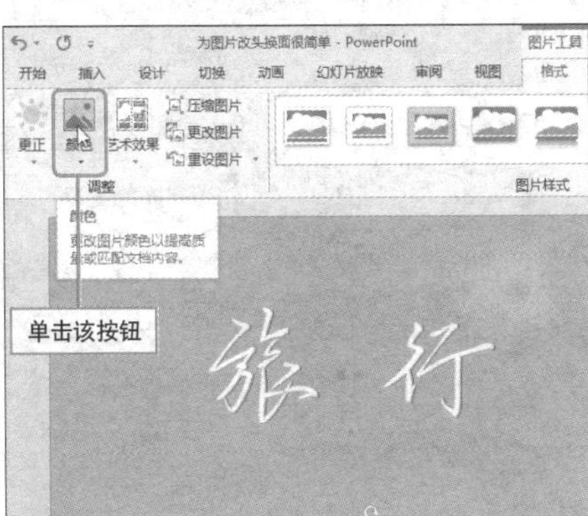

2 从展开的列表中，选择合适的饱和度、色调、着色方案即可。

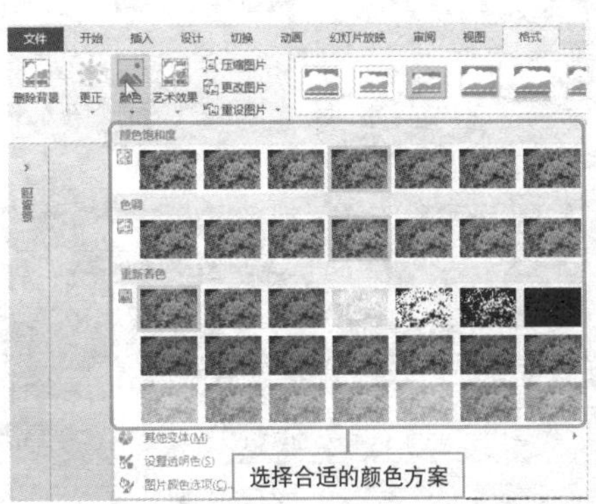

3 为图片应用“重新着色”选项下“蓝色，着色5浅色”效果。

Hint

自定义图片颜色

在图片上单击鼠标右键，从中选择“设置图片格式”命令，在窗格的“图片颜色”选项中即可自定义图片颜色。

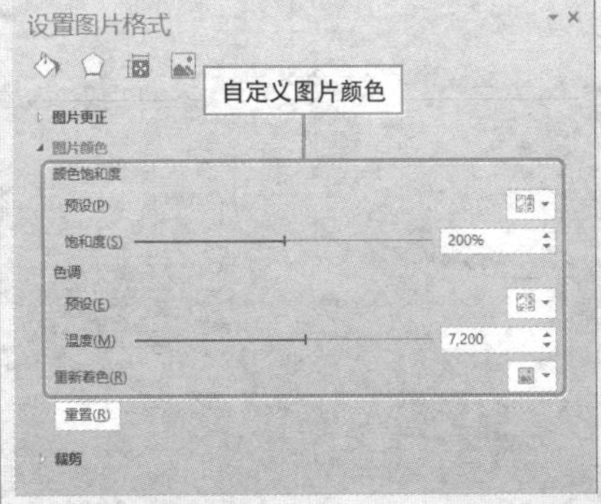

Question 533

● Level ◆◆◇

2013 2010 2007

一秒钟更换图片有秘笈

实例 快速更改图片

若想更改当前幻灯片中的图片，用户通常会将图片删除再重新插入，但是这样势必要重新对图片进行设置。那么是否有更便捷的更换措施，既可以更改图片，又能保留对原有图片的设置呢？

❶ 打开演示文稿，选择图片，单击“图片工具-格式”选项卡上的“更改图片”按钮。

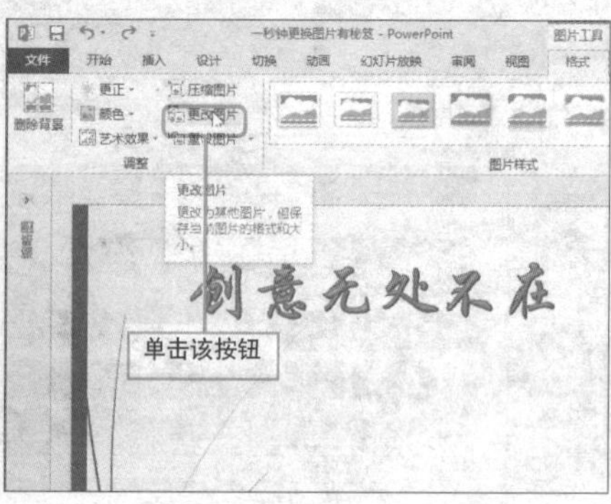

❷ 打开“插入图片”提示框，单击“来自文件”右侧的“浏览”按钮。

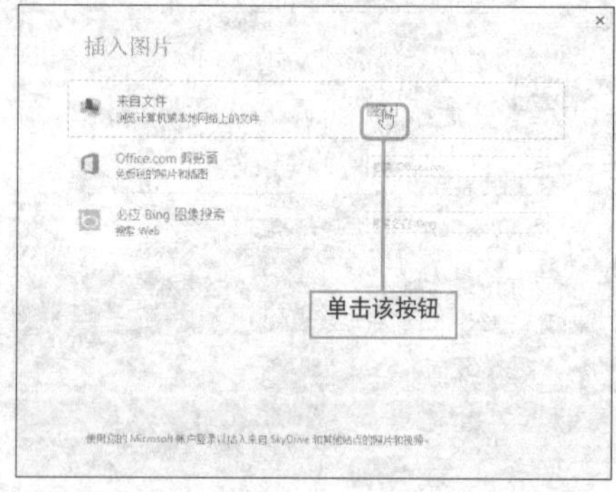

❸ 打开“插入图片”对话框，选择需要的图片，单击“插入”按钮即可。

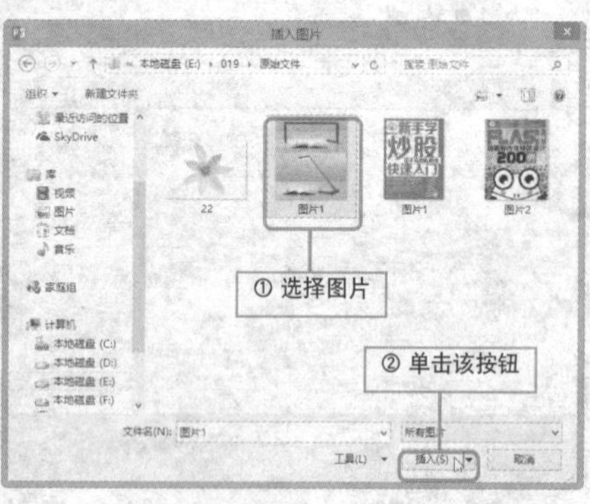

Hint

快速还原被更改了的图片

若将图片设置得面目全非后，想要重新设置图片，只需执行“绘图工具-格式>重设图片”命令，选择重设图片或者重设图片和大小。

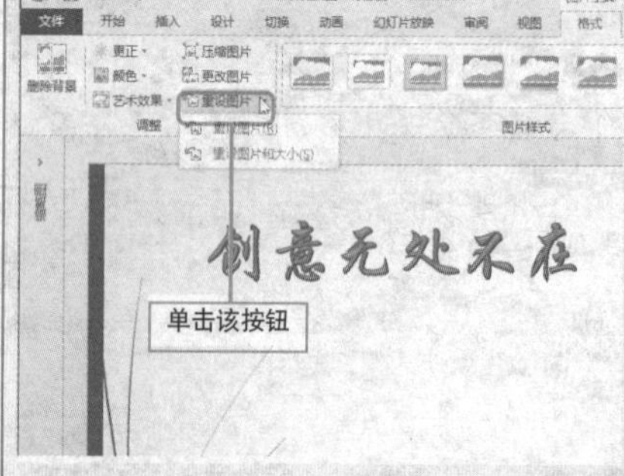

Question 534

• Level ◆◆◆

2013 2010 2007

为图片脱掉多余的外衣

实例　删除图片背景

插入幻灯片页面中的图片都会自带一个背景，若自带的背景与幻灯片背景相互冲突，用户可以将图片背景删除，下面介绍删除图片背景的具体操作步骤。

1. 打开演示文稿，选择图片，单击“图片工具-格式”选项卡上的“删除背景”按钮。

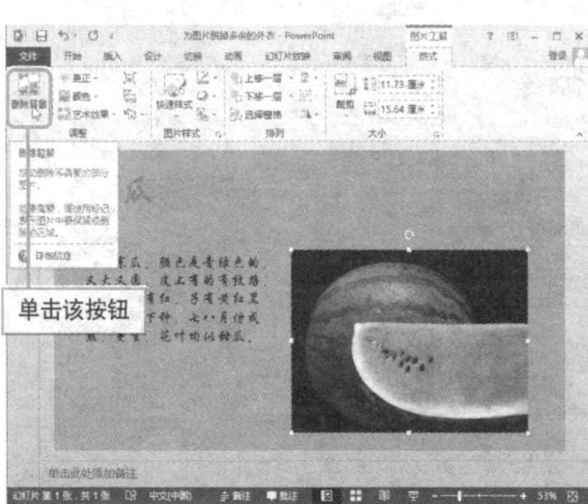

2. 切换至“背景消除”选项卡，单击“标记要保留的区域”按钮。

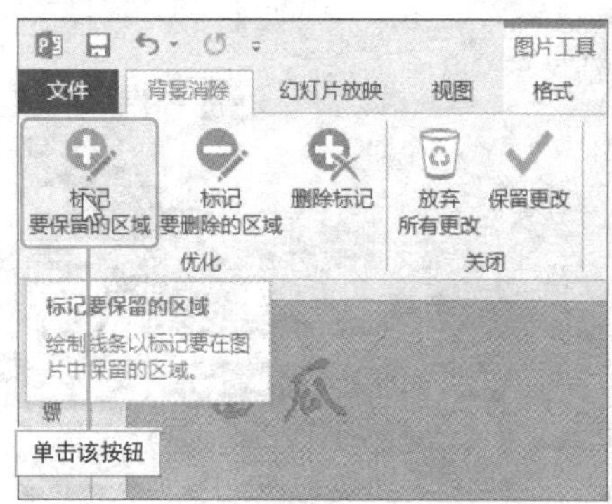

3. 鼠标光标变为笔样式，依次在需要保留的区域单击，标记完成后，单击“保留更改”按钮。

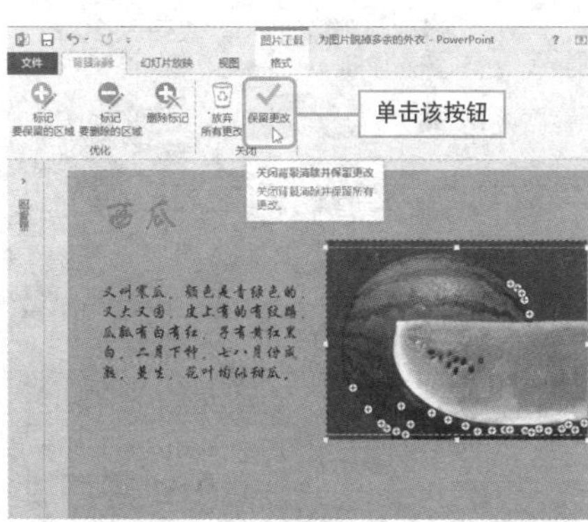

4. 也可以直接在图片外单击鼠标左键。

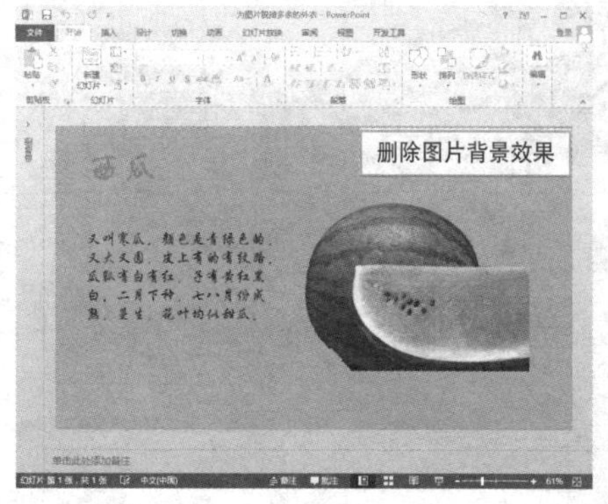

Question 535

Level ◆◆◆

2013 2010 2007

瞬间给图片化个妆

实例 应用图片快速样式

PowerPoint 提供了多种图片快速样式，可以使用户更便捷地得到漂亮、大方的艺术效果，下面介绍具体操作步骤。

1 打开演示文稿，选择图片，单击“图片工具-格式”选项卡上的“其他”按钮。

2 从展开的列表中选择“棱台左透视-白色”选项。

3 按照同样的方法为另外一张图片应用艺术效果。

Hint

如何将幻灯片中的图片保存起来

若在其他演示文稿中看到一些精美的图片，可以将其保存起来，在图片上右击并选择“另存为图片”命令，根据提示保存图片即可。

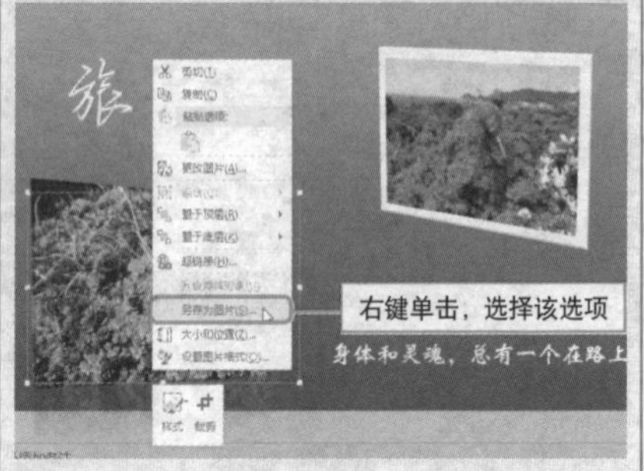

框框条条不麻烦

实例 为图片添加边框

插入页面中的图片有时会显得不够突出和美观，用户可为其添加一个精美的边框进行美化，下面介绍具体操作步骤。

1 打开演示文稿，选择图片，单击“图片工具-格式”选项卡上的“图片边框”按钮，从列表中选择“浅绿”。

2 还可以选择“其他轮廓颜色选项”，在打开的“颜色”对话框中的“自定义”选项卡，自定义轮廓颜色。

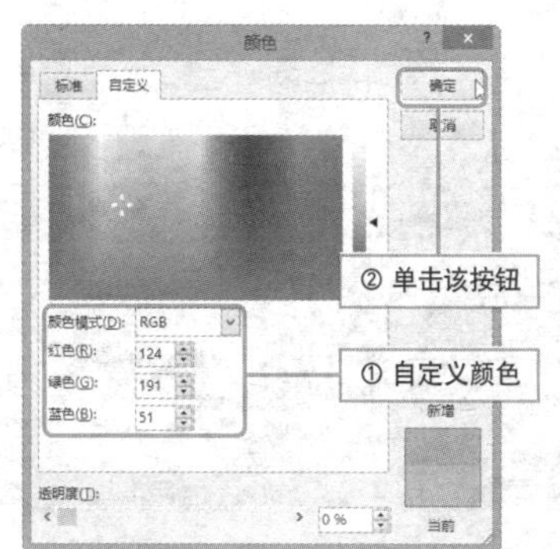

3 继续打开“图片边框”列表，通过“粗细”和“虚线”关联菜单设置边框。

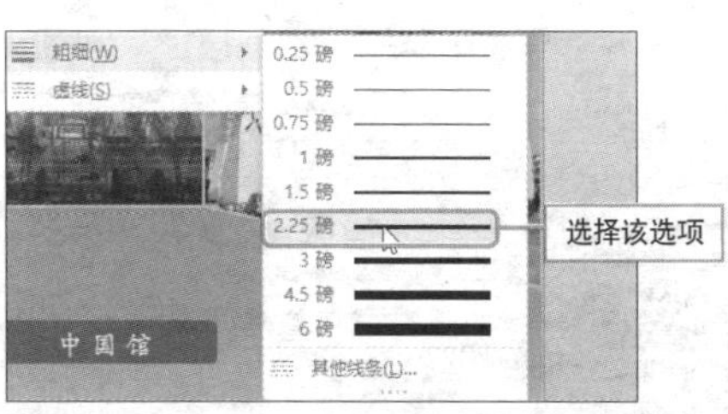

Hint

如何使用取色器功能

在“图片边框”列表中选择“取色器”选项，鼠标光标将变为吸管形状，在合适的颜色上单击，将选择该颜色作为图片的边框。

为图片添加特殊效果也不难

实例 为图片设置阴影、映像、发光效果

直接插入页面中的图片会显得比较单调，用户还可以为图片添加阴影、映像、发光效果，使图片更具立体感，并且更加美观，下面介绍具体操作步骤。

1 选择图片，切换至“图片工具-格式”选项卡，单击“图片效果”按钮。

2 从列表中选择“预设”选项，将展开其关联菜单，从中选择合适的预设效果。

3 还可以选择“阴影”、“映像”、“发光”等选项，在其关联菜单中选择合适的效果即可。

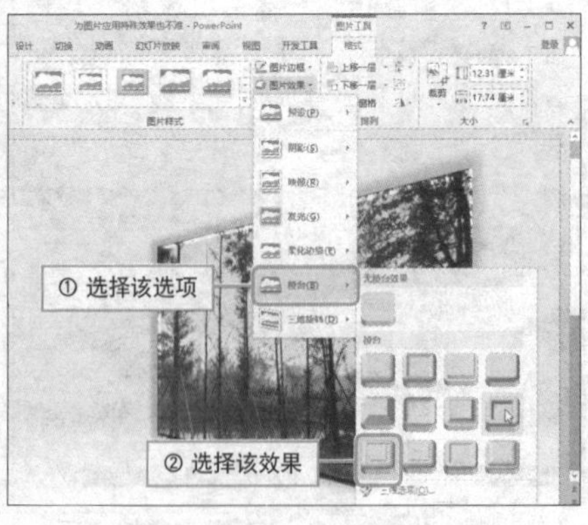

Hint

如何自定义图片效果

若用户想要自定义图片效果，只需在图片上单击鼠标右键，然后选择“设置图片格式”命令，在打开的窗格中切换至“效果”选项卡，进行设置即可。

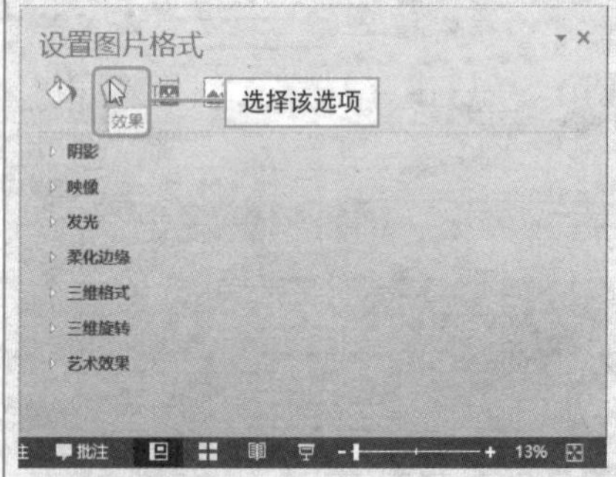

将图片转换为 SmartArt 图形

实例 套用图片版式很简单

当一张幻灯片中包含多张图片时，如何合理地排放这些图片会令用户犯愁，这时，可以利用系统提供的图片版式，快速排列图片，下面介绍具体操作步骤。

1 选择图片，切换至“图片工具-格式”选项卡，单击“图片效果”按钮。

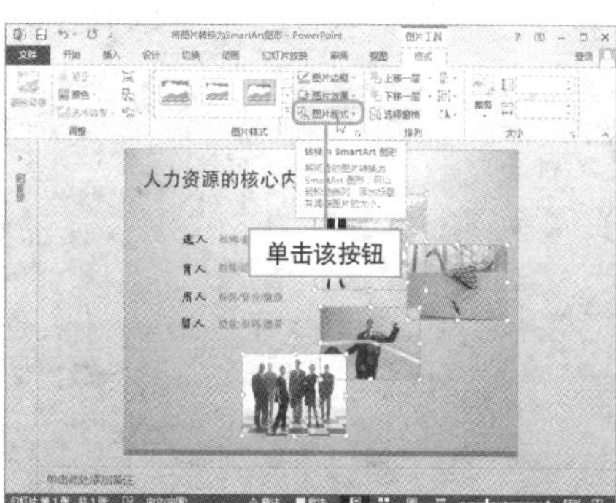

2 在虚线框中单击鼠标，待光标定位至文本框中，即可开始输入文本。输入的文本将会自动套用系统设定的格式。

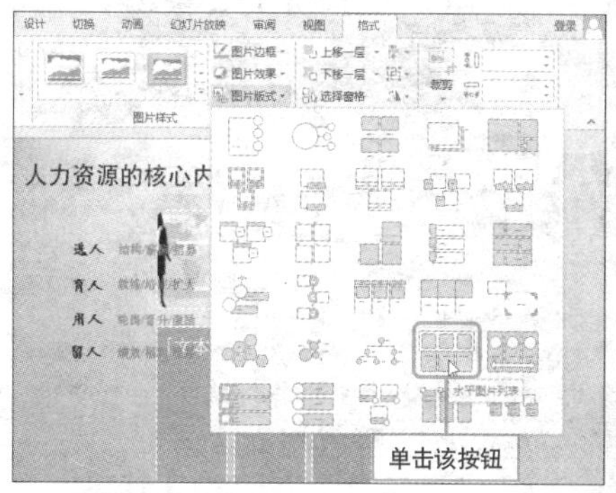

3 将自动打开SmartArt图形的文本窗格，根据需要将幻灯片页面中的内容复制到文本窗格。

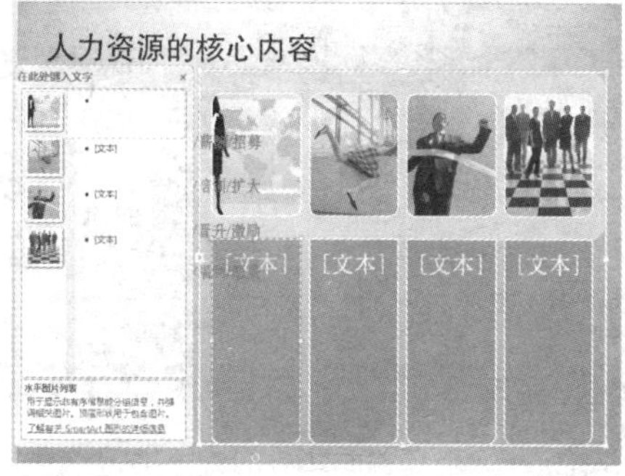

4 调整图形的大小和文本字号大小，然后将图形移至合适的位置即可。

Question 539

Level ◆◆◆

2013 2010 2007

批量插入图片有技巧

实例 使用相册功能

若用户想在演示文稿的每一页都插入固定张数的图片，可以利用PowerPoint提供的相册功能创建相册，然后根据需要对演示文稿进行详细设计。

初始效果

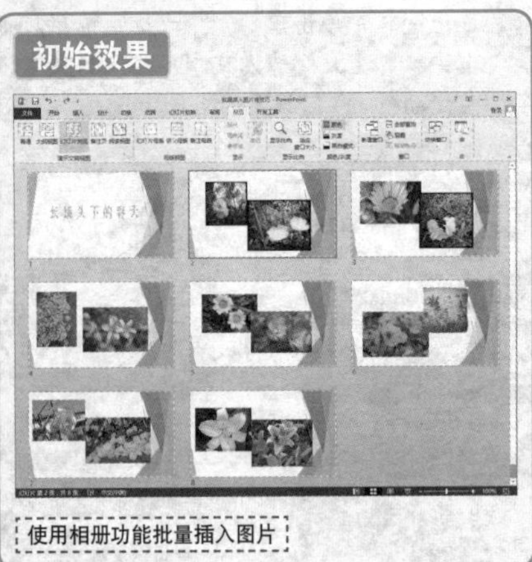

使用相册功能批量插入图片

❶ 打开演示文稿，执行“插入>相册>创建相册”命令。打开“相册”对话框，单击“文件/磁盘”按钮。

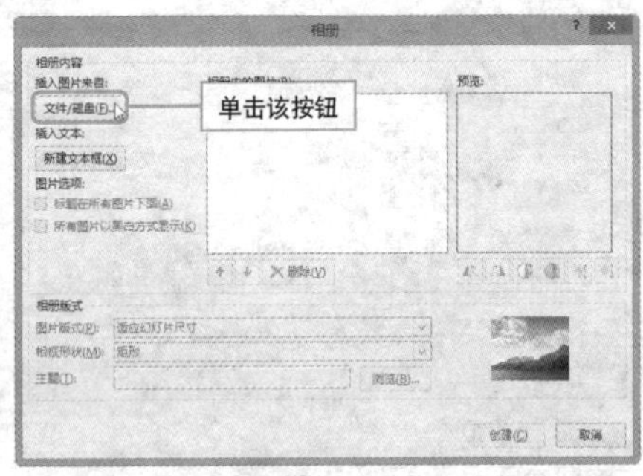

❷ 打开“插入新图片”对话框，选择任意一张图片，然后按Ctrl + A组合键将所有图片选中，单击“插入”按钮。

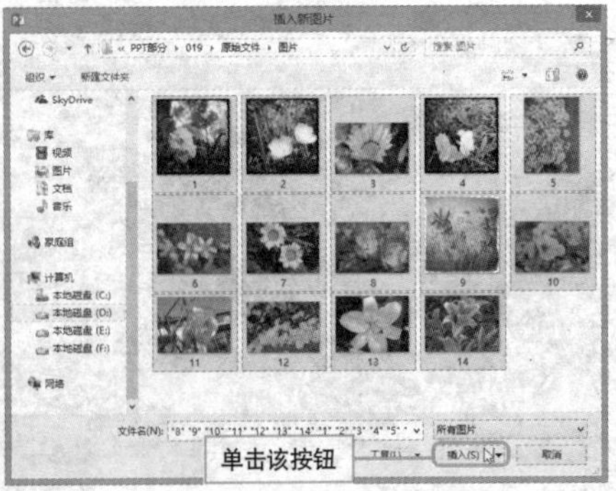

❸ 返回至“相册”对话框，在“相册版式”选区，设置“图片版式”为“2张图片（带标题）”版式，“相框形状”为“居中矩形阴影”。

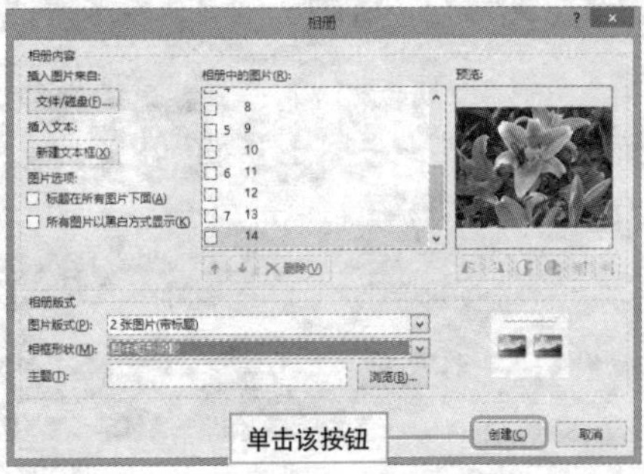

4 接着单击“主题”右侧的“浏览”按钮。打开“选择主题”对话框，选择“Facet”主题，单击“选择”按钮。

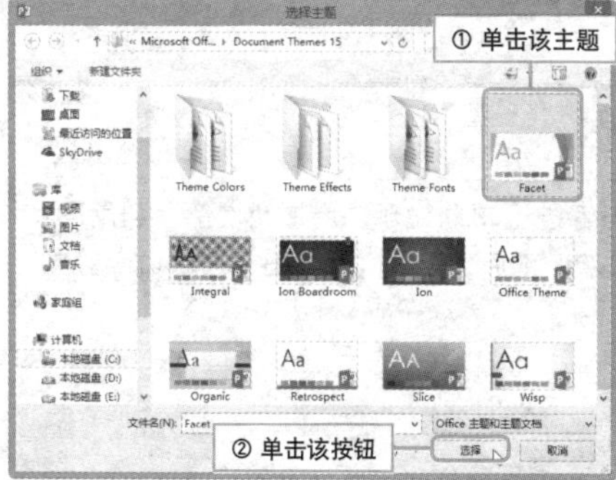

5 返回至“相册”对话框，单击“创建”按钮即可创建相册，随后单击快速访问工具栏上的“保存”按钮。

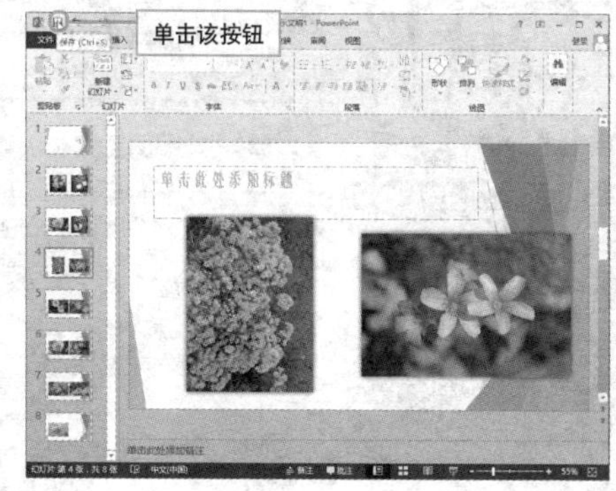

6 在“另存为”选项，选择“最终文件”。

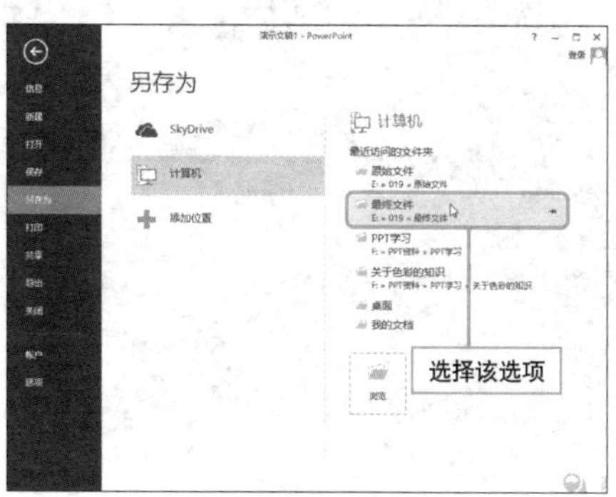

7 打开“另存为”对话框，输入文件名，单击“保存”按钮进行保存。

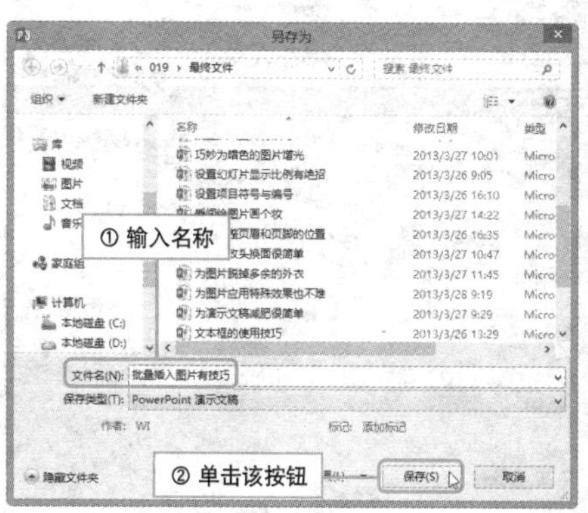

8 单击“插入”选项卡的“相册”下拉按钮，从展开的列表中选择“编辑相册”选项。

9 打开“编辑相册”对话框，可以对图片的顺序、旋转角度、亮度和对比度、图片版式、相框形状等进行编辑，编辑完成后，单击“更新”按钮即可。

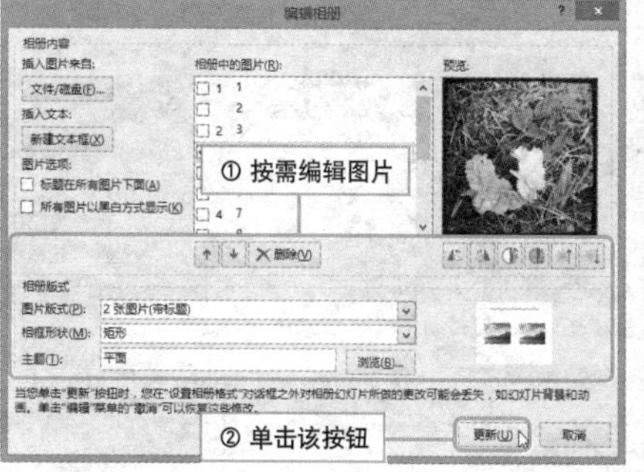

Question 540

添加图形很简单

Level ◆◆◆

2013 2010 2007

实例 绘制图形

为了更好地对幻灯片中的内容进行辅助说明，用户通常都会利用形状，如矩形、圆形、箭头、线条等。下面介绍如何利用插入形状命令绘制一个流程图。

1. 打开演示文稿，选择幻灯片，切换至“插入”选项卡，单击“形状”按钮，从列表中选择“矩形”命令。

① 单击该按钮

② 选择该选项

2. 鼠标光标变为十字形，按住鼠标左键不放，拖动鼠标即可绘制一个矩形。

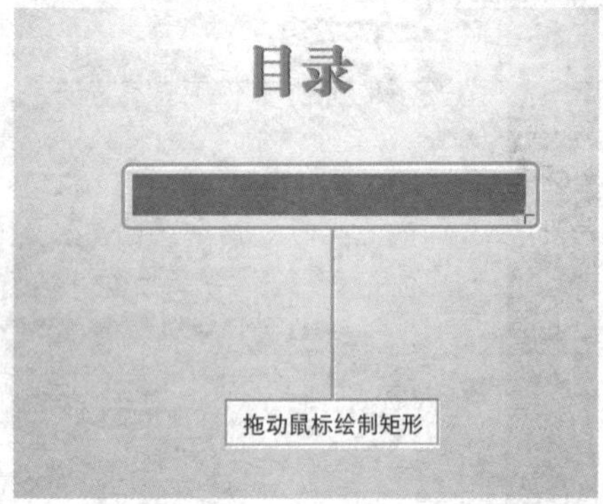

3. 执行“插入>形状>椭圆”命令，在按住Shift键的同时拖动鼠标绘制一个正圆形，绘制完成后，释放鼠标左键即可。

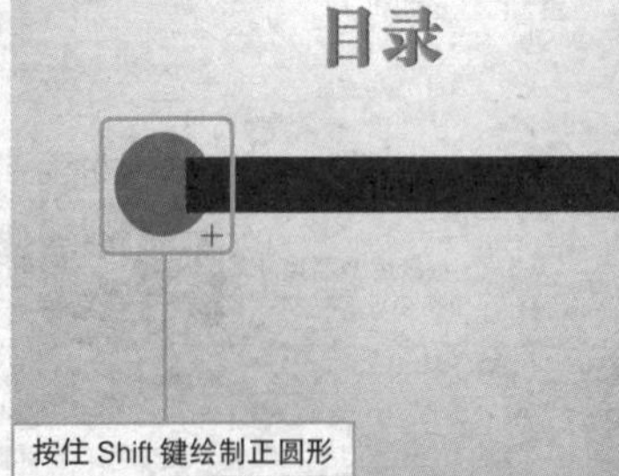

4. 复制出多个圆形和矩形，为其填充合适的颜色，然后设置图形的样式，最后根据需要输入文本即可。

手动绘制图形也不难

实例 手动绘制图形

若系统提供的自选图形外不能满足用户需求，用户还可以通过“曲线”、“任意多边形”命令结合自选图形，绘制出更加复杂美观的图形，下面介绍具体操作步骤。

1 打开演示文稿，切换至“视图”选项卡，勾选“网格线”和“参考线”复选框。

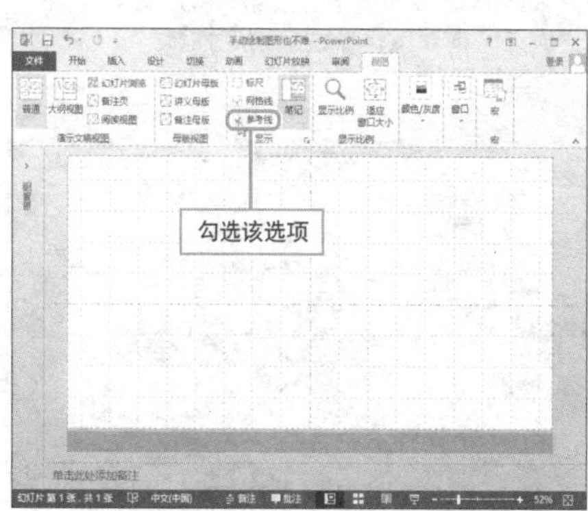

2 切换至“插入”选项卡，单击“形状”下拉按钮，从展开的列表中选择“曲线”。

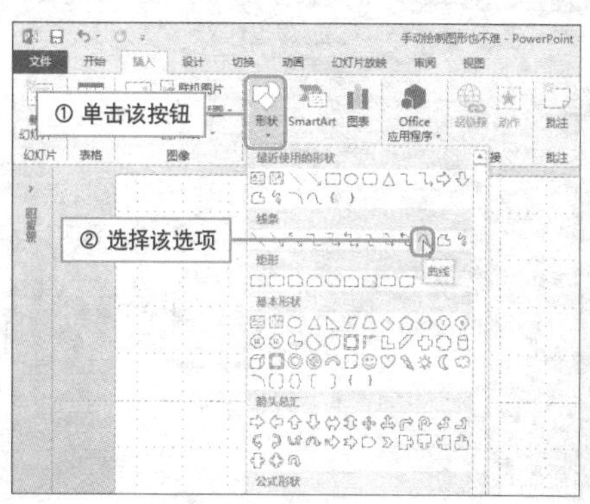

3 鼠标光标变为十字形，在幻灯片页面合适位置单击鼠标左键，确定第一点。

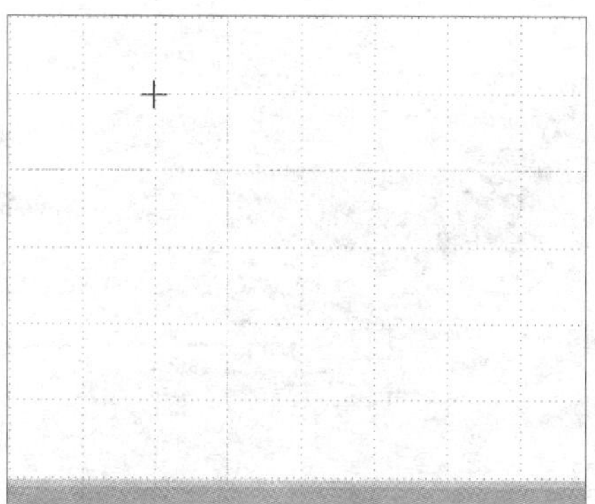

4 释放鼠标左键，拖动鼠标，在拐点处单击鼠标左键确定第二点。

5 继续拖动鼠标绘制图形，在与第一点重合处，单击鼠标左键，完成绘制。

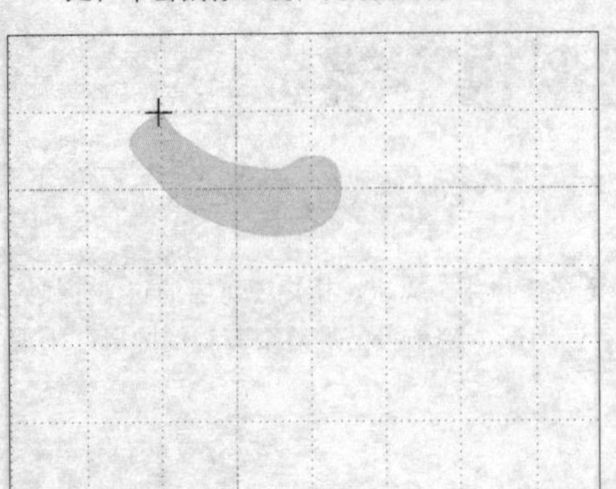

6 按照同样的方法，绘制另外一个图形，构成茄子形状。

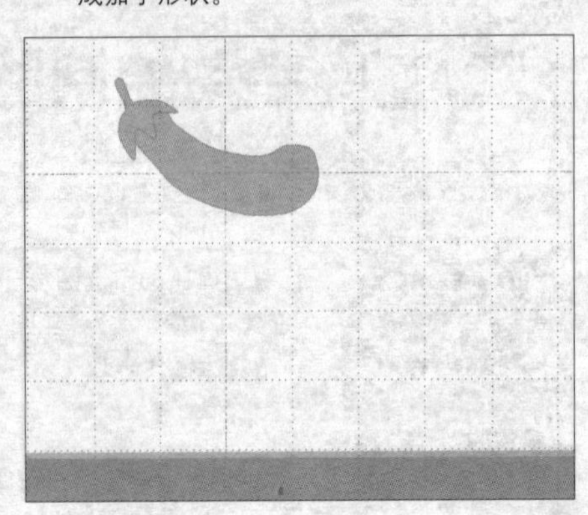

7 选择图形，单击鼠标右键，从弹出的快捷菜单中选择“编辑顶点”命令。

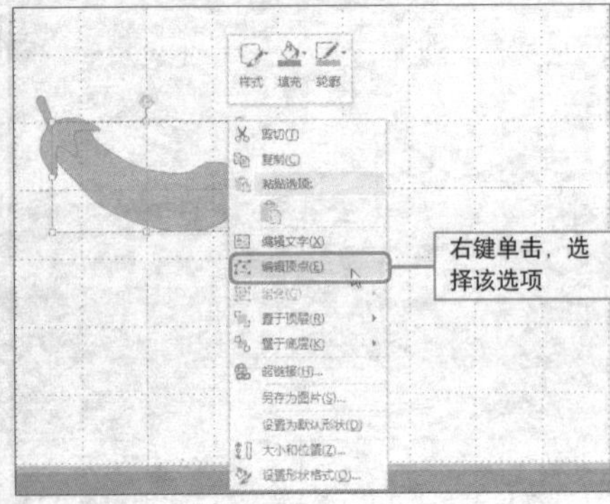

8 形状上方会出现许多黑点，选中一个顶点，拖动鼠标，调整顶点位置。

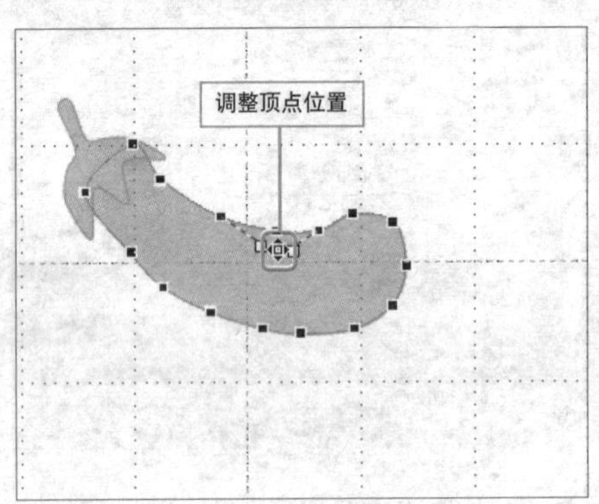

9 编辑图形完成后，可为图形填充合适的颜色。

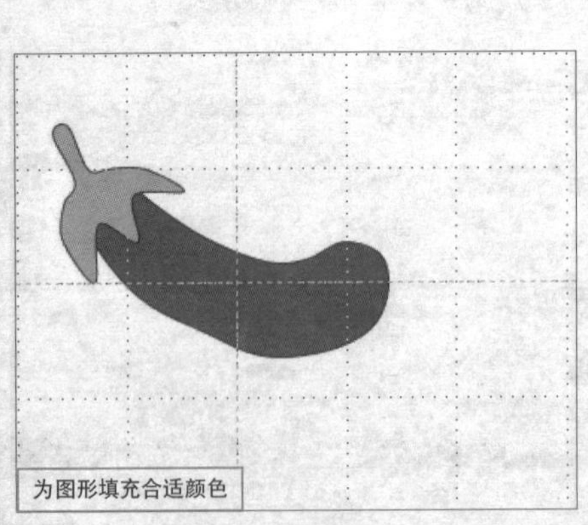

10 取消网格线和参考线的显示。随后在击图片上单击鼠标右键，执行“组合>组合”命令。

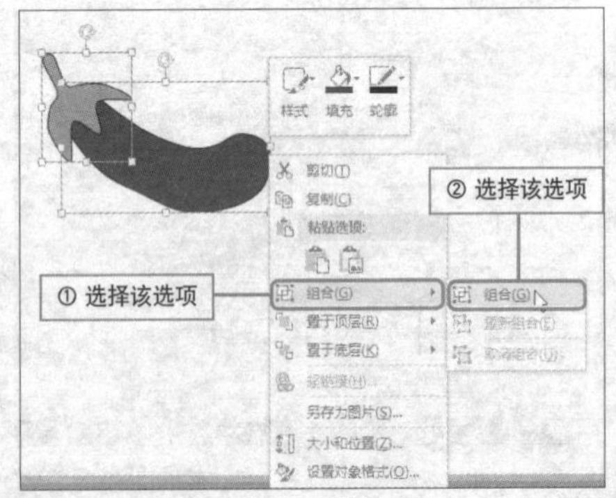

图形的转换和编辑很简单

实例 图形的编辑

插入图形后，若发现图形形状和当前内容不是很匹配，则可以根据需要转换图形或者对图形进行编辑，具体操作步骤如下。

1 打开演示文稿，单击“绘图工具-格式”选项卡上的“编辑形状”按钮。

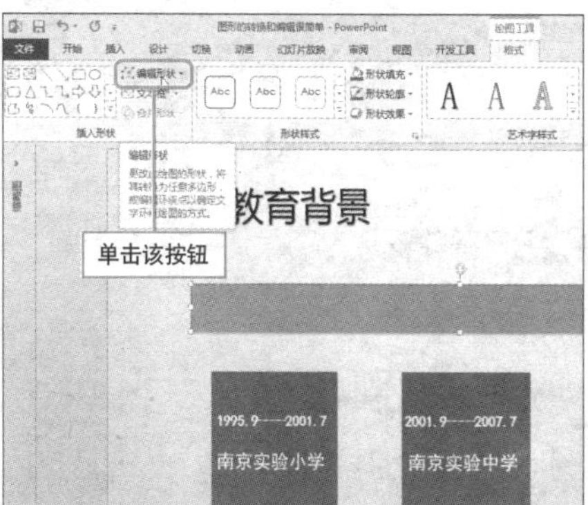

2 从展开的列表中选择“更改形状”命令，从其关联菜单中选择“右箭头”。

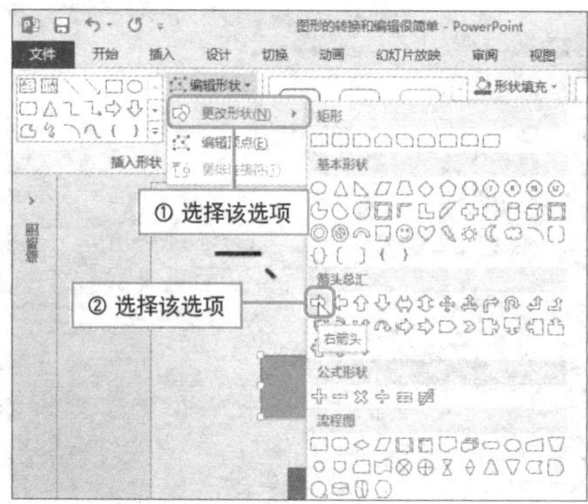

3 接着执行“绘图工具-格式>编辑形状>编辑顶点”命令，调节图形顶点位置。

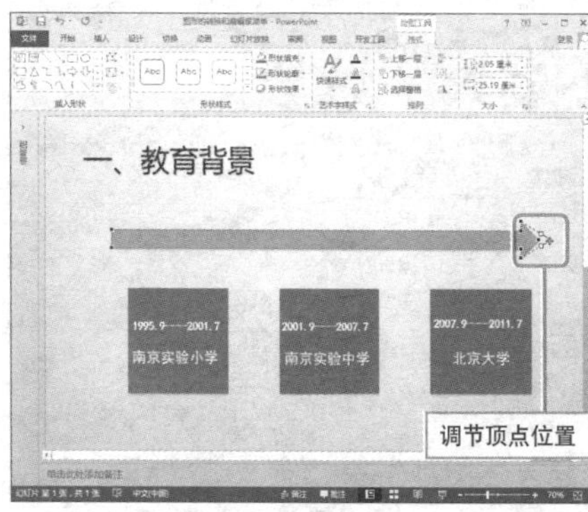

4 按照同样的方法，更改其他图形，完成对图形的编辑。

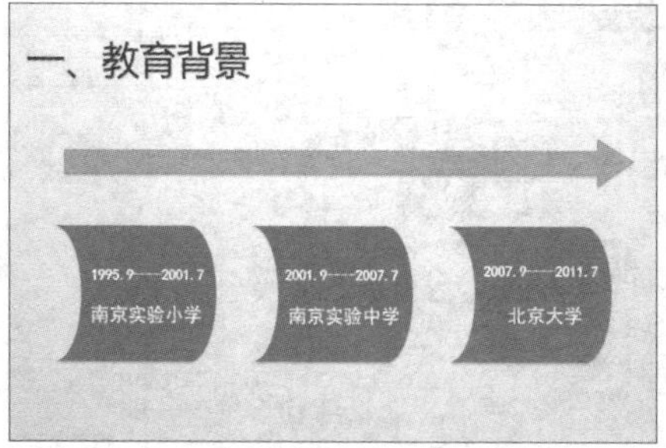

Question 543

● Level ◆◆◆

2013 2010 2007

让图形色彩缤纷起来

实例 图形填充的设置

插入幻灯片页面中的图形都会根据当前主题自动填充一种颜色，如果用户认为默认的颜色不美观，则可以根据需要为图形填充合适的颜色。

1 打开演示文稿，单击“绘图工具-格式”选项卡上的“形状填充”按钮。

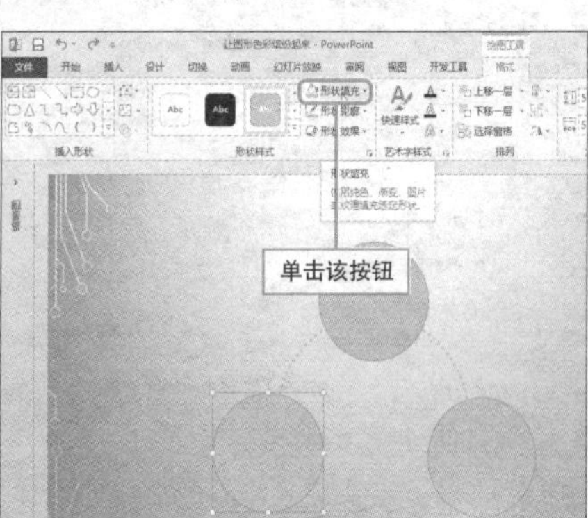

2 展开填充列表，从展开的列表中选择“浅蓝”选项。

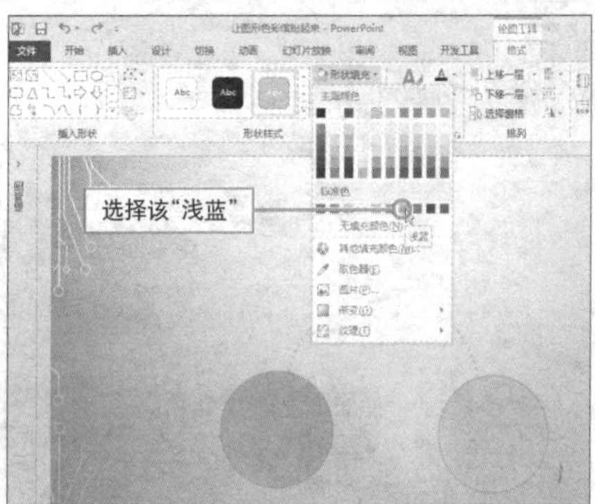

3 若填充列表中的颜色都不能满足用户需求，可以选择“其他填充颜色”选项，打开“颜色”对话框，在“标准”或者“自定义”选项卡下进行设置即可。

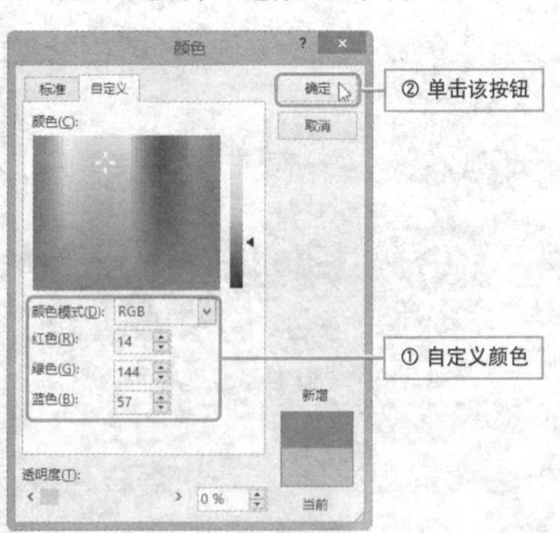

Hint

如何让图形无轮廓显示

若想要图形无轮廓显示，只需执行“绘图工具-格式>形状轮廓>无轮廓”命令即可。

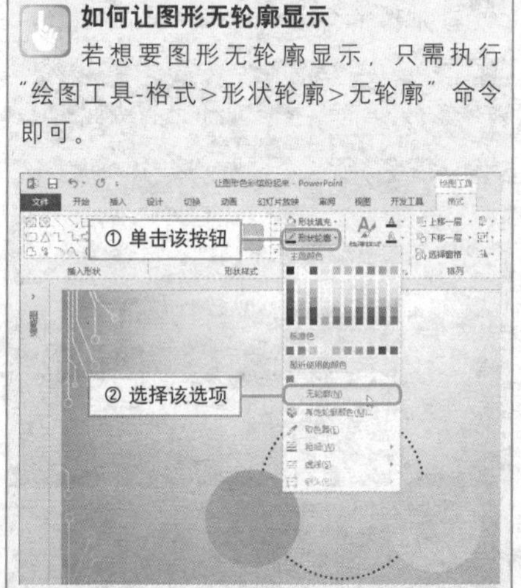

精确调整图形的位置

实例　图形位置的更改

幻灯片中图形的摆放位置决定着页面效果。那么如何才能将图形摆放整齐，或者出现在合适的位置呢？下面介绍几种调整图形位置的方法。

1 **鼠标拖动法**。选择需要调整的图形，按住鼠标左键不放将其拖动至合适的位置，然后释放鼠标左键，即可完成图形位置的调整。

2 **功能区命令快速对齐法**。选择所有图形，切换至“绘图工具-格式”选项卡，单击“对齐”按钮。

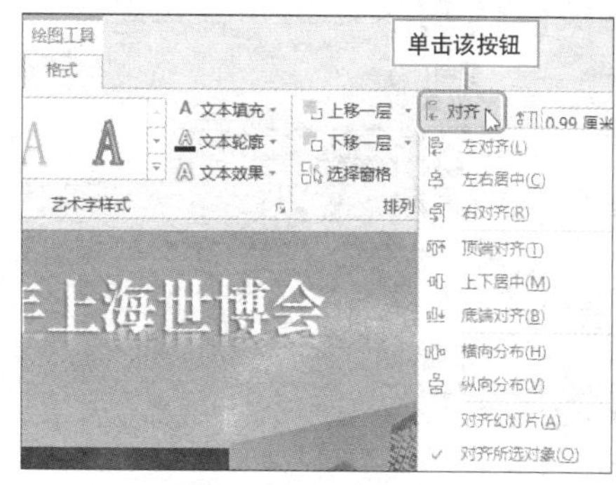

3 从展开的“对齐”列表中分别选择“底端对齐”与“横向分布”命令，即可快速将图形对齐。

Hint

如何利用窗格进行精确调整

在图形上单击鼠标右键，选择“设置图形格式”命令，在打开窗格的“大小属性”选项卡中，对“位置”选项进行精确设置。

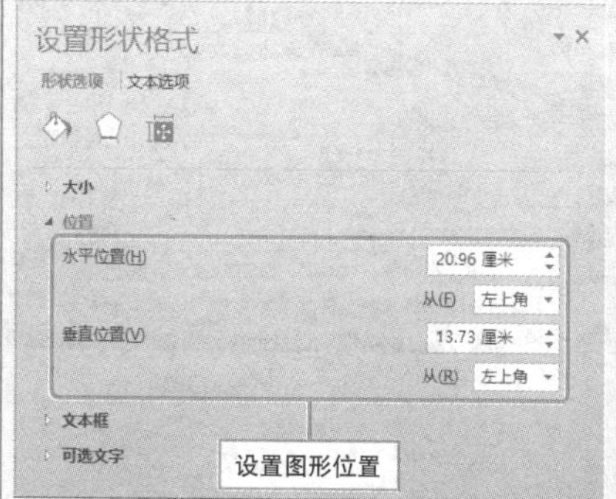

Question 545

● Level ◆◆◆

2013 2010 2007

创建立体图形效果

实例 设置图形立体效果

若用户觉得插入页面中的图形在表达数据时不够形象，还可以为其设置立体效果，PowerPoint 提供了强大的立体效果设计功能，下面对其进行详细介绍。

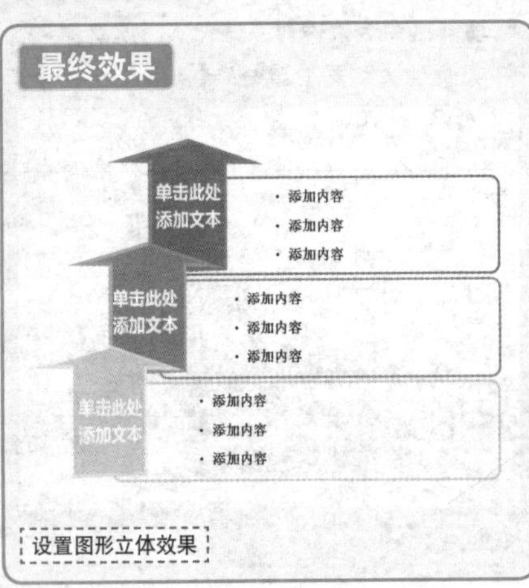

1 打开演示文稿，单击“绘图工具-格式”选项卡上的“形状填充”按钮，为页面中的各个形状填充颜色，并设置图形轮廓。

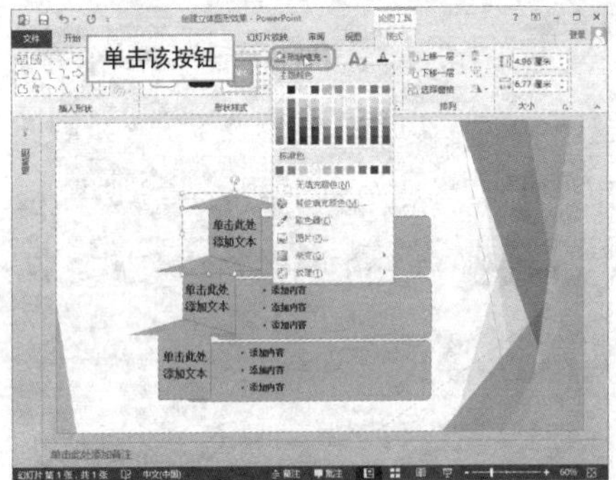

2 选择箭头形状上的文本框，设置字体为“微软雅黑”，字体颜色为“白色”。

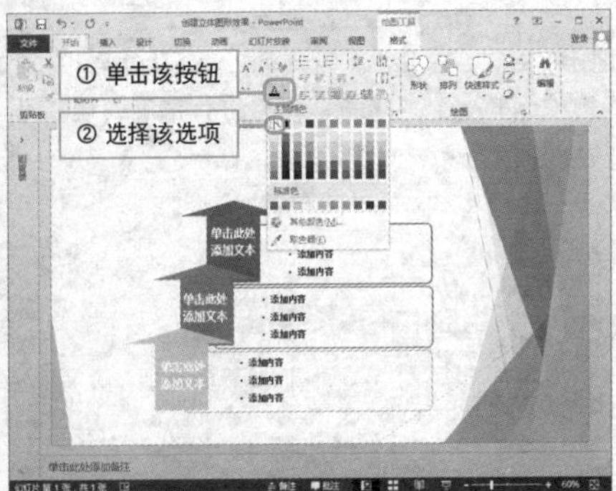

3 选择箭头形状和其上方的文本框，单击鼠标右键，选择“组合>组合”命令。

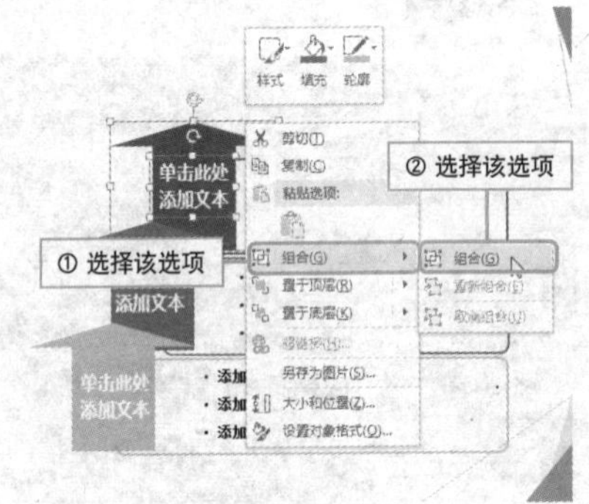

4 将组合好的箭头和文本框选择，单击“形状样式”面板的对话框启动器。

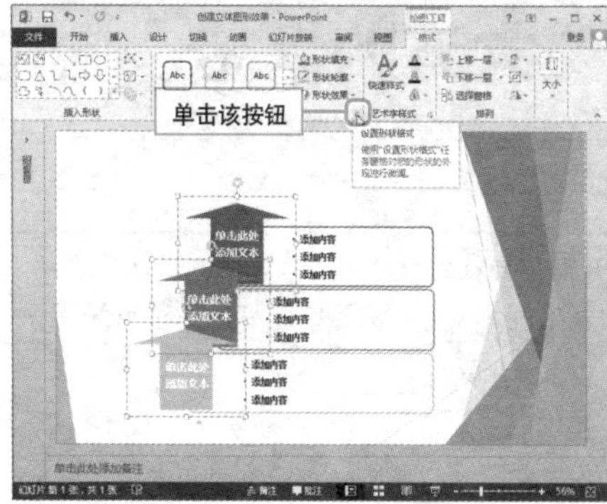

5 打开“设置形状格式”窗格，切换至“形状选项”选项卡，选择“三维格式”选项。

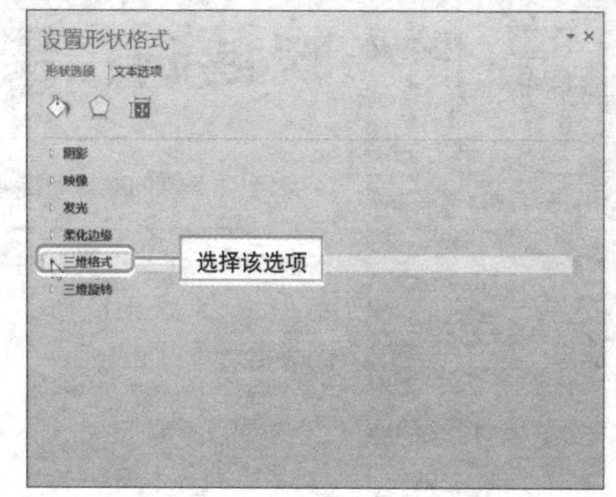

6 单击“顶部棱台”下拉按钮，从列表中选择角度”效果。

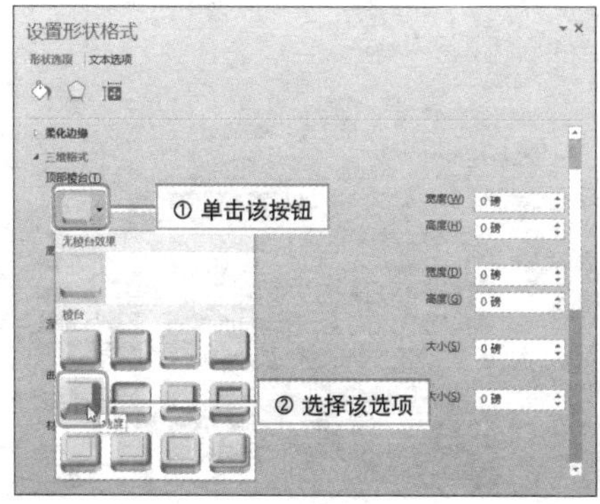

7 设置底部棱台效果为“艺术装饰”，并为棱台效果设置合适的高度和宽度。

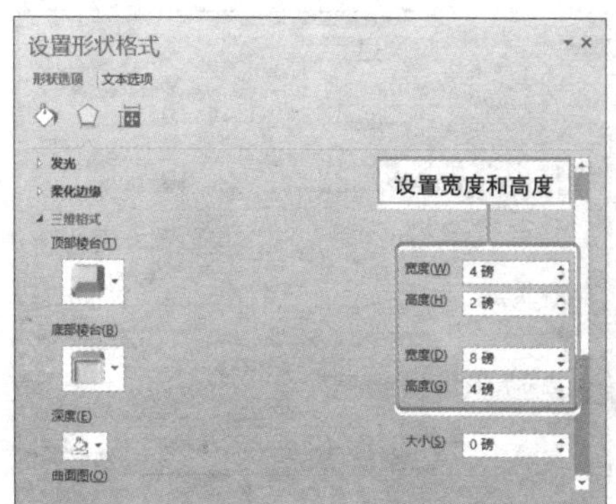

8 设置“材料”为“亚光效果”；“照明”为“发光”；“角度”为“30°”。

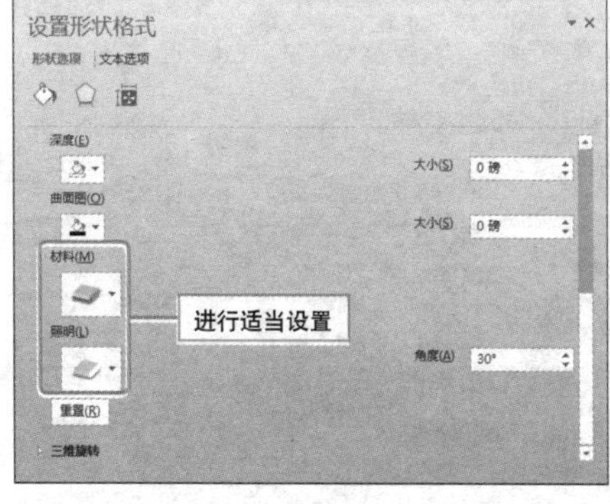

9 在“三维旋转”选项，设置预设为“右透视”，更改“透视”值为“55°”。

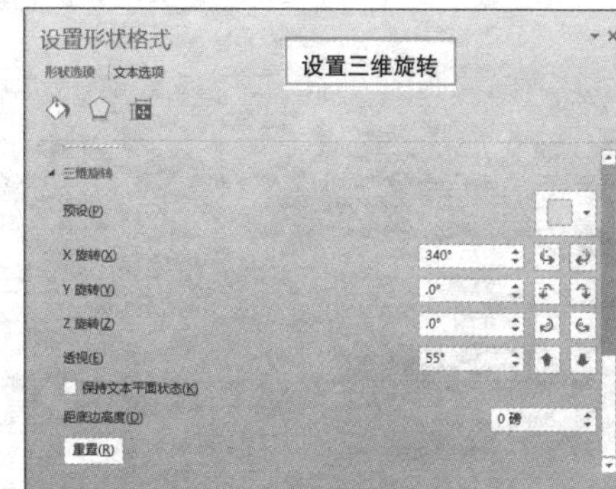

Question 546

Level ◆◆◆

2013 2010 2007

快速制作美观大方的表格

实例	表格的设计与插入

由于实际工作的需要，用户常常需要在幻灯片中创建表格进行数据说明。那么如何才能创建出漂亮的表格呢？其实非常简单，只需通过系统提供的表格功能即可实现。

1 打开演示文稿，选择幻灯片，单击“插入”选项卡上的“表格”按钮，在展开的列表中选择插入表格的行列数。

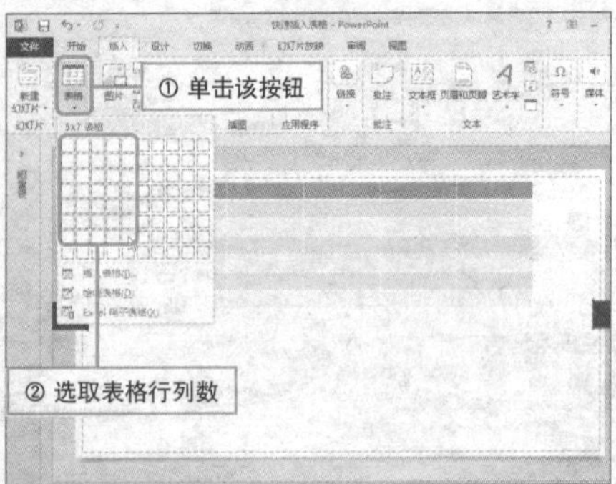

2 通过表格面板插入的表格行数小于8列数小于10，超过此数目，可以在列表中选择“插入表格”选项，打开“插入表格”对话框，设置行列数，单击“确定”按钮。

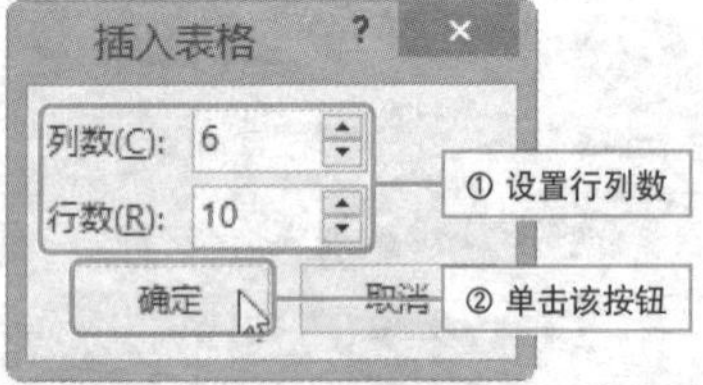

3 根据需要，在表格中输入数据内容，并且调整表格至合适大小，最后将其移至幻灯片页面的合适位置即可。

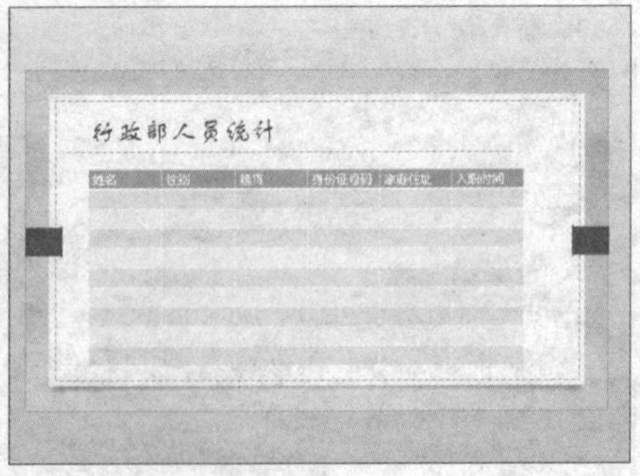

Hint

如何快速应用表格样式

单击“表格工具-设计”选项卡上“表格样式”面板的“其他”按钮，从展开的列表中选择合适的样式即可。

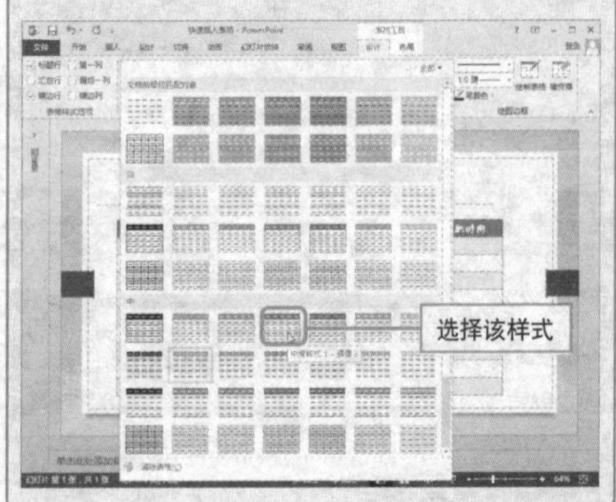

插入 Excel 表格

实例 Excel 表格的创建

为了可以在 PowerPoint 中实现数据处理功能，用户可以在幻灯片中插入 Excel 工作表，下面对其相关操作进行介绍。

1 打开演示文稿，单击“插入”选项卡上的“表格”按钮，从展开的列表中选择“Excel电子表格”选项。

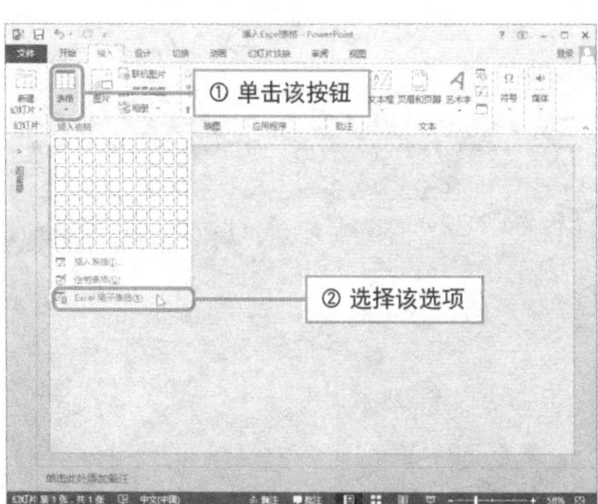

2 返回编辑区，通过鼠标拖动表格的角部控制点，调整表格窗口的大小和显示范围。

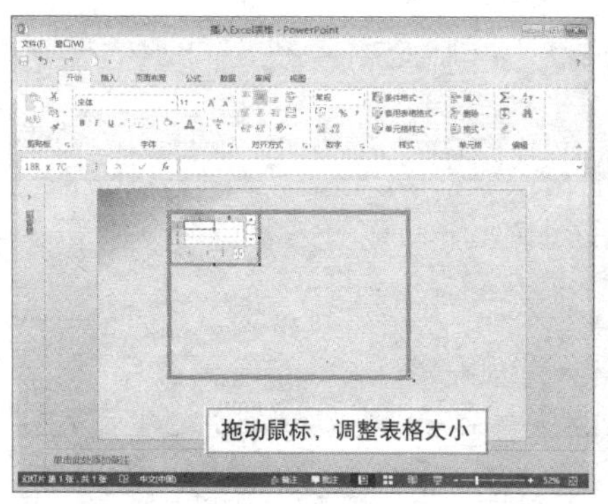

3 在工作表中输入数据，根据需要设置单元格的样式。

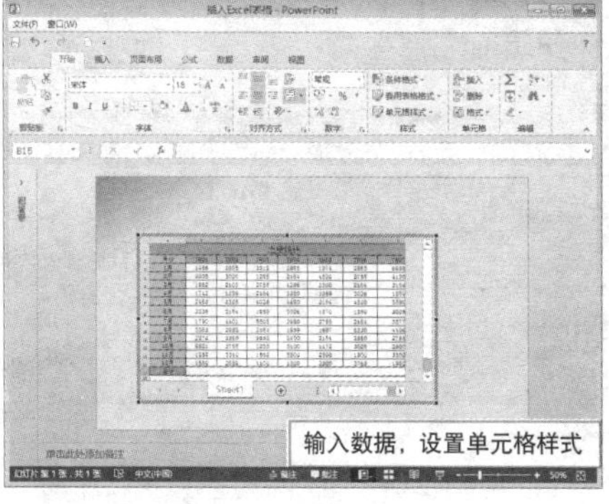

4 选择单元格后在编辑栏中输入公式“=SUM(B3：H14)”，计算数据总和。

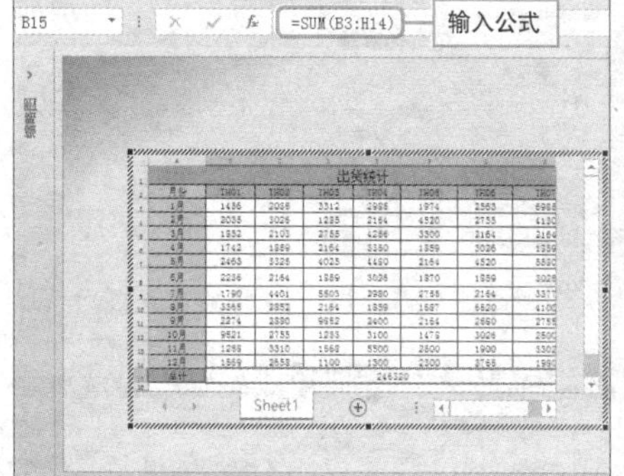

Question 548

• Level ◆◆◆

2013 2010 2007

灵活调用外部 Excel 文件

实例 插入外部 Excel 文件

在编辑幻灯片时，若需要引用已经编辑完成的 Excel 工作表，则可以将其插入到幻灯片中，以省去重复制作的麻烦。

1 打开演示文稿，单击“插入”选项卡上的“对象”按钮。

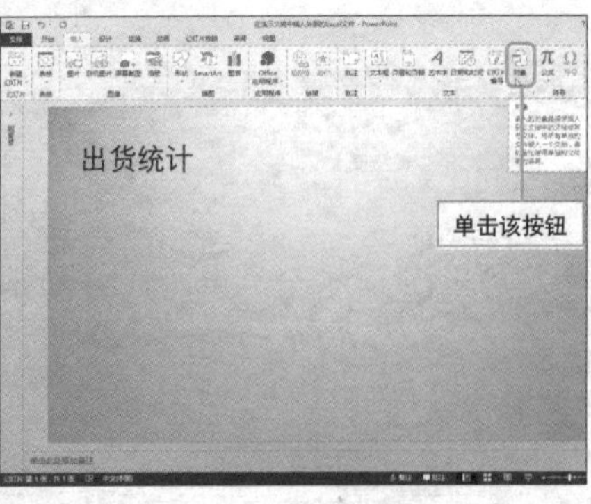

2 打开“插入对象”对话框，选中“由文件创建”单选按钮，单击“浏览”按钮。

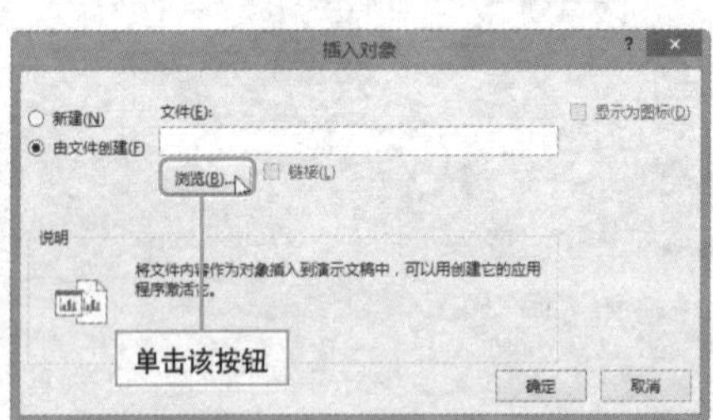

3 打开“浏览”对话框，选择Excel文件，单击“确定”按钮。

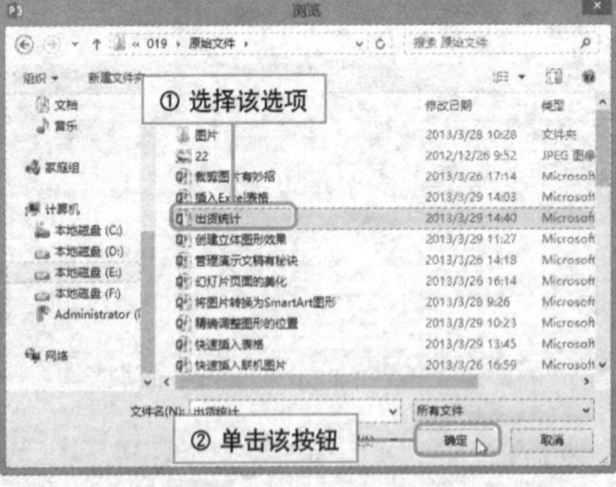

4 将外部的Excel文件插入当前幻灯片页面，随后适当调整表格的大小和位置即可。

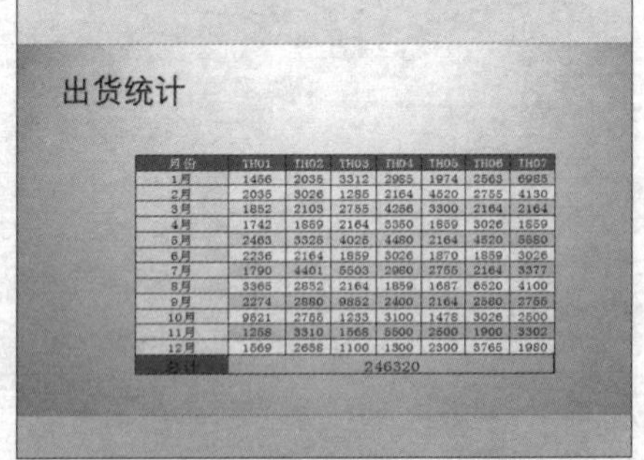

月份	TH01	TH02	TH03	TH04	TH05	TH06	TH07
1月	1456	2035	3312	2985	1974	2563	6985
2月	2035	3026	1285	2164	4520	2755	4130
3月	1852	2103	2755	4256	3300	2164	2164
4月	1742	1859	2164	3350	1859	3026	1859
5月	2463	3326	4026	4480	2164	4520	5880
6月	2236	2164	1859	3026	1870	1859	3026
7月	1790	4401	5503	2960	2755	2164	3377
8月	3365	2852	2164	1859	1687	6520	4100
9月	2274	2880	9852	2400	2164	2580	2755
10月	9821	2755	1233	3100	1478	3026	2500
11月	1258	3310	1568	5500	2500	1900	3302
12月	1569	2658	1100	1300	2300	3765	1980
合计	246320						

快速合并多个单元格

实例 单元格的合并

在表格中输入数据时，经常会需要为多个相关联的项目输入总称，这就需要用到单元格的合并，下面为其进行具体介绍。

❶ **功能区命令法**。选择单元格，单击“表格工具-布局”选项卡上的“合并单元格”按钮。

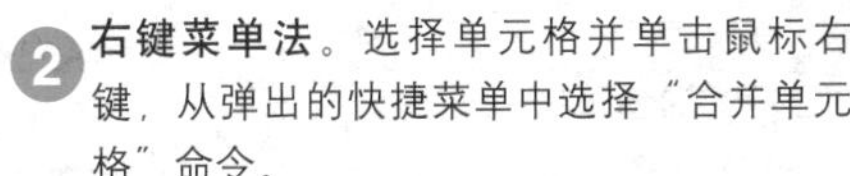

❷ **右键菜单法**。选择单元格并单击鼠标右键，从弹出的快捷菜单中选择“合并单元格”命令。

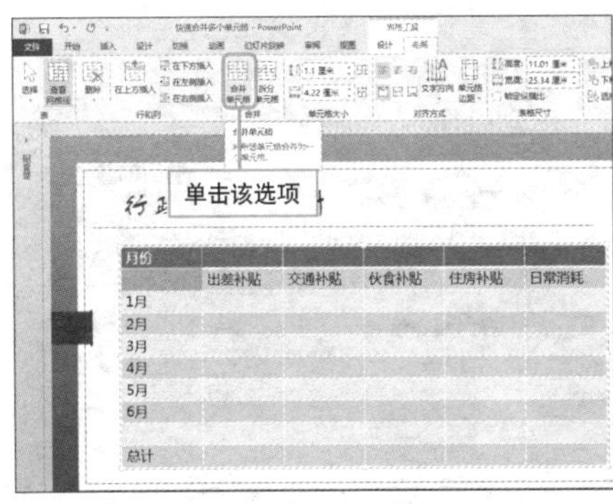

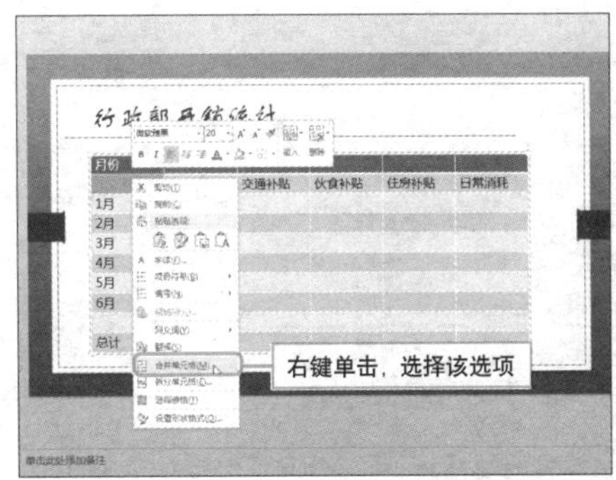

❸ **擦除框线法**。执行“表格工具-设计>橡皮擦”命令，依次单击多余的框线。

❹ 合并单元格后，在合并的单元格内输入合适的文本即可。

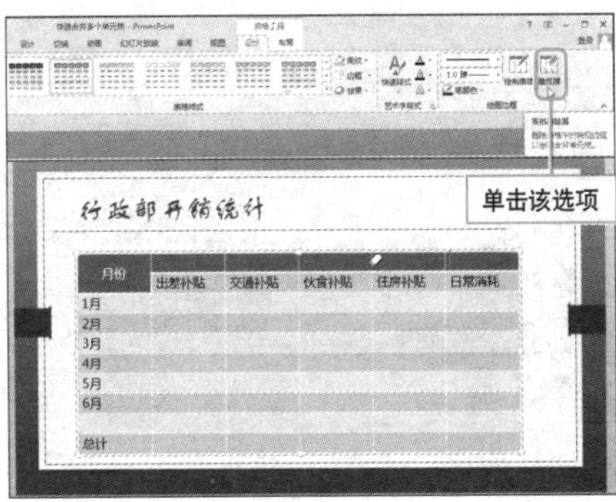

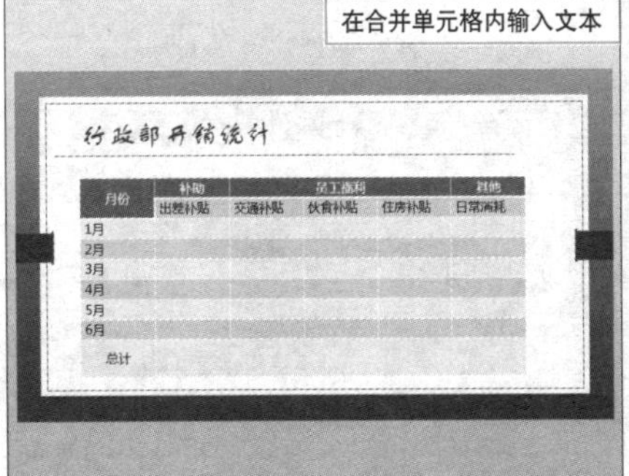

Question **550**

Level ◆◆◆

2013 2010 2007

美化表格我做主

实例　设置表格底纹

若幻灯片页面中表格的颜色不够靓丽，缺少吸引力，则可以根据需要为表格设置一个绚丽的背景，下面对其进行详细介绍。

❶ 选择单元格，单击“表格工具-设计”选项卡上的“底纹”按钮。

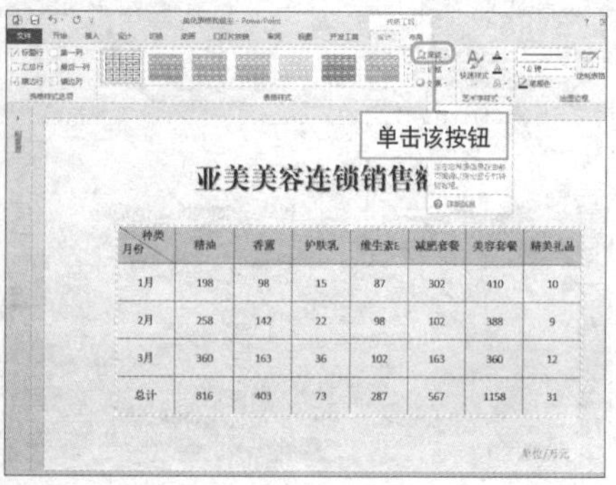

❷ 展开“底纹”颜色列表，从面板中选择“浅蓝”。

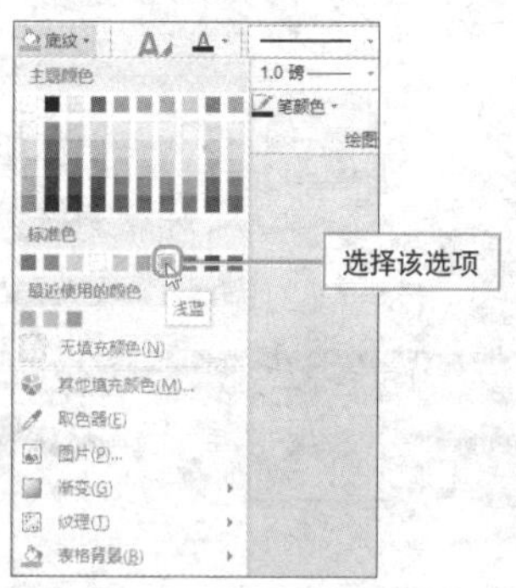

❸ 还可以选择“取色器”，待鼠标光标变为吸管性质，在合适的颜色上单击鼠标左键，即可为选择的单元格填充相同颜色。

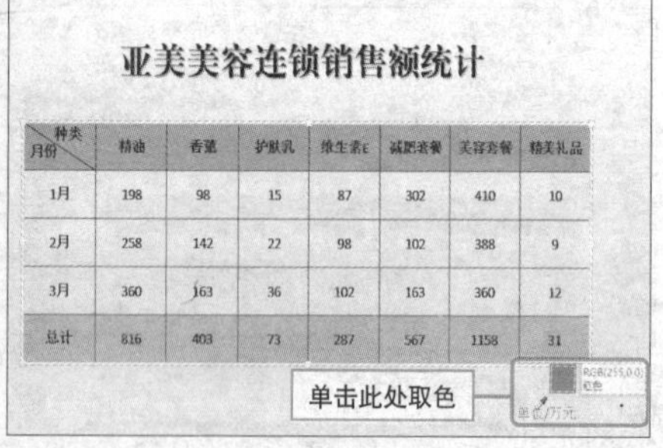

❹ 按照同样的方法，设置其他单元格的颜色，然后根据实际情况，设置深色背景单元格内的文字颜色为“白色”。

亚美美容连锁销售额统计

种类 月份	精油	香薰	护肤乳	维生素E	减肥套餐	美容套餐	精美礼品
1月	198	98	15	87	302	410	10
2月	258	142	22	98	102	388	9
3月	360	163	36	102	163	360	12
总计	816	403	73	287	567	1158	31

单位/万元

为表格添加精美边框

实例 设置表格框线

幻灯片页面中的表格，都会按照默认框线效果进行显示。若想要更改框线的显示，也是很容易的，下面对其相关操作进行详细介绍。

1 选择表格，单击“表格工具-设计”选项卡上的“笔颜色”按钮，从列表中选择“紫色”。

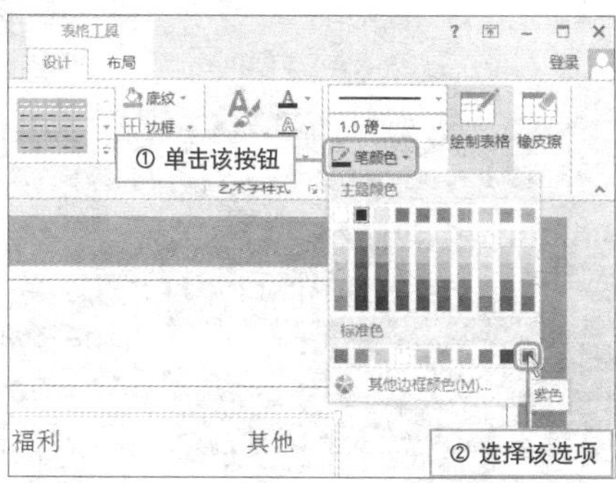

2 单击“笔样式”按钮，从列表中选择合适的框线样式。

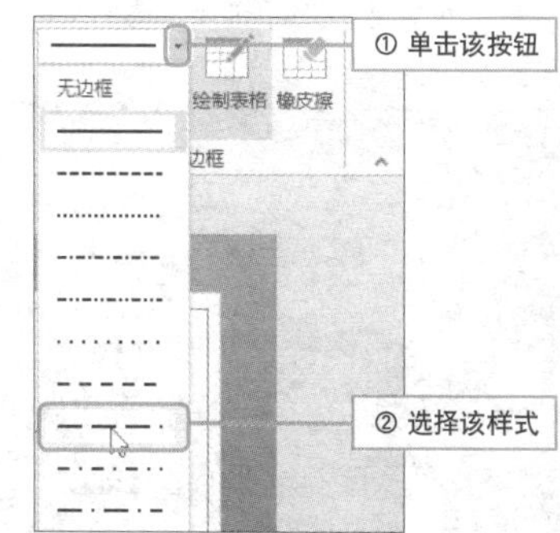

3 单击“笔划粗细”按钮，设置框线宽度为“2.25磅”。

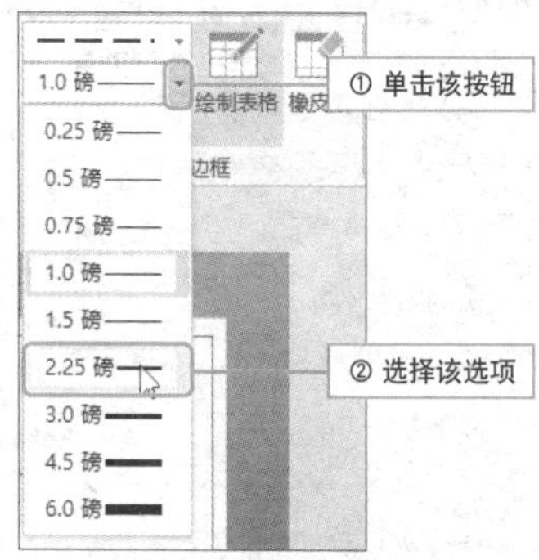

4 单击“边框”按钮，从列表中选择“所有框线”。

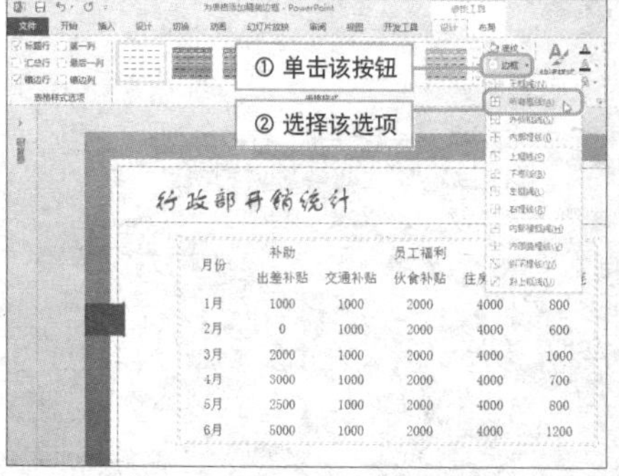

Question

552 设置表格特殊效果

● Level ◆◆◆

2013 2010 2007

实例 单元格特殊效果的设计

除了可以对表格的底纹和边框进行设计外，还可以根据需要为表格添加一些特殊效果，包括单元格凹凸效果、映像、阴影等，下面对其进行详细介绍。

1 **单元格凹凸效果**。选择表格，单击“表格工具-设计”选项卡上的“效果”按钮，从展开的列表中选择“单元格凹凸效果”，在其关联菜单中选择“艺术装饰”效果。

2 **阴影效果**。从“效果”选项列表中选择“阴影”选项，从其关联菜单中选择“左上角对角透视”效果。

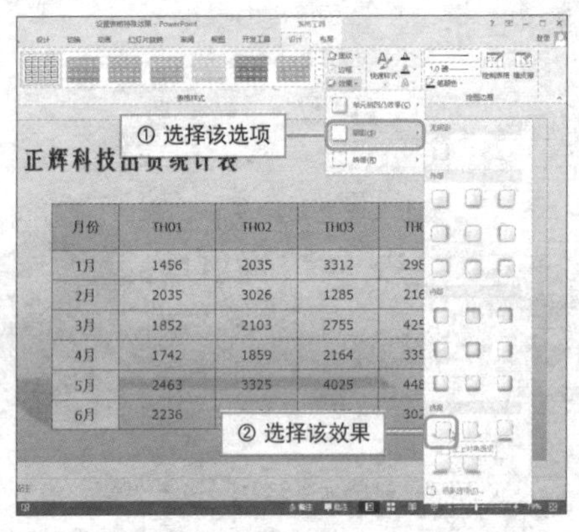

3 **映像效果**。从“效果”选项列表中选择“映像”选项，从其关联菜单中选择“紧密映像，8pt偏移量”。

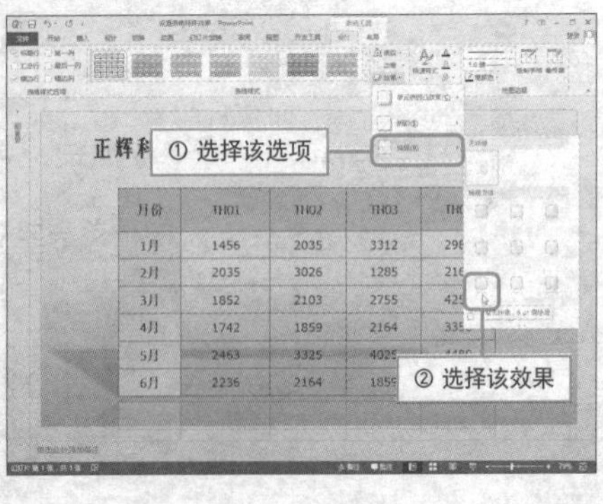

Hint

如何自定义表格立体效果

在表格上单击鼠标右键，选择“设置形状格式”命令，在打开的窗格中的“效果”选项设置即可。

Question 553

• Level ◆◆◆

2013 2010 2007

轻松创建组织结构图

实例	应用 SmartArt 图形

在对某些事物的关系等进行说明时，通常会用到循环图、结构图、流程图等。若是一点点绘制出来，会加重工作负担，此时用户可以通过系统提供的 SmartArt 图形功能快速实现。

1 打开演示文稿，切换至“插入”选项卡，单击“SmartArt”按钮。

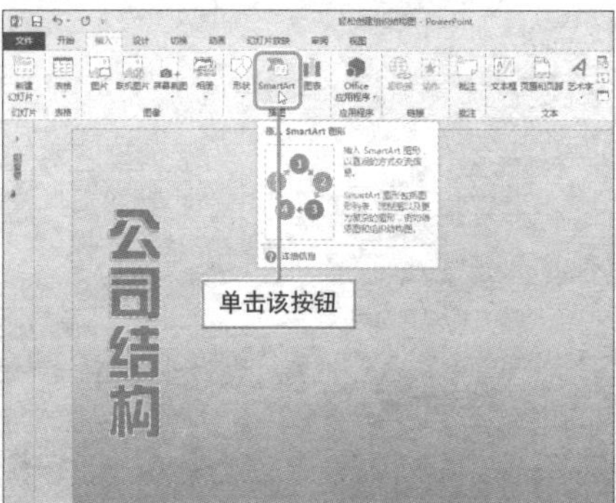

2 弹出“选择SmartArt图形”对话框，单击“层次结构”选项，选择“组织结构图”，单击“确定”按钮。

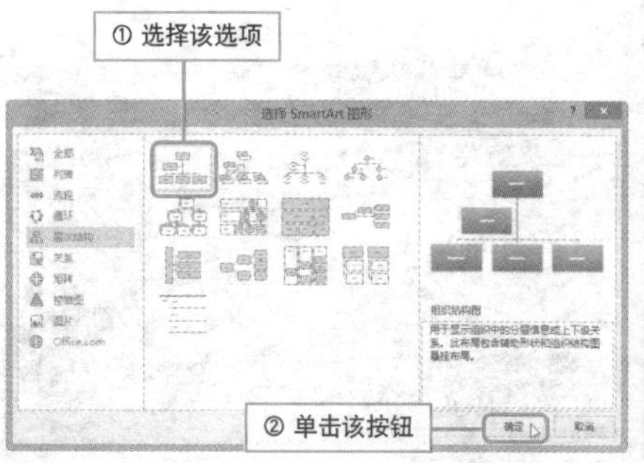

3 打开文本窗格，根据需要输入文本。

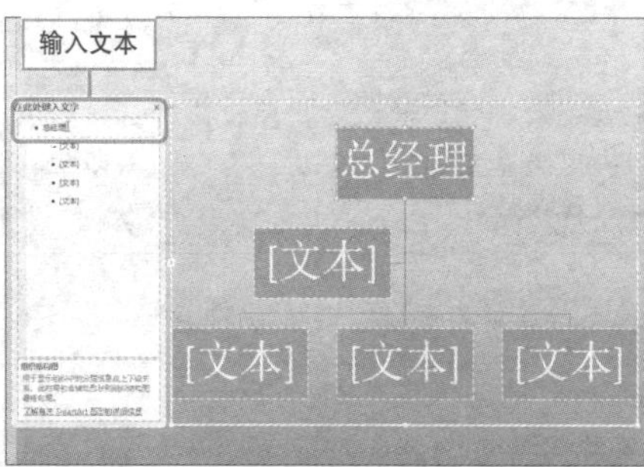

4 输入文本后，根据需要调整SmartArt图形的位置和大小即可。

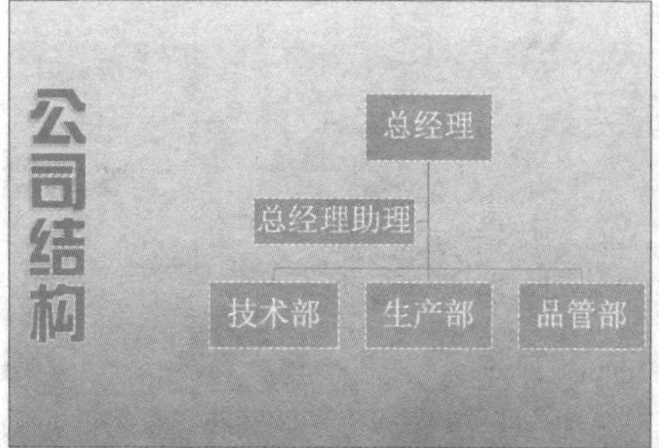

按需为组织图增添图形很简单

实例 为 SmartArt 图形添加形状

默认插入的 SmartArt 图形只有固定的几个形状，在实际应用中，这些形状可能并不能满足工作的需求。这时就需要自己动手根据需要添加形状了。

1 选择SmartArt图形，切换至“SMARTART工具-设计”选项卡。

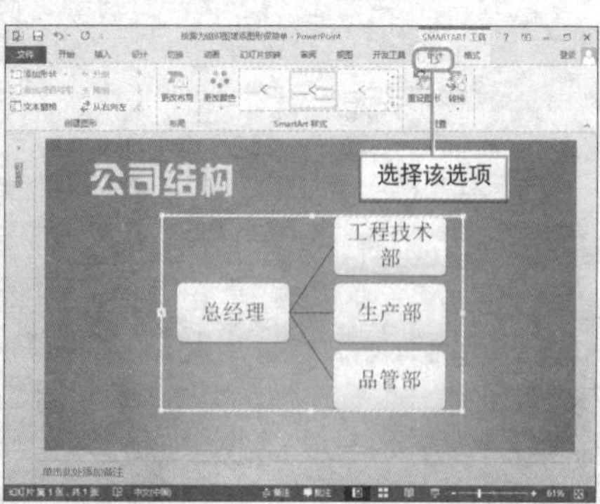

2 单击“添加形状”右侧下拉按钮，从展开的列表中选择“在后面添加形状”。

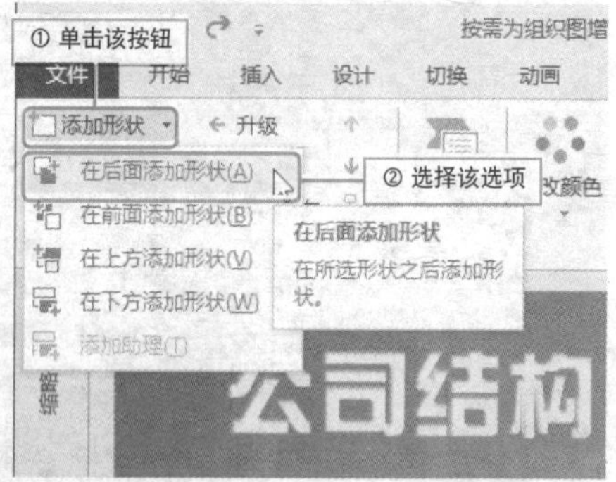

3 按照同样的方法添加需要的形状，并输入文本，调整形状的大小，然后将SmartArt图形移至页面合适位置即可。

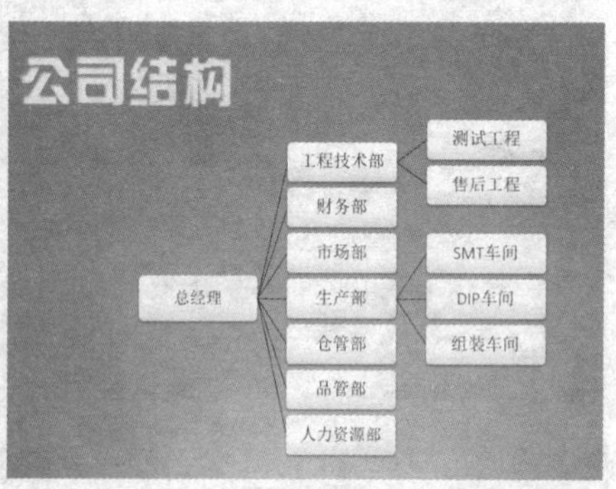

Hint

如何删除组织结构图中多余形状

若添加的形状有剩余，可以将其选中，随后直接在键盘上按Delete删除。也可以在选择形状后，单击鼠标右键，从快捷菜单中选择“剪切”命令，将多余的形状删除。

合理安排 SmartArt 图形的布局

实例 SmartArt 图形布局的调整

若用户选择了一种布局方式并制作完成后，又发现当前布局并不合理，这时不必惊慌，此时只需更改 SmartArt 的布局即可。

1. 选择SmartArt图形，切换至“SMARTART工具-设计”选项卡，单击“布局”选项卡上的“其他”按钮。

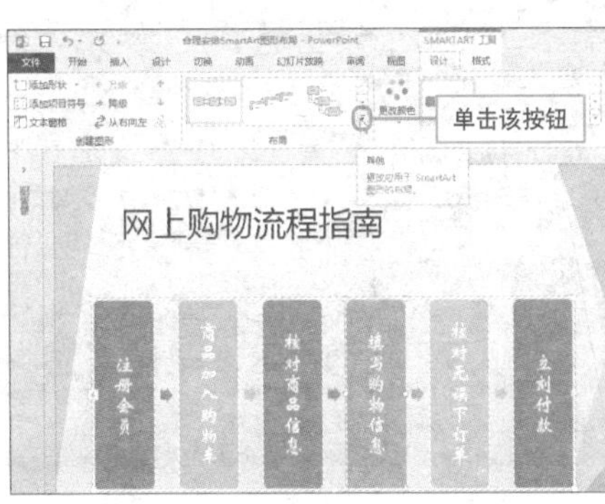

2. 从展开的列表中选择合适的布局方式即可，这里选择“重复蛇形流程”选项。

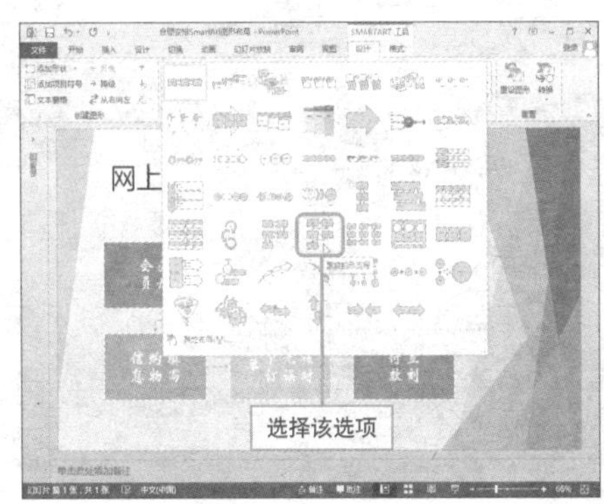

3. 若“布局”列表中的排列方式都不能够令用户满意，可以选择“其他布局”选项，在打开的“选择SmartArt图形”对话框中选择合适的布局，单击“确定”按钮。

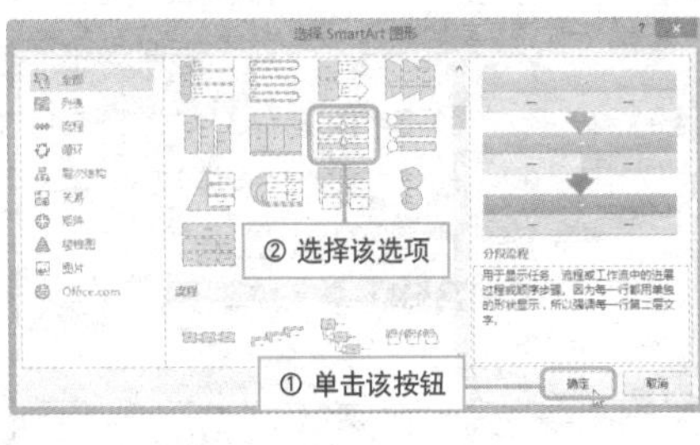

4. 适当调整图形的大小和位置即可。

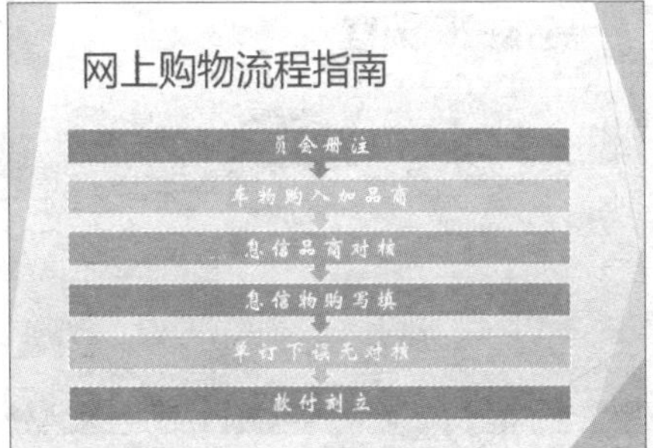

Question 556

Level ◆◆◆

2013 2010 2007

SmartArt 图形颜色巧更改

实例 更改 SmartArt 图形颜色

根据当前幻灯片主题色，插入幻灯片中的 SmartArt 图形有一个默认颜色，若用户对当前图形颜色不满意，可以根据需要进行更改。

1 选择图形，切换至“SmartArt工具-设计”选项卡，单击“更改颜色”按钮。

单击该按钮

资本循环流程

2 从展开的列表中选择“彩色-着色”选项。

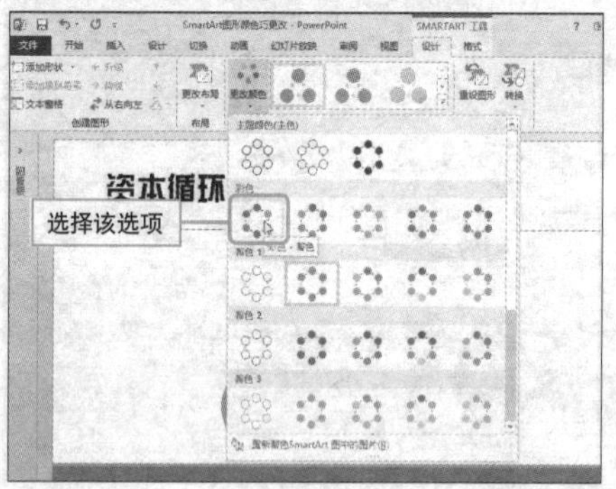

3 随后即可看到SmartArt图形的颜色变为所选颜色样式。

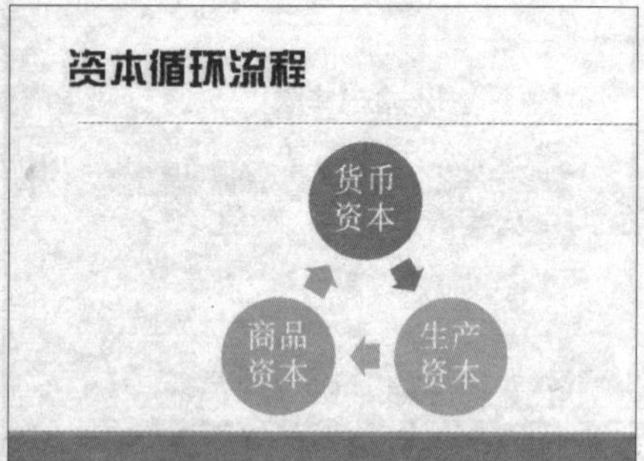

Hint

巧妙为图形中的单个形状更改颜色

选择SmartArt图形中的单个形状，切换至“SMARTART工具-格式”选项卡，单击“形状填充”按钮，从列表中选择合适颜色。

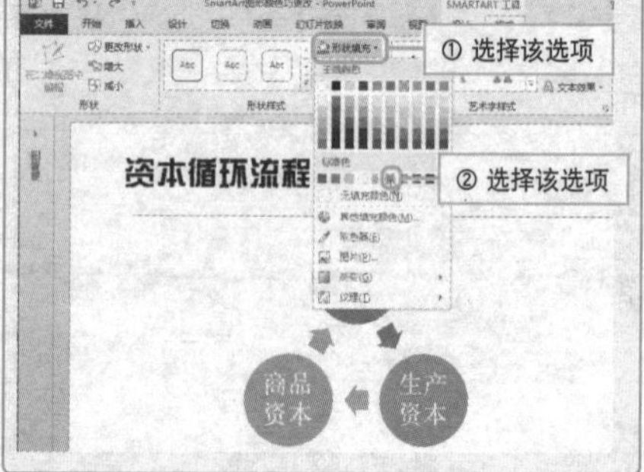

快速改变 SmartArt 图形样式

实例 SmartArt 图形样式的更改

若对默认的 SmartArt 图形样式不满意，则可以根据需要对其进行更改。PowerPoint 系统提供了多种不同样式，用户无需逐一对 SmartArt 图形中的形状进行设置，即可修改图形。

1 选择SmartArt图形，切换至“SMARTART工具-设计”选项卡，单击“SmartArt样式”面板的“其他”按钮。

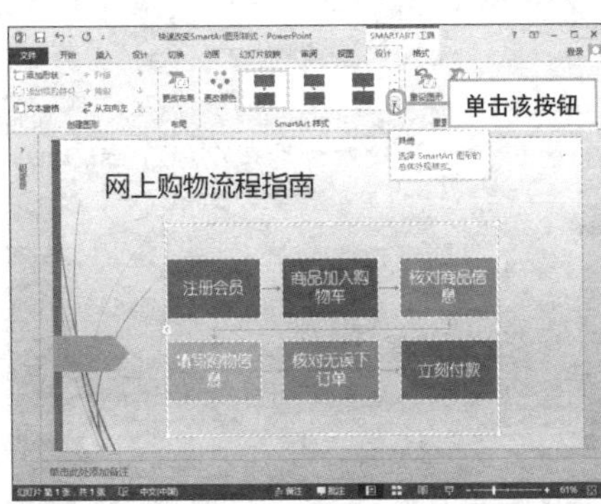

2 从展开的列表中选择“强烈效果”选项。

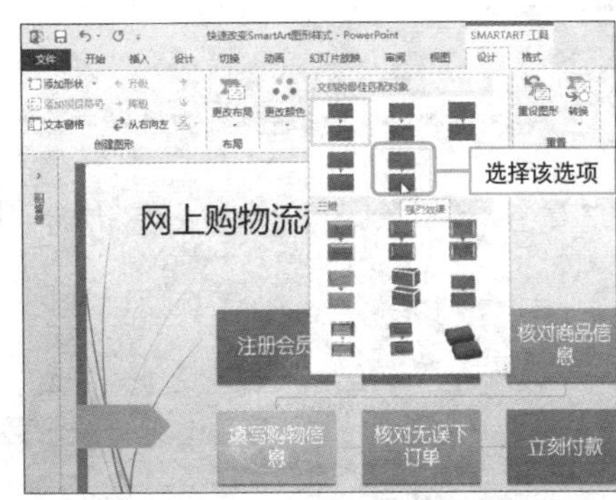

3 选择的SmartArt图形即可应用所选样式。

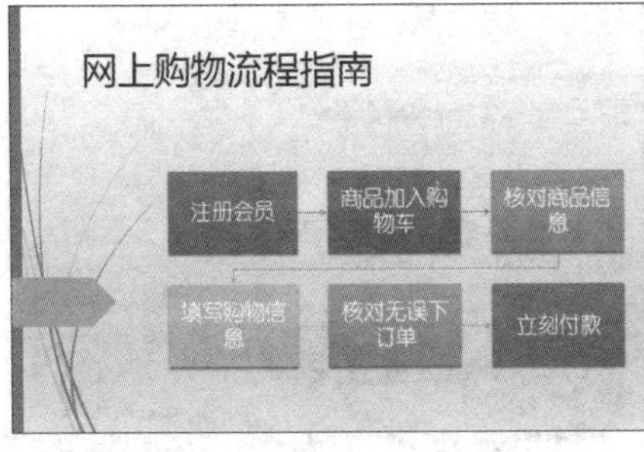

Hint

如何将图形中的形状更改为其他形状

选择形状，执行“SMARTART工具-格式>更改形状>圆角矩形”命令即可。

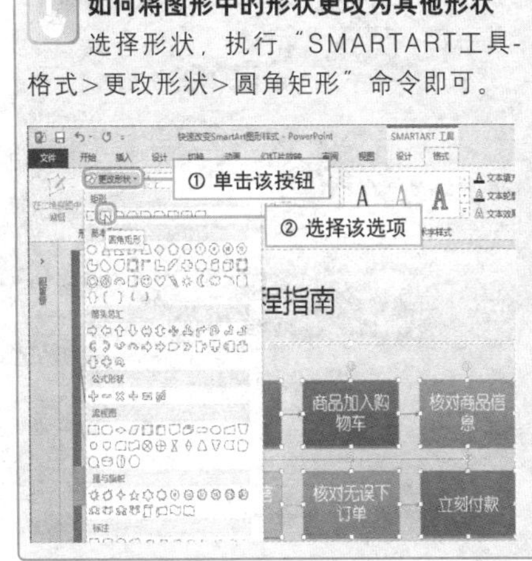

Question 558

一秒钟让 SmartArt 图形恢复原貌

Level ◆◆◆

2013 2010 2007

实例 重设图形功能的应用

对幻灯片中的 SmartArt 图形进行多次更改后，若发现图形已经被改得面目全非，需要从头开始对其进行设置时，则可以使用重设功能。这一招与图片处理中的重设功能相似。

1 选择SmartArt图形，切换至“SMARTART工具-设计”选项卡。

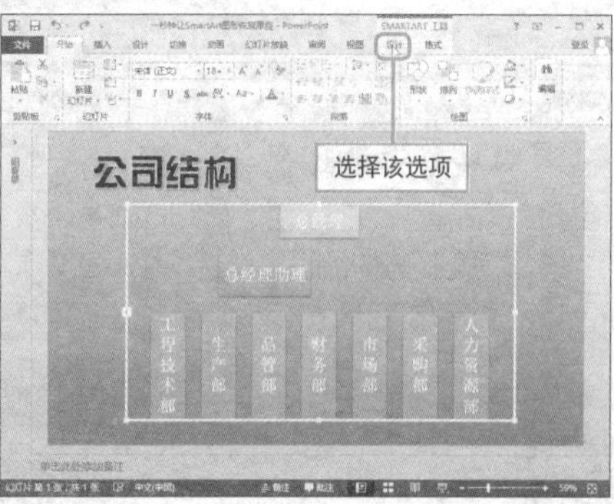

2 单击该选项卡中的“重设图形”按钮。

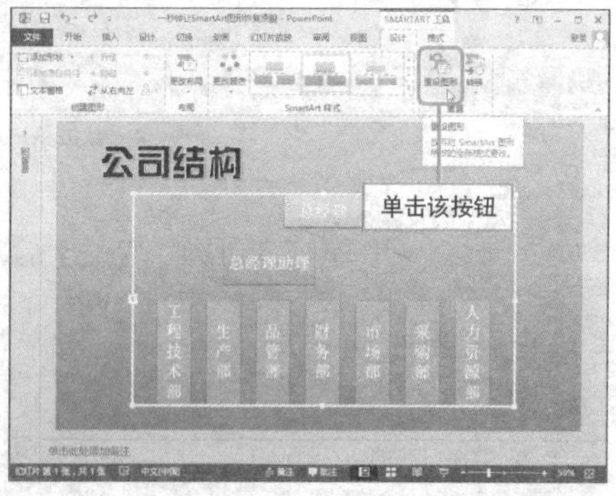

3 所选的SmartArt图形还原为最初的样式。

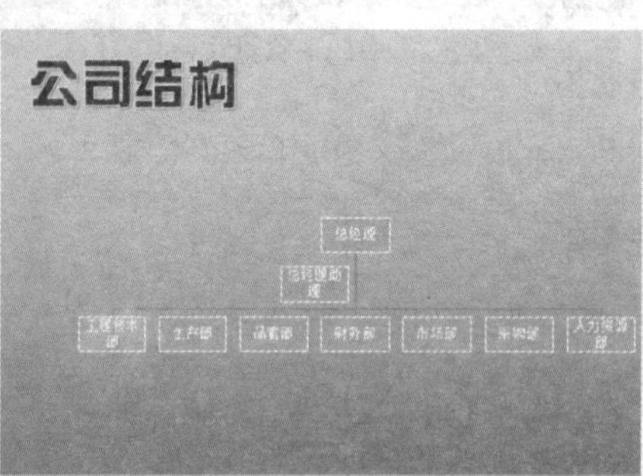

Hint

将 SmartArt 图形转换为形状

选择图形，执行“SMARTART工具-格式>转换>转换为形状”命令即可。

快速在幻灯片中插入图表

实例 图表的插入操作

在进行年度总结、市场调查报告的编写时，经常会用到大量的数据，这时就需要使用图表，图表可以使数据更加直观、形象地呈现给受众，下面介绍如何使用图表。

1 打开演示文稿，切换至“插入”选项卡，单击“图表”按钮。

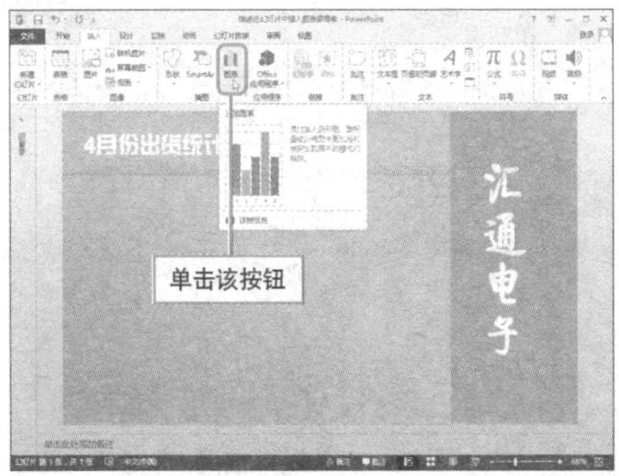

2 打开“插入图表”对话框，选择“三维簇状柱形图”，单击“确定”按钮。

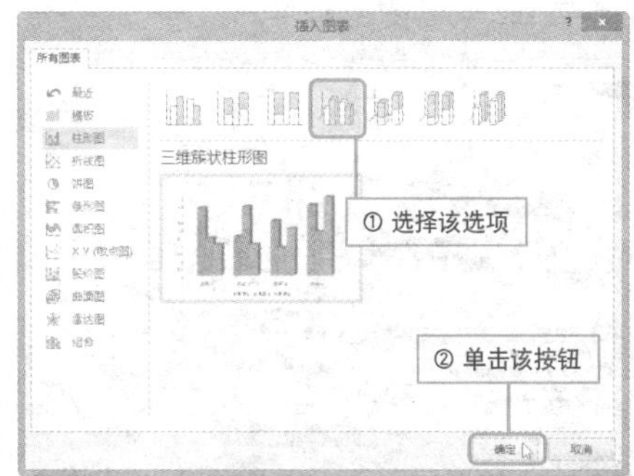

3 在自动弹出的工作表中，按照要求输入合理有效的数据。

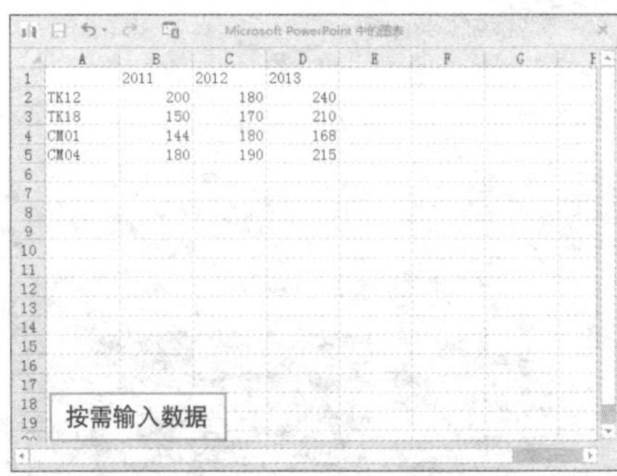

	A	B	C	D
1		2011	2012	2013
2	TK12	200	180	240
3	TK18	150	170	210
4	CM01	144	180	168
5	CM04	180	190	215

4 关闭工作表，调整所插入图表的大小和位置即可。

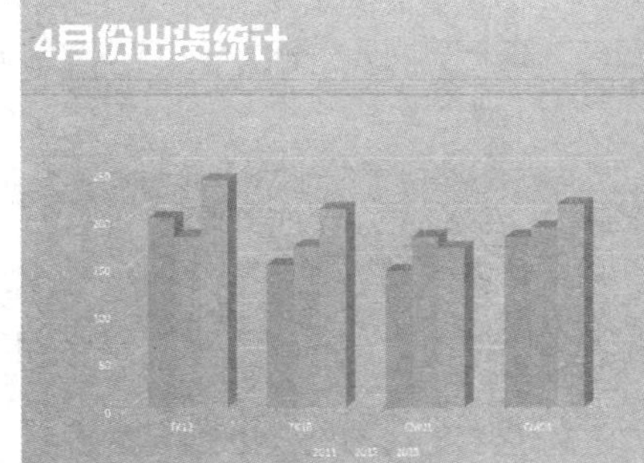

Question 560

● Level ◆◆◆

2013 2010 2007

轻松改变图表类型

实例	图表类型的更改

完成图表的创建后，若发现所选择的图表类型不能明确表达数据信息，而若重新创建图表，则需要再次录入数据。为了避免重复劳动，用户可以直接对图表进行更改。

1 打开演示文稿，选择图表，单击“图表工具-设计”选项卡上的“更改图标类型”按钮。

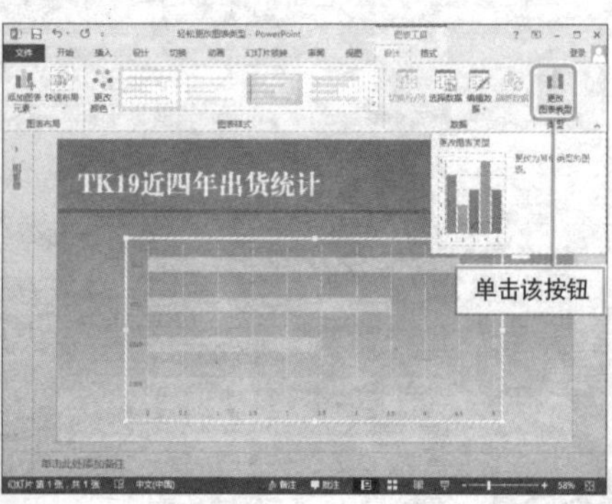

2 打开“更改图表类型”对话框，选择合适的图表类型，单击“确定”按钮。

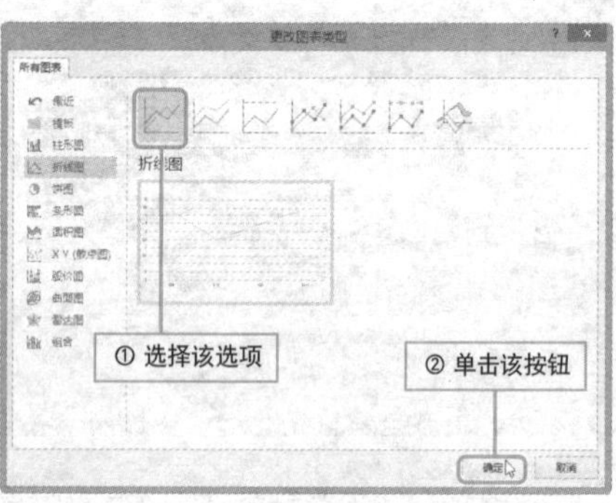

3 随后即可发现原有图表已经发生变化。

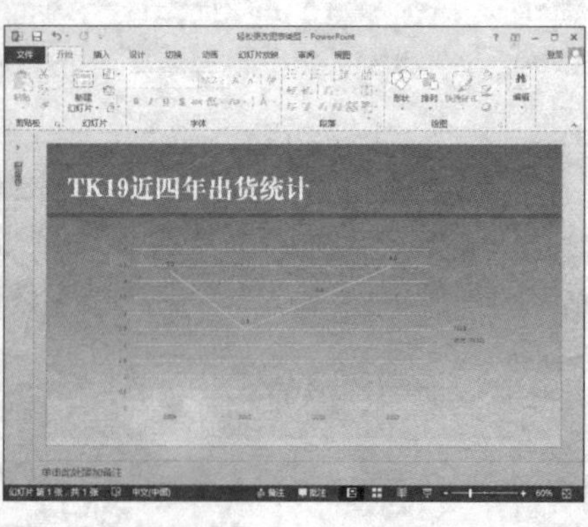

Hint

更改图表颜色

单击“图表工具-设计”选项卡上的“更改颜色”按钮，从展开的列表中进行选择即可。

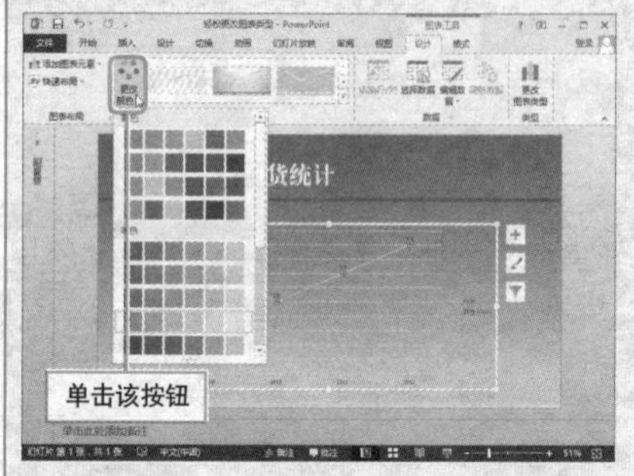

Question 561

组合图表用处大

Level ◆◆◆

2013 2010 2007

实例　应用组合图表

在传达数据时，可以使用两种不同的图表对当前数据进行介绍，这种图表称为组合图表，下面对组合图表的使用方法及设计技巧进行介绍。

❶ 打开演示文稿，切换至“插入”选项卡，单击“图表”按钮。

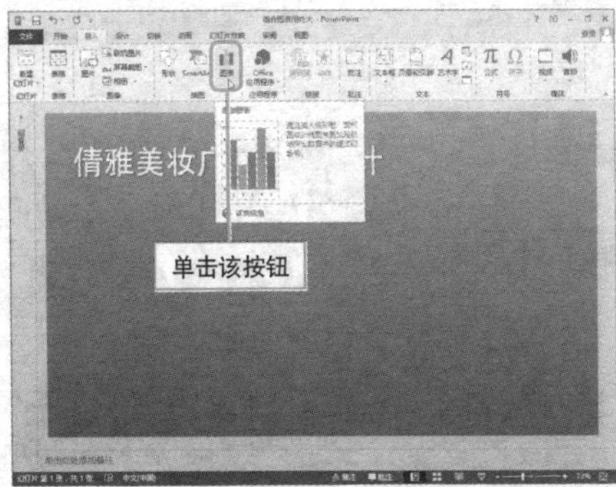

❷ 打开“插入图表”对话框，单击“组合”选项，即可设置数据系列的图表类型。

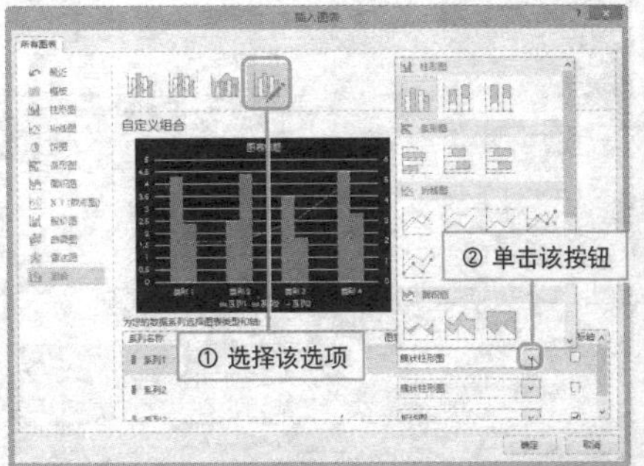

❸ 设置完成后，单击“确定”按钮，在自动弹出的工作表中按照要求输入有效的数据信息。

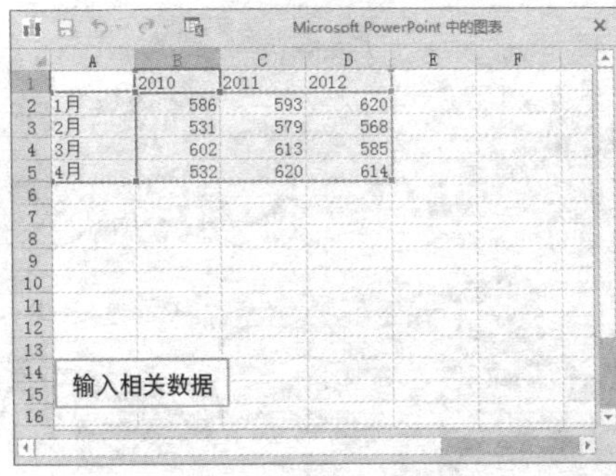

	A	B	C	D
1		2010	2011	2012
2	1月	586	593	620
3	2月	531	579	568
4	3月	602	613	585
5	4月	532	620	614

❹ 关闭工作表，调整所插入图表的大小和位置，并做进一步美化即可。

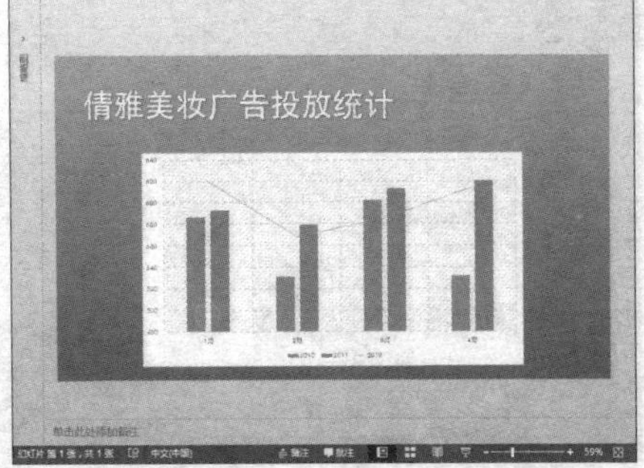

Question 562

让图表的布局更加美观

Level ◆◆◆

2013 2010 2007

实例 图表布局的更改方法

插入图表后，用户可以根据需要对图表的标题、数据标签、图例等属性进行设置，使图表的布局更加美观。

❶ **常规更改法**。选择图表，单击“图表工具-设计”选项卡上的“快速布局”按钮。

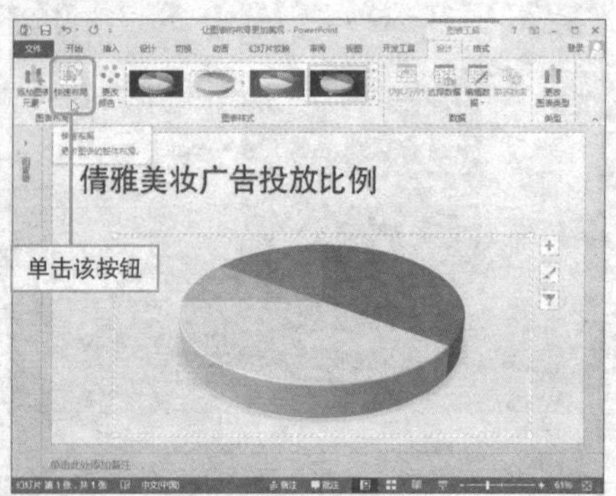

❷ 从展开的列表中选择合适的布局，这里选择“布局6”选项。

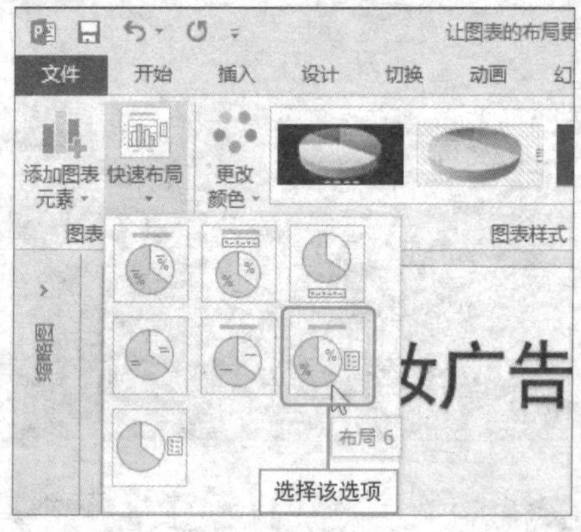

❸ **浮动选项更改法**。选中图表，单击右侧的“图表元素”按钮，勾选“数据标签”复选框，然后从其关联菜单中选择“数据标注”选项。

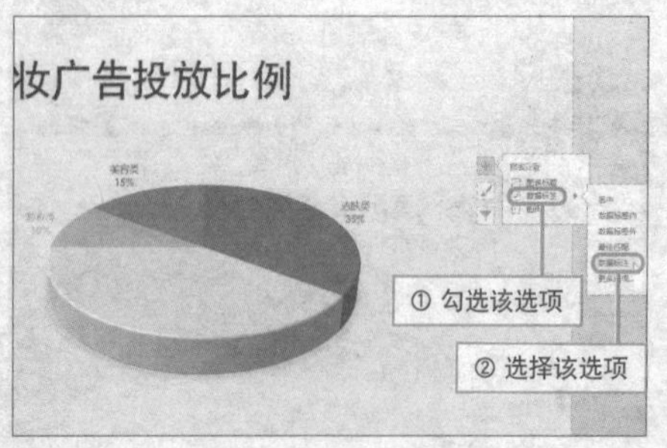

❹ **功能区按钮法更改法**。单击“添加图表元素”按钮，从列表中选择合适的选项，然后从其关联菜单中进行选择即可。

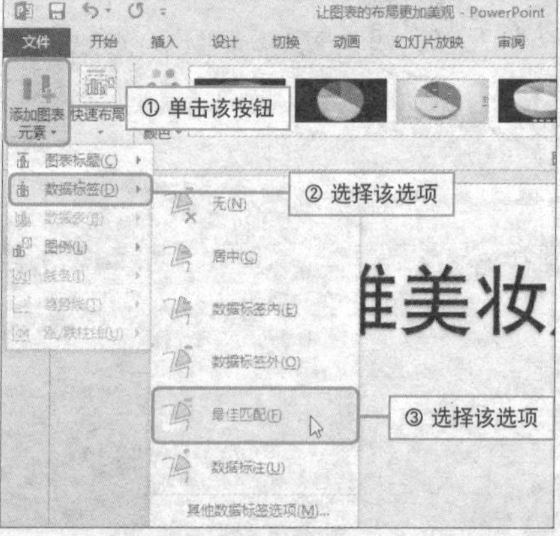

美化图表很简单

实例 更改图表的颜色和样式

在默认情况下，插入图表的颜色和样式若不能够令用户满意，则可以根据需要对其进行更改，下面对具体操作步骤进行详细讲解。

1 选择图表，单击“图表工具-设计”选项卡上的“更改颜色”按钮。

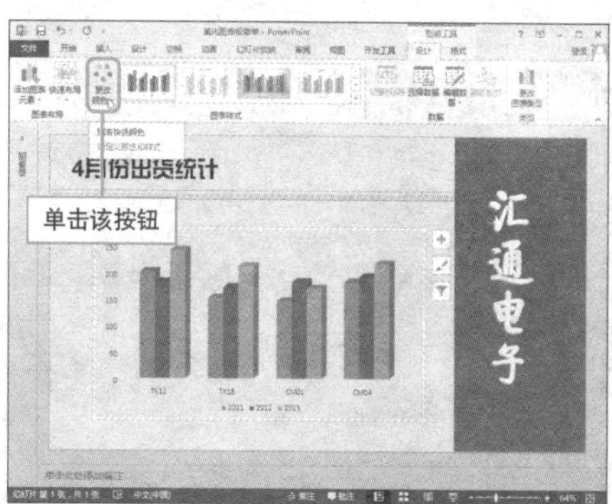

2 从展开的列表中选择“颜色2”选项。

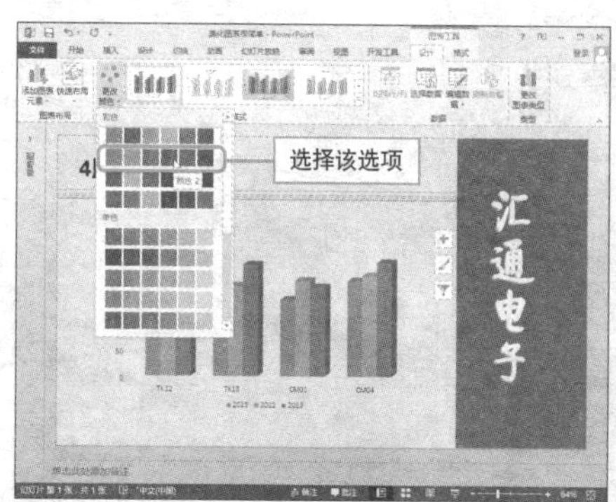

3 单击“图表样式”面板的“其他”按钮。

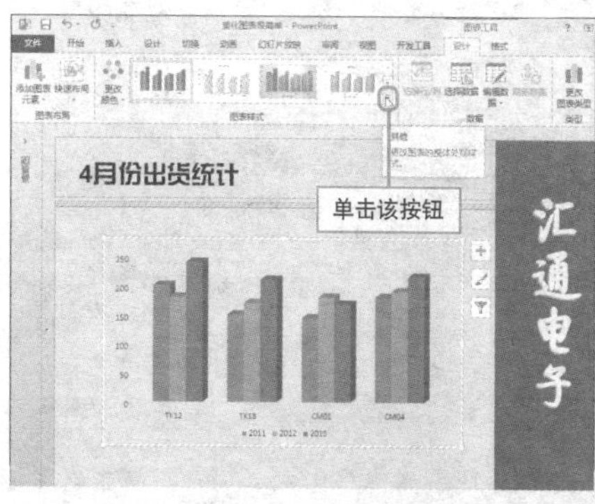

4 从展开的列表中选择“样式8”。

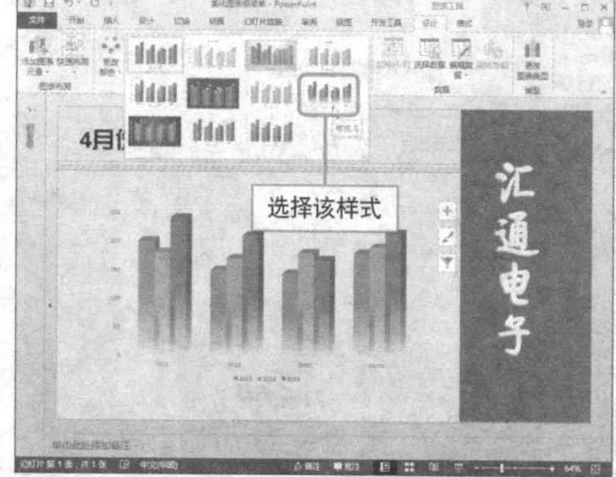

Question 564

• Level ◆◆◆

2013 2010 2007

将设置好的图表保存为模板

实例 将图表保存为模板

在工作中，经常会需要用到同一类型的模板，为了节约办公时间，可以将已经设置好的图表作为模板保存起来。这样在下次使用时，就无需从头开始设置，直接调用模板进行制作即可。

1 打开演示文稿，选择图表并单击鼠标右键，从弹出的快捷菜单中选择“另存为模板”命令。

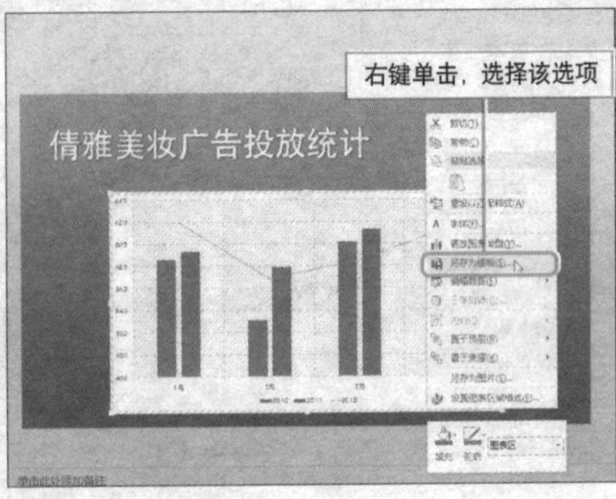

2 打开“保存图表模板”对话框，输入文件名，单击“保存”按钮。

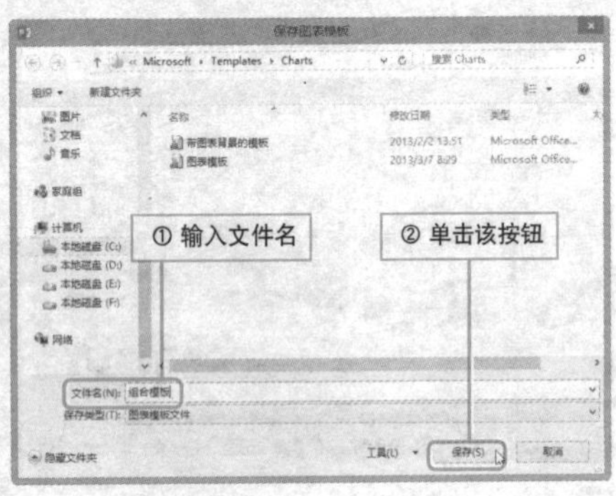

3 在使用时，只需切换至“插入”选项卡，单击“图表”按钮。

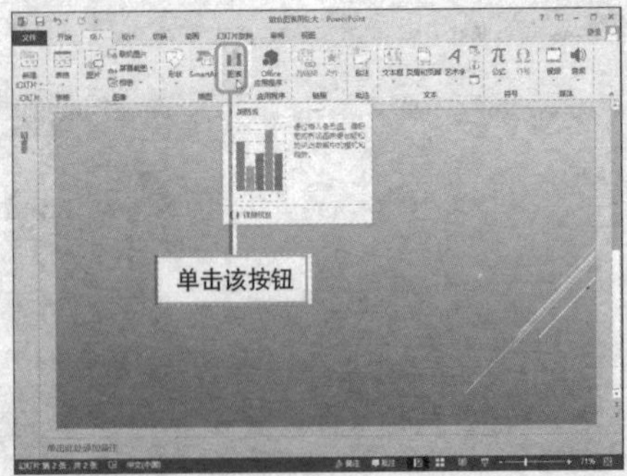

4 打开“插入图表”对话框，在“模板”选项中进行选择，单击“插入”按钮即可。

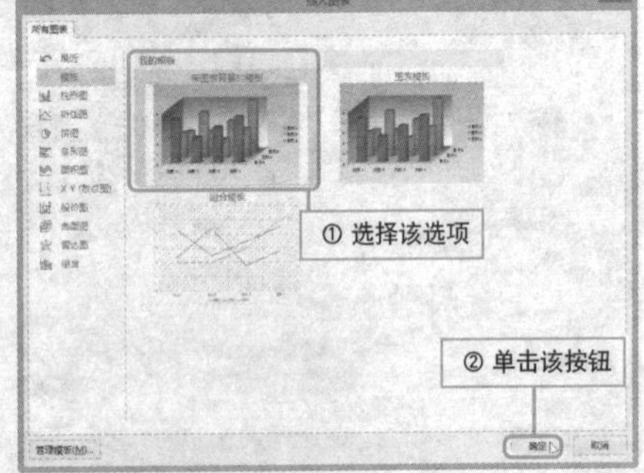

一秒钟创建艺术字效果

实例 应用艺术字

在制作宣传类、广告类、策划类的演示文稿时，为了突出显示某个重点，或者公司名称，通常需要将这些字体艺术化处理，下面介绍如何在幻灯片页面中直接插入艺术字。

1 打开演示文稿，单击“插入”选项卡上的“艺术字”按钮。

2 从展开的列表中选择“填充-黑色，文本1，轮廓-背景1，清晰阴影-背景-1”。

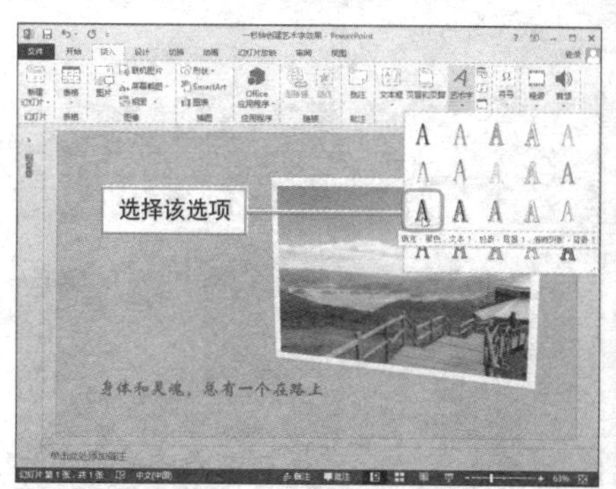

3 在页面中会出现“请在此放置您的文字”占位符。

4 将光标定位至占位符中，输入文本，更改文本字体，并将其移至页面中的合适位置即可。

为艺术字文本设置合适的颜色

实例 更改艺术字填充效果

默认的艺术字颜色是根据当前幻灯片的主题颜色提供的，若用户觉得当前艺术字颜色不够醒目，可以对艺术字的填充色进行更改，具体操作步骤如下。

1. 选择文本，单击“绘图工具-格式”选项卡上的“文本填充”按钮，从展开的面板中选择合适的颜色即可。

2. 若对“颜色”面板中的颜色不满意，则可以选择“其他填充颜色”选项，在打开的“颜色”对话框中选择合适的颜色。

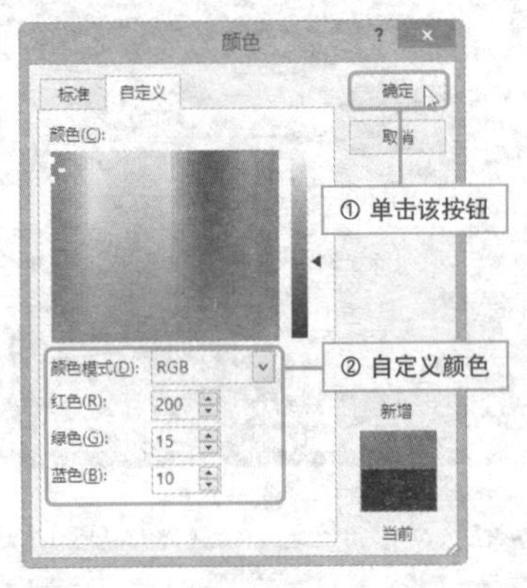

3. 若在“文本填充”列表中选择“图片”选项，则可以根据提示使用文件夹中的图片或者剪贴画对艺术字进行填充。

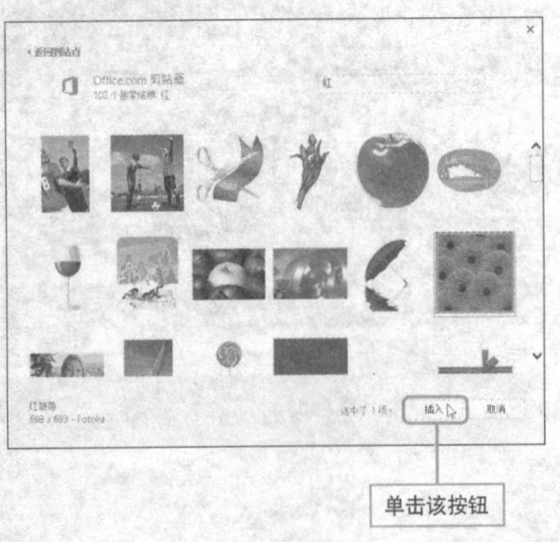

Hint

取色器有妙用

为了使文本颜色和幻灯片页面颜色匹配，可以使用幻灯片中的一种颜色作为文本填充色。选择“取色器”选项，鼠标光标将变为吸管的形状，随后吸取合适的颜色对文本进行填充即可。

巧妙设置艺术字边框

实例 更改艺术字边框效果

为了使艺术字效果更佳，用户还可以为艺术字设置边框，包括边框颜色、边框粗细及边框线型，下面对其进行详细介绍。

1 **设置边框颜色**。选择文本，单击“绘图工具-格式”选项卡上的“文本轮廓”按钮，从展开的列表中选择合适的颜色。

2 **设置边框粗细**。从展开的列表中选择“粗细”选项，从其关联菜单中选择“1.5磅”选项。

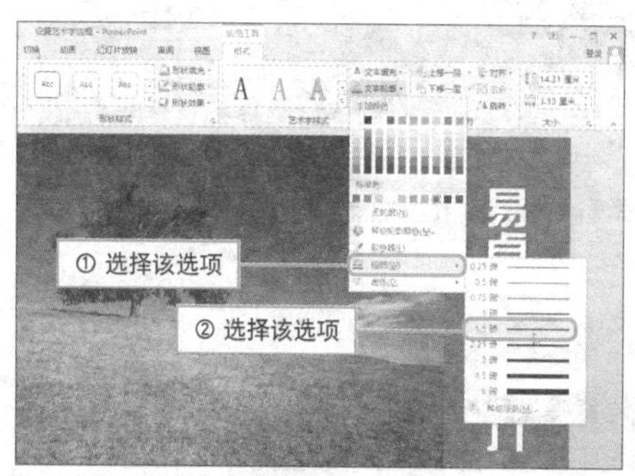

3 **设置边框线型**。从展开的列表中选择“虚线”选项，然后从其关联菜单中选择“长划线”选项。

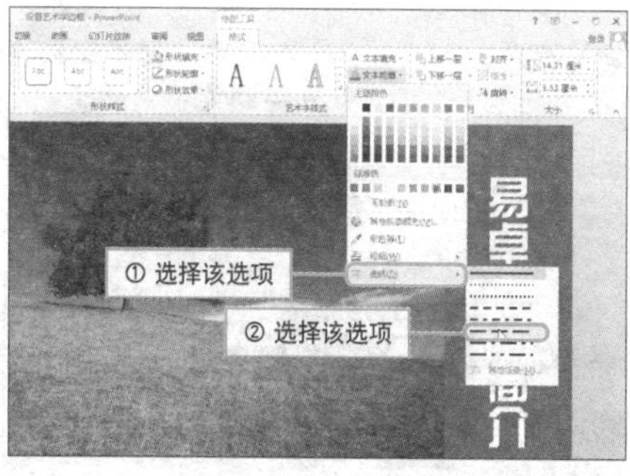

Hint

巧妙自定义艺术字边框

单击“艺术字样式”面板对话框启动器，在打开的窗格中选择“文本选项>文本填充轮廓”命令，在“文本边框”选项进行设置。

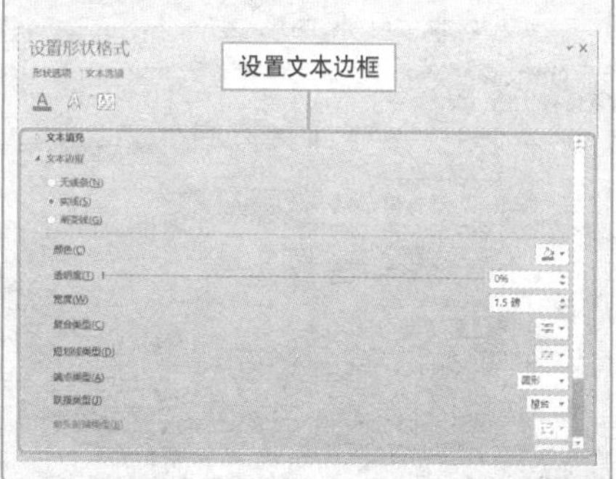

Question 568

艺术字特殊效果的设置

实例 为艺术字设置阴影、映像等效果

Level ◆◆◆

2013 2010 2007

为了使幻灯片中的艺术字标题更绚丽多彩、引人注目，用户可以为其应用阴影、映像等效果，以增强文字的立体感。在此对常见的特殊效果设置操作进行介绍。

1 **设置阴影效果**。选择文本，单击“绘图工具-格式”选项卡上的“文本效果”按钮，选择“阴影”选项，从其关联菜单中选择“左下斜偏移”。

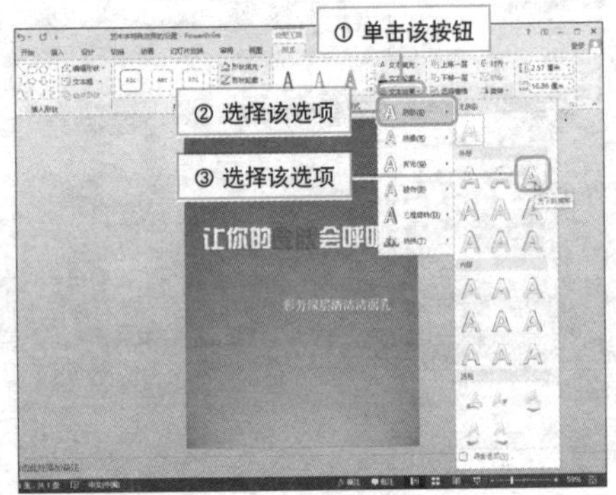

2 **设置映像效果**。从“文本效果”列表中选择“映像”选项，从其关联菜单中选择“紧密映像，4pt偏移量”。

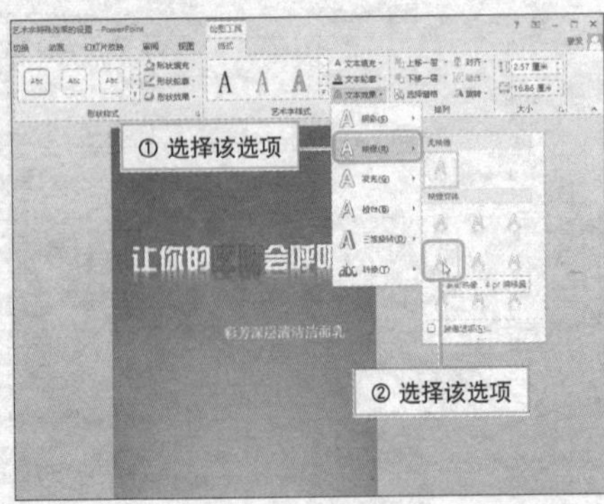

3 **转换文本**。从“文本效果”列表中选择“转换”选项，从其关联菜单中选择“正三角”。

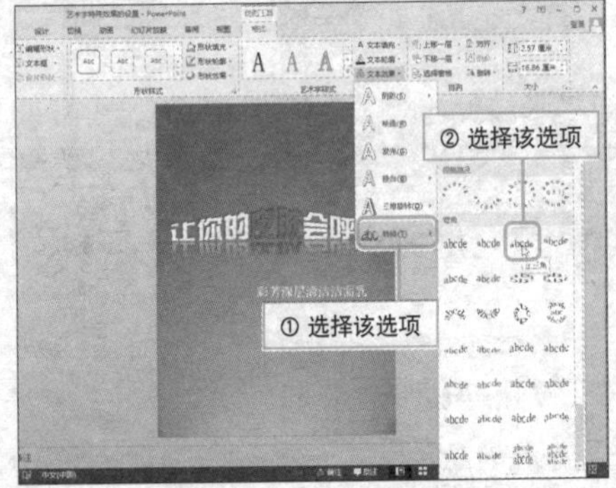

为幻灯片添加切换效果

实例 幻灯片切换效果的添加

在放映幻灯片时，为了使演示效果更加突出，用户可以为幻灯片页面添加动感的切换效果，如淡出、推进、闪光、百叶窗、时钟、涟漪、平移、旋转等，下面对其基本设置操作进行介绍。

1 选择幻灯片，切换至“切换”选项卡，单击“切换到此幻灯片”面板中的“其他”按钮。

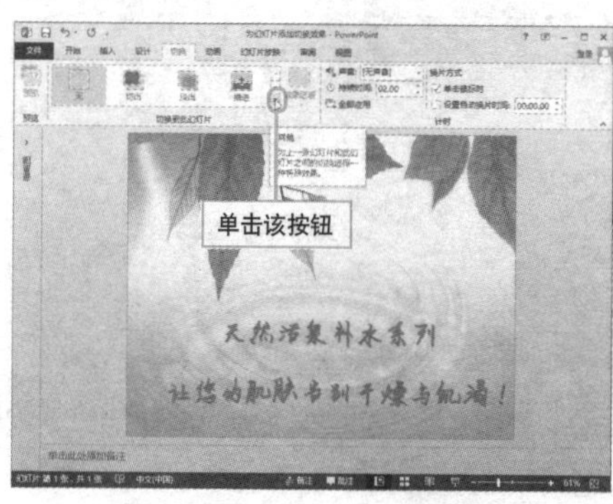

2 从切换效果列表中选择“悬挂”效果。

选择该选项

3 单击“效果选项”按钮，从列表中选择“向右”选项。

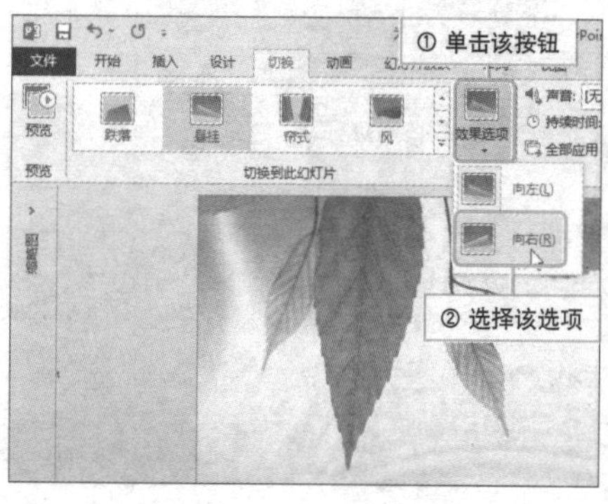

4 单击“预览”按钮，即可预览幻灯片切换效果。

预览切换效果

幻灯片的切换特效由我定

实例 幻灯片切换声音的添加及持续时间的设置

为幻灯片添加切换效果后，不仅可以根据需要为其添加一个相匹配的声音效果，而且可以自定义幻灯片换片的持续时间。下面对其相关操作进行详细介绍。

1 选择幻灯片，设置切换效果为“风”，单击“效果选项”按钮，从列表中选择“向左”选项。

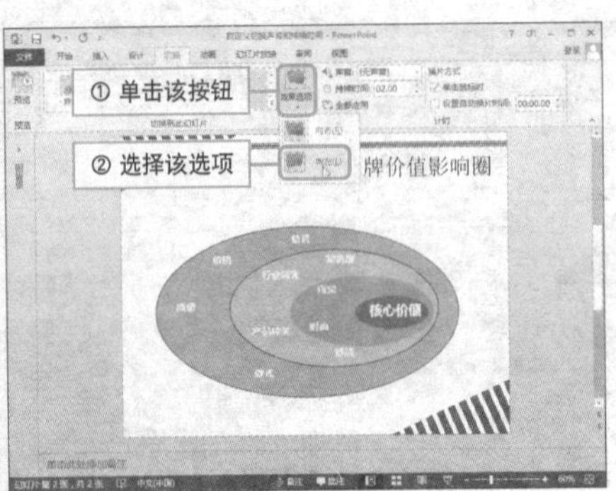

2 单击“声音”右侧下拉按钮，从展开的列表中选择“风声”选项。

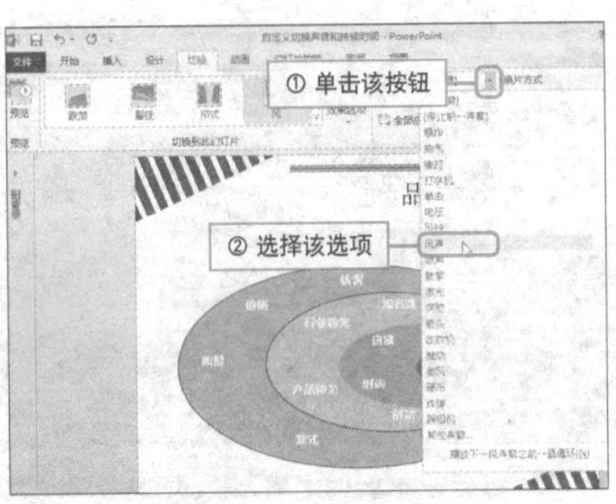

3 通过“持续时间”右侧的数值框，调整幻灯片切换效果的持续时间。然后单击“预览”按钮，预览幻灯片切换效果。

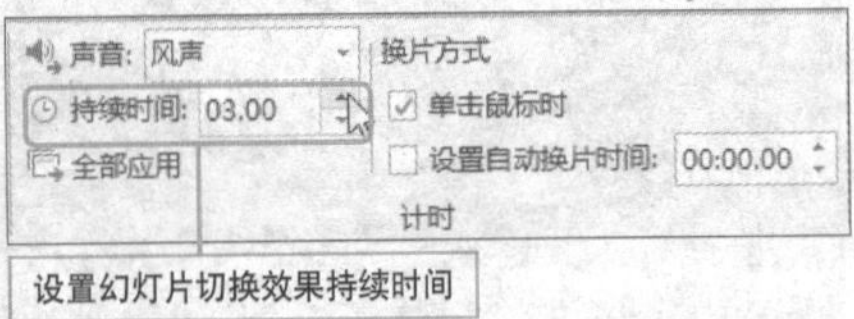

设置幻灯片切换效果持续时间

Hint

灵活应用换片方式

换片方式可分为两种，一种是单击鼠标时，一种是自动换片。

如果换片方式为单击鼠标时，那么在放映幻灯片时，需要在页面中单击鼠标，才能切换至下一张幻灯片。

而将幻灯片方式设置为自动换片时，经过特定的秒数就会自动切换至下一张幻灯片。

Question 571

为所有幻灯片快速应用同一切换效果

实例 幻灯片切换效果的同一应用

Level ◆◆◆

2013 2010 2007

设计幻灯片的切换效果后，若希望为演示文稿内的所有幻灯片都设置为该切换效果，该如何操作呢？下面对其进行详细介绍。

1 选择幻灯片，设置切换效果为“梳理”，单击“效果选项”按钮，从列表中选择“垂直”选项。

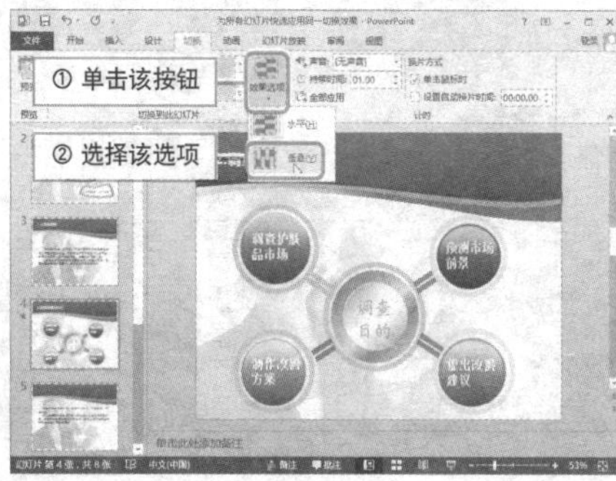

2 在“计时”面板中设计切换声音为“风铃”，持续时间为“01.50”。

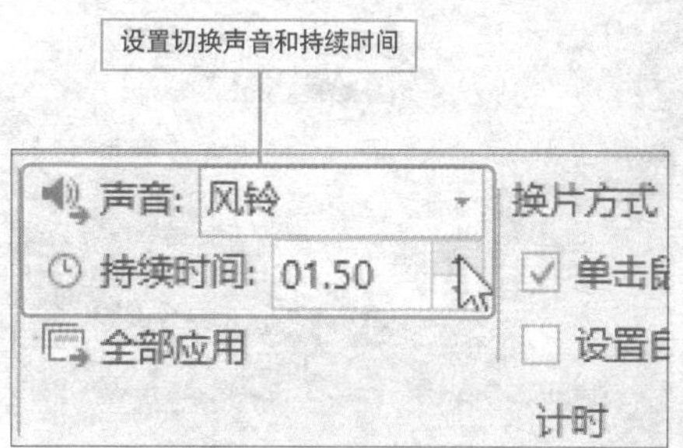

3 单击“全部应用”按钮，即可为所有幻灯片应用当前切换效果。

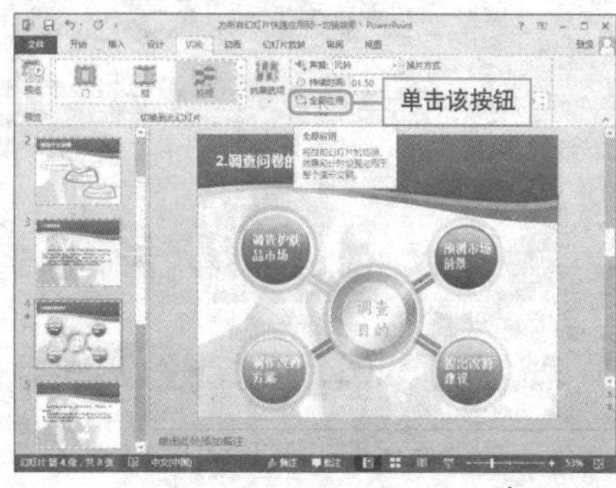

4 设置完成后，单击“预览”按钮，即可预览幻灯片切换效果。

Question

572 借用视频文件增加演示效果

● Level ◆◆◇

2013 2010 2007

实例	在幻灯片中插入视频文件

在制作幻灯片时，为了更好地向观众说明某项观点、介绍某种事物，用户可以在页面中插入相关的视频文件，以增强演示文稿的视觉冲击力。

1 选择幻灯片，切换至“插入”选项卡，单击“视频”按钮。

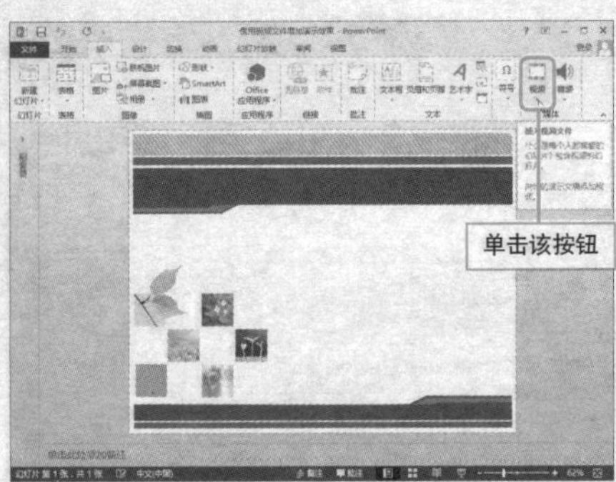

2 在列表中选择“PC上的视频”选项。

3 打开“插入视频文件”对话框，选择合适的视频，单击“插入”按钮。

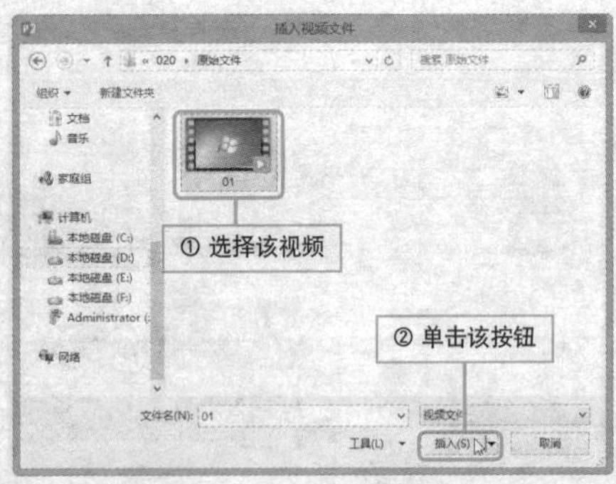

4 调整视频窗口的大小和位置，单击“播放/暂停”按钮，预览视频播放效果。

装饰视频文件的显示效果

实例 美化视频

在幻灯片页面中插入视频后，还可以根据需要对视频文件进行美化，使其与整个幻灯片背景相协调，下面介绍具体操作步骤。

1 **应用快速样式**。选择视频，单击“视频工具-格式”选项卡上“视频样式”面板的“其他”按钮，从展开的列表中选择合适样式。

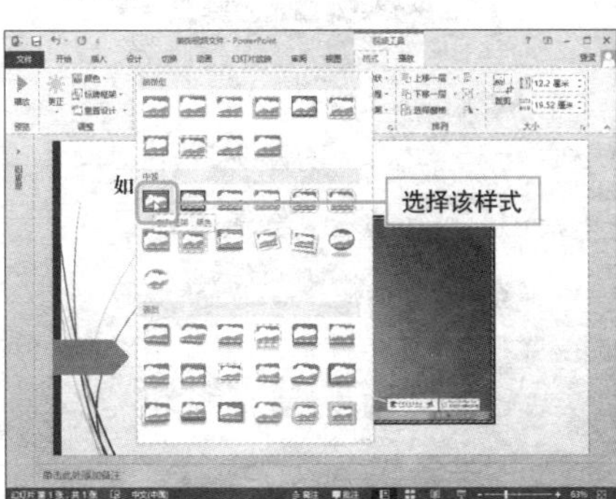

2 **更改视频形状**。单击“视频形状”按钮，从展开的列表中选择合适的形状即可。

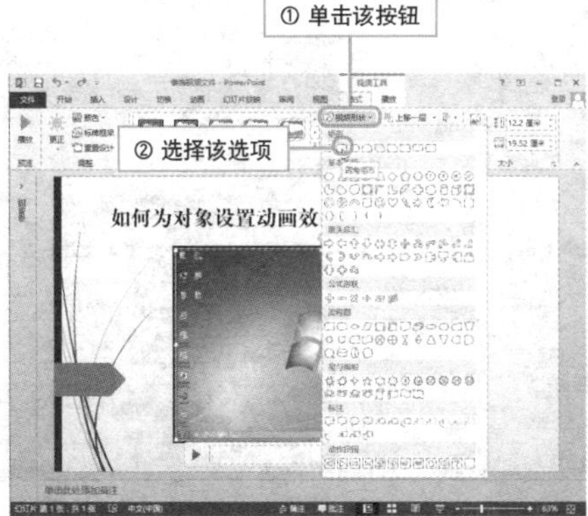

3 **设置视频边框**。单击“视频边框”按钮，从展开的列表中，可以设置视频边框颜色、粗细、线型等。

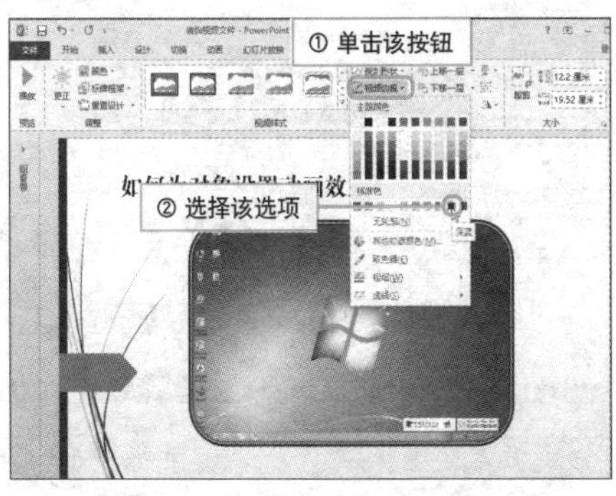

4 **设置视频效果**。单击“视频效果”按钮，从展开的列表中选择相应选项，然后在其关联菜单中进行选择即可。

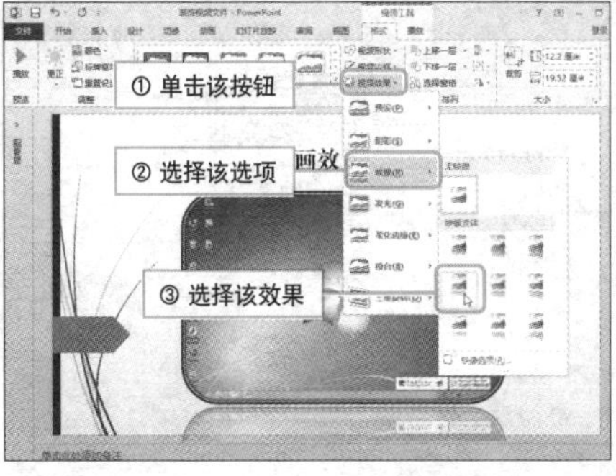

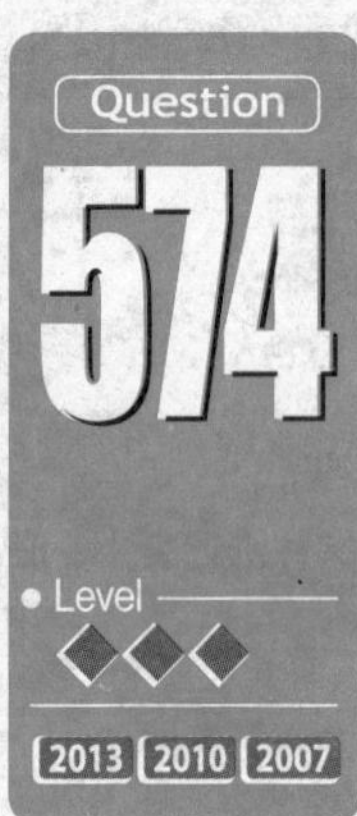

按需裁剪视频文件

实例 裁剪视频文件

若插入视频文件后，发现插入的视频过长，或者有冗余部分，可以对视频进行裁剪，保留最精华的部分，下面介绍具体操作步骤。

1 选择视频，切换至“视频工具-播放”选项卡，单击“编辑”面板的“剪裁视频”按钮。

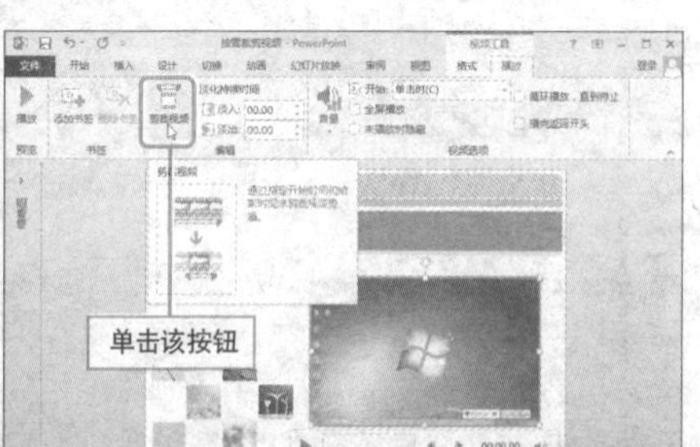

2 在弹出的“剪裁视频”对话框中设置视频的“开始时间”与“结束时间”。

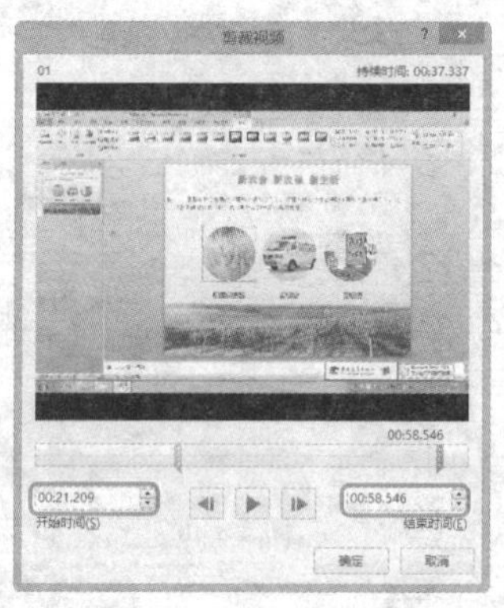

3 设置完成后，单击“确定”按钮返回页面，为了让视频的出现更加自然，可以通过“编辑”面板的“淡入”和“淡出”数值框设置视频淡入和淡出的时间。

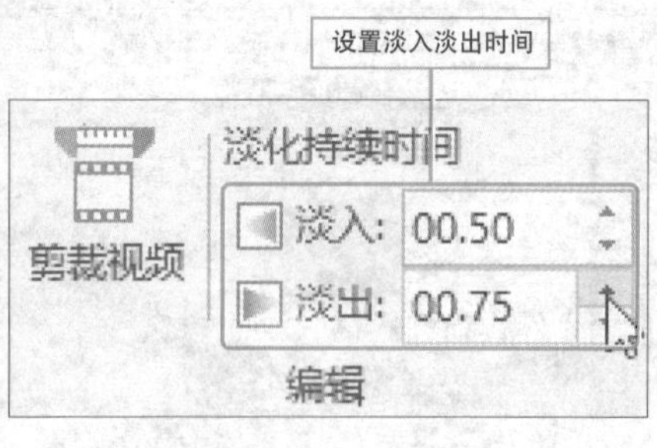

4 单击“播放”按钮，即可预览视频裁剪后的效果。

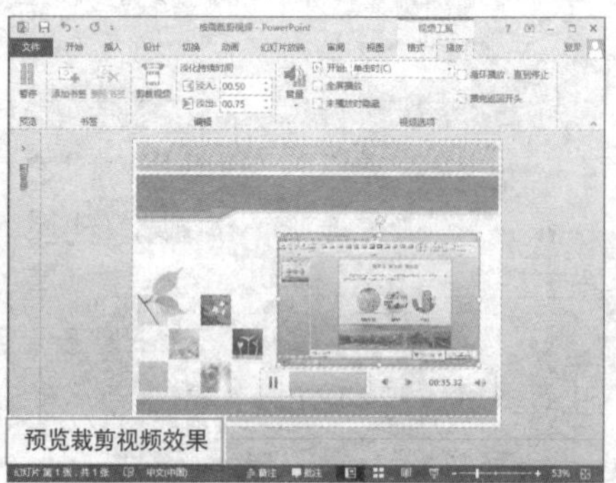

为视频封面添加标牌框架

实例 为视频添加封面

为了让添加的视频在播放时更加美观，可以在页面中插入一个封面，这个封面可以是视频中的某一帧，也可以是用户保存的精美图片。

1 **将视频中某一帧作为封面**。将视频播放至合适时间点暂停，切换至“视频工具-格式”选项卡，单击“标牌框架”按钮，从列表中选择“当前框架”选项。

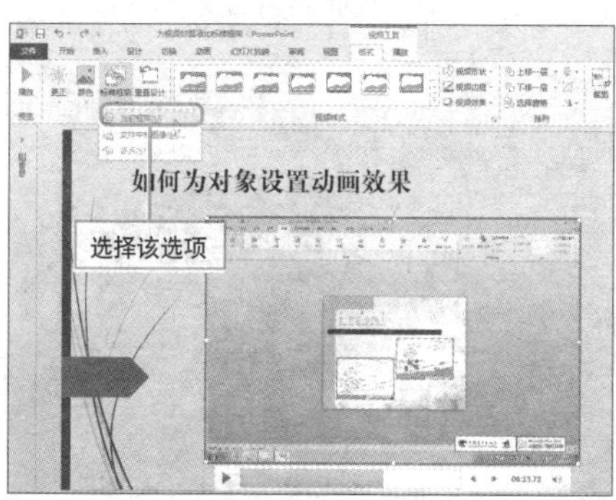

2 **使用图片作为封面**。单击“视频工具-格式”选项卡上的“标牌框架”按钮，从列表中选择“文件中的图像”选项。

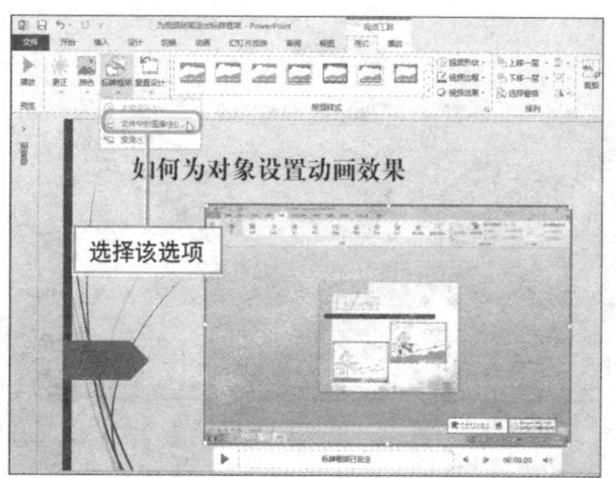

3 在打开的窗格中，单击“来自文件”右侧的“浏览”按钮。

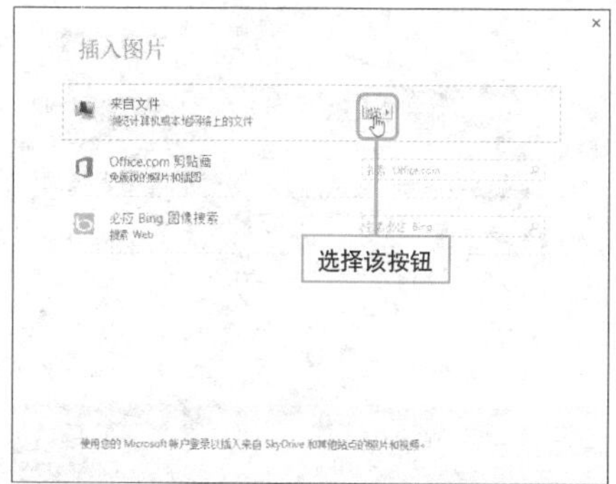

4 打开“插入图片”对话框，选择合适的图片，单击“插入”按钮即可。

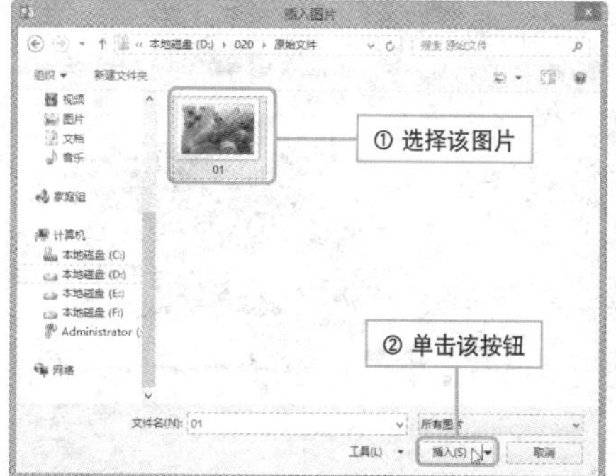

Question 576

• Level ◆◆◆

2013 2010 2007

在视频中也能插入书签

实例 为视频添加书签

书签可用于标记阅读到什么地方，记录阅读进度。在演示文稿的视频中也能添加书签，以指定在特定的时间点开始播放视频。下面介绍具体操作步骤。

1 播放视频至某个时间点，切换至“视频工具-播放”选项卡。

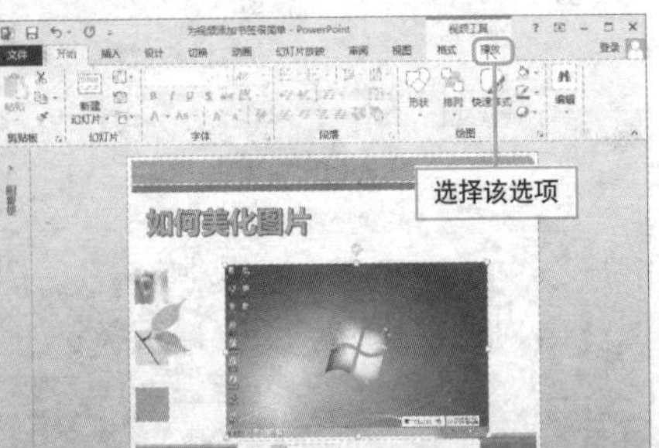

2 单击“书签”面板中的“添加书签”按钮。

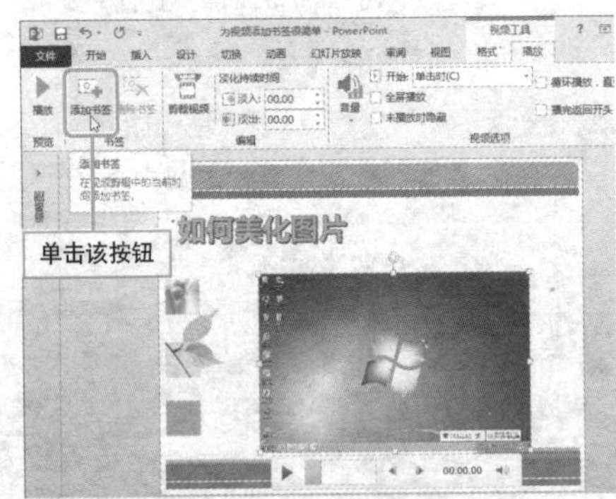

3 切换至“动画”选项卡，选择书签，在“动画”面板中选择“搜寻”动画效果。

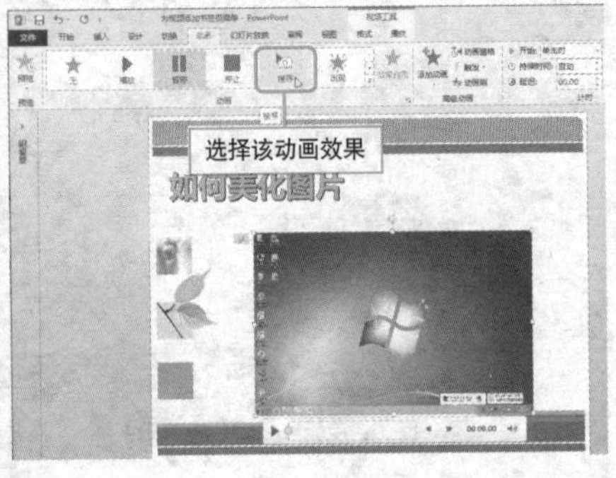

4 单击“计时”面板中“开始”右侧的下拉按钮，从展开的列表中选择“与上一动画同时”选项，并设置动画延迟时间为“00.25”。

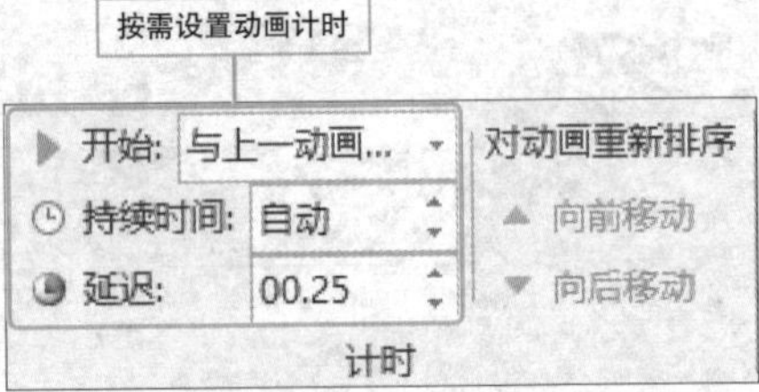

Question 577

Level ◆◆◆

2010 2007

巧妙设计视频的播放形式

实例 视频的播放设置

为了配合演讲，用户需要对视频的播放形式进行设置，如视频的开始方式、音量大小、是否全屏播放、是否循环播放等，下面对这些效果的设置进行介绍。

1 设置视频开始方式。选择视频，切换至“视频工具-播放”选项卡，单击“开始”右侧下拉按钮，从列表中选择“自动”选项。

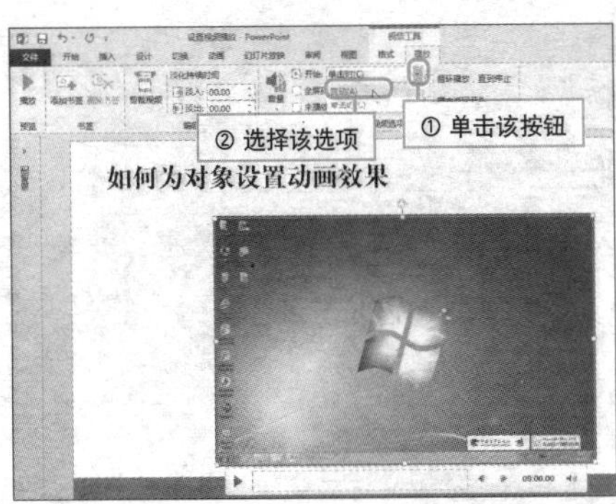

2 调节播放时音量。单击“音量”按钮，从展开的列表中选择“中”。

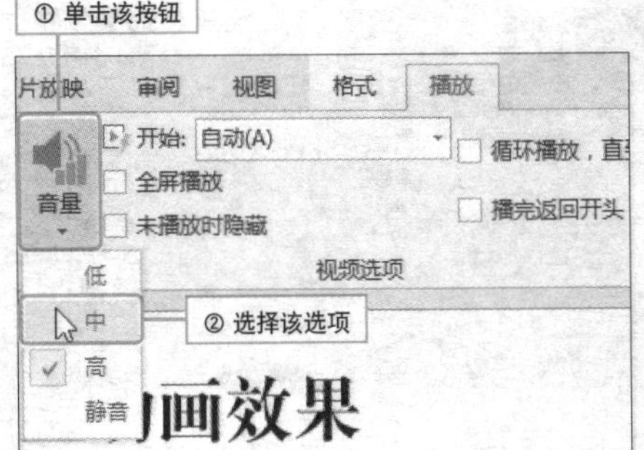

3 设置全屏播放及未播放时隐藏。在“视频选项”面板勾选“全屏播放”和“未播放时隐藏”复选框即可。

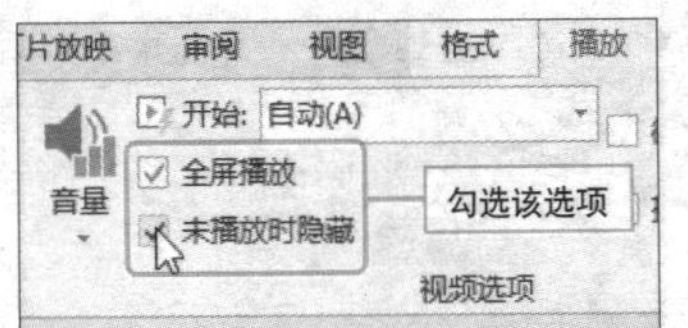

4 设置循环播放。在“视频选项”面板勾选“循环播放，直到停止”及“播完返回开头”复选框即可。

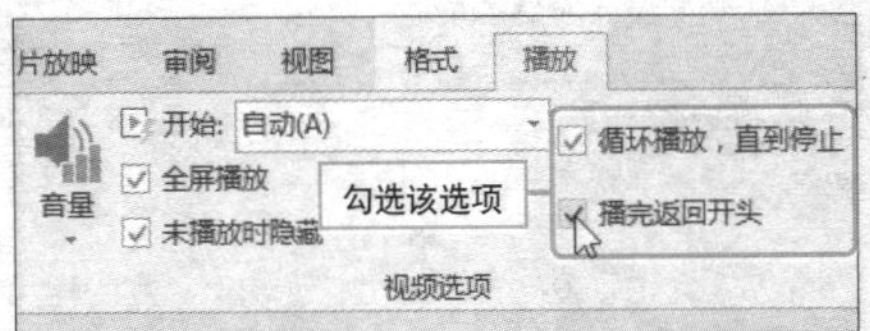

Question **578**

● Level ◆◆◆

2010 2007

播放 Flash 动画很容易

实例 在幻灯片中添加 Flash 动画

在幻灯片中不仅可以插入视频文件，而且可以插入精美的 Flash 动画文件，下面对 Flash 动画的插入和播放进行介绍。

1. 选择文本，切换至“插入”选项卡，单击“超链接”按钮。

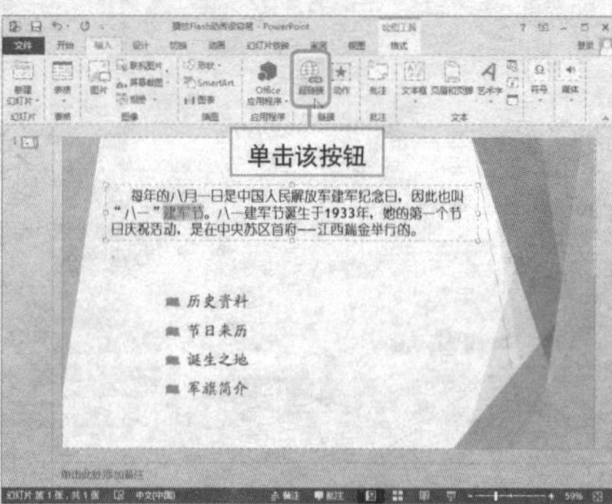

2. 打开“插入超链接”对话框。在“链接到”选项中选择“现有文件或网页”，在“查找范围”选项中选择“最终文件”，然后选择适当的文件，单击“确定”按钮。

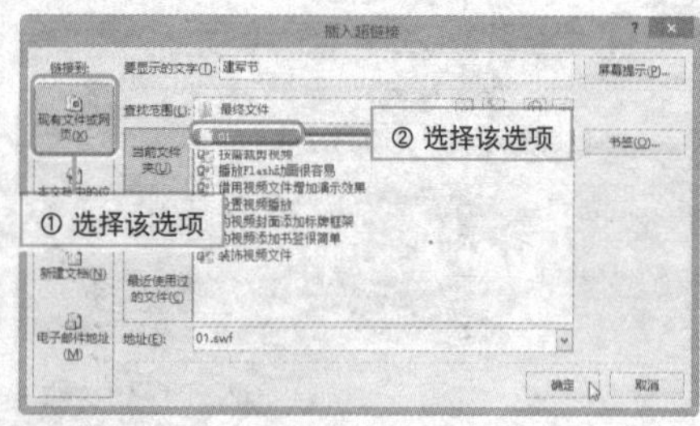

3. 放映幻灯片，将鼠标移至超链接处，会出现超链接提示，单击超链接文本。

每年的八月一日是中国人民解放军建军纪念日，因此也叫“八一”建军节。八一建军节诞生于1933年，她的第一个节日庆祝活动，是在中央苏区首府——江西瑞金举行的。

单击超链接文本

历史资料

节日来历

诞生之地

军旗简介

4. 在打开动画文件之前，会弹出一个提示对话框，单击“确定”按钮，即可打开动画文件。

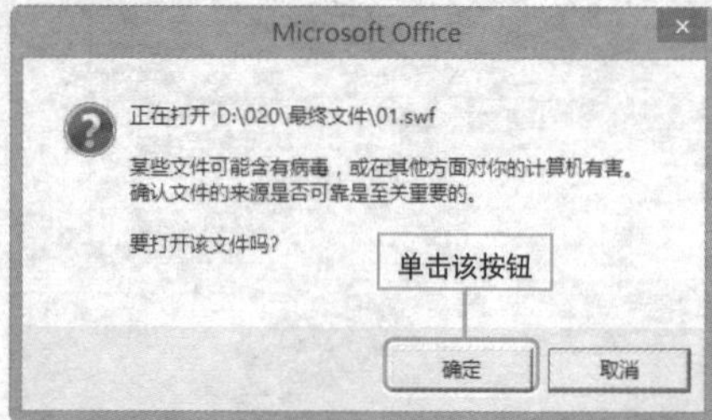

插入音频文件也不难

实例 音频文件的插入

在演示文稿中不仅可以插入视频文件，而且可以插入指定的音频文件，常见的有背景音乐、动作音效等，下面以插入幻灯片背景音乐为例进行介绍。

1 选择幻灯片，切换至“插入”选项卡，单击“媒体”面板的“音频”下拉按钮。

2 从展开的列表中选择“PC上的音频”选项。

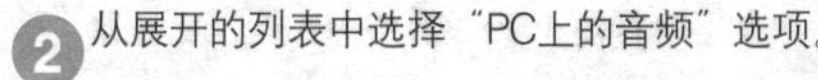

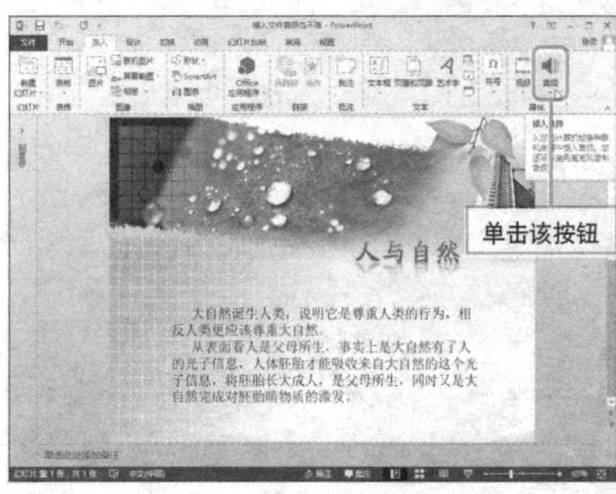

3 打开“插入音频”对话框，选择需要插入的音频文件，单击“插入”按钮。

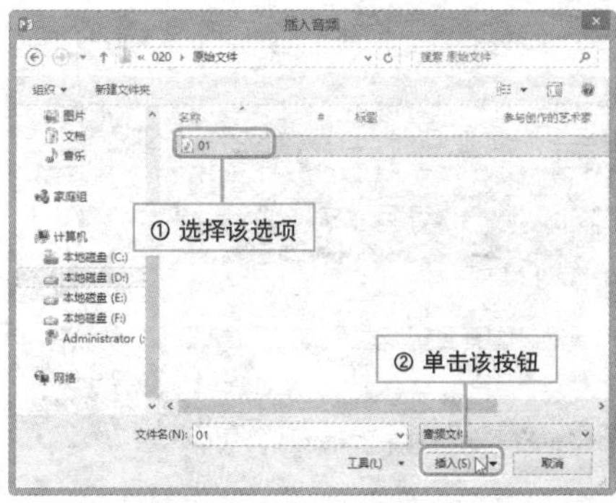

4 将音频文件插入幻灯片，幻灯片中会显示小喇叭图标，将其移至幻灯片的合适位置即可。

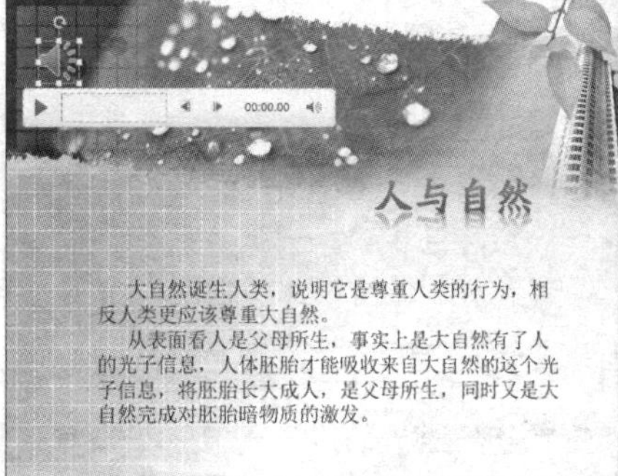

Question

580 插入录制的声音

• Level ◆◆◆

2010 2007

实例 为幻灯片录制声音文件

在制作教学类、宣传类等演示文稿时，用户可以为幻灯片亲自录制解说词，下面介绍录制音频，并将其插入幻灯片页面中的具体操作步骤。

1. 选择幻灯片，切换至“插入”选项卡，单击“媒体”面板的“音频”下拉按钮。

2. 从展开的列表中选择“录制音频”选项。

3. 在弹出的“录制声音”对话框中单击“录制”按钮●开始录制，录制过程中可以单击“暂停■按钮暂停录制，录制完成后，可以单击“播放”▶按钮试听。

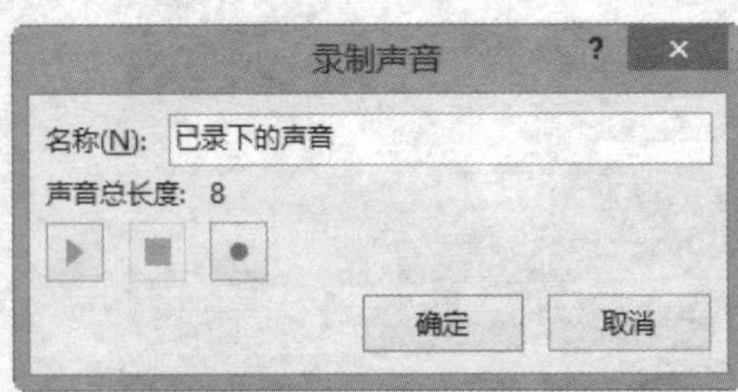

4. 单击“确定”按钮，即可将录制的音频插入到演示文稿，然后将其移至合适的位置即可。

音频图标的美化

实例 美化声音图标

插入音频文件后，为了美化幻灯片界面，通常需要对音频文件的显示效果进行设置，下面介绍美化声音图标的具体操作步骤。

1 选择音频，切换至“音频工具-格式”选项卡上，单击“更改图片”按钮。

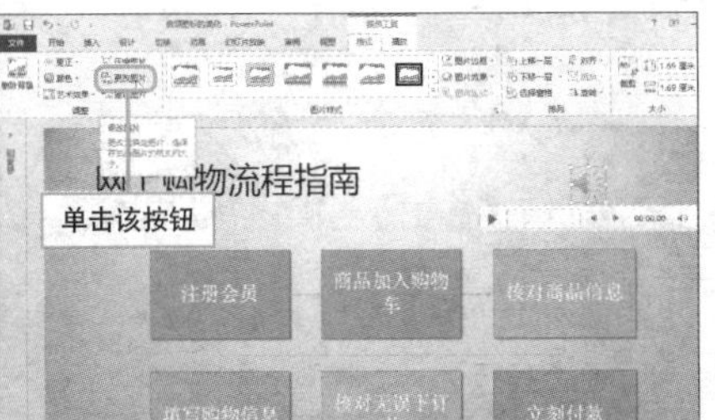

2 打开“插入图片”窗格，在“Office.com剪贴画”右侧的文本框中输入关键词“声音”，单击“搜索”按钮。

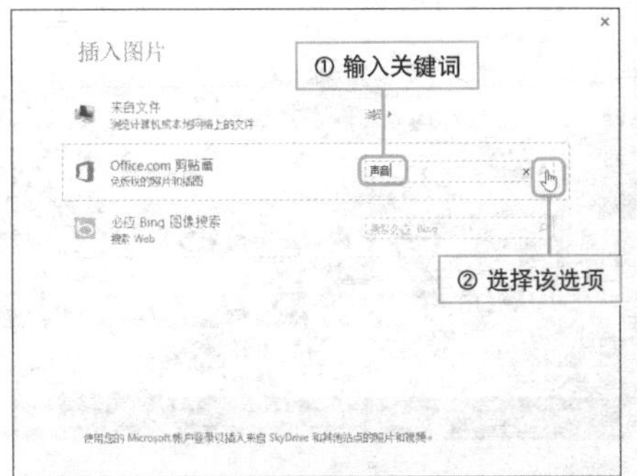

3 在展开的搜索列表中，选择合适的剪贴画，单击“插入”按钮。

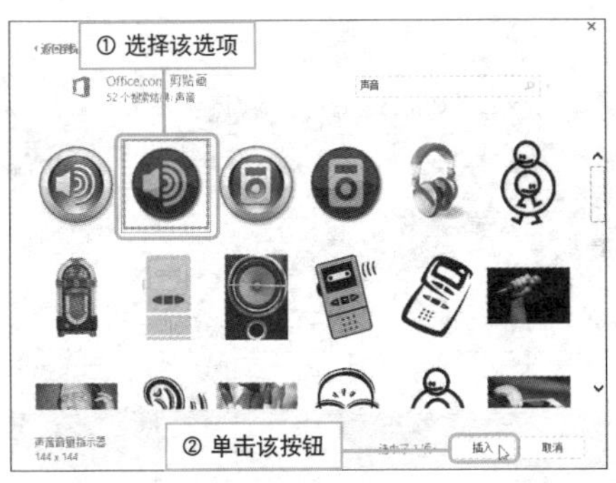

4 更改声音图标完成后，可以在“格式”选项卡像美化图片一样，继续美化图标。

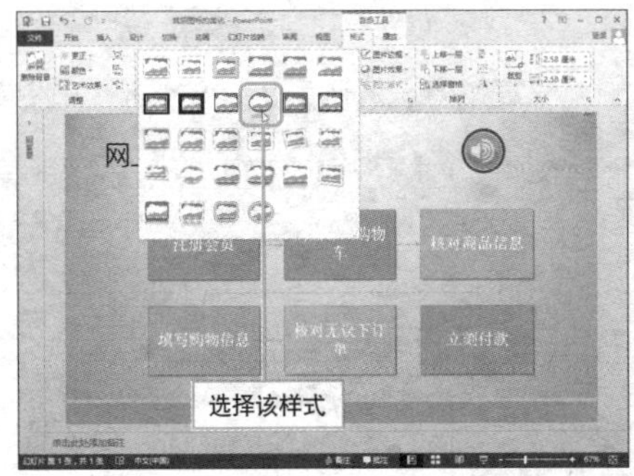

对音频文件实施按需取材

实例 裁剪音频文件

如果插入幻灯片页面中的音乐过长，用户希望只播放高潮部分的音乐，则可以根据需要将多余的部分裁剪，下面介绍剪裁音频，并设置淡入和淡出效果的操作步骤。

1 打开演示文稿，选择音频，切换至“音频工具-播放”选项卡。

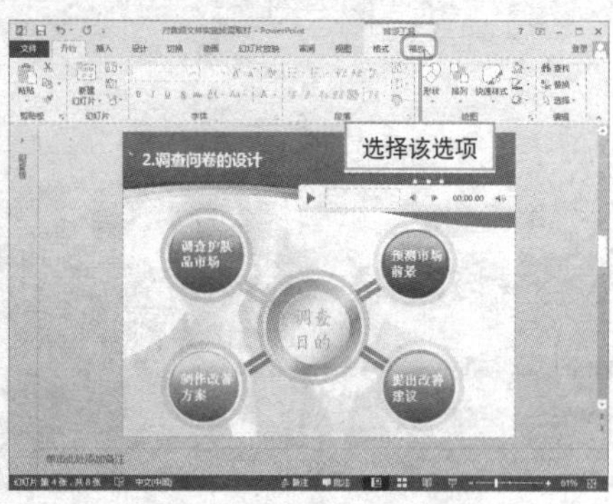

2 单击“编辑”面板的“剪裁音频”按钮。

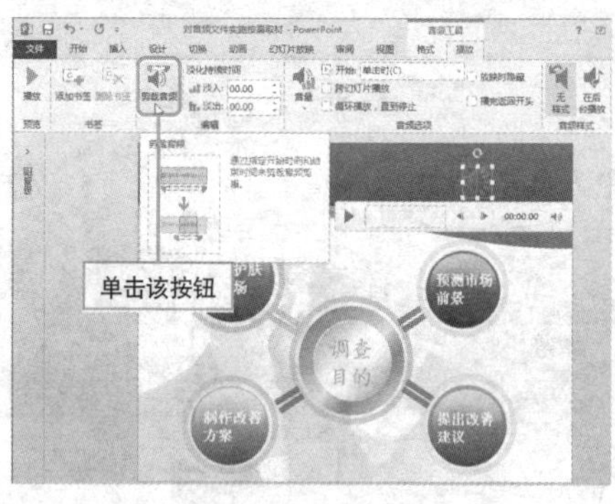

3 打开“剪裁音频”对话框，拖动控制手柄调整开始时间和结束时间，也可以通过“开始时间”和“结束时间”数值框来设置，设置完成后，单击“确定”按钮。

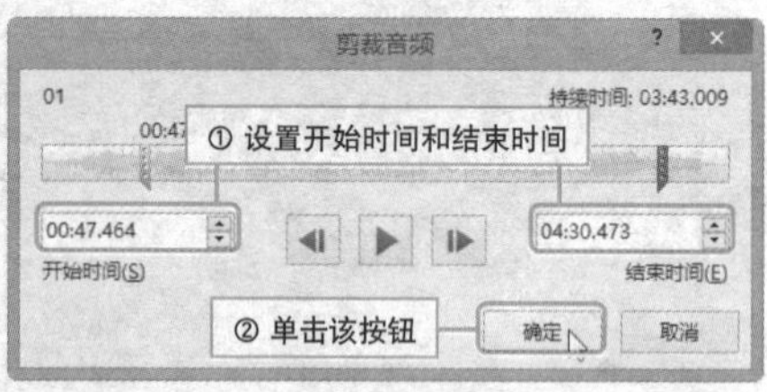

4 为了让声音的出现更加自然，可以通过“编辑”面板的“淡入”和“淡出”数值框设置声音淡入和淡出的时间。

让插入的音乐从某一固定时间开始播放

实例 为音频添加书签

用户在播放音频时，如果想从某个时间点开始播放，那么可以为音频添加书签，以通过触发动画跳转至指定的时间点，下面介绍具体操作步骤。

1 选择音频，调整播放进度至合适点后，切换至“音频工具-播放”选项卡。单击“书签”面板的“添加书签”按钮。

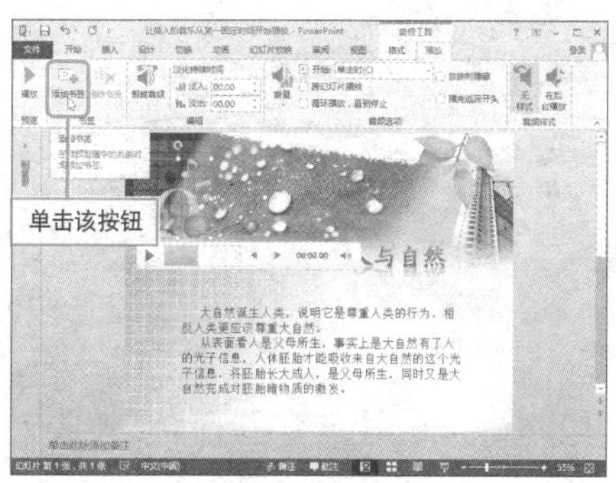

2 切换至“动画”选项卡，选择“动画”面板的“搜寻”动画效果。

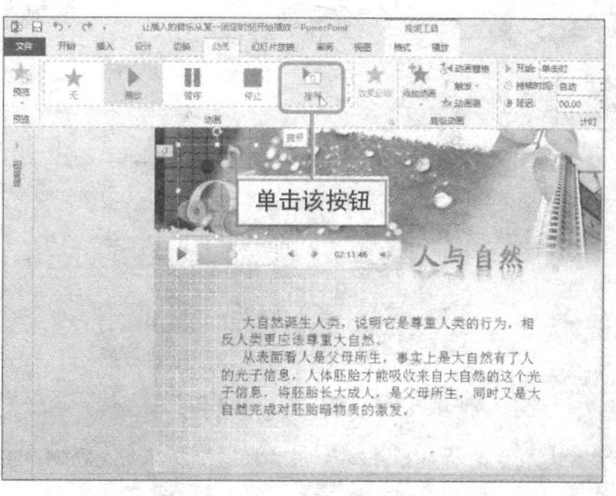

3 单击“计时”面板中“开始”右侧下拉按钮，从展开的列表中选择“与上一动画同时”选项。

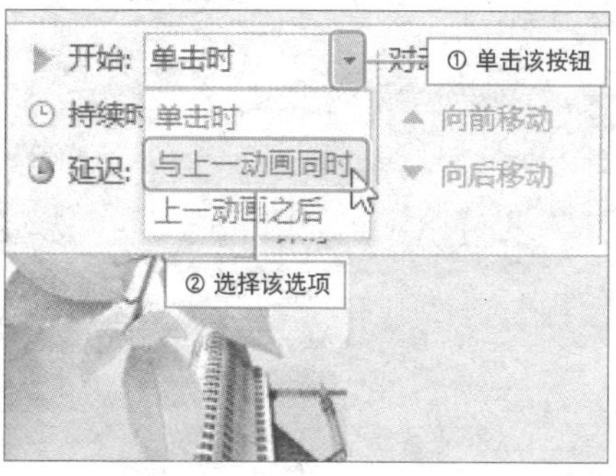

Hint

如何删除书签

选择书签，单击“音频工具-播放”选项卡上的“删除书签”按钮即可。

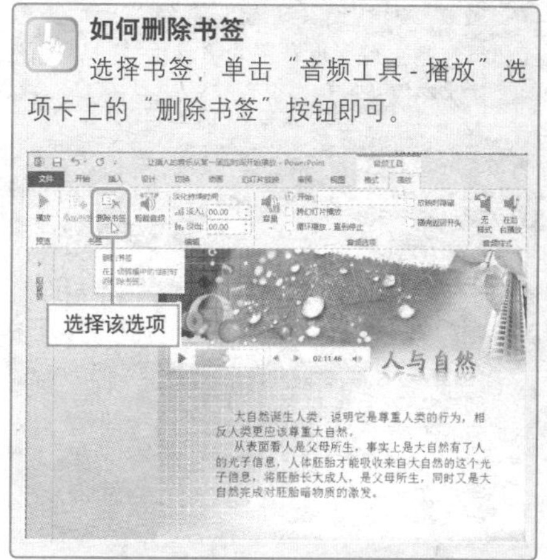

Question 584

让插入的音乐循环播放

● Level ◆◆◆

2013 2010 2007

实例 循环播放幻灯片中的音乐

若想让插入的音乐在多张幻灯片中循环播放，则可以通过选项设置来实现其需求。在此，将对其该效果的制作方法进行介绍。

1 选择音频，切换至“音频工具-播放”选项卡。

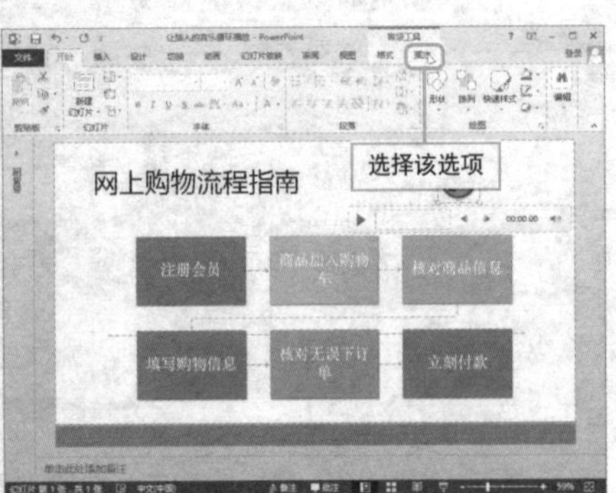

2 随后直接单击“音频样式”面板的“在后台播放”按钮，即可让音乐跨幻灯片循环播放，且在播放时会隐藏声音图标。

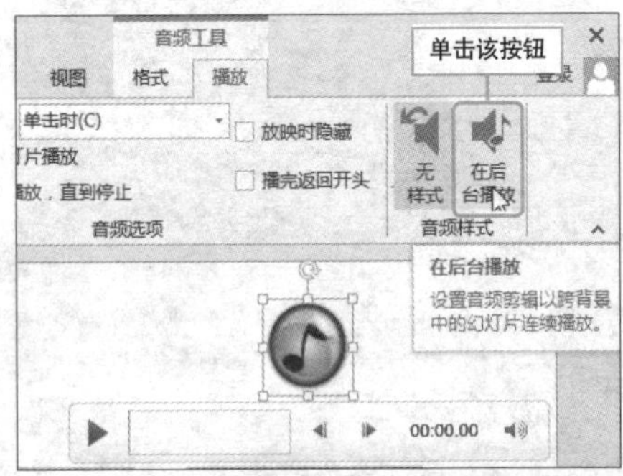

3 若勾选“音频选项”面板中的“跨幻灯片播放”及“循环播放，直到停止”复选框，则也可实现音乐的循环播放。不同的是，在播放过程中会显示声音图标。

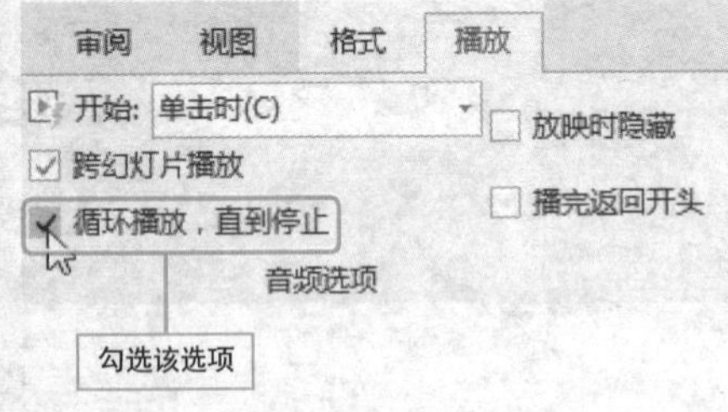

Hint

如何让音乐播放完毕后返回开头

在“音频选项”组中勾选“播完返回开头”复选框即可。

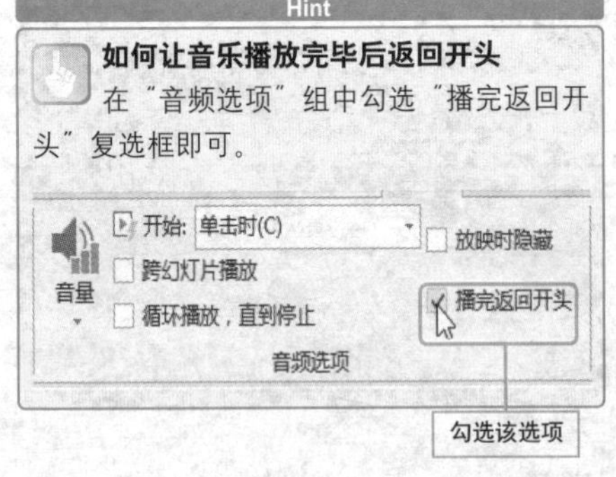

快速添加动画效果

实例 进入动画效果的设置

为了让整个演示文稿的显示效果更佳，可以为演示文稿中的特定对象添加动画效果，从而使整个画面更具动感，更引人注目。下面以最常见的进入动画效果为例进行介绍。

1 选择文本对象，切换至“动画”选项卡，单击“动画”面板中的“其他”按钮。

2 从展开的列表中选择“浮入”效果。

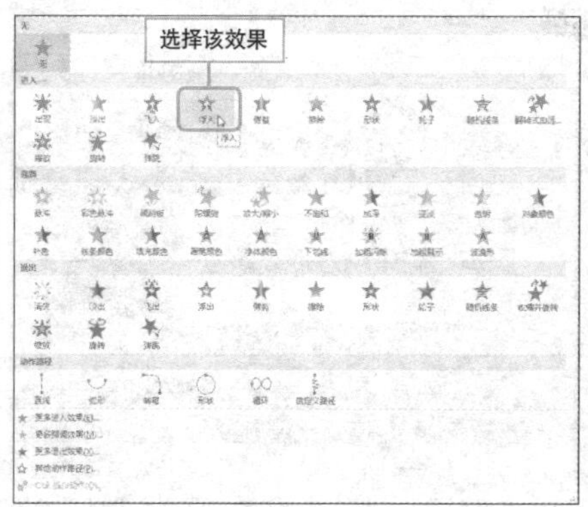

3 若在动画列表没有找到满意的进入动画效果，则可以选择“更多进入效果”选项，打开“更改进入效果”对话框，从中进行选择，最后单击“确定”按钮。

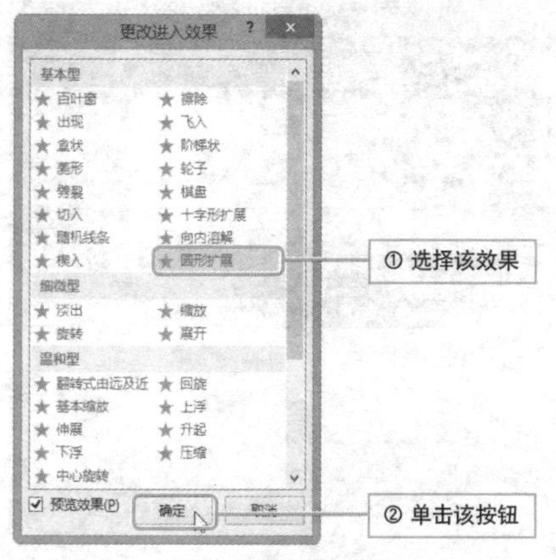

4 为了使该效果更加符合实际需要，用户可以为其指定效果。即单击“效果选项”按钮，从展开的列表中选择“菱形”选项。

轻松修改、删除动画效果

实例 更改和删除动画效果

添加动画效果后，若用户对当前动画效果不满意，想要更改为其他动画效果，或者觉得当前动画多余，想要将其删除，该如何操作呢？

1 选择动画对象，切换至“动画”选项卡，单击“动画”面板的“其他”按钮。

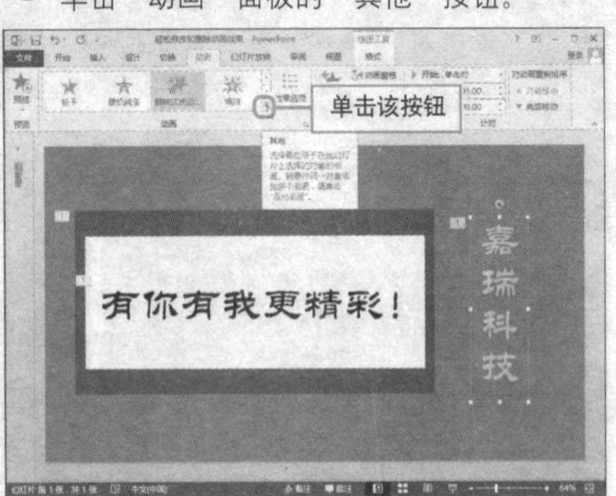

2 从展开的列表中选择“缩放”动画效果。

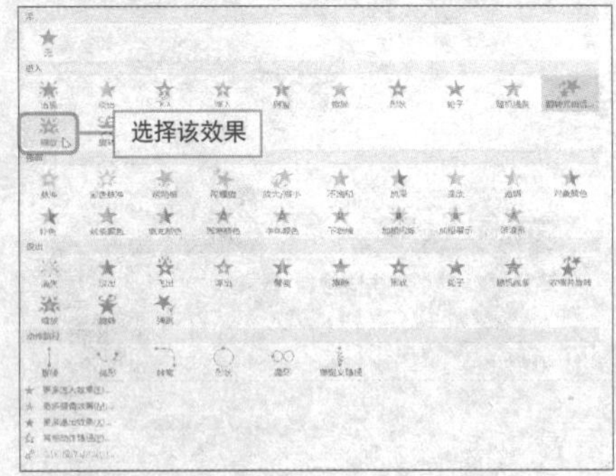

3 单击“效果选项”按钮，从展开的列表中选择“幻灯片中心”选项。这样即可更改原有的动画效果。

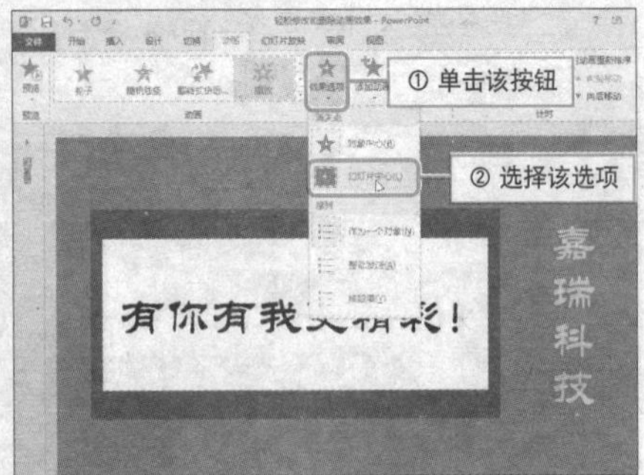

Hint

删除动画效果

选择动画对象，在打开的动画列表中选择“无”。或者选择动画标签，在键盘上直接按 Delete 键即可删除。

动画窗格大显身手

实例 调整动画排列顺序

若一页幻灯片内包含多个动画对象，在设置完成动画效果后，发现动画先后顺序混乱，这时就需要调整动画的排列顺序。下面介绍具体操作步骤。

1. 选择任一动画对象，切换至“动画”选项卡，单击“动画窗格”按钮。

2. 打开动画窗格，选择对象，使用鼠标将其拖动至合适的位置即可。

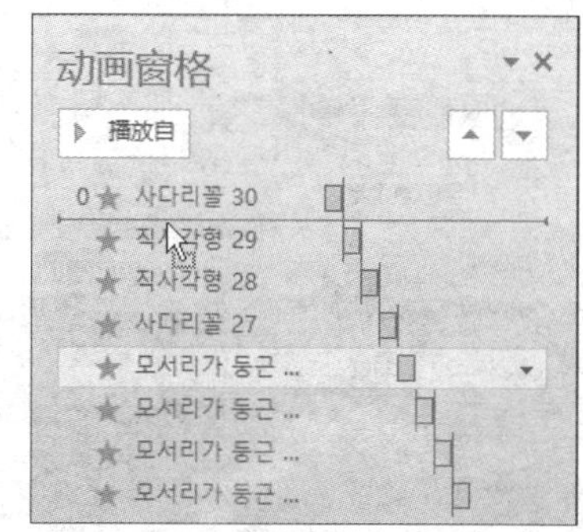

3. 用户还可以通过动画窗格右上角的的“上移”或[▲]“下移”[▼]按钮，调整动画播放顺序。调整完毕后，单击“播放”按钮，预览动画效果。

Hint

通过功能区按钮调整动画播放顺序

选择动画对象后，切换至“动画”选项卡，单击“计时”面板中的“向前移动”或者“向后移动”按钮，也可调整动画的播放顺序。

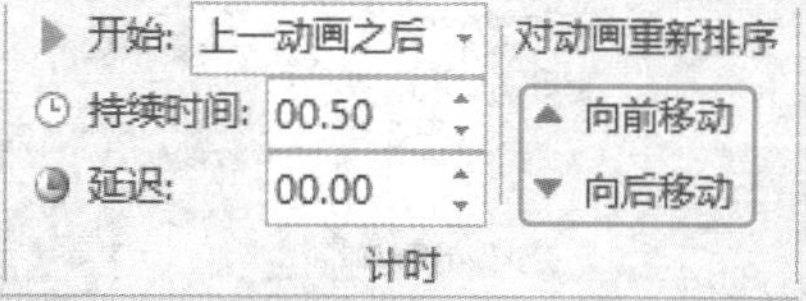

Question 588

● Level ◆◆◆

2013 2010 2007

动画播放时间我做主

实例 **设置动画播放持续时间**

为了使动画效果更加逼真、自然，用户可以调整动画的播放速度，即动画播放持续时间，下面介绍具体操作步骤。

1. 选择对象，设置动画效果为“飞入”，“自右侧”。

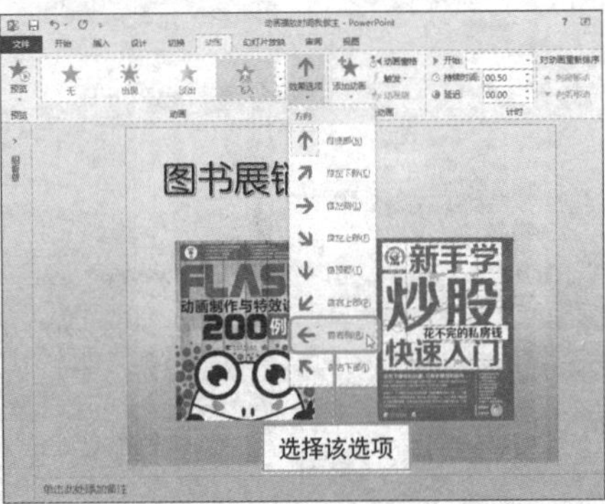

2. 单击“开始”右侧的下拉按钮，从展开的列表中选择“上一动画之后”选项。

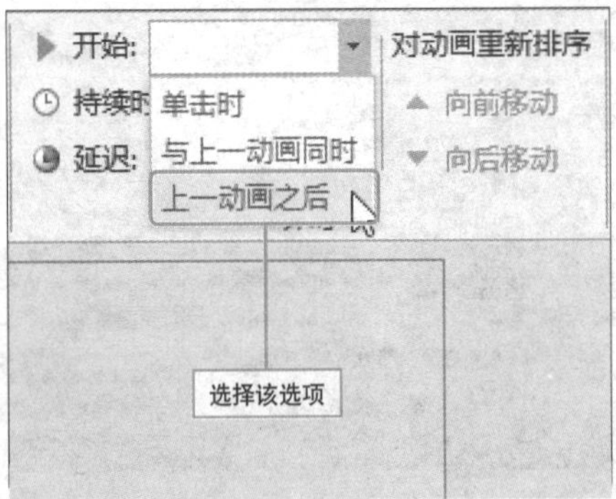

3. 通过设置“计时”面板中“持续时间”数值框来调整动画的播放时间。持续时间越长，播放速度越慢，否则播放速度越快。

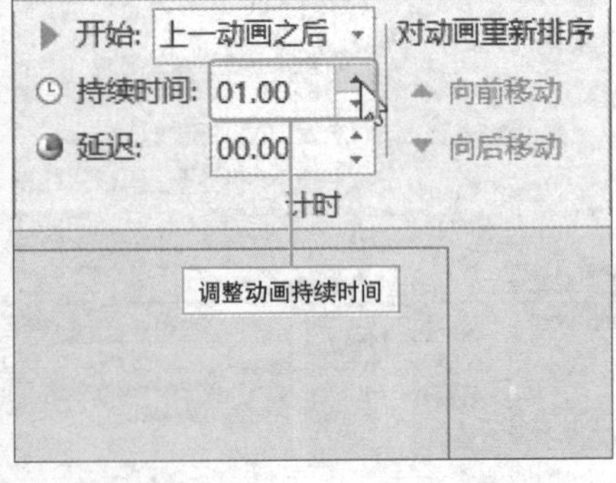

4. 设置完成后单击“预览”按钮预览动画效果。若还不满意，则可按照上述方法继续修改动画播放速度。

单击其他对象播放动画

实例 设置动画触发方式

所谓“触发”即指因为某一触动而引起的连锁反应。在播放动画时，为了更好地控制动画播放，用户也可以设置动画开始时的触发方式，下面对其具体操作方法进行介绍。

1 选择图片，切换至“动画”选项卡，单击“动画”面板的“其他”按钮，从展开列表中选择“轮子”。

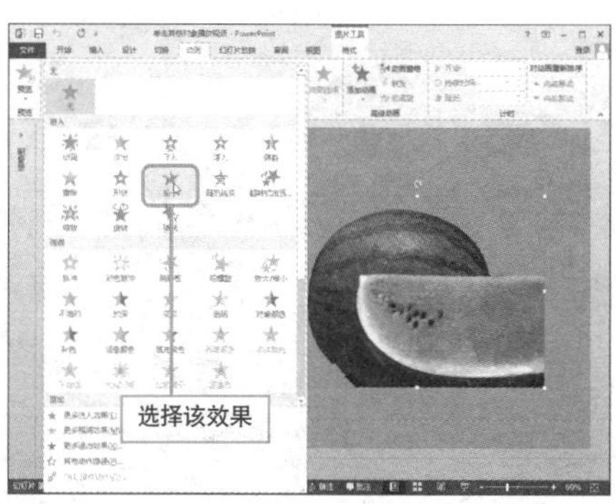

2 单击“效果选项”按钮，从展开的列表中选择“3轮辐图案”选项。

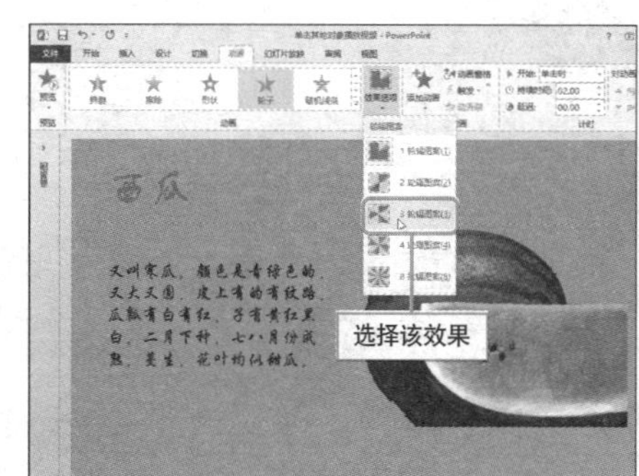

3 单击“触发”按钮，从展开的列表中选择“单击”选项，然后从其级联菜单中选择“矩形6”选项。

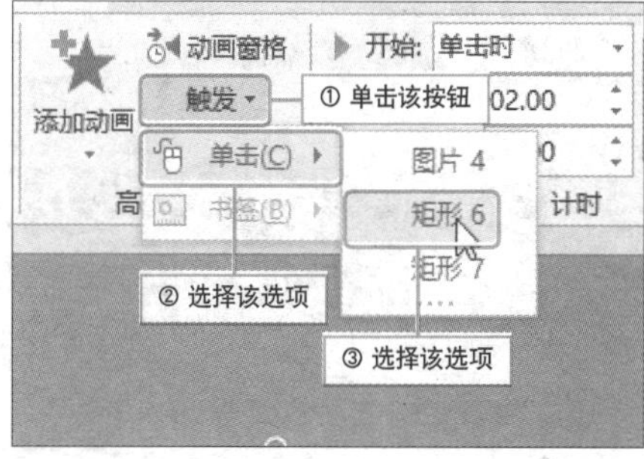

4 按F5键放映幻灯片，单击“西瓜”文本所在的矩形6，将播放动画。

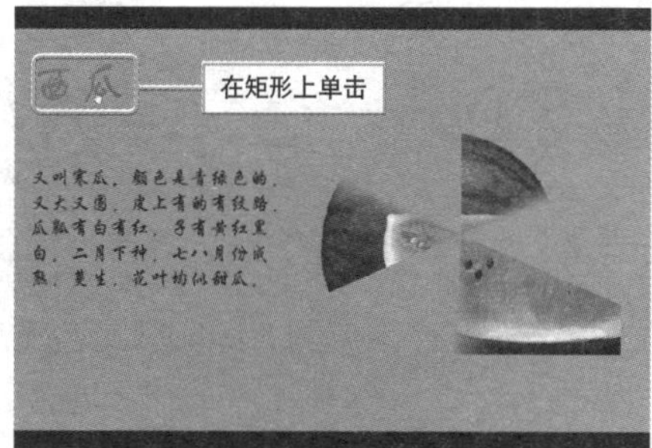

Question 590

Level ◆◆◆

2013 2010 2007

动画刷，用处大

实例 动画效果的批量设置

在某些情况下，需要为多个对象设置同样的动画效果，为了避免重复劳动，用户可以采用格式刷功能进行动画效果的复制，下面介绍具体操作步骤。

① 选择图片，为其应用“飞入，自左侧”动画效果，然后单击“添加动画”按钮，从列表中选择“轮子”效果。

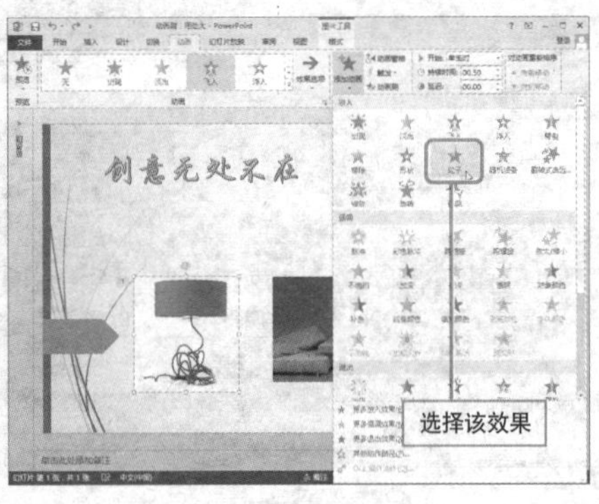

② 在“计时”面板中设置开始方式为“上一动画之后”，持续时间为“01.00”。

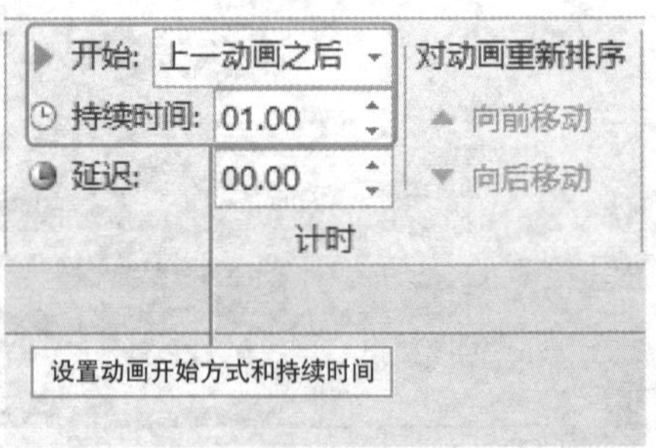

③ 在第一个动画效果设置好之后，双击“高级动画”面板的“动画刷”按钮。

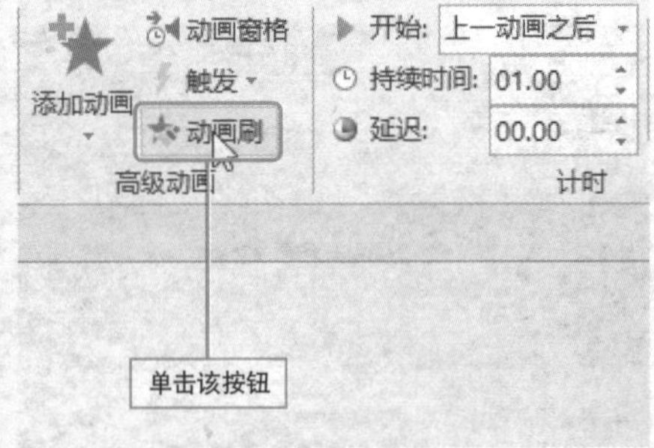

④ 当鼠标光标变为小刷子样后，依次在需要应用该动画效果的对象上单击即可。

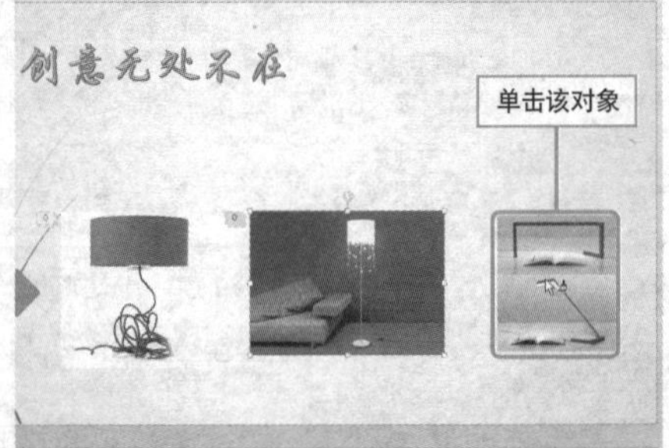

15 EXCEL高级应用技巧
16 数据的排序、筛选及合并计算
17 工作表的打印技巧
18 PowerPoint 2013操作技巧
19 幻灯片编辑技巧
20 多媒体使用技巧
21 幻灯片放映技巧

快速设置退出动画效果

实例 退出动画的应用

动画效果包含进入、退出、强调等，在此将对退出动画效果的应用进行介绍。退出动画效果包括使对象飞出幻灯片、从视图中消失或者从幻灯片中旋出等。

1 选择文本对象，切换至“动画”选项卡，单击“动画”面板的“其他”按钮。

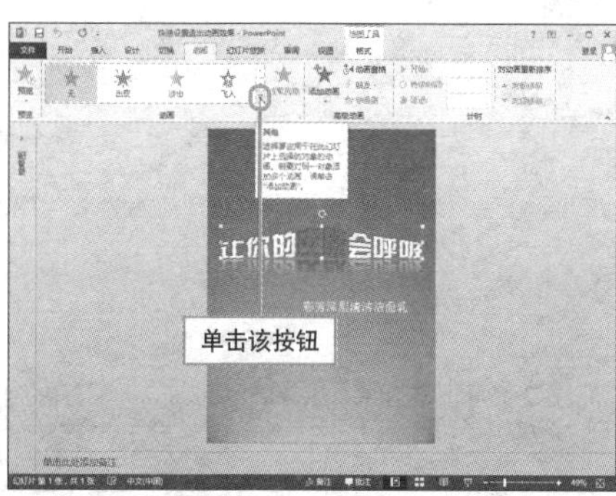

2 随后从展开的动画列表中选择“旋转”动画效果。

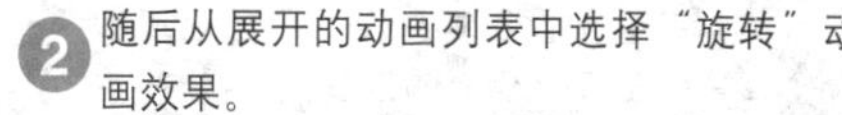

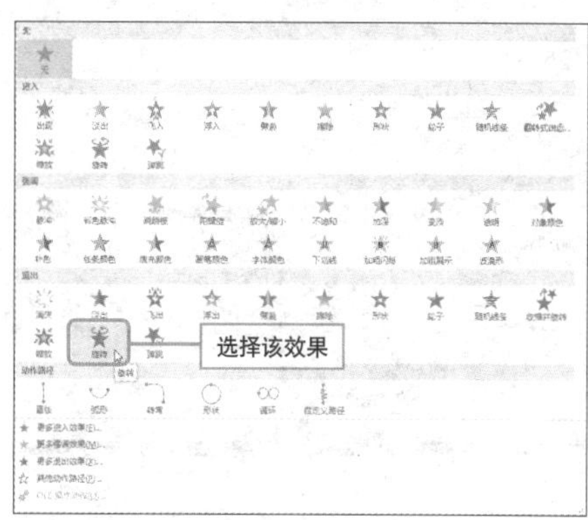

3 单击“预览”按钮，预览退出动画效果。

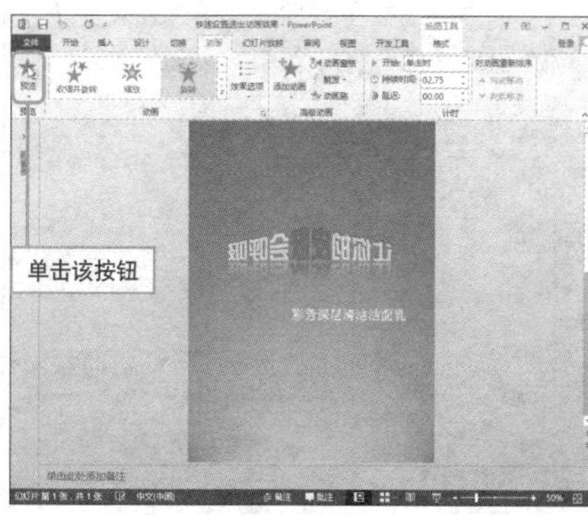

Hint

更多退出动画效果

若想选择其他退出效果，则可以从展开的动画列表中选择“更多退出效果”选项，然后在打开的对话框中进行选择。

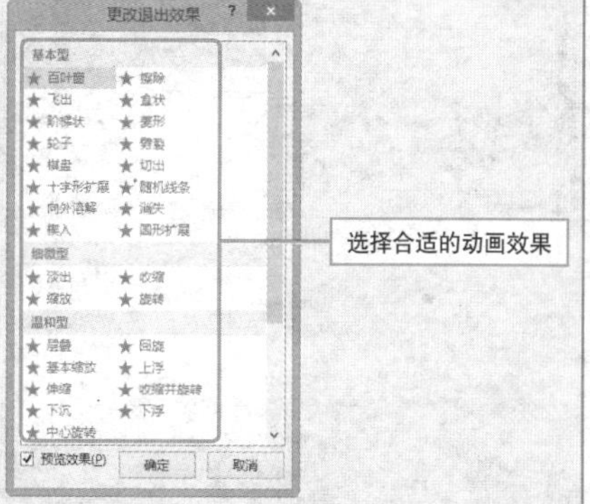

Question

592

• Level ◆◆◆

2013 2010 2007

强调动画效果用处大

实例	强调动画效果的创建

为了突出某些文本或对象的显示效果，用户可为其添加一些强调效果，其中，常见强调效果包括使对象缩小或放大、更改颜色或沿着其中心旋转等。

1 选择文本对象，切换至"动画"选项卡，单击"动画"面板的"其他"按钮。

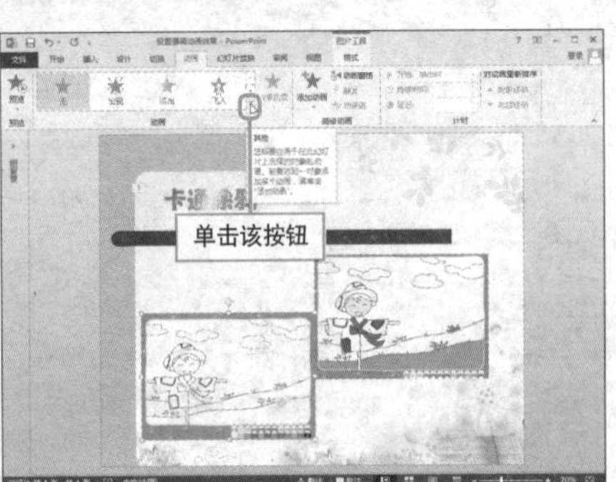

2 从展开的动画列表中选择"陀螺旋"动画效果。

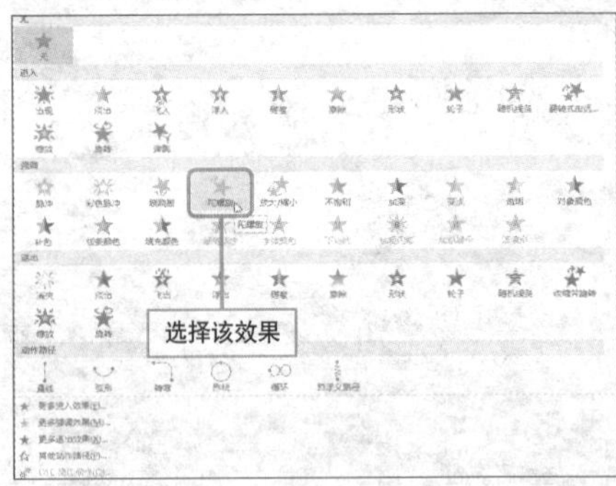

3 按F5键放映幻灯片，查看强调动画效果。

Hint

更多强调动画效果

若想要应用更多的强调效果，则可以从展开的动画列表中选择"更多强调效果"选项，然后在打开的对话框中进行选择。

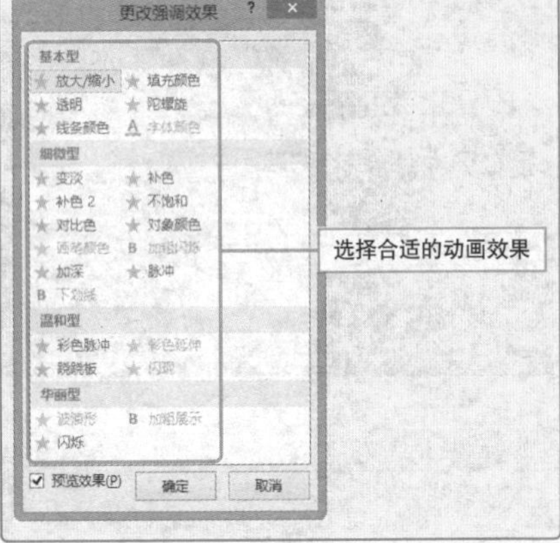

路径动画的设计技巧

实例 路径动画的添加

在幻灯片中，使用路径动画可以使对象上下、左右或者沿特定的形状移动。下面介绍路径动画的应用方法与实现技巧。

1 选择文本对象，切换至“动画”选项卡，单击“动画”面板的“其他”按钮。

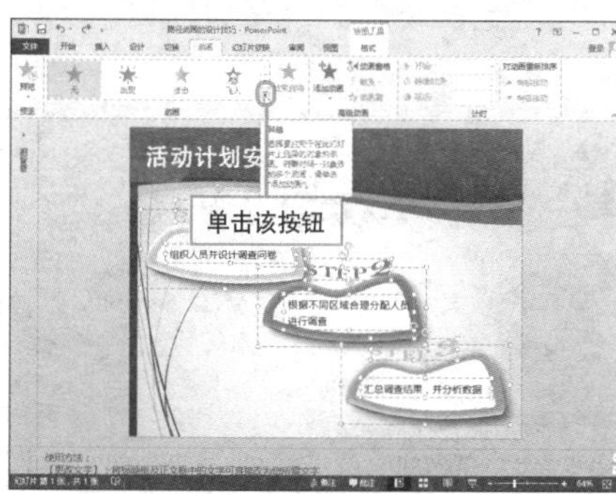

2 从动画列表中选择“转弯”动画效果。

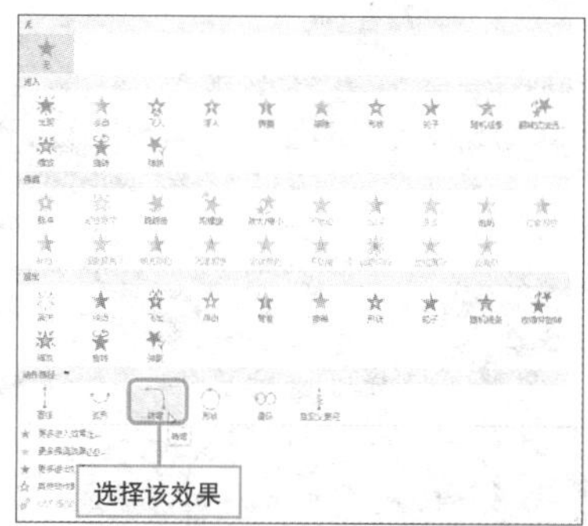

3 单击“效果选项”按钮，从展开的列表中选择“右下”选项。这样即可完成文本从当前位置到右下角运动效果的制作。

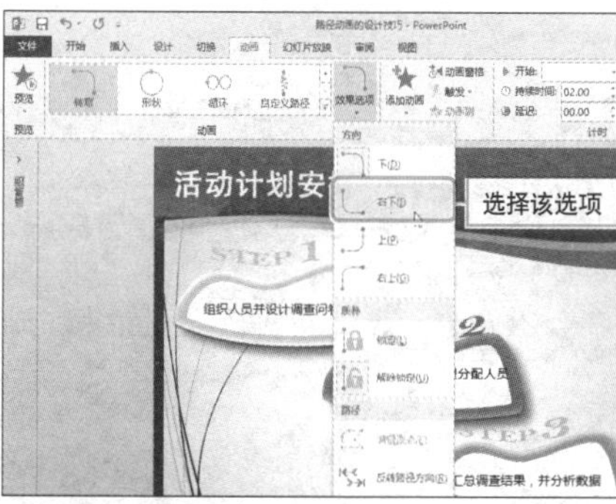

Hint

更多动作路径动画

若想要应用更多的路径效果，则可以从展开的动画列表中选择“更多动作路径”选项，然后在打开的对话框中进行选择即可。

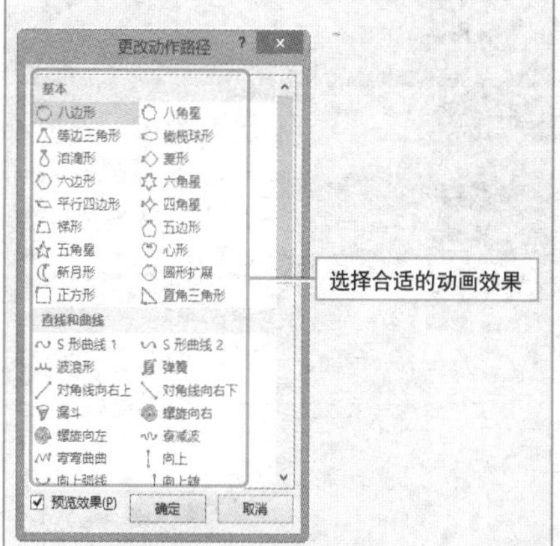

Question 594

轻松设置对象的运动路径

● Level ◆◆◆

2013 2010 2007

实例	自定义动画运动路径

为对象应用路径动画效果后，用户还可以根据需要更改其运动路径，使其按用户的需要进行运动，下面对自定义动画运动路径的操作进行介绍。

1 打开演示文稿，切换至“动画”选项卡，从中可以看到设置了动作路径的对象上方显示了运动路径。

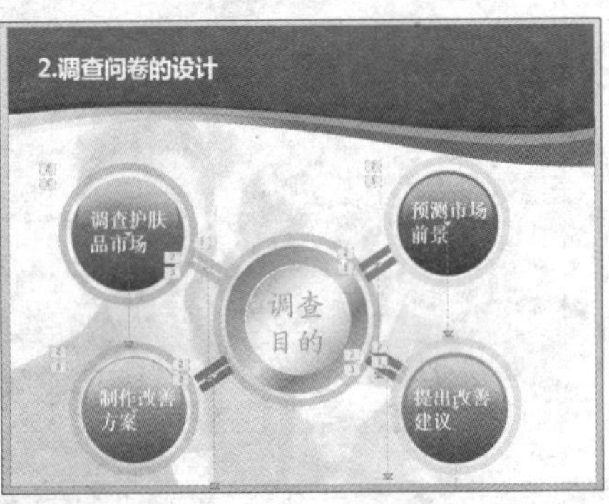

2 绿色三角形代表对象动作起始点，红色为终止点，选择需要调节的点，鼠标拖动至合适位置，会显示一个代表位置的虚影。

3 选择动作路径的终止点或者开始点，单击鼠标右键，从弹出的快捷菜单中选择“反转路径方向”，即可反转动作路径。

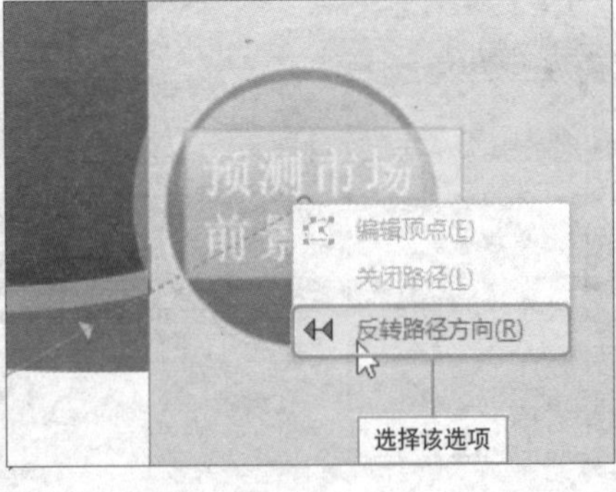

4 按照同样的方法，依次改变其他对象的动作路径，然后打开“动画窗格”，调整对象运动路径并预览动画效果。

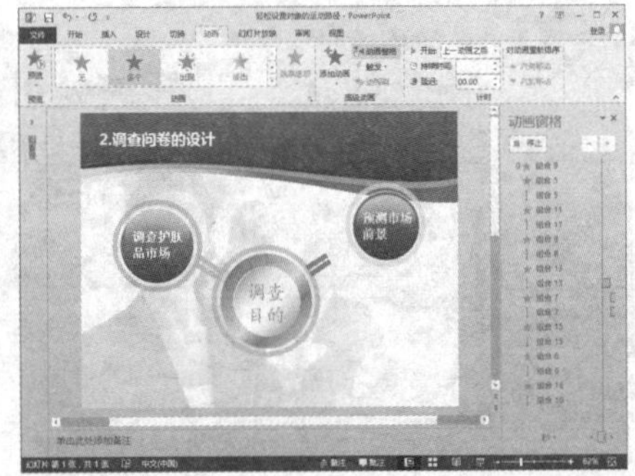

组合动画效果的设计有妙招

实例 为同一对象添加多种动画效果

在幻灯片中，用户可以为同一对象指定两种或是两种以上的动画效果，如进入动画与强调动画的综合应用。在此以将“飞入”效果与“放大 / 缩小”效果应用到同一对象为例进行介绍。

1. 选择图片对象，为其设置“飞入”动画效果。单击“效果选项”按钮，从展开的列表中选择“自右侧”选项。

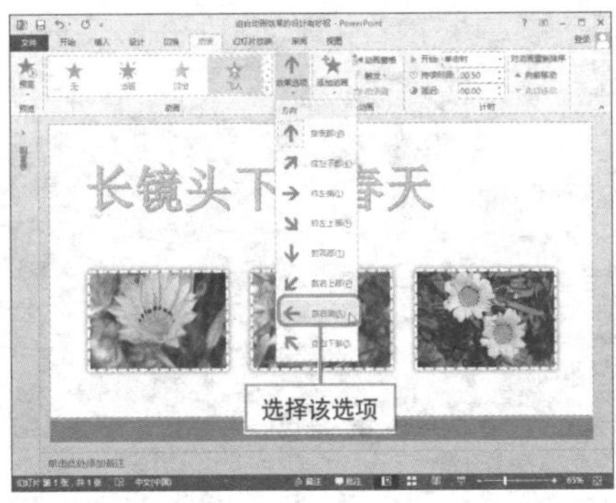

2. 单击“添加动画”按钮，从展开的动画列表中选择“放大/缩小”动画效果。

3. 单击“动画”面板的对话框启动器，在打开对话框的“效果”选项卡中，设置尺寸为“120%”，单击“确定”按钮。

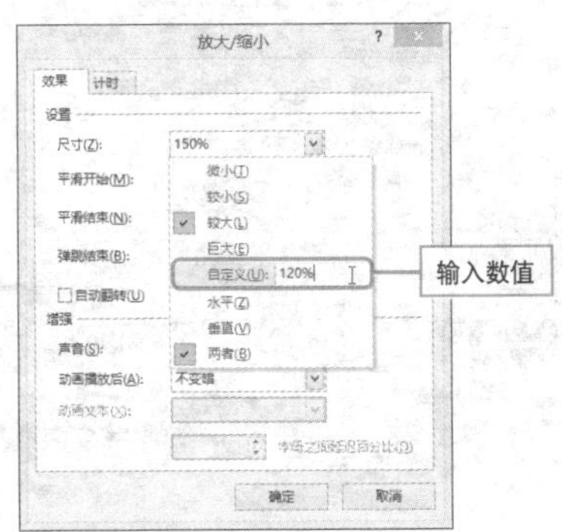

4. 设置所有动画的开始方式为“上一动画之后”，打开“动画窗格”，调整动画的排列顺序，然后预览动画效果。

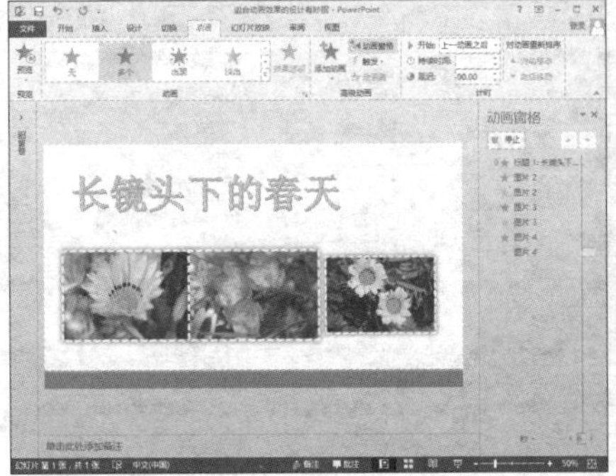

让段落文本逐字出现在观众视线

实例 设置文本效果按字 / 词播放

在设置文本对象的动画效果时，若想要让段落中的文本逐字、逐词地出现，该如何设置呢?

1 选择文本对象，切换至“动画”选项卡，设置动画效果为“淡出”。

2 单击“动画”面板的对话框启动器。

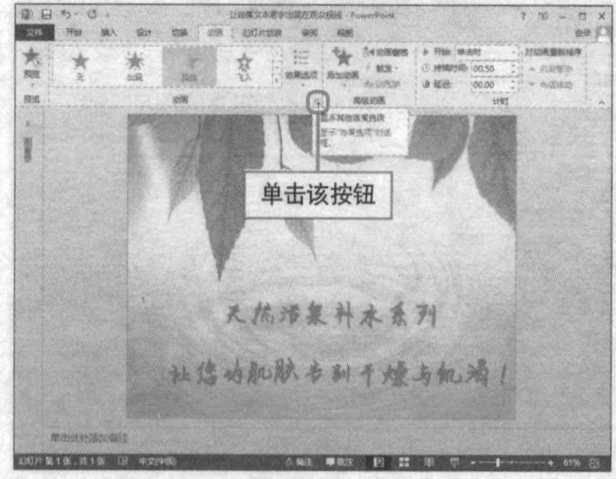

3 打开“淡出”对话框，切换至“效果”选项卡，单击“动画文本”右侧的下拉按钮，从展开的列表中选择“按字/词”选项。

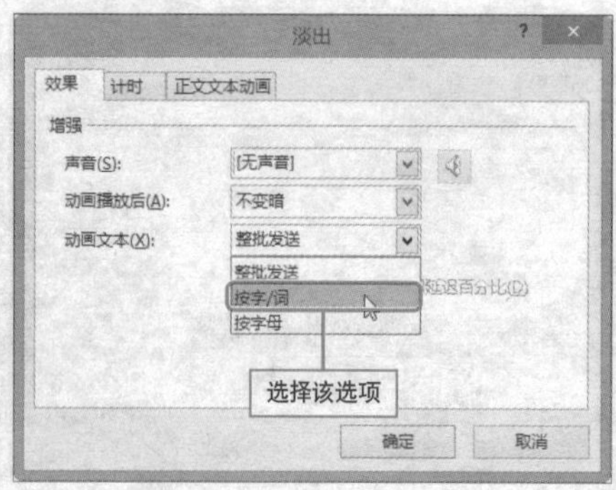

4 设置完成后单击“确定”按钮，关闭对话框。接着单击“预览”按钮，即可预览动画效果。

为动画添加合适的声音效果

实例 动画声音效果的添加

放映动画时，若想要使动画效果更加引人瞩目，还可以为其添加声音效果，下面介绍具体操作步骤。

1 选择图表，设置动画效果为“飞入”、“自右侧”、“按系列”。

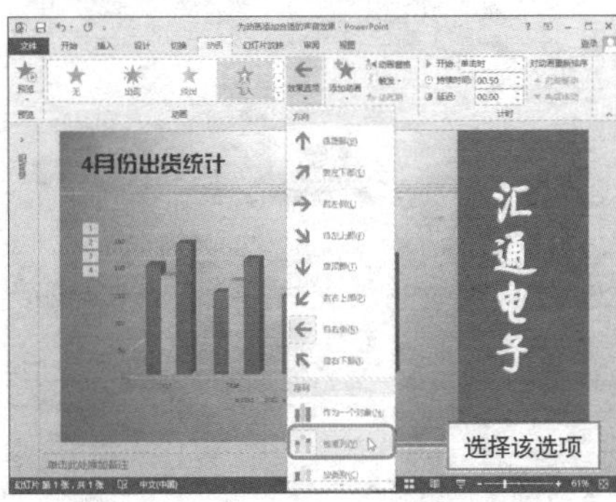

2 单击“动画”面板的对话框启动器。

3 打开“飞入”对话框，切换至“效果”选项卡，单击“声音”右侧的下拉按钮，从展开的列表中选择“其他声音”选项。

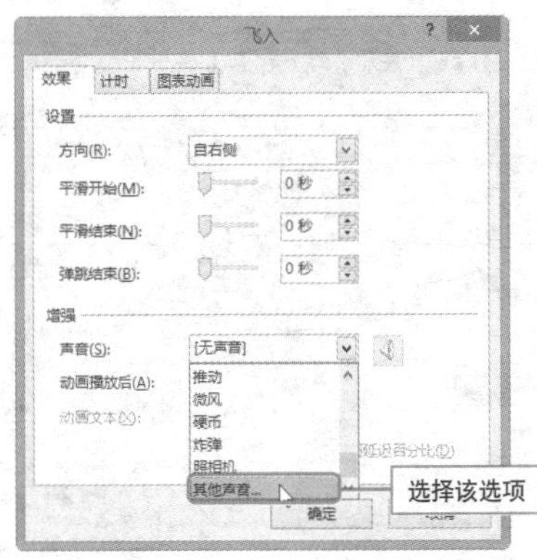

4 打开“添加音频”对话框，选择合适的音频文件，单击“确定”按钮即可。

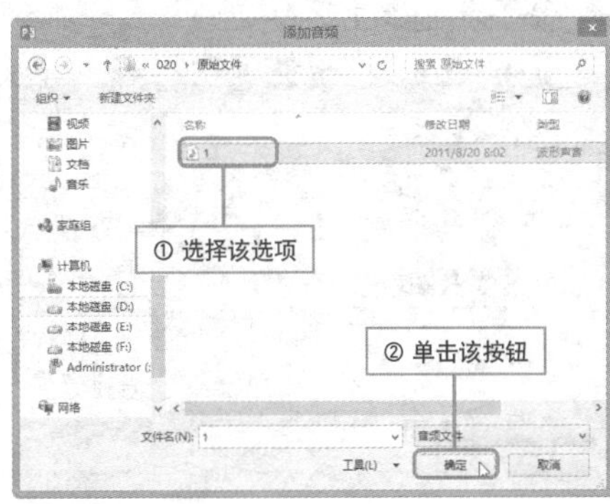

链接到文件有技巧

实例 将现有文件中的内容链接到当前对象

为了更详细地对当前对象进行说明，用户可以链接到相关文件，下面介绍具体操作步骤。

1. 选中要添加超链接的对象，切换至“插入”选项卡。在“链接”面板中单击“超链接”按钮。

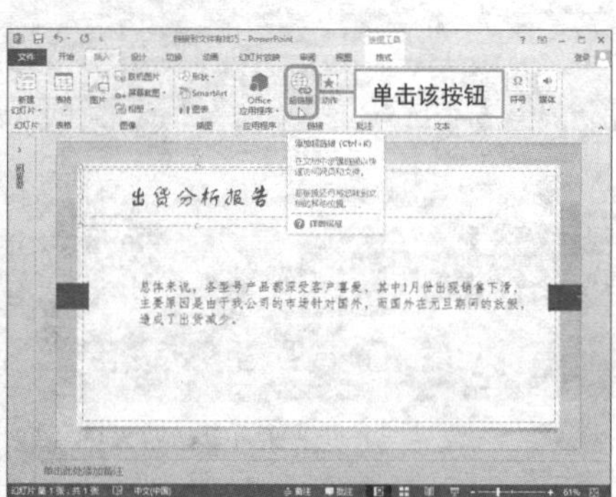

2. 在“链接到”区域单击“现有文件或网页”按钮，单击“查找范围”右侧的“浏览文件”按钮。

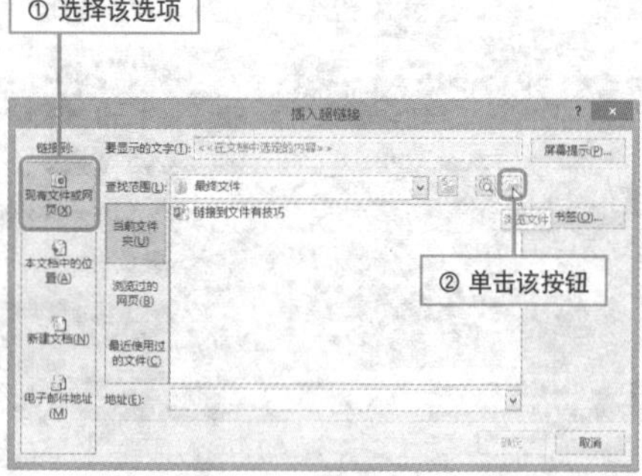

3. 打开“链接到文件”对话框，选择合适的文件，单击“确定”按钮，返回“插入超链接”对话框，单击“确定”按钮即可完成超链接的添加。

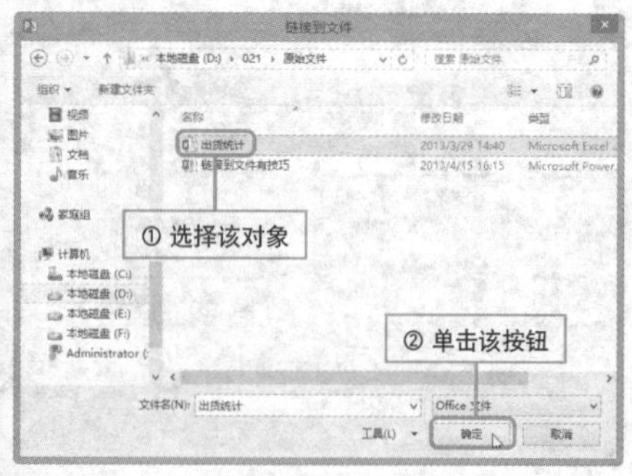

Hint

如何打开超链接?

选择添加了超链接的对象，单击鼠标右键，从弹出的快捷菜单中选择“打开超链接”命令。

右键单击，选择该选项

快速设置屏幕提示信息

实例 | **屏幕提示信息的添加**

为对象添加超链接后，为了使其他用户可以对超链接内容有一定了解，用户可以设置对应的屏幕提示信息。当鼠标指向超链接对象时，屏幕提示文字便会自动出现。

1. 选中添加了超链接的对象，切换至“插入”选项卡。单击“链接”面板中的“超链接”按钮。

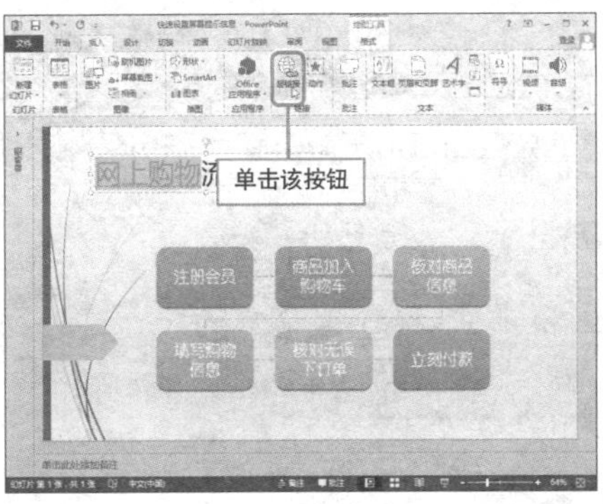

2. 弹出“插入超链接”对话框，单击右侧的“屏幕提示”按钮。

单击该按钮

3. 弹出“设置超链接屏幕提示”对话框，在“屏幕提示文字”编辑框中输入提示信息，单击“确定”按钮。

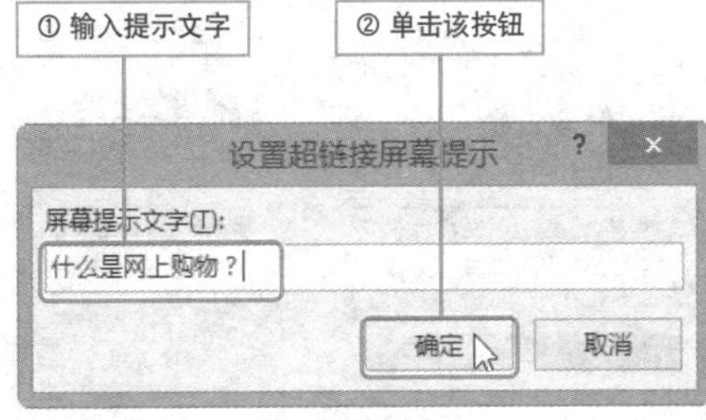

4. 放映幻灯片时，当鼠标移至超链接处，就会显示提示信息。

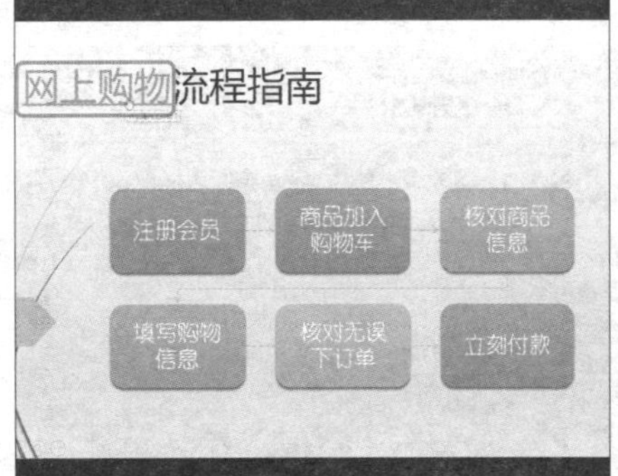

Question 600

Level ◆◆◆

2013 2010 2007

添加动作按钮有技巧

实例 动作按钮的添加

若演示文稿内包含多张幻灯片，为了更好地控制幻灯片的播放，可以在每张幻灯片的合适位置添加动作按钮，如指向下一张、上一张、返回导航页等。

1 选择幻灯片，单击“插入”选项卡上的“形状”按钮，从展开的列表中选择“动作按钮：第一张”。

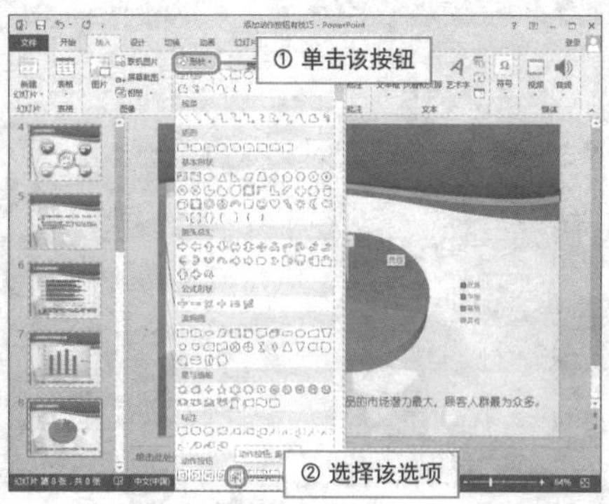

2 鼠标光标变为十字形，拖动鼠标绘制合适大小的动作按钮。

3 将自动打开“操作设置”对话框，选中“超链接到”动作按钮，单击右侧下拉按钮，从列表中选择“幻灯片…”。

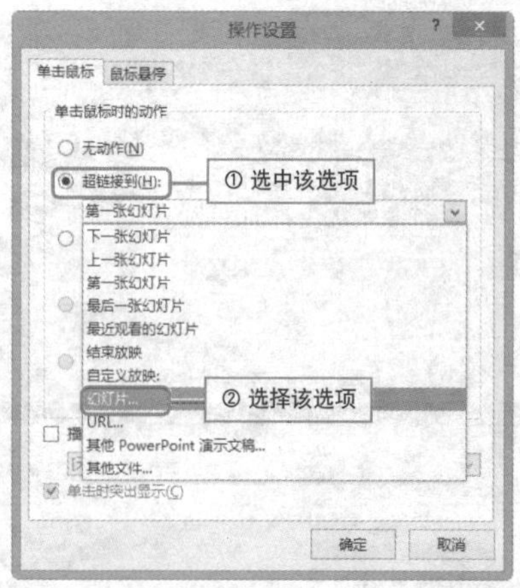

4 打开“超链接到幻灯片”对话框，选择“幻灯片2”，单击“确定”按钮，返回上一级对话框，单击“确定”按钮即可。

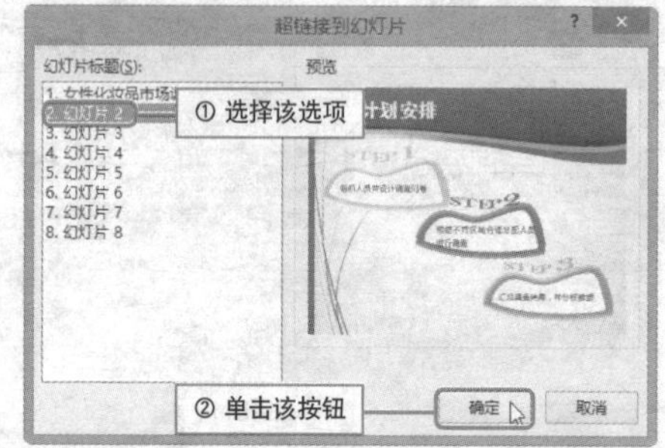

Question

601

Level ◆◆◆

2013 2010 2007

轻松放映幻灯片

实例 幻灯片的放映

制作演示文稿的最终目的是演讲，那么如何将制作完成的演示文稿放映给观众呢？

1 打开演示文稿，切换至“幻灯片放映”选项卡。

2 **从头开始放映。**单击“从头开始”按钮即可从第一张幻灯片开始放映。

3 **从当前幻灯片开始放映。**选中第6张幻灯片，单击“从当前幻灯片开始”按钮，即可从该幻灯片开始向后放映。

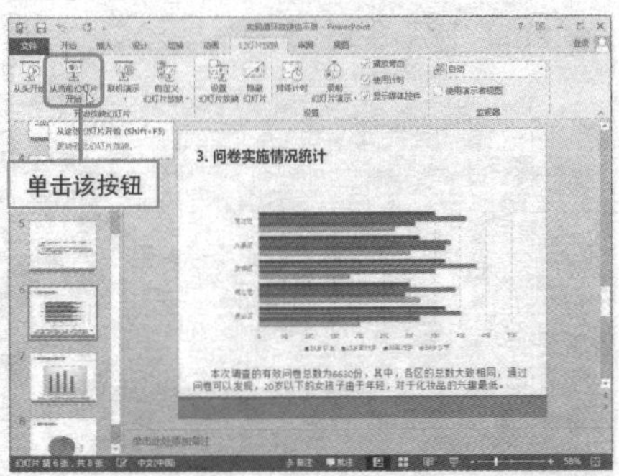

Hint

快捷方式放映幻灯片

在键盘上按F5键可以从头开始放映幻灯片。

选择幻灯片，直接按Shift + F5组合键可以从当前编辑区中的幻灯片开始放映。

还可以单击任务栏中的“幻灯片放映”按钮，从当前幻灯片编辑区显示的幻灯片开始放映。

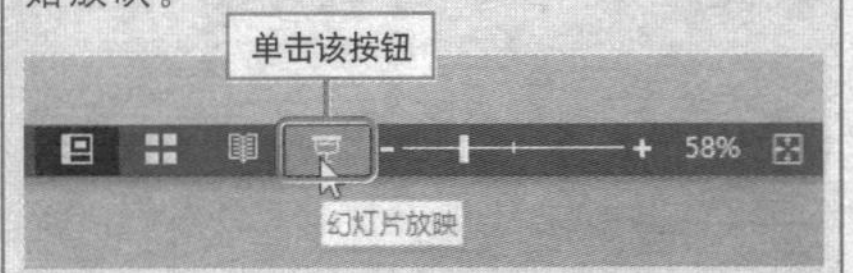

Question 602

Level ◆◆◆

2013 2010 2007

设置幻灯片自动播放

实例 如何让幻灯片自动播放

放映幻灯片时，若使用鼠标一张一张地翻页放映，是不是有点麻烦呢？此时可以尝试幻灯片的自动播放功能，下面对其进行具体介绍。

❶ 打开演示文稿，切换至“切换”选项卡，选中第1张幻灯片。

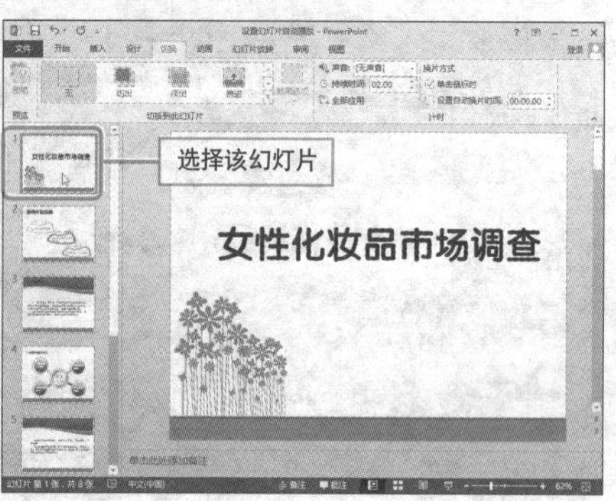

❷ 勾选“设置自动换片时间”选项前的复选框，通过右侧的数值框设置换片时间。

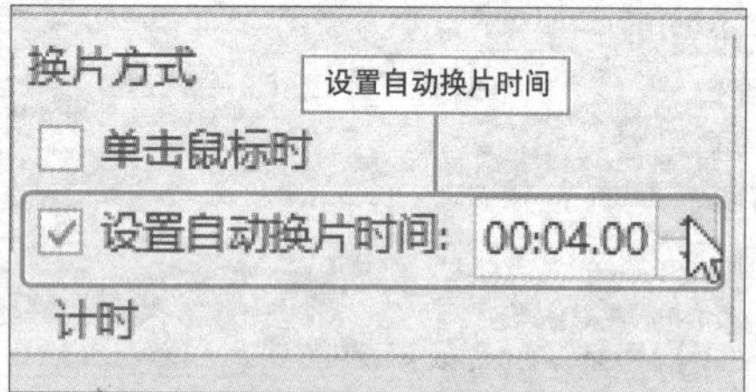

❸ 选中第2张幻灯片，按照同样的方法进行设置，然后依次设置其他幻灯片即可。

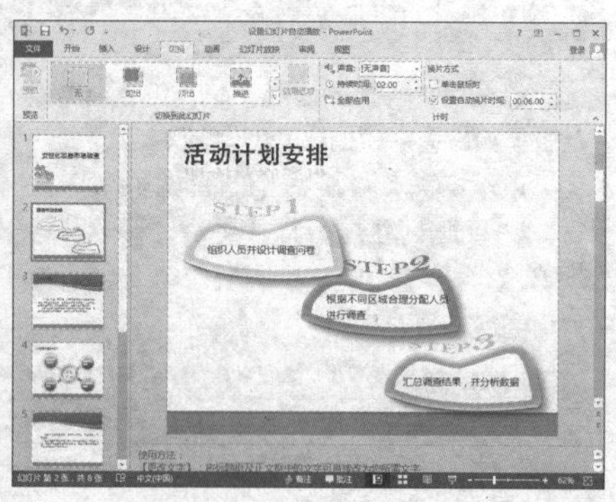

Hint

如何按统一的时间间隔播放幻灯片？

设置任意一张幻灯片的换片时间后，单击左侧的“全部应用”按钮即可。

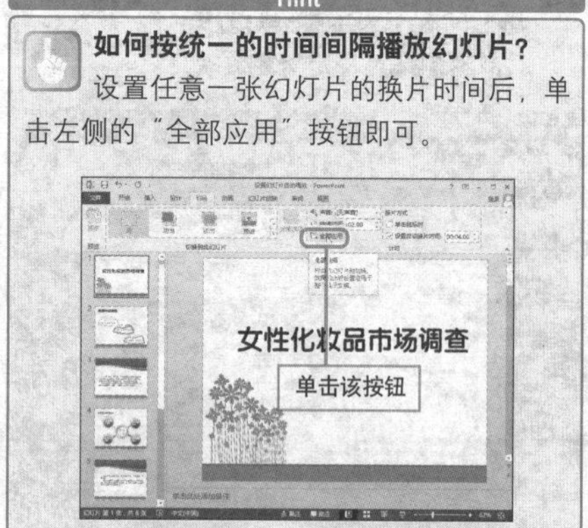

把握文稿演示时间

实例 排练计时的应用

在演讲过程中，把握好演讲节奏才能使演讲者在整个演讲过程中立于不败之地，那么该如何控制演示文稿的播放节奏呢？排练计时功能会给你带来意想不到的惊喜，下面对其进行详细介绍。

1 打开演示文稿，单击“幻灯片放映”选项卡上的“排练计时”按钮。

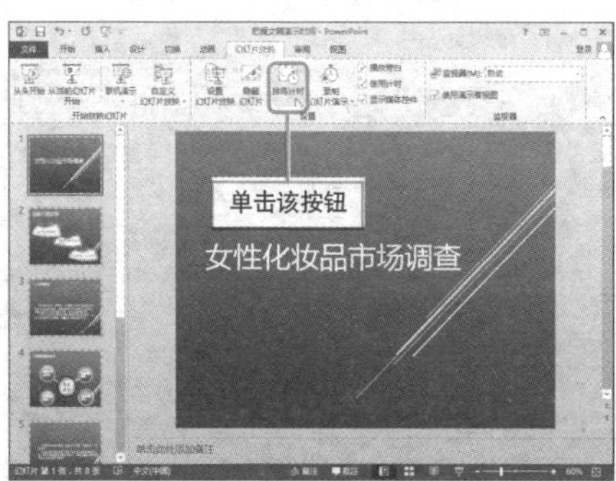

2 自动进入放映状态，左上角会显示“录制”工具栏。中间时间代表当前幻灯页面放映所需时间，右边时间代表放映所有幻灯片累计所需时间。

3 根据实际需要，设置每张幻灯片停留时间，翻到最后一张时，单击鼠标左键，会出现提示对话框，询问用户是否保留幻灯片排练时间，单击“是”按钮。

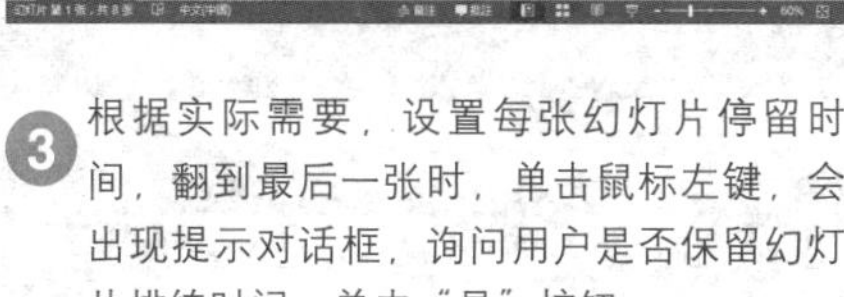
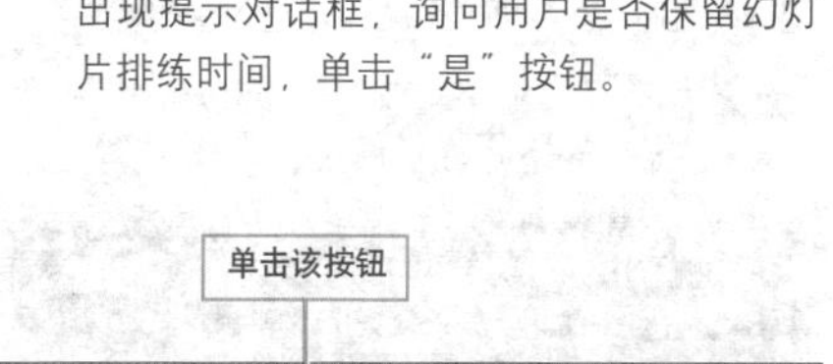

4 返回至演示文稿，出现一个浏览界面，显示每张幻灯片放映所需时间。

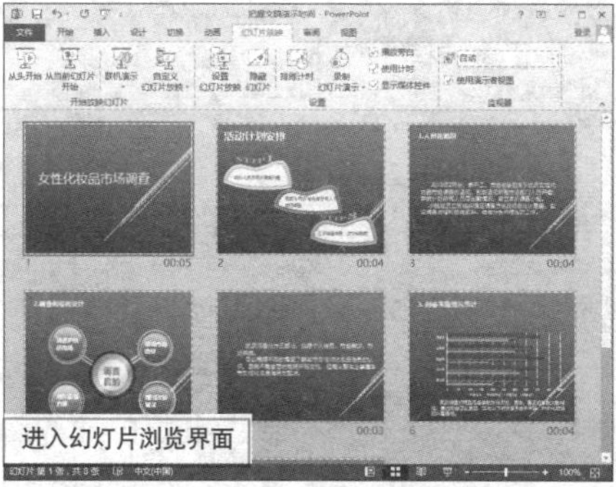

Question 604

Level ◇◇◇

2010 2007

实现循环放映也不难

实例	让幻灯片循环播放

在某些场合，会需要将做成的演示文稿从头到尾不停地循环放映，那么该如何设置才能使幻灯片自动循环播放呢？下面将对其相关操作进行详细介绍。

1 打开演示文稿，在“切换”选项卡中的“计时”面板中，设置每张幻灯片的自动换片时间。

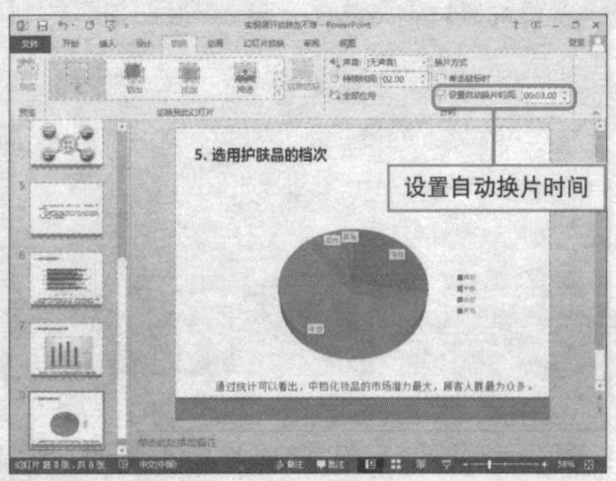

2 切换至“幻灯片放映”选项卡，单击“设置幻灯片放映”按钮。

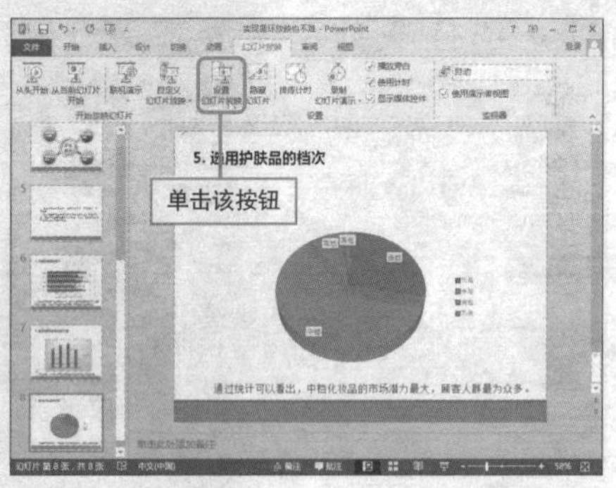

3 打开“设置放映方式”对话框，在“放映选项”选区，勾选“循环放映，按Esc键终止”复选框，然后单击“确定”按钮即可。

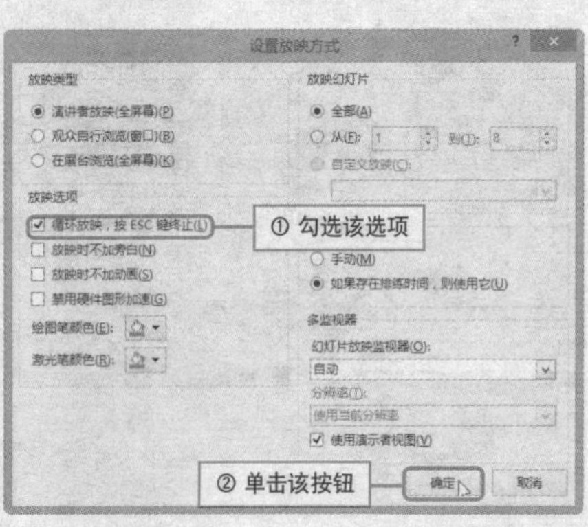

Hint

终止重复播放的幻灯片

若需要终止重复播放的幻灯片，只需直接在键盘上按下 Esc 键即可。

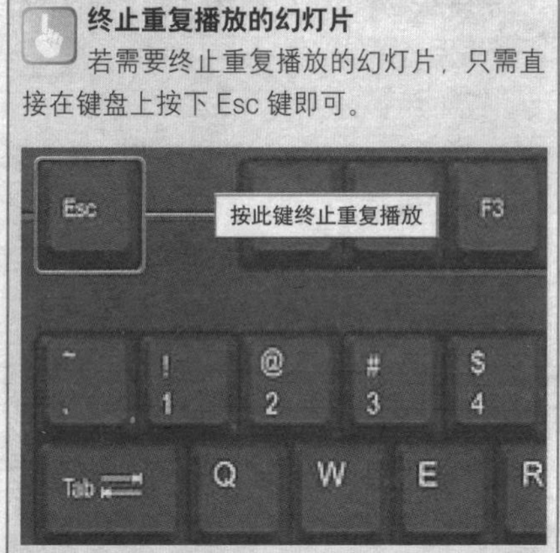

按需设置幻灯片的放映范围

实例 幻灯片放映范围的设置

若在某些特定情况下，并不需要将演示文稿中的所有幻灯片放映出来，而需要播放某个范围内的幻灯片，该如何设置呢？

1 打开演示文稿，切换至“幻灯片放映”选项卡。

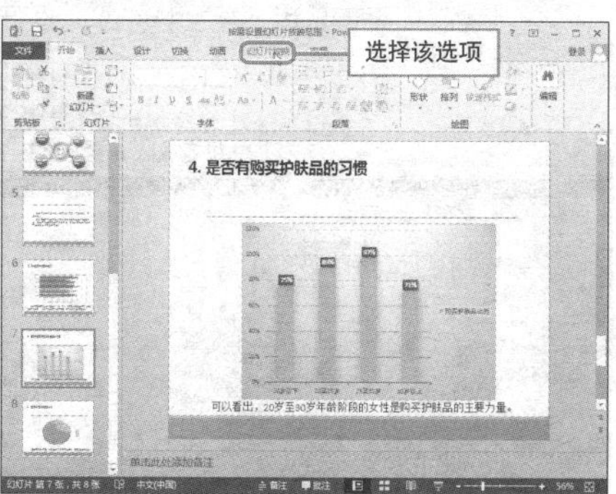

2 单击该选项卡功能区中的“设置幻灯片放映”按钮。

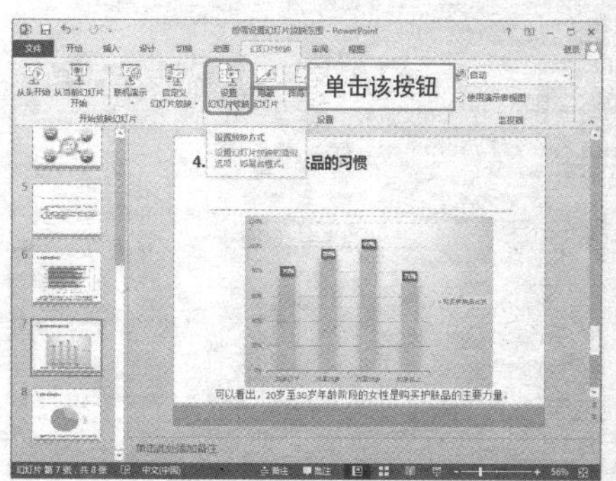

3 打开“设置放映方式”对话框，选中“放映幻灯片”下的“从……到”单选按钮，通过该选项的两个数值框设置范围，设置完成后，单击“确定”按钮即可。

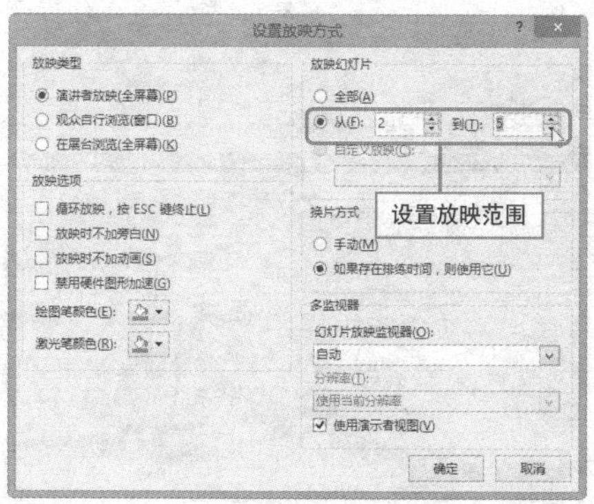

Hint

设置放映不连续范围的幻灯片

若用户希望放映不连续范围的幻灯片，可以选中该幻灯片，单击鼠标右键，从快捷菜单中选择“隐藏幻灯片”命令。

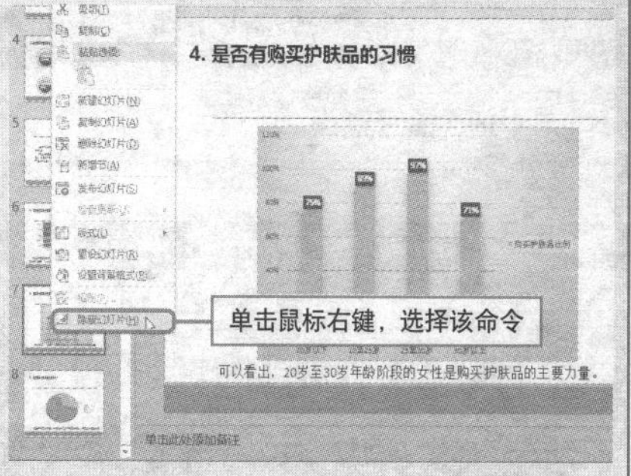

Question 606

灵活选择幻灯片放映类型

Level ◆◆◆

2013 2010 2007

实例 设置幻灯片的放映类型

在放映幻灯片前，用户可以根据需要选择幻灯片的放映类型。幻灯片放映类型主要包括“演讲者放映（全屏幕）”、“观众自行浏览（窗口）”和“在展台浏览（全屏幕）”三种，下面对其进行详细介绍。

1 执行“幻灯片放映>设置幻灯片放映”命令，打开“设置放映方式”对话框，在“放映类型”下进行选择即可。

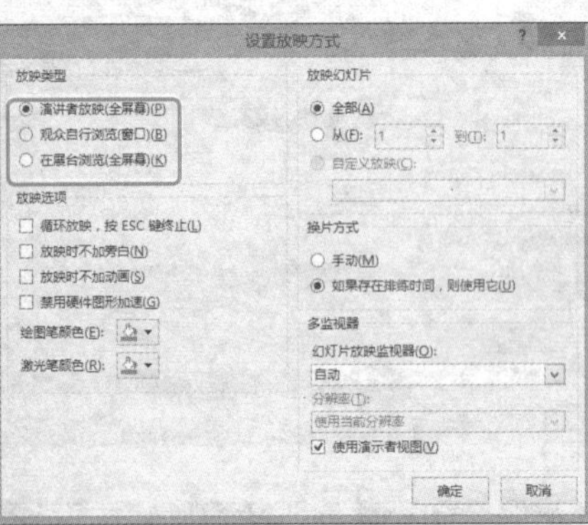

2 **演讲者放映（全屏幕）**。以全屏幕方式放映演示文稿，演讲者对演示文稿有着完全的控制权，可以采用不同放映方式，也可以暂停或录制旁白。

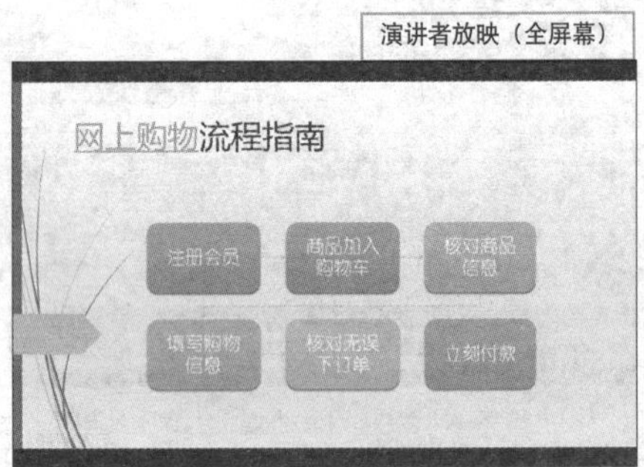

3 **观众自行浏览（窗口）**。以窗口形式运行演示文稿，只允许观众对演示文稿进行简单控制，包括切换幻灯片、上下滚动等。

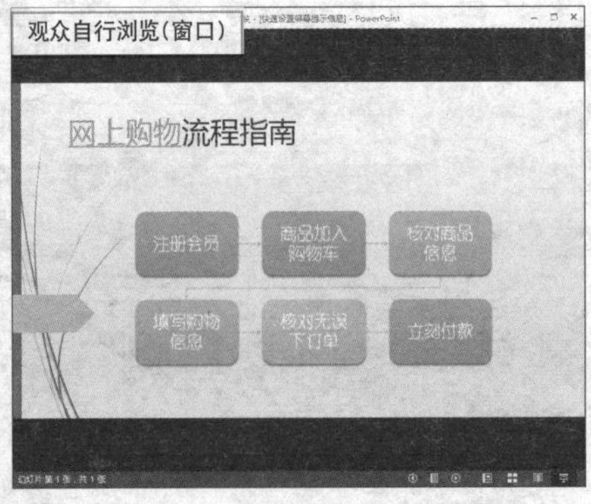

4 **在展台浏览（全屏幕）**。不需要专人控制即可自动演示文稿，不能单击鼠标手动放映幻灯片，但可以通过动作按钮、超链接进行切换。

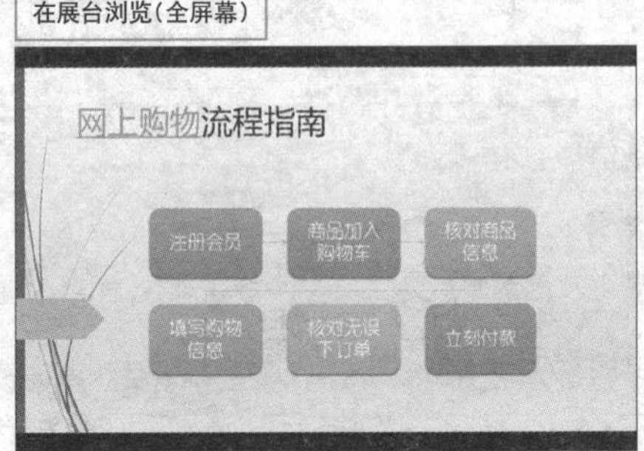

根据需要自定义幻灯片放映

实例 自定义幻灯片放映

若用户需播放演示文稿内指定的几张幻灯片，则可以自定义放映幻灯片。这些幻灯片可以是连续的，也可以是不连续的，下面对其进行详细介绍。

1 打开演示文稿，单击“幻灯片放映”选项卡上“自定义幻灯片放映”按钮，从列表中选择“自定义放映”选项。

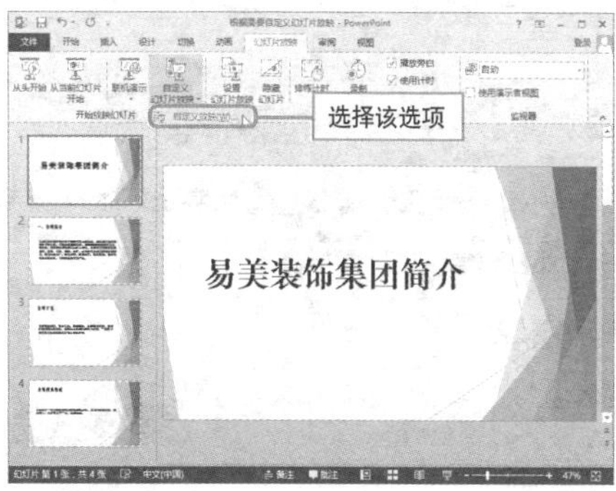

2 打开“自定义放映”对话框，单击“新建”按钮。

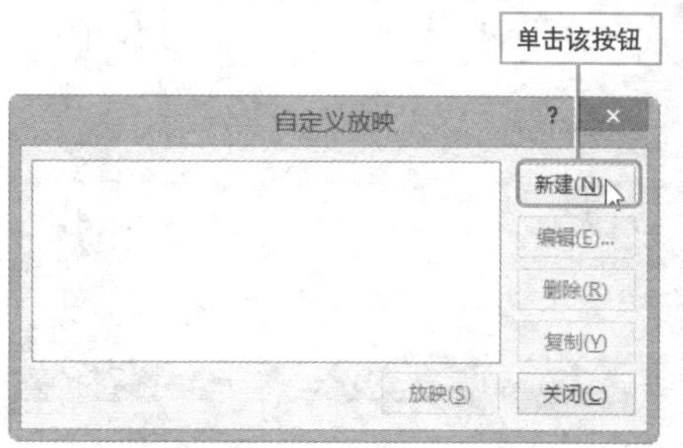

3 打开“定义自定义放映”对话框，在“幻灯片放映名称”右侧文本框中输入“公司文化”，从“在演示文稿中的幻灯片”列表中选中想要放映的幻灯片。单击“添加”按钮，然后单击“确定”按钮，将返回上一级对话框，单击“放映”按钮即可。

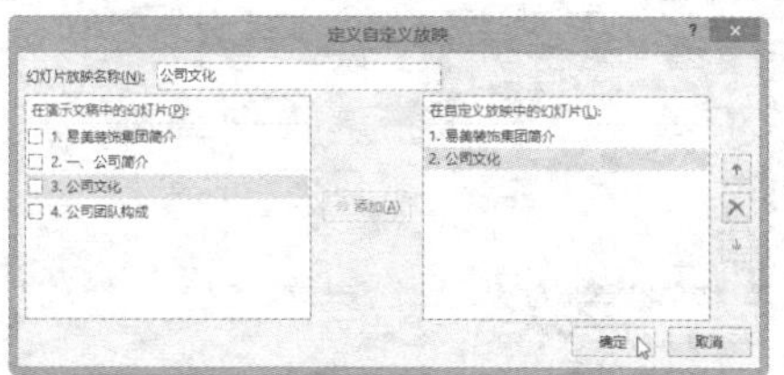

Hint

如何播放自定义放映的幻灯片

单击“自定义幻灯片放映”按钮，从弹出的列表中选择“公司文化”选项。

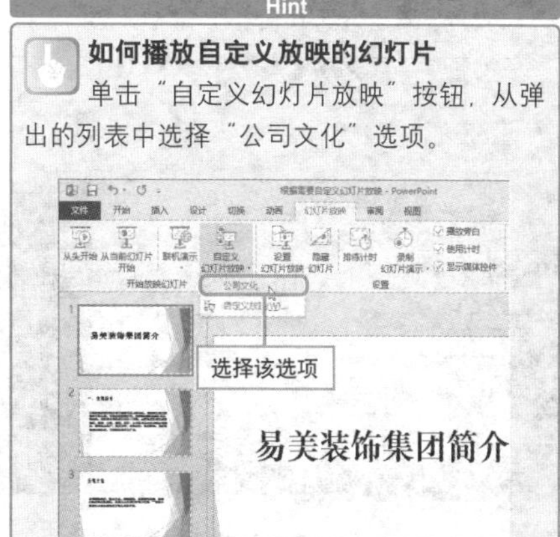

缩略图放映有绝招

实例	使用缩略图放映

当在一张幻灯片中插入多张图片进行说明时，若直接插入，则在放映时图片的大小会受到限制，导致观众无法清晰地看到图片内容，这时就需要使用缩略图功能了。

1 打开演示文稿，切换至“插入”选项卡，单击“对象”按钮。

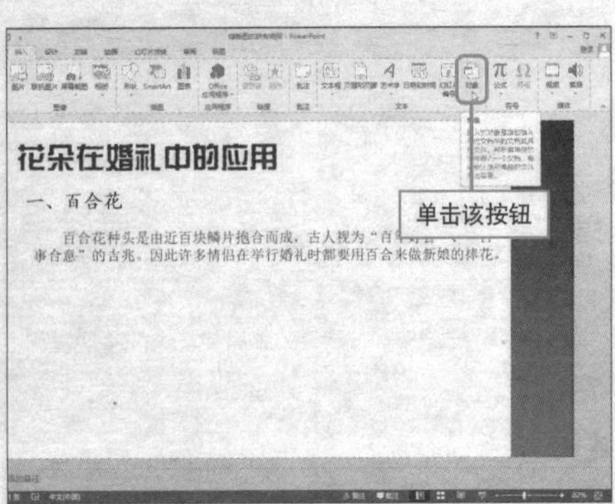

2 打开“插入对象”对话框，从“对象类型”列表框中选择“Microsoft PowerPoint 97-2003演示文稿”，单击“确定”按钮。

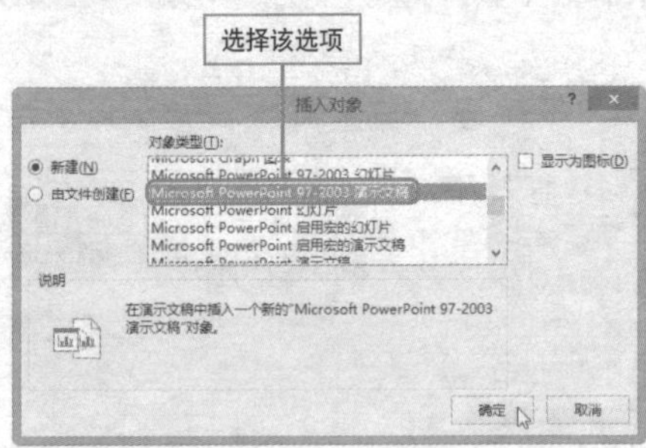

3 此时即插入了一个演示文稿对象，单击“插入”选项卡上的“图片”按钮。

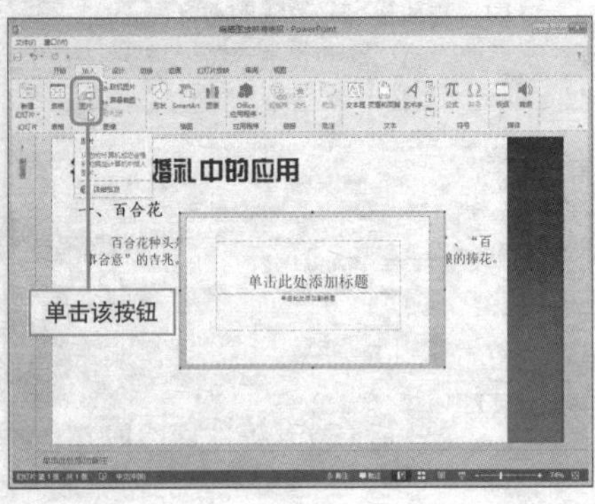

4 弹出“插入图片”对话框，选择需要的图片，单击“插入”按钮。

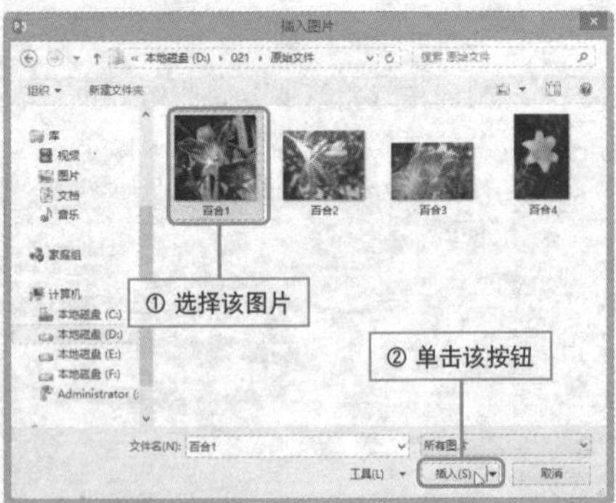

5 这样，图片就插入在演示文稿对象中，接下来根据需要调整图片大小即可。

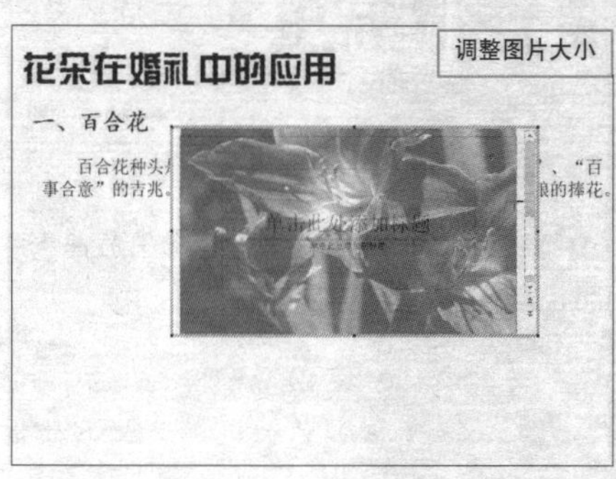

6 调整完成后，在演示文稿对象外任意处单击，退出编辑状态，调整其大小并将其移至合适的位置。

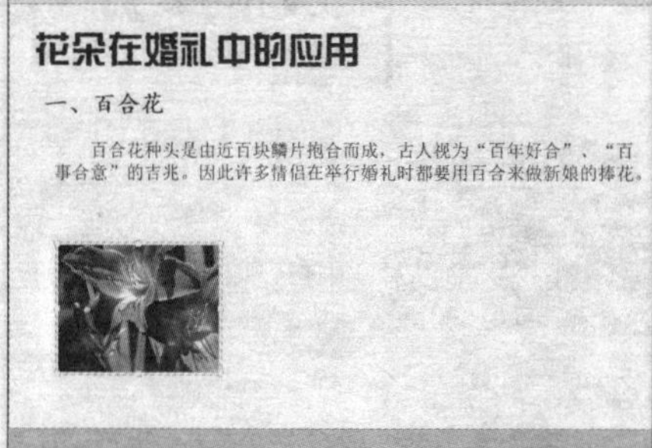

7 复制多个对象到其他位置，并等间隔排列。

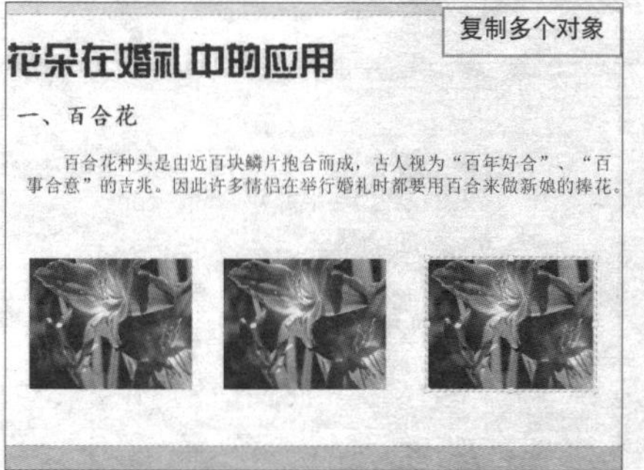

8 选择对象，单击鼠标右键，弹出快捷菜单，执行“演示文稿对象>编辑”命令。

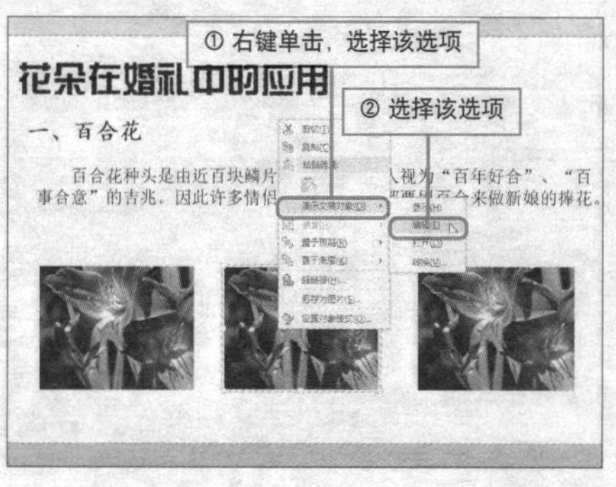

9 进入对象编辑状态，同样通过“插入>图片”命令插入图片。

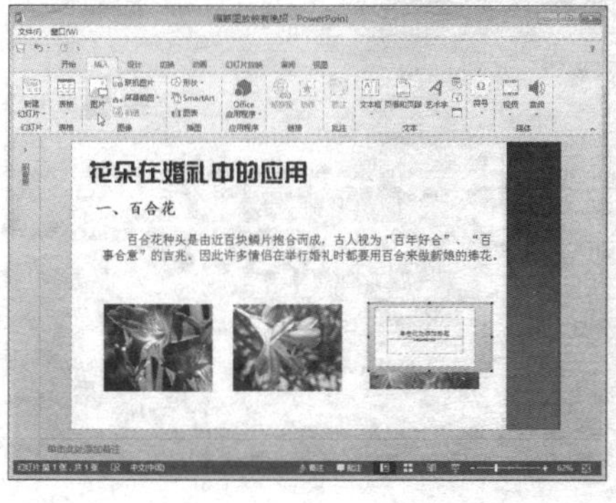

10 在放映幻灯片时，单击该图片即可以原样显示。

录制幻灯片演示很简单

实例	录制幻灯片

在放映幻灯片之前，为了更全面地了解幻灯片的主要内容和播放速度，用户可以使用录制幻灯片功能，下面对其进行详细介绍。

1 打开演示文稿，切换至“幻灯片放映”选项卡。单击“录制幻灯片演示”下拉按钮，从下拉列表中选择“从头开始录制”选项。

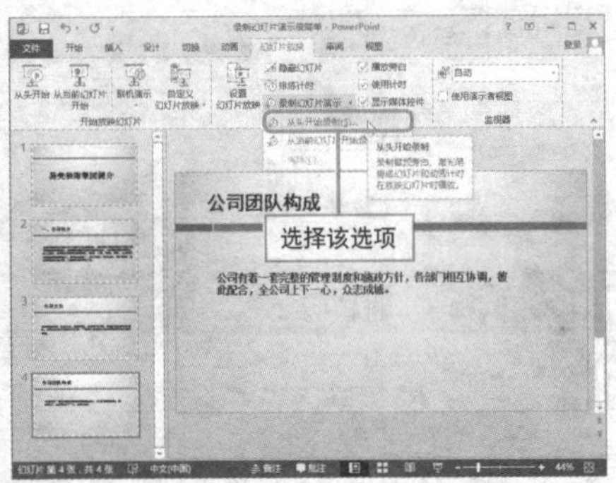

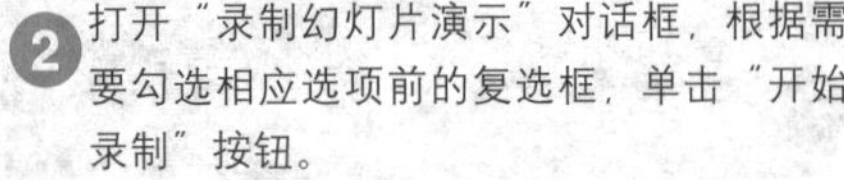
2 打开“录制幻灯片演示”对话框，根据需要勾选相应选项前的复选框，单击“开始录制”按钮。

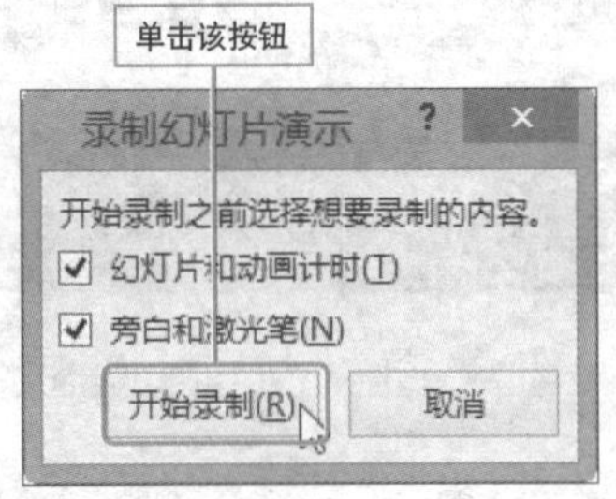

3 将自动进入放映状态，左上角会显示“录制”工具栏，并开始录制旁白，左上角将会显示“录制”状态栏，单击“下一项”按钮即可切换至下一张幻灯片，单击“暂停”按钮即可暂停录制。

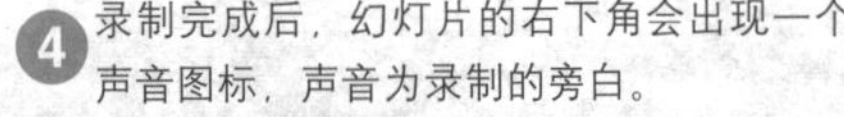
4 录制完成后，幻灯片的右下角会出现一个声音图标，声音为录制的旁白。

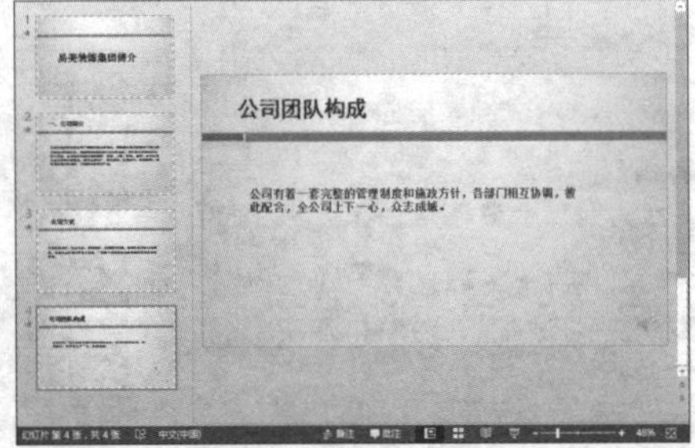

如何突出重点内容

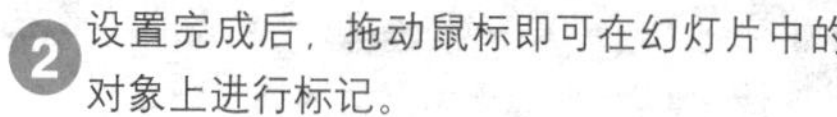

在利用幻灯片进行演讲的过程中，用户可以利用画笔或荧光笔功能标记需要强调的内容，下面将对其进行详细介绍。

1 打开演示文稿，按F5键放映幻灯片，单击鼠标右键，从弹出的快捷菜单中选择“指针选项”，从其关联菜单中选择“笔”命令。

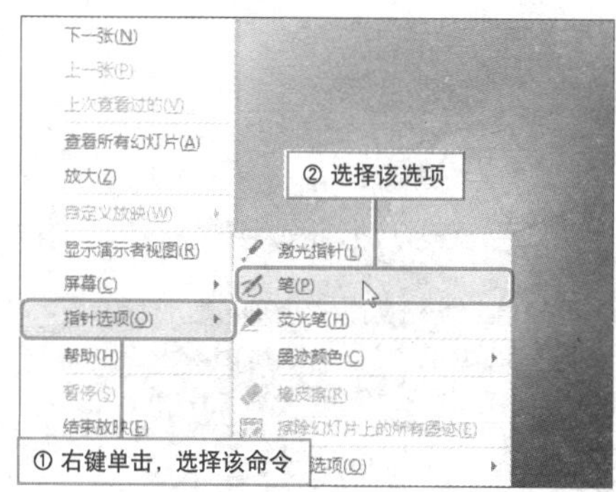

2 设置完成后，拖动鼠标即可在幻灯片中的对象上进行标记。

3 绘制完成后，按Esc键退出，此时将弹出一个对话框，询问用户是否保留墨迹注释，单击“保留”按钮，则保留标记墨迹，若单击“放弃”按钮，则可清除标记墨迹。

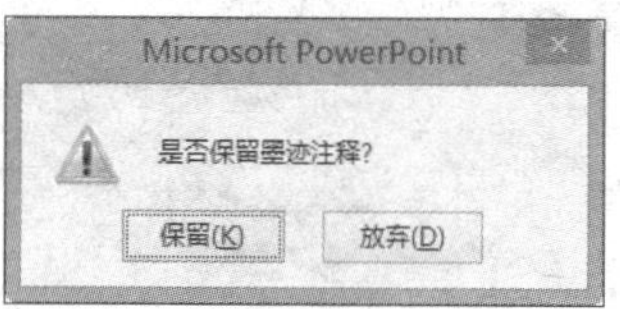

Hint

巧妙使用激光笔

若用户只希望突出显示某个地方，也可以采用激光笔突出显示，只需在按住Ctrl键的同时，单击鼠标左键即可显示激光笔。

Question 611

Level ◆◆◆

2013 2010 2007

如何快速对标记进行编辑

实例	编辑墨迹

对幻灯片中的内容进行标记后，若觉得当前墨迹颜色和线条不够美观，还可以对其进行修改，也可以删除、隐藏和显示墨迹。

❶ **更改墨迹颜色**。选中墨迹，切换至“墨迹书写工具-笔”选项卡，执行“颜色>其他墨迹颜色”按钮，在打开的“颜色”对话框中选择合适的颜色即可。

❷ **更改墨迹线条**。单击“墨迹书写工具-笔”选项卡中的“粗细”按钮，从列表中选择合适的线条即可。

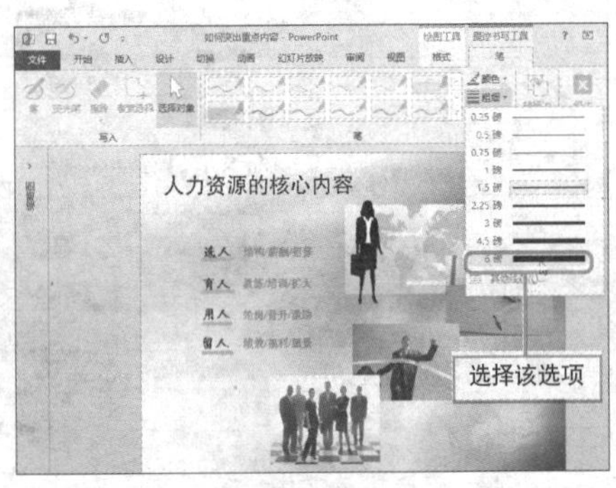

❸ **删除墨迹**。选中墨迹，直接在键盘上按下Delete键即可将其删除。

Hint

隐藏和显示墨迹

进入放映模式并单击鼠标右键，执行“屏幕 > 显示 / 隐藏墨迹标记”命令即可隐藏 / 显示墨迹。

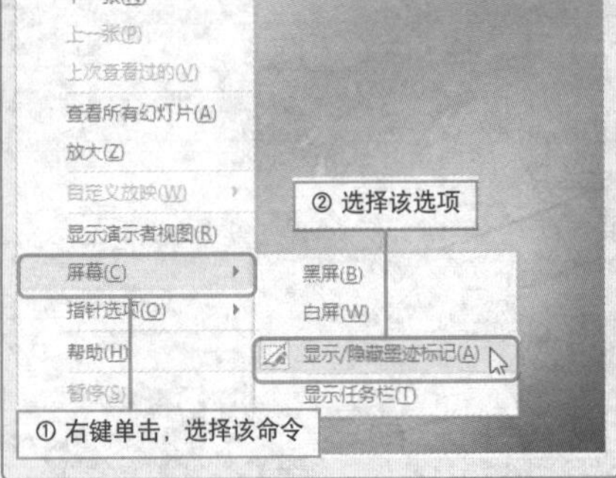

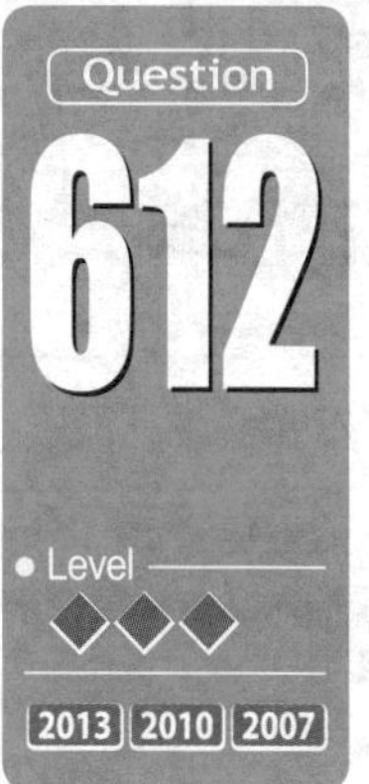

快速调整播放顺序

实例 在放映过程中跳到指定的幻灯片

在放映过程中，经常会需要引用其他幻灯片中的内容来对当前幻灯片进行说明。那么，如何在播放过程中切换至其他幻灯片呢?

1. **右键菜单法**。在播放幻灯片时，单击鼠标右键，从快捷菜单中选择“查看所有幻灯片”命令，弹出所有幻灯片列表，在相应幻灯片缩略图上单击即可。

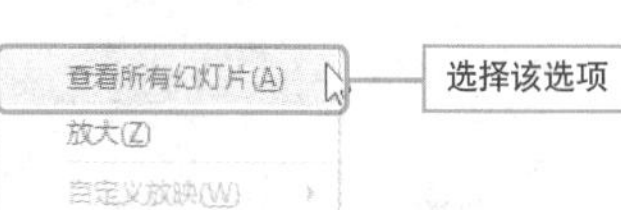

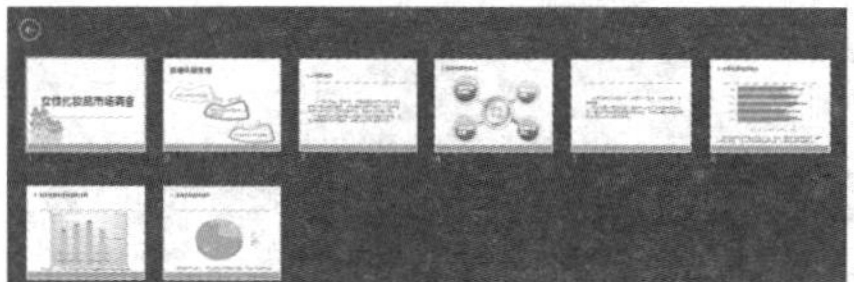

2. **浮动按钮法**。单击幻灯片左下角的“查看所有幻灯片”按钮，弹出所有幻灯片列表，在相应幻灯片缩略图上单击即可。

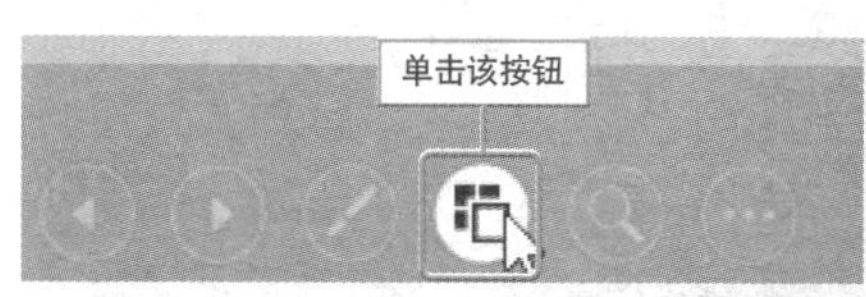

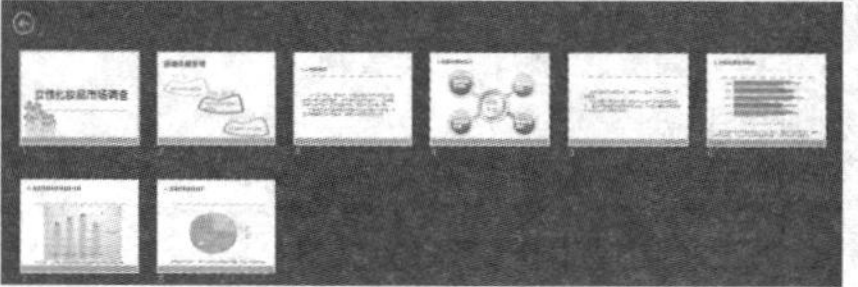

3. **对话框法**。在播放过程中，在键盘上按下“Ctrl + S”组合键，在弹出的对话框中的“幻灯片标题”列表中选择需定位的幻灯片，单击“定位至”按钮即可。

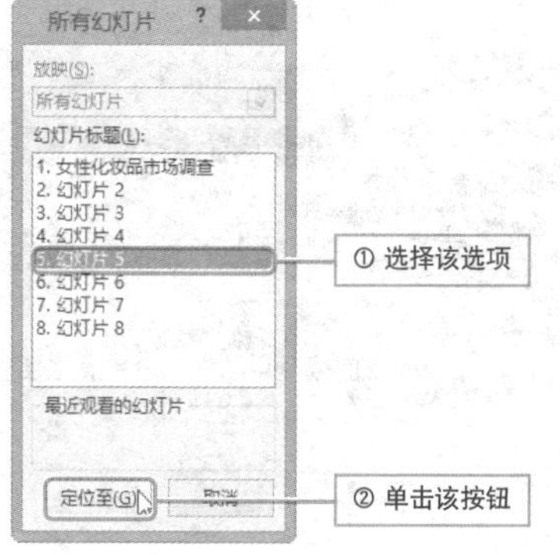

Hint

键盘快捷键查看法

在键盘上按下需要切换至幻灯片的页码，并按Enter键确认即可。例如，用户想切换至第2页，在键盘上按下“2 + Enter”键即可实现。

Question 613

如何在放映过程中添加文本

Level ◆◆◆

2013 2010 2007

实例	放映幻灯片时添加文本

通常情况下，放映幻灯片过程中无法对幻灯片中的内容进行编辑，若用户想在放映幻灯片时添加一些结论性的文本，可通过插入文本框控件来实现，下面介绍如何使用文本框控件。

1 打开“文件”菜单，选择“选项”命令。

2 打开“PowerPoint选项”对话框，在“自定义功能区”选项，勾选“开发工具”复选框。

3 单击“确定”按钮，返回至演示文稿，将出现“开发工具”选项卡，单击该选项卡中的“文本框（ActiveX控件）”按钮。

4 拖动鼠标绘制合适大小的文本框控件，按F5键播放时，就可以随心在文本框处添加文本了。

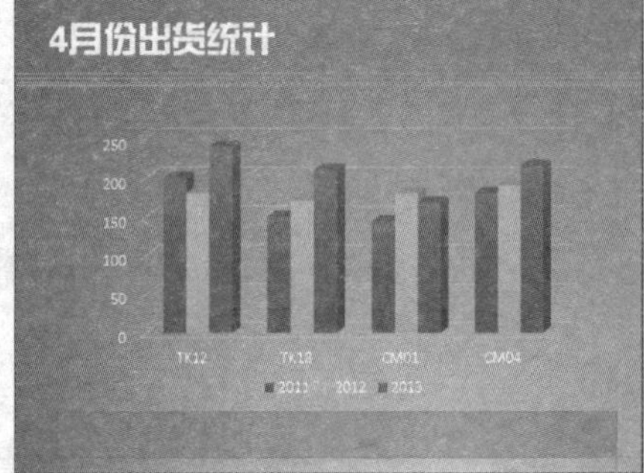

放映时隐藏鼠标有一招

实例 放映幻灯片时隐藏鼠标

默认情况下，鼠标指针在放映幻灯片时会以正常光标显示，若用户觉得鼠标光标的存在影响画面美观，可以根据需要将其隐藏，需要显示光标时，再将其显示。

1 打开演示文稿，切换至“幻灯片放映”选项卡，单击“从头开始”按钮。

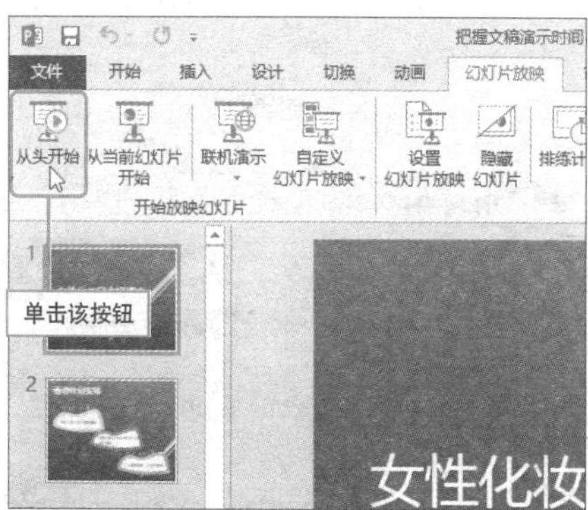

2 在放映幻灯片过程中，在幻灯片页面上单击鼠标右键。

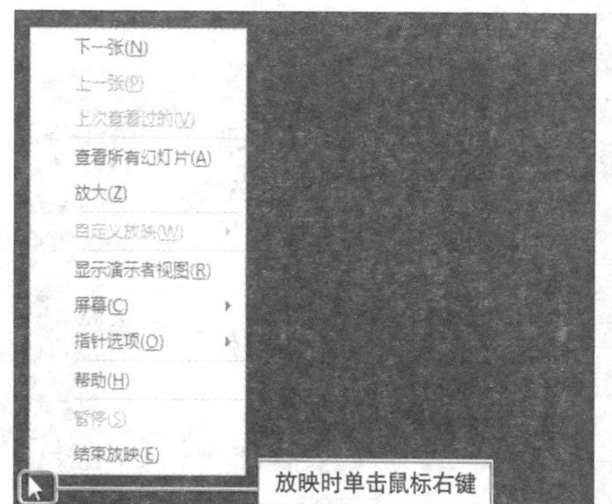

3 从快捷菜单中选择“指针选项”命令，从关联菜单中选择“箭头选项”命令，然后选择“永远隐藏”命令。

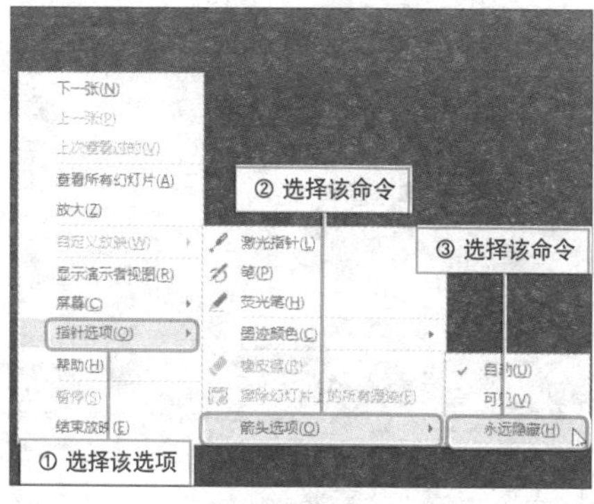

Hint

组合键在隐藏鼠标指针时的妙用

在播放幻灯片时，只需在键盘上按下 Ctrl + H 组合键即可隐藏鼠标指针和按钮。按 Ctrl + A 组合键可重新显示隐藏的鼠标指针和将指针改变成箭头。

Question 615

● Level ◆◆◆

2013 2010 2007

在放映幻灯片时运行其他程序

实例 放映过程中调用应用程序

若在放映幻灯片时，发现需要调用其他程序对演示文稿中的内容进行辅助说明，该如何进行操作呢？PowerPoint 2013 提供的程序切换功能，让你勿需退出放映模式，即可轻松调用其他程序。

1 放映幻灯片时，单击鼠标右键，从弹出的菜单中选择“屏幕”命令，从其关联菜单中选择“显示任务栏”命令。

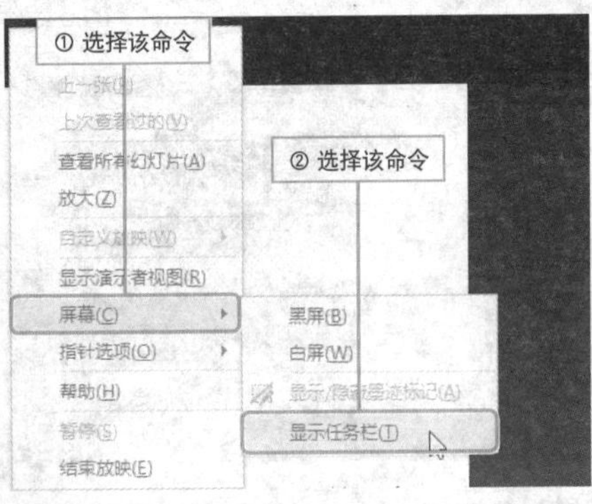

2 此时将显示任务栏，将鼠标光标移至左下角，单击“开始”菜单。

3 在开始面板中选择需要的程序即可，这里选择“Internet Explorer”。

4 输入要查询的内容，这里输入“百合花的含义”，单击“百度一下”按钮进行搜索。

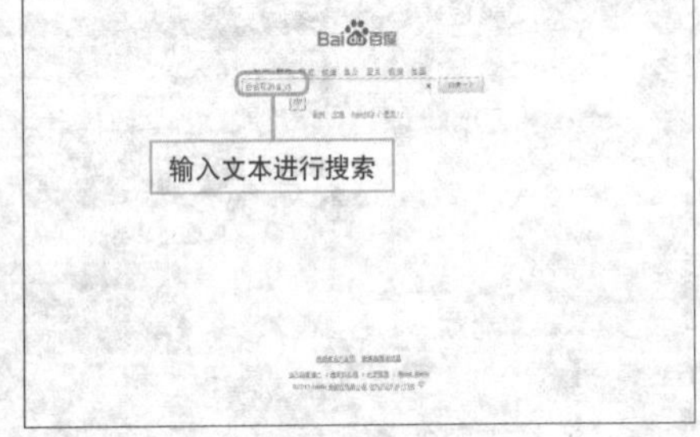

不启动 PPT 程序播放幻灯片

实例 直接预览幻灯片

如果用户只是想查看幻灯片中的内容，那么可以不启动 PowerPoint 程序预览当前内容，下面对其具体操作方法进行介绍。

1 通过"我的电脑"，打开演示文稿所在的文件夹。

2 单击幻灯片图标，选中需要查看的演示文稿。

3 单击鼠标右键，从弹出的快捷菜单中选择"显示"命令。

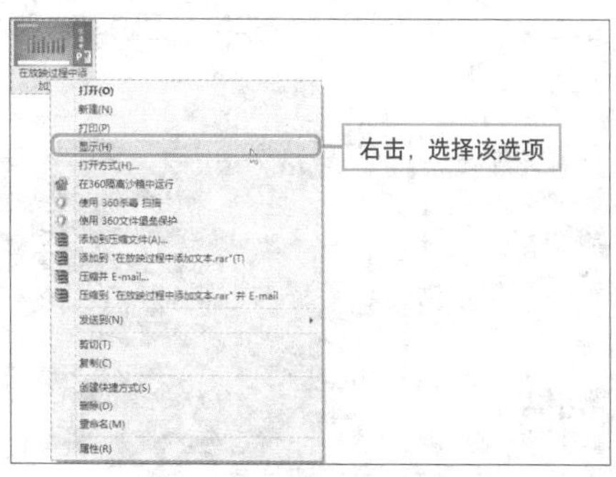

4 将以放映模式预览幻灯片，但这时并没有启动PowerPoint程序。

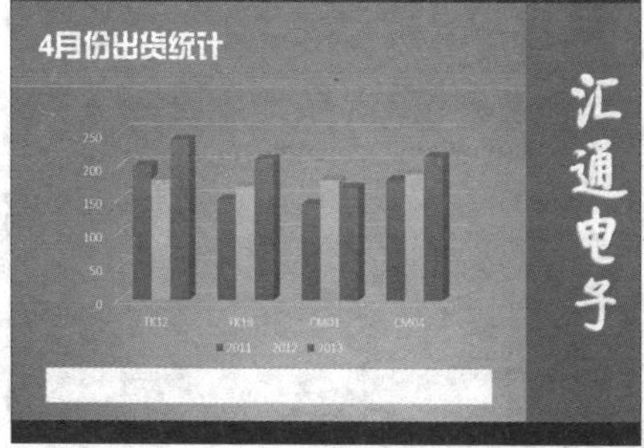

Question 617

Level ◆◆◆

2013 2010 2007

3-21 幻灯片放映技巧

让文件在没有 PPT 程序的电脑上照常播放

实例 演示文稿的打包

演示文稿制作完成后，为了避免因其他电脑上没有安装 PowerPoint 程序而导致不能进行正常放映，用户可以将演示文稿及其链接的媒体文件进行打包。

❶ 打开演示文稿，切换至“文件”菜单，选择“导出”命令。

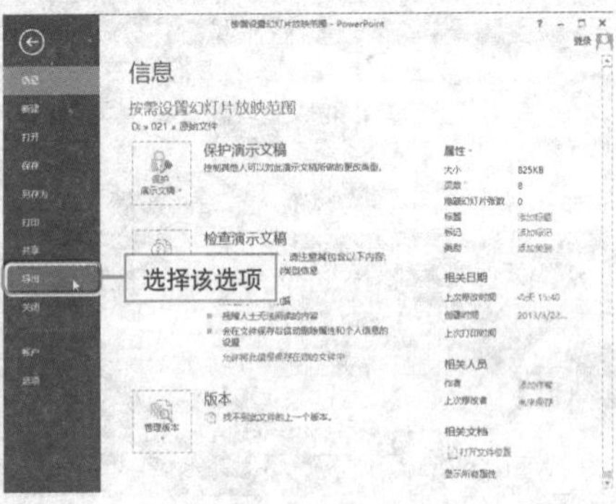

❷ 选择“将演示文稿打包成CD”选项，然后单击右侧“打包成CD”按钮。

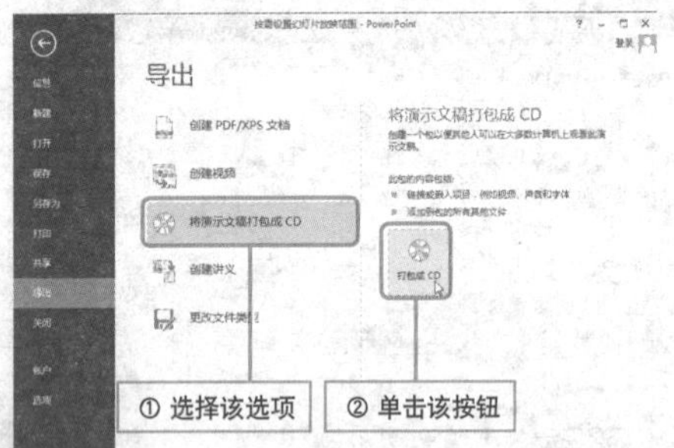

❸ 弹出“打包成CD”对话框，单击“添加”按钮。

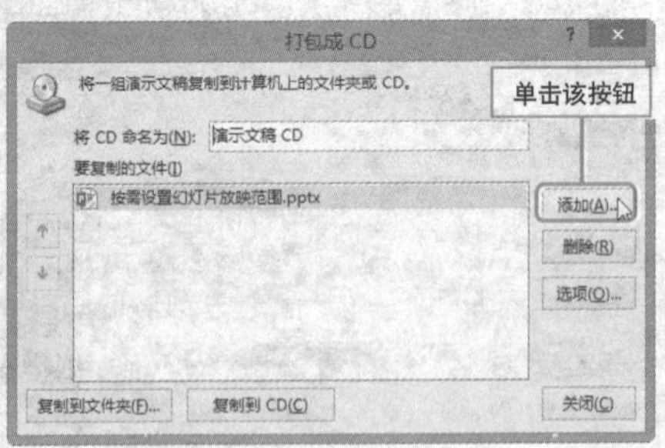

❹ 弹出“添加文件”对话框，选择合适的演示文稿，单击“添加”按钮。

5 返回至“打包成CD”对话框，单击“选项”按钮，打开“选项”对话框，从中对演示文稿的打包进行设置，单击“确定”按钮，这里使用默认设置。

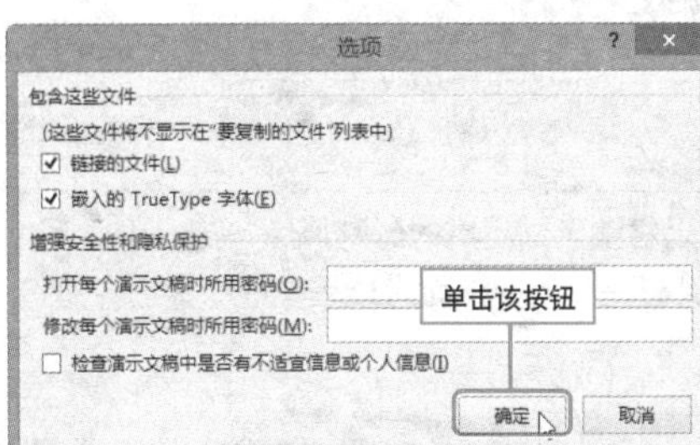

6 再次返回至“打包成CD”对话框，单击“复制到文件夹”按钮。

7 弹出“复制到文件夹”对话框，输入文件夹名称，单击“浏览”按钮。

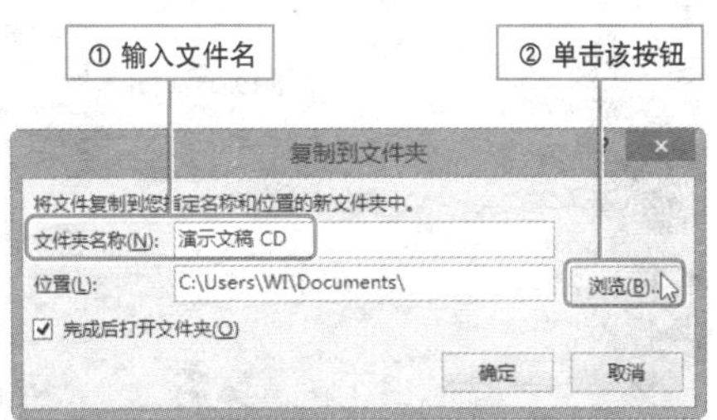

8 打开“选择位置”对话框，选择合适的位置，单击“选择”按钮。

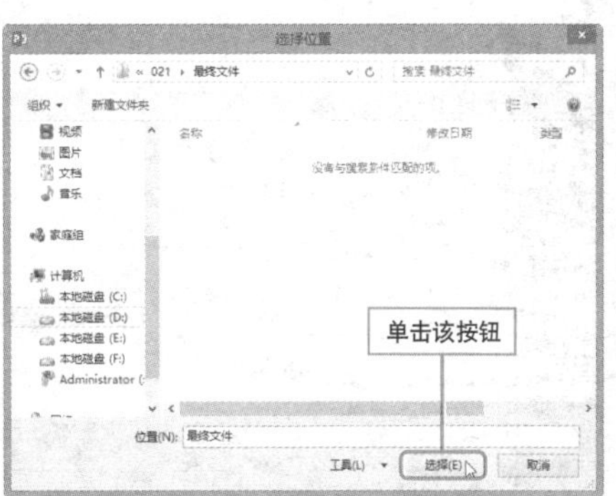

9 单击“复制到文件夹”对话框的“确定”按钮，弹出提示对话框，单击“是”按钮，系统开始复制文件，并弹出“正在将文件复制到文件夹”对话框。

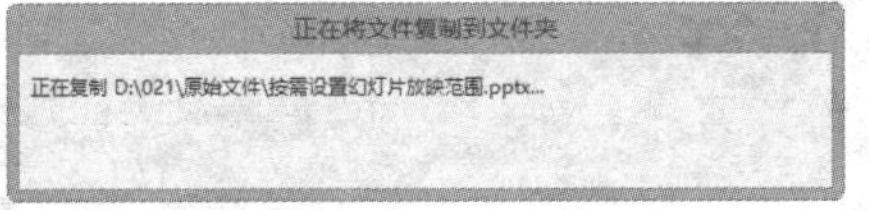

10 复制完成后，自动弹出“演示文稿CD”文件夹，在该文件夹中可以看到系统保存了所有与演示文稿相关的内容。

Question 618

3-21 幻灯片放映技巧

快速提取幻灯片

实例 幻灯片的发布

● Level ◆◆◆

2013 2010 2007

为了实现资源共享，用户可以将演示文稿中的幻灯片储存到一个共享位置中，以便对其中各个幻灯片逐一访问，下面对该操作进行详细介绍。

1 打开演示文稿，打开“文件”菜单，选择“共享”命令。

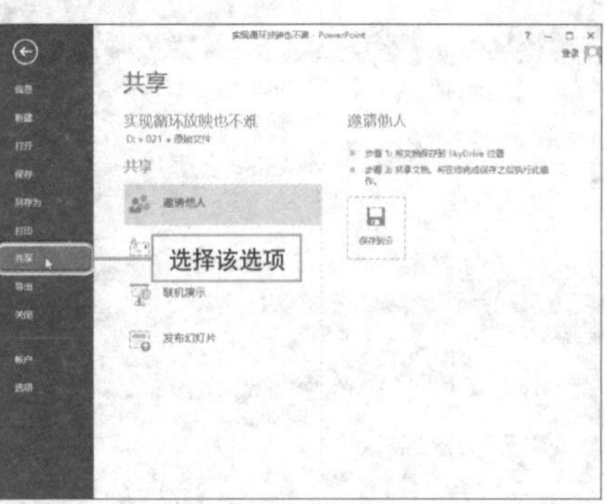

2 选择右侧“发布幻灯片”选项，然后单击右侧“发布幻灯片”按钮。

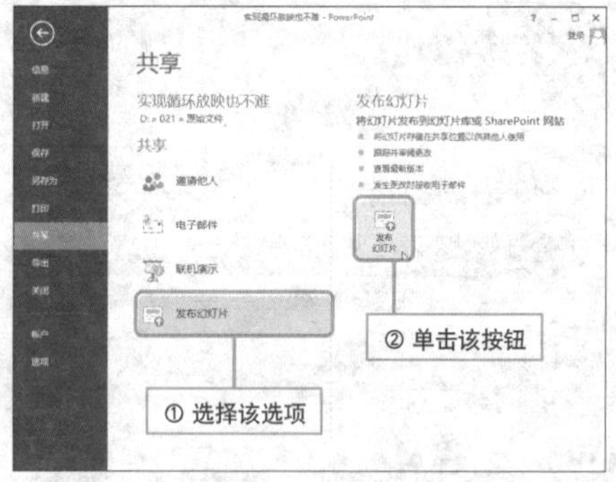

3 弹出“发布幻灯片”对话框，单击“全选”按钮，然后单击“浏览”按钮。

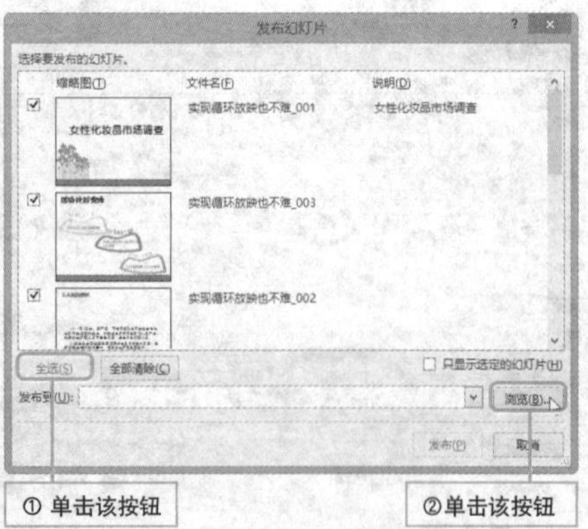

4 弹出“选择幻灯片库”对话框，选择合适的存储位置，单击“选择”按钮，返回至上一级对话框，单击“发布”按钮即可。

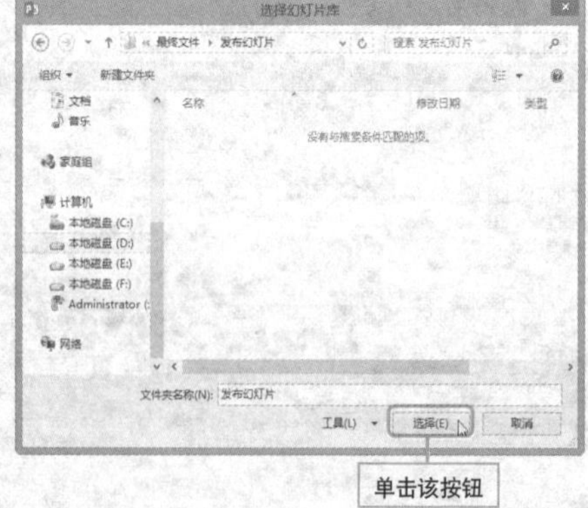

附 录

附录① Word 常用快捷键汇总

Ctrl 组合功能键			
组合键	功能描述	组合键	功能描述
Ctrl+F1	展开或折叠功能区	Ctrl+B	加粗字体
Ctrl+F2	执行“打印预览”命令	Ctrl+I	倾斜字体
Ctrl+F3	剪切至“图文场”	Ctrl+U	为字体添加下划线
Ctrl+F4	关闭窗口	Ctrl+Q	删除段落格式
Ctrl+F6	前往下一个窗口	Ctrl+C	复制所选文本或对象
Ctrl+F9	插入空域	Ctrl+X	剪切所选文本或对象
Ctrl+F10	将文档窗口最大化	Ctrl+V	粘贴文本或对象
Ctrl+F11	锁定域	Ctrl+Z	撤销上一步操作
Ctrl+F12	执行“打开”命令	Ctrl+Y	重复上一步操作
Ctrl+Enter	插入分页符	Ctrl+A	全选整个文档
Shift 组合功能键			
组合键	功能描述	组合键	功能描述
Shift+F1	启动上下文相关“帮助”或显示格式	Shift+ →	将选定范围向右扩展一个字符
Shift+F2	复制文本	Shift+ ←	将选定范围向左扩展一个字符
Shift+F3	更改字母大小写	Shift+ ↑	将选定范围向上扩展一行
Shift+F4	重复“查找”或“定位”操作	Shift+ ↓	将选定范围向下扩展至下一行
Shift+F5	移至上一处更改	Shift+Home	将选定范围扩展至行首
Shift+F6	转至上一个窗格或框架	Shift+ End	将选定范围扩展至行尾
Shift+F7	执行“同义词库”命令	Ctrl+Shift+ ↑	将选定范围扩展至段首
Shift+F8	减少所选内容	Ctrl+Shift+ ↓	将选定范围扩展至段尾
Shift+F9	在域代码及其结果间进行切换	Shift+Page Up	将选定范围扩展至上一屏
Shift+F10	显示快捷菜单	Shift+Page Down	将选定范围扩展至下一屏
Shift+F11	定位至前一个域	Shift+Tab	选定上一单元格的内容
Shift+F12	执行“保存”命令	Shift+Enter	插入换行符

附录② Excel 常用快捷键汇总

日期与时间函数	
组 合 键	功 能 描 述
Ctrl+Shift+(	取消隐藏选定范围内所有隐藏的行
Ctrl+Shift+&	将外框应用于选定单元格
Ctrl+Shift_	从选定单元格删除外框
Ctrl+Shift+~	应用“常规”数字格式
Ctrl+Shift+$	应用带有两位小数的“货币”格式（负数放在括号中）
Ctrl+Shift+%	应用不带小数位的“百分比”格式
Ctrl+Shift+^	应用带有两位小数的“科学计数”格式
Ctrl+Shift+#	应用带有日、月和年的“日期”格式
Ctrl+Shift+@	应用带有小时和分钟以及 AM 或 PM 的“时间”格式
Ctrl+Shift+!	应用带有两位小数、千位分隔符和减号 (-)（用于负值）的“数值”格式
Ctrl+Shift+*	1. 选择环绕活动单元格的当前区域（由空白行和空白列围起的数据区域） 2. 在数据透视表中，它将选择整个数据透视表
Ctrl+Shift+:	输入当前时间
Ctrl+Shift+"	将值从活动单元格上方的单元格复制到单元格或编辑栏中
Ctrl+Shift+加号 (+)	显示用于插入空白单元格的“插入”对话框
Ctrl+ 减号 (-)	显示用于删除选定单元格的“删除”对话框
Ctrl+;	输入当前日期
Ctrl+`	在工作表中切换显示单元格值和公式
Ctrl+'	将公式从活动单元格上方的单元格复制到单元格或编辑栏中
Ctrl+1	显示“单元格格式”对话框
Ctrl+2	应用或取消加粗格式设置
Ctrl+3	应用或取消倾斜格式设置
Ctrl+4	应用或取消下划线
Ctrl+5	应用或取消删除线
Ctrl+6	在隐藏对象、显示对象和显示对象占位符之间切换
Ctrl+8	显示或隐藏大纲符号
Ctrl+9	隐藏选定的行

（续表）

Ctrl+0	隐藏选定的列
Ctrl+A	1. 选择整个工作表 2. 如果工作表包含数据，则按 Ctrl+A 将选择当前区域。再次按 Ctrl+A 将选择整个工作表 3. 当插入点位于公式中某个函数名称的右边时，则会显示“函数参数”对话框 4. 当插入点位于公式中某个函数名称的右边时，按 Ctrl+Shift+A 将会插入参数名称和括号
Ctrl+B	应用或取消加粗格式设置
Ctrl+C	复制选定的单元格
Ctrl+D	使用“向下填充”命令将选定范围内最顶层单元格的内容和格式复制到下面的单元格中
Ctrl+F	1. 显示“查找和替换”对话框，其中的“查找”选项卡处于选中状态 2. 按 Shift+F5 也会显示此选项卡，而按 Shift+F4 则会重复上一次“查找”操作 3. 按 Ctrl+Shift+F 将打开“设置单元格格式”对话框，其中的“字体”选项卡处于选中状态
Ctrl+G	1. 显示“定位”对话框 2. 按 F5 也会显示此对话框
Ctrl+H	显示“查找和替换”对话框，其中的“替换”选项卡处于选中状态
Ctrl+I	应用或取消倾斜格式设置
Ctrl+K	为新的超链接显示“插入超链接”对话框，或为选定的现有超链接显示“编辑超链接”对话框
Ctrl+L	显示“创建表”对话框
Ctrl+N	创建一个新的空白工作簿
Ctrl+O	1. 显示“打开”对话框以打开或查找文件 2. 按 Ctrl+Shift+O 可选择所有包含批注的单元格
Ctrl+P	1. 显示“打印”选项卡 2. 按 Ctrl+Shift+P 将打开“设置单元格格式”对话框，其中的“字体”选项卡处于选中状态
Ctrl+R	使用“向右填充”命令将选定范围最左边单元格的内容和格式复制到右边的单元格中
Ctrl+S	使用其当前文件名、位置和文件格式保存活动文件
Ctrl+T	显示“创建表”对话框

（续表）

Ctrl+U	1. 应用或取消下划线 2. 按 Ctrl+Shift+U 将在展开和折叠编辑栏之间切换
Ctrl+V	1. 在插入点处插入剪贴板的内容，并替换任何所选内容。只有在剪切或复制了对象、文本或单元格内容之后，才能使用此组合键 2. 按 Ctrl+Alt+V 可显示"选择性粘贴"对话框。只有在剪切或复制了工作表或其他程序中的对象、文本或单元格内容后此组合键才可用
Ctrl+W	关闭选定的工作簿窗口
Ctrl+X	剪切选定的单元格
Ctrl+Y	重复上一个命令或操作（如有可能）
Ctrl+Z	使用"撤销"命令来撤销上一个命令或删除最后键入的内容

功能键

组 合 键	功 能 描 述
F1	1. 显示"Excel 帮助"任务窗格 2. 按 Ctrl+F1 将显示或隐藏功能区 3. 按 Alt+F1 可创建当前区域中数据的嵌入图表 4. 按 Alt+Shift+F1 可插入新的工作表
F2	1. 编辑活动单元格并将插入点放在单元格内容的结尾。如果禁止在单元格中进行编辑，它也会将插入点移到编辑栏中 2. 按 Shift+F2 可添加或编辑单元格批注 3. 按 Ctrl+F2 可显示"打印"选项卡上的打印预览区域
F3	1. 显示"粘贴名称"对话框。仅当工作簿中存在名称时才可用 2. 按 Shift+F3 将显示"插入函数"对话框
F4	1. 重复上一个命令或操作（如有可能） 2. 按 Ctrl+F4 可关闭选定的工作簿窗口 3. 按 Alt+F4 可关闭 Excel
F5	1. 显示"定位"对话框 2. 按 Ctrl+F5 可恢复选定工作簿窗口的窗口大小
F6	1. 在工作表、功能区、任务窗格和缩放控件之间切换。在已拆分（通过依次单击"视图"菜单、"管理此窗口"、"冻结窗格"、"拆分窗口"命令来进行拆分）的工作表中，在窗格和功能区区域之间切换时，按 F6 可包括已拆分的窗格 2. 按 Shift+F6 可以在工作表、缩放控件、任务窗格和功能区之间切换 3. 如果打开了多个工作簿窗口，则按 Ctrl+F6 可切换到下一个工作簿窗口

附录③ PowerPoint 常用快捷键汇总

功能键			
按　键	功能描述	按　键	功能描述
F1	显示“PowerPoint 帮助”任务窗格	F2	在图形和图形内文本间切换
F4	重复最后一次操作	F5	从头开始运行演示文稿
F7	打开“拼写检查”对话框	F12	执行“另存为”命令

Ctrl 组合功能键			
按　键	功能描述	按　键	功能描述
Ctrl+A	选择全部对象或幻灯片	Ctrl+B	应用（撤销）文本加粗
Ctrl+C	执行复制操作	Ctrl+D	生成幻灯片的副本
Ctrl+E	段落居中对齐	Ctrl+F	打开“查找”对话框
Ctrl+G	组合所选图形对象	Ctrl+H	打开“替换”对话框
Ctrl+I	应用（撤销）文本倾斜	Ctrl+J	段落两端对齐
Ctrl+K	插入超链接	Ctrl+L	段落左对齐
Ctrl+M	插入新幻灯片	Ctrl+N	生成新 PowerPoint 文件
Ctrl+O	打开 PowerPoint 文件	Ctrl+P	打开“打印”对话框
Ctrl+Q	关闭程序	Ctrl+R	段落右对齐
Ctrl+S	保存当前文件	Ctrl+T	打开“字体”对话框
Ctrl+U	应用（撤销）文本下划线	Ctrl+V	执行“粘贴”操作
Ctrl+W	关闭当前文件	Ctrl+X	执行“剪切”操作
Ctrl+Y	重复最后操作	Ctrl+Z	撤销上一步操作
Ctrl+Shift+F	打开“字体”对话框	Ctrl+Shift+G	组合对象
Ctrl+Shift+P	打开“字体”对话框	Ctrl+Shift+H	解除组合
Ctrl+Shift+<	减小字号	Ctrl+=	将文本更改为下标（自动调整间距）格式
Ctrl+Shift+>	增大字号	Ctrl+Shift+=	将文本更改为上标（自动调整间距）